JOHN L. HENNESSY　　DAVID A. PATTERSON

第5版　　郭景致・巫坤品・阮聖彰・李春良　譯

計算機結構
計量方法

ELSEVIER TAIWAN LLC・東華書局　合作出版

Computer Architecture: A Quantitative Approach, 5th Edition
John L. Hennessy
David A. Patterson
ISBN: 978-0-12-383872-8

Copyright ©2012 by Elsevier.　All rights reserved.

Authorized translation from English language edition published by the Proprietor.
ISBN: 978-957-483-728-1

Copyright © 2012 by Elsevier Taiwan LLC.　All rights reserved.

Elsevier Taiwan LLC.
Rm. N-412, 4F, Chia Hsin Building II
No.96, Zhong Shan N. Road Sec 2,
Taipei 10449, Taiwan
Tel: 886 2 2522 5900
Fax: 886 2 2522 1885

First Published Nov. 2012

All rights reserved. No part of this publication may be reproduced, stored in a retrieval system, or transmitted in any form or by any means, electronic, mechanical, photocopying, recording, or otherwise, without the prior written permission of the publisher.

本書任何部份之文字及圖片，如未獲得本公司之書面同意，不得用任何方式抄襲、節錄或翻印。

序 Preface

我們為什麼要寫這本書

本書歷經了五個版本，我們的目標在於說明未來技術發展的基本原則。對於計算機結構的機會，我們的興奮絲毫不減，而且我們落實了在第一版對於這個領域所宣稱的：「這不是一部枯燥且無法運作的紙上機器，絕對不是！它是敏銳智慧所淬鍊出來的準則，需要在市場力量與成本－效能－功率之間取得平衡；它可能壯烈成仁，也可能名垂青史。」

在寫本書第一版時，我們的主要目的是為了改變人們對計算機結構的學習與思考方式。我們認為這個目標依舊明確且重要。這個領域日進千里，必須利用實際的範例以及真實計算機上的量測來學習，而不只是一堆永遠不必實現的定義與設計。誠摯地歡迎所有過去隨我們走在一起和現在加入我們行列的讀者們，無論哪一種讀者，我們都能夠以同樣的計量方法對於真實系統及其分析作出承諾。

如同早先的版本，我們辛勤地完成最新的這一版，這個版本仍然和專業的工程師與結構設計師密不可分，也同樣和參與先進計算機結構和課程設計的人們息息相關。就像第一版，這一版旗幟鮮明地專注在新的平台上──個人行動裝置和數位倉儲型電腦，以及新的結構上──多核心與 GPU。如同前幾個版本，本版的目標依舊是透過著重於成本－效能－能量之間的權衡以及良好的工程設計對計算機結構進行解密。我們相信這個領域會日益成熟，並且會繼續朝向長期以來建立的科學與工程準則所發展出來嚴謹的計量基礎而邁進。

最新版

我們說過《計算機結構──計量方法》第四版可能是第一版以來最重要的版本，由於切換到多核心晶片的緣故。這一次我們收到的回饋是：本書已

經失去了第一版的鮮明焦點,均勻地涵蓋一切卻少了重點與前後關聯性。我們十分確定第五版不會被如此定論。

我們相信大部份的刺激是在計算規模的極致上:以諸如手機與平板電腦的個人行動裝置 (personal mobile devices, PMD) 為用戶端,而以提供雲端運算的數位倉儲型電腦為伺服器端。(細心的讀者或許有看見封面上雲端運算的暗示。) 我們被這兩種極致在成本、效能和能量效率方面的共同議題所籠罩,卻不去管它們在規模上差異。因此之故,穿透每一章所運行的前後文關聯性就放在 PMD 和數位倉儲型電腦的計算上,第 6 章便是討論後者主題全新的一章。

另一項議題為所有形式的平行化。我們在第 1 章先確認兩種型態的應用階層平行化:**資料階層平行化** (data-level parallelism, DLP) ——由於有許多資料項目可以在相同時間作運算而發生,以及**任務階層平行化** (task-level parallelism, TLP) ——由於工作任務的創造可以獨立地且大部份平行地運作而發生。我們接下來便說明四種開發 DLP 與 TLP 的結構式樣:第 3 章的**指令階層平行化** (instruction-level parallelism, ILP);第 4 章 (本版本全新的一章) 的**向量結構** (vector architecture) 和**圖形處理器單元** (graphic processor unit, GPU);第 5 章的**執行緒階層平行化** (thread-level parallelism);以及經由第 6 章 (也是本版全新的一章) 數位倉儲型電腦的**需求暫存器階層平行化** (request-level parallelism, RLP)。本書將記憶體層級移到較早的第 2 章,我們也將儲存系統這一章移到附錄 D。我們對第 4 章和第 6 章特別感到驕傲,第 4 章包含了目前對於 GPU 最詳細也最清晰的說明,第 6 章是對於 Google 數位倉儲型電腦最新細節的第一份出版品。

像以前一樣,本書前三個附錄針對沒讀過像是《計算機組織與設計》(*Computer Organization and Design*) 一書的讀者提供了 MIPS 指令集、記憶體層級和管線化的基礎。為了降低成本但仍提供某些讀者有興趣的補充教材,更多的附錄 (九個) 請上網至 http://booksite.mkp.com/9780123838728/ 下載,這些附錄的頁數還多過本書!

新版本持續保有使用真實世界的例子去作觀念示範的傳統,而「綜合論述」一節則是全新的。新版本的「綜合論述」一節包括 ARM Cortex A8 處理器、Intel core i7 處理器、NVIDIA GTX-280 和 GTX-480 GPU 以及 Google 數位倉儲型電腦之一的管線化組織與記憶體層級。

主題的挑選與組織

像往常一樣,我們非常謹慎地挑選主題,因為除了基本原理之外,在這

個領域有許多更有趣的觀念。我們不打算對讀者所可能遇到的每一種結構都做完整詳細的介紹。相反地，我們的介紹專注在將來可能出現的新結構。我們的挑選標準主要在於選取那些已經被驗證且成功實作出來的方法，並且這些方法可以用定量的方式討論。

我們一直希望本書的內容能專注在一些其他書中未提及的課題上。所以，我們儘可能地強調一些進階的內容。甚至書中有些系統是在其他文獻中所找不到的。(對於計算機結構更基本的介紹感興趣的讀者請閱讀《計算機組織與設計》。)

內容概觀

新版本的第 1 章份量加重，包括了有關能量、靜態功率、動態功率、積體電路成本、可靠性以及可用性的公式。我們是希望這些課題可以從頭到尾使用在本書其餘章節中。除了計算機設計與效能量測的傳統量化原則之外，PIAT (Put It All Together, 綜合論述) 這一節已升級至使用新的 SPECPower 標準效能測試程式 (benchmark)。

我們的看法是：比起 1990 年代，指令集結構在今天僅扮演一個較小的角色，所以我們把這些教材移到附錄 A，依舊採用 MIPS64 結構。對於 ISA 迷而言，附錄 K 涵蓋了 10 種 RISC 結構：80x86、DEC VAX 以及 IBM 360/370。

接下來移到第 2 章的記憶體層級，這是因為容易將成本－效能－能量的原理應用到這個教材上，也因為記憶體乃是剩下篇章的一項重要資源。就像上一版，附錄 B 包含快取原理的介紹性回顧，如果您需要的話就可加以利用。第 2 章討論了 10 種先進的快取記憶體最佳化。第 2 章包括新的一節討論虛擬機，在防護、軟體管理及硬體管理方面可以提供好處，也在雲端運算方面扮演重要的角色。除了涵蓋 SRAM 和 DRAM 的技術之外，本章也包括了討論快閃記憶體的新教材。PIAT 範例是使用在 PMD 的 ARM Cortex A8 以及使用在伺服器的 Intel Core i7。

第 3 章涵蓋了指令階層平行化在高效能處理器上的運用，包括超純量執行、分支預測、推測機制、動態排程以及多執行緒。如先前所提，假使您需要的話，附錄 C 就是管線化的回顧。第 3 章也衡量了 ILP 的限制。就像第 2 章，PIAT 範例同樣是 ARM Cortex A8 和 Intel Core i7。雖然第三版包含了關於 Itainum 和 VLIW 的許多討論，現在這份教材卻收錄在附錄 H 中，表示我們認為該結構配不上早先所宣稱。

諸如遊戲與視訊處理等多媒體應用程式日益增加的重要性，也已經提高

了能夠開發資料階層平行化的結構之重要性。特別是，使用圖形處理器單元 (graphical processing unit, GPU) 作計算的興趣升高了，但是並沒有多少結構設計師瞭解 GPU 實際上如何工作。我們決定要撰寫新的一章，大部份在揭露這種新型態的計算機結構。第 4 章從介紹向量結構開始，作為建立多媒體 SIMD 指令集擴充版和 GPU 之說明的基礎。(附錄 G 對於向量結構討論得更為深入。) 有關 GPU 的章節是本書最難撰寫的，因為它得多次反覆說明才能得到精確又容易瞭解的描述。重大的挑戰在於名詞術語，我們決定使用自己的名詞，然後提供我們的名詞與 NVIDIA 官方名詞之間的轉譯。本章介紹屋頂線效能模型並使用它來比較 Intel Core i7 和 NVIDIA GTX-280 與 GTX-480 GPU。本章也描述了 PMD 所用的 Tegra 2 GPU。

第 5 章描述多核心處理器，探討對稱式與分散式記憶體結構，檢視其組織原則與效能；接下去便是同步化與記憶體一致性模型方面的課題。範例為 Intel Core i7。對晶片內交連網路有興趣的讀者請閱讀附錄 F，對較大型多處理器和科學型應用程式有興趣的讀者請閱讀附錄 I。

如先前所提，第 6 章描述計算機結構中的最新課題——數位倉儲型電腦 (warehouse-scale computer, WSC)。依靠 Amazon 網路服務和 Google 工程師的協助，本章整合了結構工程師鮮少察覺到的 WSC 之設計、成本與效能的細節。本章在說明 WSC 的結構與實體製作之前 (包括成本)，先從流行的 MapReduce 程式設計模型開始。成本讓我們得以解釋雲端運算的興起，藉此可以比較便宜地在雲端使用 WSC 作計算，勝過在您的區域資料中心作計算。PIAT 範例為 Google WSC 的描述，包含了在本書中首次刊行的資訊。

接下來我們被帶到附錄 A 至 L。附錄 A 涵蓋了 ISA 的原理，包括 MIPS64。附錄 K 則敘述 64 位元版本的 Alpha、MIPS、PowerPC 和 SPARC 以及它們的多媒體擴充版，也包括了一些傳統的結構 (80x86、VAX 和 IBM 360/370) 以及流行的嵌入式指令集 (ARM、Thumb、SuperH、MIPS16 和 Mitsubishi M32R)。和附錄 H 也有關，因為它涵蓋了 VLIW ISA 的結構與編譯器。

如先前所提，附錄 B 與 C 乃是討論快取與管線化基本概念的教材。讀者若對快取相當陌生，在閱讀第 2 章之前應該先閱讀附錄 B；若對管線化陌生，在閱讀第 3 章之前應該先閱讀附錄 C。

附錄 D「儲存系統」含有可靠性及可用性的擴大討論、用 RAID 6 方案描述的一套 RAID 教材，以及鮮少找得到的真實系統故障之統計數據。繼續又提供了排隊理論 (queuing theory) 和 I/O 效能的標準效能測試程式之介紹。

我們針對一個真實的叢集：Internet Archive，評估其成本、效能及可靠性。「綜合論述」的範例為 NetApp FAS6000 檔案編輯器。

附錄 E 是由 Thomas M. Conte 所更新，將「嵌入式」方面的教材凝聚在一處。

附錄 F 討論交連網路，由 Timothy M. Pinkston 與 José Duato 修正過。附錄 G 起初是由 Krste Asanović 所撰寫，包括了向量處理器的描述。我們認為這兩個附錄在各自的課題上都是最佳教材之一。

附錄 H 描述 VLIW 與 EPIC-Itanium 的結構。

附錄 I 描述平行處理的應用以及針對大型共享記憶體多處理的同調性協定。附錄 J 是由 David Goldberg 執筆，敘述計算機算術。

附錄 L 從各章收集「歷史回顧與參考文獻」，放在單獨的附錄內，嘗試給予各章中的觀念適當的可信度以及圍繞在各項發明的一種歷史感，我們喜歡將其想成一場設計計算機的人類戲劇。附錄 L 也提供計算機結構的學生或許想要追尋的參考文獻。如果您有時間，我們推薦您閱讀各章節中所提及領域內的頂尖論文，直接聽到原創者的觀念既愉悅又有教育價值。「歷史回顧」乃是先前版本中最受歡迎的章節之一。

內文導覽

接觸這些章節與附錄時，所有讀者應從第 1 章開始，但並不是只有一種最佳次序。如果您並不想讀完一切，這裡有一些建議順序：

- 記憶體層級：附錄 B、第 2 章和附錄 D。
- 指令階層平行化：附錄 C、第 3 章和附錄 H。
- 資料階層平行化：第 4 章、第 6 章和附錄 G。
- 執行緒階層平行化：第 5 章、附錄 F 和附錄 I。
- 需求階層平行化：第 6 章。
- ISA：附錄 A 和附錄 K。

附錄 E 可以隨時閱讀，但如果在 ISA 與快取的順序之後或許會最好。無論何時有算術問題向您迎面而來，就可以閱讀附錄 J。在您完成每一章之後，應該要閱讀附錄 L 的對應部份。

章節架構

每一章所選用的題材都是按照固定的格式來撰寫。我們在每章的開頭都先介紹該章的各種觀念，接著有一節「貫穿的論點」，用來介紹該章的觀念

與別章的觀念是如何地相互影響配合。其次，「綜合論述」一節是用來說明在實際的機器上這些觀念是如何地結合運用。

其次是「謬誤與陷阱」一節，用來讓讀者從別人的錯誤中學到經驗。我們會列出一些常見的誤解和結構上的陷阱，就算您知道這些謬誤與陷阱的存在，有時候您還是很難去避免。「謬誤與陷阱」乃是本書最受歡迎的章節之一。每一章結束前都有「結論」一節。

搭配習題的個案研究

每一章都以個案研究和伴隨的習題作結束。個案研究是由產業界與學術界的專家們執筆，探討章節中的關鍵概念，並且經由逐步增加挑戰的習題去驗證瞭解程度。老師們應該會發現個案研究夠精細也夠強固，可以讓他們創出自己的額外習題。

每個習題中括號 (<章.節>) 內所列的符號表示欲完成的習題是和書中的哪些章節有關。我們希望藉此幫助讀者避開並未研讀章節之習題；除此之外，也能提供讀者複習相關的資料。為了讓讀者能對解題所需花費的時間有所認知，我們將習題分級如下：

[10] 少於 5 分鐘 (研讀並瞭解)
[15] 5 到 15 分鐘才能完成
[20] 15 到 20 分鐘才能完成
[25] 1 小時才能寫完全部的答案
[30] 小的程式設計專案：程式設計時間少於 1 整天
[40] 大的程式設計專案：2 週的時間才能完成
[討論] 與其他人討論的題目

有關個案研究與習題的解答，老師可上網至 textbooks.elsevier.com 註冊下載。

補充教材

各種不同的教學資源請至 http://booksite.mkp.com/9780123838728/ 下載，包括以下內容：

- 參考附錄 —— 有某些是邀請主題專家執筆 —— 涵蓋了一個範圍的先進課題
- 歷史回顧的教材探討書中每一章所提出的關鍵觀念之發展研革

- 教師 PowerPoint 投影片
- 書中圖形的 PDF、EPS 及 PPT 格式檔
- 網路上相關教材之連結
- 勘誤表

新教材以及可以從網路上取得的其他教學資源之連結會定期加入。

協助改進這本書

最後，您在讀本書時也可能賺點錢。(談談成本–效能吧！) 一本書會經過許多次印刷，我們因而有許多訂正錯誤的機會。如果您發現本書任何的錯誤，請以電子郵件 (ca5bugs@mkp.com) 和出版社聯絡。

我們歡迎對於本教科書的一般性意見，也邀請您將意見傳送至另一個電子郵件位址：ca5comments@mkp.com。

結　語

本書再度由兩人真正地協力完成：我們一人寫一半的章節和一半的附錄。無法想像沒有下列協助的話，本書會花掉多長的時間：有另外一位做了一半的工作，在任務似乎沒希望時互相鼓勵，對於一些難以解釋的觀念提供關鍵性的看法，犧牲週末時間進行章節的校閱，並且當其他的責任重擔讓我們難以提筆時能夠彼此體諒。(這些責任隨改版次數呈現指數上升，如自傳中所表明。) 因此，我們兩人將再度共同背負本書的榮辱。

John Hennessy ■ *David Patterson*

目 錄 Contents

序言　iii

Chapter 1　計量設計與分析的基礎　1

1.1　簡　介　2
1.2　計算機的分類　5
1.3　定義計算機結構　11
1.4　技術趨勢　16
1.5　積體電路功率趨勢　22
1.6　成本趨勢　27
1.7　可信賴性　33
1.8　效能的量測、報告與總結　36
1.9　計算機設計的計量原則　45
1.10　綜合論述：效能、價格與功率　53
1.11　謬誤與陷阱　56
1.12　結　論　61
1.13　歷史回顧與參考文獻　63
　　　由 Diana Franklin 所提供：個案研究與習題　63

Chapter 2　記憶體層級的設計　71

2.1　簡　介　72
2.2　十種先進的快取記憶體效能最佳化　79
2.3　記憶體技術與最佳化　97
2.4　保護措施：虛擬記憶體和虛擬機　106

2.5	貫穿的論點：記憶體層級的設計	114
2.6	綜合論述：ARM Cortex-A8 和 Intel Core i7 的記憶體層級	116
2.7	謬誤與陷阱	125
2.8	結論：展望未來	132
2.9	歷史回顧與參考文獻	134
	由 Norman P. Jouppi、Naveen Muralimanohar 和 Sheng Li 所提供：個案研究與習題	134

Chapter 3　指令階層平行化及其開發　　147

3.1	指令階層平行化：觀念與挑戰	148
3.2	用來開發 ILP 的基本編譯器技術	157
3.3	使用先進的分支預測來減少分支成本	163
3.4	使用動態排程來克服資料危障	168
3.5	動態排程：範例和演算法	177
3.6	硬體式推測機制	184
3.7	使用多指令發派與靜態排程來開發 ILP	193
3.8	使用動態排程、多指令發派與推測機制來開發 ILP	198
3.9	指令傳遞與推測機制的先進技術	203
3.10	ILP 限制的研究	214
3.11	貫穿的論點：ILP 方法與記憶體系統	222
3.12	多執行緒：運用執行緒階層平行化來改善單處理器的流通量	223
3.13	綜合論述：Intel Core i7 與 ARM Cortex-A8	234
3.14	謬誤與陷阱	241
3.15	結論：展望未來	246
3.16	歷史回顧與參考文獻	247
	由 Jason D. Bakos 和 Robert P. Colwell 所提供：個案研究與習題	248

Chapter 4　向量、SIMD 與 GPU 結構當中的資料階層平行化　261

- 4.1　簡介　262
- 4.2　向量結構　264
- 4.3　SIMD 指令集多媒體擴充版　282
- 4.4　圖形處理單元　288
- 4.5　偵測與強化迴圈階層平行性　315
- 4.6　貫穿的論點　324
- 4.7　綜合論述：行動型對伺服器型 GPU 以及 Tesla 對 Core i7　326
- 4.8　謬誤與陷阱　333
- 4.9　結論　335
- 4.10　歷史回顧與參考文獻　336
- 由 Jason D. Bakos 所提供：個案研究與習題　336

Chapter 5　執行緒階層平行化　345

- 5.1　簡介　346
- 5.2　集中式共用記憶體結構　351
- 5.3　對稱式共用記憶體多處理器的效能　366
- 5.4　分散式共用記憶體和目錄式一致性　378
- 5.5　同步：基礎　386
- 5.6　記憶體一貫性的模型：簡介　392
- 5.7　貫穿的論點　395
- 5.8　綜合論述：多核心處理器及其效能　400
- 5.9　謬誤與陷阱　405
- 5.10　結論　409
- 5.11　歷史回顧與參考文獻　412
- 由 Amr Zaky 和 David A. Wood 所提供的個案研究與習題　412

Chapter 6	開發需求階層與資料階層平行化的數位倉儲型電腦	**435**
6.1	簡　介	436
6.2	數位倉儲型電腦的程式設計模型與工作負載	441
6.3	數位倉儲型電腦的計算機結構	445
6.4	數位倉儲型電腦的實體基礎設施與成本	451
6.5	雲端運算：回歸公用程式計算	460
6.6	貫穿的論點	466
6.7	綜合論述：Google 數位倉儲型電腦	469
6.8	謬誤與陷阱	477
6.9	結　論	481
6.10	歷史回顧與參考文獻	482
	由 Parthasarathy 所提供的個案研究與習題	482

Appendix A	指令集原理	**499**
A.1	簡　介	500
A.2	指令集結構的分類	501
A.3	記憶體定址模式	505
A.4	運算元的型態與大小	512
A.5	指令集的各種運算	513
A.6	流程控制指令	513
A.7	指令集的編碼	519
A.8	貫穿的論點：編譯器的角色	523
A.9	綜合論述：MIPS 結構	531
A.10	謬誤與陷阱	538
A.11	結　論	544
A.12	歷史回顧與參考文獻	546
	由 Gregory D. Peterson 所提供的習題	546

Appendix B	記憶體層級的回顧	**554**
B.1	簡　介	555
B.2	快取記憶體的效能	570
B.3	快取記憶體的六種基本最佳化方式	576
B.4	虛擬記憶體	596
B.5	保護機制和虛擬記憶體的範例	606
B.6	謬誤與陷阱	615
B.7	結　論	616
B.8	歷史回顧與參考文獻	617
	由 Amr Zaky 所提供的習題	617

Appendix C	管線化：基本與進階的觀念	**625**
C.1	簡　介	626
C.2	管線化最大的障礙 —— 管線危障	635
C.3	如何製作管線？	653
C.4	是什麼使得管線化製作困難？	666
C.5	擴充 MIPS 管線來處理多週期運算	674
C.6	綜合論述：MIPS R4000 管線	685
C.7	貫穿的論點	692
C.8	謬誤與陷阱	703
C.9	結　論	704
C.10	歷史回顧與參考文獻	704
	由 Diana Franklin 所提供的更新習題	705

線上附錄　附錄 D～附錄 L

CHAPTER

1

計量設計與分析的基礎

　　我認為以下的說法是公允的：個人電腦已經成為人們所創造的最強悍工具。它們不但是通訊的工具、創新的工具，還能夠被它們的使用者加以形塑。

Bill Gates，2004 年 2 月 24 日

1.1 簡　介

　　自從第一部通用電子計算機問世後，過去 65 年間，計算機技術的發展一日千里。今天，一部少於 500 美元的行動電腦比起 1985 年時一部百萬美元的電腦，效能更高、記憶體和硬碟機的容量更大。之所以有如此快速的進步，主要是製造電腦技術上的改進以及計算機設計的創新。

　　當電子技術穩定成長的同時，計算機結構的進步卻顯得難以望其項背。在計算機發展的前 25 年當中，電子技術和計算機結構兩方面的同時進步是兩項主要的原因，提供每年約 25% 的效能改進。1970 年代末期，微處理器出現了，其性能仰賴著積體電路技術的進步而導致較高的效能改進速率——每年粗估成長 35%。

　　微處理器的效能成長迅速，加上大量生產所帶來的成本優勢，造成微處理器在計算機市場的佔有率日益增加。除此之外，計算機市場上的兩項重大改變，讓新的計算機結構比以往更容易在商業市場上嶄露頭角。第一項是組合語言基本上被排除了，這降低了目的碼 (object-code) 相容性的需要。第二項是與廠商無關的標準化作業系統出現了，如 UNIX 及其分身 Linux，藉此降低開發新結構的成本和風險。

　　這些改變讓 1980 年代初期有機會成功地發展出一種具有較簡單指令的新結構，稱為 RISC (Reduced Instruction Set Computer, 簡單指令集計算機)。RISC 機器吸引設計師的原因在於它有兩項可以提高效能的關鍵技術，一是**指令階層平行化** (instruction-level parallelism)[一開始是透過管線 (pipelining)，後來是多指令派送 (multiple instruction issue)]；二是快取 (cache) (一開始是很簡單的形式，後來使用較複雜的組織和最佳化技巧)。

　　以 RISC 為基礎的計算機提升了效能門閂，迫使早先的結構趕上或消失。Digital Equipment 的 Vax 沒能趕上，所以就被 RISC 結構所取代。Intel 起而迎接挑戰，主要是藉著將 80x86 指令在內部轉換為像似 RISC 的指令，使其得以採用在 RISC 設計中許多領先的革新。當 1990 年代末期，電晶體數目飛騰之際，轉換 x86 結構的硬體虛耗變得微不足道。在低階應用方面，例如手機，x86 轉換的虛耗所產生功率上和矽晶片面積上的成本卻導致一種 RISC 結構——ARM——佔了上風。

　　圖 1.1 顯示：結構上與組織上增強的組合，導致 17 年來在效能上以每年超過 50% 的速率持續成長——這種速率在計算機產業中是空前的。

　　這種 20 世紀高成長率的影響有四方面。第一，使用者能享受效能顯著

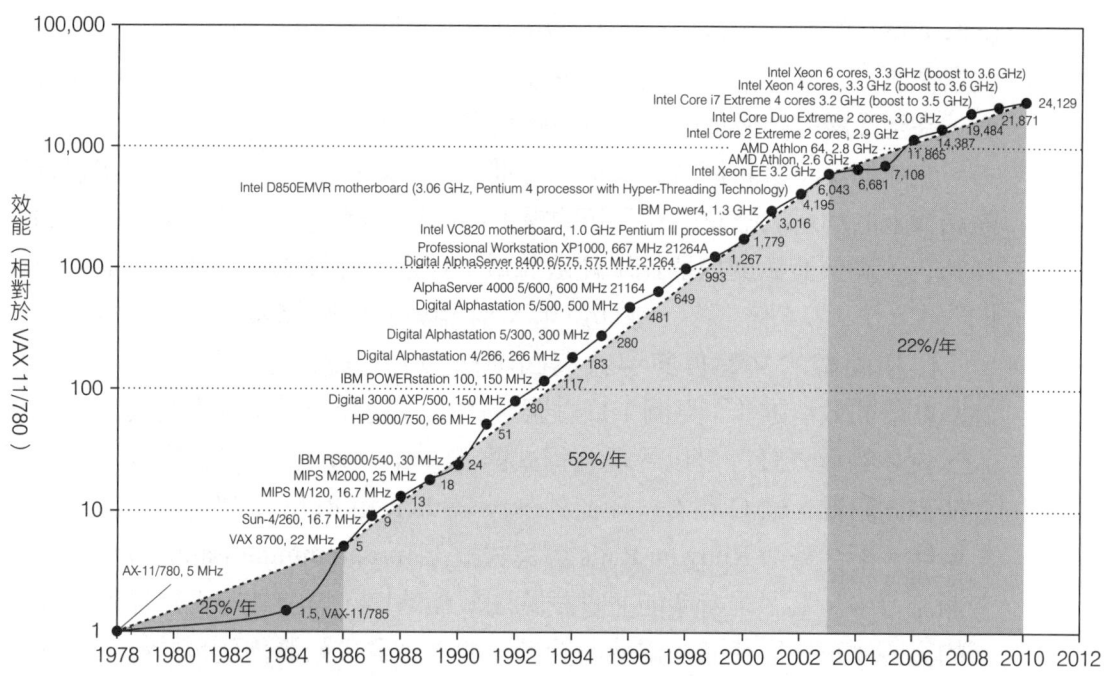

圖 1.1 自 1970 年代末期起的處理器效能成長。此圖繪出由 SPEC 標準效能測試程式所量測，相對於 VAX 11/780 的效能 (見 1.8 節)。在 1980 年代中期以前，處理器效能成長大多由技術所驅動，平均每年約 25%。自那時起成長增為約 52%，可歸因於更先進的結構上與組織上的觀念。2003 年以前，相較於繼續保持 25% 的年成長率，此成長導致約 25 倍的效能差異，浮點數導向運算的效能甚至增加更快。2003 年以來，功率的限制以及可運用的指令階層平行化已經造成單處理器效能成長緩慢至每年不超過 22%，相較於繼續保持 52% 的年成長率，慢了 5 倍之多。(2007 年起，最快的 SPEC 效能已經隨著每年晶片上核心數的增加而將自動平行化開啟，所以單處理器的速度便比較難以衡量。這些結果僅限於單插座系統，以降低自動平行化的衝擊。) 第 25 頁的圖 1.11 顯示出在同樣的三個世代內時脈速率的進步。由於 SPEC 歷年有改變，新機器的效能是用一種將不同版本 SPEC 關聯起來的縮放因素加以估算 (例如：SPEC89、SPEC92、SPEC95、SPEC2000 與 SPEC2006)。

提升後的好處。在很多應用上，現今最高效能的微處理器反而比不上 10 年前的超級電腦。

第二，在成本 – 效能上的顯著改善導致了新類型的電腦。個人電腦及工作站在 1980 年代隨著微處理器的可用性而問世。近十年由於智慧型手機與平板電腦的崛起，許多人都以它們作為主要的計算平台，而不再是個人電腦。這些行動用戶裝置日漸使用網際網路來存取含有數萬個伺服器，正被設計成彷如單一巨型電腦的數位倉儲。

第三，半導體製造的持續進步，如摩爾定律所預測，已經導致微處理器電腦在整個計算機設計的範圍都佔盡優勢。那些傳統使用現成邏輯和閘陣列

(gate array) 的迷你電腦已經被用微處理器設計的伺服器 (server) 所取代，而大型電腦正逐漸地被由數個微處理器所組成的多處理器 (multiprocessor) 所取代，甚至高級的超級電腦也是由一些微處理器所組成。

上述的硬體革新使得計算機設計進入了文藝復興時期。這段時期強調的是結構上的創新以及有效利用新的電子技術。這種成長率的結合，使得 2003 年為止，高效能微處理器比單純依靠電子技術所能達到的效能 (含電路設計的改進) 快了 7.5 倍之多，亦即每年 52% 相對於每年 35%。

此種硬體的文藝復興導致第四項衝擊，影響軟體發展。1978 年以來 25,000 倍的效能進步 (見圖 1.1) 讓現今的程式設計師以產能去交換效能。今天，更多的程式設計是以管理式程式語言，像 Java 和 C#，去完成，取代了效能導向語言，像 C 和 C++。此外，像 Python 和 Ruby 等描述語言甚至更富於產能，配合著像 Ruby on Rails 等程式框架 (programming framework)，正在普遍流行中。為了維持產能並嘗試關閉效能缺口，含有即時編譯器與追蹤編譯的直譯器正在取代過去傳統的編譯器與連結器。軟體佈建也同樣在改變，漸漸以使用在網際網路上的軟體服務 (Software as a Service, SaaS) 去取代必須在本地電腦安裝並執行的上架販售軟體。

應用程式的性質也在改變。配合著可預測的回應時間 (對於使用者體驗是如此地關鍵)，語音、聲音、影像和視訊變得日益重要，一個鼓舞人心的例子就是 Google Goggles。該應用程式讓您持手機照相機指向某目標，該影像隨即經由網際網路無線傳輸至一個數位倉儲型電腦，該電腦便對該目標加以辨識並告訴您關於該目標的一些有趣訊息。它也可能將描述該目標的文字翻譯成其他語言；在一本書的封面上讀取條碼，告訴您該書是否上網可取得及其價格；或者如果您用手機照相機拍攝，便告訴您附近有哪些商家，包括網址、電話號碼和方位。

唉，圖 1.1 也顯示這 17 年來的硬體興旺已經成為過去。2003 年以來，由於空氣冷卻性晶片的最大功率消耗，以及缺少有效率地運用更多階層平行化等雙重障礙，單處理器的效能改進已經降至每年少於 22%。事實上，在 2004 年 Intel 取消了高效能單處理器的計畫，加入其他陣營，宣稱更高效能之路會是經由單晶片上的多處理器而非經由較快速的單處理器。

這個里程碑傳達了一種歷史性的交換：從單獨倚賴指令階層平行化 (instruction-level parallelism, ILP)，那是本書最先三個版本的主要焦點，到**資料階層平行化** (data-level parallelism, DLP) 和**執行緒階層平行化** (thread-level parallelism, TLP)，這是本書第四版的特色並在本版內加以擴充，本版也加入了數位倉儲型電腦以及**需求階層平行化** (request-level parallelism, RLP)。雖然

編譯器與硬體是以隱含的方式共同策劃 ILP 的開發，無須程式設計師付出心力；DLP、TLP 和 RLP 卻是以外顯的方式進行平行化，需要重新建構應用程式方能運用外顯式平行化。這在某些例子下還算容易，但在許多例子下對程式設計師卻形成新的主要負擔。

本書介紹各種結構上的觀念以及伴隨的編譯器進步，這在上個世紀造成不可思議的高成長率；本書也介紹劇烈變化的原因，以及 21 世紀有關各種結構化觀念、編譯器和直譯器所面對的挑戰，和才剛方興未艾的方法。核心處乃是計算機設計與分析的計量方法，採用了針對程式、實驗和模擬的經驗法則觀察作為工具，反映在本書當中的就是這種計算機設計的風格與方法。本章的目的則是鋪陳後面的章節和附錄所根據的計量基礎。

撰寫本書不僅是為了說明此種設計風格，也是為了激發您貢獻其進展。我們相信這種方法將對未來的外顯式平行化計算機有效，正如同對過去的內含式平行化計算機有效一般。

1.2 計算機的分類

這些改變嚴重地影響了我們的觀點，包括計算方式、應用程式，以及新世紀的計算機市場。早在個人電腦誕生之前，我們就已預測出計算機產品與其使用方式將有這種劇烈的改變。這種計算機使用上的變革，造就了五種不同的計算機市場，它們以各自不同的應用、需求及技術來區隔市場。圖 1.2

特　徵	個人行動裝置 (PMD)	桌上型	伺服器	叢集/數位倉儲型電腦	嵌入式
系統價格	100 – 1,000 美元	300 – 2,500 美元	5,000 – 10,000,000 美元	100,000 – 200,000,000 美元	10 – 100,000 美元
微處理器價格	10 – 100 美元	50 – 500 美元	200 – 2,000 美元	50 – 250 美元	0.01 – 100 美元
關鍵的系統設計問題	成本、耗能、媒體效能、回應性	價格–效能比、耗能、圖形處理效能	流通量、可用性、可調整性、耗能	價格–效能比、流通量、耗能、相稱性	價格、耗能、特定應用的效能

圖 1.2 總結五種主流的計算類別及其系統特性。2010 年的銷售量包括大約 18 億台 PMD (手機佔了 90%)、3.5 億台桌上型 PC，以及 2 千萬台伺服器，售出的嵌入式處理器總數大約 190 億個，2010 年交貨的 ARM 技術晶片總數為 61 億只。請注意伺服器與嵌入式系統 (從 USB key 到網路路由器) 的系統價格方面的寬廣範圍。對伺服器而言，該範圍起因於在高階交易處理方面所需要的超大型多處理器系統。

總結出這些計算環境及其重要特性的主流類別。

個人行動裝置 (PMD)

個人行動裝置 (personal mobile device, PMD) 乃是我們加諸於具有多媒體使用介面的無線裝置集之名詞，例如手機、平板電腦等。整個產品的消費者價格不過數百美元，所以成本乃是主要考量。雖然電池的使用經常驅使我們去強調能量效率，但是採用較不昂貴的封裝 —— 塑膠而非陶瓷 —— 以及缺少冷卻風扇卻也限制了總功率消耗。我們會在 1.5 節更詳細地檢視耗能與功率問題。PMD 的應用程式往往是網路型或媒體導向，像上述 Google Goggles 的例子。耗能和尺寸方面的需求導致使用快閃記憶體 (Flash memory) 而非磁碟機去作儲存 (第 2 章)。

回應性及可預測性乃是媒體應用程式的關鍵特徵。**即時效能** (real-time performance) 需求意味著應用程式中的某一段需有絕對最大執行時間。例如，在 PMD 上播放視訊時，處理每一個視訊圖框的時間是有限制的，因為處理器必須立刻接收並處理下一個圖框。在某些應用程式中，存在著更細微的需求：當超過某一個最大時間時，特定任務的平均時間連同程式物件的數目都會受到限制。當事件有可能偶爾誤失時間限制時，只要不會誤失太多次，像這樣的方法 —— 有時稱為**軟性即時** (soft real-time) —— 就出現了。

在許多 PMD 應用程式中，其他關鍵特徵包括：記憶體最小化的需要以及有效使用能源的需要。能量效率是由電池功率和散熱兩者所驅動，記憶體可能是系統成本的一項重要部份，在這樣的情況下，記憶體容量的最佳化就很重要。記憶體容量的重要性轉換成注重程式碼大小，因為資料大小是由應用程式所指定。

桌上型電腦

首先 (也是目前市佔率最高的) 是桌上型電腦。其中包括從低於 300 美元的低階電腦到高於 2500 美元的工作站高階電腦。自從 2008 年起，每年所製造的桌上型電腦有超過半數都是電池供電的膝上型電腦。

如果用價格與功能來審視這類計算機的話，我們可以發現桌上型電腦似乎具有從**價格 – 效能** (price-performance) 兩方面去取得最佳平衡的傾向。這種效能 (以計算和繪圖能力為主要考量) 和價格的組合就是大多數顧客所關心的，也是計算機設計師所關切的。因此，最新、最高效能微處理器以及成本降低的微處理器往往先出現在桌上型系統 (我們會在 1.6 節討論影響計算機成本的因素)。

雖然以 Web 為主的互動式應用讓效能評估變得更困難，但是根據應用程式和標準效能測試程式來評估桌上型電腦依舊是比較合理且妥善的作法。

伺服器

隨著桌上型電腦在 1980 年代的興起，提供大量且可靠的檔案及計算服務的伺服器也為之成長。這類的伺服器，取代了傳統大型主機，而成為大型企業計算機的主幹。

對伺服器來說，其不同的特性是非常重要的。首先，可用性 (availability) 絕不可少 (我們會在 1.7 節討論可用性)。考量執行銀行或航空公司訂位系統 ATM 機器的伺服器，由於這些伺服器系統必須一週七天、一天 24 小時都在運轉，發生錯誤的災難性遠大於單一的桌上型電腦。圖 1.3 針對伺服器應用程式估算出當機時間的營業額成本。

伺服器系統的第二個關鍵特徵就是強調擴充性 (scalability)。伺服器系統通常會在其生命週期內為了應付使用者需求以及新增功能而不斷地擴充。因此，一個伺服器在計算量、記憶體、儲存設備以及 I/O 頻寬上的擴充能力是非常重要的。

最後，伺服器必須具備高流通量 (throughput)。也就是說，整體的效能是很重要的 (以每分鐘所能處理的交易量或是每秒所能呈現的網頁數來說)。單一需求的回應時間當然還是很重要的，但是對絕大部份的伺服器而

應用程式	停工每小時的成本	不同停工期間的每年損失 (百萬美元)		
		1% (87.6 小時 / 年)	0.5% (43.8 小時 / 年)	0.1% (8.8 小時 / 年)
掮客業務	$6,450,000	$565,000,000	$283,000,000	$56,500,000
信用卡認證	$2,600,000	$228,000,000	$114,000,000	$22,800,000
包裹運送服務	$150,000	$13,000,000	$6,600,000	$1,300,000
電視購物頻道	$113,000	$9.900,000	$4,900,000	$1,000,000
郵購銷售中心	$90,000	$7,900,000	$3,900,000	$800,000
航空訂位中心	$89,000	$7,900,000	$3,900,000	$800,000
手機服務	$41,000	$3,600,000	$1,800,000	$400,000
上線網路費用	$25,000	$2,200,000	$1,100,000	$200,000
ATM 服務費用	$14,000	$1,200,000	$600,000	$100,000

圖 1.3 假設三種不同層級的當機時間都是平均分配，我們由當機的成本來分析一個不可用系統的成本，這些成本四捨五入至最接近 $100,000 (以立即損失的營業額來看)。這些資料來自 Kembel [2000]，經 Contingency Planning Research 所收集分析。

言，評估整體效率和成本–有效性的標準還是以每單位時間所能處理的需求總數來決定。我們會在 1.8 節中探討在不同的計算環境下「效能評斷」的問題。

叢集／數位倉儲型電腦

軟體服務 (Software as a Service, SaaS) 應用程式，如搜尋、社群聯網、視訊分享、多人遊戲、線上購物等之成長，已經導致一種稱為**叢集** (cluster) 的電腦類型之成長。叢集乃是桌上型電腦或伺服器的集合，以區域網路連接在一起，運作成單一的一部較大型電腦。每一個節點執行自己本身的作業系統，節點之間使用某種聯網協定進行通訊。最大型的叢集稱為**數位倉儲型電腦** (warehouse-scale computers, WSC)，因為它們被設計成數萬台伺服器運作成一台。第 6 章會描述這種超大型電腦的類型。

價格–效能比和功率對於 WSC 很重要，因為它們是如此之大。如第 6 章所說明，一套 9 千萬美元的數位倉儲有 80% 的成本與內部電腦的功率和冷卻息息相關。電腦本身以及聯網裝置另花費了 7 千萬美元的成本，而且每幾年就得更換一次。當您正要購買那麼多的運算，您應該明智地購買，因為價格–效能比 10% 的改進就意味著節省了 7 百萬美元 (7 千萬美元的 10%)。

WSC 與伺服器的關聯取決於可用性。舉例而言，Amazon.com 在 2010 年第四季的銷售額達 130 億美元，由於一季約有 2200 小時，每小時的營業額將近 6 百萬美元。在聖誕節購物的尖峰時刻，潛在的損失更有數倍之高。如第 6 章所述，WSC 與伺服器的差別在於 WSC 使用不昂貴的冗餘元件作為建構方塊，而倚賴軟體層去捕捉並隔離此種規模的計算會發生的許多失敗。請注意，WSC 的擴充性是由連接電腦的區域網路來處置，而不是像伺服器那樣的整合式的電腦硬體。

超級電腦 (supercomputers) 與 WSC 的關聯在於它們同樣都很昂貴，價值都是上億美元。但是超級電腦的差別是強調浮點數運算效能以及一次可以數星期執行大型且通訊密集的批次程式。此種緊密的交連導致需使用更加快速的內部網路。反之，WSC 強調的是互動式應用程式、大型儲存、可信賴性，以及高速的網際網路頻寬。

嵌入式電腦

嵌入式電腦出現在每天使用的一些機器上，微波爐、洗衣機、大多數印表機、大多數網路交換機，以及所有汽車內都具有簡單的嵌入式微處理器。

PMD 內的處理器常考慮使用嵌入式電腦，但我們還是將它們保持為分

開的類型,因為 PMD 乃是可執行外部開發軟體的平台,且分享了許多桌上型電腦的特性。其他的嵌入式裝置在硬體與軟體的精緻性方面就比較受限制。所以我們就以執行第三方軟體的能力,作為非嵌入式電腦與嵌入式電腦之間的分界線。

嵌入式電腦的效能和成本差距相當大──含少於 0.1 美元的 8 位元和 16 位元處理器,也有成本在 5 美元內的 32 位元微處理器 (每秒能執行數億個指令),還有成本 1 百美元,用於網路交換器上的高階處理器 (每秒可執行數十億個指令)。雖然各類嵌入式電腦的計算能力相差不少,但是「價格」才是嵌入式電腦在設計時的主要考量。效能的確是一個必須考慮的因素,但是最主要的目標還是在最小的成本下達到所需的效能,而不是在較高的價格下求取更高的效能。

本書所討論的多數情況皆適用於嵌入式處理器的設計、使用和效能,不論它們是現成的嵌入式處理器或是嵌入式處理器的核心 (可與特殊硬體整合在一起)。事實上,本書第三版還包括了嵌入式計算的範例,以列舉說明每一章當中的理念。

唉!大部份讀者卻發現這些範例令人不滿意,因為驅動其他類型電腦的計量設計與估算的資料,尚未能良好的延伸至嵌入式計算中 (例如,見 1.8 節 EEMBC 的挑戰)。因此,我們目前就只留下定性的描述,無法切合於本書的其餘部份。所以在本版與前版中我們將嵌入式教材併入附錄 E,我們相信一個分開的附錄可改善課文當中理念的流向,卻仍能讓讀者看到歧異的需求如何去影響嵌入式計算。

平行化與平行結構的種類

多階層平行化乃是現今橫跨四種電腦類型的計算機設計之驅動力,以耗能與成本為主要的限制。在應用程式中基本上有兩種平行化:

1. **資料階層平行化** (Data-Level Parallelism, DLP) 的出現是由於許多資料項可以同時進行運算。
2. **任務階層平行化** (Task-Level Parallelism, TLP) 的出現是由於工作任務被創造成可以獨立且大部份平行運作。

計算機硬體轉而便能以四種方式運用這兩種應用程式平行化:

1. **指令階層平行化** (Instruction-Level Parallelism, ILP) 運用資料階層平行化,在低度層次下經由編譯器的協助,使用像是管線化的觀念;在中度層次

下，使用像是推測式執行的觀念。

2. **向量結構與圖形處理器單元** (Vector Architectures and Graphic Processor Units, GPUs) 運用資料階層平行化，將單一指令施加在平行的資料集合上。

3. **執行緒階層平行化** (Thread-Level Parallelism, TLP) 以一種緊密交連的硬體模型運用資料階層平行化或者任務階層平行化，該模型容許平行執行緒之間的相互作用。

4. **需求階層平行化** (Request-Level Parallelism, RLP) 所運用的乃是程式設計師或作業系統所規定的大部份不相干任務之間的平行化。

這四種方式讓硬體支援資料階層平行化與任務階層平行化，可以回溯到五十年前。當 Michael Flynn [1966] 在 1960 年代研究平行計算的努力成果時，他發現一種簡單的分類法，其簡寫直到今天我們都還在用。他看到指令流與資料流當中的平行化，這是在多處理器最受限制的元件上之指令所需要的平行化，並將所有計算機置入以下四種類別之一：

1. **單指令流單資料流** (single instruction stream, single data stream, SISD)：這個類別就是單處理器。程式設計師視之為標準的循序式電腦，但可運用指令階層平行化。第 3 章涵蓋了 SISD 的結構，使用諸如超純量以及推測式執行等 ILP 技術。

2. **單指令流多資料流** (single instruction stream, multiple data streams, SIMD)：同一個指令被使用不同資料串流的多個處理器所執行。SIMD 計算機運用資料階層平行化，將相同的運算平行地施加於多個資料項。每一個處理器都擁有自己的資料記憶體 (亦即 SIMD 當中的 MD)，但是指令記憶體和提取並派送指令的控制處理器卻是單一的。第 4 章涵蓋了 DLP 以及運用 DLP 的三種不同結構：向量結構、標準指令集的多媒體擴充版，以及 GPUs。

3. **多指令流單資料流** (multiple instruction streams, single data stream, MISD)：這種形式的多處理器至今尚無商品，只是讓此簡單的分類法圓滿化罷了。

4. **多指令流多資料流** (multiple instruction streams, multiple data streams, MIMD)：每一個處理器提取它自己的指令並運算它自己的資料，以任務階層平行化為目標。一般而言，MIMD 比 SIMD 更有彈性，所以通常也就比較有可行性，但先天上卻比 SIMD 昂貴。例如，MIMD 計算機也能夠運用資料階層平行化，雖然其虛耗可能高於 SIMD 計算機。此虛耗意味著細質大小 (grain size) 必須夠大才能有效率地運用平行化。第 5 章涵蓋了緊密

交連的 MIMD 結構，運用執行緒階層平行化，因為有多個協力的執行緒階層平行化在平行運作。第 6 章涵蓋了鬆散交連的 MIMD 結構──特別是**叢集**與**數位倉儲型電腦**──運用需求階層平行化，其中許多獨立的任務可以自然地平行進行，不太需要通訊或同步。

這種分類只是一個粗略的模型，因為許多平行處理器都是 SISD、SIMD 與 MIMD 的混合體。雖然如此，對於我們將在本書中看到的電腦而言，安置一個架構在其設計空間上，這種分類卻是有用的。

1.3 定義計算機結構

計算機設計師所要面對的工作非常複雜：包括決定新機種的重要特性，然後依據成本、電源和可用性 (availability) 的限制來設計一個效能及能量效率最高的電腦。這個工作是多方面的，包含指令集的設計、功能組織、邏輯設計和製作。這裡的製作泛指積體電路的設計、封裝、電源和散熱。為了得到最佳化的設計，您必須非常熟悉各式各樣的技術，包括編譯器、作業系統、邏輯設計和封裝等等。

幾年以前，**計算機結構** (computer architecture) 一詞通常指的只是指令集的設計，而把其他方面有關計算機設計的問題都視為**製作** (implementation)，還對其嗤之以鼻，認為那根本沒有趣味可言，而且也缺乏挑戰性。

我們認為這種觀念不但不正確，而且更是設計指令集時發生錯誤的主因。計算機結構設計師的工作，不僅僅是設計指令集而已；在設計指令集時，解決其他方面所遇到的技術性障礙也是相當具有挑戰性的。在描述對計算機結構設計師的更大挑戰之前，我們將很快地回顧指令集結構。

指令集結構：近觀計算機結構

本書闡述的**指令集結構** (instruction set architecture, ISA) 指的是程式設計師實際看到的指令集。ISA 可視為軟硬體之間的橋樑。此番快速回顧 ISA 將使用 80x86、ARM 與 MIPS 的範例，列舉說明 ISA 的 7 個次元。附錄 A 與附錄 K 給予更多有關這三種 ISA 的細節。

1. **ISA 的類別**：今天幾乎所有的 ISA 都被歸類於通用暫存器結構，裡面的運算元不是暫存器就是記憶位置。80x86 有 16 個通用暫存器和 16 個可持有浮點數資料的暫存器；MIPS 則有 32 個通用暫存器和 32 個浮點數暫存器 (見圖 1.4)。該類別的兩個普級版分別為**暫存器－記憶體** (register-memory)

名稱	編號	用途	跨越呼叫能否保留內容？
$zero	0	常數值 0	不適用
$at	1	組譯器臨時值	否
$v0-$v1	2-3	函數結果值與數學式估算值	否
$a0-$a3	4-7	引數	否
$t0-$t7	8-15	臨時值	否
$s0-$s7	16-23	儲存的臨時值	是
$t8-$t9	24-25	臨時值	否
$k0-$k1	26-27	保留給作業系統核心	否
$gp	28	全域指標	是
$sp	29	堆疊指標	是
$fp	30	訊框指標	是
$ra	31	返回位址	是

圖 1.4 MIPS 暫存器與用途的慣用語。除了 32 個通用暫存器 (R0-R31) 之外，MIPS 還擁有 32 個浮點數暫存器 (F0-F31)，可持有 32 位元單精度數字或 64 位元倍精度數字。

ISA，例如 80x86，許多指令可以用它的一部份來存取記憶體；以及**載入 – 儲存** (load-store) ISA，例如 ARM 與 MIPS，只能使用載入或儲存指令來存取記憶體。所有最近的 ISA 都是載入 – 儲存式。

2. 記憶體定址：差不多所有桌上型電腦與和伺服器，包括 80x86、ARM 與 MIPS，都是使用位元組定址去存取記憶體運算元。某些結構，像是 ARM 與 MIPS，要求目標物必須**對齊** (aligend)。設 A mod s = 0，則在位元組位址 A 存取大小為 s 位元組的目標物即為對齊 (見 507 頁的圖 A.5)。80x86 不要求對齊，但如果運算元對齊了，一般而言存取會更快。

3. 定址模式：除了指定暫存器與常數運算元之外，定址模式也指定記憶體目標物的位址。MIPS 定址模式為暫存器、立即值 (針對常數) 和位移：將一個常數偏移量加到一個暫存器內而形成記憶體位址。80x86 則支援這 3 種模式，再加上 3 種位移的變化：不用暫存器 (絕對定址)、兩個暫存器 (有位移的基底索引定址)、兩個暫存器其中之一乘以運算元的位元組大小 (有位移及放大索引的基底定址)。80x86 還有另外 3 種，像是以上 3 種，但扣除了位移欄位：暫存器間接定址、索引定址、有放大索引的基底定址。ARM 擁有 3 種 MIPS 定址模式，再加上程式計數器 (PC) 相對定址、二暫存器之和，以及二暫存器之和但其中一個暫存器乘以運算元的位元組長度。它也擁有遞增與遞減定址，其中所算出的位址取代了形成該位址時所使用的某一個暫存器內容。

4. **運算元的形式和大小**：就像大部份的 ISA，80x86、ARM 與 MIPS 支援 8 位元 (ASCII 字碼)、16 位元 (Unicode 字碼或半字元)、32 位元 (整數或字元)、64 位元 (雙字元或長整數) 以及 IEEE 754 32 位元浮點數 (單精度) 和 64 位元浮點數 (倍精度)。80x86 還支援 80 位元浮點數 (擴充倍精度)。

5. **運算**：一般的運算種類為資料傳遞、算術邏輯、控制 (接下來討論) 以及浮點數。MIPS 是一種既簡單又容易管線化的指令集結構，是在 2011 年使用中的 RISC 結構之代表。圖 1.5 總結了 MIPS ISA。80x86 則擁有更豐富、更大的運算集 (見附錄 K)。

指令型態 / 運算碼	指令意義
資料轉移	在暫存器與記憶體之間搬移資料，或在整數暫存器與浮點數或專用暫存器之間；只有記憶體定址模式是 16 位元位移 + 通用暫存器的內容
LB, LBU, SB	載入位元組，載入無號位元組，儲存位元組 (到 / 從整數暫存器)
LH, LHU, SH	載入半字元，載入無號半字元，儲存半字元 (到 / 從整數暫存器)
LW, LWU, SW	載入字元，載入無號字元，儲存字元 (到 / 從整數暫存器)
LD, SD	載入雙字元，儲存雙字元 (到 / 從整數暫存器)
L.S, L.D, S.S, S.D	載入單精度浮點數，載入倍精度浮點數，儲存單精度浮點數，儲存倍精度浮點數
MFCO, MTCO	複製從 / 到通用暫存器到 / 從一個專用暫存器
MOV.S, MOV.D	複製一個單精度或倍精度浮點數暫存器到另一個浮點數暫存器
MFC1, MTC1	複製 32 位元從 / 到浮點數暫存器到 / 從整數暫存器
算術 / 邏輯	在通用暫存器中對於整數或邏輯資料的運算；溢位時的有號數算術陷阱
DADD, DADDI, DADDU, DADDIU	加法，加法立即值 (所有立即值都為 16 位元)；有號數與無號數
DSUB, DSUBU	減法；有號數與無號數
DMUL, DMULU, DDIV, DDIVU, MADD	乘法與除法，有號數與無號數；乘加；所有運算使用與產生 64 位元值
AND, ANDI	AND, AND 立即值
OR, ORI, XOR, XORI	OR, OR 立即值，互斥或，互斥或立即值
LUI	載入上層立即值；立即值載入暫存器 32 到 47 位元，然後作符號擴充
DSLL, DSRL, DSRA, DSLLV, DSRLV, DSRAV	移位：立即值 (DS_) 和變數形式 (DS_V)；移位是邏輯左移、邏輯右移、算術右移
SLT, SLTI, SLTU, SLTIU	設定小於，設定小於立即值，有號數與無號數
控制	條件式分支與跳躍；PC 相對式或藉由暫存器
BEQZ, BNEZ	分支通用暫存器等於 / 不等於零；從 PC+ 4 偏移 16 位元偏移量
BEQ, BNE	分支通用暫存器等於 / 不等於；從 PC+ 4 偏移 16 位元偏移量
BC1T, BC1F	測試浮點數狀態暫存器中的比較位元後分支；從 PC+ 4 偏移 16 位元偏移量

指令型態 / 運算碼	指令意義
MOVN, MOVZ	若第三個通用暫存器為負、零,將通用暫存器複製到另一個通用暫存器
J, JR	跳躍:從 PC+ 4 偏移 26 位元偏移量 (J) 或跳躍目標在暫存器中 (JR)
JAL, JALR	跳躍與鏈結:儲存 PC + 4 至 R31,跳躍目標為 PC 相對式 (JAL) 或暫存器 (JALR)
TRAP	在一個向量位址上轉換至作業系統
ERET	從例外返回使用者程式碼;恢復使用者模式
浮點數	**倍精度和單精度格式的浮點數運算**
ADD.D, ADD.S, ADD.PS	倍精度數字相加,單精度數字相加,單精度數字對相加
SUB.D, SUB.S, SUB.PS	倍精度數字相減,單精度數字相減,單精度數字對相減
MUL.D, MUL.S, MUL.PS	倍精度數字相乘,單精度數字相乘,單精度數字對相乘
MADD.D, MADD.S, MADD.PS	倍精度數字相乘加,單精度數字相乘加,單精度數字對相乘加
DIV.D, DIV.S, DIV.PS	倍精度數字相除,單精度數字相除,單精度數字對相除
CVT._._	轉換指令:CVT.x.y 將 x 型態轉換到 y 型態,其中 x 和 y 為 L (64 位元整數)、W (32 位元整數)、D (倍精度) 或 S (單精度)。兩個運算元都是浮點數暫存器。
C. _.D, C._.S	倍精度數字之比較與單精度數字之比較:"_"=LT、GT、LE、GE、EQ 或 NE;設定浮點數狀態暫存器的位元

圖 1.5 MIPS64 指令的部份集合。附錄 A 給予更多有關 MIPS64 的細節。對資料而言,最高位元的編號為 0;最低位元的編號為 63。

6. **流程控制指令**:幾乎所有的 ISA,包括這三種,都支援條件式分支、無條件跳躍、程序呼叫與返回,三者都使用程式計數器 (PC) 相對定址,其中分支位址是由位址欄位值與 PC 相加所指定。有一些小差異:MIPS 條件式分支 (BE、BNE 等) 測試暫存器內容;80x86 和 ARM 分支則測試當作算術 / 邏輯運算的副作用而設定的條件碼位元。ARM 和 MIPS 的程序呼叫將返回位址放在一個暫存器內;80x86 呼叫 (CALLF) 則將返回位址放在記憶體的堆疊內。

7. **編碼 ISA**:編碼方面有兩種基本選擇:**固定長度** (fixed length) 和**可變長度** (variable length)。所有 ARM 與 MIPS 指令均為 32 位元長,簡化了指令解碼。圖 1.6 顯示了 MIPS 的指令格式。80x86 編碼為可變長度,範圍從 1 位元組到 18 位元組。可變長度指令比固定長度指令佔用較少的空間,所以為 80x86 所編譯的程式通常會比為 MIPS 所編譯的相同程式小。請注意以上所提到的選擇將影響指令如何編碼成二進位表示。例如,暫存器數目與定址模式數目兩者都對指令大小具有重大影響,因為在單一指令中暫存器欄位與定址模式欄位可能會出現很多次。(請注意,ARM 與 MIPS 後

基本指令格式

R	運算碼	rs	rt	rd	shamt	功能
	31 26	25 21	20 16	15 11	10 6	5 0

I	運算碼	rs	rt	立即值
	31 26	25 21	20 16	15 0

J	運算碼	位址
	31 26	25 0

浮點數指令格式

FR	運算碼	fmt	ft	fs	fd	功能
	31 26	25 21	20 16	15 11	10 6	5 0

FI	運算碼	fmt	ft	立即值
	31 26	25 21	20 16	15 0

圖 1.6 MIPS64 指令集結構的格式。所有指令均為 32 位元長，R 格式是針對暫存器至暫存器的整數運算，例如 DADDU、DSUBU 等。I 格式是針對資料傳遞、分支以及立即值指令，例如 LD、SD、BEQZ 和 DADDI。J 格式是針對跳躍，FR 格式是針對浮點數運算，FI 格式是針對浮點數分支。

來提出了擴充版而提供 16 位元長度的指令，以減少程式大小，分別稱為 Thumb 或 Thumb-2 和 MIPS16。)

當指令集之間的差別很小且具有個別不同的應用領域時，計算機結構設計師現階段所面對的，超乎 ISA 設計之外的其他挑戰便特別地急迫。所以，從上一版開始，大部份超出此快速回顧的指令集教材就被收在附錄中 (見附錄 A 和附錄 K)。

在本書中我們使用 MIPS64 的一個子集作為 ISA 範例，因為它既是針對聯網的主導性 ISA，又是之前所提到的 RISC 結構的優美範例，這當中 ARM (Advanced RISC Machine, 先進的 RISC 機器) 乃是最為流行的範例。ARM 處理器在 2010 年交貨 61 億只晶片，也就是 80x86 處理器晶片交貨量的大約 20 倍之多。

真正的計算機結構：設計組織與硬體以符合目標與功能需求

計算機製作具有兩種成份：組織和硬體。**組織** (organization) 一詞包含計算機設計中較高層級方面，如記憶體系統、記憶體交連，和內部處理器亦即 CPU [中央處理器 (central processing unit) —— 處理算術、邏輯、分支、資料傳輸等] 的設計，也會使用**微結構** (microarchitecture) 一詞代替組織。例如，AMD Opteron 和 Intel Core i7 這兩個處理器擁有相同的指令集但是不同的組

織。這兩個處理器都採用 x86 的指令集，但其內部的管線和快取組織是非常不同的。

轉換到每只微處理器內擁有多個處理器後，**核心** (core) 一詞也就被用來代表處理器。**多核心** (multicore) 一詞已經後來居上，我們已經不再說是多處理器微處理器。幾乎所有晶片都擁有多個處理器的情況下，中央處理器單元一詞，或稱 CPU，於是漸漸退了流行。

硬體 (hardware) 部份指的是電腦的特定部份，包括計算機細部的邏輯設計及封裝技術。大部份機型相同的電腦，其指令集結構完全相同，內部的組織也幾乎一樣，但在硬體細部製作上卻不同。例如，Intel Core i7（見第 3 章）和 Intel Xeon 7560（見第 5 章）幾乎一模一樣，但其時脈頻率和記憶體系統卻不同，這使得 Xeon 7560 對伺服器電腦比較有利。

本書中所謂的**結構** (architecture) 完整地包含了計算機設計的三個面向：指令集結構、組織或微結構，以及硬體。

計算機結構設計師在設計電腦時不僅要達到功能上的需求，也必須滿足價格、功率、效能和可用性的目標。圖 1.7 整理出一些在設計新機器前必須加以考慮的需求。他們通常必須決定有哪些功能上的需求，這往往也是最主要的工作。有些特殊的需求也可能是由市場所主導的。應用軟體通常也會根據電腦的使用方式來影響功能的選擇。如果某種指令集結構廣泛地被現今許多的軟體所採用時，結構設計師在開發新機器時可能會留下這個指令集。如果某一類應用軟體有很大的市場時，設計師自然會結合其相關的功能需求，讓所設計的機器在市場上更具競爭力。往後各章將會深入檢視這些需求及特色。

結構設計師也需要瞭解製作技術和計算機使用的重要趨勢，這些趨勢不僅影響未來的成本，也會影響一個結構的壽命。

1.4 技術趨勢

如果一個指令集結構是成功的，那它的設計必定能在快速變化的計算機設計中留存下來。畢竟，一個成功的新指令集結構是能持續數十年的——如 IBM 的大型電腦核心已經用了將近 50 年了。因此結構設計師設計時必須將技術的發展考慮進去，以延長所設計電腦的壽命。

為了要規劃一個計算機的發展，設計師必須特別瞭解日新月異的製作技術。下列五種製造技術變化得十分快速，因此，對現今計算機的設計有相當大的影響：

功能需求	需要或支援的典型特徵
應用領域	計算機的目標
個人行動裝置	在任務範圍內的即時性效能，包括圖形、視訊和聲音的互動效能；能量效率 (第 2、3、4、5 章，附錄 A)
通用桌上型計算機	在任務範圍內的平衡效能，包括圖形、視訊和聲音的互動效能 (第 2、3、4、5 章，附錄 A)
伺服器	支援資料庫和交易處理；加強可靠性和可用性；支援擴充性 (第 2、5 章，附錄 A、D、F)
叢集／數位倉儲型電腦	針對許多獨立任務的流通量效能；記憶體的錯誤更正；耗能的相稱性 (第 2、6 章，附錄 F)
嵌入式計算	通常對圖形或視訊會需要特別的支援 (或其他特殊應用的擴充)；可能會需要功率限制及功率控制；即時性的限制 (第 2、3、5 章，附錄 A、E)
軟體相容性的層級	決定計算機現有軟體的數量
在程式語言中	對設計師而言最有彈性；需要新的編譯器 (第 3、5 章，附錄 A)
目的碼相容或二進位碼相容	完整定義了指令集結構 —— 沒什麼彈性 —— 但不需要軟體或是轉移程式方面的投資 (附錄 A)
作業系統需求	支援所選擇作業系統所需的特徵 (第 2 章，附錄 B)
定址空間的大小	非常重要的特徵 (第 2 章)；會對應用程式產生限制
記憶體管理	新世代作業系統的需求；有分頁或分段 (第 2 章)
保護	不同作業系統和應用程式的需求：分頁對分段；虛擬機 (第 2 章)
標準	市場所需的某些標準
浮點數	格式和計算：IEEE 754 標準 (附錄 J)，繪圖或信號處理的特殊算術運算
I/O 介面	I/O 裝置：串列式 ATA，串列接觸式 SCSI、PCI Express (附錄 D、F)
作業系統	UNIX、Windows、Linux、CISCO IOS
網路	支援不同網路的需求：Ethernet、Infiniband (附錄 F)
程式語言	語言 (ANSI C、C++、Java、Fortran) 影響指令集 (附錄 A)

圖 1.7 結構設計師所面對的一些最重要的功能需求。左邊列出需求的類別，而右邊列出一些可能需要的特殊需求範例，同時也列出討論這些功能的章節附錄。

- **積體電路邏輯技術**：電晶體的密度每年增加 35%，每四年多增加 4 倍。晶粒 (die) 大小的成長比較難以預測，大約每年增加 10% 至 20% 之間。這兩者成長的效應合起來，使得每年晶片上電晶體數目的成長率高達 40% 至 55%，亦即每 18 至 24 個月就加倍，此種趨勢就是眾所周知的摩爾定律。我們之後會提到，裝置速度的成長率相對慢很多。

- **半導體 DRAM (dynamic random-access memory)**：由於大部份 DRAM 晶片主要是以 DIMM 模組交貨，又因 DRAM 製造商通常同時提供數種符合 DIMM 容量的不同容量產品，所以比較不容易追蹤晶片容量。每一只 DRAM 晶片的容量最近每年約增加 25% 至 40%，差不多二至三年就加

倍。此技術乃是主記憶體的基礎,在第 2 章會討論。請注意跨越本書各版本期間進步的速率持續變慢,如圖 1.8 所示。由於有效生產更小的 DRAM 胞格之困難度日增 [Kim 2005],甚至考慮到成長率是否會在這一個十年當中停頓下來。第 2 章提到幾種有可能取代 DRAM 的其他技術,如果 DRAM 的容量撞牆的話。

- **半導體快閃記憶體** (Semiconductor Flash)(可電性抹除的可規劃唯讀記憶體):此種非揮發性半導體記憶體乃是 PMD 中的標準儲存裝置,其快速上揚的普及率已經點燃其容量的快速成長率。最近,每只快閃記憶體的容量每年大約增加 50% 至 60%,粗略每兩年增加 1 倍。在 2011 年,快閃記憶體每個位元比 DRAM 便宜了 15 至 20 倍。第 2 章會說明快閃記憶體。
- **磁碟機技術**:在 1990 年前,大約每年增加 30%,大約每三年增加 2 倍。此後上升至每年 60%,並於 1996 年增加至每年 100%。2004 年以來,已掉回每年大約 40%,亦即每三年增加 1 倍。磁碟機每個位元比快閃記憶體便宜了 15 至 25 倍。在 DRAM 成長率變慢的情況下,目前磁碟機每個位元比 DRAM 便宜了 300 至 500 倍。此技術乃是伺服器與數位倉儲型儲存的中心,我們會在附錄 D 討論其趨勢的細節。
- **網路技術**:網路的效能主要受交換器 (switches) 和傳輸系統兩者的影響,我們在附錄 F 討論聯網方面的趨勢。

　　上述技術的日新月異,對計算機設計的形塑造成速度和技術上的增強,因而可有三到五年的壽命。即使是在短短的計算機系統產品週期內 (兩年設計,兩到三年製造),像 DRAM、快閃記憶體和磁碟機這些主要技術的改變,迫使設計師必須將這些未來會改變的因素考慮進去。事實上,設計師在設計時必須知道未來推出產品時將會面對的各項新技術。然後,找出成本合

CA:AQA 版本	年　份	DRAM 成長率	影響 DRAM 容量的表徵
1	1990	每年 60%	每三年成長 4 倍
2	1996	每年 60%	每三年成長 4 倍
3	2003	每年 40% 至 60%	每三至四年成長 4 倍
4	2007	每年 40%	每二年成長 2 倍
5	2011	每年 25% 至 40%	每二至三年成長 2 倍

圖 1.8 DRAM 容量隨著時間而改進的速率變化。本書前兩個版本甚至稱之為 DRAM 成長指標定律,因為從 1977 年的 16 kb DRAM 直到 1996 年的 64 mb DRAM 都是可信賴的。如今,有些人基於製造 DRAM 胞格日漸三次元化的困難度,質疑 DRAM 容量在 5 至 7 年內究竟能否進步 [Kim 2005]。

理或高效能的新技術，將其應用於設計中。通常，成本降低的速度和密度成長的速度大約一樣。

雖然硬體技術在本質上是持續不斷進步的，但其造成的衝擊必須跨越某個門檻才能真正顯現出來，因此技術進步是以階段性的形式來呈現的。例如，在 1980 年代早期，當 MOS 技術達到可將 25,000 至 50,000 個電晶體放在一個晶片中時，也代表在技術上已可以將一個 32 位元的微處理器製造在單一晶片中。到 1980 年代末期，第一層快取記憶體出現在晶片中。因為能將處理器和第一層快取記憶體放在同一晶片中，完全免除了過去處理器內不同晶片之間的互相傳輸，以及處理器與快取記憶體間不同晶片互相傳輸所造成的效能損失，因此大大提升了成本－效能比和能量－效能比。然而在技術未達到此階段前，這種設計是不可能的。隨著多核心微處理器的出現以及每一代產品漸增的核心數，甚至伺服器電腦都逐漸朝向所有處理器放在單晶片上。這種技術上的門檻並不罕見，而且對各種設計上的決策有著重大的影響。

效能趨勢：頻寬凌駕時間延遲

我們將在 1.8 節看到，**頻寬** (bandwidth) 或**流通量** (throughput) 乃是在給定時間內所完成的工作總量，例如，磁碟機傳遞的每秒百萬位元組數目。相反地，**時間延遲** (latency time) 或**回應時間** (response time) 乃是一個事件開始與完成之間的時間。圖 1.9 繪出微處理器、記憶體、網路和磁碟機在頻寬與時間延遲相對改進方面的技術里程碑。圖 1.10 更仔細地描述了範例與里程碑。

對微處理器和網路而言，效能乃是主要的分別器，所以它們已經看到最大的增益：頻寬方面達 10,000 至 25,000 倍，時間延遲方面達 30 至 80 倍。對記憶體和磁碟機而言，容量通常比效能更重要，所以容量被改善最多，而它們 300 至 1200 倍的頻寬改進仍然比 6 至 8 倍的時間延遲增益更大得多。

很顯然地，這些技術經過一段時期的發展，頻寬已經超越時間延遲，而且可能會繼續下去。簡單地約略衡量，頻寬至少是以時間延遲改進的平方在成長，計算機設計師應該據此作計畫。

電晶體效能和導線的調整比例

積體電路製程是根據**特徵尺寸** (feature size) 來分類的。特徵尺寸是晶片中電晶體或導線在 x 或 y 軸上的最小尺寸。特徵尺寸從 1971 年的 10 微米 (micron) 減少到 2011 年的 0.032 微米。事實上，我們已經轉換單位了，所以

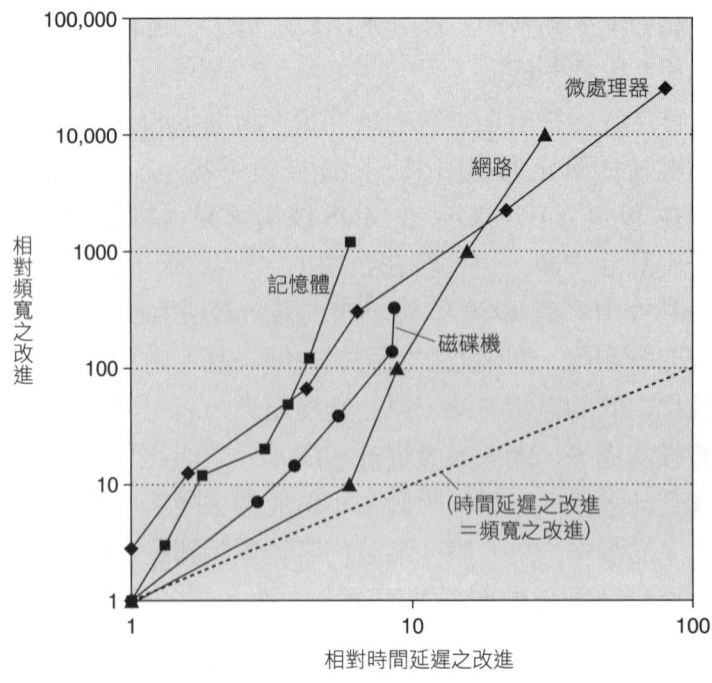

圖 1.9 依據圖 1.10 繪出與頻寬和時間延遲第一個里程碑相對的各里程碑之對數－對數座標圖。請注意，時間延遲改進 6 至 80 倍而頻寬改進約為 300 至 25,000 倍。資料更新：Patterson [2004]。

2011 年的生產現在已經被稱作「32 奈米」，而且 22 奈米晶片正在進行中。因為在矽晶上每平方毫米所能放置的電晶體數目是由電晶體的表面積所決定，因此電晶體密度會隨著特徵尺寸的線性遞減而呈平方增加。

然而電晶體效能的增進是更複雜的。當線路尺寸縮小，元件裝置也隨之在水平和垂直方向呈平方的縮小。垂直方向的縮小需要配合降低工作電壓來維持電晶體正確的動作和可靠性。這些因素的組合，造成電晶體效能和線路尺寸間的複雜關係。根據初步估計，電晶體的效能是隨著線路尺寸減小呈線性的增長。

電晶體數量隨著電晶體效能的線性成長而呈現平方性改善，這些挑戰與機會正是計算機結構設計師所開創出來的。微處理器發展初期，這些密度上的改進加快了微處理器從 4 位元到 8 位元、16 位元、32 位元，一直進步到 64 位元。近年來，這些密度上的改進讓多處理器單晶片以及較寬的 SIMD 單元得以誕生，同時也出現了推測式執行和快取等許多先進的技術。這些將在第 2、3、4、5 章中討論。

雖然電晶體的效能因為線路尺寸的減少而增加，但是積體電路中的導線

微處理器	16 位元位址/匯流排/微指令碼	32 位元位址/匯流排/微指令碼	5 階段管線、晶片上 I&D 快取、FPU	2 路超純量、64 位元匯流排	非依序 3 路超純量	非依序超管線化、晶片上 L2 快取	多核心 OOO 4 路晶片上 L3 快取、加速
產品	Intel 80286	Intel 80386	Intel 80486	Intel Pentium	Intel Pentium Pro	Intel Pentium 4	Intel Core i7
年份	1982	1985	1989	1993	1997	2001	2010
晶粒大小 (mm²)	47	43	81	90	308	217	240
電晶體數目	134,000	275,000	1,200,000	3,100,000	5,500,000	42,000,000	1,170,000,000
處理器數目/晶片	1	1	1	1	1	1	4
接腳數目	68	132	168	273	387	423	1366
時間延遲（時脈數）	6	5	5	5	10	22	14
匯流排寬度（位元數）	16	32	32	64	64	64	196
時脈頻率 (MHz)	12.5	16	25	66	200	1500	3333
頻寬 (MIPS)	2	6	25	132	600	4500	50,000
時間延遲 (ns)	320	313	200	76	50	15	4
記憶體模組	DRAM	分頁模式 DRAM	快速分頁模式 DRAM	快速分頁模式 DRAM	同步式 DRAM	雙倍資料率 SDRAM	DDR3 SDRAM
模組寬度（位元數）	16	16	32	64	64	64	64
年份	1980	1983	1986	1993	1997	2000	2010
百萬位元/DRAM 晶片	0.06	0.25	1	16	64	256	2048
晶粒大小 (mm²)	35	45	70	130	170	204	50
接腳數目/DRAM 晶片	16	16	18	20	54	66	134
頻寬 (MBytes/s)	13	40	160	267	640	1600	16,000
時間延遲 (ns)	225	170	125	75	62	52	37
區域網路	Ethernet	Fast Ethernet	Gigabit Ethernet	10 Gigabit Ethernet	100 Gigabit Ethernet		
IEEE 標準	802.3	803.3u	802.3ab	802.3ac	802.3ba		
年份	1978	1995	1999	2003	2010		
頻寬 (Mbits/sec)	10	100	1000	10,000	100,000		
時間延遲 (μsec)	3000	500	340	190	100		
硬碟機產品	3600 RPM CDC WrenI 94145-36	5400 RPM Seagate ST41600	7200 RPM Seagate ST15150	10,000 RPM Seagate ST39102	15,000 RPM Seagate ST373453	15,000 RPM Seagate ST3600057	
年份	1983	1990	1994	1998	2003	2010	
容量 (GB)	0.03	1.4	4.3	9.1	73.4	600	
磁碟形式因素	5.25 英寸	5.25 英寸	3.5 英寸	3.5 英寸	3.5 英寸	3.5 英寸	
媒體直徑	5.25 英寸	5.25 英寸	3.5 英寸	3.0 英寸	2.5 英寸	2.5 英寸	
介面	ST-421	SCSI	SCSI	SCSI	SCSI	SAS	
頻寬 (MBytes/s)	0.6	4	9	24	86	204	
時間延遲 (ms)	48.3	17.1	12.7	8.8	5.7	3.6	

圖 1.10 微處理器、記憶體、網路和磁碟機在 25 至 40 年間的效能里程碑。微處理器里程碑為數個世代的 IA-32 處理器，是從 16 位元匯流排的微指令碼 80286 走到 64 位元匯流排、多核心、非依序執行、超管線化的 Core i7。記憶體模組里程碑是從 16 位元寬的陽春 DRAM 走到 64 位元寬、2 倍資料率第 3 版的同步式 DRAM。乙太網路是從 10 Mb/sec 進步到 100 Gb/sec。磁碟機里程碑是以旋轉速度為基礎，從 3600 RPM 改進到 15,000 RPM。每一個案例均採最佳頻寬，時間延遲則是針對無競爭下的簡單運作所需時間。資料更新：Patterson [2004]。

卻不是如此。值得一提的是，導線中的信號延遲是和電阻與電容的乘積成正比。的確，隨著線路尺寸的減少，導線變得較短，但是單位長度的電阻及電容量卻更大。因為電阻和電容兩者與製程、導線形狀、導線的負載，甚或臨近的結構都有關，兩者關係相當複雜。有一些特別的製程，例如銅製程，它在導線延遲上提供一次性改進。

然而，一般來說，電晶體效能的改進無法解決導線延遲的問題，這也為設計師增加了額外的挑戰。過去幾年來，在大型積體電路中，除了功率消耗的限制之外，導線延遲已經變成主要的設計極限，而且重要性也超過了電晶體切換延遲。一個時脈週期中有愈來愈大部份的時間是消耗在導線上訊號的傳播延遲，但是目前則是功率的角色更大於導線延遲。

1.5 積體電路功率趨勢

今天，幾乎對任何類型電腦而言，功率都是計算機設計師所面對的最大挑戰。首先，功率必須被帶入並分佈在晶片中，而且新式的微處理器僅針對功率和接地就使用了上百支接腳以及多個交連層。其次，功率會以熱而逸散，必須加以移除。

功率與能量：系統觀點

系統設計師或使用者應該如何去思考效能、功率與能量？站在系統設計師的觀點上，主要有三種考量。

第一，處理器需要的最大功率到底是多少？符合該項需要對於確保正確操作是很重要的。例如，如果一個處理器試著要去汲取的功率比電源供應系統所能提供的更多 (汲取的電流多於該系統所能提供的)，其結果通常就是電壓下降而可能造成裝置的誤動作。新式的處理器能夠寬鬆地變動在高尖峰電流的功率消耗下，因此，它們提供了電壓索引方法，允許處理器慢下來，在較寬的幅度內調節電壓。很顯然，這樣做減損了效能。

第二，什麼是經久性的功率消耗？該標度泛稱為**熱設計功率** (thermal design power, TDP)，因為它決定了冷卻需求。TDP 既非尖峰功率 (往往高了 1.5 倍)，亦非在某一段計算期間所消耗的實際平均功率 (可能依然太低)。系統典型的電源供應尺度通常要超過 TDP，而冷卻系統通常要設計成符合或超過 TDP。無法提供足夠的冷卻會讓處理器內的接面溫度超過其最大值，造成裝置失敗且有可能永遠損壞。由於最大功率 (造成熱量與溫度上升) 可能超過 TDP 所規定的長期平均，因此新式的處理器提供兩種協助處理熱量

的功能：第一，當熱溫度接近接面溫度的上限時，電路就降低時脈頻率，藉以降低功率。萬一該技術不成功，第二種熱過荷行程就被啟動，來降低晶片功率。

設計師與使用者必須考慮的第三個因素就是能量與能量效率。回想一下：功率即為單位時間的能量：1 watt = 1 joule/sec 。對於處理器之比較而言，哪一種標度才是正確的：能量抑或功率？一般而言，能量往往是較佳的標度，因為它可以與一項特定任務以及該任務所需要的時間綁在一起。特別是，執行一項工作的能量就等於平均功率乘上該工作的執行時間。

因此，如果我們想要知道兩個處理器對於某項任務到底哪一個比較有效率，我們應當比較執行該任務的能量消耗(而非功率)。舉例而言，處理器 A 的平均消耗功率也許比處理器 B 高了 20%，但如果 A 執行該任務所需時間只有 B 的 70%，其能量消耗將為 $1.2 \times 0.7 = 0.84$，顯然較佳。

或許可以爭辯：在大型伺服器或計算雲中，考量平均功率就夠了，因為其工作負載往往假設為無限，但這是一種誤導。如果我們的計算雲充滿了處理器 B 而非處理器 A，那麼該計算雲花費相同的能量卻做了比較少的工作，使用能量去比較這兩種選擇就可避免此種陷阱。無論何時，不管是數位倉儲計算雲或是智慧型手機具有固定工作時，比較能量將會是比較各種處理器選項的正確方式，因為計算雲的電費帳單以及智慧型手機的電池壽命都是由消耗的能量來決定。

功率消耗什麼時候才是有用的量測？合理的使用主要是作為一種約束：例如，某晶片可能限制在 100 瓦以內。它可以當作一種工作負載固定下的標度，但如此一來它就只是每項任務真正的能量標度之變量。

微處理器內的能量與功率

對 CMOS 晶片而言，傳統的主要能量消耗是在切換電晶體當中，也稱為**動態能量** (dynamic energy)。每個電晶體所需要的能量正比於電晶體的負載電容量與電壓的平方之乘積：

$$能量_{動態} \propto 電容性負載 \times 電壓^2$$

此方程式為邏輯轉換 $0 \to 1 \to 0$ 或 $1 \to 0 \to 1$ 之脈波的能量，單一轉換 ($0 \to 1$ 或 $1 \to 0$) 的能量即為：

$$能量_{動態} \propto 1/2 \times 電容性負載 \times 電壓^2$$

每一個電晶體所需功率恰為一次轉換的能量與轉換頻率的乘積：

$$功率_{動態} \propto 1/2 \times 電容性負載 \times 電壓^2 \times 切換頻率$$

對於固定任務而言，慢的時脈頻率可降低功率，但無法降低能量。

很顯然地，降低電壓便減少了動態功率和能量。於是乎在 20 年內電壓已經從 5 伏特掉落到剛好 1 伏特以下。電容性負載乃是連接至某一輸出的電晶體數目和決定導線與電晶體電容量的技術之函數。

範例 今天某些微處理器被設計成電壓可調整，使得 15% 的電壓降低可造成 15% 頻率降低，請問對於動態能量和動態功率的影響會是什麼？

解答 由於電容量不變，能量的答案便是電壓之比：

$$\frac{能量_{新}}{能量_{舊}} = \frac{(電壓 \times 0.85)^2}{電壓^2} = 0.85^2 = 0.72$$

藉以將能量減少至原先的 72% 左右。對於功率，我們再乘上頻率之比：

$$\frac{功率_{新}}{功率_{舊}} = 0.72 \times \frac{(切換頻率 \times 0.85)}{切換頻率} = 0.61$$

故將功率縮減至原先的 61% 左右。

當我們由一製程轉向另一個更好的製程，電晶體開關次數和開關頻率的增加比負載電容和電壓的減少要佔上風。整體來看，功率消耗和能量是增加的。最早的微處理器消耗不到 1 瓦的功率，第一只 32 位元微處理器 (像 Intel 80386) 用了大約 2 瓦，然而一只 3.3 GHz Intel Core i7 則消耗了 130 瓦。已知此熱能必須從邊長約 1.5 公分的晶片上消耗掉，這就觸及了能被空氣冷卻的限度。

從以上的方程式，您會預期如果我們不能降低電壓或增加每只晶片的功率，時脈頻率的成長便會慢下來。圖 1.11 顯示從 2003 年起情況的確是如此，即使對圖 1.1 中每年表現最佳的微處理器而言亦復如是。請注意，圖 1.1 中這段時脈頻率平坦的時期便相當於效能進步緩慢的區間。

功率散逸、移除熱能、避免熱點集中變成愈來愈困難的挑戰。現在，功率就是使用電晶體的主要限制，過去則是未加工的矽面積。因此，新式的微處理器提供了許多技術去改善能量效率，儘管是平坦的時脈頻率以及固定的電壓供應：

1. **不工作為妙。** 今天大部份微處理器會把不動作模組的時脈關掉，以節省能量和動態功率。例如，如果沒有浮點數運算在執行，浮點數單元的時脈就被禁能。如果某些核心閒置，它們的時脈就停止。

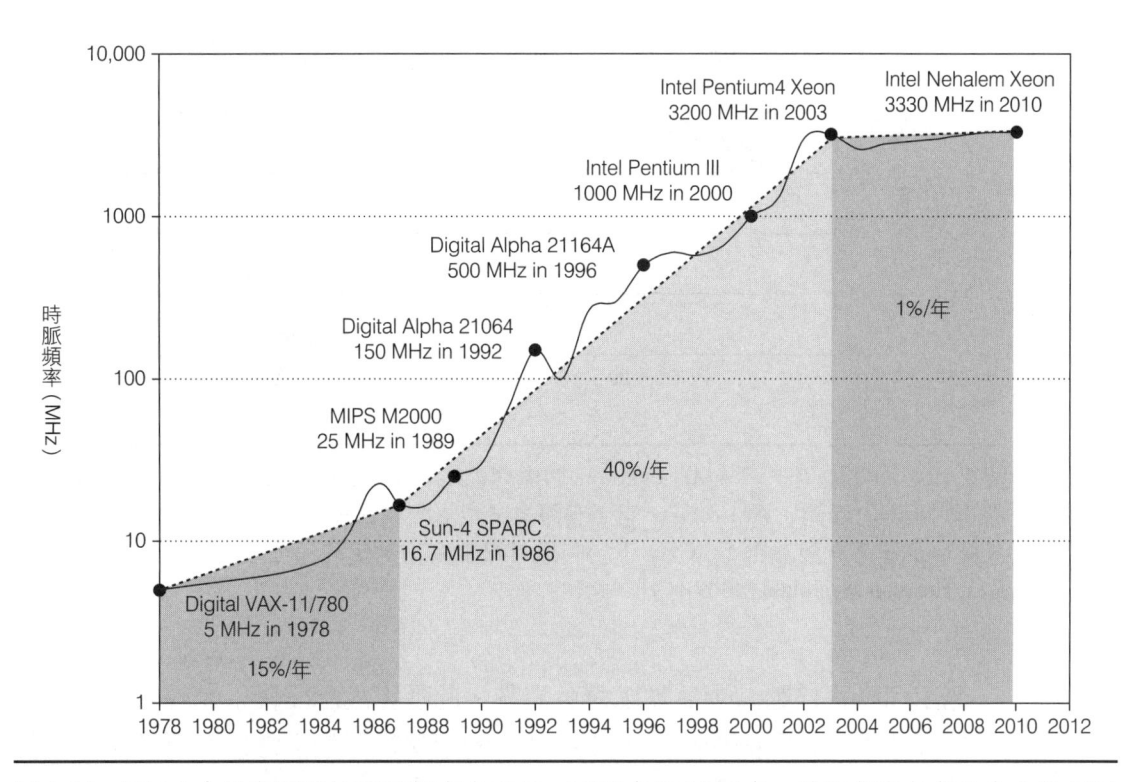

圖 1.11 圖 1.1 中微處理器的時脈頻率之成長。1978 年至 1986 年，時脈頻率每年進步少於 15% 而效能進步則為每年 25%。1986 年至 2003 年之間是每年 52% 效能進步的「文藝復興時期」，時脈頻率每年進步上衝至 40%。從那時候開始，時脈頻率近乎平坦，每年成長少於 1%，單處理器效能進步每年也少於 22%。

2. **動態電壓 – 頻率縮放 (Dynamic Voltage-Frequency Scaling, DVFS)**。第二種技術直接來自以上的公式。個人行動裝置、膝上型電腦乃至伺服器都會有低活動時期，此時就不需要操作在最高時脈頻率和電壓。新式的微處理器通常會提供幾種時脈頻率和電壓，以操作在使用較低功率和能量之處。圖 1.12 繪出一部伺服器當工作負載縮減時，經由 DVFS 的潛在功率節省，針對三種時脈頻率：2.4 GHz、1.8 GHz 和 1 GHz。對於兩個階段的每一個階段而言，整體的伺服器功率節省約為 10% 至 15%。

3. **典型狀況下之設計**。已知 PMD 和膝上型電腦經常閒置，記憶體與儲存單元便提供低功率模式來節省能量。例如，DRAM 便擁有一系列逐步漸低的功率模式來延展 PMD 與膝上型電腦的電池壽命，也已經有一些針對磁碟機的提議：當磁碟機閒置時就降低轉速以節省功率的模式。唉，您並不能在這些模式下存取 DRAM 或磁碟機，您必須返回全動作模式去讀或寫，無論存取速率有多慢。如上所述，PC 的微處理器已經針對在高操作溫度下重度使用的較典型情況而另行設計，端賴晶片上的溫度感測器去偵

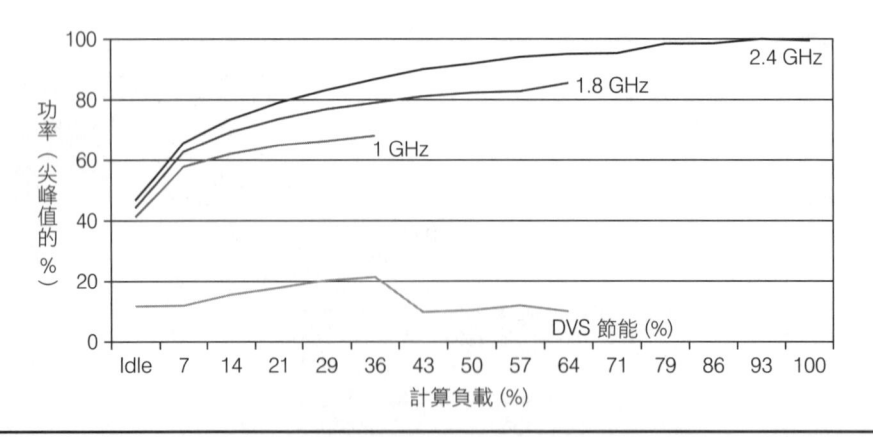

圖 1.12 一部使用一只 AMD Opteron 微處理器、8 GBz 的 DRAM 以及一台 ATA 磁碟機的伺服器之節能。在 1.8 GHz 下，伺服器只能處理到三分之二的工作負載而不致於造成服務水準的變動；在 1.0 GHz 下，伺服器只能安全地處理三分之一的工作負載。(圖 5.11, Barroso 與 Hölzle [2009]。)

測出何時應自動減少活動以避免過熱。此種「危急變慢」允許製造商針對比較典型的情況去作設計，如果某人的確執行了較平常消耗更多功率的程式，便倚賴這項安全機制。

4. **超時脈**。Intel 於 2008 年開始提供**加速模式** (Turbo mode)，由晶片決定在短時間內僅於少數核心執行較高時脈頻率是安全的，直到溫度開始上升為止。例如，3.3 GHz Core i7 可以在短叢蔟 (short bursts) 中執行 3.6 GHz。事實上，圖 1.1 中從 2008 年起最高效能的微處理器全都提供超過正常時脈頻率 10% 的臨時性超時脈。對單一執行緒的程式碼而言，這些微處理器可以將所有其他核心都關閉，只讓一個核心執行在甚至更高的時脈頻率。請注意雖然作業系統可以關閉加速模式，一旦開啟卻不通告，所以程式設計師或許會感到訝異：他們的程式竟因室溫而使效能變動！

雖然動態功率傳統上被視為 CMOS 功率逸散的主要來源，靜態功率卻變成一個重要事項，因為即使電晶體關閉漏電流依舊流動：

$$功率_{靜態} \propto 電流_{靜態} \times 電壓$$

也就是說，靜態功率正比於裝置數目。

因此，增加電晶體數目就是增加功率，即使它們是閒置的；而且隨著電晶體尺寸變小，處理器中的漏電流反而會增加。所以，超低功率的系統甚至關閉不動作單元的電源供應 [**電源閘控** (power gating)] 來控制因漏電而造成的損失。在 2011 年，漏電的目標是總功率消耗的 25%，在高效能設計中的

漏電有時候遠超出此目標。對於這樣的晶片漏電可能高達 50%，部份是因為龐大的 SRAM 快取需要功率去維持儲存值。(SRAM 中的 S 是指靜態。) 停止漏電的唯一希望就是關閉晶片上部份模組的電源。

最後，由於處理器只是系統中整個耗能成本的一部份，使用一個較快但能量效率較低的處理器，讓系統其餘部份可以進入睡眠模式，是有道理的。這種技巧就是我們所知道的**競速停止** (race-to-halt)。

功率與能量的重要性增大了對於一項革新效率的檢視，所以現在的主要評估乃是每焦耳的任務數目或是每瓦的效能，反而不是每 mm^2 矽面積的效能。這種新的標度影響到平行化的方法，我們會在第 4 章與第 5 章看見。

1.6 成本趨勢

雖然某些電腦在設計時，成本並不是重要的考量 —— 特別是超級電腦 —— 但以成本為導向的設計卻愈來愈重要。事實上，在過去 30 年中，電腦工業的主要工作就是改進技術與降低成本，並同時增加效能。

一般教科書都忽略成本–效能比當中的成本部份。這是因為在寫書的過程中，成本一直在改變，而且在不同時期也不盡相同。如果計算機設計師想要決定是否在設計中加入一項新功能時，此時若要將成本併入考量，設計師就必須對成本與影響成本的因素有相當的瞭解。(請想像一群正在設計摩天大樓的建築師，卻對鋼筋水泥的成本一無所知！)

本節討論影響計算機成本的主要因素，以及這些因素隨著時間如何改變。

時間、產量與主流商品化的影響

即使基本的製造技術沒有改進，計算機中各項元件的製造成本仍隨著時間下滑。成本降低背後的基本原理，就是所謂的**學習曲線** (learning curve) —— 製造成本會隨著時間而降低。要得到學習曲線最好的方法就是去量測產品**良率** (yield) 的變化 —— 良率是所製造出的成品中，能通過測試的百分比。不論晶片、電路板或是整個系統，良率提高一倍，意味著成本降低了一半。

瞭解學習曲線如何改進良率，對產品在生命週期中成本的變化有相當大的幫助。舉一個學習曲線的實例，長期以來，DRAM 每 Mbyte 的價格長期以來一直在降低。因為 DRAM 的訂價和成本之間的關係非常密切 —— 除非在缺貨或供過於求的時候 —— DRAM 的售價和成本相當接近。

微處理器的價格一樣隨時間下滑，但是並不像 DRAM 那麼一致，微處理器的成本和價格關係比較複雜。雖然供應商不太會賠錢出售，但在激烈競爭時期，價格會趨近於成本，雖然微處理器銷售商可能很少賠錢在賣。

產量是決定成本的第二個關鍵因素。增加產量會有幾種方式來影響成本。第一，會縮短學習曲線降到谷底的時間，在某種程度上與系統(或晶片)製造商的數目成正比。第二，因為大量生產降低了原料採購成本和增進了製造的效率，所以大量生產會降低成本。根據經驗法則，一些設計師評估，產量提高一倍，成本能降低 10%。此外，產量也可以降低分攤在每部計算機上的研發費用，使售價更接近成本。

流行商品 (commodities) 是一種很多廠商在大量生產和製造販賣且實質上是一樣的東西。事實上，超市架上所賣的東西就是流行商品。同樣地，快閃記憶體、磁碟機、螢幕和鍵盤也可視為流行商品。過去 25 年來。許多個人電腦產業已經變成流行商品事業，以製造執行微軟視窗的桌上型及膝上型電腦為主。

由於許多廠商推出幾乎完全相同的產品，使得市場競爭非常激烈。當然，這樣的競爭縮短成本和售價之間的差距，但是同樣地也降低了成本。成本的下滑主要是流行商品的需求量很大，產品定位也很清楚，造成很多供應商來搶流行商品中零件的市場。由於零件供應商的競爭，再加上前述的量產效應，使得整體產品成本更為下降。這種競賽已使得低階計算機行業比其他區位達到更好的價格–效能比，而且其成長率也非常驚人，雖然其利潤非常有限(就像一般流行商品事業)。

積體電路的成本

為什麼一本計算機結構的書會有一節專門討論積體電路的成本呢？在一個競爭日益激烈的電腦市場中，電腦的標準配備──如磁碟機、快閃記憶體、DRAM 等──正逐漸成為整個系統成本的主要部份。而積體電路的成本成為這些電腦之間最主要的成本，尤其是市場中大量、成本導向的部份。事實上，個人行動裝置日漸依賴整體的**晶片上系統** (system on a chip, SOC)，PMD 的成本大都是積體電路的成本。因此，電腦設計師必須瞭解晶片的成本，才能瞭解目前電腦的成本。

雖然積體電路的成本呈指數下降，但製造矽晶片的基本程序卻沒有改變：一個**晶圓** (wafer) 必須經過測試，然後切割成**晶粒** (die)，再進行封裝(見圖 1.13、圖 1.14 和圖 1.15)。因此，一個封裝好的積體電路成本為

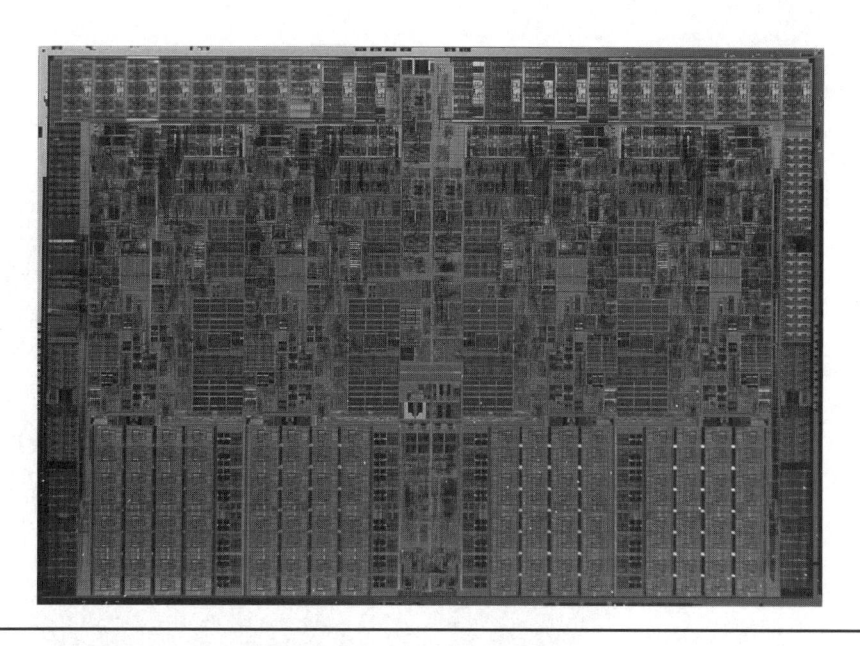

圖 1.13 Intel Core i7 微處理器晶粒的照片，該晶粒在第 2 章至第 5 章進行評估。晶粒尺寸為 18.9 毫米乘 13.6 毫米 (257 mm^2)，採用 45 奈米製程。(獲 Intel 許可。)

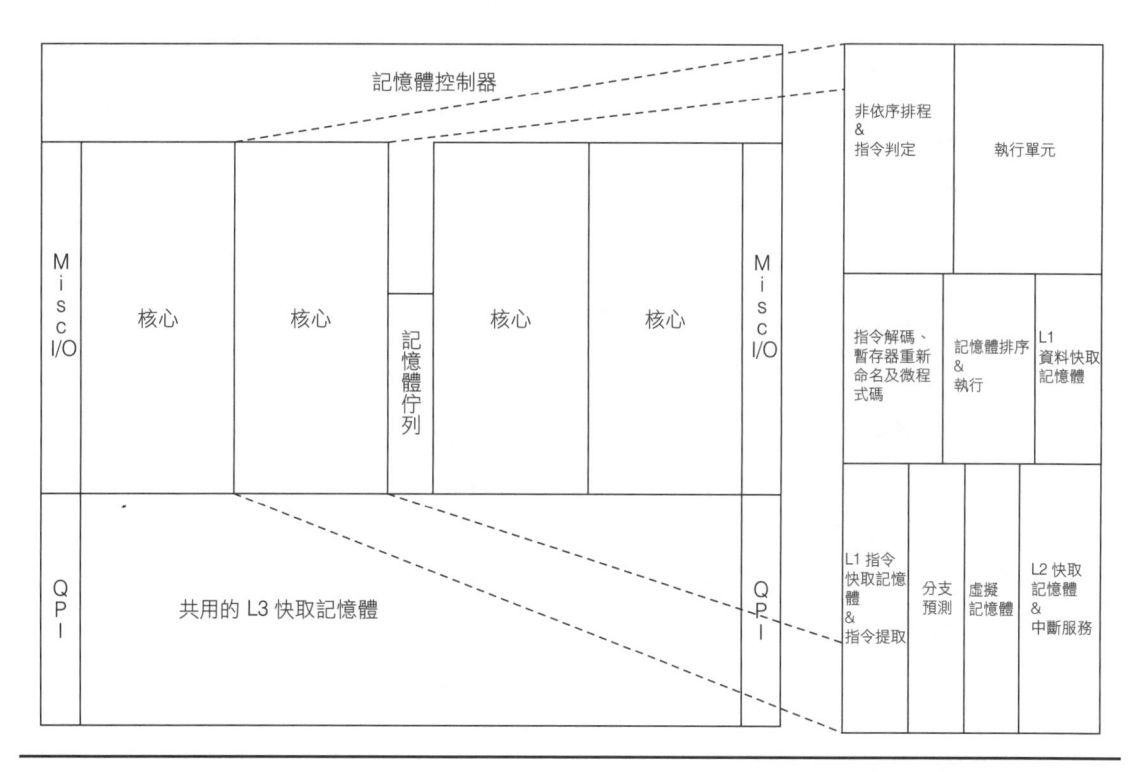

圖 1.14 左方是圖 1.13 的 Core i7 晶粒之版圖規劃，右方是第二個核心的版圖規劃特寫。

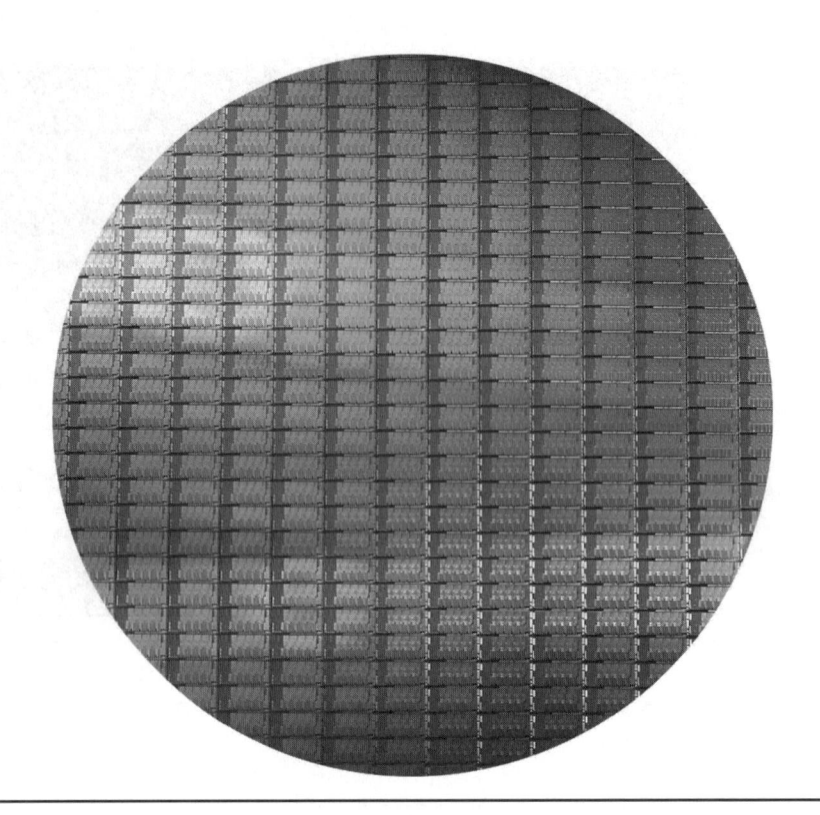

圖 1.15 這片 300 毫米晶圓含有 280 只 Sandy Bridge 全晶粒，每只晶粒尺寸為 20.7 毫米乘 10.5 毫米，採用 32 奈米製程。(Sandy Bridge 乃是 Intel 使用於 Core i7 的 Nehalem 之後繼者。) 在 216 平方毫米尺寸下，以每片晶圓的晶粒數之公式估算出 282 只。(獲 Intel 許可。)

$$積體電路的成本 = \frac{晶粒的成本 + 晶粒測試成本 + 封裝和最後測試的成本}{最後測試良率}$$

本節中將專注於晶粒成本，最後我們將針對測試與封裝做一個總結。在習題中，我們將對測試與封裝成本做進一步探討。

要知道如何預測每片晶圓中有多少個好的晶粒之前，必須先知道一片晶圓上可以放置多少個晶粒，以及如何預測出這些晶粒能夠正常運作的百分比。如此一來，便可簡單地推算出成本：

$$晶粒的成本 = \frac{晶圓的成本}{每片晶圓的晶粒數 \times 晶粒良率}$$

在這第一個晶粒成本方程式中，最令人關注的就是晶粒尺寸的敏感度，表示如下。

每片晶圓的晶粒數，基本上是等於晶圓的面積除以晶粒的面積。更精確的估算方式如下：

$$每片晶圓的晶粒數 = \frac{\pi \times (晶圓直徑/2)^2}{晶粒的面積} - \frac{\pi \times 晶圓直徑}{\sqrt{2 \times 晶粒的面積}}$$

第一項是晶圓面積 (πr^2) 對晶粒面積的比例。第二項是用來扣除在晶圓圓周邊緣的晶粒數目，也就是「方樁放圓孔」問題。將圓周 (πd) 除以方型晶圓的對角線，大約就是沿著圓周邊緣的晶粒數目。

範例 求一個直徑 300 毫米 (30 公分) 的晶圓，可在其上製造多少個每邊為 1.5 公分的晶粒以及每邊為 1.0 公分的晶粒。

解答 當晶粒的面積為 2.25 平方公分時：

$$每片晶圓的晶粒數 = \frac{\pi \times (30/2)^2}{2.25} - \frac{\pi \times 30}{\sqrt{2 \times 2.25}} = \frac{706.9}{2.25} - \frac{94.2}{2.12} = 270$$

由於較大的晶粒面積為 2.25 倍大，所以每片晶圓上會有大約 2.25 倍多的較小晶粒：

$$每片晶圓的晶粒數 = \frac{\pi \times (30/2)^2}{1.00} - \frac{\pi \times 30}{\sqrt{2 \times 1.00}} = \frac{706.9}{1.00} - \frac{94.2}{1.41} = 640$$

然而，這樣只能求得每片晶圓上可放置的最多晶粒數。而真正重要的是：每一片晶圓上，能夠正常運作晶粒所佔的百分比，也就是**晶粒良率** (die yield) 是多少？一個積體電路良率的簡單模型中，我們假設損壞是隨機分佈在整個晶圓上，而良率和製程技術的複雜度成反比，所以我們可得以下公式：

$$晶粒良率 = 晶圓良率 \times 1/(1 + 每單位面積損壞數 \times 晶粒面積)^N$$

這個 Bose-Einstein 公式中的晶圓良率乃是縱覽許多生產線的良率所發展出來的經驗模型 [Sydow 2006]。式中的**晶圓良率** (wafer yield) 就是對於完全壞掉不需要去測試的晶圓所作的交待。為了簡單起見，我們假設晶圓良率是 100%。單位面積的損壞數是生產時隨機測量所得。在 2010 年時，根據製程的成熟度，對 40 奈米製程而言，每平方英寸的損壞數一般在 0.1 至 0.3 之間，亦即每平方公分 0.016 至 0.057 之間 (記得我們先前提到的學習曲線)。

最後，N 是一個稱為製程複雜度因素的參數，代表製造困難度，這個參數對晶粒良率有很大的影響。對 2010 年的 40 奈米製程而言，N 介於 11.5 至 15.5 之間。

範例 請找出邊長 1.5 公分及 1.0 公分的晶粒良率。假設缺陷密度為每平方公分 0.031 個且 N 為 13.5。

解答 整個晶粒面積為 2.25 平方公分和 1.00 平方公分。對於較大的晶粒，良率為

$$\text{晶粒良率} = 1 / (1 + 0.031 \times 2.25)^{13.5} = 0.40$$

對於較小的晶粒，良率為

$$\text{晶粒良率} = 1 / (1 + 0.031 \times 1.00)^{13.5} = 0.66$$

也就是說，大晶粒少於一半是良好的，但小晶粒卻有三分之二以上是良好的。

最後我們想得到每片晶圓上正常運作的晶粒數目。這可以從晶圓的晶粒數乘以晶粒良率獲得 (將損壞的影響列入)。從上面的例子，我們得知一個 300 毫米的晶圓上，如果晶粒為 2.25 平方公分，則能有 109 個運作良好的晶粒；如果晶粒為 1.00 平方公分，則能有 424 個運作良好的晶粒。許多微處理器就落在這兩種尺寸之間。有時低階 32 位元嵌入式處理器只有 0.10 平方公分那麼小，而用在嵌入式控制的處理器 (用於印表機、微波爐等) 通常更是小於 0.04 平方公分。

像 DRAM 和 SRAM 這種如流行商品一般須承受巨大價格壓力的產品，設計師會藉由重複一些元件來提高良率，這種方法已行之多年。DRAM 會規律性地多放一些記憶體單元，來容許相當程度的損壞發生。設計師在標準的 SRAM 和大型的 SRAM 陣列中 (用來當作微處理器內的快取記憶體) 也用了類似的技術。很顯然地，這種方式能有效地提高良率。

以先進技術來處理一個 300 毫米 (12 英寸) 的晶圓所需的成本在 2010 年時約為 5000 至 6000 美元之間。假設處理晶圓的成本為 5500 美元，那麼 1.00 平方公分的晶粒成本約為 13 美元，而 2.25 平方公分的晶粒成本約為 51 美元，可知晶粒稍大於 2 倍左右時成本約為 4 倍。

關於晶片的成本，計算機設計師要記住的是什麼呢？製程決定晶圓的成本、晶圓良率，和單位面積的損壞率，所以計算機設計師唯一能控制的是晶粒的面積。因為單位面積的損壞率很小，因此每個晶圓上可正常運作的晶粒數和每個晶粒的成本，粗略來說是和晶粒面積的平方成正比。所以計算機設

計師改變晶粒面積時,其成本也跟著改變。而晶粒的面積和成本則由其中功能的多寡和 I/O 的接腳數目所決定。

在我們使用晶粒之前,晶粒必須經過測試(分出晶粒的好壞)、封裝和封裝後再測試。這些程序都會增加成本。

上述的分析焦點著重在產生晶粒的變動成本,這種分析方式適合用在產量高的積體電路中。然而,對量少(少於 1 百萬個)的積體電路而言,固定成本影響更大,也就是指光罩的成本。積體電路處理的每一個步驟都需要一個個別的光罩。對新式的四到六層金屬層的高密度製程而言,光罩的價格通常超過 1 百萬美元。很顯然地,這個龐大的固定費用影響了雛形規劃與除錯程序的成本。對量小的產品來說,這個費用可能佔了大部份。因為光罩的價格可能愈來愈高,設計師可能要利用可重新規劃邏輯 (reconfigurable logic) 來增加彈性,或選擇使用閘陣列 (gate array)(含有較少的客戶訂製光罩),藉此降低光罩蘊含的成本。

成本相對於價格

隨著電腦成為流行商品,製造產品的成本與產品銷售的價格之間的相差幅度已經在縮小中。那些相差幅度則用來支付公司的研發 (R&D)、市場推廣、銷售、生產設備維修、建築物租金、財務成本、稅前盈餘和稅金。很多工程師驚訝地發現,大多數的公司只花 4% (個人電腦公司) 至 12% (高階伺服器公司) 的收入在研發上,其中還包括所有工程師的薪水。

製造成本相對於營運成本

本書前四版中,成本意味建造一部電腦的成本,而價格則意味購買一部電腦的價格。隨著含有數萬台伺服器的數位倉儲型電腦的來臨,除了購買成本之外,電腦的營運成本也重要起來。

如第 6 章所示,假設 IT 設備的壽命短到 3 至 4 年,購買伺服器和網路每月所分攤的價格剛好超過營運一組數位倉儲型電腦每月成本的 60%。每月營運成本約有 30% 是花在電源使用以及輸配電源和冷卻 IT 設備的設施分攤上,縱使該設施之分攤長達十年以上。因此,為了降低數位倉儲型電腦的營運成本,計算機設計師必須有效率地使用能源。

1.7 可信賴性

積體電路是計算機史上最可靠的元件之一。雖然它們的接腳或許脆弱,

並且跨越通訊頻道可能發生錯誤，但晶片內的錯誤率卻非常低。當我們面對 32 奈米或更小的特徵尺寸時，傳統智慧正在發生改變，因為瞬間錯誤與永久錯誤將變得比較稀鬆平常；所以結構設計師必須設計出能應付這些挑戰的系統。本節給予可信賴性方面一番快速的問題瀏覽，而將正式的名詞和方法之定義留給附錄 D 的 D.3 節。

計算機被設計與建構在不同的抽象層次。我們可以遞迴方式下降通過計算機，看看元件自我擴大至完全的子系統，直到跑進個別的電晶體為止。雖然有些錯誤很普遍，像功率損失，在一個模組當中許多錯誤卻能夠被限制在單一元件內。因此，在某個層次上一個模組的徹底故障可以僅僅想成是在一個更高層次模組當中某個元件的故障而已。在嘗試找到建構可信賴計算機的方式上，這種區別很有幫助。

困難的問題在於：決定一個系統什麼時候是在正確運作中。這個哲學性的觀點隨著網際網路服務的流行而變得具體化。基礎設施供應商開始提供**服務水準協議** (service level agreements, SLA) 或**服務水準目標** (service level objectives, SLO)，保證他們的聯網或供電服務會是可信賴的。例如，如果他們每個月超過某個時數無法滿足協議，便會賠償顧客的損失。因此，SLA 就有可能用來決定系統是啟動抑或當機。

系統會根據 SLA，在所提供服務的兩個狀態之間交替：

1. **服務完成** (service accomplishment)，提供的服務與 SLA 規定的相符。
2. **服務中斷** (service interruption)，提供的服務與 SLA 規定的不相符。

在上述兩個狀態之間的轉換是由於**故障** (failure)(由狀態 1 至狀態 2) 或是**復原** (restoration)(由狀態 2 至狀態 1)。將這些轉換加以量化便產生兩種對於可信賴性的主要測量方法：

- **模組可靠性** (module reliability) 是對於服務完成 (或者相當於至故障前的時間) 的一種量測。因此，發生故障的**平均間隔時間** (mean time to failure, MTTF) 是一種可靠性的量測方式，MTTF 的倒數則為故障的發生率。一般被描述為每 10 億小時運轉的故障數或者**時間內的故障數** (failure in time, FIT)。因此，1,000,000 小時的 MTTF 就等於 $10^9/10^6$ 或 1000 FIT。服務中斷是以**平均修復時間** (mean time to repair, MTTR) 的方式來量測。**故障間平均時間** (mean time between failures, MTBF) 就是 MTTF + MTTR 之和。雖然 MTBF 廣泛被使用，MTTF 卻是比較恰當的名詞。如果有一些模組的壽命呈指數分佈 —— 意味著模組的年齡在故障機率方面並不重要 —— 這些

模組的整體故障率就等於所有模組故障率的總和。
- **模組可用性** (module availability) 是依據完成與中斷兩個狀態之間的切換，對於服務完成的一種量測。對於可以修復的**無冗餘系統** (nonredundant system)，模組可用性在統計上量化為

$$模組可用性 = \frac{MTTF}{(MTTF + MTTR)}$$

請注意，可靠性與可用性現在都是可量化的量測單位，而不是可信賴性的同義字。從這些定義中，如果我們假設出元件的可靠性並假設故障是相互獨立的，我們可以量化地估算出一個系統的可靠性。

範例 假設一個磁碟子系統具有下列的元件及其 MTTF：
- 10 個磁碟，MTTF 為 1,000,000 個小時
- 1 個 ATA 控制器，MTTF 為 500,000 個小時
- 1 個電源供應器，MTTF 為 200,000 個小時
- 1 個電扇，MTTF 為 200,000 個小時
- 1 條 ATA 連接線，MTTF 為 1,000,000 個小時

我們簡化假設各個部份之壽命呈指數分佈，這表示各部份的已使用時間與故障的機率無關，同時假設不同的故障是彼此獨立的，試計算整個系統的 MTTF。

解答 故障率的總和等於

$$故障率_{系統} = 10 \times \frac{1}{1,000,000} + \frac{1}{500,000} + \frac{1}{200,000} + \frac{1}{200,000} + \frac{1}{1,000,000}$$

$$= \frac{10 + 2 + 5 + 5 + 1}{1,000,000 \text{ 小時}} = \frac{23}{1,000,000} = \frac{23,000}{1,000,000,000 \text{ 小時}}$$

或 23,000 FIT。系統的 MTTF 即為故障率的倒數：

$$MTTF_{系統} = \frac{1}{故障率_{系統}} = \frac{1,000,000,000 \text{ 小時}}{23,000} = 43,500 \text{ 小時}$$

或者稍少於 5 年。

應付故障的主要方式為複本冗餘法，不是在時間上 (重複動作看看是否依舊錯誤)，就是在資源上 (令其他元件接管故障者)。一旦更換了元件而完全修復系統，系統的可信賴性就被假設為同新的一樣良好。讓我們用一個例子來量化地示範複本冗餘法的好處。

範例 磁碟機子系統往往具有冗餘的電源供應器系以改善可信賴性。試使用上述的元件與 MTTF，計算冗餘的電源供應器系的可靠性。假設一個電源供應器即足以運作磁碟子系統，而且我們只加入一個多餘的電源供應器。

解答 我們需要一個式子以顯示：當我們可以容忍故障而仍能提供服務時所期待的是什麼。為了簡化計算，我們假設元件的壽命呈現指數型分佈且元件故障之間並無相依性。多餘的電源供應器系的 MTTF 乃是一個電源供應器故障前的平均時間，除以第一個故障的電源供應器被更換前另一個電源供應器會故障的機率。因此，如果修復第一個故障的電源供應器之前發生第二次故障的機率很小的話，那麼這一對電源供應器的 MTTF 就很大。

由於我們具有兩個電源供應器和彼此不相關的故障，其中任何一個故障之前的平均時間即為 MTTF$_{電源供應器}$/2。第二次故障機率的良好近似為：MTTR 除以另外一次故障之前的平均時間。因此，對於這一對多餘的電源供應器而言，其合理近似即為：

$$\text{MTTF}_{電源供應器對} = \frac{\text{MTTF}_{電源供應器}/2}{\frac{\text{MTTR}_{電源供應器}}{\text{MTTF}_{電源供應器}}} = \frac{\text{MTTF}^2_{電源供應器}/2}{\text{MTTR}_{電源供應器}}$$

$$= \frac{\text{MTTF}^2_{電源供應器}}{2 \times \text{MTTR}_{電源供應器}}$$

使用前述的 MTTF 數字，並假設作業人員平均要花費 24 小時去注意到一個電源供應器已經故障了而加以更換，則容忍錯誤的電源供應器對之可靠性即為：

$$\text{MTTF}_{電源供應器對} = \frac{\text{MTTF}^2_{電源供應器}}{2 \times \text{MTTR}_{電源供應器}} = \frac{200,000^2}{2 \times 24} \cong 830,000,000$$

這使得電源供應器對比起單一的電源供應器要可靠 4150 倍。

將計算機科技的成本、功率和可信賴性加以量化之後，我們就準備將效能加以量化。

1.8 效能的量測、報告與總結

當我們說這部電腦比另一部快時，這意味著什麼呢？當使用桌上型電腦時，如果一個程式執行花費較少的時間，我們可以說它比較快。而 Amazon.com 的管理者或許會說：每小時完成較多交易量的電腦才是比較快。電腦使用者在乎的是縮短**回應時間** (response time) —— 回應時間指的是一個事件從

開始到結束所花的時間 —— 也稱為**執行時間** (execution time)。一個數位倉儲型電腦的操作員在乎的是提高**流通量** (throughput) —— 給定時間內所能完成的總工作量。

在比較兩種設計時,我們通常拿這兩部電腦的效能相比,假定稱為 X 與 Y。如果我們說「X 比 Y 快」,指的就是 X 的回應時間或執行時間比 Y 短。特別是,「X 比 Y 快 n 倍」,就是指:

$$\frac{執行時間_Y}{執行時間_X} = n$$

因為執行時間和效能互為倒數,因此可得到下列關係式:

$$n = \frac{執行時間_Y}{執行時間_X} = \frac{\frac{1}{效能_Y}}{\frac{1}{效能_X}} = \frac{效能_X}{效能_Y}$$

「X 的流通量是 Y 的 1.3 倍」這句話在這裡指的是單位時間內 X 完成的任務數目是 Y 的 1.3 倍。

不幸的是,工業界在比較計算機效能時,皆未引用時間當標準。為了容易瞭解,幾種常見的量測標準已經被當成量測計算機效能的萬用標準,反而使得這些量測標準沒有正確使用在原來的用途上,而被誤用。筆者認為唯一一致且可靠的量測標準是各種真正程式的執行時間。除此之外,對於真正程式而言,其他的量測標準都有可能導致錯誤的效能報告,甚或誤導計算機的設計。

根據我們考量的不同,甚至執行時間也有好幾種定義。其中最直接了當的就是**壁鐘時間** (wall-clock time)、**回應時間** (response time) 和**處理時間** (elapsed time),就是完成一件工作所需的時間延遲,其中包含磁碟存取時間、記憶體存取時間、輸出/入動作、作業系統工作等。在多工處理的環境下,處理器在等待輸出/入的同時,會去處理其他程式,這樣並不能減少程式的處理時間。因此,我們需要一個專有名詞來將此納入考量。CPU 時間能區別之間的差異。**CPU 時間** (CPU time) 指的是處理器用於該程式計算所花的時間,不含等待輸出/入及執行其他程式的時間。(很明顯地,相對之下使用者所看到的回應時間指的是程式的處理時間,而不是 CPU 時間。)

例行性執行相同程式的計算機使用者,將會是評估新計算機的最適人選。在評估此新系統時,他只要簡單地比較它們的**工作負載** (workload) 之執行時間 —— 使用者在一部電腦上執行的程式和作業系統指令之混合。然

而，這種令人高興的情形相當少見。大多數情況都得仰賴其他方法來評估計算機，而且其他評估者也期望這些方法能預測出他們在使用新計算機時的效能。

標準效能測試程式

量測效能的標準效能測試程式 (benchmark) 之最佳選擇是經由真實的應用，例如 1.1 節的 Google Goggles。嘗試去執行遠比真實應用更加簡化的程式已經導致步入陷阱，例子包括：

- 核心，是一些真實應用上小而關鍵的程式片段。
- 玩具程式，是一些從開始進行指定規劃而來的 100 線程式，例如快速分類排序。
- 合成型標準效能測試程式，是一些虛設的程式，發明來嘗試匹配真實應用的形貌和行為，例如 Dhrystone。

今天所有這三種程式都不可信任了，通常是因為編譯器撰寫人與結構設計師可能圖謀，讓計算機在這些程式上顯得比在真實應用程式要快。令本書作者沮喪的是，在第四版中我們遺漏了有關使用合成型程式去臧否效能的謬誤，因為我們認為計算機設計師都同意那是不對的。但是合成型程式 Dhrystone 對於嵌入式處理器而言，卻依舊是最廣泛引用的標準效能測試程式。

另一個問題是：標準效能測試程式是在哪些狀況下去執行。改良標準效能測試程式效能的一種方式是使用標準效能測試程式特定旗標；這些旗標往往造成一些在許多程式上會是違規的、在其他程式上則會使效能慢下來的轉換。為了限制此種過程並增進測試結果的重要性，標準效能測試程式開發者往往要求廠商針對所有以相同語言寫成的程式 (C++ 或 C) 均使用一種編譯器和一組旗標。除了編譯器旗標的問題外，另一個問題為：是否允許修改來源碼。有三種不同途徑可定位此問題：

1. 不允許修改來源碼。
2. 允許修改來源碼，但實質上不可能。例如，資料庫標準效能測試程式倚賴於幾千萬行程式碼的標準資料庫程式，資料庫公司極不可能為了一台特定計算機去做改變以增強其效能。
3. 允許修改來源碼，只要修改版產生相同的輸出。

標準效能測試程式設計師在決定允許修改來源碼所面對的關鍵問題是：

是否如此之修改將反映出實務並提供給使用者有用的洞察，或者如此之修改只是減少了標準效能測試程式作為真實效能預測者的精確性而已。

為了克服將所有雞蛋放在同一個籃子內的風險，標準效能測試程式應用集，稱為**標準效能測試程式套件** (benchmark suites)，成為具有多種應用程式的處理器效能的普遍量測方式。當然，這樣的套件只不過同組成的個別的標準效能測試程式一樣好；然而，此套件的一個關鍵優點為：任何一種標準效能測試程式的弱點會被其他標準效能測試程式的存在所糾正。標準效能測試程式套件的目標為：它將描述出兩台計算機的相對效能，特別是對於顧客可能去執行、卻不在套件內的程式而言。

作為一個謹慎的範例，EDN 嵌入式微處理器標準效能測試程式整合組 (Electronic Design News Embedded Microprocessor Benchmark Consortium，或 EEMBC，發音為 embassy) 乃是一組 41 個核心標準效能測試程式，用以預測不同的嵌入式應用程式之效能：汽車上/工業上、消費性、聯網、辦公室自動化以及遠距通訊。EEMBC 報告了未修正的效能，和幾乎所有事情都辦到的「完全猛烈」效能。但因這些標準效能測試程式使用了核心程式，又因報告的各種選項，在這個領域內，EEMBC 對於不同嵌入式電腦之間的相對效能並未擁有良好預測者之名聲。就因為缺乏成功，致使 EEMBC 嘗試想要取代的 Dhrystone 仍舊被採用。

創造標準效能測試程式應用套件最成功的嘗試之一就是 SPEC (Standard Performance Evaluation Corporation)，該公司自 1980 年代末期就致力於發展工作站的標準效能測試程式。隨著計算機工業的演進，不同標準效能測試程式套件的需求也跟著出現，目前 SPEC 標準效能測試程式套件涵蓋了許多的應用程式類型，也有其他以 SPEC 模型為基礎的組合。所有 SPEC 標準效能測試程式都有說明文件，也有結果報告陳列在 www.spec.org 網頁上。

雖然在隨後的許多小節中，我們將集中討論 SPEC 標準效能測試程式，但是也有許多標準效能測試程式是為了執行 Windows 作業系統的個人電腦所開發的。

桌上型標準效能測試程式

桌上型電腦的標準效能測試程式分成兩大類：以 CPU 運作為主的標準效能測試程式和以繪圖運作為主的標準效能測試程式 (雖然很多以繪圖運作為主的標準效能測試程式包含了很多密集的 CPU 運算)。SPEC 最先製作了一套測試 CPU 效能的標準效能測試程式 (一開始叫做 SPEC89)，一直演變成第五代：SPEC CPU2006，追隨在 SPEC2000、SPEC95、SPEC92 和 SPEC89

之後。SPEC CPU2006 包含一組 12 個整數型標準效能測試程式 (CINT2006) 和 17 個浮點型標準效能測試程式 (CFP2006)。圖 1.16 描述了目前的 SPEC 標準效能測試程式以及它們的傳承。

　　SPEC 標準效能測試程式是經由修改實際程式而來的，修改的目的是為了可攜性並且將輸出／入對標準效能測試程式效能的影響降到最低。整數型標準效能測試程式包含從西洋棋程式的 C 編譯器變化到量子計算機的模擬。浮點型標準效能測試程式則包括結構化的有限元素模型化晶格式程式碼、分子動力學的粒子方法程式碼以及流體力學的簡約式線性代數程式碼。SPEC CPU 套件適用於桌上型系統和單一處理器伺服器的處理器測試。我們將會在本書中看到許多這些程式的執行結果。但是，請注意，這些程式與 1.1 節所描述的程式語言和環境以及 Google Goggles 應用程式沒有什麼共用之處，當中 7 個使用 C++、8 個使用 C、9 個使用 Fortran！它們甚至靜態地連結在一起，而應用程式本身則是單調的。並不清楚 SPECINT2006 與 SPECFP2006 是否有捕捉到計算方面在 21 世紀的激盪情況。

　　在 1.11 節中，我們描述了開發 SPEC 標準效能測試程式套件所發生的陷阱，連同維護一個有用且有預測性的標準效能測試程式套件所面臨的挑戰。

　　雖然 SPEC CPU2006 目標是對準處理器效能，但 SPEC 也提供了許多其他的標準效能測試程式。

伺服器標準效能測試程式

　　因為伺服器有多重用途，所以也有很多種不同的標準效能測試程式。其中最簡單的大概就是以 CPU 流通量 (throughput) 為導向的標準效能測試程式。SPEC CPU2000 利用 SPEC CPU 標準效能測試程式建構了一個簡單的流通量標準效能測試程式。其方法是執行很多份 (通常和 CPU 數目一樣多) 的 SPEC CPU 標準效能測試程式，再將 CPU 時間轉換成速率。如此一來，就能測得多處理器的處理速率。這種量測稱之為 SPECrate，乃是一種 1.2 節的需求階層平行化的量度。為了量測執行緒階層平行化，SPEC 提供了他們所稱高效能計算的標準效能測試程式，圍繞在 OpenMP 與 MPI 周圍。

　　除了 SPECrate，大多數伺服器應用程式和標準效能測試程式都有來自磁碟機或網路交通所造成的大量輸出／入運算，像是檔案伺服器、網頁伺服器及資料庫和交易處理系統的標準效能測試程式。SPEC 提供了檔案伺服器 (SPECSFS) 和網頁伺服器 (SPECWeb) 的兩個標準效能測試程式。SPECSFS 是透過一個使用檔案伺服器的測試輸入來測量 NFS [網路檔案系統 (Network File System)] 的效能；它會同時測試輸出／入系統 (磁碟機和網路) 和 CPU

SPEC 各世代標準效能測試程式名稱

SPEC2006 標準效能測試程式描述	SPEC2006	SPEC2000	SPEC95	SPEC92	SPEC89
GNU C 編譯器	←	←	←	←	gcc
直譯的字串處理	←	←	perl		espresso
組合的最佳化	←	mcf			li
區段搜尋壓縮	←	bzip2		compress	eqntott
Go 遊戲 (AI)	go	vortex	go	sc	
視訊壓縮	h264avc	gzip	ijpeg		
遊戲 / 路徑尋找	astar	eon	m88ksim		
搜索基因序列	hmmer	twolf			
量子計算機模擬	libquantum	vortex			
分立的事件模擬庫	omnetpp	vpr			
西洋棋遊戲 (AI)	sjeng	crafty			
XML 分析	xalancbmk	parser			
CFD/ 疾波	bwaves				fpppp
數值相關性	cactusADM				tomcatv
有限元素程式碼	calculix				doduc
微分方程式求解架構	dealll				nasa7
量子化學	gamess				spice
電磁波求解 (頻率 / 時間領域)	GemsFDTD		swim		matrix300
可調式分子動力學 (~NAMD)	gromacs	apsi	hydro2d		
晶格式波茲曼方法 (流體 / 空氣流)	lbm	mgrid	su2cor		
大渦流模擬 / 擾動式 CFD	LESlie3d	wupwise	applu	wave5	
晶格式量子色動力學	milc	apply	turb3d		
分子動力學	namd	galgel			
影像射線追蹤	povray	mesa			
簡約式線性代數	soplex	art			
語音辨識	sphinx3	equake			
量子化學 / 物件導向	tonto	facerec			
氣候研究和預測	wrf	ammp			
磁電式氫動力學 (天體物理學)	zeusmp	lucas			
		fma3d			
		sixtrack			

圖 1.16 SPEC 2006 程式以及隨時間改變的 SPEC 標準效能測試程式。其中粗線以上為整數型程式，粗線以下為浮點型程式。在 12 個 SPEC2006 整數型程式當中，9 個是用 C 寫成，其餘是用 C++。對浮點型程式而言，其區分為：6 個用 Fortran、4 個用 C++、3 個用 C、4 個混用 C 與 Fortran。圖中顯示所有發表在 1989 年、1992 年、1995 年、2000 年和 2006 年的 70 個程式。左邊的標準效能測試程式描述僅針對 SPEC2006，並不適用於早先的版本。同一列的不同世代 SPEC 程式一般而言並不相關；例如，fpppp 並不是像 bwaves 的 CFD 程式碼。gcc 則是群組中的資深成員。只有 3 個整數型程式和 3 個浮點型程式生存了三個或更多個世代。請注意，所有浮點型程式對 SPEC2006 而言都是新的。雖然有幾個程式從一個世代被攜至另一世代，但程式版本改變了，標準效能測試程式的輸入或大小通常也改變了，以增加其執行時間，並避免量測上的干擾，或避免非 CPU 時間的其他因素在執行時間上佔優勢。

效能。SPECSFS 是一個流通量導向的標準效能測試程式，但是有回應時間限制。(附錄 D 將會深入探討一些檔案和輸出／入系統的標準效能測試程式。) SPECWeb 是一個測試網頁伺服器的標準效能測試程式，它模擬多個客戶端對伺服器發出靜態和動態的網頁需求，還有客戶端也會張貼資料到伺服器上。SPECjbb 量測以 Java 撰寫的網路應用程式的效能。SPECvirt_Sc2010 是最近的 SPEC 標準效能測試程式，評估虛擬化資料中心伺服器的端點對端點效能，包括硬體、虛擬機層次以及虛擬化的訪客作業系統。另一個最近的 SPEC 標準效能測試程式則是量測功率，我們會在 1.10 節加以檢視。

交易處理 (transaction-processing, TP) 標準效能測試程式主要是用來測量系統處理交易的能力，它是由資料庫存取和更新所組成。最常見的 TP 例子有航空公司訂位系統和銀行的 ATM 系統；更複雜的 TP 系統還會牽涉到複雜資料庫和決策的裁定。在 1980 年代中期，一群熱心的工程師成立了一個和廠商無關的交易處理協會 (Transaction Processing Council, TPC) 來為交易處理建立一個實用且公平的標準效能測試程式。TPC 標準效能測試程式在 www.tpc.org 有清楚的描述。

第一個 TPC 標準效能測試程式 TPC-A，公佈於 1985 年，到目前已經改版了幾次。TPC-C 於 1992 年建立，用來模擬複雜的查詢環境。TPC-H 模型增加了特別的 (ad hoc) 決策支援 —— 無關的查詢和過去查詢的知識無法用來做未來查詢的最佳化；TPC-E 是一個新的線上交易處理式 (On-Line Transaction Processing, OLTP) 工作負載，可模擬經紀公司的客戶帳。最近期的成就為 TPC Energy，將能量標度加入所有現存的 TPC 標準效能測試程式。

這些 TPC 標準效能測試程式是以每秒鐘能處理幾個交易來決定效能的好壞。此外，它們也有回應時間的限制，所以流通量效能只有在合乎回應時間限制時才會估算。為了模擬出實際的系統，大系統的交易量也較多，這兩者是以使用者和資料庫交易量的多寡來判定的。最後，標準效能測試程式系統也必須列入考慮，這樣才能提供正確的成本 – 效能比。TPC 修改了售價政策，使得所有的 TPC 標準效能測試程式之規格單一化，好讓 TPC 公告的售價得到驗證。

報告效能結果

效能測量結果報告的指導原則應該是具**重製性** (reproducibility) 的 —— 列出所有必要的部份，讓其他實驗者也能重複實驗而得到相同的結果。一份 SPEC 標準效能測試程式報告在公佈標準測試結果和最佳化後測試結果的同時，也要提供測試計算機和測試時所使用的編譯器選項等多方面說明。除了

硬體、軟體和一些參數如何調整的描述外，一份 SPEC 測試報告還包括以表列和圖形的方式顯示實際的效能倍數。TPC 標準效能測試程式報告則更為複雜，因為它必須包含測試的稽核結果以及成本資訊。這些報告乃是找出計算機系統真實成本的絕佳來源，因為製造商就是在高效能和成本–效能比方面處於競爭的局面。

總結效能結果

實際的計算機設計中，您必須橫跨一整套相信是合宜的標準效能測試程式，針對相對的量化益處，評估無數的設計選擇。同樣地，嘗試選擇一台電腦的消費者也將倚賴標準效能測試程式所做的效能量測，希望能類似於使用者的應用程式。在這兩種情況下，針對一整套標準效能測試程式去做量測──使得重要應用程式的效能會類似於套件中一個或多個標準效能測試程式的效能，也使得效能上的變異性能夠被瞭解──都是有用的。理想情況下，套件有如應用空間中統計上的有效樣本；但比起通常在大多數套件中所找到的標準效能測試程式而言，這樣的樣本需要更多的標準效能測試程式，並且需要一種隨機式取樣，這種隨機式取樣基本上不為任何標準效能測試程式套件所使用。

一旦我們選擇了使用標準效能測試程式套件去量測效能，我們就會想要用單一的數字去總結出套件的效能結果。有一種直截了當計算總結結果的方式，便是去比較套件中程式執行時間的算術平均值。某些 SPEC 程式花費了其他程式 4 倍長的時間，萬一算術平均值是用來總結效能的單一數字，那些程式就會是最重要的程式。另一種辦法便是在每一個標準效能測試程式加上加權值，然後採用加權算術平均值作為總結效能的單一數字。問題是如何揀選加權值；因為 SPEC 乃是競爭公司的集合體，每一家公司都可能有它們自己最愛的加權值組合，很難達成共識。一種方式是採用使得所有程式在某一台參考電腦上都執行出相同時間的加權值組合，但此種方式卻造成結果會偏向參考電腦的效能特性。

不用揀選加權值，我們可以將執行時間對一台參考電腦進行正規化，用參考電腦上的時間去除估測電腦上的時間，產生與效能成比例的比率。SPEC 採用此種方式，將該比率稱為 SPECRatio。它具有一種特別有用的性質，符合我們在本書中比較電腦效能的方式──也就是比較效能比率。例如，假設電腦 A 在一個標準效能測試程式上的 SPECRatio 比電腦 B 高 1.25 倍，則可知：

$$1.25 = \frac{\text{SPECRatio}_A}{\text{SPECRatio}_B} = \frac{\dfrac{\text{執行時間}_{\text{參考}}}{\text{執行時間}_A}}{\dfrac{\text{執行時間}_{\text{參考}}}{\text{執行時間}_B}} = \frac{\text{執行時間}_B}{\text{執行時間}_A} = \frac{\text{效能}_A}{\text{效能}_B}$$

請注意，參考電腦上的執行時間被約分掉了，當以比率去進行比較時，參考電腦的選用就無所謂了，這正是我們前後一致在使用的方式。圖 1.17 給了一個範例。

因為 SPECRatio 是一個比率值而非一個絕對的執行時間，所以其平均值必須使用**幾何** (geometric) 平均值去計算。(由於 SPECRatio 沒有單位，以算術方式去比較 SPECRatio 是沒有意義的。) 其公式為：

$$\text{幾何平均值} = \sqrt[n]{\prod_{i=1}^{n} \text{樣本}_i}$$

在 SPEC 的例子中，**樣本**$_i$ 即為程式 i 的 SPECRatio。使用幾何平均值確保了兩種重要性質：

1. 比率的幾何平均值與幾何平均值的比率相同。
2. 幾何平均值的比率相等於效能比率的幾何平均值，意即參考電腦的選用是無關緊要的。

因此，使用幾何平均值的動機具有實質上的重要性，特別是當我們使用效能比率去進行比較時。

範例 試證明幾何平均值的比率相等於效能比率的幾何平均值，且與 SPECRatio 的參考計算機無關。

解答 假設兩台電腦 A 與 B，每一台都有一組 SPECRatios。

$$\frac{\text{幾何平均值}_A}{\text{幾何平均值}_B} = \frac{\sqrt[n]{\prod_{i=1}^{n}\text{SPECRatio A}_i}}{\sqrt[n]{\prod_{i=1}^{n}\text{SPECRatio B}_i}} = \sqrt[n]{\prod_{i=1}^{n}\frac{\text{SPECRatio A}_i}{\text{SPECRatio B}_i}}$$

$$= \sqrt[n]{\prod_{i=1}^{n}\frac{\dfrac{\text{執行時間}_{\text{參考}_i}}{\text{執行時間}_{A_i}}}{\dfrac{\text{執行時間}_{\text{參考}_i}}{\text{執行時間}_{B_i}}}} = \sqrt[n]{\prod_{i=1}^{n}\frac{\text{執行時間}_{B_i}}{\text{執行時間}_{A_i}}} = \sqrt[n]{\prod_{i=1}^{n}\frac{\text{效能}_{A_i}}{\text{效能}_{B_i}}}$$

也就是說，A 與 B SPECRatios 幾何平均值的比率相等於套件中所有標準效能測試程式 A 對 B 效能比率的幾何平均值。圖 1.17 示範了使用 SPEC 範例的有效性。

標準效能測試程式	Ultra 5 時間（秒）	Opteron 時間（秒）	SPECRatio	Itanium 2 時間（秒）	SPECRatio	Opteron/Itanium 時間（秒）	Itanium/Opteron SPECRatios
wupwise	1600	51.5	31.06	56.1	28.53	0.92	0.92
swim	3100	125.0	24.73	70.7	43.85	1.77	1.77
mgrid	1800	98.0	18.37	65.8	27.36	1.49	1.49
applu	2100	94.0	22.34	50.9	41.25	1.85	1.85
mesa	1400	64.6	21.69	108.0	12.99	0.60	0.60
galgel	2900	86.4	33.57	40.0	72.47	2.16	2.16
art	2600	92.4	28.13	21.0	123.67	4.40	4.40
equake	1300	72.6	17.92	36.3	35.78	2.00	2.00
facerec	1900	73.6	25.80	86.9	21.86	0.85	0.85
ammp	2200	136.0	16.14	132.0	16.63	1.03	1.03
lucas	2000	88.8	22.52	107.0	18.76	0.83	0.83
fma3d	2100	120.0	17.48	131.0	16.09	0.92	0.92
sixtrack	1100	123.0	8.95	68.8	15.99	1.79	1.79
apsi	2600	150.0	17.36	231.0	11.27	0.65	0.65
幾何平均值			20.86		27.12	1.30	1.30

圖 1.17 SPECfp2000 在 Sun Ultra 5 —— SPEC2000 的參考電腦 —— 上的執行時間 (以秒為單位) 以及 AMD Opteron 和 Intel Itanium 2 的執行時間與 SPECRatio。(SPEC2000 會將執行時間比率乘以 100 而從結果中移除小數點，所以 20.86 會被報成 2086。) 最後兩欄顯示執行時間比率與 SPECRatio。本圖示範出參考電腦在相對效能方面是無關緊要的。執行時間比率等同於 SPECRatio 的比率，且幾何平均值的比率 (27.12/20.86 = 1.30) 也等同於 SPECRatio 比率的幾何平均值 (1.30)。

1.9　計算機設計的計量原則

到目前為止，我們已經討論過如何定義、測量和總結效能、成本、可信賴性、能量與功率，我們可以探討在計算機設計和分析上一些有用的方針和原則。本節將介紹有關於設計的一些重要觀察，以及用來評估不同選擇的兩個方程式。

利用平行化

利用平行化乃是改善效能最重要的方法之一。本書中每一章都具有效能如何經由平行化的運用而增強的例子。這裡我們給 3 個簡短的範例，在後面的章節中會有詳細說明。

我們第一個範例是在系統層次上去使用平行化。為了改善在一個典型伺

服器標準效能測試程式上──例如 SPECWeb 或 TPC-C 的流通量效能，可以使用多處理器和多磁碟機。處理需求的工作負載便可分散至多個處理器和磁碟機當中，造成流通量的改善。有能力擴充記憶體以及處理器和磁碟機的數目便稱為**可擴充性** (scalability)，乃是伺服器有價值的資產。將資料散佈到許多磁碟機中而進行平行讀寫，便開啟了資料階層平行化。SPECWeb 也倚賴需求階層平行化去使用許多的處理器，TPC-C 則使用執行緒階層平行化快速處理資料庫查詢。

在個別的處理器階層上，於指令中利用平行化，對於達成高效能是具有關鍵性的。最簡單的方式之一便是經由管線化。(在附錄 C 中有更詳細的說明，並且也是第 3 章的主要焦點。) 管線化背後的基本觀念乃是將指令之執行重疊而減少完成指令序列的整體時間。讓管線化運作的關鍵洞見為：並非任何一道指令都取決於它的前一道指令，因此完全或部份平行去執行多道指令是有可能的。管線化乃是指令階層平行化的最著名範例。

平行化也可以運用在細部的數位設計層次上。例如，集合關聯式快取使用了多組記憶體，通常會被平行搜尋來找到想要的項目。新式的 ALU (算術邏輯單元) 使用了前瞻進位，使用平行化去加速計算總和的過程，使得運算速度與運算元位元數目的關係從線性改善為對數式。這些都是資料階層平行化的進一步範例。

區域性原理

重要的基本觀察都是來自於程式的性質。我們慣常利用的最重要的程式性質便是**區域性原理** (principle of locality)：程式傾向於重複使用它們最近才用過的資料及指令。一個廣為接受的經驗法則是一個程式在僅僅 10% 的程式碼上面花費了 90% 的執行時間。區域性原理暗示：我們可以基於一個程式在最近的過去所存取的內容，合理精確地預測它在最近的未來將會用到哪些指令和資料。區域性原理也可以用在資料存取上，雖然不如程式碼存取一般強大。

有兩種不同形式的區域性原理被觀察到。**時間區域性** (temporal locality) 闡述：最近所存取的項目有可能在最近的未來被存取。**空間區域性** (spatial locality) 則闡述：位址彼此接近的項目往往在時間上相近而一併被引用。我們將會在第 2 章看到這些原理的應用。

重視常見的情況

在計算機的設計中，最重要且普遍的原則應該就是重視常見的情況。也

就是說,在設計時的取捨,一定要對經常發生的一方有利。這個原則同樣也應用在資源分配上,因為若花費在經常發生的事件上,改進的影響力才會比較大。

重視常見的情況對功率是有用的,對資源分配與效能也能發揮作用。處理器的指令提取和解碼單元可能遠比乘法器更常被用到,所以先將其最佳化。它在可信賴性方面也有用;如下一節所述,若任一處理器的資料庫伺服器擁有 50 部磁碟機,儲存的可信賴性將凌駕系統的可信賴性。

此外,經常發生的事件通常較簡單,因此也能比不常出現的事件做得更快。例如,在 CPU 中兩數相加時,溢位發生的機會非常少。因此,當我們要改進效能時,只需對沒有溢位的一般情況做最佳化設計。這樣當溢位發生時,或許會變得比較慢,但是因為溢位很少發生,整體的效能還是會因為對一般的情況做最佳化而獲得改進。

在本書中,我們將看到許多使用該原則的例子。在採用此簡單原則時,我們必須知道哪一種情況較常發生,以及改進後效能可增進多少。**Amdahl 定律** (Amdahl's law) 能將此原則量化。

Amdahl 定律

藉由改進電腦中某一部份所得到的效能增進,可用 Amdahl 定律計算出來。Amdahl 定律說明的是:藉由使用某種較快的執行方式所增進的效能,會受限於可以採用這種執行方式所佔的時間比例。

Amdahl 定律定義了利用某一功能所得到的**速度提升** (speedup)。何謂速度提升呢?假設我們能強化一部電腦,使其效能得以改進,則其速度提升為:

$$速度提升 = \frac{整體任務效能\,(可能時便使用強化)}{整體任務效能\,(不使用強化)}$$

另一種表示式為

$$速度提升 = \frac{整體任務執行時間\,(不使用強化)}{整體任務執行時間\,(可能時便使用強化)}$$

我們可以藉由速度提升得知,相對於原來的電腦,強化後的電腦執行一件工作會比原來的快多少。

Amdahl 定律提供了一個快速計算速度提升的方法,它主要取決於下列兩項因素:

1. 在原來的電腦上,能強化的部份佔整個計算時間的比例:例如,如果執行一個程式要花 60 秒,其中的 20 秒可以加以強化。因此可以強化的比例為 20/60。這個值我們稱為比例$_{強化後}$,其值恆小於 1。
2. 執行模式強化後所得到的改進;也就是說,如果針對整個程式採用強化模式,執行該任務會快多少:也就是原始模式所花的時間除以強化模式所花的時間。如果程式某部份使用強化模式要花 2 秒,而原始模式要花 5 秒,則改進的比例為 5/2。我們稱此值為速度提升$_{強化後}$,其值恆大於 1。

使用採強化模式的原始電腦之執行時間,即為使用該電腦未強化部份所花的時間加上使用強化所花的時間:

$$執行時間_{新} = 執行時間_{舊} \times \left[(1 - 比例_{強化後}) + \frac{比例_{強化後}}{速度提升_{強化後}} \right]$$

因此整體速度提升的比例為:

$$速度提升_{整體} = \frac{執行時間_{舊}}{執行時間_{新}} = \frac{1}{(1 - 比例_{強化後}) + \dfrac{比例_{強化後}}{速度提升_{強化後}}}$$

範例 假設我們欲強化一部用來作 Web 服務的伺服器的處理器。新的 CPU 在 Web 服務的計算上比原來的快 10 倍。假設原本的 CPU 有 40% 的時間是在計算,而 60% 的時間是在等待 I/O,請問強化後整體的速度提升是多少?

解答 比例$_{強化後}$ = 0.4
速度提升$_{強化後}$ = 10

$$速度提升_{整體} = \frac{1}{0.6 + \dfrac{0.4}{10}} = \frac{1}{0.64} \approx 1.56$$

Amdahl 定律說明了報酬遞減的法則 (the law of diminishing return):如果只對整個計算的一部份改進效能,整體的速度提升一定小於這一部份的速度提升。Amdahl 定律的一個重要推論是,如果只增進整個工作某部份,則我們所得到的整體速度提升不會超過 1 減去這個比例的倒數。

使用 Amdahl 定律時最常犯的錯誤就是把「**可強化**的時間比例」和「**強化後**所佔的時間比例」搞混。如果我們所測量的是強化後的時間,而非可強化的時間,用 Amdahl 定律所計算的結果一定是錯的。

Amdahl 定律能夠讓我們知道一種強化方法可以增進多少效能。也提供一個如何分配資源的方向,讓我們改進成本 – 效能比。很明顯地,其目標是要將資源用在最花時間的地方。用 Amdahl 定律來比較兩個系統的效能尤其有用,但是它也可以用來比較兩種處理器設計的好壞,如下面範例所示。

範例 在一繪圖引擎中最常用到的轉換運算就是開根號 (square root)。浮點數運算 (FP) 中負責開根號的硬體可以讓計算平方根的速度大為提升,尤其是那些用來做圖形處理的處理器。假設浮點數運算的平方根 (FPSQR) 在一個很重要的測試程式中佔所有執行時間的 20%。有一個建議是增加 FPSQR 硬體,讓此運算能加快 10 倍。另一個建議是改進所有的浮點數運算指令,讓它們比原來快 1.6 倍;浮點數運算指令佔所有指令的 50%。設計工程師有把握花同樣的工夫去加快平方根的速度,或是將所有的浮點數運算指令提升 1.6 倍。試比較這兩種改進方法。

解答 我們可以比較這兩種方法的速度提升幅度:

$$速度提升_{FPSQR} = \frac{1}{(1-0.2) + \frac{0.2}{10}} = \frac{1}{0.82} = 1.22$$

$$速度提升_{FP} = \frac{1}{(1-0.5) + \frac{0.5}{1.6}} = \frac{1}{0.8125} = 1.23$$

改進浮點數運算指令的效果會好一點,因為提升的比例較高。

Amdahl 定律可以超越效能而加以應用。經由複本冗餘法將電源供應器的可靠性從 200,000 小時 MTTF 改善為 830,000,000 小時 MTTF (亦即變好 4150 倍) 之後,讓我們重作 35 頁的可靠性範例。

範例 磁碟機子系統故障率之計算為

$$故障率_{系統} = 10 \times \frac{1}{1,000,000} + \frac{1}{500,000} + \frac{1}{200,000} + \frac{1}{200,000} + \frac{1}{1,000,000}$$

$$= \frac{10+2+5+5+1}{1,000,000 \text{ 小時}} = \frac{23}{1,000,000 \text{ 小時}}$$

所以,故障率可能被改善的部份乃是每百萬小時之 5 對整個系統的 23,亦即 0.22。

解答 可靠性改善會是：

$$改善_{電源供應器對} = \frac{1}{(1-0.22) + \frac{0.22}{4150}} = \frac{1}{0.78} = 1.28$$

雖然模組的可靠性改善高達令人印象深刻的 4150 倍，從系統觀點上，此種改變卻只得到適度的小利益而已。

在以上範例中，我們需要的是新的且已改進的版本所用掉的比例；通常很難直接量測這兩個時間。在下一小節，我們將介紹另一種比較的方法。此種方法將 CPU 的執行時間分成三個部份。如果我們知道一種設計方法如何影響這三個部份，我們就能知道其對整體效能的影響。再者，硬體在真正被設計出來之前，經常有可能先建立模擬軟體去量測這三個部份。

處理器效能方程式

大部份的計算機都使用一個固定頻率的時脈來運作。這些分散的時間事件稱為 *ticks*、*clock ticks*、*clock periods*、*clocks*、*cycles* 或 *clock cycles* (**時脈週期**)。計算機設計師都用期間 (duration，如 1 ns) 或頻率 (rate，如 1 GHz) 來表示時脈期間。一個程式所耗費的 CPU 時間有下列兩種表示方式：

$$CPU 時間 = CPU 執行一個程式所需的時脈週期 \times 時脈週期時間$$

或

$$CPU 時間 = \frac{CPU 執行一個程式所需的時脈週期}{時脈頻率}$$

除了執行一個程式所耗費的時脈週期數之外，我們也可以去計算執行過的指令數 —— 稱為**指令路徑長度** (instruction path length) 或**指令數** (instruction count, IC)。如果我們知道時脈週期以及指令數，我們就能算出平均每道指令的**時脈週期數** (clock cycles per instruction, CPI)。因為 CPI 比較容易使用，又因本章中將要討論的是簡單型處理器，所以我們便使用 CPI。有時候設計師也會使用**每個時脈的指令數** (instructions per clock, IPC)，那是 CPI 的倒數。

CPI 的計算方式為

$$CPI = \frac{CPU 執行一個程式所需的時脈週期數}{指令數}$$

處理器的這項品質數字讓我們對各種不同的指令集和製作方式有深入的瞭解，後續的四章中，我們會廣泛使用 CPI。

將上面公式中的指令數移項到等號左邊，時脈週期數就等於 IC × CPI。我們可以用上述 CPI 的公式代入執行時間公式中：

$$\text{CPU 時間} = \text{指令數} \times \text{每個指令週期數} \times \text{時脈週期時間}$$

將第一個式子展開成量測單位以及時脈頻率的倒數，我們就可以得知第一個公式是如何組成的。

$$\frac{\text{指令數}}{\text{程式}} \times \frac{\text{時脈週期數}}{\text{指令數}} \times \frac{\text{秒}}{\text{時脈週期數}} = \frac{\text{秒}}{\text{程式}} = \text{CPU 時間}$$

如這個公式所示，處理器的效能和下列三項因素有關：時脈週期（或頻率）、每個指令所需的時脈週期數，以及指令數。而且這三項因素是一樣重要的：也就是說，不管是哪一項因素改進 10%，都會造成整體 CPU 時間改進 10%。

但不幸的是，很難改變了一個參數卻完全與其他參數隔離，因為改變每一項因素的基本技術是相互影響的：

- **時脈週期時間**：硬體技術和組織。
- *CPI*：組織和指令集結構。
- *IC*：指令集結構和編譯器技術。

而幸運的是，許多有潛力的效能改進技術主要是改進處理器效能其中一個因素，對其他兩項的影響非常小，或者影響是可以預測的。

在設計處理器的時候，有時以下列方式來計算處理器整體時脈週期是很有幫助的

$$\text{CPU 時脈週期} = \sum_{i=1}^{n} \text{IC}_i \times \text{CPI}_i$$

其中 IC_i 表示指令 i 在程式執行過程中出現的次數，而 CPI_i 表示每一個指令 i 所花的平均時脈週期數。因此我們可將 CPU 時間表示成

$$\text{CPU 時間} = (\sum_{i=1}^{n} \text{IC}_i \times \text{CPI}_i) \times \text{時脈週期時間}$$

而整體的 CPI 可以表示成

$$\text{CPU 時間} = \frac{\sum_{i=1}^{n} \text{IC}_i \times \text{CPI}_i}{\text{指令數}} = \sum_{i=1}^{n} \frac{\text{IC}_i}{\text{指令數}} \times \text{CPI}_i$$

式子右邊使用了每一個 CPI_i 以及各指令出現次數在整個程式中所佔比例 (即 $IC_i \div$ 指令數)。CPI_i 應該是從實際的測量中獲得，而不是從使用手冊後的表格計算得到的。因為真正的系統會有管線效應、快取失誤 (cache miss)，以及其他的記憶體系統效率不佳的狀況。

考量我們在第 48 頁所舉的效能範例，此處改用指令頻率和指令 CPI 的量測值，這些值是從模擬或硬體測試設備上實際取得。

範例　假設我們已經量測到下列數據：

浮點數 (FP) 運算的頻率 = 25%
浮點數運算的平均 CPI = 4.0
其他指令的平均 CPI = 1.33
浮點數平方根 (FPSQR) 的頻率 = 2%
浮點數平方根的 CPI = 20

假設有兩種不同的設計可選擇，一種是降低浮點數平方根的 CPI 為 2，另一種是降低所有浮點數運算的 CPI 為 2.5。試利用處理器效能公式比較這兩者的優劣。

解答　首先，可知只有 CPI 改變；時脈頻率和指令數都完全沒變。我們先求出未改進時原始的 CPI：

$$CPI_{原始} = \sum_{i=1}^{n} CPI_i \times \left(\frac{IC_i}{指令數}\right) = (4 \times 25\%) + (1.33 \times 75\%) = 2.0$$

我們可以從原始的 CPI 減掉節省下來的 CPI 得到改進 FPSQR 的 CPI：

$$CPI_{新的\,FPSQR} = CPI_{原始} - 2\% \times (CPI_{舊的\,FPSQR} - CPI_{只有新的\,FPSQR})$$

$$= 2.0 - 2\% \times (20 - 2) = 1.64$$

我們可以用同樣的方法求得改進所有浮點數指令的 CPI，或是將浮點數和非浮點數的 CPIs 相加。使用後者的方式便得到：

$$CPI_{新的\,FP} = (75\% \times 1.33) + (25\% \times 2.5) = 1.625$$

因為改進所有浮點數的方式得到的 CPI 稍小，因此其效能會稍好。改進所有 FP 所得到的速度提升為

$$速度提升_{新的\,FP} = \frac{CPU\,時間_{原始}}{CPU\,時間_{新的\,FP}} = \frac{IC \times 時脈週期 \times CPI_{原始}}{IC \times 時脈週期 \times CPI_{新的\,FP}}$$

$$= \frac{CPI_{原始}}{CPI_{新的\,FP}} = \frac{2.00}{1.625} = 1.23$$

很高興地，我們得到的速度提升和用 Amdahl 定律在第 49 頁所求出的一樣。

我們可以測得處理器效能方程式中每一項的值，這就是使用處理器效能方程式優於先前範例使用 Amdahl 定律的地方。尤其是，我們有時很難測得執行時間中某一組指令所造成的改進部份。實際上，我們只要將這一組指令的每一個指令的 CPI 乘上其指令數再求其總和就可以了。因此，通常我們一開始會測量每個指令的指令數及其 CPI，這樣處理器效能方程式就會變得非常有用。

要利用處理器效能方程式來決定效能，我們必須能夠量測方程式中不同的項目。對一個已經存在的處理器而言，藉量測取得執行時間很容易，而且我們知道預設的時脈速度。主要的難處在於找出指令數或是 CPI。大多數較新的處理器都內含指令執行計數器和時脈週期計數器。藉由定期檢視這些計數器，也就可能將執行時間和指令數加入程式的一些段落中，這些資訊可以幫助程式設計師瞭解及調整應用程式的效能。通常一位設計者或程式設計師想知道的不光是硬體計數器的值，他們會想進一步瞭解較細微的部份。例如，他們可能會想知道為什麼 CPI 的值會這樣。在這種情況下，所使用的模擬技術就像是正在被設計中的處理器所使用的模擬技術。

對能量效率有幫助的技術，例如動態電壓頻率縮放以及超時脈 (見 1.5 節)，使得該方程式比較難以使用，因為當我們量測程式之際，時脈速度可能會變動。有一種簡單的作法就是關閉這些功能，好讓量測結果是可以複製的。有幸的是，由於效能與能量效率往往高度關聯──花費較少時間去執行程式通常就會節能──考量效能時可能不必擔憂 DVFS (動態電壓頻率縮放) 或超時脈對量測結果的衝擊。

1.10 綜合論述：效能、價格與功率

到「綜合論述」這一節，表示已經接近一章的尾聲了，我們會用該章的原理提供一些實際的範例。在本節中，我們要看的是小型伺服器的效能以及功率 – 效能比之量度，使用的是 SPECpower 標準效能測試程式。

圖 1.18 顯示我們所評估的三部多處理器伺服器，連同它們的價格。為了保持價格比較的公平性，所有伺服器都是戴爾的 PowerEdge 型伺服器。第一部伺服器是 PowerEdge R710，立基於時脈頻率 2.93 GHz 的 Intel Xeon X5670 微處理器。不像第 2 章至第 5 章所討論的 Intel Core i7 擁有 4 核心及 8 MB L3 快取記憶體，這只 Intel 晶片擁有 6 核心及 12 MB L3 快取記憶體，雖然核心本身是一模一樣的。我們挑選的是一個雙插座系統，擁有 12 GB 的錯誤更正碼 (ECC) 保護型 1333 MHz DDR3 DRAM。接下來的伺服器是 PowerEdge

R815，立基於 AMD Opteron 6174 微處理器。這是一只擁有 6 核心及 6 MB L3 快取記憶體的晶片，運作在 2.20 GHz，但是 AMD 放了兩只晶片在單一插座上，所以一個插座就擁有 12 核心和兩個 6 MB L3 快取記憶體。我們的第二部伺服器就是擁有 24 核心和 16 GB 錯誤更正碼 (ECC) 保護型 1333 MHz DDR3 DRAM 的雙插座系統。我們的第三部伺服器 (還是一台 PowerEdge R815) 則是擁有 48 核心和 32 GB DRAM 的四插座系統。所有伺服器都執行 IBM J9 JVM 及 Microsoft Windows 2008 Server Enterprise x64 版作業系統。

請注意，由於標準效能測試的勢力 (見 1.11 節)，這些伺服器的配置異乎尋常。圖 1.18 中的系統所擁有的記憶體相對於計算量是非常小的，而且只

元　件	系統 1	成本 (% 成本)	系統 2	成本 (% 成本)	系統 3	成本 (% 成本)
基本伺服器	PowerEdge R710	653 美元 (7%)	PowerEdge R815	1437 美元 (15%)	PowerEdge R815	1437 美元 (11%)
電源供應器	570 瓦		1100 瓦		1100 瓦	
處理器	Xeon X5670	3738 美元 (40%)	Opteron 6174	2679 美元 (29%)	Opteron 6174	5358 美元 (42%)
時脈頻率	2.93 GHz		2.20 GHz		2.20 GHz	
總核心數	12		24		48	
插座數	2		2		4	
核心數 / 插座	6		12		12	
DRAM	12 GB	484 美元 (5%)	16 GB	693 美元 (7%)	32 GB	1386 美元 (11%)
乙太網路介面	雙 1-Gbit	199 美元 (2%)	雙 1-Gbit	199 美元 (2%)	雙 1-Gbit	199 美元 (2%)
磁碟機	50 GB SSD	1279 美元 (14%)	50 GB SSD	1279 美元 (14%)	50 GB SSD	1279 美元 (10%)
視窗作業系統		2999 美元 (32%)		2999 美元 (33%)		2999 美元 (24%)
成本合計		9352 美元 (100%)		9286 美元 (100%)		12658 美元 (100%)
最大 ssj_ops	910,978		926,676		1,840,450	
最大 ssj_ops/$	97		100		145	

圖 1.18 2010 年 8 月所量測的三部戴爾 PowerEdge 型伺服器及其價格。我們計算處理器的成本是減去第二只處理器的成本。同樣地，我們計算記憶體的整體成本也是看額外的記憶體成本為若干。因此，伺服器的基本成本是將預設處理器與記憶體的估算成本移除後所調整出來。第 5 章會描述這些多插座系統是如何被連接在一起。

有一個微小型的 50 GB 固態碟。如果您不需要在記憶體和儲存媒體方面做相對應的增加，僅增加核心的費用並不貴！

不像 SPEC CPU 執行靜態連結的 C 程式，SPECpower 採用的是以 Java 撰寫、比較新式的軟體堆疊。它是以 SPECjbb 為基礎，代表商業應用程式的伺服器端，以每秒交易數來量測效能，稱之為 **ssj_ops**，是指**每秒伺服端 Java 運算數** (server side Java operations per second)。它不僅如同 SPEC CPU 一般演練伺服器的處理器，也會演練快取記憶體、記憶體系統，乃至多處理器交連系統。除此之外，它還演練 Java 虛擬機 (Java Virtual Machine, JVM)，包括 JIT 執行時刻的編譯器以及垃圾收集器，也包括部份的底層作業系統。

如圖 1.18 最後兩列所示，效能與價格 – 效能比的贏家為四插座與 48 核心的 PowerEdge R815。它擊中了 1.8 M ssj_ops，一美元的 ssj_ops 數目達到最高的 145。令人驚訝的是，擁有最多核心數的電腦最符合成本效益。第二名是擁有 24 核心的雙插座 R815，擁有 12 核心的 R710 是最後一名。

雖然大多數的標準效能測試程式 (以及大多數的計算機設計師) 只在乎尖峰負載下的系統效能，電腦卻鮮少在尖峰負載下運轉。事實上，第 6 章的圖 6.2 顯示了量測 Google 數萬部伺服器的利用率之結果，少於 1% 是在 100% 的平均利用率之下運作，大多數具有 10% 至 50% 之間的平均利用率。因此，SPECpower 標準效能測試程式捕捉的功率乃是當目標工作負載從 10% 區間的尖峰一路變動到所謂主動式閒置 (Active Idle) 的 0%。

圖 1.19 繪出當目標負載從 100% 變動到 0% 的每瓦 ssj_ops (SSJ 運算數 / 秒) 以及平均功率。在每個目標工作負載程度上，Intel R710 總是具有最低功率和最佳的每瓦 ssj_ops。理由之一乃是 R815 1100 瓦的電源供應遠大於 R710 的 570 瓦。如第 6 章所示，電源供應效率在整體的電腦功率效率中是非常重要的。由於 瓦 = 焦耳 / 秒，所以該量度正比於每焦耳的 SSJ 運算數：

$$\frac{\text{ssj\_運算數／秒}}{\text{瓦}} = \frac{\text{ssj\_運算數／秒}}{\text{焦耳／秒}} = \frac{\text{ssj\_運算數}}{\text{焦耳}}$$

為了計算一個單一數字以用於比較系統功率效率，SPECpower 便使用：

$$\text{整體 ssj\_ops／瓦} = \frac{\Sigma\,\text{ssj\_ops}}{\Sigma\,\text{功率}}$$

這三部伺服器的整體 ssj_ops / 瓦為 Intel R710 的 3034、AMD 雙插座 R815 的 2357 以及 AMD 四插座 R815 的 2696。因此，Intel R710 擁有最佳的功率 – 效能比。除以伺服器價格，ssj_ops / 瓦 / 1000 美元為 Intel R710 的 324、雙

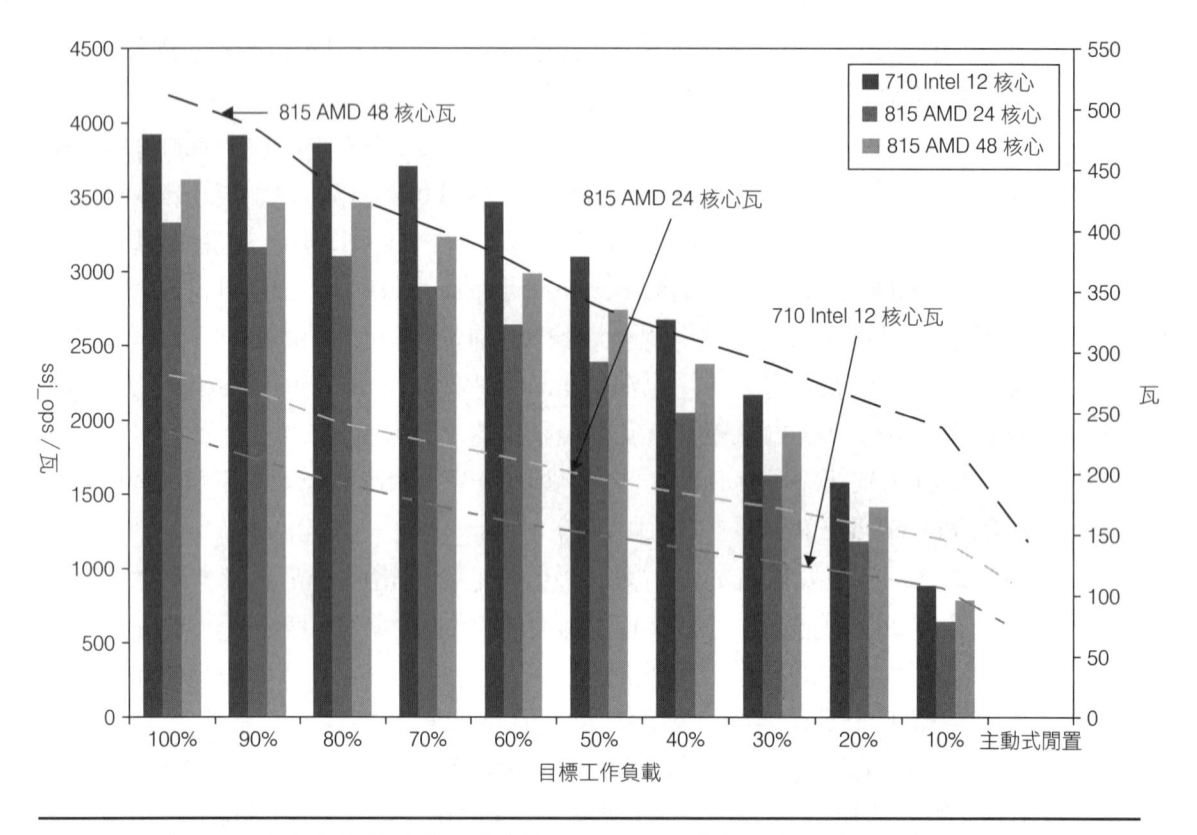

圖 1.19 圖 1.18 三部伺服器的功率 – 效能比。ssj_ops/ 瓦的值是在左軸上，有三個關聯欄位。瓦的值是在右軸上，有三條關聯線。水平軸顯示的是目標工作負載，從 100% 變動至主動式閒置。以 Intel 立基的 R715 在每一種工作負載程度下都擁有最佳的 ssj_ops/ 瓦，在每一種工作負載程度下也消耗最低的功率。

插座 AMD R815 的 254 以及四插座 AMD R815 的 213。因此，功率增加與價格 – 效能比競爭的結果相反，價格 – 功率 – 效能的獎盃歸於 Intel R710；最後一名則是 48 核心的 R815。

1.11 謬誤與陷阱

在每一章中，都會有「謬誤與陷阱」一節。這一節的主要目的是要解釋一些該避免的常見誤解或是錯誤觀念。我們稱這些誤解為**謬誤** (fallacies)。當討論謬誤時，我們將舉一些反例來說明。我們也會討論**陷阱** (pitfalls) —— 一些容易犯的錯誤。這些陷阱通常是將某些特定條件下才會成立的原則任意推廣衍生而得的。本節的目的是要幫助您在設計計算機時避免犯這些錯誤。

謬誤　多處理器是銀色子彈。

2005 年左右轉換至每只晶片上具有多個處理器，並非來自於某些劇烈簡化平行程式設計的突破，或由於該突破造成容易建造多核心電腦。此改變會發生是因為 ILP 障壁與功率障壁造成別無選擇。每只晶片上具有多個處理器並不保證較低的功率；設計一只多核心晶片而使用較多功率是必定有可能的。潛力在於：用幾個較低時脈頻率、高效率的核心去取代一個高時脈頻率、低效率的核心，就有可能繼續改進效能。當技術進步而縮小電晶體時，就能夠稍微縮小電容量和電壓供應，使得我們在每個世代的核心數上都能獲得起碼的增加。例如，過去幾年中 Intel 每個世代都增加兩個核心。

我們將在第 4 章與第 5 章看見，效能現今已經成為程式設計師的負擔。倚賴硬體設計師讓他們的程式跑得更快、連手指都不用抬起來的懶人程式設計師時代已經正式終結。如果程式設計師想要他們的程式每個世代都跑得更快，就得讓他們的程式更加地平行化。

摩爾定律的流行版 —— 隨著每個世代的技術而增進效能 —— 如今落在程式設計師身上了。

陷阱　墮入令人傷心的 Amdahl 定律。

差不多每一位實務的計算機結構設計師都知道 Amdahl 定律。雖然如此，我們幾乎偶爾都會花費驚人的努力，在量測某項功能之使用前就對該項功能進行最佳化。只有當整體的速度提升不如預期時，我們才想到在花費如此多的努力來增強該功能之前，應該先做量測才對。

陷阱　單一的故障點。

第 49 頁使用 Amdahl 定律計算可靠性的改進證明了：可信賴性並不見得比在一串鏈結當中最弱的環結要強。如同我們在範例中所做，無論我們如何使得電源供應器更加可信賴，單一的風扇將會限制住磁碟機子系統的可靠性。此種 Amdahl 定律的觀察導致一個經驗法則：對於容錯系統而言，可以保證任何一個元件都是複本，所以不可能會發生單一元件的故障卻擊倒了整個系統的情況。第 6 章顯示在數位倉儲型電腦內部，軟體層如何避免單一的故障點。

謬誤　增進效能的硬體增強可改善能量效率，最壞也可保持耗能中立。

Esmaeilzadeh 等人 [2011] 在一個使用加速模式 (1.5 節) 的 2.67 GHz Intel Core i7 上只對一個核心量測 SPEC2006。當時脈頻率增加至 2.94 GHz (即 1.10 倍) 時，效能增加為 1.07 倍，但是 i7 用掉 1.37 倍的更多焦耳數以及

1.47 倍的更多瓦 – 小時數！

謬誤 標準效能測試程式永遠都是有效的。

有幾項因素影響了標準效能測試程式可以用來預測真正效能的有用性，而某些因素則會隨著時間而改變。影響標準效能測試程式有用性的一項大因素在於：它是否能防止「標準效能測試工程」(benchmark engineering) 或「benchmarketing」。 一旦某個標準效能測試程式標準化或普遍化後，設計師就會遭遇蜂擁而來的壓力，想盡各種特別的最佳化技巧或是特別的規則解讀方式來使這個標準效能測試程式的執行結果變好。一些小型**核心程式** (kernel) 或花費時間在小量程式碼中的程式，就格外地容易作假。

例如，(雖然其本意不錯) SPEC89 標準效能測試程式套件中有一個很小的核心程式，稱為 matrix300。這個程式有 8 個維度為 300 × 300 的矩陣相乘。在這個核心程式中，99% 的執行時間只集中在一行敘述上 (請見 SPEC [1989])。當一個 IBM 編譯器將此內部迴圈最佳化時 [使用第 2 章及第 4 章所討論，稱為**阻隔** (blocking) 的一種觀念]，其效能改善竟超過該編譯器先前版本的 9 倍之多！因此這個程式只適合用來測試編譯器的調校，當然不適合用來表示整體效能。也不適合用來表示這項特別最佳化的典型值。

久而久之，這些改變甚或造成一個出名的標準效能測試程式過時了；從 SPEC89 起，只有 gcc 是一個孤獨的殘存者。第 41 頁的圖 1.16 列出不同的 SPEC 釋出版中所有 70 個標準效能測試程式的狀態。令人驚訝的是，SPEC2000 或更早期的所有程式中幾乎有 70% 被下一個釋出版給丟棄。

謬誤 根據磁碟機的規格，發生故障的平均間隔時間是 1,200,000 個小時，也就是近 140 年，因此磁碟機幾乎不會故障。

目前磁碟機製造商的行銷慣例可能會誤導使用者。MTTF 是如何計算出來的？在早期的製程中，製造商會將數千個磁碟機放在一個房間，使用它們數個月後，統計發生故障的個數。他們計算 MTTF 的方式是將所有磁碟機累積的運轉時數總和除以故障磁碟機的個數。

這種方式的一個問題是所得到的 MTTF 遠大於磁碟機的壽命，一般是假設為 5 年或是 43,800 個小時。為了解釋過大的 MTTF 值，磁碟機製造商辯稱這個模型是針對購買一個磁碟機，並且持續每 5 年 (磁碟機預計的使用壽命) 更換該磁碟機的使用者。意思是如果許多使用者 (以及他們的曾孫子) 到下個世紀都遵循上述的作法，在故障發生之前，他們平均將更換磁碟機 27

次,也就是約 140 年。

一個比較有用的量測方式是故障磁碟機所佔的比例。假設有 1000 部 MTTF 為 1,000,000 個小時的磁碟機,而且磁碟機每天使用 24 個小時。如果將故障的磁碟機以具有相同可靠性的新磁碟機更換,在一年內 (8760 個小時) 會故障的磁碟機數目為

$$故障磁碟機數目 = \frac{磁碟機數目 \times 時間}{MTTF}$$

$$= \frac{1000\ 部磁碟機 \times 8760\ 小時/磁碟機}{1,000,000\ 小時/故障} = 9$$

換句話說,每年會故障的比例為 0.9%,或 5 年 4.4%。

再者,那些高的數字乃是在假設溫度與震動的範圍有限下所引用的;如果超過這些範圍,所有賭注就賠光了。一篇對於真實環境下磁碟機的調查報告 [Gray 與 van Ingen 2005] 發現:每年約有 3% 至 7% 磁碟機故障,亦即 MTTF 約為 125,000 至 300,000 小時。有一項更大的研究發現:每年的磁碟機故障率為 2% 至 10% [Pinheriro, Weber 和 Barroso 2007]。真實世界的 MTTF 比製造商的 MTTF 大約惡劣了 2 至 10 倍。

謬誤 尖峰效能可反映出觀察所得的效能 (observed performance)。

尖峰效能廣泛通用的真正定義是:「一部計算機保證不會超過的效能。」圖 1.20 顯示在四組多處理器上,四個程式的尖峰效能百分比,從 5% 變動到 58%。因為差距如此大,且會隨著不同的標準效能測試程式而變,尖峰效能並不能正確地預測出觀察所得的效能。

陷阱 故障偵測可能降低可用性。

這個顯具諷刺性的陷阱起因於:計算機硬體具有相當數量的狀態,或許並不總是對適當運作具有關鍵性。例如,發生在一段分支預測器的失誤並不是致命的,只有效能可能遭受傷害。

在嘗試積極利用指令階層平行化的處理器當中,並非所有的運算都需要程式能夠正確執行。Mukherjee 等人 [2003] 發現:對於在 Itanium 2 上面執行 SPEC2000 標準效能測試程式而言,關鍵路徑上的運算有可能少於 30%。

關於程式方面,相同的觀察也是真確的。如果在一個程式中某個暫存器是「死」的 —— 亦即它被重讀之前該程式會寫入它 —— 那麼失誤就無所謂了。如果您準備一旦在「死」暫存器中偵測到瞬時故障便毀掉該程式,就會不必要地降低了可用性。

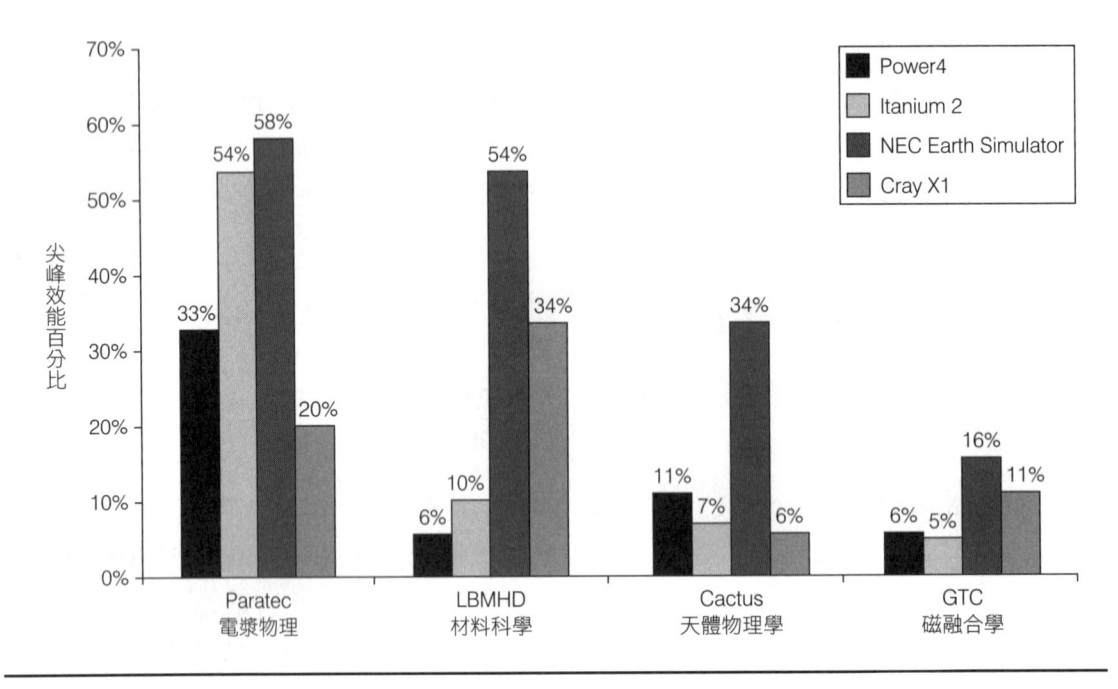

圖 1.20 在四組擴充為 64 個處理器的多處理器上，四個程式的尖峰效能百分比。Earth Simulator 和 X1 為向量式處理器 (見第 4 章與附錄 G)。它們不但傳遞了高比例的尖峰效能，而且也具有最高的尖峰效能和最低的時脈頻率。Paratec 程式除外，Power 4 和 Itanium 2 系統傳遞了 5% 與 10% 之間的尖峰效能。出自 Oliker 等人 [2004]。

2000 年昇陽 (Sun Microsystems) 於其 Sun E3000 至 Sun E10000 的系統內，在包括同位檢查但非錯誤更正的 L2 快取記憶體中經歷過此種陷阱。它們用來建立快取記憶體的 SRAM 具有間歇性的故障，被同位檢查偵測到。如果快取記憶體中的資料沒有被修正，處理器便只是由快取記憶體中重讀資料。由於設計師並未使用 ECC (error-correcting code，錯誤更正碼) 去保護快取記憶體，作業系統別無選擇只好針對受污染資料去通報錯誤，並毀掉該程式。現場工程師卻在超過 90% 的案例中發現沒有問題。

為了減少此種錯誤的頻率，昇陽修正了 Solaris 作業系統，使其具備一個可以預先處理、將受污染資料寫入記憶體中的一個行程，以「洗淨」快取記憶體。由於處理器晶片沒有足夠的腳位去加上錯誤更正碼，對於受污染資料唯一的硬體選項就是複製外部快取記憶體，使用沒有同位錯誤的資料複本去更正錯誤。

此種陷阱在於偵測故障卻未提供更正它們的機制。所以，這批工程師是不可能再設計另一種外部快取記憶體缺少 ECC 的電腦了。

1.12 結　論

本章介紹了一些觀念並提供一種計量架構，我們在全書中將擴大討論。從本版開始，能量效率成為效能的新伴侶。

第 2 章，我們是從記憶體系統設計的所有重要領域開始。我們將檢視很大範圍的各種技術，這些技術使記憶體看起來似乎是無限大，而且速度依舊相當快。(針對在快取方面沒有太多經驗與背景的讀者，附錄 B 提供了虛擬記憶體的介紹性教材。) 和往後幾章一樣，我們將發現軟硬體並用是高效能記憶體系統的關鍵，正如同它也是高效能管線的關鍵。本章也涵蓋了虛擬機，那是針對保護措施的一種日益重要的技術。

在第 3 章，我們將注意力放在指令階層平行化 (ILP)，其中管線是最簡單也是最常用到的。利用 ILP 是設計高速單一處理器最重要的技術之一。第 3 章首先廣泛地討論一些基本概念，可以幫助您瞭解本章的許多觀念，第 3 章舉了一些例子，這些例子跨越了大約 40 年，從第一部先進的超級電腦 (IBM 360/91) 到 2011 年市場上最快的處理器。所謂**動態**或**執行時期**的 ILP 運用是這部份強調的重點。第 3 章也談到 ILP 觀念的限制，並介紹多執行緒，那是第 4 章和第 5 章會進一步開展的課題。對於管線沒有太多經驗或瞭解的讀者而言，附錄 C 是管線化的介紹性教材。(我們希望讀者能多複習這些觀念，包括我們另一本含有更多介紹性文章的著作，《計算機組織與設計》。)

第 4 章為本版的新教材，說明了三種運用資料階層平行化的方式。古典且最老的方法乃是向量式結構，我們就從這裡開始制定 SIMD 的設計原理。(附錄 G 更深入探討向量式結構。) 接下來我們再說明在今日大多數桌上型微處理器中所發現的 SIMD 擴充指令集。第三，深入說明新式的圖形處理單元 (graphics processing unit, GPU) 如何工作。大部份 GPU 描述都是從程式設計師的角度去寫，通常也就隱蔽了電腦真正工作的情形。本節從一位內部知情者的角度去說明 GPU，包括 GPU 行話與較為傳統結構的名詞之間的對映。

第 5 章的焦點在於利用多處理器 (multiple processors 或 multiprocessors) 來達成高效能的問題。多重處理 (multiprocessing) 並不是平行地重疊執行個別指令，而是在不同的處理器上同時執行許多不同的指令流 (instruction stream)。我們將專注在多重處理器的主流，也就是共用記憶體多處理器 (shared-memory multiprocessors)，然而我們也會介紹其他不同架構的多處理器，並且討論在任何多處理器都會發生的問題。同樣地，此處我們將探討各種不同的技術，主要是 1980 年代和 1990 年代時首先被提出的重要觀念。

第 6 章也是本版的新教材。我們介紹了叢集，然後深入探討計算機結構設計師所協助設計的數位倉儲型電腦 (warehouse-scale computer, WSC)。WSC 的設計師乃是超級電腦先驅人士 (如 Seymour Cray) 的後繼者，因為他們正在設計的是一種極致電腦。WSC 包含數萬台伺服器，容納它們的設備與建築物花費了近 2 億美元。前幾章有關價格 – 效能比以及能量效率之考量可用在 WSC 上，做決策的計量方法也可以用上。

本書附了一些可上網取得的豐富教材 (詳見序)，既能減少成本又可將種種先進的課題介紹給讀者，圖 1.21 將它們全部呈現出來。出現在書中的附錄 A、B 和 C 對許多讀者而言將是溫習回顧。

在附錄 D 中，我們將從處理器為主的討論轉向介紹儲存系統的問題。我們利用類似的計量方法，但這是根據系統行為的觀察並使用終端對終端的方法 (end-to-end approach) 來進行效能分析。附錄 D 說明如何使用最便宜的磁性儲存技術 (magnetic storage technology) 有效地儲存和讀取資料。我們將專注在針對一般 I/O 密集的工作負載，檢視磁性儲存系統的效能，就像我們在本章所見的 OLTP 標準效能測試程式。我們也將探討 RAID 系統的概念，它是由許多小型磁碟機組成冗餘 (redundant) 的形式，來達成高效能和高可用性的目標。最後，附錄 D 介紹了排隊理論，該理論給予我們一個將利用率和時間延遲加以折衷的基礎。

附錄 E 在每一章和先前每一附錄的觀念上採取了嵌入式的透視觀點。

附　錄	名　稱
A	指令集原理 (Instruction Set Principles)
B	記憶體層級之回顧 (Review of Memory Hierarchies)
C	管線化：基本與中級概念 (Pipelining: Basic and Intermediate Concepts)
D	儲存系統 (Storage Systems)
E	嵌入式系統 (Embedded Systems)
F	互聯網路 (Interconnection Networks)
G	更深入探討向量式處理器 (Vector Processors in More Depth)
H	VLIW 與 EPIC 的硬體和軟體 (Hardware and Software for VLIW and EPIC)
I	大型多處理器與科學型應用程式 (Large-Scale Multiprocessors and Scientific Applications)
J	計算機算術 (Computer Arithmetic)
K	審視指令集結構 (Survey of Instruction Set Architectures)
L	歷史性的透視觀點及參考文獻 (Historical Perspectives and References)

圖 1.21 附錄之表列。

附錄 F 廣泛地探討系統連線，包括用來讓計算機互相通訊的廣域 (wide area) 網路和系統 (system area) 網路。

附錄 G 探討向量式處理器，從上一版以來已經變得更為流行，部份是因為幾年來 NEC Global Climate Simulator 成為全世界最快的計算機。

附錄 H 回顧了 VLIW 硬體與軟體，相反地，與正好在上一版前 EPIC 問世時相較，卻比較不流行了。

附錄 I 描述了使用在高效能計算當中的大型多處理器。

附錄 J 乃是唯一從第一版留傳下來的附錄，涵蓋了計算機算術。

附錄 K 提供了指令集結構的審視，包括 80x86、IBM 360、VAX 和許多 RISC 結構，包括 ARM、MIPS、Power，以及 SPARC。

底下我們會討論附錄 L。

1.13 歷史回顧與參考文獻

附錄 L (可上網取得) 包括一些歷史性的透視觀點，這些觀點和本書當中每一章所提出的關鍵觀念有關。這些章節讓我們從一系列的機器追溯某個概念發展的過程，也說明了一些重要的發展計畫。如果您有興趣檢視某一個觀念或是某一部機器最初的發展，或者有興趣進一步閱讀，每一項歷史的最後都會提供參考文獻。對本章而言，請參閱 L.2 節：計算機的早期發展，討論到數位計算機和效能量測方法的早期發展。

當您閱讀歷史性教材時，您會很快瞭解：與許多其他的工程領域比較起來，年輕的計算領域的好處之一便是許多前輩們依然存活 —— 我們可以用直接請教他們的方式去學習歷史！

由 Diana Franklin 所提供：個案研究與習題

個案研究 1：晶片製造成本

本個案研究所列舉的概念

- 製造成本
- 製造良率
- 藉由複本冗餘法的瑕疵容忍度

計算機晶片價格牽涉了許多因素。新而較小型化的技術提升了效能，也降低了

晶　片	晶粒大小 (mm²)	估計的瑕疵率 (每 cm²)	製造的大小 (nm)	電晶體 (百萬顆)
IBM Power5	389	0.30	130	276
昇陽 Niagara	380	0.75	90	279
AMD Opteron	199	0.75	90	233

圖 1.22 數種新式處理器的製造成本因素。

晶片面積的需求。較小型化的技術當中，或可保持小面積，或可在晶片上放置更多的硬體以獲得更多的功能。在本個案研究當中，我們探討了牽涉到製造技術、面積和複本冗餘法的不同設計決策如何去影響晶片成本。

1.1 [10/10] <1.6> 圖 1.22 給予適切而會影響數種現有晶片的晶片統計資料。在下幾個習題內，您將會去探討 IBM Power5 幾種不同可能的設計決策之效應。

　　a. [10] <1.6> 請問 IBM Power5 的良率為何？

　　b. [10] <1.6> 為什麼 IBM Power5 比起 Niagara 和 Opteron 具有較低的瑕疵率？

1.2 [20/20/20/20] <1.6> 建造一套新的生產設施得花費 10 億美元。您將銷售出該工廠一系列的晶片，您必須決定每一種晶片要貢獻多少產能。您的 Woods 晶片是 150 平方毫米，每只無瑕疵晶片會有 20 美元的利潤。您的 Markon 晶片是 250 平方毫米，每只無瑕疵晶片會有 25 美元的利潤。您的生產設施與 Power5 的一模一樣，每片晶圓直徑為 300 毫米。

　　a. [20] <1.6> 請問 Woods 晶片的每片晶圓您會賺到多少利潤？

　　b. [20] <1.6> 請問 Markon 晶片的每片晶圓您會賺到多少利潤？

　　c. [20] <1.6> 請問您應該在該工廠生產哪一種晶片？

　　d. [20] <1.6> 請問每一片新的 Power5 晶片的利潤為何？如果您的需求是每月 50,000 片 Woods 晶片以及 25,000 片 Markon 晶片，您的設施一個月能夠生產 150 片晶圓，請問針對每一種晶片您應該分別製造多少晶圓？

1.3 [20/20] <1.6> 您在 AMD 公司的同事建議：既然良率那麼糟，如果將一個額外的核心放在晶片上，然後只有在兩個處理器都做失敗的情況下才丟棄晶片，或許就有可能較便宜地製造晶片。我們把良率視為在已知瑕疵率之下某面積內不發生瑕疵的機率，去解習題。請分別基於每一個 Opteron 核心去計算機率 (這不一定完全精確，因為良率方程式是以經驗證據為基礎，而不是與在晶片不同部份發現錯誤的機率有關聯的數學計算)。

　　a. [20] <1.6> 請問一個瑕疵會發生在兩個處理器核心之一或都不發生的機率為何？

b. [20] <1.6> 如果舊晶片每只成本為 20 美元，請問將新面積與新良率列入考慮下，新晶片的成本為何？

個案研究 2：計算機系統當中的功率消耗

本個案研究所列舉的概念

- Amdahl 定律
- 複本冗餘法
- MTTF
- 功率消耗

現代系統的功率消耗取決於種種因素，包括晶片時脈頻率、效率、磁碟機速度、磁碟機利用率，以及 DRAM。以下的習題探討不同的設計決策以及使用情形對功率所造成的影響。

1.4 [20/10/20] <1.5> 圖 1.23 提出數個計算機系統元件的功率消耗。此習題中，我們將探討硬式磁碟機如何影響該系統的功率消耗。

   a. [20] <1.5> 假設每一個元件都處於最大負載，且電源供應器效率為 80%，請問對一個配備一只 Intel Pentium 4 晶片、2 GB 240 接腳 Kingston DRAM，以及一個 7200 rpm 硬式磁碟機的系統而言，伺服器的電源供應器必須傳送多少瓦特數給它？

   b. [10] <1.5> 如果一個 7200 rpm 的硬式磁碟機大約閒置 60% 的時間，請問它將消耗多少功率？

   c. [20] <1.5> 已知從 7200 rpm 磁碟機讀取資料的時間大約是 5400 rpm 磁碟機的 75%。請問要在多少的 7200 rpm 磁碟機閒置時間下，這兩種磁碟機的平均功率消耗才會相等？

1.5 [10/10/20] <1.5> 供電給一個伺服器群有一項關鍵因素就是冷卻問題。如果熱能無法有效率地自計算機移出，風扇將會把熱空氣吹回計算機內，而不是冷

元件形式	產品	效能	功率
處理器	昇陽 Niagara 8 核心	1.2 GHz	尖峰值 72-79 W
	Intel Pentium 4	2 GHz	48.9-66 W
DRAM	Kingston X64C3AD2 1 GB	184 接腳	3.7 W
	Kingston D2N3 1 GB	240 接腳	2.3 W
硬式磁碟機	DiamondMax 16	5400 rpm	讀取 / 尋找 7.0 W，閒置 2.9 W
	DiamondMax 9	7200 rpm	讀取 / 尋找 7.9 W，閒置 4.0 W

圖 1.23　數個計算機元件的功率消耗。

空氣。我們將看看不同的設計決策會如何影響一個系統必需的冷卻以及因此而形成的價格。請使用圖 1.23 進行您的功率計算。

a. [10] <1.5> 一個機架的冷卻門要花費 4000 美元，排散 14 KW（散入室內；所以排出室外需要增加花費）。請問使用一個冷卻門可以冷卻多少部配備一只 Intel Pentium 4 處理器、1 GB 240 接腳 DRAM 以及一個 7200 rpm 硬式磁碟機的伺服器？

b. [10] <1.5> 您正考慮為您的硬式磁碟機提供容錯。RAID 1 可將磁碟機數目加倍（見第 6 章）。請問現在使用一個冷卻門可以將多少系統放在單一的機架上？

c. [20] <1.5> 典型的伺服器群每平方英尺最多能夠散熱 200 W。已知一個伺服器機架需要 11 平方英尺（包括前後的間隙），請問有多少部 (a) 小題中的伺服器能夠放在一個伺服器機架上？需要有幾個冷卻門？

1.6 [討論] <1.8> 圖 1.24 針對數個標準效能測試程式去比較兩種伺服器的功率與效能：昇陽 Fire T2000（使用 Niagara）和 IBM x346（使用 Intel Xeon 處理器）。此訊息乃昇陽網站所報導，報導的訊息有兩則：在兩個標準效能測試程式上的功率與速度。從結果顯示，昇陽 Fire T2000 顯然比較優異。請問或許還有哪些其他重要因素會造成人們選擇 IBM x346——如果它在這些領域比較優異的話。

1.7 [20/20/20/20] <1.6, 1.9> 您公司的內部研究顯示：單核心系統對於您所需的處理能力已經足夠。然而您卻在探討：是否可以使用雙核心去節省功率？

a. [20] <1.9> 假設您的應用程式 80% 可平行化，請問您可能減少多少頻率又得到相同的效能？

b. [20] <1.6> 假設電壓可以隨頻率而線性減少，使用 1.5 節的方程式，與單核心系統相比，請問雙核心系統會需要多少動態功率？

c. [20] <1.6, 1.9> 現在假設電壓不可能低於原始電壓的 25%，該電壓稱為「**地板電壓**」(voltage floor)，任何低於此電壓者將會失去狀態。請問多少百分比的平行化可以給您一個位在地板電壓上的電壓呢？

	昇陽 Fire T2000	IBM x346
功率（瓦）	298	438
SPECjbb（運算數 / 秒）	63,378	39,985
功率（瓦）	330	438
SPECWeb（複合性）	14,001	4,348

圖 1.24 由昇陽公司選擇性報告的昇陽功率 / 效能比較。

d. [20] <1.6, 1.9> 使用 1.5 節的方程式，與考量地板電壓的單核心系統相比，請問雙核心系統會需要多少動態功率？

習 題

1.8 [10/15/15/10/10] <1.4, 1.5> 結構設計師有一項挑戰：今天的創新設計需要好幾年的時間進行製作、驗證和測試，才能出現在市場上。這意味著結構設計師必須預先設想幾年後的技術會像什麼樣子，有時候這很難做到。

a. [10] <1.4> 依據摩爾定律所觀察到的裝置擴張趨勢，請問 2015 年的晶片電晶體數目應該是 2005 年數目的幾倍？

b. [15] <1.5> 時脈頻率的增加一度也反映這種趨勢。如果時脈頻率持續以 1990 年代的相同速率向上攀升，請問 2015 年的時脈頻率大概會有多快？

c. [15] <1.5> 在目前的增加速率下，請問現今 2015 年所計畫的時脈頻率為何？

d. [10] <1.4> 請問是什麼限制了時脈頻率的成長速率？為了增進效能，請問結構設計師現在用額外的電晶體在做些什麼？

e. [10] <1.4> DRAM 容量的成長速率也已經慢下來。有 20 年的光景，DRAM 容量每年進步 60%。該速率接著掉到每年 40%，現在每年只進步 25% 至 40%。如果這種趨勢繼續下去，請問 2020 年以前 DRAM 容量的近似成長速率為何？

1.9 [10/10] <1.5> 您正在為一個即時性的應用程式設計一個系統，該應用程式內必須滿足一些特定的期限。快點結束計算並不能獲得什麼，您發現您的系統在最壞情況下都能夠以 2 倍快的速度去執行必要的程式碼。

a. [10] <1.5> 如果您以目前的速度執行，當計算完成時就關閉系統，請問您節省了多少能量？

b. [10] <1.5> 如果您將電壓與頻率設定成一半，請問您節省了多少能量？

1.10 [10/10/20/20] <1.5> 諸如 Google 與 Yahoo! 等伺服器群都為一天當中最高的需求速率提供了足夠的計算容量。試想大部份時間這些伺服器都只運轉在 60% 的容量下，進一步假設功率並不隨負載而線性增加，也就是說，當伺服器運轉在 60% 的容量下時，消耗了最大功率的 90%。伺服器是可以關閉，但回應更大負載時勢必花費太多時間重新啟動。有一種允許快速重新啟動的新系統被提出來，但是當它處於此種「勉強存活」的狀態時，需要消耗最大功率的 20%。

a. [10] <1.5> 請問關閉 60% 的伺服器可以節省多少功率？

b. [10] <1.5> 請問將 60% 的伺服器置於「勉強存活」的狀態可以節省多少功率？

c. [20] <1.5> 請問降低 20% 的電壓與 40% 的頻率可以節省多少功率？

d. [20] <1.5> 請問將 30% 的伺服器置於「勉強存活」的狀態並關閉 30% 的伺服器可以節省多少功率？

1.11 [10/10/20] <1.7> 設計伺服器最重要的考量就是可用性，後面則緊隨著可擴充性及流通量。

a. [10] <1.7> 我們有一個時間內的故障數 (FIT) 為 100 的單處理器，請問此系統發生故障的平均間隔時間 (MTTF) 為何？

b. [10] <1.7> 如果要使系統重新運轉需要花一天的時間，請問該系統的可用性為何？

c. [20] <1.7> 試想政府為了要削減成本，將以便宜的電腦而非昂貴卻可靠的電腦去建立一部超級電腦。假設如果一個處理器故障，全部處理器都故障，請問一個擁有 1000 個處理器的系統之 MTTF 為何？

1.12 [20/20/20] <1.1, 1.2, 1.7> 在一個諸如 Amazon 或 eBay 公司所使用的伺服器群，單一的故障不致於引起整個系統的毀滅，而是會減少任一次所能滿足的需求數。

a. [20] <1.7> 如果一家公司擁有 10,000 台電腦，每台電腦的 MTTF 為 35 天，遭逢了災難性故障，只有 1/3 電腦壞掉。請問該系統的 MTTF 為何？

b. [20] <1.1, 1.7> 如果每台電腦得花費額外的 1000 美元將 MTTF 加倍，請問這會是一項良好的商業決策嗎？請將您的工作呈現出來。

c. [20] <1.2> 圖 1.3 顯示當機時間的平均成本，假設一年中所有時間的成本都相等。對零售商而言，耶誕季節最能獲利 (所以也就是損失銷售額最昂貴的時間)。如果一家型錄銷售中心第四季的交易量是其他任一季的 2 倍，請問第四季以及一年家中其餘季節每小時的當機時間成本為何？

1.13 [10/20/20] <1.9> 您的公司正試著選擇購買 Opteron 或 Itanium 2。您已經分析過您公司的應用程式，60% 的時間所執行的應用程式類似於 wupwise，20% 的時間所執行的應用程式類似於 ammp，另有 20% 的時間所執行的應用程式類似於 apsi。

a. [10] 如果您的選擇僅基於整體的 SPEC 效能，請問您會選擇哪一種？為什麼？

b. [20] 分別針對 Opteron 和 Itanium 2，請問這些應用程式混合起來的執行時間比率之平均加權為何？

c. [20] 請問 Opteron 的速度提升超過 Itanium 2 多少？

1.14 [20/10/10/10/15] <1.9> 本習題中，假設我們考慮增加向量式硬體來強化一部

機器。當一道計算以向量模式在該向量式硬體上執行時，比正常模式的執行快上 10 倍。我們將使用向量模式所花費的時間百分比稱之為**向量化百分比** (percentage of vectorization)。向量是在第 4 章討論，但回答本問題您不必知道它們如何動作。

a. [20] <1.9> 請繪製速度提升對於以向量模式執行計算的百分比之關係圖。

b. [10] <1.9> 請問達成速度提升為 2 的向量化百分比為何？

c. [10] <1.9> 如果達成了速度提升為 2，請問計算執行時間有多少百分比是花費在向量模式上？

d. [10] <1.9> 要達成使用向量模式所能達到的最大速度提升之半，請問所需要的向量化百分比為何？

e. [15] <1.9> 假定您已經量測出程式的向量化百分比為 70%，硬體設計群評估可以追加相當的投資讓向量式硬體更為加速，您卻懷疑編譯器組員能否增加向量化百分比。為了與向量式單元的 2 倍額外加速彼此相當 (超出起初的 10 倍加速之外)，請問編譯器組必須達成的向量化百分比為何？

1.15 [15/10] <1.9> 假設我們強化了一台電腦，將某個執行模式改進 10 倍。強化模式用掉了 50% 的時間，這是量測**使用強化模式**的時間佔執行時間的百分比所得到的值。回想一下，Amdahl 定律取決於原始的、未強化的卻可利用強化模式的執行時間所佔的比例。所以，我們無法直接使用該 50% 的量測值以 Amdahl 定律去計算速度提升。

a. [15] <1.9> 請問我們從快速模式所獲得的速度提升為何？

b. [10] <1.9> 請問原始執行時間有多少百分比被轉換為快速模式？

1.16 [20/20/15] <1.9> 進行改變好讓處理器的某部份最佳化時，經常發生的情形就是提升某型指令的速度卻付出讓其他東西變慢的代價。例如，如果我們把一些佔空間的放進一個複雜的快速浮點數單元，某些東西就可能不得不移到遠離中央的地方以便容納它，如此一來便增加了額外的延遲週期才能到達該單元。基本的 Amdahl 定律並沒有考慮這種權衡。

a. [20] <1.9> 如果新的快速浮點數單元將浮點數運算平均加速 2 倍，且浮點數運算花費 20% 的原始程式執行時間。請問整體速度提升為何 (忽略對任何其他指令造成的傷害)？

b. [20] <1.9> 現在假設加速浮點數單元會使資料快取記憶體存取變慢，造成變慢 1.5 倍 (2/3 速度提升)。資料快取記憶體存取消耗了 10% 的執行時間。請問現在的整體速度提升為何？

c. [15] <1.9> 實現新的浮點數運算之後，請問執行時間有多少百分比是花在浮點數運算上？有多少百分比是花在存取資料快取記憶體上？

1.17 [10/10/20/20] <1.10> 您的公司剛剛買了一個新的雙核心 Intel Core i5 處理器，您被要求得將您的軟體針對此處理器進行最佳化。您將在此雙核心上執行兩種應用程式，但資源需求並不相等。第一種應用程式需要 80% 的資源，另一種應用程式只需要 20% 的資源。假設當您將程式某一部份平行化時，該部份的速度提升為 2。

a. [10] <1.10> 假設第一種應用程式的 40% 是可平行化的，請問如果單獨執行的話，該應用程式會達成的速度提升是多少呢？

b. [10] <1.10> 假設第二種應用程式的 99% 是可平行化的，請問如果單獨執行的話，此應用程式會觀測到的速度提升是多少呢？

c. [20] <1.10> 假設第一種應用程式的 40% 是可平行化的，請問如果您將其平行化，您會觀測到的**整體系統速度**提升是多少呢？

d. [20] <1.10> 假設第二種應用程式的 99% 是可平行化的，請問如果您將其平行化，您會觀測到的整體系統速度提升是多少呢？

1.18 [10/20/20/20/25] <1.10> 將一個應用程式平行化時，理想的速度提升乃是藉著處理器的數目進行加速。這受限於兩件事：應用程式能夠被平行化的百分比以及通訊成本。Amdahl 定律有考慮到前者，但未考慮到後者。

a. [10] <1.10> 如果應用程式的 80% 是可平行化的，並忽略通訊成本，請問使用 N 個處理器的速度提升為何？

b. [20] <1.10> 如果加入任一個處理器所產生的通訊虛耗佔了原始執行時間的 0.5%，請問使用 8 個處理器的速度提升為何？

c. [20] <1.10> 如果每一次處理器數目加倍所產生的通訊虛耗都佔了原始執行時間的 0.5%，請問使用 8 個處理器的速度提升為何？

d. [20] <1.10> 如果每一次處理器數目加倍所產生的通訊虛耗都佔了原始執行時間的 0.5%，請問使用 N 個處理器的速度提升為何？

e. [25] <1.10> 請寫出解此問題的方程式：在一個應用程式中，原始執行時間的 P% 是可平行化的；每一次處理器數目加倍所產生的通訊虛耗都佔了原始執行時間的 0.5%。請問最高速度提升之下的處理器數目為何？

CHAPTER 2

記憶體層級的設計

　　理想上，人們都會想要擁有無限大的記憶體容量，如此一來，任何特定……字元都能立即被取用……我們……被迫認識到建構一個記憶體層級的可能性，每一層較上一層有更大的容量，但存取速度較慢。

A.W. Burks, H. H. Goldstine,
與 J. von Neumann
Preliminary Discussion of the
Logical Design of an Electronic
Computing Instrument (1946)

2.1 簡　介

計算機界的先驅們正確地預測程式設計師希望有無限容量的快速記憶體。針對這個需求，一個較經濟的解決方式就是利用**記憶體層級** (memory hierarchy)，它是利用區域性以及記憶體技術的成本－效能比當中的權衡來達成。如同在第 1 章中所述，**區域性原則** (principle of locality) 指出：大多數的程式並非平均地存取所有的程式碼或資料，區域性發生在時間 [**時間區域性** (temporal locality)]，也發生在空間上 [**空間區域性** (spatial locality)]。這個原則加上硬體較小、速度較快的準則 (給予製作技術和功率預算之下)，發展出使用不同速度和容量的記憶體層級。圖 2.1 顯示一個多階層的記憶體層級，包括典型的容量大小和存取速度。

(a) 伺服器的記憶體層級

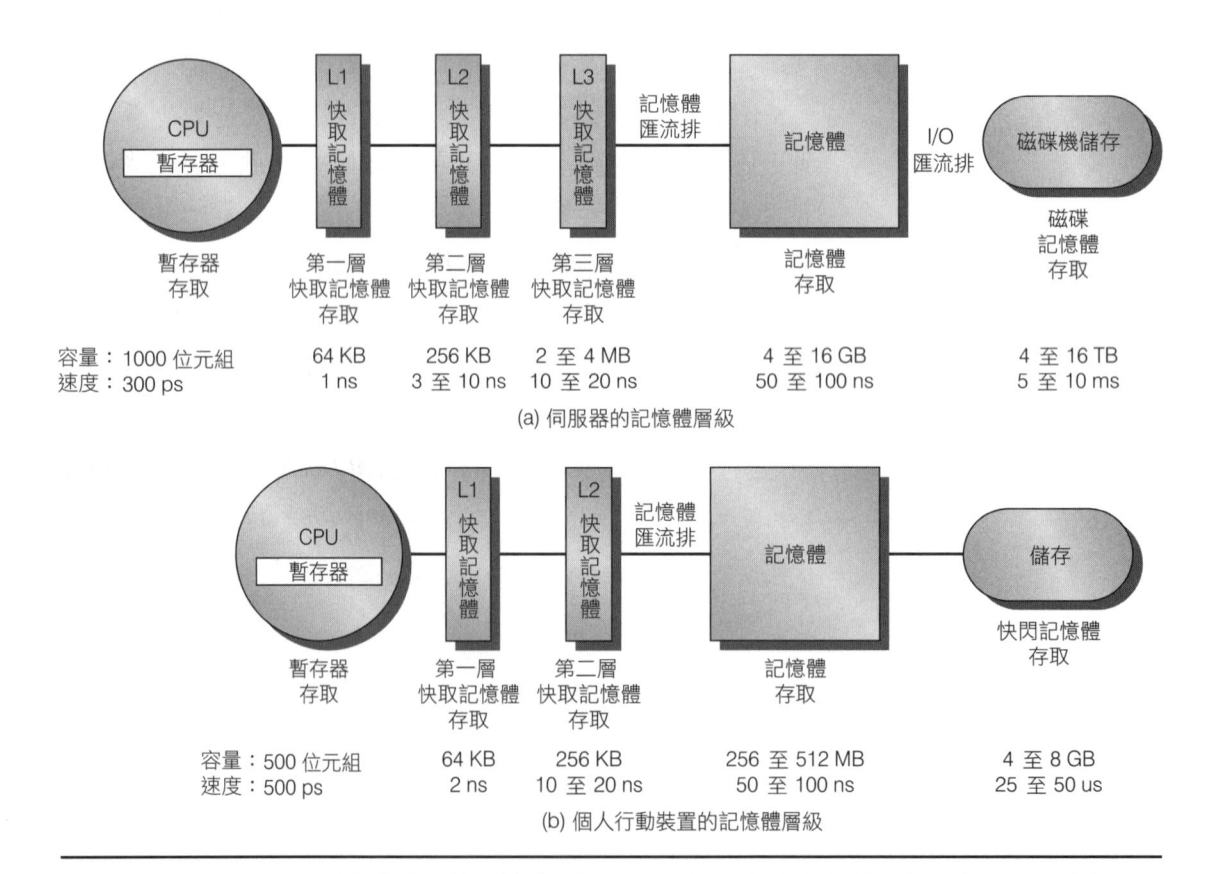

(b) 個人行動裝置的記憶體層級

圖 2.1　(a) 顯示伺服器電腦中典型的記憶體層級，(b) 則顯示個人行動裝置的。當記憶體離處理器愈遠時，速度變得愈慢，容量變得愈大。請注意，時間單位以 10^9 的因素變化 (從皮秒到毫秒)，同時容量單位以 10^{12} 的因素變化 (從位元組到兆位元組)。PMD 擁有較慢的時脈頻率以及較小的快取記憶體和主記憶體。有一項關鍵差異：伺服器與個人電腦在層級當中是使用磁碟機儲存作為最低階層，PMD 則使用由 EEPROM 技術建構的快閃記憶體。

由於快速記憶體較為昂貴，記憶體層級被分為許多層，每一層與距離處理器較遠的下一層相較，容量較小、速度較快，但每個位元組的成本較高。如此設計的目的在於提供一個記憶體系統，使其每位元組成本相當於最便宜的那一層記憶體，卻有著最快速那一層記憶體的存取速度。在大部份情況下(並非全部)，包含在較低層的資料乃是次高層資料的超集合。此種特性稱為**包含特性** (inclusion property)，總是為記憶體層級的最低層所需，快取記憶體的最低層就含有主記憶體，而虛擬記憶體的最低層就含有磁碟機。

記憶體層級的重要性已經隨著處理器效能的進步而增加。圖 2.2 繪出單處理器效能的投射，與主記憶體歷年來存取時間的效能改進相互對照。處理器那條線顯示每秒平均記憶體需求次數的增加情形(也就是記憶體存取之間的延遲之倒數)，記憶體那條線則顯示每秒 DRAM 存取次數的增加情形(也就是 DRAM 存取延遲的倒數)。在單處理器中的狀況實際上稍微比較差，因為記憶體存取速率的尖峰值比圖中所繪的平均值要快。

最近，高階處理器已經移到多核心，進一步增加了對於單一核心的頻寬需求。事實上，當核心數成長時總尖峰頻寬本質上也成長。諸如 Intel Core i7 等新式的高階處理器，每次時脈週期每個核心都可以產生兩次資料記憶體

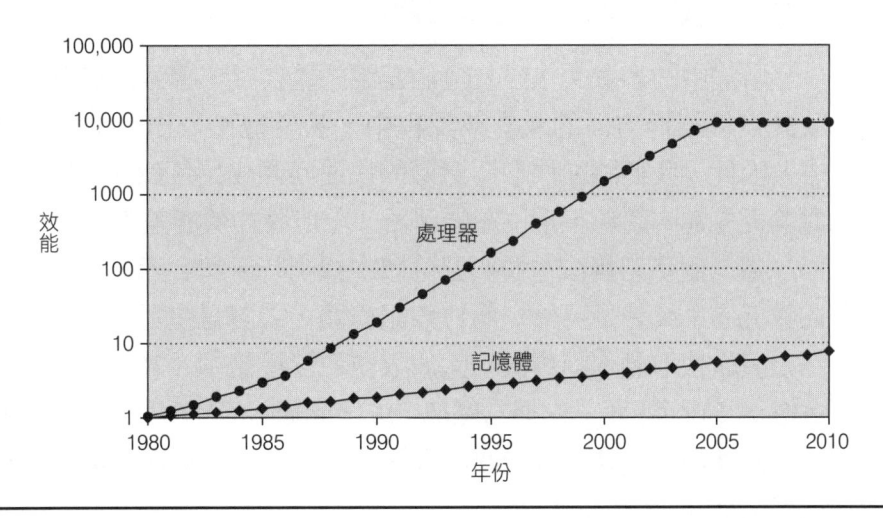

圖 2.2 從 1980 年開始作為效能基準線，繪出效能差距隨時間而變的情形：量取處理器記憶體需求(針對單處理器或核心)與 DRAM 存取延遲之間的時間差距。請注意，縱軸必須在對數標度上才能記錄處理器與 DRAM 間效能差距的大小。記憶體的基準線是 1980 年的 64 KB DRAM，其存取時間的效能改進每年提升 1.07 倍(見 100 頁的圖 2.13)。處理器這條線則假設在 1986 年之前，每年效能改進為前一年的 1.25 倍；在 2000 年之前，每年改進 1.52 倍；在 2000 年之前，2000 年至 2005 年之間每年改進 1.20 倍；2005 年至 2010 年之間處理器效能(對每個核心而言)並沒有改變；見第 1 章圖 1.1。

存取。擁有四核心和 3.2 GHz 時脈頻率，除了每秒大約 128 億次的 128 位元指令存取的指令尖峰需求，i7 每秒可產生 256 億次的 64 位元資料記憶體存取。這可是 409.6 GB/sec 的總尖峰頻寬！此不可思議的頻寬是靠快取記憶體的多埠化與管線化、使用多層快取記憶體、每個核心使用分開的第一層（有時第二層）快取記憶體，以及第一層使用分開的指令與資料快取記憶體而達成。相反地，DRAM 主記憶體的尖峰頻寬只有 409.6 GB/sec 的 6%（25 GB/sec）。

傳統上，記憶體層級的設計師專注於將平均記憶體存取時間最佳化，平均記憶體存取時間則取決於快取存取時間、失誤率，以及失誤損傷。然而最近功率已經成了主要考量。在高階微處理器中，或許會有 10 MB 或更多的晶片內快取記憶體，大型第二或第三層快取記憶體會消耗不少功率：不動作時的漏電 [稱為**靜態功率** (static power)] 以及執行讀寫時的動作功率 [稱為**動態功率** (dynamic power)]，如 2.3 節所述。PMD 裡的處理器內問題更為急迫，因為 CPU 較不積極且功率預算或許小到 20 至 50 倍。在這樣的情況下，快取記憶體可能佔了總功率消耗的 25% 至 50%。因此，進一步的設計就必須考慮效能與功率兩者之間的折衷，我們會在本章檢視這兩方面。

記憶體層級的基礎：快速回顧

增加中的容量大小以及這個差距的重要性，導致記憶體層級的基礎被移入計算機結構方面的大學部課程中，甚至被移入作業系統和編譯器的課程中。因此，我們將從快取記憶體的快速回顧開始。然而，本章的主體還是在討論更先進的創新，定位在處理器–記憶體的效能差距方面。

當一個字元無法在快取記憶體中找到時，該字元就必須從記憶體層級中的較低層（或許是另外一個快取記憶體，或許是主記憶體）提取出來，然後在繼續做快取動作前將該字元放入快取記憶體中。為了效率上的原因，一次會搬移多個字元 —— 稱為**區塊**（或**字元線**），因為空間區域性的關係它們可能很快就需要用到。每一個快取區塊都包括一個**標籤** (tag)，指出所對應的記憶體位址。

關鍵的設計決策在於區塊（或字元線）可以放在快取記憶體中的何處。最普遍的方案就是**集合關聯式** (set associative)，其中所謂**集合** (set) 就是快取記憶體當中的一群區塊。區塊先對映至集合上，然後該區塊就可以放在該集合內的任一處。要找到一個區塊，先得將該區塊位址對映至該集合，然後搜尋該集合 —— 通常是以平行方式 —— 去找到該區塊。該集合是經由資料位址去選取出來：

(**區塊位址**) MOD (**快取記憶體當中的集合數目**)

如果在集合中有 *n* 個區塊，快取記憶體的內部擺放便稱為 ***n* 路集合關聯式**(*n*-way set associative)。集合關聯性的兩端各自擁有它們的名稱：**直接對映式**(direct-mapped) 快取記憶體中每個集合都僅擁有一個區塊 (所以區塊總是被放在相同的位置上)；**完全關聯式** (fully associative) 快取記憶體則僅擁有一個集合 (所以區塊可以放在任何位置上)。

僅有讀取的資料快取是容易做到的，因為快取記憶體中的複本與記憶體中的複本完全相同。寫入快取就比較困難；例如，快取記憶體中的複本與記憶體中的複本要如何保持一致？這有兩種主要的策略。**透寫式** (write-through) 快取更新快取記憶體項目的同時，也會透寫更新主記憶體。**回寫式** (write-back) 快取則僅更新快取記憶體中的複本，當該區塊快要被置換時才被複製回記憶體。兩種寫入策略都可以使用**寫入緩衝區** (write buffer)，允許快取記憶體在資料一放進緩衝區就可以繼續進行其他快取動作，不必等到將資料寫入記憶體，歷經全部的時間延遲才進行。

要衡量不同的快取記憶體組織的好處，有一種方式就是量測失誤率。**失誤率** (miss rate) 就是存取快取記憶體造成失誤的成份──也就是存取失誤的數目除以存取數目的結果。

為了深入瞭解高失誤率的原因，以便激起更不錯的快取記憶體設計，特別用三個 C 的模型將所有的失誤整理分類為三種簡單的類型：

- **強迫** (compulsory)：首次被存取的區塊**不可能**在快取記憶體中，所以該區塊必須被帶入快取記憶體中。即使您擁有一個無限大的快取記憶體，強迫失誤還是會發生。
- **容量** (capacity)：因為某些區塊會被丟棄而後再讀入，如果快取記憶體無法容納程式執行期間需要的所有區塊，容量失誤 (除了強迫失誤以外) 就會發生。
- **衝突** (conflict)：如果區塊放置的策略並非完全關聯式，多個區塊對映到同一個集合且不同區塊的存取被打亂時，就會有區塊被丟棄而後再讀入，衝突失誤 (除了強迫失誤和容量失誤以外) 就會發生。

579 頁和 580 頁的圖 B.8 和圖 B.9 顯示了「三個 C」分別的快取失誤相對頻率。我們將在第 3 章和第 5 章看到，多執行緒和多核心添加了快取記憶體的複雜性，這兩方面不但增加了容量失誤的潛在性，同時也加入了針對**一致性** (coherency) 失誤的第四個 C，這是由於快取清除 (cache flushes) 之故，以

便在多處理器中保持多個快取記憶體的一致性；我們會在第 5 章考慮這些問題。

唉，由於幾種原因，失誤率卻可能是一種容易讓人產生誤解的量測。因此，有些設計師比較喜歡去量測**每個指令的失誤** (misses per instruction)，而不是**每次記憶體存取的失誤** (misses per memory reference) (失誤率)。這兩種量測的關係如下：

$$\frac{失誤數}{指令} = \frac{失誤率 \times 記憶體存取數}{指令數目} = 失誤率 \times \frac{記憶體存取數}{指令數目}$$

(經常報告成每 1000 道指令的失誤數，以便使用整數取代分數。)

這兩種量測的問題在於它們並未將失誤成本列入考量因素。有一種較佳的量測乃是**平均記憶體存取時間** (average memory access time)：

$$平均記憶體存取時間 = 命中時間 + 失誤率 \times 失誤損傷$$

其中**命中時間** (hit time) 就是在快取記憶體中命中所花的時間，**失誤損傷** (miss penalty) 就是從記憶體中置換區塊所花的時間 (即失誤的成本)。平均記憶體存取時間仍舊是效能的一種間接性量測；雖然它是一種比失誤率更好的量測，卻無法代替執行時間。在第 3 章，我們將看到推測式處理器可以在失誤期間執行其他指令，藉以減少有效的失誤損傷。使用多執行緒 (第 3 章所介紹) 也讓處理器可以容忍失誤而不致於被強迫閒置。我們不久即將檢視，為了要利用這樣的延遲容忍技術，我們需要能夠既服務需求又同時處理未完成失誤的快取記憶體。

如果這份教材對您而言是全新的，或這番快速回顧太過快速了，就請參考附錄 B。附錄 B 涵蓋了相同的介紹教材卻更為深入，並包括實際計算機快取記憶體的範例以及它們在有效性方面的量化評估。

附錄 B 的 B.3 節也提出了六種基本的快取記憶體最佳化，我們在這裡快速地回顧一下。該附錄並收錄一些最佳化利益的量化範例。我們也簡要地評論了有關取捨功的影響。

1. **較大的區塊大小以減少失誤率**：減少失誤率的最簡單方式就是利用空間區域性，並增加區塊大小。較大的區塊減少了強迫失誤，但也增加了失誤損傷。因為較大的區塊降低了標籤的數目，所以它們可以輕微減少靜態功率。較大的區塊大小也可能增加容量或衝突失誤，特別是在較小的快取記憶體中。選擇正確的區塊大小乃是一種複雜的權衡，取決於快取記憶體的容量和失誤損傷。

2. **較大的快取記憶體以減少失誤率**：減少容量失誤的明顯方式就是增加快取記憶體容量。缺點則包括較大的快取記憶體可能會有較長的命中時間，以及較高的成本和功率消耗。較大的快取記憶體會增加靜態與動態功率。

3. **較高的關聯度以減少失誤率**：增加關聯度顯然會減少衝突失誤。較大的關聯度可能會付出增加命中時間的成本。我們即將看到，關聯度也會增加功率消耗。

4. **多層快取以減少失誤損傷**：為了減少處理器存取與主記憶體存取之間的差距，我們面臨一項困難的決定：到底是要讓快取命中時間加快，是要趕上處理器高時脈頻率的步調，或者是要讓快取記憶體容量變大呢？在原先的快取記憶體和記憶體之間加入另一層快取記憶體，不失為簡化決定的一招（見圖 2.3）。第一層快取記憶體可以小到足以符合快速的時脈週期時間，第二層（或者第三層）快取記憶體卻可以大到足以捕捉住原本會走到主記

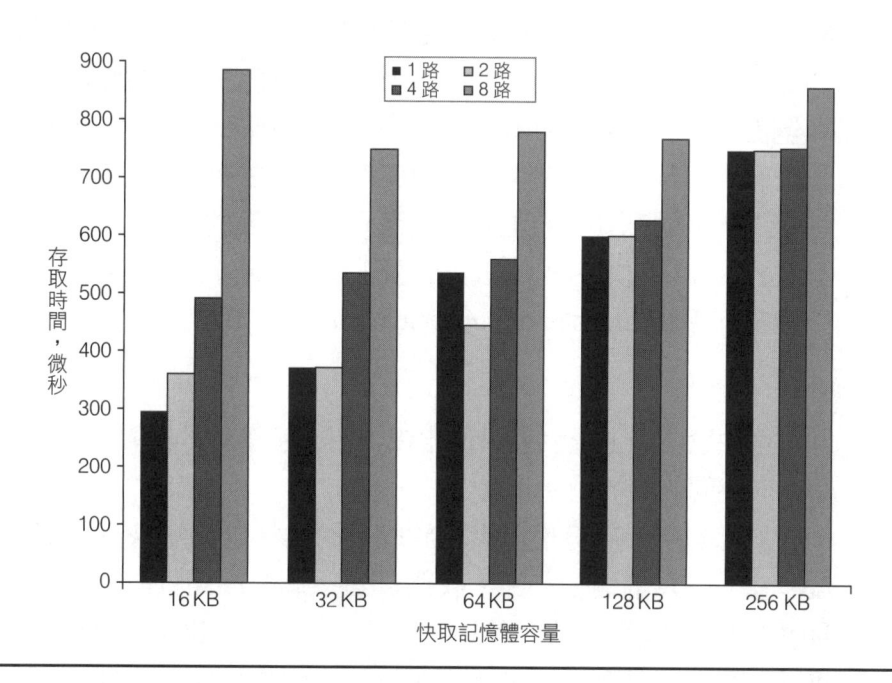

圖 2.3 存取時間通常隨著快取記憶體容量和關聯度的增加而增加。這些數據來自於 Tarjan、Thoziyoor 和 Jouppi 等人的 CACTI 模型 6.5 [2005]。該數據假設 40 奈米特徵尺寸（介於 Intel i7 最快速與第二快速之間的版本所使用的技術，與最快速的 ARM 嵌入式處理器所使用的技術相同）、單一的記憶庫和 64 位元組區塊。有關快取記憶體佈局的假設以及交連延遲（取決於所存取的快取區塊大小）與標籤檢查和多工成本之間的複雜權衡導致偶爾會令人驚訝的結果，例如 64 KB 2 路集合關聯式比直接對映式的存取時間低。同樣地，8 路集合關聯式的結果也在快取記憶體容量增加時發生不尋常的行為。由於這樣的觀測強烈取決於技術與細節的設計假設，諸如 CACTI 等工具程式所幫忙的是減少搜尋空間，而不是在權衡方面的精密分析。

憶體的存取。專注於第二層快取的失誤上,便導致更大的區塊、更大的容量以及更高的關聯度。多層快取記憶體比起單一的總快取記憶體功率效率更高。如果 L1 和 L2 分指第一層和第二層快取記憶體,我們就可以重新定義平均記憶體存取時間如下:

$$命中時間_{L1} + 失誤率_{L1} \times (命中時間_{L2} + 失誤率_{L2} \times 失誤損傷_{L2})$$

5. **給予讀取失誤高過寫入失誤的優先權以減少失誤損傷**:寫入緩衝區就是實現這種最佳化的好地方。寫入緩衝區會產生危障,因為它們持有讀取失誤時所需要的位置更新值 —— 也就是一種經由記憶體而產生的讀取後寫入之危障。一種解決方式就是在讀取失誤時檢查寫入緩衝區的內容。如果沒有任何衝突,而且如果記憶體系統是可用的,在寫入前送出讀取就會減少失誤損傷。大多數處理器給予讀取的優先權都是高於寫入。這項選擇對於功率消耗影響很小。

6. **在進行快取記憶體索引時避免位址轉譯以減少命中時間**:快取記憶體必須應付來自處理器為存取記憶體所做的虛擬位址至實體位址轉譯。(虛擬記憶體涵蓋於 2.4 節和 B.4 節。) 一般的最佳化是使用分頁偏移量-虛擬位址和實體位址兩者完全相同的部份 —— 去對快取記憶體進行索引,如附錄 B 596 頁所述。這種虛擬索引/實體標籤的方法引起一些系統複雜性以及/或者 L1 快取記憶體的容量和結構限制,但是可從關鍵路徑移除轉譯後備緩衝區 (translation lookaside buffer, TLB) 存取所得到的好處卻大於壞處。

請注意,以上這六種最佳化都各有一項潛在的缺點,足以導致平均記憶體存取時間的增加,而非減少。

本章的剩餘部份是假設對於以上的教材以及附錄 B 的細節都具有熟悉度。在「綜合論述」一節,我們針對一個為高階伺服器所設計的微處理器 Intel Core i7 以及一個為 PMD 使用所設計的微處理器 ARM Cortex-A8 (蘋果 iPad 和數款高階智慧型手機的基石),分別檢視它們的記憶體層級。在兩種類型當中,由於電腦所擬的用途不同,方法上就有顯著的差異。雖然伺服器所使用的高階處理器比起為桌上型電腦使用所設計的 Intel 處理器,擁有較多的核心以及較大的快取記憶體,這些處理器還是具有類似的結構。差異是由效能與工作負載特性所驅動;桌上型電腦主要是在作業系統頂端一次針對一個單一使用者執行一個應用程式,而伺服器電腦可能會有數百個使用者同時在執行數打的應用程式。由於這些工作負載的差異,桌上型電腦通常對於

來自於記憶體層級的平均時間延遲考量較多，而伺服器電腦另外也考量記憶體頻寬。即使在桌上型電腦的類型當中，從使用比較類似於高階 PMD 上所找到的減規處理器的上網筆電，到其處理器含有多核心且其組織肖似低階伺服器的高階桌上型電腦，仍然有著很大的差異性。

相反地，PMD 除了服務單一使用者，通常也擁有規模較小的多工作業系統 (同時執行數個應用程式) 以及比較簡單的應用程式。PMD 一般都使用快閃記憶體而非磁碟機，而且大多數都會考量決定電池壽命的效能與耗能。

2.2 十種先進的快取記憶體效能最佳化

上面的平均記憶體存取時間公式給予我們對於快取記憶體最佳化的三種量度：命中時間、失誤率和失誤損傷。鑑於最近的趨勢，我們就把快取記憶體頻寬和功率消耗也列入。基於這些標度，我們可將所檢視的十種先進的快取記憶體最佳化分成以下五種類型：

1. **減少命中時間**：小而簡單的第一層快取記憶體以及多路預測。兩種技術通常也都可以減少功率消耗。
2. **增加快取記憶體頻寬**：管線式快取記憶體、多記憶庫快取記憶體，以及非阻隔式快取記憶體。這些技術對於功率消耗的影響是有變動的。
3. **減少失誤損傷**：關鍵字元優先以及合併寫入緩衝區。這些最佳化對於功率影響很小。
4. **減少失誤率**：編譯器最佳化。顯然在編譯期間作改進可以改善功率消耗。
5. **經由平行化減少失誤損傷或失誤率**：硬體式預提取或編譯器預提取。這些最佳化通常會增加功率消耗，主要是由於無用的預提取資料。

一般而言，當我們經歷這些最佳化時，硬體複雜度就會隨之增加。此外，有幾種最佳化也需要尖端的編譯器技術。我們將以 97 頁的圖 2.11 所提出的十項技術的製作複雜度和效能獲益之總結作為結論。由於有一些技術是直截了當的，我們就簡短地介紹；其他技術則需要更多的描述。

第一最佳化：小而簡單的快取記憶體以減少命中時間和功率

時脈週期加快以及功率限制的壓力促使第一層快取記憶體的容量受到限制。同樣地，使用較低層次的關聯可以減少命中時間和功率，雖然這樣的折衷要比牽涉到尺寸大小的折衷要複雜。

快取命中的關鍵時序路徑乃是三個階段的過程：使用位址的索引部份去

定址標籤記憶體，將讀取標籤之值與位址做比較，以及如果快取記憶體為集合關聯式就設定多工器來選擇正確的資料項。直接對映式快取記憶體可以將標籤檢查與資料傳輸重疊在一起，有效地減少命中時間。此外，較低層次的關聯通常可減少功率，因為必須存取的快取線比較少。

雖然晶片上的快取記憶體總容量隨著新一代微處理器的推出而猛烈增加，但由於較大型 L1 快取記憶體所造成的時脈頻率衝擊，L1 快取記憶體的容量最近卻輕微增加或毫未增加。在許多最近的微處理器中，設計師已經選擇更高關聯度而非更大的快取記憶體。選擇高關聯度的一個額外考量乃是消除位址別名的可能性；我們不久便會加以討論。

在真正製造晶片前，可以使用 CAD 工具程式來決定命中時間所造成的影響。CACTI 是一個程式，它可以用來針對 10% 以內較複雜的 CAD 工具程式，評估 CMOS 微處理器上不同快取記憶體架構的存取時間和能量消耗。針對所給予的最小特徵尺寸，CACTI 評估快取記憶體容量變動下的快取命中時間，評估關聯度、讀取/寫入的埠數以及其他更複雜的參數。圖 2.3 顯示，評估快取記憶體容量和關聯度變化時對於命中時間預計的影響。視快取記憶體容量，針對這些參數，該模型表明：直接對映式的命中時間比二路集合關聯式稍快、2 路集合關聯式 1.2 倍快於 4 路式，且 4 路式 1.4 倍快於 8 路式。當然，這些評估取決於技術和快取記憶體容量。

範例 使用附錄 B 圖 B.8 和圖 2.3 的數據，請決定 32 KB 4 路集合關聯式 L1 快取記憶體是否比 32 KB 2 路集合關聯式 L1 快取記憶體擁有更快的記憶體存取時間。假設對 L2 的失誤損傷是為較快的 L1 快取存取時間的 15 倍，忽略 L2 以外的失誤，請問何者具有較快的平均記憶體存取時間？

解答 設 2 路集合關聯式快取記憶體的存取時間為 1。因此，對於 2 路快取記憶體而言：

$$\text{平均記憶體存取時間}_{2路} = \text{命中時間} + \text{失誤率} \times \text{失誤損傷}$$
$$= 1 + 0.038 \times 15 = 1.57$$

對於 4 路快取記憶體而言，存取時間成為 1.4 倍長，失誤損傷所消逝的時間即為 15/1.4 = 10.7：

$$\text{平均記憶體存取時間}_{4路} = \text{命中時間}_{2路} \times 1.4 + \text{失誤率} \times \text{失誤損傷}$$
$$= 1.4 + 0.037 \times 10.7 = 1.8$$

顯然，較高的關聯度似乎是不好的權衡；然而，由於在新式處理器中快取記憶體的存取往往被管線化，對於時脈週期時間的確切衝擊也就難以評估。

如圖 2.4 所示，在選擇快取記憶體容量和關聯度時，耗能也是一項考量。在 128 KB 或 256 KB 快取記憶體中，較高關聯度若從直接對映式走到 2 路集合關聯式，其能量成本之範圍是從 2 倍以上至微不足道。

在最近的設計中，有三項因素導致第一層快取記憶體使用較高的關聯度。第一，許多處理器花費至少兩個時脈週期去存取快取記憶體，所以命中時間較長所產生的影響或許不大。第二，為了讓 TLB 處於關鍵路徑之外 (其延遲會大於增加相關聯度所相關的延遲)，幾乎所有的 L1 快取記憶體都應該予以虛擬索引。這就將快取記憶體的容量限制在分頁大小乘以關聯度之下，因為如此一來只有分頁之內的位元可用來作索引。對於位址轉譯完成之前快取記憶體索引的問題是有別的解決方案，但是增加關聯度最具有吸引力，何況它還有其他好處。第三，隨著多執行緒 (第 3 章) 的引進，衝突失誤可能會增加，使得較高的關聯度更具吸引力。

第二最佳化：多路預測以減少命中時間

有另一種稱為**多路預測** (way prediction) 的方法，既可以減少衝突失誤，又可以維持直接對映式快取記憶體的命中速度。這種方法在快取記憶體中加

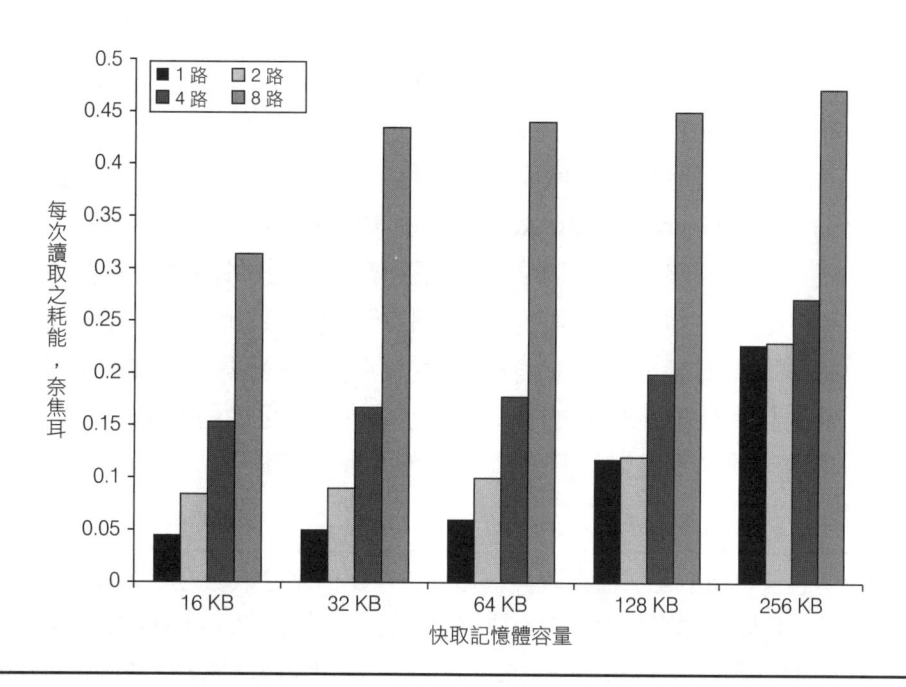

圖 2.4 每次讀取之耗能隨著快取記憶體容量和關聯度的增加而增加。如同前圖一般，CACTI 是用來使用相同的技術參數作模型。8 路集合關聯式快取記憶體的大損傷起因於平行讀出八個標籤和對應資料的成本。

入一些額外位元來預測下次快取存取集合當中的某一路或某一個區塊。也就是說，多工器被提早設定去選取所想要的區塊，而在時脈週期中，只執行了單一的標籤比對動作，與快取資料的讀取平行進行。當失誤發生時，其他區塊會在接下來的時脈週期中被比對。

快取記憶體中每一個區塊被加上一些區塊預測位元，這些位元用來選擇下一次快取存取時會被嘗試的區塊。如果預測正確，快取記憶體的存取時間延遲就是快速的命中時間。如果預測錯誤，它會去嘗試另一個區塊，改變多路預測器，而產生一個額外時脈週期的延遲。模擬結果顯示，2 路集合關聯式快取記憶體的預測精確度超過 90%，4 路集合關聯式快取記憶體則超過 80%，指令快取記憶體的預測精確度較資料快取記憶體為佳。對於一個 2 路集合關聯式快取記憶體而言，如果它至少快了 10%（十分有可能），多路預測就會產生較低的平均記憶體存取時間。多路預測首先於 1990 年代中期被用在 MIPS R10000。多路預測流行於使用 2 路集合關聯式的處理器中，也用在擁有 4 路集合關聯式快取記憶體的 ARM Cortex-A8 中。對於非常快速的處理器而言，實現單週期暫停或許很有挑戰性，這對於保持小的多路預測損傷頗具關鍵性。

多路預測的一種延伸形式也可以用於減少功率消耗，乃是藉著使用多路預測位元來決定哪一個快取區塊要實際存取（多路預測位元實質上是額外的位址位元）。此方法或稱為**多路選擇** (way selection)，當多路預測正確時就會節省功率，但多路預測失誤時就會增加顯著的時間，因為存取必須重複，不只是標籤比對和選擇而已。此種最佳化只可能在低功率處理器中有意義。Inoue、Ishihara 和 Murakami 等人 [1999] 評估，於 SPEC95 標準效能測試程式上，以 4 路集合關聯式快取記憶體使用多路預測會增加指令快取記憶體 1.04 倍的平均存取時間及資料快取記憶體 1.13 倍的平均存取時間，但所產生的快取記憶體平均功率消耗相對於平常的 4 路集合關聯式快取記憶體，則分別為指令快取記憶體的 0.28 倍及資料快取記憶體的 0.35 倍。多路預測有一項顯著的缺點是難以將快取記憶體的存取管線化。

範例 假設資料快取記憶體存取數為指令快取記憶體存取數之半，並假設在一個平常的 4 路集合關聯式製作中，指令快取記憶體與資料快取記憶體分別負責處理器功率消耗的 25% 和 15%。請決定基於以上研究之評估多路選擇是否會改善每瓦的效能。

解答 對於指令快取記憶體，功率的節省為總功率的 $25 \times 0.28 = 0.07$，對於資料快取記憶體則為 $15 \times 0.35 = 0.05$，總節省為 0.12。多路預測版本需要的功率為標準 4 路快取

記憶體的 0.88。快取存取時間的增加為指令快取記憶體平均存取時間增加加上一半的資料快取記憶體平均存取時間增加,亦即加長 1.04 + 0.5×0.13 = 1.11 倍。此結果意味多路預測具有 0.90 倍的標準 4 路快取記憶體效能。因此,多路預測每焦耳的效能僅很輕微地改善了 0.90/0.88 = 1.02 的比率。此種最佳化最好用在主要目標是功率而非效能之處。

第三最佳化:管線式快取記憶體以增加快取記憶體頻寬

這種最佳化就是將快取存取管線化,使得處於快速時脈週期時間以及高頻寬而慢命中情況下,第一層快取記憶體的有效命中時間延遲會是時脈週期的倍數。舉例來說,1990 年代中期 Intel Pentium 處理器的指令快取記憶體存取花費了一個時脈週期,1990 年代中期直到 2000 年的 Pentium Pro 乃至 Pentium III 則花費了 2 個時脈週期,目前的 Intel Core i7 花費了 4 個時脈週期。這種改變增加了管線的階段數目,使得分支預測錯誤時的損傷更大,並且使得發派載入指令和使用載入資料之間的時脈週期數更多 (見第 3 章),但是的確會比較容易將高關聯度併進來。

第四最佳化:非阻隔式快取記憶體以增加快取記憶體頻寬

對於允許非依序完成 (在第 3 章討論) 的管線式計算機而言,處理器在資料快取失誤時不需要暫停。舉例來說,處理器在等待資料快取記憶體傳回失誤的資料時,可以繼續從指令快取記憶體取得指令。**非阻隔式快取記憶體** (nonblocking cache) 或**無鎖式快取記憶體** (lockup-free cache) 進一步利用這種方式的潛在利益,允許資料快取記憶體在失誤發生時仍然可以繼續提供快取命中。這種「失誤下命中」(hit under miss) 的最佳化方式能減少有效的失誤損傷,不再忽略處理器的請求,在失誤期間是有幫助的。另一種精巧且複雜的方法在於:如果快取記憶體可以重疊多個失誤,亦即採取「多失誤下命中」(hit under multiple miss) 或是「失誤下失誤」(miss under miss) 的最佳化方式,就可以進一步降低有效的失誤損傷。第二種方法只有在記憶體系統能處理多個失誤時才會有效益。大多數高效能處理器 (例如 Intel Core i7) 通常兩種方法都支援,但是低階處理器,例如 ARM A8,則僅在 L2 內提供有限度的非阻隔式支援。

為了檢視非阻隔式快取記憶體在減少快取失誤損傷方面的有效性,Farkas 和 Jouppi [1994] 做過一項研究,假設 8 KB 快取記憶體遭受 14 個週期的失誤損傷;他們觀測到:如果允許失誤下命中一次,SPECINT92 標準效能

測試程式的有效失誤損傷減少了 20%，SPECFP92 標準效能測試程式則減少了 30%。

Li、Chen、Brockman 和 Jouppi [2011] 使用多層快取記憶體、關於失誤損傷的最新假設，以及更大、更嚴格要求的 SPEC2006 標準效能測試程式，更新了這項研究。這項研究的完成乃是假設了一個基於 Intel i7（見 2.6 節）單核心而執行 SPEC2006 標準效能測試程式的模型。圖 2.5 顯示分別允許一次失誤下命中 1 次、2 次與 64 次時，資料快取記憶體存取延遲的減少情形；圖 2.5 的標題進一步描述了記憶體系統的細節。自從較早研究以來快取記憶體的變大和 L3 快取記憶體的加入已經使得獲益下降，SPECINT2006 標準效能測試程式顯示快取記憶體延遲平均減少約 9%，SPECFP2006 標準效能測試程式則減少約 12.5%。

範例 以下何者對浮點型程式較重要：2 路集合關聯式快取記憶體或單失誤下命中（就主要的資料快取記憶體而言）？對於整數型程式又如何？假設 32 KB 資料快取記憶體的平均失誤率如下：對於浮點型程式而言，直接對映式快取記憶體為 5.2%，2 路集合關聯式快取記憶體則為 4.9%。對於整數型程式而言，直接對映式快取記憶體為 3.5%，2 路集合關聯式快取記憶體則為 3.2%。假設對 L2 的失誤損傷為 10 個週期，L2 失誤與損傷是相同的。

解答 對於浮點型程式而言，平均記憶體暫停時間為

$$\text{失誤率}_{DM} \times \text{失誤損傷} = 5.2\% \times 10 = 0.52$$
$$\text{失誤率}_{2路} \times \text{失誤損傷} = 4.9\% \times 10 = 0.49$$

2 路關聯式的快取存取延遲（包括暫停）為直接對映式快取記憶體的 0.49/0.52 = 94%。圖 2.5 的標題表示對於浮點型程式而言，單失誤下命中的方式能將資料快取記憶體平均存取延遲減少為阻隔式快取記憶體的 87.5%。因此，對於浮點型程式而言，比起因一次失誤而暫停的 2 路集合關聯式快取記憶體，支援單失誤下命中的直接對映式快取記憶體可以提供較佳的效能。

對於整數型程式而言，其計算為

$$\text{失誤率}_{DM} \times \text{失誤損傷} = 3.5\% \times 10 = 0.35$$
$$\text{失誤率}_{2路} \times \text{失誤損傷} = 3.2\% \times 10 = 0.32$$

因此，2 路集合關聯式快取記憶體的資料快取存取延遲即為直接對映式快取記憶體的 0.32/0.35 = 91%，而允許單失誤下命中一次時，存取延遲減少了 9%，使得這兩種選擇幾乎不分軒輊。

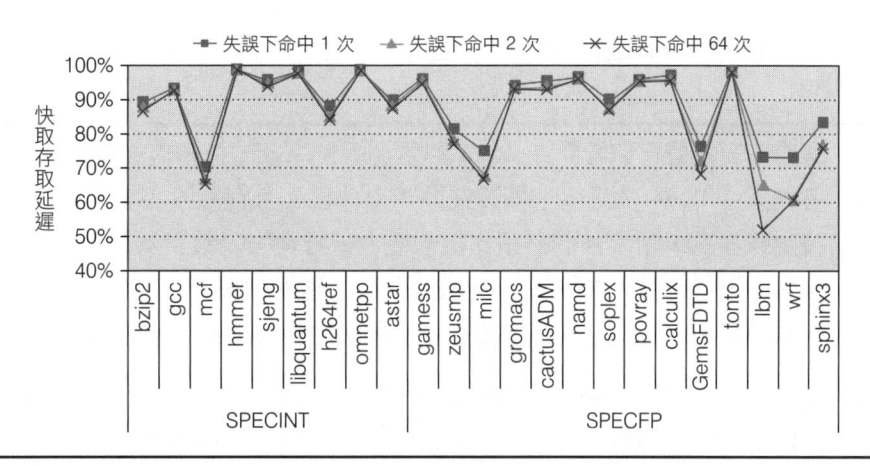

圖 2.5 使用 9 個 SPECINT (左側) 以及 9 個 SPECFP (右側) 標準效能測試程式，分別評估一次快取失誤下允許 1 次、2 次或 64 次命中時，非阻隔式快取記憶體的有效性。資料記憶體系統係依照 Intel i7 定出模型，包含一個存取延遲為四個週期的 32 KB L1 快取記憶體。L2 快取記憶體 (與指令快取共用) 為 256 KB，其存取延遲為 10 個時脈週期。L3 為 2 MB，其存取延遲為 36 個週期。所有快取記憶體均為 8 路集合關聯式，其區塊大小均為 64 位元組。允許失誤下一次命中時，整數型標準效能測試程式是減少 9% 的失誤損傷，浮點型則減少 12.5%。允許第二次命中時，這些結果就分別改進為 10% 與 16%。允許 64 次命中時，增加的改進微乎其微。

　　非阻隔式快取記憶體效能評估的真正困難在於快取失誤並不一定會令處理器暫停。要在這種情況下評斷任何單一失誤的影響是很困難的。因此，要計算平均記憶體存取時間也是一件困難的事。有效的失誤損傷並非所有失誤的總和，而是處理器被暫停時沒有重疊的時間。非阻隔式快取記憶體的獲益是很複雜的，因為它取決於：發生多個失誤時的失誤損傷、記憶體存取的式樣 (pattern)，以及失誤未處理的情況下處理器可以去執行多少指令等因素。

　　一般而言，非依序執行的處理器有能力隱藏許多在 L1 資料快取失誤卻在 L2 命中的失誤損傷，但是它無法隱藏較低層快取失誤的大部份失誤損傷。決定有多少未處理失誤要支援則取決於各種因素：

- 失誤串流中的時間與空間區域性，以決定一次失誤是否得啟動一次對於較低層快取記憶體或對於記憶體的新存取。
- 作出回應的記憶體或快取記憶體之頻寬。
- 為了在最低層快取記憶體 (這裡的失誤時間最長) 允許更多的未處理失誤，就需要在較高層至少支援同樣多的失誤，因為失誤必定起始於最高層快取記憶體。
- 記憶體系統之延遲。

以下的簡化範例顯示出關鍵的觀念。

範例 假設主記憶體存取時間為 36 ns 以及記憶體系統的持續傳送速率為 16 GB/sec。如果區塊大小為 64 位元組,假設在需求串流已知且存取永不衝突的情況下我們可以維持尖峰頻寬,請問我們必須支援的最大未處理失誤數目為何?如果一次存取與前四次之一碰撞的機率為 50%,並假設存取必須等到較早的存取完成之後,請估算最大未處理存取之數目。為了簡單起見,忽略失誤與失誤之間的時間。

解答 在第一種情況下,假設我們可以維持尖峰頻寬,該記憶體系統可以支援 $(16 \times 10)^9$/64 = 每秒 2.5 億次存取。由於每次存取花費 36 ns,所以我們可以支援 $250 \times 10^6 \times 36 \times 10^{-9}$ = 9 次存取。如果碰撞機率大於 0,我們就需要更多的未處理存取,因為我們無法從那些存取上開始工作;該記憶體系統便需要更多的獨立存取而非更少!為了近似起見,我們假設記憶體存取有一半並不需要發出至記憶體,這意味著我們必須支援多達 2 倍的未處理存取,亦即 18。

在 Li、Chen、Brockman 和 Jouppi 的研究當中,他們發現對於整數型程式,失誤下命中一次時 CPI 減少 7%,命中 64 次時則減少 12.7%。對於浮點型程式,失誤下命中一次時減少 12.7%,命中 64 次時則減少 17.8%。這些減少軌跡相當接近於圖 2.5 所示的資料快取記憶體存取延遲之減少。

第五最佳化:多記憶庫快取記憶體以增加快取記憶體頻寬

我們可以將快取記憶體分割為獨立的一些記憶庫去支援同時性的存取,而不是看成單一的方塊。記憶庫原先是用來改善主記憶體的效能,現在則用在新式 DRAM 晶片的內部以及快取記憶體上。ARM Cortex-A8 在 L2 快取記憶體中支援一至四個記憶庫;Intel Core i7 在 L1 中擁有四個記憶庫 (每個時脈週期支援達 2 次記憶體存取),在 L2 中則擁有八個記憶庫。

很顯然地,當存取自然而然地將其本身跨越散佈在記憶庫之間時,記憶庫化會運作得最好,所以位址到記憶庫的對映就會影響記憶體系統的行為。一種運作得不錯的簡單型對映就是將區塊位址循序地跨越散佈在記憶庫之間,稱為**循序式交插** (sequential interleaving)。例如,如果有四個記憶庫,記憶庫 0 擁有所有位址除以 4 餘 0 的區塊;記憶庫 1 擁有所有位址除以 4 餘 1 的區塊;依此類推。圖 2.6 便顯示了此種交插。多記憶庫在快取記憶體和 DRAM 中也都是減少功率消耗的一種方式。

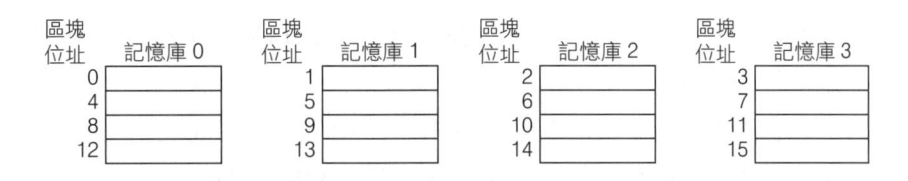

區塊位址	記憶庫 0	區塊位址	記憶庫 1	區塊位址	記憶庫 2	區塊位址	記憶庫 3
0		1		2		3	
4		5		6		7	
8		9		10		11	
12		13		14		15	

圖 2.6 使用區塊定址的 4 路交插式快取記憶庫。假設每個區塊有 64 個位元組，這些位址每一個都要乘以 64 才會得到位元組的位址。

第六最佳化：關鍵字元優先和提早重新啟動以減少失誤損傷

這種技術是基於以下的觀察結果：處理器通常一次只需要區塊中的一個字元。這種策略是急切性的：不等到整個區塊被載入就會將所請求的字元送出，並且重新啟動處理器。有兩種特定的策略：

- **關鍵字元優先 (critical word first)**：先從記憶體請求失誤的字元，抵達後立即送給處理器；在填入區塊中剩餘字元同時讓處理器繼續執行。
- **提早重新起動 (early restart)**：以正常的順序提取字元，不過所請求的區塊字元一抵達後，就立刻將其傳送給處理器，並且讓處理器繼續執行。

一般而言，這些技術只對快取區塊大的設計有利，除非快取區塊夠大，否則獲益有限。請注意，在區塊剩餘部份被填入的同時，快取記憶體通常會繼續執行對於其他區塊的存取。

唉，依據空間區域性，下一次的存取很有機會是針對區塊的剩餘部份。正如同使用非阻隔式快取記憶體一般，要計算失誤損傷並不簡單。在關鍵字元優先中出現第二次請求時，有效的失誤損傷即為第二次字元抵達之前來自於存取動作的未重疊時間。關鍵字元優先和提早重新起動的效益取決於區塊大小以及對於區塊中尚未提取部份進行另一次存取的可能性。

第七最佳化：合併寫入緩衝區以減少失誤損傷

由於透寫式快取的所有儲存動作都必須送到層級中的下一層記憶體，所以便倚賴於寫入緩衝區。即使是回寫式快取也會在置換區塊時使用一個簡單的緩衝區。如果寫入緩衝區是空的，則資料及其完整位址會被寫入至緩衝區中；就處理器而言，此寫入動作即告結束。當寫入緩衝區開始將字元寫入至記憶體時，處理器會繼續運作。如果緩衝區中包含其他修改過的區塊，則其中的位址會與新資料的位址作比對。如果有效的寫入緩衝區記錄中有某一位址與新資料的位址相符時，新資料就會與該筆記錄結合。**寫入合併** (write merging) 就是這種最佳化方式的名稱。Intel Core i7 以及許多其他的處理器便是使用寫入合併。

如果緩衝區已滿並且沒有相符的位址,則快取記憶體 (與處理器) 必須暫停,直到緩衝區有空白的記錄出現為止。這種最佳化方式能較有效率地使用記憶體,因為一次寫入多個字元通常會比將多個字元分次寫入快速。Skadron 和 Clark [1997] 發現,即使是一個合併四筆記錄的寫入緩衝區也會產生暫停,而導致 5% 至 10% 的效能損失。

這種最佳化方式同時降低了由於寫入緩衝區填滿所導致的暫停。圖 2.7 顯示一個寫入緩衝區有使用寫入合併以及沒有寫入合併的情形。假設寫入緩衝區有四筆記錄,每筆記錄可以持有四個 64 位元的字元。沒有使用這種最佳化方式時,四次循序位址的寫入動作會在每筆記錄內填入一個字元,並且填滿整個緩衝區。然而,這四個字元卻是可以被合併的,而且剛好可以切合於寫入緩衝區中的一筆記錄。

請注意,由於輸入 / 輸出裝置暫存器通常被對映到實體位址空間。這些

寫入位址	V		V		V		V	
100	1	Mem[100]	0		0		0	
108	1	Mem[108]	0		0		0	
116	1	Mem[116]	0		0		0	
124	1	Mem[124]	0		0		0	

寫入位址	V		V		V		V	
100	1	Mem[100]	1	Mem[108]	1	Mem[116]	1	Mem[124]
	0		0		0		0	
	0		0		0		0	
	0		0		0		0	

圖 2.7 為了示範寫入合併,上方的寫入緩衝區沒有使用寫入合併,而下方的緩衝區則有。使用寫入合併,將四次寫入合併成緩衝區的一筆記錄;不使用寫入合併的話,即使每筆記錄中有四分之三的空間是浪費的,緩衝區還是處於滿的狀態。該緩衝區有四筆記錄,每筆記錄持有四個 64 位元的字元。每筆記錄的位址在圖的左側,並且用有效位元 (V) 來標示這筆記錄中其後的 8 個位元組是否已經存有資料。(不使用寫入合併時,圖上方緩衝區的右邊部份僅當有指令一次寫入多個字元時才會被用到。)

I/O 位址並不允許寫入合併，因為分開的 I/O 暫存器無法被當成記憶體中的字元陣列來使用。舉例來說，它們可能需要以每個 I/O 暫存器一個位址以及一個資料字元的方式，而不是以一個位址多個字元的方式來進行寫入。通常是將分頁標示為需要非合併式快取記憶體透寫，來實現這些邊際作用。

第八最佳化：編譯器最佳化以減少失誤率

到目前為止，我們所提到的技術都需要改變硬體。下一種減少失誤率的技術便完全不需要更改硬體。

這種神奇的減少來自於最佳化的軟體，這也是硬體設計人員最喜愛的解決方案！處理器與主記憶體間的效能差距逐漸擴大，促使編譯器撰寫者仔細研究記憶體層級，看看能否利用編譯時期的最佳化來改善效能。再一次地，這方面的研究被分開為改善指令失誤以及改善資料失誤兩個部份。以下所提出的最佳化在許多新式的編譯器中都找得到。

迴圈互換

某些程式會有巢狀迴圈 (nested loop)，以非循序的方式存取記憶體中的資料。只要交換迴圈的巢狀安排就可以讓程式碼以該筆資料儲存的次序來存取資料。假設陣列無法全部放入快取記憶體中，這種技術可以藉由改善空間區域性來減少失誤；重新排序能讓快取區塊中的資料在被丟棄前做最大的利用。例如，如果 x 是一個二次元陣列，所配置的大小為 [5000, 100]，故 x[i, j] 與 x[i, j+1] 是鄰接的 [稱為列為主 (row major) 的順序，因為陣列是以列來鋪陳的]，以下的兩段程式碼顯示了存取如何被最佳化：

```
/* 之前 */
for (j = 0;  j < 100;  j = j+1)
    for (i = 0;  i < 5000;  i = i+1)
        x[i][j] = 2 * x[i][j];
/* 之後 */
for (i = 0;  i < 5000;  i = i+1)
    for (j = 0;  j < 100; j = j+1)
        x[i][j] = 2 * x[i][j];
```

原來的程式會以每次跳過 100 個字元的方式穿越記憶體，而修改過的版本會在存取一個快取區塊中所有資料之後，才存取下一個區塊。這種最佳化方式是以不影響指令執行數目的方式來改善快取記憶體的效能。

區塊化

這種最佳化方式藉著改善時間區域性的方式來減少失誤。我們再次考慮多個陣列的情形，其中某些陣列以列的方式存取，而某些陣列則以行的方式存取。利用一列接著一列的**列為主順序** (row major order) 方式或者一行接著一行的**行為主順序** (column major order) 方式來儲存並不能解決問題，因為在迴圈重複執行中，行和列兩者都會被用到。這種正交式 (orthogonal) 存取意味著迴圈互換這一類的轉換仍然有很大的改善空間。

與其以整行及整列的方式來操作陣列，區塊化的演算法改以子陣列 (submatrices) 或**區塊** (block) 的方式來操作，目標是將載入快取記憶體的資料在被置換前做最大的存取利用。以下的程式碼範列能幫助促進這種最佳化，它的功能是做矩陣相乘：

```
/* 之前 */
for (i = 0 ; i < N ; i = i+1)
    for (j = 0 ;  j < N; j = j+1)
        {r = 0 ;
         for (k = 0 ; k < N; k = k + 1)
            r = r + y[i][k]*z[k][j];
         x[i][j] = r ;
        };
```

兩個內迴圈讀取 z 中所有的 N×N 元素，重複讀取 y 中某一列相同的 N 個元素，並且寫入 x 中某一列的 N 個元素。圖 2.8 顯示對三個陣列存取的瞬間狀態。深色的陰影表示最近的存取，淺色的陰影表示較早的存取，而白色則表示尚未被存取。

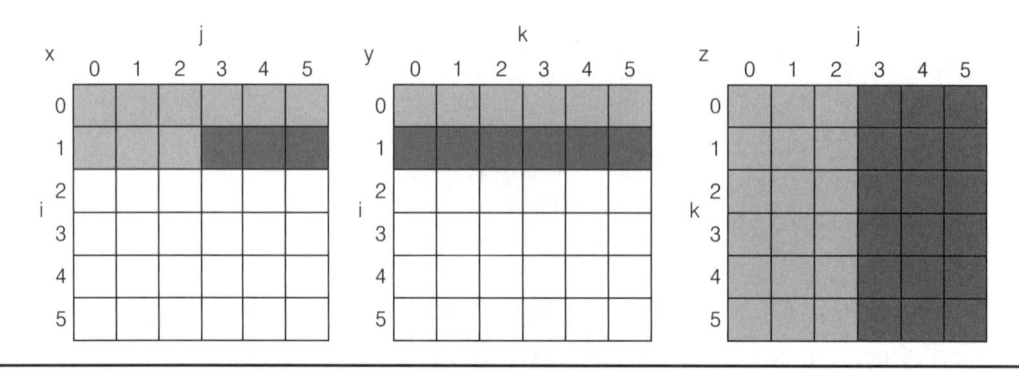

圖 2.8 當 N = 6 且 i = 1 時，x、y 和 z 等三個陣列的瞬間狀態 (snapshot)。陣列元素被存取的先後時間以陰影表示：白色表示尚未被存取，淺色表示較早的存取，而深色表示較晚的存取。與圖 2.9 相比，y 和 z 中的元素被重複讀取以計算 x 中的新元素。沿著行或列所顯示的變數 i、j 和 k 被用來存取陣列。

容量失誤的數目顯然取決於 N 和快取記憶體的容量。假定不會有快取衝突發生，如果快取記憶體能儲存三個 N × N 矩陣的所有元素，一切都沒問題。如果快取記憶體能儲存一個 N × N 矩陣以及具有 N 個元素的一列，則至少 y 的第 i 列和陣列 z 可以停留在快取記憶體中。如果快取記憶體小於該容量，x 和 z 就會發生失誤。在最差的情況下，N^3 個運算會自記憶體中存取 $2N^3 + N^2$ 個字元。

為了確定被存取的元素能放入快取記憶體中，原來的程式碼被更改為在 B×B 的子矩陣上做計算。兩個內迴圈現在以每次跳 B 的方式去計算，不再是以 x 和 z 全長度的方式去計算。B 被稱為**區塊化因素 (blocking factor)**。(假設 x 的初始值為 0。)

```
/* 之後 */
for (jj = 0;   jj < N;   jj = jj+B)
 for (kk = 0;   kk < N;   kk = kk+B)
  for (i = 0 ; i < N; i = i+1)
      for (j = jj;   j < min(jj+B,N);   j = j+1)
         {r = 0 ;
          for (k = kk ;   k < min(kk+B,N);   k = k + 1)
              r = r + y[i][k]*z[k][j];
          x[i][j] = x[i][j] + r;
         };
```

圖 2.9 說明了使用區塊化的方法時，三個陣列的存取情形。如果只注意容量失誤的話，自記憶體讀取字元的總數為 $2N^3/B+N^2$。這個總數較原本的方法改善了大約 B 倍。因此，區塊化同時利用了空間和時間區域性的結合，因為 y 能利用到空間區域性，而 z 能利用到時間區域性。

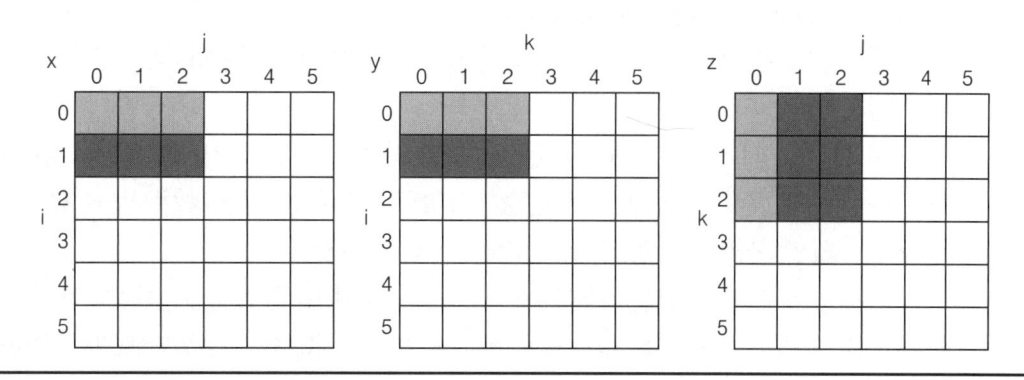

圖 2.9 當 B = 3 時，存取陣列 x、y 和 z 的先後時間。請注意，與圖 2.8 作對比，被存取的元素數目較少。

雖然我們的目標是在減少快取失誤，區塊化也能用來幫助暫存器配置。取得小的區塊大小，使得該區塊能保持在暫存器中，我們就可以減少程式中載入和儲存的次數。

我們將在第 4 章 4.7 節看到，為了要從立基於快取記憶體的處理器中 (所執行的應用程式乃是使用矩陣作為主要的資料結構) 取得良好效能，快取區塊化是絕對有必要的。

第九最佳化：指令與資料的硬體式預提取以減少失誤損傷或失誤率

非阻隔式快取記憶體將指令執行與記憶體存取加以重疊，有效地減少了失誤損傷。另一種方式則是在處理器發出請求前就先將資料項目預先提取出來。指令和資料兩者都可以預提取，或是提取至快取記憶體中，或是提取至存取速度比主記憶體快的外部緩衝區中。

指令預提取通常是在快取記憶體外部的硬體中進行。一般而言，處理器在失誤時會提取兩個區塊：請求的區塊和預提取的區塊。請求的區塊傳回後放在指令快取記憶體中，預提取的區塊則放在指令串流緩衝區 (instruction stream buffer) 中。如果請求的區塊已經存在於指令串流緩衝區中，原來的快取記憶體請求就被取消，該區塊就會從串流緩衝區內讀出，再發出下一個預提取請求。

資料存取也可以使用類似的方法 [Jouppi 1990]。Palacharla 和 Kessler [1994] 注視著一組科學型程式，思索著可以處理指令或資料的多個串流緩衝區，他們發現八個緩衝區就有可能捕捉到來自於處理器所有失誤的 50% 至 70%，該處理器擁有兩個 64 KB 4 路集合關聯式快取記憶體，分別供指令和資料使用。

Intel Core i7 支援進入 L1 和 L2 的硬體式預提取，使用最常見的預提取案例 —— 存取下一行。某些較早先的 Intel 處理器使用更積極的硬體式預提取，卻造成某些應用程式的效能減弱，使得某些富有經驗的使用者關閉了這項功能。

圖 2.10 針對 SPEC2000 程式的一個部份集合，顯示出開啟硬體式預提取時所得到的整體效能改進。請注意，本圖只包括 12 個整數型程式當中的 2 個程式，雖然它包括了大部份的 SPEC 浮點型程式。

預提取有賴於利用記憶體頻寬，否則不會使用到這些記憶體頻寬。但是如果干擾到需求失誤，實際上反而會降低效能。編譯器有助於減少無用的預提取。當預提取工作良好時，對於功率的影響微乎其微。當預提取資料未用或有用的資料被置換時，預提取對於功率會產生非常負面的影響。

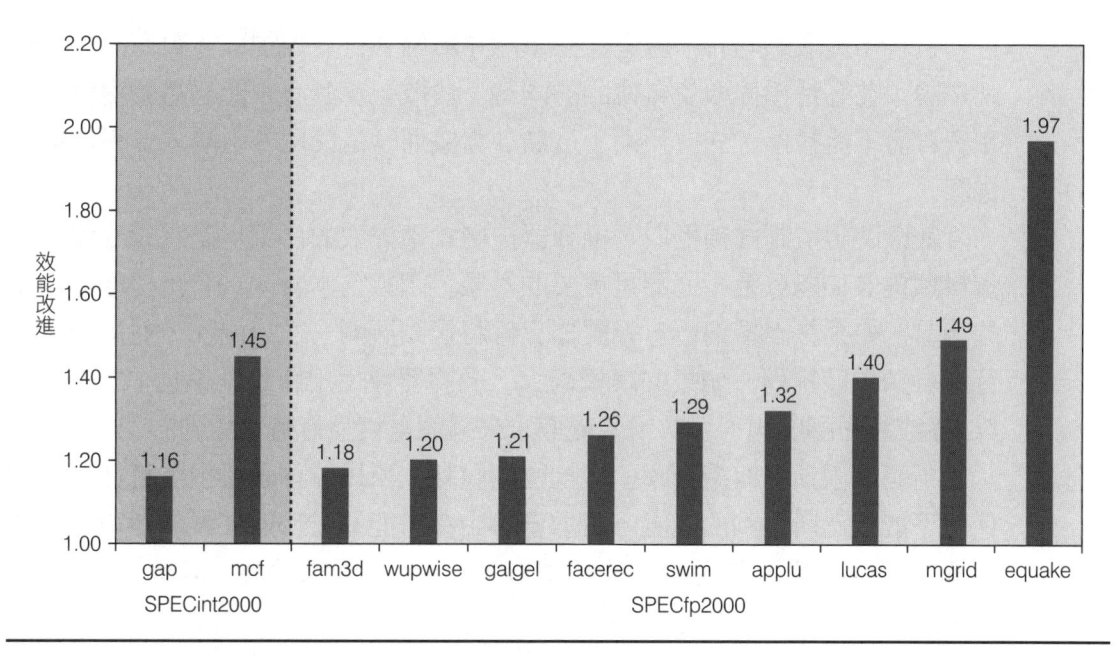

圖 2.10　在 Intel Pentium 4 上實施硬體式預提取所達成的速度提升，開啟硬體式預提取是針對 12 個 SPECint2000 標準效能測試程式中的 2 個程式，以及 14 個 SPECfp2000 標準效能測試程式中的 9 個程式。只有顯示從預提取中獲益最多的程式；漏列的 15 個 SPEC 標準效能測試程式從預提取中所獲得的速度提升都在 15% 以下 [Singhal 2004]。

第十最佳化：編譯器控制的預提取以減少失誤損傷或失誤率

硬體式預提取的替代方式就是利用編譯器插入預提取指令，在處理器需要前就發出資料請求。這種預提取有以下兩類：

- 暫存器預提取會將數值載入暫存器中。
- 快取記憶體預提取只將數值載入快取記憶體中，而非暫存器中。

以上兩類都可以分為**錯誤式** (faulting) 或**無錯誤式** (nonfaulting)；也就是指位址會或不會造成虛擬位址錯誤和違反保護的例外狀況。使用這種名詞術語，一個普通的載入指令就可以看成是一個「錯誤式暫存器預提取指令」。無錯誤式預提取在發生例外狀況下就轉成無運算 (no-ops)，這正符合我們所需要。

最有效的預提取對於程式而言在語意上是不可見的 (semantically invisible)：它既不會改變暫存器和記憶體的內容，也不會造成虛擬記憶體的錯誤。目前大部份處理器均提供無錯誤式預提取。本節將假設使用無錯誤式快取記憶體預提取，又稱為**無約束式預提取** (nonbinding prefetch)。

資料預提取的同時，處理器必須能夠繼續執行，預提取才會有意義。也就是說，在等待預提取資料傳回的同時，快取記憶體必須能夠繼續提供指令和資料而不能暫停。您會預期，這類計算機通常是使用非阻隔式資料快取記憶體。

就像硬體控制式預提取，編譯器控制式預提取的目標也是將指令執行與資料預提取加以重疊。迴圈是重要的對象，因為它本身即具有預提取最佳化的特質。如果失誤損傷小，編譯器只會將迴圈展開一次或兩次，並對指令執行進行預提取排程。如果失誤損傷大，編譯器會使用軟體管線化 (請參考附錄 H) 或將迴圈展開很多次，預提取未來迴圈重複執行時會用到的資料。

不過發派預提取指令會引發指令的虛耗，所以編譯器必須注意此種虛耗保證不能超過所得到的好處。將力量集中在可能造成快取失誤的存取上，如此一來程式就可以避免無謂的預提取，又能明顯地改進平均記憶體存取時間。

範例 針對以下的程式碼，請決定哪些存取比較有可能造成資料快取失誤。其次，請插入預提取指令以減少失誤。最後，請計算所執行的預提取指令數目以及因預提取而避免的失誤數目。假設資料快取記憶體為 8 KB 直接對映式，區塊大小為 16 個位元組，且為執行寫入配置的回寫式快取。a 和 b 的元素長度為 8 個位元組，因為它們是倍精度的浮點數陣列。a 有 3 列 100 行，而 b 有 101 列 3 行。另外假設在程式開始時，a 和 b 都不在快取記憶體中。

```
for (i = 0;  i < 3;  i = i+1)
    for (j = 0;  j < 100;  j = j+1)
        a[i][j] = b[j][0] * b[j+1][0];
```

解答 編譯器首先會判斷哪些存取有可能造成快取失誤；否則會浪費時間發派資料原本就會命中的預提取指令。a 的元素被寫入的次序和它儲存於記憶體的次序相同，所以 a 會因空間區域性而受益：j 的值為偶數時會失誤，奇數時會命中。因為 a 有 3 列 100 行，其存取會導致 3 ×(100/2) = 150 次的失誤。

陣列 b 無法因空間區域性而受益，因為存取的次序與儲存的次序不同。但是陣列 b 卻會因時間區域性而受益兩次：迴圈 i 每次重複執行都存取同一個元素，且迴圈 j 每次重複執行都使用與上一次執行同樣的 b 值。如果忽略可能的衝突失誤，b 所造成的失誤將是在 i = 0 時存取 b[j+1][0] 之時以及 j = 0 時第一次存取 b[j][0] 之時。由於 i = 0 時 j 的值為 0 到 99，存取 b 會造成 100 + 1 = 101 次失誤。

因此，此迴圈會因為 a 而造成大約 150 次失誤，再加上因為 b 而造成的 101 次失誤，總共達 251 次失誤。

為了簡化我們的最佳化方式，我們將不處理迴圈第一次存取的預提取問題。這些資料可能已經在快取記憶體中，或者我們將付出第一次存取 a 和 b 少量元素所造成的失誤損傷。我們也不會處理迴圈結束前預提取的刪除問題，即使它們會預提取超過陣列 a 和 b 尾端的資料 (a[i][100]…a[i][106] 和 b[101][0]…b[107][0])。如果這些是錯誤式預提取，我們就不能承擔這種豪奢。讓我們假設失誤損傷很大，使得預提取至少必須提早 7 次迴圈執行。(換句話說，我們是假設預提取必須在第 8 次迴圈執行之後才有用。) 以下程式中加上底線的部份就是為了預提取而更改的程式碼。

```
for (j = 0 ; j < 100 ; j = j+1) {
        prefetch (b[j+7][0]);
        /* 針對隨後 7 次重複執行的 b(j, 0)*/
        prefetch (a[0][j+7]);
        /* 針對隨後 7 次重複執行的 a(0, j)*/
        a[0][j] = b[j][0] * b[j+1][0] ; };
for (i = 1 ; i < 3 ; i = i+1)
        for (j = 0 ; j < 100 ; j = j+1) {
                prefetch (a[i][j+7]);
                /* 針對 +7 次重複執行的 a(i, j)*/
                a[i][j] = b[j][0] * b[j+1][0] ; }
```

這段修改過的程式碼預提取 a[i][7] 到 a[i][99] 以及 b[7][0] 到 b[100][0]，將沒有使用預提取的失誤次數減少至

- 7 次失誤於第一個迴圈中存取 b[0][0], b[1][0], ..., b[6][0] 時。
- 4 次失誤 ([7/2]) 於第一個迴圈中存取 a[0][0], a[0][1], ... , a[0][6] 時 (空間區域性將每 16 位元組快取區塊的失誤減為 1 次)。
- 4 次失誤 ([7/2]) 於第二個迴圈中存取 a[1][0], a[1][1],…, a[1][6] 時。
- 4 次失誤 ([7/2]) 於第二個迴圈中存取 a[2][0], a[2][1],…, a[2][6] 時。

總計有 19 次沒有使用預提取的失誤。避免掉 232 次快取失誤的代價是執行 400 個預提取指令，似乎是個划算的方式。

範例 請計算前一個範例所節省的時間。忽略指令快取失誤，並且假設在資料快取記憶體上沒有衝突失誤或容量失誤。另外假設預提取可以彼此重疊，而且也可與快取失誤重疊，因此能以最大記憶體頻寬傳送。以下是忽略快取失誤的一些關鍵迴圈時間：原本的迴圈每一次重複執行花費了 7 個時脈週期，第一個預提取迴圈每一次重複執行花費了 9 個時脈週期，而第二個預提取迴圈每一次重複執行花費了 8 個時脈週期 (包含迴圈外部的虛耗)。每次失誤需花費 100 個時脈週期。

解答 原來的二層巢狀迴圈執行乘法 3 × 100 = 300 次。因為該迴圈每一次重複執行花費了 7 個時脈週期，所以總共需要 300 × 7 = 2100 個時脈週期加上快取失誤。快取失誤加了 251 × 100 = 25,100 個時脈週期，所以總共是 27,200 個時脈週期。第一個預提取迴圈執行了 100 次，每一次需要 9 個時脈週期，總共需要 900 個時脈週期加上快取失誤。快取失誤加了 11 × 100 = 1100 個時脈週期，總共是 2000 個時脈週期。第二個迴圈執行了 2 × 100 = 200 次，每一次需要 8 個時脈週期，共花費了 1600 個時脈週期加上快取失誤的 8 × 100 = 800 個時脈週期，總共是 2400 個時脈週期。由前一個範例可以知道，本程式碼在 2000 + 2400 = 4400 個時脈週期內執行了 400 個預提取指令來執行這兩個迴圈。如果假設預提取能與指令執行的剩餘部份完全重疊，預提取程式碼就會快上 27,200 / 4400 = 6.2 倍。

雖然陣列最佳化的方式很容易理解，不過新式的程式比較可能使用指標。Luk 和 Mowry [1999] 曾示範編譯器式預提取有時也能延伸至指標上。在 10 個有遞迴資料結構的程式中，若節點被存取時預提取所有的指標，就有半數程式的效能可以改善 4% 至 31%。另一方面，剩下的程式與原本效能之間的差異仍維持在 2% 以內。造成上述結果的原因就在於預提取的資料是否已經在快取記憶體中，又在於預提取的時間是否夠早，能讓資料在需要之前就抵達。

許多處理器有支援快取記憶體預提取指令，高階處理器 (例如 Intel Core i7) 往往也用硬體做出某種形式的自動預提取。

快取記憶體最佳化的總結

一般而言，改善命中時間、頻寬、失誤損傷和失誤率的技術會對平均記憶體存取方程式的其他部份造成影響，也會對記憶體層級的複雜度造成影響。圖 2.11 總結了這些技術，並且評估出在複雜度方面產生的影響，其中 + 意指該技術改善了該因素， − 意指該技術傷害了該因素，空白則意指沒有影響。一般而言，沒有一項技術對於多個類型有幫助。

技 術	命中時間	頻寬	失誤損傷	失誤率	功率消耗	硬體成本/複雜度	註 解
小而簡單型快取記憶體	+			−	+	0	平凡的；被廣泛使用
多路預測式快取記憶體	+				+	1	使用在 Pentium 4
管線式快取記憶體存取	−	+				1	被廣泛使用
非阻隔式快取記憶體		+	+			3	被廣泛使用
多記憶庫快取記憶體		+			+	1	使用在 i7 和 Cortex-A8 的 L2
關鍵字元優先和提早重新啟動			+			2	被廣泛使用
合併寫入緩衝區			+			1	廣泛使用於透寫式
減少失誤率的編譯器技術				+		0	軟體是一項挑戰；但是許多編譯器處理了常見的線性代數計算
指令和資料的硬體式預提取		+	+		−	2 (指令) 3 (資料)	大多數提供預提取指令；新式的高階處理器也自動以硬體預提取
編譯器控制式預提取		+	+			3	需要非阻隔式快取記憶體；可能發生指令虛耗；使用在許多 CPU

圖 2.11 總結 10 種先進的快取記憶體最佳化，並顯示對於快取記憶體效能、功率消耗和複雜度的影響。一般而言，雖然一項技術只對一種因素有幫助，預提取如果做得夠早也可以減少失誤率；若非如此，還是可以減少失誤損傷。＋意指該技術改善了該因素，－意指該技術傷害了該因素，空白則意指沒有影響。複雜度的量測是主觀的，0 代表最容易，3 代表有挑戰。

2.3 記憶體技術與最佳化

……讓計算機能具有穩固基礎的單一研發就是發明了可靠形式的記憶體，也就是磁蕊記憶體 (core memory)。……它的價格合理又可靠，並由於它的可靠性，因此有可能會製造出容量很大的記憶體。[p.209]

Maurice Wilkes

Memoirs of a Computer Pioneer (1985)

主記憶體乃是層級中的再下一層。主記憶體滿足了快取記憶體的需求，也作為 I/O 介面，因為它既是輸入的目的，又是輸出的來源。主記憶體的效能量測著重在時間延遲和頻寬兩方面。傳統上，主記憶體的時間延遲（會影響快取失誤損傷）乃是快取記憶體的主要考量，而主記憶體的頻寬則是多處理器和 I/O 的主要考量。

雖然快取記憶體會因低時間延遲的記憶體而受益，通常使用新的組織去改進記憶體頻寬會比減少時間延遲要容易。多層快取記憶體的普遍化以及它們較大的區塊，使得主記憶體頻寬對於快取記憶體也變得重要起來。事實上，快取記憶體設計師增加區塊大小就是為了要利用記憶體的高頻寬。

前幾節描述為了要減少這種處理器與 DRAM 的效能差距，在快取記憶體的組織方面可以做些什麼；但光只是讓快取記憶體大一些或加入更多層的快取記憶體並不能消除此差距。也有需要主記憶體方面的創新。

過去，創新是在於如何將建立主記憶體的許多 DRAM 晶片組織起來，例如多個記憶庫。使用記憶庫可以取得較高的頻寬，只要讓記憶體或其匯流排寬一些或者雙管齊下即可。諷刺的是，當每一個記憶體晶片容量增加時，相同容量的記憶體系統擁有比較少的晶片，反而減少了具有相同容量而較寬的記憶體系統之可能性。

為了讓記憶體系統趕上新式處理器的需要，記憶體革新是從 DRAM 晶片本身內部開始發生。本節便描述記憶體晶片內部的技術以及那些創新性的內部組織。在描述技術與選項之前，我們先看一下效能量度。

隨著叢簇式 (burst) 傳送記憶體之引進 (目前廣泛使用於快閃記憶體和 DRAM 中)，記憶體延遲之援用使用了兩種量度 —— 存取時間和週期時間。**存取時間** (access time) 乃是介於請求讀取與所要字元抵達之間的時間，**週期時間** (cycle time) 則是介於不相關的記憶體請求之間的時間。

自 1975 年起，幾乎所有電腦都使用 DRAM 作為主記憶體並使用 SRAM 作為快取記憶體 —— 其中有一至三層同 CPU 一起被整合到處理器晶片上。在 PMD 中，記憶體技術往往得在功率與速度之間取得平衡，較高階的系統就使用快速且高頻寬的記憶體技術。

SRAM 技術

SRAM 的第一個字母代表**靜態** (static)。DRAM 電路的動態特性使得資料在被讀取之後必須被寫回，因此造成存取時間與週期時間的不同以及必須更新的需求。對 SRAM 而言，每個位元通常使用 6 個電晶體以避免資訊在讀取後受到破壞，SRAM 僅需最小的功率即能在待機模式上維持充電狀態。

早期，大多數桌上型與伺服器系統使用 SRAM 晶片作為它們的主要、第二或第三快取記憶體；今天，所有三層快取記憶體都整合到處理器晶片上。目前最大的晶片上第三層快取記憶體為 12 MB，這樣的處理器之記憶體系統可能擁有 4 至 16 GB 的 DRAM。大型晶片上第三層快取記憶體的存取

時間通常為第二層快取記憶體的 2 至 4 倍，仍然比存取 DRAM 記憶體快上 3 至 5 倍。

DRAM 技術

早先隨著 DRAM 容量的增加，將所有必要的位址線加以封裝的成本就成為一個問題。解決方式是將位址線進行多工，藉此將位址腳位數減半。圖 2.12 顯示 DRAM 的基本組織。其中一半的位址先被送出，稱為**列存取閃控** (row access strobe, RAS)。另一半的位址接著被送出，稱為**行存取閃控** (column access strobe, CAS)。上述的名稱來自於晶片內部的組織，因為記憶體被排列成由列和行所定址的方形矩陣。

DRAM 的另一個需求來自於第一個字母 **D**：**動態** (dynamic) 所代表的性質。為了在每一個晶片中放入更多的位元，DRAM 只用一個電晶體來儲存一個位元。讀取該位元會破壞其內容，所以必須予以復原，這是 DRAM 週期時間傳統上比存取時間長的一項原因；最近，DRAM 已引進多記憶庫，使得週期的重寫部份被隱藏起來。此外，為了防止資訊在位元未讀寫時遺失，該位元必須定期更新 (refreshed)。很幸運地，同一列中的所有位元只需要讀取該列即可以同時更新。因此，記憶體系統中的每一個 DRAM 必須在一段時間窗 (例如 8 毫秒) 內存取每一列，而記憶體控制器則包含定期更新 DRAM 的硬體。

上述的需求意味著記憶體系統會因為傳送訊號告知每個晶片進行更新而偶爾無法使用。更新的時間通常是指完整存取 (RAS 和 CAS) DRAM 中每一

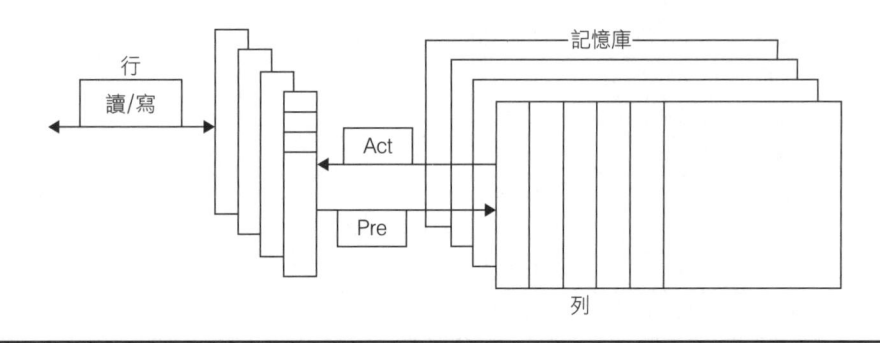

圖 2.12 DRAM 的內部組織。新式的 DRAM 是由記憶庫組織而成，DDR3 通常有四個記憶庫。每一個記憶庫包含一系列的列。送出 PRE (precharge, 預充電) 命令會打開或關閉一個記憶庫，列位址隨著 Act (activate, 啟動) 送出，使得該列傳送至一個緩衝區中。當該列在緩衝區時，可依據連續的行位址按照 DRAM 的寬度 (DDR3 通常為 4、8 或 16 位元) 進行傳送，或者規定為區塊傳送並指定開始位址而進行傳送。每一道命令連同區塊傳送均以時脈加以同步。

列所花費的時間。由於 DRAM 中記憶體矩陣在概念上是正方形的，一次更新所需的存取次數通常等於 DRAM 容量的平方根。DRAM 的設計師必須設法讓更新所花費的時間小於所有時間的 5%。

到目前為止，我們已經提出主記憶體的運作猶如瑞士火車，準確地依據行程安排，前後一貫地遞送貨物。更新的動作違反了這種比擬，因為某些存取會比其他存取花費較多的時間。所以，更新是造成記憶體延遲時間變動、也因此造成失誤損傷變動的另一項原因。

Amdahl 提出一個粗略的原則，即記憶體容量應該與處理器速度成線性關係成長以保持系統平衡。因此，1000 MIPS 的處理器應該有 1000 MB 的記憶體。處理器設計師依賴 DRAM 來滿足上述的需求：他們過去預期 DRAM 的容量每 3 年可成長為原來的 4 倍，也就是每年成長 55%。不幸的是，DRAM 的效能成長速度遠較預期為慢。圖 2.13 顯示列存取時間 (row access time) 的效能改善大約是每年 5%。CAS 或資料傳輸時間與頻寬有關，其改善

生產年份	晶片容量	DRAM 形式	列存取閃控 (RAS) 最慢的 DRAM (ns)	最快的 DRAM (ns)	行存取閃控 (CAS)/資料傳送時間 (ns)	週期時間 (ns)
1980	64K 位元	DRAM	180	150	75	250
1983	256K 位元	DRAM	150	120	50	220
1986	1M 位元	DRAM	120	100	25	190
1989	4M 位元	DRAM	100	80	20	165
1992	16M 位元	DRAM	80	60	15	120
1996	64M 位元	SDRAM	70	50	12	110
1998	128M 位元	SDRAM	70	50	10	100
2000	256M 位元	DDR1	65	45	7	90
2002	512M 位元	DDR1	60	40	5	80
2004	1 G 位元	DDR2	55	35	5	70
2006	2 G 位元	DDR2	50	30	2.5	60
2010	4 G 位元	DDR3	36	28	1	37
2012	8 G 位元	DDR3	30	24	0.5	31

圖 2.13 每一代 DRAM 中最快及最慢的時間。(週期時間定義於 98 頁。) 列存取時間的效能改進每年大約是 5%。1986 年行存取時間改進 2 倍是伴隨著 NMOS DRAM 轉換至 CMOS DRAM 而來。1990 年代中期引進種種的叢蔟式傳送模式以及 1990 年代末期引進 SDRAM 已經顯著地造成資料區塊存取時間計算的複雜化；我們隨後在本節中談到 SDRAM 存取時間與功率時再予以討論。DDR4 的設計預定在 2012 年中到年尾引進。我們在後面幾頁討論 DRAM 的這些形式。

的速度大於列存取時間改善速度的 2 倍。

雖然前面的討論是針對個別的晶片，但一般在銷售時是將許多 DRAM 放在一片小電路板上，稱為**雙直列記憶體模組** (dual inline memory module, DIMM)。DIMM 通常包含 4 至 16 顆 DRAM。對於桌上型和伺服器系統，DIMM 通常被組織成 8 個位元組寬 (+ ECC)。

除了 DIMM 封裝和下面幾個小節所討論用來改進資料傳輸時間的新型介面之外，DRAM 最大的改變就是容量成長逐漸趨緩。在 DRAM 遵循摩爾定律的 20 年內，生產的新晶片容量每三年成長 4 倍。由於單位元 DRAM 的生產挑戰，從 1998 年起，新晶片容量每二年僅成長 2 倍。2006 年時，步調進一步慢下來，2006 至 2010 的四年中只看到容量加倍而已。

改進 DRAM 晶片內部的記憶體效能

由於摩爾定律讓電晶體數目持續增加，且處理器與記憶體之間的差距對記憶體效能增加壓力，前一節的一些觀念就放在 DRAM 晶片內部來實現。一般而言，創新已經造成較大的頻寬，有時候會付出時間延遲變大的代價，本小節將提出一些利用 DRAM 特性的技術。

如先前所述，DRAM 存取被分成列存取和行存取。DRAM 必須將一列的位元在內部加以緩衝以供行存取使用，而一列的容量通常等於 DRAM 容量的平方根 —— 例如，對於 4 Mb DRAM 即為 2 Kb。當 DRAM 成長時，附加的結構以及幾種增加頻寬的機會也就增加。

第一，DRAM 加入時序訊號，允許重複存取列緩衝區時不需要另外的列存取時間。這樣的緩衝區是順其自然的，因為每一個陣列對於每一次存取都會將 1024 至 4096 個位元加以緩衝。在每一個新的行位址集合之後一段延遲的每一次傳送，一開始都不得不送出分開的行位址。

起初，DRAM 與記憶體控制器之間有一個非同步介面 (asynchronous interface)，因此每一次傳送都得包含與控制器進行同步的虛耗。第二個主要的改變就是在 DRAM 的介面上加上一個時脈訊號，如此一來重複的傳送就不需要上述的虛耗。這種最佳化方式稱為**同步 DRAM** (synchronous DRAM)，簡稱 SDRAM。SDRAM 通常也有一個可程式化的暫存器，用以儲存所請求的位元組數目。因此，對於每次請求 SDRAM 都能在數個週期內送出多個位元組。通常，藉著將 DRAM 放在叢簇模式，不必送出任何新位址就可能發生 8 次或更多次的 16 位元傳送；該模式支援關鍵字元優先傳送，乃是能夠達成圖 2.14 所示之尖峰頻寬的唯一方式。

標　準	時脈頻率 (MHz)	每秒傳送數 (M)	DRAM 名稱	MB/秒/DIMM	DIMM 名稱
DDR	133	266	DDR266	2128	PC2100
DDR	150	300	DDR300	2400	PC2400
DDR	200	400	DDR400	3200	PC3200
DDR2	266	533	DDR2-533	4264	PC4300
DDR2	333	667	DDR2-667	5336	PC5300
DDR2	400	800	DDR2-800	6400	PC6400
DDR3	533	1066	DDR3-1066	8528	PC8500
DDR3	666	1333	DDR3-1333	10,664	PC10700
DDR3	800	1600	DDR3-1600	12,800	PC12800
DDR4	1066–1600	2133–3200	DDR4-3200	17,056–25,600	PC25600

圖 2.14　2010 年的時脈頻率、頻寬以及 DDR DRAM 和 DIMM 的名稱。請注意各行之間的數值關係。第 3 行是第 2 行的兩倍，第 4 行則將第 3 行的數字用在 DRAM 晶片的名稱上。第 5 行是第 3 行的 8 倍，第 5 行的數字取整後被用在 DIMM 的名稱上。雖未顯示在圖中，DDR 也會以時脈週期為單位用四個數字去指定時間延遲值，這是由 DDR 標準所規定。例如，DDR3-2000 CL 9 的延遲值為 9-9-9-28。這是什麼意思？在 1 ns 時脈 (時脈週期為傳送速率之半) 下，這是指 9 ns 的列至行位址 (RAS 時間)、9 ns 的行存取至資料 (CAS 時間)，以及最小 28 ns 的讀取時間。列的關閉花費 9 ns 預充電，但是只發生在讀取該列已完成之時。在叢蔟模式下，當第一個 RAS 與 CAS 時間消逝後，任一個時脈的雙邊緣上都會發生傳送。此外，直到整列被讀取之前都不需要預充電。DDR4 將在 2012 年生產，預期時脈頻率將於 2014 年達到 1600 MHz，屆時預期將由 DDR5 接替。習題會進一步探討這些細節。

　　第三，為了克服從記憶體取得寬位元串流，又不致於造成當記憶體系統密度增加時，記憶體系統太大的問題，就將 DRAM 做得比較寬。最初，它們提供的是 4 位元傳送模式；2010 年時，DDR2 與 DDR3 的 DRAM 都擁有高達 16 位元的匯流排。

　　第四種被用來增加頻寬的 DRAM 主要創新是在 DRAM 時脈訊號的上升邊緣 (rising edge) 及下降邊緣 (falling edge) 都傳送資料，藉以將最大資料速率加倍。這種最佳化方式稱為**雙倍資料傳輸率** (double data rate, DDR)。

　　為了提供一些交插式的好處，也為了協助功率管理，SDRAM 也引進記憶庫，將單一的 SDRAM 分割成可以獨立動作的 2 至 8 個區塊 (在現今的 DDR3 DRAM 中)。(我們已經看過記憶庫用在內部快取記憶體中，它們經常用在大型主記憶體中。) 在 DRAM 內創造多個記憶庫有效地把另一個區段加到位址上，使得位址包含記憶庫編號、列位址與行位址。當標示一個新記憶庫的位址被送出時，該記憶庫必須被打開而造成額外的延遲。記憶庫和列緩衝區的管理完全是由新式的記憶體控制介面來處理，當隨後的存取針對打開

的記憶庫指定相同列時，該存取就能很快地發生，因為只送出行位址即可。

當 DDR SDRAM 以 DIMM 封裝時，它們卻被糊里糊塗地標示出最高的 DIMM 頻寬。例如，DIMM 名稱 PC2100 就是來自於 133 MHz × 2 × 8 位元組 = 2100 MB/ 秒。晶片本身的標示也是混淆不清，是用**每秒位元數** (the number of bits per second) 來標示，而不是用它們的時脈頻率來標示；所以一個 133 MHz 的 DDR 晶片被稱為 DDR266。圖 2.14 顯示時脈頻率、每晶片每秒傳送數、晶片名稱、DIMM 頻寬，以及 DIMM 名稱之間的關係。

DDR 現在是一序列的標準。DDR2 將電壓由 2.5 伏特降至 1.8 伏特而降低了功率消耗，並提供較高的時脈頻率：266 MHz、333 MHz 和 400 MHz。DDR3 將電壓降至 1.5 伏特，並擁有 800 MHz 的最高時脈頻率。DDR4 規劃在 2014 年生產，將電壓下拉至 1 至 1.2 伏特，最高期望時脈頻率達 1600 MHz。DDR5 將於 2014 年 或 2015 年繼起。(我們下一節會討論，GDDR5 是圖形 RAM，並以 DDR3 DRAM 為基礎。)

圖形資料 RAM

GDRAM 或 GSDRAM (Graphics 或 Graphics Synchronous DRAM) 乃是 DRAM 的特殊類型，以 SDRAM 的設計為基礎，但為圖形處理單元較高的頻寬需要而量身訂做。GDDR5 是以 DDR3 為基礎，而較早的 GDDR 則是以 DDR2 為基礎。由於圖形處理單元 (Graphics Processor Unit, GPU，見第 4 章) 比起 CPU 每只 DRAM 晶片需要更高的頻寬，所以 GDDR 具有幾項重要的差異：

1. GDDR 擁有較寬的介面：在目前的設計中為 32 位元相對於 4、8 或 16 位元。
2. GDDR 在資料接腳上擁有較高的最大時脈頻率。為了允許較高的傳送速率而不致於造成訊號傳送問題，GDRAM 通常是直接連接至 GPU 而且是以焊接至電路板的方式附著上去，與 DRAM 不同。DRAM 通常是排列在 DIMM 的可擴充性陣列上。

整體而言，這些特性讓 GDDR 每只 DRAM 以相對於 DDR3 DRAM 的 2 至 5 倍頻寬在跑，在支援 GPU 方面是一項顯著的裨益。由於在 GPU 中記憶體請求的區域性較低，叢蔟模式一般對 GPU 不太有用，但是保持多個記憶庫打開，並管理它們的使用卻改善了有效頻寬。

減少 SDRAM 中的功率消耗

在動態記憶體晶片中的功率消耗包含讀寫時所使用的動態功率以及靜態或待機功率；兩者都取決於工作電壓。在大多數先進的 DDR3 SDRAM 中

工作電壓已經掉到 1.35 至 1.5 伏特，相對於 DDR2 SDRAM，功率顯著地減少。記憶庫的加入也減少了功率，因為只有單一個記憶庫的列被讀取和預充電。

除了這些改變，所有最近的 SDRAM 都支援一種降功率模式，告知 DRAM 忽略時脈就進入該模式。降功率模式使 SDRAM 禁能，除了內部自動更新之外 (若非此功能，進入降功率模式的時間長過更新時間就會造成記憶體內容遺失)。圖 2.15 顯示在一只 2 Gb DDR3 SDRAM 中功率消耗的三種狀況。從低功率模式返回所需要的確切延遲取決於 SDRAM，但是從自動更新的低功率模式返回所需要的典型時間則為 200 個時脈週期；在第一道命令之前重置模式暫存器或許會需要額外的時間。

快閃記憶體

快閃記憶體 (flash memory) 乃是 EEPROM (Electronically Erasable Programmable Read-Only Memory，電子式可抹除可程式唯讀記憶體) 的一種形式，正常是唯讀的，但內容可以被抹除。快閃記憶體另外的關鍵特性為：不需要任何功率就可保存其內容。

快閃記憶體在 PMD 中是用來作為備份儲存，有如磁碟機在膝上型電腦或伺服器的功能。除此之外，由於大多數 PMD 所擁有的 DRAM 數量有限，快閃記憶體也可以扮演記憶體層級中的一層，比起它在桌上型電腦或伺服器中 (擁有的主記憶體大了 10 至 100 倍) 可能扮演的程度要大得多。

快閃記憶體使用一種非常不同的結構，比起標準 DRAM 擁有不同的特性。最重要的差異為

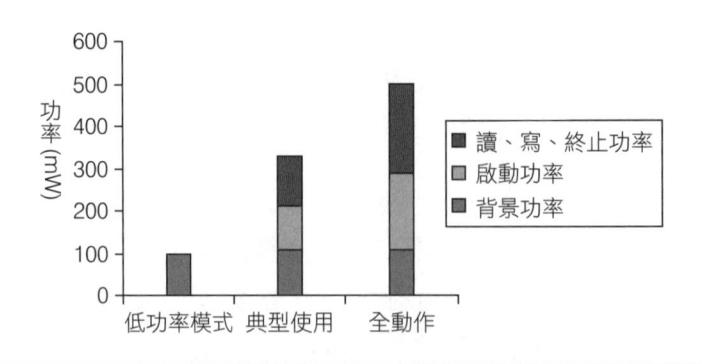

圖 2.15 DDR3 SDRAM 在三種狀況下操作的功率消耗：低功率 (關閉) 模式、典型系統模式 (DRAM 針對讀取而動作佔 30% 的時間，針對寫入佔 15%)，以及全動作模式 —— 不作預充電時 DRAM 連續進行讀寫。讀和寫都假設為 8 次傳送的叢蔟。這些資料是以 Micron 1.5V 2Gb DDR3-1066 為基礎。

1. 快閃記憶體在被覆寫之前必須先予抹除 (因為「快閃」抹除的過程，所以會有快閃的名稱)，並且是以區塊為單位進行抹除 (在高密度快閃記憶體中，稱為 NAND Flash，為大多數計算機應用程式所使用)，而不是以個別的位元組或字元為單位。這意味著如果有資料必須寫入快閃記憶體，就必須組合成一整個區塊，或者當作新的資料，或者將擬寫入的資料與該區塊的其餘內容合併。
2. 快閃記憶體是靜態的 (也就是說，即使不給功率它仍然會保持其內容)，不進行讀寫時所汲取的功率明顯較少 (從待機模式的少於一半到完全不動作的 0)。
3. 快閃記憶體對於任何區塊的寫入週期數目都是有限定的，通常至少為 100,000。藉由保證寫入區塊在記憶體中到處都是平均分佈，系統便能夠將快閃記憶體系統的壽命極大化。
4. 高密度快閃記憶體比 SDRAM 便宜，但比磁碟機昂貴：粗略為快閃記憶體 2 美元 / GB、SDRAM 20 至 40 美元 / GB，以及磁碟機 0.09 美元 / GB。
5. 快閃記憶體比起 SDRAM 要慢得多，但是比起磁碟機要快得多。例如，從典型的高密度快閃記憶體傳送 256 個位元組要花費大約 6.5 μs (使用的是叢簇模式傳送，類似但較慢於在 SDRAM 中所使用的)。相同的傳送從 DDR SDRAM 則花費大約四分之一長的時間，從磁碟機則大約 1000 倍長。對於寫入，差距就更大了，SDRAM 比起快閃記憶體至少快了 10 倍、至多快了 100 倍，視狀況而定。

過去十年中，高密度快閃記憶體的快速進步已經使得這項技術成為行動裝置中記憶體層級的一項可行部份，並可作為磁碟機的固態替換品。當 DRAM 密度的增加速率持續往下降時，快閃記憶體有可能在未來的記憶體系統中扮演愈來愈大的角色，既可作為硬式磁碟機的替換品，又可作為 DRAM 與磁碟機之間的中介儲存設備。

在記憶體系統中強化可信賴性

大型快取記憶體和主記憶體明顯地增加了錯誤的可能性，錯誤發生在生產製程當中，也會動態地因宇宙射線撞擊記憶體胞格而發生。這些動態錯誤是對晶格的內容造成改變而非電路上的改變，稱為**軟性錯誤** (soft error)。所有的 DRAM、快閃記憶體，以及許多的 SRAM 生產時都含有備用列，使得少數的生產瑕疵可以藉由以備用列替換瑕疵列的規劃方式予以容納。除了生產性錯誤必須在配置時間加以修正之外，**硬性錯誤** (hard error) 乃是在更多記憶體胞格當中某一個的運作中所存在的永久性改變，有可能在運作中發生。

動態錯誤可由同位位元 (parity bits) 加以偵測，也可藉由使用錯誤更正碼 (Error Correcting Codes, ECC) 加以偵測並修正。因為指令快取記憶體是唯讀的，同位檢查就足夠了。在較大型的資料快取記憶體中以及在主記憶體中，ECC 用以讓錯誤既加以偵測也加以修正。同位檢查只需要消耗單一位元就可在一串位元序列當中偵測出單一的錯誤。因為多位元錯誤可能無法用同位位元偵測出來，所以一個同位位元所保護的位元數就必須加以限制。每 8 個資料位元一個同位位元乃是典型的比率。ECC 能夠偵測出兩個錯誤並修正一個單一錯誤，但要付出每 64 個資料位元 8 個虛耗位元的代價。

在超大型系統中，多個錯誤的機率以及單一記憶體晶片的完全故障就變得很重要。IBM 引進 Chipkill 來解決這個問題，許多超大型系統，諸如 IBM 與昇陽的伺服器以及 Google 的叢集，都採用這項技術。(Intel 將他們的版本稱為 SDDC。) 特質上類似於磁碟機所使用的 RAID 方法，Chipkill 將資料與 ECC 訊息打散，使得單一記憶體晶片的完全故障可以藉由從其餘記憶體晶片中重建失去的資料而予以處理。假設一部 10,000 個處理器的伺服器，每個處理器具有 4 GB 記憶體。使用 IBM 的分析，這部伺服器運作三年後會產生以下無法恢復的錯誤比率：

- 僅有同位位元：大約 90,000 個，也就是每 17 分鐘有一個無法恢復 (亦即無法偵測) 的故障。
- 僅有 ECC：大約 3500 個，也就是每 7.5 小時有一個無法偵測或無法恢復的故障。
- Chipkill：6 個，也就是每 2 個月有一個無法偵測或無法恢復的故障。

另外一種看待方式就是去找出被保護的最大數目伺服器 (每一部有 4 GB)，足以達成與 Chipkill 所展示相同的錯誤比率。對同位檢查而言，即使是一部只有一個處理器的伺服器，其所具有的無法恢復的錯誤比率都將高於一個由 Chipkill 所保護的 10,000 – 伺服器系統。對 ECC 而言，一個 17 – 伺服器系統具有的故障比率大約與一個 10,000 – 伺服器 Chipkill 系統相同。因此，Chipkill 乃是數位倉儲型電腦中 50,000 至 100,000 部伺服器的一項必需品 (見第 6 章的 6.8 節)。

2.4　保護措施：虛擬記憶體和虛擬機

虛擬機被認為是真實機的一個有效率的獨立複製品。我們可經由虛擬機監視器 (virtual machine monitor, VMM) 的想法來說明這些觀念……VMM 具有三

種基本特性：第一，VMM 提供一種與原來的機器在本質上完全相同的程式環境；第二，在這種環境下執行的程式最壞也只會呈現出無關緊要的速度減少；最後，VMM 可以完全控制系統資源。

Gerald Popek 與 Robert Goldberg

"Formal requirements for virtualizable third generation architectures,"

Communications of the ACM (1974 年 7 月)

在 2011 年，安全性與私密性成為兩項對於資訊技術最傷腦筋的挑戰。往往牽涉到信用卡號列表的電子盜竊會定期地加以公告，然而大家普遍認為有更多事件沒有被報導出來。因此，無論是研究人員或是業界人士都在找尋新的方式，好讓計算系統更加地安全。雖然對資訊提供保護並不限於硬體，在我們的觀點上，真正的安全性與私密性卻有可能會牽涉到計算機結構方面和系統軟體方面的創新。

本節一開始先審視以下的內容：經由虛擬記憶體在結構上提供計算機行程之間彼此保護的支援，然後再描述由虛擬機所提供的額外保護、虛擬機的結構要求以及虛擬機的效能。我們將在第 6 章見到，虛擬機乃是雲端運算的基礎性技術。

經由虛擬記憶體提供保護

分頁式虛擬記憶體，包括可以快取分頁表記錄的轉譯後備緩衝區 (translation lookaside buffer)，就是計算機行程之間彼此保護的主要機制。附錄 B 中的 B.4 節和 B.5 節審視了虛擬記憶體，包括對於 80x86 中經由分段和分頁取得保護的詳細說明。本小節所做的是快速審視；如果感覺過於快速，不妨參考那兩節。

多程式化 (multiprogramming) 中同時執行的數個程式會共用同一部計算機，導致程式之間保護和共用的需求，也導致**行程** (process) 的概念。打個比方，行程是程式所呼吸的空氣和生活的空間，換句話說，就是執行中的程式加上繼續執行程式所需要的任何狀態 (state)。在任何時刻，都必須能夠由一個行程切換到另一個行程。這種切換稱為**行程切換** (process switch) 或**環境切換** (context switch)。

作業系統和結構合力讓多個處理器可以共用硬體而不致於彼此干擾。為了要這樣做，該結構必須在執行使用者行程時限制行程所能存取的範圍，而讓作業系統行程多存取一些。最起碼該結構也得做到以下的動作：

1. 提供至少兩種模式,用來表示執行中的行程是使用者行程或是作業系統行程。作業系統行程有時候被稱為**核心行程** (kernel process) 或**監督者行程** (supervisor process)。
2. 提供一部份的處理器狀態讓使用者行程可以讀取,但是不能寫入。此狀態包括使用者 / 監督者模式位元 (user/supervisor mode bit)、例外致能 / 禁能位元 (exception enable/disable bit) 和記憶體保護資訊。使用者不能寫入此狀態,因為如果使用者可以讓自己擁有監督者的權限、可以禁止例外處理或者可以改變記憶體保護,作業系統就無法控制使用者行程。
3. 提供讓處理器可以從使用者模式換到監督者模式的機制,反之亦然。第一種方向通常是透過**系統呼叫** (system call) 來完成的,利用一個特殊的指令將控制權轉移到一個屬於監督者程式碼空間的專屬位置。系統呼叫點的 PC 值會被儲存起來,接著處理器就進入監督者模式。返回至使用者模式就像是副程式返回時,會恢復到先前的使用者 / 監督者模式。
4. 提供限制記憶體存取的機制,以保護行程的記憶狀態,而不必在環境切換器上將行程切換至磁碟機上。

附錄 A 描述了幾種記憶體保護方案,但到目前為止最普遍的還是將保護限制加到虛擬記憶體的每個分頁上。固定大小的分頁,通常為 4 KB 或 8 KB 長,經由分頁表從虛擬位址空間對映到實體位址空間,保護限制就是包括在每一筆分頁表的記錄中。保護限制可決定使用者行程是否可讀取該分頁、使用者行程是否可寫入該分頁,以及是否可從該分頁執行程式碼。此外,行程既不能讀取也不能寫入不在分頁表當中的分頁。由於只有作業系統 (OS) 可以更新分頁表,所以分頁機制提供了整體的存取保護。

分頁式虛擬記憶體意味著任何一次記憶體存取必然花費至少 2 倍的時間,第一次記憶體存取去取得實體位址,第二次存取才是取得資料,這種成本實在太昂貴。解決之道就是倚賴區域性;如果存取具有區域性,存取的位址轉譯也一定會有區域性。將這些位址轉譯保存在一個特定的快取區域中,記憶體存取就很少會需要第二次存取來轉譯資料。這個特定的位址轉譯快取區域稱為**轉譯後備緩衝區** (translation lookaside buffer, TLB)。

TLB 記錄就像快取記錄,標籤會持有部份的虛擬位址,資料部份則持有實體的分頁位址、保護欄位、有效位元,通常還有一個使用位元和一個污染位元。作業系統藉由更改分頁表中的數值來改變這些位元,然後將對應的 TLB 記錄加以失效。當該記錄從分頁表中重新載入時,TLB 便得到一份這些位元的正確複本。

假設計算機忠實地遵守分頁上的限制,並且將虛擬位址對映到實體位址,看起來我們似乎成功了,可是報紙的頭條新聞並不是這樣寫的。

不成功的原因是由於我們倚賴作業系統的精確度和硬體的緣故。如今的作業系統是由數千萬行程式碼所組成。由於程式錯誤點是以每千行程式碼的錯誤數去度量,所以在產出的作業系統中會有數以千計的程式錯誤點。作業系統中的瑕疵已經成為例行性不停被挖掘的漏洞。

這個問題,再加上無法實行保護措施的代價可能比過去高出許多,已經促使某些研究人員設法去找尋一種保護模型,可以使用遠小於整個作業系統的基礎程式碼,虛擬機就是一個例子。

經由虛擬機提供保護

與虛擬記憶體有關、也差不多同樣久遠的一種觀念就是虛擬機 (Virtual Machine, VM)。它們是發展自 1960 年代末期,多年來一直是大型計算機運算的重要部份。雖然在 1980 年代和 1990 年代的單一使用者計算機領域中它們大都被忽略,但最近已經開始受歡迎的原因是:

- 在現代系統中,隔離性和安全性的重要性漸增。
- 標準作業系統在安全性和可信賴性方面的一些失敗。
- 許多彼此不相關的使用者共用同一台電腦,例如在資料中心或雲端上。
- 處理器原始速度劇增,比較可以接受 VM 的虛耗。

VM 最廣泛的定義基本上包括所有提供標準軟體介面的模擬方法,例如 Java VM。我們感興趣的 VM 是在二進位指令集結構 (instruction set architecture, ISA) 層次上提供一個完全的系統層次環境。最常見的是 VM 支援與底層硬體相同的 ISA;然而,也有可能去支援不同的 ISA,此種方式經常用在 ISA 之間的遷移上,可以讓離境 ISA (departing ISA) 的軟體繼續使用到被移植至新 ISA 為止。此處我們的焦點是在 VM 上,這裡面 VM 所提出的 ISA 與底層硬體是匹配的。這樣的 VM 稱為 (作業) **系統虛擬機** (System Virtual Machine),這方面的例子有 IBM VM/370、VMware ESX Server 和 Xen。它們都呈現出 VM 使用者本身就擁有整部電腦 (包括一份作業系統的複本) 的幻覺。單一部電腦就可以執行多個 VM,也可以支援數個不同的作業系統 (OS)。在一個傳統的平台上,單一的 OS「擁有」所有的硬體資源,但是有了 VM,多個 VM 全都共享硬體資源。

支援 VM 的軟體稱為**虛擬機監視器** (virtual machine monitor, VMM),或稱為**超監督器** (hypervisor);VMM 乃是虛擬機技術的心臟。基礎的硬體平台

稱為**主機** (host)，其資源是由**外來** (guest) VM 所共享。VMM 可決定如何將虛擬資源對映到實體資源上：實體資源可能是時間分享的 (time-shared)、切割的 (partitioned) 或者甚至是軟體模擬的。VMM 比傳統的 OS 要小得多，VMM 的隔離部份也許只有 10,000 行的程式碼。

一般而言，處理器虛擬化的成本取決於工作負載。在使用者層被處理器所約束的程式，例如 SPEC CPU2006，毫無虛擬化的虛耗，是因為鮮少訴諸於 OS 的緣故，所以一切都在本地速度下執行。相反地，I/O 密集式的工作負載一般也是 OS 密集式，執行許多的系統呼叫 (做 I/O 請求) 和特權指令，因而造成高度的虛擬化虛耗。虛耗是取決於必須由 VMM 所模擬的指令數目以及它們被模擬的緩慢程度。因此，當外來 VM 執行與主機相同的 ISA 時 (我們在此就是這樣假設的)，計算機結構和 VMM 的目標就是直接在本地硬體上執行幾乎所有的指令。相反地，如果 I/O 密集式的工作負載也是 **I/O 約束式** (I/O-bound)，處理器虛擬化的成本就會完全被低度的處理器使用率所隱藏，因為處理器經常在等候 I/O。

雖然我們在這裡所關注的是在 VM 中改進保護措施，VM 卻提供了另兩項在商業上很重要的效益：

1. **軟體的管理**：VM 提供了一種抽象架構，可以執行全部的軟體堆疊，甚至包括像 DOS 那種舊的作業系統。典型的佈署方式是用一些 VM 去執行繼承系列的 OS，多數 VM 執行目前穩定的 OS 釋出版本，少數則用以測試下一個 OS 釋出版本。
2. **硬體的管理**：多伺服器的一個理由是讓每一個應用程式在分開的計算機上執行作業系統本身的相容版本，因為這種分離可以改進可信賴性。VM 允許這些分開的軟體堆疊獨立地執行，卻共用硬體，藉以精實伺服器的數目。另一個例子是某些 VMM 可以支援一個執行中的 VM 遷移至不同的電腦，以便平衡工作負載或是撤離故障的硬體。

這兩個理由就是為什麼像 Amazon 等雲端型伺服器會倚賴虛擬機的緣故。

對於虛擬機監視器的要求

一個 VM 監視器必須做些什麼？答案是：它提出一個軟體介面給外來軟體，它必須將外來軟體的狀態彼此互相隔離，而且它必須自我保護於外來軟體中 (包括外來的 OS)。在定性方面有以下需求：

- 除了效能相關的行為或是多個 VM 共享固定資源的限制情形之外，外來軟體在 VM 上應該要表現得完全像是正在本地硬體上執行。
- 外來軟體不應該能夠直接改變真實系統資源的配置。

為了要將處理器「虛擬化」，VMM 必須控制幾乎所有事情 —— 特權狀態存取、位址轉譯、I/O、例外狀況和中斷 —— 即使目前執行中的外來 VM 和 OS 正在暫時地使用它們。

例如，在計時器中斷的情況下，VMM 會擱置目前執行中的外來 VM，儲存其狀態，進行中斷處理，決定接下來要執行哪一個外來 VM，然後載入其狀態。倚賴計時器中斷的外來 VM 會由 VMM 提供一個虛擬計時器和一個模擬的計時器中斷。

為了負責管理，VMM 必須處於高於外來 VM 的特權位階，一般是在使用者模式下執行；這也保證任何特權指令會由 VMM 進行處理。對於系統虛擬機的基本要求幾乎與前面所列出的分頁式虛擬記憶體的基本要求完全相同：

- 至少有兩種處理器模式：系統模式與使用者模式。
- 只有在系統模式中可以使用特權指令子集，如果在使用者模式中執行就會落入陷阱。所有系統資源必須只受這些指令所控制。

(缺少)指令集結構對於虛擬機的支援

如果在 ISA 設計期間就規劃 VM，便能輕易地既可減少 VMM 必須執行的指令數目，又可減少模擬它們所花費的時間。可以讓 VM 直接在硬體上執行的結構贏得了**可虛擬化** (virtualizable) 的稱號，IBM 370 結構便驕傲地擁有這個標章。

唉，由於 VM 只有在最近才被考慮用在桌上型電腦和 PC 式伺服器的應用程式上，大部份的指令集在創生時並未納入虛擬化的想法，這些犯錯者包括 80x86 和大部份的 RISC 結構。

由於 VMM 必須保證外來系統只能與虛擬資源相互作用，所以傳統的外來 OS 就在 VMM 的頂端以使用者模式執行。如果外來 OS 嘗試經由一個特權指令去存取或修改與硬體資源有關的指令 —— 例如，讀寫分頁表指標 —— 它就會被 VMM 捕捉到，然後 VMM 可以就所對應的真實資源施以適當的變更。

因此，如果任何嘗試讀寫此種敏感資訊的指令以使用者模式執行時落入

陷阱，VMM 就可以攔截到，並且支援一筆外來 OS 所期待的敏感資訊的虛擬版本。

如果缺乏這樣的支援，就必須採取其他措施。VMM 必須採取特別的預防措施去定位所有的問題指令，並保證它們被外來 OS 執行時能夠正確地行動。如此一來，就增加了 VMM 的複雜度，也減低了執行 VM 的效能。

2.5 節和 2.7 節提出 80x86 中問題指令的一些具體實例。

虛擬機對於虛擬記憶體和 I/O 的影響

另一項挑戰就是虛擬記憶體的虛擬化，因為每一個外來 OS 在任何 VM 中都管理自己的分頁表集。要讓這行得通，VMM 將**真實記憶體** (real memory) 和**實體記憶體** (physical memory) 的觀念加以區分 (這兩者常被視為同義)，將真實記憶體視為介於虛擬記憶體和實體記憶體之間獨立的中間層次。(某些人使用**虛擬記憶體**、**實體記憶體**和**機器記憶體**去稱呼這三個層次。) 外來 OS 經由其分頁表將虛擬記憶體對映至真實記憶體，VMM 的分頁表再將外來 OS 的真實記憶體對映至實體記憶體。虛擬記憶體結構或由分頁表來規範，如 IBM VM/370 和 80x86，或由 TLB 結構來規範，像許多 RISC 結構那樣。

VMM 持有一個**投影分頁表** (shadow page table)，可直接從外來的虛擬位址空間對映至硬體的實體位址空間。藉由偵測所有對於外來分頁表的修改，VMM 能夠保證正由硬體用作轉譯的投影分頁表記錄，可以與外來 OS 環境的分頁表相對應，例外的是：外來分頁表中的真實分頁已由正確的實體分頁所取代。因此，VMM 必須捕捉住外來 OS 對於變更其分頁表或者存取分頁表指標的任何嘗試。通常是對外來分頁表進行寫入保護或對外來 OS 存取分頁表指標加以捕捉。前面有特別提到，如果存取分頁表指標是一種特權運算，後者的情形就會自然地發生。

IBM 370 結構在 1970 年代就解決了分頁表的問題，是使用一個由 VMM 所管理的額外間接層次。外來 OS 可以像從前一樣保持分頁表，所以投影分頁就沒有必要了。AMD 已提出一種類似的解決方案，用在他們對於 80x86 的 Pacifica 修正版上。

為了將許多 RISC 計算機中的 TLB 加以虛擬化，VMM 便管理實際的 TLB，並擁有每一個外來 VM TLB 內容的複本。要讓這種構想成功，就必須陷住任何存取 TLB 的指令。具有行程辨識碼 (Process ID) 標籤的 TLB 可以支援來自不同 VM 和 VMM 的混合記錄，因而避免了在 VM 切換時清除 TLB。同時，VMM 會在幕後支援 VM 虛擬行程辨識碼與真實行程辨識碼之間的

對映。

該結構最後要虛擬化的部份就是 I/O，到目前為止，這是系統虛擬化最困難的部份，因為接上電腦的 I/O 裝置一直在增加，I/O 裝置形式的多樣性也一直在增加。另一困難則在於多個 VM 之間真實裝置的共用問題，其他困難還來自於對無數所需裝置驅動器的支援，特別是相同的 VM 系統支援不同的外來 OS 之時。要能夠維持 VM 的幻覺，就得給予每一個 VM 各種一般性版本的 I/O 裝置驅動器形式，然後留給 VMM 去處理真實的 I/O。

將虛擬 I/O 裝置對映至實體 I/O 裝置的方法取決於裝置的形式。例如，實體磁碟機通常會被 VMM 分割，產生供外來 VM 使用的虛擬磁碟機，而 VMM 則持有虛擬磁軌和磁區與實體磁軌和磁區之間的對映關係。VM 之間經常會在很短的時間片段中共用網路介面，VMM 的工作就是去追蹤要送給虛擬網路位址的訊息，以確保外來 OS 只有接收到打算傳給它們的訊息。

VMM 的例子：Xen 虛擬機

在 VM 發展的早期，有一些效率不佳的情形變得很明顯。例如，外來 OS 管理其虛擬分頁至實體分頁的對映，但此種對映卻為 VMM 所忽略，而 VMM 卻執行至實體分頁的實際對映。換句話說，大量的努力浪費在只是讓外來 OS 保持愉悅。為了減少這種效率不佳的情形，VMM 研發者便決定：讓外來 OS 察覺它是在 VM 上執行或許值得去做。例如，外來 OS 可以假設真實記憶體和它的虛擬記憶體一樣大，這樣就不需要外來 OS 去做記憶體管理了。

允許對外來 OS 做小修改以簡化虛擬化，稱為**平行虛擬化** (paravirtualization)，開放來源碼的 Xen VMM 就是一個不錯的例子。Amazon 網路伺服器資料中心所使用的 Xen VMM 提供外來 OS 一種抽象性虛擬機，類似於實際的硬體，但砍掉許多有困擾的部份。例如，為了避免清除 TLB，Xen 將其本身對映至每一個 VM 位址空間上方的 64 MB。它允許外來 OS 配置分頁，而僅檢查確定並未違反保護限制。為了在 VM 的使用者程式中保護外來 OS，Xen 利用了位於 80x86 中的四種保護階層。Xen VMM 在最高特權階層 (0) 上執行，外來 OS 在次一階層 (1) 上執行，應用程式則在最低階層 (3) 上執行。大部份的 80x86 OS 都將一切事件保持在特權階層 0 或階層 3。

為了適當地分配工作，Xen 修改外來 OS，使其不使用結構中有問題的部份。例如，Linux 至 Xen 的埠便改了大約 3000 行，也就是 80x86 專屬程式碼的 1%。然而，這些修改並不會影響外來 OS 的應用程式與二進位碼之間的介面。

為了簡化 I/O 對 VM 的挑戰，Xen 將特權虛擬機指定給每一個硬體 I/O 裝置。這些特殊的 VM 稱為**驅動器領域** (driver domain)。(Xen 稱其 VM 為「領域」。) 驅動器領域執行實體裝置驅動器，雖然中斷在送往合適的驅動器領域之前仍然是由 VMM 進行處理。常規性 VM 稱為**外來領域** (guest domain)，執行簡易的虛擬裝置驅動器，該驅動器必須與驅動器領域中的實體裝置驅動器經由某個通道進行通訊，以存取實體 I/O 的硬體。資料藉由分頁重新對映而在外來領域與驅動器領域之間傳送。

2.5 貫穿的論點：記憶體層級的設計

本節描述其他章節曾討論過的三項主題，對於記憶體層級是很基本的。

保護措施與指令集結構

保護措施乃是計算機結構和作業系統聯合努力的目標，但是當虛擬記憶體變得普遍來時，結構設計師就不得不修改現有指令集結構一些棘手的細節。例如，為了支援 IBM 370 中的虛擬記憶體，結構設計師就應變更才在 6 年前宣佈成功的 IBM 360 指令集結構。類似的調整在今日也得去做，以便容納虛擬機。

例如，80x86 指令 POPF 從記憶體堆疊頂端載入旗標暫存器，其中有一個旗標是**中斷致能** (Interrupt Enable, IE) 旗標。直到最近為支援虛擬化而作一些變更之前，如果您在使用者模式下執行 POPF 指令，就只是更改 IE 以外的所有旗標，而不是落陷。在系統模式下，就的確會去更改 IE 旗標。由於外來 OS 在 VM 內部是以使用者模式執行，這會產生問題，因為外來 OS 期望看到的是更改過的 IE；80x86 結構為支援虛擬化所作的擴充便消除了這個問題。

過去，IBM 大型主機的硬體和 VMM 是採取三個步驟去改善虛擬機的效能：

1. 減少處理器虛擬化的成本。
2. 減少虛擬化所造成的中斷虛耗之成本。
3. 藉由將中斷導入合適的 VM 而不訴諸 VMM，減少中斷成本。

IBM 依舊是虛擬機技術的金字招牌。例如，一台 IBM 大型主機在 2000 年時可以執行幾千個 Linux VM，而 Xen 在 2004 年時只能執行 25 個 VM [Clark 等人, 2004]。Intel 和 AMD 晶片組的最新版本已經加入了支援 VM 中裝置

的特殊指令，將來自每一 VM 的低階中斷遮蔽掉，並將中斷引導至合適的 VM。

快取資料的一致性

資料可以同時在記憶體和快取記憶體中找到。只要處理器是唯一能改變或讀取資料的元件，而且快取記憶體位於處理器與記憶體之間，處理器看到舊的或過時的複本就不會有什麼危險。我們將看到，多個處理器和 I/O 裝置會提高複本不一致的機會而讀到錯誤的複本。

快取一致性問題出現的頻率對於多處理器而言是和 I/O 不同的。I/O 鮮少會出現多資料複本的事件 —— 任何時候若有可能都得避免的事件 —— 但是在多個處理器上執行的程式卻會想要在數個快取記憶體中擁有相同的資料複本。多處理器程式的效能取決於共用資料時的系統效能。

I/O 快取一致性 (I/O cache coherency) 的問題如下：I/O 發生在電腦的何處？在 I/O 裝置與快取記憶體之間，或是 I/O 裝置與主記憶體之間？如果輸入將資料放到快取記憶體中，而且輸出自快取記憶體中讀取資料，I/O 與處理器兩者都會看到相同的資料。這個方法的困難在於會干擾處理器而造成處理器可能為了 I/O 而暫停。輸入也可能會干擾快取記憶體，將某些短時間不可能被存取的資料置換成新的資料。

在具有快取記憶體的電腦上，I/O 系統的目標是在防範過時資料的問題，同時儘可能不要干擾到處理器。所以會比較喜歡讓 I/O 直接存取主記憶體，主記憶體就作為 I/O 的緩衝區。如果使用透寫式快取，則記憶體會擁有最新的資料複本，就不會有輸出過時資料的問題。（這種效益乃是處理器採用透寫方式的原因之一。）可惜的是，目前透寫方式通常只有出現在第一層資料快取記憶體，而由使用回寫方式的 L2 快取記憶體支援。

輸入則需要一些額外的處理。軟體的解決方式是保證輸入緩衝區的區塊並沒有放在快取記憶體中。包含該緩衝區的分頁可以被標示為不可快取 (noncachable)，且作業系統總是可以輸入到這種分頁中。另一種替代方式是在發生輸入之前，作業系統可將緩衝區位址從快取記憶體中清除。一種硬體的解決方式是在輸入時檢查 I/O 位址是否在快取記憶體中。如果在快取記憶體中發現相符的 I/O 位址，該筆快取記錄便加以失效以避免讀到過時的資料。上述所有方式都可以用在回寫式快取記憶體的輸出上。

處理器快取一致性乃是多核心處理器年代當中的一項關鍵課題，我們將會在第 5 章詳細檢視。

2.6 綜合論述：ARM Cortex-A8 和 Intel Core i7 的記憶體層級

本節揭露 ARM Cortex-A8 (此後稱之為 Cortex-A8) 和 Intel Core i7 (此後稱為 i7) 的記憶體層級，並顯示它們的元件在一組單執行緒標準效能測試程式上之效能。我們首先檢視 Cortex-A8，因為它擁有比較簡單的記憶體系統；我們針對 i7 更深入細節，詳細地追蹤一項記憶體存取。本節假設讀者都已熟悉一種雙層式快取記憶體層級組織，使用虛擬索引式快取記憶體。附錄 B 詳細說明了此種記憶體系統的基礎，強烈建議對於此種系統的組織沒有把握的讀者去複習附錄 B 中 Opteron 的範例。一旦瞭解 Opteron 的組織，對於 Cortex-A8 的簡短說明就容易跟得上，兩者是類似的。

ARM Cortex-A8

Cortex-A8 是一個可規劃的核心，支援 ARMv7 指令集結構。它是以 IP (Intellectual Property，智慧財產) 核心的形式交貨。IP 核心乃是嵌入式、PMD 和相關市場中技術交貨的主要形式；幾十億只 ARM 和 MIPS 處理器已經從這些 IP 核心被創生出來。請注意，IP 核心不同於 Intel i7 或 AMD Athlon 多核心之中的核心。一個 IP 核心 (或許它本身就是一個多核心) 被設計成可與其他邏輯電路整併在一起 (所以它是一個晶片的核心)，包括特殊應用處理器 (例如視訊編碼器或解碼器)、I/O 介面，以及記憶體介面，然後製成一個對於某種特定應用最佳化的處理器。舉例來說，Cortex-A8 IP 核心被用在 Apple iPad 以及數家製造商的智慧型手機中，包括 Motorola 和三星。雖然處理器核心幾乎一模一樣，由此產生的晶片卻具有許多差異。

一般而言，IP 核心有兩種風貌。硬式核心是針對特定的半導體供應商做最佳化，是一個具有外部介面 (但仍處晶片內) 的黑盒子。硬式核心通常只允許核心以外的邏輯電路進行參數設置，例如 L2 快取記憶體的容量等，不能修改 IP 核心。軟式核心通常是以使用標準邏輯元件庫的形式交貨。軟式核心可針對不同的半導體供應商進行編輯，也可以作修改，雖然現代 IP 核心的複雜度造成大規模的修改非常困難。一般而言，硬式核心提供較高的效能和較小的面積，而軟式核心則允許重新定位於其他供應商並且比較容易修改。

Cortex-A8 能夠在時脈頻率達 1 GHz 下每個時脈發派兩道指令。它可以支援一種雙層式快取記憶體層級，其第一層是一對快取記憶體 (指令與資料)，每一個為 16 KB 或 32 KB，組織成 4 路集合關聯式並使用多路預測和

隨機置放，目標是使得快取記憶體擁有單週期的存取延遲、讓 Cortex-A8 維持一個週期的載入至使用延遲、比較簡單的指令提取，以及當分支失誤造成錯誤指令預提取時，提取正確指令會有較低的損傷。選擇性的第二層快取記憶體如果存在就是 8 路集合關聯式，可配置成 128 KB 至 1 MB；它可以組織成一至四個記憶庫，讓數次記憶體資料傳送可以同時發生。有一組 64 至 128 位元的匯流排處理記憶體請求。第一層快取記憶體為虛擬索引式和實體標籤式；兩層都使用 64 位元組的區塊大小。對於 32 KB 的資料快取記憶體及 4 KB 的分頁大小而言，每一個實體分頁可能對映至兩個不同的快取記憶體位址；這樣的分身化可以藉由附錄 B 中 B.3 節的硬體偵測失誤而避免之。

記憶體管理是由一對 TLB (指令與資料) 來處理，每一 TLB 均為全關聯式，含有 32 筆記錄以及變動的分頁大小 (4 KB、16 KB、64 KB、1 MB 和 16 MB)；TLB 內的置換是用輪循演算法完成。TLB 失誤是用硬體處理，是在記憶體中走完一個分頁表結構。圖 2.16 顯示 32 位元虛擬位址如何被用來索引 TLB 和快取記憶體，假設主要快取記憶體均為 32 KB 並假設一個第二快取記憶體為 512 KB，其分頁大小為 16 KB。

Cortex-A8 記憶體層級的效能

Cortex-A8 的記憶體層級曾使用整數型 Minnespec 標準效能測試程式，以 32 KB 主要快取記憶體和 1 MB 8 路集合關聯式 L2 快取記憶體進行模擬 (見 **KleinOsowski 和 Lilja [2002]**)。Minnespec 是一組標準效能測試程式，包含了 SPEC2000 標準效能測試程式，但使用不同的輸入而減少幾個數量級的執行時間。雖然使用較小的輸入並不會改變指令調配，但的確會影響快取記憶體的行為。舉例來說，在 mcf 上，那是最為記憶體密集式的 SPEC2000 標準效能測試程式，Minnespec 對於 32 KB 快取記憶體的失誤率只有 SPEC 全版本失誤率的 65%，對於 1 MB 快取記憶體的差距更達到 6 倍！在許多其他的標準效能測試程式上該比率近似於 mcf，但失誤率的絕對值就小多了。因為這個理由，Minnespec 標準效能測試程式不能拿來與 SPEC2000 標準效能測試程式對比，其資料反而對於檢視 L1 與 L2 失誤以及整體 CPI 的相對影響才會有用，如同我們在下一章所做。

這些標準效能測試程式 (也包括 Minnespec 所立基的 SPEC2000 全版本) 的指令快取失誤率即使只對 L1 都非常小：大多數接近零，全都在 1% 以下。這種低比率可能是因為 SPEC 程式計算密集式的特質，以及 4 路集合關聯式快取記憶體消除了大多數的衝突失誤所造成。圖 2.17 顯示資料快取記憶體的結果，具有顯著的 L1 與 L2 失誤率。1 GHz Cortex-A8 的 L1 失誤損傷為

[圖示：ARM Cortex-A8 資料快取記憶體和資料 TLB 的虛擬位址、實體位址、索引、標籤和資料區塊流程圖]

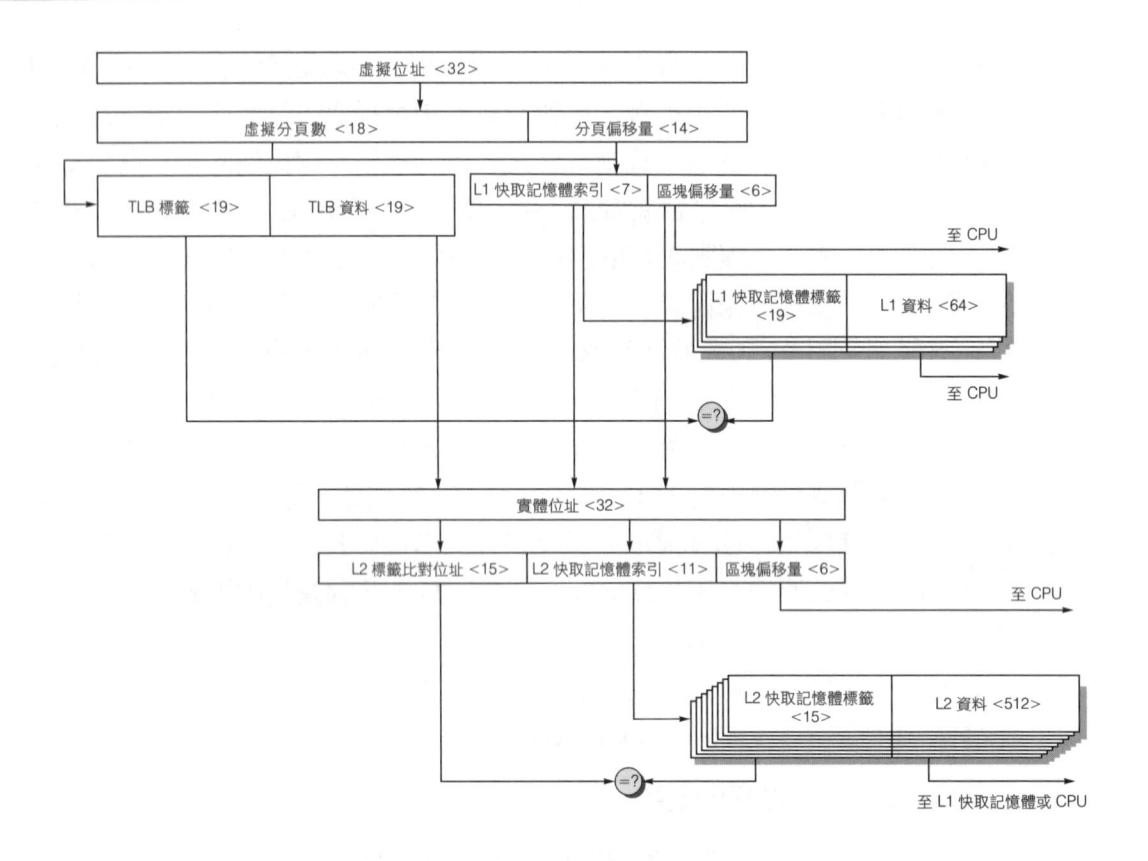

圖 2.16 ARM Cortex-A8 資料快取記憶體和資料 TLB 的虛擬位址、實體位址、索引、標籤和資料區塊。由於指令層級和資料層級是對稱的，所以我們只顯示一種層級。32 筆記錄的 TLB (指令或資料) 為完全關聯式，L1 資料快取記憶體為 4 路集合關聯式，使用 64 位元組區塊並擁有 32 KB 容量。L2 快取記憶體為 8 路集合關聯式，使用 64 位元組區塊並擁有 1 MB 容量。本圖並未顯示快取記憶體和 TLB 的有效位元和保護位元，亦未顯示如何使用可指定 L1 快取記憶體預測記憶庫的多路預測位元。

11 個時脈週期，L2 失誤損傷則為 60 個時脈週期，主記憶體使用的是 DDR SDRAM。圖 2.18 使用這些失誤損傷顯示了每次存取的平均損傷。在下一章，我們將檢視快取失誤對整體 CPI 的影響。

Intel Core i7

i7 支援 80x86 結構擴充的 x86-64 指令集結構。i7 是一個非依序執行處理器，包括了四個核心。在本章中，我們聚焦在單核心觀點的記憶體系統設計和效能。多核心設計的系統效能，包括 i7 多核心，在第 5 章將詳細檢視。

i7 內每個核心每個時脈週期可執行高達四道 80x86 指令，使用多派發、動態排程、16 階段的管線，我們會在第 3 章詳細描述。使用一種稱為同時性

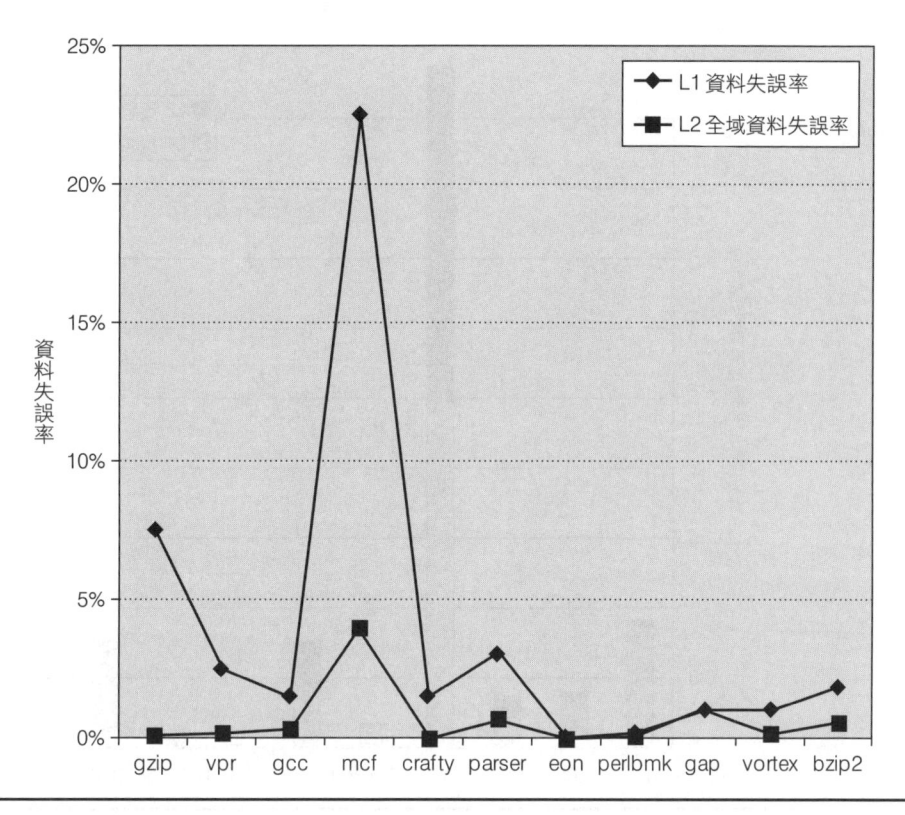

圖 2.17　使用整數型 Minnespec 標準效能測試程式量測 ARM 的資料失誤率 (使用 32 KB L1) 和全域資料失誤率 (對於 1 MB L2)，都會受到應用程式顯著的影響。使用較大記憶容量的應用程式在 L1 與 L2 都傾向於具有較高的失誤率。請注意，L2 失誤率為全域失誤率，計算的是所有的存取，包括在 L1 命中者。mcf 以快取記憶體剋星聞名。

多執行緒的技術，i7 每個處理器也可支援達兩個同時的執行緒，在第 4 章會描述。在 2010 年，最快速的 i7 擁有 3.3 GHz 的時脈頻率，產生每秒 132 億道指令的尖峰指令執行率，對四核心設計就是每秒 500 億道指令。

　　i7 可支援達三條記憶體通道，每一條通道都包含分開的 DIMM 組合，每一條通道都可以進行平行傳送。使用 DDR3-1066 (DIMM PC8500)，i7 擁有了恰好超過 25 GB/ 秒的尖峰記憶體頻寬。

　　i7 使用 48 位元虛擬位址和 36 位元實體位址，產生 36 GB 的最大實體記憶體。記憶體管理是用雙層 TLB 去處理 (見附錄 B，B.4 節)，在圖 2.19 中作總結。

　　圖 2.20 總結了 i7 的三層快取記憶體層級。第一層快取記憶體為虛擬索引式和實體標籤式 (見附錄 B，B.3 節)，L2 和 L3 快取記憶體則為實體索引式。圖 2.21 內標示出存取記憶體層級的步驟。首先，PC 被送到指令快取記憶體，指令快取索引為

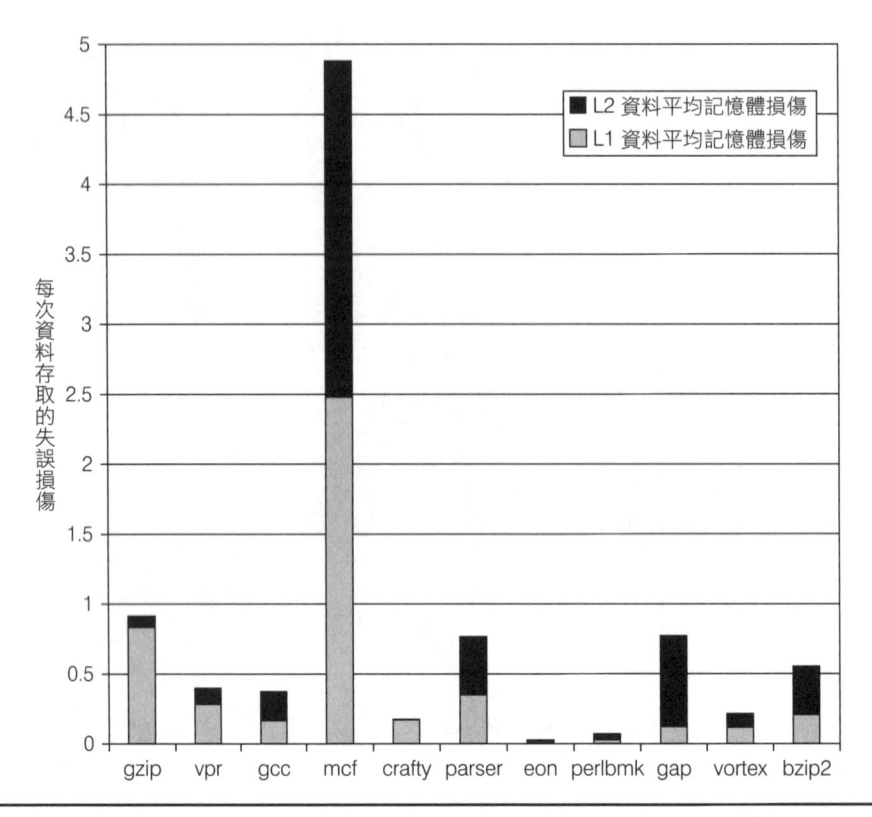

圖 2.18 執行 Minnespec 量測 ARM 處理器，顯示分別來自 L1 與 L2 的每次資料記憶體存取的平均記憶體存取損傷。雖然 L1 的失誤率明顯較高，但 L2 失誤損傷卻高了 5 倍以上，意味著 L2 失誤具有顯著的貢獻。

特性	指令 TLB	資料 TLB	第二層 TLB
大小	128	64	512
關聯度	4 路	4 路	4 路
置換	假性－LRU	假性－LRU	假性－LRU
存取延遲	1 週	1 週	6 週
失誤	7 週	7 週	數百週去存取分頁表

圖 2.19 i7 TLB 結構的特性，此結構擁有分開的第一層指令與資料 TLB，兩者都以聯合式第二層 TLB 作後盾。第一層 TLB 支援標準的 4 KB 分頁大小，也擁有大型 2 至 4 MB 分頁的有限記錄筆數；在第二層 TLB 中僅支援 4 KB 分頁。

$$2^{索引} = \frac{快取記憶體容量}{區塊大小 \times 集合關聯度} = \frac{32\text{ K}}{64 \times 4} = 128 = 2^7$$

亦即 7 位元。指令位址的頁框 (36 = 48 − 12 位元) 被送到指令 TLB (步驟 1)。同時，來自虛擬位址的 7 位元索引 (加上來自區塊偏移量的額外 2 位元

特　性	L1	L2	L3
容量	32 KB 指令 / 32 KB 資料	256 KB	每個核心 2 MB
關聯度	4 路指令 / 8 路資料	8 路	16 路
存取延遲	4 週，管線式	10 週	35 週
置換方式	假性 – LRU	假性 – LRU	假性 – LRU，但使用一種依序選擇演算法

圖 2.20　i7 中三層快取記憶體層級的特性。所有三個快取記憶體都使用回寫方式和 64 位元組的區塊大小。每個核心的 L1 與 L2 快取記憶體都是分開的，然而 L3 快取記憶體卻是由晶片內的核心共用，每個核心總共 2 MB。所有三個快取記憶體都是非阻隔式並允許多個待處理寫。L1 快取記憶體使用合併式寫入緩衝區，可於資料線被寫入時並不存在於 L1 內的狀況下保留住資料。(也就是說，一次 L1 寫入失誤並不致於造成該資料線被撥出。) L3 包括了 L1 和 L2 在內；當我們說明多處理器快取記憶體時再進一步詳細探討這種特性。置換是藉著假性 – LRU 上的某種形式而進行；以 L3 為例，被置換的區塊總是編號最低的一路，其存取位元是關閉的，這並非十分隨機卻容易計算。

以選擇適當的 16 位元組的指令提取數量) 被送到指令快取記憶體 (步驟 2)。請注意，對於 4 路集合關聯式指令快取記憶體而言，需要 13 位元的快取位址：7 位元用於快取記憶體之索引，加上 6 位元區塊偏移量用於 64 位元組區塊。分頁大小為 4 KB = 2^{12}，意味著快取索引的一個位元必須來自虛擬位址。使用虛擬位址的一個位元意味著對應區塊實際上可能位在快取記憶體當中兩個不同的位置上，因為對應的實體位址在此位元處可能是 0 或 1。對指令而言不會造成問題，因為即使一個指令出現在快取記憶體中兩個不同的位置上，這兩個版本一定相同。但如果允許這樣的資料重複或分身，當分頁對映改變時就得去檢查快取記憶體，這種事並不常發生。請注意，使用很簡單的分頁著色 (page coloring) (見附錄 B，B.3 節) 就可以消除這種分身化的可能性。如果偶數位址的虛擬分頁對映到偶數位址的實體分頁 (奇數分頁亦復如此)，這些分身化就永遠不會發生，因為在虛擬與實體分頁編號中該低階位元是完全相同的。

存取指令 TLB 去找出位址與有效分頁表記錄 (Page Table Entry, PTE) 之間的吻合 (步驟 3 與 4)。除了轉譯位址之外，TLB 也檢查看看 PTE 是否有需要這次存取可以因為存取破壞而產生一個例外狀況。

指令 TLB 失誤的話就先到 L2 TLB，L2 TLB 含有 512 個 4 KB 分頁大小的 PTE 且為 4 路集合關聯式。從 L2 TLB 載入 L1 TLB 花費了 2 個時脈週期。如果 L2 TLB 失誤，就用一種硬體演算法走完分頁表並更新 TLB 記錄。最壞狀況下該分頁不在記憶體中，作業系統就從磁碟機取得該分頁。由於一

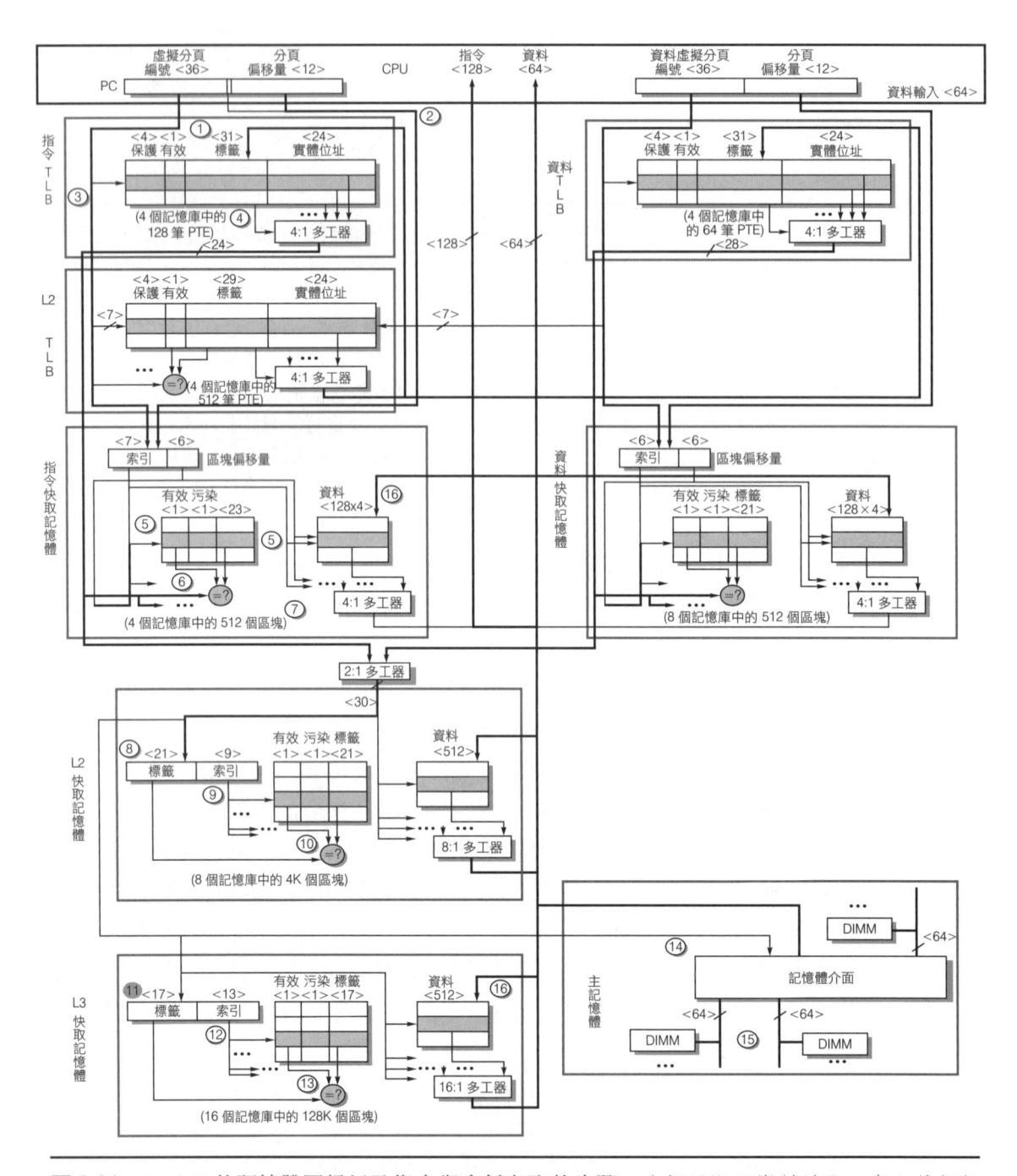

圖 2.21 Intel i7 的記憶體層級以及指令與資料存取的步驟。我們只顯示資料讀取。寫入是類似的，因為它們都是從讀取開始（由於快取記憶體為回寫式）。處理失誤只要將資料置入寫入緩衝區即可，因為 L1 快取記憶體並非寫入調配式。

次分頁錯誤期間可執行數百萬道指令,作業系統將調換到另一個等待執行的行程。否則,如果沒有 TLB 例外狀況,指令快取記憶體存取就繼續下去。

  位址的索引欄位被送到指令快取記憶體的所有四個記憶庫中 (步驟 5)。指令快取標籤為 36 位元 – 7 位元 (索引) – 6 位元 (區塊偏移量) = 23 位元。這四個標籤和有效位元與來自指令 TLB 的實體頁框互相比對 (步驟 6)。因為 i7 預期每次指令提取為 16 位元組,所以就使用來自 6 位元區塊偏移量的額外 2 位元去選擇適當的 16 位元組。因此,7 + 2 = 9 位元便用來傳送 16 位元組的指令至處理器。L1 快取記憶體為管線式,其命中延遲為 4 個時脈週期 (步驟 7)。失誤的話就走入第二層快取記憶體。

  先前有提過,指令快取記憶體為虛擬位址式和實體標籤式。由於第二層快取記憶體為實體位址式,所以來自 TLB 的實體分頁位址便與分頁偏移量組合成一個存取 L2 快取記憶體的位址。L2 索引為

$$2^{索引} = \frac{快取記憶體容量}{區塊大小 \times 集合關聯度} = \frac{256\,K}{64 \times 8} = 512 = 2^9$$

所以 30 位元的區塊位址 (36 位元實體位址 – 6 位元區塊偏移量) 就被分為 21 位元標籤和 9 位元索引 (步驟 8)。該索引和標籤再次被送到統合的 L2 快取記憶體的所有 8 個記憶庫中 (步驟 9) 進行平行比對。如果有一個符合且有效,便於初始 10 週的延遲之後以每時脈週期 8 個位元組的速率循序送回該區塊。

  如果 L2 快取記憶體失誤了,就存取 L3 快取記憶體。對於擁有 8 MB L3 的四核心 i7 而言,其索引大小為

$$2^{索引} = \frac{快取記憶體容量}{區塊大小 \times 集合關聯度} = \frac{8\,M}{64 \times 16} = 8192 = 2^{13}$$

該 13 位元索引 (步驟 11) 被送到 L3 的所有 16 個記憶庫中 (步驟 12)。36 – (13 + 6) = 17 位元的 L3 標籤便與來自 TLB 的實體位址進行比對 (步驟 13),如果命中,便於初始延遲之後以每時脈 16 個位元組的速率送回該區塊,置入 L1 與 L3 中。如果 L3 失誤了,就啟動記憶體存取。

  如果在 L3 快取記憶體中沒有找到指令,晶片上的記憶體控制器就必須從主記憶體取得區塊。i7 擁有三組 64 位元組記憶體通道,可以扮演一組 192 位元組通道,因為只有一個記憶體控制器而且相同位址被送往兩組通道 (步驟 14)。當兩組通道擁有完全相同的 DIMM 時,寬的傳送就會發生。每一組通道支援達四個 DDR DIMM (步驟 15)。當資料送回時就被置入 L3 和 L1 (步驟 16),因為 L3 為包容式。

主記憶體所服務的指令失誤的總延遲大約為 35 個處理器週期 (以判定 L3 失誤已經發生) 再加上關鍵指令的 DRAM 延遲。對於單記憶庫 DDR1600 SDRAM 和 3.3 GHz CPU 而言，前 16 位元組的 DRAM 延遲約為 35 ns 或 100 個時脈週期，故總失誤損傷為 135 個時脈週期。記憶體控制器以每記憶體時脈週期 16 位元組的速率填滿 64 位元組快取區塊的剩餘部份，花費了另外的 15 ns 或 45 個時脈週期。

由於第二層快取記憶體為回寫式快取記憶體，任何失誤都會導致一個舊區塊被寫回記憶體中。i7 擁有一個 10 筆記錄的合併式寫入緩衝區，當快取記憶體的次一層沒有用來讀取時便寫回受污染的快取線。任何失誤都會去窺探該寫入緩衝區，看看該快取線是否存在於緩衝區中；如果存在，該失誤便由緩衝區填補之。L1 與 L2 快取記憶體之間也有用到類似的緩衝區。

如果這道啟始指令為載入，資料位址就被送到資料快取記憶體和資料 TLB，其動作非常類似指令快取記憶體存取，但有一項主要差異。第一層快取記憶體乃是 8 路集合關聯式，意即索引為 6 位元 (相對於資料快取記憶體的 7 位元) 且存取快取記憶體所使用的位址與分頁偏移量相同，因此資料快取記憶體中並不擔心分身現象。

假定該指令為儲存而非載入。當儲存發派時，就像載入一般先做資料快取記憶體查詢。失誤便造成該區塊被置入寫入緩衝區，因為 L1 快取記憶體於寫入失誤時並不調配該區塊。命中時該儲存並不更新 L1 (或 L2) 快取記憶體，直到稍後它被確認為非推測式。在這段時間內，該儲存便停駐在一個載入 – 儲存佇列中，此乃該處理器非依序控制機制的一部份。

針對 L1 與 L2，i7 也支援從層級中的次一層預提取。大部份情況下，預提取線就只是快取記憶體中的下一個區塊。藉由只針對 L1 與 L2 作預提取，就可以避免對記憶體作高成本又非必要的提取。

i7 記憶體系統的效能

我們使用 19 個 SPECCPU2006 標準效能測試程式 (12 個整數型以及 7 個浮點型) 去評估 i7 快取記憶體結構的效能，如第 1 章所述。本節的數據是由 Lu Peng 教授和博士生 Ying Zhang 所收集，兩位都在路易斯安那州立大學。

我們從 L1 快取記憶體開始。32 KB、4 路集合關聯式指令快取記憶體導致指令失誤率非常低，特別是因為 i7 中的指令預提取十分有效的緣故。當然，我們如何評估失誤率是有點棘手，因為 i7 不對單一的指令單位產生個別的請求，反而預提取 16 位元組的指令資料 (通常為四到五個指令之間)。如果為簡單起見，我們檢視指令快取失誤率彷如處理的是單指令存取，L1 指

令快取失誤率的變動是從 0.1% 至 1.8%，平均下來剛超過 0.4%。該失誤率符合對於 SPECCPU2006 標準效能測試程式指令快取行為的其他研究，都顯示低的指令快取失誤率。

L1 資料快取記憶體比較有趣，評估起來甚至比較棘手，這有三項原因：

1. 因為 L1 快取記憶體並非寫入調配式，寫入可以命中卻從不真正失誤，其意義為：未命中的寫入就只是將其資料置入緩衝區當中而不記成失誤。
2. 因為推測有時候是錯誤的 (廣泛的討論見第 3 章)，有一些對於 L1 資料快取記憶體的存取並不對應於最終完成執行的載入或儲存。請問應該如何處理這樣的失誤？
3. 最後，L1 資料快取記憶體會做自動預提取。請問失誤的預提取應該算在內嗎？如果應該，要如何算？

為了處理這些問題，同時保持合理的數據值，圖 2.22 以兩種方式顯示 L1 資料快取失誤：相對於真正完成 (通常稱為畢業或退休) 的載入數以及相對於任何來源的 L1 資料快取記憶體存取數。我們可以看到，只針對完成的載入所量測的失誤率提高了 1.6 倍 (平均 9.5% 相對於 5.9%)。圖 2.23 以列表的形式顯示相同的數據。

在 L1 資料快取失誤跑到 5% 至 10%，而且有時更高的情況下，L2 與 L3 快取記憶體的重要性應該就很明顯了。圖 2.24 顯示 L2 與 L3 快取記憶體的失誤率對應 L1 存取數的情形 (圖 2.25 以列表的形式顯示相同的數據)。由於失誤抵達記憶體之成本超過 100 個時脈週期且 L2 的平均資料失誤率為 4%，L3 顯然具有關鍵性。在沒有 L3 並假設半數指令為載入或儲存的情況下，L2 快取失誤就有可能每道指令加了 2 週到 CPI 上！相較之下，1% 的 L3 資料失誤率仍屬顯著，卻比 L2 失誤率低了 4 倍，又比 L1 失誤率低了 6 倍。在下一章，我們將檢視 i7 CPI 與快取失誤之間的關係以及其他的管線化效應。

2.7　謬誤與陷阱

由於記憶體層級是計算機結構方法中最具量化特性的，它似乎比較不會有謬誤與陷阱的問題。然而在本節中，問題並不是缺乏警告可以寫，而是可供撰寫的篇幅不夠！

謬誤　利用一個程式來預測另一個程式的快取記憶體效能。

圖 2.26 顯示隨著快取記憶體容量的變化，SPEC2000 標準效能測試程式

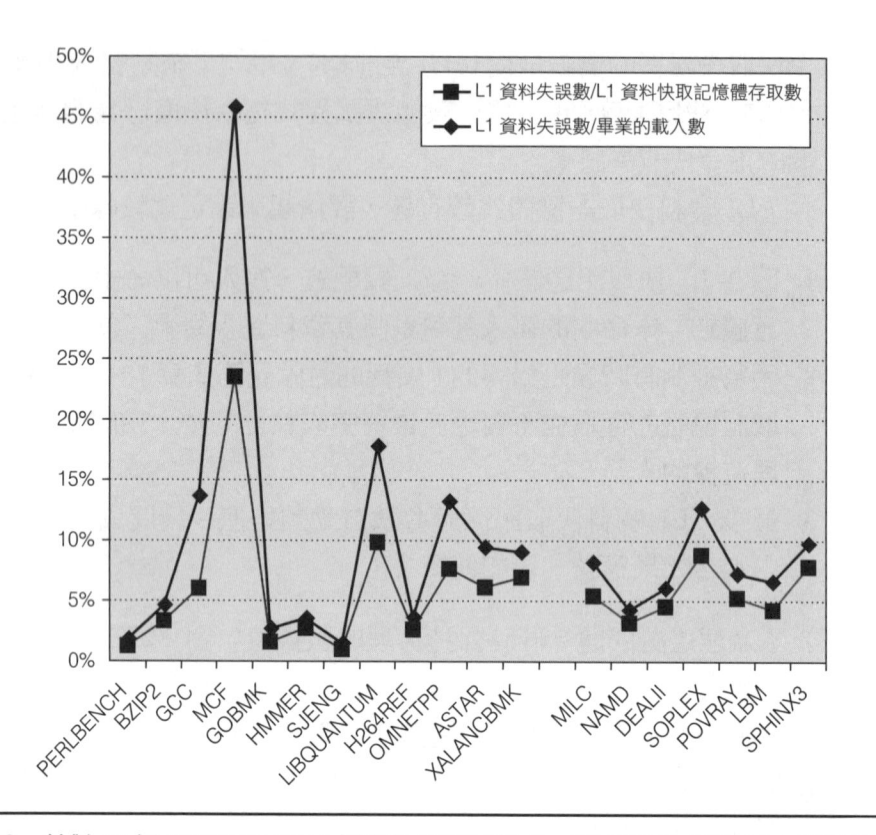

圖 2.22 針對 17 個 SPECCPU2006 標準效能測試程式，以兩種方式顯示 L1 資料快取失誤率：相對於成功執行完成的真實載入數以及相對於所有 L1 存取數，也包括了預提取數、未完成的推測式載入數，以及算作存取卻不產生失誤的寫入數。這些數據就像本節的其餘數據，是由 Lu Peng 教授和博士生 Ying Zhang 所收集，以早先對 Intel Core Duo 和其他處理器所作的研究為基礎 (見 Peng 等人 [2008])，他們兩位都在路易斯安那州立大學。

中三個程式的指令失誤率和資料失誤率。依據不同的程式，快取記憶體容量為 4096 KB 時，每 1000 道指令的資料失誤數為 9、2 或 90。而當快取記憶體容量為 4 KB 時，則為 55、19 或 0.0004。商業程式，如資料庫，即使在大的第二層快取記憶體中，失誤率仍十分嚴重，一般而言 SPEC 便非如此。很顯然地，利用一個程式的快取記憶體效能來概括另一個程式是不明智的。圖 2.24 提醒我們，變動非常大，甚至有關於整數型與浮點密集型程式的相對失誤率都有可能是錯誤的，正如 mcf 和 sphnix3 提醒了我們！

陷阱 模擬足夠多的指令以取得精確的記憶體層級效能之量測結果。

實際上，這裡包含有三個陷阱。一個是想利用很少的追蹤 (trace) 來預測大容量快取記憶體的效能。另一個是整個程式執行過程中，程式的區域性行為並不是固定的。第三個是程式的區域性行為會隨著輸入不同而有所變化。

標準效能測試程式	L1 資料失誤數 / 畢業的載入數	L1 資料失誤數 / L1 資料快取記憶體存取數
PERLBENCH	2%	1%
BZIP2	5%	3%
GCC	14%	6%
MCF	46%	24%
GOBMK	3%	2%
HMMER	4%	3%
SJENG	2%	1%
LIBQUANTUM	18%	10%
H264REF	4%	3%
OMNETPP	13%	8%
ASTAR	9%	6%
XALANCBMK	9%	7%
MILC	8%	5%
NAMD	4%	3%
DEALII	6%	5%
SOPLEX	13%	9%
POVRAY	7%	5%
LBM	7%	4%
SPHINX3	10%	8%

圖 2.23 顯示主要資料快取失誤數對應於所有完成的載入數以及所有存取數 (包括推測式和預提取請求) 的情形。

圖 2.27 顯示對於 SPEC2000 中的單一程式在五種不同的輸入下，每 1000 道指令的累積平均指令失誤數 (cumulative average instruction miss)。對於這些輸入而言，前 19 億道指令的平均失誤率與其餘指令的平均失誤率有很大的不同。

陷阱 在以快取記憶體為基礎的系統中不必提供高的記憶體頻寬。

快取記憶體能夠對平均快取記憶體延遲時間有所幫助，但是不一定能提供必須進入主記憶體的應用程式所需要的高記憶體頻寬。針對這種應用程式，結構設計師必須在快取記憶體背後設計一個高頻寬記憶體。我們將在第 4 章和第 5 章重新探訪這個陷阱。

陷阱 在沒有設計成可虛擬化的指令集結構上製作虛擬機監視器。

1970 年代和 1980 年代有許多結構設計師並沒有小心謹慎去確認：所有

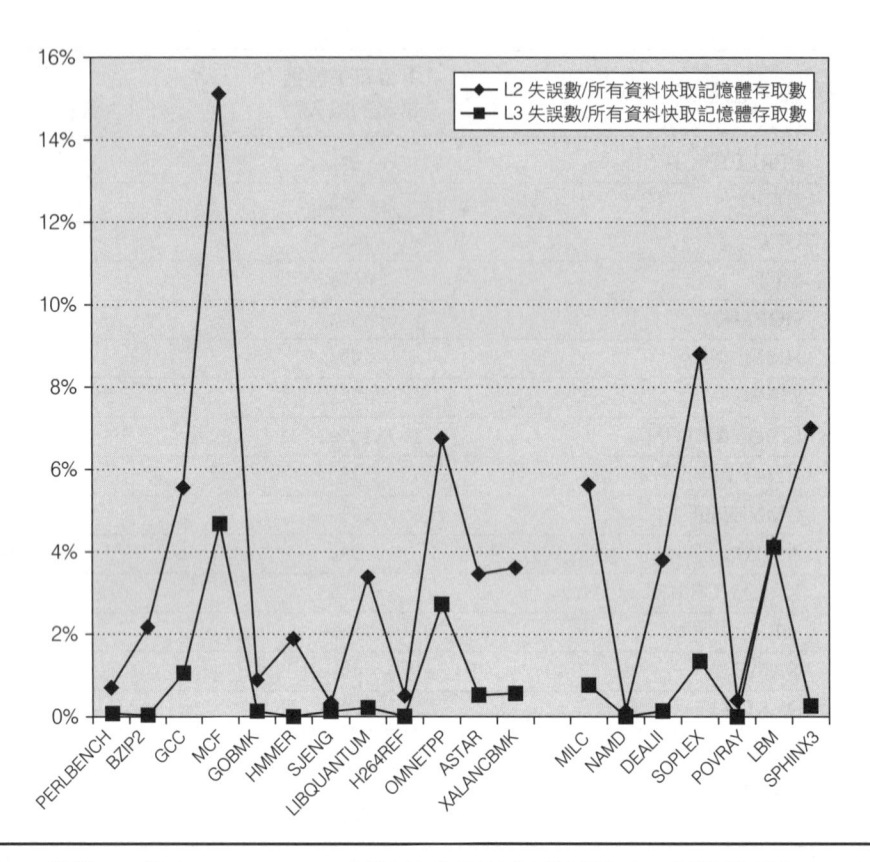

圖 2.24 針對 17 個 SPECCPU2006 標準效能測試程式所顯示，相對於所有 L1 存取的 L2 與 L3 失誤率，所有 L1 存取也包括了預提取數、未完成的推測式載入數以及程式產生的載入數與儲存數。這些數據就像本節的其餘數據，是由 Lu Peng 教授和博士生 Ying Zhang 所收集，兩位都在路易斯安那州立大學。

讀寫與硬體資源有關資訊的指令都予以特權化。這種**放任** (laissez faire) 的態度對所有這類結構的 VMM 都造成了問題，包括 80x86，在這裡我們把它當作一個例子。

圖 2.28 描述了造成虛擬化問題的 18 個指令 [Robin 和 Irvine 2000]，兩大類型的指令分別為：

- 在使用者模式下讀取控制暫存器，顯露出外來作業系統正在一個虛擬機內執行 (例如較早之前所提到的 POPF)；
- 由分段式結構檢查所需要的保護措施，但假設作業系統正在最高特權階層上執行。

虛擬記憶體也一樣具有挑戰性。由於 80x86 TLB 並不支援行程辨識碼標籤，大部份的 RISC 結構也同樣不支援，所以 VMM 和外來 OS 要共用 TLB

	L2 失誤數 / 所有資料快取記憶體存取數	L3 失誤數 / 所有資料快取記憶體存取數
PERLBENCH	1%	0%
BZIP2	2%	0%
GCC	6%	1%
MCF	15%	5%
GOBMK	1%	0%
HMMER	2%	0%
SJENG	0%	0%
LIBQUANTUM	3%	0%
H264REF	1%	0%
OMNETPP	7%	3%
ASTAR	3%	1%
XALANCBMK	4%	1%
MILC	6%	1%
NAMD	0%	0%
DEALII	4%	0%
SOPLEX	9%	1%
POVRAY	0%	0%
LBM	4%	4%
SPHINX3	7%	0%

圖 2.25 以列表形式所顯示的 L2 與 L3 失誤率相對於資料請求數的情形。

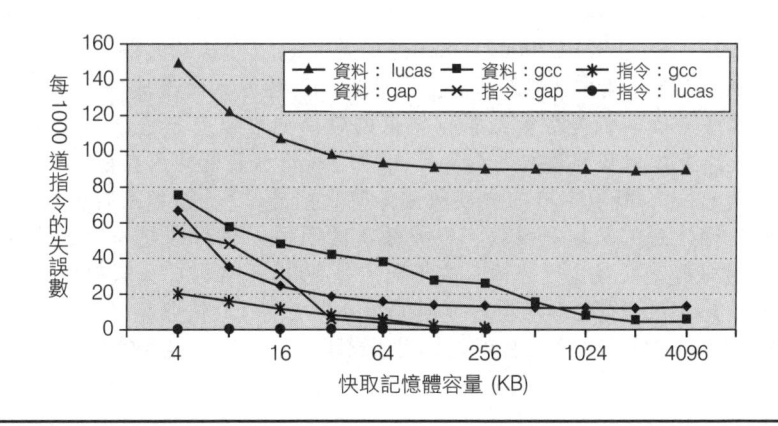

圖 2.26 當快取記憶體容量介於 4 KB 與 4096 KB 之間時,每 1000 道指令的指令失誤數和資料失誤數。gcc 的指令失誤數比 lucas 大 30,000 至 40,000 倍;相反地,lucas 的資料失誤數則比 gcc 大 2 至 60 倍。gap、gcc 與 lucas 這三個程式是由 SPEC2000 標準效能測試程式中選出的。

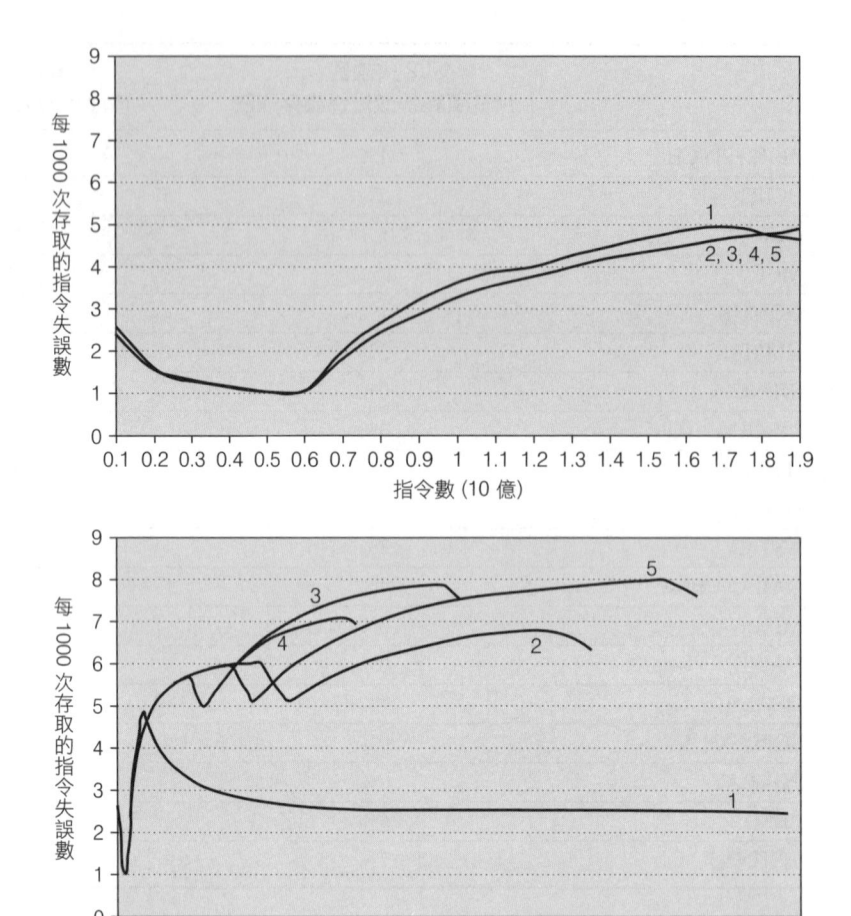

圖 2.27 針對 SPEC2000 中 perl 標準效能測試程式的五種不同輸入，每 1000 次存取的指令失誤數。對於前 19 億個指令而言，五種輸入所造成的失誤變化並不大，且彼此沒有什麼差異。但是之後到執行結束的數據則可以看出失誤在程式執行過程的變化，以及失誤是如何受到輸入的影響。上方的圖顯示五種輸入在前 19 億個指令的平均執行失誤數，每 1000 次存取的失誤數開始時大約是 2.5，而結束時大約是 4.7。下方的圖顯示到執行結束的平均失誤數，根據輸入的不同，執行的指令數由 160 億到 410 億。在前 19 億個指令之後，根據輸入的不同，每 1000 次存取的失誤數由 2.4 變化到 7.9。此模擬是針對 Alpha 處理器，使用分開的指令與資料 L1 快取記憶體，每個快取記憶體均為 64 KB 2 路 LRU 置換式，另外也使用 1 MB 的聯合型直接對映式 L2 快取記憶體。

會比較昂貴；每一次位址空間的改變通常都需要清除 TLB。

將 I/O 虛擬化對於 80x86 又是一項挑戰，部份是因為它既支援記憶體對映式 I/O 又擁有分開的 I/O 指令，但更重要的是因為 VMM 得處理個人電腦的大量各式各樣裝置和裝置驅動器。第三方廠家供應他們本身的驅動器，很

問題類型	80x86 的問題指令
在使用者模式下執行時去存取敏感性暫存器卻不會落陷。	儲存全域式描述表暫存器 (SGDT) 儲存區域式描述表暫存器 (SLDT) 儲存中斷式描述表暫存器 (SIDT) 儲存機器狀態字元 (SMSW) 推入旗標 (PUSHF, PUSHFD) 彈出旗標 (POPF, POPFD)
在使用者模式下存取虛擬記憶體機制時,指令會讓 80x86 的保護檢查失敗。	從區段描述器載入存取權 (LAR) 從區段描述器載入區段限制 (LSL) 驗證區段描述器是否可讀取 (VERR) 驗證區段描述器是否可寫入 (VERW) 自堆疊彈出至區段暫存器 (POP CS, POP SS,......) 將區段暫存器推入堆疊 (PUSH CS, PUSH SS,......) 遠處呼叫至不同的特權階層 (CALL) 自遠處返回不同的特權階層 (RET) 遠處跳躍至不同的特權階層 (JMP) 軟體中斷 (INT) 儲存區段選擇暫存器 (STR) 搬移至 / 自區段暫存器 (MOVE)

圖 2.28 造成虛擬化問題的 18 個 80x86 指令之總結 [Robin 和 Irvine 2000]。上方群組的前五個指令可允許一個在使用者模式下的程式去讀取一個控制暫存器,例如一個描述表暫存器,而不會造成落陷。彈出旗標指令則會修改一個具有敏感資訊的控制暫存器,但是處於使用者模式下就會悄悄地失敗。80x86 分段式結構的保護檢查乃是下方群組的問題所在,因為這當中每一個指令在讀取一個控制暫存器時都會暗中檢查特權階層,當作指令執行的一部份。這種檢查是假設 OS 必須處於最高的特權階層,但外來的 VM 並非如此。只有 MOVE 至區段暫存器的指令會嘗試去修改控制狀態,但也會被保護檢查所阻止。

可能無法適當地加以虛擬化。有一種傳統 VM 製作的解決方式就是將實際的裝置驅動器直接載入 VMM。

為了在 80x86 上簡化 VMM 的製作,AMD 和 Intel 都已提出結構的擴充。Intel 的 VT-x 提供執行 VM 的新執行模式、VM 狀態的結構化定義、快速交換 VM 的指令,以及一大組參數,這些參數是用來選擇必須求助於 VMM 的環境。VT-x 合起來總共增加了 11 個新的 80x86 指令。AMD 的 Secure Virtual Machine (SVM) 也提供類似的功能性。

在打開啟動 VT-x 支援的模式之後 (經由新的 VMXON 指令),VT-x 便為外來 OS 提供四個特權階層,其優先權低於原本的四個 (便解決了像是稍早所提到的 POPF 指令之類的問題)。VT-x 將所有虛擬機狀態捕捉在虛擬機控制狀態 (Virtual Machine Control State, VMCS) 中,然後提供不可分割的指令去存取 VMCS。除了關鍵狀態,VMCS 也包括了配置資訊,來決定何時得

求助於 VMM 以及是什麼造成 VMM 被求助。為了減少必須求助於 VMM 的次數，該模式對一些敏感性暫存器加了影子版本，並且也加了一些遮罩 (mask)，可以在落陷前檢查某個敏感性暫存器的關鍵位元是否將要被改變。為了減少虛擬記憶體的虛擬化成本，AMD 的 SVM 加了一個額外的間接階層，稱為**巢狀分頁表** (nested page table)，使得影子分頁表 (shadow page table) 變得沒有必要。

2.8 結論：展望未來

過去三十年來，已經有若干預測預言電腦效能的進步速率終將明顯停止下來。每一則如此的預測都是錯誤的，它們錯在受到無法說清楚的假設所牽制，這些假設都被後來發生的事件所顛覆。所以說，例如無法預見從分立元件到積體電路的轉移，就導致預測光速會將電腦速度限制在還比目前的速度低了幾個數量級的範圍內。我們對記憶體障壁的預測可能也是錯的，這就建議我們不得不開始「跳脫箱子」來思考。

Wm. A. Wulf 與 Sally A. Mckee

Hitting the Memory Wall: Implications of the Obvious

維吉尼亞大學計算機科學系 (1994 年 12 月)

本篇論文引進了**記憶體障壁** (memory wall) 一詞

使用記憶體層級的可能性可以回溯到 1940 年代末期和 1950 年代早期通用計算機最早的日子。虛擬記憶體在 1960 年代早期被引入研究型電腦並於 1970 年代被引入 IBM 的大型主機中。快取記憶體出現在大約相同時期，其基本觀念隨時間擴充並強化，協助拉近主記憶體與處理器之間的存取時間差距，但基本觀念依舊不變。

有一種趨勢可能造成記憶體層級的設計發生顯著的改變，那就是 DRAM 密度與存取時間的進步持續在變慢。在過去的十年中，這兩項趨勢已經被觀察到。雖然 DRAM 頻寬達成了一些增加，存取時間的減少卻慢了許多，部份是由於為了限制功率消耗，電壓位準一直在下降。有一個增加頻寬的觀念正被探討，那就是讓每一個記憶庫都能有多個重疊的存取。這提供了一種增加記憶庫數目而允許較高頻寬的替代方式。生產方面的挑戰──傳統 DRAM 設計通常將每個胞格所使用的電容放在深溝內──也導致密度的增加速率變慢。當本書即將付印之際，有一家製造商宣佈一種不需要電容的新型 DRAM，或許可以提供持續強化 DRAM 技術的機會。

獨立於 DRAM 的進步之外，快閃記憶體有可能因為功率與密度的優勢而扮演比較重要的角色。當然，在 PMD 中，快閃記憶體已經取代了磁碟機，而且還提供了許多桌上型電腦無法提供的優點，例如「立即開機」等。快閃記憶體超過 DRAM 的潛在優勢──不需要每個位元一只電晶體來控制寫入──卻也成為它的阿奇里斯腳跟 (致命傷)。快閃記憶體必須使用較慢的整體式抹除-重寫時脈週期。所以，有幾款 PMD 如蘋果 iPad 就使用相當小型的 SDRAM 與快閃記憶體結合在一起，作為處理虛擬記憶體的檔案系統與分頁儲存系統。

除此之外，有幾種全新的記憶體方式正在進行研發，包括使用資料磁性儲存的 MRAM 以及使用一種玻璃材料能在非結晶與結晶狀態之間改變的相變 RAM (稱為 PCRAM、PCME 和 PRAM)。兩種記憶體形式都是非揮發性且提供比 DRAM 潛在較高的密度。這些並不是新觀念；磁阻式記憶體技術和相變式記憶體已經存在了數十年。任何一種技術都可能成為目前快閃記憶體的代替品；取代 DRAM 則是更為艱難的任務。雖然 DRAM 的進步已經慢了下來，至少在未來十年內無電容胞格以及其他的可能進步還難以與 DRAM 對賭。

幾年來，對於未來的記憶體障壁已經做過各式各樣的預言 (見參考文獻以及前面所引用的論文)，勢必導致處理器效能的根本下降。然而，快取記憶體擴充至多層、更為精巧的重填與預提取方案、更大的編譯器與程式設計師對於區域性重要性的認知，乃至於採用平行化去隱藏延遲的剩餘痕跡，都讓記憶體障壁保持在一個限度內。引進具有多個未處理失誤的非依序管線，允許可用的指令階層平行化去隱藏快取記憶體型系統所剩餘的記憶體延遲；引進多執行緒以及更多的執行緒階層平行化，提供更多的平行化因而更多的延遲隱藏機會，對此進一步地帶動。使用指令與執行緒階層平行化，有可能會是與新式多層快取記憶體系統中所遭遇的任何記憶體延遲進行抗爭的主要工具。

有一種定期會出現的想法就是使用程式設計師管控的暫存區或其他高速記憶體，也就是我們將看到使用在 GPU 中的東西。這樣的想法從未變成主流，有幾個理由：第一，它們引進具有不一樣行為的位址空間而破壞了記憶體模型。第二，不像編譯器型或程式設計師型的快取最佳化 (例如預提取)，用暫存區作記憶體轉換必須完全處理從主記憶體位址空間到暫存區位址空間的重新對映，這就造成此種轉換更加困難而且適用性更為受限。在 GPU 中 (見第 4 章)，本地暫存區記憶體被重度使用，管理它們的負擔目前是落在程式設計師身上。

雖然應該要審慎預測計算機技術的未來，但歷史已經顯示快取乃是一種強大且具高度擴充性的想法，有可能讓我們得以持續建造比較快速的計算機，並保證記憶體層級能夠傳遞保持此種系統工作良好所需要的指令和資料。

2.9 歷史回顧與參考文獻

我們在 L.3 節 (可上網取得) 檢視了快取記憶體、虛擬記憶體和虛擬機的歷史，IBM 在這三方面的歷史上都扮演了顯著的角色。延伸閱讀的參考文獻也包括在內。

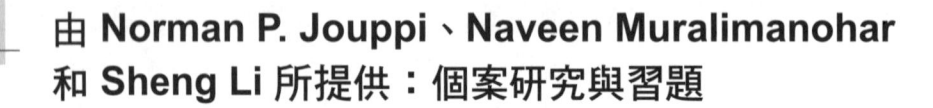

由 Norman P. Jouppi、Naveen Muralimanohar 和 Sheng Li 所提供：個案研究與習題

個案研究 1：經由先進的技術將快取記憶體效能最佳化

本個案研究所列舉的概念

- 非阻隔式快取記憶體
- 針對快取記憶體的編譯器最佳化
- 軟體式與硬體式預提取
- 在更複雜的處理器上計算快取記憶體效能的影響

矩陣調換是將其列與行互換，列舉如下：

$$\begin{bmatrix} A11 & A12 & A13 & A14 \\ A21 & A22 & A23 & A24 \\ A31 & A32 & A33 & A34 \\ A41 & A42 & A43 & A44 \end{bmatrix} \Rightarrow \begin{bmatrix} A11 & A21 & A31 & A41 \\ A12 & A22 & A32 & A42 \\ A13 & A23 & A33 & A43 \\ A14 & A24 & A34 & A44 \end{bmatrix}$$

以下是一個簡單的 C 迴圈，用以呈現該調換：

```
for ( i = 0 ; i < 3 ; i++) {
 for (j = 0 ; j < 3 ; j++) {
 output[j][i] = input[i][j] ;
 }
}
```

假設輸入矩陣與輸出矩陣兩者都是用**列為主順序** (row major order) 進行儲存 (列為

主順序意即列索引改變最快)。假設您正在一個處理器上執行一次 256 × 256 倍精度調換,該處理器配備了一個具有 64 位元組區塊的 16 KB 完全關聯式 (所以您不必擔憂快取記憶體衝突) 最近使用過 (least recently used, LRU) 置換式 L1 資料快取記憶體。假設 L1 快取失誤或預提取需要 16 個週期,總會在 L2 快取記憶體命中,並且 L2 快取記憶體每兩個處理器週期就可以處理一次請求。假設資料有在 L1 快取記憶體內時,上面的內迴圈每次重複執行都需要四個週期。假設該快取記憶體針對寫入失誤具有一種寫入配置 / 寫入時提取的對策。不切實際地假設回寫受污染快取區塊需要 0 個週期。

2.1 [10/15/15/12/20] <2.2> 針對以上所給的簡單製作,此執行順序對於輸入矩陣會是不理想的。然而,實施迴圈互換最佳化卻會對於輸出矩陣產生不理想的順序。由於迴圈互換不足以改善其效能,反而必須加以排除。

   a. [10] <2.2> 為了利用阻隔式執行,請問快取記憶體的最小容量應該是多少?

   b. [15] <2.2> 請問在上面的最小容量快取記憶體中,阻隔式與非阻隔式版本的相對失誤數比較起來如何?

   c. [15] <2.2> 請寫程式碼去執行一次使用 $B \times B$ 區塊的調換,其區塊大小的參數為 B。

   d. [12] <2.2> 為了獲得與兩個陣列在記憶體中的位置無關的一致效能,請問 L1 快取記憶體所需要的最小關聯度為何?

   e. [20] <2.2> 請在一部電腦上嘗試阻隔式與非阻隔式 256×256 矩陣調換。基於您對該部電腦記憶體系統的認識,請問這些結果與您的期望有多符合?可能的話,有任何差異請予以說明。

2.2 [10] <2.2> 假設您正在針對上面的非阻隔式矩陣調換程式碼重新設計一個硬體式預提取器。最簡單形式的硬體式預提取器只有在失誤後預提取循序的快取區塊。較為複雜的「非單元跨步」(non-unit stride) 硬體式預提取器可以分析一個失誤存取串流,偵測出並預提取非單元跨步。相反地,軟體式預提取器可以決定出非單元跨步,如同決定出單元跨步一般地容易。假設預提取直接寫入快取記憶體而且沒有污染 (pollution) (在預先提取的資料之前把需要使用的資料覆寫掉)。為了最佳效能而給予一個非單元跨步預提取器,請問在內迴圈的穩定狀態下,一段已知時間內有多少預提取必然是未處理的?

2.3 [15/20] <2.2> 使用軟體式預提取時,謹慎小心地讓預提取及時發生以供使用是很重要的,但是讓未處理的預提取數極小化也很重要,這樣才能在微結構的能力當中生存,並將快取記憶體的污染極小化。這種複雜性來自於不同的處理器擁有不同的能力和限制。

   a. [15] <2.2> 請創造一個軟體式預提取矩陣調換的阻隔式版本。

b. [20] <2.2> 請評估並比較阻隔式與非阻隔式、有和沒有軟體式預提取的調換程式碼之效能。

個案研究 2：綜合論述：高度平行化的記憶體系統

本個案研究所列舉的概念

- 貫穿的論點：記憶體層級的設計

圖 2.29 的程式可以用來評估一個記憶體系統的表現。關鍵在於具有精確的時序，然後再讓程式穿越記憶體去求助於層級中的不同階層。圖 2.29 顯示的是 C 程式碼，第一部份是一段程序，使用一個標準工具程式去得到使用者 CPU 時間的精確度量；這段程序或許需要更改才能工作在某些系統中。第二部份是一個巢狀迴圈，在不同的步調和不同的快取記憶體容量上去讀寫記憶體。為了得到精確的快取時序，該段程式碼被重複執行許多次。第三部份只對巢狀迴圈的虛耗進行計時，使其可自整體量測時間中扣除而見到存取時間會有多長。其結果是以 .csv 檔案格式輸出，方便於輸入試算表中。您或許需要依據您所回答的問題去更改 CACHE_MAX，並依據您所量測的系統去更改記憶體容量。在單一使用者模式的情況下或者至少沒有其他正在動作的應用程式下去執行該程式，會給予更為一致的結果。圖 2.29 的程式碼是由加州柏克萊大學的 Andrea Dusseau 所寫的程式所導出，並以在 Saavedra-Barrera [1992] 中所發現的詳細描述作為基礎。該程式已經加以修改而解決了一些較新式機器所產生的問題，並且可以在 Microsoft Visual C++ 下執行。該程式可以從 *www.hpl.hp.com/research/cacti/aca_ch2_cs2.c* 下載。

以上的程式是假設程式位址追蹤著實體位址，在少數使用虛擬定址式快取記憶體的機器中，那是真的，例如 Alpha 21264。一般而言，虛擬位址在重新載入後會短暫地追隨實體位址，所以為了在您的結果中得到平滑線型，您或許需要重新開機。為了回答以下的問題，假設記憶體層級所有元件的大小都是二的次方。假設在第二層快取記憶體中(如果有的話)，分頁大小遠大於區塊大小，並且第二層快取區塊的大小大於或等於第一層快取記憶體中的區塊大小。圖 2.30 中繪出程式輸出的一個例子，以鍵值列出用來作為習題的陣列大小。

2.4 [12/12/12/10/12] <2.6> 使用圖 2.30 中程式執行結果的樣本：

a. [12] <2.6> 請問第二層快取記憶體的整體容量和區塊大小為何？
b. [12] <2.6> 請問第二層快取記憶體的失誤損傷為何？
c. [12] <2.6> 請問第二層快取記憶體的關聯度為何？
d. [10] <2.6> 請問主記憶體的容量為何？
e. [12] <2.6> 如果分頁大小為 4 KB，請問分頁時間為何？

```c
#include "stdafx.h"
#include <stdio.h>
#include <time.h>
#define ARRAY_MIN (1024) /* 1/4 最小的快取記憶體 */
#define ARRAY_MAX (4096*4096) /* 1/4 最大的快取記憶體 */
int x[ARRAY_MAX]; /* 陣列將要進行跨越 */

double get_seconds() { /* 以秒為單位讀取時間的常式 */
    __time64_t ltime;
    _time64( &ltime );
    return (double) ltime;
}
int label(int i) {/* 產生文字標籤 */
    if (i<1e3) printf("%1dB,",i);
    else if (i<1e6) printf("%1dK,",i/1024);
    else if (i<1e9) printf("%1dM,",i/1048576);
    else printf("%1dG,",i/1073741824);
    return 0;
}
int _tmain(int argc, _TCHAR* argv[]) {
    int register nextstep, i, index, stride;
    int csize;
    double steps, tsteps;
    double loadtime, lastsec, sec0, sec1, sec; /* 時間變數 */
    /* 輸出啟始 */
    printf(" ,");
    for (stride=1; stride <= ARRAY_MAX/2; stride=stride*2)
        label(stride*sizeof(int));
    printf("\n");

    /* 針對每一種配置的主迴圈 */
    for (csize=ARRAY_MIN; csize <= ARRAY_MAX; csize=csize*2) {
        label(csize*sizeof(int)); /* 本迴圈印出快取記憶體容量 */
        for (stride=1; stride <= csize/2; stride=stride*2) {

            /* 安排陣列中記憶體存取的路徑 */
            for (index=0; index < csize; index=index+stride)
                x[index] = index + stride; /* 指標指到下一個 */
            x[index-stride] = 0; /* 迴圈返回起點 */

            /* 等候計時器逾時 */
            lastsec = get_seconds();
            sec0 = get_seconds(); while (sec0 == lastsec);

            /* 在二十秒內穿越陣列中的路徑 */
            /* 這給予秒解析度 5% 的精確度 */
            steps = 0.0; /* 所採取的步驟數目 */
            nextstep = 0; /* 從路徑的起點開始 */
            sec0 = get_seconds(); /* 啟動計時器 */
            { /* 重複執行直到聚集了 20 秒 */
                (i=stride;i!=0;i=i-1) { /* 保持相同樣本 */
                    nextstep = 0;
                    do nextstep = x[nextstep]; /* 相依性 */
                    while (nextstep != 0);
                }
                steps = steps + 1.0; /* 計算迴圈重複次數 */
                sec1 = get_seconds(); /* 終止計時器 */
            } while ((sec1 - sec0) < 20.0); /* 聚集 20 秒 */
            sec = sec1 - sec0;

            /* 重複執行空迴圈以迴圈扣除虛耗 */
            tsteps = 0.0; /* 用來在重複執行時作數目比對 */
            sec0 = get_seconds(); /* 啟動計時器 */
            { /* 重複執行直到與上面有相同數目的重複執行為止 */
                (i=stride;i!=0;i=i-1) { /* 保持相同樣本 */
                    index = 0;
                    do index = index + stride;
                    while (index < csize);
                }
                tsteps = tsteps + 1.0;
                sec1 = get_seconds(); /* 減去虛耗 */
            } while (tsteps<steps); /* 直到等於重複執行數目為止 */
            sec = sec - (sec1 - sec0);
            loadtime = (sec*1e9)/(steps*csize);
            /* 針對 Excel 以 .csv 格式寫出結果 */
            printf("%4.1f,", (loadtime<0.1) ? 0.1 : loadtime);
        }; /* 內 for 迴圈終止 */
        printf("\n");
    }; /* 外 for 迴圈終止 */
    return 0;
}
```

圖 2.29　評估記憶體系統的 C 程式。

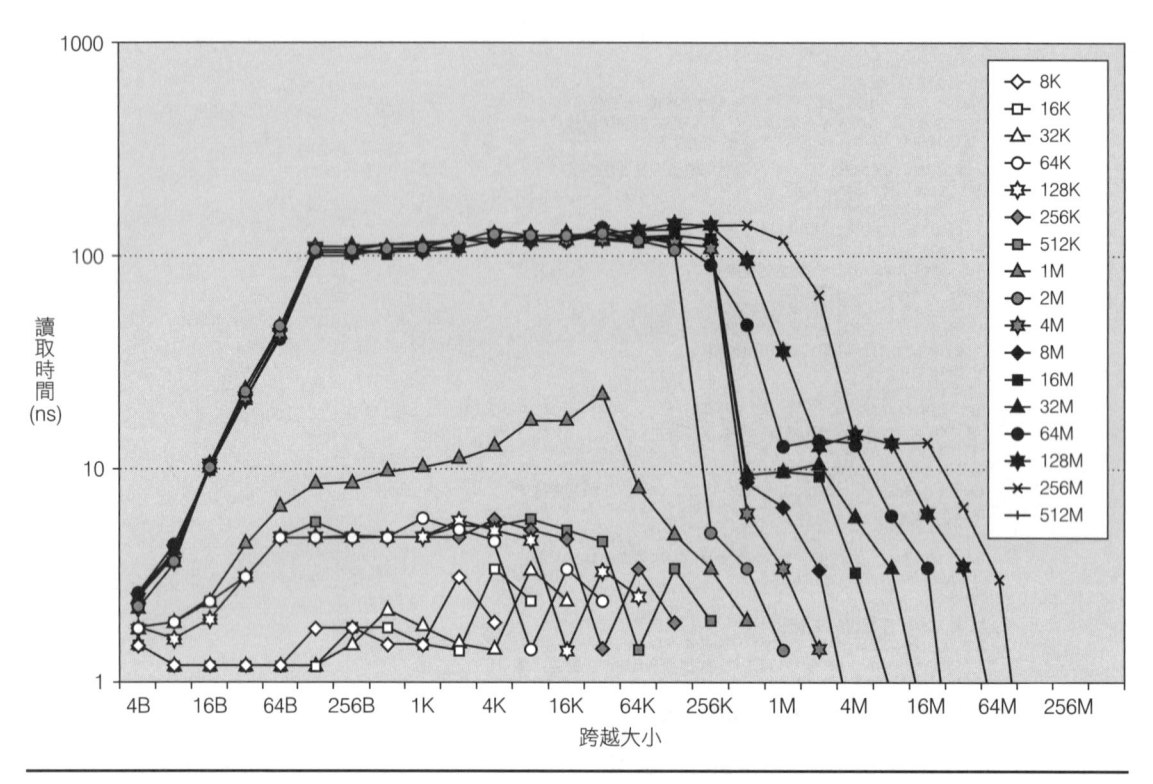

圖 2.30 圖 2.29 程式的執行結果樣本。

2.5 [12/15/15/20] <2.6> 如果有必要，請修改圖 2.29 的程式碼以量測以下的系統特性。請繪出實驗結果，以 y 軸為消逝時間，以 x 軸為記憶體跨越的大小。兩軸均使用對數座標，並針對每一個快取記憶體容量都畫出一條線。

　　a. [12] <2.6> 請問系統的分頁大小為何？
　　b. [15] <2.6> 請問在**轉譯後備緩衝區 (TLB)** 內有多少筆記錄呢？
　　c. [15] <2.6> 請問 TLB 的失誤損傷為何？
　　d. [20] <2.6> 請問 TLB 的關聯度為何？

2.6 [20/20] <2.6> 在多處理器記憶體系統中，記憶體層級的較低階層可能不會被單一的處理器所飽和，但應該會被多個一起工作的處理器所飽和。請修改圖 2.29 的程式碼，在相同的時間內執行多個複本。請問您能決定：

　　a. [20] <2.6> 在您的電腦系統中有多少實際的處理器呢？有多少系統處理器恰為額外的多執行緒文本呢？
　　b. [20] <2.6> 您的系統擁有多少記憶體控制器呢？

2.7 [20] <2.6> 請問您能想到一種方式，可以使用一個程式測試出一個指令快取記憶體的某些特性嗎？*提示：* 編譯器或許會從一段程式中產生一大堆非明顯的指令，請嘗試使用在您的指令集結構 (ISA) 當中已知長度的簡單型算術指令。

習 題

2.8 [12/12/15] <2.2> 下面的問題使用 CACTI 探討小型而簡單的快取記憶體所造成的影響，並假設 65 nm (0.065 μm) 的技術。(CACTI 可從 *http://quid.hpl.hp.com:9081/cacti/* 取得。)

    a. [12] <2.2> 試比較具有 64 位元組區塊和單一記憶庫的 64 KB 快取記憶體之存取時間。請問 2 路和 4 路集合關聯式快取記憶體與直接對映式組織比較起來的相對存取時間為何？

    b. [12] <2.2> 試比較具有 64 位元組區塊和單一記憶庫的 4 路集合關聯式快取記憶體之存取時間。請問 32 KB 和 64 KB 快取記憶體與 16 KB 快取記憶體比較起來的相對存取時間為何？

    c. [15] <2.2> 已知對於某套工作負載而言，每道指令的失誤數為直接對映式的 0.00664、2 路集合關聯式的 0.00366、4 路集合關聯式的 0.000987，以及 8 路集合關聯式快取記憶體的 0.000266；請針對 64 KB 快取記憶體，找出具有最低平均記憶體存取時間的快取關聯度 (在 1 與 8 之間)。整體而言，每道指令有 0.3 次資料存取。假設所有模型的快取失誤都要花費 10 ns。為了以週期數計算命中時間，使用 CACTI 時假設輸出為週期時間，係對應於管線內沒有任何氣泡下快取記憶體所能夠運作的最高頻率。

2.9 [12/15/15/10] <2.2> 您正在研究路徑預測式 L1 快取記憶體的潛在好處。假設 64 KB 4 路集合關聯式單記憶庫 L1 資料快取記憶體乃是系統當中的週期時間限制器。您正在考慮一個路徑預測式快取記憶體，形塑成一個 64 KB 直接對映式快取記憶體，擁有 80% 的預測精確度，用來當作替代的快取記憶體組織。除非另有說明，我們假設一次預測錯誤路徑之存取在快取記憶體內命中得多花費一個週期。

    a. [12] <2.2> 請問目前的快取記憶體和路徑預測式快取記憶體的平均記憶體存取時間 (以週期為單位) 各為何？

    b. [15] <2.2> 如果其他所有元件都能夠操作在較快的路徑預測式快取記憶體週期時間 (包括主記憶體在內)，請問使用該路徑預測式快取記憶體會對效能產生什麼影響？

    c. [15] <2.2> 路徑預測式快取記憶體通常只用在指令快取記憶體，饋入一個指令佇列或緩衝區。想像您嘗試將路徑預測用在資料快取記憶體上。假設您擁有了 80% 的預測精確度，且隨後的運算 (例如，其他指令的資料快取記憶體存取、相依性運算) 是在路徑預測正確的前提下發派出來。所以一次路徑預測錯誤就需花費 15 個週期去進行一次管線清除。請問使用路徑預測式資料快取記憶體而造成載入指令平均記憶體存取時間的改變，究竟是正面還是負面？正面或負面的程度如何？

d. [10] <2.2> 作為路徑預測的一種替代方式，許多大型關聯式 L2 快取記憶體將標籤和資料存取串列化，如此一來只有需要的資料集合陣列才會被啟動，這會節省功率消耗卻增加存取時間。使用 CACTI 的詳細 Web 介面，所針對的是一個具有 64 位元組區塊、144 位元讀出、一個記憶庫、唯一讀寫埠、30 位元標籤，以及全域接線式 ITRS-HP 技術的 0.065 μm 製程 1 MB 4 路集合關聯式快取記憶體。請問在標籤和資料的串列化存取與平行化存取相比之下，存取時間之比率為何？

2.10 [10/12] <2.2> 針對一個新的微處理器，您已經被要求去研究分庫式 L1 資料快取記憶體相對於管線式 L1 資料快取記憶體的相對效能。假設使用一個具有 64 位元組區塊的 64 KB 2 路集合關聯式快取記憶體。管線式快取記憶體會是由三階段管線所組成，容量上類似於 Alpha 21264 資料快取記憶體。分庫式製作則會由兩個 32 KB 2 路集合關聯式記憶庫所組成。回答下列問題時請使用 CACTI 並假設使用 65 nm (0.065 μm) 之製程技術。網路版本中的週期時間輸出顯示的是快取記憶體能夠在管線內沒有任何氣泡下操作的頻率。

a. [10] <2.2> 和其存取時間相較，什麼是快取記憶體的週期時間呢？快取記憶體會佔用多少階段的管線呢（對於兩個十進位位置而言）？

b. [12] <2.2> 請比較管線式設計對分庫式設計的面積以及每次存取的總動態讀取能量。請說明何者佔了較少的面積以及何者需要較多的功率，並解釋為什麼會如此。

2.11 [12/15] <2.2> 考慮在 L2 快取記憶體上使用關鍵字元優先和提早重新啟動。假設使用一個具有 64 位元組區塊的 1 MB L2 快取記憶體，並使用一個 16 位元組寬的重填路徑。假設每 4 個處理器週期 L2 可以被寫入 16 個位元組，從記憶體控制器接收第一個 16 位元組區塊的時間為 120 個週期，從主記憶體每個額外的 16 位元組區塊需要 16 個週期，而且資料可以直接旁路進入 L2 快取記憶體的讀取埠。忽略傳送失誤請求至 L2 快取記憶體的任何週期數，也忽略傳送所請求資料至 L1 快取記憶體的任何週期數。

a. [12] <2.2> 要服務一次 L2 快取失誤，請問使用和不使用關鍵字元優先以及提早重新啟動各會花費多少個週期？

b. [15] <2.2> 請問您認為關鍵字元優先以及提早重新啟動對 L1 快取記憶體比較重要，或對 L2 快取記憶體比較重要？請問什麼因素會對它們的相對重要性有貢獻呢？

2.12 [12/12] <2.2> 您正在設計一個介於透寫式 L1 快取記憶體和回寫式 L2 快取記憶體之間的寫入緩衝區。L2 快取記憶體的寫入資料匯流排寬度為 16 個位元組，每 4 個處理器週期可以執行一次寫入至獨立的快取位址。

a. [12] <2.2> 請問每一筆寫入緩衝區的記錄寬度是多少個位元組？

b. [15] <2.2> 如果瞄準記憶體執行一些 64 位元儲存,而且所有其他指令可與這些儲存平行地發派,這些區塊也存在於 L2 快取記憶體中,請問使用合併式寫入緩衝區而不使用非合併式寫入緩衝區,所預期的速度提升為何?

c. [15] <2.2> 針對阻隔式與非阻隔式快取記憶體的系統,請問可能的 L1 失誤對於所需要的寫入緩衝區筆數會產生什麼影響?

2.13 [10/10/10] <2.3> 考量一個桌上型系統,它有一個處理器連接至具有**錯誤更正碼** (error-correcting code, ECC) 的 2 GB DRAM。假設只有一個記憶體通道,其資料寬度為 72 位元至 64 位元,其 ECC 寬度為 8 位元。

a. [10] <2.3> 如果使用 1 GB DRAM 晶片,請問在 DIMM 上有多少 DRAM 晶片?如果只有一個 DRAM 連接至 DIMM 的每一支資料接腳,請問每個 DRAM 必須具有多少的資料 I/O?

b. [10] <2.3> 欲支援 32 位元組的 L2 快取區塊,請問所需要的叢蔟長度為何?

c. [10] <2.3> 對於從動作的分頁中作讀取而言 (ECC 的額外虛耗除外),請計算 DDR2-667 與 DDR2-533 DIMM 的尖峰頻寬。

2.14 [10/10] <2.3> 圖 2.31 顯示一段 DDR2 SDRAM 時序圖的樣本。tRCD 乃是啟動記憶庫當中某一列所需要的時間,而行位址閃控 (column address strobe, CAS) 時間延遲 (CL) 則是在某一列當中讀出某一行所需要的週期數。假設 RAM 是放在一個標準的含有 ECC 的 DDR2 DIMM 上,具有 72 條資料線。同時也假設叢蔟長度 (burst length) 為 8,就是讀出 8 個位元,等於從 DIMM 總共讀出 64 個位元組。假設 tRCD = CAS (或 CL)× 時脈頻率,且時脈頻率 = 每秒傳送數 /2。快取失誤時穿過第 1 層、第 2 層再返回的晶片內時間延遲 (不包括 DRAM 存取) 為 20 ns。

a. [10] <2.3> 對於 DDR2-667 1 GB CL = 5 的 DIMM 而言,假設對每一次請求都自動預提取同一分頁中另一條相鄰的快取線,請問從提出啟動命令

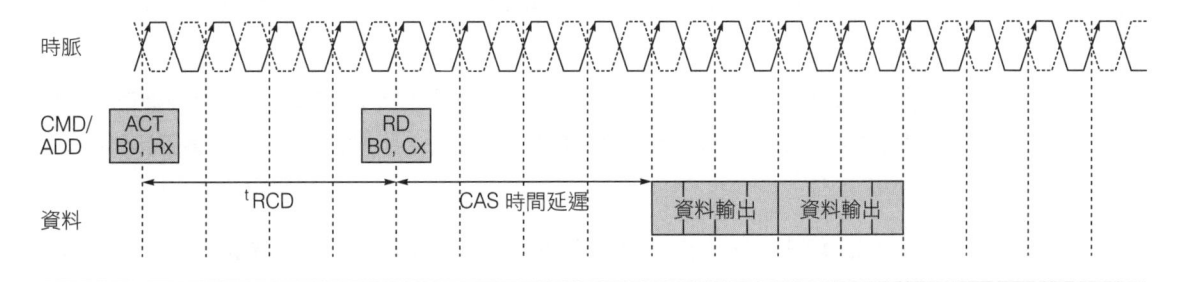

圖 2.31 DDR2 SDRAM 的時序圖。

直到來自 DRAM 的資料最後所需位元由有效轉移成無效為止，需要多少時間呢？

b. [10] <2.3> 請問使用 DDR2-667 DIMM 進行一次需要啟動記憶庫的讀取，相對於一次針對已經打開的分頁之讀取，其相對時間延遲為何？包括處置處理器內部失誤所需要的時間。

2.15 [15] <2.3> 假設 CL = 5 的 DDR2-667 2 GB DIMM 可取得的價格為 130 美元，CL = 4 的 DDR2-533 2 GB DIMM 可取得的價格為 100 美元。假設系統中使用了兩個 DIMM，而且系統的其餘部份需要花費 800 美元。在每 1 K 道指令有 3.33 個 L2 失誤的工作負載之下，考量使用 DDR2-667 DIMM 和 DDR2-533 DIMM 的系統效能，並假設所有 DRAM 讀取當中的 80% 都需要一次啟動。假設一次只有一個 L2 失誤待處理，並假設不包括 L2 快取失誤記憶體存取時間時一個依序動作核心的 CPI 為 1.5，請問在使用兩種不同 DIMM 的情況下，整個系統的成本 – 效能比為何？

2.16 [12] <2.3> 您正在準備一部伺服器，擁有八核心 3 GHz CMP，可執行整體 CPI 為 2.0 的工作負載（假設 L2 快取失誤的重填並未受到延遲），該工作負載造成每 1 K 道指令平均有 6.67 個 L2 失誤。L2 快取線大小為 32 位元組，假設該系統使用 DDR2-667 DIMM，如果所需要的記憶體頻寬有時候 2 倍於平均數，請問應該要提供多少條獨立的記憶體通道才能使該系統不致於受限於記憶體頻寬？

2.17 [12/12] <2.3> 大量的 DRAM 功率（多於三分之一）可能是由於分頁啟動所造成（見 *http://download.micron.com/pdf/technotes/ddr2/TN4704.pdf* 以及 *www.micron.com/systemcalc*）。假設您正在建造一個系統，擁有 2 GB 的記憶體，該記憶體或使用 8 記憶庫 2 GB×8 的 DDR2 DRAM，或使用 8 記憶庫 1 GB×8 的 DRAM，兩者都具有相同的速度等級，兩者都使用 1 KB 的分頁大小，上一層的快取線大小都是 64 位元組。假設未動作的 DRAM 都處於預充電的待命狀態而且消耗的功率可以忽略不計。假設由待命狀態轉移至動作狀態的時間並不重要。

a. [12] <2.3> 請問哪一種形式的 DRAM 預期會提供較高的系統效能？請解釋為什麼。

b. [12] <2.3> 在功率方面，請問以 1 GB×8 的 DDR2 DRAM 所製成的 2 GB DIMM 對比於以 1 Gb×4 的 DDR2 DRAM 所製成的類似容量 DIMM，其結果如何？

2.18 [20/15/12] <2.3> 為了從一個典型的 DRAM 存取資料，首先必須啟動適當列。假設如此一來就會將 8 KB 大小的整個分頁帶入列緩衝區中，然後便由列緩衝區中選取特定的一行。如果接下來對 DRAM 的存取都是到相同的分

頁，就可以跳過啟動步驟；否則就得關閉目前的分頁並為下一次啟動對位元線作預充電。另外一種流行的 DRAM 策略則是一等到存取過後就主動關閉一個分頁並對位元線作預充電。假設每一次對 DRAM 讀取或寫入的大小都是 64 位元組且傳送 512 位元的 DDR 匯流排延遲 (圖 2.30 的資料輸出) 為 Tddr。

a. [20] <2.3> 假設使用 DDR2-667，如果花費五週去預充電、五週去啟動，以及四週去讀取一行，請問您會為了列緩衝區命中率 (r) 的什麼數值而在另一策略之上選擇某策略，以獲取最佳存取時間呢？

b. [15] <2.3> 如果對 DRAM 總存取數的 10% 是背對背或連續地發生，沒有任何時間空隙，請問您的決定會如何改變？

c. [12] <2.3> 假設預充電需要 2 nJ、啟動需要 4 nJ、從列緩衝區讀取或寫入需要 100 pJ/ 位元，請使用上面所算出的列緩衝區命中率去計算兩種策略之間每次存取的平均 DRAM 能量之差距。

2.19 [15] <2.3> 每當電腦閒置時，我們或許可以將其置於待機狀態 (DRAM 仍然動作)，我們或許也可以讓它休眠。假設為了休眠就必須合理地複製 DRAM 的內容到非揮發媒體之中，例如快閃記憶體。如果對快閃記憶體讀取或寫入一條 64 位元組快取線需要 2.56 μJ、DRAM 需要 0.5 nJ，如果 DRAM 的閒置功率消耗為 1.6 W (對 8 GB 而言)，假設主記憶體的容量為 8 GB，請問系統應該要閒置多久才能從休眠中獲益？

2.20 [10/10/10/10/10] <2.4> 虛擬機 (VM) 具有增加許多有益能力到計算機系統的潛力，例如整體擁有成本 (TCO) 或可用性的改善。請問 VM 可以用來提供下列的能力嗎？如果是的話，請問可能如何去促使其實現呢？

a. [10] <2.4> 使用發展機器去測試生產環境下的應用程式？

b. [10] <2.4> 災難或故障下應用程式的快速重新佈署？

c. [10] <2.4> 在 I/O 密集式應用程式上的較高效能？

d. [10] <2.4> 在不同應用程式之間的故障隔離，可以獲致較高的服務可用性？

e. [10] <2.4> 在系統上執行軟體維護，而使應用程式執行時沒有顯著的中斷？

2.21 [10/10/12/12] <2.4> 虛擬機可能會從若干事件中損失效能，例如特權指令的執行、TLB 失誤、落陷、以及 I/O。這些事件通常是由系統程式碼進行處理。因此，估算在 VM 之下執行時速度減慢現象的一種方式，就是應用程式在系統模式下的執行時間相對於在使用者模式下的執行時間所佔的百分比。例如，一個應用程式花費 10% 的執行時間在系統模式下，有可能在 VM 之下執行時減慢了 60%。圖 2.32 針對 LMbench，在 Itanium 系統上使用 Xen，以微秒來量測時間，列出在本地執行、純粹虛擬化、以及平行虛擬化等狀況下

標準效能測試程式	本　地	純　粹	平　行
Null call	0.04	0.96	0.50
Null I/O	0.27	6.32	2.91
Stat	1.10	10.69	4.14
Open/close	1.99	20.43	7.71
Install sighandler	0.33	7.34	2.89
Handle signal	1.69	19.26	2.36
Fork	56.00	513.00	164.00
Exec	316.00	2084.00	578.00
Fork+exec sh	1451.00	7790.00	2360.00

圖 2.32 在本地執行、純粹虛擬化，以及平行虛擬化等狀況下各種不同系統呼叫的早期效能。

各種不同系統呼叫的早期效能 (獲得新南威爾斯大學 Matthew Chapman 的許可)。

a. [10] <2.4> 請問什麼形式的程式在 VM 之下執行時預期會有較小的速度減慢呢？

b. [10] <2.4> 如果速度減慢為系統時間的線性函數，有了以上的速度減慢，請問一個花費 20% 的執行時間在系統時間上的程式跑起來會慢了多少呢？

c. [12] <2.4> 請問在純粹虛擬化和平行虛擬化的情況下，圖 2.32 中各系統呼叫的速度減慢中間值為何？

d. [12] <2.4> 請問圖 2.32 中哪一些函數具有最大的速度減慢值呢？您認為可能是什麼原因呢？

2.22 [12] <2.4> Popek 和 Goldberg 對於虛擬機的定義是：它除了效能之外，會與一台真實的機器無法區分。本問題中，將使用該定義去找出我們是否進入了處理器上的本地執行中，抑或是在一台虛擬機上執行。Intel VT-x 技術有效地提供了第二組特權階層去使用虛擬機。在 VT-x 技術的假設下，請問一台虛擬機在另一台虛擬機的頂端上執行，應該要如何做呢？

2.23 [20/25] <2.4> 隨著在 x86 結構上採納了虛擬化支援，虛擬機發展得很活躍，而且變成主流。所以請比較 Intel VT-x 和 AMD 的 AMD-V 虛擬化技術。(AMD-V 的資訊可以在 *http://sites.amd.com/us/business/it-solutions/virtualization/Pages/resources.aspx* 上找到。)

a. [20] <2.4> 對於具有大量記憶蹤跡的記憶體密集式應用程式而言，請問何者可能會提供較高的效能呢？

b. [25] <2.4> 有關 AMD 的 IOMMU 支援虛擬化 I/O 的資訊可以在 *http://developer.amd.com/documentation/articles/pages/892006101.aspx* 上找到。為了改善虛擬化 I/O 的效能，請問虛擬化技術和輸入/輸出記憶體管理單元 (IOMMU) 應該要如何做呢？

2.24 [30] <2.2, 2.3> 由於指令階層平行化也可以有效地在依序式超純量處理器上和推測式**超長指令字元** (very long instruction word, VLIW) 處理器上開發出來，所以建造一個非依序式 (out-of-order, OOO) 超純量處理器的重要原因之一就是能夠容忍快取失誤所造成不可預測的記憶體時間延遲。因此，您可以把支援 OOO 發派的硬體想成記憶體系統的一部份！請觀察圖 2.33 中 Alpha 21264 的積體電路版圖規劃，找出整數指令發派佇列和浮點型指令發派佇列的相對面積以及對映器相對於快取記憶體的相對面積。這些佇列安排指令的發派，這些對映器則對暫存器名稱重新命名。因此，這些都是支援 OOO 發派所必須附加上去的。21264 在晶片內只擁有 L1 資料和指令快取記憶體，它們兩者都是 64 KB 2 路集合關聯式。請在記憶體密集式標準效能測試程式上使用一個 OOO 超純量模擬器，例如 SimpleScalar (*www.cs.wisc.edu/~mscalar/*

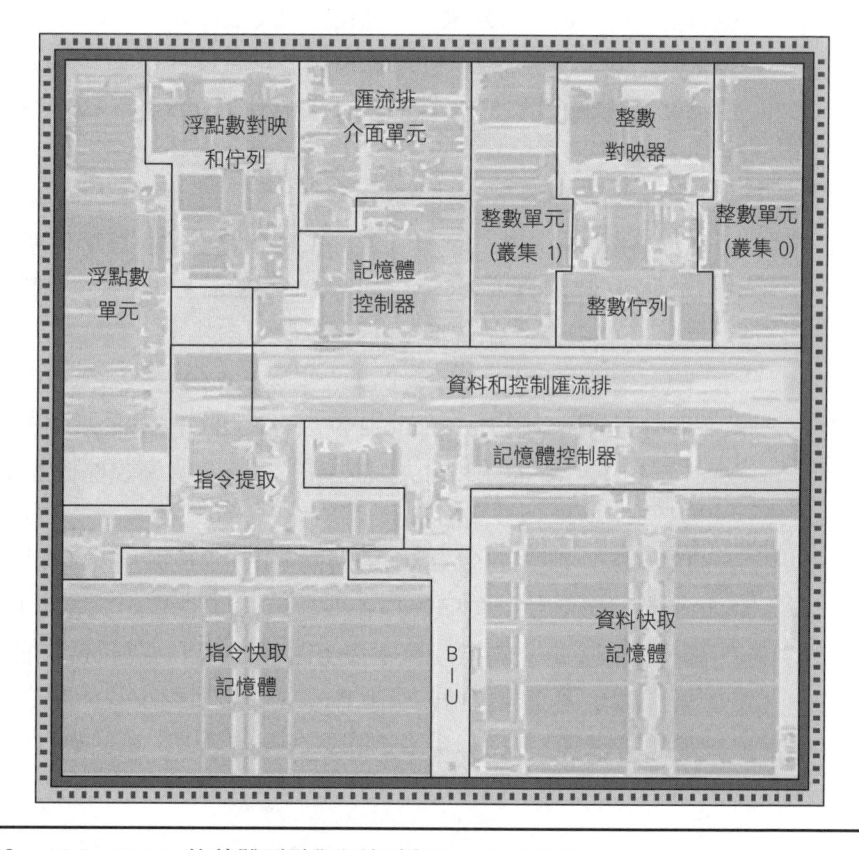

圖 2.33 Alpha 21264 的積體電路版圖規劃 [Kessler 1999]。

simplescalar.html),如果這些發派佇列和對映器的面積在依序式超純量處理器中被用來作為額外的 L1 資料快取記憶體面積,取代 21264 模型中的 OOO 發派,請找出損失掉多少效能。請確定機器其他方面要儘可能類似,讓比較可以公平。請忽略由較大型快取記憶體所造成的任何存取時間或週期時間的增加,並請忽略在晶片版圖規劃上較大型資料快取記憶體的效應。(請注意,此比較不會完全公平,因為該程式碼並不會由編譯器針對依序式處理器進行排程。)

2.25 [20/20/20] <2.6> Intel 效能分析器 VTune 可用以做許多快取記憶體行為之量測。VTune 在 Windows 和 Linux 上的一個免費評估版可以從 *http://software.intel.com/en-us/articles/intel-vtune-amplifier-xe/* 下載。在個案研究 2 中所使用的程式 (aca_ch2_cs2.c) 已經被修改成可協同 VTune 在 Microsoft Visual C++ 的框外工作。該程式可以從 *www.hpl.hp.com/research/cacti/aca_ch2_cs2_vtune.c* 下載。特殊的 VTune 函數已經被安插進來,以便在效能分析過程期間排除啟始與迴圈的虛耗。在程式的 README 部份給了詳細的 VTune 設定指導。該程式對於每次組態配置都保持 20 秒的迴圈循環。在以下實驗中,您可以發現資料大小對於快取記憶體和整體處理器的效能所產生的影響。請在 Intel 處理器上用 8 KB、128 KB、4 MB,以及 32 MB 的輸入資料集大小以 VTune 執行該程式,並保持 64 位元組的跨度 (在 Intel i7 處理器上跨越一條快取線的長度)。請彙集整體效能以及 L1 資料快取記憶體、L2 與 L3 快取記憶體的效能。

a. [20] <2.6> 針對每一種資料集大小以及您的處理器模型與速度,請列出 L1 資料快取記憶體、L2 與 L3 每 1 K 道指令的失誤數。基於這些結果,關於您處理器內 L1 資料快取記憶體、L2 與 L3 快取記憶體的容量,請問您能夠說些什麼?請解釋您的觀察。

b. [20] <2.6> 針對每一種資料集大小以及您的處理器模型與速度,請列出**每個時脈的指令數** (instructions per clock, IPC)。基於這些結果,關於您處理器內 L1、L2 與 L3 的失誤損傷,請問您能夠說些什麼?請解釋您的觀察。

c. [20] <2.6> 請在 Intel OOO 處理器上用 8 KB 以及 128 KB 的輸入資料集大小以 VTune 執行該程式。請列出 L1 資料快取記憶體與 L2 快取記憶體每 1K 道指令的失誤數以及兩種組態下的 CPI。關於高效能 OOO 處理器內記憶體延遲隱藏技術的有效性,請問您能夠說些什麼?提示:您必須針對您的處理器找出 L1 資料快取失誤的延遲;對於最近的 Intel i7 處理器而言,大概是 11 週。

CHAPTER

3

指令階層平行化及其開發

「誰是第一名？」
「美國。」
「誰是第二？」
「先生，沒有第二名。」

參觀帆船比賽兩個觀測員之間的對話，
後來這個比賽每隔幾年就會舉行一次，
被稱為「美國盃」
這段話啟發了 *John Cocke*，
他將 *IBM* 研發的處理器命名為「美國」。
該處理器乃是 *RS/6000* 系列的前身，
也是第一個超純量微處理器。

3.1 指令階層平行化：觀念與挑戰

從 1985 年開始，所有處理器都利用管線化將指令重疊執行來改進效能。由於有時候數道指令可以同時執行，這種在指令間可能會出現的重疊現象就稱為**指令階層平行化** (instruction-level parallelism, ILP)。在本章及附錄 H，我們將會看到一個廣泛的技術範圍，藉由增加指令之間所開發的平行化數量來擴展基本的管線化觀念。

在基本的管線化方面，本章比起附錄 C 中的內容要進階許多，如果您對於附錄 C 中的觀念並沒有徹底熟悉，應該在閱讀本章之前先複習該附錄的內容。

本章一開始先針對由資料及控制危障 (data and control hazards) 所產生的限制，之後轉而看要如何增強編譯器和處理器開發平行化的能力。這幾節介紹了很多本章和下一章都會用到的觀念。本章中有一些非常基礎的內容，這些內容簡單到不用瞭解前兩節中所有的觀念也能夠理解，這些基本教材對於本章往後幾節很重要。

用來開發 ILP 的方法大致有兩大類：(1) 依賴硬體去協助動態地發現和運用平行性的方式；以及 (2) 依賴軟體技術在編譯時刻靜態地去找到平行性的方式。包括 Intel Core 系列在內，使用動態、硬體式的處理器在桌上型電腦和伺服器市場上佔了優勢。在個人行動裝置市場上，能量效率往往是關鍵目標，設計師便開發指令階層平行化的較低層次。因此，在 2011 年，PMD 市場上大多數處理器都使用靜態方式，我們將在 ARM Cortex-A8 中看到；然而，未來的處理器 (例如，新型的 ARM Cortex-A9) 正使用動態方式。積極的編譯器方式從 1980 年代開始就已經做過無數次的嘗試，最接近的就是 Intel Itanium 系列。儘管花費巨大的努力，此種方式在科學型應用程式的窄小範圍之外並不曾獲得成功。

在過去幾年來，許多針對某一種方式所發展的技術，已經被用在以另一種方式為主的設計中。本章介紹基本觀念和這兩種方式。討論 ILP 方法的限制也包括在本章中，就是這樣的限制才直接導致向多核心移動。在使用 ILP 與執行緒階層平行化的平衡方面，瞭解這些限制仍然有其重要性。

在本節中，我們討論程式和處理器本身的特性，它們會限制指令間可開發的平行化多寡。我們也會討論程式架構及硬體架構間重要的對映關係，這是為了瞭解某個程式特質是否會真正限制效能，以及在何種情形下會如此。

一個管線式處理器的 CPI 值 (每個指令的週期數) 是基本 CPI 與所有暫

停值的和：

管線 CPI = 理想管線 CPI + 結構暫停值 + 資料危障暫停值 + 控制暫停值

理想管線的 CPI (ideal pipeline CPI) 是製作上可測得的最大效能量測值。減少等式右邊的每一項，都會減少整個管線的 CPI 值，因而增加每個時脈的指令數 (IPC)。上述方程式讓我們得以推定不同技術的特性，這些技術會分別減少整體 CPI 中不同部份的值。圖 3.1 列出本章和附錄 H 所檢視的技術以及附錄 C 介紹性教材中所涵蓋的課題。本章中，我們將介紹減少理想管線化的 CPI 所使用的技術，並且看到這些技術可以提高處理危障的重要性。

什麼是指令階層平行化？

在本章中提到的所有技術，其目的都是為了開發指令間的平行化。在一個**基本區塊** (basic block) 中存在的平行性其實很少，所謂基本區塊就是一段直線式程式碼序列，這個區塊除了進入點外沒有其他分支進入點，而且除了離開點外沒有其他分支離開點。對典型的 MIPS 程式來說，平均的動態分支頻率介於 15% 和 25% 之間，也就是說在兩個分支指令間大約可執行 3 至 6 道指令。由於這些指令彼此間可能有相依性，所以在一個基本區塊中可以運

技　術	減　少	章　節
轉送 (forwarding) 與旁路 (bypassing)	可能的資料危障暫停	C.2
延後分支 (delayed branches) 與 　簡單分支排程 (simple branch scheduling)	控制危障暫停	C.2
基本的編譯器管線排程	資料危障暫停	C.2, 3.2
基本的動態排程 [計分板法 (scoreboarding)]	真正的相依性而產生的資料危障暫停	C.7
迴圈展開 (loop unrolling)	控制危障暫停	3.2
分支預測 (branch prediction)	控制暫停	3.3
具重新命名 (renaming) 的動態排程	資料危障、輸出相依性 (output dependence) 與反相依性 (antidependence) 所造成的暫停	3.4
硬體式推測機制 (hardware speculation)	資料危障及控制危障之暫停	3.6
動態記憶體解模糊 (disambiguation)	記憶體的資料危障暫停	3.6
每個週期發派多個指令	理想 CPI	3.7, 3.8
編譯器相依性分析、軟體管線化、 　追蹤排程 (trace scheduling)	理想 CPI、資料危障暫停	H.2, H.3
編譯器推測機制的硬體支援	理想 CPI、資料危障暫停、分支危障暫停	H.4, H.5

圖 3.1 在附錄 C、第 3 章和附錄 H 中所檢視的主要技術，以及這些技術對 CPI 方程式造成影響的部份。

用的重疊量很可能比平均的基本區塊大小要小。為了要大幅增進效能，我們必須在數個基本區塊之間開發 ILP。

最簡單又常用來增加 ILP 的方法，就是發掘出迴圈每次重複部份的平行性，這種平行化通常被稱為**迴圈階層平行化** (loop-level parallelism)。下面是一個簡單的迴圈例子，這個迴圈會將兩個具有 1000 個元素的陣列相加，是完全平行的：

```
for (i=0; i<=999; i=i+1)
        x[i] = x[i] + y[i];
```

不同 i 值的迴圈可以任意地重疊執行；但是對某個 i 值來說，迴圈內部很難找到可以重疊執行的部份。

我們將探討數個不同的方法，藉此把迴圈階層平行化轉換成指令階層平行化。基本上，這類技巧多半是透過編譯器 (靜態方式，如本節所述)，不然就是利用硬體 (動態方式，如 3.5 節和 3.6 節所述) 來達成迴圈展開。

用來開發迴圈階層平行化的一個很重要的替代方法就是使用向量處理器和圖形處理單元 (GPU) 當中的 SIMD，兩者都涵蓋於第 4 章。SIMD 指令是藉由對少量至中量的資料項目作平行運算 (通常為二至八筆) 來開發資料階層平行化；向量指令是使用平行執行單元和深度管線對許多資料項目作平行運算來開發指令階層平行化。舉例來說，上面的程式碼序列就簡單形式而言每次重複執行需要七道指令 (兩道載入、一道加法、一道儲存、兩道位址更新，和一道分支)，總共就是 7000 道指令，執行的指令數可能是某種每道指令處理四筆資料項目的 SIMD 結構的四分之一。在某些向量處理器上，該程式序列可能只花費四道指令：兩道指令用來將向量 x 和 y 從記憶體中讀出、一道指令用來將這兩個向量相加、一道指令將計算的結果向量存回去。當然，這些指令會被排入管線，而且時間延遲滿久的，不過這些時間延遲是可以重疊的。

資料相依性與危障

找出一道指令如何倚賴 (相依於) 另一道指令，是決定一個程式中有多少平行性，以及要如何利用那些平行性的關鍵。特別是，要利用指令階層平行化，我們要找出哪些指令可以平行執行。如果兩道指令可以**平行執行**，假設在管線資源足夠的情況下 (也就是沒有結構危障)，它們可以在任意深度的管線中同時執行而不會造成任何暫停 (stall)。如果兩道指令相依，它們就不平行，而且必須要依序執行，不過執行時通常都會有部份重疊。這兩種情

況的關鍵在於要決定一道指令是否相依於另一道指令。

資料相依性

一共有三種不同種類的相依性：**資料相依性** (data dependences) (也被稱為真正的資料相依性)、**名稱相依性** (name dependences)，以及**控制相依性** (control dependences)。如果滿足下列任一個條件的話，我們就說指令 j **資料相依於**指令 i：

- 指令 i 產生的結果可能被指令 j 使用。
- 指令 j 資料相依於指令 k，且指令 k 資料相依於指令 i。

第二個條件的意義是：如果兩道指令間存在一連串符合第一個條件的相依性，則其中一道指令相依於另一道指令。這個相依鏈 (dependence chain) 可以長到整個程式那麼長。請注意，在單一指令內 (例如 ADDD R1, R1, R1) 的相依性並不視為相依性。

例如，請看下面的 MIPS 程式片段。這段程式會把記憶體內一個向量 [始於 0(R1)，止於 8(R2)] 的每一個元素值都加上暫存器 F2 內的純量值。(為了簡單起見，本章從頭到尾，我們的範例都忽略延遲分支的影響。)

```
Loop:   L.D     F0,0(R1)        ; F0= 陣列元素
        ADD.D   F4,F0,F2        ; 加上 F2 內的純量
        S.D     F4,0(R1)        ; 儲存結果
        DADDUI  R1,R1,#-8       ; 將指標器遞減 8 位元組
        BNE     R1,R2,LOOP      ; R1≠R2 就分支
```

這個程式序列中的資料相依性牽涉到浮點數資料：

```
Loop:   L.D     F0,0(R1)        ; F0= 陣列元素
        ADD.D   F4,F0,F2        ; 加上 F2 內的純量
        S.D     F4,0(R1)        ; 儲存結果
```

也牽涉到整數資料：

```
        DADDIU  R1,R1,#-8       ; 將指標器遞減
                                ; 8 位元組 ( 每個雙字組 )
        BNE     R1,R2,Loop      ; R1≠R2 就分支
```

如箭頭所示，以上兩個相依序列中每一道指令都會受前一道指令影響。如果程式要正確執行的話，必須保持此處以及後續範例的箭頭所顯示的順序。從某一道指令指出的箭頭必須放在箭頭所指的指令之前。

如果兩道指令為資料相依，它們必須依序執行，就不能同時或完全地重疊執行。相依就表示在兩道指令之間存在一連串一個或更多的資料危障 (見附錄 C，有一段對於資料危障的簡述，在數頁內作了精確定義。) 同時執行指令會使得有管線連鎖 (interlocks) (以及比指令間週期距離還要長的管線深度) 的處理器發現資料危障而暫停，因而減少或排除了重疊時間。沒有連鎖機制的處理器則依靠編譯器排程，把不相依的指令編排成可以完全重疊執行，否則程式碼就無法正確地執行。一連串的指令中如果存在資料相依性，表示其來源碼中也有資料相依性，原始資料相依性的效果必須被保留。

程式 (programs) 具有相依性是天經地義的事。被偵測出的危障可能是相依性所導致的真正危障，也有可能是**管線組織** (pipeline organization) 所造成的暫停。瞭解這兩者之間的差異對於開發指令階層平行化來說是很重要的。

資料相依性傳達了三件事：(1) 表示可能發生危障；(2) 決定了運算的執行順序；(3) 影響可被開發的平行化的最大極限。這些限制會在 3.10 節和附錄 H 中詳加探討。

由於資料相依性會限制可以找出的指令階層平行化，因此本章的一個重點就是克服這些限制。有兩種克服相依性的方法：(1) 保持相依性但避免危障，以及 (2) 轉換程式碼來消除相依性。程式碼排程是不改變相依性而避免危障的主要方式。在本章中，我們考慮在程式執行時利用硬體做動態排程。這樣的排程可以由編譯器去做，也可以由硬體去做。

一筆資料值會藉由暫存器或是記憶體在指令間傳遞。當出現分支或是考量正確性時，情況會變得更複雜，導致編譯器或硬體的行為變得比較保守。但是無論如何，當資料透過暫存器來傳遞時，偵測相依性會比較簡單，因為暫存器名稱在指令中是固定的。

資料流經記憶體位置而產生的相依性較不容易偵測，因為兩個位址可能參考相同的位置但看起來不同：例如 100(R4) 和 20(R6) 可能是相同的。再者，一個 load 或 store 指令某次執行的有效位址可能與另一次執行不同 [所以 20(R4) 和 20(R4) 可能不同]，這會讓偵測相依性更為複雜。

本章中，我們會探討偵測記憶體位置資料相依性的硬體，但我們會發現這些技術也有其限制。偵測這種相依性的編譯器技術對於找出迴圈階層平行化很重要。

名稱相依性

第二種相依性是**名稱相依性** (name dependence)。名稱相依發生在某兩道指令使用相同的暫存器或記憶體位置，稱為**名稱** (name)，但是這兩道指令之

間並沒有資料互相傳遞。假設依原始程式的順序來說，指令 i 在指令 j 之**前**，而這兩者間可能有兩種名稱相依性：

1. 當指令 j 寫入指令 i 要讀取的暫存器或是記憶體位置時，指令 i 和指令 j 之間有**反相依性** (antidependence)。要確保 i 讀到正確資料的話，就得保留原始的順序。在 151 頁的範例中，R1 暫存器中 S.D 與 DADDIU 之間具有反相依性。

2. 當指令 i 和指令 j 寫到相同的暫存器或記憶體位置時，它們就有**輸出相依性** (output dependence)。要確保最後的值是指令 j 寫入的話，就得保留原始的順序。

與真正的資料相依性不同的是，反相依性與輸出相依性都是名稱相依性，因為指令間並沒有真正的資料傳遞。名稱相依性因為並不是真正的相依性，因此只要改變指令用到的名稱 (暫存器編號或是記憶體位置) 而讓指令不會發生衝突的話，名稱相依的指令還是可以同時執行或是被重新排序 (reorder)。

　　如果暫存器的角色是運算元的話，這種重新命名會容易很多，這種方法稱為**暫存器重新命名** (register renaming)。暫存器重新命名可以是靜態地由編譯器來完成，或是動態地由硬體來處理。在進一步討論因為分支而產生的相依性之前，我們先來探討相依性和管線資料危障間的關係。

資料危障

　　當指令之間有名稱或資料相依性並且夠靠近時，執行期間的重疊可能改變了相依資料的原始順序，進而發生危障。因為存在相依性，因此我們要保留所謂的**程式順序** (program order)，也就是如果依照原始程式，這些指令一次一個循序執行的順序。我們軟體及硬體技術保留順序的原則是：**只有在改變程式順序會影響執行結果的情形下**才保留，藉此增進平行性。偵測和避免危障可確保必要的程式順序會被保留。

　　在附錄 C 中，非正式描述的資料危障可以被分為三類中的任一類，取決於指令的讀寫順序。依慣例來說，危障會以它們在管線中被保留的程式順序來命名。考慮兩道指令 i 與 j，以程式順序來看，i 出現在 j 之前，可能的資料危障是：

- **RAW** (read after write)：j 在 i 寫入前讀取資料，所以 j 會得到錯誤的舊資料。這是最常見的危障，而且對應到真實的資料相依性。要保留程式順序以確保 j 得到 i 的運算值。

- **WAW** (write after write)：j 在 i 寫入運算元之前寫入，結果這個寫入動作順

序錯了，最後的值是由 i 寫入而不是由 j 寫入，這個危障對應到輸出相依性。WAW 危障只會發生在一個以上的管線階段會有寫入動作的管線中，或是先前的指令暫停時，後續指令依然可以在管線中繼續執行的管線中。

- **WAR** (write after read)：j 在 i 讀出運算元前寫入，結果 i 取得了不正確的新值，這種危障起因於反相依性 (或是名稱相依性)。WAR 在大多數的靜態發出指令的管線不會發生 (即使是較多階段的管線或浮點數管線)，因為所有讀出動作發生在前段 (在附錄 C 管線的 ID 中) 而所有寫入動作發生在後段 (在附錄 C 管線的 WB 中)。當某些指令的寫入動作發生在管線前段，並且另一些指令的讀取動作發生在管線後段，WAR 危障才會發生。指令重新排序也可能發生 WAR 危障，我們將在本章中看到。

請注意，**RAR** (read after read) 不是危障。

控制相依性

最後一種相依性是**控制相依性** (control dependence)。控制相依性決定了指令 i 相對於另一分支指令的順序；指令 i 必須在適當的場合正確地被執行。除了程式的第一個基本區塊之外，所有的指令都會控制相依於某些分支指令，而且一般來說，必須維護這些控制相依性來保持程式原始順序。一個最簡單的控制相依例子就是在 if 敘述的分支中「then」部份的敘述。例如，在程式碼片段

```
if p1 {
    S1;
};
if p2 {
    S2;
}
```

S1 控制相依於 p1，且 S2 控制相依於 p2 而非 p1。

一般來說，控制相依性會造成兩種限制：

1. 不能把控制相依於分支的指令移到該分支**之前**，而讓它的執行**不再受到該分支的控制**。例如，我們不能把 if 敘述中 then 部份的指令移到 if 敘述之前。

2. 不能把非控制相依於分支的指令移到該分支**之後**，而讓它的執行受到該分支的**控制**。例如，我們不能把 if 敘述之前的敘述移到 then 部份。

當處理器保持嚴格的程式順序時,它們便保證也保持了控制相依性。**如果**可以確保程式的正確性,那麼我們可能會希望執行本來不應被執行的指令,即使違反了控制相依性。因此,控制相依性並不是一定得保留的關鍵性質。反之,對程式正確性最重要的兩種性質(通常藉由維持資料及控制相依性來確保這兩種性質)是**例外行為** (exception behavior) 與**資料流** (data flow)。

保留例外行為是指任何指令執行順序的更動,不能改變原始程式的例外發生方式。通常比較寬鬆來說是指任何指令順序的更動,不能產生原始程式中不會出現的新例外行為。用一個簡單的例子來說明維持資料及控制相依性如何避免這種狀況。請考慮下列程式碼序列:

```
        DADDU       R2,R3,R4
        BEQZ        R2,L1
        LW          R1,0(R2)
L1:
```

在這個情況下,很容易看出如果我們不維持 R2 的資料相依性,那麼我們就會改變這程式的執行結果。比較不明顯的事實是:如果我們不理會控制相依性,並且將載入指令移到分支指令之前,那麼這個載入指令可能會違反記憶體的正確存取方式。請注意,**資料相依性並不會**限制我們對調 BEQZ 與 LW,只有控制相依性會限制。為了讓我們可以重排這些指令(同時保留資料相依性),我們可能會想要忽略分支發生時產生的例外狀況。在 3.6 節中,我們將會看到一種可以克服這種例外問題的硬體技術,就是**推測機制** (speculation)。附錄 H 則著重在支援推測機制的軟體技術上。

藉由維持資料相依性及控制相依性所保留的第二個性質是資料流。**資料流**是在那些產生運算結果及使用那些結果的指令之間,真正傳遞的資料數值。分支使得資料流變成動態的,因為它們造成指令資料有一個以上的來源。換句話說,只維持資料相依性是不夠的,原因是一道指令可能不只資料相依於某一道之前的指令。「程式順序」才能決定到底是哪一道指令才會產生資料給這道指令。我們必須以維持控制相依性的方式來確保程式順序。

例如,考慮以下的程式碼片段:

```
        DADDU       R1,R2,R3
        BEQZ        R4,L
        DSUBU       R1,R5,R6
L:      ...
        OR          R7,R1,R8
```

在這個例子中，OR 指令用到的 R1 值取決於分支是否會發生。只靠資料相依性並無法確保其正確性。OR 指令資料相依於 DADDU 和 DSUBU 指令，但只保持這個順序不足以確保執行正確。

相對地，當指令被執行時，要確保資料流不變：如果這個分支未發生的話，則 DSUBU 算出的 R1 值應被 OR 使用。而如果分支發生的話，DADDU 算出的 R1 值應被 OR 使用。經由保留 OR 在分支的控制相依性，我們可以避免對資料流的不合法改變。因為類似的因素，DSUBU 指令不可以被移到分支之前。用來解決例外問題的推測機制，也可以減輕控制相依性對我們的影響，同時仍確保資料流不變，我們將在 3.6 節中看到這一點。

有時我們會發現改變控制相依性並不會影響例外行為或資料流。請參考下列程式碼序列：

```
        DADDU    R1,R2,R3
        BEQZ     R12,skip
        DSUBU    R4,R5,R6
        DADDU    R5,R4,R9
skip:   OR       R7,R8,R9
```

假設我們知道 DSUBU 指令要寫入的地方 (R4) 在 skip 標記之後不會被用到。[一個值會不會被後續指令用到的性質稱為**有效性** (liveness)。] 如果 R4 沒有被用到，那在分支之前改變 R4 的值就不會改變資料流，因為 R4 在 skip 之後的程式碼會是**無效的** (dead) [而非有效的 (live)]。因此，如果 R4 無效且 DSUBU 指令不會產生例外的話 (除了處理器要回復相同程序的那些例外之外)，那麼我們就可以把 DSUBU 指令移到分支之前，因為資料流不會受到這個改變的影響。

如果發生分支的話，DSUBU 指令在執行過後就會失效，這並不會影響程式的執行結果。這種形式的程式碼排程也算是某種形式的推測機制，通常稱為軟體式推測，因為編譯器會去賭分支的結果；在這個例子中，編譯器賭的是這個分支多半不會發生。更有野心的編譯器推測機制會在附錄 H 中討論。正常而言，當我們談到推測機制或推測性 (speculative) 時，都是清楚明白的；當不夠清楚明白時，那最好說是「硬體式推測」或者「軟體式推測」。

要確保控制相依性，就得製作控制危障偵測機制，藉此找出導致控制暫停的原因。控制暫停 (control stalls) 可以用各種硬體及軟體的技巧來消除或測出，我們在 3.3 節會檢視。

3.2 用來開發 ILP 的基本編譯器技術

本節檢視使用簡單的編譯器技術去增強處理器的能力來開發 ILP。這些技術對於使用靜態發派或靜態排程的處理器來說是十分重要的。有了這項編譯器技術之後，我們將簡短地檢視靜態發派處理器的設計和效能。附錄 H 將探究更複雜的編譯器與有關的硬體方案，這些方案被設計來讓處理器有能力發掘更多的指令階層平行化。

基本的管線排程和迴圈展開

為了要保持管線是滿的，我們必須找出沒有關聯的指令，在管線中以重疊的方式執行這些指令，來發掘指令間的平行化。為了要避免管線的暫停，每一個相依指令的執行必須和被相依的指令間隔一段時脈週期。這段週期就是被相依指令的管線暫停時間。編譯器必須根據程式中的 ILP 和管線中功能單元的時間延遲來進行排程。圖 3.2 顯示我們在本章中所假設的 FP 單元時間延遲，除非明顯提出不同的時間延遲。我們假設用的是標準的五階段管線，因此分支指令有一個時脈週期的延遲。我們也假設所有的功能單元都是完全管線化的，或是可以有很多個相同的功能單元 (可以和管線深度一樣多的功能單元)，所以每一個週期都可以發派各種指令，並且沒有任何的結構危障。

在這一小節中，我們將介紹編譯器如何利用迴圈轉換來增加 ILP。下面這個範例將說明這種重要的技術，並且幫助我們瞭解附錄 H 所介紹的一種更有效的程式轉換法。我們將採用以下的程式碼片段，該程式碼片段將一個純量加到一個向量中：

產生結果的指令	使用結果的指令	時間延遲的時脈週期數
浮點數 ALU 運算	另一個浮點數 ALU 運算	3
浮點數 ALU 運算	儲存倍精度浮點數	2
載入倍精度浮點數	浮點數 ALU 運算	1
載入倍精度浮點數	儲存倍精度浮點數	0

圖 3.2 本章所使用的浮點數運算延遲。最後一欄表示這兩道指令之間必須隔多少個時脈週期才不會造成延遲。這些數據和浮點數單元的平均延遲非常類似。浮點數載入指令至浮點數儲存指令之間的時間延遲為 0，這是因為載入的結果可以旁路至儲存指令，而不需要暫停儲存指令。我們將繼續假設整數載入指令的時間延遲為 1，而整數 ALU 指令的時間延遲為 0。

```
for (i=999 ; i>0 ; i=i-1)
    x[i] = x[i] + s;
```

我們可以看到這個迴圈可以平行地執行，因為每一次重複執行都是獨立不相依的。在附錄 H 中我們將這種形式的迴圈正規化，並且介紹在編譯期間如何測試迴圈的每一次重複執行是否為獨立不相依的。首先，我們來看看這個迴圈的效能，顯示我們如何可以利用平行化來改進上述會發生時間延遲的 MIPS 管線之效能。

第一步是將這段程式碼轉換成對應的 MIPS 組合語言。在下面這段組合語言程式中，一開始 R1 設定成最後一個元素的位址，而 F2 設定成純量 s 的值。我們先計算暫存器 R2，所以 8(R2) 是最後被計算的。

未經管線排程的 MIPS 程式碼列出如下：

```
Loop:   L.D     F0,0(R1)      ; F0= 陣列元素
        ADD.D   F4,F0,F2      ; 加上 F2 中的純量
        S.D     F4,0(R1)      ; 儲存結果
        DADDUI  R1,R1,#-8     ; 將指標遞減
                              ; 8 位元組 ( 每個雙字組 )
        BNE     R1,R2,Loop    ; R1≠R2 就分支
```

我們先看一下這個迴圈排程之後如何在簡單 MIPS 的管線上執行 (時間延遲依照圖 3.2)。

範例 請列出這個迴圈在排程之前和之後分別是如何執行的 (在 MIPS 上執行)。也請列出暫停或閒置的時脈週期。請為浮點數運算延遲進行排程，但請記得我們忽略了延遲分支。

解答 未排程時，此迴圈執行如下，花費了九個週期：

			發派時脈週期
Loop:	L.D	F0,0(R1)	1
	stall		2
	ADD.D	F4,F0,F2	3
	stall		4
	stall		5
	S.D	F4,0(R1)	6
	DADDUI	R1,R1,#-8	7
	stall		8
	BNE	R1,R2,Loop	9

我們可將迴圈排程，結果只有兩個暫停，並可將時間減少至七個週期：

```
Loop:      L.D        F0,0(R1)
           DADDUI     R1,R1,#-8
           ADD.D      F4,F0,F2
           stall
           stall
           S.D        F4,8(R1)
           BNE        R1,R2,Loop
```

ADD.D 之後的暫停是為了使用 S.D。

在上例中，我們花 7 個時脈週期來執行一次迴圈，並且回存一個陣列元素，但是實際上對陣列元素的操作只佔了 7 個時脈週期中的 3 個 (load、add 和 store)；其餘的 4 個時脈週期則用來處理迴圈的操作 (DADDUI 與 BNE) 以及兩個暫停。要消除這 4 個時脈週期，我們需要增加迴圈內真正運算的指令數目，這樣一來，處理迴圈操作的指令就會相對地顯得比較少。

一個增加迴圈內真正在運算的指令數目的簡單方法 (相對於分支與處理迴圈的指令)，稱為**迴圈展開** (loop unrolling)。這個方法簡單地重複迴圈本體數次，並且調整迴圈結束的條件。

迴圈展開也可以用來改善排程。因為它減少分支，所以可以將不同迴圈的指令安排在一起。在這種情況下，我們可以在迴圈本體內增加一些獨立不相關的指令，來消除使用資料時造成的暫停。若我們展開迴圈時只是簡單地重複迴圈指令，則我們還是使用相同的暫存器，這會讓我們無法有效率地安排迴圈。因此，個別迴圈將使用不同的暫存器，因而需要增加暫存器的數目。

範例 請列出展開迴圈後的程式碼，使其有迴圈本體的四份複本。假設 R1-R2 (亦即陣列的大小) 的初始值為 32 的倍數，這表示迴圈的執行次數是 4 的倍數。展開後請消除任何多餘的計算，並且不要重複使用任何的暫存器。

解答 以下為合併 DADDUI 指令與去掉展開時不需要之 BNE 指令後的結果。請注意此時要設定 R2，以便 32(R2) 成為最後四個元素的開始位址。

```
Loop:      L.D        F0,0(R1)
           ADD.D      F4,F0,F2
           S.D        F4,0(R1)         ;去掉 DADDUI 及 BNE
           L.D        F6,-8(R1)
```

```
ADD.D      F8,F6,F2
S.D        F8,-8(R1)         ; 去掉 DADDUI 及 BNE
L.D        F10,-16(R1)
ADD.D      F12,F10,F2
S.D        F12,-16(R1)       ; 去掉 DADDUI 及 BNE
L.D        F14,-24(R1)
ADD.D      F16,F14,F2
S.D        F16,-24(R1)
DADDUI     R1,R1,#-32
BNE        R1,R2,Loop
```

我們已經刪除了三個分支與三個遞減 R1 的指令。載入與儲存的位址已做過調整，使得用到 R1 的 DADDUI 指令得以合併。此最佳化可能看起來很簡單，但並非如此；它必須做到符號代換與簡化。符號代換與簡化將會重組表示式，讓常數崩縮掉，讓「$((i + 1) + 1)$」的表示式被重寫成「$(i + (1 + 1))$」，然後簡化為「$(i + 2)$」。在附錄 H，我們將看到這些最佳化 (可以取消相依性計算) 的更一般化形式。

在未排程的情況下，每個展開動作指令後面都會跟著一個相依指令，因此會造成一個暫停。這個迴圈每次執行要花費 27 個時脈週期 —— 每個 L.D 有 1 個暫停、每個 ADD.D 有 2 個、DADDUI 有 1 個，加上 14 道指令的發派週期 —— 也就是這四個元素每一個有 6.75 個時脈週期，但可以進行排程來大幅改善效能。迴圈展開通常在編譯過程的初期完成，如此一來，最佳化程式就可以找到並消除多餘的計算。

在實際程式中，我們通常不知道迴圈索引的上界。假設上界是 n，且我們想要展開迴圈，複製本體 k 次。我們將產生一對連續的迴圈而不是一個迴圈。第一個迴圈執行 (n mod k) 次，且其本體為原始迴圈，第二個迴圈會包住展開後的本體，並且重複執行 (n/k) 次。[我們將在第 4 章看到，此技術類似於一種使用在向量處理器的編譯器當中稱為**剝除探勘** (strip mining) 的技術。] 在 n 很大的情況下，大部份的執行時間會花在展開後的迴圈本體。

在前面的例子中，展開雖然增加了程式碼大小，但刪除了一些額外的指令，進而改善迴圈的效能。對於之前所描述的管線，如果將展開的迴圈重新排程，效能會增加多少呢？

範例 將前一個例子中展開的迴圈,用圖 3.2 所示的管線延遲加以重新排程。

解答
```
Loop:   L.D     F0,0(R1)
        L.D     F6,-8(R1)
        L.D     F10,-16(R1)
        L.D     F14,-24(R1)
        ADD.D   F4,F0,F2
        ADD.D   F8,F6,F2
        ADD.D   F12,F10,F2
        ADD.D   F16,F14,F2
        S.D     F4,0(R1)
        S.D     F8,-8(R1)
        DADDUI  R1,R1,#-32
        S.D     F12,16(R1)
        S.D     F16,8(R1)
        BNE     R1,R2,Loop
```

展開的迴圈之執行時間,已降為 14 個時脈週期,平均每一次原始迴圈耗費 3.5 個時脈週期。在展開或排程前每一次原始迴圈需要 9 個時脈週期。排程但未展開則只需耗費 7 個時脈週期。

對展開的迴圈重新排程比對原始迴圈重新排程所獲得的效益還大。因為展開之後的迴圈,可以找到更多可以重新排程的計算,進而使暫停可以最小化:以上的程式碼就沒有暫停。若照這種方式來重新排程迴圈,必須確定這些載入與儲存並非相依,並且是可以對調順序的。

迴圈展開與排程的總結

在本章及附錄 H 我們將通篇檢視各種硬體與軟體技術,這些技術可讓我們利用指令階層的平行化,來充分利用處理器內的功能單元。大部份這些技術的關鍵是知道指令何時可以改變,以及如何改變。在前面的範例中,我們進行許多的改變,對聰明的人類而言,這些改變是十分明顯且可行的。但是實際上,此行程必須透過編譯器或硬體有條理地進行。為了獲得最後展開的程式碼,我們必須進行下列決策與轉換:

- 除了迴圈維護程式碼之外,若發現迴圈重複執行都是獨立不相依的,則判定展開該迴圈是有用的。
- 使用不同的暫存器,來避免因不同計算而使用相同的暫存器所造成的不必要限制(例如,名稱相依性)。

- 消除額外的測試與分支指令,並且調整迴圈結束與重複執行的程式碼。
- 若來自不同重複執行的載入與儲存都是獨立不相依的,則判定載入與儲存可以交換。此轉換需要分析記憶體位址並確定它們沒有引用到相同的位址。
- 排程該程式碼,但保留必要的相依性,確保產生與原始程式碼相同的結果。

上述所有轉換的關鍵在於瞭解一道指令如何相依於另一道指令,以及給予相依性後如何去改變指令或重新排序。

　　迴圈展開可獲得的效益會受到三種不同效應的限制：(1) 每展開一次所減少的虛耗攤派量,(2) 程式碼大小的限制,以及 (3) 編譯器的限制。讓我們首先考慮迴圈虛耗的問題。當我們展開迴圈 4 次,將產生足夠的指令平行化,使得該迴圈的排程可以沒有暫停的週期。事實上,在 14 個時脈週期中,只有 2 個週期為迴圈虛耗：DADDUI 用來維持索引值的正確性,BNE 則是用來結束迴圈。如果該迴圈展開 8 次,該虛耗便從每次重複執行需 1/2 週期減為 1/4。

　　第二個展開限制為展開後程式碼大小的增加。對於較大的迴圈而言,特別是如果造成指令快取失誤率的增加,程式碼大小的增加就會是一種顧慮。

　　另一個往往更重要的因素就是：積極地展開與排程可能造成暫存器的不足。在大型程式碼片段內的指令排程所造成的第二個影響,稱為**暫存器壓力** (register pressure)。這是由於當我們為增加 ILP 而排程程式碼時,會增加有效值 (live value) 的數量。在我們積極地對指令排程後,可能就無法再為所有的有效值配置暫存器。轉換後的程式碼理論上雖然比較快,但是其所產生的暫存器不足問題,可能會喪失某些或全部的優點。若不展開,分支將充分限制積極的排程,如此暫存器壓力幾乎就不是問題了。然而展開與積極排程的組合卻會引起此問題。在需要呈現更多可以重疊執行的獨立指令序列的多發派處理器上,此問題變得特別具有挑戰性。一般而言,使用複雜的高階轉換,在程式碼細節產生之前,其潛在的獲益難以衡量,卻導致新式編譯器的複雜度大大地增加。

　　針對可以有效排程的直線程式碼片段大小之增加,迴圈展開不失為一種簡單卻有用的方法。從簡單的管線,像我們到目前為止已經檢視過的那些,到本章後面會探討的多指令發派超純量以及 VLIW,此種轉換在各種處理器中都是有用的。

3.3 使用先進的分支預測來減少分支成本

由於需要經由分支危障與暫停去強力實施控制相依性，分支將會傷害管線效能。迴圈展開乃是減少分支危障數目的一種方式；我們也可以藉由預測分支的行為去減少分支的效能損失。在附錄 C，我們檢視了簡單的分支預測器，此種分支預測器倚賴於編譯期間的資訊或是隔離的分支所觀察到的動態行為。當進行中的指令數目增加了，分支預測更為精確的重要性也就隨之增長。本節中，我們要檢視改進動態預測精確度的技術。

將各個分支預測器關聯起來

雙位元的預測器只用到了單一分支最近的行為來預測該分支未來的行為。如果我們也同時看看**別的**分支最近的行為，而不只是我們要預測的分支，有可能增加預測的精確度。請考慮 eqntott 標準效能測試程式其中的一小段程式片段，那是早期 SPEC 標準效能測試程式套件的一員，表現出特別差勁的分支預測行為：

```
if (aa==2)
        aa=0 ;
if (bb==2)
        bb=0 ;
if (aa!=bb) {
```

以下列出了這個程式片段通常會產生的 MIPS 程式碼 (假設 aa 和 bb 被指定到暫存器 R1 和 R2)：

```
        DADDIU   R3,R1,#-2
        BNEZ     R3,L1          ; 分支至 b1    (aa≠2)
        DADD     R1,R0,R0       ; aa=0
L1:     DADDIU   R3,R2,#-2
        BNEZ     R3,L2          ; 分支至 b2    (bb≠2)
        DADD     R2,R0,R0       ; bb=0
L2:     DSUBU    R3,R1,R2       ; R3=aa-bb
        BEQZ     R3,L3          ; 分支至 b3    (aa==bb)
```

我們把這些分支標記為 b1、b2 和 b3。最重要的觀察就是分支 b3 的行為與分支 b1 和 b2 的行為是有關的。很明顯地，如果分支 b1 和 b2 都沒有發生 (也就是說，兩個條件都為真且 aa 和 bb 都被設為 0)，則 b3 就會發生，因為 aa 和 bb 是相同的。一個只用到單一分支來預測該分支結果的預測器永遠無法

記錄這種行為。

使用其他分支的行為來預測的分支預測器被稱為**關聯式預測器** (correlating predictor) 或**兩階層預測器** (two-level predictor)。目前的關聯式預測器將有關於大部份最近分支行為的資訊都加了進去，以決定如何預測一個已知的分支。例如，一個 (1,2) 預測器便使用上一次分支的行為，從一對 2 位元預測器中選擇其一，去預測一個特定的分支。在一般性的情況下，一個 (*m, n*) 預測器便使用上 *m* 次分支的行為，從 2^m 個 *n* 位元分支預測器當中選擇其一，每一個分支預測器都是針對單一的分支。此種形式的關聯式分支預測器之吸引力在於：它能比 2 位元方案產生更高的預測率，卻只需要增加微不足道的硬體。

硬體的單純性可以從以下的觀察得知：最近 *m* 個分支的全域歷程 (global history) 可以被記錄在 *m* 位元的**移位暫存器** (shift register) 中，其中每一個位元記錄了發生或不發生。分支預測緩衝區就可以用 *m* 位元全域歷程加上分支位址的較低位元來作為索引。例如，(2,2) 緩衝區能記錄 64 筆資料，而分支位址的較低 4 個位元 (字元位址) 與代表最近兩次分支行為的 2 個全域位元組成了 6 位元的索引值，用來指定 64 個計數器。

與標準的雙位元法相比，關聯式分支預測器到底好多少？為了公平起見，我們互相比較的預測器必須採用相同個數的狀態位元。(*m,n*) 預測器使用的位元數是

$$2^m \times n \times \text{分支位址可以選擇的預測記錄筆數}$$

未使用全域歷程的雙位元預測器就是 (0,2) 預測器。

範例 請問在具有 4K 筆記錄的 (0,2) 分支預測器當中有多少個位元？請問在相同位元數的 (2,2) 預測器當中有多少筆記錄？

解答 具有 4K 筆記錄的預測器當中有

$$2^0 \times 2 \times 4K = 8K \text{ 位元}$$

在預測緩衝器內具有總共 8K 位元的 (2,2) 預測器當中有多少筆分支選擇的記錄？我們知道

$$2^2 \times 2 \times \text{分支所選的預測記錄筆數} = 8K$$

因此，分支所選的預測記錄筆數 = 1K。

圖 3.3 比較了早期可存 4K 筆記錄的 (0,2) 預測器與可存 1K 筆記錄的 (2,2) 預測器之預測錯誤率。您可以看出，在相同的位元總數下，這個關聯式預測器的效能不只比簡單的雙位元預測器好，並且它也經常勝過可存無限筆記錄的雙位元預測器。

競爭式預測器：可適應性地結合區域與全域預測器

使用關聯式預測器的最主要動機來自於：標準的雙位元預測器只用到了區域資訊而無法預測某些分支，如果加上了全域資訊，效果就會改進。競爭式預測器更進一步發揚這個精神，用選擇器來選取數個預測器中的其中一個，這些預測器通常有一個會用到全域資訊，有一個會用到區域資訊。**競爭式預測器** (tournament predictors) 在中等大小 (8K 位元至 32K 位元) 時預測精確度較高，而且可以很有效地使用大量的預測位元。在現有的競爭式預測器

SPEC89 標準效能測試程式	4096 筆記錄：每筆 2 位元	無筆數限制：每筆 2 位元	1024 筆記錄：(2,2)
nASA7	1%	0%	1%
matrix300	0%	0%	0%
tomcatv	1%	0%	1%
doduc	5%	5%	5%
spice	9%	9%	5%
fpppp	9%	9%	5%
gcc	12%	11%	11%
espresso	5%	5%	4%
eqntott	18%	18%	6%
li	10%	10%	5%

預測錯誤率

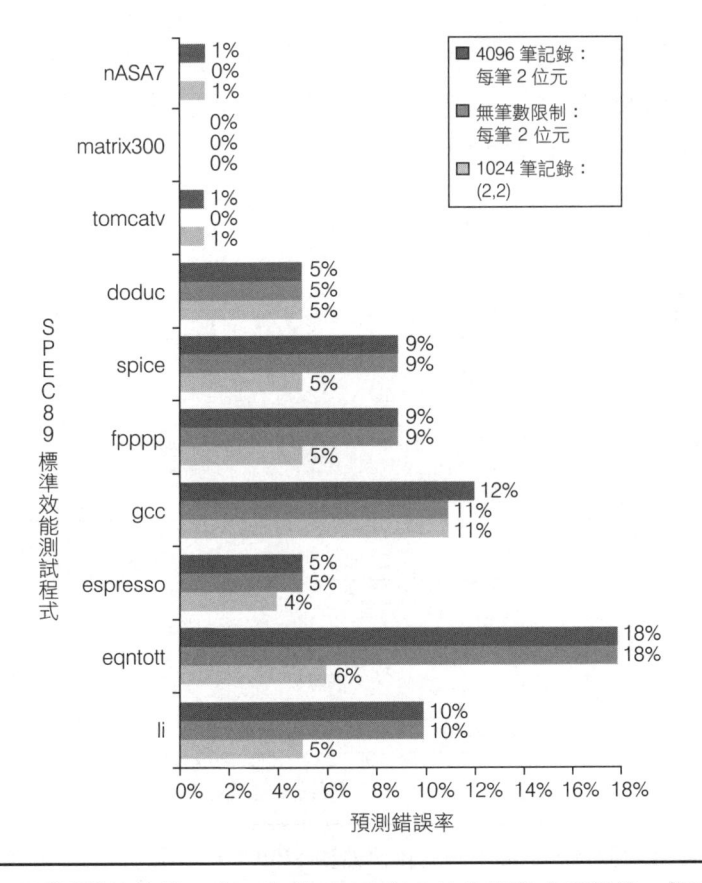

圖 3.3 雙位元預測器的比較。第一個是 4096 位元的非關聯式預測器，接下來是無筆數限制的非關聯式預測器，最後是有雙位元全域歷程及 1024 筆記錄的雙位元預測器。雖然這份數據乃是針對 SPEC 的較舊版本，最近的 SPEC 標準效能測試程式之數據在精確度方面卻顯示類似的差異。

中，每道分支指令會配置一個雙位元的飽和計數器，用來選取兩個不同的預測器中的一個，著眼於那一種預測器 (區域、全域，甚或某種混合式) 在最近的預測中最為有效。如同簡單的 2 位元預測器，飽和計數器在改變所偏好的預測器身分之前需要經歷兩次預測錯誤。

使用聯合式預測器的優點是可以選出一個正確的分支預測器來預測特定分支，對於整數型標準效能測試程式特別重要。一種典型的聯合式預測器將會以幾乎 40% 的時間針對 SPEC 整數型標準效能測試程式選擇全域預測器，而以少於 15% 的時間針對 SPEC 浮點型標準效能測試程式。除了在競爭式預測器打前鋒的 Alpha 處理器之外，包括 Opteron 和 Phenom 在內，最近的 AMD 處理器也已經使用競爭式風格的預測器。

圖 3.4 檢視了三種不同的預測器 (區域雙位元預測器、關聯式預測器、競爭式預測器) 在不同位元數下執行 SPEC89 標準效能測試程式的效能。我們之前看到，區域預測器的效能在超過一定大小後無法提升。關聯式預測器有很明顯的改進，而聯合式預測器可以提供再稍微好一些的效能。對於更近期的 SPEC 版本，其結果是相似的，但是除非使用稍大一些的預測器，其趨近行為是無法達到的。

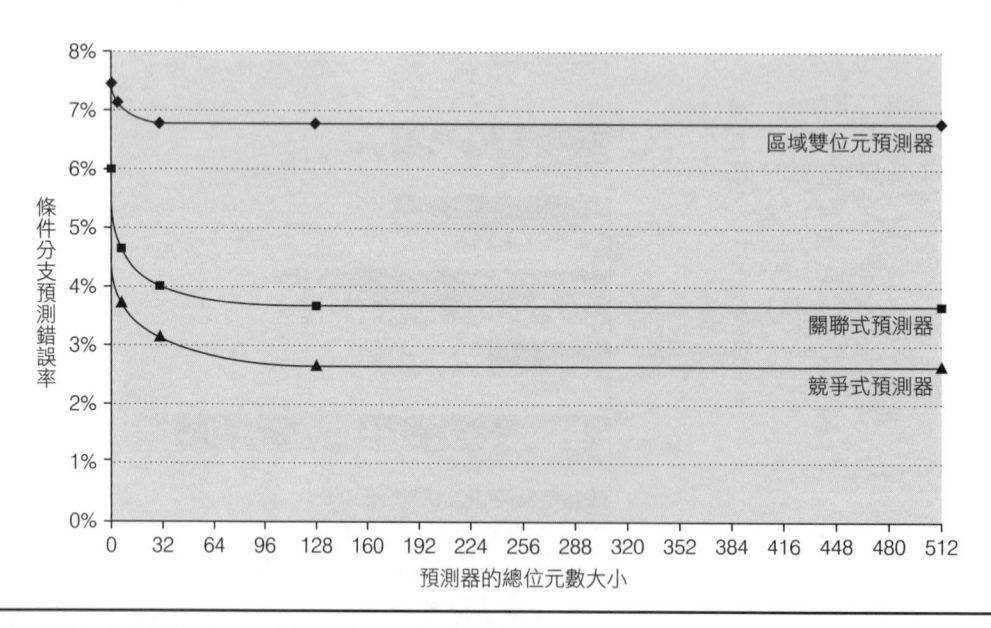

圖 3.4 當位元數增加時，三種不同的預測器對 SPEC89 的預測錯誤率。這些預測器分別是區域雙位元預測器、關聯式預測器 (在圖中每一點的全域與區域資訊之運用上使用最佳結構)，以及競爭式預測器。雖然這份數據乃是針對 SPEC 的較舊版本，最近的 SPEC 標準效能測試程式之數據卻顯示類似的行為，或許在稍大的預測器上會收斂至一個漸近的上限值。

區域預測器是由兩階層預測器構成。第一層是一個有 1024 筆 10 位元記錄的區域歷程表 (local history table)；每一筆 10 位元的記錄都對應到該筆記錄最近十次分支的結果。也就是說，如果某個分支連續十次或更多次都發生的話，則在區域歷程表中該分支記錄的每個位元都會是 1。如果這個分支有時發生有時不發生，那麼歷程記錄位元 0 與 1 就會交替出現。10 位元的歷程表可發現並預測多達十個分支的行為模式。我們會根據區域歷程表所選出的記錄來選取一個有 1K 筆記錄的表格，每筆都是 3 位元的飽和計數器的值，用來作區域預測。此種組合總共使用了 29K 個位元，獲致高精確度的分支預測。

Intel Core i7 分支預測器

有關 Core i7 分支預測器 (是以 Core Duo 晶片的較早先預測器為基礎) 的資訊，Intel 只釋出了有限的一部份。i7 使用一種雙層預測器，它擁有一個較小型的第一層預測器，設計來符合每一個時脈週期預測一個分支的週期性限定；它也擁有一個較大型的第二層預測器作為備援。每一個預測器都結合了三種不同的預測器：(1) 簡單的雙位元預測器，在附錄 C 作介紹 (也使用在上面所討論的競爭式預測器當中)；(2) 全域歷程預測器，就像我們剛剛看過的；以及 (3) 離開迴圈 (loop exit) 預測器。離開迴圈預測器使用一個計數器去預測被偵測為迴圈分支所作分支的確切數目 (也就是迴圈重複執行的次數)。對於每一個分支的最佳預測就是從這三種預測器當中藉由追蹤每種預測的精確度而做選擇，就像競爭式預測器。除了此種多層式主預測器之外，另有一個分開的單元去預測間接分支的目標位址，也有一組堆疊去預測返回位址。

在其他情況下，推測機制對於預測器的評估造成一些挑戰，因為一個預測錯誤的分支可能很容易導致另一個分支被提取且預測錯誤。為了保持事情的簡單化，我們對於預測錯誤 (並非錯誤推測的結果) 數目看作成功完成分支數目的百分比，圖 3.5 顯示了 19 項 SPECCPU2006 標準效能測試程式的這些數據。這些標準效能測試程式比起 SPEC89 或 SPEC2000 大得相當多，其結果是預測錯誤率稍高於圖 3.4 中的預測錯誤率，即使預測器結合得更為縝密。分支的預測錯誤導致效果不良的推測，反而貢獻至浪費的工作上，我們將在本章稍後作檢視。

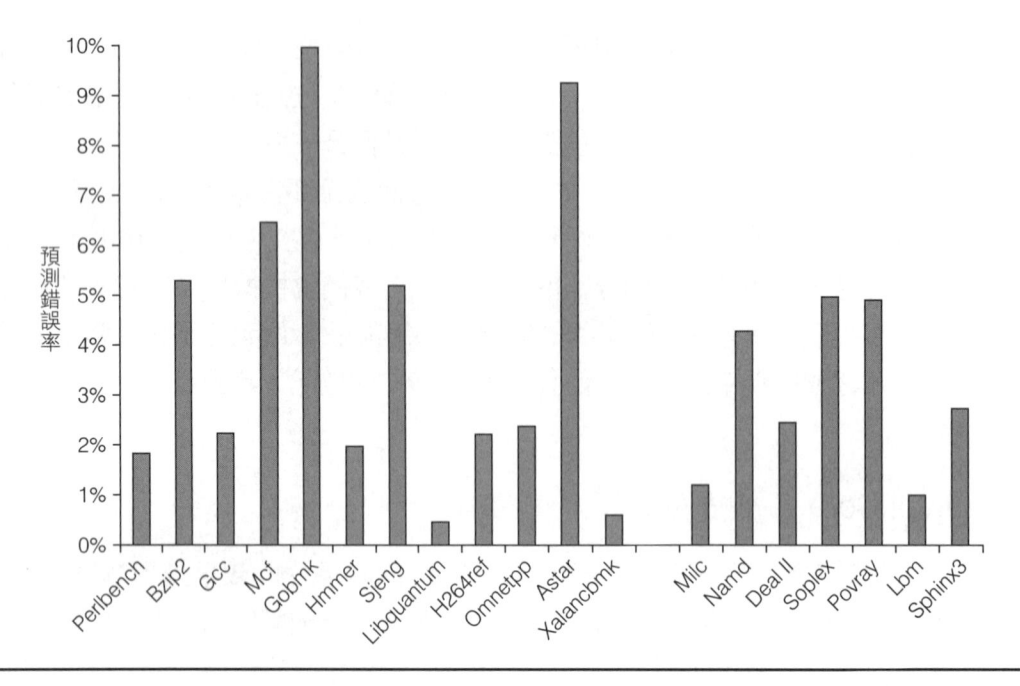

圖 3.5 19 項 SPECCPU2006 標準效能測試程式相對於成功退休分支數目的預測錯誤率，整數型標準效能測試程式的數據平均比浮點型稍高 (4% 相對於 3%)。更重要的是，對於少數幾項標準效能測試程式，預測錯誤率高出許多。

3.4 使用動態排程來克服資料危障

一個單純的靜態排程管線通常會提取 (fetch) 指令之後再發派 (issue) 出去，除非此指令與管線中的另一指令有資料相依性，並且其相依性無法被旁路 (bypassing) 及轉送 (forwarding) 所彌補。(轉送邏輯線路可以減少管線的時間延遲，使得某些相依性不會造成危障。) 如果存在一個無法被彌補的資料相依性，那麼危障偵測硬體就會暫停這個管線的運作 (從使用其結果的指令開始暫停)。在相依性消失之前，新的指令不會被提取或執行。

在本節中，我們探討一個很重要的技術，稱為**動態排程** (dynamic scheduling)，這項技術由硬體來重新安排指令的執行以減少暫停時間，同時維持原有的資料流及例外行為。動態排程有幾個好處：第一，它可以讓針對某種管線編譯的程式碼，有效率地在另一個不同的管線內執行，消除了具有多個二進位執行碼以及針對不同的微結構而重新編譯的需要。在今日的計算環境當中，許多軟體都是來自第三方並以二進位形式傳佈，這項優點相當重要。第二，它可以處理某些在編譯時無法確認相依性的狀況；例如，可能涉及記憶體存取或資料相依的分支，或有可能起因於使用動態連結或分派

(dispatch) 的新式程式設計環境。第三，或許最重要的是，當等候解決失誤之時，它可藉由執行其他程式碼而讓處理器容忍無法預測的、諸如快取失誤的延遲。在 3.6 節中，我們將探討根據動態排程所發展出來的硬體預測執行技巧，這技巧具有增加的效能優勢。我們將會看到動態排程所得到的好處，其代價是明顯地增加了硬體的複雜度。

雖然動態排程處理器無法改變資料流，但是它會試著避免因為相依性 (可能會產生危障) 而暫停管線。相對地，編譯器的靜態管線排程 (涵蓋於 3.2 節)，則試著將相依的指令拆開，使它們不會導致危障，藉此儘量不要暫停管線。當然，針對具有動態管線排程能力的處理器所產生的程式碼，也可以使用編譯器管線排程。

動態排程：觀念

簡單排程技術中的最大限制是：它們都按照順序來發派和執行指令；如果一道指令在管線中暫停的話，之後的指令都無法繼續處理。因此，如果管線中有兩個相近的指令有相依性，那麼就會導致危障，結果造成管線暫停。如果牽涉到數個功能單元 (functional units)，則這些單元就會閒置。如果指令 j 相依於一個在管線中執行且執行時間很長的指令 i，則所有在 j 之後的指令都要暫緩執行，直到 i 執行完且 j 能執行之後。例如，以下的程式碼：

```
DIV.D      F0,F2,F4
ADD.D      F10,F0,F8
SUB.D      F12,F8,F14
```

因為 ADD.D 相依於 DIV.D 造成管線暫停，所以 SUB.D 指令無法執行，但是 SUB.D 並沒有資料相依於管線中的任何指令。如果不限制指令一定要依照程式的順序執行的話，就可以消除這種危障所造成的效能限制。

在傳統的五階段管線中，其結構和資料危障都可以在指令解碼 (ID) 階段檢查出來：當指令可以被執行而沒有危障時，ID 就會將它發派出去，因為沒有資料危障的問題。

為了要讓我們可以開始執行上述例子中的 SUB.D，必須將發派程序分成兩部份：檢查是否有結構危障，以及等待相關資料危障都消失。我們依然可以在發派指令時檢查結構危障；因此我們照常使用依序的指令發派 (也就是說，指令依程式順序發派)，但是一旦所需要的運算元都可用時，我們就希望指令能儘快執行。因此這個管線允許**非依序執行** (out-of-order execution)，也可以**非依序完成** (out-of-order completion)。

非依序執行可能會產生 WAR 與 WAW 危障，這些危障不會出現在五階段的整數管線以及依序執行的浮點數管線內。請考慮以下的 MIPS 浮點數運算程式碼：

```
DIV.D    F0,F2,F4
ADD.D    F6,F0,F8
SUB.D    F8,F10,F14
MUL.D    F6,F10,F8
```

在 ADD.D 與 SUB.D 間有反相依性，如果管線在執行 ADD.D (正在等待 DIV.D) 前先執行 SUB.D，就會違反反相依性而產生 WAR 危障。同樣地，為了避免違反輸出相依性 (像是由 MUL.D 寫入 F6)，就必須特地處理 WAW 危障。我們將會看到，這兩種危障都可利用暫存器重新命名來解決。

非依序完成也讓例外處理的工作變得更複雜。具備非依序完成的動態排程必須要**維持**原有的例外行為，就是要做到所產生的例外要和原始程式會產生的例外**一模一樣**。動態排程處理器藉由延後關聯例外狀況之通知來保留例外行為，直到處理器知道該指令應該就是下一個要完成的指令為止。

雖然要保留原始的例外行為，動態排程處理器可能會產生**不精確的例外** (imprecise exception)。所謂不精確的例外就是：例外發生時的處理器狀態和這些指令以嚴格的程式順序執行時的狀態不相同。因為以下兩種原因，可能產生不精確的例外：

1. 管線可能在產生例外的指令完成之前，**已經完成**後續的指令。

2. 管線可能在產生例外的指令完成之後，**還沒完成**之前的某些指令。

不精確的例外使得例外處理完之後很難重新開始執行。本節不討論這個問題。我們將在 3.6 節提出一個在處理器支援推測機制的情形下，如何確保精確例外 (precise exception) 的方法。至於浮點數運算例外，有其他方法可以解決，我們將在附錄 J 中討論。

為了達到非依序執行，我們把簡單五階段管線的 ID 階段細分成兩個階段：

1. 發派：指令解碼，檢查有沒有結構危障。

2. 讀取運算元：等到沒有資料危障才讀取運算元。

在指令發派階段之前的指令提取階段，可能將指令讀入指令暫存器或是等候指令 (pending instructions) 的佇列；之後會由暫存器或佇列中發派。就如同五

階段管線，讀取運算元階段之後是執行階段。依運算的不同，執行指令可能要用掉數個週期。

我們必須區分一道指令何時**開始執行**，何時**執行完成**；在這兩個時間點間的指令，我們稱為**執行中** (in execution)。我們的管線讓數道指令可以同時處於執行中的狀態，如果不能做到這一點，就失去了動態排程的最大優勢。同時有數道指令在執行中需要多重功能單元 (multiple functional unit) 或是管線化功能單元 (pipelined functional unit)，或兩者都要。因為這兩項能力（管線化功能單元及多重功能單元）在管線控制的目的上看來是相同的，所以我們假設處理器具有多重功能單元。

在動態排程的管線中，所有的指令都依序通過發派階段 [依序發派 (in-order issue)]；不過它們可以被暫停，或是在第二階段（讀取運算元）彼此超越，藉此達成非依序執行。**記分板** (scoreboarding) 是一種在資源足夠且沒有資料相依性時，讓指令非依序執行的技術；它的命名是根據最先發展出這個功能的 CDC 6600 記分板。在此，我們將重點放在一種更複雜的技術，稱為 **Tomasulo 演算法** (Tomasulo's algorithm)。主要的差別在於 Tomasulo 演算法是藉由動態有效地重新命名暫存器來處理反相依性和輸出相依性。此外，Tomasulo 演算法尚可加以擴充去處理**推測機制** (speculation)，這是一種藉由預測分支結果、執行所預測目的位址上的指令，並在預測錯誤時採取修正行動，來減少控制相依性之影響的技術。雖然使用計分板可能就足以支援像 ARM A8 的簡單型雙發派超純量架構，但更富積極性的處理器像四發派的 Intel i7 卻得利於使用非依序執行的技術。

利用 Tomasulo 演算法進行動態排程

IBM 360/91 浮點數單元使用一種精緻複雜的方法，允許非依序執行。由 Robert Tomasulo 發明的這個方法會追蹤指令的運算元什麼時候可用，藉此將 RAW 危障極小化；這個方法也採用了暫存器重新命名，利用硬體將 WAW 和 WAR 危障極小化。在新式處理器中有很多這個方法的變形，不過它們的共通性就是追蹤指令相依性，讓可用的運算元儘快被執行；以及透過暫存器重新命名來避免 WAR 和 WAW 危障。

IBM 的目的原本是要用 360 家族設計的指令集和編譯器，來得到高浮點數運算效率，而不需為了高階處理器再行設計特殊的編譯器。360 結構只有四個倍精度浮點數暫存器，這減少了編譯器排程的有效性；這也是使用 Tomasulo 方法的另一個動機。此外，IBM 360/91 的記憶體存取及浮點數運算要很長的時間，這也是 Tomasulo 演算法被設計來克服之處。在本節的最

後，我們將看到 Tomasulo 演算法也可以支援重疊執行和一個迴圈的多次重複執行 (multiple iteration)。

我們用 MIPS 的指令集來說明這個演算法，重點放在浮點數單元及載入－儲存 (load-store) 單元。MIPS 和 360 最大的差別在於後者的結構中有暫存器－記憶體指令。因為 Tomasulo 演算法用到了載入功能單元，因此要加入暫存器－記憶體定址模式並不用做很大的改變。IBM 360/91 具有管線化功能單元，而非多重功能單元，不過為了易於描述這個演算法，我們假設它有多重功能單元。將這些單元管線化只是很簡單的觀念延伸。

我們將看到，要避免 RAW 危障的話，可以要求運算元都有效了再執行該指令，這正是較簡單的計分板方法所提供的。名稱相依性造成的 WAR 和 WAW 危障，可以用暫存器重新命名來解決；我們可以重新命名所有的目的暫存器來消除這些危障 (包括那些具有未完成讀或寫的較早指令)。這樣一來，非依序寫入就不會影響其他使用過這個運算元較早值的指令。

要更瞭解暫存器重新命名如何消除 WAR 和 WAW 危障，請考慮以下的範例程式碼序列其中有兩個潛在的 WAR 及 WAW 危障：

```
DIV.D      F0,F2,F4
ADD.D      F6,F0,F8
S.D        F6,0(R1)
SUB.D      F8,F10,F14
MUL.D      F6,F10,F8
```

在 ADD.D 和 SUB.D 之間與 S.D 和 MUL.D 之間有兩個反相依性，在 ADD.D 和 MUL.D 之間也有一個輸出相依性，這可能會造成三個危障：ADD.D 用到 F8 時以及 SUB.D 用到 F6 時發生 WAR 危障，加上 ADD.D 可能在 MUL.D 之後完成而發生的 WAW 危障。這裡也有三個真正的資料相依性：DIV.D 和 ADD.D 之間、SUB.D 和 MUL.D 之間，以及 ADD.D 和 S.D 之間。

這三個名稱相依性都可以用暫存器重新命名來消除。為了簡單起見，假設有兩個臨時暫存器 S 和 T。程式碼序列可以利用 S 和 T 被改寫成沒有相依性，例如：

```
DIV.D      F0,F2,F4
ADD.D      S,F0,F8
S.D        S,0(R1)
SUB.D      T,F10,F14
MUL.D      F6,F10,T
```

此外，後續的所有 F8 都用暫存器 T 來取代。在這個程式碼片段中，重新命名的程序可以靜態地由編譯器做到。要在後續的程式碼中找到所有的 F8，則需要複雜的編譯器支援或是硬體支援，因為在上述的程式碼片段與後續的 F8 之間可能會有分支介入。我們將看到 Tomasulo 演算法可以處理跨越分支的重新命名。

Tomasulo 演算法是利用**訂位站** (reservation station) 來重新命名暫存器。訂位站是一個暫存區，用來存放等候被發派的指令的運算元。其基本觀念就是一旦運算元可用時，訂位站馬上讀取並暫存於緩衝區中，這樣就不需要到暫存器中取得運算元。同時，等待中的指令所需要的輸入將由被指定的訂位站提供。最後，當連續數個寫入暫存器的動作重疊執行時，只有最後一個值會被用來更新暫存器。當指令被發派時，等待中運算元的暫存器名稱就會被重新命名成訂位站名稱，這個訂位站就提供了暫存器重新命名的功能。

因為訂位站的數量可能比真正的暫存器的數量還多，所以這項技術甚至可以消除因名稱相依性而產生的某些編譯器也不能消除的危障。當我們看到 Tomasulo 演算法中用到的各個元件時，我們再回到暫存器重新命名的問題，看看重新命名是怎麼發生的，以及它如何消除 WAR 和 WAW 危障。

使用訂位站而不用一組集中的暫存器，引出了其他兩個重要的特質。首先，危障偵測及執行控制是分散的：訂位站所握有的功能單元資訊決定了該功能單元是否可以開始執行一道指令。其次，運算結果會直接從訂位站的緩衝區中送到功能單元中，而不會經過暫存器。這個旁路 (bypassing) 功能是透過一個共用結果匯流排 (common result bus) 來達成，這個匯流排讓所有在等待某運算元的單元同時收到結果 [在 360/91 被稱為**共用資料匯流排** (common data bus, CDB)]。對於有多個執行單元且每個週期可發派多道指令的管線來說，需要一個以上的結果匯流排。

圖 3.6 顯示了採用 Tomasulo 架構的 MIPS 處理器的基本結構，包括浮點數功能單元及載入 / 儲存單元 (load/store unit)；圖中並未顯示執行控制表 (execution control table)。每一個訂位站持有一個被發派且正在等著被執行的指令，以及會被該指令用到的已計算出來的運算元 (或是會提供運算元值的訂位站名稱)。

載入緩衝區 (load buffer) 和儲存緩衝區 (store buffer) 持有從記憶體讀出或要寫入記憶體的資料或位址，它們的行為和訂位站幾乎一模一樣，所以我們只有在必要時才區分它們。浮點數暫存器連接兩條匯流排到功能單元，並且連接一條匯流排到儲存緩衝區。所有從功能單元及記憶體得到的結果都會被送到共用資料匯流排；它們會被送到除了載入緩衝區以外的任何單元。所

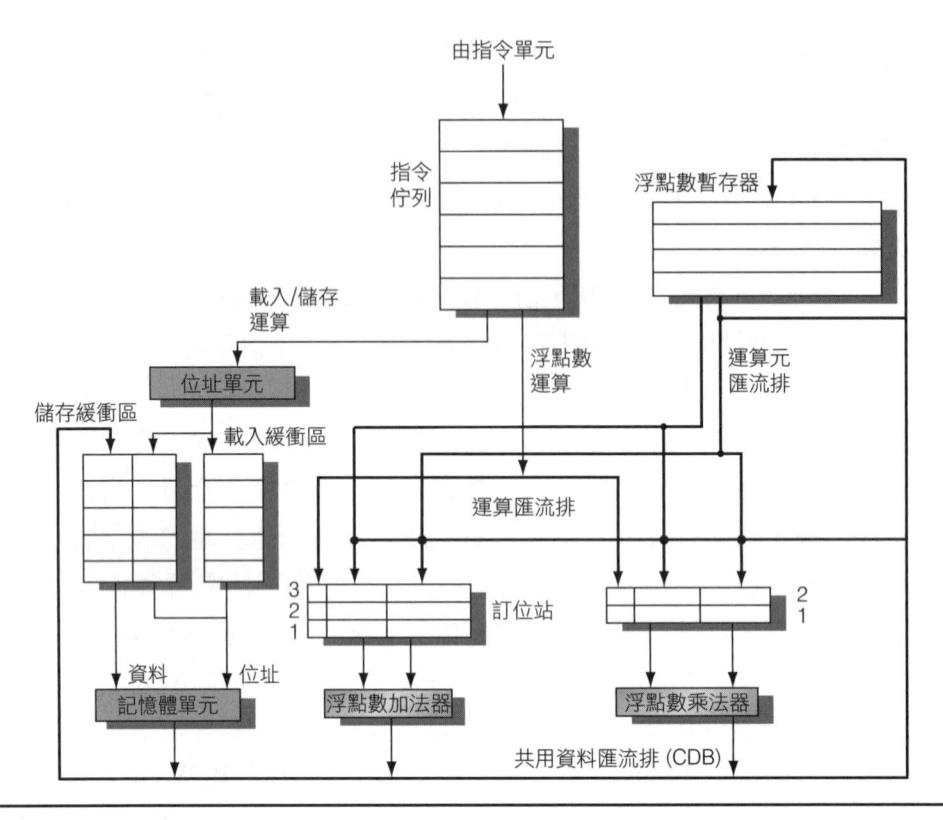

圖 3.6 使用 Tomasulo 演算法的 MIPS 浮點數功能單元的基本架構。指令從指令單元中送到指令佇列中，然後依先進先出 (FIFO) 的順序發派。訂位站記錄運算名稱和實際的運算元，以及用來偵測及解決危障的資訊。載入緩衝區有三項功能：(1) 保存可算出有效位址 (effective address) 的各部份直到位址被算出，(2) 監控等待記憶體的不同載入動作，以及 (3) 保存已載入完成且正在等待 CDB 的結果。同樣地，儲存緩衝區也有三項功能：(1) 保存可算出有效位址的各部份直到位址被算出，(2) 保存等待資料中的儲存指令的目的記憶體位址，以及 (3) 保存位址及要被儲存的值，直到有可用的記憶體單元 (memory unit) 空出。所有從浮點數單元或是載入單元得到的結果則被放在 CDB 上，這些結果會被送到浮點數暫存器組，以及訂位站和儲存緩衝區。浮點數加法器負責加法和減法，浮點數乘法器計算乘法和除法。

有的訂位站都有標籤欄位 (tag field)，管線的流程控制會用到這些欄位。

在我們詳細描述訂位站及其演算法之前，讓我們先看看指令進行的步驟。一共只有三個步驟而已，雖然每一個步驟都可能用到任意數目的時脈週期：

1. 發派：從指令佇列的開頭取得下一道指令，這個佇列維持先進先出的順序以確保正確的資料流。如果有一個符合的空訂位站，就把指令和運算元的值 (如果它們目前存在暫存器中的話) 分配給該訂位站。如果沒有空訂位站，那就表示有結構危障，指令就會暫停直到有空訂位站或是緩衝區被釋

放為止。如果運算元不在暫存器中，則持續注意會產生運算元的功能單元。這個步驟會重新命名暫存器，消除了 WAR 和 WAW 危障。[本階段在動態發派處理器中有時被稱為**分派** (dispatch)。]

2. **執行**：如果有一個或多個運算元還沒有到齊，則在等待計算結果時持續監控共用資料匯流排。當有運算元可用時，就把它放進任何等候它的訂位站。如果所有的運算元都到齊的話，這個運算就可以由對應的功能單元來執行。藉由延後指令執行直到所有運算元都到齊，RAW 危障就可以被避免。(某些動態排程處理器稱此步驟為「發派」，但我們使用「執行」的名稱，該名稱用於第一個動態排程處理器 CDC 6600。)

要注意的是，對某個功能單元而言，可能有數道指令在同一個時脈週期一起就緒。雖然對於不同的指令來說，獨立的功能單元可以在同一個週期開始執行，如果超過一道指令可被某個功能單元執行，這個單元就要選其中一個。對浮點數訂位站來說，可以任意選擇一道指令來執行；但是對於載入和儲存來說，情形就變得比較複雜了。

載入和儲存需要兩個步驟的執行程序。第一步是當基底暫存器 (base register) 可用時，計算有效位址，然後將結果存在載入或儲存緩衝區中。當記憶體單元可用時，載入緩衝區立刻執行載入動作，儲存緩衝區非得等到要儲存的值，才能執行儲存動作來寫入記憶體單元。我們馬上會看到，有效位址的計算可以確保程式中載入和儲存的順序，這樣就可以避免因記憶體而產生的危障。

為了要確保原始程式的例外行為，一道指令必須在它之前的所有分支指令都執行完畢後，才可以開始執行這道指令。這項限制可以保證程式中會發生例外的指令一定會被執行。對於使用分支預測的處理器 (所有的動態排程處理器都如此) 來說，處理器必須知道分支預測的結果正確，才能讓在分支指令之後的指令執行。這種想法是可行的：我們可以記錄「例外發生」這件事來讓指令開始執行，而非真正讓例外發生。這樣就無須讓指令一直暫停到回寫階段才開始。

我們將看到，推測機制提供了更具彈性、更完整的處理例外的方法，所以其改進方法我們以後再提出，順便看看推測機制如何處理這個問題。

3. **寫入結果**：當結果算出時，將它寫入 CDB，讓它從 CDB 傳到暫存器以及任何一個等待這個結果的訂位站 (包括儲存緩衝區)。儲存被緩衝在儲存緩衝區當中，直到欲儲存值和儲存位址都可取得為止；然後等記憶體單元一被釋出便將運算結果寫入。

用來偵測和消除危障的資料結構附加在訂位站、暫存器組，以及載入和儲存緩衝區中；附加在不同資料結構的資訊只有少許的不同。這些標籤其實可以視為虛擬暫存器的名稱，這些虛擬暫存器在重新命名時會用到。在我們舉的例子中，標籤欄位是一個 4 位元的數字，用來表示五個訂位站中或是五個載入緩衝區中的其中一個。我們將看到，這就等於提供了 10 個可被用來當結果暫存器 (result register) 的暫存器 (對比於 360 結構的四個倍精度暫存器)。如果處理器中有更多的真實暫存器，那麼我們會希望重新命名機制能相對地使用更多的虛擬暫存器。標籤欄位所指定的訂位站會記錄產生來源運算元的指令。

一旦指令被發派且正在等待來源運算元時，它會以訂位站的編號來代表這個運算元；這個訂位站所記錄的指令會將這個運算元寫入暫存器中。如果填入不會用到的數值 (例如 0)，就表示運算元已經在暫存器內就緒了。因為訂位站的數量比真正的暫存器多，所以用訂位站編號來重新命名計算結果就可以消除 WAW 和 WAR 危障。雖然 Tomasulo 演算法中訂位站被用來當作擴充的虛擬暫存器，我們也可以利用配有額外暫存器的暫存器組，或是利用類似重新排序緩衝區 (reorder buffer) 的架構 (我們將在 3.6 節中看到)。

在 Tomasulo 演算法中，連同隨後我們所注意的、支援推測機制的各種方法，運算結果是被廣播在一個共用資料匯流排 (CDB) 上，由訂位站進行監看。結合共用結果匯流排以及由訂位站從匯流排上取回運算結果，實現了使用在靜態排程管線中的轉送與旁路機制。然而，這樣做的時候，由於運算結果和其使用之配合直到寫入結果階段之前都無法進行，動態排程方法就會在來源與結果之間引入一個週期的時間延遲。因此，在動態排程管線中，產出指令與消費指令之間的有效延遲，至少會比產出該結果的運算單元之延遲要長了一個週期。

請千萬記住，在 Tomasulo 演算法的機制中，標籤欄位記錄的是會產生結果的緩衝區或功能單元；當指令被發派到訂位站時，暫存器的名稱會被省略。(這是 Tomasulo 演算法與計分板的主要差別：在計分板中，運算元停留在暫存器中，只有在產出指令完成且消費指令準備執行之後才會被讀取。)

每一個訂位站有七個欄位：

- Op：來源運算元 S1 和 S2 所要進行的運算。
- Qj, Qk：產生相對來源運算元的訂位站；用 0 來表示運算元已經存放在 Vj 或 Vk 中了，或是表示我們不需要這個運算元。
- Vj, Vk：來源運算元的值。請注意，對每個運算元來說，只有一個 V 欄位

或是 Q 欄位是有效的。對載入動作來說，Vk 欄位用來儲存偏移量 (offset) 欄位。

- A：用來儲存計算記憶體位址 (載入或儲存指令) 所需的資訊。一開始，指令的立即值存在這裡；在計算位址之後，就把有效位址存在這裡。
- Busy：表示訂位站及其伴隨的功能單元正在使用中。

暫存器組有一個欄位 Qi：

- Qi：記錄訂位站編號。該訂位站所記錄的指令會將運算結果存在這個暫存器中。如果 Qi 沒有值 (或是 0)，則沒有運作中的指令會將結果寫入這個暫存器中，也就是說，暫存器的現存內容就是我們所要的值。

載入和儲存緩衝區各含一個欄位 A，這個欄位存有第一個執行步驟完成後所算出的有效位址。

在下一節中，我們會先思考一些說明這些機制如何運作的例子，然後檢視演算法的細節部份。

3.5　動態排程：範例和演算法

在我們細看 Tomasulo 演算法之前，先藉由幾個範例來瞭解演算法是如何運作的。

範例　對於下列的程式碼序列而言，假設第一個 load 已完成且寫入結果，請寫出其資料表 (information table)：

```
1.    L.D     F6,32(R2)
2.    L.D     F2,44(R3)
3.    MUL.D   F0,F2,F4
4.    SUB.D   F8,F2,F6
5.    DIV.D   F10,F0,F6
6.    ADD.D   F6,F8,F2
```

解答　結果列於圖 3.7 中的三個表格中。附在 Add、Mult 和 Load 之後的數字用來表示訂位站的標籤 —— Add1 代表第一個 add 功能單元產生的結果標籤。另外，我們也加入了一個指令狀態表，該表只是用來幫助讀者瞭解演算法，而**不是**硬體的一部份。取而代之的是，訂位站會保留每道被發派指令的狀態。

Tomasulo 的方法比起之前較簡單的方法，有兩項主要的優點：(1) 分散危障偵測邏輯，以及 (2) 消除 WAW 和 WAR 危障造成的暫停。

第一項優點來自於使用分散的訂位站及使用 CDB。如果數道指令在等待同一個結果，且每道指令的其他運算元都到齊了，則這些指令在收到 CDB 廣播 (broadcast) 結果後，可同時解除等待。如果這時用的是集中式的暫存器組，這些單元要等暫存器匯流排 (register bus) 可用時，才能從暫存器中讀出結果。

第二項優點 (消除 WAW 和 WAR 危障) 是用訂位站來作暫存器重新命名，以及在運算元可用時立刻把它們存到訂位站來達成的。

指 令		指令狀態		
		發 派	執 行	寫入結果
L.D	F6,32(R2)	√	√	√
L.D	F2,44(R3)	√	√	
MUL.D	F0,F2,F4	√		
SUB.D	F8,F2,F6	√		
DIV.D	F10,F0,F6	√		
ADD.D	F6,F8,F2	√		

				訂位站				
名 稱	使用中	Op	Vj	Vk		Qj	Qk	A
Load1	否							
Load2	是	Load						44 + Regs[R3]
Add1	是	SUB	Mem[32 + Regs[R2]]			Load2		
Add2	是	ADD				Add1	Load2	
Add3	否							
Mult1	是	MUL	Regs[F4]			Load2		
Mult2	是	DIV	Mem[32 + Regs[R2]]			Mult1		

				暫存器狀態					
欄 位	F0	F2	F4	F6	F8	F10	F12	...	F30
Qi	Mult1	Load2		Add2	Add1	Mult2			

圖 3.7 當所有指令都被發出，但只有第一個 load 指令完成且寫入資料至 CDB 時的訂位站和暫存器標籤。第二個 load 已完成有效位址的計算，不過在等待記憶體單元的結果。我們用 Regs[ ] 陣列來表示暫存器組，用 Mem[ ] 陣列來表示記憶體。請記得運算元在任何時間都可被 Q 欄位或 V 欄位指定。要注意的是，在 WB 階段有 WAR 危障的 ADD.D 指令已被發派，且可以在 DIV.D 開始前完成。

例如，在圖 3.7 中的程式碼序列中，即使存在與 F6 有關的 WAR 危障，仍然發派了 DIV.D 與 ADD.D。這個危障可以用兩種方法中的任一種來消除。首先，如果提供 DIV.D 運算元的結果指令已完成，則結果會存在 Vk，讓 DIV.D 可以獨立於 ADD.D 執行 (這是本例中的情形)。另一方面，如果 L.D 還沒完成，則 Qk 會指到 Load1 訂位站，且指令 DIV.D 和 ADD.D 不會相依。因此，不論是何種情況，ADD.D 都可以被發派執行。任何用到 DIV.D 結果的，都會指到對應的訂位站，這讓 ADD.D 可以完成並將結果寫入暫存器，而不影響到 DIV.D。

我們馬上會看到消除 WAW 危障的例子，但是讓我們先看看較早的範例如何繼續執行。假設在這個例子 (以及本章之後的例子中)，指令的執行時間延遲 (latency) 如下：load 是 1 個時脈週期，加法是 2 個時脈週期，乘法是 6 個時脈週期，除法是 12 個時脈週期。

範例 請利用前一個範例 (177 頁) 中相同的程式片段，列出在 MUL.D 準備寫入結果時的狀態表。

解答 結果列在圖 3.8 的三個表格中。請注意，ADD.D 在 DIV.D 的運算元複製後就完成了，因此克服了 WAR 危障。同時請注意即使 F6 的載入被延遲了，寫入 F6 的加法也可以執行而不會產生 WAW 危障。

Tomasulo 演算法：細節

圖 3.9 規定了每一道指令必須經過的檢查與步驟。如同之前提到的，載入和儲存會先經過一個功能單元計算出有效位址後，才會被放到載入或儲存緩衝區。載入指令會執行第二個步驟來讀取記憶體，然後在寫入結果階段將值從記憶體送到暫存器組及/或任何等待中的訂位站。儲存指令會在寫入結果階段執行完成，執行結果會在這個階段被寫入記憶體。請注意，所有的寫入動作都發生在寫入結果階段，不論其目的地是暫存器或記憶體。這個限制簡化了 Tomasulo 演算法，而且也是 3.6 節中推測機制 (speculation) 這項擴充功能的關鍵。

Tomasulo 演算法：以迴圈為基礎的範例

要瞭解利用動態重新命名暫存器來消除 WAW 和 WAR 危障的真正威力，就得好好觀察迴圈指令。請考慮下列將陣列的元素乘一個純量 F2 的簡單序列：

		指令狀態		
指令		發派	執行	寫入結果
L.D	F6,32(R2)	√	√	√
L.D	F2,44(R3)	√	√	√
MUL.D	F0,F2,F4	√	√	
SUB.D	F8,F2,F6	√	√	√
DIV.D	F10,F0,F6	√		
ADD.D	F6,F8,F2	√	√	√

				訂位站			
名稱	使用中	Op	Vj	Vk	Qj	Qk	A
Load1	否						
Load2	否						
Add1	否						
Add2	否						
Add3	否						
Mult1	是	MUL	Mem[44+ Regs[R3]]	Regs[F4]			
Mult2	是	DIV		Mem[32 + Regs[R2]]	Mult1		

				暫存器狀態				
欄位	F0	F2	F4	F6	F8	F10	F12	...	F30
Qi	Mult1					Mult2			

圖 3.8 乘法和除法是僅有的兩道未完成的指令。

```
Loop:   L.D      F0,0(R1)
        MUL.D    F4,F0,F2
        S.D      F4,0(R1)
        DADDIU   R1,R1,-8
        BNE      R1,R2,Loop ;若 R1|R2 則分支
```

如果我們預測分支會發生，則使用訂位站可以讓此迴圈的數次執行可以同時進行。我們不需改變程式碼就可以得到這項好處 —— 事實上，這個迴圈被硬體動態地展開，並且將重新命名後得到的訂位站當成額外的暫存器來使用。

假設我們已經發派了迴圈在連續兩次重複執行之間的所有指令，但是所有的浮點數載入/儲存指令或運算都還沒有完成。此時的訂位站、暫存器狀態表，以及載入和儲存緩衝區都列在圖 3.10 中。(我們忽略整數 ALU 的

指令狀態	等到	動作或註記

發派
　浮點數運算
	訂位站 r 未使用	if (RegisterStat[rs].Qi|0)
		　　{RS[r].Qj ← RegisterStat[rs].Qi}
		else {RS[r].Vj ← Regs[rs] ; RS[r].Qj ← 0} ;
		if (RegisterStat[rt].Qi|0)
		　　{RS[r].Qk ← RegisterStat[rt].Qi
		else {RS[r].Vk ← Regs[rt] ; RS[r].Qk ← 0} ;
		RS[r].Busy ← yes ; RegisterStat[rd].Q ← r ;

載入或儲存	緩衝器 r 未使用	if (RegisterStat[rs].Qi|0) 　　{RS[r].Qj ← RegisterStat[rs].Qi} else {RS[r].Vj ← Regs[rs] ; RS[r].Qj ← 0} ; RS[r].A ← imm ; RS[r].Busy ← yes ;
只有載入 只有儲存		RegisterStat[rt].Qi ← r ; if (RegisterStat[rt].Qi|0) 　　{RS[r].Qk ← RegisterStat[rs].Qi} 　else {RS[r].Vk ← Regs[rt] ; RS[r].Qk ← 0} ;
執行 　浮點數運算	(RS[r].Qj = 0) 且 (RS[r].Qk = 0)	計算結果：運算元在 Vj 和 Vk 中
載入/儲存 第一步	RS[r].Qj = 0 且 r 在 載入/儲存佇列開頭	RS[r].A ← RS[r].Vj + RS[r].A ;
載入第二步	載入第一步完成	從 Mem[Rs[r].A] 讀出
寫入結果 　浮點數運算或 　載入	r 執行完且 CDB 可用	∀x(if (RegisterStat[x].Qi=r) {Regs[x] ← result ; 　　RegisterStat[x].Qi ← 0}) ; ∀x(if (RS[x].Qj=r) {RS[x].Vj ← result ; RS[x].Qj ← 　　0}) ; ∀x(if (RS[x].Qk=r) {RS[x].Vk ← result ; RS[x].Qk ← 　　0}) ; RS[r].Busy ← no ;
儲存	r 執行完成且 RS[r].Qk = 0	Mem[RS[r].A] ← RS[r].Vk ; RS[r].Busy ← no ;

圖 3.9 演算法的步驟及每個步驟要做的動作。對於一個被發派的指令來說，rd 是目的地，rs 和 rt 是來源暫存器編號，imm 是符號擴充的立即值欄位的值，r 是指令存放的暫存器或緩衝區。RS 是訂位站資料結構。浮點數單元或載入單元傳回的值稱為 result。RegisterStat 是暫存器狀態資料結構 (不是暫存器組，暫存器組是 Regs[])。在一道指令被發派後，目的暫存器的 Qi 欄位被設成這道指令被發派的緩衝區或訂位站的編號。如果運算元在暫存器中，它們會被放到 V 欄位，否則 Q 欄位就會存放會產生來源運算元的訂位站編號。指令在訂位站中等待兩個運算元到齊，到齊時兩個 Q 欄位會被設成 0。當指令被發派，或是卡住這道指令的前一道指令已完成且回寫時，Q 欄位會被設為 0。當指令執行完且 CDB 可用時，它就可以做寫入的動作。所有緩衝區、暫存器與訂位站的 Qj 或 Qk 值若與完成指令的訂位站相同，都會更新成 CDB 的值，並且把 Q 欄位標示成資料已接收 (received)。因此，CDB 可以在一個時脈週期內把結果廣播到很多目的地，如果等待的指令運算元都到齊了，它們在下一個時脈週期就可以開始執行。載入指令在執行階段中分兩步驟執行，而儲存指令則在寫入結果階段時稍有不同，在這裡可能必須等待要儲存的值。請記住，為了保持例外行為，一道指令在其之前的分支指令未完成前，不可以被執行。因為發派階段之後就沒有所謂的程式順序了，我們通常會要求如果管線中有分支尚未完成，不可以讓後續的任何指令完成發派這個步驟。在 3.6 節中，我們將看到如何利用推測機制來解除這個限制。

		指令狀態			
指　　令		重複執行之回合	發　派	執　行	寫入結果
L.D	F0,0(R1)	1	√	√	
MUL.D	F4,F0,F2	1	√		
S.D	F4,0(R1)	1	√		
L.D	F0,0(R1)	2	√	√	
MUL.D	F4,F0,F2	2	√		
S.D	F4,0(R1)	2	√		

				訂位站				
名　稱	使用中	運算	Vj	Vk	Qj	Qk	A	
Load1	是	載入					Regs[R1] + 0	
Load2	是	載入					Regs[R1] − 8	
Add1	否							
Add2	否							
Add3	否							
Mult1	是	乘法		Regs[F2]	Load1			
Mult2	是	乘法		Regs[F2]	Load2			
Store1	是	儲存	Regs[R1]			Mult1		
Store2	是	儲存	Regs[R1] − 8			Mult2		

				暫存器狀態					
欄　位	F0	F2	F4	F6	F8	F10	F12	...	F30
Qi	Load2		Mult2						

圖 3.10 尚未完成任何指令的兩個運作中的迴圈重複執行。在乘法訂位站中的記錄表示未完成的載入指令是資料的來源。儲存訂位站表示乘法的結果就是儲存指令的資料來源。

運算，且假設所有分支都被預測為會發生。) 當系統到達這個狀態時，只要乘法可以在四個時脈週期內完成，執行兩次迴圈所達成的 CPI 值就會接近 1.0。由於六個週期的時間延遲，達到穩定狀態之前必須處理多加的重複運算，這就需要更多的訂位站去保持住執行中的指令。我們之後在本章可以看到，當具備多指令發派 (multiple instruction issue) 的功能時，Tomasulo 演算法可以維持每個時脈超過一道指令。

只要位址不同的話，載入或儲存可以安全地以不同順序來完成。如果載入或儲存的目的位址相同，那麼

- 程式中載入在儲存之前，交換順序會造成 WAR 危障，或是

- 程式中儲存在載入之前，交換順序會造成 RAW 危障。

同樣地，交換兩個寫到同樣位址的儲存指令也會造成 WAW 危障。

因此，要決定載入指令是否可以立刻被執行，處理器可以檢查是否有較早的儲存指令用到此載入指令的相同位址，並且這道儲存指令尚未完成。同樣地，儲存指令要確定沒有任何其他較早的、未執行，且位址相同的載入或儲存指令。在 3.9 節中，我們想了一種方法去消除此限制。

要偵測這種危障，處理器必須在每一個記憶體運算的前期，就先算好資料的記憶體位址。一個簡單 (但未必最佳) 可以保證得到所有這樣的位址的方法是：以程式的順序來計算有效位址。(我們實際上只要確保儲存指令和其他記憶體存取指令間的相對順序；也就是說，載入指令可以任意地被重新排序。)

讓我們先考慮載入的情形。如果我們依程式順序計算有效位址，那麼當載入完成有效位址計算時，我們可以檢查所有使用中的儲存緩衝區的 A 欄位，來確定是否有位址衝突。如果載入位址和儲存緩衝區中的任何一筆位址相同，那麼直到相衝突的儲存完成之前，該載入指令都不會被送到載入緩衝區。(有些作法是直接把完成後的儲存值送到載入指令，減少 RAW 危障造成的延遲。)

儲存指令的作法很類似，只不過處理器要同時檢查載入緩衝區和儲存緩衝區是否發生衝突，因為與其他載入或儲存指令相衝突的儲存指令不可以被重新排序。

只要能精確地預測分支的話，動態排程的管線可以產生很高的效能 —— 我們在上一節討論過的問題。這個方法最大的缺點是 Tomasulo 方法的複雜性：需要用到大量的硬體。特別是，每一個訂位站都要有一個相關聯的高速緩衝區及複雜的控制邏輯電路。效能也可能受限於單一的 CDB。雖然可以增加更多的 CDB，但是每一個 CDB 都要和所有的訂位站交互作用，每個訂位站必須針對每個 CDB 複製一份標籤比對的硬體電路。

在 Tomasulo 的方法中合併使用了兩種技術：將結構中原有的暫存器重新命名成一組數量較多的暫存器，以及為暫存器組提供來源運算元的緩衝機制 (buffering)。來源運算元緩衝機制 (source operand buffering) 解決了運算元在暫存器中所引發的 WAR 危障。我們之後將會看到，要消除 WAR 危障的話，我們可以重新命名暫存器並將執行結果置於緩衝區，直到所有未完成的指令都不會用到這個早先版本的暫存器為止。這個方法在我們討論硬體式推測時會用到。

在 360/91 之後，Tomasulo 的方法有很多年不用了，但從 1990 年代開始卻廣泛使用在多指令發派的處理器中，有以下幾個原因：

1. 雖然 Tomasulo 演算法是設計在快取之前，但快取的存在帶來了天生的不可預測延遲，卻已成為動態排程的主要動機。非依序執行允許處理器在等待完成快取失誤的時候繼續執行指令，因此得以彌補全部或部份的快取失誤之損傷。
2. 由於處理器在指令發派能力方面變得更為積極求進，而且設計師也在關心難以排程的程式碼 (例如，大部份的非數字程式碼) 之效能，諸如暫存器重新命名、動態排程和推測機制等技術就變得更加重要。
3. 它能夠不需要編譯器將程式碼對準特定的管線結構便達成高效能，這在緊縮又捆綁的大量市場軟體世紀中乃是一項有價值的特質。

3.6 硬體式推測機制

當我們試著開發更多的指令階層平行化時，維持控制相依性變成了更大的負擔。分支預測減少了分支直接造成的暫停，但對於一個每週期執行多道指令的處理器而言，只靠精確地分支預測可能不足以產生所希望足夠的指令階層平行化。一個同時發派很多指令的處理器可能需要每時脈週期能執行一個分支來維持最大的效能。因此，我們需要克服控制相依性以開發更多的平行化。

用來克服控制相依性的方法就是去猜測分支的結果，然後假設我們會猜對來繼續執行程式。這種機制對於具備動態排程能力的分支預測來說，是一個細微但重要的擴充功能。特別是用了推測機制之後，我們讀取、發派和執行指令就好比我們的分支預測總是正確的。當然我們需要有處理推測錯誤時的機制。附錄 H 會討論編譯器用來支援推測機制的各種方法。我們在本節探討**硬體式推測** (hardware speculation)，這是動態排程觀念的延伸。

以硬體為基礎的推測機制結合了三個主要觀念：(1) 用動態分支預測來選擇要**執行**的指令，(2) 用推測機制讓指令可以在控制相依性被解決前執行 [同時具備預測錯誤時的回復 (undo) 能力]，以及 (3) 用動態排程來處理各個基本區塊組合的排程問題。(比較起來，沒有推測機制的動態排程，其基本區塊只會部份重疊，因為它在執行下一個基本區塊的指令之前需要先知道分支的結果。)

以硬體為基礎的推測機制會根據預測的資料值流向來決定何時執行指

令。這種執行程式的方法本質上就是**資料流執行** (data flow execution)：所有運算在它們的運算元到齊後立刻執行。

為了擴充 Tomasulo 演算法以支援推測機制，我們必須將透過旁路得到的指令結果與指令真正的執行結果分開，這樣才能用推測的方式來執行指令。藉由此種分開，我們可以執行某道指令，並且把它的結果透過旁路傳給其他指令，而且不會讓這道指令進行任何無法復原的更新動作，直到我們確定這道指令不再是「推測性指令」。

使用旁路的值就如同進行一個「推測性」暫存器讀取動作，因為在確定某道指令不是推測性指令之前，我們並不知道它寫入來源暫存器的值是否正確。當一道指令不再是推測性指令時，我們就可以讓它更新暫存器組或記憶體；我們把這個在指令執行時多出來的步驟稱為**指令判定** (instruction commit)。

推測機制背後最重要的製作概念就是讓指令可以非依序執行，但是要讓它們**依序**被判定，以避免任何無法復原的動作 (例如，更新程式狀態或發生例外) 在指令被判定前發生。因此，在加入了推測機制後，我們要區分執行完成和指令判定的程序，因為指令可能早在它們被判定之前就已經執行完成。要在指令執行的過程中加入判定階段，必須改變其執行順序，並且需要加入額外的硬體緩衝區 (用來保存已執行完成但還沒有被判定的指令結果)。這個被我們稱為**重新排序緩衝區** (reorder buffer, ROB) 的硬體緩衝區也會被用來傳遞被推測指令的執行結果。

重新排序緩衝區 (ROB) 就如同 Tomasulo 演算法中的訂位站，提供了更多的的暫存器來擴充暫存器組。ROB 保留了指令在運算完成與被判定之前的結果。因此，ROB 是指令的運算元來源，就如同 Tomasulo 演算法的訂位站一樣。最大的不同是：在 Tomasulo 演算法中，當指令寫入結果，在它之後發派的指令就會在暫存器組中找到該結果。對推測機制來說，在指令判定前暫存器組不會被更新 (這時我們明確地知道該指令應該被執行)；因此，ROB 可以在指令完成到指令判定這段期間內提供運算元。ROB 類似於 Tomasulo 演算法中的儲存緩衝區，為了簡單起見，我們把儲存緩衝區的功能整合到 ROB 內。

ROB 中的每一筆記錄有四個欄位：指令種類、目的地欄位、數值欄位，以及就緒欄位。指令種類欄位指出指令是分支 (沒有目的地)、儲存 (有一個記憶體位址目的地)，或是暫存器指令 (ALU 運算或載入，其目的地是暫存器)。目的地欄位提供了暫存器編號 (對載入及 ALU 運算指令而言) 或存放指令結果的記憶體位址 (對儲存指令而言)。數值欄位用來儲存指令判

定前的指令結果。我們稍後將會看到 ROB 記錄的範例。最後，就緒欄位表示指令已完成，其結果可被使用。

圖 3.11 畫出了內含 ROB 的處理器硬體結構。ROB 包含了儲存緩衝區。儲存仍然分成兩步驟執行，不過第二步驟由指令判定程序來執行。雖然重新命名的功能被 ROB 所取代，我們仍然需要一個處所，在指令被發派與它們開始執行之前暫時記錄運算的種類 (以及運算元)。這個功能還是由訂位站提供。因為每一道指令被判定之前在 ROB 中都佔有一個位置，因此我們用 ROB 記錄編號來標記結果，而不用訂位站編號。在這個標記法之下，被指定給一道指令的 ROB 必須由訂位站追蹤。在本節稍後，我們會探討另一種

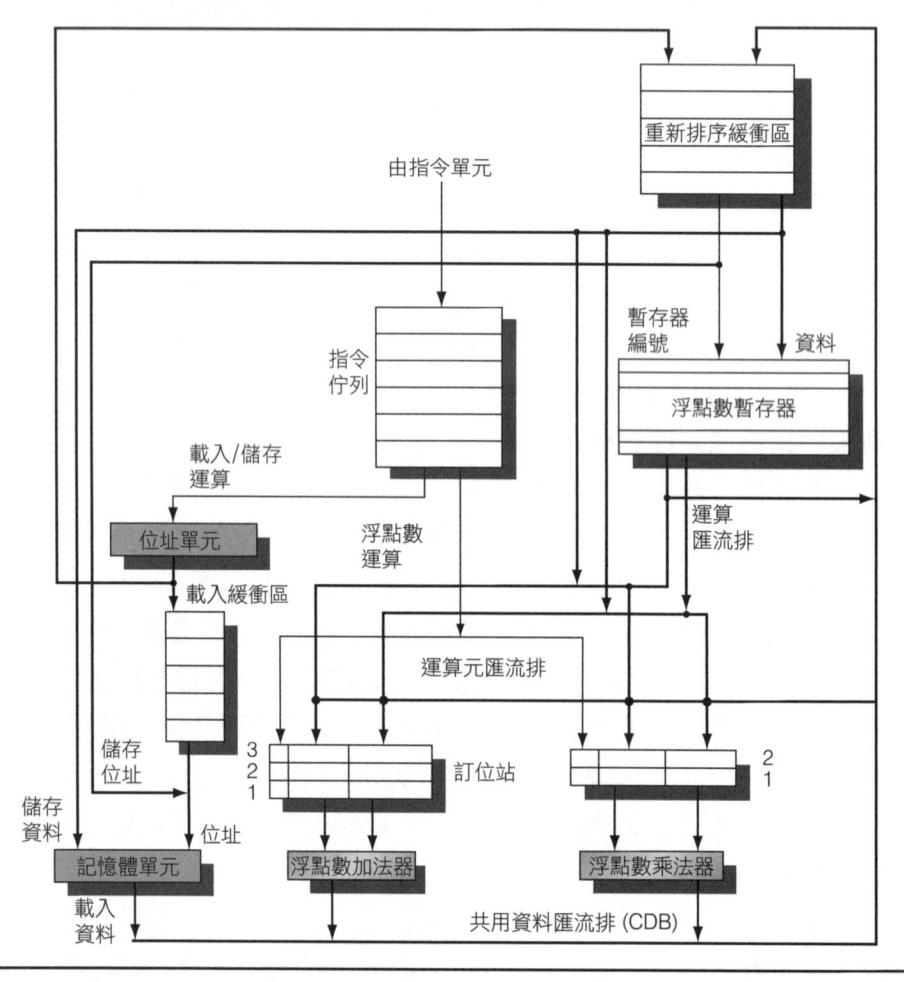

圖 3.11 浮點數單元的基本結構，此結構採用 Tomasulo 演算法並將之擴充成可以處理推測機制。與製作 Tomasulo 演算法的第 174 頁圖 3.6 相比，最主要的改變是加入 ROB 並且移除了儲存緩衝區，它的功能被整合進 ROB 中。這個機制可以被擴充成多指令發派，只要把 CDB 加寬讓每個時脈可以完成多道指令即可。

作法，是利用額外的暫存器來重新命名，並利用取代 ROB 的佇列去決定指令何時可以被判定。

這裡列出了指令執行的四個步驟：

1. **發派**：從指令佇列中取出一道指令。如果有一個空的訂位站，且 ROB 中還有空位，則發派此指令；如果暫存器或是 ROB 中的運算元都到齊了，就把它們送到訂位站。更新控制項目以表示緩衝區正在使用中。用來記錄這個結果的 ROB 編號也會被送到訂位站，所以當結果被傳到 CDB 上時，這個編號也可以被用來當作標籤。如果所有訂位站或是 ROB 都滿了，那麼指令發派就被暫停，直到兩者都有空位為止。

2. **執行**：如果有一個或多個運算元未到齊的話，那麼就會持續監視 CDB，直到要用的暫存器被計算出來為止。這個步驟會檢查是否有 RAW 危障。當訂位站等候的兩個運算元都就緒時，就執行此運算。指令在這個階段可能會花掉數個時脈週期，而且載入指令在這個階段仍需要兩個步驟。因為儲存指令只需要計算有效位址，因此儲存指令在這個階段只要等待基底暫存器 (base register) 就緒即可。

3. **寫入結果**：當結果就緒時，就將它寫入 CDB (這道指令被發派時的 ROB 標籤也一起寫入)，同時從 CDB 寫入 ROB 以及任何等待這個結果的訂位站，並且把這個訂位站標記為可用。儲存指令則需要特別的處理。如果要儲存的值已就緒，它會被寫入儲存指令的 ROB 記錄中的數值欄位。如果要儲存的值還未就緒，就必須持續監視 CDB，直到該數值被廣播送出，這時 ROB 記錄的數值欄位會被更新。為了簡化敘述，我們假設更新動作發生在儲存指令的寫入結果階段；我們之後會設法放寬這個需求。

4. **判定**：這是完成一道指令的最後階段，之後就只留下它的運算結果。[某些處理器稱此判定之詞為「完成」(completion) 或「畢業」(graduation)。] 一共有三種不同的動作序列，取決於判定的指令是否為預測錯誤的分支指令、儲存指令或是其他指令 (正常的判定)。正常的判定發生在當一道指令移到了 ROB 的最頂端，而它的值出現在緩衝區中時；此時，處理器用這個值來更新暫存器，並且把該指令從 ROB 移除。判定一道儲存指令的情況很類似，除了更新的是記憶體而非結果暫存器。當一個預測錯誤的分支移到 ROB 頂端時，就表示推測錯誤，ROB 就會被清空，而指令就從正確的分支指令後開始重新執行。如果分支預測正確，則分支就完成。

一旦一道指令被判定後，它在 ROB 中的記錄位置就會被收回，而目的暫存器或是記憶體目的就會被更新，以消除使用 ROB 記錄位置的需求。如

果 ROB 滿了，我們就要停止發派指令，直到有空的位置可用為止。現在讓我們看看之前 Tomasulo 演算法的範例在這個方法中如何運作。

範例 假設浮點數功能單元的延遲如先前的範例一樣：加法要 2 個週期、乘法要 6 個週期，而除法要 12 個週期。使用下列的程式碼片段 (與產生圖 3.8 的程式碼相同)，請列出當 MUL.D 準備要判定時的狀態表為何。

```
L.D     F6,32(R2)
L.D     F2,44(R3)
MUL.D   F0,F2,F4
SUB.D   F8,F2,F6
DIV.D   F10,F0,F6
ADD.D   F6,F8,F2
```

解答 結果列在圖 3.12 的三個表格中。請注意，即使 SUB.D 指令已執行完成，它在 MUL.D 判定前不會被判定。訂位站和暫存器的狀態欄位記錄了它們在 Tomasulo 演算法中的相同資訊 (見 176~177 頁對這些欄位的敘述)。不同的是，Qj 和 Qk 欄位中，訂位站編號被 ROB 記錄編號取代，暫存器狀態欄位也一樣，而且我們加了 Dest 欄位至每個訂位站。Dest 欄位記錄的是 ROB 編號，此編號是這個訂位站產生的結果目的地。

　　上面的例子說明了有推測機制的處理器和只有動態預測的處理器最大的不同。請比較圖 3.12 和 180 頁的圖 3.8 的內容，圖 3.12 列出了使用 Tomasulo 演算法在處理器上執行相同程式碼序列的情形。上面的例子中最主要的不同點在於，在最早的未完成的指令 (MUL.D) 之後的指令都無法完成。相反地，圖 3.8 中的 SUB.D 和 ADD.D 指令都已完成。

　　這個差異顯現出來的是使用 ROB 的處理器可以在動態地執行程式碼的同時維持精確的中斷模式。舉例來說，如果 MUL.D 造成了中斷，我們只要等到它到達 ROB 的最前端時再發生中斷，並且從 ROB 中清除所有其他未完成的指令即可。因為指令判定依序發生，這自然會產生精確的例外。

　　相反地，在使用 Tomasulo 演算法的例子中，SUB.D 和 ADD.D 指令都可能在 MUL.D 產生例外之前完成。結果暫存器 F8 和 F6 (SUB.D 和 ADD.D 指令的目的地) 可能被覆寫，而中斷就會不精確。

　　有些使用者和結構設計師覺得在高效能處理器中不精確的浮點數例外是可以接受的，因為程式很可能會結束；請看附錄 J 對這個問題的進一步討

重新排序緩衝區

記錄	使用中	指令		狀態	目的地	值
1	否	L.D	F6,32(R2)	判定	F6	Mem[32 + Regs[R2]]
2	否	L.D	F2,44(R3)	判定	F2	Mem[44 + Regs[R3]]
3	是	MUL.D	F0,F2,F4	寫入結果	F0	#2×Regs[F4]
4	是	SUB.D	F8,F2,F6	寫入結果	F8	#2-#1
5	是	DIV.D	F10,F0,F6	執行	F10	
6	是	ADD.D	F6,F8,F2	寫入結果	F6	#4+#2

訂位站

名稱	使用中	運算	Vj	Vk	Qj	Qk	目的地	A
Load1	否							
Load2	否							
Add1	否							
Add2	否							
Add3	否							
Mult1	否	MUL.D	Mem[44 + Regs[R3]]	Regs[F4]			#3	
Mult2	是	DIV.D		Mem[32 + Regs[R2]]	#3		#5	

浮點數暫存器狀態

欄位	F0	F1	F2	F3	F4	F5	F6	F7	F8	F10
Reorder #	3						6		4	5
Busy	是	否	否	否	否	否	是	…	是	是

圖 3.12 在 MUL.D 準備要判定時，只有兩個 L.D 指令已判定，即便有幾個其他的指令已完成。MUL.D 排在 ROB 最前面，而兩個 L.D 指令留在那裡只是為了方便讀者瞭解。SUB.D 和 ADD.D 指令在 MUL.D 判定之前都不會被判定，不過指令的結果已經就緒，並且可以被其他指令當成資料來源。DIV.D 正在執行，只因它的時間延遲較 MUL.D 長，所以尚未完成。數值欄存放的是數值；#X 表示這是 ROB 的第 X 筆記錄的數值欄位值。重新排序緩衝區 1 和 2 其實已完成，列出來只是為了示意而已。我們並沒有列出載入／儲存佇列的各筆記錄，但這些記錄都被依序保存。

論。至於其他種類的例外 (像是分頁錯誤)，如果它們是不精確的將會很難處理，因為程式必須在處理這種例外後重新回復執行。

使用依序指令判定的 ROB 就提供了精確的例外，同時如下一個範例所顯示的，還可以支援推測機制。

範例 請考慮之前使用 Tomasulo 演算法的程式碼範例，其執行狀況如圖 3.10 所示：

```
Loop:    L.D      F0,0(R1)
         MUL.D    F4,F0,F2
         S.D      F4,0(R1)
         DADDIU   R1,R1,#-8
         BNE      R1,R2,Loop      ;若 R1|R2 則分支
```

假設迴圈中所有的指令已被發派兩次，同時假設第一次迴圈的 L.D 和 MUL.D 已判定，而其他所有指令都已執行完成。一般來說，儲存指令會在 ROB 中等待有效位址運算元 (在這個範例中是 R1) 和要儲存的值 (在這個範例中是 F4)。因為我們只考慮浮點數管線，所以假設儲存指令的有效位址是在指令發派時被計算出來。

解答 結果列於圖 3.13 中的兩個表格。

　　因為暫存器的值或任何記憶體的值在一道指令判定前都不會真正被寫入，處理器在發現分支預測錯誤時，可以很容易地修復其推測動作。假設圖 3.13 中分支 BNE 第一次並未發生，此分支前的指令在到達 ROB 頂端時會直接判定；當分支指令到達緩衝區的頂端時，處理器只要清除緩衝區，並且從另一個路徑開始提取指令即可。

　　實際上，具備推測機制的處理器在分支預測錯誤後會試著儘快回復。經由清除該預測錯誤分支之後的每一筆 ROB 記錄、保留分支之前的 ROB 記錄，以及重新提取在分支後面的正確指令，就可以完成回復的動作。不過在推測式處理器中，效能對分支預測的敏感度更高，因為預測錯誤的代價會更大。因此，處理分支的各個問題 (預測精確度、偵測出預測錯誤的時間延遲，和預測錯誤回復時間) 就顯得更為重要。

　　例外處理的方法是在它準備要判定前再處理。如果被推測的指令產生例外，這個例外會被記錄在 ROB 中。如果發生分支預測錯誤且這道指令不應該被執行，那麼在清除 ROB 時，這個例外和這道指令會一併被清掉。如果指令到達 ROB 頂端，那我們就知道它不再是「推測性指令」，所以這個例外就真的應該發生。如果所有較早的分支都已確定的話，我們也可以試著在它們發生時就立即處理，不過對分支指令來說，這個方法比處理分支預測錯誤更具挑戰性，因為它比較不常發生，所以並不是那麼重要。

　　圖 3.14 列出了一道指令的執行步驟，以及要執行這些步驟所要滿足的條件和所發生的動作。我們列出的是預測錯誤的分支在判定前不會被清除的那種方法。雖然推測機制似乎很容易就加在動態排程上，但是把圖 3.14 和圖

重新排序緩衝區

記錄	使用中	指令		狀態	目的地	值
1	否	L.D	F0,0(R1)	判定	F0	Mem[0 + Regs[R1]]
2	否	MUL.D	F4,F0,F2	判定	F4	#1×Regs[F2]
3	是	S.D	F4,0(R1)	寫入結果	0 + Regs[R1]	#2
4	是	DADDIU	R1,R1,#-8	寫入結果	R1	Regs[R1]-8
5	是	BNE	R1,R2,Loop	寫入結果		
6	是	L.D	F0,0(R1)	寫入結果	F0	Mem[#4]
7	是	MUL.D	F4,F0,F2	寫入結果	F4	#6×Regs[F2]
8	是	S.D	F4,0(R1)	寫入結果	0 + #4	#7
9	是	DADDIU	R1,R1,#-8	寫入結果	R1	#4 - 8
10	是	BNE	R1,R2,Loop	寫入結果		

浮點數暫存器狀態

欄位	F0	F1	F2	F3	F4	F5	F6	F7	F8
Reorder #	6				7				
Busy	是	否	否	否	是	否	否	…	否

圖 3.13 即使所有其他的指令都已完成執行，只有 L.D 和 MUL.D 指令已完成判定。因此，訂位站都沒有用到，所以沒有列出來。剩下的指令會儘快地被判定。最前面的兩個重新排序緩衝區是空的，不過為了完整性還是將它們列出來。

3.9 中的 Tomasulo 演算法比較一下，就可以發現推測機制明顯地增加了控制電路的複雜度。此外，請記住分支預測錯誤也會變得更複雜。

推測式處理器和 Tomasulo 演算法對於儲存指令的處理方式有一個很重要的不同點。在 Tomasulo 演算法中，儲存指令已到達寫入結果階段 (確保有效位址已被計算出來)，並且要儲存的資料已就緒時，才可以更新記憶體。在推測式處理器中，儲存指令只有在到達 ROB 頂端時才會更新記憶體。這個差別確保一道「推測性指令」不會更新記憶體。

圖 3.14 對儲存指令作了很大的簡化，這在實際上是不需要的。圖 3.14 要求儲存指令要在寫入結果階段等待暫存器中要被儲存的來源運算元；之後此數值會從訂位站的 Vk 欄位傳送到對應的 ROB 記錄的數值 (Value) 欄位。不過實際上，要儲存的資料在儲存指令判定前不需要到達，而來源指令可以把這筆資料直接存入儲存指令的 ROB 記錄中。要這樣做的話，我們可以利用硬體來追蹤 ROB 記錄所需要的來源值何時就緒，以及在每道指令完成時搜尋 ROB 來尋找有沒有相依的儲存指令。

狀態	等到	動作或註記

發派
所有
指令
	訂位站 (r) 和
	ROB(b)
	都可使用
		if (RegisterStat[rs].Busy)/* 運行中的指令寫入 rs*/
		　　{h ← RegisterStat[rs].Reorder；
		　　if (ROB[h].Ready)/* 指令已完成 */
		　　　　{RS[r].Vj ← ROB[h].Value；RS[r].Qj ← 0；}
		　　else {RS[r].Qj ← h；} /* 等候指令 */
		} else {RS[r].Vj ← Regs[rs]；RS[r].Qj ← 0；};
		RS[r].Busy ← yes；RS[r].Dest ← b；
		ROB[b].Instruction ← opcode；ROB[b].Dest ← rd；ROB[b].Ready ← no；

浮點數
運算
和儲存
		if (RegisterStat[rt].Busy) /* 運行中的指令寫入 rt*/
		　　{h ← RegisterStat[rt].Reorder；
		　　if (ROB[h].Ready)/* 指令已完成 */
		　　　　{RS[r].Vk ← ROB[h].Value；RS[r].Qk ← 0；}
		　　else {RS[r].Qk ← h；} /* 等候指令 */
		} else {RS[r].Vk ← Regs[rt]；RS[r].Qk ← 0；};

浮點數 運算		RegisterStat[rd].Reorder ← b；RegisterStat[rd].Busy ← yes； ROB[b].Dest ← rd；
載入		RS[r].A ← imm；RegisterStat[rt].Reorder ← b； RegisterStat[rt].Busy ← yes；ROB[b].Dest ← rt；
儲存		RS[r].A ← imm；
執行 浮點數 運算	(RS[r].Qj == 0) 且 (RS[r].Qk == 0)	計算結果 —— 運算元在 Vj 和 Vk 中
載入 第一步	(RS[r].Qj == 0) 且 佇列中沒有較早未完 成的儲存	RS[r].A ← RS[r].Vj + RS[r].A；
載入 第二步	完成載入第一步且在 ROB 中所有較早的 儲存位址都不同	從 Mem[RS[r].A] 讀出
儲存	(RS[r].Qj == 0) 且 儲存在佇列的開頭	ROB[h].Address ← RS[r].Vj + RS[r].A；
寫入儲 存以外 的所有 結果	r 執行完成且 CDB 可 用	b ← RS[r].Dest；RS[r].Busy ← no； ∀x(if (RS[x].Qj==b) {RS[x].Vj ← result；RS[x].Qj ← 0}); ∀x(if (RS[x].Qk==b) {RS[x].Vk ← result；RS[x].Qk ← 0}); ROB[b].Value ← result；ROB[b].Ready ← yes；
儲存	r 執行完成且 (RS[r].Qk == 0)	ROB[h].Value ← RS[r].Vk；

判定	指令在 ROB 的開
	頭 (記錄位置 h) 且
	ROB[h].ready ==
	yes
		d ← ROB[h].Dest；/* 目的暫存器，如果存在 */
		if (ROB[h].Instruction==Branch)
		　　{if (branch is mispredicted)
		　　　{clear ROB[h]. RegisterStat；fetch branch dest；}；}
		else if (ROB[h].Instruction==Store)
		　　{Mem[ROB[h].Destination] ← ROB[h].Value；}
		else /* 將結果置入目的暫存器 */
		　　{Regs[d] ← ROB[h].Value；};
		ROB [h]. Busy ← no；/* 釋放 ROB 記錄位置 */
		/* 釋放目的暫存器，如果沒有其他裝置在寫入它 */
		if (RegisterStat[d].Reorder==h) {RegisterStat[d].Busy ← no；}；

圖 3.14 演算法的每個步驟以及每一步驟需要滿足的條件。對於發派的指令而言，rd 是目的地、rs 和 rt 是來源、r 是配置的訂位站、b 是指定的 ROB 記錄位置，而 h 則是 ROB 的頂端記錄位置。RS 是訂位站的資料結構。訂位站傳回的資料被稱為「result」。RegisterStat 是暫存器資料結構、Regs 代表真正暫存器，而 ROB 是重新排序緩衝區的資料結構。

加入這個功能並不複雜，但會有兩個效果：我們需在 ROB 中加入一個欄位，不過圖 3.14 所用的字體已經很小了，這樣一來圖 3.14 就會更長。雖然圖 3.14 採用此簡化機制，但是在我們的範例中，我們會讓儲存指令直接通過寫入結果階段，而只要在判定時等待資料就緒即可。

如同 Tomasulo 演算法，我們要避免使用記憶體產生的危障。由記憶體產生的 WAW 和 WAR 危障在推測時會被消除，因為真正的記憶體更新是依序發生的，這時儲存指令會在 ROB 的頂端，因此沒有較早的未完成的載入或儲存指令。由記憶體產生的 RAW 危障可根據兩項限制來處理：

1. 如果儲存指令的 ROB 記錄的目的位址和載入指令的 A 欄位有相同的值，我們就不讓載入指令進入執行的第二個步驟。
2. 在計算該載入指令的有效位址時，要維持此指令在原程式中與較早的儲存指令的相對順序。

同時具備這兩項限制可以確保：任何用到較早的儲存指令的記憶體位址的載入指令，在儲存指令寫資料之前不會被執行。這種 RAW 危障發生時，有些推測式處理器會把要儲存的值透過旁路直接送給載入指令。另外一種方式為：使用一張數值預測表單去預測可能發生的碰撞；我們會在 3.9 節考慮。

雖然對於推測性執行的說明著重於浮點數運算上，這些技術可以很輕易地擴充到整數暫存器和功能單元。事實上，推測機制對整數型程式可能更有用，因為這類程式很可能會有分支行為較不容易預測的程式碼。此外，藉由讓多道指令在一個週期內發派和判定，這些技術可以擴充到多指令發派處理器上。事實上，這些處理器可能對推測機制最有興趣，因為有編譯器的幫忙，使用較普通的方法就可能在基本區塊中發掘出足夠的 ILP。

3.7 使用多指令發派與靜態排程來開發 ILP

前幾節中的技術可用來消除資料暫停和控制暫停，而且可以達成理想的 CPI 值：1。要更進一步增進效能，我們想把 CPI 值減至 1 以下。但是如果每一個時脈週期只發派一道指令，CPI 值就不可能減到 1 以下。

以下幾節要討論的**多指令發派處理器** (multiple-issue processor) 的目標就是讓多道指令可以在一個時脈週期內被發出。多指令發派處理器有三種基本形式：

1. 靜態排程超純量處理器
2. 超長指令字元 (very long instruction word, VLIW) 處理器
3. 動態排程超純量處理器

該兩種形式的超純量處理器每個時脈週期都發派數目可變的指令，如果它們是以靜態方式排程便採用依序執行，若是以動態方式排程則採用非依序執行。

相反地，VLIW 處理器發派數目固定的指令，其格式是一道很長的指令，或是一個固定大小的**指令封包** (instruction packet)，可以明確地指出內含指令的平行性，VLIW 處理器基本上都是由編譯器靜態地排程。當 Intel 與 HP 創造出 IA-64 結構時 (描述於附錄 H)，他們也為此結構風格引進了 EPIC 的名稱 —— 外顯的平行指令計算機 (explicitly parallel instruction computer)。

雖然靜態排程超純量每個時脈發派的是數目可變的指令而非數目固定的指令，實際上在概念方面較接近於 VLIW，因為這兩種方式都倚賴編譯器去為處理器的程式碼排程。由於靜態排程超純量之優點隨著發派寬度的成長而漸漸消失，所以主要是用在窄的發派寬度，一般只有兩道指令而已。超出該寬度的話，大多數設計師就選擇製作 VLIW 或動態排程超純量。由於在硬體與所需編譯器技術上的相似性，本節中我們就把焦點放在 VLIW 上。本節的見解很容易延伸至靜態排程超純量。

圖 3.15 總結了多指令發派的基本方式以及它們之間的特性差異，並且列出使用每一種方式的處理器。

VLIW 的基本方法

VLIW 使用多重、獨立的功能單元。VLIW 將數個運算包裝成為一個很長的指令，或要求在發派封包內的多個指令滿足相同的限制；而不是嘗試發派多個獨立指令到功能單元去。因為這兩種方法中並沒有基本的不同，我們就假設如同原始的 VLIW 方法一般，將多個運算放在一道指令內。

因為當最多可以同時發派的指令增加時，VLIW 的優點也就愈顯著。所以我們將專注在發派較寬 (wider-issue) 的處理器上。的確，對簡單雙指令發派處理器而言，超純量處理器的虛耗可能是很小的。許多設計師可能會爭辯四指令發派處理器的虛耗是可管控的，但我們將在本章稍後看到，虛耗的成長乃是較寬的指令發派受到限制的主要因素。

我們來考慮一個 VLIW 處理器，具有五個運算，包含一個整數運算 (也可能是一個分支)、兩個浮點數運算，以及兩個記憶體存取。此指令對每一

常用的名稱	發派結構	危障偵測	排　　程	用以區分的特性	例　子
超純量 (靜態式)	動態	硬體	靜態	依序執行	大部份在嵌入式領域：MIPS 和 ARM，包括 ARM Cortex-A8
超純量 (動態式)	動態	硬體	動態	部份非依序執行，但無推測機制	目前不存在
超純量 (推測式)	動態	硬體	動態加上推測機制	非依序執行加上推測機制	Intel Core i3, i5, i7；AMD Phenom；IBM Power 7
VLIW/LIW	靜態	主要是軟體	靜態	所有危障是由編譯器決定並指示(經常為隱含式)	大部份的例子是在訊號處理領域，例如 TI C6x
EPIC	主要是靜態	主要是軟體	大部份靜態	所有危障是由編譯器以外顯方式決定並指示	Itanium

圖 3.15 多指令發派處理器採用的最主要的五種方法，以及可以區分它們的主要特性。本章把重心放在硬體為主的技術上，這些技術都是某種形式的超純量架構。附錄 H 著重於編譯器為主的方法。在 IA-64 結構中具體實現的 EPIC 方式，延伸了許多早期 VLIW 方式的概念，提供靜態與動態方式的融合。

個功能單元都會有一組欄位 —— 每一個單元可能有 16 到 24 位元，所以每道指令長度為 80 到 120 位元之間。比較起來，Intel Itanium 1 和 2 每道指令封包則包含六個運算 (也就是說，它們允許同時發派兩個三道指令的封包，如附錄 H 所述)。

要讓功能單元保持滿載，程式碼序列中就必須有足夠的平行化，來填滿可用的運算槽。此平行化由迴圈之展開與單一大型迴圈本體之排程而達成。若迴圈展開產生直線程式碼，則可以使用單一基本區塊的**區域排程** (local scheduling) 技術。發現並開發平行性若需要重新排程來跨過分支，就必須使用一個實質上更複雜的**全域排程** (global scheduling) 演算法。全域排程演算法不只在架構上更複雜，同時因為移動跨越分支的程式碼代價高昂，所以也必須處理更複雜的最佳化取捨策略。

在附錄 H 中，我們將探討**追蹤排程** (trace scheduling)，是特別為 VLIW 發展的全域排程技術之一。我們也將探討一些可消除條件分支的特殊硬體支援方法，擴充區域排程的可用性，並且增加全域排程的效能。

現在，我們將依賴迴圈展開去產生又長又是直線程式碼的序列，這樣我們就可以使用區域排程來建立 VLIW 指令，而專注在處理器操作的效能。

範例 假設我們有一個 VLIW，每一個時脈週期可以發派兩個記憶體存取、兩個浮點數運算，以及一個整數運算或分支。針對這種處理器，請列出迴圈 x[i] = x[i] + s（請參閱第 158 頁 MIPS 程式碼）展開後的程式碼。為了消除所有的暫停，請儘可能地將迴圈展開。請忽略延遲分支。

解答 程式碼顯示在圖 3.16 中。這個迴圈被展開 7 次，消除了所有的暫停（也就是完全無法發派任何指令的時脈週期），並且在 9 個時脈週期內執行。此程式碼在 9 個時脈週期內可產生 7 個結果的執行率，或是每個結果 1.29 個時脈週期。與 3.2 節中使用展開與排程程式碼的雙指令發派超純量處理器相比，此方式大約快 2 倍。

對原始 VLIW 模型而言，則有技術與符號邏輯上的問題，使得此方式效率較差。技術問題為程式碼大小的增加和鎖定步驟運算的限制。有兩個因素會增加 VLIW 的程式碼大小。首先，要在一個直線程式碼片段內產生足夠的運算，需要積極地展開迴圈（如同先前的範例），這將增加程式碼的大小。其次，當無法找到足夠的運算來填補指令時，未使用的功能單元會轉變為指令編碼內浪費的位元。在附錄 H 中，我們檢視了軟體排程方式，例如軟體管線化，可以不需要太多的程式碼擴充而獲得展開的好處。

記憶體存取 1	記憶體存取 2	浮點數運算 1	浮點數運算 2	整數運算 / 分支
L.D F0,0(R1)	L.D F6,-8(R1)			
L.D F10,-16(R1)	L.D F14,-24(R1)			
L.D F18,-32(R1)	L.D F22,-40(R1)	ADD.D F4,F0,F2	ADD.D F8,F6,F2	
L.D F26,-48(R1)		ADD.D F12,F10,F2	ADD.D F16,F14,F2	
		ADD.D F20,F18,F2	ADD.D F24,F22,F2	
S.D F4,0(R1)	S.D F8,-8(R1)	ADD.D F28,F26,F2		
S.D F12,-16(R1)	S.D F16,-24(R1)			DADDUI R1,R1,#-56
S.D F20,24(R1)	S.D F24,16(R1)			
S.D F28,8(R1)				BNE R1,R2,Loop

圖 3.16 佔有內迴圈並取代未展開序列的 VLIW 指令。在假設沒有分支延遲下，此程式碼花費 9 個時脈週期。通常分支延遲也需要被排程。發派速率是在 9 個時脈週期內有 23 個運算，或是每個時脈週期有 2.5 個運算。含有運算的可用槽百分比稱為效率 (efficiency)，此例的效率為 60%。要達到此發派速率，在此迴圈中需要使用比 MIPS 更大量的暫存器。以上 VLIW 程式碼序列至少需要 8 個浮點數暫存器。對 MIPS 處理器而言，相同的程式碼序列可以少到只使用兩個浮點數暫存器，在展開與排程之後也只多到五個暫存器而已。

為了解決程式碼大小增加的問題，我們有時會使用一些巧妙的編碼方式。例如，可能讓數個功能單元共用一個立即值欄位。另一種技術是在主記憶體內壓縮指令，而當讀入快取記憶體或指令解碼時才解壓縮還原。在附錄 H 中，我們展現了其他技術，並將 IA-64 上所看到的重要程式碼擴充寫成文件。

早期 VLIW 以鎖定步驟的方式運作；完全沒有危障偵測硬體，因為所有的功能單元必須保持同步，所以任何一個功能單元管線發生暫停，就會造成整個處理器的暫停。雖然編譯器可以針對有定性的功能單元進行排程，以避免暫停，但是對於記憶體存取，我們很難預測哪一個資料存取會造成一個快取暫停，所以很難進行排程。因此，快取記憶體必須封閉，**所有的**功能單元都要暫停。當指令發派速率與記憶體存取的次數都大時，這樣的同步限制是無法接受的。在最近的處理器中，各功能單元更加獨立地操作，並且編譯器會在指令發派時避免危障的發生，而且一旦指令發派後，硬體的檢查可允許非同步執行。

二進位執行碼相容性也是 VLIW 一個主要的邏輯問題。在一個嚴謹的 VLIW 方法中，程式碼序列使用指令集定義與詳細的管線架構，包含功能單元與它們的時間延遲。因此，不同數目的功能單元與時間延遲會需要不同版本的程式碼。這造成要在上下世代或不同指令發派寬度之間移植程式，會比超純量架構更加地困難。當然，要從一個新的超純量設計獲得更好的效能，可能需要重新編譯。雖然如此，可執行過去舊的二進位執行檔是超純量架構一個很實用的優點。

EPIC 方式的主要範例為 IA-64 結構，對許多早期 VLIW 設計上所遭遇的問題提供了解決之道，包括針對更積極的軟體式推測機制所作的擴充，以及克服硬體相依性的限制卻仍保留二進位執行碼相容性所用的方法。

所有多指令發派處理器的最大挑戰就是開發更多的 ILP。如果展開浮點型程式內簡單迴圈就可以獲得平行化時，則原始迴圈在一個向量處理器上執行也會很有效率 (於下一章描述)。對於這類的應用程式，多指令發派處理器是否比向量處理器更好，並不十分明確。但是這兩種處理器的成本差不多，而向量處理器通常會有相同或更快的速度。多指令發派處理器有兩個潛在的優點是向量處理器所沒有的：能從較不結構化的程式碼中擷取平行化，並能快取所有形式的資料。因為這些原因，多指令發派處理器已成為開發指令階層平行化的主要方法，而向量方式則是用來作為這些處理器的擴充。

3.8 使用動態排程、多指令發派與推測機制來開發 ILP

到目前為止,我們已經看到動態排程、多指令發派以及推測機制等個別機制如何地運作。本節中,我們就把這三項全都放在一起,產生一種微結構,十分類似於新式微處理器當中的微結構。為了簡單起見,我們只考慮每個時脈兩道指令的發派速率,但是其概念與每個時脈發派三道或更多道指令的新式處理器並無不同。

讓我們假設:我們想要擴充 Tomasulo 演算法,去支援一個具有分開的整數、載入/儲存和浮點數單元(浮點數乘法與浮點數加法)之多指令發派的超純量管線,每一個運算單元在每一個時脈上都能起動一個運算。我們不想要以非依序方式發派指令至訂位站,因為這可能會導致違反程式的語意。為了得到動態排程的所有好處,我們將允許管線在一個時脈內發派任何雙指令的組合,使用排程硬體實際將運算指定給整數和浮點數單元。由於整數和浮點數指令之間的交互作用事關緊要,我們也將 Tomasulo 方法加以擴充,去處理整數與浮點數功能單元和暫存器,同時也將推測式執行併入。圖 3.17 顯示,其基本組織類似於每個時脈發派一次的推測式處理器,除了必須強化發派與完成的邏輯電路,好讓每個時脈處理多道指令。

在動態排程處理器中(有或沒有推測機制)每個時脈發派多道指令是非常複雜的,理由很簡單:多道指令可能彼此相依。因為這個緣故,表格必須針對平行指令予以更新;否則表格將不正確,或者可能失去相依性。

在動態排程處理器中,已有兩種不同的方法被用來在一個時脈內發派多道指令,這兩種方法都是根據同一項觀察:關鍵在於指定訂位站和更新管線控制表上。其中一個方法是在半個時脈週期內完成這個步驟,這樣一來就可以在一個時脈週期內處理兩道指令;不幸的是,這種方法並不能夠輕易地擴展到每個時脈處理四道指令。

第二個方法是建立用來同時處理兩道指令的邏輯電路,包括解決指令間所有可能出現的相依情形。目前每個時脈可以發派四個或更多指令的超純量處理器可能會同時採用這兩種方法:加寬發派邏輯電路,並將之管線化。有一項重要觀察:我們不能只是把問題管線掉。因為每個時脈週期持續發派新的指令而造成指令發派花費了多個時脈,我們必須有能力指定定位站並更新管線表格,使得次一時脈所發派的相依指令可以使用更新的資訊。

在動態排程超純量架構中,此發派步驟乃是最根本的瓶頸之一。為了舉例說明該過程的複雜性,圖 3.18 列出某個案例的發派邏輯:發派一道載入,後面跟隨著一道相依性浮點數運算。該邏輯是以 192 頁的圖 3.14 為基礎,但

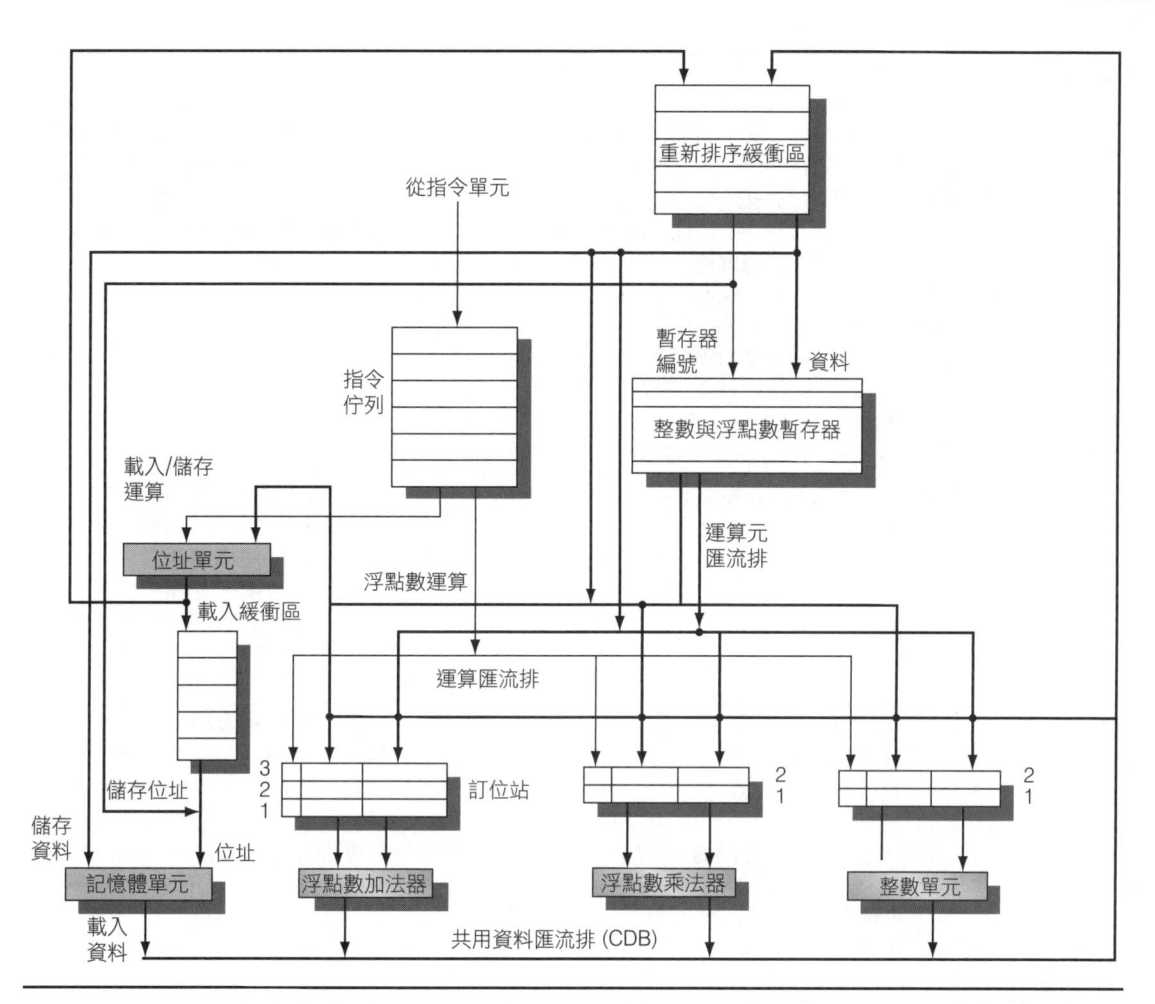

圖 3.17 推測式多指令發派處理器的基本組織。在此例中，該組織可以容許一道浮點數乘法、一道浮點數加法、一道整數運算以及一道載入/儲存同時納入所有發派中（假設每個功能單元每個時脈發派一道）。請注意有幾條資料路徑必須加寬以支援多指令發派：CDB、運算元匯流排，以及至關重要卻未顯示在圖中的指令發派邏輯電路。最後一項乃是困難的問題所在，我們會在課文中討論。

是只提出一個案例。在新式的超純量架構中，允許在同一個時脈週期內發派的相依指令的每一種可能組合都必須加以考量。由於可能性的數目隨著一個時脈內可以發派的指令數目的平方而向上爬升，所以發派步驟就可能成為嘗試每個時脈超出四道指令的瓶頸。

我們可以歸納圖 3.18 的細節，針對每個時脈達 n 道發派的動態排程超純量架構中發派邏輯與訂位表的更新，將其基本策略描述如下：

動作或註記	註解

`if (RegisterStat[rs1].Busy)`/* 運行中的指令寫入 rs*/
　`{h ← RegisterStat[rs1].Reorder ;`
　　`if (ROB[h].Ready)`/* 指令已完成 */
　　　`{RS[r1].Vj ← ROB[h].Value ; RS[r1].Qj ← 0 ; }`
　　`else {RS[r1].Qj ← h ; } ` /* 等候指令 */
`} else {RS[r1].Vj ← Regs[rs] ; RS[r1].Qj ← 0 ; } ;`
`RS[r1].Busy ← yes ; RS[r1].Dest ← b1 ;`
`ROB[b1].Instruction ← Load ; ROB[b1].Dest ← rd1 ;`
`ROB[b1].Ready ← no ;`
`RS[r].A ← imm1 ; RegisterStat[rt1].Reorder ← b1 ;`
`RegisterStat[rt1].Busy ← yes ; ROB[b1].Dest ← rt1 ;`
	為單一來源運算元的載入指令更新訂位表。因為在此發派封包中這是第一道指令，所以看起來與載入指令通常所發生的沒有什麼不同。

`RS[r2].Qj ← b1 ; }` /* 等候載入指令 */	由於我們知道該浮點數運算的第一個運算元是來自於該載入指令，此步驟只是更新訂位站指向該載入指令而已。請注意必須在運作中分析相依性，而且也必須在此發派步驟期間配置 ROB 記錄位置，才能夠正確地更新定位表。

`if (RegisterStat[rt2].Busy)` /* 運行中的指令寫入 rt*/
　`{h ← RegisterStat[rt2].Reorder ;`
　　`if (ROB[h].Ready)`/* 指令已完成 */
　　　`{RS[r2].Vk ← ROB[h].Value ; RS[r2].Qk ← 0 ; }`
　　`else {RS[r2].Qk ← h ; }` /* 等候指令 */
`} else {RS[r2].Vk ← Regs[rt2] ; RS[r2].Qk ← 0 ; } ;`
`RegisterStat[rd2].Reorder ← b2 ;`
`RegisterStat[rd2].Busy ← yes ;`
`ROB[b2].Dest ← rd2 ;`
	由於我們假設該浮點數運算的第二個運算元是來自於一個先前發派的封包，此步驟看起來就像是單指令發派的情況。當然，如果該指令相依於同一個發派封包內的某物，表格就必須使用所指派的訂位緩衝區予以更新。

`RS[r2].Busy ← yes ; RS[r2].Dest ← b2 ;`
`ROB[b2].Instruction ← FP operation ; ROB[b2].Dest ← rd2 ;`
`ROB[b2].Ready ← no ;`
	本節僅針對浮點數運算更新表格，並且與該載入指令無關。當然，如果在本發派封包中有更多指令相依於該浮點數運算 (可能發生於四指令發派的超純量架構)，對於這些指令的訂位表更新就會受到該指令的影響。

圖 3.18 對於一對相依指令 (稱為 1 與 2) 的發派步驟，其中指令 1 為浮點數載入，指令 2 為浮點數運算，其第一個運算元是載入指令的結果；r1 與 r2 是針對這些指令所指派的訂位站；b1 與 b2 則是所指派的重新排序緩衝區的記錄位置。對於發派的指令，rd1 與 rd2 為目的；rs1、rs2 和 rt2 為來源 (該載入指令只有一個來源)；r1 與 r2 為所配置的訂位站；b1 與 b2 則為所指派的 ROB 記錄位置。RS 是訂位站的資料結構。RegisterStat 是暫存器資料結構、Regs 代表真正暫存器，而 ROB 是重新排序緩衝區的資料結構。請注意我們必須要有指派的重新排序緩衝區，好讓該邏輯可以妥善運作；也請回想所有這些更新都是平行地發生在單一的時脈週期內，並不是循序發生！

1. 針對**每一道可能**在下一個發派封包內發派的指令，指派一個定位站和一個重新排序緩衝區。該指派可以在知道指令形式之前就進行，只要將使用 *n* 筆記錄位置的重新排序緩衝區的記錄位置預先循序配置給封包中的指令，並保證可取得足夠的訂位站來發派整束封包 (無論封包內容為何) 即可。藉由限制一種已知類型 (或者說是浮點型、整數型、載入型、儲存型) 的指令數目，就可以預先配置所需要的訂位站。萬一無法取得足夠的訂位站 (例如當程式中次幾道指令都是同一種指令形式的話)，該封包就會被裂解，僅有一部份指令會依原來的程式順序被發派出來。封包中剩下的指令可以放在下一個封包內以供未來發派。
2. 在發派封包的指令當中分析所有的相依性。
3. 如果封包中有一道指令相依於封包中另一道較早先的指令，就使用所指派的重新排序緩衝區編號，為該相依指令更新訂位表。否則就使用現有的訂位表與重新排序緩衝區的資訊，為該發派指令更新訂位表記錄。

當然，造成上面非常複雜之處在於所有事情都是在單一的時脈週期內平行地做完！

　　在管線的後端，每個時脈內必須能夠完成並判定多道指令。這些步驟比起發派問題就容易一些，因為能夠在同一個時脈週期內實際判定的多道指令必定已經處理並解決過任何的相依性。我們將會看到，設計師們都已經搞清楚如何去處理這種複雜性了：3.13 節所檢視的 Intel i7 實質上使用了我們針對推測式多指令發派所描述的方案，包括一大筆數目的訂位站、一個重新排序緩衝區，以及一個也用來處理非阻隔式快取失誤的載入和儲存緩衝區。

　　從效能觀點上，我們可以用一個範例去顯現各個概念是如何配合在一起。

範例 請考慮下列用來遞增一個整數陣列中每一個元素的迴圈，在雙指令發派處理器的執行狀況。請在兩只處理器上執行，一只不用推測機制，另一只採用推測機制：

```
Loop:    LD       R2,0(R1)       ; 陣列元素
         DADDIU   R2,R2,#1       ; 遞增 R2
         SD       R2,0(R1)       ; 儲存結果
         DADDIU   R1,R1,#8       ; 遞增指標器
         BNE      R2,R3,LOOP     ; 若非最後元素則遞增
```

假設有獨立的整數功能單元來處理有效位址的計算、ALU 運算與分支的條件判斷。請列出這兩只處理器前三次迴圈的執行情況表。假設不論任何類型的指令，每個時脈最多只可判定兩道指令。

解答 圖 3.19 和 3.20 列出了未使用及使用了推測機制的雙指令發派動態排程處理器的效能。在這個例子中,分支可能是關鍵的效能限制,推測機制會有很大的幫助。推測式處理器在第 13 個時脈週期執行第三個分支,而非推測式管線在第 19 個週期才執行它。因為非推測式管線的指令完成速率很快地就落後於指令發派速率,非推測式管線在迴圈指令被發派幾次之後就會暫停 (stall)。非推測式處理器的效能可以藉由允許載入指令在分支決定前完成有效位址的計算來增進,不過除非推測性記憶體存取是被允許的,否則這項改進只會讓每次重複執行加快一個時脈。

此例很清楚地顯示:當具有資料相依的分支時,推測機制會很有用,不然效能就會受限。不過這個優點靠的是精確的分支預測。錯誤的推測不但不能增進效能,實際上反而常會損傷效能,並且如同我們即將看到的,還會劇烈地降低能量效率。

迴圈重複執行的編號	指　令		發派的時脈編號	執行的時脈編號	記憶體存取的時脈編號	寫入 CDB 的時脈編號	說　明
1	LD	R2,0(R1)	1	2	3	4	第一次發派
1	DADDIU	R2,R2,#1	1	5		6	等待 LW
1	SD	R2,0(R1)	2	3	7		等待 DADDIU
1	DADDIU	R1,R1,#8	2	3		4	直接執行
1	BNE	R2,R3,LOOP	3	7			等待 DADDIU
2	LD	R2,0(R1)	4	8	9	10	等待 BNE
2	DADDIU	R2,R2,#1	4	11		12	等待 LW
2	SD	R2,0(R1)	5	9	13		等待 DADDIU
2	DADDIU	R1,R1,#8	5	8		9	等待 BNE
2	BNE	R2,R3,LOOP	6	13			等待 DADDIU
3	LD	R2,0(R1)	7	14	15	16	等待 BNE
3	DADDIU	R2,R2,#1	7	17		18	等待 LW
3	SD	R2,0(R1)	8	15	19		等待 DADDIU
3	DADDIU	R1,R1,#8	8	14		15	等待 BNE
3	BNZ	R2,R3,LOOP	9	19			等待 DADDIU

圖 3.19 未使用推測機制、雙指令發派管線的發派、執行以及寫入結果的時間。請注意在 BNE 之後的 LD 無法提早開始執行,因為它必須等到分支結果決定後才可以執行。像這類程式,具有無法提前解決的資料相依性分支,顯示出推測機制的優點。用獨立的功能單元來處理位址計算、ALU 運算和分支預測判斷,讓多道指令可以在同一個週期內執行。圖 3.20 則顯示具有推測機制的例子。

迴圈重複執行的編號	指令		發派的時脈編號	執行的時脈編號	記憶體存取的時脈編號	寫入CDB的時脈編號	判定的時脈編號	說明
1	LD	R2,0(R1)	1	2	3	4	5	第一次發派
1	DADDIU	R2,R2,#1	1	5		6	7	等待 LW
1	SD	R2,0(R1)	2	3			7	等待 DADDIU
1	DADDIU	R1,R1,#8	2	3		4	8	依序判定
1	BNE	R2,R3,LOOP	3	7			8	等待 DADDIU
2	LD	R2,0(R1)	4	5	6	7	9	沒有執行延遲
2	DADDIU	R2,R2,#1	4	8		9	10	等待 LW
2	SD	R2,0(R1)	5	6			10	等待 DADDIU
2	DADDIU	R1,R1,#8	5	6		7	11	依序判定
2	BNE	R2,R3,LOOP	6	10			11	等待 DADDIU
3	LD	R2,0(R1)	7	8	9	10	12	可能是最早的
3	DADDIU	R2,R2,#1	7	11		12	13	等待 LW
3	SD	R2,0(R1)	8	9			13	等待 DADDIU
3	DADDIU	R1,R1,#8	8	9		10	14	稍早執行
3	BNE	R2,R3,LOOP	9	13			14	等待 DADDIU

圖 3.20 使用推測機制、雙指令發派管線的發派、執行以及寫入結果的時間。請注意在 BNE 之後的 LD 可以提早執行，因為它是推測性指令。

3.9 指令傳遞與推測機制的先進技術

對一個高效能管線，特別是具有多指令發派 (multiple issue) 能力的管線而言，正確地預測分支並不夠；事實上我們必須提供一個高頻寬的指令流。對近來的多指令發派處理器來說，這代表了每個時脈週期要傳遞出 4 至 8 道指令。我們首先注目於增加指令傳遞頻寬的方法，然後轉向製作先進推測技術的一組關鍵問題，包括使用暫存器重新命名 (相對於重新排序緩衝區)、推測技術的積極性，以及一種稱為**數值預測** (value prediction) 的技術，此項技術嘗試要預測計算的結果，也可能會進一步增強 ILP。

增加指令提取之頻寬

多指令發派處理器通常會要求：任何時脈週期所提取的指令平均數至少得與平均流通量一樣大。當然，提取這些指令需要足夠寬的路徑通往指令快取記憶體；但是最困難的一點卻是處理分支。本節中我們注意兩種處理分支

的方法,然後再討論新式的處理器如何去整合指令預測和預先提取的功能。

分支目標緩衝區

為了減少分支對簡單的五階段管線以及對更深管線造成的損傷,我們必須知道這個目前尚未解碼完成的指令是否是一道分支指令,如果是的話,必須知道下一個程式計數器 (PC) 值為何。如果這道指令是分支指令,並且我們也知道下一個 PC 值,則我們的分支損傷就是 0。用來儲存分支後的下一道指令的預測位址的分支預測快取記憶體就稱為**分支目標緩衝區** (branch-target buffer) 或**分支目標快取記憶體** (branch-target cache)。圖 3.21 顯示一個分支目標緩衝區。

因為分支目標緩衝區預測下一道指令的位址,並且會在目前這道指令被解碼前將預測的位址送出,所以我們一定要知道目前的指令是不是一道被預測為會發生的分支指令。如果被提取指令的 PC 值和預測緩衝區中的一個位址相符,則對應的預測 PC 值就被當成是下一個 PC 值。分支目的地緩衝區的硬體和快取記憶體的硬體基本上是相同的。

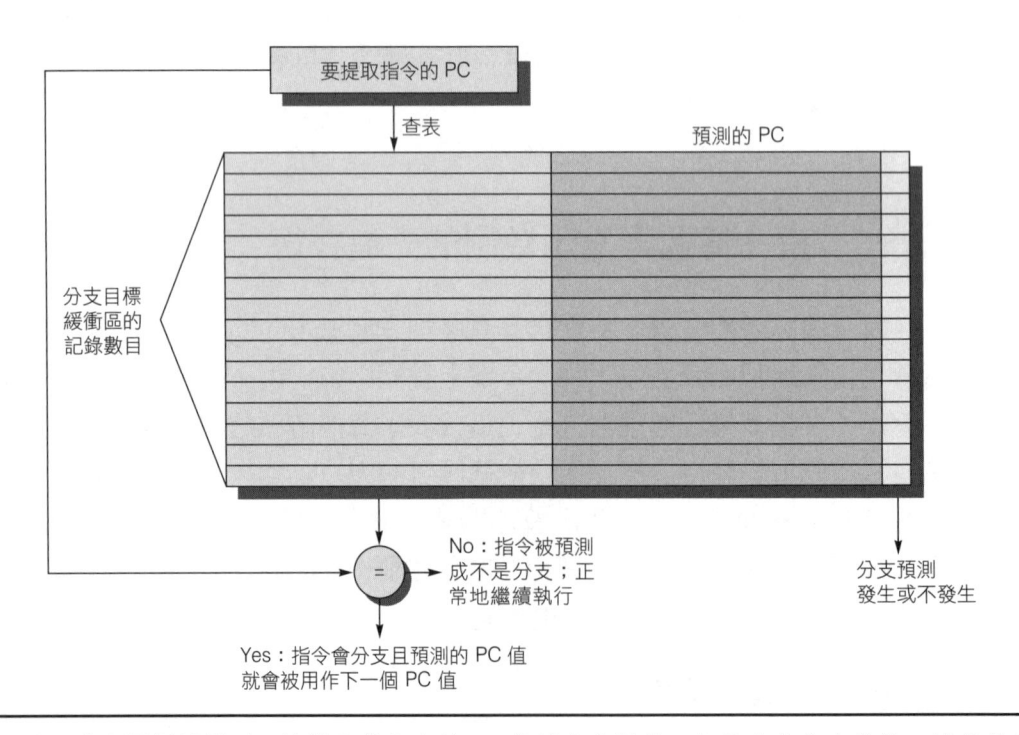

圖 3.21 分支目標緩衝區。被提取的指令的 PC 值用來比對第一個儲存的指令位址;這些是用來表示已知的分支指令位址。如果 PC 值符合這些記錄的其中一個,則被提取的指令就是一道會發生的分支指令,而第二個欄位「預測的 PC 值」則是存放分支後的下一個 PC 值。指令立即從該位址開始提取。第三個選擇性欄位可用作額外的預測狀態位元。

如果在分支目標緩衝區中找到一筆相符的記錄，就立即在預測的 PC 值上提取指令。請注意 (不同於分支預測緩衝區)，這筆記錄必須要對應到目前的指令，因為這個預測的 PC 值會在知道這道指令是不是分支指令之前就會被送出。如果我們不檢查這筆資料是否符合 PC 值，則對於不是分支的指令可能會送出錯誤的 PC 值，結果造成較差的效能。我們只需要把預測會發生的分支指令存入分支目標緩衝區，因為不會發生的分支指令和不是分支的指令是用同樣的方法來提取下一道指令。

圖 3.22 針對簡單的五階段管線顯示了使用分支目標緩衝區的步驟。從此圖我們可以看到，如果分支預測的記錄被發現在緩衝區中且預測正確，就不會有分支延遲。否則，它會造成至少兩個時脈週期的損傷。處理預測錯誤

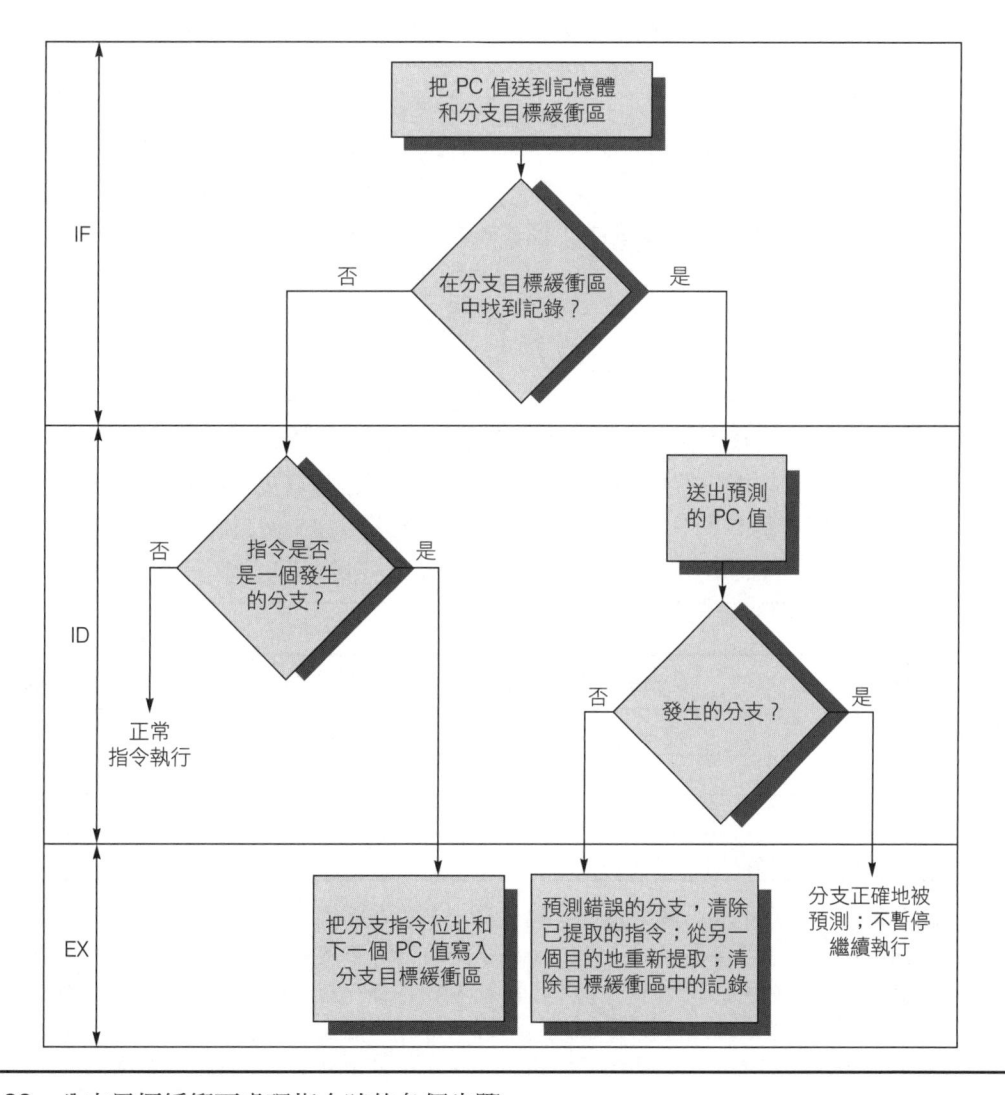

圖 3.22 分支目標緩衝區處理指令時的各個步驟。

和失誤是一項很大的挑戰，因為我們在重寫緩衝區記錄時通常要暫停指令提取。因此我們希望這個過程能儘快完成以減少損傷。

要評估分支目標緩衝區做得好不好，我們先要決定所有情況的損傷。圖 3.23 中就對簡單的五階段管線列出了這些資訊。

範例　假設每種不同的預測錯誤的損傷週期如同圖 3.23 所示，請求出分支目標緩衝區的全部分支損傷。請使用以下假設的預測精確度及命中率 (hit rate)：

- 預測精確度是 90% (對在緩衝區中的指令而言)。
- 緩衝區的命中率是 90% (對預測會發生的分支指令而言)。

解答　我們根據兩種情況出現的可能性來計算損傷：預測會發生的分支結果並沒有發生，以及會發生但是卻不在緩衝區內的分支指令。這兩種損傷的代價都是耗費兩個週期。

$$P (分支在緩衝區中，但實際並未發生) = 緩衝區命中率 \times 預測錯誤率$$
$$= 90\% \times 10\% = 0.09$$
$$P (分支不在緩衝區中，但實際發生) = 10\%$$
$$分支損傷 = (0.09 + 0.10) \times 2$$
$$分支損傷 = 0.38$$

這個方法的損傷與附錄 C 的延遲分支所付出的代價比起來，每次分支差了大約 0.5 個時脈週期。不過請記住一點，當管線長度增加，也因此增加分支延遲時，動態分支預測得到的好處也會增加；此外，更好的預測器會有更大的效能增進。新式的高效能處理器所具有的分支預測錯誤延遲之數量級為 15 個時脈週期，精確的預測是很要緊的！

緩衝區中的指令	預　　測	實際分支	損傷的週期
是	發生	發生	0
是	發生	不發生	2
否		發生	2
否		不發生	0

圖 3.23　所有可能組合的損傷，包括此分支是否在緩衝區中以及實際發生了什麼事。假設緩衝區內只儲存會發生的分支。如果分支的預測正確且存在目標緩衝區中，就沒有分支損傷。如果分支的預測不正確，損傷就等於花費一個時脈週期來正確地更新緩衝區內的資訊 (這時指令無法被提取)，再加上 (如果需要的話) 一個時脈週期來重新提取該分支的下一道正確指令。如果找不到此分支指令，但是分支卻發生了，就會有兩個週期的損傷 (用來更新緩衝區)。

另一種分支目標緩衝區的變形是儲存一個或數個**目標指令** (target instruction)，而不是 (或是同時儲存) 儲存**目標位址** (target address)。這個變形有兩個潛在的優點。首先，它允許連續二道指令間用來讀取分支目標緩衝區的時間更長一些，可能允許較大的分支目標緩衝區。此外，將真正的目標指令暫存起來可以讓我們做到一種稱作**分支摺疊** (branch folding) 的最佳化。分支摺疊可以達到 0 週期的無條件分支，有時候也可達到 0 週期的條件分支。

讓我們考慮這樣的一個分支目標緩衝區：將預測路徑上的指令暫存起來，然後根據無條件分支指令的位址來存取這個緩衝區。無條件分支指令的唯一功能就是要改變 PC 值。所以當分支目標緩衝區發現存有這道指令，而且顯示其為無條件分支，則管線就可以直接把快取記憶體傳回的指令 (在此是一個無條件分支指令) 代換成分支目標緩衝區中的指令。如果這個處理器每個週期發派數道指令，則這個緩衝區就必須同時提供多道指令以獲得最大的好處。有些時候，可能可以消除條件分支的成本。

返回位址預測器

當我們嘗試去增加推測的機會與精確度時，我們便面對了預測間接跳躍的挑戰。間接跳躍就是目的位址會在執行期間變動的跳躍。雖然高階語言程式會用到類似間接程序呼叫 (indirect procedure call)、select 或 case 敘述，以及 FORTRAN 計算出的 goto 這些跳躍，但絕大多數的間接跳躍是來自於**程序返回** (procedure return)。例如在 SPEC95 標準效能測試程式的程序返回平均佔了 15% 以上的分支和絕大多數的間接跳躍。對於像 C++ 或 Java 這類的物件導向語言，程序返回更是頻繁。因此將重點放在程序返回似乎相當合理。

雖然程序返回可以用分支目標緩衝區來預測，但是如果這個程序在很多不同的地點被呼叫，並且同一地點的呼叫在時間上並不是很集中時，這個技巧的精確度可能會很低。例如，在 SPEC CPU95 中，有一種積極性的分支預測器就對這樣的返回分支達成了小於 60% 的精確度。為了克服這個困難，曾有人設計用一個小的緩衝區來當作返回位址的堆疊。這個堆疊結構被用來快取儲存最近的返回位址：在程式呼叫時把返回位址推入堆疊，而在返回時將此值彈出。如果這個快取記憶體夠大的話 (也就是說，和最深的程序呼叫深度一樣)，則可以完美地預測返回位址。圖 3.24 顯示了使用 0 至 16 個元素的返回位址緩衝區 (return buffer) 來執行一些 SPEC CPU95 標準效能測試程式時的效能。我們將在 3.10 節檢視 ILP 的研究時使用類似的返回位址緩衝

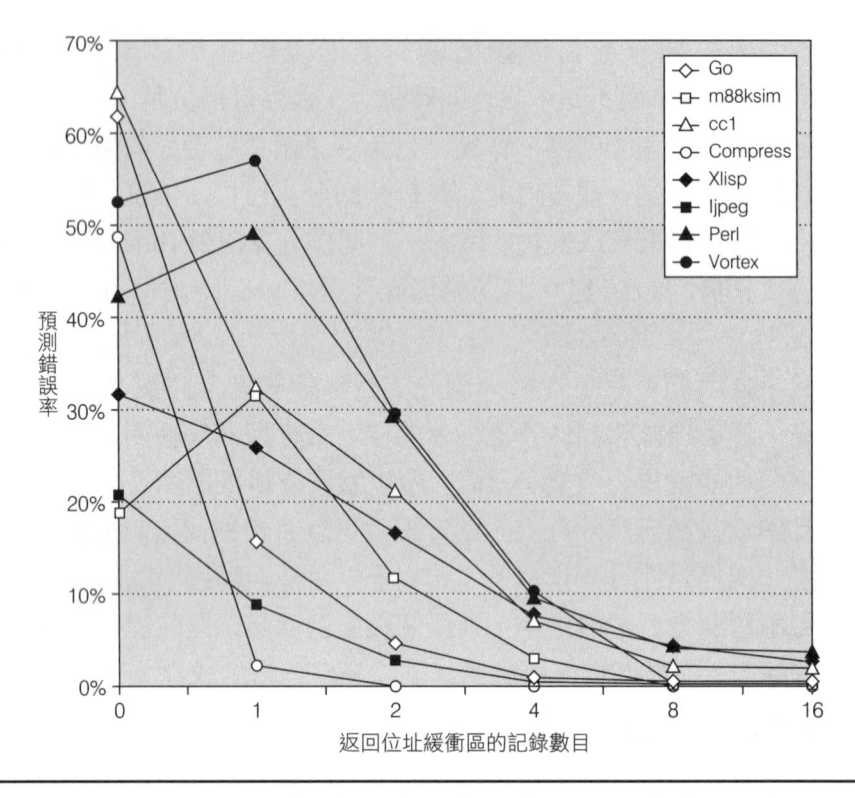

[圖表：預測錯誤率 vs 返回位址緩衝區的記錄數目（0, 1, 2, 4, 8, 16），包含 Go、m88ksim、cc1、Compress、Xlisp、Ijpeg、Perl、Vortex 等程式的曲線]

圖 3.24 在一些 SPEC CPU95 標準效能測試程式上，返回位址緩衝區以堆疊方式運作時的預測精確度。精確度是指正確地預測返回位址的比例。0 筆記錄的緩衝區意味著所使用的是標準分支預測。因為除了一些特殊情形之外，呼叫深度通常都不大，普通大小的緩衝區都表現得不錯。此資料來自 Skadron 等人 [1999]，並使用一種修正機制去防止快取的返回位址崩潰掉。

區。Intel Core 處理器和 AMD Phenom 處理器都擁有返回位址預測器。

整合式指令提取單元

為了要符合多指令發派處理器的需求，現今有很多設計師選擇製作整合式指令提取單元，這個獨立的單元會自動地將指令送入其餘的管線。基本上，因為多指令發派問題的複雜性，只用一個簡單的管線階段來提取指令已經行不通了。

取而代之的是，現在的設計師已經採用整合式指令提取單元，整合了數項功能：

1. **整合式分支預測**：分支預測器變成了指令提取單元的一部份，並且不斷地預測分支，以便驅動指令提取管線。
2. **預先提取指令**：如果要每個時脈傳遞多道指令，指令提取單元很可能要預

先提取指令。這個單元自動地管理指令的預先提取（第 2 章中有討論要達到這個效果的技術），將其與分支預測互相結合。

3. **指令記憶體的存取與緩衝**：每個週期要讀取多道指令時會碰到不少困難，包括提取數道指令可能要同時提取數個不同的快取記憶體。指令提取單元內部處理了這個複雜的問題：利用預先提取來隱藏跨快取區塊的讀取成本。指令提取單元同時提供了緩衝的功能，在本質上隨時可以提供足夠的指令讓指令發派階段使用。

實質上，現在所有高階處理器都使用一個分開的指令提取單元，經由一個含有等候指令的緩衝區連接至管線的其餘部份。

推測機制：製作問題及擴充

本節中我們探討四個問題，牽涉到推測機制設計的取捨，從暫存器重新命名 (register renaming) 的使用開始；該方式經常用來取代重新排序緩衝器 (reorder buffer)。接下來我們便討論一種可能且重要的擴充，擴充至控制流程上的推測機制 (speculation)：一種稱為**數值預測** (value prediction) 的觀念。

對於推測機制的支援：暫存器重新命名與重新排序緩衝區

一個不使用 ROB 的方法是明確地使用較大的實體暫存器組，再配合暫存器重新命名。這個方法是建立在 Tomasulo 演算法的重新命名的概念上並加以擴充。在 Tomasulo 演算法中，**結構上可見的暫存器** (architecturally visible registers)，(R0, ... , R31 及 F0, ... , F31) 的值在執行時的任何時間，都會被存在某個暫存器組和訂位站的組合中。加上推測機制之後，暫存器值也有可能暫時被存放在 ROB 中。不論是哪一種狀況，如果處理器一段時間內沒有發派新的指令，所有現有的指令都會被判定，並且暫存器值會出現在暫存器組中，這直接對應到結構上可見的暫存器。

在暫存器重新命名法中，一組擴充的實體暫存器被用來保存結構上可見的暫存器及臨時性的數值。因此，擴充的暫存器取代了 ROB 與訂位站的大部份功能；只需要有一個佇列來保證指令會依序完成。在指令發派期間，重新命名程序會把結構性暫存器名稱對應到擴充暫存器組中的實體暫存器編號，擴充暫存器組會配置一個未使用的暫存器當作目的暫存器。將目的暫存器重新命名可以避免 WAW 和 WAR 危障，而且也可以處理推測錯誤的復原動作，因為存有指令目的暫存器值的實體暫存器在被判定前不會變成結構性暫存器 (architectural register)。重新命名的對照表是一個簡單的資料結構，它提供了對應到指定的結構性暫存器的實體暫存器編號，這是一項由 Tomasulo

演算法中的暫存器狀態表所執行的功能。當一道指令被判定時，重新命名表被永久性更新，指明有一個實體暫存器對應於這個實際的結構性暫存器，因此便有效地結束了對處理器狀態的更新。雖然 ROB 對於暫存器重新命名並非必需，硬體仍然必須在一種類似佇列的架構中追蹤指令並嚴格地依序更新重新命名表。

與 ROB 法相比，重新命名法的一個優點是指令判定過程稍有簡化，因為只需要兩個簡單的步驟：(1) 記錄那些已不再是預測的結構性暫存器編號，以及它們與實體暫存器編號的對應關係，並且 (2) 釋放用來存放結構性暫存器的「舊數值」的實體暫存器。在具備訂位站的設計中，指令執行完成時就會釋放對應的訂位站，而 ROB 則是在指令被判定後釋放。

使用暫存器重新命名時，暫存器的釋放機制會比較複雜，因為在我們釋放實體暫存器之前，必須確定它不再對應到一個結構性暫存器，而且所有使用它的動作都已完成。一個實體暫存器對應到一個結構性暫存器，直到它的值被覆寫為止，這會使得重新命名表指向別的地方。也就是說，如果沒有任何重新命名的記錄指到某個特定的實體暫存器，那它就不會被對應到結構性暫存器。不過還是可能有某些動作會使用這個實體暫存器。藉由檢查所有功能單元佇列 (functional unit queue) 中的指令的來源暫存器編號，處理器可以確定是否發生上述情況。如果某個實體暫存器沒有被當成資料來源，也沒有被指定成結構性暫存器，它就可以被回收並重新指派。

另一種方式是，處理器可以等待另一個寫入相同結構性暫存器的指令被判定。此時絕不會有任何使用舊值的情形。雖然這個方法佔用實體暫存器的時間可能較久，但是製作上比較容易，因此被用在一些最近的超純量結構上。

您可能會問一個問題：如果暫存器一直在改變的話，我們如何知道哪些暫存器是結構性暫存器？一般來說，這個問題在程式執行時並不重要。不過也有一些情況很明顯：另一個行程 (例如作業系統) 必須知道某些特定的結構性暫存器到底在哪裡。為了瞭解如何提供這項功能，假設處理器已有一段時間未發派指令，那麼幾乎所有在管線中的指令都會被判定，而且結構上可見的暫存器和實體暫存器的對應關係會趨於穩定。這時實體暫存器的一個子集合會囊括所有結構上可見的暫存器，與結構性暫存器沒有關聯的實體暫存器值也就不需要了。這樣一來就可以很容易地把結構性暫存器移到一個固定的實體暫存器子集合內，讓這些值可以很容易地傳給其他的行程。

暫存器重新命名與重新排序緩衝區兩者都持續使用於高階處理器中，如今這些高階處理器的特質就是可以讓多達 40 或 50 道指令 (包括在快取記憶

體中等候的載入與儲存) 同時運作。無論使用重新命名或重新排序緩衝區，對於動態排程超純量架構而言的關鍵性複雜度瓶頸依舊是封包內有相依性的指令封包之發派，有一種特別的情形是：在發派封包內的相依指令必須使用它們所相依指令被指派的虛擬暫存器來進行發派。在暫存器重新命名方面，可以部署一種類似於重新排序緩衝區多指令發派所使用的指令發派策略，如下所述：

1. 發派邏輯為整個發派封包預先保留足夠的實體暫存器 (也就是說，對於四道指令的封包要有四個暫存器，結果是每道指令至多一個暫存器)。
2. 發派邏輯判定封包內存在哪些相依性。如果封包內不存在相依性，就使用暫存器重新命名結構去決定保存或即將保存指令所相依的結果之實體暫存器。當封包內不存在相依性時，該結果是來自於較早先的發派封包，暫存器重新命名表就會擁有正確的暫存器編號。
3. 如果有一道指令相依於封包內另一道較早先的指令，就使用預先保留、即將放置運算結果的實體暫存器去更新該發派指令的資訊。

請注意，就如同重新排序緩衝區的案例，發派邏輯必須在單一時脈內既判定封包內的相依性又更新重新命名表；也如同先前一般，對於每個時脈內發派比較多道指令而言，這樣做的複雜度就成為發派寬度的一項主要限制。

要預測多少

推測機制的好處之一就是：它能提早發現會造成管線暫停的事件，例如快取失誤。不過這個好處伴隨著一個重大的缺點。推測並不是免費的：它得花費時間與能量，從不正確的推測中復原又進一步降低了效能。此外，為了支援從推測當中取得好處所需要的更高的指令執行率，處理器必須具備追加的資源，就得花費矽面積與功率。最後，如果推測造成例外事件發生，例如快取失誤或轉譯後備緩衝區 (translation lookaside buffer, TLB) 失誤，重大的效能損失可能性就會增加 (假設沒有推測該事件就不會發生)。

為了保留好處並減少缺點，大部份推測式管線只容許低成本的例外事件 (譬如說，第一層快取失誤)。如果發生了高成本的例外事件，例如第二層快取失誤，或是轉譯後備緩衝區失誤，處理器會等到發生這個事件的指令不再是推測性指令之後才處理它。雖然這可能會降低某些程式的效能，它卻可以避免其他程式中可能的效能損失，尤其是那些經常發生這些事件，且分支預測比較不精確的程式。

在 1990 年代，推測機制可能的底部比較不明顯。隨著處理器的演進，

推測的真實成本已經變得較為顯著，更寬的指令發派與推測所受的限制也已明顯。稍後我們再回到這個問題上。

經由多重分支的推測

本章我們考慮的範例中，都可以在推測另一個分支之前解決目前的分支。同時推測多個分支可能對以下三種情況都會有好處：(1) 很高的分支頻率，(2) 很多分支集中在一起，以及 (3) 功能單元有較長的延遲。對前兩種情形來說，「達成高效能」或許意味著可推測多個分支，甚至也可能表示一個時脈可執行超過一道分支指令。資料庫程式 (以及其他較不結構化的整數運算程式) 常會展現這種特質，這使得推測多個分支變得很重要。同樣地，較長的功能單元延遲也讓推測多個分支變得很重要，它可以避免在延遲時間較長的管線中發生暫停。

推測多個分支些微地增加了推測錯誤的復原複雜度，但是作法卻很直觀。到 2011 年為止，沒有任何的處理器把每個週期解決多道分支指令的功能結合到完整的推測機制中，如此做的成本也不可能在效能對比於複雜度和功率之下自圓其說。

推測機制與能量效率的挑戰

什麼是推測機制對於能量效率的影響？乍看之下或許就會爭論使用推測機制往往會減少能量效率，因為無論何時只要推測錯誤，就會以兩種途徑消耗過多的能量：

1. 所推測的指令之運算結果並不需要，處理器就會產生多餘的工作而浪費能量。
2. 從該推測中復原並恢復處理器的狀態於適當位址上繼續執行，又會消耗更多如果沒有推測本來並不需要的能量。

推測機制必定會提高功率消耗，如果我們可以控制推測的話，就有可能去量測成本 (或者至少是動態功率的成本)。但是，如果推測機制降低執行時間的程度多過所增加的平均功率消耗，總消耗能量反而有可能減少。

因此，為了瞭解推測機制對於能量效率的影響，我們必須看看推測機制導致不需要的工作會有多頻繁。如果執行了顯著數目的不需要指令，推測機制就不可能改善執行時間到一個相當的數量！圖 3.25 顯示由於推測錯誤而執行的指令所佔之比例。我們可以看到，此比例在科學型程式碼中是小的而在整數型程式碼中是顯著的 (平均約 30%)。因此，對於整數型應用程式而言

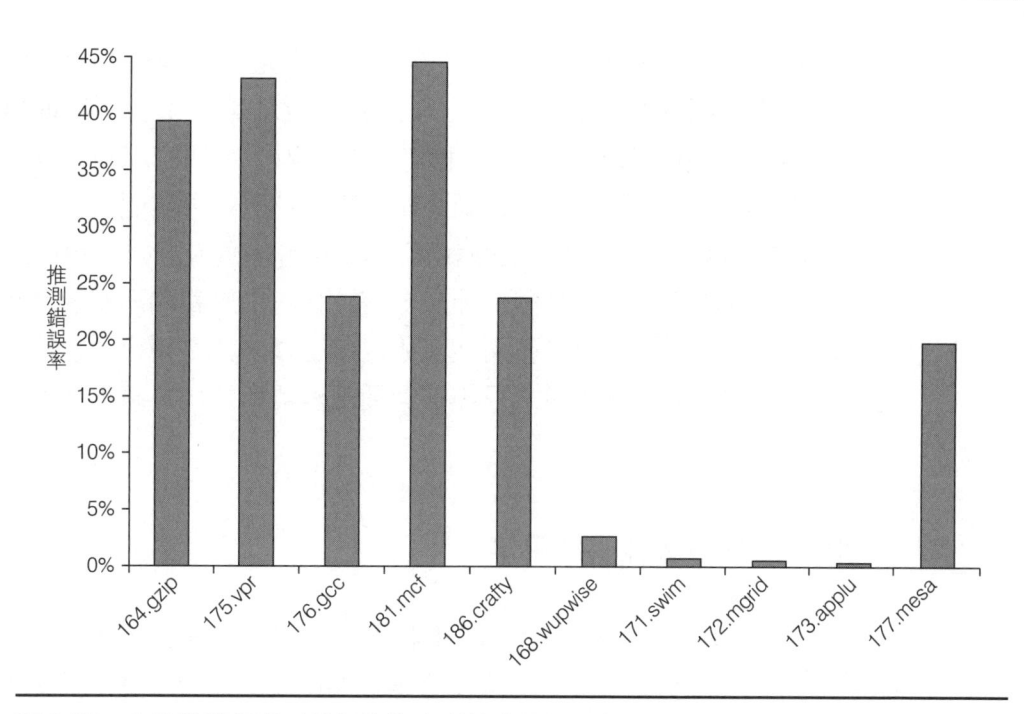

圖 3.25 由於推測錯誤而執行的指令所佔之比例，在整數型程式中 (前五個) 通常遠高於在浮點型程式中 (後五個)。

推測機制不可能具有能量效率。設計師可以避免使用推測機制、嘗試減少推測錯誤，或者思考新的方法，例如只在已知為高度地可預測的分支上進行推測。

數值預測

要在程式中增加可利用的 ILP 量有一項技術，就是**數值預測** (value prediction)。數值預測嘗試去預測將由指令產生的數值。顯然，由於大部份指令每次執行時都產生不同的數值 (或者至少是在一組數值當中的不同數值)，數值預測可能只會達到有限的成功。然而，有某些指令卻比較容易預測結果值 —— 例如，從固定源頭中載入的載值，或載入一個不常改變的數值。此外，當一道指令所產生的數值是從一小組的可能數值當中選出，那就有可能藉由與其他程式行為相關聯而預測出結果值。

數值預測如果能夠大幅增加可利用的 ILP 量，就會是有用的。當一個數值被用作一串相依運算的來源，例如一個載值時，這種可能性最高。由於數值預測是用來增強推測，而且不正確的推測會產生不利的效能影響，預測的精確度是舉足輕重的。

雖然過去十年當中有許多研究者已經將焦點放在數值預測上，但其成

果卻不足以吸引真實的處理器將其納入。反而是有一種較簡單、較舊式、與數值預測有關的觀念已經被用上，那就是位址重疊預測。**位址重疊預測** (address aliasing prediction) 乃是一種簡單的技術，可預測出兩個儲存或者一個載入與一個儲存是否有用到相同的記憶體位址。如果兩個這樣的存取並未用到相同的位址，那麼它們之間就可以安全地互換。否則，我們就必須等待，直到指令所存取的記憶體位址被知道為止。由於我們不需要真正地預測位址值，只需預測位址值是否衝突，所以這種預測比較穩定，也比較簡單。這種有限度的位址值推測形式已經被數種處理器所採用，將來有可能會普及化。

3.10 ILP 限制的研究

自從 1960 年代第一個管線處理器開始，就設法藉由開發 ILP 來增進效能。在 1980 和 1990 年代，這些技術是效能快速改進的關鍵。長遠來看，存在多少 ILP 的問題決定了我們能否以比積體電路技術的進步還快的速率來提升效能。比較短期來看，開發更多 ILP 所需要的東西，對計算機設計師和編譯器作者來說都很重要。本節所提供的資料可以用來印證我們在本章所提出的想法，包括記憶體解模糊、暫存器重新命名和推測機制。

在本節中我們會審視關於這些問題研究之一的一部份 (是以 Wall 於 1993 年的研究為基礎)。所有這些可利用平行化的研究都是先有一組假設，然後再根據這組假設來看有多少平行化。我們在這裡所看到的資料，是根據一個假設最少的研究得來的；事實上，最終的硬體模型可能並不實際。然而，所有的研究都假設具備某種程度的編譯器技術，而其中有一些假設會影響結果，儘管使用的是不切實際的硬體。

我們將會看到，對於成本合理的硬體模型而言，非常積極性的推測機制之成本並不可能會說得過去：功率上缺乏效率以及矽晶片的使用上就是太高了。雖然研究社群和主要的處理器製造商當中有許多人的賭注都下在可開發更加多很多的 ILP 之上，所以起初並不願意接受這種可能性，但是 2005 年之前他們就被迫改變心意了。

硬體模型

想要瞭解限制 ILP 的因素，我們必須先定義一個理想的處理器。理想的處理器上不會有人為的 ILP 限制。在這個處理器中，唯一的 ILP 限制是由那些真正流經暫存器和記憶體的資料所決定的。

我們對於理想或完美的處理器所作的假設如下：

1. **無限的暫存器重新命名**：虛擬暫存器的數量沒有上限。因此，所有的 WAW 和 WAR 危障都可避免；可以同時執行的指令數量也沒有上限。
2. **完美的分支預測**：分支可完全預測。所有的條件分支都能精確地預測。
3. **完美的跳躍預測**：所有跳躍 (包括存放返回位址或跳躍位址的跳躍暫存器) 都能正確地預測。如果再配上完美的分支預測，這樣的處理器就等於具備了完美的推測能力以及可以用來存放指令的無限緩衝區。
4. **完美的記憶體位址別名分析 (alias analysis)**：能正確地知道所有的記憶體位址，而且只要位址不相同，一道載入指令可以移至一道儲存指令之前，請注意這實現了完美的位址別名分析。
5. **完美的快取**：所有的記憶體存取均花費一個時脈週期。實際上，超純量處理器通常會浪費大量的 ILP 以彌補快取失誤，造成這些結果高度地樂觀。

假設 2 和 3 消除了所有的控制相依性。同樣地，假設 1 和 4 消除了**真正的資料相依性以外的所有**資料相依性。這四個假設表示：任何指令都可以被移到與它相依的前一道指令執行後的下一個週期。在這些假設下，甚至可以讓程式中最後一個動態排程的指令排到第一個週期！因此這些假設同時歸納了控制與位址的推測，並且將它們視為完美來加以實現。

一開始，我們探討一個能同時發派無限多道指令，並且在計算中可以前瞻 (looking ahead) 任意遠的處理器。對我們所探討的模組來說，所有的指令都可以在同一個週期內同時執行。對無上限指令發派來說，這代表了在同一個週期可以有無限多的載入和儲存指令被發派。此外，所有的功能單元時間延遲都假設為一個週期，這使得任何一連串相依的指令可以在下一個週期被發派。時間延遲超過一個週期並不會影響任何時間點可執行的指令數，而是會減少每個週期可發派的指令數。(在任何時間點的執行中指令通常稱為 in flight。)

當然，這個完美的處理器可能並不真實。比如說，IBM Power7 (見 Wendell 等人 [2010]) 是到目前為止發表的超純量處理器中最先進的一種。Power7 每個時脈最多可以發派六道指令，而且最多可以在 12 個執行單元 (裡面只有兩個是載入 / 儲存單元) 當中同時啟動 8 個，可以支援許多重新命名暫存器 (允許數百道指令同時運行)，可以使用一個既大又野心勃勃的分支預測器，並且採用動態記憶體解模糊機制。Power7 藉著增加同時性多執行緒 (simultaneous multithreading, SMT) 所支援的寬度 (每個核心達到四個執行緒) 並增加每只晶片的核心數到八個，持續朝向利用更多的執行緒階層平行

化而前進。在看了完美的處理器可利用的平行性之後，我們將探討在最近的未來有可能被設計出來的任何處理器中有什麼是可以實現的。

為了量測可用的平行性，我們用 MIPS 的最佳化編譯器編譯了一組程式。這些程式用來產生指令和資料存取的追蹤記錄 (trace)。追蹤記錄中的每一道指令儘可能地被往前排，只受限於資料相依性。因為使用了追蹤記錄，完美的分支預測和記憶體別名分析就很容易達成。用了這些方法之後，指令可以被排得比它們原本的位置更早，跨過了和它們沒有資料相依性的大量指令 (包括分支指令，因為分支可以被完美地預測)。

圖 3.26 顯示了六個 SPEC92 標準效能測試程式平均的可利用平行性。本節的平行性是用平均指令發派速率來量測 (請記住，所有指令的時間延遲都是一個週期)：較長的時間延遲會減少每個時脈的指令平均數。其中三個標準效能測試程式 (fpppp、doduc 以及 tomcatv) 都偏重浮點數運算，而其他三個則是整數型程式。其中二個浮點型標準效能測試程式 (fpppp 和 tomcatv) 內含大量平行性，可以被向量計算機或多處理器所採用 (不過 fpppp 的結構很繁瑣，因為程式碼很多地方都被人工修改過了)。doduc 程式也有大量的平行性，不過平行性並不像 fpppp 和 tomcatv 一樣出現在簡單的平行迴圈中。li 程式是一個 LISP 直譯器，具有很多的短相依性。

實際處理器的 ILP 限制

本節中，我們來看看在硬體支援上深具野心的處理器之效能，其硬體支援相當於甚至好過於 2011 年出現的處理器，或者最近的未來有可能出現的處理器 (給予過去十年所遭遇的事件和教訓後)。我們特別假設了以下特性：

SPEC 標準效能測試程式:
- gcc: 55
- espresso: 63
- li: 18
- fpppp: 75
- doduc: 119
- tomcatv: 150

每個週期發派的指令數

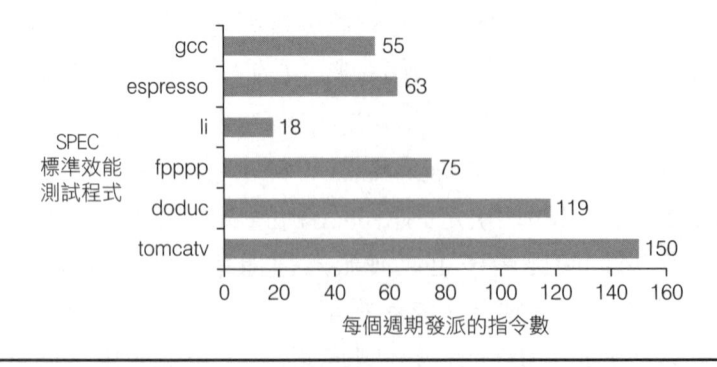

圖 3.26 六個 SPEC92 標準效能測試程式在完美的處理器中可用的 ILP。前三個程式是整數型程式，後三個是浮點型程式。浮點型程式有很多迴圈，而且具有大量的迴圈階層平行性。

1. 每個時脈可發派達 64 道指令，**沒有**發派限制；或者比 2011 年最寬的處理器還超過 10 倍以上的總發派寬度。我們之後會討論，非常寬的指令發派寬度對於時脈頻率、邏輯的複雜度和功率上的實際意義，可能就是開發 ILP 最重要的限制。
2. 有 1K 筆記錄的競爭式預測器和 16 筆記錄的返回位址預測器。這個預測器和 2011 年最好的預測器相當；預測器並不是主要的瓶頸。
3. 動態且完美地進行記憶體位址解模糊 —— 這雖然很有野心，但對小的指令窗大小 (因此也會是小的指令發派速率和載入 / 儲存緩衝區) 可能是可以達成的，或是藉由位址別名預測也可以達成。
4. 用 64 個多加的整數暫存器和 64 個多加的浮點數暫存器來進行暫存器重新命名，略少於 2011 年最積極的處理器。Intel Core i7 在其重新排序緩衝區中擁有 128 筆記錄位置，雖然並未將整數與浮點數分開；IBM Power7 則擁有大約 200 筆記錄位置。請注意我們假設管線延遲為一個週期，因而顯著地減少了重新排序緩衝區記錄位置的需求。Power7 和 i7 兩者的延遲都是 10 個週期或更多。

　　圖 3.27 顯示了在這種配置之下，我們改變指令窗大小所造成的影響。這種配置比現有的產品都複雜且昂貴，特別是就發派的指令數而言，它比 2011 年所有的處理器所能發派的最大數量還高 10 倍以上。然而，它描繪出未來產品可能達成的有效界限。還有一個可能的原因使得圖中的數據變得很樂觀。這 64 道指令之間沒有任何發派限制：它們可能都會存取記憶體。在近期內甚至沒有人會認真思考處理器這項功能。不幸的是，要找出具有合理的指令發派限制的處理器效能界限相當困難；不單是因為可能的範圍很廣，也因為發派限制需要用精確的指令排程器來評估其平行性，讓發派大量指令處理器的研究成本變得非常高昂。

　　此外，請記住解釋這些結果時，快取失誤和發生非單位長度的時間延遲還沒被考慮進去，而這兩種作用會造成很大的影響。

　　圖 3.27 最令人吃驚的是，在實際處理器的限制之下，指令窗大小對整數型程式的影響並不像對浮點型程式影響那樣嚴重。這個結果指出兩種程式間的關鍵差異。某兩個浮點型程式具有迴圈層級平行性，表示可開發出的 ILP 比較多；但對整數型程式來說，其他因素 (例如分支預測、暫存器重新命名以及開始執行時較少的平行化) 也是很重要的限制。這是很重要的觀察結果，因為自從開始於 1990 年代中期的全球資訊網和雲端運算出現爆炸性成長之後就更加強調整數運算的效能。事實上，前十年中大部份的市場成長

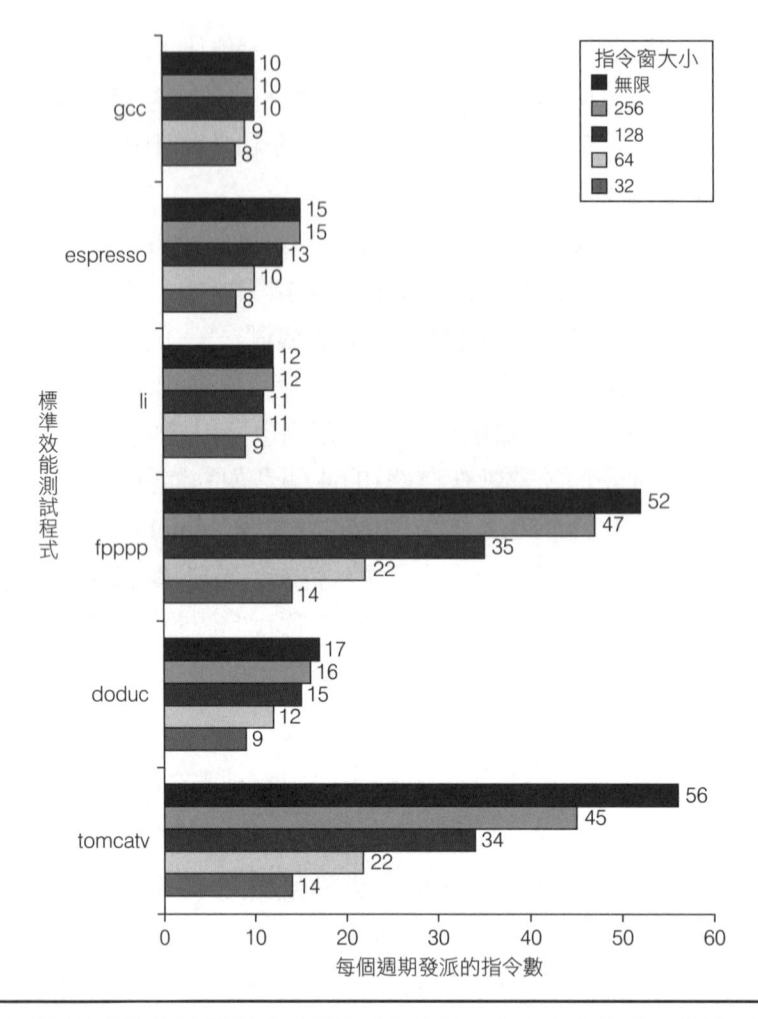

圖 3.27 各種整數型和浮點型程式可用的平行性與指令窗大小的對應關係，每個週期可發派達 64 道任何型態的指令。雖然重新命名暫存器的數目少於指令窗大小，但所有運算的時間延遲均為零，且重新命名暫存器的數目等於發派寬度。以上事實便允許處理器在整個指令窗內運用平行處理。在實際製作時，指令窗大小與重新命名暫存器的數目必須保持平衡，以防其中的一個因素過度限制了發派速率。

—— 交易處理、網路伺服器等諸如此類 —— 是取決於整數效能，而非浮點數效能。我們在下一節將會看到，對 2011 年的實際處理器而言，其真正的效能水準比圖 3.27 所顯示的低很多。

在難以用實際的硬體設計來提升指令速率的情形下，設計師面臨的挑戰是：如何將積體電路的有限資源作最好的運用。其中最有趣的取捨之一就是：「較簡單的處理器，使用較大的快取記憶體和較高的時脈頻率」以及「更強調指令階層平行化，使用較慢的時脈和較小的快取記憶體」這兩者之

間該如何選擇。下面的範例列舉了這些挑戰。下一章我們將看到另一種以 GPU 形式開發細質平行化的方法。

範例 考慮下面三個假設性 (但卻很正常) 的處理器，我們在上面執行 SPEC 的 gcc 程式：

1. 簡單的 MIPS 雙指令發派靜態管線，以時脈頻率 4 GHz 執行而達成 0.8 的管線 CPI 值。這個處理器的快取記憶體平均每道指令產生 0.005 個失誤。
2. 較深管線版本的雙指令發派 MIPS 處理器，用小一點的快取記憶體和 5 GHz 時脈頻率。這個處理器的管線 CPI 值是 1.0，而較小的快取記憶體平均每道指令產生 0.0055 個失誤。
3. 具有容納 64 筆記錄的指令窗的推測式超純量處理器。它達到此指令窗大小的理想發派速率的一半。(使用圖 3.27 中的資料。) 這個處理器的快取記憶體最小，導致每道指令平均有 0.01 個失誤，但它採用動態排程，減輕了每次失誤時 25% 的損傷。這個處理器時脈為 2.5 GHz。

假設主記憶體的存取時間 (這會影響失誤時的損傷) 是 50 ns。請算出這三個處理器的相對效能。

解答 首先，對各種組態，我們用失誤時的損傷和失誤率來計算快取記憶體失誤對 CPI 的影響。我們用下面的公式計算：

$$\text{快取記憶體的 CPI} = \text{每個指令失誤數} \times \text{失誤損傷}$$

我們需要計算每一個系統的失誤損傷：

$$\text{失誤損傷} = \frac{\text{記憶體存取時間}}{\text{時脈週期}}$$

時脈週期時間對這些處理器分別是 250 ps、200 ps 和 400 ps。因此，失誤損傷是

$$\text{失誤損傷}_1 = \frac{50 \text{ ns}}{250 \text{ ps}} = 200 \text{ 週期}$$

$$\text{失誤損傷}_2 = \frac{50 \text{ ns}}{200 \text{ ps}} = 250 \text{ 週期}$$

$$\text{失誤損傷}_3 = \frac{0.75 \times 50 \text{ ns}}{400 \text{ ps}} = 94 \text{ 週期}$$

把這些套用在每一個快取記憶體上：

$$\text{快取記憶體的 CPI}_1 = 0.005 \times 200 = 1.0$$
$$\text{快取記憶體的 CPI}_2 = 0.0055 \times 250 = 1.4$$
$$\text{快取記憶體的 CPI}_3 = 0.01 \times 94 = 0.94$$

除了第三個處理器之外，我們知道所有的管線 CPI 值；第三個處理器的管線 CPI 值是

$$\text{管線 CPI}_3 = \frac{1}{\text{發派速率}} = \frac{1}{9 \times 0.5} = \frac{1}{0.45} = 0.22$$

現在我們把管線和快取記憶體的 CPI 加起來，就可以找出每個處理器的 CPI 值。

$$CIP_1 = 0.8 + 1.0 = 1.8$$
$$CIP_2 = 1.0 + 1.4 = 2.4$$
$$CIP_3 = 0.22 + 0.94 = 1.16$$

因為結構相同，所以我們可以藉由比較指令的執行速率，以每秒百萬指令 (MIPS) 為單位，來決定相對的效能：

$$\text{指令執行速率} = \frac{CR}{CPI}$$

$$\text{指令執行速率}_1 = \frac{4000 \text{ MHz}}{1.8} = 2222 \text{ MIPS}$$

$$\text{指令執行速率}_2 = \frac{5000 \text{ MHz}}{2.4} = 2083 \text{ MIPS}$$

$$\text{指令執行速率}_3 = \frac{2500 \text{ MHz}}{1.16} = 2155 \text{ MIPS}$$

在這個例子中，簡單的雙指令發派超純量處理器看起來最好。實際上，效能是取決於 CPI 和時脈頻率的假設。

超出這項研究的限制

就如同任何對於限制的研究，我們之前在本節的研究有其根本限制。我們將其區分成兩類：完美的推測式處理器所產生的限制，以及某一兩種真實模型所產生的限制。當然，第一種情況的所有限制也適用於第二種情況。完美模型上最重要的限制是：

1. 由記憶體產生的 WAW 和 WAR 危障：這項研究利用暫存器重新命名來消除 WAW 和 WAR 危障，而不是改變記憶體的使用方式。雖然乍看之下這種情況不常發生 (特別是 WAW 危障)，但是它們會在配置堆疊框架 (stack frame) 時發生。被呼叫的程序重複使用前一個程序所用的堆疊位置，而這就可能導致 WAW 和 WAR 危障，這是不必要的限制。Austin 和 Sohi [1992] 探討了這個問題。

2. **不必要的相依性**：在暫存器數目無限多時，除了真正的暫存器資料相依性以外，所有其他的相依性都被移除了。不過，遞迴呼叫 (recurrence) 或程式碼產生方式會造成不必要的資料相依性。其中的一個例子是在簡單的 for 迴圈中的控制變數。因為這個控制變數的值每次都被遞增，因此這個迴圈至少含有一個相依性。如附錄 H 中所示，迴圈展開 (loop unrolling) 與強力的代數最佳化可以消除這類相依的運算。Wall 的研究包含了少量這類型的最佳化，但是大量使用它們可以得到更大量的 ILP。此外，某些程式碼產生方式引入了不必要的相依性，特別是返回位址暫存器的使用以及用來儲存堆疊指標的暫存器 (這個值在呼叫 / 返回時會遞增及遞減)。Wall 消除了返回位址暫存器的影響，但在連結方式 (linkage convention) 中使用的堆疊暫存器會造成「不必要的」相依性。Postiff 等人 [1999] 探討了移除這個限制的好處。

3. **克服資料流的限制**：如果數值預測以高精確度運作，它可能會克服資料流限制。這項主題有超過 100 篇論文，但在使用實際的預測方案時，還沒有一篇可以達成 ILP 方面的重大增強。很明顯地，完美的資料數值預測會造成有效的無限平行性，因為每道指令的值都可以被事先預測出來。

對於不夠完美的處理器而言，已經有提出幾種可能呈現更多 ILP 的觀念，其中一個例子就是沿著多條路徑進行推測。Lam 和 Wilson [1992] 曾討論這個觀念，本節的研究也涵蓋了這部份的探討。藉由推測多重路徑，可減少不正確推測的回復成本，並且可發現更多的平行性。這個方法只有在評估少數的分支才有意義，因為要用到的硬體資源是呈指數成長的。Wall [1993] 提供了最多八個分支，同時推測兩個方向的數據。已知追蹤兩條路徑的成本，知道其中一條會被丟棄掉的話 (若經由多條分支遵循這樣的過程，無用的計算量亦隨之成長)，任何一種商用設計都會改弦易轍，改為投入硬體的追加，以便在正確路徑上得到較佳的推測。

有一點很重要：要知道本節中的所有限制都不是最基本的，也就是說，克服它們並不需要改變物理定律！相反地，它們是製作上的限制，以及開發 ILP 時所存在的困難障礙。這些限制 (不管是指令窗大小、別名偵測或是分支預測) 代表了設計師和研究者必須克服的挑戰！

在本世紀前五年嘗試突破這些限制都遭受到挫敗。某些技術產生了小進步，但往往顯著增加了複雜度、增加了時脈週期，乃至於不成比例地增加了功率。總而言之，設計師們發現嘗試要抽取更多的 ILP 簡直太沒效率了。在結論中我們再回到這項討論上。

3.11 貫穿的論點：ILP 方法與記憶體系統

硬體式對軟體式推測機制

在本章中以硬體密集的方式來進行推測，以及附錄 H 的軟體方法，都是開發 ILP 的不同選擇。對於這些方法，下面列出一些取捨和限制條件：

- 為了廣泛地進行推測，我們必須讓記憶體存取清楚明確。對於含有指標的整數型程式而言，要在編譯期間完成這件事是很困難的。在以硬體為基礎的方法上，採用我們之前介紹的 Tomasulo 演算法，可以做到執行期間記憶體位址的動態解模糊。此種解模糊機制允許我們在執行期間將載入指令跨過儲存指令而移動。支援推測機制的記憶體存取可以幫助我們克服編譯器的保守傾向，但是除非小心地使用這些方法，否則復原機制的虛耗將會抹煞這些優點。

- 當控制流程不可預測，且硬體式分支預測優於編譯期間的軟體式分支預測時，前者將會有較佳的效果。許多整數型程式擁有這種特質。舉例來說，對於 SPEC92 中四個主要的整數型程式而言，一個良好的靜態預測器具有約 16% 的預測錯誤率，而硬體預測器可以將預測錯誤率降到約 10% 以下。因為當預測不正確時，推測性指令會降低運算速度，這個差異是相當重要的。這個差異導致的一個結果是：即使是靜態排程處理器，通常也會含有動態分支預測器。

- 對於推測性指令而言，硬體式推測機制維持了一個完整的精確例外模型。近來以軟體為基礎的方式都已特別支援同樣的功能。

- 硬體式推測機制並不需要補償碼或是註記碼，這些只有在積極的軟體式推測機制才會用到。

- 以編譯為基礎的方式好處為：在程式碼序列中具有前瞻的能力。和純粹由硬體驅動的排程相比，這種方式的程式碼排程會比較好。

- 在結構的製作上，具有動態排程的硬體式推測不需要不同的程式碼序列來獲得良好的效能。雖然這個優點很難以量化的方式來呈現，但在長期的運作上，它將是最重要的一點。有趣的是，這個優點是 IBM 360/91 的製造動機之一。另一方面，最近許多外顯的平行結構，像是 IA-64，也加入了這個具有彈性的優點，以期能減少程式碼序列中先天存在的硬體相依性。

就硬體方面而言，支援推測機制的主要缺點是會增加硬體的複雜度與額外硬體資源的需求。硬體成本必須對照以下兩方面來進行評估：以軟體為基

礎的編譯器複雜度，以及處理器倚賴此編譯器而簡化的數量和有效性。

一些設計師曾經嘗試結合動態方法和以編譯器為基礎的方法，藉以達到兩者的最佳表現。這種結合會產生有趣且模糊不清的互動。舉例來說，如果將條件式搬移和暫存器的重新命名結合，就會不知不覺地產生邊際效應。一個條件式搬移被廢止時，仍然需要將其值複製到目標暫存器中，因為它在之前的指令管線中已經被重新命名了。這些難以捉摸的交互作用使設計和驗證過程變得複雜，同時也會減低效能。

Intel Itanium 處理器乃是基於對 ILP 與推測機制的軟體支援所設計過的最具野心的計算機。它並沒有符合設計師的願望而出貨，特別是對一般通用的、非科學性的程式碼而言。由於 3.10 節所討論的困難減少了設計師開發 ILP 的野心，大多數的結構也就塵埃落定於發派速率為每個時脈三至四道指令的硬體式機制。

推測式執行與記憶體系統

在支援推測式執行或條件式指令的處理器當中，一成不變的就是產生無效位址的可能性，這在沒有推測式執行的情況下是不會發生的。如果在發生了保護性例外狀況下，這種情形不僅僅是錯誤的行為，還會使推測式執行的好處被錯誤例外狀況的虛耗埋沒掉。因此，記憶體系統一定得認明推測式執行的指令與條件式執行的指令，並制止所對應的例外狀況。

同樣道理，我們也不能允許這樣的指令造成快取記憶體在失誤下暫停，因為不必要的暫停也可能埋沒掉推測式機制的好處。因此，這些處理器必須與非阻隔式快取記憶體匹配。

實際上，L2 失誤損傷巨大到編譯器通常只在 L1 失誤下作推測。85 頁的圖 2.5 顯示：對於某些運作良好的科學型程式而言，編譯器能夠支撐多個待處理的 L2 失誤而有效地砍掉 L2 失誤損傷。要讓這種情形行得通，快取記憶體背後的記憶體系統再度必須在同時性記憶體存取的數目方面符合編譯器的目標。

3.12 多執行緒：運用執行緒階層平行化來改善單處理器的流通量

我們在本節當中所涵蓋的課題：多執行緒，真的是一項貫穿性課題，因為它切合於管線化與超純量、切合於圖形處理單元 (第 4 章)，又切合於多處理器 (第 5 章)。我們在此介紹此課題並探討如何使用多執行緒去隱藏管

線與記憶體延遲而增加單處理器的流通量。下一章我們將看看多執行緒如何在 GPU 中提供相同的優點；最後，第 5 章將探討多執行緒與多處理器的結合。這些課題密切地交織在一起，因為多執行緒是一項將更多平行化曝獻給硬體的主要技術。嚴格講起來，多執行緒使用執行緒階層平行化，所以適合是第 5 章的主題，但是它在改良管線化使用率以及 GPU 方面所扮演的角色卻驅使我們在這裡就介紹其觀念。

雖然使用 ILP 去增進效能具有很大的優點：對於程式設計師可以合理地透明化；但我們已經看到，ILP 在某些應用程式上可能十分地受限或者難以運用。特別是，在合理的指令發派速率之下，走向記憶體或晶片外快取記憶體的快取失誤是不可能被可利用的 ILP 所隱藏的。當然，當處理器在快取失誤下等候而暫停時，其功能單元的使用率就劇烈地下降。

由於嘗試用更多 ILP 去涵蓋長時間記憶體暫停的效果有限，所以自然會問到在應用程式中是否有其他形式的平行化被用來隱藏記憶體暫停。例如，線上交易系統在各個請求所提出的多筆查詢與更新之中，就自然出現了平行性。當然，許多科學型應用程式也含有自然的平行性，因為它們往往型塑了自然界三次元的平行架構，該架構可以使用分開的執行緒而加以開發運用。即使是使用新式視窗作業系統的桌上型應用程式，通常也有多個動作中的應用程式在跑，提供了一種平行化的來源。

多執行緒 (multithreading) 以重疊的形式讓單處理器內多個執行緒能夠共用功能單元。反之，開發**執行緒階層平行化** (thread-level parallelism, TLP) 更為通用的辦法卻是使用多處理器，可以擁有多個立即且平行操作的獨立執行緒。然而，多執行緒並不像多處理器那樣複製整個處理器，反而是讓一組執行緒共用處理器的大部份，複製的只是私用狀態，例如暫存器和程式計數器。我們會在第 5 章看到，許多最近的處理器都把多個處理器核心併入單晶片中，並且在每一個核心之內提供多執行緒。

複製一個處理器核心的每個執行緒狀態意味著要為每一個執行緒創造一個分開的暫存器檔、一個分開的程式計數器 (PC)，以及一個分開的分頁表。記憶體本身可經由已支援多程式化的虛擬記憶體機制加以共用。此外，硬體必須支援相當快速地改變為不同執行緒的能力；特別是，執行緒切換應該要比行程切換有效率得多，行程切換通常需要數百至數千個處理器週期。當然，為了讓多執行緒硬體達成效能改進，程式必須包含可用同時方式執行的多個執行緒 (我們有時候說該應用程式為多執行緒式)。這些執行緒是由編譯器 (通常是從擁有平行化構造的程式語言而來) 或程式設計師來加以確認。

達成多執行緒主要是透過三種方法。**細質多執行緒** (fine-grained

multithreading) 於每個時脈上在執行緒之間作切換，使來自多個執行緒的指令能夠交錯地執行。這種執行方式通常會以循環 (round-robin) 的形式完成。若執行緒處在暫停狀態，該執行緒便會被略過。細質多執行緒的主要優點在於它隱藏了短暫停和長暫停所引起的**流通量損失** (throughput losses)，因為某個執行緒在暫停時，其他執行緒的指令會繼續執行，即使只暫停少數幾個週期。細質多執行緒主要的缺點則在於執行緒本身的執行速度會變慢，因為如果某個沒有暫停的執行緒準備好要執行時，將會被其他執行緒的指令所延遲。它是拿多執行緒化流通量的增加來交換單執行緒在效能上的損失 (以延遲時間作量測)。我們稍後會檢視的昇陽 Niagara 處理器就是使用簡單的細質多執行緒，我們在下一章要看的 Nvidia GPU 也是如此。

發明**粗質多執行緒** (coarse-grained multithreading) 就是作為細質多執行緒的替代選擇。粗質多執行緒只會在長時間暫停的情況下，才進行執行緒的交換，例如第二層或第三層快取失誤。這使得執行緒的交換較不受限，並且也比較不會降低任何一個執行緒的執行速度，因為只有當某個執行緒碰到了長時間暫停時，其他執行緒的指令才會被發派。

然而，粗質多執行緒卻有一個主要的缺點：在解決流通量損失方面的能力非常有限，尤其是較短時間的暫停。這種限制是由粗質多執行緒的管線啟始成本 (start-up cost) 所引起。因為粗質多執行緒的 CPU 會由單一執行緒發派指令，當有暫停發生時，管線在新的執行緒開始執行前會看到一個氣泡。由於這種啟始虛耗的緣故，粗質多執行緒比較適合用來降低十分長時間的暫停所帶來的損傷，相對於長時間的暫停，填補管線的時間就可以忽略了。有幾項研究計畫探討過粗質多執行緒，但是目前並沒有主要的處理器使用這種技術。

多執行緒最常見的製作方式就是**同時性多執行緒** (simultaneous multithreading, SMT)。同時性多執行緒是細質多執行緒的一種變形，當細質多執行緒被製作在一個**多指令發派** (multiple-issue) 動態排程處理器之上時便自然地產生。就如同其他形式的多執行緒，SMT 也是使用執行緒階層平行化來隱藏處理器中的長延遲事件，藉以增加功能單元的使用。SMT 當中的關鍵見解在於：暫存器重新命名以及動態排程容許來自各個獨立執行緒的多道指令之執行可以不必考慮它們之間的相依性；相依性的問題能夠由動態排程來處理解決。

圖 3.28 針對以下的處理器配置，概念地列舉說明處理器運用超純量資源的能力有何不同：

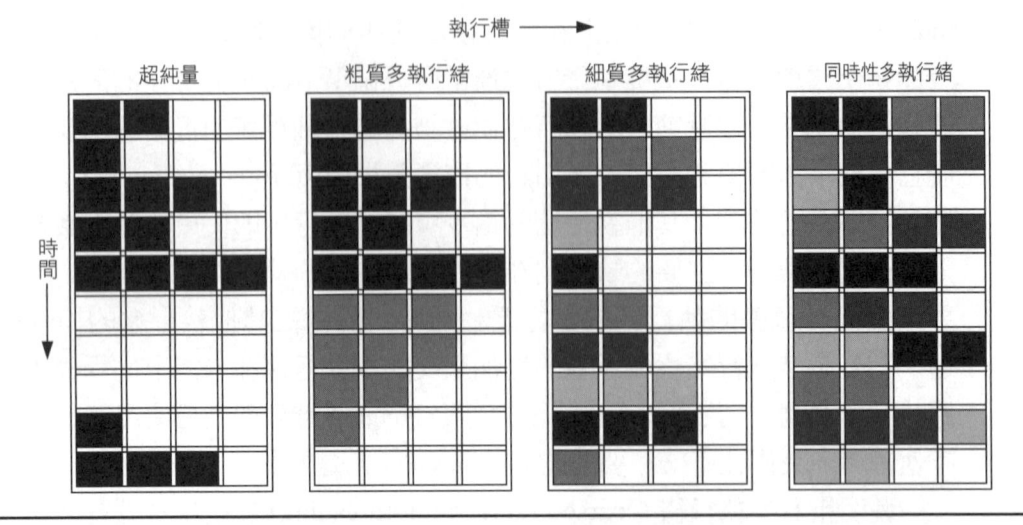

圖 3.28 四種不同方法如何使用超純量處理器的功能單元執行槽。水平方向代表在每個時脈週期的指令執行能力。垂直方向代表時脈週期序列。空(白色)的格子表示在該時脈週期內並沒有使用對應的執行槽。灰色和黑色陰影對應於多執行緒處理器中四個不同的執行緒。黑色也用來表示沒有多執行緒支援的超純量結構被佔用的發派槽。昇陽 T1 與 T2 (別名 Niagara) 處理器為細質多執行緒處理器，而 Intel Core i7 和 IBM Power7 處理器則使用 SMT。T2 有八個執行緒，Power7 有四個，Intel i7 有兩個。在所有現有的 SMT 中，指令一次只從一個執行緒發派。SMT 的不同處在於隨後執行指令的決定就脫勾了，有可能在同一個時脈週期內執行來自若干個不同指令的運算。

- 沒有多執行緒支援的超純量結構
- 具有粗質多執行緒的超純量結構
- 具有細質多執行緒的超純量結構
- 具有同時性多執行緒的超純量結構

在沒有支援多執行緒的超純量結構中，由於缺乏 ILP (包括隱藏記憶體延遲的 ILP)，發派槽 (issue slot) 的使用會受到限制。由於 L2 與 L3 快取失誤時間長度的緣故，處理器的大部份功用可能都被閒置一旁。

在粗質多執行緒的超純量結構上，長暫停在交換至另一個使用處理器資源的執行緒時，部份會被隱藏起來。這種交換減少了完全閒置的時脈週期數目；然而，在粗質多執行緒處理器中，執行緒交換只會出現於暫停時，因為新的執行緒會有啟始期間，所以仍可能會有一些完全閒置的週期。

在細質多執行緒的情況下，交錯執行的執行緒能消除全空的發派槽。此外，由於每個時脈週期都要改變發派的執行緒，就能隱藏較長的延遲作業。因為指令發派與執行被連接起來，一個執行緒有多少指令準備好，就只能發派多少指令。在窄的發派寬度下，這不成問題 (一個週期不是被佔據，就是沒有被佔據)，這就是為什麼細質多執行緒對於單指令發派處理器可以完美

動作，而 SMT 卻沒有意義的緣故。事實上，昇陽 T2 中每個時脈雖然有兩道指令發派，卻是來自不同的執行緒。這種情形便消除了製作複雜動態排程方法的需要，反而倚賴於使用更多執行緒去隱藏延遲。

如果要在多指令發派動態排程處理器之上製作細質多執行緒，其結果就是 SMT。在所有現有的 SMT 製作中，雖然來自不同執行緒的指令可以在同一個週期內啟動執行，但所有指令發派都來自於一個執行緒，使用動態排程硬體來決定那些是準備好的指令。雖然圖 3.28 大量地簡化了這些處理器的實際動作，但是它確實列舉說明了一般的多執行緒以及較寬指令發派、動態排程處理器中 SMT 的潛在效能優點。

同時性多執行緒所利用的就是洞悉動態排程處理器已經擁有許多支援該機制、包括大型虛擬暫存器組的硬體機制。多執行緒可以建構在非依序 (out-of-order) 處理器的頂端，靠的是在每個執行緒 (per-thread) 加上重新命名表、保持分開的 PC 值，並為來自多個執行緒的指令提供判定 (commit) 能力。

細質多執行緒在昇陽 T1 上的效用

在本節中，我們使用昇陽 T1 處理器去檢視多執行緒隱藏延遲的能力。T1 是昇陽公司於 2005 年引進市場的細質多執行緒多核心微處理器。T1 令人特別感興趣之處就在於它幾乎完全聚焦在執行緒階層平行化 (thread-level parallelism, TLP) 而非指令階層平行化 (instruction-level parallelism, ILP)。T1 揚棄了在 ILP 上密集的聚焦 (就在最具積極性的 ILP 處理器引進後不久)，回歸到簡單的管線化策略並且聚焦在 TLP 上，使用多個核心和多執行緒去產生流通量。

每一個 T1 處理器含有八個處理器核心，每一個核心支援四個執行緒。每一個處理器核心都包含一條簡單的六階段、單發派管線 (就是一條像附錄 C 所示的標準的五階段 RISC 管線，外加一個為執行緒切換而設的階段)。T1 使用細質多執行緒 (卻非 SMT)，在每一個時脈週期上都切換至一個新的執行緒；由於管線延遲或快取失誤而等候的閒置執行緒則在排程當中被旁路。只有當所有四個執行緒都閒置或暫停時，處理器才會閒置。載入與分支所引起的三週期延遲僅能由其他執行緒加以隱藏。所有八個核心都共用單一的浮點數功能單元組合，因為浮點數效能並非 T1 所關注。圖 3.29 對 T1 處理器作了總結。

T1 多執行緒單核心效能

透過個別核心上的多執行緒，也透過在單晶粒上許多簡單核心的使用，

特　性	昇陽 T1
支援多處理器與多執行緒	每只晶片八個核心；每個核心四個執行緒。細質執行緒排程。八個核心共用一個浮點數單元。只支援晶片上的多處理器運作。
管線架構	簡單、依序。六階段深的管線，載入及分支有三個週期的延遲
L1 快取記憶體	指令 16 KB；資料 8 KB。區塊大小 64 位元組。假設沒有競爭狀況，到達 L2 的失誤為 23 個週期。
L2 快取記憶體	四個分開的 L2 快取記憶體，每一個是 750 KB 並與一個記憶庫關聯。區塊大小 64 位元組。假設沒有競爭狀況，到達主記憶體的失誤為 110 個時脈週期。
初始製作	90 nm 製程；最高時脈頻率 1.2 GHz；功率 79 W；3 億顆電晶體；379 mm^2 晶粒。

圖 3.29　T1 處理器的總結。

使得 TLP 成為 T1 所關注的焦點。在本節當中，我們將看到 T1 透過細質多執行緒在增進單核心效能方面所發生的效用。我們將在第 5 章回來檢視把多執行緒與多核心結合在一起所發生的效用。

　　為了檢視 T1 的效能，我們使用了三個伺服器導向的標準效能測試程式：TPC-C、SPECJBB (SPEC Java Business Benchmark) 和 SPECWeb99。由於多個執行緒會增加來自單處理器的記憶體需要，有可能讓記憶體系統過載而導致多執行緒潛在增益的減少。針對 TPC-C，圖 3.30 顯示：當每個核心執行一個執行緒時，對比於當每個核心執行四個執行緒時，在失誤率方面以及所觀測的失誤延遲方面的相對增加。失誤率與失誤延遲兩者都增加，起因於記憶體系統中所增加的競爭。失誤延遲方面相對小的增加表示記憶體系統仍然具有未使用的容量。

　　看到一個平均化執行緒的行為之後，我們就能夠瞭解執行緒之間的交互作用以及它們讓一個核心保持忙碌的能力。圖 3.31 顯示一個執行緒在執行期間、在準備好而不執行期間，以及在未準備好期間所佔週期數的百分比。請回想未準備好並非意指擁有該執行緒的核心被暫停；只有當所有四個執行緒都未準備好時，該核心才會暫停。

　　執行緒可能由於快取失誤、管線延遲 (起因於諸如分支、載入、浮點數或整數乘法/除法等長延遲指令)，以及種種較小型的效應而未準備好。圖 3.32 顯示這些種種原因的相對頻率，快取效應對執行緒未準備好所負的責任佔了 50% 至 75% 的時間，其中 L1 指令失誤、L1 資料失誤和 L2 失誤的貢獻大略相同。來自管線的潛在延遲 (稱為「管線延遲」) 在 SPECJBB 中最為嚴重，可能是起因於較高的分支頻率。

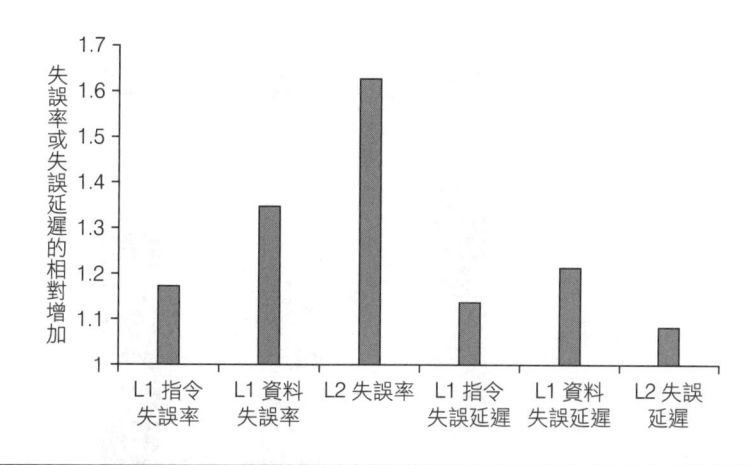

圖 3.30 在 TPC-C 標準效能測試程式上，每個核心一個執行緒之執行相對於每個核心四個執行緒之執行，其失誤率和失誤延遲的相對變化。延遲為失誤之後送回所需資料的實際時間。在四個執行緒的例子中，其他執行緒的執行可能會隱藏掉該延遲的許多部份。

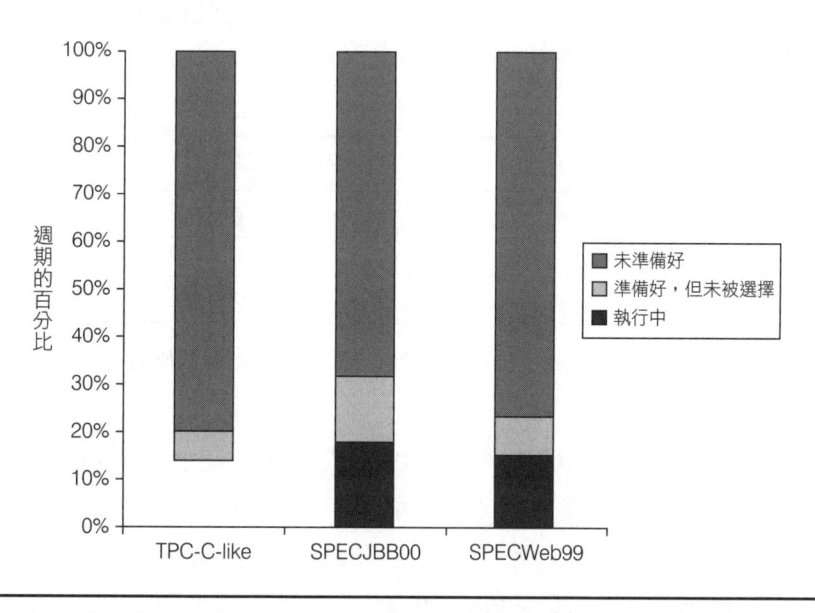

圖 3.31 平均化執行緒的狀態分解。「執行中」表示該執行緒在該週期內發派一個指令。「準備好，但未被選擇」意即它可能發派指令，但被選擇的是另一個執行緒。「未準備好」表示該執行緒正在等候一個事件 (例如，管線延遲或快取失誤) 完成。

圖 3.33 顯示每個執行緒以及每個核心的 CPI。因為 T1 是一個每個核心具有四個執行緒的細質多執行緒處理器，所以在具備足夠平行性的情況下每個執行緒的理想有效 CPI 就會是四，意即每四個週期內每個執行緒會消耗一個週期。每個核心的理想 CPI 就會是一。2005 年時，這些標準效能測試程式跑在積極性 ILP 核心上的 IPC 類似於在 T1 核心上所見。然而，T1 核心的

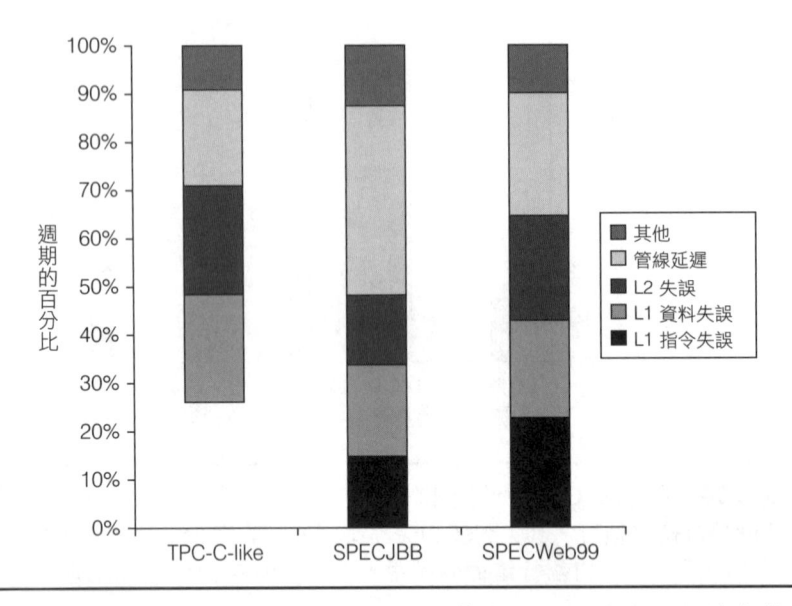

圖 3.32 「未準備好」執行緒的原因分解。對「其他」類型的貢獻是有變動的。在 TPC-C 中，儲存緩衝區已滿是最大的貢獻者；在 SPECJBB 中，個別型指令是最大的貢獻者；在 SPECWeb99 中，兩種因素都有貢獻。

標準效能測試程式	每個執行緒 CPI	每個核心 CPI
TPC-C	7.2	1.80
SPECJBB	5.6	1.40
SPECWeb99	6.6	1.65

圖 3.33 八核心 T1 處理器的每個執行緒 CPI 以及每個核心 CPI。

大小與 2005 年的積極性 ILP 核心比較起來卻非常適度，這就是為什麼比起特徵相同的其他處理器所提供的二至四個核心，T1 卻擁有八個核心的原因。因此，當昇陽的 T1 處理器 2005 年被引進市場時，在具備廣泛 TLP 與嚴格要求記憶體效能 (例如 SPECJBB 與交易處理的工作負載) 的整數型應用程式方面，便擁有了最佳的效能。

同時性多執行緒在超純量處理器上的效用

關鍵問題為：製作 SMT 能夠得到多少效能增益？當 2000 年至 2001 年探討這個問題時，研究者假設動態超純量在下一個五年會變得更寬許多，包含推測式動態排程、許多同時的載入和儲存、大的主要快取記憶體，以及可從多個事件中同時發派和除役的四至八個事件。並沒有一個處理器已經接近這種水準。

因此，研究模擬的結果顯示：2 倍或更多倍增益的多程式工作負載是不切實際的。實際上，SMT 現有的製作僅提供可從每個週期只有一至四道指令中提取與發派的二至四個事件，於是從 SMT 得到的增益也就比較有限度。

例如，在 HP-Compaq 伺服器內所製作的 Pentium 4 Extreme 中，使用 SMT 執行 SPECintRate 標準效能測試程式僅產生 1.01 倍的效能改善，執行 SPECfpRate 標準效能測試程式則僅約 1.07 倍。Tuck 和 Tullsen [2003] 發表過：在 SPLASH 平行式標準效能測試程式上，他們發現單核心多執行緒速度提升的範圍是從 1.02 至 1.67，平均速度提升約為 1.22。

取得 Esmaeilzadeh 等人 [2011] 最近所做廣泛而具洞察力的量測之後，我們就可以看到在單獨一個 i7 核心內使用 SMT 執行一組多執行緒應用程式，在效能和能量上所獲得的益處。我們所使用的這些標準效能測試程式包含了來自於 DaCapo 和 SPEC Java 套件的一組平行化科學型應用程式以及一組多執行緒 Java 程式，總結於圖 3.34 中。Intel i7 支援兩個執行緒的 SMT，圖 3.35 顯示以 SMT 關閉和啟動方式在 i7 的一個核心上執行這些標準效能測試程式所測得的效能比率與能量效率比率。(我們繪出的是能量效率比率 —— 能量消耗的倒數，所以較高的比率較佳，就像速度提升一樣。)

Java 標準效能測試程式速度提升的調和平均值為 1.28，儘管其中有兩個標準效能測試程式看到小的增益。這兩個標準效能測試程式 —— pjbb2005 與 tradebeans —— 雖然是多執行緒式，平行性卻有限。把它們包括進來是因為它們是典型的多執行緒標準效能測試程式，或許會希望萃取到它們所發現的有限數量的某些效能而在 SMT 處理器上加以執行。PARSEC 標準效能測試程式所獲得的速度提升略佳於全組 Java 標準效能測試程式 (調和平均值為 1.31)。如果忽略掉 tradebeans 與 pjbb2005，Java 工作負載的速度提升實際上會比 PARSEC 標準效能測試程式好很多 (1.39)。(請看圖 3.35 標題說明中對於使用調和平均值去總結量測結果的意涵所作的討論。)

能量消耗是由速度提升和功率消耗的增加所共同決定。對於 Java 標準效能測試程式而言，平均來講，SMT 所遞交的能量效率與非 SMT 相同 (平均 1.0)，但是它是被兩個表現不佳的標準效能測試程式給拖垮的；沒有 tradebeans 與 pjbb2005 的話，Java 標準效能測試程式的平均能量效率便是 1.06，幾乎和 PARSEC 標準效能測試程式一樣好。在 PARSEC 標準效能測試程式中，SMT 減少能量 1 − (1/1.08) = 7%，這樣減少能量的效能增強是非常**難以**發現的。當然，這兩種情況下所付出的就是與 SMT 相關聯的靜態功率，所以該結果可能對於能量增益稍有誇大。

blackscholes	使用 Black-Scholes 偏微分方程式為期貨選擇權的投資組合定價
bodytrack	無標記點的人體追蹤
canneal	使用快取記憶體感知型模擬鍛造方式,將晶片的繞線成本極小化
facesim	為了視覺的目的,模擬人臉的運動
ferret	搜尋引擎,用來尋找與一個查詢影像類似的一組影像
fluidanimate	使用 SPH 演算法模擬動畫的流體運動物理
raytrace	使用視覺的物理性模擬
streamcluster	計算資料點最佳叢簇的近似
swaptions	使用 Heath-Jarrow-Morton 架構為交換選擇權的投資組合定價
vips	對一個影像施予一系列的轉換
x264	MPG-4 AVC/H.264 的視訊編碼器
eclipse	整合型發展環境
lusearch	文句搜尋工具
sunflow	照片級真實感渲染系統
tomcat	Tomcat 服務小程式集合箱
tradebeans	Tradebeans Daytrader 標準效能測試程式
xalan	轉換 XML 文件的 XSLT 處理器
pjbb2005	SPEC JBB2005 版本 (但固定在問題大小而非時間)

圖 3.34 此處使用平行化標準效能測試程式來檢視多執行緒,也在第 5 章以 i7 來檢視多處理器運作。本表的上半部包含 Biena 等人 [2008] 所收集的 PARSEC 標準效能測試程式。PARSEC 標準效能測試程式意指適合多核心處理器的計算密集式、平行化應用程式。下半部包含來自於 DaCapo 集合 (見 Blackburn 等人 [2006]) 的多執行緒式 Java 標準效能測試程式以及來自 SPEC 的 pjbb2005。所有這些標準效能測試程式都含有一些平行性;其他的 Java 標準效能測試程式執行 DaCapo 與 SPEC Java 工作負載雖然使用多個執行緒,卻幾乎沒有或根本沒有真正的平行性,所以在這裡就不使用。相對於此處和第 5 章的量測,關於更多這些標準效能測試程式特性的資訊,請看 Esmaeilzadeh 等人 [2011] 的著作。

這些結果清楚地顯示:在廣泛支援 SMT 的積極性推測式處理器中,SMT 能夠以有能量效率的方式去改進效能,那是更積極的 ILP 方法所做不到的。在 2011 年,提供多個較簡單核心與提供較為複雜卻較少核心之間的平衡已經往較多核心的方向移動,每一個核心通常為三至四道指令發派的超純量結構,其 SMT 支援二至四個執行緒。事實上,Esmaeilzadeh 等人 [2011] 顯示:在 Intel i5 上 (類似於 i7 的處理器,但快取記憶體較小且時脈頻率較低) 以及在 Intel Atom 上 (針對網路筆記本市場所設計的 80x86 處理器,描述在 3.14 節中),從 SMT 獲得的能量改善甚至還比較大。

[圖表：i7 SMT 的效能比率與能量效率比率，對各種測試程式（Eclipse、Lusearch、Sunflow、Tomcat、Xalan、Tradebeans、Pjbb2005、Blackscholes、Bodytrack、Canneal、Facesim、Ferret、Fluidanimate、Raytrace、Streamcluster、Swaptions、Vips、×264），顯示速度提升與能量效率。]

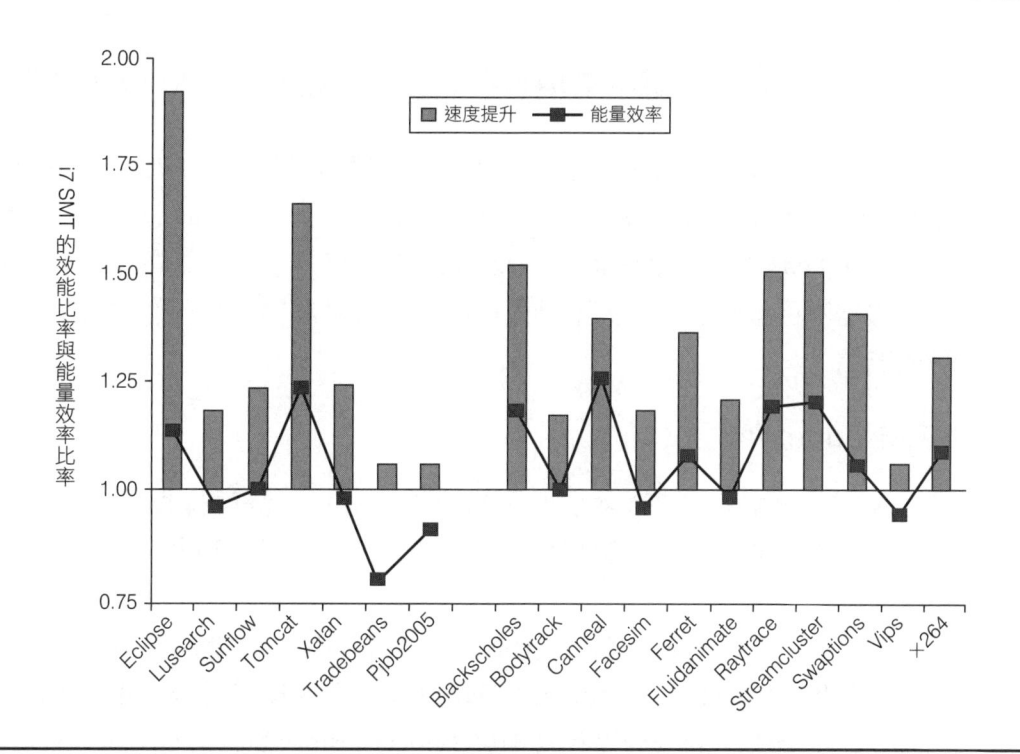

圖 3.35 在 i7 處理器一個核心上使用多執行緒的速度提升，對 Java 標準效能測試程式的平均為 1.28，對 PARSEC 標準效能測試程式的平均為 1.31（使用一種非加權式調和平均值，意指有一組工作負載，在其中執行單執行緒式基本組合內的每一個標準效能測試程式，所花費的總時間都相同）。能量效率的平均分別為 0.99 與 1.07（使用調和平均值）。請回想一下：任何在 1.0 以上的能量效率代表該特徵值對執行時間的減少更甚於對平均功率的增加。有兩個 Java 標準效能測試程式取得很少的速度提升且有顯著的負向能量效率，就是因為這個緣故。在所有情況下 Turbo Boost 都是關閉的。這些數據是由 Esmaeilzadeh 等人 [2011] 所收集分析，使用甲骨文（昇陽）的 HotSpot build 16.3-b01 Java 1.6.0 虛擬機以及 gcc v4.4.1 的本地編譯器。

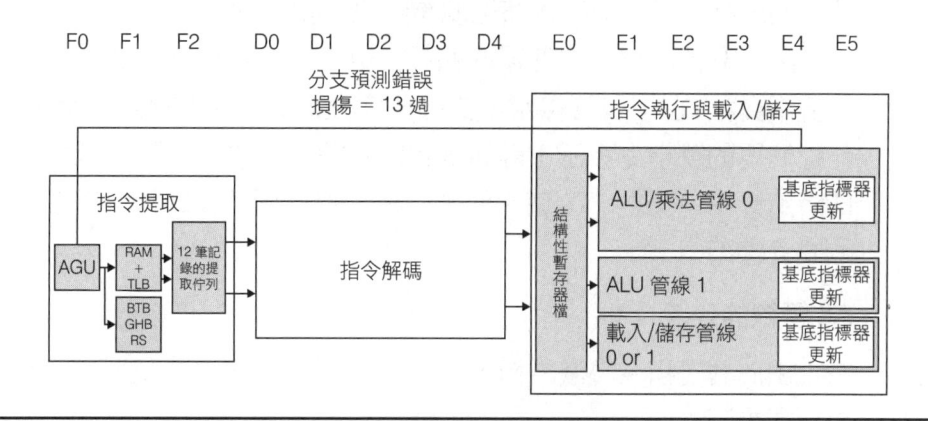

[圖：A8 管線架構圖，顯示 F0 F1 F2 D0 D1 D2 D3 D4 E0 E1 E2 E3 E4 E5 階段，分支預測錯誤損傷 = 13 週，指令提取（AGU、RAM + TLB、BTB GHB RS、12 筆記錄的提取佇列）、指令解碼、結構性暫存器檔、指令執行與載入/儲存（ALU/乘法管線 0、ALU 管線 1、載入/儲存管線 0 or 1、基底指標器更新）。]

圖 3.36 A8 管線的基本架構為 13 個階段。除了 5 個週期的整數管線之外，指令提取使用了 3 個週期，指令解碼使用了 4 個週期，這樣就會產生 13 個週期的分支預測錯誤損傷。指令提取單元試著保持 12 筆記錄的指令佇列處於填滿狀態。

3.13 綜合論述：Intel Core i7 與 ARM Cortex-A8

在本節中我們要探討兩個多指令發派處理器的設計：ARM Cortex-A8，用來作為 Apple iPad 中 A9 處理器的基礎，也是 Motorola Droid 和 iPhone 3GS 與 iPhone 4 中的處理器；以及 Intel Core i7，一個專為高階桌上型電腦和伺服器應用程式而設的高階動態排程推測式處理器。我們從比較簡單的處理器開始。

ARM Cortex-A8

A8 是一個具有動態發派偵測的雙指令發派、靜態排程的超純量處理器，允許處理器每個時脈週期發派一或二道指令。圖 3.36 顯示 13 階段管線的基本管線架構。

A8 使用動態分支預測器，擁有一個 512 筆記錄的 2 路集合關聯式分支目標緩衝區 (branch target buffer, BTB) 以及一個 4 K 筆記錄、由分支歷程與目前 PC 值所索引的全域歷程緩衝區 (global history buffer, GHB)。在分支目標緩衝區失誤的情況下，就從全域歷程緩衝區獲取一項預測，接下來便可用來計算分支位址。此外，並維持一個八筆記錄的返回堆疊 (return stack, RS) 去追蹤返回位址。一項不正確的預測在管線被清空時便造成 13 個週期的損傷。

圖 3.37 顯示指令解碼管線。使用依序發派機制下，每個時脈可以發派達兩道指令。使用一種簡單的記分板架構去追蹤何時可以發派指令。透過發派邏輯可以處理一對相依的指令，但是它們當然會在記分板上予以序列化，除非它們的發派可以讓轉送路徑能夠解決該相依性。

圖 3.38 顯示 A8 處理器的執行管線。指令 1 或指令 2 之一可以進入載入／儲存管線。在這些管線當中支援了完全的旁路。ARM Cortex-A8 管線使用一種簡單的雙指令發派、靜態排程的超純量架構，允許較低功率之下合理高的時脈頻率。反之，i7 使用的是一種合理積極性、四指令發派、動態排程推測式管線架構。

A8 管線的效能

由於其雙指令發派結構，A8 具有 0.5 的理想 CPI 值。管線暫停可能起因於三種來源：

1. 功能危障，是因為所選擇同時發派的兩道相鄰指令使用了相同的功能管線而發生。由於 A8 為靜態排程，嘗試避免這樣的衝突是編譯器的任務。當

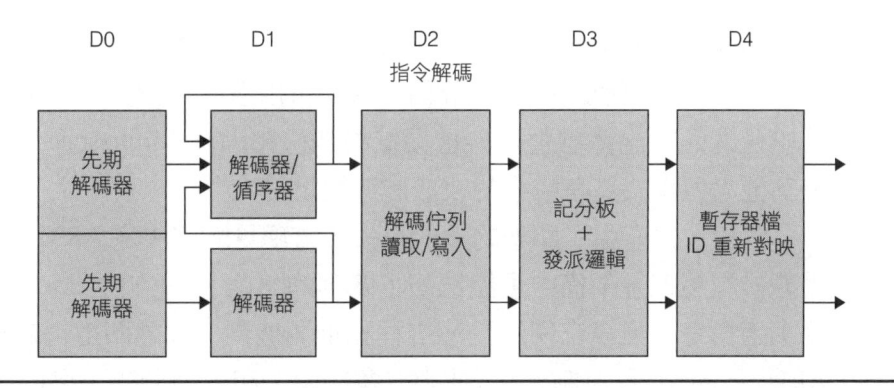

圖 3.37 A8 的五階段指令解碼。在第一階段中，使用提取單元所產生的 PC 值 (來自於分支目標緩衝區或 PC 遞增器) 從快取記憶體取回一個 8 位元區塊。高達兩道指令被解碼並置入解碼佇列；如果沒有一道指令為分支，PC 就為下次提取而遞增。一旦進入解碼佇列中，記分板邏輯便決定何時可以發派指令。在發派時，就讀取暫存器運算元；請回想一下，在簡單的記分板中，運算元總是來自暫存器。暫存器運算元與運算碼被送往管線的指令執行部份。

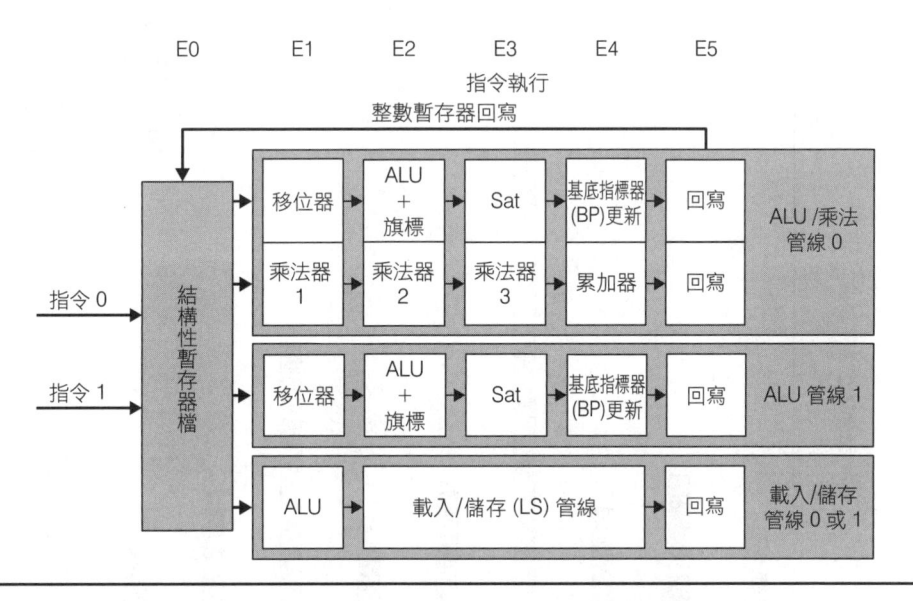

圖 3.38 A8 的六階段指令執行。乘法運算總是在 ALU 管線 0 執行。

它們無法避免時，A8 至多只能在該週期內發派一道指令。

2. 資料危障，是早先在管線中所偵測到的，有可能暫停兩道指令 (如果第一道無法發派，第二道往往被暫停)，也有可能暫停一對指令的第二道。可能的話，編譯器有責任防止這樣的暫停。

3. 控制危障，只有當分支預測錯誤時才發生。

除了管線暫停之外，L1 和 L2 失誤都會造成暫停。

圖 3.39 依據我們在第 2 章看到的 Minnespec 標準效能測試程式，顯示對於實際 CPI 有貢獻的因素之評估。我們可以看到，對於 CPI 的主要貢獻者是管線延遲而非記憶體暫停。這項結果部份起因於 Minnespec 比起完整 SPEC 或其他大型程式具有較小的快取記憶體足跡。

管線暫停產生了顯著的效能損失，這項見解在決定 ARM Cortex-A8 成為動態排程超純量架構中可能扮演了關鍵的角色。A9 如同 A8，每個時脈發派達兩道指令，但是它使用動態排程和推測機制。高達四道待處理指令（兩道 ALU、一道載入/儲存或浮點數/多媒體，和一道分支）可以在一個時脈週期內開始執行。A9 使用了比較強有力的分支預測器、指令快取記憶體預提取，以及非阻隔式 L1 資料快取記憶體。假設在相同的時脈頻率以及簡直完全一致的快取記憶體配置之下，圖 3.40 顯示 A9 平均勝過 A8 1.28 倍。

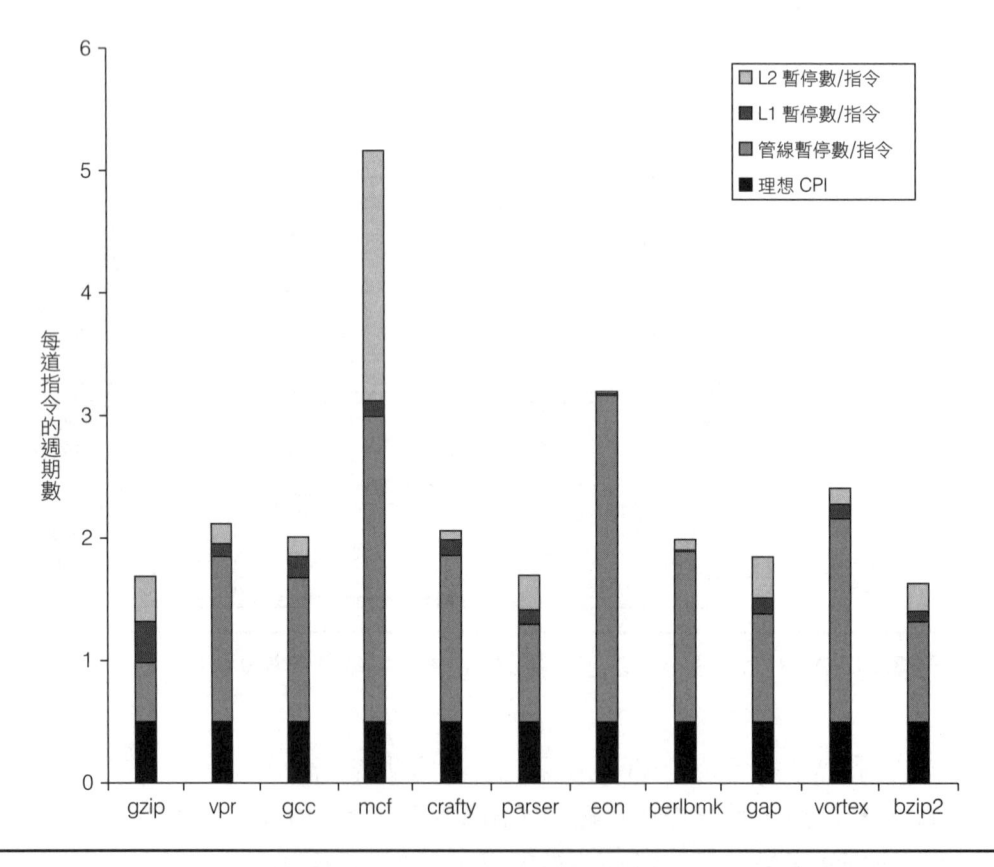

圖 **3.39** 在 ARM A8 上所估算的 CPI 成份顯示出管線暫停乃是基本 CPI 的主要增加量。值得提一提，因為它作整數式圖形計算（光跡追蹤）且具有非常少的快取失誤。它是重度使用乘法的計算密集式，所以單一的乘法管線成為主要的瓶頸。本估算是得自於使用 L1 與 L2 失誤率和失誤損傷去計算每道指令所產生的 L1 與 L2 暫停數。將一個細緻的模擬器所量測的 CPI 值減去這些數值就得到管線暫停數。管線暫停數包括所有三種危障加上例如多路預測錯誤等次要效應。

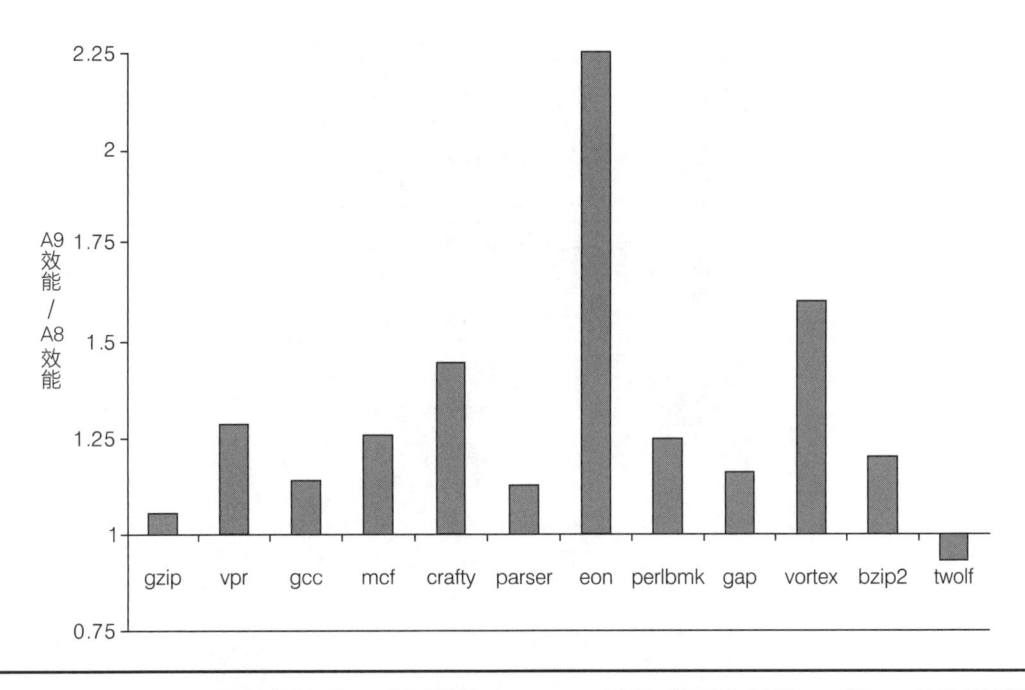

圖 3.40 A9 比上 A8 的效能比率，兩者都使用 1 GHz 時脈和相同容量的 L1 與 L2 快取記憶體，顯示出 A9 快了 1.28 倍。兩者的執行都使用一個 32 KB 的主要快取記憶體以及一個 1 MB 的次要快取記憶體 (A8 的是 8 路集合關聯式，A9 的是 16 路)。A8 快取記憶體中的區塊大小為 64 位元組，A9 為 32 位元組。圖 3.39 的標題內容中有提到，eon 密集地利用整數乘法，所以動態排程與較快的乘法管線之組合顯著地改善了 A9 的效能。twolf 略有變慢，可能是因為 A9 較小的 L1 區塊大小造成較差的快取行為所致。

Intel Core i7

i7 使用積極性的非依序推測式微結構，具有合理深度的管線，結合多指令發派與高時脈頻率，以達成高指令流通量為目標。圖 3.41 顯示 i7 管線的整體結構。我們將遵循標示於圖中的步驟來檢視該管線，從指令提取開始持續前進到指令判定。

1. 指令提取：處理器使用一個多層目標緩衝區來達成速度與預測精確度之間的平衡。也有一個返回位址堆疊來加速函數返回。預測錯誤造成大約 15 個週期的損傷。指令提取單元使用預測位址從指令快取記憶體提取 16 個位元組。

2. 這 16 個位元組被放在預解碼指令緩衝區：在本步驟中，執行了一個稱為巨運算融合的過程。**巨運算融合** (macro-op fusion) 採取指令的組合，例如比較指令後面跟隨分支指令，將它們融合成單一的運算。預解碼階段也將這 16 個位元組分解為個別的 x86 指令。此預解碼非同小可，因為一道

238 計算機結構 ── 計量方法

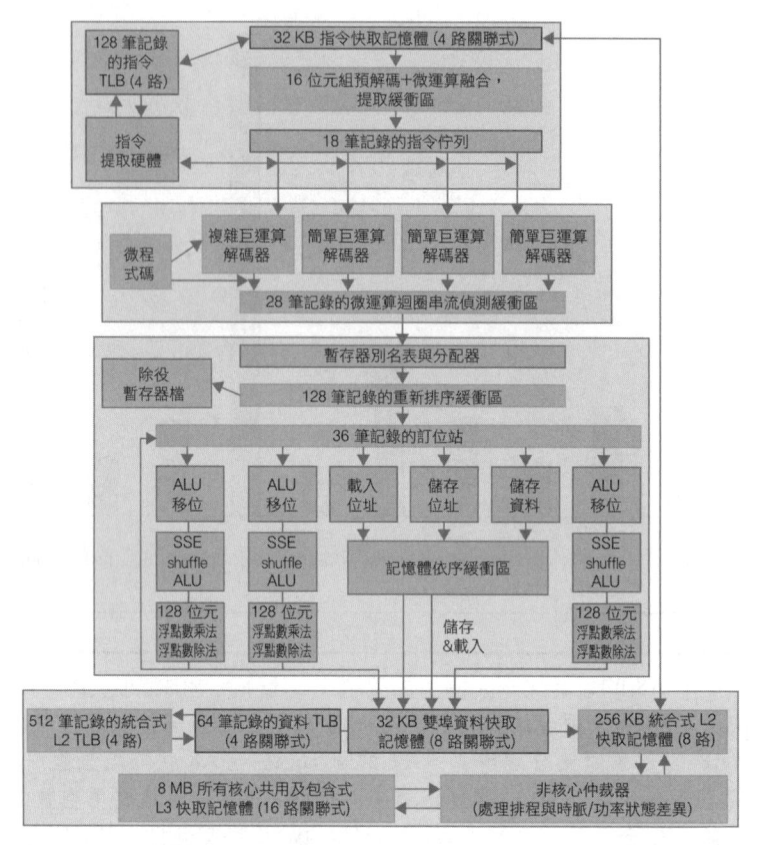

譯註：SSE 是指 Intel's Streaming SIMD Extensions（串流 SIMD 擴充）

圖 3.41 Intel Core i7 管線結構，同記憶體系統元件一起顯示。整個管線深度為 14 個階段，其分支預測錯誤成本為 17 個週期。有 48 個載入緩衝區和 32 個儲存緩衝區。6 個獨立的功能單元可以在同一個週期內分別開始執行一個準備好的微運算。

x86 指令可能從 1 至 17 個位元組，該預解碼器就得看遍一些位元組之後才能知道指令長度。個別的 x86 指令（包括一些融合指令）被置入 18 筆記錄的指令佇列中。

3. 微運算解碼：個別的 x86 指令被轉譯成數個微運算。微運算乃是可由管線直接執行的簡單型似 MIPS 指令；將 x86 指令集轉譯成比較容易管線化的簡單型運算是在 1997 年引進至 Pentium Pro，然後就沿用至今。三個解碼器處理 x86 指令直接轉譯成微運算。針對具有較複雜語意的 x86 指令，使用一個微程式引擎來產生微運算序列；每個週期可以產生四道微運算，持續進行到產生需要的微運算序列為止。這些微運算會依據 x86 指令的順序置入 28 筆記錄的微運算緩衝區當中。

4. 該微運算緩衝區執行**迴圈串流偵測** (loop stream detection) 和**微融合**

(microfusion)：如果有一個小型的指令序列 (長度小於 28 道指令或 256 個位元組) 組成一個迴圈，迴圈串流偵測器就會找出該迴圈並從緩衝區中直接發派微運算，不需要啟動指令提取與指令解碼階段。微融合結合了指令對，例如載入 /ALU 運算和 ALU 運算 / 儲存，將它們發派至單一的訂位站 (在那裡它們依然可以獨立發派)，因此增加了緩衝區的用途。在一項 Intel Core 結構 (也有併入微融合與巨融合) 的研究中，Bird 等人 [2007] 發現微融合對於效能沒有什麼影響，巨融合似乎對於整數效能有少量的正面影響，而對於浮點數效能就沒有什麼影響。

5. 執行基本的指令發派：在暫存器表中查看暫存器位置、為暫存器重新命名、分配一筆重新排序緩衝區的記錄位置，並在傳送微運算至訂位站之前從暫存器或重新排序緩衝區內讀取任何運算結果。

6. i7 使用一個由六個功能單元共用的 36 筆記錄集中式訂位站。每個時脈週期可分派高達六道微運算至功能單元。

7. 微運算是由個別的功能單元所執行，運算結果回送到任一個等候中的訂位站，也送往暫存器除役單元，一旦知道該指令不再是推測性，便在那兒更新暫存器狀態，重新排序緩衝區內對應於該指令的記錄位置就被標示為完成。

8. 當重新排序緩衝區開頭的一道或更多道指令已經被標示為完成之時，便執行暫存器除役單元內待處理的寫入，這些指令就從重新排序緩衝區被移除。

i7 的效能

在較早的章節中，我們檢視過 i7 分支預測器的效能，也檢視過 SMT 的效能。在本節中，我們要看看單執行緒管線的效能。由於積極性推測機制和非阻隔式快取記憶體的提出，理想效能與實際效能之間的缺口就難以精確地去作歸屬。我們將看到，相當少數的暫停是因為指令無法發派而發生。例如，只有大約 3% 的載入是因為無法取得訂位站而延遲。大多數損失是來自於分支預測錯誤或快取失誤。分支預測錯誤的成本為 15 個週期，而 L1 失誤的成本大約為 10 個週期；L2 失誤成本稍高於 L1 失誤成本的 3 倍；L3 失誤成本大約是 L1 失誤成本的 13 倍之多 (130 至 135 個週期)！雖然處理器對於 L3 失誤和某些 L2 失誤會試著找出替代指令去執行，卻有可能某些緩衝區在失誤完成以前就填滿了，造成處理器停止發派指令。

為了檢視預測錯誤和不正確推測的成本，圖 3.42 列出無法除役的工作相對於所有微運算分派數所佔的比例 (工作是指分派到管線中的微運算數目，

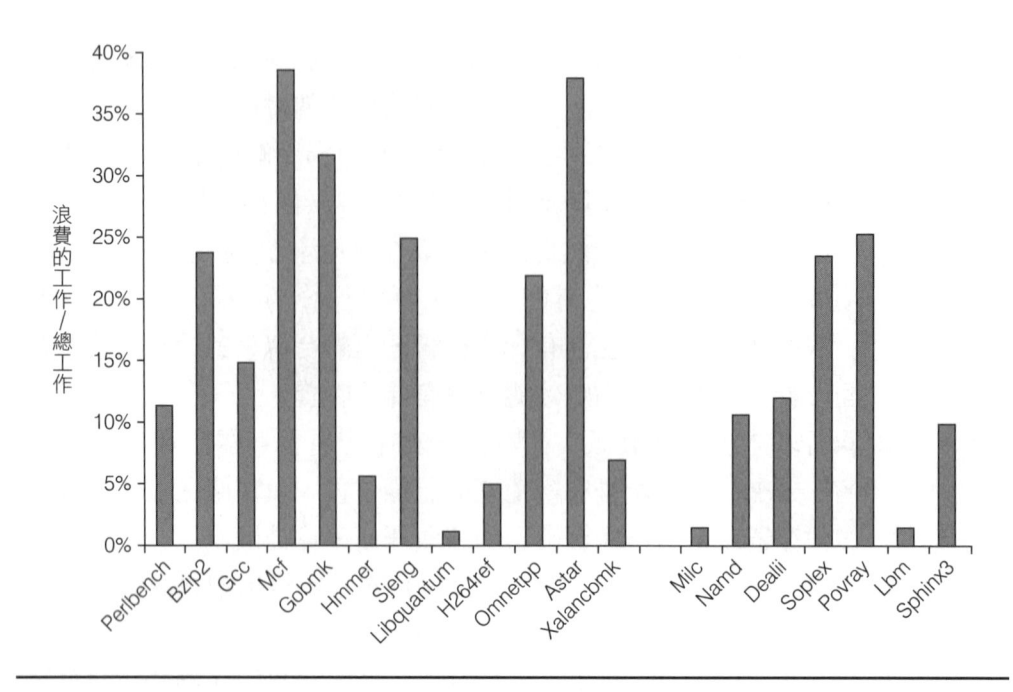

圖 3.42 所繪出的「浪費的工作」量是取無法除役的微運算分派數對於所有的微運算分派數之比率。例如，對於 sjeng，該比率為 25%，意即 25% 被分派並執行的微運算被丟棄。本節中的數據是由 Lu Peng 教授和博士生 Ying Zhang 所收集得來，他們兩位都在路易斯安那州立大學。

無法除役是指它們的運算結果被廢除掉）。例如對 sjeng 而言，25% 的工作是浪費的，因為有 25% 所分派的微運算是永遠不會除役的。

請注意浪費的工作在某些情形下密切符合於 168 頁圖 3.5 所顯示的分支預測錯誤率，但是在某些例子中，例如 mcf，浪費的工作似乎相當地大於預測錯誤率。在這些例子中，可能的解釋是源自於記憶體行為。在資料快取失誤率很高的情況下，只要對於被暫停的記憶體存取可以取得足夠的訂位站，mcf 就會在不正確的推測期間分派了許多道指令。當偵測到分支預測錯誤時，對應於這些指令的微運算就會被清空，但是環繞快取記憶體四周卻會發生壅塞，因為推測式記憶體存取都試著要完成。一旦被啟動，處理器要停止這樣的快取記憶體請求並不容易。

圖 3.43 顯示 19 項 SPECCPU2006 標準效能測試程式的整體 CPI。整數型標準效能測試程式的 CPI 值為 1.06，具有很大的變異量 (0.67 的標準偏差值)。Mcf 與 Omnetpp 是主要的離群者，兩者都有超過 2.0 的 CPI，而大多數其他的標準效能測試程式卻接近或小於 1.0 (次高的 gcc 為 1.23)。該變異量來自於分支預測精確度以及快取失誤率的差距。對於整數型標準效能測試程

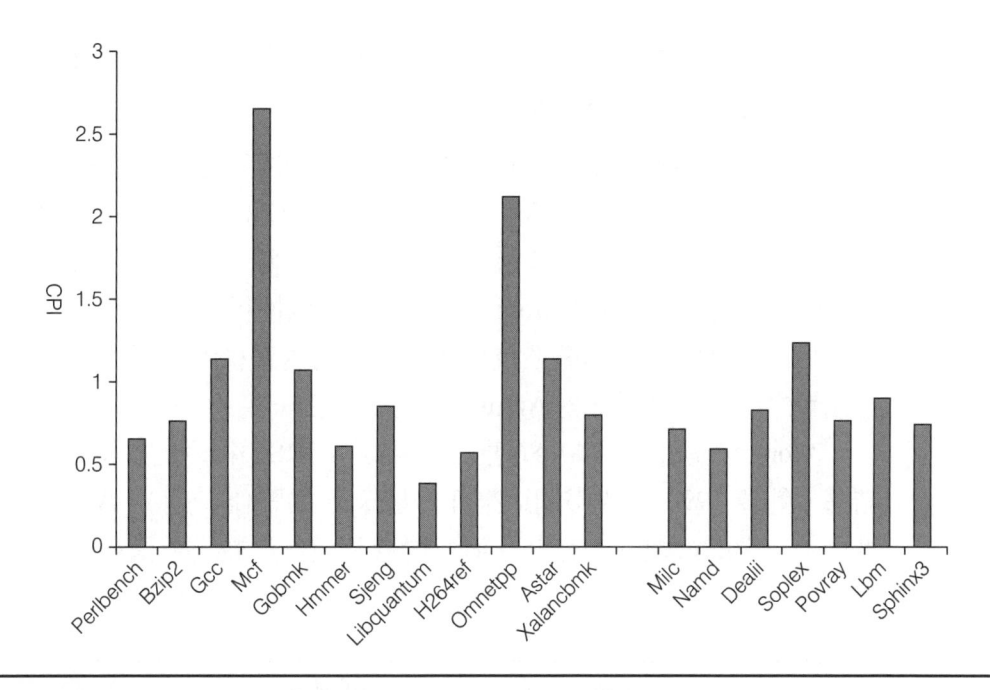

圖 3.43 19 項 SPECCPU2006 標準效能測試程式的 CPI 顯示：對於浮點型與整數型標準效能測試程式的平均 CPI 為 0.83，雖然它們的行為十分不同。在整數型的例子中，CPI 值的範圍是從 0.44 到 2.66，標準差為 0.77；而在浮點型的例子中則是從 0.62 變化至 1.38，標準差為 0.25。本節中的數據是由 Lu Peng 教授和博士生 Ying Zhang 所收集得來，他們兩位都在路易斯安那州立大學。

式而言，L2 失誤率是 CPI 的最佳預測器，L3 失誤率 (非常小) 幾乎沒有影響。

浮點型標準效能測試程式以較低的平均 CPI (0.89) 和較低的標準差 (0.25) 達成較高的效能。對於浮點型標準效能測試程式而言，L1 與 L2 在決定 CPI 方面是同樣重要的，而 L3 則扮演比較小一點卻顯著的角色。雖然 i7 的動態排程與非阻隔能力可以隱藏某些失誤延遲，快取記憶體的行為仍然是主要的貢獻者，這就強化了多執行緒作為另外一種隱藏記憶體延遲的方式所扮演的角色。

3.14 謬誤與陷阱

我們少數幾項謬誤都集中在預測效能與能量效率以及從單一量測 (例如時脈頻率或 CPI) 去作推斷的困難度。我們也證明不同的結構性方法對於不同的標準效能測試程式可能會有根本不同的表現。

謬誤　如果我們將技術保持固定，就容易預測相同指令集結構的兩種不同版本之效能與能量效率。

Intel 為低階網路筆記本和 PMD 的市場空間製造一種處理器，稱為 Atom 230，在微結構方面十分類似於 ARM A8。有趣的是，Atom 230 與 Core i7 920 都是用同樣的 45 nm Intel 技術製造的。圖 3.44 總結了 Intel Core i7、ARM Cortex-A8 和 Intel Atom 230。這些相似性提供一個難得的機會去直接比較相同指令集而底層製造技術保持固定的兩種根本不同微結構。在我們進行比較之前，我們需要對 Atom 230 說得更多一些。

Atom 處理器使用將 x86 指令轉譯成似 RISC 指令的標準技術去實現 x86 結構 (就像 1990 年代中期以來任一種 x86 的製作一般)。Atom 使用一種稍微更強有力的微運算，允許一道算術運算與一道載入或儲存配對。這意味著

領　域	特定的特性	Intel i7 920 四核心， 每核心都有浮點數運算	ARM A8 單核心， 沒有浮點數運算	Intel Atom 230 單核心， 有浮點數運算
實體 晶片性質	時脈頻率	2.66 GHz	1 GHz	1.66 GHz
	熱能設計功率	130 W	2 W	4 W
	封裝	1366 支接腳的 BGA	522 支接腳的 BGA	437 支接腳的 BGA
記憶體系統	TLB	兩層 均為 4 路集合關式 指令 128 / 資料 64 512 L2	一層 全關聯式 指令 32 / 資料 32	兩層 均為 4 路集合關聯式 指令 16 / 資料 16 64 L2
	快取記憶體	三層 32 KB / 32 KB 256 KB 2 至 8 MB	兩層 16 / 16 或 32 / 32 KB 128 KB 至 1 MB	兩層 32 / 24 KB 512 KB
	尖峰記憶體頻寬	17 GB/sec	12 GB/sec	8 GB/sec
管線結構	尖峰發派速率	4 運算 / 時脈融合式	2 運算 / 時脈	2 運算 / 時脈
	管線排程	推測式非依序	依序式動態排程	依序式動態排程
	分支預測	兩層	兩層 512 筆記錄的 BTB 4 K 全域歷程 8 筆記錄的返回堆疊	兩層

圖 3.44　四核心 Intel i7 920、典型 ARM A8 處理器晶片之一例 (擁有 256 MB L2，32 K L1 沒有浮點數運算)，以及 Intel Atom 230 的概觀，清楚地顯示針對 PMD 市場空間 (以 ARM 為例) 或針對網路筆記本市場空間 (以 Atom 為例) 的處理器，以及使用在伺服器和高階桌上型電腦的處理器 (以 i7 為例) 之間設計哲學上的差異。試想，i7 包括四個核心，每一個核心的效能都是數倍高於單核心的 A8 或 Atom。所有這些處理器都是用相似的 45 nm 技術所製作。

對典型的指令混合而言，平均只有 4% 的指令需要多於一道的微運算。然後就像在 ARM A8 中，這些微運算就在每個時脈能夠依序發派兩道指令、16 階段深的一條管線內執行。具有兩個整數 ALU、浮點數加法與其他浮點數運算分開的管線，以及兩個記憶體運算管線，去支援比 ARM A8 更為一般性的雙執行，但仍然受到依序發派能力的限制。Atom 230 擁有一個 32 KB 指令快取記憶體以及一個 24 KB 資料快取記憶體，是由相同晶粒上一個共用的 512 KB L2 在背後支援。(Atom 230 也支援雙執行緒的多執行緒操作，但是我們只考慮單一執行緒的比較。) 圖 3.46 總結了 i7、A8 和 Atom 處理器以及它們的主要特性。

這兩種處理器是用相同的技術去製作又使用相同的指令集，我們或許期待它們會在相對效能與能量消耗方面展現出可預測的行為，意即功率與效能會有接近線性化的比例。我們使用三組標準效能測試程式來檢視這項假設。第一組是一群 Java 單執行緒標準效能測試程式，來自於 Dacapo 標準效能測試程式和 SPEC JVM98 標準效能測試程式 (見 Esmaeilzadeh 等人 [2011] 對於標準效能測試程式和量測之討論)。第二與第三組標準效能測試程式是來自於 SPECCPU2006 並分別包含整數型與浮點型標準效能測試程式。

我們在圖 3.45 看到，i7 效能明顯超過 Atom。所有標準效能測試程式在 i7 上至少快 4 倍，其中有兩個 SPECFP 標準效能測試程式超過 10 倍，有一個 SPECINT 標準效能測試程式執行起來快了超過 8 倍！由於這兩種處理器的時脈頻率比率為 1.6，i7 大部份優勢是來自於低了很多的 CPI：對於 Java 標準效能測試程式是 2.8 倍，對於 SPECINT 標準效能測試程式是 3.1 倍，對於 SPECFP 標準效能測試程式則是 4.3 倍。

但是，i7 的平均消耗功率剛好低於 43 W，而 Atom 的平均消耗功率是 4.2 W，大約是十分之一的功率！效能與功率合在一起就導致 Atom 在能量效率上的優勢，通常優於 1.5 倍，而且經常是 2 倍！這兩種處理器使用相同的底層技術，它們的這項比較清楚地揭示：使用動態排程和推測機制的積極性超純量架構所得到的效能好處乃是伴隨著能量效率上明顯的壞處而來。

謬誤 較低 CPI 的處理器總是會比較快。

謬誤 具有較快時脈頻率的處理器總是會比較快。

關鍵在於決定效能的是 CPI 與時脈頻率的乘積。高的時脈頻率得自於深的管線，CPU 必須維持低 CPI 才能得到較快時脈的全部利益。同樣地，高時脈頻率但是低 CPI 的簡單型處理器或許會比較慢。

我們在前面的謬誤中有看過，效能與能量效率在針對不同環境所設計

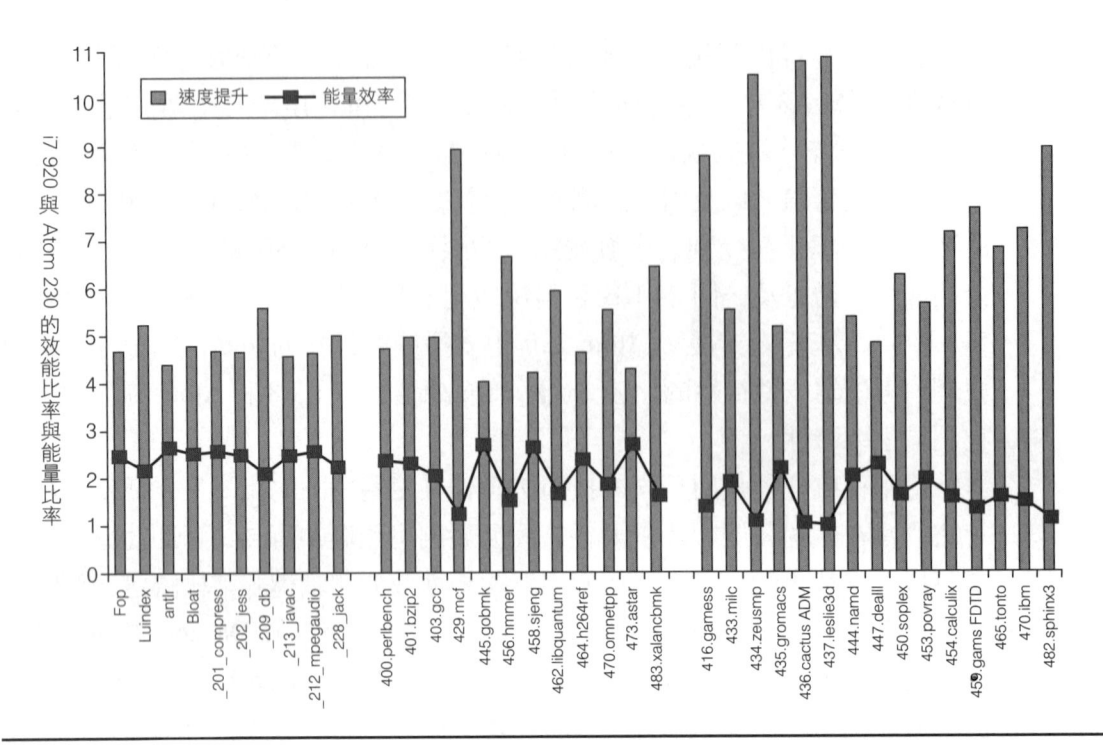

圖 3.45 針對一組單執行緒標準效能測試程式的相對效能與能量效率，顯示 i7 920 比 Atom 230 快了 4 倍乃至超過 10 倍，但是功率效率平均差了 2 倍！效能是以 i7 相對於 Atom 的柱狀作顯示，即為執行時間 (i7) / 執行時間 (Atom)。能量是以能量 (i7) / 能量 (Atom) 的線條作顯示。i7 在能量效率方面從未擊敗 Atom，雖然它實質上在四個標準效能測試程式上 (其中有三個是浮點型) 與 Atom 一樣良好。此處顯示的數據是由 Esmaeilzadeh 等人 [2011] 所收集。SPEC 標準效能測試程式使用標準的 Intel 編譯器以最佳化進行編譯，而 Java 標準效能測試程式則使用昇陽 (甲骨文) Hotspot Java VM。在 i7 上只有一個核心在動作，其他核心則處於深度的節能模式。在 i7 上使用了 Turbo Boost，增加它的效能效益卻稍微減少了它的相對能量效率。

　　的處理器當中可能會明顯地偏離，即使它們擁有相同的指令集 (ISA)。事實上，即使在同一公司全都針對高階應用而設計的處理器家族之內，還是會呈現出效能方面的大差距。圖 3.46 顯示來自 Intel 兩種 x86 結構的不同製作，連同也是 Intel 做的 Itanium，所呈現出的整數與浮點數效能。

　　Pentium 4 乃是 Intel 曾經建造過的最具積極性的管線化處理器。它使用一個超過 20 階段的管線、擁有七個功能單元、快取的是微運算而非 x86 指令。給予這樣積極性的製作後，它的相當低劣之效能成為一項清楚的啟示：嘗試開發更多的 ILP (同時有 50 道指令在運作可能不難) 已經失敗了。Pentium 的功率消耗類似於 i7，雖然它的電晶體數目比較低，它的主要快取記憶體是 i7 的一半大，它只包括 2 MB 的第二快取記憶體，並沒有第三快取記憶體。

處理器	時脈頻率	SPECCInt2006 基線	SPECCFP2006 基線
Intel Pentium 4 670	3.8 GHz	11.5	12.2
Intel Itanium-2	1.66 GHz	14.5	17.3
Intel i7	3.3 GHz	35.5	38.4

圖 3.46 三種 Intel 處理器的寬幅變動。雖然 Itanium 處理器擁有兩個核心且 i7 擁有四個，但只有一個核心在標準效能測試程式中使用。

　　Intel Itanium 是一種 VLIW 型態的結構，儘管與動態排程超純量架構比較起來它的複雜度可能會減少，卻從未達到與主流 x86 處理器具有競爭性的時脈頻率 (雖然它似乎達成與 i7 類似的整體 CPI)。在檢視這些結果之際，讀者應該察覺它們是使用不同的製作技術，其中 i7 就一個等效管線化處理器而言，便在電晶體速度與時脈頻率方面佔了便宜。儘管如此，在效能上的大幅變動──Pentium 與 i7 之間超過 3 倍──還是很驚人。下一項陷阱說明了這項好處大部份是來自何方。

陷阱　有時候較大較笨的比較好。

　　2000 年代早期大部份注意力都放在開發 ILP 的積極性處理器上，包括 Pentium 4 結構──使用微處理器中所曾見過的最深管線，以及 Intel Itanium──擁有曾經見過最高的每個時脈尖峰發派速率。很快就搞清楚：開發 ILP 的主要限制往往就是記憶體系統。雖然在隱藏一大部份的 10 至 15 週第一層快取失誤損傷方面，推測式非依序管線的表現相當良好，它們在隱藏第二層快取失誤損傷方面能夠做的卻很少，當走到主記憶體時，該損傷有可能高達 50 至 100 週。

　　其結果就是：儘管有數目大的電晶體和極端精巧與聰明的技術，這些設計從不曾接近於達成指令流通量的尖峰值。下一節就討論這種困境以及從更具積極性的 ILP 方案轉向多核心的情形；但是卻有另一種舉發這項陷阱的改變方式：設計師不再嘗試用 ILP 去隱藏更多的記憶體延遲，只是使用電晶體去建造更大型的快取記憶體就可以了。Itanium 2 和 i7 與 Pentium 4 的兩層快取記憶體相比，都是使用三層快取記憶體，相較於 Pentium 4 第二層快取記憶體的 2 MB，第三層快取記憶體分別為 9 MB 和 8 MB。不必多說，建造更大型的快取記憶體比起設計 20 個階段左右的 Pentium 4 管線要容易得多，而且從圖 3.46 的數據看起來似乎更有效。

3.15 結論：展望未來

當 2000 年開始之際，開發指令階層平行化上的聚焦達到了巔峰。當時 Intel 擬引進 Itanium，是一種高指令發派速率、動態排程的處理器，倚賴於編譯器密集支援的似 VLIW 方法；使用動態排程推測式執行的 MIPS、Alpha 與 IBM 處理器也處於它們的第二代並且已經變得更寬更快。使用推測式執行的 Pentium 4 那一年也已經宣佈了七個功能單元與深度超過 20 階段的管線。但是暴風雲正在遠方地平線上醞釀著。

諸如 3.10 節所涵蓋的研究，顯示出更進一步去推動 ILP 將會極端困難。雖然較早在 3 至 5 年以前從第一代推測式處理器開始，尖峰指令流通率一直有所上升，但是持續的指令執行率卻成長得慢了許多。

下一個五年正在說：Itanium 終究是一種良好的浮點型處理器，卻是一種平庸的整數型處理器。Intel 仍然在生產該產品線，但沒有太多的使用者，時脈頻率落後於主流的 Intel 處理器，微軟也不再支援其指令集。Intel Pentium 4 雖然達成了高效能，終究在效能/瓦特(也就是能量使用)方面是沒有效率的，而且處理器的複雜度也使得藉由增加指令發派速率來獲得更多的進步是不可能的。藉由開發 ILP 來達成微處理器中新效能水準的 20 年路途已經來到盡頭。大家都廣泛認知 Pentium 4 已經走過了報酬遞減點，既積極又精巧的 Netburst 微結構也被放棄了。

2005 年以前，Intel 以及所有其他主要的處理器製造商已經改革他們的作法，聚焦在多核心上。較高的效能會透過執行緒階層平行化來達成而非指令階層平行化，有效率地使用處理器的責任也大部份從硬體轉移到軟體和程式設計師上。自較早在 25 年多以前管線化與指令階層平行化的初期以來，這種改變乃是處理器結構中最重大的改變。

在此同時，設計師開始探討使用更多的資料階層平行化作為獲取效能的另一種方式。SIMD 擴充版致使桌上型與伺服器型微處理器能夠針對繪圖與類似功能達成中等程度的效能增加。比較重要的是，圖形處理單元 (GPU) 尋求積極去使用 SIMD，對於使用廣泛資料階層平行化的應用程式達到顯著的效能效益。對於科學型應用程式而言，這樣的方法代表一種切實可行的替代方式，可替代運用在多核心中較為一般性、但比較沒效率的執行緒階層平行化。下一章便探討這些使用資料階層平行化的發展。

許多研究者都預測了使用 ILP 的主要緊縮，而預言兩道指令發派的超純量處理器和較多數目的核心才有未來。然而，稍高一些的指令發派速率以及處理無法預測事件 (例如第一層快取失誤) 的推測式動態排程之能力所能獲

得的好處，卻導致中度 ILP 成為多核心設計中的主要建構方塊。SMT 的加入及其有效性 (對效能與能量效率而言都是) 進一步黏牢了中度指令發派、非依序、推測式方法的位置。事實上，即使在嵌入式市場中，最新式的處理器 (例如 ARM Cortex-A9) 都已引進動態排程、推測機制，以及較寬的指令發派速率。

未來的處理器極度不可能嘗試去顯著地增加指令發派的寬度，從矽面積使用率和功率效率的觀點來看簡直太沒效率了。請考量圖 3.47 中的數據，顯示最近 IBM Power 系列中的四種處理器。在過去十年間，Power 處理器中對於 ILP 的支援一直有溫和的進步，但是電晶體數目增加 (從 Power4 到 Power7 幾乎是 7 倍) 的主要部份卻是走向增加快取記憶體和每只晶粒的核心數。即使是對 SMT 支援的擴充也比 ILP 流通量的增加似乎更受到眷顧：從 Power4 到 Power7，ILP 結構由 5 道指令發派走到 6 道指令發派，由 8 個功能單元走到 12 個功能單元 (但不是從起初的 2 個載入 / 儲存單元算起)，而對 SMT 的支援卻由不存在走到 4 個執行緒 / 處理器。似乎很清楚，即使對 2011 年最先進的 ILP 處理器 (Power7) 而言，重點已經移出指令階層平行化之外。接下來兩章便聚焦於資料階層與執行緒階層平行化。

3.16 歷史回顧與參考文獻

L.5 節 (可上網取得) 特別寫出一段有關管線化與指令階層平行化發展方面之討論，我們也針對延伸閱讀和這些課題的探討提供了大量的參考文獻。L.5 節涵蓋了第 3 章和附錄 H。

	Power4	Power5	Power6	Power7
引進時間	2001 年	2004 年	2007 年	2010 年
最初時脈頻率 (GHz)	1.3	1.9	4.7	3.6
電晶體數目 (M)	174	276	790	1200
每個時脈指令發派數	5	5	7	6
功能單元	8	8	9	12
核心數 / 晶片	2	2	2	8
SMT 執行緒數	0	2	2	4
晶片上快取記憶體總容量 (MB)	1.5	2	4.1	32.3

圖 3.47 四種 IBM Power 處理器的特性。除了 Power6 為靜態式，所有都是動態排程式、依序式，而且所有處理器都支援兩條載入 / 儲存管線。Power6 除了一個十進位單元，擁有與 Power5 相同的功能單元。Power7 使用 DRAM 作為 L3 快取記憶體。

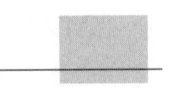

由 Jason D. Bakos 和 Robert P. Colwell 所提供：個案研究與習題

個案研究：探討微結構技術的影響

本個案研究所列舉的概念

- 基本指令排程、重新排序、分派
- 多指令發派與危障
- 暫存器重新命名
- 非依序執行與推測式執行
- 何處去花費非依序資源

您被賦與設計一個新的處理器微結構的任務，而且您正在嘗試計算要如何部署您的硬體資源會最好。您在第 3 章所學的軟硬體技術當中，有哪一種應該用上去？您有一列功能單元與記憶體的時間延遲表，也有一些具代表性的程式碼。您的老闆有點搞不清楚您的新設計之效能需求，但是您從經驗中得知：所有其他都相同的話，較快速通常較好，從基本開始做起吧。圖 3.48 提供一串指令序列和一列時間延遲表。

3.1 [10] <1.8, 3.1, 3.2> 如果直到前一道指令執行完成以前，並沒有起動新的指令執行，那麼圖 3.48 中程式碼序列的基本效能 (以每次迴圈重複執行的週期數去表示) 為何？請忽略前端提取與解碼。現在假設：即使缺少次一指令，執行也不會暫停，但每個週期只發派一道指令。又假設發生分支，且有一個週期的分支延遲槽。

			超出單週的時間延遲	
Loop:	LD	F2,0(RX)	記憶體 LD	+4
I0:	DIVD	F8,F2,F0	記憶體 SD	+1
I1:	MULTD	F2,F6,F2	整數 ADD、SUB	+0
I2:	LD	F4,0(Ry)	分支	+1
I3:	ADDD	F4,F0,F4	ADDD	+1
I4:	ADDD	F10,F8,F2	MULTD	+5
I5:	ADDI	Rx,Rx,#8	DIVD	+12
I6:	ADDI	Ry,Ry,#8		
I7:	SD	F4,0(Ry)		
I8:	SUB	R20,R4,Rx		
I9:	BNZ	R20,Loop		

圖 3.48 習題 3.1 至 3.6 的程式碼和時間延遲。

3.2 [10] <1.8, 3.1, 3.2> 想一想時間延遲數字的真實含義是什麼？沒有別的，這些數字就是用來指出已知的功能產生其輸出所需要的週期數。如果整條管線在每一個功能單元的時間延遲週數期間內暫停，那麼您至少可保證：任何一對背對背指令 (一個「生產者」被一個「消費者」跟隨在後) 都將正確地執行。但是並非所有指令對都具有生產者 / 消費者的關係，有時候兩個相鄰的指令彼此完全無關。請問如果管線在偵測到資料相依性為真時方暫停在那些相依處，而不是只因一個功能單元忙碌就盲目地暫停一切，那麼圖 3.48 程式碼序列的迴圈本體會需要多少個週期？請將程式碼呈現出來，該程式碼應該在有需要容納時間延遲之處插入 <stall> 指令。(提示：時間延遲為 "＋2" 的指令需要有兩個 <stall> 指令週期插入程式碼序列中。請這麼想：一個單週期指令具有 1＋0 的時間延遲，意即有零個額外的等候狀態。所以 1＋1 的時間延遲意指一個暫停週期；1＋N 的時間延遲則具有 N 個額外的暫停週期。)

3.3 [15] <3.6, 3.7> 請思考一個多指令發派的設計。假定您有兩個執行管線，每一個管線都能夠在每一個週期開始執行一道指令；您在前端也有足夠的提取 / 解碼頻寬，不致於暫停您的執行。假設執行結果可以立即從一個執行單元轉交給另一個執行單元，或者轉交給它自己。進一步假設執行管線會暫停的唯一理由就是觀察到真實的資料相依。現在請問該迴圈需要多少個週期？

3.4 [10] <3.6, 3.7> 在習題 3.3 的多指令發派設計中，您可能已經認出一些精細的問題。即使這兩個管線具有完全相同的指令劇碼，它們既不是同一個也不可以彼此交換，因為在它們之間有一種隱含的順序，必須反映原始程式當中的指令順序。如果指令 $N＋1$ 在執行管線 1 開始執行的時間與指令 N 在管線 0 開始的時間相同，且指令 $N＋1$ 偶爾需要一個比指令 N 短的執行時間延遲，那麼指令 $N＋1$ 將於指令 N 之前完成 (即使程式順序所意指的有所不同)。請至少列舉兩個原因，說明為什麼那可能是危險的，有需要在微結構中作特殊考量。請從圖 3.48 的程式碼中給予一個二指令的例子，示範此危障。

3.5 [20] <3.7> 請將圖 3.48 的指令重新排序，以改善程式碼的效能。假設採用習題 3.3 的雙管線機器，而且習題 3.4 的非依序完成問題已經成功地處理掉。現在暫時只要擔心觀察到真實的資料相依以及功能單元的時間延遲。請問您的重新排序程式碼得花費多少個週期？

3.6 [10/10/10] <3.1, 3.2> 任何一個在管線中無法啟始新運算的週期都是一次遭受損失的機會，其意義為：您的硬體「無法活出它的潛力」。

　　a. [10] <3.1, 3.2> 在您習題 3.5 的重新排序程式碼中，把兩個管線都算在內，請問所有週期中有多少比例被浪費掉 (無法啟始新運算)？

b. [10] <3.1, 3.2> 迴圈展開乃是一種標準的編譯器技術，可以在程式碼中找到更多的平行性，以便將遭受效能損失的機會最小化。請從您習題 3.5 的重新排序程式碼中，用手動方式展開該迴圈的兩次重複執行。

c. [10] <3.1, 3.2> 請問您獲得了多少速度提升？(針對本習題，只要將第 $N+1$ 次重複執行的指令上成綠色，以便與第 N 次重複執行的指令作區分。如果您實際在展開迴圈，您得重新指派暫存器，以防重複執行之間發生碰撞。)

3.7 [15] <3.1> 計算機將它們大部份時間花在迴圈上，所以多次迴圈重複執行就是一個可以採用推測方式找出更多讓 CPU 資源保持忙碌的大場合。然而，從來沒有事情是容易的；編譯器只發出一份該迴圈程式碼的複本，即使多次重複執行是在處理分開的資料，看起來卻會使用相同的暫存器。為了讓多次重複執行的暫存器使用不致於發生碰撞，我們便將它們的暫存器重新命名。圖 3.49 顯示將硬體重新命名的範例程式碼。編譯器可能只是展開該迴圈並使用不同的暫存器以避免衝突；但是如果我們預期以硬體展開迴圈，也就必須進行暫存器重新命名。怎麼做？假設您的硬體具有一組臨時暫存器 (temporary register) (稱為 T 暫存器，假設總共 64 個，T0 至 T63)，可以取代編譯器所指派的暫存器。此重新命名硬體是由來源 (src, source) 暫存器指派加以索引，表中的數值為上一次瞄準該暫存器而指派的 T 暫存器。(請把這些數值想成生產者，來源暫存器則是消費者；生產者放置結果的處所沒有太大關係，只要它的消費者可以找得到。) 請考慮圖 3.49 的程式碼序列，每一次當您在程式碼中看到一個目的暫存器時，就以下一個可用的 T 去取代，從 T9 開始；於是就更新了所有的來源暫存器，而維持住真實的資料相依。請呈現所導致的程式碼。(提示：見圖 3.50。)

3.8 [20] <3.4> 習題 3.7 探討了簡單的暫存器重新命名：當硬體的暫存器重新命名電路看到一個 來源暫存器，便以上一道指令已經命中該來源暫存器的目的 T 暫存器加以取代。當重新命名表看到一個目的暫存器，便以下一個可

```
Loop:    LD           F4,0(Rx)
I0:      MULTD F2,    F0,F2
I1:      DIVD F8,     F4,F2
I2:      LD           F4,0(Ry)
I3:      ADDD         F6,F0,F4
I4:      SUBD         F8,F8,F6
I5:      SD           F8,0(Ry)
```

圖 3.49 練習暫存器重新命名的程式碼樣本。

```
I0:     LD          T9,0(Rx)
I1:     MULTD       T10,F0,T9
...
```

圖 3.50 提示：暫存器重新命名的預期輸出。

用的 T 加以取代。但是超純量設計需要在每一個時脈週期內，針對機器中各階段的多道指令進行處理。簡單的純量處理器會因此查看每一道指令的兩個來源 (src) 暫存器對映，並在每一個時脈週期內配置一個新的目的 (dest, destination) 暫存器對映。超純量處理器也必須能夠這麼做，但也必須保證任何兩個平行指令之間的目的至來源關係有被正確地處理。考量圖 3.51 的程式碼序列樣本，假設我們想要同時重新命名最前面的兩道指令，也進一步假設次 2 個要用到的可用 T 暫存器在時脈週期一開始時就知道了，這兩道指令就是在該時脈週期內被重新命名。概念上，我們所要的乃是對第一道指令去進行重新命名查表，然後針對每一個目的 T 暫存器進行表的更新；第二道指令會去做完全相同的事情。任何指令之間的相依便會藉此得到正確的處理。但是並沒有足夠的時間將此 T 暫存器指派寫入重新命名表中，而後針對第二道指令在相同時脈週期內再查看一次。該暫存器代換非得當場執行不可 (與暫存器重新命名表的更新並行)。圖 3.52 顯示一個使用多工器和比較器的電路圖，會將需要的運作暫存器完成重新命名。您的任務便是針對圖 3.51 所示程式碼的任何一個指令，呈現出重新命名表一週又一週的狀態，假設該表開始於任何一筆記錄都等於它的索引(T0 = 0；T1 = 1；⋯)。

3.9 [5] <3.4> 如果您曾困惑於暫存器重新命名電路必須做什麼，請回到您正在執行的組合語言程式碼，並問您自己：要得到正確結果必須發生什麼事？例如，考量一個三路超純量機器，對以下三道指令平行命名：

```
    ADDI    R1, R1, R1
    ADDI    R1, R1, R1
    ADDI    R1, R1, R1
```

```
I0:     SUBD        F1,F2,F3
I1:     ADDD        F4,F1,F2
I2:     MULTD       F6,F4,F1
I3:     DIVD        F0,F2,F6
```

圖 3.51 超純量暫存器重新命名的程式碼樣本。

252 計算機結構 —— 計量方法

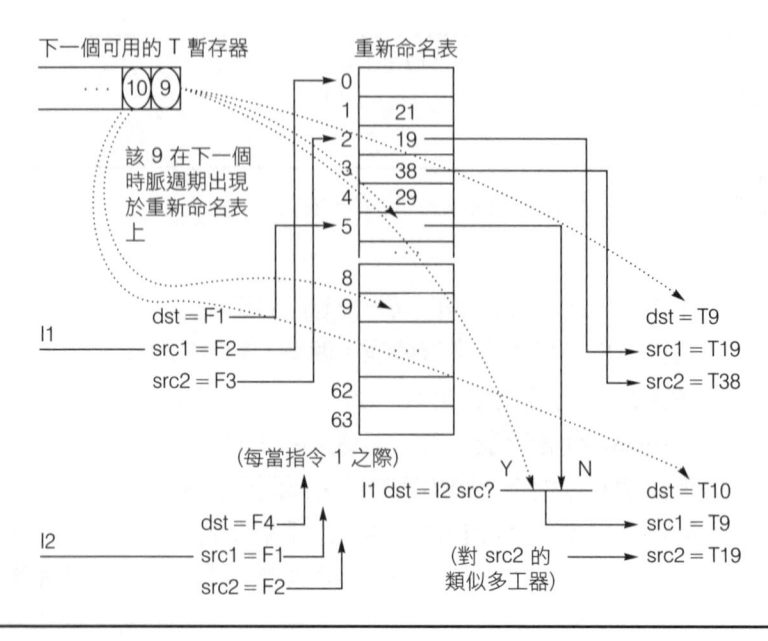

```
                下一個可用的 T 暫存器        重新命名表
                                          0
                      ··· 10 9             1    21
                                          2    19
                      該 9 在下一個           3    38
                      時脈週期出現            4    29
                      於重新命名表            5
                      上
                                          8
                        dst = F1           9                    dst = T9
             I1 ——— src1 = F2                                   src1 = T19
                        src2 = F3                               src2 = T38
                                         62
                                         63
                    (每當指令 1 之際)
                                           Y      N
                        dst = F4        I1 dst = I2 src?       dst = T10
             I2 ——— src1 = F1                                   src1 = T9
                        src2 = F2      (對 src2 的               src2 = T19
                                        類似多工器)
```

圖 3.52 超純量機器的重新命名表和運作中暫存器的代換邏輯。(請注意:「src」為來源,「dest」為目的。)

如果 R1 值以 5 開始,請問當此序列執行完畢後其值應為何?

3.10 [20] <3.4, 3.9> 針對暫存器的使用,超長指令字元 (Very Long Instruction Word, VLIW) 設計師在結構法則方面有數種基本選擇。假定 VLIW 是用自我汲取式執行管線進行設計:一個運算一旦被起動,其結果將在最多 L 個週期後出現於目的暫存器 (此處 L 乃是該運算的時間延遲)。暫存器從未足夠過,所以便誘發將現有暫存器搾出最大使用率的動機。考量圖 3.53,如果載入運算具有 1 + 2 個週期的時間延遲,請將此迴圈展開一次,並顯示一個有能力每週處理兩次加法和兩次載入的 VLIW,如何能在沒有任何管線中斷與暫停下使用最少數目的暫存器。也請給予一個事件範例:存在自我汲取式管線的情形下,

```
Loop:   LW      R4,0(R0) ;   ADDI    R11,R3,#1
        LW      R5,8(R1) ;   ADDI    R20,R0,#1
        〈暫停〉
        ADDI    R10,R4,#1;
        SW      R7,0(R6) ;   SW      R9,8(R8)
        ADDI    R2,R2,#8
        SUB     R4,R3,R2
        BNZ     R4,Loop
```

圖 3.53 具有兩次加法、兩次載入和兩次暫停的 VLIW 程式碼樣本。

3.11 [10/10/10] <3.3> 假設有一個五階段單管線微結構 (提取、解碼、執行、記憶、回寫) 和圖 3.54 的程式碼；除了 LW 和 SW 為 1 + 2 週以及分支為 1 + 1 週，所有運算均為一個週期；也沒有轉送。請針對該迴圈的一次重複執行，顯示每個時脈週期內每道指令的進行階段。

   a. [10] <3.3> 請問有多少時脈週期損失在分支的虛耗上？
   b. [10] <3.3> 假設有一個靜態分支預測器，能夠在解碼階段認出回頭的分支。現在請問有多少時脈週期浪費在分支的虛耗上？
   c. [10] <3.3> 假設有一個動態分支預測器。請問有多少時脈週期損失在一次正確的預測上？

3.12 [15/20/20/10/20] <3.4, 3.7, 3.14> 讓我們來思量動態排程在這裡可能會達成什麼。假設有一個如圖 3.55 所示的微結構；假設算術邏輯單元 (Arithmetic-Logical Unit, ALU) 可以作所有的算術運算 (MULTD、DIVD、ADDD、ADDI、SUB) 和分支，並且訂位站 (RS) 每週至多可以分派一個運算至每一個功能單元中 (一個運算至每一個 ALU，一個運算至載入 / 儲存單元)。

```
Loop:   LW          R3,0(R0)
        LW          R1,0(R3)
        ADDI        R1,R1,#1
        SUB         R4,R3,R2
        SW          R1,0(R3)
        BNZ         R4, Loop
```

圖 3.54　習題 3.11 的程式碼迴圈。

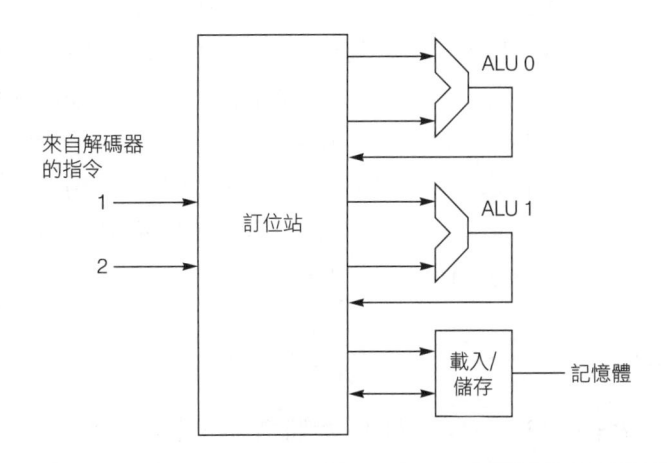

圖 3.55　非依序執行的微結構。

a. [15] <3.4> 假定圖 3.48 程式碼序列中所有指令均存在於 RS 中，未執行任何重新命名。請在程式碼中突顯出使用暫存器重新命名會改善效能的指令。[提示：請尋找寫入後讀取 (read-after-write, RAW) 與寫入後寫入 (write-after-write, WAW) 危障，假設功能單元的時間延遲與圖 3.48 中相同。]

b. [20] <3.4> 假定 (a) 小題程式碼的暫存器重新命名版本於時脈週期 N 駐在於 RS 中，時間延遲給定於圖 3.48 中。請顯示 RS 應如何一個時脈接一個時脈、以非依序方式分派這些指令，以便在此程式碼中獲得最佳效能。[假設 RS 之限制與 (a) 小題相同，並假設運算結果在可以使用之前必須先寫入 RS，也就是不旁路。] 請問該程式碼序列花費了多少個時脈週期？

c. [20] <3.4> (b) 小題讓 RS 嘗試去將這些指令進行最佳化排程。但實際上整個有關的指令序列通常並不存在於 RS 中，各種事件都可能會清除 RS。當一個新的程式碼序列串流從解碼器進入時，RS 就必須選擇分派它所具有的指令。假定 RS 是空的，在週期 0 時本程式碼中最先的兩個暫存器重新命名指令出現在 RS 中。假設要花一個時脈週期去分派任一運算，並假設功能單元的時間延遲與習題 3.2 中相同，又假設前端 (解碼器 / 暫存器重新命名電路) 將持續在每一個時脈週期內施行兩個新指令。請顯示 RS 一週接一週的分派順序。現在請問此程式碼序列需要多少個時脈週期？

d. [10] <3.14> 如果您想要改善 (c) 小題的結果，請問以下何者幫助會最大：(1) 另一個 ALU；(2) 另一個載入 / 儲存單元；(3) 將 ALU 運算結果全部旁路至隨後的運算；(4) 將最長的時間延遲砍成一半？請問速度提升了多少？

e. [20] <3.7> 現在讓我們來思量推測機制：超越一個或多個條件式分支的提取、解碼和執行的行動。我們做這個有雙重動機：我們在 (c) 小題所提出的分派排程具有很多 nop (不動作)，我們又知道計算機花費大部份時間去執行迴圈 (意味著分支至迴圈頂端是相當可預測的)。迴圈告訴我們何處去找更多的工作做；我們貧乏的分派排程建議我們有機會比以前早一點去做那些工作。在 (d) 小題中，您發現了穿過迴圈的關鍵路徑。試想像把該路徑的第二份複本包起來，放到您在 (b) 小題所得到的排程。請問要去做值得兩個迴圈的工作，需要多幾個時脈週期 (假設所有指令均駐在於 RS 中)？(假設所有功能單元都完全管線化。)

習題

3.13 [25] <3.13> 在本習題中，您將探討三種處理器之間的效能權衡，每種處理器採用不同形式的多執行緒方法。每種處理器均為超純量架構、使用依序式管

線、跟隨在所有載入與分支之後需要固定的三週暫停,並且擁有雷同的 L1 快取記憶體。從相同執行緒同一個週期所發派的指令是以程式順序提取,而且一定不能包含任何資料或控制相依性。

- 處理器 A 是一個超純量 SMT 結構,能夠從兩個執行緒每個週期發派達兩道指令。
- 處理器 B 是一個細質 MT 結構,能夠從單執行緒每個週期發派達四道指令,並於任何管線暫停時切換執行緒。
- 處理器 C 是一個粗質 MT 結構,能夠從單執行緒每個週期發派達八道指令,並於 L1 快取失誤時切換執行緒。

我們的應用程式是一個列表搜尋器,掃描記憶體某個區域去尋找儲存在 R9 的一個特定值,搜尋的位址範圍指定於 R16 與 R17。將搜尋空間平均分割為四個相等大小的連續區塊,指派一個搜尋執行緒給每一個區塊(產生了四個執行緒),因而予以平行化。每一個執行緒的大部份執行時間是花費在以下展開的迴圈本體中:

```
loop:   LD R1,0(R16)
        LD R2,8(R16)
        LD R3,16(R16)
        LD R4,24(R16)
        LD R5,32(R16)
        LD R6,40(R16)
        LD R7,48(R16)
        LD R8,56(R16)
        BEQAL R9,R1,match0
        BEQAL R9,R2,match1
        BEQAL R9,R3,match2
        BEQAL R9,R4,match3
        BEQAL R9,R5,match4
        BEQAL R9,R6,match5
        BEQAL R9,R7,match6
        BEQAL R9,R8,match7
        DADDIU R16,R16,#64
        BLT R16,R17,loop
```

假設以下內容:

- 使用一道屏障來保證所有執行緒都同時開始。
- 第一次 L1 快取失誤發生在該迴圈重複執行兩次之後。

- 不作任何 BEQAL 分支。
- 總是作 BLT。
- 所有三種處理器都是以輪流方式進行執行緒排程。

針對每一種處理器，請決定需要多少週期來完成該迴圈頭兩次的重複執行。

3.14 [25/25/25] <3.2, 3.7> 在本習題中，我們看到軟體技術如何能夠在一個普通的向量迴圈中掘取指令階層平行化 (ILP)。以下迴圈是所謂的 DAXPY 迴圈 (double-precision aX plus Y，倍精度 aX 加 Y)，乃是高斯消去法中的核心運算。以下程式碼針對向量長度 100 實現了 DAXPY 運算 —— $Y = aX + Y$。起初，R1 被設定為矩陣 X 的基底位址，R2 被設定為矩陣 Y 的基底位址：

```
        DADDIU   R4,R1,#800   ; R1 = X 的上限
foo:    L.D      F2,0(R1)     ; (F2) = X(i)
        MUL.D    F4,F2,F0     ; (F4) = a*X(i)
        L.D      F6,0(R2)     ; (F6) = Y(i)
        ADD.D    F6,F4,F6     ; (F6) = a*X(i) + Y(i)
        S.D      F6,0(R2)     ; Y(i) = a*X(i) + Y(i)
        DADDIU   R1,R1,#8     ; 遞增 X 索引值
        DADDIU   R2,R2,#8     ; 遞增 Y 索引值
        DSLTU    R3,R1,R4     ; 測試：迴圈繼續？
        BNEZ     R3,foo       ; 如果需要就執行迴圈
```

功能單元的延遲假設在下表中。假設單週期的延遲分支在指令解碼 (ID) 階段解出，假設運算結果完全旁路。

產生結果的指令	使用結果的指令	延遲的時脈週期數
浮點數乘法	浮點數 ALU 運算	6
浮點數加法	浮點數 ALU 運算	4
浮點數乘法	浮點數儲存	5
浮點數加法	浮點數儲存	4
整數運算與所有載入	任何	2

a. [25] <3.2> 假設有一個單指令發派管線。請針對浮點數運算與分支的延遲，包括任何暫停或閒置的時脈週期，呈現出該迴圈未被編譯器排程以及被編譯器排程之後看起來會如何。請問運算結果向量 Y 的每一個元素未排程與排程的執行時間(以週期為單位)為何？欲令處理器硬體單獨符合排程編譯器所達成的效能改進，請問時脈頻率必須要快多少？(忽略增加時脈速度對記憶體系統的任何可能影響。)

b. [25] <3.2> 假設有一個單指令發派管線，視需要的次數多次展開迴圈，將其排程為沒有任何暫停，瓦解該迴圈的虛耗指令。請問該迴圈必須要

展開幾次？請呈現出指令排程。請問運算結果每一個元素的執行時間為何？

c. [25] <3.7> 假設有一個 VLIW 處理器，其指令包含了五個運算，如圖 3.16 所示。我們將比較兩種程度的迴圈展開。首先，將該迴圈展開 6 次去掘取 ILP，並加以排程而無任何暫停 (亦即全空的指令發派週期)，瓦解該迴圈的虛耗指令，然後將該迴圈展開 10 次而重複以上過程。請忽略分支延遲槽。請呈現這兩個排程。請問運算結果向量每一個元素的執行時間為何？每一個排程中使用了多少百分比的運算槽？這兩個排程之間程式碼大小的差距如何？對於這兩個排程的暫存器整體需求為何？

3.15 [20/20] <3.4, 3.5, 3.7, 3.8> 在本習題中，我們將看到執行習題 3.14 的迴圈時如何施作在 Tomasulo 演算法上的變化。功能單元 (FU) 在下表中加以描述。

功能單元形式	執行階段的週期數	功能單元數目	訂位站數目
整數	1	1	5
浮點數加法	10	1	3
浮點數乘法	15	1	2

假設以下內容：

- 功能單元並未管線化。
- 功能單元之間並不作轉送；運算結果是藉由共用資料匯流排 (common data bus, CDB) 傳達。
- 執行階段 (EX) 對載入與儲存作有效位址計算與記憶體存取，因此該管線為 IF/ID/IS/EX/WB。
- 載入需要一個時脈週期。
- 發派 (IS) 階段與回寫 (WB) 結果階段每一個都需要一個時脈週期。
- 有五個載入緩衝槽和五個儲存緩衝槽。
- 不等於零則分支 (Branch on Not Equal to Zero, BNEZ) 指令需要一個時脈週期。

a. [20] <3.4, 3.5> 對於本問題，我們使用圖 3.6 的單指令發派 Tomasulo MIPS 管線，管線延遲如上表。請列出每道指令的暫停週期數，以及重複執行該迴圈三次的每道指令是在哪一個時脈週期開始執行 (亦即進入其第一個 EX 週期)。請問每一次迴圈重複執行花費多少個週期？請將您的答案以下列欄位標頭的形式列表報告：

- 重複執行 (迴圈重複執行編號)
- 指令

- 發派 (指令於何週期發派)
- 執行 (指令於何週期執行)
- 記憶體存取 (記憶體於何週期存取)
- 寫入 CDB (運算結果於何週期寫入 CDB)
- 註解 (任何讓該指令等候的事件之描述)

請在表中列出重複執行該迴圈三次的內容。您可以忽略第一道指令。

b. [20] <3.7, 3.8> 請重作 (a) 小題，但這一次請假設雙指令發派的 Tomasulo 演算法，以及一個完全管線化的浮點數單元 (Floating-Point Unit, FPU)。

3.16 [10] <3.4> Tomasulo 演算法有一項缺點：每條 CDB 每個週期只能計算一個結果。請使用前面問題的硬體配置與延遲，找出一段不超過十道指令的程式碼序列，在裡面 Tomasulo 演算法必須因為 CDB 競爭而暫停。請在您的程式碼序列中指出這是在何處發生。

3.17 [20] <3.3> (m, n) 關聯性分支預測器使用最近 m 個執行過的分支之行為從 2^m 個預測器中作選擇，每個都是 n 位元預測器。雙層區域性預測器也是以類似的方式工作，但是只追蹤每一個個別預測器過去的行為來預測未來的行為。有一項設計權衡牽涉到這樣的預測器：關聯性預測器需要很小的歷程記憶體，這允許它們對於大量的個別分支維持 2 位元預測器 (減少分支指令重複使用相同預測器的機率)；然而區域性預測器卻需要顯然大很多的記憶體來保有歷程，因此受限於追蹤小量的分支指令。針對本習題，考量一個 (1,2) 關聯性預測器可以追蹤四個分支 (需要 16 個位元)，相對於一個 (1,2) 區域性預測器使用相同容量的記憶體可以追蹤兩個分支。針對以下的分支結果，請提供每一項預測、作該項預測所使用的表格記錄、由於該項預測而對該表格的更新，以及每一個預測器最後的預測錯誤率。假設到達這一點的所有分支都已經執行過。將每一個預測器啟動如下：

關聯性預測器

記錄位置	分 支	前次的結果	預 測
0	0	T	T，有一次預測錯誤
1	0	NT	NT
2	1	T	NT
3	1	NT	T
4	2	T	T
5	2	NT	T
6	3	T	NT，有一次預測錯誤
7	3	NT	NT

區域性預測器

記錄位置	分支	前兩次的結果（右邊是最近的結果）	預測
0	0	T,T	T，有一次預測錯誤
1	0	T,NT	NT
2	0	NT,T	NT
3	0	NT	T
4	1	T,T	T
5	1	T,NT	T，有一次預測錯誤
6	1	NT,T	NT
7	1	NT,NT	NT

分支 PC（字元位址）	結果
454	T
543	NT
777	NT
543	NT
777	NT
454	T
777	NT
454	T
543	T

3.18 [10] <3.9> 假設我們有一個深度管線化的處理器，為了它我們製作了一個只針對條件分支的分支目標緩衝區。假設預測錯誤損傷總是四個週期，緩衝區失誤損傷總是三個週期。假設 90% 的命中率、90% 的精確度，以及 15% 的分支頻率。相對於一個具有固定兩週期分支損傷的處理器，請問此使用分支目標緩衝區的處理器快了多少呢？假設沒有分支暫停下每道指令的基本時脈週期 (CPI) 為一。

3.19 [10/5] <3.9> 考量一個分支目標緩衝區對於正確的條件分支預測、不正確的預測，以及一次緩衝區失誤的損傷分別為 0、2 與 2。考量一個分支目標緩衝區的設計：可以區別條件分支與無條件分支，可以儲存條件分支的目標位址和無條件分支的目標指令。

    a. [10] <3.9> 當一個無條件分支在緩衝區被發現時，請問該損傷的時脈週期數為何？

    b. [10] <3.9> 請決定對於無條件分支而言，從分支折疊 (branch folding) 所得到的改善。假設 90% 的命中率、5% 的無條件分支頻率，以及兩個週期

的緩衝區失誤損傷。請問藉由這種增強可以獲得多少改善？對於這種增強而言，請問命中率必須多高才能提供效能增益？

CHAPTER 4

向量、SIMD 與 GPU 結構當中的資料階層平行化

我們稱呼這些演算法為資料平行化演算法,因為它們的平行性是來自於跨大型資料集合的同時運算,而非來自於多個控制執行緒。

W. Daniel Hillis 和 Guy L. Steele
「資料平行化演算法」,*Comm.ACM* (1986)

如果您在耕耘一塊田地,請問您寧可使用:兩頭強壯的牛或者 1024 隻雞?

Seymour Cray, 超級電腦之父
(相對於許多簡單的處理器,
極力主張兩個強有力的處理器)

4.1 簡 介

第 1 章所介紹的單指令多資料 (SIMD) 結構，一直以來總是有一個問題：擁有顯著的資料階層平行性 (DLP) 的應用程式集合到底有多廣泛。五十年之後，這個答案不僅只是科學計算方面的矩陣導向式計算，同時也是媒體導向的影像與聲音處理。此外，由於單指令可以啟動許多道資料運算，SIMD 潛在上比起每道資料運算都需要提取並執行一道指令的多指令多資料 (MIMD) 更有能量效率。這兩個答案造成 SIMD 對個人行動裝置具有吸引力。最後，或許 SIMD 對上 MIMD 的最大優點就是程式設計師可以繼續循序性思考，卻可藉由平行化資料運算達成平行性速度提升。

本章涵蓋了 SIMD 的三種變形：向量結構、多媒體 SIMD 指令集擴充版，以及圖形處理單元 (GPU)[1]。

第一種變形早於另外兩種超過 30 年，意指許多道資料運算本質上的管線化執行。這些**向量結構** (vector architecture) 比起其他的 SIMD 變形較容易瞭解與編譯，但是直到最近它們都被認為對微處理器而言費用太過昂貴。該費用部份是在電晶體上，部份是在足夠的 DRAM 頻寬成本上。為了滿足傳統微處理器的記憶體效能需求，已知的情況就是廣泛倚賴快取記憶體。

第二種 SIMD 變形是借用 SIMD 之名，來意含基本上是同時性的平行化資料運算，並且出現在現今大多數支援多媒體應用程式的指令集結構中。對於 x86 結構而言，SIMD 指令的擴充始於 1996 年的 MMX (Multimedia Extensions, 多媒體擴充版)，之後的下一個十年當中有幾種 SSE (Streaming SIMD Extensions, 串流 SIMD 擴充版) 版本追隨在後，然後繼續到現在有了 AVX (Advanced Vector Extensions, 先進向量擴充版)。為了從 x86 電腦中取得最高的計算速率，通常必須使用這些 SIMD 指令，特別是浮點型程式。

第三種 SIMD 變形是來自於 GPU 社群，提供的潛在效能比今日在傳統的多核心電腦中所發現的更高。雖然 GPU 分享了向量結構的特徵，它們還是擁有本身不一樣的特性，部份起因於它們在裡面演化的生態系統。這種環境除了 GPU 及其圖形記憶體之外，還擁有系統處理器與系統記憶體。事實上，為了識別這些差異，GPU 社群指出這種型態的結構為**異質性** (heterogeneous)。

---

[1] 本章乃是以 Krste Asanovic 所撰寫的附錄 F「向量處理器」、來自本書第四版的附錄 G「VLIW 與 EPIC 的硬體與軟體」，以及來自《計算機組織與設計》第四版由 John Nickolls 和 David Krik 所撰寫的「圖形與計算 GPU」等教材作基礎，少部份也以 2007 年 4 月 *IEEE Computer* 由 Joe Gebis 和 David Patterson 所撰寫的「擁抱並擴充 20 世紀的指令集結構」之教材作基礎。

針對大量的資料平行化所遭遇的問題，比起典型平行化 MIMD 的程式設計，所有三種 SIMD 的變形都享有對程式設計師比較容易的優點。為了好好審視 SIMD 對比於 MIMD 的重要性，圖 4.1 繪出 x86 電腦 MIMD 的核心數對應於 SIMD 模式每個時脈週期 32 位元與 64 位元運算數，隨時間而演變的情形。

對於 x86 電腦，我們預期看見每隔兩年每只晶片就多加兩個核心，且每隔四年 SIMD 的寬度就加倍。在這些假設下，之後的下一個十年，來自 SIMD 平行化的潛在速度提升為 MIMD 平行化的 2 倍。因此，瞭解 SIMD 平行化最起碼要比瞭解 MIMD 平行化重要，雖然後者最近大張旗鼓超過了許多。對於資料階層平行化與執行緒資料階層平行化兩者都具有的應用程式而言，2020 年的潛在速度提升將比今日高了一個數量級。

本章的目標是讓結構設計師瞭解為什麼向量式比多媒體式 SIMD 普遍，以及向量與 GPU 結構之間的相似性與差異性。由於向量結構為多媒體 SIMD 指令的超集合，包括較佳的編譯模型，也由於 GPU 與向量結構分享了若干

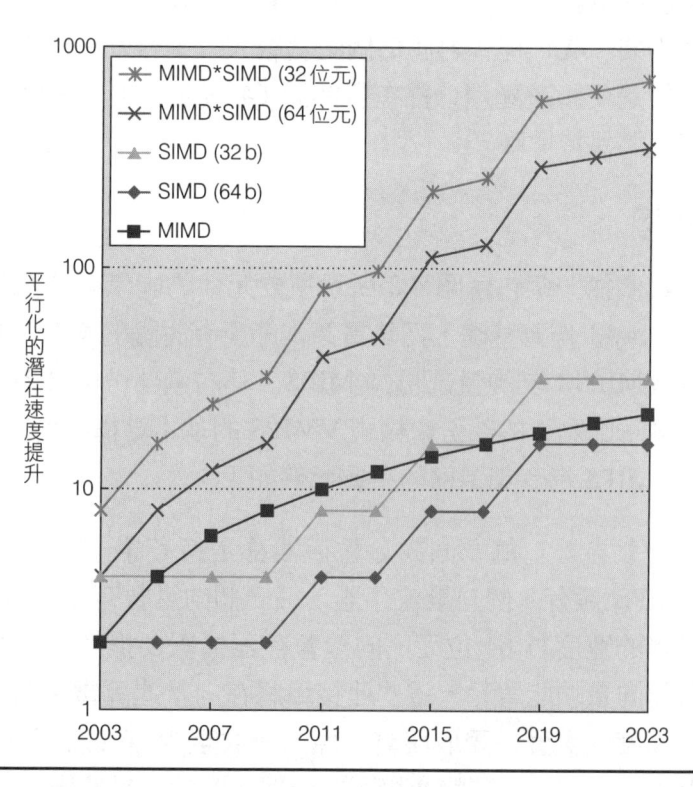

圖 4.1 x86 電腦從 MIMD、SIMD 以及 MIMD 與 SIMD 經由平行化而來的速度提升隨時間演變的情形。本圖假設 MIMD 每隔兩年每只晶片就多加兩個核心，且每隔四年 SIMD 的運算數就加倍。

相似性，所以我們先從向量結構開始，以建立好後面兩節的基礎。下一節要介紹向量結構，附錄 G 更加深入此課題。

4.2 向量結構

執行可向量化應用程式最有效率的方式就是向量處理器。

Jim Smith

計量機結構國際研討會 (1994)

向量結構擷取散佈在記憶體各處的資料元素集合，將它們置入大型的循序式暫存器檔，在這些暫存器檔中作資料運算，然後將運算結果散回記憶體中。一個單一的指令在資料向量上作運算，造成在獨立的資料元素上執行成打的暫存器–暫存器運算。

這些大型的暫存器檔作為編譯器控制的緩衝區，既隱藏記憶體延遲又對記憶體頻寬起槓桿作用。由於向量載入與儲存深度地管線化，相對於每個元素都需要一次，程式對於每個向量載入或儲存就只付出一次長時間記憶體延遲，於是便將該延遲分攤在譬如說 64 個元素上。事實上，向量程式努力要讓記憶體保持忙碌。

VMIPS

我們從一個包含圖 4.2 所示主要元件的向量處理器開始，該處理器鬆散地以 Cray-1 作為基礎，乃是貫穿本節所有討論的基石。我們將稱此指令集結構為 VMIPS；其純量部份為 MIPS，其向量部份則為 MIPS 的邏輯性向量擴充。本子節剩下的部份會檢視 VMIPS 的基本結構如何與其他處理器相關。

VMIPS 指令集結構的主要元件如下：

- **向量暫存器**：每一個向量暫存器都是持有單一向量的固定長度記憶庫。VMIPS 擁有 8 個向量暫存器，每一個向量暫存器持有 64 個元素，每一個元素的寬度為 64 位元。向量暫存器檔需要提供足夠的連接埠來饋送至所有的向量功能單元。這些連接埠將在向量運算當中對不同的向量暫存器允許高度的重疊。讀取與寫入埠，總共至少 16 個讀取埠和 8 個寫入埠，是藉由一對交叉式開關連接至功能單元的輸入或輸出。
- **向量功能單元**：每一個單元都完全管線化，可以在任何一個時脈週期起動一個新的運算。需要一個控制單元去偵測危障，包括功能單元的結構危障

第 4 章　向量、SIMD 與 GPU 結構當中的資料階層平行化　**265**

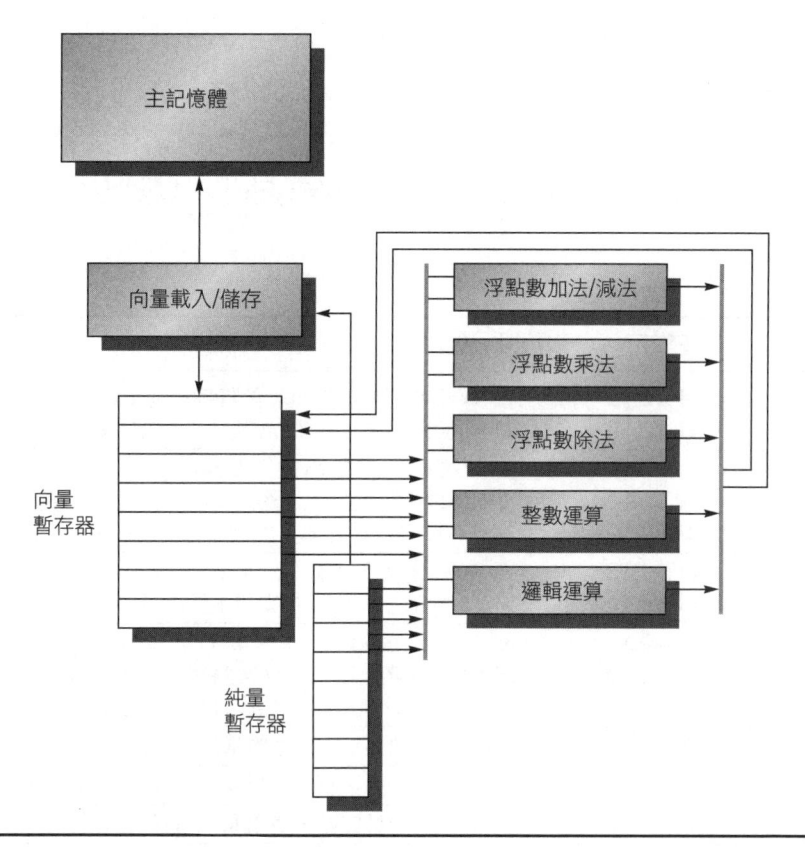

圖 4.2　向量結構 VMIPS 的基本架構。此處理器具有就像是 MIPS 的純量結構。也有 8 個 64 元素的向量暫存器，所有的功能單元都是向量功能單元。本章定義算術和記憶體存取兩種特殊的向量指令，本圖顯示邏輯與整數運算的向量單元，使得 VMIPS 看起來就像一個通常會包括這些單元的標準向量處理器；然而，我們不會去討論這些單元。向量與純量暫存器擁有多個讀取與寫入埠，允許多個同時的向量運算。一組交叉式開關（粗灰線）將這些連接埠連接至向量功能單元的輸入和輸出。

和暫存器存取上的資料危障。圖 4.2 顯示 VMIPS 擁有五個功能單元。為了簡單起見，我們只聚焦在浮點數功能上。

- **向量載入 / 儲存單元**：向量記憶體單元是從記憶體載入或儲存一個向量。VMIPS 向量的載入和儲存都是完全管線化，使得字元在一段啟始延遲之後，可以用每個時脈週期一個字元的頻寬在向量暫存器和記憶體之間移動。此單元通常也會處理純量載入和儲存。
- **一組純量暫存器**：純量暫存器也可以提供資料作為向量功能單元的輸入，並計算位址傳遞至向量載入 / 儲存單元。這些就是 MIPS 的一般 32 個通用暫存器和 32 個浮點數暫存器。當純量值從純量暫存器檔被讀出時，向量功能單元有一個輸入會將它們閂住。

圖 4.3 列出 VMIPS 的向量指令。在 VMIPS 中，向量運算使用與純量 MIPS 指令相同的名稱，但是附上兩個字母 VV。因此，ADDVV.D 即為兩個倍精度向量相加。向量指令是取一對向量暫存器作為輸入 (ADDVV.D)，或取一個向量暫存器和一個純量暫存器作為輸入，以附上「VS」來表示 (ADDVS.

指　　令	運算元	功　　能
ADDVV.D	V1,V2,V3	V2 與 V3 之元素相加，然後將每一個運算結果都放入 V1。
ADDVS.D	V1,V2,F0	將 F0 加到 V2 的每一個元素上，然後將每一個運算結果都放入 V1。
SUBVV.D	V1,V2,V3	從 V2 的元素減去 V3 的元素，然後將每一個運算結果都放入 V1。
SUBVS.D	V1,V2,F0	從 V2 的元素減去 F0，然後將每一個運算結果都放入 V1。
SUBSV.D	V1,F0,V2	從 F0 減去 V2 的元素，然後將每一個運算結果都放入 V1。
MULVV.D	V1,V2,V3	V2 與 V3 之元素相乘，然後將每一個運算結果都放入 V1。
MULVS.D	V1,V2,F0	將 V2 的每一個元素乘以 F0，然後將每一個運算結果都放入 V1。
DIVVV.D	V1,V2,V3	將 V2 的元素除以 V3 的元素，然後將每一個運算結果都放入 V1。
DIVVS.D	V1,V2,F0	將 V2 的元素除以 F0，然後將每一個運算結果都放入 V1。
DIVSV.D	V1,F0,V2	將 F0 除以 V2 的元素，然後將每一個運算結果都放入 V1。
LV	V1,R1	於位址 R1 開始，從記憶體載入向量暫存器 V1。
SV	R1,V1	於位址 R1 開始，將向量暫存器 V1 存入記憶體。
LVWS	V1,(R1,R2)	從 R1 中的位址開始，使用 R2 中的跨度 (亦即 R1+i×R2)，載入 V1。
SVWS	(R1,R2),V1	從 R1 中的位址開始，使用 R2 中的跨度 (亦即 R1+i×R2)，將 V1 存入。
LVI	V1,(R1+V2)	以元素位於 R1+V2(i) (亦即 V2 為索引) 之向量，載入 V1。
SVI	(R1+V2),V1	以元素位於 R1+V2(i) (亦即 V2 為索引) 之向量，將 V1 存入。
CVI	V1,R1	藉由將數值 0,1×R1, 2×R1, …, 63×R1 存入 V1，創立一個索引向量。
S--VV.D	V1,V2	比較 V1 與 V2 的元素 (EQ, NE, GT, LT, GE, LE)。如果條件為真，就在對應的位元向量中置入 1；否則就置入 0。將結果的位元向量置入位元遮罩暫存器 (VM) 中。指令 S--VS.D 實施相同的比較，但使用一個純量值作為一個運算元。
S--VS.D	V1,F0	
POP	R1,VM	計算位元遮罩暫存器 VM 中位元 1 的數目，將計數值存入 R1。
CVM		將位元遮罩暫存器設定為全 1。
MTC1	VLR,R1	將 R1 的內容移至向量長度暫存器 VL。
MFC1	R1,VLR	將向量長度暫存器 VL 的內容移至 R1。
MVTM	VM,F0	將 F0 的內容移至向量遮罩暫存器 VM。
MVFM	F0,VM	將向量遮罩暫存器 VM 的內容移至 F0。

圖 4.3 VMIPS 向量指令，只有列出倍精度浮點數運算。除了向量暫存器，還有兩個特殊的暫存器 VLR 和 VM，討論如後。這些特殊的暫存器是假設與浮點數單元暫存器一起駐在 MIPS 協同處理器 1 的空間內。稍後再說明跨度式運算，以及索引創立和索引式載入/儲存運算之使用。

D)。在後者的情況下，所有運算都使用純量暫存器中同一個數值作為一個輸入：運算 ADDVS.D 會將一個純量暫存器的內容與一個向量暫存器中的每一個元素相加，向量功能單元在發派期間取得該純量值的複本。大多數向量運算都有一個向量目的暫存器，雖然有少數向量運算 (例如數目計算) 是產生一個純量值存入純量暫存器。

LV 和 SV 的名稱代表向量載入與向量儲存，它們載入或儲存整個倍精度資料的向量。有一個運算元是被載入或儲存的向量暫存器；另一個運算元是一個 MIPS 通用暫存器，指向記憶體中該運算元向量的開始位址。我們將看到，除了向量暫存器，我們需要多加兩個特殊用途暫存器：向量長度和向量遮罩暫存器，前者是使用在自然向量長度並非 64 位元之時，後者是使用在迴圈有包括 IF 敘述之時。

功率障壁引導結構設計師給予以下的結構高的評價：能夠遞交高效能，又沒有高度非依序式超純量處理器的能量與設計複雜度成本。向量指令自然地符合這種趨勢，因為結構設計師可以用它們去增進簡單型依序式純量處理器之效能，而不致大幅增加能量需求和設計複雜度。實務上，研發人員可以將許多在複雜的非依序式設計上執行得不錯的程式，以向量指令形式的資料階層平行化更有效率地表示出來，如 Kozyrakis 和 Patterson [2002] 所示。

使用向量指令下，系統可以在向量資料元素上以許多方式來執行運算，包括同時在許多元素上作運算。這種彈性讓向量設計可以使用慢而寬的執行單元在低功率下達成高效能。進一步來說，向量指令集之內元素的獨立性允許功能單元的擴充不必實施多加的、昂貴的相依性檢查 —— 如同超純量處理器所需那般。

向量自然地容納了資料大小的變動。因此，對於向量暫存器的大小有一種看法是 64 個 64 位元的元素，但是 128 個 32 位元的元素、256 個 16 位元的元素，甚至於 512 個 8 位元的元素，都算同樣有效的看法。這種硬體多樣性就是為什麼向量結構能夠對多媒體應用程式和科學型應用程式有用的緣故。

向量處理器如何工作：一個範例

看一個 VMIPS 向量迴圈最能夠瞭解向量處理器。我們舉一個典型的向量問題，全面使用在本節當中：

$$Y = a \times X + Y$$

X 和 Y 為向量，開始時駐在於記憶體中，a 為純量。此問題即所謂的 *SAXPY*

或 *DAXPY* 迴圈，構成 Linpack 標準效能測試程式的內部迴圈。(SAXPY 代表 single-precision a × X plus Y；DAXPY 代表 double-precision a × X plus Y。) Linpack 為一組線性代數常式，Linpack 標準效能測試程式包含了執行高斯消去法的常式。

現在，我們假設一個向量暫存器的元素數目或長度 (64) 與我們關心的向量運算長度相符。(此限制不久後將被解除。)

範例 請針對 DAXPY 迴圈列出 MIPS 和 VMIPS 程式碼。假設 X 與 Y 的開始位址分別在 Rx 與 Ry 中。

解答 這是 MIPS 程式碼。

```
        L.D     F0,a            ;載入純量 a
        DADDIU  R4,Rx,#512      ;要載入的最後位址
Loop:   L.D     F2,0(Rx)        ;載入 X[i]
        MUL.D   F2,F2,F0        ;a × X[i]
        L.D     F4,0(Ry)        ;載入 Y[i]
        ADD.D   F4,F4,F2        ;a × X[i] + Y[i]
        S.D     F4,9(Ry)        ;存入 Y[i]
        DADDIU  Rx,Rx,#8        ;遞增索引至 X
        DADDIU  Ry,Ry,#8        ;遞增索引至 Y
        DSUBU   R20,R4,Rx       ;計算界限
        BNEZ    R20,Loop        ;檢查是否完成
```

這是 DAXPY 的 VMIPS 程式碼。

```
        L.D     F0,a            ;載入純量 a
        LV      V1,Rx           ;載入向量 X
        MULVS.D V2,V1,F0        ;向量-純量相乘
        LV      V3,Ry           ;載入向量 Y
        ADDVV.D V4,V2,V3        ;相加
        SV      V4,Ry           ;儲存結果
```

最強烈的差異就是向量處理器大幅減少動態指令頻寬，僅執行 6 道指令，相對於 MIPS 幾乎 600 道。這種減少會發生是因為向量運算工作在 64 個元素上，在 MIPS 上構成近乎一半迴圈的虛耗指令在 VMIPS 程式碼中並不存在。當編譯器針對這樣一個程式序列產生向量指令，而且結果的程式碼將大部份時間花在向量模式的執行上，該程式碼便可說是**向量化** (vectorized) 或**可向量化** (vectorizable)。當迴圈在重複執行之間不具有稱為**迴圈所攜相依性** (loop-carried dependances) (見 4.5 節) 的相依性時，便能夠加以向量化。

MIPS 與 VMIPS 之間另一項重要差異就是管線互鎖 (pipeline interlock) 的頻率。在直接表述的 MIPS 程式碼中，任何一道 ADD.D 必須等候一道 MUL.D，而任何一道 S.D 必須等候該 ADD.D。在向量處理器上，每一道向量指令只會為每一個向量的第一個元素暫停，接下來的元素就會平順地流下管線。因此，每一道向量**指令**只需要一次管線暫停，而不是每一個向量**元素**一次。向量結構設計師稱呼元素相依性運算之轉送為**鏈接** (chaining)，因為相依運算被「鏈結」在一起。在本範例中，MIPS 上的管線暫停頻率將比 VMIPS 上高了 64 倍。軟體管線或迴圈展開 (附錄 H) 可以減少 MIPS 上的管線暫停；然而，指令頻寬的大差距卻無法大幅減少。

向量執行時間

向量運算序列的執行時間主要取決於三項因素：(1) 運算元向量的長度，(2) 運算之間的結構危障，以及 (3) 資料相依性。給予向量長度和**初始化速率** (initialization rate)，那是一個向量單元消化新運算元並產生新運算結果的速率，我們就可以計算單一向量指令的時間。所有新式的向量計算機都擁有多個具平行管線 (或**管道**, lanes) 的向量功能單元，每個時脈週期可以產生兩個或多個運算結果；但是它們也可能擁有一些並不完全管線化的功能單元。為了簡單起見，我們的 VMIPS 製作擁有一個管道，該管道對於個別運算具有每個時脈週期一個元素的初始化速率。因此，對於單一向量指令而言，執行時間的時脈週期大約就是向量長度。

為了簡化向量執行與向量效能的討論，我們採用**車隊** (convoy) 的概念，也就是一組有可能一起執行的向量指令。我們很快會看到，您可以藉由計算車隊數目來評估一段程式碼的效能。一支車隊中的指令一**定不能**含有任何結構危障；如果存在這樣的危障，這些指令就需要加以串列化並於不同的車隊中初始化。為了使該分析保持簡單，我們假設一支指令車隊必須在任何其他指令 (純量或向量) 可以開始執行之前就完成執行。

似乎除了具有結構危障的向量指令序列之外，具有寫入後讀取相依性危障的序列也應該要在分開的車隊中，但是鏈接則允許它們待在同一個車隊中。

鏈接允許一旦向量來源運算元的個別元素都可以取得時，向量運算就開始進行：從鏈結中第一個功能單元取得的結果被「轉送」到第二個功能單元。在實務上，我們通常藉由允許處理器同時讀取和寫入一個特定的向量暫存器 (儘管是不同的元素) 來製作鏈接。早期鏈接製作的工作方式就像是純

量管線中的轉送，但是卻限制了鏈結中來源與目的指令的時序。最近的製作是使用**彈性鏈接** (flexible chaining)，允許一道向量指令實質上鏈接至任何其他的動作中向量指令，假設不會產生結構危障的話。所有新式的向量結構都支援彈性鏈接，本章我們就是這樣假設。

為了將車隊轉換成執行時間，我們需要一種時間標度來評估一支車隊的時間，稱為**編鐘** (chime)，也就是執行一支車隊所花費的單位時間。因此，一個含有 m 支車隊的向量序列會在 m 個編鐘內執行完成；就 VMIPS 而言，向量長度為 n 大約是 $m \times n$ 個時脈週期。編鐘近似法忽略了某些處理器特定式虛耗，許多這些虛耗都是相依於向量長度。因此，以編鐘來量測時間，比起短向量而言，長向量才是較佳的近似。我們將使用編鐘作量測，而不使用每個運算結果的時脈週期作量測，以明白表示我們忽略了某些虛耗。

如果我們知道一個向量序列中的車隊數目，我們就會知道執行時間的編鐘。量測編鐘所忽略的一種虛耗來源乃是在單一時脈週期內啟始多道向量指令的限制。如果一個時脈週期內只能啟始一道向量指令 (大多數向量處理器中的真實狀況)，編鐘計數就會低估一支車隊的實際執行時間。由於向量長度通常遠大於車隊中的指令數目，我們就簡單地假設車隊會在一個編鐘內執行完成。

範例 假設每一個向量功能單元都是單一的，請顯示下面的程式碼序列在車隊中如何佈局。

```
LV        V1,Rx       ;載入向量 X
MULVS.D   V2,V1,F0    ;向量 - 純量相乘
LV        V3,Ry       ;載入向量 Y
ADDVV.D   V4,V2,V3    ;兩個向量相加
SV        V4,Ry       ;儲存總和
```

請問此向量序列將花費多少編鐘？忽略向量指令發派虛耗的話，請問每一道浮點數運算 (FLOP) 需要多少個週期？

解答 第一支車隊開始於第一個 LV 指令，MULVS.D 相依於第一個 LV，但是鏈接允許它在同一支車隊。

第二個 LV 指令必須是在一個分開的車隊中，因為對於前一個 LV 指令，載入 / 儲存單元上有一個結構危障。ADDVV.D 相依於第二個 LV，但是經由鏈接它仍然可以在同一支車隊。最後，SV 在第二支車隊的 LV 上具有一個結構危障。此分析致使向量指令的車隊佈局如下：

1. LV   MULVS.D
2. LV   ADDVV.D
3. SV

該序列需要三支車隊。由於該序列花費三個編鐘且每個運算結果有兩道浮點數運算，所以每一道浮點數運算 (FLOP) 的週期數為 1.5 (忽略任何向量指令的發派虛耗)。請注意，雖然我們允許 LV 和 MULVS.D 這兩道指令都在第一支車隊中執行，大多數向量機器還是會花費兩個時脈週期來啟始這些指令。

本範例顯示編鐘近似對於長向量算是合理地精確。例如，對於 64 元素向量，時間的編鐘數為 3，所以該序列會花費大約 64 × 3 即 192 個時脈週期。在兩個分開的時脈週期內發派車隊之虛耗算是小了。

另外一種虛耗來源遠比發派限制還要明顯。編鐘模型所忽略的最重要虛耗來源就是向量**起動時間** (start-up time)，起動時間主要是由向量功能單元的管線延遲所決定。針對 VMIPS，我們將使用與 Cray-1 相同的管線深度，雖然較新式處理器中的延遲已經傾向於增加，特別是對向量載入。所有功能單元都是完全管線化。管線深度對浮點數加法為 6 個時脈週期、對浮點數乘法為 7、對浮點數除法為 20、對向量載入為 12。

得知這些向量的基礎之後，下面幾個子節將予以最佳化 —— 或者改進效能，或者增加可以在向量結構上執行得不錯的程式型態。尤其是這幾個子節將回答以下的問題：

- 向量處理器如何能夠比每個時脈週期一個元素更快地去執行一個單一的向量？每個時脈週期多個元素就可以改進效能。
- 向量處理器如何去處理向量長度與向量處理器長度 (VMIPS 為 64) 不同的程式？由於大多數應用程式向量並不符合結構向量長度，所以針對這種常見的情形我們需要一種有效的解決方式。
- 如果要加以向量化的程式碼內部有一道 IF 敘述，請問會發生什麼？如果我們可以有效地處理條件敘述，就有更多的程式碼可以向量化。
- 向量處理器從記憶體系統需要些什麼？如果沒有足夠的記憶體頻寬，向量執行可能徒勞無功。
- 向量處理器如何去處理多維度矩陣？這種普遍的資料結構必須向量化，讓向量結構可以好好工作。
- 向量處理器如何去處理稀疏矩陣？這種普遍的資料結構也必須向量化。
- 您如何去規劃一部向量計算機？結構上的創新若與編譯器技術無法匹配，

可能無法得到廣泛的使用。

本節剩下的部份就介紹向量結構的這些最佳化,而附錄 G 則走向更深入的內容。

多個管道:每個時脈週期超過一個元素

向量指令集的一項關鍵優點在於:讓軟體只使用單一的短指令傳送大量工作給硬體。單一的向量指令可以包括獨立運算的計點,卻如同傳統的純量指令一般能夠編碼在相同的位元數當中。向量指令的平行性語意允許一種執行這些元素運算的製作方式:如同我們到目前為止所研究的 VMIPS 製作一般,使用一個深度管線化功能單元;或者使用平行的功能單元陣列;或者使用一種平行化與管線化功能單元的組合。圖 4.4 列舉了如何藉由使用平行化管線來執行一道向量加法指令以改進向量效能。

VMIPS 指令集具有以下特質:所有向量算術指令只允許某個向量暫存器的元素 N 加入與其他向量暫存器的元素 N 之運算,這就強烈簡化了一個高度平行化的向量單元之建構,該單元可以建構成多個平行化的**管道** (lane)。就如同交通上的高速公路一般,我們可以藉由加入更多管道來增加向量單元的尖峰流通量。圖 4.5 顯示一個四管道向量單元的架構。因此,從一個管道走向四個管道可將一個編鐘的時脈數目從 64 減少到 16。要讓多個管道有利,應用程式和結構兩者都必須支援長向量;否則它們執行得這麼快,會耗盡指令頻寬而需要 ILP 技術 (見第 3 章) 來供應足夠的向量指令。

每一個管道都包含向量暫存器檔的一部份以及來自於每一個向量功能單元的一條執行管線。每一個向量功能單元都是使用多條管線,每一個管道一條,以每個時脈一個元素群的速率去執行向量指令。第一個管道持有所有向量暫存器的第一個元素 (元素 0),所以任何向量指令中的第一個元素就會使其來源與目的運算元擺放在第一個管道中。此種配置允許屬於該管道的算術管線不必與其他管道通訊便完成運算,存取主記憶體也只需要管道內部的拉線。避免管道之間的通訊,減少了建立一個高度平行化執行單元所需要的拉線成本和暫存器檔連接埠,也幫助解釋為什麼向量計算機每個時脈週期可以完成高達 64 道運算 (跨越 16 個管道的 2 個算術單元以及 2 個載入 / 儲存單元)。

多個管道的加入是一種改進向量效能很普遍的技術,因為它在控制複雜度方面不需要增加什麼,也不需要對現存的機器碼作改變。它也允許設計師在不犧牲尖峰效能的情況下對晶粒面積、時脈頻率、電壓和能量作權衡。如

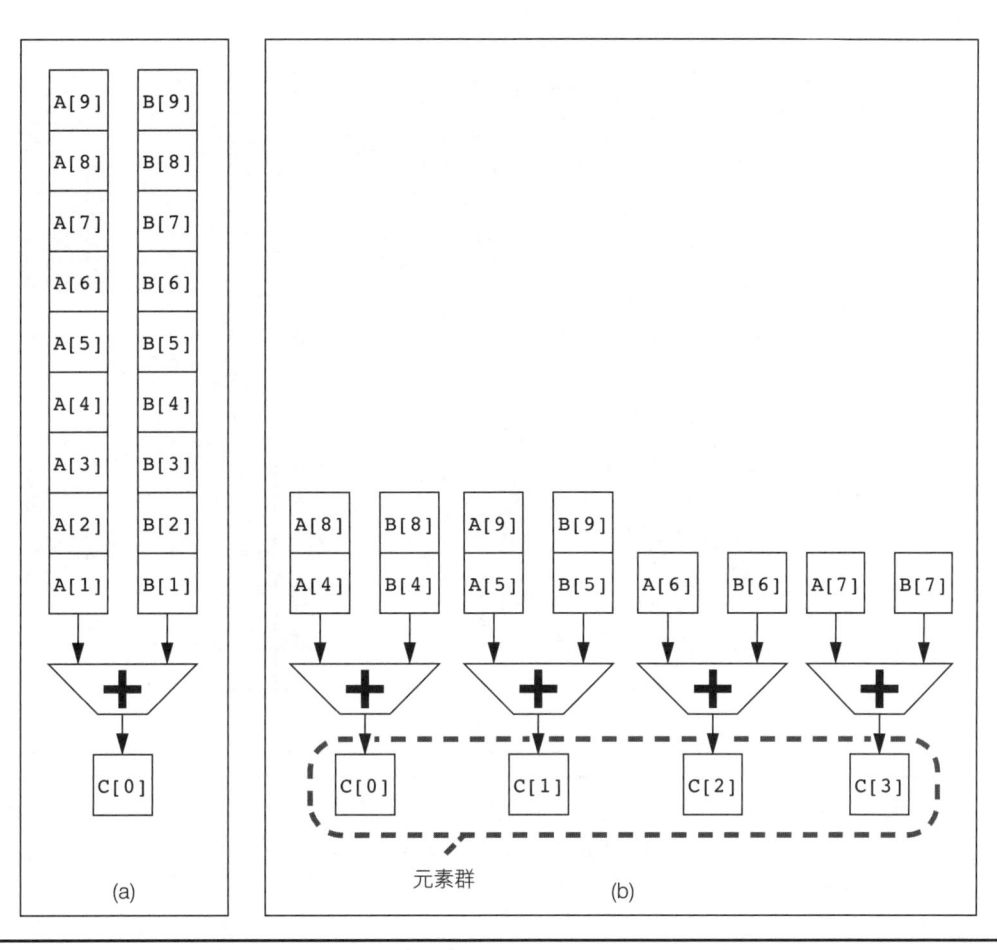

圖 4.4 使用多個功能單元來改善單一向量加法指令 C = A + B 的效能。左方的向量處理器 (a) 擁有一條單一的加法管線，每個週期可以完成一道加法。右方的向量處理器 (b) 擁有四條加法管線，每個週期可以完成四道加法。單一向量加法指令內的元素交錯跨在該四條管線上，移動穿越這些管線的元素集合稱為**元素群** (element group)。(從 Asanovic [1998] 取得許可而複製引用。)

果向量處理器的時脈頻率減半，管道數目加倍就可以保有相同的潛在效能。

向量長度暫存器：處理不等於 64 的迴圈數目

向量處理器具有自然的向量長度，取決於每一個向量暫存器中的元素數目。此長度在 VMIPS 為 64，不可能符合程式中真實的向量長度。此外，真實的程式中一道特定向量運算的長度在編譯期間通常是**未知的**。事實上，單一的一段程式碼就可能需要不同的向量長度。例如，考慮這段程式碼：

```
for (i=0 ; i <n ; i=i+1)
    Y[i] = a * X[i] + Y[i];
```

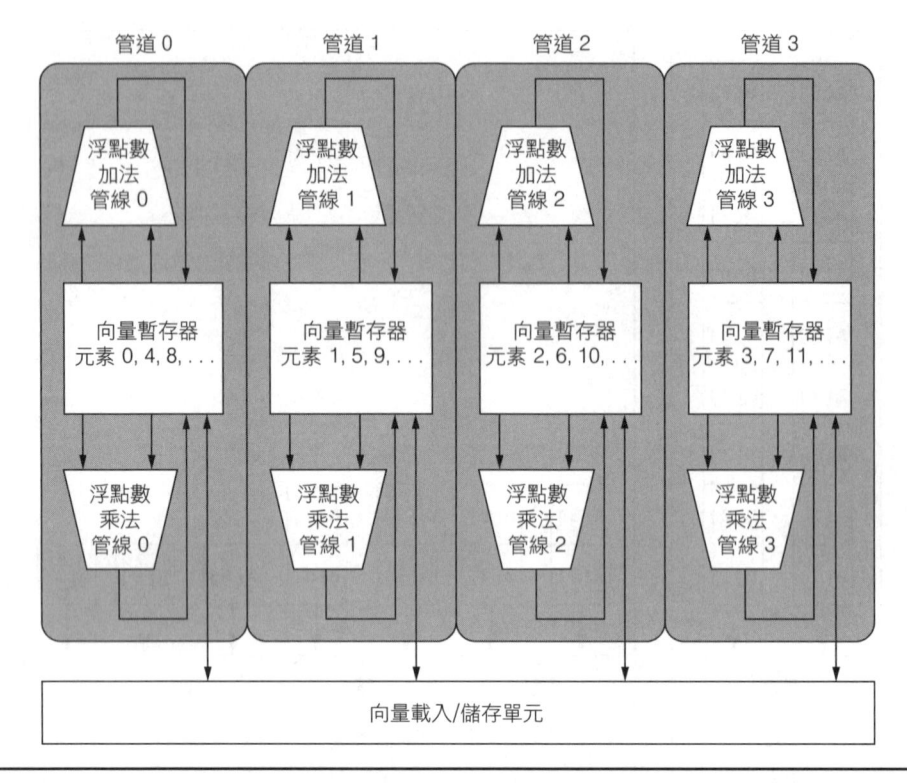

圖 4.5 包含四個管道的向量單元之結構。向量暫存器之儲存被分割而跨在這些管道上，每一個管道持有每一個向量暫存器任何間隔四個的元素。本圖顯示三種向量功能單元：浮點數加法、浮點數乘法以及一個載入/儲存單元。每一個向量算術單元都包含四條執行管線，每一個管道一條，和諧地完成一道單一的向量指令。請注意暫存器檔的每一段，是如何地僅需提供足夠的連接埠給屬於其管道的管線即可。本圖並未顯示提供純量運算元給向量-純量指令的路徑，但是純量處理器(或控制處理器)會將純量值播送至所有管道。

所有向量運算的大小都取決於 n，直到執行時間之前都有可能未知！n 的值也可能是包含以上迴圈之程序的一個參數，所以在執行期間可能會受到改變。

這些問題的解決方法就是創立一個**向量長度暫存器** (vector-length register, VLR)。VLR 控制任何向量運算的長度，包括向量載入或儲存。然而 VLR 中的數值不可以大於向量暫存器的長度，只要真實的長度小於或等於**最大向量長度** (maximum vector length, MVL)，就解決了我們的問題。MVL 決定了一個結構的向量中資料元素的數目。此參數意味向量暫存器的長度可以在後來的計算機世代繼續成長，不致於變更指令集；我們會在下一節看到，多媒體 SIMD 擴充版並不具有 MVL 的等效情形，所以每當增加向量長度時就得改變指令集。

是否 n 的值在編譯期間未知？是否有可能大於 MVL？為了解決第二個問題，也就是說向量長於最大長度，可以使用一種稱為**剝除探勘** (strip mining) 的技術。剝除探勘乃是產生程式碼，使得每一道向量運算都是用小於或等於 MVL 的大小去做。我們創立一個迴圈去處理任何為 MVL 倍數的重複執行次數，並創立另一個迴圈去處理剩下次數必須小於 MVL 的重複執行。實務上，編譯器通常是創立單獨一個參數化的剝除探勘迴圈，藉由改變長度來處理這兩部份的重複執行。我們列出用 C 語言撰寫的 DAXPY 迴圈之剝除探勘版本：

```
low = 0;
VL = (n % MVL); /* 使用模數運算 % 找出餘數大小的程式片段 */
for (j = 0; j <= (n/MVL); j = j + 1) { /* 外迴圈 */
    for (i = low; i < (low + VL); i = i+ 1) /* 長度 VL 的執行數目 */
        Y[i] = a * X[i] + Y[i] ; /* 主運算 */
    low = low + VL ; /* 下一個向量的開始 */
    VL = MVL ; /* 將長度重置為最大向量長度 */
}
```

n/MVL 項代表截取整數之除法。此迴圈的效應乃是將向量截成區段後交由內迴圈處理。第一個區段的長度為 (n % MVL)，接下來所有區段的長度都是 MVL。圖 4.6 顯示如何將長向量分解為區段。

前面程式碼的內迴圈是用長度 VL 加以向量化，VL 等於 (n % MVL) 或 MVL。VLR 暫存器在程式碼中必須被設定兩次，於程式碼中變數 VL 被指定的每一處各設定一次。

向量遮罩暫存器：處理向量迴圈中的 IF 敘述

從 Amdahl 定律，我們知道低度至中度向量化的程式之速度提升是非常有限的。迴圈內部條件狀況 (IF 敘述) 的存在以及稀疏矩陣的使用就是比較

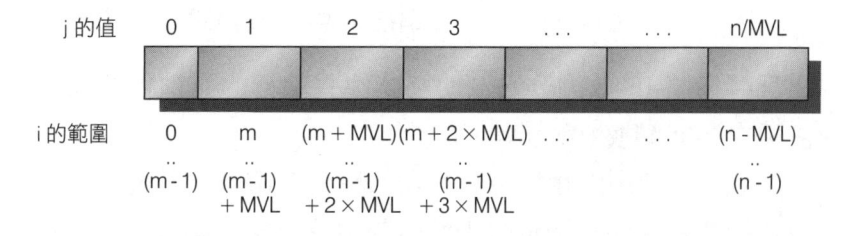

j 的值	0	1	2	3	...	...	n/MVL

i 的範圍 0   m   (m + MVL) (m + 2 × MVL) ...   (n - MVL)
          ..   ..
          (m-1)   (m-1)   (m-1)   (m-1)   (n-1)
                   + MVL   + 2 × MVL + 3 × MVL

圖 4.6 用剝除探勘方法處理的任意長度之向量。除了第一個，所有區塊的長度都是 MVL，利用了向量處理器的全部功力。在本圖中，我們使用變數 m 代表 (n % MVL) 的表示式。(C 語言運算符號 % 代表模數運算。)

低度向量化的兩項主要原因。如果使用到目前為止我們所討論過的技術，就無法以向量模式去執行在迴圈中包含 IF 敘述的程式，因為 IF 敘述會將控制相依性引進迴圈當中。同樣地，我們也無法使用到目前為止所看到的任何能力去實現稀疏矩陣。在這裡我們先討論處理條件式執行的策略，把稀疏矩陣放到後面再討論。

試考量下列以 C 語言撰寫的迴圈：

```
for (i = 0 ; i < 64 ; i=i+1)
  if (X[i] != 0)
    X[i] = X[i] - Y[i];
```

由於程式碼本體的條件式執行之故，此迴圈無法正常地加以向量化；然而，如果針對 X[i] ≠ 0 的重複執行有跑內迴圈，那麼該減法就可以向量化。

對於這種能力常見的擴充就是**向量遮罩控制** (vector-mask control)。遮罩暫存器本質上是用來提供一道向量指令中每一個元素運算的條件式執行。向量遮罩控制使用一個布林向量 (Boolean vector) 控制向量指令的執行，就像條件式執行之指令使用一個布林條件 (Boolean condition) 來判定是否執行一道純量指令。當**向量遮罩暫存器** (vector-mask register) 致能時，任何被執行的向量指令就只運算在向量遮罩暫存器中記錄位置為 1 所對應的那些向量元素上，目的向量暫存器中對應到遮罩暫存器中記錄位置為 0 的那些記錄位置就不會受到該向量指令的影響。清除向量遮罩暫存器就是將其設定為全 1，使得隨後的向量指令運算在所有向量元素上。現在我們可以針對上面的迴圈使用以下的程式碼，假設 X 和 Y 的開始位址分別在 Rx 和 Ry 中：

```
LV       V1,Rx       ;載入向量 X 至 V1
LV       V2,Ry       ;載入向量 Y
L.D      F0,#0       ;載入浮點數 0 至 F0
SNEVS.D  V1,F0       ;如果 V1(i) ≠ F0，則將 VM(i) 設定為 1
SUBVV.D  V1,V1,V2    ;在向量遮罩下作減法
SV       V1,Rx       ;儲存 X 中的運算結果
```

這種轉換將 IF 敘述改變為使用條件式執行的直線程式碼序列，編譯器撰寫者稱之為 **if 轉換** (if conversion)。

然而，使用向量遮罩暫存器的確會有虛耗。就純量結構而言，條件式執行之指令在條件不滿足時仍然需要執行時間。儘管如此，消除分支與相關聯的控制相依性可以使得條件指令更為快速，即使有時候做了沒有用的工作。與上述情形類似的是：即使對於遮罩值為 0 的元素，使用向量遮罩所執行的

向量指令仍然會花費相同的執行時間；同樣地，遮罩中即使有大量的 0，使用向量遮罩控制比起使用純量模式仍然明顯地較快。

我們將在 4.4 節看到，向量處理器與 GPU 之間有一項差異，就是它們處理條件敘述的方式。向量處理器使遮罩暫存器成為結構狀態的一部份，倚賴編譯器顯性地操作遮罩暫存器。相反地，GPU 是使用硬體去操作 GPU 軟體看不見的內部遮罩暫存器來得到同樣的效果。在這兩種例子中，無論其遮罩為 0 或 1，硬體都得花時間去執行一個向量元素，所以當使用遮罩時 GFLOP (giga floating-point operations) 速率就降下來。

記憶庫：提供頻寬給向量載入/儲存單元

載入/儲存向量單元的行為顯然比算術功能單元複雜得多。載入的起動時間為從記憶體取得第一個字元進入暫存器的時間。如果該向量剩下的部份都可以無暫停地供應，該向量的啟始速率就等於新的字元被提取或儲存的速率。不像較為簡單的功能單元，啟始速率或許不會是一個時脈週期，因為記憶庫暫停可能會減少有效流通量。

通常載入/儲存單元上的起動損傷會比算術單元高──在許多處理器上都超過 100 個時脈週期。對於 VMIPS 我們假設起動時間為 12 個時脈週期，與 Cray-1 相同。(最近的向量計算機使用快取記憶體來減少向量載入與儲存之延遲。)

為了維持起動速率每個時脈週期提取或儲存一個字元，記憶體系統必須有能力產生或接受這許多資料。將存取散佈到多個獨立記憶庫通常就可以交出所要的速率。我們很快會看到，對於處理成列或成行資料存取的向量載入或儲存，擁有顯著數目的記憶庫是有用的。

大多數向量處理器都使用允許多個獨立存取的記憶庫，而非使用簡單的記憶體交插技術，有三種原因：

1. 許多向量計算機都支援每個時脈多道載入或儲存，且記憶體週期時間通常數倍大於處理器週期時間。為了支援來自多個載入或儲存的同時存取，記憶體系統便需要多個記憶庫，而且能夠獨立控制這些記憶庫的位址。
2. 大多數向量處理器都支援載入或儲存非循序式資料字元之能力。在這樣的情況下，所需要的就是獨立的記憶庫定址，而不是記憶體交插。
3. 大多數向量計算機都支援多個處理器共用相同的記憶體系統，所以每個處理器都會產生自己本身獨立的位址串流。

總而言之，這些特性導致大量獨立的記憶庫，如以下範例所示。

範例 Cray T90 (Cray T932) 的最大型配置擁有 32 個處理器，每一個都能夠在一個時脈週期內產生 4 道載入與 2 道儲存。處理器的時脈週期為 2.167 ns，記憶體系統中所使用的 SRAM 的週期時間為 15 ns。欲使所有處理器都運行在記憶體的完全頻寬，請計算所需要記憶庫的最小數目。

解答 每個週期記憶體存取的最大數目為 192：32 個處理器乘上每個處理器 6 次存取。每個 SRAM 記憶庫的忙碌時間為 15/2.167 = 6.92 個時脈週期，四捨五入為 7 個處理器時脈週期，所以我們需要至少 192 × 7 = 1344 個記憶庫！

事實上 Cray T932 擁有 1024 個記憶庫，所以早先的模型並不可能同時對所有處理器維持完全頻寬。隨後的記憶體升級將 15 ns 的非同步 SRAM 用管線化同步 SRAM 取代，減少一半以上的記憶體週期時間，於是就提供了足夠的頻寬。

採取較高層次的觀點來看，向量載入／儲存單元扮演的角色類似於純量處理器中的預提取單元，因為兩者都嘗試藉由供應資料串流給處理器來實現資料頻寬。

跨度：處理向量結構中的多維陣列

向量中相鄰元素在記憶體內的位置或許並非循序。試考慮這段用 C 語言撰寫、直接表述的矩陣乘法程式碼：

```
for (i = 0 ; i < 100 ; i=i+1)
   for (j = 0 ; j < 100 ; j=j+1) {
      A[i][j] = 0.0 ;
      for (k = 0 ; k < 100 ; k=k+1)
         A[i][j] = A[i][j] + B[i][k] * D[k][j] ;
   }
```

我們可以將 B 的每一列與 D 的每一行之相乘加以向量化，並以 k 作為索引變數對內迴圈作剝除探勘。

為了這麼做，我們必須考慮如何定址 B 中的相鄰元素以及 D 中的相鄰元素。當一個陣列予以配置記憶體時，它是被線性化的，必須以列為主 (row-major) (如 C 語言中) 或者行為主 (column-major) (如 Fortran 語言中) 的次序進行佈局。這種線性化意味著列中的元素或者行中的元素在記憶體內是不相鄰的。例如，以上的 C 語言程式碼是以列為主的次序作配置，所以內迴圈重複執行時所存取的 D 元素被分開了列尺寸乘以 8 (每筆記錄的位元組數目)、總共是 800 個位元組的間隔。在第 2 章，我們見到區塊化可以改進快取記憶體式系統的區域性。對於沒有快取記憶體的向量處理器而言，我們需要別的

技術來提取向量在記憶體內不相鄰的元素。

擬聚攏在單一暫存器內的元素所分開的距離稱為**跨度** (stride)。在此例中，矩陣 D 具有 100 個雙字元 (800 個位元組) 的跨度，矩陣 B 則具有 1 個雙字元 (8 個位元組) 的跨度。對於 Fortran 語言所使用的行為主次序而言，跨度會顛倒過來，矩陣 D 會具有 1 的跨度，也就是 1 個雙字元 (8 個位元組)，隔開連續的元素，矩陣 B 則具有 100 的跨度，也就是 100 個雙字元 (800 個位元組)。因此，如果沒有重新排序這些迴圈，編譯器就無法隱藏 B 與 D 兩者連續元素之間的長距離。

一旦一個向量被載入一個向量暫存器，它就表現得像是具有邏輯上連續的元素一般。因此，向量處理器僅僅使用具有跨度能力的向量載入與向量儲存運算，就能夠處理大於 1 的跨度，稱之為**非單位跨度** (non-unit strides)。存取非循序的記憶體位置並將它們重塑為緊密結構的這種能力乃是向量處理器的主要優點之一。快取記憶體與生俱來就是處理單位跨度式資料，增加區塊大小可以協助單位跨度式的大型科學型資料集合減少失誤率，但是增加區塊大小卻可能對於以非單位跨度作存取的資料具有負面影響。雖然區塊化技術可以解決這些問題的一部份 (見第 2 章)，有效率地存取不連續資料之能力在某些問題上仍舊是向量處理器的一項優點，我們在 4.7 節會看得到。

在 VMIPS 上，可定址的單位是位元組，我們的例子之跨度為 800。該數值必須動態地計算，因為矩陣大小在編譯期間不一定會知道 —— 正如向量長度 —— 針對相同敘述的不同執行可能有所改變。向量跨度就像向量開始位址，可以放在一個通用暫存器當中，VMIPS 指令 LVWS (load vector with stride, 使用跨度將向量載入) 就可以提取向量至向量暫存器中。同樣地，儲存非單位跨度式向量時，就使用 SVWS (store vector with stride, 使用跨度儲存向量)。

支援大於一的跨度會將記憶體系統複雜化。一旦引進非單位跨度，從相同的記憶庫頻繁請求存取就變得有可能。當多個存取競爭一個記憶庫時，就發生了記憶庫衝突，因而暫停了一個存取。如果以下條件滿足，就會發生記憶庫衝突，因而發生一次暫停：

$$\frac{記憶庫數目}{最小公倍數(跨度，記憶庫數目)} < 記憶庫忙碌時間$$

範例 假定我們擁有 8 個記憶庫，其記憶庫忙碌時間為 6 個時脈，記憶體總延遲為 12 個週期。請問用跨度 1 完成一道 64 元素的向量載入要花費多少時間呢？用跨度 32 呢？

解答 由於記憶庫數目大於記憶庫忙碌時間,對於跨度 1,該載入將花費 12 + 64 = 76 個時脈週期,亦即每個元素 1.2 個時脈週期。可能的最惡劣跨度值為記憶庫數目的倍數,如此例中跨度值為 32 而記憶庫數目為 8。任何一次記憶體存取 (在第一次存取之後) 都將與前面的存取碰撞,不得不等候 6 個時脈週期的記憶庫忙碌時間。總共的時間即為 12 + 1 + 6 × 63 = 391 個時脈週期,亦即每個元素 6.1 個時脈週期。

聚集－分散:處理向量結構中的稀疏矩陣

如上所述,稀疏矩陣司空見慣,所以擁有允許稀疏矩陣的程式以向量模式執行的技術是很重要的。在稀疏矩陣中,向量元素通常是以某種壓縮的形式儲存,然後間接地存取。在一種簡化的稀疏架構之假設下,我們可能會看到像這樣的程式碼:

```
for (i = 0 ; i < n; i=i+1)
    A[K[i]] = A[K[i]] + C[M[i]];
```

此程式碼實現了陣列 A 與 C 的稀疏向量之和,使用索引向量 K 與 M 來指出 A 與 C 的非零元素。(A 與 C 必須擁有相同數目的非零元素 —— 均為 n —— 所以 K 與 M 的大小相同。)

支援稀疏矩陣的主要機制乃是使用索引向量的**聚集－分散式運算** (gather-scatter operation)。如此運算之目標在於支援稀疏矩陣的壓縮表示法 (亦即不包括所有零) 和正常表示法 (亦即包括所有零) 之間的移動。**聚集** (gather) 運算取得一個**索引向量** (index vector),然後提取一個向量,其元素位址為該索引向量內的偏移量加上一個基底位址而得。該運算結果是一個密集向量 (dense vector),放在一個向量暫存器當中。這些元素以密集形式運算過後,該稀疏向量就可以藉由**分散** (scatter) 儲存使用同一個索引向量以展開形式加以儲存。這樣的運算之硬體支援稱為**聚集－分散** (gather-scatter),出現在幾乎所有新式的向量處理器當中。VMIPS 指令為 LVI (load vector indexed or gather, 載入所索引的向量或聚集) 和 SVI (store vector indexed or scatter, 儲存所索引的向量或分散)。例如,如果 Ra、Rc、Rk 和 Rm 含有前面程式序列中各向量的開始位址,我們就可以用向量指令撰寫內迴圈的程式碼如下:

```
LV      Vk, Rk           ;載入 K
LVI     Va, (Ra+Vk)      ;載入 A[K[]]
LV      Vm, Rm           ;載入 M
LVI     Vc, (Rc+Vm)      ;載入 C[M[]]
```

```
ADDVV.D         Va, Va, Vc          ;將它們相加
SVI             (Ra+Vk), Va         ;儲存 A[K[]]
```

此技術允許稀疏矩陣的程式碼以向量模式執行。簡單型向量化編譯器並不能自動地將以上的來源碼向量化,因為編譯器不會知道 K 的元素是彼此分開的數值,因此不存在任何相依性。反而是用一個程式設計師指令來告訴編譯器:以向量模式執行該迴圈是安全的。

雖然索引式載入與儲存 (聚集與分散) 可以加以管線化,但它們執行起來通常遠比非索引式載入或儲存慢,因為在指令開始時並不知道記憶庫。每個元素都有一個個別的位址,所以它們無法以群組來處理,而且遍佈記憶體系統許多地方都可能會有衝突。因此,每一次個別存取都引發顯著的延遲。然而,如 4.7 節所示,藉由針對這種情形的設計以及使用更多的硬體資源 (相對於結構設計師面對這樣的存取採取一種**放任**的態度),記憶體系統可以交出更好的效能。

我們將在 4.4 節看到,GPU 當中所有載入都是聚集,且所有儲存都是分散。為了避免在單位跨度的頻繁狀況下慢速地執行,就得由 GPU 程式設計師來保證一道聚集中或一道分散中的所有位址都是指向相鄰的位置。此外,GPU 硬體也必須在執行期間辨認出這些位址的序列,以便將聚集和分散轉成更有效率的單位跨度式記憶體存取。

規劃向量結構

向量結構有一項優點,就是編譯器在編譯期間可以告訴程式設計師一段程式碼是否會加以向量化,通常也給予為何不將該程式碼向量化的提示。這種直接表述的執行模型讓其他領域的專家們學習到如何藉由改進他們的程式碼,或者藉由提示編譯器何時去假設運算之間的獨立性是 OK 的 (例如,針對聚集 – 分散式資料轉移),來改進效能。就是編譯器與程式設計師之間的這種對話 —— 每一方都提示對方如何去改善效能 —— 簡化了向量計算機的程式設計。

今天,影響一個程式用向量模式執行是否會成功的主要因素在於程式本身的結構:迴圈是否具有真正的資料相依性呢 (見 4.5 節) ?或者它們是否可能經過重組而不再具有這樣的相依性呢?這項因素受到所選擇的演算法之影響,某種程度上也受到演算法如何撰寫為程式碼之影響。

為了表示科學型程式中可達成的向量化程度,讓我們看看針對 Perfect Club 標準效能測試程式所觀測到的向量化程度。圖 4.7 針對在 Cray Y-MP 上執行的兩種版本之程式碼,顯示出在向量模式上執行的運算百分比。第一種

標準效能測試程式名稱	用向量模式執行的運算數，編譯器最佳化式	用向量模式執行的運算數，程式設計師協助式	從提示式最佳化得到的速度提升
BDNA	96.1%	97.2%	1.52
MG3D	95.1%	94.5%	1.00
FLO52	91.5%	88.7%	無法取得
ARC3D	91.1%	92.0%	1.01
SPEC77	90.3%	90.4%	1.07
MDG	87.7%	94.2%	1.49
TRFD	69.8%	73.7%	1.67
DYFESM	68.8%	65.6%	無法取得
ADM	42.9%	59.6%	3.60
OCEAN	42.8%	91.2%	3.92
TRACK	14.4%	54.6%	2.52
SPICE	11.5%	79.9%	4.06
QCD	4.2%	75.1%	2.15

圖 4.7 Perfect Club 標準效能測試程式在 Cray Y-MP 上執行時的向量化程度 [Vajapeyam 1991]。第一個欄位顯示沒有提示的編譯器所得到的向量化程度，第二個欄位則顯示程式碼改進之後的結果，其改進是由於使用了一個 Cray 程式設計師研究團隊的提示。

版本得自於只有在原始程式碼上作編譯器最佳化，第二種版本則使用了一個 Cray 程式設計師研究團隊的豐富提示。關於向量處理器應用程式的效能方面有數項研究，顯示出編譯器向量化程度的大幅變動。

這個充滿提示的版本對於編譯器無法自行良好向量化的程式碼，顯示出在向量化程度上的顯著獲益，所有程式碼現在都有 50% 以上的向量化。中度向量化從大約 70% 改進到大約 90%。

4.3　SIMD 指令集多媒體擴充版

SIMD 多媒體擴充版開始於簡單觀察到許多媒體應用程式操作的資料型態比 32 位元處理器所最佳化的要窄。許多圖形系統使用 8 位元來表示三種主要色彩的每一種，另外加上 8 位元來表示透明度。聲音樣本通常是用 8 或 16 位元來表示。譬如說藉由在一個 256 位元加法器內劃分進位鏈，處理器可以在 32 個 8 位元運算元、16 個 16 位元運算元、8 個 32 位元運算元，或者 4 個 64 位元運算元的短向量上同時執行運算，這樣被劃分的加法器所增加的成本很小。圖 4.8 總結了典型的多媒體 SIMD 指令。就像向量指令，SIMD 指令在資料向量上指定同一道運算。不像擁有大型暫存器檔的向量機器，如

指令類型	運算元
無號數加法/減法	32 個 8 位元、16 個 16 位元、8 個 32 位元，或 4 個 64 位元
最大值/最小值	32 個 8 位元、16 個 16 位元、8 個 32 位元，或 4 個 64 位元
平均值	32 個 8 位元、16 個 16 位元、8 個 32 位元，或 4 個 64 位元
右移/左移	32 個 8 位元、16 個 16 位元、8 個 32 位元，或 4 個 64 位元
浮點數	16 個 16 位元、8 個 32 位元、4 個 64 位元，或 2 個 128 位元

圖 4.8 典型的 SIMD 多媒體支援 256 位元寬度之運算的總結。請注意，IEEE 754-2008 浮點數標準多加了半精度 (16 位元) 和四倍精度 (128 位元) 的浮點數運算。

同 VMIPS 向量暫存器那樣在 8 個向量暫存器的每一個當中都能夠持有多達 64 個 64 位元的元素，SIMD 指令傾向於指定比較少的運算元數目，所以使用的暫存器檔就小了很多。

對比於提供優美指令集作為向量化編譯器目標的向量結構，SIMD 擴充版具有三項主要的疏漏：

- 多媒體 SIMD 擴充版將指令碼中資料運算元的數目固定下來，導致在 x86 結構的 MMX、SSE 和 AVX 擴充版中增加了好幾百個指令。向量結構則擁有一個向量長度暫存器，可以為目前的指令指定運算元數目。這些長度可變的向量暫存器很容易容納自然就具有較短向量 (短於該結構所支援的最大長度) 的程式。此外，向量結構還擁有在此結構中一個隱含的最大向量長度，與向量長度暫存器結合在一起就可以避免使用許多運算碼。
- 多媒體 SIMD 並未提供向量結構中更為精巧的定址模式，也就是跨度式存取以及聚集－分散式存取。這些功能增加了向量編譯器能夠成功地加以向量化的程式數目 (見 4.7 節)。
- 多媒體 SIMD 通常不提供如向量結構中支援元素的條件式執行之遮罩暫存器。

這些疏漏造成編譯器比較難以產生 SIMD 程式碼，也增加了用 SIMD 組合語言設計程式的困難度。

針對 x86 結構，1996 年所加的 MMX 指令重新調整 64 位元浮點數暫存器的用途，所以基本指令可以同時執行 8 個 8 位元運算或者 4 個 16 位元運算。這些又加入了平行化 MAX 與 MIN 運算、許多種種的遮罩與條件指令、通常出現在數位訊號處理器中的運算，以及相信在重要的媒體程式庫中很有用的 ad hoc 指令。請注意，MMX 重複使用浮點數資料傳送指令去存取記憶體。

1999 年接班的串流 SIMD 擴充版 (Streaming SIMD Extensions, SSE) 加入分開的 128 位元寬暫存器，所以指令就可以同時執行 16 個 8 位元運算、8 個 16 位元運算，或者 4 個 32 位元運算。它也執行平行的單精度浮點數算術運算。由於 SSE 擁有分開的暫存器，所以它需要分開的資料傳送指令。Intel 不久後又加入倍精度的 SIMD 浮點數資料型態，分別為 2001 年經由 SSE 2、2004 年經由 SSE 3，以及 2007 年經由 SSE 4。只要程式設計師將運算元並列放置，四道單精度浮點數運算或兩道平行化倍精度運算的指令便能增進 x86 計算機的尖峰浮點效能。他們也隨著每一代而加入 ad hoc 指令，其目標在於加速一些被察覺重要的特定多媒體函數。

　　2010 年加入的先進向量擴充版 (Advanced Vector Extensions, AVX) 再次將暫存器寬度倍增為 256 位元，藉此提供在所有較窄的資料型態上將運算數目加倍的指令。圖 4.9 顯示出 AVX 指令對於倍精度浮點數計算很有用。AVX 還包括了未來新世代結構將寬度擴充至 512 位元與 1024 位元的準備。

　　一般而言，這些擴充版的目標是為了加速仔細撰寫的程式庫，而不是讓編譯器去產生這些程式庫 (見附錄 H)，但是最近的 x86 編譯器正在嘗試產生這樣的程式碼，特別是針對浮點密集型應用程式。

　　既然有這些缺點，那麼為什麼多媒體 SIMD 擴充版會如此地普遍？第一，它們加入標準的算術單元所花費的成本非常少，而且它們很容易實現。

AVX 指令	描　述
VADDPD	將四個封裝式倍精度運算元相加
VSUBPD	將四個封裝式倍精度運算元相減
VMULPD	將四個封裝式倍精度運算元相乘
VDIVPD	將四個封裝式倍精度運算元相除
VFMADDPD	將四個封裝式倍精度運算元相乘並相加
VFMSUBPD	將四個封裝式倍精度運算元相乘並相減
VCMPxx	針對等於、不等於、小於、小於等於、大於、大於等於，比較四個封裝式倍精度運算元
VMOVAPD	將四個封裝式倍精度運算元移動對齊
VBROADCASTSD	將一個倍精度運算元播送至一個 256 位元暫存器中的四個位置

圖 4.9　對倍精度浮點型程式有用的 x86 結構之 AVX 指令。256 位元 AVX 的封裝式倍精度意即四個 64 位元運算元在 SIMD 模式下執行。當寬度隨著 AVX 而增加時，加入資料排列指令 (允許來自寬暫存器不同部份的窄運算元作組合) 就越來越重要了。AVX 包括在 256 位元暫存器中混雜 32 位元、64 位元，或 128 位元運算元的指令；例如，BROADCAST 將一個 64 位元運算元在一個 AVX 暫存器中複製四次。AVX 也包括多種乘法 - 加法 / 減法的融合式指令，此處僅列出兩個。

第二，相較於總是顧慮環境切換 (context switch) 次數的向量結構，它們並不需要什麼額外狀態。第三，支援向量結構需要許多計算機所無法擁有的大量記憶體頻寬。第四，SIMD 不必去處理虛擬記憶體的問題，也就是可產生 64 次記憶體存取的單一指令有可能在向量的中央遭致分頁錯誤。SIMD 擴充版對於每個 SIMD 運算元群組是使用分開的資料傳送，它們在記憶體中是對齊的，不會跨過分頁界線。短而長度固定的 SIMD「向量」另一項優點就是容易引進可協助新式媒體標準的指令，例如執行排列的指令，或者與向量所能產生的運算元相較之下、花費較少或較多運算元的指令。最後，向量結構可以如何地與快取記憶體好好在一起工作也成為顧慮之處。最近的向量結構已經解決了所有這些問題，但是過往的缺陷所遺留的陰影卻使得結構設計師們面對向量都抱持著一種懷疑的態度。

範例 為了給予多媒體指令看起來像什麼的概念，我們假設將 256 位元的 SIMD 多媒體指令加入 MIPS 中。本例中我們集中在浮點數上。我們在一次運算於四個倍精度運算元的指令上加上「4D」的尾碼。就像向量結構，您可以將 SIMD 處理器想成擁有管道，本例中為四個管道。MIPS SIMD 將重複使用浮點數暫存器作為 4D 指令的運算元，正如同原始 MIPS 中倍精度運算重複使用單精度暫存器。本例列出 DAXPY 迴圈的 MIPS SIMD 程式碼。假設 X 與 Y 的開始位址分別在 Rx 與 Ry 中。請在 MIPS 程式碼上為 SIMD 而改變之處畫底線。

解答 這以下是 MIPS 程式碼：

```
            L.D     F0,a            ;載入純量 a
            MOV     F1,F0           ;針對 SIMD 乘法，複製 a 於 F1
            MOV     F2,F0           ;針對 SIMD 乘法，複製 a 於 F2
            MOV     F3,F0           ;針對 SIMD 乘法，複製 a 於 F3
            DADDIU  R4,Rx,#512      ;要載入的最後位址
Loop:       L.4D    F4,0(Rx)        ;載入 X[i], X[i+1], X[i+2], X[i+3]
            MUL.4D  F4,F4,F0        ;a×X[i],a×X[i+1],a×X[i+2],a×X[i+3]
            L.4D    F8,0(Ry)        ;載入 Y[i], Y[i+1], Y[i+2], Y[i+3]
            ADD.4D  F8,F8,F4        ;a×X[i]+Y[i], ..., a×X[i+3]+Y[i+3]
            S.4D    F8,0(Rx)        ;存入 Y[i], Y[i+1], Y[i+2], Y[i+3]
            DADDIU  Rx,Rx,#32       ;遞增索引至 X
            DADDIU  Ry,Ry,#32       ;遞增索引至 Y
            DSUBU   R20,R4,Rx       ;計算界限
            BNEZ    R20,Loop        ;檢查是否完成
```

改變之處乃是將任一道 MIPS 倍精度指令置換為其 4D 的等效指令、將遞增量從 8 增加至 32，並將暫存器從 F2 與 F4 改變為 F4 與 F8 以取得四個循序的倍精度運算元在暫存器檔中的足夠空間。為了讓每一個 SIMD 管道擁有它自己的純量 a 複本，我們將 F0 之值複製到 F1、F2 與 F3。(真正的 SIMD 指令擴充版會有一個指令將某一個值廣播至群組中所有其他的暫存器。) 因此，乘法所做的是 F4*F0、F5*F1、F6*F2 以及 F7*F3。雖然不如 VMIPS 動態指令頻寬減少 100 倍那麼劇烈，SIMD MIPS 的確得到了 4 倍的減少：149 道對 578 道 MIPS 所執行的指令。

多媒體 SIMD 結構的程式設計

既然 SIMD 多媒體擴充版具有 ad hoc 的特性，最容易使用這些指令的方式就是經由程式庫或者以組合語言去撰寫。

最近的擴充版已經變得更為規律化，給予編譯器更合理的目標。藉著從向量化編譯器借用技術，編譯器開始自動產生 SIMD 指令。例如，現今的先進編譯器可以產生 SIMD 浮點數指令，針對科學型程式碼實現大幅更高的效能。然而，程式設計師必須確定將記憶體中所有資料，對齊跑程式碼的 SIMD 單元之寬度，以防止編譯器對於原本可向量化的程式碼產生純量指令。

Roofline 視覺化效能模型

比較 SIMD 結構各種變形的潛在浮點效能有一種視覺化的直觀方式，就是 Roofline 模型 [William 等人 2009]。該模型將浮點效能、記憶體效能和算術強度用一個二維圖形綁在一起。**算術強度** (arithemetic intensity) 乃是每個記憶體存取位元組的浮點數運算之比率，可以藉由取得一個程式浮點數運算總數除以程式執行期間傳送至主記憶體的資料位元組總數而計算出來。圖 4.10 顯示數個範例核心程式的相對算術強度。

使用硬體規格可以找到尖峰浮點效能。此個案研究中有許多核心程式並不適用於晶片內的快取記憶體，所以尖峰記憶體效能是由快取記憶體背後的記憶體系統所定義。請注意，我們需要的尖峰記憶體頻寬是處理器可取得的，而不只是如 328 頁圖 4.27 所示在 DRAM 的接腳上。有一種找到 (遞交的) 尖峰記憶體效能的方式就是去執行 Stream 標準效能測試程式。

圖 4.11 左方顯示 NEC SX-9 向量處理器的 Roofline 模型，右方則顯示 Intel Core i7 920 多核心計算機的 Roofline 模型。垂直的 Y 軸為可達成的浮點效能，從 2 至 256 GFLOP/ 秒；水平的 X 軸為算術強度，在兩個圖內都是從 1/8 FLOP/DRAM 存取位元組變動至 16 FLOP/DRAM 存取位元組。請注意該

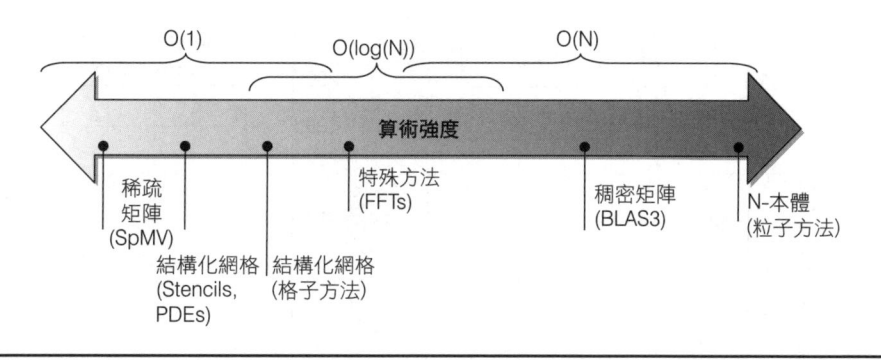

```
   O(1)           O(log(N))         O(N)
←——————————————————————————————————————→
                  算術強度

 稀疏            特殊方法           稠密矩陣      N-本體
 矩陣            (FFTs)            (BLAS3)     (粒子方法)
 (SpMV)
     結構化網格  結構化網格
     (Stencils,  (格子方法)
     PDEs)
```

圖 4.10 算術強度，規定為執行該程式的浮點數運算數目除以主記憶體中所存取的位元組數目 [William 等人 2009]。某些核心程式所具有的算術強度隨著問題的大小而伸縮，例如稠密矩陣，但是仍有許多核心程式的算術強度與問題的大小無關。

圖為 log-log 座標，而且一部計算機只做一條屋頂線 (Roofline)。

對於一個所給予的核心程式，我們可以基於它的算術強度在 X 軸上找到一個點，如果我們畫一條垂直線穿過該點，那麼在該部計算機上該核心程式的效能就一定位於沿著這條線上的某一點。我們可以畫出一條顯示該部計算機尖峰浮點效能的水平線；顯然，實際的浮點效能不可能高於該水平線，因為那是硬體的極限。

我們可以如何畫出尖峰記憶體效能呢？由於 X 軸為 FLOP/ 位元組而 Y 軸為 FLOP/ 秒，位元組 / 秒在該圖中就正好是一條 45 度角的對角線。因此，我們可以繪出第三條線，針對已知的算術強度給予該部計算機的記憶體系統所能支援的最大浮點效能。我們可以用一個公式來表示這些極限，在圖 4.11 的圖中將這些線繪出：

可達成的 GFLOP/ 秒 = 最小值 (尖峰記憶體頻寬 × 算術強度 , 尖峰浮點效能)

水平線與對角線給予這個簡單模型的名稱並指出它的價值。「屋頂線」設定一個核心程式的效能上限，視其算術強度而定。如果我們將算術強度想成一支頂中屋頂的竿子，或者頂中屋頂的平坦部份，意味著效能是受限於計算，或者頂中屋頂的傾斜部份，意味著效能終究受限於記憶體頻寬；在圖 4.11 中，右邊的垂直虛線 (算術強度為 4) 是前者的一個例子，而左邊的垂直虛線 (算術強度為 1/4) 則是後者的一個例子。有了一部計算機的 Roofline 模型之後，您就可以反覆去應用，因為它不會隨著核心程式而變動。

請注意「屋脊點」──對角線與水平線屋頂交會處──提供了對於該部計算機有趣的洞察力。如果屋脊點在右邊很遠處，就只有擁有非常高算術

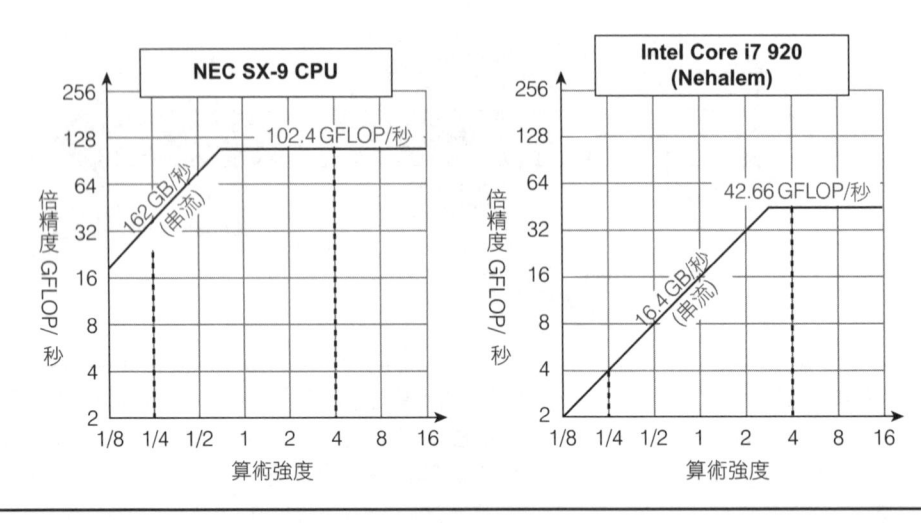

圖 4.11 左方為 NEC SX-9 向量處理器的 Roofline 模型，右方為 SIMD 擴充版 Intel Core i7 920 多核心計算機的 Roofline 模型 [William 等人, 2009]。此 Roofline 是針對單位跨度式記憶體存取以及倍精度浮點效能。NEC SX-9 是一部 2008 年推出的向量式超級電腦，價值數百萬美元。它的尖峰資料處理浮點效能為 102.4 GFLOP/秒，尖峰記憶體頻寬為 162 G 位元組/秒(來自串流標準效能測試程式)。Core i7 920 的尖峰資料處理浮點效能為 42.66 GFLOP/秒，尖峰記憶體頻寬為 16.4 G 位元組/秒。算術強度為 4 FLOP/位元組的垂直虛線顯示兩種處理器都運作在尖峰效能。在本個案中，在 102.4 FLOP/秒之下的 SX-9 比在 42.66 FLOP/秒之下的 Core i7 快了 2.4 倍。在算術強度 0.25 FLOP/位元組之下，SX-9 的 40.5 GFLOP/秒比 Core i7 的 4.1 GFLOP/秒快了 10 倍。

強度的核心程式才能夠達成該部計算機的最大效能；如果屋脊點在左邊很遠處，幾乎任何核心程式都有可能命中最大效能。我們將要看到，與其他的 SIMD 處理器相較之下，此向量處理器不但擁有高很多的記憶體頻寬，也擁有在左邊很遠處的屋脊點。

圖 4.11 顯示 SX-9 的尖峰計算式效能比 Core i7 快了 2.4 倍，記憶體效能則是快了 10 倍。對於算術強度為 0.25 的程式而言，SX-9 快了 10 倍 (40.5 對 4.1 GFLOP/秒)。較高的記憶體頻寬將屋脊點從 Core i7 的 2.6 移動到 SX-9 的 0.6，意味著在向量處理器上有更加多很多的程式可以達到尖峰計算效能。

4.4 圖形處理單元

任何人花數百美元就可以買到一個擁有數百個浮點數單元的 GPU，使得高效能計算更加平易近人。當這種潛能與一種讓 GPU 更易於作程式設計的程式語言結合在一起時，對於 GPU 計算的興趣於是就昌盛起來。因此，時至今日許多科學型與多媒體應用程式的程式設計師都在苦思到底要使用 GPU

抑或 CPU。

GPU 與 CPU 在計算機結構的家譜中並不能回溯至同一個祖先；也並沒有所謂的失去的連結 (Missing Link) 來說明這兩種結構。如 4.10 節所述，GPU 的主要祖先為圖形加速器，因為把圖形做得好才是 GPU 存在的理由。雖然 GPU 正朝向主流的計算領域移動，它們卻不能放棄它們持續在繪圖上保持卓越的責任。當結構設計師問到：有了要讓繪圖做得不錯而投資的硬體，我們如何能夠加以增補來改進範圍較為寬廣的應用程式效能呢？因此，GPU 的設計或許可以更合理一些。

請注意本節是專注在使用 GPU 作計算。為了看到 GPU 計算如何與傳統的圖形加速角色結合在一起，見 John Nickolls 與 David Kirk 所撰寫的「Graphics and Computing GPUs」(或見與本書相同作者所撰寫的《計算機組織與設計》第四版附錄 A)。

由於名詞術語與一些硬體功能和向量與 SIMD 結構十分地不同，我們相信在描述其結構之前，如果從簡化的 GPU 程式設計模型開始會比較容易。

GPU 程式設計

對於在演算法中表示平行性的問題，CUDA 是一個優美的解答，它並非對所有演算法，但已足夠關係到。它似乎以某種方式共振於我們的思考與程式撰寫之間，允許一種更容易、更自然的平行性表示法，超出了任務階層。

Vincent Natol
"Kudos for CUDA," *HPC Wire* (2010)

GPU 程式設計師面對的挑戰不僅僅是在 GPU 上取得良好效能，也在於協調系統處理器和 GPU 的計算排程以及系統記憶體與 GPU 記憶體之間的資料傳送。此外，我們將在本節稍後看到，GPU 本質上擁有任何一種形式的平行性，可由程式設計環境加以捕捉：多執行緒、MIMD、SIMD，甚至於指令階層。

NVIDIA 決定開發一種似 C 的程式語言和程式設計環境，藉由迎面攻擊異質計算與多面向平行性的挑戰，會改善 GPU 程式設計師的生產力。他們的系統稱為 **CUDA**，意思是 Compute Unified Device Architecture (計算統一化裝置結構)。CUDA 產生 C/C++ 給系統處理器 (**主機**) 以及一種 C 與 C++ 的方言給 GPU (**裝置**，亦即 CUDA 中的 D)。有一種類似的程式語言稱為 OpenCL，有幾家公司正在開發，針對多平台提供一種與供應商無關的語言。

NVIDIA 決定所有這些形式的平行性之底層主題為 **CUDA 執行緒**。使用這個最低階層的平行性作為程式設計的基元 (primitive)，編譯器和硬體就可以夠同數千個 CUDA 執行緒來利用 GPU 內部各種不同型態的平行性：多執行緒、MIMD、SIMD，以及指令階層平行性。因此，NVIDIA 將 CUDA 程式設計模型歸類為單指令多執行緒 (Single Instruction, Multiple Thread, SIMT)。基於我們不久將要看到的理由，這些執行緒被加以區塊化並以 32 個執行緒為群組而執行，稱之為**執行緒區塊** (Thread Block)。我們稱執行一整個執行緒區塊的硬體為**多執行緒 SIMD 處理器** (multithreaded SIMD Processor)。

在我們能夠給予一個 CUDA 程式的範例之前，我們只需要少數一些細節：

- 為了區別 GPU (裝置) 函數與系統處理器 (主機) 函數，CUDA 對於前者使用 _device_ 或 _global_，對於後者則使用 _host_。
- 在 _device_ 或 _global_ 函數中所宣告的 CUDA 變數分配給所有多執行緒 SIMD 處理器都可存取的 GPU 記憶體 (見下面的說明)。
- 對於 GPU 上所執行的函數 **name**，其擴充式函數呼叫語法為

    name<<<dimGrid, dimBlock>>>(... parameter list ...)

    其中 dimGrid 和 dimBlock 指定程式碼的尺寸 (區塊數) 以及區塊的尺寸 (執行緒數)。
- 除了區塊識別碼 (blockIdx) 和每個區塊內的執行緒識別碼 (threadIdx) 之外，CUDA 為每個區塊內的執行緒數目提供一個關鍵字 (blockDim)，那是來自於上一項當中的 dimBlock 參數。

看 CUDA 程式碼之前，我們先從 4.2 節 DAXPY 迴圈的傳統 C 程式碼開始：

```
// 引用 DAXPY
daxpy(n, 2.0, x, y);
// 以 C 語言撰寫的 DAXPY
void daxpy(int n, double a, double *x, double *y)
{
        for (int i = 0 ; i < n ; ++i)
                y[i] = a*x[i] + y[i];
}
```

下面就是 CUDA 版本的程式碼。我們啟動 n 個執行緒，每一個向量元素啟動一個，在多執行緒 SIMD 處理器中每一個執行緒區塊有 256 個 CUDA 執行緒。GPU 功能是藉由計算對應的元素索引 i 而起動，該計算是基於區塊辨識碼 (ID)、每個區塊的執行緒數目，以及執行緒辨識碼。只要該索引是在該陣列之內 (i < n)，就執行乘法與加法。

```
// 引用每一個執行緒區塊 256 個執行緒的 DAXPY
__host__
int nblocks = (n+ 255) / 256;
    daxpy<<<nblocks, 256>>>(n, 2.0, x, y);
// 以 CUDA 撰寫的 DAPXY
__device__
void daxpy(int n, double a, double *x, double *y)
{
    int i = blockIdx.x*blockDim.x + threadIdx.x;
    if (i < n) y[i] = a*x[i] + y[i];
}
```

比較 C 程式碼與 CUDA 程式碼，我們就可以看到一種將資料平行式 CUDA 程式碼加以平行化的常見形式。C 版本的迴圈每一次重複執行都與其他重複執行無關，允許該迴圈直截了當轉換成平行化程式碼，其中每一次重複執行都成為一個獨立的執行緒。[如上所述以及 4.5 節更詳細的描述，向量化編譯器也倚賴於缺少迴圈重複執行之間的相依性，此種相依性稱為**迴圈所攜相依性** (loop carried dependence)。] 程式設計師藉由指定每一個 SIMD 處理器的網格尺寸和執行緒數目，以外顯方式判定 CUDA 中的平行性。藉著指派單一的執行緒給每一個元素，就沒有必要在運算結果寫入記憶體時將執行緒同步化。

GPU 硬體處理平行化執行與執行緒管理，並不是由應用程式或作業系統來做。為了靠硬體來簡化排程，CUDA 需要執行緒區塊能夠獨立地以任何順序來執行。不同的執行緒區塊並不能直接溝通，雖然它們可以在全域記憶體 (Global Memory) 中使用不可分割的 (atomic) 記憶體運算來彼此**協調** (coordinate)。

我們不久將會看到，很多 GPU 硬體概念在 CUDA 中並不明顯，從程式設計師生產力的觀點來看，這是一件好事；但是大多數程式設計師還是使用 GPU 而非 CPU 來取得效能。效能程式設計師們以 CUDA 撰寫時，必須將 GPU 硬體擺在心上；依據將要說明的理由，他們知道他們必須在控制串流中

將 32 個執行緒組成的群組保持在一塊，以便從多執行緒 SIMD 處理器中取得最佳效能，並且在每一個多執行緒 SIMD 處理器中創造更加多很多的執行緒來隱藏 DRAM 的延遲。他們也必須將資料位址保持區域化於一或數個記憶體區塊中來取得預期的記憶體效能。

就像許多平行化系統，生產力與效能之間的折衷就是讓 CUDA 包括一些內在函數，給予程式設計師對於硬體的外顯式控制。一邊是生產力，另一邊是讓程式設計師能夠表達硬體可以做的任何事情，這兩邊的奮戰在平行化計算中一直在發生。這毋寧是很有趣的：看看程式語言在這一場典型的生產力－效能戰爭中如何演化，也看看 CUDA 是否會流行於其他的 GPU，甚至其他的結構型態。

NVIDIA GPU 的計算架構

上述的不尋常傳承說明了為什麼 GPU 擁有獨立於 CPU 之外自己本身的結構型態以及自己本身的名詞術語。瞭解 GPU 的一項障礙就是行話，有些術語甚至還有誤導性的名稱。要克服此種障礙出奇地困難，本章重寫了好幾次可茲證明。為了嘗試讓這雙重目標搭上橋，一個目標是讓 GPU 結構可以瞭解，另一個目標是以非傳統定義來學習許多的 GPU 術語，我們最後的解決之道便是對軟體使用 CUDA 的名詞術語，但是起初對硬體先使用較為描述性的術語，有時候借取 OpenCL 所使用的術語。一旦我們用我們的術語說明了 GPU 的結構，就將它們對映到 NVIDIA GPU 的正式行話。

圖 4.12 從左到右列出本節中較為描述性的術語、來自於主流計算領域最接近的術語、官方的 NVIDIA GPU 術語 (如果您有興趣的話)，然後就是該術語的簡短描述。本節剩下的部份使用本圖左邊的描述性術語來說明 GPU 的微結構特性。

我們使用 NVIDIA 系統作為範例，因為它們是 GPU 結構的典型代表。特別是我們遵循上面 CUDA 平行化程式設計語言的名詞術語並且使用 Fermi 結構當作範例 (見 4.7 節)。

就像向量結構，GPU 只有在資料階層平行化的問題上工作良好；兩種型態都有聚集－分散式資料傳送和遮罩暫存器，GPU 處理器甚至擁有比向量處理器更多的暫存器。由於並沒有純量處理器在旁，GPU 有時候會用硬體在執行期間實現一項向量處理器用軟體在編譯期間所實現的功能。不像大多數的向量處理器，GPU 也倚賴單一的多執行緒 SIMD 處理器的多執行緒操作來隱藏記憶體延遲 (見第 2 章和第 3 章)。然而，對於向量處理器和 GPU 兩者都有效率的程式碼，就需要程式設計師去思考 SIMD 運算群組的使用。

型態	較為描述性的名稱	GPU 之外最接近的舊式術語	官方的 CUDA/NVIDIA GPU 術語	書上的定義
程式抽象概念	可向量化迴圈	可向量化迴圈	網格	在 GPU 上執行，是由可以平行執行的一或多個執行緒區塊 (向量化迴圈的本體們) 所構成的可向量化迴圈。
	向量化迴圈的本體	(經剝除探勘) 向量化迴圈的本體	執行緒區塊	在多執行緒 SIMD 處理器上執行，是由一或多個 SIMD 指令執行緒所構成的向量化迴圈。它們可以經由區域記憶體溝通。
	SIMD 管道運算序列	純量迴圈的一次重複執行	CUDA 執行緒	一個 SIMD 指令執行緒之垂直切面，對應於一個 SIMD 管道所執行的一個元素。運算結果之儲存取決於遮罩和屬性暫存器。
機器物件	SIMD 指令執行緒	向量指令的執行緒	封包 (warp)	傳統的執行緒，但只包含多執行緒 SIMD 處理器上所執行的 SIMD 指令。運算結果之儲存取決於每個元素的遮罩。
	SIMD 指令	向量指令	PTX 指令	跨 SIMD 管道而執行的單一 SIMD 指令。
處理硬體	多執行緒 SIMD 處理器	(多執行緒) 向量處理器	串流式多處理器	多執行緒 SIMD 處理器執行 SIMD 指令執行緒，與其他 SIMD 處理器無關。
	執行緒區塊排程器	純量處理器	Giga 引擎執行緒	指派多個執行緒區塊 (向量化迴圈的本體) 給多執行緒 SIMD 處理器
	SIMD 執行緒排程器	多執行緒 CPU 內的執行緒排程器	封包排程器	當 SIMD 指令執行緒準備好要執行時，將它們加以排程並發派的硬體單元；包括一個記分板來追蹤 SIMD 執行緒之執行。
	SIMD 管道	向量管道	執行緒處理器	SIMD 管道在單一元素上執行一個 SIMD 指令執行緒當中的運算。運算結果之儲存取決於遮罩。
記憶體硬體	GPU 記憶體	主記憶體	全域記憶體	可由 GPU 中所有多執行緒 SIMD 處理器進行存取的 DRAM 記憶體。
	私用記憶體	堆疊或執行緒區域儲存 (OS)	區域記憶體	供每一個 SIMD 管道私用的部份 DRAM 記憶體。
	區域記憶體	區域記憶體	共用記憶體	為某一個多執行緒 SIMD 處理器而設的快速區域 SRAM，其他的 SIMD 處理器無法使用。
	SIMD 管道暫存器	向量管道暫存器	執行緒處理器暫存器	跨在一個完全的執行緒區塊 (向量化迴圈的本體) 上而配置的單一 SIMD 管道當中的暫存器。

圖 4.12 本章所使用的 GPU 術語之快速指南。我們使用第一個欄位作為硬體術語。這 13 個術語被聚集成四群，從頂部到底部分別為：程式抽象概念、機器物件、處理硬體，以及記憶體硬體。311 頁的圖 4.21 將向量術語和這裡的最接近術語關聯起來，316 頁的圖 4.24 和 317 頁的圖 4.25 揭示了官方的 CUDA/NVIDIA 和 AMD 的術語和定義，以及 OpenCL 所使用的術語。

網格 (Grid) 乃是 GPU 上所執行的程式碼，包含一組**執行緒區塊**。圖 4.12 寫出網格與向量化迴圈之間以及執行緒區塊與該迴圈本體 (在剝除探

勘之後，所以是一個完全的計算性迴圈）之間的類此。為了給一個具體的範例，我們假定想要將兩個向量乘起來，每一個向量長度為 8192 個元素；這一整節我們都會回到此範例。圖 4.13 顯示此範例和這前面兩個 GPU 術語的關係。工作在整個 8192 元素乘法上的 GPU 程式碼稱為**網格**（或向量化迴圈）。為了分解成更易於管理的大小，一個網格便是由**執行緒區塊**（或向量化迴圈的本體）所組成，每一個執行緒區塊達 512 個元素。請注意，一道 SIMD 指令一次執行 32 個元素，由於向量中有 8192 個元素，所以此範例便擁有 16 個執行緒區塊，因為 16 = 8192÷512。網格與執行緒區塊乃是 GPU 硬體中所實現的程式設計抽象概念，可協助程式設計師組織他們的 CUDA 程式碼。（執行緒區塊類似於向量長度為 32、剝除探勘後的向量迴圈。）

有一個執行緒區塊被**執行緒區塊排程器** (Thread Block Scheduler) 指派給執行該程式碼的處理器，我們稱之為**多執行緒 SIMD 處理器** (multithread SIMD Processor)。執行緒區塊排程器與向量結構中的控制處理器有一些相似性，它判定迴圈所需要的執行緒區塊數目，將它們分配給不同的多執行緒 SIMD 處理器，並保持到迴圈結束為止。在本例中，它會傳送 16 個執行緒區塊給多執行緒 SIMD 處理器來計算該迴圈所有的 8192 個元素。

圖 4.14 顯示多執行緒 SIMD 處理器的簡化方塊圖，與向量處理器類似，但是卻擁有許多平行的功能單元，而不是像向量處理器那樣擁有少數深度管線化的功能單元。在圖 4.13 的規劃範例中，每一個多執行緒 SIMD 處理器都被指派了 512 個向量元素在上面工作。SIMD 處理器為完全性處理器，具有分開的程式計數器 (PC) 並使用執行緒作程式設計（見第 3 章）。

於是 GPU 硬體便含有一群用以執行執行緒區塊（向量化迴圈的本體）網格的多執行緒 SIMD 處理器；也就是說，GPU 就是由多執行緒 SIMD 處理器所組成的多處理器。

Fermi 結構最先的四種製作分別擁有 7、11、14 或 15 個多執行緒 SIMD 處理器；未來的版本可能僅有 2 或 4 個。為了提供通透的可擴充性給跨越具有不同數目多執行緒 SIMD 處理器的 GPU 機型，於是便以執行緒區塊排程器指派執行緒區塊（向量化迴圈的本體）給多執行緒 SIMD 處理器。圖 4.15 顯示 Fermi 結構的 GTX 480 製品的版圖規劃。

再往下一個細部層，機器物件乃是 **SIMD 指令執行緒** (thread of SIMD instructions)，由硬體創建、管理、排程並執行，是一個只含有 SIMD 指令的傳統執行緒。這些 SIMD 指令執行緒具有自己本身的程式計數器 (PC) 並在多執行緒 SIMD 處理器上執行。**SIMD 執行緒排程器** (SIMD Thread Scheduler) 包括一個計分板，讓它知道那些 SIMD 指令執行緒準備好要執

網格	執行緒區塊 0	SIMD 執行緒 0	A[0] = B [0] * C[0]
			A[1] = B [1] * C[1]
			... ...
			A[31] = B [31] * C[31]
		SIMD 執行緒 1	A[32] = B [32] * C[32]
			A[33] = B [33] * C[33]
			... ...
			A[63] = B [63] * C[63]
			A[64] = B [64] * C[64]
			... ...
			A[479] = B [479] * C[479]
		SIMD 執行緒 15	A[480] = B [480] * C[480]
			A[481] = B [481] * C[481]
			... ...
			A[511] = B [511] * C[511]
			A[512] = B [512] * C[512]
	...	...	... ...
			A[7679] = B [7679] * C[7679]
	執行緒區塊 15	SIMD 執行緒 0	A[7680] = B [7680] * C[7680]
			A[7681] = B [7681] * C[7681]
			... ...
			A[7711] = B [7711] * C[7711]
		SIMD 執行緒 1	A[7712] = B [7712] * C[7712]
			A[7713] = B [7713] * C[7713]
			... ...
			A[7743] = B [7743] * C[7743]
			A[7744] = B [7744] * C[7744]
			... ...
			A[8159] = B [8159] * C[8159]
		SIMD 執行緒 15	A[8160] = B [8160] * C[8160]
			A[8161] = B [8161] * C[8161]
			... ...
			A[8191] = B [8191] * C[8191]

圖 4.13 網格 (可向量化迴圈)、執行緒區塊 (SIMD 的基本區塊)，以及 SIMD 的執行緒與向量 – 向量乘法之間的對映情形，每一個向量的長度為 8192 個元素。SIMD 指令的每一個執行緒對每一道指令都要計算 32 個元素，本例中每一個執行緒區塊都包含 SIMD 指令的 16 個執行緒，網格則包含 16 個執行緒區塊。硬體的執行緒區塊排程器指派執行緒區塊給多執行緒 SIMD 處理器，硬體的執行緒排程器則於每一個時脈週期在 SIMD 處理器之內揀選 SIMD 指令的某一個執行緒來執行。只有在同一個執行緒區塊內的 SIMD 執行緒可以經由區域記憶體彼此溝通。(對於 Tesla 世代的 GPU，每一個執行緒區塊所能同時執行的最大數目 SIMD 執行緒為 16；對於後面 Fermi 世代的 GPU 則為 32。)

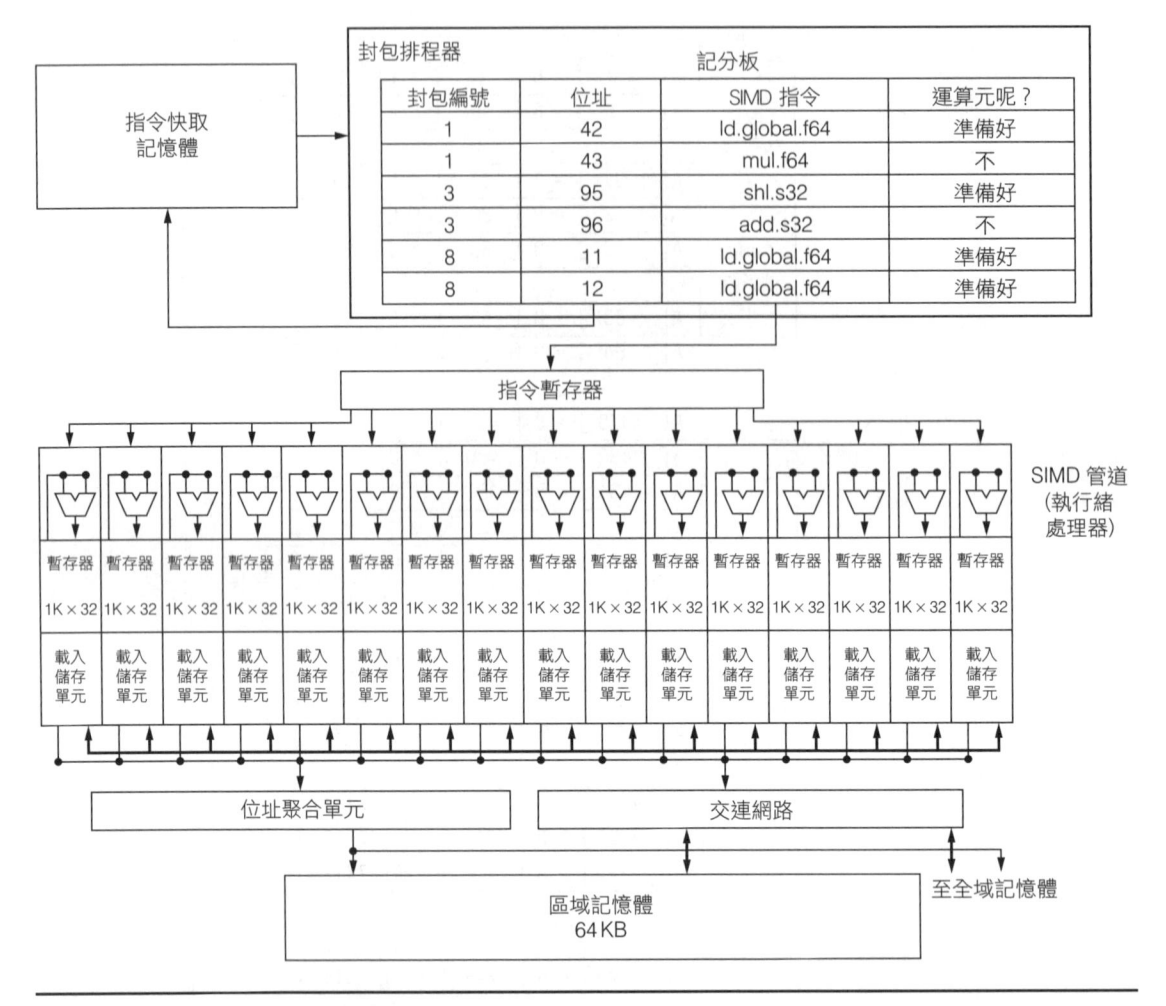

封包排程器		記分板	
封包編號	位址	SIMD 指令	運算元呢？
1	42	ld.global.f64	準備好
1	43	mul.f64	不
3	95	shl.s32	準備好
3	96	add.s32	不
8	11	ld.global.f64	準備好
8	12	ld.global.f64	準備好

圖 4.14 多執行緒 SIMD 處理器的簡化方塊圖。它擁有 16 個 SIMD 管道。譬如說有 48 個獨立的 SIMD 指令執行緒，SIMD 執行緒排程器就得使用 48 個程式計數器的表格來加以排程。

行，然後將它們傳給一個分派單元 (dispatch unit)，以便在該多執行緒 SIMD 處理器上執行。它雷同於傳統多執行緒處理器當中的硬體執行緒排程器 (見第 3 章)，只不過它所排程的是 SIMD 指令執行緒。因此，GPU 硬體便擁有兩個階層的硬體排程器：**(1) 執行緒區塊排程器** (Thread Block Scheduler) 指派執行緒區塊 (向量化迴圈的本體) 給多執行緒 SIMD 處理器，保證執行緒區塊是指派給其區域記憶體具有對應資料的處理器，以及 **(2) SIMD 執行緒排程器** (SIMD Thread Scheduler)，在 SIMD 處理器內部，用以安排 SIMD 指令執行緒何時應該要執行。

這些執行緒的 SIMD 指令寬度為 32，所以本例中每一個 SIMD 指令執行緒就會計算該計算當中的 32 個元素。在本例中，執行緒區塊會包含 512/32 = 16 個 SIMD 執行緒 (見圖 4.13)。

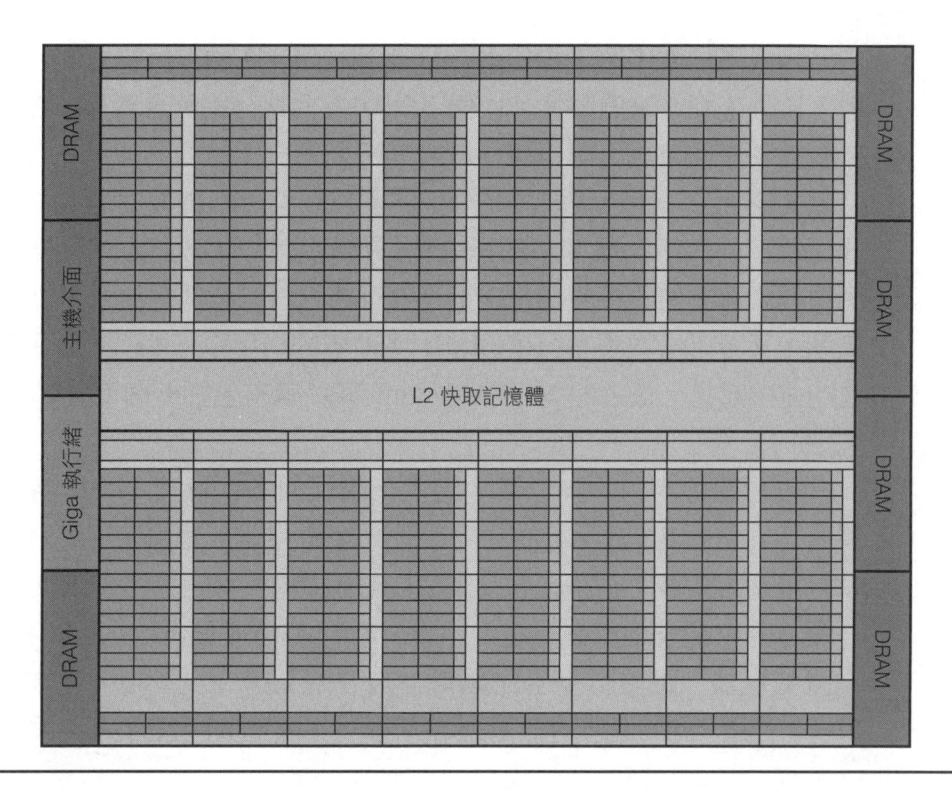

圖 4.15 Fermi GTX 480 GPU 的版圖規劃。本圖顯示出 16 個多執行緒 SIMD 處理器，執行緒區塊排程器突顯在左方。GTX 480 擁有 6 個 GDDR5 傳輸埠，每一個為 64 位元寬，可支援達 6 GB 的容量。主機介面為 PCI Express 2.0 × 16。Giga 執行緒為排程器的名稱，將執行緒區塊散佈到多處理器，每一個多處理器都有自己本身的 SIMD 執行緒排程器。

由於執行緒包含 SIMD 指令，SIMD 處理器必須具備平行的功能單元來執行運算，我們稱之為 **SIMD 管道** (SIMD Lane)，它們十分類似於 4.2 節的向量管道。

每一個 SIMD 處理器的管道數目跨 GPU 世代而變動；就 Fermi 而言，每一個寬度為 32 的 SIMD 指令執行緒被對映至 16 個實體的 SIMD 管道，所以 SIMD 指令執行緒中每一個 SIMD 指令都要花費兩個週期來完成。每一個 SIMD 指令執行緒都是以閉鎖步驟來執行，而且只有在開始時作排程。如果 SIMD 處理器停留在與向量處理器之類比，您可以說它擁有 16 個管道、向量長度為 32，且編鐘為 2 個時脈週期。(此種廣泛卻淺薄的性質就是我們為什麼要使用 SIMD 處理器作術語而非向量處理器的原因，因為它比較具有描述性。)

依據定義，SIMD 指令執行緒是彼此獨立的，所以 SIMD 執行緒排程器可以揀選任何一個準備好的 SIMD 指令執行緒，不需要堅守某一個執行緒之

內的程式序列當中的下一道 SIMD 指令。SIMD 執行緒排程器包括一個記分板 (見第 3 章) 來追蹤達 48 個 SIMD 指令執行緒，看看那一道指令準備好要執行；舉例來說，記憶體存取指令可能由於記憶庫衝突而花費不可預測的時脈週期數目，所以需要該記分板。圖 4.16 顯示 SIMD 執行緒排程器隨著時間而以不同順序揀選 SIMD 指令執行緒的情形。GPU 結構設計師假設 GPU 應用程式擁有如此多的 SIMD 指令執行緒，所以多執行緒既可以隱藏 DRAM 延遲，又可以增加多執行緒 SIMD 處理器的利用率。然而，為了他們這個賭注的避險起見，最近的 NVIDIA Fermi GPU 就有包括一個 L2 快取記憶體 (見 4.7 節)。

繼續進行我們的向量乘法範例，每一個多執行緒 SIMD 處理器都必須將兩個向量的 32 個元素從記憶體載入至暫存器、藉由讀取與寫入暫存器來執行乘法，然後將乘積從暫存器存回記憶體中。為了持有這些記憶體元素，一個 SIMD 處理器就擁有令人印象深刻的 32,768 個 32 位元暫存器。正如同向量處理器，這些暫存器在邏輯上被分割為跨向量管道，在本例中即為跨 SIMD 管道。每一個 SIMD 執行緒都限制不超過 64 個暫存器，所以您可以將

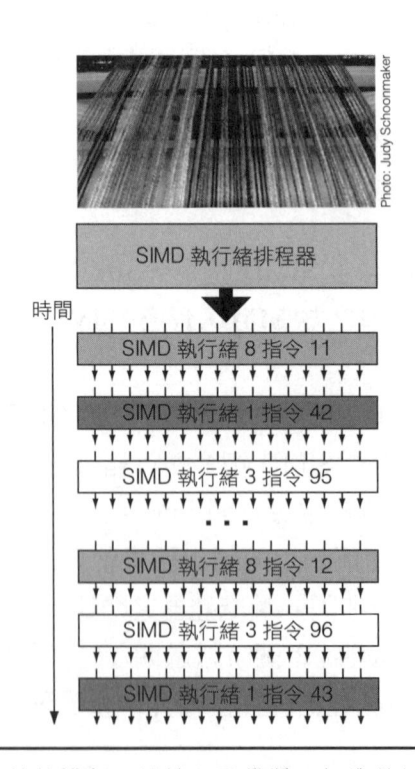

圖 4.16 SIMD 指令執行緒的排程。該排程器選擇一個準備好的 SIMD 指令執行緒，並同步發派一道指令給所有執行該 SIMD 執行緒的 SIMD 管道。由於 SIMD 指令執行緒是彼此獨立的，該排程器每一次都可能選擇不同的 SIMD 執行緒。

一個 SIMD 執行緒想成擁有達 64 個向量暫存器、每一個向量暫存器擁有 32 個元素，而且每一個元素寬度為 32 位元。(由於倍精度浮點數運算元使用了兩個相鄰的 32 位元暫存器，另外一種看法就是每一個 SIMD 執行緒擁有 32 個 32 元素暫存器，每一個元素寬度為 64 位元。)

由於 Fermi 擁有 16 個實體 SIMD 管道，所以每一個管道都含有 2048 個暫存器。(不嘗試設計每個位元都擁有許多讀取埠和寫入埠的硬體暫存器，GPU 反而採用比較簡單的記憶體結構，但是將它們分割為記憶庫來取得足夠的頻寬，正如同向量處理器所做。) 每一個 CUDA 執行緒都取得每個向量暫存器的一個元素。為了以 16 個 SIMD 管道處理每一個 SIMD 指令執行緒的 32 個元素，執行緒區塊的 CUDA 執行緒總共可以使用達 2048 個暫存器的半數。

為了要能夠執行許多的 SIMD 指令執行緒，當 SIMD 指令執行緒被建立時，每一個執行緒都在每一個 SIMD 處理器上動態地被配置一組實體暫存器，當 SIMD 執行緒結束時就被釋出。

請注意 CUDA 執行緒正好是一個 SIMD 指令執行緒的垂直切面，對應於一個 SIMD 管道所執行的一個元素。要當心 CUDA 執行緒與 POSIX 執行緒非常不同；您無法從 CUDA 執行緒做任意的系統呼叫。

現在我們就準備要瞧一瞧 GPU 指令看起來像什麼。

NVIDIA GPU 指令集結構

不像大多數系統處理器，NVIDIA 編譯器的指令集目標乃是一種硬體指令集的抽象概念。**PTX** (Parallel Thread Execution, 平行化執行緒的執行) 為編譯器提供一個穩定的指令集，還有跨 GPU 世代的相容性。硬體指令集對程式設計師而言是隱藏不見的；PTX 指令描述單一 CUDA 執行緒上的運算，通常與硬體指令是一對一對映的，但是一道 PTX 可以擴大到許多道機器指令，反之亦然。PTX 使用虛擬暫存器，所以編譯器就找出一個 SIMD 執行緒需要多少個實體向量暫存器，然後有一個最佳化器 (optimizer) 就在 SIMD 執行緒之間劃分可用的暫存器。此最佳化器也會消除僵死的程式碼、將指令折疊在一起，並計算出分支可能會發散之處以及發散路徑可能會收斂之處。

雖然 x86 微結構與 PTX 之間有一些相似性，因為兩者都轉譯成一種內部形式 (x86 的微指令)，但是差別在於此轉譯於 x86 上是發生在執行期間的硬體中，相對來說，在 GPU 上則發生於載入期間的軟體中。

PTX 指令的格式為

指令碼.型態　d, a, b, c；

其中 d 為目的運算元，a、b 與 c 為來源運算元；運算型態是下表當中的某一種：

型　態	型態 (.type) 的指定符號
無型態位元 8、16、32 和 64 位元	.b8、.b16、.b32、.b64
無號整數 8、16、32 和 64 位元	.u8、.u16、.u32、.u64
有號整數 8、16、32 和 64 位元	.s8、.s16、.s32、.s64
浮點數 16、32 和 64 位元	.f16、.f32、.f64

來源運算元為 32 位元或 64 位元暫存器，或是一個常數值。目的運算元為暫存器，儲存指令除外。

圖 4.17 顯示基本的 PTX 指令集，所有指令都可以被 1 位元屬性 (predicate) 暫存器所預測，該暫存器可由一個設定屬性指令 (setp) 所設定。流程控制指令為函數的 call 與 return、執行緒的 exit、branch，以及執行緒區塊內執行緒的屏障同步化 (barrier synchronization) (bar.sync)。將一個屬性放在分支指令前面就給了我們條件分支。編譯器或 PTX 程式設計師將虛擬暫存器宣告為 32 位元或 64 位元的有型態或無型態值。例如，R0、R1、… 是為 32 位元值而設，RD0、RD1、… 則為 64 位元值而設。試回想一下，指派虛擬暫存器給實體暫存器是在 PTX 載入期間發生的。

下面 PTX 指令的程式序列乃是 290 頁 DAXPY 迴圈的一次重複執行：

```
shl.u32 R8, blockIdx, 9      ; 執行緒區塊辨識碼 * 區塊大小 (512 或 2⁹)
add.u32 R8, R8, threadIdx    ; R8 = i = 我的 CUDA 執行緒區塊辨識碼
shl.u32 R8, R8, 3            ; 位元組偏移量
ld.global.f64 RD0, [X+R8]    ; RD0 = X [i]
ld.global.f64 RD2, [Y+R8]    ; RD2 = Y [i]
mul.f64 RD0, RD0, RD4        ; 在 RD0 = RD0 * RD4 ( 純量 a ) 之中的乘積
add.f64 RD0, RD0, RD2        ; 在 RD0 = RD0 + RD2 ( Y [i] ) 之中的總和
st.global.f64 [Y+R8], RD0    ; Y [i] = 總和 ( X [i] * a + Y [i] )
```

如上所展示，CUDA 程式設計模型指派一個 CUDA 執行緒給每一次的迴圈重複執行，並且提供一個獨一無二的辨識號碼給每一個執行緒區塊 (blockIdx) 以及另一個給區塊之內的每一個 CUDA 執行緒 (threadIdx)。因此，它創立了 8192 個 CUDA 執行緒，並使用獨一無二的號碼來為陣列中每一個元素定址，所以沒有遞增或分支程式碼。頭三道 PTX 指令在 R8 中計算該獨一無二元素的位元組偏移量，加到陣列的基底上。接下來的 PTX 指令載入兩個倍

群組	指令	範例	意義	註解
算術型	arithmetic .type = .s32, .u32, .f32, .s64, .u64, .f64			
	add.type	add.f32 d, a, b	d = a + b;	
	sub.type	sub.f32 d, a, b	d = a − b;	
	mul.type	mul.f32 d, a, b	d = a * b;	
	mad.type	mad.f32 d, a, b, c	d = a * b + c;	乘法 – 加法
	div.type	div.f32 d, a, b	d = a / b;	乘法微指令
	rem.type	rem.u32 d, a, b	d = a % b;	求整數型餘數
	abs.type	abs.f32 d, a	d = |a|;	
	neg.type	neg.f32 d, a	d = 0 - a;	
	min.type	min.f32 d, a, b	d = (a < b)? a:b;	選擇較小浮點數
	max.type	max.f32 d, a, b	d = (a > b)? a:b;	選擇較大浮點數
	setp.cmp.type	setp.lt.f32 p, a, b	p = (a < b);	比較並設定屬性
	numeric .cmp = eq, ne, lt, le, gt, ge; unordered cmp = equ, neu, ltu, leu, gtu, geu, num, nan			
	mov.type	mov.b32 d, a	d = a;	搬移
	selp.type	selp.f32 d, a, b, p	d = p? a: b;	用屬性選擇
	cvt.dtype.atype	cvt.f32.s32 d, a	d = convert(a);	將 a 型態轉變為 d 型態
特殊函數	special .type = .f32 (some .f64)			
	rcp.type	rcp.f32 d, a	d = 1/a;	取倒數
	sqrt.type	sqrt.f32 d, a	d = sqrt(a);	取平方根
	rsqrt.type	rsqrt.f32 d, a	d = 1/sqrt(a);	取平方根的倒數
	sin.type	sin.f32 d, a	d = sin(a);	取 sine
	cos.type	cos.f32 d, a	d = cos(a);	取 cosine
	lg2.type	lg2.f32 d, a	d = log(a)/log(2)	取以 2 為底的對數
	ex2.type	ex2.f32 d, a	d = 2 ** a;	取以 2 為底的指數
邏輯型	logic.type = .pred,.b32, .b64			
	and.type	and.b32 d, a, b	d = a & b;	
	or.type	or.b32 d, a, b	d = a | b;	
	xor.type	xor.b32 d, a, b	d = a ^ b;	
	not.type	not.b32 d, a, b	d = ~a;	取 1 的補數
	cnot.type	cnot.b32 d, a, b	d = (a==0)? 1:0;	比較式邏輯反相
	shl.type	shl.b32 d, a, b	d = a << b;	左移
	shr.type	shr.s32 d, a, b	d = a >> b;	右移
記憶體存取型	memory.space = .global, .shared, .local, .const; .type = .b8, .u8, .s8, .b16, .b32, .b64			
	ld.space.type	ld.global.b32 d, [a+off]	d = *(a+off);	從記憶體空間載入
	st.space.type	st.shared.b32 [d+off], a	*(d+off) = a;	存入記憶體空間
	tex.nd.dtyp.btype	tex.2d.v4.f32.f32 d, a, b	d = tex2d(a, b);	構造之查找
	atom.spc.op.type	atom.global.add.u32 d,[a], b atom.global.cas.b32 d,[a], b, c	atomic { d = *a; *a = op(*a, b); }	不可分割的讀取 – 修改 – 寫入運算
	atom.op = and, or, xor, add, min, max, exch, cas; .spc = .global; .type = .b32			
流程控制型	branch	@p bra target	if (p) goto target;	條件分支
	call	call (ret), func, (params)	ret = func(params);	呼叫函數
	ret	ret	return;	從函數呼叫返回
	bar.sync	bar.sync d	wait for threads	屏障同步化
	exit	exit	exit;	終止執行緒執行

圖 4.17 基本的 PTX GPU 執行緒指令。

精度浮點數運算元、將它們相乘並相加,並儲存總和。(底下我們將描述相對於 CUDA 程式碼 "if (i < n)" 的 PTX 程式碼。)

請注意,不像向量結構,對於循序式資料傳送、跨度式資料傳送,以及聚集－分散式資料傳送,GPU 並不擁有分開的指令。所有資料傳送都是聚集－分散式!為了重新取得循序式(單位跨度)資料傳送的效率,GPU 包括了特殊的位址聚合硬體來辨認在 SIMD 指令執行緒之內的 SIMD 管道何時會集體發派循序位址,該執行期間的硬體便通知記憶體介面單元來請求 32 個循序字元的區塊傳送。為了取得這種重要的效能改進,GPU 程式設計師必須保證鄰近的 CUDA 執行緒也在同時存取附近的位址,可以聚合成一或數個記憶體區塊或快取記憶體區塊,我們的範例就是這樣做。

GPU 中的條件分支

就像單位跨度式資料傳送的情形,向量結構與 GPU 如何處理 IF 敘述具有很強的相似性。前者大部份是以軟體來實現該機制,硬體的支援有限;後者卻利用更多的硬體。我們將要看到,除了外顯的屬性暫存器之外,GPU 分支硬體也使用內部遮罩、分支同步堆疊和指令標記器,來管理一個分支何時發散成多個執行路徑,以及這些路徑何時收斂。

在 PTX 組譯器階層,CUDA 執行緒的控制流程是由 PTX 指令分支、呼叫、返回和結束來描述,再加上每道指令個別的每個執行緒管道之預測(由程式設計師用每個執行緒管道的 1 位元屬性暫存器所指定)。PTX 組譯器會分析 PTX 分支圖,並將其最佳化為最快速的 GPU 硬體指令程式序列。

在 GPU 硬體指令階層,流程控制包括了分支、跳躍、索引式跳躍、呼叫、索引式呼叫、返回、結束,以及管理分支同步堆疊的特殊指令。GPU 硬體提供本身的堆疊給每一個 SIMD 執行緒;一筆堆疊記錄包含一個辨識標誌、一個目標指令位址,以及一個目標執行緒活性遮罩。有一些 GPU 特殊指令針對某個 SIMD 執行緒而推入堆疊記錄,另有一些 GPU 特殊指令和指令標記將一筆堆疊記錄彈出,或者將堆疊鬆綁到一筆指定的記錄上,並且用目標執行緒活性遮罩分支至目標指令位址。GPU 硬體指令也擁有每個管道的個別預測(致能/禁能),針對每個管道使用 1 位元屬性 (predicate) 暫存器來指定。

PTX 組譯器通常是將使用 PTX 分支指令撰寫的簡單型外層 IF/THEN/ELSE 敘述加以最佳化,使其只含有所預測的 GPU 指令而沒有任何的 GPU 分支指令。較為複雜的流程控制通常導致「屬性化和 GPU 分支指令」與「特殊指令和標記」之混合;特殊指令和標記在某些管道分支至目標位址而

其他管道落空時，便使用分支同步堆疊來推入一筆堆疊記錄。當以上事項發生時，NVIDIA 就說有一道分支**發散** (diverge) 了。當 SIMD 管道執行一道同步標記，亦即**收斂** (converge) 時，也使用這種混合來彈出一筆堆疊記錄，並分支至使用堆疊記錄式執行緒活性遮罩的堆疊記錄位址。

PTX 組譯器確認迴圈分支，並產生 GPU 分支指令分支到迴圈頂端，連同特殊的堆疊指令去處理跳出迴圈的個別管道，然後當所有管道都完成迴圈之後即收斂 SIMD 管道。GPU 索引式跳躍指令和索引式呼叫指令在堆疊上推入記錄，使得 SIMD 執行緒在所有管道完成切換敘述或函數呼叫之際收斂。

GPU 屬性設定指令（上面圖中的 setp) 評估 IF 敘述的條件部份，然後 PTX 分支指令就由該屬性來判定。如果 PTX 組譯器產生沒有 GPU 分支指令的屬性化指令，它便使用每個管道的屬性暫存器，針對每一道指令，將每一個 SIMD 管道加以致能或禁能。在 IF 敘述的 THEN 部份之內部，執行緒中的 SIMD 指令會將運算播送至所有 SIMD 管道，屬性設定為 1 的那些管道便執行該運算並儲存運算結果，其他 SIMD 管道不執行運算也不儲存運算結果。對於 ELSE 敘述，指令使用的是屬性的補數（相對於 THEN 敘述），所以原本閒置的 SIMD 管道現在便執行該運算並儲存運算結果，而它們先前活躍的弟兄們則否。ELSE 敘述結束時，這些指令成為非屬性化，使得原本的計算可以繼續進行。因此，對於相等長度的路徑，IF-THEN-ELSE 是在 50% 的效率下運作。

IF 敘述可以巢狀化，因此堆疊的使用亦復如此。PTX 組譯器針對複雜的控制流程通常會產生屬性化指令與 GPU 分支和特殊的同步化指令之混合。請注意，深度巢狀化可能意味著在巢狀化條件敘述執行期間大多數 SIMD 管道是閒置的。因此，相等長度路徑的雙重巢狀化 IF 敘述是在 25% 的效率下執行，三重巢狀化則在 12.5% 的效率下執行，依此類推。與此類比的情形乃是向量處理器運作在僅有少數遮罩位元為 1 的狀況。

再往下一個細部層，PTX 組譯器在適當的條件分支指令上設置一個「分支同步」標記，於每一個 SIMD 執行緒內部將目前的活性遮罩推入一個堆疊上。如果該條件分支發散（某些管道取得分支，某些則落空），便推入一筆堆疊記錄並依據條件設定目前內部的活性遮罩。分支同步標記會將發散的分支記錄彈出，並在 ELSE 部份之前將遮罩位元反相。在 IF 敘述結束時，PTX 組譯器加入另一個分支同步標記，將先前的活性遮罩彈出堆疊，進入目前的活性遮罩內。

如果所有的遮罩位元都被設定為 1，分支指令就在 THEN 結束時略過 ELSE 部份的指令。如果所有的遮罩位元為 0，對於 THEN 部份也有類似的

最佳化,因為條件分支就跳過 THEN 指令了。平行的 IF 敘述和 PTX 分支通常是使用一致性的分支條件 (所有管道都同意遵循相同的路徑),使得 SIMD 執行緒不致於發散到不同的個別管道控制流程。PTX 組譯器將這樣的分支最佳化,略過不會被 SIMD 執行緒的任何管道所執行的指令區塊。這種最佳化在錯誤狀況檢查方面是有用的,例如,必須要做卻很少發生的測試。

類似於 4.2 節的條件敘述程式碼為:

```
if (X[i] != 0)
    X[i] = X[i] - Y[i];
else X[i] = Z[i];
```

此 IF 敘述會編譯成下面的 PTX 指令 (假設 R8 已經擁有縮小的執行緒辨識碼),*Push、*Comp、*Pop 分別代表 PTX 組譯器所插入的分支同步標記,用來推入舊遮罩、變補目前的遮罩,以及彈出而恢復舊遮罩:

```
        ld.global.f64 RD0, [X+R8]      ; RD0 = X [i]
        setp.neq.s32 P1, RD0, #0       ; P1 為屬性暫存器 1
        @!P1, bra ELSE1, *Push         ; 推入舊遮罩,設定新的遮罩位元
                                       ; 如果 P1 為偽,進入 ELSE1
        ld.global.f64 RD2, [Y+R8]      ; RD2 = Y [i]
        sub.f64 RD0, RD0, RD2          ; 相差值放在 RD0
        st.global.f64 [X+R8], RD0      ; X [i] = RD0
        @P1, bra ENDIF1, *Comp         ; 變補遮罩位元
                                       ; 如果 P1 為真,進入 ENDIF1
ELSE1:  ld.global.f64 RD0, [Z+R8]      ; RD0 = Z [i]
        st.global.f64 [X+R8], RD0      ; X [i] = RD0
ENDIF1: <next instruction>, *Pop       ; 彈出而恢復舊遮罩
```

再一次地,IF-THEN-ELSE 敘述中所有指令通常都是由一個 SIMD 處理器來執行,僅有某些 SIMD 管道是為 THEN 指令而致能,某些管道則為 ELSE 指令而致能。如上所述,在出奇常見的情況下,也就是個別管道都同意屬性化分支 —— 例如在一個對所有管道都相同的參數值上進行分支,以致於活性遮罩全為 0 或全為 1 —— 該分支就會略過 THEN 指令或者 ELSE 指令。

這種彈性使得一個元素似乎擁有自己本身的程式計數器;然而,在最慢的情形下就只有一個 SIMD 管道可以在任何兩個時脈週期內儲存其運算結果,剩下的管道都閒置一旁。類比於向量處理器的最慢情形,就是在僅有一個遮罩位元設定為 1 之下運作。這種彈性可能會令欠缺經驗的 GPU 程式設計師導致效能欠佳,卻可能在程式開發的早期階段會有幫助。但是請記住,

在一個時脈週期內，一個 SIMD 管道唯一的選擇要不就是執行 PTX 指令中所指定的運算，要不就是閒置；兩個 SIMD 管道無法同時執行不同的指令。

這種彈性也幫忙說明了 **CUDA 執行緒** (CUDA Thred) 的名稱，SIMD 指令執行緒中的每一元素都被給予該名稱，因為它給人一種獨立動作的錯覺。欠缺經驗的程式設計師或許會認為：這種執行緒的抽象概念意味著 GPU 是比較優雅地在處理條件分支，某些執行緒走一條路，剩下的走另外一條路，只要不趕時間似乎是對的。每一個 CUDA 執行緒要不就是在執行與執行緒區塊中任何其他執行緒相同的指令，要不就是閒置；這種同步性造成比較容易去處理具有條件分支的迴圈，因為遮罩能力可以關閉 SIMD 管道並自動偵測迴圈的終止。

效能結果有時候會掩蓋了這種簡單的抽象概念。撰寫讓 SIMD 管道運作在此種高度獨立的 MIMD 模式下的程式，就如同撰寫在擁有比較小型實體記憶體的電腦上使用大量的虛擬位址空間的程式。兩者都正確，但是它們或許會執行得很慢，以致於程式設計師可能對結果會不滿。

向量式編譯器可以使用遮罩暫存器來做出相同於 GPU 在硬體中所做的技巧，但是會納入純量指令來儲存、變補，並恢復遮罩暫存器。條件式執行就是一個例子，GPU 是在執行期間的硬體上做，而向量結構是在編譯期間做。有一種最佳化在 GPU 的執行期間是可以做到的，但在向量結構的編譯期間卻無法做到，那就是當遮罩位元全為 0 或全為 1 時略過 THEN 或 ELSE 部份。

因此，GPU 執行條件敘述的效率可以歸結為分支的發散有多頻繁。例如，有一種計算特徵值的方法具有深度的條件式巢狀化，但是程式碼的量測卻顯示大約有 82% 時脈週期的發派，是在 32 個遮罩位元中有 29 個到 32 個被設定為 1，所以 GPU 執行該程式碼比預期的更有效率。

請注意，相同的機制也可以處理向量迴圈的剝除探勘 —— 當元素數目與硬體並不完美匹配時。本節一開始的範例顯示出有一道 IF 敘述會檢查看看此 SIMD 管道的元素數目 (上面的例子是儲存在 R8 當中) 是否小於界限值 (i < n)，並適當地設定遮罩。

NVIDIA GPU 記憶體結構

圖 4.18 顯示 NVIDIA GPU 的記憶體結構。多執行緒 SIMD 處理器中每一個 SIMD 管道都給予一段私用的晶片外 DRAM，我們稱之為**私用記憶體** (Private Memory)，被用於堆疊框架、溢出暫存器 (spilling register)，以及無法適合暫存器的私用變數，SIMD 管道並沒有共用私用記憶體。最近的 GPU

在 L1 與 L2 快取記憶體中快取此私用記憶體，以協助暫存器溢出並加速函數呼叫。

對於每一個多執行緒 SIMD 處理器而言，屬於區域性的晶片上記憶體稱之為**區域記憶體** (local Memory)，由多執行緒 SIMD 處理器內的 SIMD 管道所共用，但沒有在多執行緒 SIMD 處理器之間共用。當多執行緒 SIMD 處理器創造一個執行緒區塊時，便動態地分配部份的區域記憶體給該執行緒區塊；當該執行緒區塊所有執行緒都結束時，便釋放記憶體。該部份的區域記憶體對於該執行緒區塊而言即為私用。

最後，我們將整個 GPU 和所有執行緒區塊所共用的晶片外 DRAM 稱之為 **GPU 記憶體** (GPU Memory)，我們的向量乘法範例只有用到 GPU 記憶體。

系統處理器稱為**主機** (host)，可以讀出或寫入 GPU 記憶體。主機無法使用區域記憶體，因為對於每一個多執行緒 SIMD 處理器而言那是私用的。主機也無法使用私用記憶體。

GPU 並不倚賴大型快取記憶體來包含應用程式的整個工作集，傳統上它是使用較為小型的串流快取記憶體，並且倚賴 SIMD 指令執行緒廣泛的多

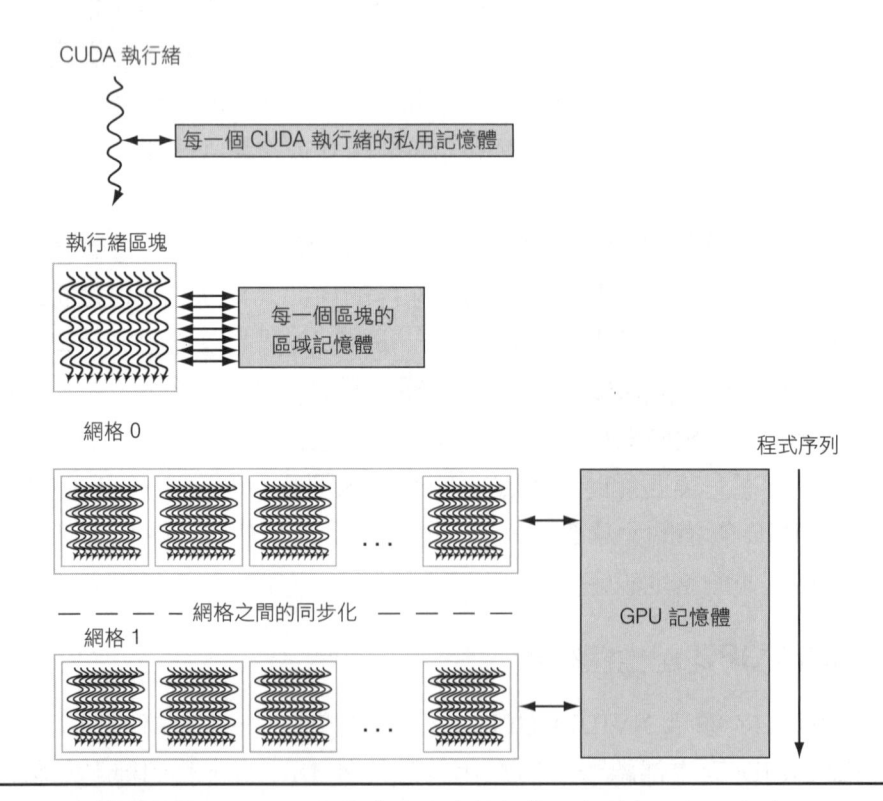

圖 4.18 GPU 記憶體結構。GPU 記憶體是由所有的網格 (向量化迴圈) 所共用，區域記憶體是由執行緒區塊 (向量化迴圈的本體) 內所有的 SIMD 指令執行緒所共用，私用記憶體是由單一的 CUDA 執行緒所私用。

執行緒動作來隱藏 DRAM 的長時間延遲，因為它們的工作集可能有幾億個位元組。使用多執行緒動作來隱藏 DRAM 延遲之後，系統處理器中快取記憶體所使用的晶片面積反而是花費在計算的資源上，以及持有許多 SIMD 指令執行緒狀態的大量暫存器上。相反地，如上所述，向量載入與儲存分攤了跨在許多元素上的延遲，因為它們只付出一次延遲就將剩下的存取予以管線化。

雖然隱藏記憶體延遲乃是底層的理念，但請注意最近的 GPU 與向量處理器都已經加入了快取記憶體。例如，最近的 Fermi 結構已經加入了快取記憶體，但是卻被認為是減少 GPU 記憶體需求的頻寬濾除器，或是無法由多執行緒動作隱藏延遲的少數變數之加速器。因此，區域記憶體對於堆疊框架、函數呼叫，和暫存器溢出而言是快取記憶體的好搭擋，因為呼叫函數時延遲是大有關係的。快取記憶體也可以節能，因為存取晶片上的快取記憶體比起存取多個外部 DRAM 晶片所花費的能量要少很多。

如上所述，為了改進記憶體頻寬並減少虛耗，PTX 資料傳送指令把來自相同 SIMD 執行緒個別的平行執行緒請求──當位址落在同一個區塊內時──聚合在一起，成為單一的記憶區塊請求。這些限制被放在 GPU 程式上，有點類似於系統處理器程式參與硬體式預提取的指南（見第 2 章）。GPU 記憶體控制器也會持有請求並傳送幾個一起到相同的開放分頁中，來改進記憶體頻寬（見 4.6 節）。第 2 章描述 DRAM 充分仔細，可瞭解將相關位址群聚在一起的潛在獲益。

Fermi GPU 結構中的革新

Fermi 多執行緒 SIMD 處理器較為複雜於圖 4.14 中的簡化版。為了增加硬體利用率，每一個 SIMD 處理器都擁有兩個 SIMD 執行緒排程器以及兩個指令分派單元。雙 SIMD 執行緒排程器可選擇兩個 SIMD 指令執行緒，並從每一個執行緒發派一道指令給兩組的 16 個 SIMD 管道、16 個載入/儲存單元，或者 4 個特殊功能單元。因此，兩個 SIMD 指令執行緒會在每兩個時脈週期內被排程到任一個這些集合內。由於執行緒彼此獨立，就不需要去檢查指令串流中的資料相依性。這種革新可以類比於可從兩個獨立執行緒發派向量指令的多執行緒向量處理器。

圖 4.19 顯示發派指令的雙排程器，圖 4.20 顯示 Fermi GPU 的多執行緒 SIMD 處理器之方塊圖。

比起 Tesla 和前面世代的 GPU 結構，Fermi 引進了幾項革新，帶領 GPU 更為大幅接近主流的系統處理器：

- **快速的倍精度浮點數算術運算**：Fermi 符合於傳統處理器的相對倍精度速度大約為單精度速度之半。相較之下，先前 Tesla 世代的相對倍精度速度則為單精度速度的十分之一。也就是說，當精確度要求倍精度時，使用單精度並沒有數量級上的誘惑力。使用乘法－加法指令時，尖峰的倍精度效能從前一任 GPU 的 78 GFLOP/ 秒成長到 515 GFLOP/ 秒。

- **為 GPU 記憶體而設的快取記憶體**：當 GPU 的理念是擁有足夠的執行緒來隱藏 DRAM 延遲，同時就會需要一些跨執行緒的變數，例如上面所提到的區域變數。Fermi 包括了一個 L1 資料快取記憶體以及 L1 指令快取記憶體給每一個多執行緒 SIMD 處理器，也包括了一個單一的 768 KB L2 快取記憶體，由 GPU 內所有多執行緒 SIMD 處理器共用。如上所述，除了降低 GPU 記憶體的頻寬壓力之外，快取記憶體停留在晶片上，不要離開晶片至 DRAM，還可以節省能量。其實 L1 資料快取記憶體是與區域記憶體同居於同一 SRAM 內，所以 Fermi 就有一個模式位元，提供使用 64 KB SRAM 的選擇：是要當作 16 KB 的 L1 快取記憶體與 48 KB 的區域記憶體，還是要當作 48 KB 的 L1 快取記憶體與 16 KB 的區域記憶體。請注意，GTX 480 擁有一種相反的記憶體層級：暫存器檔的總共大小為 2 MB，所有 L1 資料快取記憶體的容量是在 0.25 與 0.75 MB 之間 (視其為 16 KB 或 48 KB 而定)，L2 快取記憶體的容量則為 0.75 MB。這種相反比率對於 GPU 應用程式的影響看起來會很有趣。

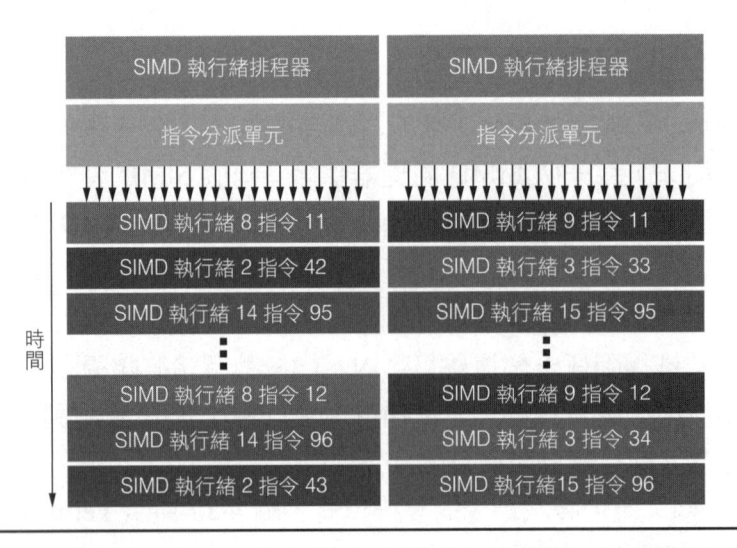

圖 4.19 Fermi 雙 SIMD 執行緒排程器的方塊圖。請將此設計與圖 4.16 的單 SIMD 執行緒的設計互相比較。

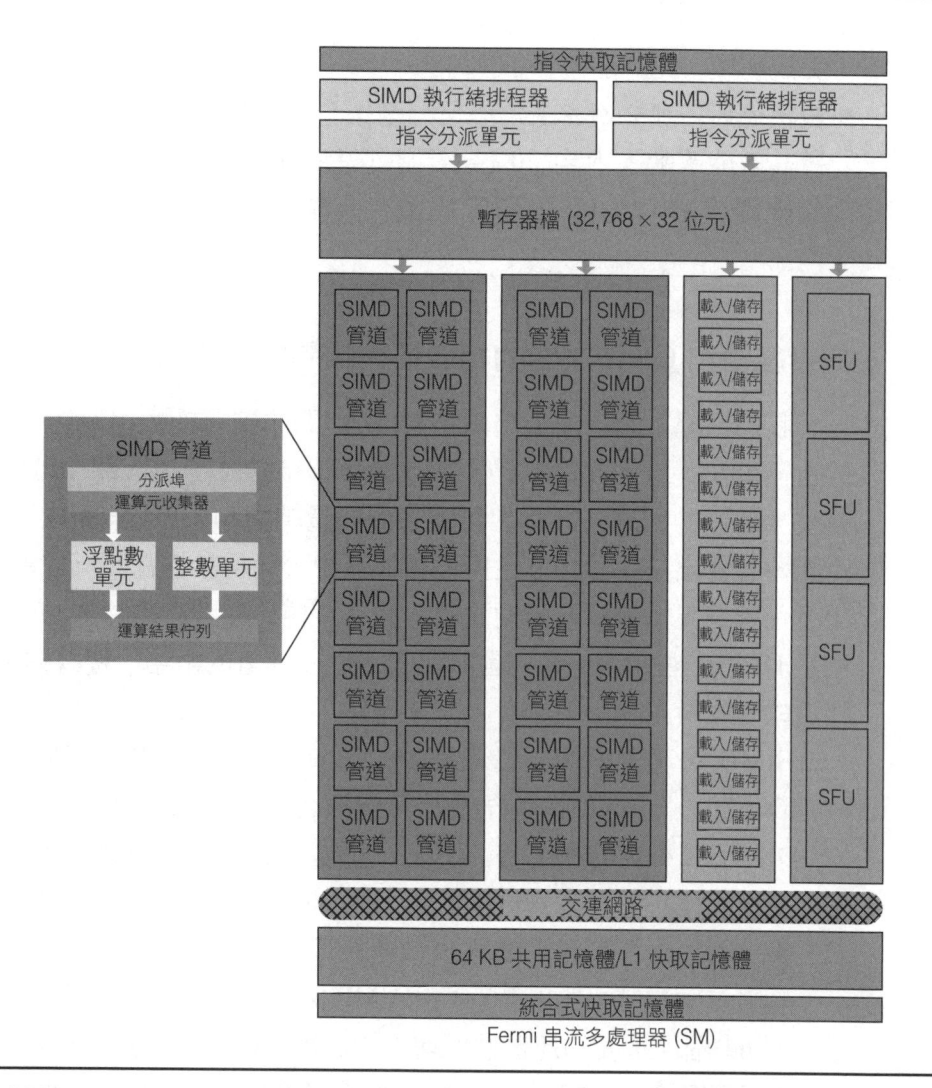

圖 4.20 Fermi GPU 的多執行緒 SIMD 處理器之方塊圖。每一個 SIMD 管道都有一個管線化的浮點數單元、一個管線化的整數單元、某種分派指令與運算給這些單元的邏輯，以及持有運算結果的佇列。四個特殊功能單元 (Special Function Unit, SFU) 計算諸如平方根、倒數、sine 和 cosine 等函數值。

- 對於所有 GPU 記憶體的 64 位元定址以及統一的位址空間：這種革新使得提供 C 與 C++ 所需要的指標器變得容易許多。
- 錯誤更正碼 (Error Corecting Code, ECC) 偵測並更正記憶體與暫存器當中的錯誤 (見第 2 章)：為了令長時間執行的應用程式在上千部伺服器上均可信賴，ECC 在資料中心均為標準規格 (見第 6 章)。
- 較快速的環境切換：有了多執行緒 SIMD 處理器的大型狀態之後，Fermi 對於環境切換所擁有的硬體支援就更為快速，Fermi 可以在小於 25 微秒內

完成切換，比其前任快了 10 倍。

- **較快速的不可分割指令**：不可分割指令首先被包括在 Tesla 結構中，Fermi 將其效能改進了 5 至 20 倍，至幾微秒。處理不可分割指令的是一個特殊的硬體單元，與 L2 快取記憶體有關聯，並不在多執行緒 SIMD 處理器內部。

向量結構和 GPU 之間的相似性與相異性

我們已經看到，向量結構和 GPU 之間的確有許多相似性。伴隨著 GPU 的古怪術語，這些相似性已經造成計算機結構圈子裡有關 GPU 實際上到底有多麼新穎的困惑。既然您已經看到向量結構和 GPU 表面以下的東西，您可能會體會出其中的相似性與相異性。由於兩種結構都設計成執行資料階層平行化程式，但是採取不同途徑，於是這種比較就必得深入嘗試好好瞭解什麼是 DLP 硬體所需要的。圖 4.21 首先顯示向量的術語，接著顯示 GPU 中最接近的等效術語。

SIMD 處理器很像向量處理器，GPU 中多個 SIMD 處理器扮演獨立的 MIMD 核心，正如同許多向量計算機擁有多個向量處理器。這個觀點是將 NVIDIA GTX 480 考慮成 15 個核心的機器，具備對於多執行緒的硬體支援，其中每一個核心都擁有 16 個管道。最大的差異是多執行緒，對於 GPU 是基本配備，對於大多數向量處理器卻消失不見。

看看這兩種結構中的暫存器，VMIPS 暫存器檔持有全部向量 ── 也就是一個 64 個倍精度的連續性區塊；相反地，GPU 中的單一向量則會分散跨在所有 SIMD 管道的暫存器上。一個 VMIPS 處理器擁有 8 個 64 元素的向量暫存器，總共有 512 個元素。一個 GPU SIMD 指令執行緒擁有達 64 個 32 元素的暫存器，總共有 2048 個元素。這些額外的 GPU 暫存器便支援多執行緒。

圖 4.22 左方為向量處理器執行單元的方塊圖，右方為 GPU 的多執行緒 SIMD 處理器。為了教學的目的，我們假設向量處理器具有四個管道，而且多執行緒 SIMD 處理器也有四個 SIMD 管道。該圖顯示四個 SIMD 管道的動作與四管道向量單元非常地相像和一致，SIMD 處理器的動作也很像向量處理器。

事實上，GPU 中具有多了很多的管道，所以 GPU「編鐘」比較短。雖然向量處理器可能擁有 2 至 8 個管道和 32 的向量長度 ── 使得編鐘長度為 4 至 16 個時脈週期 ── 但多執行緒 SIMD 處理器卻可能擁有 8 或 16 個

型　態	向量術語	最貼近的 CUDA/ NVIDIA GPU 術語	註　解
程式抽象概念	向量化迴圈	網格	概念相似，GPU 使用較缺少描述性的術語。
	編鐘	–	由於向量指令 (PTX 指令) 在 Fermi 上只花費兩個週期、在 Tesla 上只花費四個週期就完成，所以 GPU 的編鐘很短。
機器物件	向量指令	PTX 指令	SIMD 執行緒的 PTX 指令被廣播至所有的 SIMD 管道，所以類似於向量指令。
	聚集 / 分散	全域式載入 / 儲存 (ld.global/st.global)	所有 GPU 載入與儲存都是聚集與分散，因為每一個 SIMD 管道都送出獨一無二的位址。當來自 SIMD 管道的位址允許的話，那就要由 GPU 聚合單元來取得單位跨度的效能。
	遮罩暫存器	屬性暫存器與內部遮罩暫存器	向量遮罩暫存器顯然屬於結構狀態的一部份，但是 GPU 遮罩暫存器卻內化於硬體之中。GPU 條件式硬體，多加一項新功能來動態地管理遮罩，超越了屬性暫存器。
處理與記憶體硬體	向量處理器	多執行緒 SIMD 處理器	這兩者是類似的，但是 SIMD 處理器傾向於擁有許多管道，每個管道花費少數時脈週期就完成一道向量；而向量結構則擁有少數管道，花費許多週期才完成一道向量。SIMD 處理器也可以多執行緒化，而向量處理器通常無法做到。
	控制處理器	執行緒區塊排程器	最貼近的就是執行緒區塊排程器，指派執行緒區塊給多執行緒 SIMD 處理器。但是 GPU 並沒有純量–向量運算，也沒有控制處理器通常會提供的單位跨度式或跨度式資料傳送指令。
	純量處理器	系統處理器	因為缺少共用記憶體以及在 PCI 匯流排上通訊的高延遲 (數千個時脈週期) 之故，GPU 系統處理器很少承擔向量結構中純量處理器所做的相同任務。
	向量管道	SIMD 管道	兩者本質上都是具有暫存器的功能單元。
	向量暫存器	SIMD 管道暫存器	等效於向量暫存器的就是在多執行緒 SIMD 處理器內執行一個 SIMD 指令執行緒的所有 32 個 SIMD 管道中的相同暫存器。每一個 SIMD 執行緒的暫存器數目是有彈性的，但是最多 64 個，所以向量暫存器的最大數目為 64。
	主記憶體	GPU 記憶體	與向量結構中系統記憶體相對應的 GPU 記憶體。

圖 4.21 向量術語的 GPU 等效術語。

管道。SIMD 執行緒寬度為 32 個元素，所以一個 GPU 編鐘就只有 2 或 4 個時脈週期。這種差異就是為什麼我們要使用「SIMD 處理器」作為比較有描述性的術語，因為它比較貼近 SIMD 的設計，甚於貼近傳統向量處理器的設計。

與向量化迴圈最貼近的 GPU 術語即為網格，與向量指令最貼近的則為 PTX 指令，因為 SIMD 執行緒將 PTX 指令廣播至所有的 SIMD 管道。

關於兩種結構中的記憶體存取指令，所有 GPU 載入都是聚集指令，所有 GPU 儲存也都是分散指令。如果 CUDA 執行緒的資料位址參考到的鄰近位址同時落入同一個快取記憶體 / 記憶體區塊中，GPU 的位址聚合單元就可

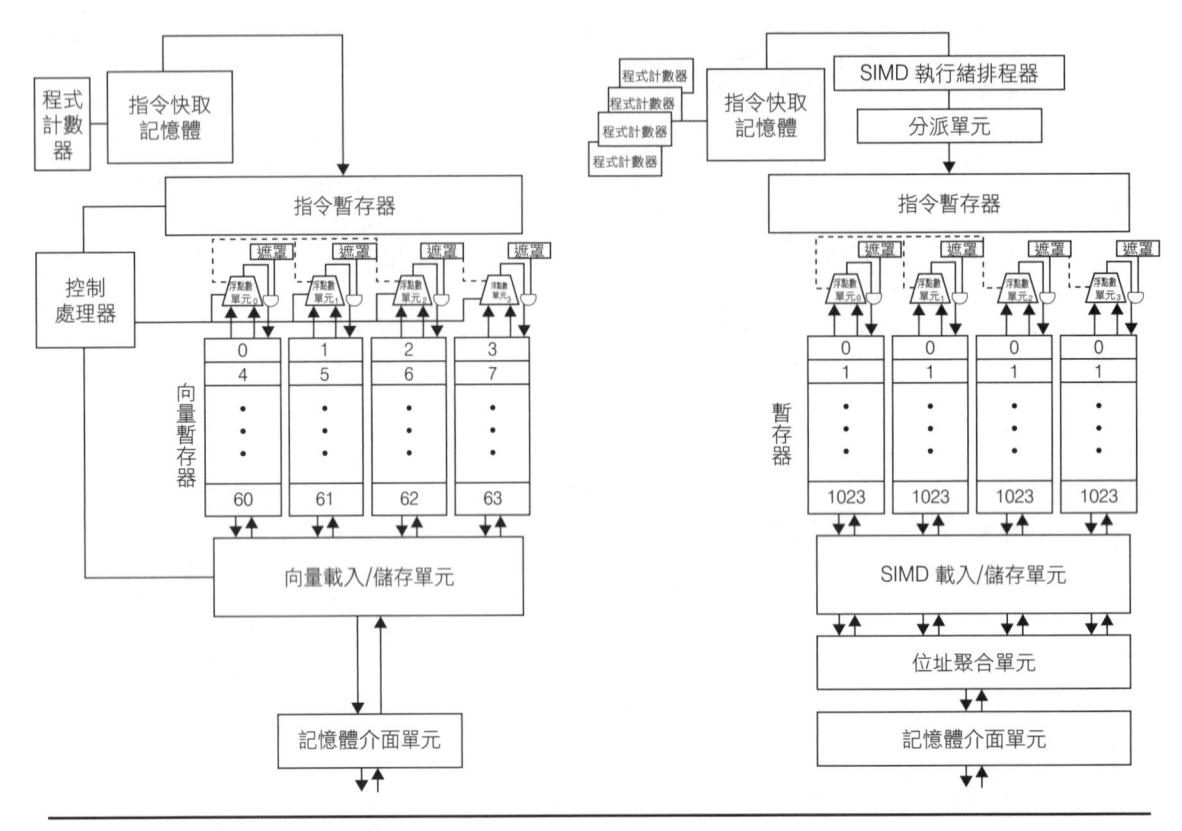

圖 4.22 左方是具有四個管道的向量處理器，右方是具有四個 SIMD 管道的 GPU 多執行緒 SIMD 處理器。(GPU 通常擁有 8 至 16 個 SIMD 管道。) 控制暫存器提供純量運算元給純量 – 向量運算、遞增位址給記憶體的單位或非單位跨度式存取，並執行其他的會計型態運算。GPU 中尖峰的記憶體效能只有發生在位址聚合單元能夠發現區域化定址之時。同樣地，尖峰的計算效能也只有發生在所有內部遮罩位元都設定相同之時。請注意，SIMD 處理器每個 SIMD 執行緒都有一個程式計數器 (PC) 來協助多執行緒動作。

以擔保高記憶體頻寬。向量結構**外顯的** (explicit) 單位跨度式載入與儲存指令相對於 GPU 程式設計**內含的** (implicit) 單位跨度，就是為什麼撰寫有效率的 GPU 程式碼需要程式設計師以 SIMD 運算方式來思考的緣故，即使 CUDA 程式設計模型看起來很像 MIMD。由於 CUDA 執行緒可以產生自己本身的位址，所以在向量結構與 GPU 兩者當中都可以找到跨度式以及聚集 – 分散式定址向量。

我們提過好幾次，這兩種結構採取非常不同的方式來隱藏記憶體延遲。向量結構憑藉著擁有深度管線化存取而將其分攤到向量所有元素，所以每一道向量載入或儲存都只付出一次延遲。因此向量載入與儲存就像是記憶體與向量暫存器之間的區塊傳送。相反地，GPU 是使用多執行緒來隱藏記憶體延遲。(某些研究人員正在探討在向量結構中加入多執行緒動作，嘗試捕捉兩

種世界的最佳之處。)

關於條件分支指令，這兩種結構都使用遮罩暫存器來實現。兩個條件分支路徑都佔時間和／或空間，甚至它們沒有儲存運算結果時亦復如此。差別在於向量編譯器是以軟體外顯地管理遮罩暫存器，而 GPU 硬體和組譯器是使用分支同步化標記和內部堆疊來儲存、變補，並恢復遮罩，以內含的方式來管理遮罩暫存器。

如上所述，GPU 的條件分支機制優雅地處理掉向量結構的剝勘探勘問題。在編譯期間向量長度未知之際，程式必須計算應用程式向量長度與最大向量長度之模數，將其儲存於向量長度暫存器中；接下來剝勘探勘迴圈便針對迴圈剩餘部份將向量長度暫存器重置為最大向量長度。對於 GPU 而言，這種情形就比較簡單，因為只要重複執行迴圈直到所有 SIMD 管道都到達迴圈上限為止；最後一次重複執行時，某些 SIMD 管道會被遮掉，接著在迴圈完成之後便加以恢復。

向量計算機的控制處理器在向量指令的執行上扮演重要角色，它將運算廣播至所有向量管道，並針對向量－純量運算而廣播純量暫存器值。它也作一些在 GPU 中屬於外顯式計算的內含式計算，例如為單位跨度式與非單位跨度式的載入與儲存而自動遞增記憶體位址。控制處理器在 GPU 中消失不見，最貼近的類比就是執行緒區塊排程器，用來指派執行緒區塊（向量迴圈的本體們）給多執行緒 SIMD 處理器。GPU 的執行期間硬體機制在產生位址之後，就去找出它們是否相鄰，這在許多 DLP 應用程式中是司空見慣的，但與使用控制處理器相比卻可能比較缺乏功率效率。

向量計算機的純量處理器執行向量程式的純量指令；也就是說，它執行的是在向量單元做起來會太慢的運算。雖然與 GPU 關聯的系統處理器就是向量結構中純量處理器最貼近的類比，但是分開的位址空間加上在 PCIe 匯流排上傳送，卻意味著它們一起使用會有數千個時脈週期的虛耗。純量處理器在向量計算機中的浮點數計算方面可能會比向量處理器慢，但是在比率上並不如同系統處理器相對於多執行緒 SIMD 處理器一般（給予虛耗的情況下）。

因此，GPU 中每一個「向量單元」就必須做向量計算機中純量處理器會被期望要做的計算；也就是說，並不在系統處理器上做計算並傳達計算結果，而是使用屬性暫存器和內建的遮罩將所有 SIMD 管道全都禁能，除了一個之外，然後就用這一個 SIMD 管道來做純量工作，這樣可能比較快速。向量計算機中相對簡單的純量處理器比起 GPU 的解決方式可能會比較快，在功率上也比較有效率。如果未來系統處理器與 GPU 變得更為緊密地結合在

一起，看看系統處理器能否扮演與向量和多媒體 SIMD 結構的純量處理器同樣的角色，將是一件很有趣的事。

多媒體 SIMD 計算機和 GPU 之間的相似性與相異性

在高層次上，具有多媒體 SIMD 指令擴充版的多核心計算機的確與 GPU 分享了一些相似性，圖 4.23 總結出它們之間的相似性與相異性。

兩者都是多處理器，其處理器都是使用多個 SIMD 管道，雖然 GPU 擁有比較多的處理器以及比較多的管道。兩者都使用硬體式多執行緒來改進處理器利用率，雖然 GPU 擁有的硬體支援提供多了很多的執行緒。GPU 中最近的創新意味著現在兩者在單精度與倍精度浮點數算術運算之間都具有類似的效能比率。兩者都使用快取記憶體，雖然 GPU 使用的是較小型的串流式快取記憶體，而多核心計算機使用的是嘗試要完全納入整個工作集的大型多層快取記憶體。兩者都使用 64 位元位址空間，雖然 GPU 中實體主記憶體小了很多。雖然 GPU 在分頁層次上支援記憶體保護，它們卻不支援依需要分頁。

除了處理器、SIMD 管道、硬體式執行緒支援，以及快取記憶體大小的大量數額差異之外，還有許多結構上的差異。在傳統計算機中，純量處理器與多媒體 SIMD 指令緊密地整合在一起；在 GPU 中，它們是被一組 I/O 匯流排分開，甚至擁有分開的主記憶體。GPU 當中多個 SIMD 處理器使用的是單一的位址空間，但是快取記憶體並不像它們在傳統多核心計算機中那樣具有同調性。不像 GPU，多媒體 SIMD 指令並不支援聚集－分散式記憶體存取，

功能特性	SIMD 多核心	GPU
SIMD 處理器	4 至 8	8 至 16
SIMD 管道 / 處理器	2 至 4	8 至 16
對 SIMD 執行緒的多執行緒硬體支援	2 至 4	16 至 32
單精度對倍精度效能的典型比率	2:1	2:1
最大的快取記憶體容量	8 MB	0.75 MB
記憶體位址大小	64 位元	64 位元
主記憶體容量	8 GB 至 256 GB	4 GB 至 6 GB
分頁層次上的記憶體保護	有	有
依需要分頁	有	無
純量處理器與 SIMD 處理器之整合	有	無
快取記憶體同調性	有	無

圖 4.23 多媒體 SIMD 擴充版多核心和最近的 GPU 之間的相似性與相異性。

4.7 節所顯現的就是一項重大的疏漏。

總　結

既然已揭開面紗，我們可以看見 GPU 其實就是多執行緒 SIMD 處理器，雖然與傳統多核心計算機比起來，它們擁有較多的處理器、每個處理器較多的管道，以及較多的多執行緒硬體。例如，Fermi GTX 480 擁有 15 個 SIMD 處理器，內含每個處理器的 16 個管道以及對於 32 個 SIMD 執行緒的硬體支援。Fermi 甚至還擁抱指令階層平行化，從兩個 SIMD 執行緒乃至於兩組 SIMD 管道來發派指令。它們也擁有較少的快取記憶體──Fermi 的 L2 快取記憶體為 0.75 百萬位元組──而且與遠處的純量處理器不同調。

CUDA 程式設計模型將所有這些平行化形式封包起來，環繞著單一的抽象概念：CUDA 執行緒。因此，CUDA 程式設計師可以將程式設計想成數千個執行緒，雖然它們其實是在許多 SIMD 處理器的許多管道上執行每一個 32 執行緒的區塊。想得到良好效能的 CUDA 程式設計師必須牢記在心：這些執行緒是區塊化的，一次執行 32 個，而且位址必須是鄰近的位址，才能從記憶體系統得到良好效能。

雖然我們在本節中是使用 CUDA 和 NVIDIA GPU，但保證相同的觀念在 OpenCL 程式設計語言中以及在其他公司的 GPU 中也找得到。

既然您對 GPU 如何工作有了較佳的瞭解，我們就揭示真正的術語。圖 4.24 和 4.25 將本節的描述性術語和定義與官方的 CUDA/NVIDIA 和 AMD 的術語和定義進行匹配，也將 OpenCL 的術語包括進來。我們相信 GPU 的學習曲線是陡峭的，部份是因為使用的術語，例如以「串流式多處理器」代表 SIMD 處理器、以「執行緒處理器」代表 SIMD 管道，並且以「共用記憶體」代表區域記憶體──特別是因為區域記憶體並**沒有**在 SIMD 處理器之間共用！我們希望這種二步驟方式可以促使您快點爬上曲線，即使這有點間接。

4.5　偵測與強化迴圈階層平行性

程式中的迴圈乃是我們上面和第 5 章所討論的許多平行化型態的泉源。本節中，我們要討論找出平行性數量的編譯器技術，我們可以在程式中以及對這些編譯器技術的硬體支援中運用這些平行性。我們會精確定義一個迴圈何時方為平行 (可向量化)、相依性如何阻礙一個迴圈成為平行，以及消除某些相依性型態的技術。對於運用 DLP 和 TLP 乃至於附錄 H 所檢視的更有

型態	本書中所使用較具描述性的名稱	官方的 CUDA/NVIDIA 術語	書上的定義以及 AMD 和 OpenCL 術語	官方的 CUDA/NVIDIA 定義
程式抽象概念	可向量化迴圈	網格	在 GPU 上執行、由可以平行執行的一或多個執行緒區塊 (或向量化迴圈的本體們) 所構成的可向量化迴圈。OpenCL 的名稱為「索引範圍」，AMD 的名稱為「ND 範圍」(NDRange)。	網格是一個執行緒區塊的陣列，可以同時性、循序性，或混合性執行。
	向量化迴圈的本體	執行緒區塊	在多執行緒 SIMD 處理器上執行、由一或多個 SIMD 指令執行緒所構成的向量化迴圈。它們可以經由區域記憶體溝通。AMD 和 OpenCL 的名稱為「工作群組」。	執行緒區塊是一個一起同時執行的 CUDA 執行緒陣列，可以經由共用記憶體和屏障同步化來互相合作與溝通。執行緒區塊在其網格內擁有一個執行緒區塊辨識碼 (ID)。
	SIMD 管道運算序列	CUDA 執行緒	一個 SIMD 指令執行緒之垂直切面，對應於一個 SIMD 管道所執行的一個元素。運算結果之儲存取決於遮罩。AMD 和 OpenCL 將 CUDA 執行緒稱為「工作項目」。	CUDA 執行緒是一個執行循序式程式的輕量級執行緒，可以與同一個執行緒區塊內執行的其他 CUDA 執行緒相互合作。CUDA 執行緒在其執行緒區塊內擁有一個執行緒辨識碼 (ID)。
機器物件	SIMD 指令執行緒	封包 (warp)	傳統的執行緒，但只包含多執行緒 SIMD 處理器上所執行的 SIMD 指令。運算結果之儲存取決於每個元素的遮罩。AMD 的名稱為「波前」。	封包是一組平行的 CUDA 執行緒 (例如，32 個)，在一個多執行緒 SIMT/SIMD 處理器中一起執行相同的指令。
	SIMD 指令	PTX 指令	跨 SIMD 管道而執行的單一 SIMD 指令。AMD 的名稱為「AMDIL」或「FSAIL」指令。	PTX 指令指定一道由 CUDA 執行緒所執行的指令。

圖 4.24 本章所使用的術語轉換為官方的 NVIDIA/CUDA 和 AMD 術語。OpenCL 名稱在書上的定義中提出。

積極性的靜態 ILP 方法 (例如，VLIW) 而言，找出並操控迴圈階層平行性是很重要的。

迴圈階層平行性通常是在來源碼或接近來源碼的層次上進行分析，然而大部份 ILP 的分析是在編譯器已經產生指令之際才完成。迴圈階層的分析牽涉到要判定哪些相依性存在於迴圈中跨該迴圈的重複執行的運算之間。目前我們只考慮資料相依性，這是當一個運算元在某一點寫入而在後面的一點讀出時所發生的。名稱相依性也存在，可以藉由第 3 章所討論的重新命名技術來移除。

型　態	本書中所使用較具描述性的名稱	官方的 CUDA/NVIDIA 術語	書上的定義以及 AMD 和 OpenCL 術語	官方的 CUDA/NVIDIA 定義
處理硬體	多執行緒 SIMD 處理器	串流式多處理器	執行 SIMD 指令執行緒的多執行緒 SIMD 處理器，與其他 SIMD 處理器無關。AMD 和 OpenCL 稱之為「計算單元」。然而，CUDA 程式設計師是針對一個管道撰寫程式，並不是針對多個 SIMD 管道的「向量」而撰寫程式。	串流式多處理器 (streaming multiprocessor, SM) 是一個執行 CUDA 執行緒封包的 SIMT/SIMD 處理器。SIMT 程式指定一個 CUDA 執行緒之執行，並不是針對多個 SIMD 管道所組成的向量之執行。
	執行緒區塊排程器	Giga 執行緒引擎	指派多個向量化迴圈的本體給多執行緒 SIMD 處理器。AMD 的名稱為「超執行緒分派引擎」。	當資源可取得時，便將網格的執行緒區塊分配並排程給串流式多處理器。
	SIMD 執行緒排程器	封包排程器	當 SIMD 指令執行緒準備好要執行時，將它們加以排程並發派的硬體單元；包括一個記分板來追蹤 SIMD 執行緒之執行。AMD 的名稱為「工作群組排程器」。	串流式多處理器中的封包排程器將封包加以排程，以便執行，當它們的下一道指令準備好要執行時。
	SIMD 管道	執行緒處理器	在單一元素上執行一個 SIMD 指令執行緒中的運算之硬體式 SIMD 管道。運算結果之儲存取決於遮罩。OpenCL 稱之為「處理元素」，AMD 的名稱也是「SIMD 管道」。	執行緒處理器乃是串流式多處理器的資料路徑與暫存器檔部份，執行封包內一個或多個管道的運算。
記憶體硬體	GPU 記憶體	全域記憶體	可由 GPU 中所有多執行緒 SIMD 處理器進行存取的 DRAM 記憶體。OpenCL 稱之為「全域記憶體」。	任何網格的任何執行緒區塊的所有 CUDA 執行緒都可以存取全域記憶體；製作成 DRAM 的一區，可能是快取式。
	私用記憶體	區域記憶體	供每一個 SIMD 管道私用的部份 DRAM 記憶體。AMD 和 OpenCL 都稱之為「私用記憶體」。	CUDA 執行緒的私用「執行緒區域性」記憶體；製作成 DRAM 的一個快取區。
	區域記憶體	共用記憶體	為某一個多執行緒 SIMD 處理器而設的快速區域 SRAM，其他的 SIMD 處理器無法使用。OpenCL 稱之為「區域記憶體」，AMD 稱之為「群組記憶體」。	組成執行緒區塊的 CUDA 執行緒所共用的快速 SRAM 記憶體，由該執行緒區塊所私用。由執行緒區塊中 CUDA 執行緒之間在屏障同步點的通訊所使用。
	SIMD 管道暫存器	暫存器	跨在向量化迴圈的本體上而配置的單一 SIMD 管道當中的暫存器。AMD 也稱之為「暫存器」。	CUDA 執行緒的私用暫存器；針對每一個執行緒處理器的數個封包的某些管道，製作成多執行緒暫存器檔。

圖 4.25 本章所使用的術語轉換為官方的 NVIDIA/CUDA 和 AMD 術語。請注意我們的描述性術語「區域記憶體」和「私用記憶體」是使用 OpenCL 的術語。NVIDIA 使用 SIMT (single-instruction multiple-thread) 而非 SIMD 來描述串流式多處理器。SIMT 受喜愛的程度超過 SIMD，因為每個執行緒的分支與流程控制並不像任何的 SIMD 機器。

迴圈階層平行性的分析集中於判定後面重複執行中的資料存取是否相依於前面重複執行中所產生的資料值；這種相依性稱為**迴圈所攜相依性** (loop-carried dependence)。我們在第 2 章和第 3 章所考慮的大多數範例都不具有迴圈所攜相依性，所以就是迴圈階層平行。要見到一個迴圈為平行，我們先看看以下的來源碼：

```
for (i = 999 ; i >= 0 ; i = i-1)
    x [i] = x [i] + s ;
```

本迴圈中，x[i] 的兩次使用為相依，但是這項相依性是在單一的重複執行之內，並非迴圈所攜式。在不同的重複執行中 i 的連續使用之間是有一項迴圈所攜相依性，但是這項相依性所牽涉的一個歸納變數可以容易地認出並消除。我們在第 2 章的 2.2 節看過如何在迴圈展開期間消除掉牽涉歸納變數之相依性的範例，本節稍後我們會看到額外的範例。

由於找出迴圈階層平行性牽涉到要認出一些結構，例如迴圈、陣列存取、以及歸納變數之計算，相對於機器碼層次，編譯器在來源碼或接近來源碼的層次上可以更容易地作此分析。就讓我們看一個比較複雜的範例吧。

範例 考量一個迴圈如下：

```
for (i=0 ; i<100 ; i=i+1) {
    A[i+1] = A[i] + C[i]; /* S1 */
    B[i+1] = B[i] + A[i+1]; /* S2 */
}
```

假設 A、B 和 C 是不同的、非重疊的陣列。(實務上，這些陣列有時候可能相同，有時候可能重疊。由於這些陣列可能當作參數而傳給一個包括此迴圈的程序，要判定迴圈是否重疊或相同往往需要對程式作精巧的、程序之間的分析。) 請問迴圈內 S1 與 S2 敘述當中的資料相依性為何？

解答 有兩項不同的相依性：

1. S1 使用了前面重複執行中 S1 所計算的數值，因為重複執行 i 計算了 A[i+1]，在重複執行 i+1 中被讀取。對於 S2 的 B[i] 和 B[i+1] 也是這樣。
2. S2 使用了同一次重複執行中 S1 所計算的數值 A[i+1]。

這兩項相依性是不同的，具有不同的效應。為了看看它們如何不同，我們假設一次只有一項相依性存在。由於 S1 敘述的相依性是在 S1 的前面重複執行上，所以該相依性為迴圈所攜式，該相依性迫使本迴圈的連續重複執行必須串列地執行。

第二項相依性 (S2 相依於 S1) 是在同一次重複執行內，所以不是迴圈所攜式。

因此，如果這是唯一的相依性，該迴圈的多次重複執行就可以平行執行，只要一次重複執行中的每一對敘述都保持順序。我們在 2.2 節的一個範例中看過這種型態的相依性，其中的迴圈展開能夠顯露出平行性。這些迴圈內相依性是很常見的；例如，使用鏈接的向量指令程式碼序列就確切地展露了這種相依性。

也有可能會有一種並不阻礙平行化的迴圈所攜相依性，如下例所示。

範例 考量一個迴圈如下：

```
for ( i=0 ; i < 100 ; i=i+1) {
        A[i] = A[i] + B[i];      /* S1 */
        B[i+1] = C[i] + D[i];    /* S2 */
}
```

請問 S1 與 S2 之間相依性為何？本迴圈是平行的嗎？如果不是，請顯示如何使其平行化。

解答 敘述 S1 使用了前面重複執行中敘述 S2 所計算的數值，所以 S2 與 S1 之間有一項迴圈所攜相依性。儘管有這一項迴圈所攜相依性，仍然可使本迴圈平行化。不像先前的迴圈，這項相依性並不是環狀，沒有一個敘述相依於自己本身，雖然 S1 相依於 S2，但 S2 並不相依於 S1。如果一個迴圈可以撰寫成在相依性當中沒有循環，該迴圈便是平行的，因為沒有循環意味著相依性在敘述上給予部份的順序性。

雖然在以上迴圈中並沒有環狀相依性，還是必須符合部份的順序性來作轉換，以顯露平行性。對此轉換有兩項重要的觀察：

1. 從 S1 到 S2 並沒有相依性，如果有的話，在相依性當中就會有循環，該迴圈就不會是平行的。由於此種異樣的相依性並不存在，交換這兩道敘述就不至於影響 S2 的執行。

2. 在該迴圈第一次重複執行上，敘述 S2 相依於啟始該迴圈**之前**所計算的 B[0] 值。

這兩項觀察讓我們將上面的迴圈用以下的程式碼序列來取代：

```
A[0] = A[0] + B[0];
for ( i=0 ; i<99 ; i=i+1) {
        B[i+1] = C[i] + D[i];
        A[i+1] = A[i+1] + B[i+1];
}
B[100] = C[99] + D[99];
```

這兩道敘述之間的相依性不再是迴圈所攜式，使得該迴圈的重複執行可以重疊，如果每一次重複執行當中的敘述保持順序的話。

我們的分析必須從找出所有的迴圈所攜相依性開始。依據它告訴我們這樣的相依性**可能**存在的意義來說，這種相依性資訊並**不確切** (inexact)。試考慮以下的例子：

```
for ( i=0 ; i<100 ; i=i+1) {
        A[i] = B[i] + C[i];
        D[i] = A[i] * E[i];
}
```

本例中第二次存取 A 並不需要轉譯成載入指令，因為我們知道該數值已由前面的敘述計算並儲存，所以第二次存取 A 就只是存取 A 被計算而進入的暫存器。執行這種最佳化需要知道這兩次存取**總是**會到相同的記憶體位址，也需要知道並沒有其他介入相同位置的存取。一般而言，資料相依性分析只告訴我們某一次存取**可能**相依於另一次存取；**需要**更為複雜的分析才能判定兩次存取一**定是**到確切的相同位址上。上例中，簡單版本的分析就夠了，因為這兩次存取都是在相同的基本區塊中。

迴圈所攜相依性經常是以**遞迴** (recurrence) 的形式出現。當一個變數的定義是基於早先的重複執行中該變數之值，經常就是立即在前面的那一次，遞迴就發生了，如以下程式碼片段所示：

```
for ( i=1; i<100; i=i+1) {
        Y[i] = Y[i-1] + Y[i];
}
```

偵測遞迴之重要有兩個原因：某些結構 (特別是向量計算機) 對於執行遞迴有特別支援；並且，在 ILP 的環境下，仍然有可能發掘出相當數量的平行性。

找出相依性

顯然，找出程式中的相依性是很重要的，既可判定那一些迴圈可能含有平行性，又可消除名稱相依性。相依性分析的複雜度也起因於程式語言中 (例如 C 或 C++) 陣列與指標的存在，或者 Fortran 中所傳送的參考參數 (pass-by-reference parameter)。由於純量變數存取是外顯地引述一個名稱，所以通常可以使用別名方式容易地進行分析，因為指標與參考參數在分析中會造成一些複雜性和不確定性。

一般而言，編譯器如何去偵測相依性？幾乎所有相依性分析演算法都工作在陣列索引為**仿射** (affine) 的假設上。用最簡單的表示，一維陣列索引如

果可以寫成 $a \times i + b$ 的形式，其中 a 和 b 為常數，i 為迴圈索引變數，該一維陣列索引即為仿射；多維陣列索引如果每一個維度索引均為仿射，該多維陣列索引即為仿射。稀疏矩陣之存取通常具有 x[y[i]] 的形式，為非仿射存取的主要範例之一。

要判定迴圈中針對相同陣列的兩次存取之間是否具有相依性，也因此等效於判定兩個仿射函數針對在迴圈上下限之間的不同索引是否具有相同的函數值。例如，假定我們已經用索引值 $a \times i + b$ 儲存某陣列元素，也用索引值 $c \times i + d$ 從相同的陣列載入，其中 i 為 for 迴圈的索引變數，從 m 跑到 n。如果以下兩個條件成立，就存在相依性：

1. 有兩個重複執行索引 j 與 k，兩者都在該迴圈的上下限之內，亦即 $m \leq j \leq n$ 以及 $m \leq k \leq n$。
2. 該迴圈用索引值 $a \times j + b$ 儲存某陣列元素，隨後又用索引值 $c \times k + d$ 從**相同**的陣列元素提取，亦即 $a \times j + b = c \times k + d$。

一般而言，我們無法在編譯期間判定相依性是否存在。例如，a、b、c 與 d 的值可能未知 (它們也可能是其他陣列的值)，造成不可能告知相依性是否存在。在其他情形下，相依性測試在編譯期間可能非常昂貴卻是可判定的；例如，存取可能取決於多重巢狀迴圈的重複執行索引。然而，許多程式所含有的主要是簡單型索引，其中 a、b、c 與 d 都是常數。針對這些情形，設置合理的編譯期間相依性測試是有可能的。

針對相依性不存在有一種簡單而充分的測試，即為**最大公約數** (greatest common divisor, GCD) 測試，可以當作一個範例。它是基於觀察到如果迴圈所攜相依性存在，GCD (c,a) 就必須整除 $(d - b)$。(試回想，如果我們做 y/x 的整數除法而沒有餘數時，得到了整數的商，這就是整數 x 整除另一個整數 y。)

範例 請使用 GCD 測試來判定相依性是否存在於下面的迴圈中：

```
for ( i=0 ; i<100 ; i=i+1) {
    X[2*i+3] = X[2*i] * 5.0 ;
}
```

解答 有了 $a = 2$、$b = 3$、$c = 2$ 以及 $d = 0$ 的值，故 GCD $(a,c) = 2$ 且 $d - b = -3$。由於 2 無法整除 -3，所以不可能存在相依性。

GCD 測試充分保證不存在任何相依性；然而，有些情形是 GCD 測試成

功，卻不存在任何相依性。舉例來說，這種情形的發生可能是因為 GCD 測試不考慮迴圈上下限的緣故。

一般而言，判定相依性是否確實存在是屬於 NP 完備 (Non-complete) 問題 (譯註：NP 代表 Non-deterministic Polynomial time, 非決定性多項式時間)。然而，實際上有許多常見的情形可以用低成本精確地分析。最近，使用了在一般性與成本上有所增進的層次化精準測試方法之後，已經呈現既精確又有效率的成果。[一項測試如果可以精確判定相依性是否存在，它就是**精準的** (exact)。雖然一般情形都是屬於 NP 完備問題，但是仍有針對限制情況而存在、又便宜得多的精準測試。]

除了偵測相依性的存在之外，編譯器也想要對相依性的型態作分類。這種分類讓編譯器得以認出名稱相依性，並在編譯期間藉由重新命名和複製將它們消除。

範例 下面的迴圈具有多種型態的相依性，請找出所有的真實相依性、輸出相依性，以及反相依性，並藉由重新命名來消除輸出相依性和反相依性。

```
for ( i=0 ; i<100 ; i=i+1) {
    Y[i] = X[i] / c ;  /* S1 */
    X[i] = X[i] + c ;  /* S2 */
    Z[i] = Y[i] + c ;  /* S3 */
    Y[i] = c - Y[i] ;  /* S4 */
}
```

解答 在這四道敘述當中存在以下的相依性：

1. 由於 Y[i] 的緣故，所以具有從 S1 至 S3 以及從 S1 至 S4 的真實相依性。這些相依性並非迴圈所攜式，所以它們並不會妨礙迴圈被考慮為平行式。這些相依性會迫使 S3 與 S4 等候 S1 完成。
2. 基於 X[i]，從 S1 至 S2 具有反相依性。
3. 從 S3 至 S4 具有 Y[i] 的反相依性。
4. 基於 Y[i]，從 S1 至 S4 具有輸出相依性。

以下版本的迴圈消除了這些虛偽 (或假性) 相依性。

```
for ( i=0 ; i<100 ; i=i+1) {
    T[i] = X[i] / c ;    /* Y 重新命名為 T 來移除輸出相依性 */
    X1[i] = X[i] + c ;   /* X 重新命名為 X1 來移除反相依性 */
    Z[i] = T[i] + c ;    /* Y 重新命名為 T 來移除反相依性 */
    Y[i] = c - T[i] ;
}
```

迴圈之後，變數 X 已經重新命名為 X1。在跟隨該迴圈的程式碼中，編譯器只要將名稱 X 用 X1 取代即可。在這種情形下，重新命名並不需要真正的複製運算，因為可以藉由替換名稱或者藉由暫存器分配來做。然而在其他情形下，重新命名則需要複製。

相依性分析對於開發平行化以及第 2 章所涵蓋的似轉換區塊化而言，是一項關鍵技術。對於偵測迴圈階層平行性，相依性分析是一個基本工具。為向量計算機、SIMD 計算機，或者微處理器有效地編譯程式嚴格地取決於相依性分析。相依性分析的主要缺點在於：只有在有限環境集合下才能夠運用，也就是在單一迴圈巢的存取當中並使用仿射索引函數。因此，有許多的陣列導向相依性分析的情況並**無法**告訴我們想要知道的事；例如，要分析用指標存取而不是用陣列索引存取可能會困難許多。(這就是為什麼許多為平行計算機所設計的科學型應用程式仍然喜歡用 Fortran 甚於 C 與 C++。) 同樣地，分析跨程序呼叫之存取也極端困難。因此，雖然以循序式程式語言撰寫的程式碼之分析依舊重要，我們也需要諸如 OpenMP 和 CUDA 等以外顯方式撰寫平行化迴圈的方法。

消除相依計算

如上所述，最重要的相依計算的形式之一就是遞迴。內積就是遞迴的完美範例：

```
for ( i=9999 ; i>=0 ; i=i-1)
    sum = sum + x[i] * y[i];
```

本迴圈並非平行化，因為它在變數 sum 上有一項迴圈所攜相依性。然而我們可以將它轉換成一組迴圈，其中一個迴圈完全平行化，另一個則是部份平行化。第一個迴圈將執行該迴圈完全平行化的部份，看起來像是：

```
for ( i=9999 ; i>=0 ; i=i-1)
    sum[i] = x[i] * y[i];
```

請注意 sum 已經從純量擴充為向量 [此轉換稱為**純量擴充** (scalar expansion)]，並且此轉換使得這個新迴圈完全平行化。但是當我們完成時，就需要去做加總向量元素的縮減步驟，看起來像是：

```
for ( i=9999 ; i>=0 ; i=i-1)
    finalsum = finalsum + sum[i];
```

雖然此迴圈並非平行化，卻有一種稱為**縮減** (reduction) 的特殊結構。縮減常見於線性代數，我們將在第 6 章看到，它們也是使用在數位倉儲型電腦中主要的平行化基元 MapReduce 的一個關鍵部份。一般而言，任何函數都可以當作縮減運算子來用，常見的例子包括諸如 max 與 min 運算子。

縮減有時候會由向量與 SIMD 結構中的特殊硬體來處理，讓縮減步驟做起來比用純量模式快得多。藉由製作一種類似於多處理器環境當中所能做的技術，這些是可行的。雖然一般性的轉換使用任何數目的處理器都是可行的，假定為了簡單起見，我們擁有 10 個處理器。在縮減總和的第一個步驟時，每一個處理器均執行如下 (p 為處理器編號，範圍從 0 到 9)：

```
for ( i=9999 ; i>=0 ; i=i-1)
        finalsum[p] = finalsum[p] + sum[i+1000*p];
```

此迴圈在 10 個處理器的每一個處理器都加總 1000 個元素，就成為完全平行化。一個簡單的純量迴圈接下來就可以將最後的 10 個總和加總完成。類似的方法也用在向量與 SIMD 處理器當中。

重要的是觀察到以上的轉換有賴於加法結合性。雖然範圍與精確性均無限的算術是具有結合性，但是計算機算術卻沒有結合性，不管是起因於有限範圍的整數算術，抑或是起因於有限範圍和有限精確性的浮點數算術。因此，使用這些重組技術有時候可能會導致錯誤行為，雖然鮮少發生。由於這個原因，大多數編譯器都要求：倚賴結合性的最佳化應該以外顯方式來致能。

4.6 貫穿的論點

能量與 DLP：慢而寬對快而窄

資料階層平行化的基本能量獲利來自於第 1 章的能量方程式。由於我們是假設充分的資料階層平行化，所以如果我們將時脈頻率減半而將執行資源加倍 —— 對於向量計算機是 2 倍的管道數目，對於多媒體 SIMD 是較寬的暫存器與 ALU，對於 GPU 則是較多的 SIMD 管道 —— 效能會是相同的。如果我們可以降低電壓也降低時脈頻率，我們就可以實際減少計算的能量和功率而維持相同的尖峰效能。因此，DLP 處理器傾向於比系統處理器擁有較低的時脈頻率，後者是靠高時脈頻率來獲取效能 (見 4.7 節)。

相較於非依序處理器，DLP 處理器可以具備較簡單的控制邏輯來啟動每個時脈週期大量的運算；例如，在向量處理器中該控制對所有管道都完全一

致,並沒有判定多道指令發派的邏輯或者推測式執行的邏輯。向量結構也能使關閉掉晶片上不用的部份較為容易。每一道向量指令都在指令發派時花費幾個週期,以外顯方式描述它所需要的所有資源。

記憶庫式記憶體與圖形記憶體

4.2 節注意到向量結構有大量記憶體頻寬支援單位跨度式、非單位跨度式,以及聚集–分散式存取的重要性。

為了達成高效能,GPU 也需要大量記憶體頻寬。就是為 GPU 而設計的特殊 DRAM 晶片──稱為 **GDRAM** (graphics DRAM, 圖形 DRAM)──便幫忙實現此頻寬。GDRAM 晶片比起傳統的 DRAM 晶片,通常是在較低的容量下擁有較高的頻寬。為了實現此頻寬,GDRAM 晶片往往是直接焊接在與 GPU 相同的板子上,而不是放在 DIMM 模組上,如同系統記憶體的情形一般插入板子上的插槽內。不像 GDRAM,DIMM 允許大很多的容量,也允許系統升級。此受限之容量──2011 年約為 4 GB──與執行較大問題的目標有衝突,而這卻是 GPU 增強計算能力的本質應用之處。

為了實現最好的可能效能,GPU 嘗試將 GDRAM 的所有功能特性全部列入考量。它們通常在內部被安排成 4 至 8 個記憶庫,列的數目為 2 的指數 (通常為 16,384),每一列的位元數目也是 2 的指數 (通常為 8192)。第 2 章描述了 GPU 嘗試去符合的 DRAM 行為之細節。

給了在 GDRAM 上所有來自於計算任務和圖形加速任務的潛在需要,記憶體系統就可以看見大量彼此不相關的需求。唉,這種多樣性傷害了記憶體效能。為了應付需求,GPU 的記憶體控制器針對不同的 GDRAM 記憶庫維持分開的流量界限佇列,等到足夠的流量才賦與打開一列並立即傳送所有請求資料的正當性。此延遲改進了頻寬卻伸長了延遲,控制器必須保證等候資料時並沒有處理單元是在「飢餓狀態」,否則鄰近的處理器就可能成為閒置。4.7 節顯示相對於傳統的快取記憶體式結構,聚集–分散技術和記憶庫覺知的存取技術都能夠實現可觀的效能增加。

跨度式存取和 TLB 失誤

跨度式存取有一個問題:它們如何與向量結構或 GPU 中虛擬記憶體的轉譯後備緩衝區 (translation lookaside buffer, TLB) 相互作用。(GPU 為了記憶體對映而使用 TLB。) 視 TLB 如何組織以及正在記憶體中被存取的陣列大小而定,甚至有可能任何一次陣列元素存取都會得到一次 TLB 失誤!

4.7 綜合論述：行動型對伺服器型 GPU 以及 Tesla 對 Core i7

在圖形應用程式的流行之下，目前 GPU 已出現在行動用戶上以及傳統伺服器或者重負載的桌上型電腦上。圖 4.26 列出使用在 LG Optimus 2X 上執行 Android 作業系統的行動用戶之 NVIDIA Tegra 2 和伺服器 Fermi GPU 的重要特徵。GPU 伺服器工程師希望一部電影推出後五年之內就能夠做出活人動畫，GPU 行動裝置工程師則反過來想要在五年多內讓行動用戶能夠做伺服器或遊戲機今天所做之事。說得更具體一些，總體目標就是 2015 年在伺服器 GPU 上即時性達成諸如阿凡達 (*Avatar*) 等電影的圖形品質，然後 2020 年在您的行動裝置 GPU 上達成。

行動裝置的 NVIDIA Tegra 2 在一顆單晶片上提供了系統處理器和 GPU，使用單一的實體記憶體。系統處理器為雙核心的 ARM Cortex-A9，每一個核心都使用非依序執行與雙指令發派，每一個核心也都包括了選擇性的浮點數單元。

該 GPU 擁有可程式化像素著色、可程式化頂點與採光，以及 3D 圖形的硬體加速，但並不包括執行 CUDA 或 OpenCL 程式所需要的 GPU 計算功能。

	NVIDIA Tegra 2	NVIDIA Fermi GTX 480
市場	行動用戶	桌上型電腦、伺服器
系統處理器	雙核心 ARM Cortex-A9	不適用
系統介面	不適用	PCI Express 2.0 × 16
系統介面頻寬	不適用	6 GBytes/ 秒（每一個方向）、12 GBytes/ 秒（總和）
時脈頻率	達 1 GHz	1.4 GHz
SIMD 多處理器	不可取得	15 個
SIMD 管道 /SIMD 多處理器	不可取得	32 個
記憶體介面	32 位元 LP-DDR2/DDR2	384 位元 GDDR5
記憶體頻寬	2.7 GBytes/ 秒	177 GBytes/ 秒
記憶體容量	1 GByte	1.5 GByte
電晶體數目	2.42 億	30.3 億
製程	40 nm TSMC 製程 G	40 nm TSMC 製程 G
晶粒面積	57 mm^2	520 mm^2
功率	1.5 瓦特	167 瓦特

圖 4.26 行動用戶與伺服器 GPU 的重要特徵。Tegra 2 是 Android 作業系統的參考平台，出現在 LG Optimus 2X 手機上。

晶粒大小為 57 mm² (7.5 × 7.5 mm)，使用 40 nm TSMC 製程，並含有 2.42 億顆電晶體。它使用的功率為 1.5 瓦特。

圖 4.26 的 NVIDIA GTX 480 乃是 Fermi 結構的首次製作，時脈頻率為 1.4 GHz，包括 15 個 SIMD 處理器。晶片本身有 16 個處理器，但是為了改進良率，本產品只需要其中 15 個處理器工作。通往 GDDR5 記憶體的路徑寬度為 384 (6 × 64) 位元，介面時脈頻率為 1.84 GHz，藉由在雙資料率記憶體的兩個時脈邊緣上傳送而提供了 177 GBytes/ 秒的尖峰記憶體頻寬，經由擁有 12 GBytes/ 秒尖峰雙向速率的 PCT Express 2.0 × 16 鏈路連接至主機系統處理器和記憶體。

GTX 480 晶粒所有物理特性都是大得讓人印象深刻：它含有 30 億顆電晶體，晶粒大小為 520 mm² (22.8 × 22.8 mm)，使用 40 nm TSMC 製程，典型功率為 167 瓦特，整個模組為 250 瓦特，包括 GPU、GDRAM、風扇、電源穩壓器等等在內。

GPU 與多媒體 SIMD 的 MIMD 之比較

一群 Intel 研究人員刊登過一篇論文 [Lee 等人 2010]，比較多媒體 SIMD 擴充版的四核心 Intel i7 (見第 3 章) 與前一代的 GPU —— Tesla GTX 280，圖 4.27 列出這兩個系統的特性，兩項產品都是在 2009 年秋季購買的。Core i7 使用 Intel 45 奈米半導體技術，而 GPU 則使用 TSMC 45 奈米技術。雖然由中立的一方或由利益攸關的雙方來作比較可能會比較公正，但是本節的目的**並非**為了判定某項產品比起另一項產品快了多少，而是為了嘗試瞭解這兩種對比鮮明的結構型態的特徵之相對數值。

圖 4.28 中 Core i7 920 和 GTX 280 的屋頂線圖解說明了計算機當中的差異。920 具有比 960 慢的時脈頻率 (2.66 GHz 對 3.2 GHz)，但是系統的其餘部份則相同。GTX 280 不僅擁有高了很多的記憶體頻寬和倍精度浮點效能，其倍精度屋脊點也頗為偏左。如上所述，屋頂線的屋脊點愈是偏左，命中尖峰計算效能就愈是容易許多。GTX 280 的倍精度屋脊點為 0.6 相對於 Core i7 的 2.6。對於單精度效能而言，屋脊點移向右方偏遠，命中單精度效能屋頂就困難許多，因為它高了許多。請注意，核心程式的算術強度是基於走到主記憶體的位元組，而不是基於走到快取記憶體的位元組。因此，快取是有可能改變特定計算機上一個核心程式的算術強度，假定大多數存取確實是走到快取記憶體。屋頂線幫忙說明了此個案研究中的相對效能。也請注意，此頻寬在兩種結構中都是針對單位跨度式存取。我們將會看到，未聚合的真正聚集 – 分散式位址在 GTX 280 上和 Core i7 上會比較慢。

	Core i7-960	GTX 280	GTX 480	280/i7 比率	480/i7 比率
處理元件的數目 (核心數或 SM 數)	4	30	15	7.5	3.8
時脈頻率 (GHz)	3.2	1.3	1.4	0.41	0.44
晶粒大小	263	576	520	2.2	2.0
製程技術	Intel 45 nm	TSMC 65 nm	TSMC 40 nm	1.6	1.0
功率 (晶片而非模組)	130	130	167	1.0	1.3
電晶體數目	700 M	1400 M	3030 M	2.0	4.4
記憶體頻寬 (GBytes/秒)	32	141	177	4.4	5.5
單精度 SIMD 寬度	4	8	32	2.0	8.0
倍精度 SIMD 寬度	2	1	16	0.5	8.0
尖峰單精度純量 FLOPS (GFLOP/秒)	26	117	63	4.6	2.5
尖峰單精度 SIMD FLOPS (GFLOP/秒)	102	311 至 933	515 或 1344	3.0–9.1	6.6–13.1
(單精度單一加法或乘法)	無法取得	(311)	(515)	(3.0)	(6.6)
(單精度單一的融合式乘法–加法指令)	無法取得	(622)	(1344)	(6.1)	(13.1)
(罕見的單精度融合式乘法–加法與乘法的雙發派)	無法取得	(933)	無法取得	(9.1)	--
尖峰倍精度 SIMD FLOPS (GFLOP/秒)	51	78	515	1.5	10.1

圖 4.27 Intel Core i7-960、NVIDIA GTX 280 和 GTX 480 的規格。最右邊兩欄顯示 GTX 280 和 GTX 480 比上 Core i7 的比率。對於 GTX 280 上的單精度 SIMD FLOPS 而言，較高的速度 (933) 是來自於一個很少見的例子：融合式乘法–加法與乘法的雙發派，比較合理的是 622：單一的融合式乘法–加法。雖然此個案研究是在 280 與 i7 之間，我們還是將 480 包括進來以顯示它與 280 的關係，因為它也是本章中所描述的。請注意，這些記憶體頻寬高於圖 4.28 當中的記憶體頻寬，因為這些是 DRAM 接腳的頻寬，而圖 4.28 當中的那些是在處理器上由一個標準效能測試程式所量測的頻寬 (來自於 Lee 等人 [2010] 中的表 2)。

研究人員表示他們分析了四種最近提出的標準效能測試程式套件的計算和記憶體特性，接著「制定了捕捉這些特性的**流通量計算核心程式** (throughput computing kernel) 集合」，然後再挑選出標準效能測試程式。圖 4.29 描述了這 14 個核心程式，圖 4.30 則顯示效能量測結果，較大的數字意指較快。

已知 GTX 280 的原始效能規格從慢了 2.5 倍 (時脈頻率) 變動到快了 7.5 倍 (每個晶片的核心數目)，而效能則從慢了 2.0 倍 (Solv) 變動到快了 15.2 倍 (GJK)，於是 Intel 研究人員就探討這些差異的原因：

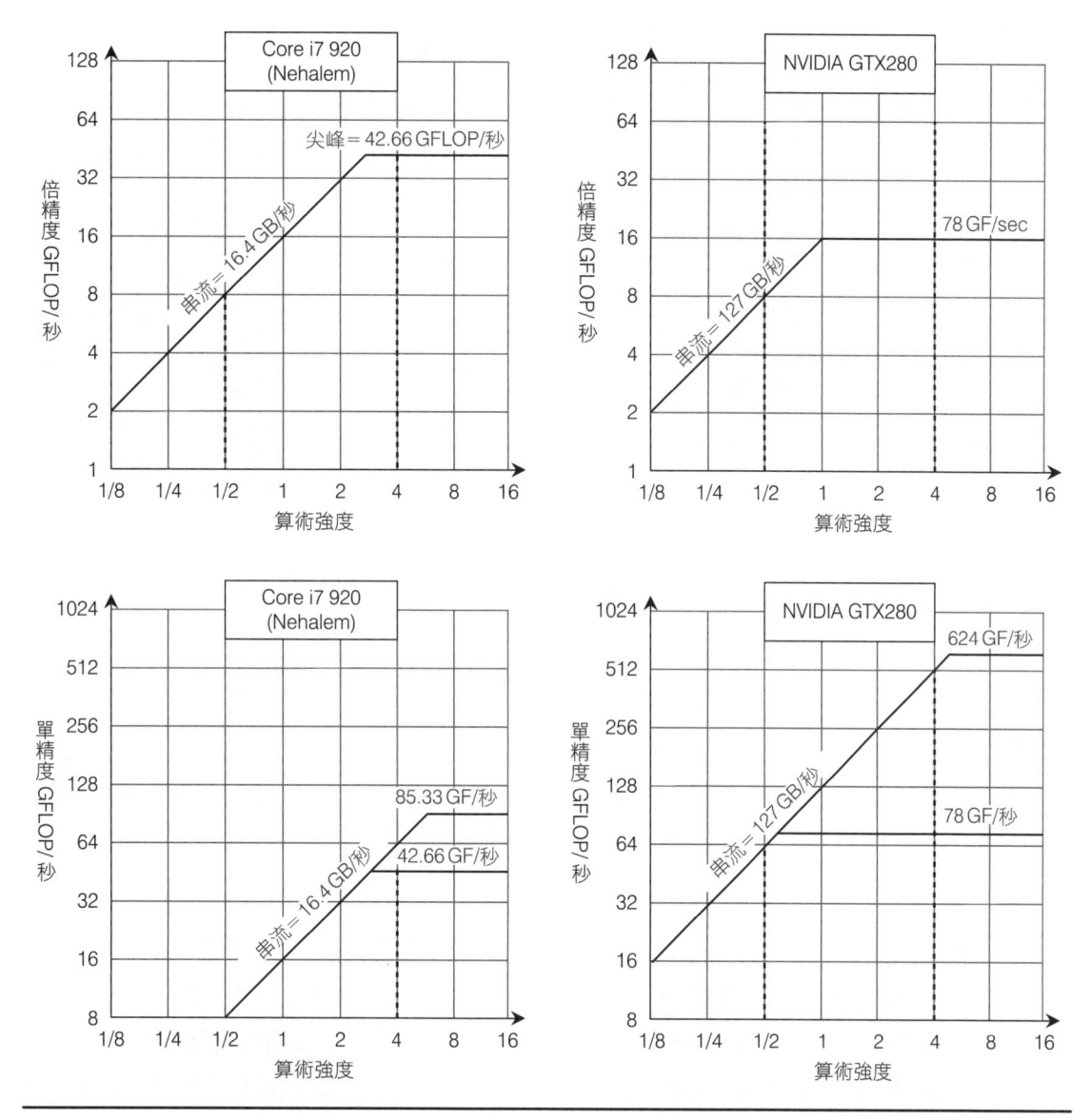

第 4 章 向量、SIMD 與 GPU 結構當中的資料階層平行化 329

圖 4.28 Roofline 模型 [William 等人 2009]。這些屋頂線顯示倍精度浮點效能 (頂部一列的圖) 以及單精度浮點效能 (底部一列的圖)。(倍精度浮點效能的天花板也在底部一列的圖中給予透視。) 左方的 Core i7 920 具有 42.66 GFLOP/ 秒的尖峰倍精度浮點效能、85.33 GFLOP/ 秒的尖峰單精度浮點效能,以及 16.4 GBytes/ 秒的尖峰記憶體頻寬。NVIDIA GTX 280 具有 78 GFLOP/ 秒的倍精度尖峰、624 GFLOP/ 秒的單精度尖峰,以及 127 GBytes/ 秒的記憶體頻寬。左方的垂直虛線代表 0.5 FLOP/ 位元組的算術強度,將 Core i7 的記憶體頻寬限制在 8 DP GFLOP/ 秒或 8 SP GFLOP/ 秒以下;右方的垂直虛線具有 4 FLOP/ 位元組的算術強度,只是在計算上將 Core i7 限制在 42.66 DP GFLOP/ 秒和 64 SP GFLOP/ 秒,且將 GTX 280 限制在 78 DP GFLOP/ 秒和 512 SP GFLOP/ 秒。為了在 Core i7 上命中最高的計算速率,您需要使用全部四個核心以及乘法與加法數目相同的 SSE 指令;針對 GTX 280,您需要在所有多執行緒 SIMD 處理器上使用融合式乘法-加法指令。Guz 等人 [2009] 針對這兩種結構提出一個有趣的解析模型。

核心程式	應用	SIMD	TLP	特性
SGEMM (SGEMM)	線性代數	正規型	跨二維方塊	方塊佈局後受限於計算
Monte Carlo (MC)	計算式財務	正規型	跨路徑	受限於計算
Convolution (Conv)	影像分析	正規型	跨像素	受限於計算；對小型濾波器受限於頻寬
FFT (FFT)	訊號處理	正規型	跨較小的 FFT	受限於計算或受限於頻寬，視大小而定
SAXPY (SAXPY)	內積	正規型	跨向量	對大型向量受限於頻寬
LBM (LBM)	時間遷移	正規型	跨胞格	受限於頻寬
Constraint solver (Solv)	剛體物理	聚集/分散型	跨約束條件	受限於同步
SpMV (SpMV)	稀疏矩陣求解	聚集型	跨非 0 元素	對典型的大型矩陣受限於頻寬
GJK (GJK)	碰撞偵測	聚集/分散型	跨物件	受限於計算
Sort (Sort)	資料庫	聚集/分散型	跨元素	受限於計算
Ray casting (RC)	大規模渲染	聚集型	跨光束	4-8 MB 的第一層工作集；超過 500 MB 的最後一層工作集
Search (Search)	資料庫	聚集/分散型	跨查詢	對小型樹受限於計算，對大型樹在樹底受限於頻寬
Histogram (Hist)	影像分析	需要衝突偵測	跨像素	受限於縮減/同步

圖 4.29 計算流通量的核心程式特性 (來自於 Lee 等人 [2010] 的表 1)。在括號內的名稱為本節所識別的標準效能測試程式名稱。作者們表示這兩種機器的程式碼都有努力進行過相同的最佳化。

- 記憶體頻寬。GPU 擁有 4.4 倍的記憶體頻寬，幫忙解釋了為什麼 LBM 和 SAXPY 分別跑得快了 5.0 倍與 5.3 倍；它們的工作集為數億位元組，所以不適合進入 Core i7 的快取記憶體。(為了密集存取記憶體，它們在 SAXPY 上並不使用快取記憶體區塊化。) 因此，屋頂線的斜率便說明了它們的效能。SpMV 也同樣擁有大型工作集，但是僅快了 1.9 倍，因為 GTX 280 的倍精度浮點數運算只比 Core i7 快了 1.5 倍。(請回想一下，Fermi GTX 480 浮點數運算比 Tesla GTX280 快了 4 倍。)

- 計算頻寬。剩下的核心程式有五個受限於計算 (compute bound)：SGEMM、Conv、FFT、MC 和 Bilat，GTX 分別快了 3.9、2.8、3.0、1.8 和 5.7 倍。這五個的前三個是使用單精度浮點數算術，而 GTX 280 單精度運算為 3 至 6 倍快。(圖 4.27 所示比 Core i7 快 9 倍僅發生在非常特殊的情形下，也就是 GTX 280 每個時脈週期可以發派一道融合式乘法–加法和一道乘法之時。) MC 使用倍精度，這說明了為什麼它只快了 1.8 倍，因為倍精度效能只有 1.5 倍快。Bilat 使用 GTX 280 直接支援的超越函數 (見圖 4.17)，

核心程式	單　位	Core i7-960	GTX 280	GTX 280/i7-960
SGEMM	GFLOP/ 秒	94	364	3.9
MC	十億路徑 / 秒	0.8	1.4	1.8
Conv	百萬像素 / 秒	1250	3500	2.8
FFT	GFLOP/ 秒	71.4	213	3.0
SAXPY	GBytes/ 秒	16.8	88.8	5.3
LBM	百萬次查找 / 秒	85	426	5.0
Solv	框 / 秒	103	52	0.5
SpMV	GFLOP/ 秒	4.9	9.1	1.9
GJK	框 / 秒	67	1020	15.2
Sort	百萬元素 / 秒	250	198	0.8
RC	框 / 秒	5	8.1	1.6
Search	百萬次查詢 / 秒	50	90	1.8
Hist	百萬像素 / 秒	1517	2583	1.7
Bilat	百萬像素 / 秒	83	475	5.7

圖 4.30 針對兩種平台所量測出的原始效能與相對效能。在此研究中，SAXPY 正好用來作為記憶體頻寬的量測，所以正確的單位是 GBytes/ 秒而非 GFLOP/ 秒 (基於 [Lee 等人 2010] 中的表 3)。

而 Core i7 花費三分之二的時間去計算超越函數，所以 GTX 280 就快了 5.7 倍。對於發生在您工作負載當中的運算：倍精度浮點數或許甚至於超越函數，這項觀察幫忙指出了硬體支援的價值。

- **快取記憶體的好處**。Ray casting (RC, 射線投射) 程式在 GTX 上只快了 1.6 倍，因為 Core i7 快取記憶體的快取區塊化防止如 GPU 一般變成受限於記憶體頻寬 (memory bandwith bound)。快取區塊化也可以幫助 Search (搜尋) 程式，如果索引樹小到可以適合於快取記憶體，Core i7 就會快上 2 倍；較大的索引樹使得它們受限於記憶體頻寬。整體而言，GTX 280 跑 Search 快了 1.8 倍。快取區塊化也有助於 Sort (排序) 程式；雖然大多數程式設計師不會在 SIMD 處理器上跑 Sort，但是卻可撰寫成一個稱為**裂解** (split) 的 1 位元 Sort 基元 (primitive)。然而，裂解演算法卻比純量的排序多了很多道指令，結果 GTX 280 比起 Core i7 只跑了 0.8 倍快。請注意快取記憶體同樣也幫助了 Core i7 上其他的核心程式，因為快取區塊化讓 SGEMM、FFT 和 SpMV 等程式變成受限於計算。這項觀察再度強調了第 2 章中快取區塊化最佳化的重要性。(看看 Fermi GTX 480 的快取記憶體將如何影響本段文字所提到的 6 個核心程式會很有趣。)

- 聚集－分散。如果資料發散到遍佈主記憶體，多媒體 SIMD 擴充版就沒有什麼幫助，最佳效能只來自於資料在 16 位元組邊界對齊之時。因此，GJK 在 Core i7 上從 SIMD 並沒有獲得什麼好處。如上所述，GPU 提供的聚集－分散定址是出現在向量結構中，卻從 SIMD 擴充版遺漏了。位址聚合單元也有幫助，因為它結合了對於相同 DRAM 線的存取，因而減少了聚集與分散的數目；記憶體控制器也將相同 DRAM 分頁的存取批次在一起。這種結合意即 GTX 280 執行 GJK 比 Core i7 快了驚人的 15.2 倍，大於圖 4.27 中任何一個實體參數。這項觀察加強了聚集－分散對於向量和 GPU 結構的重要性，那是 SIMD 擴充版所遺漏的。

- 同步化。同步化的效能受限於不可分割更新，而不可分割更新要為 Core i7 上 28% 總執行時間負責，儘管 Core i7 擁有硬體式提取與遞增指令；因此，Hist 在 GTX 280 上只快了 1.7 倍。如上所述，Fermi GTX 480 的不可分割更新比 Tesla GTX 280 快了 5 至 20 倍，所以在新型 GPU 上執行 Hist 再度會是一件有趣的事。Solv 解決了屏障同步化跟隨在後的小量計算當中一批獨立性限制條件的問題。Core i7 從不可分割的指令和記憶體一致性模型當中得到了好處，即使先前對記憶體層級的所有存取並非都已經完成，記憶體一致性模型也保證會產生正確結果。在缺少記憶體一致性模型的情況下，GTX 280 版本是從系統處理器去啟動某些批次，導致 GTX 280 執行起來僅 Core i7 的 0.5 倍。這項觀察指出同步化的效能對於某些資料平行化問題是如何地重要。

令人吃驚的是，Intel 研究人員挑選的核心程式在 Tesla GTX 280 中所發掘的弱點，竟然經常在 Tesla 後繼結構 Fermi 中被解決掉。Fermi 擁有較快速的倍精度浮點效能、不可分割的運算，以及快取記憶體。[在一項相關研究中，IBM 研究人員作了同樣的觀察 [Bordawekar 2010]。] 也一樣有趣的是，領先 SIMD 指令數十年的向量結構之聚集－分散支援，對於這些 SIMD 擴充版的有效使用竟然如此重要，有些人在該比較出現之前就作過預測 [Gebis 和 Patterson 2007]。Intel 研究人員注意到，14 個核心程式當中有 6 個會使用 Core i7 上更有效的聚集－分散支援，把 SIMD 運用得更好。這項研究也確立了快取區塊化的重要性。看看未來世代的多核心與 GPU 硬體、編譯器和程式庫，是否會針對在這些核心程式上改進效能的特性作出回應，會是一件有趣的事。

我們希望將來會有更多這樣的多核心－GPU 比較。請注意，這次比較缺少一項重要特性，就是描述獲得該兩系統量測結果所作的努力程度。理想

4.8 謬誤與陷阱

雖然從程式設計的觀點來看，資料階層平行化是 ILP 之後最容易的平行化形式，卻仍然有不少謬誤與陷阱。

謬誤 GPU 由於作為協同處理器而遭受不幸。

雖然主記憶體與 GPU 記憶體之間的分割帶來缺點，但是離 CPU 一段距離也有優點。

例如，PTX 的存在部份就是因為 GPU 具有 I/O 裝置的特質，這種介於編譯器和硬體之間的間接層次，給予 GPU 結構設計師相較於系統結構設計師多了很多的彈性。通常難以預先知道一項結構革新是否會被編譯器和程式庫大力支持以及是否對應用程式很重要。有時候一種新型機制甚至於一個或兩個世代內證明有用，然後就在 IT 世界改變之下逐漸失去重要性。PTX 允許 GPU 結構設計師推測性地嘗試革新，如果令人失望或逐漸失去重要性，就在隨後的世代予以放棄；如此一來就鼓勵了實驗創新。可以理解更有理由將系統處理器予以納入 —— 所發生的實驗也因此可以更少 —— 因為散佈二進位機器碼通常意味著新功能必須被該結構所有的未來世代所支援。

Fermi 結構從根本上改變了硬體指令集而展現出 PTX 的價值 —— 從記憶體導向 (像 x86) 到暫存器導向 (像 MIPS)，並將位址大小倍增為 64 位元 —— 卻沒有干擾到 NVIDIA 的軟體堆疊。

陷阱 集中火力在向量結構中的尖峰效能而忽略起動虛耗。

早期的記憶體–記憶體向量處理器，諸如 TI ASC 和 CDC STAR-100，都具有長起動時間。就某些向量問題而言，向量不得不長於 100，好讓向量程式碼快於純量程式碼！在源自 STAR-100 的 CYBER 205 上，DAXPY 的起動虛耗為 158 個時脈週期，便大幅提升了平衡點。如果 Cray-1 和 CYBER 205 的時脈頻率相等，直到向量長度大於 64 之前，Cray-1 都會比較快。由於 Cray-1 的時脈比較快 (即使 205 比較新)，所以交叉點的向量長度超過 100。

陷阱 增強向量效能而不必相對地增強純量效能。

這種不平衡在許多早期的向量處理器上是一個問題，也是 Seymour Cray (Cray 計算機的結構設計師) 重寫法則之處。許多早期的向量處理器都具有

相對慢的純量單元 (以及大的起動虛耗)。即使在今天，一個向量效能較慢而純量效能較佳的處理器可能會優於一個尖峰向量效能較高的處理器。良好的純量效能可保持低的虛耗成本 (例如，剝除探勘)，並減少 Amdahl 定律的影響。

這裡有一個良好範例，來自於比較一個快速純量處理器和一個純量效能較低的向量處理器。Livermore Fortran 核心程式是一個 24 個科學型核心程式所成的集合，向量化的程度變動不一。圖 4.31 顯示了兩種不同的處理器在此標準效能測試程式上的效能。儘管向量處理器擁有較高的尖峰效能，它較低的純量效能卻使得它用調和平均數量測的結果比快速純量處理器要慢。

今天這種危機的翻轉之道便是增強向量效能 —— 也就是增加管道數目 —— 卻沒有增強純量效能。這樣的目光短淺就是通往不平衡計算機的另一條路徑。

下一則謬誤與此密切相關。

謬誤 您可以取得良好的向量效能而不必提供記憶體頻寬。

我們看過 DAXPY 迴圈和 Roofline 模型，知道記憶體頻寬對於所有 SIMD 結構十分重要。DAXPY 每道浮點數運算需要 1.5 次記憶體存取，這種比率對於許多科學型程式碼是典型的。即使浮點數運算不花時間，Cray-1 也不可能增進所使用的向量程式序列之效能，因為它受限於記憶體。當編譯器使用區塊化來改變計算，而使數值可以保持在向量暫存器內時，Linpack 上的 Cray-1 效能就向上跳。這種方法降低了每道 FLOP 的記憶體存取數目，並改進效能近乎 2 倍！因此，對於一個原本就需要較多記憶體頻寬的迴圈而言，Cray-1 上的記憶體頻寬就變得充裕了。

處理器	任何迴圈的最小速率 (MFLOPS)	任何迴圈的最大速率 (MFLOPS)	所有 24 個迴圈的調和平均數 (MFLOPS)
MIPS M/120-5	0.80	3.89	1.85
Stardent-1500	0.41	10.08	1.72

圖 4.31 Livermore Fortran 核心程式在兩種不同處理器上的效能量測。MIPS M/120-5 和 Stardent-1500 (原本的 Ardent Titan-1) 兩者的主 CPU 都使用 16.7 MHz MIPS R2000 晶片。Stardent-1500 使用其向量單元作純量浮點數運算，因而具有大約一半的 MIPS M/120-5 純量效能 (如最小速率所量測的結果)，MIPS M/120-5 則是使用 MIPS R2010 浮點數晶片。向量處理器對於高度向量化迴圈快了超過 2.5 倍 (最大速率)。然而，當整體效能是由所有 24 個迴圈上的調和平均數來量測時，Stardent-1500 較低的純量效能卻抵銷了較高的向量效能。

謬誤 在 GPU 上，如果沒有足夠的記憶體效能，加入更多的執行緒就對了。

GPU 使用許多 CUDA 執行緒來隱藏主記憶體的延遲，如果記憶體存取在 CUDA 執行緒之間是分散的或者無關聯的，記憶體系統對於每一次個別請求的回應就會逐漸變慢，最終甚至許多執行緒都無法涵蓋延遲。為了要讓「更多 CUDA 執行緒」策略行得通，不僅您需要許多 CUDA 執行緒，而且 CUDA 執行緒本身也必須在記憶體存取的區域化方面表現良好才行。

4.9　結　論

資料階層平行化對於個人行動裝置的重要性與日俱增，因為流行的應用程式在這些裝置上顯示出聲音、視訊和遊戲的重要性。當與比起任務階層平行化更容易撰寫程式的模型、也與潛在較佳的能量效率互相結合之下，很容易就可以預測到未來十年資料階層平行化的蓬勃發展。事實上，我們已經可以看到產品上對此之強調，因為 GPU 和傳統處理器增加 SIMD 管道數目的速度至少已經和增加處理器的速度一樣快 (見 263 頁的圖 4.1)。

因此，我們一直看到系統處理器採用更多的 GPU 特性，反之亦然。傳統處理器與 GPU 之間最大的效能差異之一就是聚集 – 分散定址。傳統的向量結構顯示了如何將這樣的定址加入 SIMD 指令當中，我們也期待隨著時間從久經驗證的向量結構內吸取更多的想法加入 SIMD 擴充版當中。

我們在 4.4 節一開頭就說過，GPU 問題並不只是哪一種結構是最好的，而是如何去增強它來支援更為一般性的計算？ —— 既然硬體的投資已經把圖形處理做得那麼好。雖然向量結構在論文上擁有許多優點，但它是否可以如同 GPU 一樣良好地成為圖形處理的基礎仍有待驗證。

GPU SIMD 處理器和編譯器依舊是相當簡單的設計，將有可能隨著時間引進更為積極的技術來增加 GPU 的利用率，特別是因為 GPU 計算的應用程式正在開始發展中。藉著研究這些新的程式，GPU 設計師一定會發現並實現新的最佳化機制。有一個問題：在向量處理器中有助於節省硬體與能量的純量處理器 (或控制處理器) 是否會出現在 GPU 內。

Fermi 結構已經將許多出現在傳統處理器的功能都包括進來，使得 GPU 更加主流化，但是要讓缺口閉合仍然有其他必要的事項，以下就是我們預期在不久的將來要解決的一些事項。

- 可虛擬化的 GPU。虛擬化已經證明對伺服器很重要，也是雲端運算的基礎 (見第 6 章)。為了讓 GPU 涵括在雲端內，它們就有必要如同它們所連接的處理器和記憶體一般可虛擬化。

- 尺寸相當小的 GPU 記憶體。使用比較快速計算的一般常識就是要解決比較大的問題，比較大的問題通常就有比較大的記憶體足跡。GPU 這種速度與尺寸之間的不一致可以用更多的記憶體容量來解決 —— 所面對的挑戰就是在增加容量時維持高頻寬。
- 對於 GPU 記憶體的直接式 I/O。真實的程式對儲存裝置、也對資料框緩衝區做 I/O，大型程式可能需要許多 I/O 和可觀大小的記憶體。今天的 GPU 系統必須在 I/O 裝置與系統記憶體之間傳送，然後又在系統記憶體與 GPU 記憶體之間傳送。這種額外的跳躍大幅降低了某些程式中的 I/O 效能，造成 GPU 比較缺少吸引力。Amdahl 定律警告我們當您忽略一部份任務而去加速其他部份時會發生什麼事，所以我們期望將來的 GPU 會讓所有 I/O 都成為一級公民，正如同它為資料框緩衝區 I/O 所做一般。
- 統合式實體記憶體。對於前面兩項的替代解決方案就是讓系統和 GPU 擁有單一的實體記憶體，正如同某些便宜的 GPU 為 PMD 和膝上型電腦所做一般。本書這個版本正要完成之際所發表的 AMD Fusion 結構就是傳統 GPU 與傳統 CPU 之間的初步合併。NVIDIA 也發表了 Project Denver，將 ARM 純量處理器與 NVIDIA GPU 結合在單一的位址空間中。當這些系統交貨時，去瞭解它們是如何緊密地整合在一起，並瞭解整合對於資料平行化與圖形應用程式的效能和能量方面之影響，會是一件有趣的事。

我們已經涵蓋了許多版本的 SIMD，下一章將潛入 MIMD 的國度中。

4.10　歷史回顧與參考文獻

L.6 節 (可上網取得) 的特點是討論 IIIiac IV (早期 SIMD 結構的代表) 和 Cray-1 (向量結構的代表)，也可以看到多媒體 SIMD 擴充版和 GPU 的歷史。

由 Jason D. Bakos 所提供：個案研究與習題

個案研究：在向量處理器和 GPU 上製作向量核心程式

本個案研究所列舉的概念

- 向量處理器程式設計
- GPU 程式設計
- 效能估測

MrBayes 是一個既流行又有名的計算性生物學應用程式，以它們長度為 n 的多重對齊式 DNA 序列資料作基礎，即可推斷一組輸入物種的演化歷史。MrBayes 的工作是在所有輸入為樹葉的二進位樹拓樸空間上執行一種啟發式搜尋。為了評估一支特定樹，應用程式必須針對每一個內部節點計算一個 $n \times 4$ 的條件式可能性表格 (conditional likelihood table) (稱為 clP)。該表格為該節點兩個子節點的條件式可能性表格 (clL 和 clR，單精度浮點數) 以及與它們相關聯的 $n \times 4 \times 4$ 躍遷機率表格 (tiPL 和 tiPR，單精度浮點數) 之函數。這種應用程式的核心應用程式之一便是該條件式可能性表格的計算，如下所示：

```
for (k=0 ; k<seq_length ; k++) {
    clP[h++] = (tiPL[AA]*clL[A] + tiPL[AC]*clL[C] + tiPL[AG]*clL[G] + tiPL[AT]*clL[T])
     *(tiPR[AA]*clR[A] + tiPR[AC]*clR[C] + tiPR[AG]*clR[G] + tiPR[AT]*clR[T]);
    clP[h++] = (tiPL[CA]*clL[A] + tiPL[CC]*clL[C] + tiPL[CG]*clL[G] + tiPL[CT]*clL[T])
     *(tiPR[CA]*clR[A] + tiPR[CC]*clR[C] + tiPR[CG]*clR[G] + tiPR[CT]*clR[T]);
    clP[h++] = (tiPL[GA]*clL[A] + tiPL[GC]*clL[C] + tiPL[GG]*clL[G] + tiPL[GT]*clL[T])
     *(tiPR[GA]*clR[A] + tiPR[GC]*clR[C] + tiPR[GG]*clR[G] + tiPR[GT]*clR[T]);
    clP[h++] = (tiPL[TA]*clL[A] + tiPL[TC]*clL[C] + tiPL[TG]*clL[G] + tiPL[TT]*clL[T])
     *(tiPR[TA]*clR[A] + tiPR[TC]*clR[C] + tiPR[TG]*clR[G] + tiPR[TT]*clR[T]);
    clL += 4 ;
    clR += 4 ;
    tiPL += 16 ;
    tiPR += 16 ;
}
```

常　數	數　值
AA,AC,AG,AT	0,1,2,3
CA,CC,CG,CT	4,5,6,7
GA,GC,GG,GT	8,9,10,11
TA,TC,TG,TT	12,13,14,15
A,C,G,T	0,1,2,3

圖 4.32 本個案研究的常數與數值。

4.1 [25] <4.2, 4.3> 圖 4.32 顯示假設的常數。請列出 MIPS 和 VMIPS 的程式碼，假設我們無法使用聚集－分散式載入或儲存；假設 tiPL、tiPR、clL、clR 和 clP 分別在 RtiPL、RtiPR、RclL、RclR 和 RclP 之內；假設 VMIPS 暫存器長度為使用者可程式化，可以由設定特殊暫存器 VL（例如，li VL4）來指定。為了方便向量加法之縮減，也假設我們將以下指令加入 VMIPS：

    SUMR.S Fd, Vs   向量上的單精度浮點數總和縮減：

該指令在向量暫存器 Vs 上執行總和縮減，將總和寫入純量暫存器 Fd 中。

4.2 [5] <4.2, 4.3> 假設 seq_length == 500，請問什麼是這兩種製作的動態指令計數？

4.3 [25] <4.2, 4.3> 假設在向量功能單元上執行向量縮減指令——類似於向量加法指令。請顯示程式碼序列在車隊中如何佈局，假設每一個向量功能單元都是單一的執行個體。請問本程式碼需要多少編鐘？忽略向量指令發派虛耗的話，請問每一道浮點運算需要多少個週期？

4.4 [15] <4.2, 4.3> 現在假設我們可以使用聚集－分散式載入和儲存 (LVI 與 SVI)。假設 tiPL、tiPR、clL、clR 和 clP 是接續地安排在記憶體中，例如，如果 seq_length==500，tiPR 陣列就會開始於 tiPL 陣列之後 500*4 位元組。請問這對您撰寫此核心程式的 VMIPS 程式碼之方式有何影響？假設您可以使用以下技術所得到的整數來啟始向量暫存器，例如，用數值 (0, 0, 2000, 2000) 來啟始向量暫存器 V1：

```
LI R2,0
SW R2,vec
SW R2,vec+4
LI R2,2000
SW R2,vec+8
SW R2,vec+12
LV V1,vec
```

假設最大向量長度為 64，請問使用聚集－分散式載入可改進任何路徑效能嗎？如果可以，請問可改進多少？

4.5 [25] <4.4> 現在假設我們想要使用單一的執行緒區塊在 GPU 上製作一個 MrBayes 核心程式。請使用 CUDA 重新撰寫該核心程式的 C 程式碼，假設條件式可能性表格以及躍遷機率表格的指標都當作參數而指定給該核心程式。該迴圈的每一次重複執行都請引用一個執行緒，並請在共用記憶體上執行運算之前先將任何重複使用的數值載入其中。

4.6 [15] <4.4> 有了 CUDA，我們可以在區塊層次上使用粗質平行化來計算多個平行節點的條件式可能性。假設我們想要從樹底向上計算條件式可能性；假設條件式可能性陣列和躍遷機率陣列在記憶體中是以問題 4 所描述那樣加以組織，且 12 個樹葉節點的每一個節點之表格群也以節點編號順序儲存在接續的記憶位置內；假設我們想要計算節點 12 至 17 的條件式可能性，如圖 4.33 所示。請改變習題 4.5 您的解答中計算陣列索引的方法，將區塊編號包括進來。

4.7 [15] <4.4> 請將您的程式碼從習題 4.6 轉換為 PTX 程式碼。請問該核心程式需要多少道指令？

4.8 [10] <4.4> 請問您預期此程式碼在 GPU 上會執行得多好？請說明您的解答。

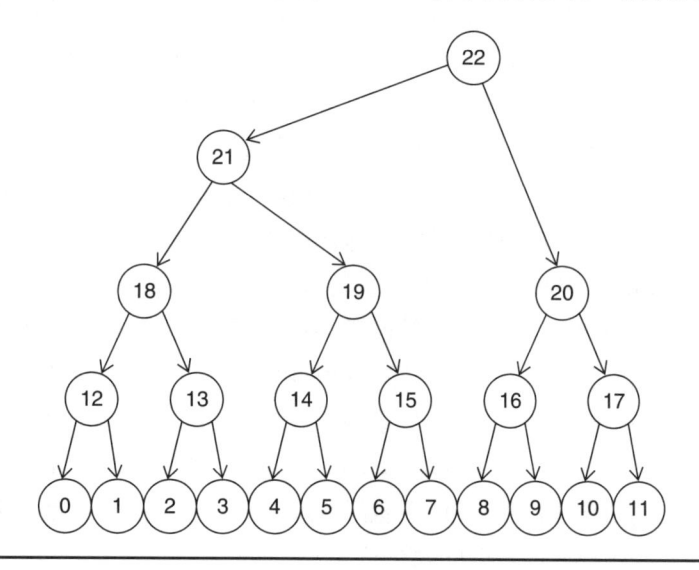

圖 4.33 樣本樹。

習 題

4.9 [10/20/20/15/15] <4.2> 請考量以下的程式碼，它將兩個包含單精度複數值的向量相乘起來：

```
for (i=0 ; i<300 ; i++) {
    c_re[i] = a_re[i] * b_re[i] - a_im[i] * b_im[i];
    c_im[i] = a_re[i] * b_im[i] + a_im[i] * b_re[i];
}
```

假設處理器執行在 700 MHz，且最大向量長度為 64。載入／儲存單元的起動虛耗為 15 個週期，乘法單元為 8 個週期，加法／減法單元為 5 個週期。

a. [10] <4.2> 請問此核心程式的算術強度為何？請證明您的解答合理。

b. [20] <4.2> 請使用剝除探勘將此迴圈轉換為 VMIPS 組合語言程式碼。

c. [20] <4.2> 假設使用鏈接和單一的記憶體管線,請問需要多少編鐘?請問每一個複數的運算結果值需要多少個時脈週期,包括起動虛耗?

d. [15] <4.2> 如果向量序列為鏈接式,請問每一個複數的運算結果值需要多少個時脈週期,包括虛耗?

e. [15] <4.2> 現在假設處理器擁有三條記憶體管線和鏈接,如果迴圈存取中沒有記憶庫衝突,請問每一個運算結果需要多少個時脈週期?

4.10 [30] <4.4> 在這個問題中,我們將比較向量處理器和一個包含純量處理器與 GPU 式協同處理器的混合型系統。在混合型系統中,主機處理器擁有優於 GPU 的純量效能,所以在此情形下所有純量程式碼都在主機處理器上執行,而所有向量程式碼都在 GPU 上執行。我們將第一個系統稱為向量計算機,將第二個系統稱為混合型計算機。假設您的目標應用程式包含一個算術強度為每一次存取 DRAM 位元組需要 0.5 FLOPS 的向量核心程式;然而,該應用程式也具有在核心程式前後都必須執行的純量成份,以便分別準備輸入向量和輸出向量。針對一個範例資料集,該程式碼的純量部份在混合型系統中的向量處理器和主機處理器上需要 400 ms 的執行時間。該核心程式讀取包含 200 MB 資料的輸入向量,並具有包含 100 MB 資料的輸出資料。向量處理器擁有 30 GB/ 秒的尖峰記憶體頻寬,而 GPU 則擁有 150 GB/ 秒的尖峰記憶體頻寬。混合型系統有一項附加的虛耗:引用核心程式前後都需要所有輸入向量在主機記憶體與 GPU 區域記憶體之間傳送。混合型系統擁有 10 GB/ 秒的直接記憶體存取 (direct memory access, DMA) 頻寬和 10 ms 的平均延遲。假設向量處理器和 GPU 兩者都是效能受限於記憶體頻寬,請計算兩部計算機對此應用程式所需要的執行時間。

4.11 [15/25/25] <4.4, 4.5> 4.5 節討論過藉由重複實施一種運算而將向量縮減為純量的縮減運算。縮減乃是某種特殊型態的迴圈重複。有一個範例如下所示:

```
dot=0.0;
for (i=0; i<64; i++) dot = dot + a[i] * b[i];
```

向量化編譯器可能會實施一種稱之為**純量擴充** (scalar expansion) 的轉換,將 dot 擴充成向量,並分解迴圈使得乘法可以用向量運算來執行,留下縮減運算成為一個分開的純量運算:

```
for (i=0; i<64; i++) dot[i] = a[i] * b[i];
for (i=1; i<64; i++) dot[0] = dot[0] + dot[i];
```

如 4.5 節所述,如果我們允許浮點數加法具有結合性,就會有幾種技術可以用來將縮減運算平行化。

a. [15] <4.4, 4.5> 有一種技術稱為重複加倍 (recurrence doubling)，將逐次變短的向量序列相加 (亦即，兩個 32 元素向量，然後兩個 16 元素向量，等等)。請顯示以此種方式執行第二個迴圈的 C 程式碼看起來如何。

b. [25] <4.4, 4.5> 在某些向量處理器中，向量暫存器之內的元素是可以個別定址的。在這種情形下，向量運算的運算元可能會是同一個向量暫存器的兩個不同的部份，這就允許縮減運算另一種解決方案，稱之為**部份總和** (partial sums)。此想法是將向量縮減為 m 個總和，其中 m 為穿過向量功能單元的總延遲，包括運算元讀取和寫入時間。假設 VMIPS 向量暫存器是可定址的 [例如，您可用運算元 V1(16) 啟始一道向量運算，表示輸入運算元開始於元素 16]，也假設加法的總延遲為八個週期，包括運算元讀取和運算結果寫入在內。請撰寫一個 VMIPS 程式碼序列，可將 V1 內容縮減為八個部份總和。

c. [25] <4.4, 4.5> 在 GPU 上執行縮減運算時，輸入向量中的每一個元素都關聯到一個執行緒。第一個步驟就是每一個執行緒將其對應數值寫入共用記憶體中。其次，每一個執行緒便進入一個迴圈，該迴圈將每一對輸入值相加，每次重複執行後元素的數目就減半，意即每次重複執行後動作的迴圈數目也減半。為了將縮減運算的效能極大化，在整個迴圈過程中全部填滿的封包數目也應該要極大化；換句話說，動作的執行緒應該要連續。而且，每一個執行緒應該要以避免共用記憶體中記憶庫衝突的方式來索引共用陣列。下面的迴圈僅違反這些準則的第一條，而且也使用對 GPU 非常昂貴的模數運算：

```
unsigned int tid = threadIdx.x;
for(unsigned int s=1; s < blockDim.x; s *= 2) {
if ((tid % (2*s)) == 0) {
sdata[tid] += sdata[tid + s];
}
__syncthreads();
}
```

請重新撰寫該迴圈以符合這些準則，並消除模數運算之使用。假設每個封包有 32 個執行緒，且無論何時來自於相同封包的兩個或更多個執行緒所存取的索引具有相等的模數 32 時，就會發生記憶庫衝突。

4.12 [10/10/10/10] <4.3> 下面的核心程式執行有限時域差分法 (finite-difference time-domain, FDTD) 的一部份來計算三維空間中的馬克斯威爾方程式，亦即 SPEC06fp 標準效能測試程式之一的一部份：

```
for (int x=0 ; x<NX-1 ; x++) {
 for (int y=0 ; y<NY-1 ; y++) {
  for (int z=0 ; z<NZ-1 ; z++) {
   int index = x*NY*NZ + y*NZ + z ;
   if (y>0 && x >0) {
   material = IDx[index] ;
   dH1 = (Hz[index] - Hz[index-incrementY])/dy[y] ;
   dH2 = (Hy[index] - Hy[index-incrementZ])/dz[z] ;
   Ex[index] = Ca[material]*Ex[index]+Cb[material]*(dH2-dH1) ;
}}}}
```

假設 dH1、dH2、Hy、Hz、dy、dz、Ca、Cb 和 Ex 均為單精度浮點數陣列,並假設 IDx 是一個無號整數陣列。

a. [10] <4.3> 請問此核心程式的算術強度為何?

b. [10] <4.3> 請問此核心程式適合於向量或 SIMD 執行嗎?為什麼適合或不適合?

c. [10] <4.3> 假設此核心程式準備在一個擁有 30 GB/ 秒記憶體頻寬的處理器上執行,請問此核心程式是受限於記憶體 (memory bound) 或受限於計算機?

d. [10] <4.3> 請針對該處理器研發一個 Roofline 模型,假設該模型擁有 85 GFLOP/ 秒的尖峰計算流通量。

4.13 [10/15] <4.4> 假設有一個包含 10 個 SIMD 處理器的 GPU 結構。每一道 SIMD 指令的寬度為 32;針對單精度算術和載入 / 儲存指令,每一個 SIMD 處理器都包含了 8 個管道,意即每一道非發散 SIMD 指令在任何 4 個週期內都能產生 32 個運算結果。假設有一個核心程式內的分支是分散開的,造成 80% 的執行緒是活動的;假設所有所執行的 SIMD 指令當中有 70% 為單精度算術型,有 20% 為載入 / 儲存型;由於並非所有的記憶體延遲都被涵蓋掉,所以假設平均 SIMD 指令發派速率為 0.85;假設 GPU 的時脈速度為 1.5 GHz。

a. [10] <4.4> 請以 GFLOP/ 秒為單位計算此 GPU 上此核心程式的流通量。

b. [15] <4.4> 假設您有以下的選擇:

(1) 增加單精度管道的數目至 16

(2) 增加 SIMD 處理器的數目至 15 (假設此改變不會影響任何其他的效能量度,且程式碼可以擴展至增加的處理器)

(3) 增加一個快取記憶體,將有效地減少 40% 的記憶體延遲,也將增加指令發派速率至 0.95

請問這些改進的每一項之流通量速度提升為何?

4.14 [10/15/15] <4.5> 在這個習題中,我們將檢視若干個迴圈並分析它們平行化的潛力。

　　a. [10] <4.5> 請問下面的迴圈是否具有迴圈所攜相依性?

```
for (i=0 ; i<100 ; i++) {
  A[i] = B[2*i+4];
  B[4*i+5] = A[i];
}
```

　　b. [15] <4.5> 在下面的迴圈中,請找出所有的真實相依性、輸出相依性和反相依性,並請藉著重新命名來消除輸出相依性和反相依性。

```
for (i=0 ; i<100 ; i++) {
  A[i] = A[i] * B[i]; /* S1 */
  B[i] = A[i] + c ;   /* S2 */
  A[i] = C[i] * c ;   /* S3 */
  C[i] = D[i] * A[i]; /* S4 */
```

　　c. [15] <4.5> 考慮下面的迴圈:

```
for (i=0 ; i < 100 ; i++) {
  A[i] = A[i] + B[i]; /* S1 */
  B[i+1] = C[i] + D[i]; /* S2 */
}
```

　　請問 S1 與 S2 之間是否有相依性?請問本迴圈是否平行?如果不是,請顯示如何使其平行化。

4.15 [10] <4.4> 請列出並描述至少四項影響 GPU 核心程式效能的因素。換句話說,請問是哪一種由核心程式所造成的執行期間行為會引發核心程式執行期間資源利用率的降低?

4.16 [10] <4.4> 假設有一個假設性的 GPU 具有以下的特性:

- 時脈頻率 1.5 GHz
- 包含了 16 個 SIMD 處理器,每一個處理器都包含 16 個單精度浮點數單元
- 擁有 100 GB/ 秒的晶片外記憶體頻寬

在不考慮記憶體頻寬的情況下,並假設所有的記憶體延遲都可以被隱藏起來,請問此 GPU 以 GFLOP/ 秒為單位的尖峰單精度浮點數流通量為何?請問在給予記憶體頻寬的限制下此流通量是否可以維持得住?

4.17 [60] <4.4> 針對這一道程式設計習題,您將要撰寫一個包含大量資料階層平行化但也包含條件式執行的 CUDA 核心程式,並表徵其行為之特色。請使用 NVIDIA CUDA 工具箱連同來自 British Columbia 大學的 GPU-SIM (http://

www.ece.ubc.ca/~aamodt/gpgpu-sim/) 或者 CUDA Profiler 來撰寫並編譯一個 CUDA 核心程式，可以針對 256 × 256 遊戲板執行 100 次 Conway's Game of Life 的重複執行，並將遊戲板的最後狀態送回主機。假設該遊戲板是由主機進行初始化。請將每一個胞格關聯一個執行緒，請確定您在每一次的遊戲重複執行之後都有加入一個屏障，並請使用以下的遊戲準則：

- 任何活的胞格，如果活的相鄰胞格少於兩個便死亡。
- 任何活的胞格，如果有兩個或三個活的相鄰胞格就可以繼續存活到下一代。
- 任何活的胞格，如果活的相鄰胞格多於三個便死亡。
- 任何死的胞格，如果有正好三個活的相鄰胞格就變成活的胞格。

完成核心程式之後，請回答以下問題：

a. [60] <4.4> 請使用 –ptx 選項編譯您的程式碼，並檢視您核心程式的 PTX 表示形式。請問有幾道 PTX 指令構成您核心程式的 PTX 製作？請問您核心程式的條件段落是否有包括分支指令或者僅有屬性式非分支指令？

b. [60] <4.4> 在模擬器中執行您的程式碼之後，請問動態的指令計數值為何？請問所達成的每個週期指令數目 (instructions per cycle, IPC) 或指令發派速率為何？就控制指令、算術邏輯單元 (arithmetic-logical unit, ALU) 指令，以及記憶體指令而論，請問動態的指令分項百分比 (dynamic instruction breakdown) 為何？請問是否有任何的共用記憶庫衝突？請問有效的晶片外記憶體頻寬為何？

c. [60] <4.4> 請改進您的核心程式，讓晶片外記憶體存取加以聚合，並觀察執行期間效能之差異。

CHAPTER

5

執行緒階層平行化

因為電腦運作速度提升的報酬遞減，使得 1960 年代中期以後，電腦已經開始脫離傳統的組織架構……電子電路的速度受到光速的限制……而且已經有很多電路正在以奈秒 (nanosecond) 的速度運作。

W. Jack Bouknight 等人
The Illiac IV System (1972)

我們正在將我們未來所有的產品全部投入多核心設計，我們相信這是產業的關鍵轉捩點。

Intel 總裁 Paul Otellini
2005 年在 *Intel* 的研發討論會上
說明 *Intel* 的未來方向

5.1 簡 介

　　根據本章開頭所引用的句子就可得知：多年來已經有一些研究者認為單處理器結構已經走到盡頭，顯然這些觀點為時過早；事實上，在 1986 年至 2003 年期間，由於微處理器的發展，單處理器的效能成長是自 1950 年代末期和 1960 年代初期第一部電晶體計算機發展以來最快的。

　　雖然如此，多處理器的重要性在整個 1990 年代卻一直在成長，因為設計師們在尋找一種建造伺服器與超級電腦的方法，既能達成比單一的微處理器更高的效能，又能利用到微處理器身為流行商品驚人的成本－效能優勢。我們在第 1 章和第 3 章討論過，單處理器的效能成長緩慢下來是由於開發指令階層平行化 (instruction-level parallelism, ILP) 的報酬遞減效應，連同持續增加的功率考量所致。這種現象遂導致計算機結構的新紀元：多處理器從高階到低階都扮演主要角色的紀元，第二段的引用語便捕捉住這個轉捩點。

　　多處理方面日益增加的重要性反映了幾項主要因素：

- 在 2000 年與 2005 年之間當設計師們嘗試找出並發掘更多 ILP 時，遭遇了矽與能量的使用效率劇烈下降，結果變成低效率的行動，因為功率成本與矽成本成長得比效能要快。不同於 ILP，我們所知道如何以更快於基本技術所允許的速度去增進效能的唯一可擴充且通用的方式 (從轉換觀點的角度去看) 就是透過多處理技術。
- 當雲端運算與軟體服務 (software-as-a-service, SaaS) 變得更重要之際，對於高階伺服器方面的興趣不斷增長。
- 資料密集型應用程式的成長，這是由網際網路上龐大資料量的可利用性所推動的。
- 洞悉桌上型電腦效能的持續成長比較沒那麼重要了 (至少在圖形應用以外)，或因目前的效能已可接受，或因高度計算密集與資料密集的應用程式都正在雲端上做的緣故。
- 對於如何有效地使用多處理器有了進一步的瞭解，特別是在擁有顯著的自然平行性的伺服器環境下 —— 肇因於大型資料集、自然平行性 (發生於科學型程式碼)，或者大量獨立需求之間的平行性 (需求階層平行性)。
- 設計上的投資可以被大量複製而非獨一無二的設計平衡掉 —— 所有多處理器設計都有這種槓桿平衡的優點。

　　在本章中，我們聚焦在開發**執行緒階層平行化** (thread-level parallelism, TLP)。TLP 意含多個程式計數器的存在，所以主要是透過 MIMD 來開發。

雖然 MIMD 已經存在了幾十年，執行緒階層平行化跨越了嵌入式應用到高階伺服器的計算範圍而移動到最前線卻是最近的事。同樣地，相對於科學型應用程式，在通用型應用程式上廣泛使用執行緒階層平行化也還相當新鮮。

我們在本章的重點是**多處理器** (multiprocessor)，我們將其定義為緊密耦合在一起的處理器所組成的計算機，這些處理器的協調與運用通常是由單一的作業系統所控制，並透過共用的位址空間來共用記憶體。這樣的系統是透過兩種不同的軟體模型來開發執行緒階層平行化。第一種模型是執行一組在單一任務上合作而緊密耦合的執行緒，通常稱之為**平行處理** (parallel processing)。第二種模型是執行可能源自於一或多個使用者的多個相對獨立的處理器，這是**需求階層平行化** (request-level parallelism) 的一種形式，雖然比起我們在下一章所探討的規模要小了許多。需求階層平行化可以藉由在多個處理器上執行單一應用程式來開發，例如一個資料庫對多個查詢的回應，或者多個應用程式獨立執行，通常稱之為**多程式化** (multiprogramming)。

我們在本章中所檢視的多處理器，其規模的範圍通常是從雙處理器到數打的處理器，而且通常是透過記憶體的共用來通訊協調。雖然共用記憶體意含了一個共用的位址空間，並不意味著具有單一的實體記憶體。這樣的多處理器包括具有多個核心的單晶片系統，稱為**多核心** (multicore)，也包括含有多個晶片的計算機，每只晶片可能是多核心的設計。

除了真正的多處理器之外，我們將回到多執行緒的課題上，這是一種支援在單一多發派處理器上以交插方式執行多個執行緒的技術。許多多核心處理器也支援多執行緒。

在下一章，我們要考量從非常大量的處理器以聯網技術連接所建構的極大型電腦，通常稱之為**叢集** (clusters)；這些大型系統通常是使用於雲端運算中，其模型是假設大量的獨立請求或高度平行化且密集的計算任務。當這些叢集成長到數萬台伺服器乃至超過時，我們便稱之為**數位倉儲型電腦** (warehouse-scale computer)。

除了我們這裡所研究的多處理器以及下一章的數位倉儲型系統，有一段範圍為大型多處理器系統，有時候稱之為**多計算機** (multicomputers)，其耦合程度比本章所檢視的多處理器較不緊密，但比起下一章的數位倉儲型系統則緊密許多。有許多其他書籍詳細涵蓋了這樣的系統，例如 Culler、Singh 和 Gupta [1999]。由於多處理領域的大型與變動特性 (剛剛提到的 Culler 等人之參考著作超過 1000 頁，而且僅討論多處理而已！)，所以我們選擇將注意力集中在我們相信在該計算領域內最重要且最通用的部份。附錄 I 討論了針對大型科學型應用程式而建構的這樣的電腦所產生的一些問題。

因此，我們將專注於多處理器設計的主流：少量到中量的多處理器 (2 至 32 個處理器)。這種設計的佔有率是最高的，價格也是最好的。我們只會花少量的篇幅來介紹大型的多處理器設計方法 (33 或更多個處理器)，主要是在附錄 I，涵蓋了此種處理器更多的設計風貌，也涵蓋了平行式科學型工作任務的行為效能；這種工作任務主要是針對大型多處理器而設的應用類型。大型多處理器的交連網路是設計上的關鍵部份，附錄 F 聚焦在這個主題上。

多處理器結構：發派與方法

為了要利用具有 n 個處理器的 MIMD 多處理器，我們通常至少要有 n 個執行緒或行程來執行。單一行程內的獨立執行緒通常都是由程式設計師來界定，或是由作業系統 (從多個獨立的請求) 產生。在另一個極端，執行緒也可能包含了由平行式編譯器在一個迴圈內運用資料平行性所產生的數十次重複執行。雖然在考慮如何有效率地開發執行緒階層平行化時，指派給執行緒的計算量，稱為**細質大小** (grain size)，是很重要的，但是與指令階層平行化之間重要的定性區別卻在於：執行緒階層平行化是由軟體系統或程式設計師在高階層所界定，執行緒則包含了數百至數百萬道可以平行執行的指令。

執行緒也可以用以開發資料階層平行化，雖然其虛耗 (overhead) 會比使用 SIMD 處理器或使用 GPU (見第 4 章) 所看到的要高。這種虛耗意味著要有效率地利用平行化 —— 執行緒的細質大小必須足夠大。舉例來說，雖然向量式處理器或 GPU 能夠在短向量上有效率地將運算平行化，但是當此平行性被分配至許多執行緒時，其細質大小卻太小，以致於所造成的虛耗讓 MIMD 中平行化的開發太過昂貴而難以接受。

目前的共用記憶體多處理器依據其處理器數目可以分成兩類。處理器數目則又定位了記憶體的組織和交連的策略。但我們將依據多處理器的記憶體組織來予以分類，因為處理器數目多寡的定義可能會隨著時間而改變。

第一類稱為**對稱式 (共用記憶體) 多處理器** [symmetric (shared-memory) multiprocessors, SMP]，其特徵為核心數目少，通常為八個或更少。對這樣的少數處理器的多處理器而言，其處理器可能共用單一的集中式記憶體，所有處理器都可以平等地存取，所以就有**對稱式**的名稱。在多核心晶片中，記憶體是以集中的方式在核心之間有效地共用，所有現有的多核心都是 SMP。當一個以上的多核心被連接在一起時，每一個多核心都擁有分開的記憶體，所以記憶體為分散式而非集中式。

SMP 結構有時也稱為**一致性記憶體存取** (uniform memory access, UMA)

多處理器，這個名稱的起源是因為所有處理器都具有一致的記憶體時間延遲，即使記憶體被組織成多個分庫。圖 5.1 顯示這種多處理器的方塊圖，SMP 的結構是 5.2 節的課題，我們將針對多核心說明這種方法。

另外一種設計方法是由具有實體上分散記憶體的多處理器所組成，稱之為**分散式共用記憶體** (distributed shared memory, DSM)，圖 5.2 是這種多處理器的方塊圖。為了支援較多的處理器，記憶體必須分散在每個處理器上，不可以用集中的方式；否則記憶體系統將無法在不引起過長的存取時間延遲下，支援較多的處理器對於頻寬的需求。隨著處理器效能迅速提升，處理器對記憶體頻寬的需求也跟著增加，樂於採用分散式記憶體的多處理器的規模便持續縮小。多核心處理器的引進意味著即使雙晶片的多處理器都使用分散式記憶體。較多的處理器更需要高頻寬的交連電路，我們會在附錄 F 中看到其範例，分別為直接交連網路 (即交換器) 和間接交連網路 [通常是多維網狀組織 (multidimensional meshes)]。

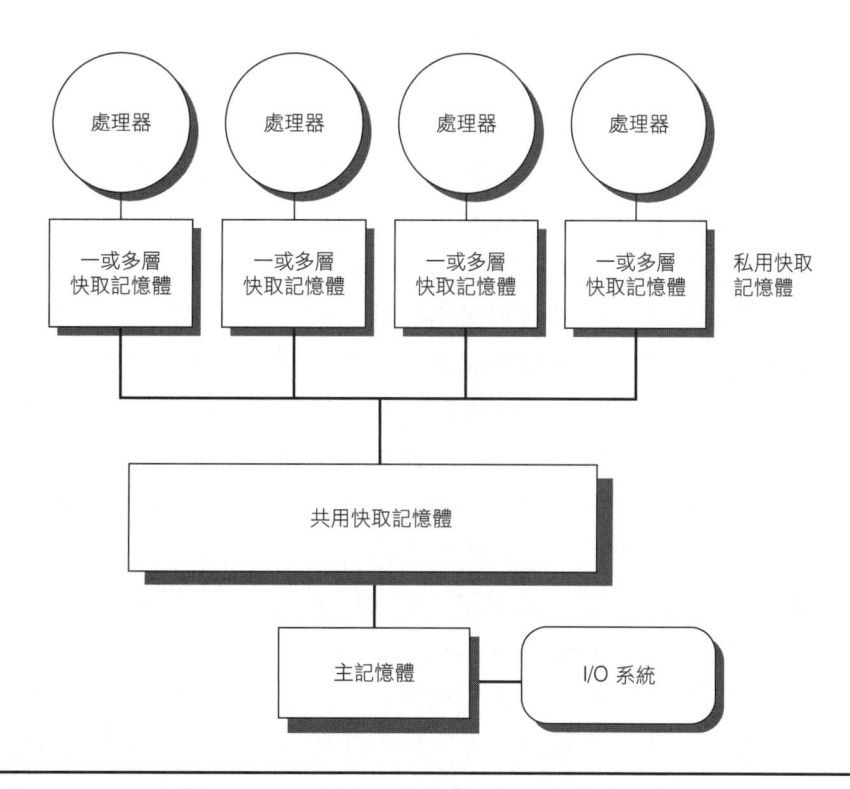

圖 5.1 集中式共用記憶體多處理器以一只多核心晶片為基礎的基本架構。多個處理器 – 快取記憶體的子系統共用一個相同的實體記憶體，通常擁有一層的共用快取記憶體以及每個核心一或多層的私用快取記憶體。結構上的主要特性就是從所有處理器至所有記憶體的存取時間都是一致的。多晶片版本中，與單晶片內相反的是：共用快取記憶體會被省略，將處理器連接至記憶體的匯流排或交連網路會在晶片之間運作。

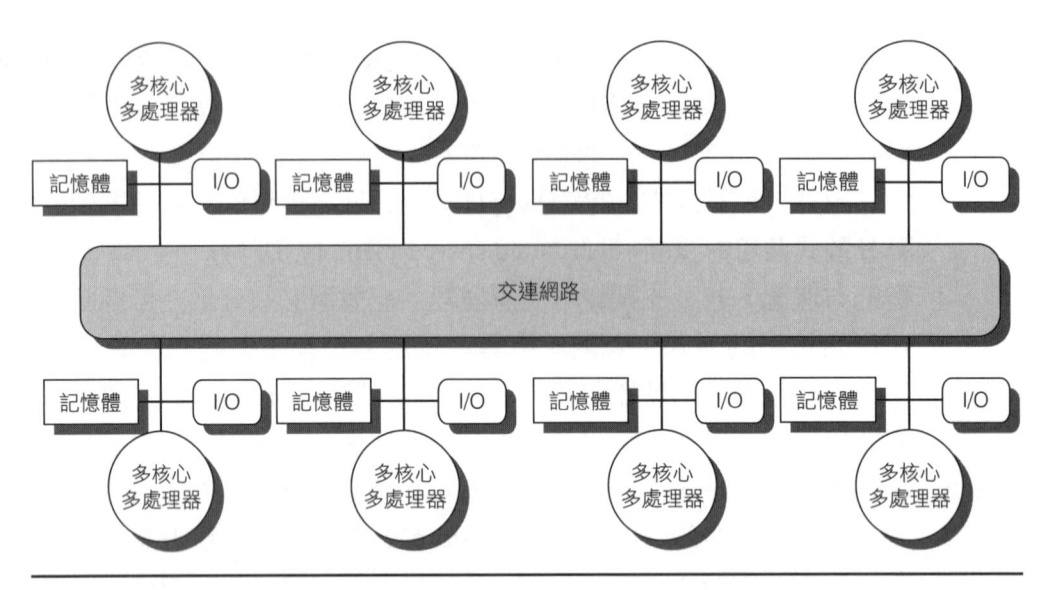

圖 5.2 2011 年的分散式記憶體多處理器的基本結構是由許多個別的節點所組成，每個節點包含了一個有記憶體附著也可能有 I/O 附著的多核心處理器晶片，並且還有一組介面通往連接所有節點的交連網路。雖然附著在多核心晶片的區域記憶體存取時間遠快於遠端記憶體存取時間，每一個處理器核心還是共用了整個記憶體。

記憶體分散在各節點既增加了頻寬又減少了至區域記憶體的時間延遲。DSM 多處理器又稱為 **NUMA** (nonuniform memory access, 非均勻的記憶體存取)，因為存取時間取決於資料字元在記憶體中的位置。DSM 的主要缺點在於各處理器之間傳輸資料變得複雜一些，而且 DSM 在軟體上需要花更多力氣去利用分散式記憶體所能夠增加的記憶體頻寬。由於所有擁有一個以上處理器晶片 (或插座) 的多核心式多處理器都是使用分散式記憶體，我們將從這個觀點上來說明分散式記憶體多處理器的運作。

在 SMP 和 DSM 兩種結構中，執行緒之間的通訊是透過共用的位址空間而產生，意即可以由任何處理器進行記憶體存取至任何記憶體位置，假設它擁有正確的存取權。**共用記憶體** (shared memory) 一詞與 SMP 和 DSM 兩者都有關聯，是指**位址空間** (address space) 共用之事實。

相反地，下一章的叢集和數位倉儲型電腦看起來像是由網路連接起來的一群個別電腦；如果缺少在兩個處理器上執行軟體協定的幫助，一個處理器的記憶體就無法被另一個處理器存取。在這樣的設計中，便使用訊息傳遞協定在處理器之間傳送資料。

平行處理所面臨的挑戰

多處理器的應用範圍,從執行本質上沒有通訊的獨立任務、到執行各執行緒必須相互通訊來完成任務的平行化程式,到處都有。有兩個重大的障礙,使得平行處理遭受挑戰,這兩個障礙都可以用 Amdahl 定律來解釋。這些障礙的難易程度視應用程式與結構兩者而定。

第一個障礙是程式中可用的平行性有限,第二個障礙則是通訊的成本相當高。可用的平行性有限使得平行處理器很難大幅提升速度,如我們第一個範例所顯示。

範例 假設希望用 100 個處理器達成 80 倍的速度提升,請問原始計算中有多少比例可以循序化?

解答 回想第 1 章,Amdahl 定律是

$$速度提升 = \frac{1}{\frac{比例_{增強模式}}{速度提升_{增強模式}} + (1 - 比例_{增強模式})}$$

在本例中為了簡化起見,假設程式只能用兩個模式運作:所有處理器全部被使用的平行式,這是增強模式;或者只有一個處理器使用的串列式。使用這種簡化,增強模式下的速度提升就等於處理器的數目,而增強模式所佔比例就是花在平行模式上的時間。代入前面的方程式:

$$80 = \frac{1}{\frac{比例_{平行模式}}{100} + (1 - 比例_{平行模式})}$$

將方程式化簡後可得

$$0.8 \times 比例_{平行模式} + 80 \times (1 - 比例_{平行模式}) = 1$$
$$80 - 79.2 \times 比例_{平行模式} = 1$$
$$比例_{平行模式} = \frac{80 - 1}{79.2}$$
$$比例_{平行模式} = 0.9975$$

因此,使用 100 個處理器要達到 80 倍的速度提升,必須只有 0.25% 的原始計算可以是循序的。當然,如果要達到線性速度提升 (使用 n 個處理器就有 n 倍的速度提升),整個程式必須完全是平行的,不可以有串列的部份。實際上,程式不是只運作在完全平行或完全循序的模式,通常在平行模式下執行不會使用全部的處理器。

平行處理第二項主要挑戰是在平行處理器上進行遠端存取時會有很大的時間延遲。在現有的共用記憶體多處理器上，個別核心之間的資料通訊可能會花費的時間從 35 到 50 個時脈週期，分開的晶片上的核心之間則從 100 個時脈週期到 500 乃至於更多的時脈週期都有 (對大型多處理器而言)，視通訊機制、交連網路的形式和多處理器的規模而定。長的通訊延遲之影響明顯地重大，讓我們來思考一個簡單的例子。

範例 假設我們有一個應用程式在一個 32 處理器的多處理器上執行，處理遠端記憶體存取要花費 200 ns。針對該應用程式，我們採取稍微樂觀的假設，亦即除了牽涉通訊的存取外，其他所有存取都能在區域記憶體層級中命中。處理器進行遠端請求時必須要暫停，該處理器的時脈頻率為 3.3 GHz。如果基本 CPI (假設所有存取均命中快取記憶體) 為 0.5，請問多處理器在完全沒有通訊的情況下，會比 0.2% 的指令發生通訊存取的情況下要快了多少？

解答 首先計算每道指令的時脈週期 (clock cycles per instruction, CPI) 會比較簡單。多處理器有 0.2% 遠端存取的有效 CPI 為

$$CPI = 基本 CPI + 遠端存取速率 \times 遠端存取成本$$
$$= 0.5 + 0.2\% \times 遠端存取成本$$

遠端存取成本為

$$\frac{遠端存取成本}{時脈週期} = \frac{200 \text{ ns}}{0.3 \text{ ns}} = 666 \text{ 個週期}$$

所以我們可以計算 CPI：

$$CPI = 0.5 + 1.2 = 1.7$$

全部都是區域存取的多處理器會快 1.7/0.5 = 3.4 倍。實際上，效能分析會複雜許多，因為部份非通訊存取會在區域記憶體層級中發生失誤，而且遠端存取時間不會只是單一常數值。例如，遠端存取成本可能更糟，因為許多存取同時要使用全域交連網路時會發生競爭，造成延遲增加。

平行性不足和遠端通訊長時間延遲這兩個問題是使用多處理器的兩個最大的效能挑戰。應用程式平行性不足的問題主要須在軟體中利用提供較佳平行效能的新演算法來解決，也可以藉由能夠把使用全部處理器去執行所花費的時間量加以極大化的軟體系統來解決。要減少遠端長時間延遲的影響，可以靠結構或靠程式設計師來解決。例如，我們可以利用一些硬體機制或軟體機制來減少遠端存取的頻率，像是共用資料快取記憶體的硬體機制，或是重

訂資料結構而令區域存取比較多的軟體機制。我們也可以使用多執行緒來試著容忍延遲時間 (本章稍後會討論)，或者使用預提取也可以 (那是我們在第 2 章廣泛涵蓋的課題)。

本章大多專注在如何減少遠端通訊長時間延遲之影響的技術上。例如，5.2 到 5.4 節將討論快取如何能被用來減少遠端存取頻率，又能維持記憶體一致性。5.5 節將討論同步，因為同步本身上就會牽涉到處理器之間的通訊，也會限制平行化，所以是一個可能的瓶頸。5.6 節涵蓋了隱藏時間延遲的技術以及對於共用記憶體的記憶體一致性模型。在附錄 I 中，我們主要是著重在優先用於科學性工作上的大型多處理器。在該附錄中，我們檢視了此種應用的本質，以及使用成打乃至成百處理器去達成速度提升所面臨的挑戰。

5.2 集中式共用記憶體結構

使用大型多階層快取可以大幅減少處理器的記憶體頻寬需求，這項觀察就是激發出集中式記憶體多處理器的洞察力。起初，這些處理器都是單核心，而且佔了一整塊電路板，記憶體座落在共用匯流排上。隨著更新近、更高效能處理器的出現，對於記憶體的需求已經超過合理匯流排的能力，所以最近的微處理器就直接將記憶體連接至一個單晶片，此單晶片有時候被稱為**背面 (backside) 匯流排**或**記憶體匯流排 (memory bus)** 以與連接 I/O 的匯流排作區隔。無論是 I/O 運算或是從其他晶片存取，存取任何晶片的區域記憶體都需要穿過「擁有」該記憶體的晶片；因此，存取記憶體是非對稱性的：對區域記憶體比較快，對遠端記憶體就比較慢。在多核心當中，記憶體是由單晶片上所有核心所共用，但是仍然留有從一個多核心記憶體到另一個多核心記憶體的非對稱性存取。

對稱式共用記憶體機器通常可支援共用和私有資料的快取。**私有資料 (private data)** 只能被單一處理器使用，而**共用資料 (shared data)** 則可以被多個處理器使用。這些多個處理器基本上是經由讀寫共用資料而提供各處理器之間的通訊。當私有項目被快取時，它的位置便移到快取記憶體中，就可減少平均存取時間以及對記憶體頻寬的需求。因為沒有別的處理器可以使用這些資料，所以程式的行為和單處理器一模一樣。當共用資料被快取時，共用值有可能被複製在多個快取記憶體上，除了可以減少存取的時間延遲和記憶體頻寬的需求外，這種複製也可以減少多個處理器同時要讀取共用資料所造成的競爭。然而共用資料的存取卻會引發一個新的問題：快取的一致性 (cache coherence)。

什麼是多處理器快取的一致性

不幸的是，快取共用資料引發了一個新的問題，那就是因為兩個不同的處理器是經由它們各自的快取去看記憶體，如果沒有任何預防措施，終了時就可能看到兩個不同的數值。圖 5.3 解釋了這個問題，並且說明兩個處理器對於同一個位置如何會有不同的值。這種困難的問題通常稱為**快取一致性問題** (cache coherence problem)。請注意，快取一致性問題會存在是因為我們擁有全域狀態和區域狀態這兩種狀態，前者主要是由主記憶體所定義，後者則是由每個處理器核心所私用的個別快取記憶體所定義。因此，在一個某些層快取可能共用 (例如 L3) 而某些層快取可能私用 (例如 L1 和 L2) 的多核心當中，一致性問題依然存在而必須加以解決。

以非正式的說法，如果讀取任何資料項目時，傳回的是最近所寫入該項目的資料值，我們就稱這個記憶體系統是一致的。這個定義在直覺上雖然吸引人，卻過於模糊和簡化。實際上的定義要比這個複雜許多。這個簡單的定義包含記憶體系統行為的兩種不同像貌，兩者對於撰寫正確的共用記憶體程式都非常重要。第一種像貌稱為**一致性** (coherence)，定義了讀取時所傳回的值；第二種像貌稱為**一貫性** (consistency)，決定了寫入的值什麼時候會被讀取所傳回。我們首先來看一致性。

一個記憶體系統是一致的，如果

1. 處理器 P 先寫入位置 X，然後再去讀取位置 X。在這個寫入和讀取之間，沒有其他處理器寫入位置 X，那麼讀取所傳回的值永遠是 P 所寫入的值。
2. 其他處理器先寫入位置 X，然後某個處理器再去讀取位置 X。如果這個寫

時間	事件	處理器 A 的快取記憶體內容	處理器 B 的快取記憶體內容	位置 X 的記憶體內容
0				1
1	處理器 A 讀取 X	1		1
2	處理器 B 讀取 X	1	1	1
3	處理器 A 儲存 0 到 X	0	1	0

圖 5.3 兩個處理器 (A 和 B) 讀寫單一記憶體位置 (X) 所造成的快取一致性問題。剛開始我們假設 X 的值為 1，並且沒有一個快取記憶體有 X。我們也假設用透寫式 (write-through) 快取記憶體；因為使用回寫式 (write-back) 快取記憶體時會使說明變得比較複雜。當 A 寫入一個新的值到 X 時，A 的快取記憶體和記憶體都有新的值；但是 B 的快取記憶體中，X 的值還是舊的，如果 B 去讀取 X 的值將會得到 1！

入和這個讀取之間相隔夠久,並且在這兩次存取之間沒有發生其他寫入到位置 X 的動作,那麼這個讀取便會傳回所寫入的值

3. **寫到同一位置上的寫入動作是串列式的** (serialized),也就是說,對於由任何兩個處理器寫到同一位置上的兩次寫入,所有的處理器都看到一樣的寫入順序。例如,如果先將值 1 再將值 2 寫到同一位置上,那麼所有的處理器都不會先讀到 2 再讀到 1。

第一項性質只是保持程式的順序 —— 甚至在單處理器上也應該有這種性質。第二項性質對於記憶體一致性方面的見解有何含意的觀念作了定義:如果處理器一直讀到一個舊的資料值,我們就可以很清楚地說該記憶體是不一致的。

寫入串列化的需要雖然較為精巧,但是卻同樣重要。假定我們並沒有讓寫入串列化,處理器 P1 先寫入位置 X,然後 P2 再寫入位置 X。串列式寫入可以確保每個處理器看到 P2 在某些時間點完成寫入。如果我們並沒有將寫入串列化,則某些處理器會先看到 P2 的寫入再看到 P1 的寫入,所維持的是 P1 寫入的不確定值。避免這項困難最簡單的辦法就是確保同一位置的所有寫入都能看到同樣的寫入順序。這種性質稱為**寫入串列化** (write serialization)。

雖然上述這三項性質足夠確保一致性,但是什麼時候可以看到寫入值也很重要。要知道為什麼,請瞭解我們並不能要求讀取 X 時可以立即看到其他處理器所寫入的 X 值。例如,如果某個處理器寫入 X,然後在很短的時間內別的處理器要去讀取 X,我們不可能保證可以讀到這個剛寫入的資料值,因為寫入的資料那時候可能還沒有離開處理器。讀取者恰在何時可以看到寫入值,是由**記憶體一貫性模型** (memory consistency model) 所定義 —— 這是 5.6 節所討論的課題。

一致性和一貫性是相輔相成的:一致性定義了讀寫相同記憶體位置的行為,而一貫性則定義了有關存取其他記憶體位置的讀寫行為。現在,設定以下兩項假設。第一,直到所有處理器都已經看到寫入的結果之前,該寫入並不算完成 (也不允許發生下一次寫入)。第二,相關於任何其他的記憶體存取,處理器不會改變任何寫入的順序。這兩個條件意味著:如果處理器先寫入位置 A 再寫入位置 B,那麼任何處理器看到 B 的新值也就會看到 A 的新值。這些限制允許處理器可以重新排定讀取順序,卻迫使處理器必須遵循程式順序去完成寫入。我們在 5.6 節之前都會倚賴這項假設,在 5.6 節我們將正確看到這項定義的意含以及其他不同的方法。

推行一致性的基本方案

多處理器和 I/O 的一致性問題，雖然本質很類似，但是卻具有不同的特性，會影響到合適的解決方法。對於 I/O 而言，資料具有多份複本的情形很少發生，而這也是必須儘可能避免的情形。相對於 I/O，多處理器執行程式時，在數個快取記憶體中通常會有相同資料的複本。在一致性多處理器中，對於共用的資料項目，快取記憶體可以提供**搬移** (migration) 和**複製** (replication) 這兩項功能。

一致性快取記憶體能夠提供搬移的功能，因為資料項目可以移動到區域快取記憶體中，在那兒以一種感覺不到它存在的透明方式 (transparent fashion) 去使用，此搬移減少了存取遠端共用資料的時間延遲，也降低了對於共用記憶體頻寬的需求。

一致性快取記憶體對於被同時讀取的共用資料也提供複製的功能，因為快取記憶體會在區域快取記憶體內複製一份資料項目。複製可以減少存取延遲，也可以減少讀取共用資料項目所造成的競爭。支援搬移和複製對於存取共用資料項目的效能十分具有關鍵性。因此，多處理器採用硬體解決方式，引進一種協定去維持快取的一致性，不再嘗試用軟體方式以避免問題去解決問題。

在多個處理器上維持一致性的協定稱為**快取一致性協定** (cache coherence protocol)。實現快取一致性協定的關鍵是去追蹤任何資料區塊的共用狀態。有兩種類型的協定在使用，這兩種協定使用不同的技術去追蹤共用狀態：

- **目錄式** (directory based)：實體記憶體特定區塊的共用狀態保留在一個稱為**目錄** (directory) 的位置。有兩種型態非常不一樣的目錄式快取一致性。在 SMP 中，我們可以使用一個與記憶體或某個其他單一串列點（例如多核心中的最外層快取記憶體）相關聯的集中式目錄；在 DSM 中，擁有單一目錄是沒有什麼意義的，因為那會產生單一的競逐點，而難以在具有八個或更多個核心的多核心記憶體需求之下擴充到許多多核心晶片上。分散式目錄比單一目錄要複雜，這樣的設計乃是 5.4 節的主題。
- **窺探式** (snooping)：不用在單一目錄中保持共用狀態，任何擁有來自實體記憶體區塊的資料複本之快取記憶體都會追蹤該區塊的共用狀態。在 SMP 中，快取記憶體通常是經由某種廣播媒介（例如，將每個核心都具備的快取記憶體連接至共用快取記憶體或記憶體的匯流排）進行存取，因此所有的快取控制器將會監督 (monitor) 或**窺探** (snoop) 該媒介，來判定它們是否擁有匯流排或交換器存取所需求的區塊複本。窺探機制也可以當作多晶片

多處理器的一致性協定來用，某些設計在每一個多核心之內的目錄式協定之上還支援窺探式協定呢！

多處理器中將微處理器 (單核心) 和快取記憶體經由匯流排連接到單一的共用記憶體，大多使用窺探式協定。匯流排提供了方便的廣播媒介來實現窺探式協定，多核心結構明顯地改變了這個樣貌，因為所有多核心都共用晶片上的某一層快取記憶體；於是某些設計就切換成使用目錄式協定，因為虛耗小的緣故。為了讓讀者熟悉兩種型態的協定，我們在這裡聚焦於窺探式協定，當我們來到 DSM 結構時再來討論目錄式協定。

窺探式一致性協定

有兩種方式可以維持上一小節所描述的一致性要求。其中一種方法是要確保處理器在寫入資料項目之前，擁有存取該項目的專屬權。這種型態的協定稱為**寫入失效協定** (write invalidate protocol)，因為它在寫入時會讓其他複本失效，這也是到目前為止最常見的協定。專屬性存取 (exclusive access) 可以保證在發生寫入時不會存在其他可讀或可寫的項目複本：所有其他的快取複本都失效了。

圖 5.4 顯示一個有回寫式快取記憶體在動作的失效協定範例。要明白這個協定為什麼可以保證一致性，試想當寫入之後，別的處理器要讀取這筆資料的情形：因為寫入時需要使用專屬性存取，所以進行讀取的處理器上所抓住的複本就必須失效 (協定名稱就是這樣來的)。因此讀取發生時，會產生快取失誤而被迫去提取新的資料複本。對於寫入而言，我們要求進行寫入的處理器具有專屬性存取權，防止任何其他處理器能夠同時進行寫入。如果有兩個處理器想要同時寫入同一個位置，只有一個能贏得這場競爭 (稍後我們會看到如何決定誰贏得這場競爭)，然後讓其他處理器上的複本失效。如果其他處理器要完成寫入動作，它必須先取得一個新的資料複本，現在包含了更新值在內。所以這個協定可以推行寫入串列化。

除了失效協定之外還有另一種方法：寫入某個資料項目時會去更新該項目所有的快取複本。這種形式的協定稱為**寫入更新** (write update) 或**寫入廣播** (write broadcasts)。由於寫入更新協定必須將所有寫入都廣播到共用的快取線上，所以會消耗更為大量的頻寬。因為這個緣故，最近所有的多處理器都已經選擇去製作寫入失效協定，我們在本章剩下的內容中也將只專注在失效協定上。

處理器動作	匯流排動作	處理器 A 的快取記憶體內容	處理器 B 的快取記憶體內容	位置 X 的記憶體內容
				0
處理器 A 讀取 X	對 X 快取失誤	0		0
處理器 B 讀取 X	對 X 快取失誤	0	0	0
處理器 A 寫入 1 至 X	X 失效	1		0
處理器 B 讀取 X	對 X 快取失誤	1	1	1

圖 5.4 失效協定的範例，是針對使用回寫式快取的單一快取區塊 (X)，在窺探式匯流排上運作。我們假設剛開始時沒有一個快取記憶體有 X，且在記憶體中 X 的值為 0。圖中處理器和記憶體所顯示的乃是處理器和匯流排動作兩者都完成之後的值。空白代表沒有任何動作或沒有任何快取複本。當 B 發生第二次快取失誤時，處理器 A 可以回應 B 所需的資料，並取消來自記憶體的回應。除此之外，B 的快取記憶體內 X 的內容和記憶體內 X 的內容都被更新了。這種當區塊變成共用時所造成的記憶體更新，可以將協定加以簡化。但是有可能追蹤其主權，並且只有在區塊被置換時才強制回寫。這就需要引進一個稱為「擁有者」(owner) 的追加狀態，表示一個區塊可以被共用，但是擁有主權的處理器在改變或置換區塊時，要負責更新所有其他的處理器和記憶體。如果多核心使用共用的快取記憶體 (例如 L3)，所有記憶體就會透過共用的快取記憶體被看見；在本例中 L3 的動作像是記憶體，必須針對每個核心的私用 L1 和 L2 來處理一致性。也就是這項觀察才導致某些設計師在多核心之內選擇了目錄式協定。要讓這行得通，L3 快取記憶體必須包含在內 (見 400~401 頁)。

基本的製作技術

在多核心上製作失效協定的重點是利用匯流排或另外的廣播媒介來執行失效的動作。在比較舊式的多晶片多處理器中，一致性所使用的匯流排為共用記憶體存取匯流排；在多核心中，匯流排可能是私用快取記憶體 (Intel Core i7 中的 L1 和 L2) 與共用的外部快取記憶體 (i7 中的 L3) 之間的連接。要執行失效的動作，處理器只要取得匯流排的存取權，然後將欲失效的位址在匯流排上廣播，所有的處理器則不斷地窺探 (snoop) 匯流排上的位址。處理器檢查在匯流排上的位址是否在自己的快取記憶體中。如果是的話，則快取記憶體中這個位址所對應的資料將失效。

當寫入至共用區塊發生時，進行寫入的處理器必須取得匯流排存取權，去廣播其失效動作。如果兩個處理器在同一時間想要寫入共用區塊，當它們訴諸匯流排仲裁時，它們所嘗試要廣播的失效動作就會被串列化。第一個取得匯流排存取權的處理器，將會使得它正在寫入的區塊的任何其他複本都失效。如果一些處理器想要寫入相同的區塊，由匯流排所推動的串列化也就會針對它們的寫入進行串列化。這種方式意味著：寫入一個共用資料項目時，

要取得匯流排存取權之後才能夠真正完成。所有的一致性方案都需要某種方法，可以將同一快取區塊之存取加以串列化，不是藉由通訊媒介存取之串列化，就是藉由另外的共用架構。

除了要將正在寫入中的快取區塊未完成的複本加以失效之外，發生快取失誤時，我們也必須找到所要的資料項目。使用透寫式快取可以很容易找到最新的資料項目值，因為所有的寫入資料總是會送到記憶體去，所以我們一定可以從記憶體拿到最新的資料。(使用寫入緩衝區可能會比較複雜一點，必須有效地以額外的快取記錄來處理。)

然而，使用回寫式快取時，要找到最新的資料值比較困難，因為最新的資料項目值可能是在私用快取記憶體中而非共用快取記憶體中或記憶體中。讓人高興的是，回寫式快取對於快取失誤和寫入都可以使用同樣的窺探方法：每個處理器窺探放在共用匯流排上的任一個位址。如果處理器發現它擁有一個受污染 (dirty) 卻是所需求的快取區塊複本，該處理器便針對讀取需求而提供此快取區塊，並取消這項記憶體 (或 L3) 存取。增加的複雜度來自於不得不從另一個處理器的私用快取記憶體中 (L1 或 L2) 去取回快取區塊，這比起從 L3 中取回通常可能會花費更長的時間。因為回寫式快取產生較低的記憶體頻寬需求，所以它們可以支援較多更快的處理器。因此，所有多核心處理器在最外層快取記憶體都是使用回寫式，我們將會檢視回寫式快取記憶體一致性的製作。

一般的快取記憶體標籤 (tag) 可以用來製作窺探程序，而且每個區塊的有效位元 (valid bit) 使得失效很容易製作。不管是失效所造成或是其他原因所造成的讀取失誤，也都很明確，因為它們只是依靠窺探來解決。至於寫入，我們會想知道其他的快取記憶體有沒有該區塊的複本，如果別的快取記憶體都沒有該區塊的複本，那麼在回寫式快取中，該次寫入就不需要放在匯流排上了。不送出寫入就可以減少寫入的時間以及所需要的頻寬。

為了要追蹤某個快取區塊是否是共用的，我們可以為每個快取區塊增加一個額外的狀態位元，就好像有效 (valid) 位元和污染 (dirty) 位元一樣。藉由增加一個位元指出區塊是否共用，我們就可以決定寫入時是否必須產生失效。當寫入一個共用狀態下的區塊時，該快取記憶體便會在匯流排上產生一個失效，並且將這個區塊標示成**專屬的** (exclusive)，該核心就不會再為該區塊送出失效信號了。一個單獨擁有快取區塊複本的核心通常是被稱為該快取區塊的**擁有者** (owner)。

當失效送出來之後，擁有者的快取區塊狀態就從共用 (shared) 變成非共用 (或專屬) 的擁有者。如果稍後有其他的處理器要存取該快取區塊，這個

狀態就必須再變回共用。因為我們的窺探式快取也會看到失誤，所以它知道何時會有別的處理器想要存取這個專屬的快取區塊，以及何時該狀態應該變成共用的。

每一次匯流排交易都必須檢查快取位址標籤，所以有可能干擾到處理器的快取記憶體存取。減少此種干擾的一種方式就是複製標籤，並且將窺探式存取導引至複製的標籤。另一種方法就是在共用的 L3 快取記憶體上使用目錄；該目錄指出一個已知區塊是否被共用以及可能是哪些核心擁有複本。有了目錄資訊，失效就可以只被導引至那些擁有快取區塊複本的快取記憶體中，這就需要 L3 必須一直擁有 L1 或 L2 中任何資料項目的複本，該特性稱之為**包含性** (inclusion)，我們會在 5.7 節回到這上面。

一個協定範例

窺探式一致性協定通常是在每個核心內加入一個有限狀態控制器 (finite state controller)。製作出來的這個控制器會回應從核心中的處理器以及從匯流排 (或是其他廣播媒介) 送出來的請求，改變所選擇的快取區塊狀態，並且使用匯流排去存取資料或將其失效。邏輯上，您可以想像每一個區塊都關聯到一個分開的控制器；也就是說，對於不同區塊的窺探動作或快取請求可以獨立進行。在實際製作中，單一控制器則允許對於不同區塊的多個運算以交插方式去進行 (也就是說，一個運算可以在另一個運算完成之前被起動，即使同一時間內只允許一次快取或一次匯流排存取)。並且，請記得雖然我們在以下的敘述中引用的是匯流排，但是任何支援廣播的交連網路都可以用來實現窺探動作，而廣播則是針對所有一致性控制器以及它們所關聯到的私用快取記憶體。

我們所考量的簡單協定具有三種狀態：無效、共用和修改過。共用狀態代表在私用快取記憶體中的該區塊可能是共用的，而修改過狀態則代表該區塊已經在私用快取記憶體中被更新；請注意修改過狀態**意味**該區塊為專屬性。圖 5.5 顯示一個核心所產生的請求 (在表格的上半部)，以及來自匯流排的請求 (在表格的下半部)。本協定是針對回寫式快取，但也很容易改變成針對透寫式快取而運作，只要將修改過狀態重新解釋成專屬狀態，並針對透寫式快取在正常寫入時去更新快取記憶體。此基本協定最常見的擴充就是增加一個專屬狀態，用來描述雖未修改過卻只保持在一個私用快取記憶體內的區塊。我們會在 364~365 頁對此和其他的擴充作描述。

當「失效」或「寫入失誤」被放在匯流排上時，任何具有該快取區塊複本的私用快取記憶體之核心就會使該區塊失效。對於回寫式快取記憶體中的

請求	來源	定址的快取區塊狀態	快取動作的形式	功能及解釋
讀取命中	處理器	共用或修改過	正常命中	讀取區域快取記憶體的資料。
讀取失誤	處理器	失效	正常失誤	把「讀取失誤」放到匯流排。
讀取失誤	處理器	共用	置換	解決衝突失誤：把「讀取失誤」放到匯流排。
讀取失誤	處理器	修改過	置換	解決衝突失誤：回寫區塊，然後把「讀取失誤」放到匯流排。
寫入命中	處理器	修改過	正常命中	寫入資料到區域快取記憶體。
寫入命中	處理器	共用	一致性	將「失效」放到匯流排。這些動作通常稱為**升級**失誤或**所有權** (ownership) 失誤，因為它們並不提取資料，只是改變狀態。
寫入失誤	處理器	失效	正常失誤	把「寫入失誤」放到匯流排。
寫入失誤	處理器	共用	置換	解決衝突失誤：把「寫入失誤」放到匯流排。
寫入失誤	處理器	修改過	置換	解決衝突失誤：回寫區塊，然後把「寫入失誤」放到匯流排。
讀取失誤	匯流排	共用	不動作	允許共用的快取記憶體或記憶體處理讀取失誤。
讀取失誤	匯流排	修改過	一致性	試圖共用資料：把快取區塊放到匯流排且改變狀態為共用。
失效	匯流排	共用	一致性	試圖寫入共用的區塊；使該區塊失效。
寫入失誤	匯流排	共用	一致性	試圖寫入共用的區塊；使快取區塊失效。
寫入失誤	匯流排	修改過	一致性	試圖寫入在別處為專屬的區塊：回寫快取區塊且使其狀態在區域快取記憶體中失效。

圖 5.5 快取一致性機制接受來自核心的處理器和共用匯流排的請求，並且依據請求形式和請求中所指定的區域快取區塊狀態作出回應，不管在區域快取記憶體中是命中還是失誤。第四個欄位將快取動作的形式描述成正常命中或正常失誤 (與單處理器快取會看到的相同)、置換 (單處理器的快取置換失誤) 或是一致性 (維持快取一致性所需)；正常或置換動作或許會造成一致性動作，視該區塊在其他快取記憶體中的狀態而定。對於從匯流排所窺探到的讀取失誤、寫入失誤或失效而言，**只有**在讀取或寫入位址與區域快取記憶體中的區塊相符且該區塊有效的情況下才有需要一致性動作。

寫入失誤而言，如果該區塊正好在一個私用快取記憶體中是專屬的，該快取記憶體也會回寫該區塊；否則，資料可以從私用快取記憶體中或記憶體中讀取。

圖 5.6 針對使用寫入失效協定和回寫式快取的單一私用快取區塊，顯示

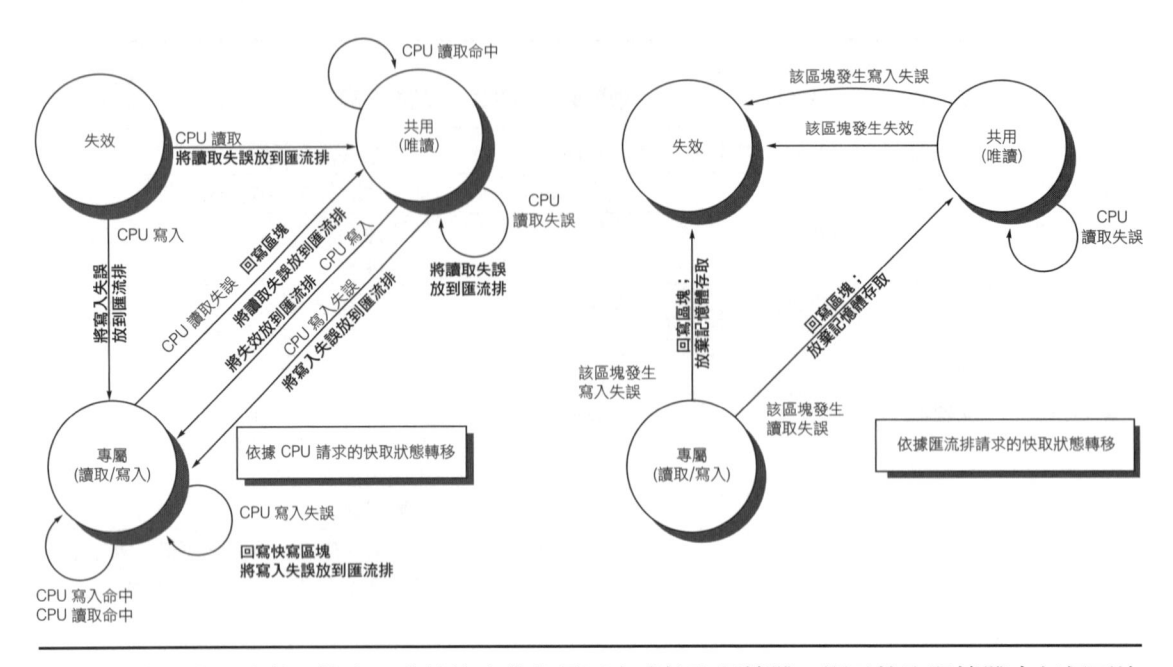

圖 5.6 使用寫入失效、快取一致性協定的私用回寫式快取記憶體,顯示快取記憶體中每個區塊的狀態和狀態轉移。快取狀態以圓圈表示。凡是不會改變狀態的處理器存取就用小括號框起來,放在狀態名稱下。轉移弧線上的明體字所顯示的是會產生狀態改變的激發信號,轉移弧線上的粗體字所顯示的是狀態轉移而產生的匯流排動作。激發動作是施加在私用快取記憶體的區塊上,並不是施加在快取記憶體的特定位址上。因此,對共用狀態下的區塊所產生的讀取失誤代表對該快取區塊的失誤,卻是針對不同的位址。左邊圖中所顯示的狀態轉移,是基於與此快取記憶體有關聯的處理器動作。右邊圖中所顯示的狀態轉移,則是基於匯流排上的動作。當處理器所需求的位址與區域快取區塊中的位址不符,那就會在專屬或共用狀態下發生讀取失誤或在專屬狀態下發生寫入失誤。企圖在共用狀態下寫入區塊就會產生失效。每當匯流排交易發生時,所有含有匯流排交易中所指定區塊的私用快取記憶體,都要依據右邊的圖運作。該協定假設發生區塊讀取失誤時,記憶體(或共用的快取記憶體)便提供在所有區域快取記憶體中都未受污染的資料。在實際的製作中,這兩組狀態圖會合併在一起。實際上,在失效協定上有許多精巧的變化,包括引進「專屬又未修改過的狀態」,乃至失誤時是處理器抑或記憶體來提供資料等。在多核心晶片中,共用的快取記憶體(通常是 L3,但有時候是 L2)可作為等效的記憶體,匯流排就是每一個核心的私用快取記憶體與共用的快取記憶體之間的匯流排,再轉而介面至記憶體。

其有限狀態轉移圖。為了簡單起見,複製了這個協定的三個狀態,用來代表基於處理器請求而產生的狀態轉移(在圖的左邊,對應於圖 5.5 表中的上半部);相對地,基於匯流排請求所產生的狀態轉移也複製了一份(在圖的右邊,對應於圖 5.5 表中的下半部)。粗體字是用來區分匯流排動作和狀態轉移的條件。每個節點中的狀態代表處理器請求或匯流排請求所指定而挑選的私用快取區塊狀態。

這個快取協定的所有狀態也適用於單處理器,分別代表失效 (invalid)、

有效 (valid) (清潔)，和污染 (dirty) 狀態。在圖 5.6 左邊，大部份以弧線來表示的狀態改變，對於單處理器回寫式快取而言都是有需要的；唯一的例外就是寫入命中一個共用區塊時的失效。在圖 5.6 的右半部，以弧線來表示的狀態改變只有在處理一致性時才需要，所以完全不會出現在單處理器的快取控制器中。

較早前有提到，每個快取記憶體只有一個有限狀態機。這個有限狀態機接收從處理器或從匯流排送來的激發信號。圖 5.7 將圖 5.6 左右兩邊合併在一起，成為針對每個快取區塊的單一狀態圖。

要瞭解這個協定為什麼會運作，請注意任何有效的快取區塊不是在一或多個私用快取記憶體中處於共用狀態，就是在單一快取記憶體中處於專屬狀態。任何到專屬狀態的轉移 (處理器寫入區塊時所需) 都需要將失效或寫入失誤放在匯流排上，使得所有區域快取記憶體將這個區塊變成失效。除此之

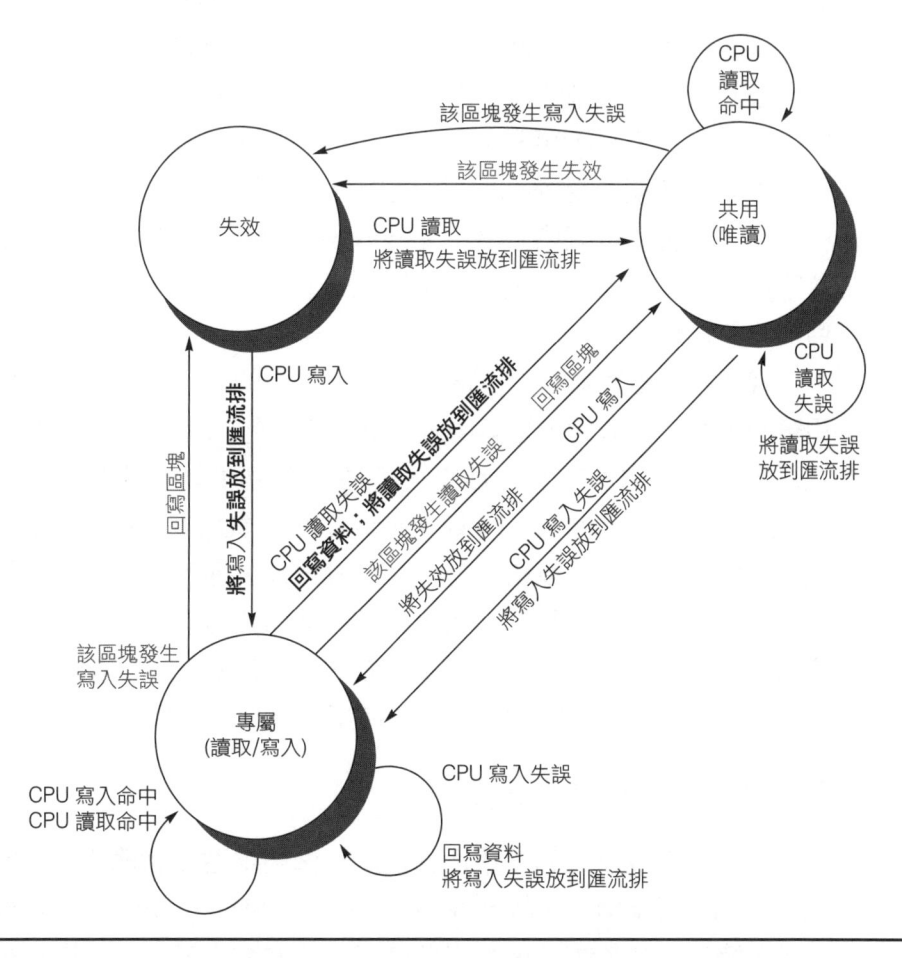

圖 5.7 快取一致性的狀態圖，區域處理器所造成的狀態轉移用黑色表示，匯流排動作所造成的狀態轉移用灰色表示。和圖 5.6 一樣，狀態轉移時的動作用粗體字顯示。

外，如果這個區塊在別的區域快取記憶體正處於專屬狀態，該區域快取記憶體就會將該區塊回寫至記憶體，區塊中則包含了所要的位址。最後，如果某個專屬狀態的區塊發生匯流排上的讀取失誤，擁有這個專屬複本的區域快取記憶體就會將該區塊的狀態改為共用。

圖 5.7 中灰色的動作處理匯流排上的讀取和寫入失誤，本質上是屬於協定中的窺探部份。這個協定還保留有一項性質，也是大多數其他協定所保留的性質：任何共用狀態下的記憶體區塊在外部共用快取記憶體中(L2 或 L3，或者沒有共用快取記憶體時就是記憶體) 總是最新的值，這項性質可以簡化製作。事實上，在私用快取記憶體之外的階層，無論是共用快取記憶體或記憶體都無所謂；關鍵是所有來自核心的存取都穿過該階層。

雖然我們這個簡單的快取協定是正確的，但是卻遺漏了一些複雜的情況，而這些情況會使得製作變得困難許多。其中最重要的是這個協定假設運算是**不可分割的** (atomic) ── 也就是說，運算進行過程中不可以有其他運算介入。例如，上述的協定假設：寫入失誤被偵測到、獲取匯流排，和接收回應被當成不可分割的單一動作；但是實際上並非如此。事實上，即是使讀取失誤也可能不是不可分割的。在多核心的 L2 中偵測到失誤之後，該核心就必須對連接至共用的 L3 之匯流排存取進行仲裁。非不可分割 (nonatomic) 的動作可能會使這個協定發生**死結** (deadlock) 的情形，也就是說，進入某個狀態之後就不能繼續下去了。本節稍後當我們檢視 DSM 設計時，將探討這些複雜的情形。

就多核心處理器而言，處理器核心之間的一致性都是在晶片內實現，使用窺探式協定或者簡單型集中式目錄協定。包括 Intel Xeon 和 AMD Opteron 在內的許多雙處理器晶片都支援多晶片多處理器，可以藉由連接高速介面 (分別稱為 Quickpath 或 Hypertransport) 而建構起來。這些次階層的交連不僅僅只是共用匯流排的擴充，還使用不同的方法將多核心交連起來。

使用多個多核心晶片所建構的多處理器將擁有分散的記憶體結構，也將需要一種晶片之間的一致性機制，該機制處於晶片內的機制之上並且超越晶片內的機制，在大多數的情況下是使用某種形式的目錄式方案。

基本的一致性協定之擴充

我們剛剛敘述過的一致性協定是一個簡單型三狀態協定，通常是以狀態的第一個字母來稱呼，故為 MSI (Modified, Shared, Invalid) (修改過、共用、失效) 協定。該基本協定有許多擴充，我們在本節中是以圖標題來提出。這些擴充是藉由增加額外的狀態和交易所創造出來，可將某些行為最佳化而有

可能導致效能的改進。最常見的兩種擴充為

1. **MESI** 增加 Exclusive (互斥) 狀態至基本的 MSI 協定，指出一個快取區塊什麼時候僅駐在單一的快取記憶體內而未受污染。如果一個區塊處於 E 狀態，它就可以被寫入而不至於產生任何失效，因而將情況作了最佳化，使得一個區塊是由單一的快取記憶體讀取之後，才由相同的快取記憶體寫入該區塊。當然，在 E 狀態下對區塊之讀取失誤發生時，該區塊必須變更為 S 狀態以維持一致性。由於所有隨後的存取都是窺探式，就有可能維持這個狀態的精確性。特別是，如果別的處理器發出讀取失誤，該狀態就從互斥變更為共用。增加這個狀態的好處是：隨後在互斥狀態下由相同核心寫入一個區塊，並不需要取得匯流排存取或者產生一個失效，因為該區塊在此區域快取記憶體內已經知道是互斥；處理器僅將狀態變更為修改過即可。藉由使用將一致性狀態編碼為互斥狀態的位元，並使用污染位元指出區塊修改過，很容易就可以將這種狀態增加進來。依據所包括的四種狀態 [修改過、互斥、共用、失效 (Modified, Exclusive, Shared, and Invalid)] 而命名的普及性 MESI 協定就是使用這種架構。Intel i7 使用的是 MESI 協定的一種變型，稱之為 MESIF。這種變型又增加了一個狀態 (轉送, Forward) 來指定哪一個共用的處理器應該要回應請求；它是被設計來增強分散式記憶體組織中的效能。

2. **MOESI** 增加 Owned (擁有) 狀態至 MESI 協定，指出該快取區塊是由該快取記憶體所擁有且在記憶體中已經過期。在 MSI 與 MESI 協定中，當嘗試要共用一個修改過狀態的區塊時，該狀態就被變更為共用狀態 (在原先的快取記憶體和新近的共用快取記憶體兩者當中)，而且該區塊必須回寫至記憶體。在 MOESI 協定中，該區塊則在原先的快取記憶體中由修改過狀態變更為擁有狀態，而不將其寫入記憶體；其他新近共用該區塊的快取記憶體則將該區塊保持在共用狀態。僅由原先的快取記憶體所持有的 O 狀態指出主記憶體的複本已經過期，所指定的快取記憶體才是擁有者。該區塊的擁有者必須在失誤時供應該區塊，因為記憶體並未更新，如果該區塊被置換的話就必須回寫至記憶體。AMD Opteron 就是使用 MOESI 協定。

下一節即針對我們的平行式與多程式化工作負載來檢視這些協定的效能；當我們檢視效能時，就會清楚基本協定這些擴充的價值。但是，在我們這樣做之前，讓我們先簡短地看一下對稱式記憶體架構以及窺探式一致性方案。

對稱式共用記憶體多處理器和窺探式協定的限制

當多處理器中的處理器數目成長時，或當每個處理器的記憶體需求成長時，在系統中任何集中化的資源就會成為瓶頸。使用了晶片上可利用的較高頻寬之連接以及比記憶體快速的共用 L3 快取記憶體，設計師們已經以對稱方式來處理支援四到八個高效能核心。這樣的方法不可能擴充至超過八核心太多，而且一旦結合了多個多核心就沒辦法做了。

在快取記憶體上的窺探頻寬也可能成為問題，因為任何一個快取記憶體都必須檢視放在匯流排上的任何一次失誤。我們曾提過，複製標籤是一種解決方式。在某些最近的多核心中已經採用的另一種方法就是在最外層的快取記憶體上放一個目錄，該目錄明顯指出哪一個處理器的快取記憶體擁有最外層快取記憶體的任何一個項目；這是 Intel 在 i7 和 Xeon 7000 系列上所使用的方法。請注意該目錄之使用並不會消除處理器之間共用匯流排與 L3 所造成的瓶頸，但是遠比我們在 5.4 節將檢視的分散式目錄方案要容易製作得多。

一位設計師該如何增加記憶體頻寬去支援更多或者更快的處理器呢？為了增加處理器和記憶體之間的通訊頻寬，設計師們已經使用了多匯流排以及交連網路，例如，交叉條狀網路或小型點對點網路。在此種設計中，記憶體系統 (主記憶體或共用的快取記憶體) 可以被設定成多個實體記憶庫，以便提升有效的記憶體頻寬而又保持均勻的記憶體存取時間。圖 5.8 顯示這樣一個系統如果使用單晶片多核心來製作的情形。雖然這樣的方法可能用來讓超過四個核心在單晶片上交連，卻無法良好地擴充至使用多核心作為建構方塊的多晶片多處理器，因為記憶體已經附接於個別的多核心晶片上而非集中化。

AMD Opteron 則代表窺探式和目錄式協定之間圖譜的另一個中間點。記憶體直接連接至每一個多核心晶片，高達四個多核心晶片可以被連接起來。系統乃是一個 NUMA (Non-Uniform Memory Access, 不均勻記憶體存取)，因為區域記憶體稍快之故。Opteron 使用點對點連結、針對多達三個其他晶片進行廣播而實現其一致性協定。由於處理器之間的連結並非共用，處理器知道失效動作何時已完成的唯一方式只有通過明確的認可 (acknowledgement)。因此，一致性協定是使用廣播去找到可能的共用複本，就像窺探式協定；但使用認可去安排各個動作，就像目錄式協定。由於在 Opteron 的製作中區域記憶體僅稍快於遠端記憶體，所以某些軟體便將 Opteron 多處理器看作是具有均勻記憶體存取。

窺探式快取一致性協定不需要集中式匯流排就可以使用，但在每一次對

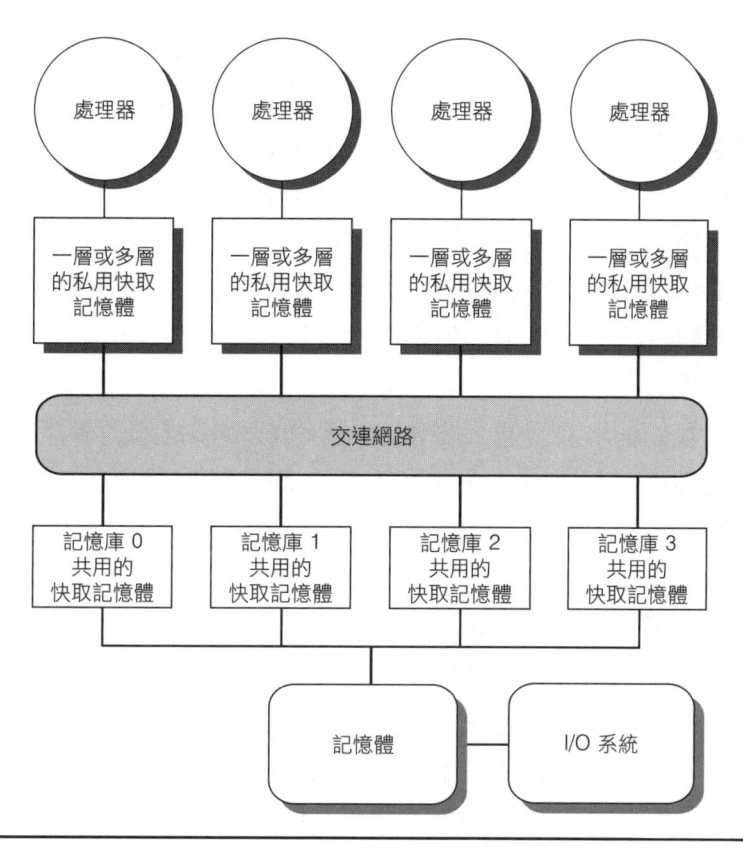

圖 5.8 使用交連網路而不使用匯流排、經由記憶庫式共用快取記憶體而具備均勻記憶體存取的多核心單晶片多處理器。

可能的共用快取區塊發生失誤時,仍需要進行廣播去窺探個別的快取。這種快取一致性的交通在處理器大小和速度上產生了另一項限制。由於一致性的交通不會受到較大快取記憶體的影響,比較快的處理器將會無可避免地覆沒掉網路,也覆沒掉每一個快取記憶體窺探**所有**其他快取記憶體之請求的回應能力。在 5.4 節,我們會檢視目錄式協定,該協定在失誤時無需廣播至所有快取記憶體。當處理器速度和處理器核心數目增加時,有更多的設計師就可能選擇這樣的協定,以避免窺探式協定的播送限制。

實現窺探式快取的一致性

惡魔總是躲在細微處。

古諺

當我們在 1990 年寫本書第一版時,最後一節的「綜合論述」是一個使用窺探式一致性的 30 個處理器單匯流排多處理器;該匯流排容量剛剛超過

50 MB/秒，這種匯流排頻寬甚至根本不足以支援 2011 年 Intel i7 的一個核心！當我們在 1995 年寫本書第二版時，第一個多於單匯流排的快取一致性多處理器才剛出現，我們加了一個附錄來描述多匯流排系統的窺探製作。在 2011 年，大多數僅支援單晶片多處理器的多核心處理器都已經選擇使用連接至共用記憶體或共用快取記憶體的共用匯流排架構。相反地，**任何**一個支援 16 個或更多個核心的多核心多處理器系統都是使用不同於單匯流排的交連方式，設計師也都必須面對不簡化成單匯流排而實現窺探機制來將事件串列化的挑戰。

我們稍早前說過，要實際去製作我們所描述的窺探式一致性協定，主要的複雜度在於：寫入失誤和升級失誤在任何最近的多處理器中都不是不可分割的 (atomic)。偵測寫入失誤或升級失誤、同其他處理器和記憶體進行通訊、取得最近的寫入失誤值並且確認所有的失效都處理過，然後更新快取記憶體等等一連串的步驟，並不能夠做起來好像它們只花費了單一週期。

在單一的多核心晶片中，這些步驟是先進行共用快取記憶體或記憶體的匯流排仲裁 (在改變快取狀態以前)，然後在所有動作完成以前不去釋放匯流排，所以可以有效地不予以分割。處理器如何能夠知道所有的失效何時完成呢？在某些多核心中，當所有必要的失效都已經收到了而且正在處理中，是使用單一的一條線去通報這種狀況。收到通報訊號後，發生失誤的處理器便知道任何必需動作都會在與下一次失誤有關的活動之前完成，於是就可以釋放匯流排了。由於在這些步驟期間處理器獨佔了匯流排，處理器便可以有效地不將個別的步驟分割開來。

在一個沒有匯流排的系統中，我們就必須找到一些其他方法讓失誤後的步驟可以不予以分割。特別是，我們必須保證兩個處理器嘗試在相同時間寫入相同區塊 [一種稱為**競跑** (race) 的狀況] 是被嚴格排序的：一次寫入在下一次寫入開始之前就得處理掉，並不在乎哪一次寫入贏得競跑，只有單一贏家的一致性動作可以率先被完成。在窺探式系統中，藉由對所有失誤都使用廣播再加上交連網路的一些基本性質，就可以保證競跑只有一個贏家。這些性質，連同重新起動競跑輸家處理失誤的能力，就是在沒有匯流排的情況下去實現窺探式快取一致性的關鍵。我們在附錄 I 會說明其細節。

將窺探和目錄結合起來是有可能的，有數種設計就是在多核心內使用窺探而在多個晶片之間使用目錄，或是**反過來**在多核心內使用目錄而在多個晶片之間使用窺探。

5.3 對稱式共用記憶體多處理器的效能

在使用窺探式一致性協定的多核心中,效能是由幾個不同現象組合在一起所決定的。特別是,整體快取效能是由單處理器快取失誤交通量和通訊所造成的交通量組合起來的行為,這造成了失效動作和隨後的快取失誤。改變處理器的數目、快取記憶體容量和區塊大小都會以不同方式去影響失誤率的這兩個要素,導致這兩種效應所組合而成的整體系統行為。

附錄 B 將單處理器的失誤率分成三種類型的 C (容量型、強迫型和衝突型),對於應用程式行為和快取設計的可能改進都提供了洞察力。同樣地,由處理器相互通訊所引起的失誤通常稱為**一致性失誤** (coherence miss),也可以分成兩種不同的來源。

第一種來源就是所謂的**真實共用失誤** (true sharing miss),這是透過快取一致性機制來傳輸資料所造成的。在失效 (invalidation-based) 協定中,當處理器第一次寫入共用快取區塊時,會引發一個失效動作來建立該區塊的所有權。除此之外,當其他處理器企圖在該快取區塊讀取一個修改過的字元時,就會產生失誤,然後將結果區塊傳送給欲讀取的處理器。這兩種失誤都歸類為真實共用失誤,因為是直接由處理器之間的資料共用所造成的。

第二種效應稱為**虛偽共用** (false sharing),這是使用每個快取區塊只有一個有效位元的失效式一致性演算法所造成的。當一個區塊失效時 (隨後讀取該區塊就產生失誤),虛偽共用才會發生,因為區塊中所寫入的某個字元並不是正被讀取的字元。如果所寫入的字元是真正要讓接收到失效訊號的處理器去使用,則該存取就是一個真實共用存取,所造成的失誤和區塊大小無關。然而,如果所寫入的字元和所讀取的字元不同,而且失效並沒有讓新的值被傳送,只是多產生一次快取失誤,那麼就是虛偽共用失誤。在虛偽共用失誤中,這個區塊雖然是共用的,但是在該區塊中沒有一個字元真正被共用,所以如果區塊大小只有一個字元時,這個失誤就不會產生了。以下的例子會讓各種共用式樣更清楚。

範例 假設字元 x1 和 x2 在同一個快取區塊中。這個區塊存在於快取記憶體 P1 和 P2 中,並且處於共用狀態。假設有下列事件序列,請將每一次失誤界定為真實共用失誤、虛偽共用失誤,或是命中。區塊大小為 1 個字元時所發生的任何失誤都被標示為真實共用失誤。

時間	P1	P2
1	寫入 x1	
2		讀取 x2
3	寫入 x1	
4		寫入 x2
5		讀取 x2

解答 以下是依時間步驟的分類：

1. 這是一個真實共用失誤事件。因為 P2 曾讀取過 x1，需要從 P2 將這個區塊加以失效。
2. 這是一個虛偽共用失誤事件。因為 P1 寫入 x1 時已經將 x2 加以失效，但是 P2 並沒有使用 x1 的值。
3. 這是一個虛偽共用失誤事件。因為 P2 讀取 x1 時已經將 x1 的區塊標記成共用，但是 P2 並沒有讀取 x1。包含 x1 的快取區塊會在 P2 讀取後變成共用狀態；所以需要寫入失誤來得到該區塊的專屬存取權。在某些協定中，這被當成**升級請求** (upgrade request) 來處理，會產生匯流排失效，但是不會傳送該快取區塊。
4. 這是一個虛偽共用失誤事件，原因和步驟 3 一樣。
5. 這是一個真實共用失誤事件，因為要被讀取的值是由 P2 所寫入。

雖然我們將會看到真實的與虛偽的共用失誤在商業性工作負載上的影響，一致性失誤的角色對於共用大量使用者資料而緊密結合的應用程式而言，卻是比較重要的。當我們在附錄 I 中考量平行式科學型工作負載時，會詳細檢視其影響。

商業性工作負載

本節中，我們檢視一個四處理器的共用記憶體多處理器執行一個通用型商業性工作負載時的記憶體系統行為。雖然我們所檢視的研究是在 1998 年使用四處理器的 Alpha 系統所做，仍然是多處理器效能對於這樣的工作負載最為全面性且富有洞察力的研究。在一台 AlphaServer 4100 上或使用一個依據 AlphaServer 4100 所型塑的可配置模擬器去收集結果。AlphaServer 4100 中每一個處理器都是 Alpha 21164，Alpha 21164 每個時脈可發派達四個指令且運行在 300 MHz。雖然本系統的 Alpha 處理器的時脈頻率遠低於 2011 年所設計的系統的處理器，本系統的基本架構──包含一個四指令發派處理器和一個三階層快取記憶體層級──非常類似於多核心的 Intel i7 以及其他的

處理器，如圖 5.9 所示。特別是 Alpha 的快取記憶體雖然有點小，失誤時間卻也低於 i7；因此，Alpha 系統的行為應該可以對新式多核心設計之行為提供有趣的洞見。

本研究所使用的工作負載是由三種應用程式所組成：

1. 依據 TPC-B (其記憶體行為類似於第 1 章當中所描述的比較新的 TPC-C 版本) 型塑而成，並使用 Oracle 7.3.2 作為基本資料庫的**線上交易處理** (online transaction-processing, OLTP) 工作負載。該工作負載是由一組產生請求的用戶端行程以及一組處理這些請求的伺服器行程所組成。伺服器行程消耗了 85% 的使用時間，剩下的時間則給了用戶端行程。雖然 I/O 時間延遲被仔細調校所隱藏，也被保持處理器忙碌的足夠請求數所隱藏，通常伺服器行程還是會在大約 25,000 道指令之後阻擋 I/O。

2. 以 TPC-D (這是被大量使用的 TPC-E 之表親) 為基礎而且也用 Oracle 7.3.2 作為基本資料庫的**決策支援系統** (decision support system, DSS) 工作負載。該工作負載只包括了 TPC-D 17 種讀取查詢當中的 6 種，雖然在標準效能測試程式中所檢視的這 6 種查詢跨越了整個標準效能測試程式的活動範圍。為了隱藏 I/O 時間延遲，便得去開發查詢之內的平行化 (在查詢陳述過程中被偵測出來) 以及跨越查詢的平行化。比起 OLTP 標準效能

快取記憶體階層	特 性	Alpha 21164	Intel i7
L1	容量 關聯度 區塊大小 失誤損傷	8 KB 指令 / 8 KB 資料 直接對映 32 位元組 7	32 KB 指令 / 32 KB 資料 4 路指令 / 8 路資料 64 位元組 10
L2	容量 關聯度 區塊大小 失誤損傷	96 KB 3 路 32 位元組 21	256 KB 8 路 64 位元組 35
L3	容量 關聯度 區塊大小 失誤損傷	2 MB 直接對映 64 位元組 80	每個核心 2 MB 16 路 64 位元組 ~100

圖 5.9 此項研究中所用到的 Alpha 21164 以及 Intel i7 快取記憶體層級之特性。雖然在 i7 上，容量比較大且關聯度比較高，失誤損傷卻也比較高，所以行為上的差異不大。例如，從附錄 B 我們可以估算出較小的 Alpha L1 快取記憶體的失誤率為 4.9%，較大的 i7 L1 快取記憶體的失誤率為 3%；所以每次存取的平均 L1 失誤損傷對 Alpha 為 0.34，對 i7 則為 0.30。兩個系統對於來自私用快取記憶體所請求的傳送都具有高度損傷 (125 個或更多個週期)。i7 也在所有的核心當中共用其 L3。

測試程式，阻擋呼叫比較不常發生；6 種查詢在被阻擋之前平均大約經過 1,500,000 道指令。

3. 以 AltaVista 資料庫 (200 GB) 記憶體對映版本的搜尋為基礎的網路索引搜尋 (AltaVista) 標準效能測試程式。內迴圈被大量地最佳化。由於搜尋架構是靜態的，所以在執行緒之間幾乎不需要什麼同步。在 Google 出現之前，AltaVista 是最流行的網路搜尋引擎。

圖 5.10 顯示在使用者模式中、在核心中，以及在閒置迴圈中所花費時間的百分比。I/O 頻率會使核心時間以及閒置時間兩者都增加 (見 OLTP 記錄：具有最大的 I/O 量對計算量之比率)。AltaVista 將整個蒐尋資料庫都對映至記憶體，而且又被獨一無二地調校過，所以呈現出最小的核心時間或閒置時間。

商業性工作負載的效能量測

一開始，我們來看看四處理器系統上處理器對於這些標準效能測試程式的整體執行狀況；如第 370 頁所討論，這些標準效能測試程式包含大量的 I/O 時間，這在處理器時間量測中是被忽略的。我們把六個 DSS 查詢組成一個標準效能測試程式，來報告其平均行為。這些標準效能測試程式的有效 CPI 變化範圍很寬，從 AltaVista 網頁搜尋的 1.3、DSS 工作平均負載的 1.6，到 OLTP 工作負載的 7.0。圖 5.11 列出執行時間的分配情形，包括指令執行、快取記憶體和記憶體系統的存取時間以及其他的暫停 [這主要是管線資源的暫停，但是也包括轉譯後備緩衝區 (TLB) 和分支預測錯誤的暫停]。雖然 DSS 和 AltaVista 工作負載的效能是合理的，但是 OLTP 工作負載的效能很差，這是因為記憶體層級的效能很差的關係。

標準效能測試程式	使用者模式所佔時間 %	核心模式所佔時間 %	處理器閒置所佔時間 %
OLTP	71	18	11
DSS (跨所有查詢之平均)	87	4	9
AltaVista	> 98	< 1	< 1

圖 5.10 商業性工作負載的執行時間分佈。OLTP 標準效能測試程式具有最大成份的作業系統時間和處理器閒置時間 (即 I/O 等候時間)。DSS 標準效能測試程式呈現少了很多的作業系統時間，因為它的 I/O 作業比較少，但是閒置時間仍然超過 9%。AltaVista 搜尋引擎的廣泛調校在這些量測中就很明顯。本工作負載的資料是由 Barroso、Gharachorloo 和 Bugnion [1998] 在一個四處理器的 AlphaServer 上收集而得。

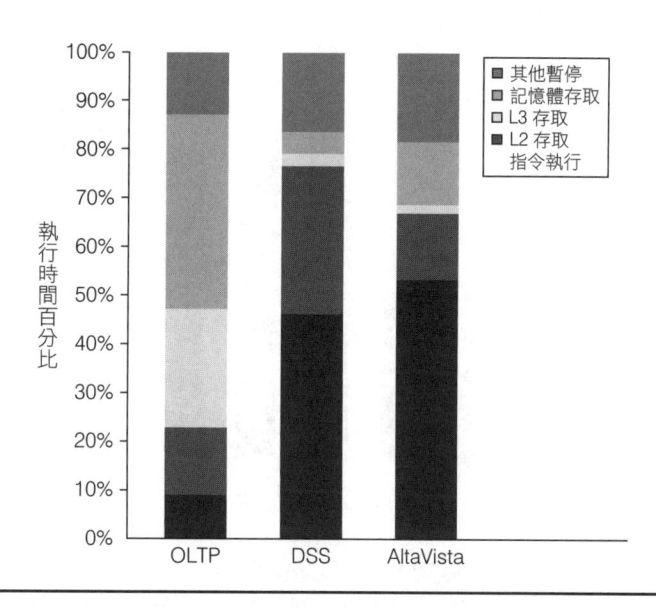

圖 5.11 三個商業性工作負載程式的執行時間分佈 (OLTP、DSS 及 AltaVista)。DSS 的值是跨越六個不同查詢的平均值。CPI 變化的範圍從最低的 AltaVista 1.3、DSS 查詢的 1.61，到 OLTP 的 7.0。(單獨來看，DSS 查詢顯示 CPI 範圍從 1.3 到 1.9。) 其他的暫停包括資源的暫停 (使用 21164 上的 replay trap 所製作)、分支預測失誤、記憶體障礙及 TLB 失誤。對於這些標準效能測試程式而言，以資源為主的管線暫停才是主要的因素。這些資料結合了使用者和核心存取的行為。只有 OLTP 大部份都是核心存取，且核心存取的表現傾向於要比使用者存取的表現好！本節中所顯示的所有量測都是由 Barroso、Gharachorloo 和 Bugnion [1998] 所收集。

因為 OLTP 工作負載的要求大部份來自記憶體系統中，會有大量代價昂貴的 L3 失誤，所以我們專注在探討 OTLP 標準效能測試程式中 L3 快取記憶體容量、處理器數量，和區塊大小所造成的影響。圖 5.12 顯示在使用 2 路集合關聯式快取記憶體的情況下，增加快取記憶體容量的影響，那會減少很多的衝突性失誤。L3 的失誤率會因為 L3 快取記憶體的加大而減少，執行時間也會有所改進。令人驚訝的是，幾乎所有增益都發生在 1 MB 至 2 MB，超出此範圍就沒有什麼增益了，儘管快取失誤依舊是 2 MB 和 4 MB 快取記憶體效能重大損失的一個原因。問題是，為什麼？

為了對此問題的答案有較佳的瞭解，我們需要決定是什麼因素對 L3 快取失誤有貢獻，以及當 L3 快取記憶體變大時這些因素如何作改變。圖 5.13 列出：針對五個不同來源，每道指令所花費的記憶體存取週期數目。1 MB L3 記憶體存取週期數目的兩個最大來源就是指令和容量/衝突失誤。當 L3 容量增加時，這兩個來源就會變得不是那麼重要了。但是，不幸的是，強迫性失誤、虛偽共用失誤以及真實共用失誤都不會因為 L3 加大而有所影響。

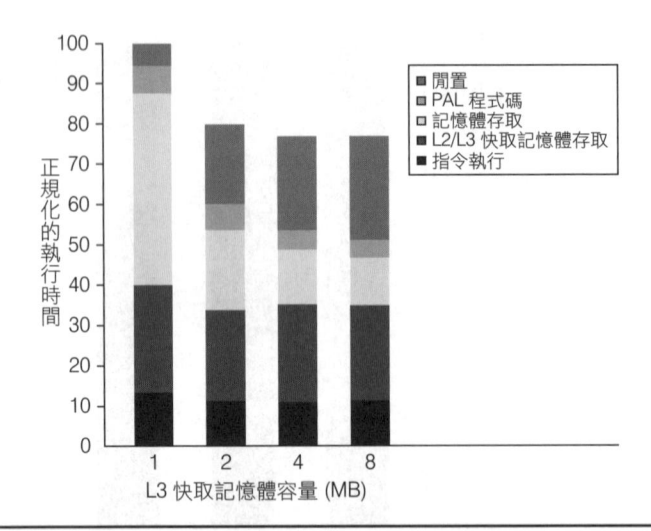

圖 5.12 OLTP 工作負載對 L3 快取記憶體容量改變的相對效能，這裡 L3 設定為 2 路集合關聯式，容量從 1 MB 到 8 MB。閒置時間也會隨快取記憶體容量的增加而成長，因而減少了一些效能增益。此成長會發生是因為在較少的記憶體系統暫停下，需要更多的伺服器行程去掩蓋 I/O 時間延遲。工作負載可能要重新加以調校，以增進計算/通訊的平衡，對閒置時間保持控制。PAL 程式碼乃是一組以特權模式執行的專門式作業系統層次指令的程式序列，TLB 失誤處理器是一個例子。

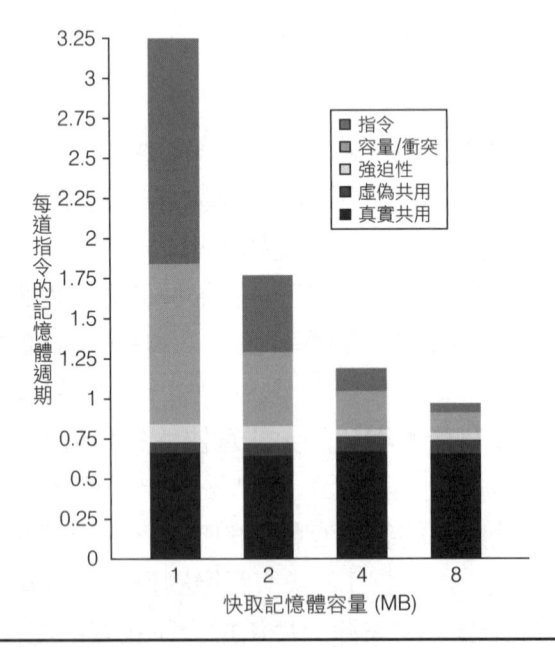

圖 5.13 當快取記憶體容量增加時，記憶體存取週期分佈的各項貢獻原因。L3 快取記憶體是以 2 路集合關聯式作模擬。

因此當 L3 為 4 MB 和 8 MB 時，真實共用失誤變成所有失誤中最主要的成份；將 L3 快取記憶體容量增加到超過 2 MB 時，真實共用失誤的缺少改變就導致整體失誤率的減少有限。

增加快取記憶體的容量可以讓單處理器中大部份的失誤消失，然而對多處理器的失誤卻沒影響。增加處理器的數目對於不同形式的失誤又有什麼影響呢？圖 5.14 列出這些數據，假設基本配置為 2 MB 2 路集合關聯式的 L3 快取記憶體。如我們所預期的，真實共用失誤的增加 (真實共用失誤不會因為單處理器失誤減少而獲得彌補)，會導致每道指令的記憶體存取週期整體增加。

最後我們要探討的問題就是，增加區塊的大小 —— 應該會減少指令以及冷啟動失誤率，而且在有限的範圍內也會減少容量/衝突失誤率以及可能的真實共用失誤率 —— 對於該工作負載能有所幫助。圖 5.15 列出當區塊大小從 32 增加至 256 個位元組，每 1000 道指令的失誤數目。區塊大小從 32 增加到 256 個位元組會影響失誤率的四個成份為：

- 真實共用失誤率的減少量會大於 2 倍，這表示真實共用的型態有一些區域性。
- 強迫性失誤率大量地減少，這與我們所預期的相符。

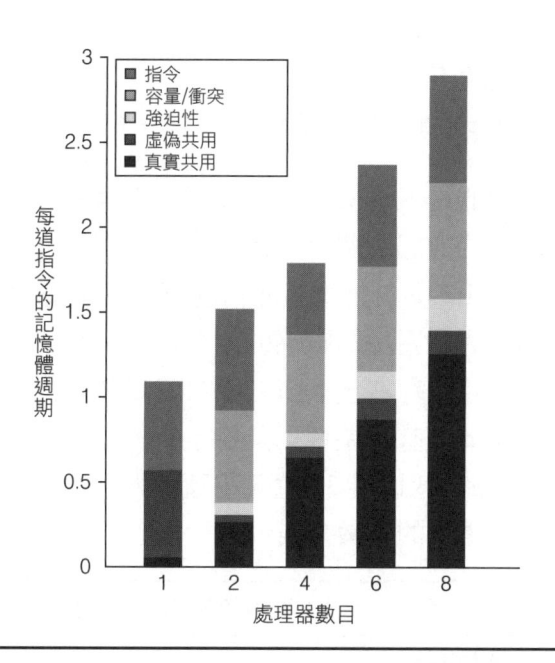

圖 5.14 當處理器數目增加時，記憶體存取週期增加的主要原因是由於真實共用失誤增加的緣故。強迫性失誤稍微增加了一些，因為現在每個處理器要多處理一些強迫性失誤。

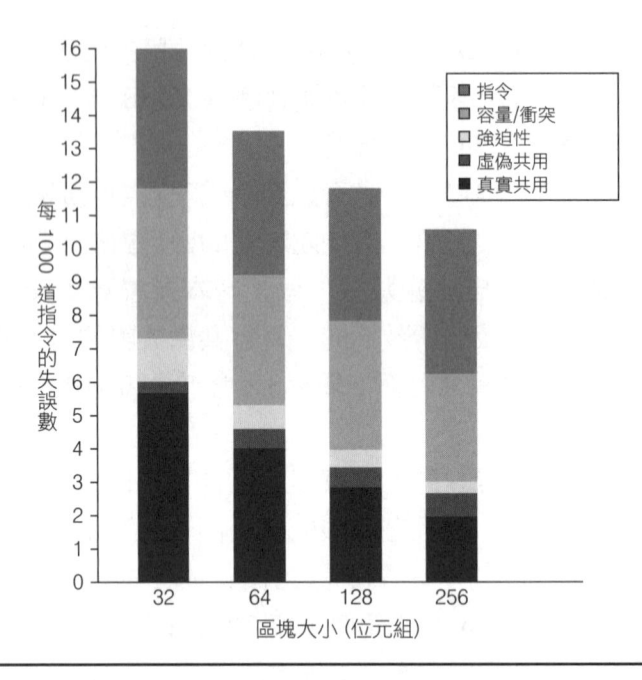

圖 5.15 每 1000 道指令的失誤數目隨著 L3 快取記憶體區塊大小的增加而穩定下降，使得大小至少 128 個位元組的 L3 區塊狀況良好。此處 L3 快取記憶體為 2 MB、2 路集合關聯式。

- 容量/衝突失誤率只減少一點點（相對於區塊大小增加 8 倍，這裡只有 1.26 倍），這表示發生在 L3 快取記憶體大於 2 MB 的單處理器的失誤中，空間區域性並不高。
- 雖然虛偽共用失誤率所佔的比例不多，但幾乎成為 2 倍。

令人吃驚的是，區塊大小對於指令失誤率並沒有顯著的影響，如果有一個只放指令的快取記憶體有這種行為，我們就會下結論說空間的區域性非常差。在混合式 L2 快取記憶體的情況下，其他像是指令–資料衝突的效應，或許也會對較大的區塊貢獻高的指令快取失誤率。其他研究已有文件發表，低的空間區域性是存在於大資料庫和 OLTP 工作負載的指令流中，這種指令流中具有大量的短基本區塊以及特定目的程式碼序列。基於這些數據，執行較大區塊大小的 L3 以及 32 位元組區塊大小的 L3 之失誤損傷可以用 32 位元組區塊大小之損傷的乘數來表示：

區塊大小	相對於 32 位元組區塊失誤損傷之失誤損傷
64 位元組	1.19
128 位元組	1.36
256 位元組	1.52

就新式的 DDR SDRAM 能使區塊存取快速而言，這些數字似乎可以達成，特別是在 128 位元組區塊大小上。當然我們也得擔心到達記憶體所增加的交通量以及其他核心對於該記憶體的可能競爭所產生的效應，後者的效應或許很容易就抵消掉得自單處理器效能改進的增益。

多程式化和作業系統 (OS) 工作負載

我們接下來要研究多程式工作負載，包括使用者程式的活動以及作業系統 (OS) 程式的活動。所使用的工作負載是 Andrew 標準效能測試程式編譯階段的兩份獨立複本，該標準效能測試程式模擬了一個軟體發展環境。該編譯階段包含了一個使用八個處理器所執行的平行化版本的 Unix "make"（處理）命令，其工作負載在八個處理器上執行了 5.24 秒，創造了 203 個行程並在三種不同的檔案系統上執行了 787 次磁碟請求。該工作負載使用 128 MB 的記憶體去執行，並未發生任何分頁的動作。

該工作負載具有三個不同的階段：編譯標準效能測試程式（牽涉到相當多的計算活動）、在一個程式庫中安裝目的檔，以及移除目的檔。最後一個階段完全是由 I/O 所主導，而且只有兩個處理器有動作（每一次執行都由一個處理器去進行）。在中間階段，I/O 也扮演了主要角色，所以處理器大多閒置。整體工作負載比起高度調校的商業性工作負載更加十分地集中在系統和 I/O。

針對工作負載量測，我們假設了以下的記憶體和 I/O 系統：

- 第一層指令快取記憶體：32 KB、2 路集合關聯式，具有 64 位元組區塊和一個時脈週期的命中時間。
- 第一層資料快取記憶體：32 KB、2 路集合關聯式，具有 32 位元組區塊和一個時脈週期的命中時間。我們變動 L1 資料快取記憶體來檢視它在快取行為上的影響。
- 第二層快取記憶體：1 MB 聯合型、2 路集合關聯式，具有 128 位元組區塊和 10 個時脈週期的命中時間。
- 主記憶體：在一個匯流排上的單一記憶體，存取時間為 100 個時脈週期。
- 磁碟系統：固定 3 ms 的存取時間延遲（比正常情況小，以減少閒置時間）。

圖 5.16 顯示執行時間如何分開到八個處理器上，使用的是以上所列的參數。執行時間分為以下四個部份：

1. 閒置：執行在核心模式的閒置迴圈中。

	使用者程式執行	核心程式執行	同步等候	處理器閒置 (等候 I/O)
執行的指令數目	27%	3%	1%	69%
執行時間	27%	7%	2%	64%

圖 5.16 多程式化平行式「make (處理)」工作負載中的執行時間分佈。高比例的閒置時間肇因於當八個處理器中只有一個處理器在動作的磁碟機時間延遲。該工作負載的這些數據以及後續的量測是使用 SmOS 系統收集而得 [Rosenblum 等人 1995]，實際執行與數據收集是由史丹佛大學的 M. Rosenblum、S. Herrod 和 E. Bugnion 所做。

2. 使用者：執行在使用者程式碼中。
3. 同步：執行或等候同步變數。
4. 核心：執行在作業系統中，既非閒置，亦非處於同步存取。

　　多程式化工作負載具有重大的指令快取效能損失 —— 至少對作業系統而言。作業系統中的指令快取失誤率對 64 位元組區塊大小、2 路集合關聯式快取記憶體而言，是從 32 KB 快取記憶體的 1.7% 變化到 256 KB 快取記憶體的 0.2%。在跨越快取記憶體容量的變動範圍內，使用者階層的指令快取失誤粗略為作業系統快取失誤率的六分之一。這方面部份說明了以下的事實：雖然使用者程式碼執行了 9 倍於核心程式的指令數目，比起核心程式所執行的較少數指令，卻只花費了大約 4 倍長的時間。

多程式化和作業系統 (OS) 工作負載的效能

　　在這一小節我們將探討當快取記憶體容量和區塊大小改變時，多程式化工作負載中快取記憶體的效能。因為核心程式和使用者行程的行為不一樣，所以我們將這兩部份分開。但是請記得因為使用者行程所執行指令數是核心程式的 8 倍以上，所以整體的失誤率主要是取決於使用者程式碼的失誤率，我們將會看到使用者程式碼的失誤率是核心程式的五分之一。

　　雖然使用者程式碼執行了較多的指令，作業系統的行為卻造成比使用者行程更多的快取記憶體失誤，除了程式碼較大和缺少區域性之外，還有兩項原因：第一，核心程式在分配給使用者行程之前就先啟始所有的分頁，大大增加了核心程式失誤率的強迫性成份。第二，核心程式實際上在共用資料，因此會有不算小的一致性失誤率。相反地，使用者行程只有在排程至不同處理器上時才會造成一致性失誤，而這種失誤率的成份很小。

　　圖 5.17 針對核心程式和使用者程式兩部份，顯示資料失誤率與資料快取

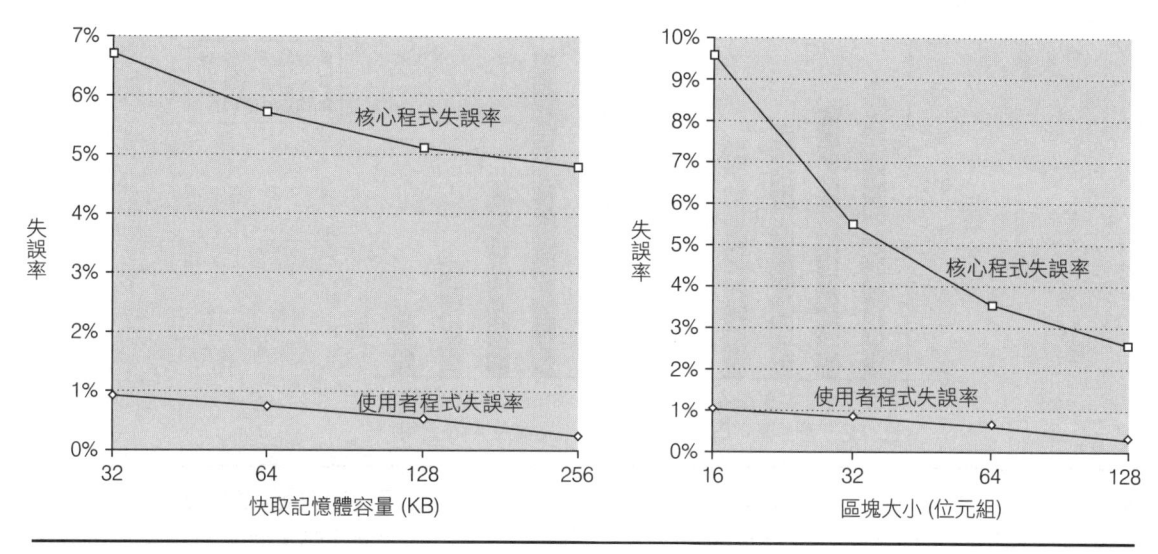

圖 5.17 使用者程式部份與核心程式部份的資料失誤率，對於 L1 資料快取記憶體容量的增加 (左圖) 以及 L1 資料快取區塊大小的增加 (右圖)，具有不一樣的表現。將 L1 資料快取記憶體從 32 KB 增加至 256 KB (區塊為 32 位元組) 造成使用者程式失誤率的減少，在比例上要多於核心程式：使用者層次失誤率的下降因素幾乎是 3，而核心層次失誤率的下降因素則僅 1.3。使用者程式部份與核心程式部份兩者的資料失誤率隨著 L1 區塊大小的增加而穩定下降 (L1 快取記憶體保持在 32 KB)。對比於增加快取記憶體容量的效應，增加區塊大小更可以改進核心程式失誤率 (對於核心程式存取，從 16 位元組區塊至 128 位元組區塊的改進因素剛好在 4 以下；相對而言，對於使用者程式存取的改進因素則剛好在 3 以下)。

記憶體容量和區塊大小的對應關係。增加資料快取記憶體容量，影響使用者程式失誤率更甚於影響核心程式失誤率，增加區塊大小對於兩種失誤率都會產生有利的效應，因為在失誤方面有比較多的成份是起源於強迫和容量，兩者都可能用較大的區塊大小加以改進。因為一致性失誤相當罕見，增加區塊大小的負面影響很小。為了瞭解核心程式和使用者行程為什麼會有不同的表現，我們可以看看核心程式如何呈現失誤的行為。

圖 5.18 顯示核心程式失誤對應於快取記憶體容量的增加和區塊大小的增加之變化情形。失誤可分為三類：強迫性失誤、一致性失誤 (從真實共用和虛偽共用而來) 以及容量/衝突失誤 (包括作業系統與使用者行程之間以及在多個使用者行程之間的干擾所造成的失誤)。圖 5.18 確定了對於核心程式存取而言，增加快取記憶體容量只有單獨減少容量/衝突失誤率。相反地，增加區塊大小則造成強迫性失誤率的減少。當區塊大小增加時一致性失誤率並沒有大幅增加，這意味著虛偽共用的影響可能是不重要的，雖然此種失誤或許會抵消一些減少真實共用的獲益。

如果我們觀察每次資料存取的位元組數目，如圖 5.19 所示，我們會看到

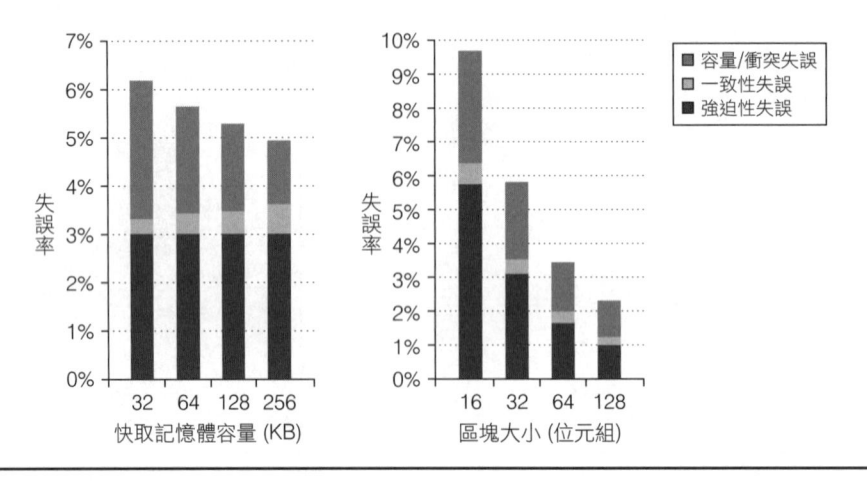

圖 5.18 這個多程式化工作負載是在八個處理器上執行，當 L1 資料快取記憶體容量從 32 KB 增加到 256 KB 時，核心程式資料失誤率中各部份的變化。強迫性失誤率的成份保持不變，因為強迫性失誤不受快取記憶體容量影響。容量失誤成份降低因素大約降低超過 2 倍，然而一致性失誤成份增加近 2 倍。一致性失誤的增加會發生，是因為失效動作所造成的失誤機率會隨著快取記憶體容量而增加的緣故 —— 由於比較少的記錄筆數會因容量因素而遭受衝擊。如我們所預期，增加 L1 資料快取記憶體的區塊大小可以大幅減少核心程式存取中的強迫性失誤率；對容量失誤率也有很大的影響，在區塊大小變化的範圍內大約降低了 2.4 倍。區塊大小增加時，對一致性交通量的減少很小，到了 64 位元組就已經穩定了；變到 128 位元組時，一致性失誤率沒有什麼改變。由於當區塊大小增加時一致性失誤率並沒有顯著減少，所以一致性失誤所佔的比率從 7% 提高到 15%。

核心程式有較高的交通量比率 (traffic ratio)，隨著區塊大小而增加。很容易看到這為何會發生：從 16 個位元組的區塊至 128 個位元組的區塊，失誤率下降因素大約是 3.7，但每次失誤所傳送的位元組數目則增加 8 倍，所以整體失誤交通量的增加倍數剛好超過 2。當區塊大小從 16 個位元組來到 128 個位元組，使用者程式整體失誤交通量的增加倍數也是超過 2 倍，卻是從十分低的位準開始。

對於多程式化工作負載而言，作業系統對記憶體系統的需求比使用者程式多出許多。如果工作負載包括較多的作業系統或類似作業系統的活動，且其行為類似於該工作負載被量測到的情形，則要設計一個能力足夠的記憶體系統就會變得非常困難。有一個可能改進效能的途徑就是讓作業系統更為意識到快取，不是經由較佳的程式設計環境，就是經由程式設計師的協助。例如，作業系統針對源自不同系統呼叫的請求可以再度使用記憶體；儘管再度使用的記憶體將會完全被覆寫，硬體若未認出此種情況，還是會試著去預留快取區塊的某一部份或許會被讀取的一致性與可能性，即使並非如此。這種行為就如同在程序請求上再度使用堆疊位置一般。IBM Power 系列有支援允許編譯器去標示這種在程序請求上的行為形態，最新型的 AMD 處理器也有

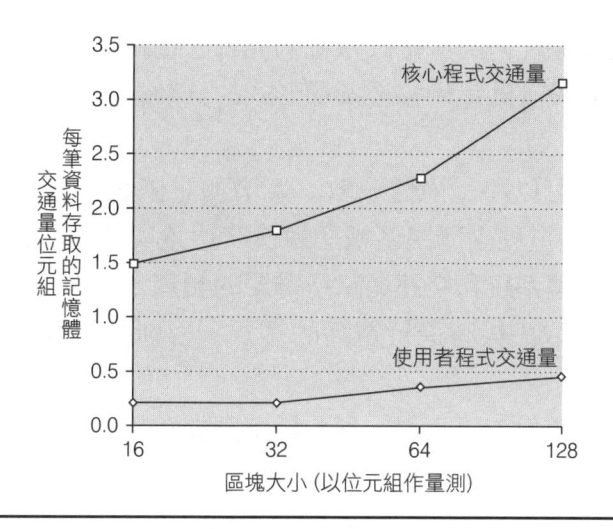

圖 5.19 當區塊大小增加時，不管是核心程式或是使用者程式，每筆資料存取所需要的位元組數目也跟著增加。將此圖和附錄 I 在科學型程式中所顯示的數據作一個比較，會很有意思。

類似的支援。藉由作業系統去偵測此種行為比較困難，這樣做可能需要程式設計師的協助，但付出的代價可能更高。

作業系統與商業性工作負載對多處理器記憶體系統帶來嚴苛的挑戰，不像我們在附錄 I 所檢視的科學型應用程式，它們比較經不起演算性或編譯器的重新架構。隨著核心數目的增加，預測此種應用程式之行為可能變得更加困難。允許使用大型應用程式（包括作業系統）去模擬數百個核心的仿真或模擬方法，對於維持分析式與計量式的設計方式將是至關緊要的。

5.4 分散式共用記憶體和目錄式一致性

我們在 5.2 節看到，窺探式協定需要在每一次快取失誤，包括潛在共用資料的寫入，都得與所有快取記憶體通訊。不採用追蹤快取記憶體狀態的集中式資料結構，乃是窺探式方案的基本優點──因為不昂貴；但當規模擴充時，也是它的罩門（阿奇里斯的腳後跟）。

例如，考量一個由四個四核心的多核心所組成的多處理器，它能夠維持每個時脈一次資料存取以及 4 GHz 時脈。依據附錄 I 的 I.5 節的數據，我們可以看到應用程式或許會需要 4 GB/秒至 170 GB/秒 的匯流排頻寬。雖然在那些實驗中的快取記憶體很小，但大部份的交通量都是不受快取記憶體所影響的一致性交通。雖然新型匯流排或許可以容許 4 GB/秒，但是 170 GB/秒

還是遠超過任何匯流排式系統的能力。在最近幾年內，多核心處理器的研發迫使所有設計師都轉移至某種形式的分散式記憶體，以支援個別處理器的頻寬需求。

我們可以將記憶體分散，來增加記憶體頻寬和交連頻寬，如 350 頁圖 5.2 所示；這就立即將區域記憶體交通量與遠方記憶體交通量分開，因而減少了記憶體系統和交連網路所需要的頻寬。除非我們取消了一致性協定在任何一次快取失誤時進行廣播的需要，否則將記憶體分散不會讓我們得到些什麼。

我們較早前提到過，另一種不同於窺探式一致性協定的選擇就是**目錄式協定** (directory protocol)。目錄保持住任何一個可能被快取的區塊之狀態，目錄中的資訊包括：哪一個快取記憶體 (或快取記憶體的集合) 具有該區塊的複本、該區塊是否被污染，等等。在一個擁有共用的最外層快取記憶體 (譬如說，L3) 的多核心內，要實現目錄方案是容易的：只要針對每一個 L3 區塊都保持一個大小相等於核心數目的位元向量即可。該位元向量指出有哪些私用快取記憶體可能擁有 L3 中的一個區塊之複本，而失效就只送到那些快取記憶體中；如果 L3 有包含性，這對於單一的多核心便工作得很完美；此方案即為 Intel i7 中所使用的。

使用於多核心中的單一目錄之解決方案並不是可擴充的，即使它避免了廣播。該目錄必須是分散式，但是分散的作法必須是一致性協定要知道去何處找到任何被快取的記憶體區塊之目錄資訊。明顯的解決方式就是隨著記憶體來分散該目錄，使得不同的一致性請求可以走到不同的目錄，正如同不同的記憶體請求走到不同的記憶體一般。分散式目錄保有了區塊的共用狀態總是處於單一的已知位置之特性；這項特性，連同告知有哪些其他節點可能正在快取該區塊的資訊之維持，就是讓一致性協定可以避免廣播的原因。圖 5.20 顯示我們的分散式記憶體多處理器將目錄加到每個節點後的情形。

最簡單的目錄製作方式就是每一個記憶體區塊都關聯到目錄中的一筆記錄。通常資訊量是與記憶體區塊數目 (其中每一個區塊和 L2 或 L3 快取區塊的大小相同) 和節點數目的乘積成正比，其中節點乃是在內部實現一致性的單一多核心處理器或是一小群處理器。對於少於幾百個處理器 (每個處理器可能是一個多核心) 的多處理器而言，這種虛耗還不是問題，因為目錄的區塊大小合理的話，其虛耗還算可以忍受。對於更大的多處理器，我們就需要一些方法讓目錄架構可以有效地擴充上去，但是只有超級電腦規模的系統才需要操心這個問題。

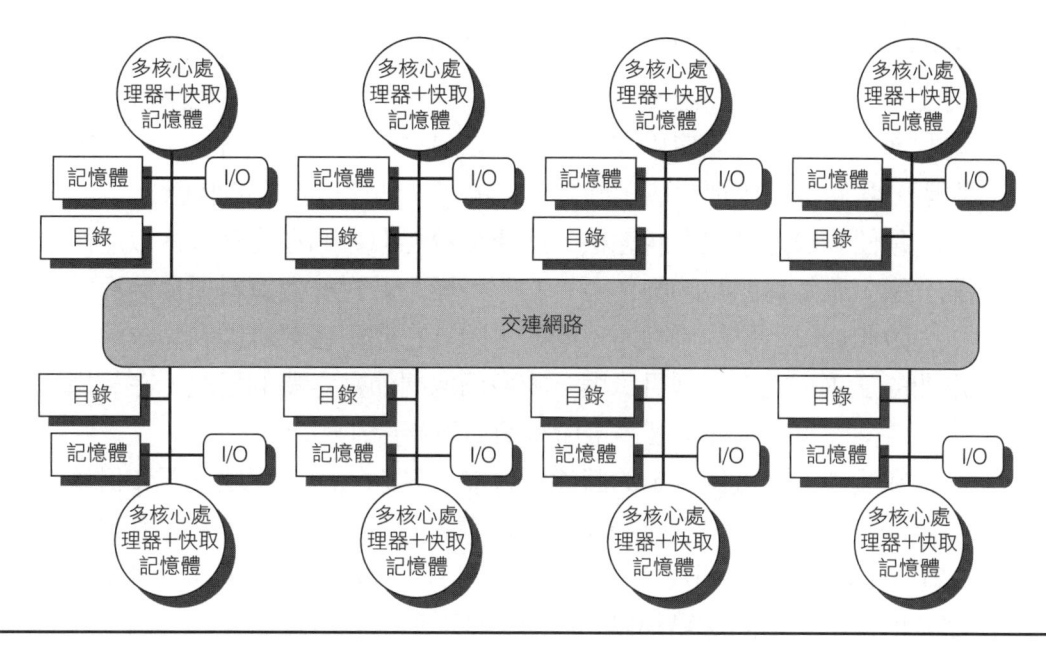

圖 5.20 在分散式記憶體多處理器的每個節點加上一個目錄來實現快取記憶體一致性。在此例中，節點示現為單一的多核心晶片，所關聯的記憶體之目錄資訊可能駐在多核心上也可能駐在多核心外。每個目錄要負責追蹤一些快取記憶體，這些快取記憶體共用了該節點上記憶體的記憶位址。一致性機制會處理目錄資訊之維護以及多核心節點內部所需要的任何一致性動作。

目錄式快取一致性協定：基礎

和窺探式協定一樣，目錄式協定有兩項主要的動作必須要製作：處理讀取失誤以及處理共用而未受污染的快取區塊之寫入。(處理目前共用區塊的寫入失誤只是這兩種的組合。) 要製作這些功能，目錄必須要能追蹤每個快取區塊的狀態。在一個簡單的協定中，有下列可能的狀態：

- **共用的** (Shared)：一個或多個節點具有被快取到的區塊，而且其值在記憶體中是最新的 (在所有的快取記憶體中也是最新的)。
- **未快取的** (Uncached)：沒有任何節點具有該快取區塊的複本。
- **修改過的** (Modified)：恰有一個節點擁有該快取區塊的複本，並且這個節點曾寫過該區塊，所以記憶體中的複本已經是過時的。該處理器稱為該區塊的**擁有者** (owner)。

除了要追蹤每一個可能共用的記憶體區塊之狀態，我們還必須追蹤有哪些節點具有該共用區塊的複本，因為在寫入該區塊時就必須將這些複本加以失效。最簡單的辦法就是針對每一個記憶體區塊保有一個位元向量

(bitvector)。當該區塊被共用時,向量的每一個位元就用來表示所對應的處理器晶片(有可能是一個多核心)是否擁有該區塊的複本。如果該區塊處於專屬狀態,我們也可以使用該位元向量來追蹤該區塊的擁有者。為了效率上的原因,我們也在個別快取記憶體上追蹤每一個快取區塊的狀態。

每個快取記憶體上狀態機的狀態及轉態與我們在窺探式快取所使用的完全一樣,雖然轉態時的動作有一點不一樣。針對一個資料項目的專屬複本加以失效和加以定位的過程是不同的,因為它們兩者都牽涉到請求節點與目錄之間的通訊,也牽涉到目錄與一或多個遠端節點之間的通訊。在窺探式協定中,這兩個步驟是經由廣播至所有節點而結合在一起。

在我們介紹這個協定的狀態圖之前,先來檢視一下處理器和目錄之間為了處理失誤並維持一致性,可能傳送的訊息形式一覽表,會很有幫助。圖 5.21 列出各節點之間傳送的訊息形式。所謂**區域節點** (local node) 是指發出請求的節點。所謂**原籍節點** (home node) 是指記憶體位置和一個位址的目錄

訊息形式	來源	目的	訊息內容	訊息功能
讀取失誤	區域快取記憶體	原籍目錄	P, A	節點 P 在位址 A 發生了讀取失誤;請求資料並令 P 為讀取共用者。
寫入失誤	區域快取記憶體	原籍目錄	P, A	節點 P 在位址 A 發生了寫入失誤;請求資料並令 P 為專屬擁有者。
失效	區域快取記憶體	原籍目錄	A	請求送出失效訊號至所有在位址 A 快取該區塊的遠端快取記憶體。
失效	原籍目錄	遠端快取記憶體	A	令位址 A 的共用資料複本失效。
提取	原籍目錄	遠端快取記憶體	A	提取位址 A 的區塊並送到原籍目錄;改變 A 在遠端快取記憶體中的狀態為共用。
提取/失效	原籍目錄	遠端快取記憶體	A	提取位址 A 的區塊並送到原籍目錄;令快取記憶體中的區塊失效。
資料值回覆	原籍目錄	區域快取記憶體	D	從原籍記憶體回傳資料值。
資料回寫	遠端快取記憶體	原籍目錄	A, D	將資料值回寫到位址 A。

圖 5.21 為了維持一致性,各節點之間可能傳送的各種訊息,連同來源與目的節點、訊息內容(表中 P = 提出請求的節點編號,A = 被請求的位址,D = 資料內容)以及訊息功能。前三個訊息是從區域節點送到原籍目錄。第四個到第六個訊息是當原籍目錄需要資料去滿足讀取或寫入失誤請求時,從原籍目錄送到遠端節點的訊息。所回覆的資料值再從原籍節點送回發出請求的節點。資料值回寫發生的原因有兩個:當快取記憶體中的區塊被取代,所以必須回寫到原籍記憶體;或是為了回覆原籍節點的提取訊息或提取/失效訊息。當區塊變成共用時就回寫資料值,可以簡化協定中的狀態數目,因為任何污染的區塊一定是專屬的,而任何共用的區塊在原籍記憶體中總是可以取得。

記錄所駐在的節點。實體位址空間是靜態地分散在各節點中，所以對於一個給予的實體位址，包含其記憶體和目錄的節點就會是已知的。例如，較高位的位元可以用來提供節點編號，較低位的位元則用來提供該節點中記憶體的偏移量。區域節點也可能是原籍節點。當原籍節點是區域節點時，目錄一定會被存取，因為複本可能會存在於第三個節點中，稱之為**遠端節點** (remote node)。

遠端節點是指具有快取區塊複本的節點，不管這個區塊是專屬的 (它是唯一複本的情況) 或共用的。遠端節點可能與區域節點或原籍節點相同。在這些情況下，基本協定都沒有改變，不過處理器之間的訊息或許會被處理器內部訊息所取代。

在本節中，我們假設一個簡單的記憶體一貫性 (consistency) 模型。為了將訊息形式和協定複雜度最小化，我們假設訊息的接收和執行順序和它們送出來的順序相同。實際上這個假設可能不正確，所以可能會導致更複雜，我們在 5.6 節中討論記憶體一貫性模型時再來探討。本節使用這個假設，可以保證節點所送出來的失效會在新訊息傳送前優先處理，正如同我們在討論製作窺探式協定時所假設的那樣。就像我們在窺探式案例中所做，我們也忽略了製作一致性協定所需要的一些細節。特別是，寫入的串列化以及得知寫入失效已完成並不像廣播式窺探機制那麼簡單。取而代之的是，需要外顯的認可訊號去回應寫入失誤和失效請求。我們在附錄 I 更仔細地討論了這些問題。

目錄式協定的範例

目錄式協定中快取區塊的基本狀態和窺探式協定中的完全一樣，所以目錄中的狀態也和我們較早之前所呈現的類似。因此，我們先從簡單的狀態圖開始介紹，顯示個別快取區塊的狀態轉移，然後再來探討對應到記憶體中每個區塊的目錄記錄的狀態圖。如同窺探式協定，這些狀態轉移圖並不能代表一致性協定的所有細節；然而實際的控制器是和多處理器中許多細節高度相依 (訊息傳遞的性質、緩衝區的架構等等)。本節我們提出基本的協定狀態圖。我們在附錄 I 中再來探討製作這些狀態轉移圖時會碰到的棘手問題。

圖 5.22 顯示個別的快取記憶體對於協定動作的回應。我們使用和上一節相同的符號。從節點外部來的請求用灰色來表示，進行的動作用粗體字來表示。讀取失誤、寫入失誤、失效和資料提取請求造成了個別快取記憶體的狀態轉移，這些動作都顯示在圖 5.22。個別的快取記憶體也會產生讀取失誤、寫入失誤和失效的訊息，這些都會送到原籍目錄。讀取失誤和寫入失誤需要

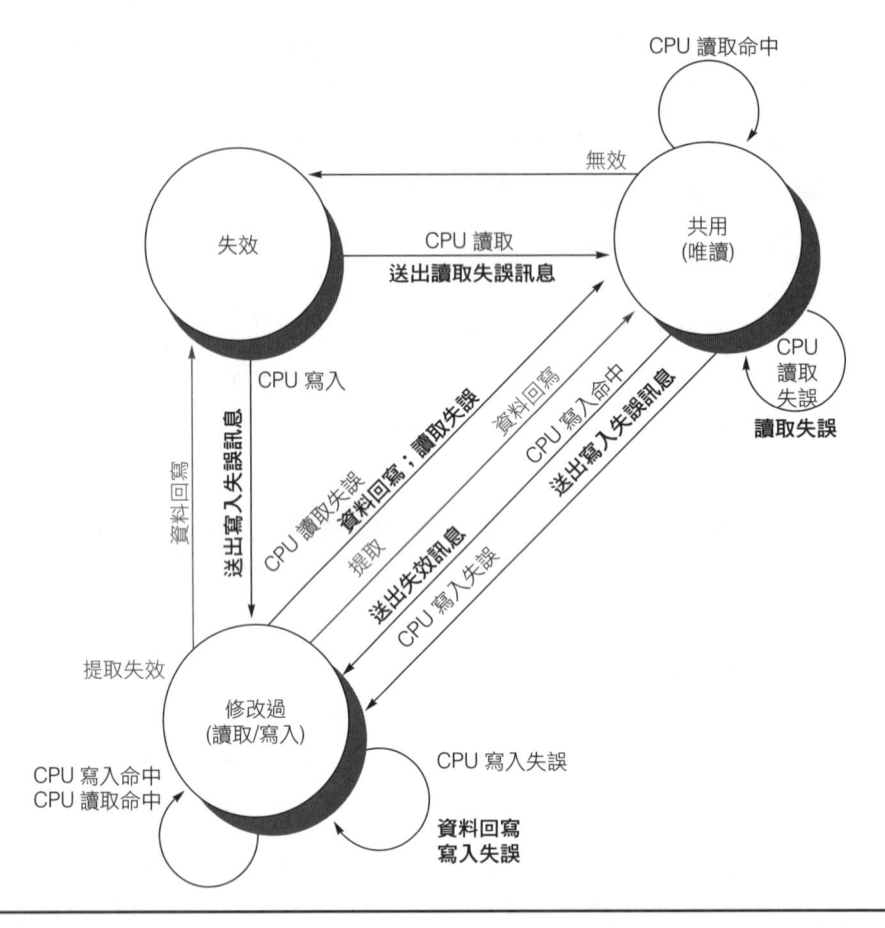

圖 5.22 在目錄式系統中個別快取區塊的狀態轉移圖。從本地處理器送來的請求用黑色顯示，從原籍目錄送來的用灰色顯示。所有狀態和窺探式的案例完全一樣，狀態的轉移非常類似。外顯的失效和回寫請求取代了之前在匯流排上廣播的寫入失誤。如同我們在窺探式控制器所做，我們也假設將嘗試寫入共用快取區塊當成一個失誤；實際上，這樣的交易可以當成所有權請求或是升級請求，不用去提取該快取區塊就能夠傳遞所有權。

資料值的回覆，所以這些事件在改變狀態之前必須等待回覆。得知失效何時完成是另一個問題，另行處理之。

在圖 5.22 中快取區塊狀態轉移圖的運作情形基本上和窺探式相同：所有狀態完全一樣，激發訊號也幾乎一樣。在窺探式方案中，在匯流排上（或其他網路）廣播的寫入失誤動作，被資料提取和失效動作所取代，這些動作是由目錄控制器選擇性地發送出來。就像窺探式協定，寫入之後任何快取區塊就必須處於專屬狀態，而且任何共用區塊在記憶體中必須是最新的。在許多多核心處理器中，處理器快取記憶體的最外層是在核心之間共用（如 Intel i7、AMD Opteron 和 IBM Power7 中的 L3)，在該層的硬體則使用一種內部

目錄或窺探來維持相同晶片上每一個核心的私用快取記憶體之間的一致性。因此，晶片上的多核心一致性機制可以用來擴充至一個較大的處理器集合之間的一致性，只要介接至最外層的共用快取記憶體即可。由於該介面是在 L3，處理器與一致性請求之間的競爭問題不大，可以避免標籤的複製。

在目錄式協定中，目錄製作出一致性協定的另一半。訊息送到目錄之後會造成兩種不同形式的動作：更新目錄的狀態以及傳送一些附加訊息來滿足該請求。目錄中的狀態代表區塊的三個標準狀態；然而不像窺探式方案，目錄狀態指出記憶體區塊所有快取複本的狀態，而不是只針對單一的快取區塊。

該記憶體區塊可能不被任何節點所快取，也可能在各個節點中被快取並且是可以讀取的 (共用的)，或可能只有在一個節點上獨一無二地被快取並且是可以寫入的。除了每個區塊的狀態之外，目錄也必須追蹤擁有區塊複本的節點集合；我們使用一個稱為**共用者 (Sharer)** 的集合來執行此功能。在少於 64 個節點的多處理器中 (每個節點可能有 4 到 8 倍多的處理器)，該集合通常是用位元向量來保持。在較大型的多處理器中，就需要使用別的技術。目錄請求必須更新該共用者集合，並且讀取該集合來執行失效動作。

圖 5.23 顯示目錄收到訊息之後所採取的回應動作。目錄接收到三種不同的請求：讀取失誤、寫入失誤和資料回寫。目錄回應所傳送的訊息以粗體字顯示，共用者集合的更新則使用粗斜體字顯示。因為所有激發訊息都是外來的，所以所有動作都用灰色來顯示。這個簡化的協定假設某些動作是不可分割的，例如，請求一個值並且將該值送到其他節點。真正的製作不能使用這樣的假設。

為了明白這些目錄的運作，讓我們一個狀態一個狀態地檢視所接收到的請求以及所採取的行動。當區塊是在未快取 (uncached) 狀態時，記憶體中的複本就是目前的值，所以該區塊可能的請求只有：

- **讀取失誤**：將所請求的資料從記憶體傳送到發出請求的節點，然後將請求者當成唯一的共用節點，令區塊狀態成為共用。
- **寫入失誤**：將數值傳送到發出請求的節點，該節點就變成共用節點。令該區塊成為專屬，表示唯一有效的複本被快取。共用者會指出擁有者的身份。

當區塊處於共用的狀態時，記憶體的值是最新的，所以相同的兩種請求可能會發生：

- **讀取失誤**：將所請求的資料從記憶體傳送到發出請求的節點，然後將該節點加到共用者集合。
- **寫入失誤**：將數值傳送到發出請求的節點。將失效訊息傳送到共用者集合中所有的節點，共用者集合便包含了發出請求的節點之身份。令該區塊的狀態成為專屬。

當區塊處於專屬狀態時，該區塊的現有值是保持在共用者 (擁有者) 集合所確認的處理器快取記憶體中。所以有三種可能的目錄請求：

- **讀取失誤**：傳送資料提取訊息到擁有者 (owner)，這使得擁有者快取記憶體中的區塊狀態轉為共用；也使得該擁有者將資料送到目錄，然後寫入記憶體並且傳回發出請求的處理器。接著將發出請求的節點身份加到共用者集合中，集合中仍含有該處理器的身份 (因為它仍擁有可讀取的複本)。
- **資料回寫**：擁有者正在置換該區塊，所以必須將其回寫。此回寫使得記憶體複本擁有最新的值 (原籍目錄實質上變成了擁有者)，該區塊現在成為未快取，而且共用者集合變成空的。
- **寫入失誤**：區塊有了新的擁有者。有一個訊息會送到舊的擁有者，使得快取記憶體將該區塊加以失效，並將數值傳回到目錄，然後再傳回發出請求的節點。這個節點就變成新的擁有者，共用者集合就設定成僅含該新擁有者之身份，而該區塊的狀態仍為專屬。

圖 5.23 是一個簡化的狀態轉移圖，和窺探式快取的案例一樣。在目錄的案例中以及在使用不是匯流排的網路去實現窺探式方案的案例中，我們的協定會有需要去處理非不可分割的記憶體交易。附錄 I 深入探討了這些問題。

真正多處理器上所使用的目錄協定還增加了一些最佳化。特別是，在此協定中，專屬區塊發生讀取失誤或寫入失誤時，該區塊必須先送到原籍節點中的目錄，然後再存入原籍記憶體中，同時也送回原來發出請求的節點。許多商用多處理器所使用的協定直接將該資料從擁有者節點轉送到發出請求的節點 (並且回寫到原籍節點中)。這種最佳化的方法會增加死結的可能性，也會增加必須處理的訊息形式，因而經常增加了複雜度。

實現目錄式方案需要去解決大部份同樣的挑戰，這是從 367 頁開始我們針對窺探式協定所討論過的。然而，卻有一些新增加的問題，我們在附錄 I 中會加以描述。在 5.8 節中，我們簡短地描述新型多核心是如何地將一致性擴充到單晶片之外。多晶片一致性與多核心一致性的結合包括所有四種的可能性：窺探式／窺探式 (AMD Opteron)、窺探式／目錄式、目錄式／窺探式，以及目錄式／目錄式！

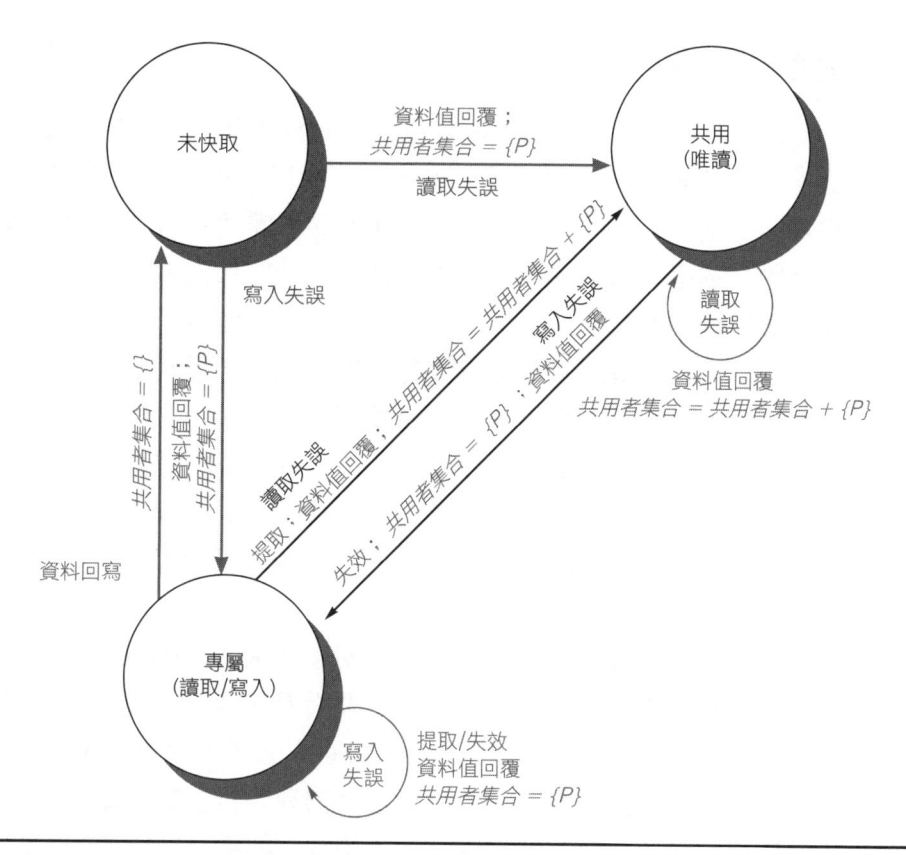

圖 5.23 目錄的狀態轉移圖和個別快取記憶體的轉移圖有相同的狀態和架構。所有的動作都是用灰色來顯示，因為這些動作都是外來的。目錄回應請求而採取的動作是用粗體字來顯示。

5.5 同步：基礎

　　同機制通常是用使用者階層的軟體常式 (routine) 所建立的，這些常式則是倚賴硬體提供的同指令。對於較小型的多處理器或是競爭不多的情況，關鍵的硬體能力在於不會被中斷，而且有能力不可分割地取得並改變某一個值的一個指令或是一串指令序列，這項能力便可以用來建構軟體同機制。本節中，我們專注在鎖定和開鎖的同步運算之製作。鎖定和開鎖可以直接用來產生互斥動作，也可以用來製作更複雜的同機制。

　　在高競爭情況下，同可能會成為效能上的瓶頸，因為競爭會引入額外的延遲，也因為在此種多處理器上時間延遲可能比較長。我們在附錄 I 將討論本節的基本同步機制可以如何針對大的處理器數目而加以擴充。

硬體的基本運算

在多處理器上製作同步所需要的關鍵能力是一組硬體的基本運算,這些基本運算能夠不可分割地讀取或修改記憶體位置。如果沒有這種能力的話,建立同步基本運算的成本會太高,並會隨著處理器數目的增加而上升。有幾種硬體基本運算的不同方案可供選擇,每一種都提供了不可分割地讀取或修改一個位置的能力,也提供了一些方式來告知是否是以不可分割的方式去執行讀取或寫入。這些硬體基本運算是用來建立多種使用者階層同步運算的基本建構方塊,包括像是鎖 (lock) 或障礙 (barrier) 等物件。一般而言,計算機結構設計師並不預期使用者會去使用這些硬體基本運算,反而預期系統程式設計師會用這些基本運算去建立同步程式庫,這種程序通常很複雜並且很技巧。我們先介紹一種硬體基本運算,然後再介紹如何使用該元件來建立一些基本的同步運算。

建立同步運算時最常用的是**不可分割的交換** (atomic exchange),會將暫存器的值和記憶體中的值交換。為了要看看如何用這種交換來建立一個基本的同步運算,先假設我們要建立一個簡單的鎖,鎖值為 0 代表這個鎖可以用;鎖值為 1 代表這個鎖不能用。處理器只要將在暫存器的 1 和對應於該鎖的記憶體位址做交換,就可以設定這個鎖。如果交換所傳回的值為 1 時,表示這個鎖已經被某個其他的處理器宣示使用了;如果為 0 時,表示這個鎖可以使用。在後面那種情況下,鎖值也要改變為 1,防止任何競爭性交換也讀到 0。

例如,假設有兩個處理器,同時都要進行交換:此競跑終究會結束,因只有一個處理器會先完成交換而傳回 0;第二個處理器進行交換時會傳回 1。使用交換 (exchange 或 swap) 的基本元件運算來實現同步的關鍵在於該運算是不可分割的:同時要進行兩個交換時,寫入串列化 (write serialization) 的機制會將這兩個交換一個一個地執行,因為交換是不可分割的。兩個處理器以這種方式嘗試去設定同步變數時,不可能兩個都認為它們已經同時設定了該變數。

還有幾種其他的不可分割基本運算可以用來製作同步。它們都有一個關鍵特質,就是在讀取和更新記憶體值的時候,可以告訴我們這兩個運算是否以不可分割的方式去執行。很多較早的多處理器都存在一種運算,那就是**測試且設定** (test-and-set),該運算會去測試一個值,如果這個值通過測試,就去設定這個值。例如,我們可以定義一個運算去測試 0,然後設定這個值為 1,類似於我們使用不可分割交換時的那種方式。另外一種不可分割的同

步基本運算是**提取並遞增** (fetch-and-increment)：這個運算傳回記憶體位置的值，然後自動遞增。我們可以用 0 的值來表示該同步變數尚未被使用，然後就可以使用提取並遞增，正如同我們使用交換一般。還有一些類似提取並遞增運算的用法，我們在稍後會看到。

製作單一不可分割的記憶體運算時會引發一些挑戰，因為需要在單一、不能中斷的指令中完成一次記憶體讀取和一次記憶體寫入。這種需求使得一致性的製作複雜化，因為硬體在讀取和寫入之間不允許進行任何其他的運算，也一定不能造成死結的情況。

另外一種方法是用一對指令來解決，其中第二道指令會傳回一個值，可據以推論這一對指令在執行時是否像是不可分割一般。如果這對指令表現得像是任何處理器所執行的其他所有運算都是在它們之前或之後發生，那麼這對指令就是有效地不可分割。因此，當一對指令是有效地不可分割時，就沒有其他任何處理器可以改變在這對指令之間的數值。

這對指令包括一個特殊的載入指令，稱為**鏈結式載入** (load linked) 或是**鎖定式載入** (load locked) 以及一個特殊的儲存指令，稱為**條件式儲存** (store conditional)。這些指令要按照順序來使用：如果載入鏈結所指定的記憶體位置之內容在針對同一位址的條件式儲存指令發生之前就被改變了，則該條件式儲存指令就算是失敗。如果處理器在這兩道指令中間進行本文交換 (context switch)，則該條件式儲存也會失敗。該條件式儲存指令被定義成如果成功就傳回 1，如果失敗就傳回 0。因為載入鏈結指令會傳回初始值，而且只有成功時條件式儲存指令才會傳回 1，所以以下的程式碼序列就能夠在 R1 內容所指定的記憶體位置上製作出不可分割的交換：

```
try:    MOV     R3,R4       ;搬移交換值
        LL      R2,0(R1)    ;鏈結式載入
        SC      R3,0(R1)    ;條件式儲存
        BEQZ    R3,try      ;儲存失敗則分支
        MOV     R4,R2       ;將載入值放在 R4
```

這段程式碼序列結束時，R4 的內容和 R1 所指定的記憶體位置已經完成不可分割的交換 (忽略延遲分支所產生的效應)。無論任何時間，處理器介入並修改在 LL 和 SC 這兩道指令之間記憶體的值，則 SC 會傳回 0 到 R3，造成這段程式碼序列必須重新執行。

鏈結式載入/條件式儲存機制的好處是可以用來建立其他的同步基本運算。例如，以下就是不可分割的提取並遞增：

```
try:    LL      R2,0(R1)        ;鏈結式載入
        DADDUI  R3,R2,#1        ;遞增
        SC      R3,0(R1)        ;條件式儲存
        BEQZ    R3,try          ;儲存失敗則分支
```

製作這些指令通常是為了追蹤在 LL 指令中所指定的位址,該位址是放在一個稱為**鏈結暫存器** (link register) 的暫存器中。如果發生中斷,或者如果和鏈結暫存器中位址相符的快取區塊被加以失效 (例如被別的 SC 加以失效),便清除該鏈結暫存器。SC 指令只是檢查它的位址是否和鏈結暫存器中的位址相符,如果是的話,SC 就成功了;反之,SC 就失敗了。條件式儲存會因為其他處理器企圖存入鏈結式載入的位址或是任何例外狀況而失敗,所以插入這兩道指令中間的指令就必須很小心地選擇。特別是,只有暫存器－暫存器指令可以安全地被許可,否則就有可能產生死結的情況,處理器就永遠無法完成 SC。除此之外,在鏈結式載入和條件式儲存這兩道指令之間的指令數目應該要少,讓不相關事件或互相競爭的處理器造成條件式儲存屢次失敗的機率減低到最小。

使用一致性來製作「鎖」

一旦有了不可分割的動作後,我們就可以使用多處理器的一致性機制來製作**旋轉鎖** (spin lock):處理器會不斷地想取得的鎖,會在迴圈中不斷旋轉直到處理器成功為止。程式設計師想要非常短時間內保有這個鎖時,並且在這個鎖可以用的情況下,想要在短時間內取得這個鎖時,就得使用旋轉鎖。因為旋轉鎖會綁住處理器,在迴圈中一直等到這個鎖被釋放為止,所以在某些情況下並不適當。

如果沒有快取一致性,我們會使用的最簡單的製作方法就是將鎖的變數保持在記憶體中。處理器會不斷地用不可分割的運算來取得這個鎖,好比說,390 頁的不可分割的交換,以及測試交換所傳回的鎖是否被釋放了。為了釋放這個鎖,處理器只要將 0 值儲存到這個鎖中就可以了。以下這段程式碼是用不可分割的交換去鎖住一個旋轉鎖,該鎖的位址是在 R1 中:

```
            DADDUI  R2,R0,#1
lockit:     EXCH    R2,0(R1)        ;不可分割的交換
            BNEZ    R2,lockit       ;已經鎖住了嗎?
```

如果我們的多處理器有支援快取一致性,我們可以使用一致性機制將鎖加以快取來維持鎖值的一致性。將鎖加以快取有兩個好處。第一,這使得

「旋轉」(嘗試在緊密迴圈中測試並取得鎖)的過程可以在區域快取複本中進行,而非每次嘗試取鎖就需要存取全域記憶體。第二個好處是因為鎖的存取往往有區域性:也就是說,處理器上次所使用的鎖很快地還會再用到。在這些狀況下,鎖值可以常駐在該處理器的快取記憶體中,就會大大減少取得該鎖的時間。

為了得到第一個好處 —— 能夠在區域快取複本上進行旋轉,而不用每次嘗試取得該鎖時還要產生一個記憶體請求 —— 我們需要修改簡單的旋轉程式碼。在上面的迴圈中每次交換時都需要一個寫入的動作。如果多個處理器都想要取得該鎖,每個處理器都將產生寫入。這些寫入大部份都會造成寫入失誤,因為每個處理器都必須在專屬的狀態下嘗試取得該鎖的變數。

因此,我們應該修改我們的旋轉鎖程式碼,使其只要讀取該鎖的區域複本就能旋轉,直到成功地看見該鎖可以使用為止。然後再用交換動作嘗試取得該鎖。處理器首先會去讀取該鎖的變數來測試它的狀態。處理器不停地讀取和測試,直到所讀取的值代表該鎖已解開為止。然後該處理器再和所有其他一樣在旋轉等候的程式一起競跑,看誰先鎖住該變數。所有程式都用交換指令去讀取舊值並將 1 存入該鎖的變數中。只有一個贏家會看到 0 值,輸家會看到贏家所放的 1。(輸家將繼續設定該變數為鎖住值,但是已經沒有用了。)搶贏的處理器便執行程式碼,用完這個鎖之後,再將 0 存入該鎖的變數中來釋放該鎖,又重新開始競跑。以下是執行這個旋轉鎖的程式碼(請記住 0 代表開鎖,1 代表鎖住):

```
lockit:  LD      R2,0(R1)       ;鎖值的載入
         BNEZ    R2,lockit      ;鎖值不可用 - 進行旋轉
         DADDUI  R2,R0,#1       ;載入鎖住值
         EXCH    R2,0(R1)       ;交換
         BNEZ    R2,lockit      ;鎖值非 0 則分支
```

讓我們來檢視該旋轉鎖方案如何使用快取一致性機制。圖 5.24 顯示:當多個處理器想要用不可分割的交換來鎖住變數時,處理器和匯流排或目錄的動作。取得鎖的處理器一旦將 0 存入鎖中時,所有其他的快取記憶體都失效了,所以必須提取新值來更新該鎖在這些快取記憶體上的複本。其中有一個快取記憶體會先取得開鎖值 (0) 的複本,然後執行交換。當其他處理器的快取失誤處理完之後,卻發現該變數已經被鎖住了,所以必須返回測試和旋轉。

這個例子顯示了鏈結式載入/條件式儲存基本運算的另外一個好處:讀

步驟	P0	P1	P2	步驟終了時鎖的一致性狀態	匯流排/目錄動作
1	有鎖	開始旋轉，測試是否鎖＝0	開始旋轉，測試是否鎖＝0	共用	依任一順序解決 P1 和 P2 的快取失誤。鎖的狀態變成共用。
2	設定鎖為 0	（接收到失效訊號）	（接收到失效訊號）	專屬 (P0)	從 P0 寫入鎖變數的失效訊號。
3		快取失誤	快取失誤	共用	匯流排/目錄服務 P2 的快取失誤；從 P0 回寫；狀態成為共用。
4		（當匯流排/目錄忙碌時便等候）	鎖＝0 之測試成功	共用	解決 P2 的快取失誤
5		鎖＝0	執行交換，得到快取失誤	共用	解決 P1 的快取失誤
6		執行交換，得到快取失誤	完成交換；回傳 0 並設定鎖＝1	專屬 (P2)	匯流排/目錄服務 P2 的快取失誤；產生失效訊號；鎖成為專屬。
7		完成交換並回傳 1，且設定鎖＝1	進入臨界區間	專屬 (P1)	匯流排/目錄服務 P1 的快取失誤；傳送失效訊號並從 P2 產生回寫。
8		旋轉，測試是否鎖＝0			無

圖 5.24 三個處理器 P0、P1、P2 的快取一致性步驟和匯流排的交通情形。本圖假設使用寫入失效一致性。P0 先取得這個鎖（步驟 1），該鎖之值為 1（亦即鎖住）；起初，在步驟 1 開始之前它是專屬的且為 P0 所擁有。P0 離開並釋放該鎖（步驟 2）。P1 和 P2 在交換期間去搶這個剛釋放的鎖（步驟 3 至 5）。P2 先贏得並進入臨界區間（步驟 6 和 7），而 P1 搶輸之後就開始旋轉等候（步驟 7 和 8）。在真實的系統中，這些事件可能會花 8 個時脈週期以上的時間，因為取得匯流排和回應失誤的時間會長得多。一旦達到步驟 8，此過程就可以用 P2 來重複，最終取得專屬存取並將鎖值設定為 0。

取和寫入的動作是清楚分開的。鏈結式載入不會造成任何的匯流排交通。這使得我們可以用下列簡單的程式碼序列來完成旋轉鎖的功能，該序列具有與使用交換的最佳化版本相同的特性 (R1 存放該鎖的位址，LL 取代 LD 且 SC 取代 EXCH)：

```
lockit:  LL     R2,0(R1)       ;鏈結式載入
         BNEZ   R2,lockit      ;鎖值不可用－進行旋轉
         DADDUI R2,R0,#1       ;鎖住值
         SC     R2,0(R1)       ;儲存
         BEQZ   R2,lockit      ;儲存失敗則分支
```

第一個分支形成了旋轉迴圈,第二個分支解決了兩個處理器同時看見鎖變數的競跑情形。

5.6 記憶體一貫性的模型:簡介

快取記憶體一致性可以保證多個處理器所看到的記憶體是一貫的,但這並沒有告訴我們所看到的記憶體必須是**如何**地一貫。關於「如何地一貫」,我們真正要問的是:處理器必須在什麼時候看到別的處理器所更新的值?因為處理器之間的通訊是透過共用變數(有的是儲存資料用,有的是同步用),所以我們的問題縮小為:一個處理器必須以什麼順序去觀察另一個處理器寫入資料?因為「觀察另一個處理器寫入」的唯一方法是透過讀取,所以這個問題就變成:不同處理器對不同位置的讀取和寫入之間有些什麼規定?

雖然一貫性記憶體必須如何的問題似乎很簡單,但實際上卻相當複雜,我們可以用下列的簡單例子來說明。以下是來自程式 P1 和 P2 上的兩段程式碼,將它們邊靠邊來顯示:

```
P1:      A = 0;            P2:     B = 0;
         ……                        ……
         A = 1;                    B = 1;
L1:      if (B == 0) …     L2:    if (A == 0) …
```

假設這兩個程式在不同的處理器上執行,並且這兩個處理器一開始都快取了位置 A 和 B,A 和 B 的初始值均為 0。如果寫入總是立刻發生效用,也立刻被別的處理器看見,則這**兩個** if 敘述 (標示為 L1 和 L2) 的條件不可能為真,因為到達 if 敘述時代表 A 或 B 的值必定被設定為 1 了。但是假定寫入失效延遲了,而且在延遲期間允許處理器繼續執行,所以有可能 P1 和 P2 在嘗試讀取**前**都還沒有看到 B 和 A (分別) 被失效。現在問題是,這種行為應該被允許嗎?如果允許的話,要在什麼條件下?

記憶體一貫性最直接的模型稱為**循序式一貫性** (sequential consistency)。循序式一貫性要求:如果每個處理器的記憶體存取按順序執行,而且不同處理器之間的記憶體存取任意地交錯,那麼任何執行結果都應該相同。循序式一貫性可以消除上面例子中某些執行不明顯的可能性,因為 A 和 B 的設定必須完成才能啟動 if 敘述。

製作循序式一貫性最簡單的方法就是要求處理器的任何記憶體存取都必

須延遲到該存取所造成的所有失效動作都完成之後才算完成。當然，也會同樣有效地延遲下一個記憶體存取，直到先前的存取完成之後。請記住，記憶體一貫性牽涉到不同變數之間的動作：存取兩個不同的記憶體位置之存取動作一定要按照順序。在這個例子中，A 或 B 的讀取 (A == 0 或 B == 0) 一定要延遲到前面的寫入 (B = 1 或 A = 1) 完成之後才能進行。舉例來說，在循序式一貫性下，我們不能只是將寫入放在寫入緩衝區之後就去執行讀取。

雖然循序式一貫性提供了一個簡單的程式寫作範本，但也降低了潛在的效能，特別是有很多處理器的多處理器，或是互連延遲時間長的多處理器，如同我們在下面的例子所見。

範例 假定我們有一個處理器，寫入失誤要花 50 個週期來建立所有權。建立所有權之後，發出每一個失效訊號要花 10 個週期。完成失效並得到認可要花 80 個週期。假設有四個其他的處理器共用一個快取區塊，試問如果處理器採用循序式一貫性，寫入失誤會讓進行寫入的處理器暫停多久？假設一致性控制器一定要得到失效認可才算知道該失效已經完成。假定寫入失誤在得到所有權之後不用等候失效完成就可以繼續執行，試問該寫入要花多少時間？

解答 當我們在等候失效訊號時，每個寫入所花的時間等於所有權時間加上完成失效的時間。因為這些失效可以重疊在一起進行，所以我們只需要擔心最後一個失效。這個失效從建立所有權之後的 10 + 10 + 10 + 10 = 40 個週期才開始。因此寫入的全部時間等於 50 + 40 + 80 = 170 個週期。相較之下，所有權時間只有 50 個週期就夠了。如果採取適當的寫入緩衝區製作，甚至有可能尚未建立所有權就繼續執行。

為了得到更好的效能，研究人員和計算機結構設計師已經探討出兩種不同的途徑。第一，他們發展出有野心的製作方式，保留了循序式一貫性，但利用隱藏時間延遲的技術來減少損傷；我們在 5.7 節再討論。第二，他們發展出限制比較少的記憶體一貫性模型，允許採用較快的硬體。這種模型會影響程式設計師所看到的多處理器。因此在討論這些限制較少的模型之前，我們先來看一下程式設計師會預期些什麼。

程式設計師的觀點

雖然循序式一貫性模型在效能上有缺點，但是從程式設計師的觀點來看，這個模型的好處是簡單。要發展一個容易解釋且效能又高的程式寫作模型是一項挑戰。

有一個這種程式寫作模型可以讓我們具有更有效率的製作，就是假設所有的程式是**同步的** (synchronized)。如果所有共用資料存取是由同步運算所排序，該程式就是同步的。資料存取由同步運算所排序的意思是：如果在任何可能的執行中，有一個處理器寫入某個變數，而另外一個處理器要存取 (讀取或寫入) 這個變數，這兩者之間用一對同步運算隔開，其中一個同步運算是在進行寫入的處理器寫入之後執行，另外一個同步運算則是在第二個處理器進行存取之前執行。沒有經過同步排序就去更新變數的情況稱為**資料競跑** (data race)，因為執行結果取決於處理器的相對速度，就好像硬體設計上的競跑，其結果是不可預測的，所以同步化程式又稱為**免於資料競跑** (data-race-free)。

考慮這個簡單的例子，有兩個不同的處理器要讀取和更新某個變數。每個處理器在這個讀取和更新的前後放上鎖住和解鎖運算，這樣可以保證更新之間會相互排斥，並且可以保證讀取是一貫的。很明顯，現在任何寫入都和其他處理器的讀取用一對同步動作加以分開：一個解鎖運算 (放在寫入之後) 和一個鎖住運算 (放在讀取之前)。當然，如果兩個處理器都要寫入變數，而且之間沒有插入讀取，那麼這兩個寫入也必須用同步運算加以分開。

大部份的程式都是同步的，這是一項被廣泛接受的觀察，這項觀察的真實性主要是因為如果存取是非同步的，程式的行為可能會難以預測，因為執行速度決定了那一個處理器贏得資料競跑，也因此決定了程式的執行結果。即使採用循序式一貫性，要推斷這些程式仍然是很困難的。

程式設計師可以用自己所建構的同步機制來嘗試保證存取的順序，但是這需要很多技巧，可能會使程式有很多錯誤，並且也沒有計算機結構上的支援，也就是說，它們不一定可以在未來的多處理器世代中運作。相反地，幾乎所有的程式設計師選擇使用同步程式庫，因為同步程式庫所提供的同步機制是正確的，並且針對多處理器及同步的形式進行過最佳化。

最後，使用標準的同步基本運算能確保同步化程式的表現有如硬體製作的循序式一貫性一般，即使該結構所製作的一貫性模型比循序式一貫性更為放鬆。

放鬆式一貫性模型：基礎

放鬆式一貫性模型中最主要的概念就是讓讀取和寫入不照順序來執行，但是卻使用同步運算來達成順序性，所以同步化程式表現起來就像處理器是循序地一貫一般。放鬆式模型有很多種，其分類方式是依據它們所放鬆的讀寫順序。我們使用一組形式為 X → Y 的規則去指定順序，其意義為動作 X

必須在動作 Y 進行之前完成。循序式一貫性要求維持所有四種可能的順序：R → W、R → R、W → R 和 W → W，放鬆式模型則是依據它們放鬆了這四組順序當中的哪一組來定義：

1. 放鬆 W → R 的順序產生一種模型，稱為**整體儲存順序** (total store ordering) 或**處理器一貫性** (processor consistency)。因為這種順序保持了寫入之間的順序，許多在循序式一貫性之下動作的程式不用多加同步也能在此模型下動作。
2. 放鬆 W → W 的順序產生一種模型，稱為**部份儲存順序** (partial store order)。
3. 放鬆 R → W 和 R → R 的順序產生了多種不同的模型，包括**弱順序** (weak ordering)、PowerPC 一貫性模型，以及**釋放一貫性** (release consistency)，取決於順序的限制性以及同步運算如何達成順序性的相關細節。

藉由放鬆這些順序性，處理器可能會在效能上得到重大的助益。然而，描述放鬆式一貫性模型是十分複雜的，包括不同放鬆順序的優點與複雜度、精確地定義寫入完成的含意，以及決定處理器何時可以看到自己已經寫入的值。我們高度推薦由 Adve 和 Gharachorloo [1996] 所寫的極佳教程，從中可以取得更多關於放鬆式模型的複雜度、製作問題和效能潛力等方面的資訊。

一貫性模型的最後評論

到目前為止，許多正在建立的多處理器都支援某種放鬆式一貫性模型，從處理器的一貫性到釋放式一貫性都有。因為同步屬於高度的多處理器取向，並且容易出錯，所以我們預期大部份程式設計師會使用標準的同步程式庫來寫同步化程式，選擇程式設計師看不到的弱一貫性模型來達到較高的效能。

下一節中我們會討論另一個較為廣泛的觀點，主張使用推測機制，就可以依據循序式一貫性或處理器一貫性，在放鬆式一貫性模型上得到許多效能上的好處。

這項有利於放鬆式一貫性的主張，其關鍵部份牽涉到編譯器的角色，以及它把記憶體對於可能的共用變數存取加以最佳化的能力。這項課題也會在 5.7 節進行討論。

5.7 貫穿的論點

因為多處理器重新定義了許多系統特性 (如效能估計、記憶體時間延遲和可擴充性的重要性)，它們引入一些很有意思的設計問題，跨越了整個範圍，軟體和硬體兩者都受到影響。本節中我們將介紹幾個例子，與記憶體一貫性的問題有關。然後我們再來檢視當多執行緒加到多處理之上時所獲得的效能。

編譯器最佳化和一貫性模型

定義記憶體一貫性模型的另外一個原因，是為了要定出可以在共用資料上執行的編譯器最佳化之合理範圍。在顯性 (explicitly) 平行程式中，除非同步點被清楚地定義出來，而且程式是同步的，否則編譯器不能把兩個不同的共用資料項目之讀取和寫入對調，因為這樣做可能會影響程式的語意。這種限制可能連相當簡單的最佳化都不能做，例如共用資料的暫存器配置，因為這個最佳化過程通常會將讀取和寫入對調。至於隱性 (implicitly) 平行程式 —— 例如用 High Performance FORTRAN (HPF) 所寫的程式 —— 這些程式必須都是同步的，並且同步點都是已知的，所以不會發生這種問題。從研究以及從實用兩種觀點來看，編譯器是否能夠從更為放鬆的一貫性模型獲得顯著的利益仍舊是一個開放的問題，缺乏統一的模型可能會阻礙編譯器部署的進展。

在嚴格一貫性模型中使用推測機制來隱藏時間延遲

我們在第 3 章看到，推測機制可用來隱藏記憶體時間延遲。它也可以用來隱藏由嚴格一貫性模型所引起的時間延遲，給予放鬆式記憶體模型許多好處。主要的觀念是讓處理器使用動態排程來對記憶體存取重新排序，使它們能夠不按順序來執行。不按順序來執行記憶體存取可能會違反循序式一貫性，這可能會影響程式的執行。這種可能性可以用推測式處理器的延遲判定 (commit) 功能來避免。假設一貫性協定是以失效為基礎，如果處理器在記憶體存取被判定之前就收到該記憶體存取的失效訊號，處理器就會在計算之外使用推測恢復來支援，重新從被失效的記憶體存取位址開始起動。

如果處理器將記憶體請求重新排序而產生的執行順序，導致和循序式一貫性下所看到的結果不一樣，該處理器就會重新執行。使用這種方式主要在於處理器只需保證其結果會和所有存取都依序完成的結果相同，且處理器可以藉由偵測何時結果會不一樣來達成這項保證。這個方法吸引人的地方是因

為推測機制重新起動很少會發生。只有當非同步存取真的引發了競跑時才會發生 [Gharachorloo、Gupta 和 Hennessy 1992]。

Hill [1998] 主張將循序式或處理器一貫性結合推測式執行來作為一貫性模型的選擇。他的論點有三個部份。第一，不論是循序式或處理器一貫性的前衛製作都會得到較為放鬆式模型中最大的優點。第二，這樣的製作方式對於推測式處理器而言，成本的增加只有一點點。第三，這種方法，不管是循序式或是處理器一貫性，都讓程式設計師能明智地使用較簡單的程式模型。MIPS R10000 的設計團隊在 1990 年代中期就已經具有這種深刻的瞭解，並且利用 R10000 的非依序處理能力來支援這種循序式一貫性的前衛製作型態。

一個公開的問題是：在記憶體存取共用變數的最佳化上，一項成功的編譯器技術能做到怎麼樣的程度。最佳化技術的狀況，再加上共用資料經常是經由指標或是陣列索引的方式進行存取，已經限制了此種最佳化的使用。如果這種技術變成可行並且導致效能上的重大助益，編譯器撰寫人就會想要去利用比較放鬆式的程式寫作模型。

包含性及其製作方式

所有多處理器都使用多階層快取記憶體層級來降低對全域交連的需求，並且減少快取失誤的時間延遲。如果快取記憶體也提供**多階層包含性** (multilevel inclusion)──快取層級中的任一階層都是下一階層（也就是更為遠離處理器的那一階層）的子集合──那麼我們就可以使用多階層架構去減少一致性交通和處理器交通之間的競爭，這種競爭是發生在窺探與處理器的快取存取必須競逐快取記憶體之時。許多具有多階層快取記憶體的多處理器都實施包含性，雖然最近有一些 L1 快取記憶體比較小、區塊大小不同的多處理器有時候會選擇不去實施包含性。這種限制也稱為**子集合性質** (subset property)，因為每一階層快取記憶體都是下一階層快取記憶體的子集合。

乍看之下，保持多階層包含性似乎很容易。考量一個二階層快取的例子：任何 L1 快取失誤不是在 L2 命中，就是在 L2 失誤，使得該區塊被帶到 L1 和 L2 中。同樣地，任何在 L2 命中的失效必須送到 L1 中，如果該區塊存在於 L1 的話，就會加以失效。

如果 L1 和 L2 的區塊大小不一樣的時候怎麼辦？選擇不同的區塊大小是十分合理的，因為 L2 大很多，而且失誤損傷中的時間延遲長很多，所以希望使用較大的快取區塊。當區塊大小不同的時候，該如何自動履行包含性？L2 的一個區塊相當於 L1 的好幾個區塊，所以 L2 的快取失誤會置換相當於

L1 中數個區塊的資料。例如,如果 L2 的區塊大小是 L1 的 4 倍,則 L2 失誤會置換相當於四個 L1 區塊的資料。我們用一個範例來詳細說明。

範例 假設 L2 區塊大小是 L1 的 4 倍。試證明某個位址的失誤造成 L1 和 L2 中的置換時,會違反包含性。

解答 假設 L1 和 L2 都是直接對映式快取記憶體,L1 的區塊大小為 b 個位元組,L2 的區塊大小為 $4b$ 個位元組。假定 L1 有兩個區塊,啟始位址分別為 x 和 $x + b$,且 x mod $4b = 0$,這表示 x 也是 L2 中某個區塊的啟始位址;於是 L2 中該單一區塊就包含了 L1 的區塊 x、$x + b$、$x + 2b$ 和 $x + 3b$。假定處理器產生區塊 y 的存取,該存取對映到在兩個快取記憶體都包含 x 的區塊,所以發生了失誤。由於 L2 失誤了,所以會提取 $4b$ 位元組,將含有 x、$x + b$、$x + 2b$、$x + 3b$ 的區塊加以置換。因為 L1 仍含有區塊 $x + b$,L2 卻沒有,所以包含性不再成立。

為了在多種區塊大小之間維持包含性,我們必須在置換較低層區塊時探測層級的較高層,以保證任何在較低層中所置換的字元會在較高層快取記憶體中失效;不同階層的關聯性時會產生同一類的問題。在 2011 年,設計師在包含性的實施上似乎依舊分道揚鑣。Baer 和 Wang [1988] 詳細說明了包含性的優點和挑戰。Intel i7 針對 L3 使用了包含性,意即 L3 總是包括 L2 與 L1 的所有內容,這允許他們在 L3 上製作了一種直截了當的目錄方案 —— 在目錄指出 L1 或 L2 擁有一個快取複本的狀況下,便可極小化在 L1 與 L2 上窺探而帶來的干擾。相反地,AMD Opteron 是令 L2 包含 L1,卻對 L3 沒有這樣的限制。他們使用了一種窺探式協定,卻只需要在 L2 上窺探,除非命中;在命中情況下窺探就被送到 L1。

使用多處理和多執行緒的效能增益

在本節中,我們要看看在多核心處理器上使用多執行緒的有效性的兩項不同研究;下一節當我們檢視 Intel i7 的效能時再回到這個課題上。我們的兩項研究是以 Sun T1(我們在第 3 章所介紹的)以及 IBM Power5 處理器為基礎。

我們使用第 3 章中所檢視的相同的伺服器導向標準效能測試程式 —— TPC-C、SPECJBB (SPEC Java Business Benchmark) 和 SPECWeb99 —— 來看 T1 多核心的效能。SPECWeb99 標準效能測試程式只有在 T1 的四核心版本上執行,因為它無法擴充到使用八核心處理器的全部 32 個執行緒;另外

兩個標準效能測試程式則是以八核心以及每核心四個執行緒的全部 32 個執行緒來執行。圖 5.25 列出每執行緒以及每核心的 CPI，也列出八核心 T1 的有效 CPI 和每個時脈的指令數 (instructions per clock, IPC)。

IBM Power5 是一個支援同時性多執行緒 (simultaneous multithreading, SMT) 的雙核心。為了檢視多處理器中多執行緒的效能，量測是在一個具有八個 Power5 處理器、每個處理器僅使用一個核心的 IBM 系統上進行。圖 5.26 列出一個八處理器的 Power5 多處理器針對 SPECRate2000 標準效能測試程式、有和沒有 SMT 的速度提升，一如圖標題內所描述。平均而言，SPECintRate2000 快了 1.23 倍，而 SPECfpRate2000 則是快了 1.16 倍。請注意，少數浮點型標準效能測試程式在 SMT 模式下經歷了輕微的效能下降，速度提升最大的降低為 0.93。雖然人們或許預期 SMT 在隱藏 SPECFP 標準效能測試程式的較高失誤率方面會做得比較好，但以 SMT 模式在這樣的標準效能測試程式上執行的時候，似乎會遭遇到記憶體系統上的限制。

5.8 綜合論述：多核心處理器及其效能

在 2011 年，多核心是所有新型處理器的主旋律，製作方式大幅變動，如同它們對於較大型多晶片多處理器的支援一般。本節中，我們檢視四種不同的多核心處理器之設計以及一些效能特性。

圖 5.27 列出為伺服器應用程式而設計的四種多核心處理器的主要特性。Intel Xeon 是以與 i7 相同的設計為基礎，但擁有更多的核心、稍微低的時脈頻率（受限於功率）以及較大的 L3 快取記憶體。AMD Opteron 和桌上型的 Phenom 共用相同的基本核心，而 SUN T2 則與我們在第 3 章碰到的 SUN T1 相關；Power7 乃是 Power5 的擴充版，擁有較多的核心和較大的快取記憶體。

首先，我們比較了這些多核心處理器當中三種配置成多晶片多處理器時的效能與效能擴充性 (略過數據取得不充足的 AMD Opteron)。

標準效能測試程式	每執行緒 CPI	每核心 CPI	八核心的有效 CPI	八核心的有效 IPC
TPC-C	7.2	1.8	0.225	4.4
SPECJBB	5.6	1.40	0.175	5.7
SPECWeb99	6.6	1.65	0.206	4.8

圖 5.25 八核心 Sun T1 處理器的每執行緒 CPI、每核心 CPI、八核心的有效 CPI 以及有效 IPC (CPI 的倒數)。

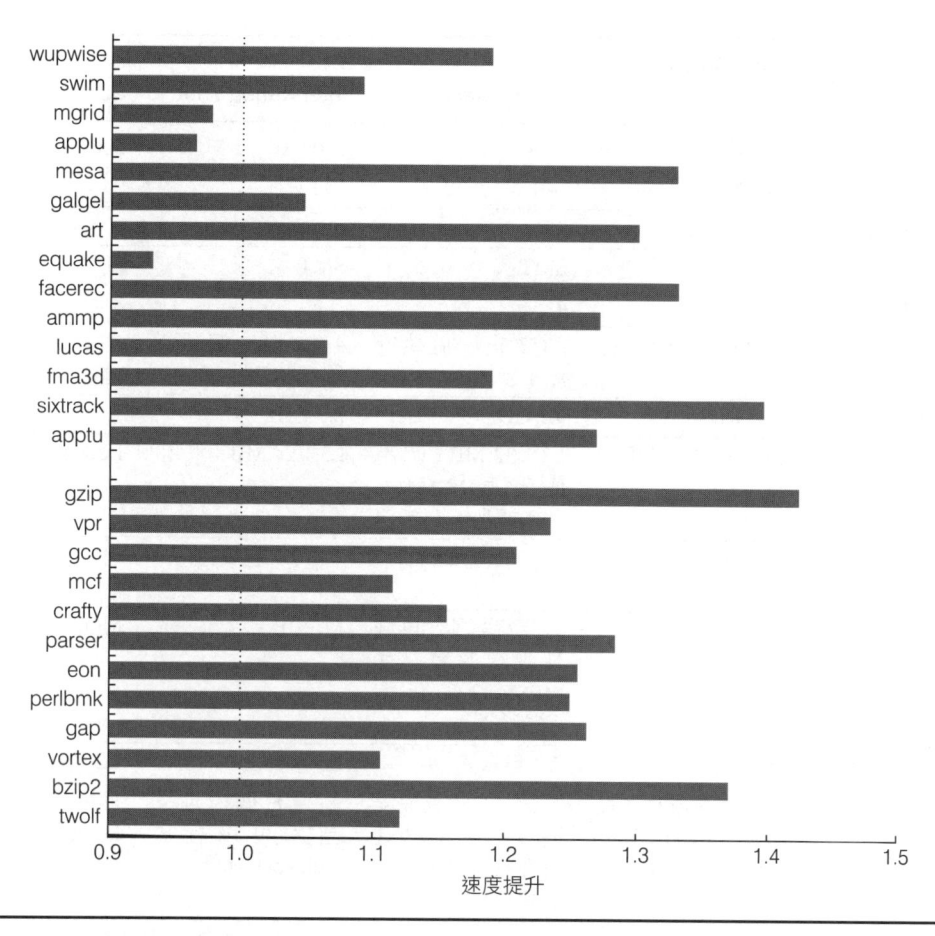

[圖表：SMT 與單執行緒速度提升比較，x 軸為速度提升 0.9 至 1.5]

- wupwise
- swim
- mgrid
- applu
- mesa
- galgel
- art
- equake
- facerec
- ammp
- lucas
- fma3d
- sixtrack
- apptu
- gzip
- vpr
- gcc
- mcf
- crafty
- parser
- eon
- perlbmk
- gap
- vortex
- bzip2
- twolf

x 軸標示：速度提升

圖 5.26 在八處理器 IBM eServer p5575 上 SMT 與單執行緒 (single-thread, ST) 的效能比較。請注意，y 軸開始於 0.9 的速度提升，乃是效能損失。每一個 Power5 核心中只有一個處理器動作，這應該會稍微改善 SMT 的量測結果，因為減少了記憶體系統中的破壞性干擾。SMT 的量測結果是藉由創造 16 個使用者執行緒而得到，ST 的量測結果則僅使用八個執行緒；Power5 是由作業系統切換為每個處理器只有一個執行緒的單執行緒模式。這些量測結果是由 IBM 的 John McCalpin 所收集的。我們可以從數據中看到 SPECfpRate 量測結果的標準偏差比 SPECintRate 要高 (0.13 對 0.07)，表示浮點型程式的 SMT 改進可能會大幅變動。

除了這三種微處理器在 ILP 對 TLP 的著重方面是如何的不同之外，在它們的目標市場方面也有顯著的差異。因此，我們的重點在絕對效能對比方面放得比較少，在加入額外處理器時的效能擴充方面放得比較多。在我們檢視過此數據之後，我們會更詳細地檢視 Intel Core i7 的多核心效能。

我們針對三種標準效能測試程式集來顯示效能：SPECintRate、SPECfpRate 和 SPECjbb2005。SPECRate 標準效能測試程式被聚攏起來，針對需求階層平行化演示了這些多處理器的效能，因為需求階層平行化是以獨立程式平行且重疊執行作為特徵，特別是除了系統服務之外並沒有什麼是共

功　能	AMD Opteron 8439	IBM Power7	Intel Xenon 7560	Sun T2
電晶體數目	904 M	1200 M	2300 M	500 M
功率 (一般)	137 W	140 W	130 W	95 W
最大核心數 / 晶片	6	8	8	8
多執行緒	無	SMT	SMT	細質
執行緒 / 核心	1	4	2	8
指令發派數 / 時脈	3 (來自一個執行緒)	6 (來自一個執行緒)	4 (來自一個執行緒)	2 (來自 2 個執行緒)
時脈頻率	2.8 GHz	4.1 GHz	2.7 GHz	1.6 GHz
最外層快取記憶體	L3；6 MB；共用	L3；32 MB (使用嵌入式 DRAM)；共用或私用 / 核心	L3；24 MB；共用	L2；4 MB；共用
包含性	無，雖然 L2 為 L1 的超集合	有，L3 超集合	有，L3 超集合	有
多核心一致性協定	MOESI	具有行為性和區域性提示的擴充式 MESI (13 個狀態的協定)	MESIF	MOESI
多核心一致性製作	窺探式	L3 目錄式	L3 目錄式	L2 目錄式
擴充式一致性支援	高達 8 個處理器晶片可與 HyperTransport 在一個環內連接，使用窺探式或目錄式。系統為 NUMA。	高達 32 個處理器晶片可與 SMP 鏈路連接。動態分散式目錄架構。八核心晶片外部的記憶體存取是對稱的。	高達 8 個處理器晶片可以經由 Quickpath Interconnect 來製作。支援使用外部邏輯的目錄。	經由能夠用來窺探的每個處理器四個一致性鏈路來製作。高達兩個晶片是直接連接，高達四個晶片則使用外部 ASIC 連接。

圖 5.27 四種最近為伺服器所設計的高階多核心處理器 (2010 年釋出) 的特性之總結。本表所包括的是這些處理器的最高核心數之版本，這些處理器當中有數種是具有較低核心數和較高時脈頻率之版本。IBM Power7 中的 L3 可以全都是共用的，也可以分割為專屬於個別核心的較快的私用區域。我們僅將多核心的單晶片製作包括進來。

用的。SPECjbb2005 是一個可擴充的商務標準效能測試程式，是以三層式用戶 / 伺服器系統為模型，重點在伺服器上，類似於 SPECPower 中所使用的標準效能測試程式，我們在第 1 章檢視過。此標準效能測試程式演練 Java 虛擬機、及時性編譯器、垃圾資訊收集、執行緒以及作業系統某些環節等各方面的製作；它也測試多處理器系統的擴充性。

圖 5.28 顯示 SPECRate CPU 標準效能測試程式隨著核心數目增加所量測的效能。隨著處理器晶片數目的增加，核心數目也因此增加，達成了近乎線

性的速度提升。

　　圖 5.29 針對 SPECjbb2005 標準效能測試程式顯示了類似的數據。開發更多的 ILP 與僅著重於 TLP 之間的權衡取捨是複雜的，也高度取決於工作負載。SPECjbb2005 是一個隨著額外處理器的增加而按比例擴充上去的工作負載，將時間保持固定，而非將問題的大小保持固定。在此例中，直到 64 個核心似乎都還有充分的平行性來取得線性的速度提升。我們在結論中將會回到這個課題上，但是先來仔細瞧一瞧單晶片、四核心模式的 Intel Core i7 之效能。

Intel Core i7 的效能與能量效率

　　在本節中，我們在與第 3 章所考量的兩群相同的標準效能測試程式上來檢視 i7 的效能：平行化的 Java 標準效能測試程式以及平行化的 PARSEC 標

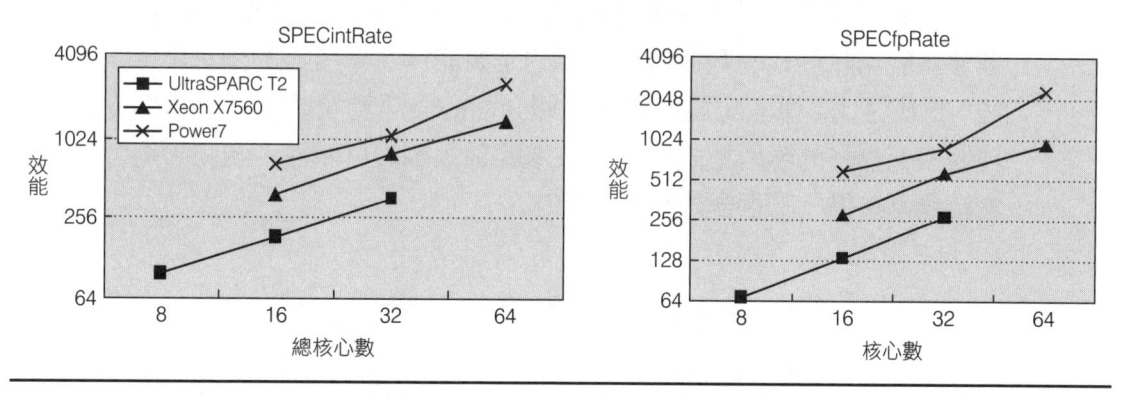

圖 5.28 三個多核心處理器在 SPECRate 標準效能測試程式上的效能隨著處理器晶片數目增加的情形。請注意在這個高度平行化的標準效能測試程式上，達成了近乎線性的速度提升。兩個圖都是在對數–對數座標上，所以線性速度提升就是一條直線。

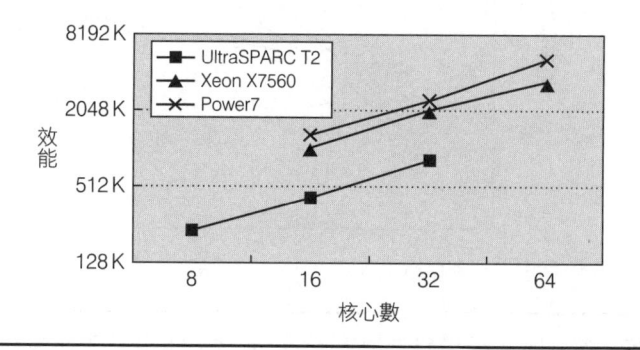

圖 5.29 三個多核心處理器在 SPECjbb2005 標準效能測試程式上的效能隨著處理器晶片數目增加的情形。請注意在這個高度平行化的標準效能測試程式上，達成了近乎線性的速度提升。

準效能測試程式 (詳細描述於 232 頁的圖 3.34)。首先，我們要看看沒有使用 SMT 之下，多核心相對於單核心的效能與擴充；接下來，我們便將多核心與 SMT 能力這兩者結合起來。就像較早先對 i7 的 SMT 估測 (第 3 章的 3.13 節)，本節中所有數據也都是來自 Esmaeilzadeh 等人 [2011]，資料集與較早先所使用的相同 (見 232 頁的圖 3.34)，除了移除 Java 標準效能測試程式 tradebeans 和 pjbb2005 之外 (只留下五個可擴充的 Java 標準效能測試程式)；即使使用四核心與總數八個執行緒，tradebeans 和 pjbb2005 也從未達到超過 1.55 倍的速度提升，所以並不適合用來估測更多的核心。

圖 5.30 繪出沒有使用 SMT 之下 Java 和 PARSEC 標準效能測試程式的速度提升與能量效率。顯示能量效率意味我們繪出的是跑二核心或四核心所消耗的能量與跑單核心所消耗的能量之比率；因此，愈高的能量效率就愈好，1.0 的值即為平衡點。所有例子中沒有使用的核心都是處於深度睡眠模式，基本上藉由將它們關閉來極小化它們的功率消耗。在比較單核心與多核心標準效能測試程式的數據時，重要的是要記得在單核心的例子中 (多核心亦然) 付出了 L3 快取記憶體和記憶體介面的全部能量成本，這項事實針對合理地擴充良好的應用程式增加了改進能量效率的可能性。調和平均數被用來總結量測結果，其意含如圖說明所述。

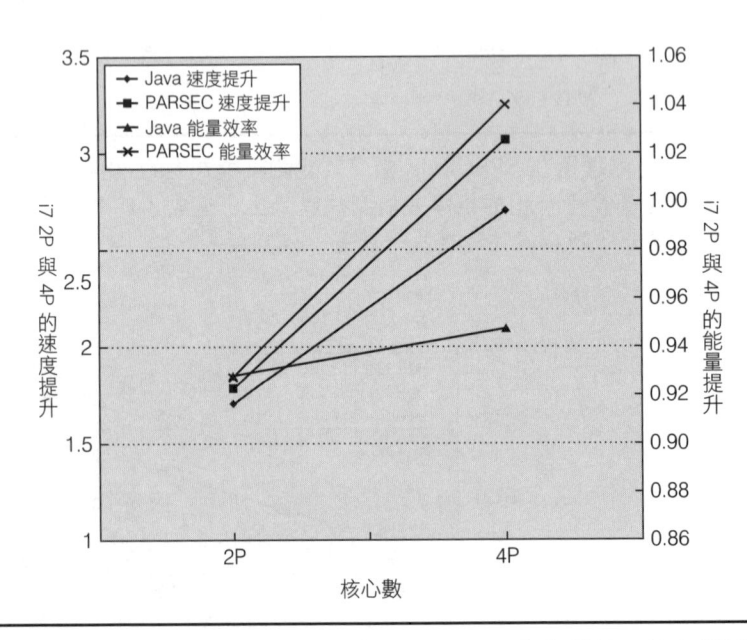

圖 5.30 本圖顯示無 SMT 的平行化 Java 和 PARSEC 工作負載的二核心與四核心執行之速度提升。這些數據是由 Esmaeilzadeh 等人 [2011] 使用第 3 章中所述的相同裝置所收集得來。Turbo Boost 被關閉。速度提升和能量效率之總結是使用調和平均數，意即一個工作負載花費在執行每一個 2p 標準效能測試程式的總時間是相等的。

如圖所示，PARSEC 標準效能測試程式比 Java 標準效能測試程式得到更好的速度提升，在四核心上達到 76% 的速度提升效率 (亦即真正的速度提升除以處理器數目)，而 Java 標準效能測試程式則在四核心上達到 67% 的速度提升效率。雖然從數據上來看這項觀察是很清楚明白的，要分析這種差異為何存在卻很困難。例如，很有可能是 Amdahl 定律的效應降低了 Java 工作負載的速度提升；此外，處理器結構與應用程式的交互作用影響了諸如同步化成本或通訊成本等問題，也或許扮演某種角色。尤其是平行化良好的應用程式，例如 PARSEC 當中的那些，有時候會從計算與通訊之間有利的比率得到好處，那會降低在通訊成本上的依賴 (見附錄 I)。

這些速度提升上的差異會轉換成能量效率上的差異。例如，PARSEC 標準效能測試程式事實上只比單核心版本稍微改善一些能量效率；這個結果可能是受到跑多核心時比起單核心的例子可以更有效地使用 L3 快取記憶體的顯著影響，而能量成本在這兩個例子當中卻是完全相同的。因此，就 PARSEC 標準效能測試程式而言，多核心的方法達成了設計師們從 ILP 為主的設計切換到多核心設計所希望的；也就是說，它擴充效能比起擴充功率一樣快或比較快，使得能量效率保持固定甚至於有所改善。在 Java 的例子當中，我們看見無論跑二核心或四核心在能量效率方面都沒有達到平衡，這是因為 Java 工作負載的速度提升位準較低之故 (雖然 Java 能量效率執行 2p 和 PARSEC 相同！)。在四核心 Java 例子當中能量效率合理地高 (0.94)，有可能 ILP 集中式處理器在 PARSEC 或 Java 工作負載上會需要**甚至更多**的功率才能達成相若的速度提升。因此，在改進這些應用程式的效能方面，TLP 集中式的方法也就一定比 ILP 集中式的方法要好。

把多核心和 SMT 放在一起

最後，我們針對二至四個處理器以及一至二個執行緒 (總共有四個數據點以及高達八個執行緒) 量測這兩組標準效能測試程式，來考量多核心與多執行緒的結合。圖 5.31 列出處理器數目為二或四以及有或沒有利用 SMT 之時在 Intel i7 上所得到的速度提升和能量效率，使用調和平均數來總結這兩組標準效能測試程式。顯然，可以取得充分的執行緒階層平行化時，SMT 是能夠給效能加分的，甚至在多核心的情況下。例如，在四核心、無 SMT 的例子中，Java 和 PARSEC 的速度提升效率分別為 67% 和 76%；在四核心上有 SMT 的話，這些比率成為驚人的 83% 和 97%！

能量效率呈現的圖像稍有不同。在 PARSEC 的例子中，對於四核心 SMT 的例子 (八執行緒) 而言，速度提升本質上是線性的，功率之擴增比

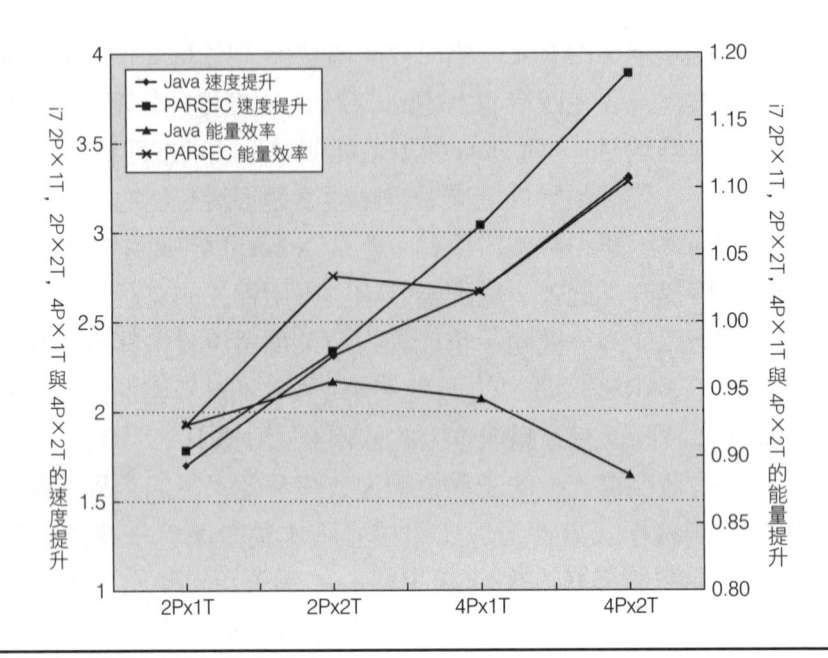

圖 5.31 本圖顯示無 SMT 以及有 SMT 的平行化 Java 和 PARSEC 工作負載的二核心與四核心執行之速度提升。請記得以上的量測結果是從兩個變動到八個執行緒數目，因而反映出結構的效應和應用程式的特性。量測結果之總結是使用調和平均數，如圖 5.30 的標題中所討論。

較慢，在此例中造成 1.1 的能量效率。Java 的情況比較複雜；運作二核心 SMT (四執行緒) 的能量效率為 0.97，運作四核心 SMT (八執行緒) 就掉到 0.89。當配置超過四個執行緒時，Java 標準效能測試程式似乎非常可能遭遇到 Amdahl 定律的影響。某些結構設計師已經觀察到，多核心的確將更多的效能責任 (和能量效率的責任) 轉移給程式設計師，而 Java 工作負載的量測結果當然就承擔起這項責任。

5.9 謬誤與陷阱

由於對平行計算的瞭解不夠成熟，有許多隱伏的陷阱，不管是很小心的設計師或是運氣不佳的設計師都不會發現。在多處理器四周，多年來有著太多天花亂墜的炒作，充斥了普遍的謬誤，我們已經選出一些整理如下。

陷阱 利用線性化的速度提升和執行時間去量測多處理器的效能。

「砲彈射擊圖」── 繪出效能對處理器數目的關係，呈現線性的速度提升，然後進入平坦區，然後下降 ── 長久以來已經被用來判斷平行處理器是否成功。雖然速度提升是平行化程式的一個面向，但它並不是效能的直接

量測。第一個問題是處理器的力量被比例化：一個可以將效能線性地改善到等於 100 個 Intel Atom 處理器 (網路筆記型電腦所使用的低階處理器) 的程式，可能比在八核心 Xeon 上執行的版本還要慢。請特別注意浮點密集型程式；沒有硬體的協助，各成份的處理可能可以按比例擴大得很好，但集合在一起效能就很差。

只有在每部計算機上比較其最佳的演算法時，執行時間的比較才是公平的。在兩部計算機上比較相同的程式碼看似公平，但其實不然；在單一處理器上執行平行化程式也許會比循序式版本慢。發展平行化程式有時導致演算法的改進，所以將平行化程式碼和先前最有名的循序式程式作比較 —— 看似公平 —— 其實卻無法比較等效的演算法。為了反映這項論點，有時也會使用**相對速度提升** (relative speedup) (針對相同程式) 和**真實速度提升** (true speedup) (針對最優程式)。

當一個程式在 n 個處理器上執行比在單處理器上快 n 倍時，這是一種產生**超線性** (superlinear) 效能的結果，此種結果可能表示這樣的比較是不公平的，雖然有例子顯示真實的超線性速度提升曾經有發生過。例如，某些科學型應用程式在處理器數目小量增加時 (2 或 4 至 8 或 16)，就會規律地達成超線性速度提升。這些結果會發生通常是因為關鍵的資料結構無法適合於配置 2 或 4 個處理器的多處理器之快取記憶集合體，卻能夠適合於配置 8 或 16 個處理器的多處理器之快取記憶集合體。

總而言之，藉由比較速度提升來比較效能是最佳的技巧，也是最壞的誤導。比較兩個不同多處理器的速度提升，並不需要告知有關多處理器相對效能的任何資訊。即使在相同多處理器上比較兩種不同的演算法也是很有技巧性的，因為我們必須使用真實的速度提升，而非相對的速度提升，才能獲得有效的比較。

謬誤　Amdahl 定律並不能使用在平行計算機上。

在 1987 年，有一個研究機構的負責人 (見 1.9 節) 聲稱 Amdahl 定律已經不能在 MIMD (Multiple Instruction Multiple Data) 多處理器中成立了。然而，該項陳述並不意味對平行計算機而言這個定律已經被推翻了，程式被忽略的部份仍會限制效能上的表現。為了瞭解媒體報導的基礎，讓我們看看 Amdahl [1967] 最初是怎麼說的：

> 在這一點上可以導出一個相當明顯的結論，那就是：為了達到高平行處理速率所做的努力都將白費，除非循序處理的速率也伴隨著達到非常接近的量級 (magnitude)。[p.483]

這個定律有一種解釋：由於任何一個程式的一些部份是循序執行的，這對於合乎經濟效益的有用的處理器數目形成了一個限制 —— 好比說，100 個。所以若能藉由 1000 個處理器呈現出線性速度提升，Amdahl 定律的這項解釋就會被推翻。

有關 Amdahl 定律已經被「攻克」的這項陳述是用**成比例的速度提升**(scaled speedup)，也稱為**弱勢擴充** (weak scaling)，作為基礎。研究人員將標準效能測試程式擴充成具有 1000 倍大的資料集，再利用該擴大的標準效能測試程式去比較單處理器執行時間和平行化執行時間。對於這種特定的演算法，程式中循序執行的部份和輸入資料的大小無關，剩下的就是完全平行化的部份 —— 於是乎便達成了 1000 個處理器的線性速度提升。因為執行時間成長得比線性要快，所以實際上程式在擴充後執行時間會比較長，即使是使用了 1000 個處理器。

在輸入按比例擴大的假設下所獲得的速度提升，與真正的速度提升並不相同，報說相同就是一種誤導。由於平行化的標準效能測試程式經常是在不同大小的多處理器上執行，所以規定何種形式的應用程式擴大是被容許的以及這種擴大應該如何去做，就會很重要。雖然隨著處理器數目而擴大資料的大小幾乎很少是恰當的，但是針對處理器數目大了許多的情況 [稱為**強勢擴充** (strong scaling)]，卻假設問題的大小固定，通常也是不恰當的，因為使用者有了一個大了許多的多處理器就有可能選擇去執行一個較大或較細緻的應用程式版本。有關這個重要課題的更多討論請見附錄 I。

謬誤 需要線性速度提升才能讓多處理器具有成本效益。

平行計算被廣泛承認的主要利益之一，就是能夠比最快速的單處理器提供一項「較短時間的解決方案」。然而，許多人仍認為平行處理器無法如單處理器一般具有成本效益，除非可以達到完美的線性速度提升。這項主張說：由於多處理器的成本是處理器數目的線性函數，任何小於線性的速度提升都意味著效能 / 成本的比率降低，使得平行處理器在成本效益上不如使用單處理器。

這項陳述的問題是：成本不只是處理器數目的函數，也取決於記憶體、I/O 和系統的虛耗 (機殼、電源供應器、交連網路等)。在每只晶片上有多個處理器的多核心紀元中，也就意義不大了。

將記憶體包括在系統成本的影響之內是由 Wood 和 Hill [1995] 所提出。我們用了一個例子，是以新近使用 TPC-C 和 SPECRate 標準效能測試程式所量得的數據為基礎，但是該論點也可以用平行化科學型應用程式工作負載去

完成，有可能會讓這個例子愈加強固。

圖 5.32 顯示在一個配置 4 至 64 個處理器的 IBM eServer p5 多處理器上，針對 TPC-C、SPECintRate 和 SPECfpRate 的速度提升。該圖顯示只有 TPC-C 達成了優於線性速度提升的結果。對於 SPECintRate 和 SPECfpRate 而言，速度提升比線性少，但是成本也少，因為不像 TPC-C，它們所需要的主記憶體數量和磁碟數量之擴充都是小於線性。

如圖 5.33 所示，較大的處理器數目實際上可以比四處理器配置擁有更好的成本效益。在比較兩部計算機的成本/效能比時，我們必須確定已經將整個系統的成本以及能達到什麼效能的精確評估都包括進去。對於許多有著較為大量記憶體需求的應用程式而言，這樣的比較方式可以大幅增加使用多處理器的吸引力。

陷阱 不必發展軟體去利用多處理器結構，或對多處理器結構進行最佳化。

多處理器在軟體方面的落後已經有一段很長的歷史，可能是因為比較起來軟體問題困難多多。我們給了一個例子顯示這些問題的細微性，但是有不少的例子可供選擇！

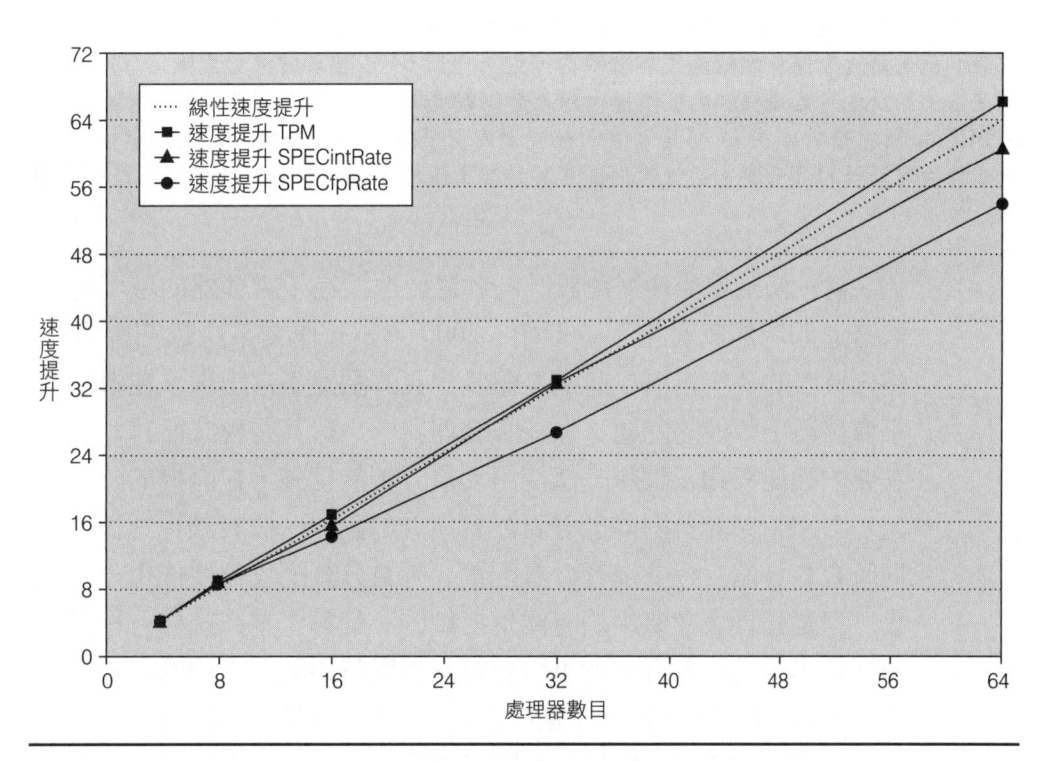

圖 5.32 在一個配置 4、8、16、32 和 64 個處理器的 IBM eServer p5 多處理器上，針對三個標準效能測試程式的速度提升。虛線所顯示的是線性速度提升。

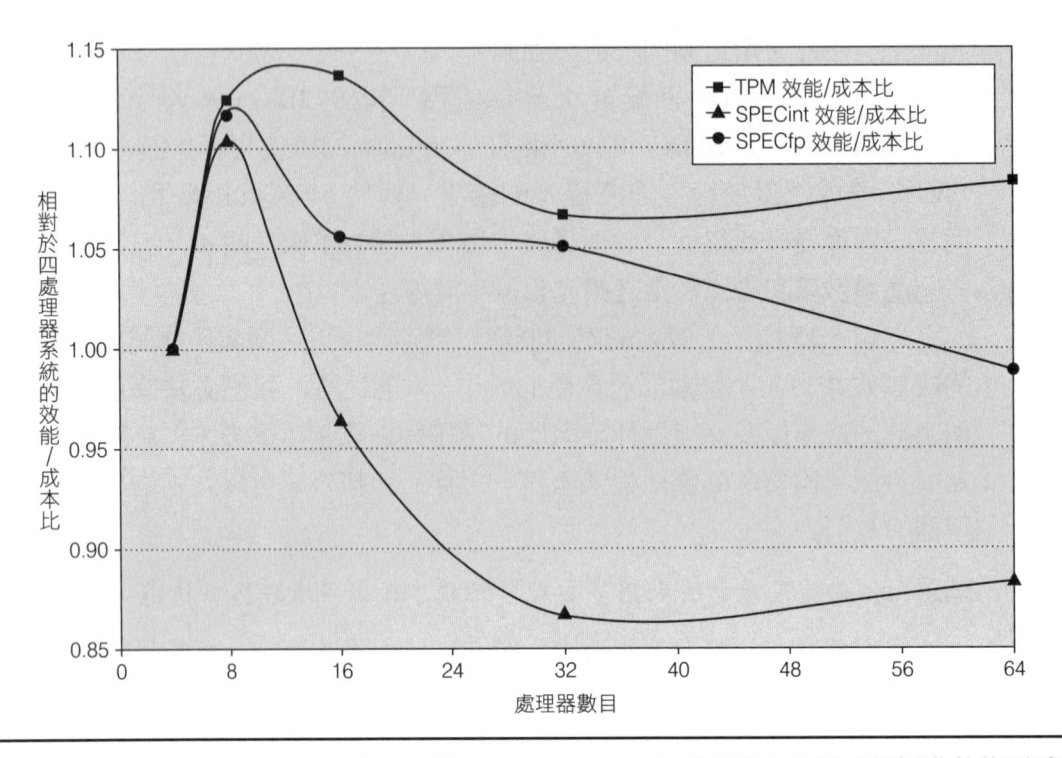

圖 5.33 在一個含有 4 至 64 個處理器的 IBM eServer p5 多處理器上執行三個標準效能測試程式，得到相對於 4 處理器系統的效能／成本比。該效能／成本比顯示：較大的處理器數目之成本效益有如 4 處理器配置一般。對於 TPC-C 而言，所使用的配置就是官方執行用的配置，意即磁碟機和記憶體近乎線性地隨處理器數目而擴大，一部 64 處理器的機器大概比 32 處理器的版本貴了 2 倍。相反地，磁碟機和記憶體擴大起來是比較慢的（雖然依舊比在 64 個處理器上達成最佳的 SPECRate 所必需的要快）。特別而言，磁碟機配置是從 4 處理器版本的單驅動器來到 64 處理器版本的 4 驅動器 (140 GB)。記憶體則從 4 處理器系統的 8 GB 擴大到 64 處理器系統的 20 GB。

　　當一個為單處理器所設計的軟體要改用在多處理器的環境時，有一項經常遭遇的問題就發生了。例如，2000 年 SGI 作業系統起初會用一個鎖來保護分頁表的資料結構，前提是假設分頁的配置不常出現。在單處理器中，這不會呈現出效能的問題；但在多處理器中，對某些程式而言，這可能會成為主要的效能瓶頸。試想一個使用大量分頁的程式，在開機的時候就初始化，這是 UNIX 系統針對靜態分頁配置所做的動作。假設該程式被平行化，所以同時會有多個行程要進行分頁配置。因為分頁配置需要使用分頁表的資料結構，但是分頁表在使用的時候是上鎖的，就算作業系統核心程式允許多執行緒在作業系統中執行，如果所有行程都同時要配置它們的分頁時，還是會被串列化的。(這正是初始化期間我們可能預測到的狀況！)

　　分頁表的串列化在初始化階段消除了平行化，大大影響了整體的平行效能。這種效能瓶頸即使在多程式的狀況下仍會存在。舉例來說，假定我們把

平行化程式切開，放進分開的行程中執行，每一個處理器執行一個行程，好讓行程間沒有資源共用的問題。(這正是單一使用者所做的事，因為他合理地相信效能問題是起因於在他的程式中存有不想要的共用或干涉。) 不幸的是，分頁表的鎖還是將所有行程都串列化 —— 所以就算是多程式的效能也很差。這種陷阱指出當軟體在多處理器上執行時，那些細微又重大的效能障礙。就像許多其他的關鍵軟體元件，作業系統演算法及資料結構必須在多處理器內涵中重新思考。在分頁表的較小部份上鎖就可以有效地解決這個問題。類似的問題在記憶體架構中也存在，記憶體架構會在未實際發生共用的情況下增加一致性的交通量。

當多核心從桌上型電腦到伺服器的一切產品中都變成主旋律之際，在平行化軟體方面缺乏足夠的投資就變得很明顯。在缺少專注的情況下，我們使用的軟體系統可能還要好幾年的功夫才能充分運用此日益增加的核心數目。

5.10 結 論

超過三十年以來，研究人員與設計人員一直在預測單處理器的終結以及多處理器取得主導地位。直到本世紀早年，這項預測還一直被證明是錯誤的。我們在第 3 章曾經看到，嘗試要找出並開發更多 ILP，在效率上是令人望而卻步的 (在矽面積和功率方面兩者都是)。當然，多核心並無法解決功率問題，因為它清楚地增加了電晶體數目和電晶體切換動作的數目，那是對於功率的兩項主要貢獻。

然而，多核心的確改變了遊戲。藉由讓閒置核心置於節能模式，是可以達成功率效率的一些改進，如本章中已經顯示的量測結果。更重要的是，由於較為倚賴應用程式和程式設計師負責界定的 TLP 而非硬體所負責的 ILP，多核心轉移了保持處理器忙碌的負荷。我們看到這些差異清楚地發揮在 Java 對 PARSEC 標準效能測試程式的多核心效能與能量效率上。

雖然多核心對能量效率的挑戰提供一些直接的幫助並且轉移許多負荷到軟體系統上，仍然留有困難的挑戰和未解決的問題。例如，嘗試開發執行緒階層版本的積極性推測機制，如今已經遭遇和它們的 ILP 對等事物相同的命運，也就是效能增益普通而且可能少於能量消耗的增加，所以諸如推測式執行或硬體前行 (hardware run-ahead) 等想法並沒有成功地整合在處理器內。如同 ILP 的推測機制，除非推測幾乎總是對的，成本就會超過利益。

除了程式設計語言和編譯器技術的核心問題之外，多核心已經在計算機結構中重新開放了一個長期存在的問題：是否值得考慮異質性處理器？雖然

這樣的多核心從未交貨，而且異質性處理器只有在專用計算機或嵌入式系統中獲得有限的成功，在多核心環境下這種可能性卻大很多。如同多處理當中的許多問題，答案可能會取決於軟體模型與程式設計系統。如果編譯器和作業系統可以有效地使用異質性處理器，它們就會變得比較主流。目前，有效處理適度數目的異質核心之品系，對於許多應用程式都超出了現有編譯器的能力；但是多處理器擁有在功能能力方面具有明顯差異的異質性核心，並且擁有分解應用程式的明顯方法，正變得更為司空見慣，包括特殊的處理單元如 GPU 和媒體處理器。能量效率方面的強調也可能導致具有不同的效能對功率比率的核心被包括進來。

在這本教科書的 1995 年版本中，我們討論兩項已經成為現在式的爭論性議題，作為該章的結論：

1. 超大型又是微處理器式的多處理器會使用什麼樣的結構？
2. 在未來的微處理器結構中，多處理會扮演什麼樣的角色？

在其後至今的歲月裡，這兩項問題已經大部份獲得解決。

由於超大型多處理器並未成為主要且向上成長的市場，要建立如此大型的多處理器，唯一有成本效益的作法便是使用叢集 (cluster)，其中的個別節點不是單一的多核心微處理器就是共用記憶體的小型多處理器 (通常為二至四個多核心)，而交連技術即為標準的網路技術。這些叢集已經擴充到數萬個處理器並安裝在特別設計的「數位倉儲」內，這就是下一章的主題。

對於第二個問題的解答，這六、七年間才變得清楚透徹。微處理器未來的效能成長將是來自於經由多核心處理器去開發執行緒階層平行化，而非開發更多的 ILP。

此結果就是核心已經成為晶片的新建構方塊，供應商提供了各種晶片，使用數目變動的核心與 L3 快取記憶體，圍繞在單核心設計基礎上。例如，圖 5.34 便列出僅使用 Nehalem 核心 (使用在 Xeon 7560 和 i7) 而建立的 Intel 處理器家族！

在 1980 年代和 1990 年代時，隨著 ILP 的誕生和發展，可以用來開發 ILP 而將編譯器最佳化的軟體形式，就成為 ILP 成功的關鍵。同樣地，執行緒階層平行化要開發成功，也得取決於適當的軟體系統發展，其份量並不亞於計算機結構設計師的貢獻。既然在過去三十多年當中平行化軟體的進步很緩慢，可以想見在未來的歲月中要能夠廣泛地開發執行緒階層平行化可能還是相當具有挑戰性。此外，作者們相信會有很大的機會出現更好的多核心結構。為了設計那些更好的多核心結構，結構設計師將會需要一套計量式的設

處理器	系　列	核心數目	L3 快取記憶體	功率（典型值）	時脈頻率（GHz）	價　格
Xeon	7500	8	18–24 MB	130 W	2–2.3	2837–3692 美元
Xeon	5600	4–6 有 / 無 SMT	12 MB	40–130 W	1.86–3.33	440–1663 美元
Xeon	3400–3500	4 有 / 無 SMT	8 MB	45–130 W	1.86–3.3	189–999 美元
Xeon	5500	2–4	4–8 MB	80–130 W	1.86–3.3	80–1600 美元
i7	860–975	4	8 MB	82 W–130 W	2.53–3.33	284–999 美元
i7 行動式	720–970	4	6–8 MB	45–55 W	1.6–2.1	364–378 美元
i5	750–760	4 無 SMT	8 MB	80 W	2.4–2.8	196–209 美元
i3	330–350	2 有 / 無 SMT	3 MB	35 W	2.1–2.3	

圖 5.34 以 Nehalem 微結構作基礎的一段 Intel 產品範圍之特性。本表每一列中仍然限縮了不少項目 (從 2 項至 8 項！)。價格是對於 1000 個訂購量的單價。

計規範，也會需要將執行數兆道指令的數十到數百個核心加以精確定模的能力，包括大型應用程式和作業系統。如果沒有這樣的方法與能力，結構設計師將會陷入黑暗當中，雖然有時候會幸運，但通常會失誤。

5.11　歷史回顧與參考文獻

L.7 節 (可上網取得) 專注在多處理器與平行處理的歷史上。該節是用時期與結構去做分割，其特徵在於早期實驗性的多處理器以及一些平行處理上的大辯論等方面的討論。最近的進展也涵蓋在內，並包括了延伸閱讀的參考文獻。

由 Amr Zaky 和 David A. Wood 所提供的個案研究與習題

個案研究 1：單晶片多核心多處理器

本個案研究所列舉的概念

- 窺探式一致性協定的狀態轉移
- 一致性協定的效能
- 一致性協定的最佳化
- 同步
- 記憶體一致性模型的效能

圖 5.35 所列舉的多核心多處理器代表了一般製作的對稱式共用記憶體結構。每一個處理器擁有單一且私有的快取記憶體，使用圖 5.7 的窺探式一致性協定去維持一致性。每一個快取記憶體都是直接對映式，具有四個區塊，每個區塊持有兩個字元。為了簡化其說明，讓快取位址標籤包含了整個位址，且每一個字元都只有呈現兩個 16 進位的字碼，令最低位元在右邊。一致性狀態被標記為 M、S 和 I [代表修改過 (Modified)、共用 (Shared) 和失效 (Invalid)]。

5.1 [10/10/10/10/10/10/10] <5.2> 針對本習題的每一部份，假設啟始的快取記憶體和記憶體狀態都列在圖 5.35 當中。本習題的每一部份都指定了一個或多個 CPU 運算的序列，CPU 運算的形式如下：

    P#: <op> <address> [<value>]

其中 P# 是指 CPU (例如：P0)，<op> 為 CPU 運算 (例如：讀取或寫入)，<address> 代表記憶體位址，<value> 表示在寫入運算時被指定的新字元。

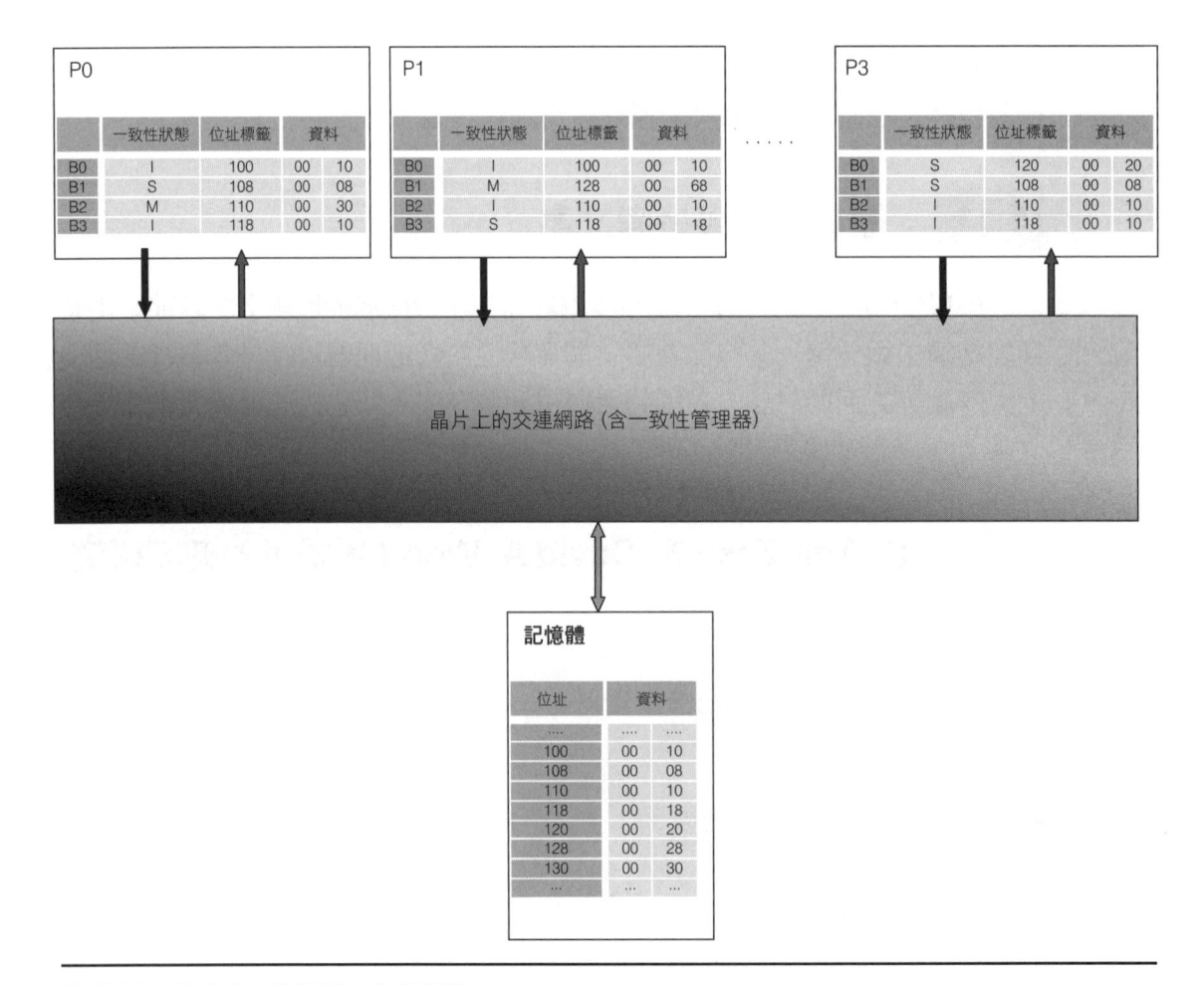

P0				
	一致性狀態	位址標籤	資料	
B0	I	100	00	10
B1	S	108	00	08
B2	M	110	00	30
B3	I	118	00	10

P1				
	一致性狀態	位址標籤	資料	
B0	I	100	00	10
B1	M	128	00	68
B2	I	110	00	10
B3	S	118	00	18

......

P3				
	一致性狀態	位址標籤	資料	
B0	S	120	00	20
B1	S	108	00	08
B2	I	110	00	10
B3	I	118	00	10

晶片上的交連網路 (含一致性管理器)

記憶體

位址	資料	
....	....	....
100	00	10
108	00	08
110	00	10
118	00	18
120	00	20
128	00	28
130	00	30
....	....	....

圖 5.35 多核心 (點對點) 多處理器。

以下每一個動作都當作獨立施加於圖 5.35 所給的啟始狀態來處理。請問在給予動作之後，什麼是快取記憶體和記憶體的結果狀態 (亦即一致性狀態、標籤和資料) 呢？請只顯示改變的區塊，例如，P0.B0:(I, 120, 00 01) 表示 CPU P0 之區塊 B0 最終狀態為 I、標籤為 120、資料字元為 00 和 01。再請問每一個讀取運算回傳了什麼數值呢？

a. [10] <5.2>　　P0 : read 120
b. [10] <5.2>　　P0 : write 120 <-- 80
c. [10] <5.2>　　P3 : write 120 <-- 80
d. [10] <5.2>　　P1 : read 110
e. [10] <5.2>　　P0 : write 108 <-- 48
f. [10] <5.2>　　P0 : write 130 <-- 78
g. [10] <5.2>　　P3 : write 130 <-- 78

5.2 [20/20/20/20] <5.3> 窺探式快取一致性多處理器的效能取決於許多細部製作的問題，這些問題決定了快取記憶體可以多快地回應專屬區塊或 M 狀態區塊中的資料。在某些製作中，CPU 對於專屬於另一個處理器的快取記憶體的快取區塊之讀取失誤，會比對於記憶體中的區塊之讀取失誤要快，這是因為與主記憶體相較，快取記憶體比較小，因此就比較快。相反地，在某些製作中，由記憶體所解除的失誤反而比由快取記憶體所解除的失誤要快，這是因為快取記憶體一般是針對「前端」(front side) 或 CPU 存取而作最佳化，並不是針對「後端」(back side) 或窺探式存取。針對圖 5.35 所列舉的多處理器，考慮在單一的 CPU 上執行一個運算序列，其中

- CPU 讀取和寫入命中不產生暫停週期。
- CPU 讀取和寫入失誤如果由記憶體和快取記憶體加以解除，就會分別產生 N_{memory} 和 N_{cache} 的暫停週期。
- CPU 因寫入命中而產生失效訊號會引發 $N_{invalidate}$ 的暫停週期。
- 區塊的回寫，無論是因為衝突或是因為其他處理器對一個專屬區塊發出請求，都會引發額外的 $N_{writeback}$ 暫停週期。

考量兩種製作方式，分別具有不同的效能特性，總結在圖 5.36 中。考量以下的運算序列，假設啟始的快取狀態在圖 5.35 中。為了簡單起見，假設第二個運算在第一個運算完成後才開始 (即使它們分處不同的處理器)：

　　P1 : read 110
　　P3 : read 110

就製作 1 而言，第一次讀取產生了 50 個暫停週期，因為該讀取是由 P0 的快取記憶體所滿足。P1 等候區塊時暫停了 40 個週期，P0 回應 P1 請求而將區塊

參　　數	製作 1	製作 2
N_{memory}	100	100
N_{cache}	40	130
$N_{invalidate}$	15	15
$N_{writeback}$	10	10

圖 5.36 窺探式一致性時間延遲。

回寫至記憶體時暫停了 10 個週期。因此 P3 第二次讀取就產生了 100 個暫停週期，因為它的失誤是由記憶體解除的。於是，這個序列總共產生了 150 個暫停週期。對於以下的運算序列，請問每一個製作分別產生了多少個暫停週期呢？

a. [20] <5.3>　　P0 : read 120
　　　　　　　　　P0 : read 128
　　　　　　　　　P0 : read 130

b. [20] <5.3>　　P0 : read 100
　　　　　　　　　P0 : write 108 <-- 48
　　　　　　　　　P0 : write 130 <-- 78

c. [20] <5.3>　　P1 : read 120
　　　　　　　　　P1 : read 128
　　　　　　　　　P1 : read 130

d. [20] <5.3>　　P1 : read 100
　　　　　　　　　P1 : write 108 <-- 48
　　　　　　　　　P1 : write 130 <-- 78

5.3 [20] <5.2> 許多窺探式一致性協定都具有增加的狀態、狀態轉移或匯流排交易，以減少維持快取一致性的虛耗。在習題 5.2 的製作 1 當中，由快取記憶體解除失誤比起由記憶體解除失誤會引發比較少的暫停週期，就有一些一致性協定嘗試增加此種情況的頻率來改進效能。普通的協定最佳化是引進一個**擁有 (Owned)** 狀態 (通常是以 O 來表示)。擁有狀態表現得像是共用狀態，因為節點可能只讀取擁有區塊；但是它也表現得像是修改過的狀態，因為節點必須在其他節點讀取或寫入失誤時提供資料至擁有區塊。對於修改過狀態或擁有狀態的區塊之讀取失誤，會提供資料給請求節點並轉移成擁有狀態；對於修改過狀態或擁有狀態的區塊之寫入失誤，會提供資料給請求節點並轉移成失效狀態。這種最佳化 MOSI 協定只有當節點置換一個修改過狀態或擁有狀態的區塊時才會去更新記憶體。請繪出具有新加狀態和轉移的新協定圖。

5.4 [20/20/20/20] <5.2> 請針對以下的程式碼序列以及圖 5.36 中兩種製作的時間參數，分別就基本的 MSI 協定和習題 5.3 中的最佳化 MOSI 協定，計算出全部的暫停週期。假設不需要匯流排交易的狀態轉移就不會引發額外的暫停週期。

    a. [20] <5.2>   P0 : read 110
                        P3 : read 110
                        P0 : read 110

    b. [20] <5.2>   P1 : read 120
                        P3 : read 120
                        P0 : read 120

    c. [20] <5.2>   P0 : write 120 <-- 80
                        P3 : read 120
                        P0 : read 120

    d. [20] <5.2>   P0 : write 108 <-- 88
                        P3 : read 108
                        P0 : write 108 <-- 98

5.5 [20] <5.2> 某些應用程式先讀取一組大的資料集合，再去修改該集合的大部份或全部。基本的 MSI 一致性協定就會先提取所有處於共用狀態的快取區塊，然後被迫執行失效動作將它們升級為修改過狀態。所增加的延遲在某些工作負載上會產生重大的影響。有一種額外的協定最佳化，可以針對由單一處理器所讀取並隨後又寫入的區塊，取消其升級的需要。這種最佳化增加了一種專屬 (Exclusive，E) 狀態至協定中，指出沒有其他節點擁有該區塊的複本，但是它也還未被修改過。當一則讀取失誤由記憶體解除且沒有其他節點擁有有效複本時，該快取區塊就會進入專屬狀態。CPU 對該區塊的讀取和寫入無需更多的匯流排交通便可以進行，但是 CPU 寫入會造成一致性狀態轉移至修改過狀態。專屬狀態不同於修改過狀態，因為節點或許會悄悄地置換專屬區塊 (而修改區塊則必須回寫至記憶體)。再者，對於專屬區塊之讀取失誤會造成狀態轉移至共用狀態，但是並不需求該節點對資料作回應 (因為記憶體擁有最新的複本)。請繪出 MESI 協定的新協定圖，將專屬狀態和轉移加入至基本 MSI 協定的修改過、共用和失效等狀態。

5.6 [20/20/20/20/20] <5.2> 假設使用圖 5.35 的快取記憶體內容以及圖 5.36 中製作 1 的時間。針對基本協定和習題 5.5 中新的 MESI 協定，請問以下程式碼序列的全部暫停週期為何？假設不需要交連網路交易的狀態轉移就不會引發額外的暫停週期。

a. [20] <5.2>   P0 : read 100
                P0 : write 100 <-- 40
b. [20] <5.2>   P0 : read 120
                P0 : write 120 <-- 60
c. [20] <5.2>   P0 : read 100
                P0 : read 120
d. [20]<5.2>   P0 : read 100
                P1 : write 100 <-- 60
e. [20] <5.2>   P0 : read 100
                P0 : write 100 <-- 60
                P1 : write 100 <-- 40

5.7 [20/20/20/20] <5.5> 旋轉鎖可能是存在於大多數商用共用記憶體式機器中最簡單的同步機制。此旋轉鎖靠著交換的基本運算自動載入舊值並儲存新值。鎖的常式反覆地執行交換運算，直到發現鎖被釋放(亦即回傳值為 0) 為止。

```
            DADDUI  R2, R0, #1
lockit:     EXCH    R2,0(R1)
            BNEZ    R2, lockit
```

將一個旋轉鎖解鎖只需要存入數值 0：

```
unlock:     SW R0, 0(R1)
```

5.5 節有討論過，較為最佳化的旋轉鎖是運用快取一致性並使用載入去檢查鎖，讓它使用一個快取記憶體中的共用變數去旋轉：

```
lockit:     LD      R2, 0(R1)
            BNEZ    R2, lockit
            DADDUI  R2,R0,#1
            EXCH    R2,0(R1)
            BNEZ    R2, lockit
```

假設處理器 P0、P1 和 P3 都在嘗試取得一個位址 0x100 的鎖 (亦即，暫存器 R1 持有數值 0x100)。假設使用圖 5.35 的快取記憶體內容以及圖 5.36 中製作 1 的時間參數；為了簡單起見，假設關鍵區段長度為 1000 個週期。

a. [20] <5.5> 使用簡單型旋轉鎖，請決定在取得該鎖之前，每個處理器會引發**大概**多少個記憶體暫停週期。

b. [20] <5.5> 使用最佳化旋轉鎖，請決定在取得該鎖之前，每個處理器會引發**大概**多少個記憶體暫停週期。

c. [20] <5.5> 使用簡單型旋轉鎖，請問會發生**大概**多少次的交連網路交易？

d. [20] <5.5> 使用「測試且測試且設定」旋轉鎖，請問會發生**大概**多少次的

交連網路交易？

5.8 [20/20/20/20] <5.6> 循序式一貫性 (SC) 要求所有的讀取和寫入看起來都是依據某種整體順序而執行。這可能需要處理器在判定一道讀取或寫入指令之前，在某些情況下要先暫停。請考慮以下的程式碼序列：

```
write A
read  B
```

其中 write A 造成一次快取失誤，read B 則造成一次快取命中。在 SC 之下，處理器必須暫停 read B，直到之後可以排序 (也就可以執行) write A 為止。SC 的簡單製作將會暫停處理器，直到快取記憶體收到資料可以執行寫入為止。比較弱的一貫性模型放鬆了讀寫時的排序限制，減少了處理器必須暫停的情況。**整體儲存順序** (Total Store Order, TSO) 一貫性模型要求所有寫入看起來是以一種整體順序發生，但允許處理器的讀取略過它自己的寫入。這就允許處理器去製作寫入緩衝區，持有被判定的寫入，而這些寫入尚未與其他處理器的寫入進行排序。讀取被允許在 TSO 下略過 (也可能規避) 寫入緩衝區 (在 SC 下是不可能這樣做的)。假設記憶體運算可以在每個週期內執行，並假設在快取記憶體命中的運算或被寫入緩衝區滿足的運算都沒有引進任何的暫停週期。失誤的運算會引發圖 5.36 所列出的時間延遲。假設使用圖 5.35 的快取記憶體內容，請問針對 SC 和 TSO 一貫性模型，在每一道運算**之前**會發生多少個暫停週期呢？

a. [20] <5.6>　　P0：write 110 <-- 80
　　　　　　　　P0：read 108
b. [20] <5.6>　　P0：write 100 <-- 80
　　　　　　　　P0：read 108
c. [20] <5.6>　　P0：write 110 <-- 80
　　　　　　　　P0：write 100 <-- 90
d. [20] <5.6>　　P0：write 100 <-- 80
　　　　　　　　P0：write 110 <-- 90

個案研究 2：簡單型目錄式一致性

本個案研究所列舉的概念

- 目錄式一致性協定的狀態轉移
- 一致性協定的效能
- 一致性協定的最佳化

考慮圖 5.37 所列舉的分散式共用記憶體系統，它包含兩個四核心晶片。每一個晶片中的處理器都共用一個 L2 快取記憶體 (L2$)，兩個晶片之間的連接則經由點對點交連。系統記憶體的散佈跨越兩個晶片。圖 5.38 將該系統的一部份放大來看：Pi,j 表示處理器 i 是在晶片 j 中；每一個處理器都擁有單一的直接對映式 L1 快取記憶體 —— 持有兩個區塊，每個區塊持有兩個字元；每個晶片都擁有單一的直接對映式 L2 快取記憶體 —— 持有兩個區塊，每個區塊持有兩個字元。為了簡化其說明，讓快取位址標籤包含了整個位址，且每一個字元都只有呈現兩個 16 進位的字碼，令最低字元在右邊。L1 快取記憶體狀態被標記為 M、S 和 I，分別代表修改過 (Modified)、共用 (Shared) 和失效 (Invalid)。L2 快取記憶體和記憶體兩者都擁有目錄，目錄狀態被標記為 DM、DS 和 DI，分別代表目錄修改過 (Directory Modified)、目錄共用 (Directory Shared) 和目錄失效 (Directory Invalid)。這個簡單型目錄式協定描述於圖 5.22 和圖 5.23。L2 目錄列出區域共用者 / 擁有者，並記錄資料線是否被外部另一個晶片所共用；例如，P1,0;E 表示資料線是由區域處理器 P1,0 所共用，也被外部某一個晶片所共用。記憶體目錄擁有一份資料線的晶片共用者 / 擁有者之列表；例如，C0,C1 表示資料線是由晶片 0 和晶片 1 所共用。

5.9 [10/10/10/10/15/15/15/15] <5.4> 針對本習題的每一部份，假設都使用圖 5.38 中快取記憶體和記憶體的啟始狀態。本習題的每一部份都指定一個或多個 CPU 運算序列，其形式如下：

    P#: <op> <address> [<-- <value>]

其中 P# 是指 CPU (例如：P0,0)，<op> 為 CPU 運算 (例如：讀取或寫入)，<address> 代表記憶體位址，<value> 表示在寫入運算時被指定的新字元。請問所給予的 CPU 運算序列完成之後，什麼是快取記憶體和記憶體的最終狀態 (亦即：一致性狀態、共用者 / 擁有者、標籤和資料) 呢？再請問每一個讀取

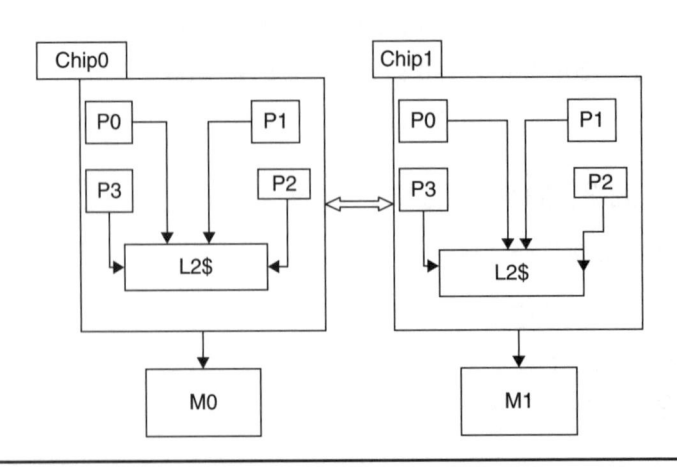

圖 5.37 具有 DSM 的多晶片、多核心多處理器。

第 5 章　執行緒階層平行化　**423**

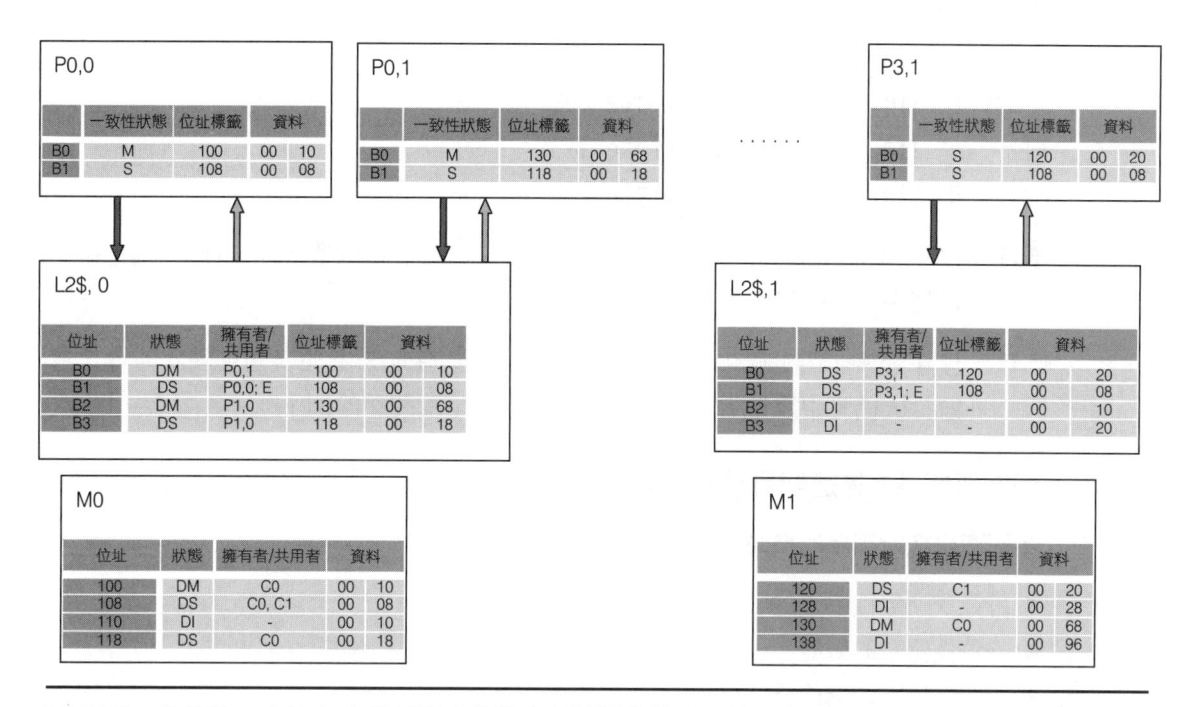

P0,0					P0,1						P3,1			
	一致性狀態	位址標籤	資料			一致性狀態	位址標籤	資料				一致性狀態	位址標籤	資料
B0	M	100	00	10	B0	M	130	00	68	……	B0	S	120	00	20
B1	S	108	00	08	B1	S	118	00	18		B1	S	108	00	08

L2$, 0						L2$, 1					
位址	狀態	擁有者/共用者	位址標籤	資料		位址	狀態	擁有者/共用者	位址標籤	資料	
B0	DM	P0,1	100	00	10	B0	DS	P3,1	120	00	20
B1	DS	P0,0; E	108	00	08	B1	DS	P3,1; E	108	00	08
B2	DM	P1,0	130	00	68	B2	DI	-	-	00	10
B3	DS	P1,0	118	00	18	B3	DI	-	-	00	20

M0						M1					
位址	狀態	擁有者/共用者	資料			位址	狀態	擁有者/共用者	資料		
100	DM	C0	00	10		120	DS	C1	00	20	
108	DS	C0, C1	00	08		128	DI	-	00	28	
110	DI	-	00	10		130	DM	C0	00	68	
118	DS	C0	00	18		138	DI	-	00	96	

圖 5.38　多晶片、多核心多處理器中的快取記憶體狀態和記憶體狀態。

運算的回傳值是什麼？

a. [10] <5.4>　P0,0：read 100
b. [10] <5.4>　P0,0：read 128
c. [10] <5.4>　P0,0：write 128 <-- 78
d. [10] <5.4>　P0,0：read 120
e. [15] <5.4>　P0,0：read 120
　　　　　　　P1,0：read 120
f. [15] <5.4>　P0,0：read 120
　　　　　　　P1,0：write 120 <-- 80
g. [15] <5.4>　P0,0：write 120 <-- 80
　　　　　　　P1,0：read 120
h. [15] <5.4>　P0,0：write 120 <-- 80
　　　　　　　P1,0：write 120 <-- 90

5.10　[10/10/10/10] <5.4> 目錄式協定比起窺探式協定更有擴充性，因為它們傳送顯性的請求和失效訊息給擁有區塊複本的那些節點，而窺探式協定則將所有請求和失效訊號全都廣播給所有節點。請考量圖 5.37 所列舉的八處理器系統，並假設所有未顯示在圖中的快取記憶體都具有失效的區塊。試針對以下每一序列確認有哪些節點 (晶片 / 處理器) 會收到每一個請求和失效訊號。

a. [10] <5.4>   P0.0 : write 100 <-- 80
b. [10] <5.4>   P0.0 : write 108 <-- 88
c. [10] <5.4>   P0.0 : write 118 <-- 90
d. [10] <5.4>   P1.0 : write 128 <-- 98

5.11 [25] <5.4> 習題 5.3 要求您增加「擁有」狀態至簡單型 MSI 窺探式協定中。請使用上面的簡單型目錄式協定重作該問題。

5.12 [25] <5.4> 請討論為什麼使用簡單型目錄式協定去增加一個專屬狀態會比在窺探式協定中難做得多。請給一個會發生這種問題的例子。

個案研究 3：先進型目錄式協定

本個案研究所列舉的概念

- 目錄式一致性協定的製作
- 一致性協定的效能
- 一致性協定的最佳化

個案研究 2 當中的目錄式一致性協定是在抽象層次上描述目錄式一致性，但是所假設的不可分割式狀態轉移非常相似於簡單型窺探式系統。高效能的目錄式系統使用管線化交換式交連，大幅改進了頻寬，卻也引進了暫態及可分割式交易。目錄式快取一致性協定比起窺探式快取一致性協定更具擴充性，這有兩種原因。第一，窺探式快取一致性協定將請求廣播至所有節點，因而限制了它們的擴充性。目錄式協定使用間接的層次 —— 訊息至目錄 —— 保證只有將請求傳送至擁有區塊複本的節點上。第二，窺探式系統的位址網路必須依據整體順序來傳遞請求，而目錄式協定可以放鬆這項限制。有些目錄式協定不假設任何網路順序，這是有利的，因為這樣就可以允許可適性路由技術去改善網路頻寬。其他協定則倚賴點對點順序 (亦即，從節點 P0 至節點 P1 的訊息會依序抵達)。即使是使用這樣的排序限制，目錄式協定通常還是會比窺探式協定具有更多的暫態。圖 5.39 針對倚賴點對點網路順序的簡單型目錄式協定，提出快取控制器的狀態轉移。圖 5.40 則提出目錄控制器的狀態轉移。

該目錄針對每一個區塊都維持一個狀態和一個目前擁有者欄位或是一個目前共用者表列 (如果有的話)。由於下面的討論以及隨後的問題之緣故，假設 L2 快取記憶體被禁能。假設記憶體目錄列出在處理器層次上的共用者／擁有者；例如，在圖 5.38 中，108 資料線的記憶體目錄會是「P0.0;P3.0」而非「C0,C1」。也假設必要的話訊息可以透明方式跨越晶片邊界。

用現態作為列的索引且用事件作為行的索引，便決定了＜動作／次態＞值組。如果只列出次態，就不需要任何動作。不可能的狀況標示為「錯誤」，代表錯誤情

狀態	讀取	寫入	置換	INV	Forwarded_GetS	Forwarded_GetM	PutM_Ack	Data	Last Ack
I	傳送 GetS/IS^D	傳送 GetM/IM^{AD}	錯誤	傳送 Ack/I	錯誤	錯誤	錯誤	錯誤	錯誤
S	執行讀取	傳送 GetM/IM^{AD}	I	傳送 Ack/I	錯誤	錯誤	錯誤	錯誤	錯誤
M	執行讀取	執行寫入	傳送 PutM/MI^A	錯誤	傳送 Data/S 傳送 PutMS/MS^A	傳送 Data/I	錯誤	錯誤	錯誤
IS^D	z	z	z	傳送 Ack/ISI^D	錯誤	錯誤	錯誤	儲存 Data 執行 Read/S	錯誤
ISI^D	z	z	z	傳送 Ack	錯誤	錯誤	錯誤	儲存 Data 執行 Read/I	錯誤
IM^{AD}	z	z	z	傳送 Ack	錯誤	錯誤	錯誤	儲存 Data/IM^A	錯誤
IM^A	z	z	z	錯誤	IMS^A	IMI^A	錯誤	錯誤	執行寫入/M
IMI^A	z	z	z	錯誤	錯誤	錯誤	錯誤	錯誤	執行寫入,傳送 Data/I
IMS^A	z	z	z	傳送 Ack/IMI^A	z	z	錯誤	錯誤	執行寫入,傳送 Data/S
MS^A	執行讀取	z	z	錯誤	傳送 Data	傳送 Data/MI^A	/S	錯誤	錯誤
MI^A	z	z	z	錯誤	傳送 Data	傳送 Data/I	/I	錯誤	錯誤

圖 5.39 廣播窺探式快取控制器之狀態轉移。

況。「z」意指所請求的事件目前無法處理。

　　下面的例子示範了本協定的基本動作。假定有一個處理器嘗試寫入一個狀態 I（失效）的區塊，對應的值組為「send GetM/IM^{AD}」，表示快取控制器應該要傳送 GetM (GetModified) 請求至目錄並轉移至狀態 IM^{AD}。在最簡單的情況下，請求訊息若發現目錄處於狀態 DI (Directory Invalid, **目錄失效**)，就表示沒有其他的快取記憶體擁有複本。該目錄會回應一個資料訊息，該訊息也包含了所預期的請求數目

狀　態	GetS	GetM	PutM（擁有者）	PutMS（非擁有者）	PutM（擁有者）	PutMS（非擁有者）
DI	傳送 Data，加入至共用者 /DS	傳送 Data，清除共用者，設定擁有者 /DM	錯誤	傳送 PutM_Ack	錯誤	傳送 PutM_Ack
DS	傳送 Data，加入至共用者 /DS	傳送 INVs 至共用者，設定擁有者，傳送 Data/DM	錯誤	傳送 PutM_Ack	錯誤	傳送 PutM_Ack
DM	轉送 GetS，加入至共用者 / DMS[D]	轉送 GetM，傳送 INVs 至共用者，清除共用者，設定擁有者	儲存 Data，傳送 PutM_Ack/DI	傳送 PutM_Ack	儲存 Data，加入至共用者，傳送 PutM_Ack/DS	傳送 PutM_Ack
DMS[D]	轉送 GetS，加入至共用者	轉送 GetM，傳送 INVs 至共用者，清除共用者，設定擁有者 /DM	儲存 Data，傳送 PutM_Ack/DS	傳送 PutM_Ack	儲存 Data，加入至共用者，傳送 PutM_Ack/DS	傳送 PutM_Ack

圖 5.40 目錄控制器之狀態轉移。

（在此例中為零）。在這個簡化的協定中，快取控制器將單一訊息當作兩個訊息來處理：Data 訊息，後面跟隨著 Lask Ack 事件。Data 訊息先處理，儲存資料並轉移至 IM[A]。然後再處理 Last Ack 事件，轉移至狀態 M。最後，可以在狀態 M 中執行寫入。

　　如果 GetM 在狀態 DS (Directory Shared) 中找到目錄，目錄將傳送失效 (Invalidate, INV) 訊息至共用者表列上的所有節點，傳送含有共用者數目的 Data 至請求者，然後轉移至狀態 M。當 INV 訊息抵達共用者時，它們將發現該區塊不是處於狀態 S 就是處於狀態 I（如果它們已經悄悄地將該區塊加以失效的話）。在兩者任一的情況下，共用者都會直接傳送 Ack 至請求節點。請求者會計算它所收到的 Ack，和隨著 Data 訊息所傳回的數字作比較。當所有 Ack 都抵達後，就發生 Last Ack 事件，激發快取記憶體轉移至狀態 M，讓寫入繼續進行。請注意有可能所有 Ack 在 Data 訊息之前抵達，但不可能 Last Ack 事件在 Data 訊息之前發生，這是因為 Data 訊息含有 Ack 計數值。因此本協定假設 Data 訊息會在 Last Ack 事件之前進行處理。

5.13 [10/10/10/10/10/10] <5.4> 考慮上面所描述的先進型目錄式協定以及圖 5.38 中的快取記憶體內容。請問在下列每一種情況下，什麼是受影響的快取區塊所經過的暫態序列？

a. [10]<5.4>　　P0,0 : read 100
b. [10]<5.4>　　P0,0 : read 120
c. [10]<5.4>　　P0,0 : write 120 <-- 80
d. [10]<5.4>　　P3,1 : write 120 <-- 80
e. [10]<5.4>　　P1,0 : read 110
f. [10]<5.4>　　P0,0 : write 108 <-- 48

5.14 [15/15/15/15/15/15/15] <5.4> 考慮上面所描述的先進型目錄式協定以及圖 5.38 中的快取記憶體內容。請問在下列每一種情況下，什麼是受影響的快取區塊所經過的暫態序列？在所有情況下，都假設處理器是在相同的週期內發出它們的請求，但是該目錄會將各請求用從上到下的順序加以排序。假設控制器的動作看起來是不可分割的 (例如，目錄控制器在處理相同區塊的另一個請求之前，就會執行 DS --> DM 狀態轉移所需要的所有動作)。

a. [15]<5.4>　　P0,0 : read 120
　　　　　　　　P1,0 : read 120
b. [15]<5.4>　　P0,0 : read 120
　　　　　　　　P1,0 : write 120 <-- 80
c. [15]<5.4>　　P0,0 : write 120
　　　　　　　　P1,0 : read 120
d. [15]<5.4>　　P0,0 : write 120 <-- 80
　　　　　　　　P1,0 : write 120 <-- 90
e. [15]<5.4>　　P0,0 : replace 110
　　　　　　　　P1,0 : read 110
f. [15]<5.4>　　P1,0 : write 110 <-- 80
　　　　　　　　P0,0 : replace 110
g. [15]<5.4>　　P1,0 : read 110
　　　　　　　　P0,0 : replace 110

5.15 [20/20/20/20/20] <5.4> 針對圖 5.37 所列舉的多處理器 (將 L2 快取記憶體禁能)，該多處理器製作了圖 5.39 和圖 5.40 所描述的協定，假設具有下列的時間延遲：

- CPU 讀取和寫入命中不產生暫停週期。
- 完成一次失誤 (亦即，執行讀取和執行寫入) 要花費 L_{ack} 個週期，這**惟有**在該失誤的執行是回應 Last Ack 事件時才會如此 (否則在資料複製到快取記憶體時，該失誤就完成了)。
- 產生置換事件的 CPU 讀取和寫入會在 PutModified 訊息之前發出相對的 GetShared 或 GetModified 訊息 (例如，使用回寫緩衝區)。

- 傳送請求或認可訊息 (例如：GetShared) 的快取控制器事件具有 L_{send_msg} 個週期的時間延遲。
- 讀取快取記憶體並傳送資料訊息的快取控制器事件具有 L_{send_data} 個週期的時間延遲。
- 接收資料訊息並更新快取記憶體的快取控制器事件具有 L_{rcv_data} 的時間延遲。
- 記憶體控制器轉送請求訊息時會引發 L_{send_msg} 的時間延遲。
- 記憶體控制器對於每一個必須送出的失效訊號都會額外引發 L_{inv} 個週期的時間延遲。
- 快取控制器對於每一個所接收到的失效訊號都會引發 L_{send_msg} 的時間延遲 (時間延遲是計算到送出 Ack 訊息為止)。
- 記憶體控制器讀取記憶體並送出資料訊息時具有 L_{read_memory} 的時間延遲。
- 記憶體控制器將資料訊息寫入記憶體時具有 L_{write_memory} 的時間延遲 (時間延遲是計算到送出 Ack 訊息為止)。
- 非資料訊息 (例如：請求、失效、Ack) 具有 L_{req_msg} 個週期的網路時間延遲。
- 資料訊息具有 L_{data_msg} 個週期的網路時間延遲。
- 對於任何從晶片 0 跨至晶片 1 的訊息都增加 20 個週期的時間延遲，**反之亦然**。

試考慮一種製作，使用圖 5.41 中所總結的效能特性。

針對下列的運算序列、圖 5.38 的快取記憶體內容以及上面的目錄式協定，請問每一個處理器節點所觀察到的時間延遲為何？

a. [20] <5.4>　　P0,0 : read 100

動 作	時間延遲
Send_msg	6
Send_data	20
Rcv_data	15
Read-memory	100
Write-memory	20
inv	1
ack	4
Req-msg	15
Data-msg	30

圖 5.41　目錄式一致性時間延遲。

b. [20] <5.4>   P0,0 : read 128
c. [20] <5.4>   P0,0 : write 128 <-- 68
d. [20] <5.4>   P0,0 : write 120 <-- 50
e. [20] <5.4>   P0,0 : write 108 <-- 80

5.16 [20] <5.4> 在快取失誤的情況下，較早前所描述的交換窺探式協定以及本個案研究的目錄式協定都會儘速執行讀取或寫入運算。特別是，它們將運算當作是轉移至穩態的一部份來做，而不是轉移至穩態後重新嘗試該運算。這**並非**最佳化；反而，為了保證轉送進程，協定的製作必須保證在放棄一個區塊前至少要執行一個 CPU 運算。假定一致性協定的製作並不這麼做，請解釋這可能會如何造成活結 (livelock)。請給一個簡單的程式碼例子，可以模擬這種行為。

5.17 [20/30] <5.4> 有一些目錄式協定在協定中增加了一個**擁有狀態** (Owned, O)，類似於針對窺探式協定所討論過的最佳化。擁有狀態表現起來像是共用狀態，因為節點可能只讀取擁有區塊；但是它也表現得像是修改過狀態，因為節點必須在其他節點發出**取得** (Get) 請求時提供資料至擁有區塊。所以擁有狀態可以消除以下狀況：GetShared 請求修改過狀態的區塊時，要求該節點傳送資料至請求處理器和記憶體。在 MOSI 目錄式協定中，GetShared 請求修改過狀態或擁有狀態的區塊時，會提供資料至請求節點並轉移成擁有狀態；處理在擁有狀態的 GetModified 請求就像處理修改過狀態的請求一樣。這種最佳化的 MOSI 協定只有在節點置換一個修改過狀態或擁有狀態的區塊時才會去更新記憶體。

a. [20] <5.4> 請解釋為何協定中的 MS[A] 狀態在本質上是一個「暫時的」擁有狀態呢？

b. [30] <5.4> 請修改快取記憶體和目錄式協定的表格，好支援一個穩定的擁有狀態。

5.18 [25/25] <5.4> 以上所描述的先進型目錄式協定倚賴點對點的排序交連，以保證正確的運作。假設使用圖 5.38 中的快取記憶體啟始內容和下列的運算序列，請解釋如果交連無法維持，點對點排序時會發生什麼問題。假設處理器都在相同時間執行請求，但它們是以所顯示的順序由目錄進行處理。

a. [25] <5.4>   P1,0 : read 110
                 P3,1 : write 110 <-- 90
b. [25] <5.4>   P1,0 : read 110
                 P0,0 : replace 110

習 題

5.19 [15] <5.1> 假設我們針對一個應用程式有一個形式為 $F(i, p)$ 的函數，該函數所給的是：在總共可取得 p 個處理器的情況下，有 i 個處理器可用所佔的時間比例。這意味著

$$\sum_{i=1}^{p} F(i,p) = 1$$

假設當 i 個處理器在使用中時，應用程式便執行 i 倍快。請重寫 Amdahl 定律，可針對一些應用程式，使得速度提升成為 p 的函數。

5.20 [15/20/10] <5.1> 在這個習題中，我們針對在 64 處理器分散式記憶體多處理器上所執行的程式，檢視交連網路拓樸對其**每道指令時脈週期** (clock cycles per instruction, CPI) 的影響。處理器時脈頻率為 3.3 GHz，所有在快取記憶體中的存取都命中的應用程式之基本 CPI 為 0.5。假設 0.2% 的指令涉及遠端通訊存取，遠端通訊存取的成本為 $(100 + 10h)$ ns，其中 h 為遠端存取至遠端處理器記憶體並返回所必須進行的通訊網路躍程數目。假設所有通訊鏈路均為雙向。

  a. [15] <5.1> 請分別計算當 64 個處理器被安排成環狀、8×8 處理器網格，或是超立方體時，最差狀況的遠端通訊成本。(提示：在一個 2^n 超立方體上最長的通訊路徑具有 n 條鏈路。)
  b. [20] <5.1> 請將不具遠端通訊的應用程式的基本 CPI，與 (a) 小題當中三種拓樸的每一種拓樸所達成的 CPI 作比較。
  c. [10] <5.1> 請問不具遠端通訊的應用程式的效能，與 (a) 小題當中三種拓樸的每一種拓樸上具有遠端通訊的效能，互相比較之下快了多少？

5.21 [15] <5.2> 請顯示圖 5.7 的基本窺探式協定如何能夠針對透寫式快取記憶體而作改變。請問與回寫式快取記憶體相比之下，透寫式快取記憶體不需要的主要硬體功能為何？

5.22 [20] <5.2> 請增加一個**清潔** (clean) 專屬狀態到基本的窺探式快取一致性協定 (圖 5.7)，並以圖 5.7 的格式呈現該協定。

5.23 [15] <5.2> 針對假性共用的問題所提出的一種解決方式乃是在每個字元上加入一個有效位元。這會允許該協定不必移除整個區塊就可以讓字元失效，使得處理器可以將區塊的一部份保持在其快取記憶體中，而別的處理器則將該區塊的不同部份寫入。如果這種能力被包括進去，請問有哪些額外的複雜性會被引進基本的窺探式快取一致性協定 (圖 5.7) 中？請記得考慮所有可能的協定動作。

5.24 [15/20] <5.3> 本習題研究在處理器中開發指令階層平行化的積極性技術之影響 —— 當該技術用於共用記憶體多處理器系統的設計時。請考慮兩個除了處理器之外都一模一樣的系統，系統 A 使用一個簡單型單發派依序式管線的處理器，系統 B 則使用一個四路發派、非依序執行式以及 64 筆記錄位置重新排序緩衝區的處理器。

　　a. [15] <5.3> 請遵循圖 5.11 的慣例，將執行時間分割成指令執行、快取記憶體存取、記憶體存取，以及其他暫停。請問您會如何預期這些成份的每一個成份在系統 A 與系統 B 之間的差異？

　　b. [10] <5.3> 基於 5.3 節中對於**線上交易處理** (On-Line Transaction Processing, OLTP) 工作負載行為之討論，請問在 OLTP 工作負載與其他標準效能測試程式之間，造成更積極性處理器設計的獲益受到限制的重要差異為何？

5.25 [15] <5.3> 請問您會如何變更應用程式碼以避免假性共用？請問編譯器可以做些什麼，且需要程式設計師命令 (programmer directive) 的可能是什麼？

5.26 [15] <5.4> 假設有一目錄式快取一致性協定，該目錄目前擁有的資訊指出處理器 P1 具有「專屬」模式的資料。如果該目錄現在從處理器 P1 得到一則相同的快取區塊請求，請問這可能意味什麼？請問目錄控制器應該要做些什麼？[這樣的狀況稱之為**競跑情況** (race condition)，這就是為什麼一致性協定的設計與驗證會如此困難的原因。]

5.27 [20] <5.4> 目錄控制器可以針對已經由區域快取記憶體所置換的資料線送出失效訊號。為了避免這樣的訊息並保持目錄的一貫性，便使用置換提示。這樣的訊息告訴控制器：有一個區塊已經被置換了。請修改 5.4 節的目錄一致性協定以使用這樣的置換提示。

5.28 [20/30] <5.4> 使用完全填充式位元向量的直接表述式目錄製作有一個缺點，就是目錄資訊的總規模會隨著乘積 (亦即，處理器數目 × 記憶體區塊數目) 而擴大。如果記憶體隨著處理器數目而線性成長，目錄總規模便以處理器數目的平方而成長。事實上，由於目錄對於每個記憶體區塊 (通常為 32 至 128 個位元組) 只需要 1 個位元，這個問題對於小型至中型處理器數目而言並不嚴重。例如，假設 128 位元組區塊，目錄儲存量比上主記憶體為處理器數目/1024，所以 100 個處理器大約為 10% 的額外儲存。觀察到我們只需要保持與每一個處理器的快取記憶體容量成正比的資訊量，這個問題就可以藉此加以避免。在這些習題中我們來探討一些解決之道。

　　a. [20] <5.4> 有一種獲得可擴充式目錄協定的方法，乃是將多處理器組織成邏輯性層級，以處理器作為層級的階層並將目錄放在每一株子樹的樹根上。在每一株子樹上的目錄會記錄有哪些後裔快取了哪些記憶體區塊，以及有哪些原籍在該子樹的記憶體區塊在該子樹之外被快取。請計算為

這些目錄而記錄的處理器資訊所需要的儲存量，假設每一個目錄都是全關聯式。您的答案也應該將層級的每一階層上的節點數以及節點的總數併入。

b. [30] <5.4> 製作目錄方案的另一種方法乃是製作非密集的位元向量。有兩種策略：一種是減少所需要的位元向量數目，另一種則是減少每個向量的位元數目。使用追蹤您就可以比較這些方案。首先，將目錄製作成儲存全位元向量的 4 路集合關聯式快取記憶體，但是只針對在原籍節點之外所快取的區塊；如果發生目錄快取失誤，就選擇一筆目錄記錄並將該筆記錄加以失效。其次，製作該目錄使得每一筆記錄均為 8 位元；如果區塊在其原籍之外只有在一個節點中被快取，此欄位便含有該節點編號；如果區塊在其原籍之外在多個節點中被快取，此欄位便是一個位元向量，它的每個位元都指向一群八個處理器，其中至少有一個處理器快取該區塊。請使用 64 個處理器執行之追蹤來模擬這些方案的行為，假設快取記憶體完美而無共用的存取，得以專注在一致性的行為上。請決定當目錄快取記憶體容量增加時，外來的失效動作之數目。

5.29 [10] <5.5> 請使用**載入－鏈結式／儲存－條件式** (load-linked/store-conditional) 的指令對來實現正統的測試與設定指令。

5.30 [15] <5.5> 有一種常常被用到的效能最佳化就是去墊補同步變數，使其不致於擁有與該同步變數在同一快取資料線的任何其他有用資料。假設是使用窺探式寫入失效協定，請建構一個不這樣做就會傷害效能的病態例子。

5.31 [30] <5.5> 多核心處理器的**載入－鏈結式／儲存－條件式**之指令對有一種可能的製作方式，就是限定這些指令使用非快取式記憶體運算。有一個監視單元攔截了所有從任何核心至記憶體的讀取和寫入，它一直追蹤**載入－鏈結式** (load-linked) 指令的來源以及該**載入－鏈結式**指令及其對應的**儲存－條件式** (store-conditional) 指令之間是否有發生任何介入的儲存。該監視單元可以防範任何失敗的儲存－條件式指令寫入任何資料，並且可以使用交連訊號通知處理器該儲存已失敗。請針對支援四核心對稱式多處理器 (symmetric multiprocessor, SMP) 的記憶體系統設計這樣一個監視單元，考量讀取和寫入請求一般而言可以具有不同的資料大小 (4、8、16、32 位元組)。任何記憶體位置都可能是**載入－鏈結式／儲存－條件式**指令對的目標，記憶體監視單元也應該要假設**載入－鏈結式／儲存－條件式**存取任何位置都可能與同樣位置的一般性存取相互交錯。該監視單元的複雜度應與記憶體容量無關。

5.32 [10/12/10/12] <5.6> 如 5.6 節所討論，記憶體一貫性模型提供了記憶體系統會如何出現在程式設計師面前的一種規格。請考慮下面的程式碼片段，其中的初始值為 A=flag=C=0。

```
P1                      P2
A= 2000                 while (flag ==1){;}
flag=1                  C=A
```

   a. [10] <5.6> 在此程式碼片段的結尾，請問您會預期 C 之值為何？
   b. [12] <5.6> 一個具有通用型交連網路、目錄式快取一致性協定以及支援非阻隔式載入的系統，產生了 C 為 0 的結果，請描述可能發生此結果的一種場景。
   c. [10] <5.6> 如果您想要令此系統循序保持一貫，請問什麼是您會需要施加的關鍵限制呢？

   假設有一個處理器支援一種寬鬆的記憶體一貫性模型，寬鬆的記憶體一貫性模型需要同步來以外顯方式加以識別。假設該處理器有支援一道「屏障 (barrier)」指令，可以保證在該屏障指令之前的所有記憶體運算都是在跟隨該屏障指令之後的任何記憶體運算被允許起動之前完成。請問您會如何將屏障指令包括在以上的程式碼片段中，來保證您得到了循序式一貫性的「直觀式結果」？

5.33 [25] <5.7> 試證明在 L1 比較接近處理器的二階層記憶體層級中，如果 L2 擁有的關聯度至少與 L1 一樣，就可以在沒有額外動作的狀況下維持包含性。兩個快取記憶體都是使用**資料線可置換單元** (line replaceable unit, LRU) 的置換方式，而且兩個快取記憶體都擁有相同的區塊大小。

5.34 [討論] <5.7> 當嘗試去執行詳細的多處理器系統效能估測時，系統設計師使用以下三種工具之一：分析式模型、追蹤驅動式模擬，以及執行驅動式模擬。分析式模型使用數學表示式來為程式行為定模。追蹤驅動式模擬在真實機器上執行應用程式並產生通常是記憶體運算的追蹤；這些追蹤可以透過快取記憶體模擬器或簡單型處理器模型的模擬器來加以重現，以預測不同參數變更時的系統效能。執行驅動式模擬則模擬維持處理器狀態等等之等效架構的整體執行情形。請問這些方法之間的精確性和速度之取捨權衡如何？

5.35 [40] <5.7, 5.9> 多處理器和叢集通常會隨著處理器數目的增加而呈現效能的增進，理想上是 n 個處理器就有 n 倍的速度提升。這個偏頗的標準效能測試程式之目標卻是製造一個隨著處理器的加入而得到較差效能的程式。舉例來說，這意味著在多處理器和叢集上一個處理器的程式跑得最快，兩個就比較慢，四個還比兩個更慢，依此類推。請問對每一種呈現反線性速度提升的組織而言，關鍵的效能特性為何？

CHAPTER 6

開發需求階層與資料階層平行化的數位倉儲型電腦

> 資料中心就是電腦。
>
> Luiz André Barroso
> *Google* (2007)

> 一百年以前,許多公司都停止使用蒸汽引擎和發電機來產生自己本身的電力,而插電到新建造的電網中。電力公用設備所汲取出的廉價電力不僅僅改變了商業營運,更掀起經濟與社會轉型的連鎖反應,帶領現代世界進入現有的境地。今天,有一項類似的革命上路了。掛上網際網路全域計算網格後,處理大量資訊的工廠已經開始抽取資料與軟體程式碼進入我們的家庭和商業中。此時此刻,計算正在轉變成一種公用程式。
>
> Nicholas Carr
> *The Big Switch: Rewiring the World,*
> *from Edison to Google* (2008)

6.1 簡 介

任何人都可以建造一個快速 CPU，其技巧就是去建造一個快速系統。

Seymour Cray
被認為是超級電腦之父

數位倉儲型電腦 (warehouse-scale computer, WSC)[1] 乃是許多人每天都在使用的網際網路服務之基礎：搜尋、社交聯網、線上地圖、視訊分享、線上購物、電子郵件服務等等。此種網際網路服務的超人氣使得 WSC 的創造成為必要，才跟得上大眾的快速需求。我們即將看到，雖然 WSC 似乎只是大型的資料中心，它們的結構與運作卻大不相同。今天的 WSC 是一部巨大的機器，成本在 1 億 5 千萬美元的數量級，包括建築物、電氣與冷卻的基礎設施、伺服器，以及連接並網羅 50,000 至 100,000 台伺服器的聯網設備。此外，雲端運算的快速成長 (見 6.5 節) 也造成 WSC 對任何擁有一張信用卡的人都是可以用得到的。

計算機結構自然而然地擴充至 WSC 的設計；例如，Google 的 Luiz Barroso (較早先時所引用的) 就是以計算機結構從事他的論文研究，他相信結構設計師的擴充性設計、可信賴度設計以及硬體除錯訣竅的技巧對於 WSC 的創作與運作非常有幫助。

在這種需要分散功率、冷卻、監視以及營運等方面之革新的極致規模上，WSC 也就成為超級電腦的現代後繼者 —— 使得 Seymour Cray 成為現今 WSC 結構設計師的教父。他的極致電腦所處理的計算無法在其他地方進行，卻又如此昂貴，以致只有少數公司有能力負擔。此刻的目標乃是提供資訊技術給全世界，不再是提供高效能計算 (high-performance computing, HPC) 給科學家和工程師了；因此，對於今天的社群而言，比起 Cray 超級電腦過去所做的，WSC 可以說是扮演了更重要的角色。

無庸置疑地，WSC 擁有比高效能計算多了好幾個數量級的使用者，而且它們也佔有多了很多的市場佔有率。無論是以使用者數目或者營收來衡量，Google 都至少比 Cray Research 曾經擁有過的大了 250 倍。

---

[1] 本章是以來自 Google 的 Luiz André Barroso 和 Urs Hölzle 所撰寫的 *The Datacenter as a Computer: An Introduction to the Design of Warehouse-Scale Machines* [2009] 之素材為基礎；也以來自 Amazon 網路服務公司的 James Hamilton 在 mvdirona.com 上的部落格 Perspectives 所發表的 "Cloud-Computing Economies of Scale" 以及 "Data Center Networks Are in My Way" 的談話 [2009, 2010] 之素材為基礎；而且也以 Michael Armbrust 等人所撰寫的技術報告 *Above the Clouds: A Berkeley View of Cloud Computing* [2009] 之素材為基礎。

WSC 結構設計師與伺服器結構設計師分享了許多目標和需求：

- **成本－效能**：每一塊錢所做的工作都很重要，部份是因為規模的緣故。減少 WSC 資金成本 10% 可以節省 1 千 5 百萬美元。
- **能量效率**：分散功率的成本在功能上與功率消耗相關；在您可以消耗功率之前，您需要充分的功率分散。機構系統的成本在功能上與功率相關：您需要逐出您所放入的熱量。因此，尖峰功率和消耗功率兩者都帶動分散功率的成本以及冷卻系統的成本。此外，能量效率乃是環境管理的一個重要部份；因此，每焦耳所做的工作對於 WSC 和伺服器兩者都很重要，這是因為建立電腦數位倉儲所需要的電力與機構之基礎設施，以及供電給伺服器的每月公用設備帳單，都是高成本的緣故。
- **經由冗餘機制所建立的可信賴度**：網際網路服務的長時間執行特質意味 WSC 中的硬體與軟體集合起來必須提供至少 99.99% 的可用性；也就是說，每年的當機必須少於一小時。冗餘機制對於 WSC 和伺服器兩者的可信賴度都很關鍵。雖然伺服器結構設計師通常是使用較高成本所提供的較多硬體來達到高可用性，WSC 結構設計師反而是倚賴以低成本網路連接、符合成本效益的多伺服器以及軟體所管理的冗餘機制。再者，如果目標是遠超出「四個九」的可用性，您就需要多個 WSC 來遮蔽能夠癱瘓整個 WSC 的事件。多個 WSC 也減少了廣泛部署的服務之時間延遲。
- **網路 I/O**：伺服器結構設計師必須提供良好的網路介面至外部世界，WSC 結構設計師也必須如此。為了保持多個 WSC 之間資料的一貫性並與公眾介接，聯網是有需要的。
- **互動式與批次處理式工作負載**：雖然您預期會有高度互動性的工作負載來進行像是數百萬個使用者的搜尋與社交聯網等服務，但是 WSC 就像是伺服器，也會執行對這樣的服務有用的大量平行化批次程式，來計算巨集資料。例如，執行 MapReduce 工作，將網頁檢索所送回的網頁轉換為搜尋的索引 (見 6.2 節)。

並不令人驚訝地，也有不與伺服器結構共享的特性：

- **充分的平行化**：伺服器結構設計師有一項考量：目標市場中的應用程式是否擁有足夠的平行性去證明平行式硬體數量的合理性，以及成本是否太高而無法用充分的通訊硬體來開發該平行性；WSC 結構設計師就沒有這種考量。第一，批次應用程式是從需要獨立處理的大量獨立資料集來獲益；例如，來自一次網頁檢索的數十億網頁。這種處理即為**資料階層平行化**

(data-level parallelism)，應用於儲存媒體中的資料而非記憶體中的資料，我們在第 4 章談過。第二，也稱為**軟體服務** (software as a service, SaaS) 的互動式網際網路服務應用程式，可以從數百萬互動式網際網路服務的獨立使用者來獲益。讀取和寫入在 SaaS 中鮮少相依，所以 SaaS 鮮少需要同步。例如，搜尋是使用唯讀索引而電子郵件通常是讀寫獨立的資訊。這種容易平行化的型態稱之為**需求階層平行化** (request-level parallelism)，因為可以平行進行許多獨立的工作而不太需要通訊或同步；例如，定期式更新可以減少流通量的需要。有了 SaaS 和 WSC 的成功，更多傳統型應用程式諸如關聯式資料庫都已經被弱化，而倚賴於需求階層平行化；甚至於讀寫相依的功能有時候也被棄置，以提供可以擴充至現代 WSC 規模的儲存媒體。

- 運轉成本的統計：伺服器結構設計師通常是在成本預算之內以尖峰效能來設計他們的系統，在功率的顧慮上則僅確保不超過機櫃的冷卻能力。他們通常忽略伺服器的運轉成本，而假設和購買成本比較起來僅隱約存在。WSC 具有較長的生命週期——建築物以及電氣與冷卻基礎設施通往往攤派超過 10 年以上——所以運轉成本就積少成多：能量、配電和冷卻在 10 年內佔了超過 30% 的 WSC 成本。

- 規模與機會／與規模有關的問題：極品電腦往往極端昂貴，因為它們需要客製化硬體，而且客製化成本也因極品電腦很少製造而無法有效地攤派。然而，當您購買了 50,000 台伺服器和伴隨的基礎設施來建造一部 WSC 時，您一定會得到大量購買的折扣。WSC 內部規模如此龐大，即使 WSC 數量不多，您也可以得到規模經濟。我們將在 6.5 節和 6.10 節看到，這些規模經濟導致雲端運算，因為一部 WSC 中每個單元較低的成本意指公司可以低於在外面自己做的成本來租用它們。50,000 台伺服器的對面就是故障，圖 6.1 列出 2400 台伺服器的當機和異常情形。即使一台伺服器發生故障的平均間隔時間 (mean time to failure, MTTF) 是驚人的 25 年 (200,000 小時)，WSC 結構設計師仍需要設計每天會故障 5 台伺服器。圖 6.1 顯示磁碟機的年度故障率為 2% 至 10%；如果每台伺服器有 4 部磁碟機且年度故障率為 4%，那麼對 50,000 台伺服器而言，WSC 結構設計師就應預期看見**每小時**有一部磁碟機故障。

範例　請計算在圖 6.1 中，2400 台伺服器上所執行的一項服務之可用性。本例不像真實 WSC 中的服務，並不能忍受硬體或軟體故障。假設重新啟動軟體的時間為 5 分鐘，修復硬體的時間為 1 小時。

第一年內事件的大致數目	原因	結果
1 或 2	電氣公用設備故障	整部 WSC 都失去電力；如果 UPS 和發電機有運轉就不會當機 (發電機大約 99% 的時間都會運轉)。
4	叢集升級	為了基礎設施升級而有計劃當機，有許多次是針對聯網需求的演進，例如重新佈線、韌體升級之切換等等。任何一次非計劃性當機就有大約 9 次有計劃的叢集當機。
1000s	硬碟機故障	2% 至 10% 的年度磁碟機故障率 [Pinheiro 2007]
	磁碟機慢速	照樣運轉，但是慢了 10 到 20 倍
	記憶體損壞	每年一次無法更正的 DRAM 故障 [Schroder 等人 2009]
	機器錯誤配置	配置導致大約 30% 的服務中斷 [Barroso 與 Hölzle 2009]
	機器怪異	1% 的伺服器每週重新啟動超過一次 [Barroso 與 Hölzle 2009]
5000	個別伺服器當機	機器重新啟動，通常花費大約 5 分鐘

圖 6.1 在一部 2400 台伺服器的新叢集中第一年內當機與異常之列表，包含事件發生的大致頻率。我們所標舉的是 Google 將叢集稱為**陣列** (array) 者；見圖 6.5 (依據 Barroso [2010]。)

解答 我們可以藉由計算每一項故障成份所引起的當機時間來估計服務可用性。我們將保守地取圖 6.1 中每一種類型的最低數目，並將 1000 次當機平均地分散在四種成份之間。我們忽略磁碟機慢速 —— 1000 次當機中的第五項成份 —— 因為它們所傷害的是效能而非可用性；也忽略電氣設備故障，因為不斷電供應 (uninterruptible power supply, UPS) 系統將這些故障隱藏掉 99%。

$$當機小時數_{服務} = (4 + 250 + 250 + 250) \times 1 \text{ 小時} + (250 + 5000) \times 5 \text{ 分鐘}$$
$$= 754 + 438 = 1192 \text{ 小時}$$

由於一年有 365 × 24 即 8760 小時，故可用性為：

$$可用性_{系統} = \frac{(8760 - 1192)}{8760} = \frac{7568}{8760} = 86\%$$

也就是說，如果沒有軟體冗餘機制來遮蔽這許多故障，在該 2400 台伺服器上的服務平均一週會當機一天，亦即可用性為 0 個九！

如 6.10 節說明，WSC 的先驅為**計算機叢集** (computer cluster)。叢集是由使用標準區域網路 (local area network, LAN) 和現成的交換器所連接在一起的獨立計算機集合。對於不需要密集通訊的工作負載而言，叢集遠比共用記憶體多處理器提供了更為符合經濟效益的計算。(共用記憶體多處理器就是第 5 章所討論的多核心計算機之前身。) 叢集於 1990 年代後期在科學型計算方面流行起來，稍後在網際網路服務方面也流行起來。對於 WSC 有一種看法：

它們只不過是從數百台伺服器叢集到今日數萬台伺服器叢集的邏輯性演進。

有一個本質上的問題：WSC 是否類似於針對高效能計算的現代新式叢集。雖然某些叢集具有類似的規模與成本 —— 有些 HPC 設計擁有價值數億美元的百萬個處理器 —— 它們一般都具有遠比 WSC 中更快速的處理器以及更快速的節點間網路，因為 HPC 應用程式相互之間更為相依且更為經常通訊（見 6.3 節）。HPC 也傾向於使用客製化硬體 —— 特別是在網路中 —— 所以它們往往無法從使用大宗晶片來得到成本效益。例如，單獨的 IBM Power7 微處理器可能比 Google WSC 中一整個伺服器節點的成本高且使用較多的功率。程式設計環境也著重於執行緒階層平行化或資料階層平行化（見第 4 章和第 5 章），通常是注重完成單一任務的延遲時間，而不注重經由需求階層平行化來完成許多獨立任務的頻寬。HPC 叢集也傾向於具有長時間運行的工作，以保持伺服器完全被利用，甚至一次就長達數週；而 WSC 中伺服器的利用率範圍則在 10% 與 50% 之間（見 444 頁的圖 6.3），而且每天都變動。

WSC 如何與傳統的資料中心做比較？傳統資料中心的營運者一般都是將來自一個組織許多部門的機器與第三方軟體集合起來，然後將它們集中操作來為眾人提供服務。它們的主要焦點是傾向於將許多服務項目整合在較少數為了保護敏感資訊而互相隔離的機器上。因此，虛擬機器在資料中心內日益重要。不像 WSC，傳統資料中心傾向於具有眾多的硬體與軟體異質性來服務一個組織內部的多樣用戶。WSC 程式設計師將第三方軟體客製化或者自行建立，而且 WSC 擁有多了很多的同質性硬體；WSC 的目標是使得數位倉儲中的軟硬體表現得像是通常執行各種應用程式的單一電腦一般。傳統資料中心的最大成本往往是維護的人力，而我們將在 6.4 節看到，在一部設計良好的 WSC 中，伺服器硬體才是最大成本，且人力成本從最高點移到幾乎無足輕重。傳統資料中心也無法擁有 WSC 的規模，所以它們無法得到上面所提到的規模經濟效益。因此，雖然您或許會將 WSC 想成一部極致資料中心，因為電腦都獨立安置在一個具有特殊的電氣與冷卻基礎設施的空間內，但是典型的資料中心無論在結構方面或營運方面都不怎麼享有 WSC 的挑戰與機會。

由於只有少數結構設計師瞭解 WSC 中所運作的軟體，我們就從 WSC 的工作負載與程式設計模型開始談起。

6.2 數位倉儲型電腦的程式設計模型與工作負載

如果一個問題無解，它或許就不是問題，而是事實 —— 不會被解決，卻隨著時間推移一直去應付。

Shimon Peres

除了公眾所面對的網際網路服務項目，例如讓網際網路服務聞名的搜尋、視訊分享和社交聯網，WSC 也跑批次應用程式，例如將視訊轉換為新的格式或者從網頁檢索中創造搜尋索引。

今天，WSC 中最流行的批次處理框架就是 MapReduce [Dean 與 Ghemawat 2008] 及其開放來源碼的孿生品 Hadoop。圖 6.2 顯示 MapReduce 在 Google 上隨著時間而逐漸增加的普及性。(估計 Facebook 2011 年擁有 60,000 台伺服器，當中的 2000 台批次處理伺服器就是跑 Hadoop。) 受到相同名稱的 Lisp 函數所啟發，Map 首先在每一筆邏輯輸入記錄上施作一項程式設計師所提供的函數；Map 在數千台電腦上運作而產生鍵值－數值對 (key-value pair) 的中間結果；Reduce 則收集那些分散式任務的輸出，然後使用另一項程式設計師所定義的函數來將它們解構。有了適切的軟體支援，兩者都是高度地平行化而易於瞭解和使用。在 30 分鐘之內，一位程式設計師新手就能夠在數千台電腦上執行一項 MapReduce 任務。

例如，有一個 MapReduce 程式是在一個大型文件集合當中計算任何一個英文字出現的數目。以下就是該程式的精簡版本，只列出內迴圈並假設在一個文件中所找到的所有英文字都只出現一次 [Dean 與 Ghemawat 2008]：

	2004 年 8 月	2006 年 3 月	2007 年 9 月	2009 年 9 月
MapReduce 工作數目	29,000	171,000	2,217,000	3,467,000
平均完成時間 (秒)	634	874	395	475
使用的伺服器年數	217	2002	11,081	25,562
讀取的輸入資料 (terabytes)	3288	52,254	403,152	544,130
中間資料 (terabytes)	758	6743	34,774	90,120
寫入的輸出資料 (terabytes)	193	2970	14,018	57,520
每份工作的平均伺服器數目	157	268	394	488

圖 6.2 Google 上隨著時間的年度 MapReduce 使用情形。五年內 MapReduce 工作數目增加了 100 倍且每份工作的平均伺服器數目增加了 3 倍。在過去兩年內增加的倍數分別為 1.6 和 1.2 [Dean 2009]。464 頁的圖 6.16 估測出：在亞馬遜的雲端運算服務 EC2 上執行該 2009 年的工作負載會花費 133 百萬美元。

```
map(String key, String value):
    // key: 文件名稱
    // value: 文件內容
    for each word w in value:
        EmitIntermediate (w, "1"); // 產生所有字的列表
reduce(String key, Iterator values):
    // key: 一個字
    // values: 一個計數值列表
    int result = 0;
    for each v in values:
        result += ParseInt(v); // 從鍵值-數值對取得整數值
    Emit (AsString(result));
```

在 Map 函數中所使用的 EmitIntermediate 函數發出在該文件中的每一個字以及數值 1，然後 Reduce 函數使用 ParseInt ( ) 針對每一個文件將每一個字的數值加總而得到在所有文件當中每一個字出現的數目。MapReduce 執行期間的環境會將 map 任務和 reduce 任務排程至 WSC 的節點上。(完整版本的程式可以在 Dean 與 Ghemawat [2004] 中找到。)

MapReduce 可以被想成單指令多資料 (single-instruction multiple-data, SIMD) 運算 (第 4 章) 的一種廣泛形式——除了傳遞一項施作於該資料的函數——之後跟隨著一項函數，用來將 Map 任務的輸出予以縮減。由於即使在 SIMD 程式中，縮減都是屢見不鮮的，SIMD 硬體就經常針對它們而提供特殊運算。例如，Intel 最近的 AVX SIMD 指令就包括「水平化」(horizontal) 指令，可將暫存器中相鄰的運算元對相加。

為了適應數千台電腦在效能上的變動，MapReduce 排程器是基於節點有多快地完成前面的任務來指派新的任務。顯然，單一的慢速任務就足以延誤一個大型 MapReduce 工作之完成。在 WSC 中，慢速任務的解決之道就是提供軟體機制來應付這種固有規模下的變動性；這種方法與傳統資料中心伺服器的解決之道對比鮮明，傳統上慢速任務意味硬體壞了而需要換掉，或者是伺服器軟體需要調校且重新撰寫。效能異質性是 WSC 中 50,000 台伺服器的準則，例如，MapReduce 程式朝向結束之際，系統會在任務尚未完成的其他節點上起動備份執行，並從任何率先完成者取得執行結果。Dean 與 Ghemawat [2008] 發現，增加幾個百分點的資源使用所得到的回報，就是某些大型任務的完成快了 30%。

WSC 如何不一樣的另一個例子就是使用資料複製來克服故障。看到 WSC 中的設備數量，故障之常見也就不令人驚訝了，這如同先前的範例所

證實。為了遞交 99.99% 的可用性，系統軟體必須對付 WSC 中的這種現實。為了減少營運成本，所有 WSC 都使用自動化監視軟體，使得一個作業員就能夠負責 1000 台以上的伺服器。

程式設計框架，例如批次處理的 MapReduce，以及外界所面對的 SaaS，例如搜尋，都倚賴於內部的軟體服務來獲得成功。例如，MapReduce 倚賴 Google 檔案系統 (Google File System, GFS) (Ghemawat、Gobioff 和 Leung [2003]) 提供檔案給任何電腦，使得 MapReduce 任務可以在任何地方加以排程。

除了 GFS，這樣的可擴充式儲存系統的例子還包括亞馬遜的鍵值儲存系統 Dynamo [DeCandia 等人 2007] 和 Google 記錄儲存系統 Bigtable [Chang 2006]。請注意，這樣的系統往往彼此相互建立。例如，Bigtable 儲存其日誌和資料在 GFS 上，非常類似於一個關聯式資料庫可能使用核心作業系統所提供的檔案系統。

這些內部服務與單一伺服器上所執行的類似軟體相比，往往做出不同的決策。舉例而言，這些系統並不假設儲存設備是可靠的，例如使用 RAID 儲存式伺服器；這些系統通常是製造完整的資料複本。複本可以有助於讀取效能，也有助於可用性；使用適當的置換，複本可以克服許多其他的系統故障，像是圖 6.1 中那些故障。某些系統使用抹除編碼而非全部複本，但是固定不變的是跨伺服器冗餘機制而非伺服器內冗餘機制或儲存陣列內冗餘機制。因此，整台伺服器或儲存裝置的故障並不會負面地影響資料的可用性。

另一個方法不一樣的例子，就是 WSC 儲存軟體往往使用鬆散的一貫性而不遵循傳統資料庫系統的所有 ACID (atomicity, consistency, isolation, and durability, 不可分割性、一貫性、隔離性和耐久性) 需求。此洞見在於多個資料複本**最終**相符才是重要的，對於大多數應用程式而言，它們並不需要所有時間都相符。例如，對於視訊分享而言，最終的一貫性就很好了。最終的一貫性使得儲存系統的擴充容易許多，這是 WSC 的一項絕對性需求。

對於這些公眾性互動式服務，其工作負載的需要全部都是大幅變動的；甚至一項普及的全球服務，例如 Google 搜尋，也有 2 倍的變動，視一天內的時間而定。當您針對某些應用程式，估量一年內週末、假日和流行時間的因素時 —— 例如萬聖節之後的照片分享或者耶誕節之前的線上購物 —— 您就可以看見網際網路服務的伺服器利用率方面很大幅度的變動。圖 6.3 顯示 6 個月期間內 5000 台 Google 伺服器的平均利用率，請注意，少於 0.5% 的伺服器平均有 100% 的利用率，大多數伺服器是運轉在 10% 與 50% 的利用率之間。換句話說，所有伺服器當中只有 10% 伺服器的利用率是超過 50%。

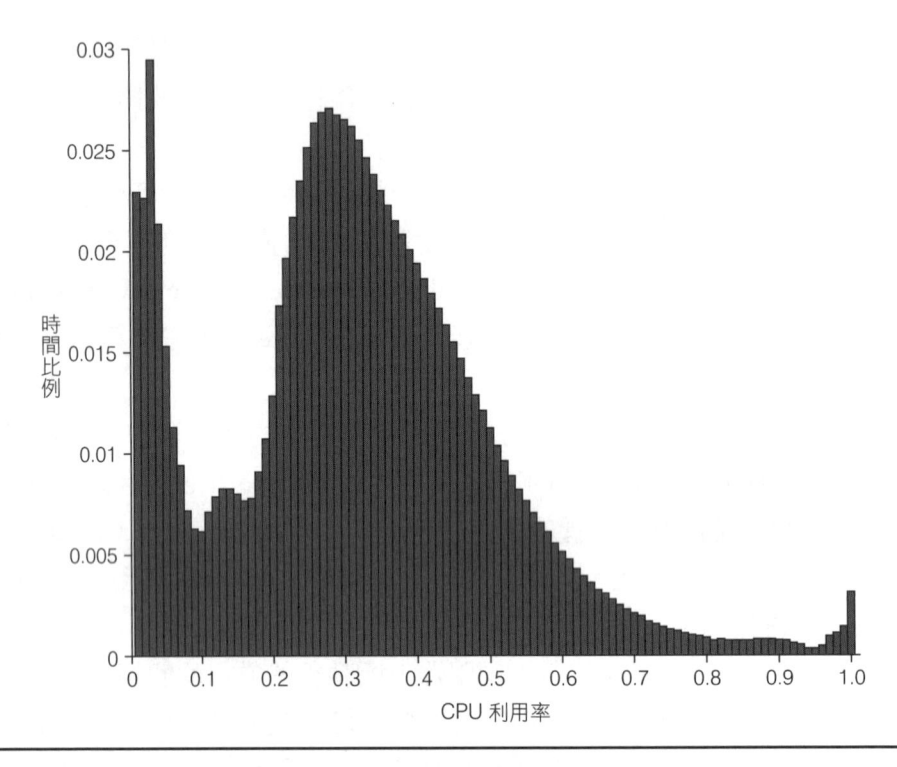

圖 6.3 Google 上 6 個月期間內 5000 台以上伺服器的平均 CPU 利用率。伺服器很少會完全閒置或全部利用，反而大部份時間都是在最大利用率的 10% 至 50% 之間運轉。(來自於 Barroso 和 Hölzle [2007] 的圖 1。) 圖 6.4 中右邊第三欄計算正負 5% 之間的百分比來推出加權值；因此，90% 列中的 1.2% 意味 1.2% 的伺服器之利用率是介於 85% 與 95% 之間。

因此，對於 WSC 中的伺服器而言，做得少而執行得好比起僅在尖峰上高效率執行更重要得多，因為它們鮮少在尖峰上運轉。

總而言之，WSC 硬體與軟體必須應付依據使用者需要的負載變動，以及在此種規模下由於各種硬體的奇特性而造成的效能與可信賴度變動。

範例 如圖 6.3 所示的量測結果，SPECPower 標準效能測試程式以 10% 的增量量測出 0% 至 100% 負載的功率與效能 (見第 1 章)。總結該標準效能測試程式的整個單一標度乃是所有效能量測值 (伺服器端的每秒 Java 運算數) 的總和除以所有功率量測的瓦特數總和。因此，每一個位準的可能性都是相等的。如果位準是以圖 6.3 的利用頻率作加權的話，請問數字總結標度會如何改變？

解答 圖 6.4 列出原始加權值與符合圖 6.3 的新加權值。這些加權值減少了 30% 的總結效能，從 3210 ssj_ops/watt 至 2454 ssj_ops/watt。

負載	效能	瓦特數	SPEC加權值	加權後效能	加權後瓦特數	圖6.3加權值	加權後效能	加權後瓦特數
100%	2,889,020	662	9.09%	262,638	60	0.80%	22,206	5
90%	2,611,130	617	9.09%	237,375	56	1.20%	31,756	8
80%	2,319,900	576	9.09%	210,900	52	1.50%	35,889	9
70%	2,031,260	533	9.09%	184,660	48	2.10%	42,491	11
60%	1,740,980	490	9.09%	158,271	45	5.10%	88,082	25
50%	1,448,810	451	9.09%	131,710	41	11.50%	166,335	52
40%	1,159,760	416	9.09%	105,433	38	19.10%	221,165	79
30%	869,077	382	9.09%	79,007	35	24.60%	213,929	94
20%	581,126	351	9.09%	52,830	32	15.30%	88,769	54
10%	290,762	308	9.09%	26,433	28	8.00%	23,198	25
0%	0	181	9.09%	0	16	10.90%	0	20
總和	15,941,825	4967		1,449,257	452		933,820	380
				ssj_ops/Watt	3210		ssj_ops/Watt	2454

圖 6.4 使用圖 6.3 的加權值而非均勻加權值所得到的圖 6.17 之 SPECPower 量測結果。

有了規模之後，軟體就必須處理故障，這意味沒有理由去購買減少故障頻率的「鍍金」硬體，主要的衝擊會是增加成本。Borroso 和 Hölzle [2009] 發現，執行 TPC-C 資料庫標準效能測試程式時，高階的 HP 共用記憶體多處理器與流行商品的 HP 伺服器之間在價格 – 效能比方面有 20 倍的差異。無庸置疑地，Google 購買的就是低階的流行商品伺服器。

此種 WSC 服務也傾向於開發自有軟體而非購買第三方的商業軟體，部份是為了應付巨大的規模，部份是為了省錢。例如，即使在 2011 年 TPC-C 的最佳價格 – 效能比之平台上，包含 Oracle 資料庫和 Windows 作業系統的成本就會讓 Dell Poweredge 710 伺服器的成本加倍。反之，Google 則在其伺服器上執行 Bigtable 和 Linux 作業系統，不必支付任何授權費用。

有了這番對於 WSC 應用程式與系統軟體的審視之後，我們準備看看 WSC 的計算機結構。

6.3 數位倉儲型電腦的計算機結構

將 50,000 台伺服器聯結在一起的連接組織就是網路。類似於第 2 章的記憶體層級，WSC 也使用一種網路層級。圖 6.5 顯示了一個例子。理想上，組合式網路會為 50,000 台伺服器提供近乎客製化的高階交換器的效能，而每個

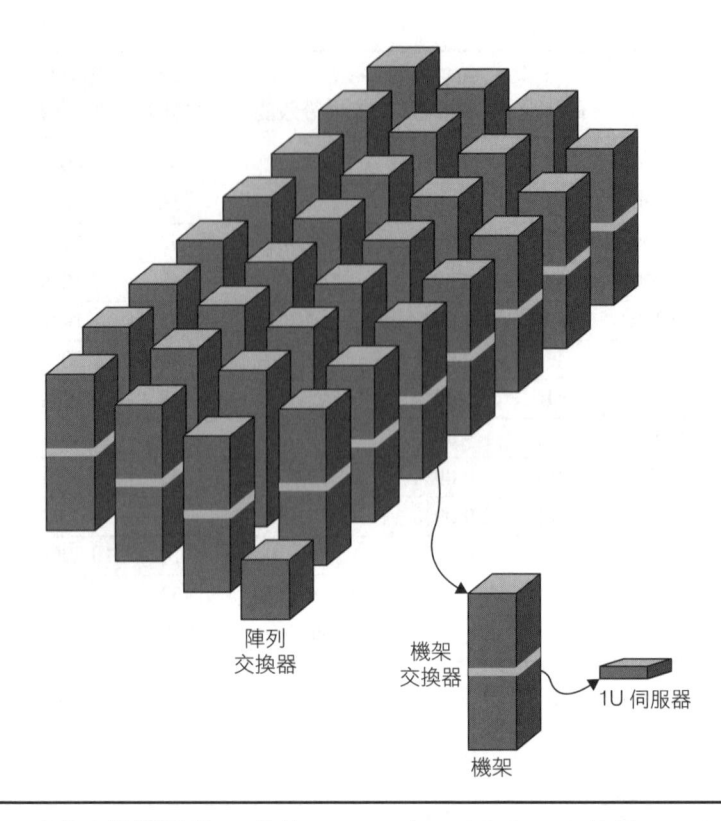

圖 6.5 WSC 中的交換器層級。(基於 Barroso 和 Hölzle [2009] 的圖 1.2。)

連接埠的成本僅相當於 50 台伺服器所設計的大宗商品交換器。我們將在 6.6 節看到，目前的解決方式遠遠不及該理想，WSC 的網路還是一塊活躍的探索區域。

19 英吋 (48.26 公分) 機架仍然是裝載伺服器的標準框架，儘管此標準回到了 1930 年代以來的軌道式硬體。伺服器是以它們在機架中所佔據的機架單位 (unit, U) 數目來度量，一個 U 為 1.75 英寸 (4.45 公分) 高，這是一台伺服器所能佔據的最小空間。

7 英尺 (213.36 公分) 機架提供 48 U，所以對一個機架而言最流行的交換器為 48 埠乙太網路交換器並非巧合。此產品已經成為大宗商品，在 2011 年，1 Gbit/sec 乙太網路鏈路每個連接埠的成本已經低到 30 美元 [Barroso 和 Hölzle 2009]。請注意，機架之內的頻寬對於每台伺服器都是相同的，所以無論軟體放在傳送方或接收方是無所謂的，只要它們是在同一個機架之內。從軟體的觀點來看，這種彈性是很理想的。

這些交換器通常提供二至八個上行鏈路，讓機架在網路層級當中走到下一個更高層的交換器。因此，離開機架的頻寬要比機架之內的頻寬少了 6

至 24 倍──48/8 至 48/2 倍。此比率稱之為過度預訂率 (oversubscription)。唉，大的過度預訂率便意味程式設計師將傳送方與接收方放在不同的機架上時，必須意識到效能的後果。此種增加的軟體排程負擔乃是為資料中心特別設計網路交換器的另一項爭議。

儲存設備

自然的設計方式就是扣除大宗商品乙太網路機架交換器所需要的任何空間後，將伺服器填滿機架。這種設計方式留下了何處放置儲存設備的問題。從硬體建構的觀點來看，最簡單的解決方式會是將磁碟機包入伺服器內部，然後倚賴乙太網路連接來存取遠端伺服器磁碟機上的資訊；另一種方式會是使用附加網路的儲存設備 (network attached storage, NAS)，或許是在如 Infiniband 的儲存網路上。以 NAS 的解決方式，一般而言每 terabytes 的儲存量會比較昂貴，但是卻提供了許多功能，包括改善儲存設備可信賴度的 RAID 技術。

從前一節所表達的道理中您可能會預期 WSC 一般都倚賴區域磁碟機，並且提供處理連接與可信賴度的儲存軟體。例如，GFS 使用區域磁碟機並且維持至少三份複本來克服可信賴度問題。此種冗餘機制不僅涵蓋了區域磁碟機的故障，也涵蓋了機架和整個叢集的電力故障。GFS 最終的一貫性彈性降低了保持複本一貫性的成本，也減少了儲存系統的網路頻寬需求。區域存取的樣式也意味著區域儲存的高頻寬，我們稍後將看到。

談到 WSC 結構時要小心**叢集** (cluster) 名詞之混淆。使用 6.1 節的定義，WSC 就只是極大型的叢集。相反地，Barroso 和 Hölzle [2009] 則使用叢集的名詞來表示次級規模的電腦群聚，在此例中約為 30 個機架。在本章中，為了避免混淆，我們將使用**陣列** (array) 一詞來表示機架的集合，保留叢集字詞的原始意義來表示從一個機架內聯網電腦的集合到一整個充滿聯網電腦的數位倉儲。

陣列交換器

將一個機架陣列連接起來的交換器遠比 48 埠大宗商品的乙太網路交換器要昂貴得多。此成本部份起因於較高的連接性，部份起因於穿過交換器的頻寬必須高很多以減少過度預訂的問題。Barroso 和 Hölzle [2009] 報告說擁有 10 倍的機架交換器**二等分頻寬** (bisection bandwidth) ── 基本上即為最壞狀況的內部頻寬 ── 之交換器成本大約多了 100 倍，有一個原因：n 埠交換器頻寬的成本可能隨著 n^2 而成長。

另一項高成本的原因則是這些產品提供高利潤率給生產產品的公司，它們部份是藉由提供例如封包檢視的功能來合理化這樣的價格，這些功能由於必須操作在非常高的速率而昂貴。例如，網路交換器乃是協助提供這些功能的內容可定址記憶體晶片 (content-addressable memory chip) 以及電場可程式化閘道陣列 (field-programmable gate array, FPGA) 的主要使用者，但晶片本身則是昂貴的。雖然這樣的功能對於網際網路設定可能會有價值，它們一般而言在資料中心內部卻沒有用到。

WSC 記憶體層級

圖 6.6 列出 WSC 內部記憶體層級的時間延遲、頻寬和容量，圖 6.7 則以視覺化來顯示相同的數據。這些數字是基於以下之假設 [Barroso 和 Hölzle 2009]：

- 每一台伺服器都包含了存取時間為 100 奈秒且以 20 GBytes/sec 傳送的 16 GBytes 記憶體，也包含了存取時間為 10 毫秒且以 200 MBytes/sec 傳送的 2 terabytes 磁碟機。每片板子有兩只插座，共用 1 Gbit/sec 的乙太網路連接埠。
- 任何一對機架都包括了一個機架交換器並持有 80 台 2U 伺服器 (見 6.7 節)。聯網軟體加上交換虛耗將 DRAM 的延遲時間增加到 100 微秒，並將磁碟機存取的延遲時間增加到 11 毫秒。因此，一個機架的總儲存容量大約為 1 terabytes 的 DRAM 以及 160 terabytes 的磁碟儲存設備。1 Gbit/sec 乙太網路將 DRAM 或機架內磁碟機的遠端頻寬限制在 100 Mbytes/sec。
- 陣列交換器可以處理 30 個機架，所以一個陣列的儲存容量衝上 30 倍：30 terabytes 的 DRAM 以及 4.8 petabytes 的磁碟機。陣列交換器的硬體與軟體將陣列內 DRAM 的延遲時間增加到 500 微秒，並將磁碟機延遲時間增加

	區域	機架	陣列
DRAM 時間延遲 (微秒)	0.1	100	300
磁碟機時間延遲 (微秒)	10,000	11,000	12,000
DRAM 頻寬 (MB/sec)	20,000	100	10
磁碟機頻寬 (MB/sec)	200	100	10
DRAM 容量 (GB)	16	1040	31,200
磁碟機容量 (GB)	2000	160,000	4,800,000

圖 6.6 WSC 記憶體層級的延遲時間、頻寬和容量 [Barroso 和 Hölzle 2009]。圖 6.7 將此相同的資訊繪出。

到 12 毫秒。陣列交換器的頻寬將陣列 DRAM 或陣列磁碟機的遠端頻寬限制在 10 Mbytes/sec。

圖 6.6 與圖 6.7 顯示從區域 DRAM 到機架 DRAM 和陣列 DRAM，網路的虛耗劇烈增加了時間延遲，但是兩者依然擁有比區域磁碟機好了 10 倍以上的時間延遲。網路瓦解了機架 DRAM 與機架磁碟機之間以及陣列 DRAM 與陣列磁碟機之間在頻寬上的差異。

WSC 需要 20 個機架來達到 50,000 台伺服器，所以聯網層級多了一個階層。圖 6.8 顯示傳統的第 3 層路由器如何將陣列連接起來並連接至網際網路。

大多數應用程式適合於 WSC 中的單一陣列。那些需要多於一個陣列的應用程式便使用**分片** (sharding) 或**分區** (partitioning) 技術，意即資料集被分裂為獨立的片段，然後散佈到不同的陣列上。整個資料集上的運算被傳送至主管各片段的伺服器上，運算結果由用戶電腦加以聚合。

範例 假設 90% 的存取為伺服器區域性、9% 在伺服器外部但在機架之內，而且 1% 在機架外部但在陣列之內，請問平均記憶體延遲時間為何？

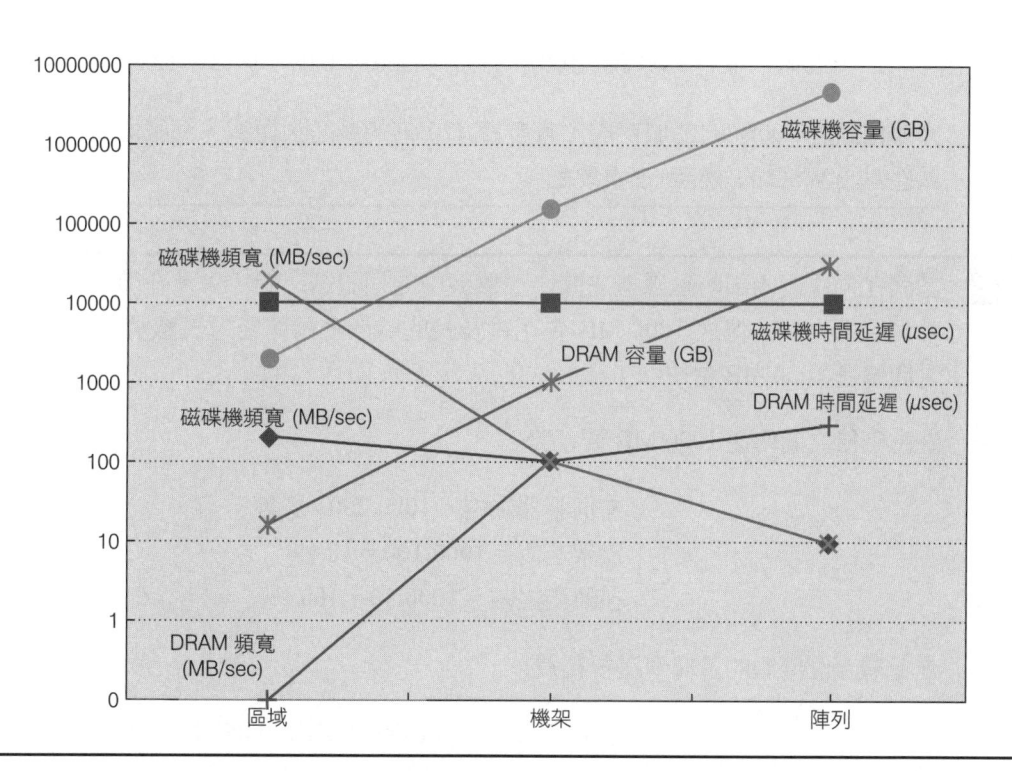

圖 6.7 針對圖 6.6 中的資料，WSC 記憶體層級的延遲時間、頻寬和容量之圖形 [Barroso 和 Hölzle 2009]。

450 計算機結構 — 計量方法

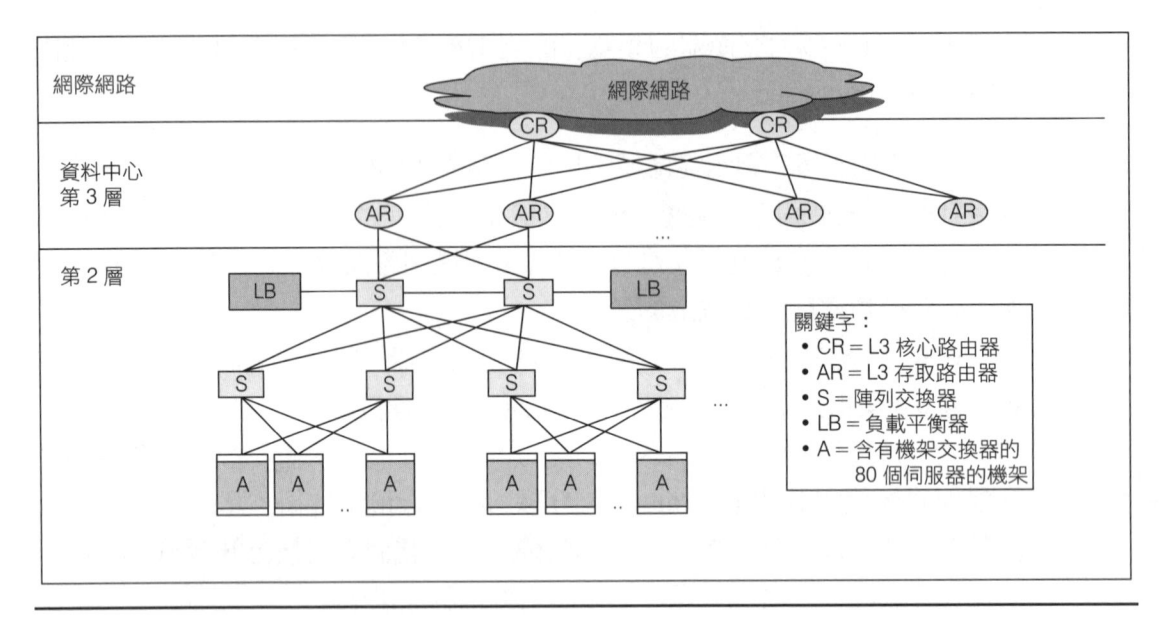

```
網際網路 ─────────  網際網路
                    CR        CR
資料中心
第 3 層            AR    AR        AR    AR
                                  ...
第 2 層    LB    S      S    LB

           S    S      S    S
                                  ...
           A A A      A A A

關鍵字：
• CR = L3 核心路由器
• AR = L3 存取路由器
• S = 陣列交換器
• LB = 負載平衡器
• A = 含有機架交換器的 80 個伺服器的機架
```

圖 6.8 用以將陣列連結起來並連結至網際網路的第 3 層網路 [Greenberg 等 2009]。某些 WSC 使用分開的**邊界路由器** (border router) 來將資料中心的第 3 層交換器連接至網際網路。

解答 平均記憶體延遲時間為

$$(90\% \times 0.1) + (9\% \times 100) + (1\% \times 300) = 0.09 + 9 + 3 = 12.09 \text{ 微秒}$$

亦即相對於 100% 的區域存取，有多於 120 倍的減速。顯然，伺服器內部的存取區域性對於 WSC 的效能是很重要的。

範例 請問在伺服器內部的磁碟機之間、在機架中的伺服器之間，以及在陣列中不同機架的伺服器之間，傳送 1000 MB 要花費多長的時間？請問在這三種情況下的 DRAM 之間傳送 1000 MB 會快多少？

解答 在磁碟機之間傳送 1000 MB 要花費：

$$\text{在伺服器之內} = 1000/200 = 5 \text{ 秒}$$
$$\text{機架之內} = 1000/100 = 10 \text{ 秒}$$
$$\text{在陣列之內} = 1000/10 = 100 \text{ 秒}$$

記憶體至記憶體的區塊傳送要花費：

$$\text{在伺服器之內} = 1000/20000 = 0.05 \text{ 秒}$$
$$\text{在機架之內} = 1000/100 = 10 \text{ 秒}$$
$$\text{在陣列之內} = 1000/10 = 100 \text{ 秒}$$

因此，對於在單一伺服器外部的區塊傳送而言，資料是在記憶體中或在磁碟機上都無所謂，因為瓶頸在於機架交換器與陣列交換器。這些效能限制影響了 WSC 軟體的設計並且激發出更高效能交換器的需要 (見 6.6 節)。

有了 IT 設備的結構之後，我們現在就準備去看看如何將其安置、供電和冷卻，並討論建造和運轉整個 WSC 的成本，來與單單在 WSC 內部的 IT 設備作比較。

6.4 數位倉儲型電腦的實體基礎設施與成本

為了建造一部 WSC，您首先需要建造一個倉儲。首要問題之一在哪裡？房地產經紀人強調的是位置，但是對 WSC 而言位置是指靠近網際網路的光纖骨幹、低成本的電力，以及遠離環境災難的低風險，例如地震、洪水和颶風。對於一個擁有許多 WSC 的公司而言，另一項考量則是找到一處地理位置接近目前或將來網際網路使用者群聚之處，以便減少在網際網路上的延遲時間。也有不少較為通俗性的考量，例如財產稅率。

配電和冷卻的基礎設施成本使得 WSC 的建造成本相形見絀，所以我們專注於前者。圖 6.9 和圖 6.10 顯示 WSC 內配電和冷卻的基礎設施。

雖然有許多部署上的變動，北美電力在通往伺服器的路上通常行經大約五個步驟和四次電壓改變，從 115,000 伏特的公用設備電塔上的高壓線開始：

1. 變電站以 99.7% 的效率從 115,000 伏特切換至 13,200 伏特的中壓線。
2. 為了防止失去電力時整個 WSC 斷線，WSC 都具有不斷電供應 (uninterruptible power supply, UPS)，正如某些伺服器一般。在此例中，它包含了在緊急狀況下可以從公用事業公司接手的大型柴油引擎，以及在服務中斷後柴油引擎尚未備妥之前維持電力的電池或飛輪。發電機和電池可能佔據很大的空間，所以通常是被安置在離開 IT 設備的一個分開的房間。UPS 扮演三種角色：電力調節 (維持適當的電壓位準和其他特性)，發電機起動並上線時保持電力負載，以及從發電機切回電力公用設備時保持電力負載。此超大型 UPS 的效率為 94%，所以公用設備因具有 UPS 而損失了 6% 的電力。WSC UPS 佔了所有 IT 設備成本的 7% 至 12%。
3. 系統中其次是一個配電單元 (power distribution unit, PDU)，轉換為低電壓、內部的、三相 480 伏特之電力，轉換效率為 98%。一個典型的 PDU 可處理 75 至 225 千瓦的負載，亦即大約 10 個機架。

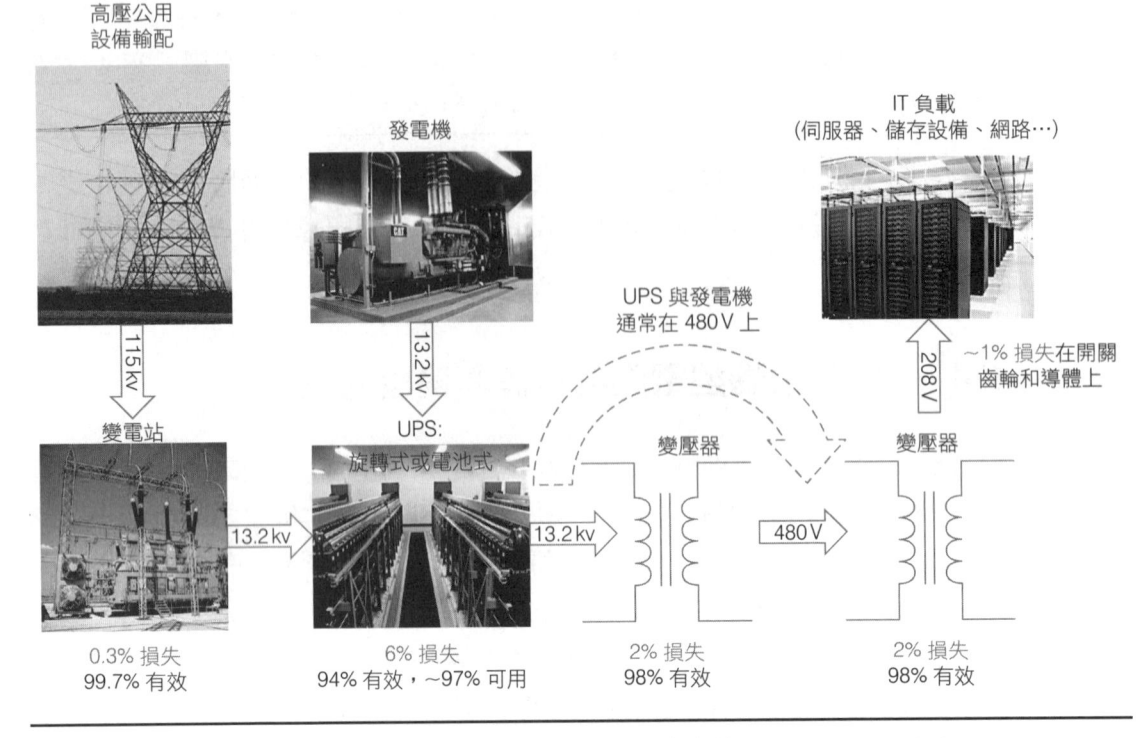

圖 6.9 配電與發生損失處。請注意最佳改善為 11%。(來自於 Hamilton [2010]。)

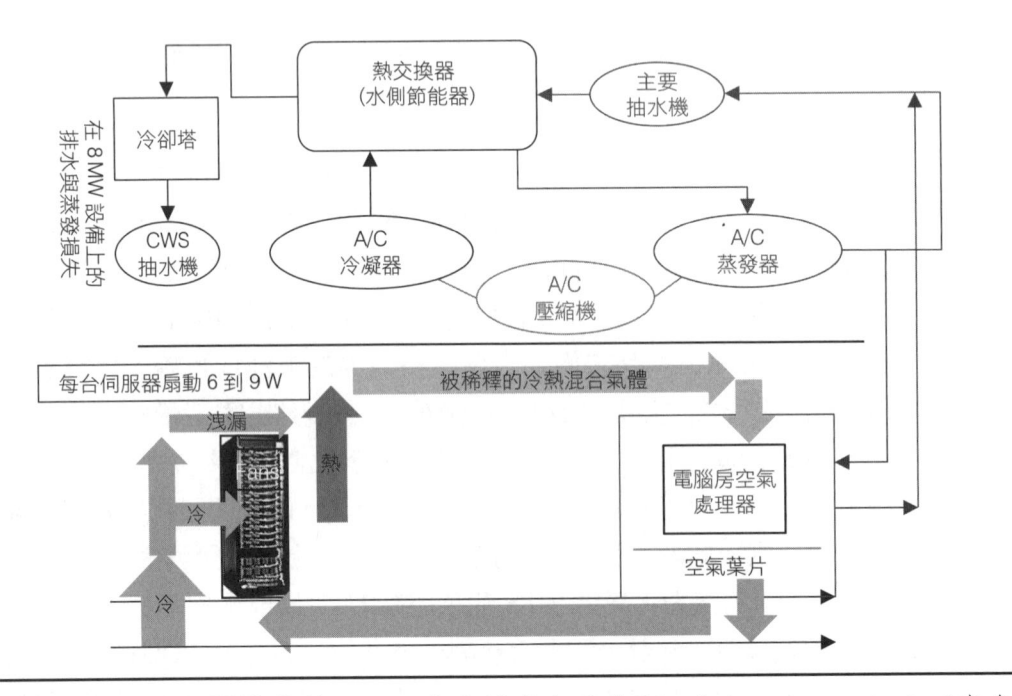

圖 6.10 冷卻系統的機構設計。CWS 代表循環水系統 (circulating water system)。(來自於 Hamilton [2010]。)

4. 還有另一個降壓步驟,就是轉換為伺服器可以使用的 208 伏特雙相電力,效率同樣是 98%。(在伺服器內部有更多的步驟將電壓拉低至晶片可以使用的位準,見 6.7 節。)
5. 到伺服器的連接器、斷路器和電線的集成效率為 99%。

北美以外的 WSC 使用不同的轉換值,但整體設計是類似的。

總結下來,將公用設備的 115,000 伏特電力轉換為伺服器可以使用的 208 伏特電力之效率為 89%:

$$99.7\% \times 94\% \times 98\% \times 98\% \times 99\% = 89\%$$

此整體效率留下了稍大於 10% 的改善空間,但是我們將看到,工程師們仍在嘗試要讓它更好。

在冷卻基礎設施中有更大幅度的改善機會。電腦房空調 (computer room air-conditioning, CRAC) 單元使用冷凍水來冷卻伺服器房間內的空氣,類似於電冰箱藉由在電冰箱之外將熱氣釋出而移走熱氣的方式。當液體吸熱時便蒸發;反之,當液體釋熱時便冷凝。空調器汲取液體進入低壓下的線圈以蒸發並吸熱,然後送到外部的冷凝器釋熱。因此,在 CRAC 單元中,風扇推動暖空氣流經一組充滿冷水的線圈,抽水機則將暖化的水移至外部的冷水機而加以冷卻。伺服器的冷空氣通常是在 64°F 與 71°F (18°C 與 22°C) 之間。圖 6.10 顯示遍佈系統中移動空氣和水的風扇與抽水機之大型集合。

顯然,改善能量效率的最簡單方式之一就只是在較高溫度上運轉 IT 設備使得空氣不必冷卻得如此多即可。某些 WSC 將它們的設備運轉到大幅超過 71°F (22°C)。

除了冷水機之外,某些資料中心使用冷卻塔,在水被送到冷水機之前就充分利用比較冷的外部空氣來冷卻,與其有關的溫度稱之為**濕球溫度** (wet-bulb temperature)。濕球溫度是藉由在含水份的溫度計球端上吹動空氣來量測,這是用空氣來蒸發水份所能達到的最低溫度。

暖水流過塔中一片大型表面,經由蒸發而傳熱至外面空氣,藉以將水冷卻,此技術稱為**空側節能** (airside economization)。另外一種方法是使用冷水而非冷空氣,Google 在比利時的 WSC 就是使用水對水的中介冷卻器 (intercooler) —— 從一條工業運河取冷水來冷卻來自 WSC 內部的暖水。

IT 設備本身的氣流也被仔細地規劃,有些設計甚至使用氣流模擬器。有效率的設計藉由減少與熱空氣混合的機會來保持冷空氣的溫度;例如,藉由讓伺服器在交替的機架列上朝向相反的方向使得熱排氣吹向交替的方向,

WSC 就可以擁有交替的熱空氣通道與冷空氣通道。

除了能量損失之外，由於蒸發或下水道管線洩漏，冷卻系統也用掉大量的水。例如，8 MW 的設備每天可能使用 70,000 至 200,000 加侖的水。

在一個典型的資料中心，冷卻設備相對於 IT 設備的電力成本 [Barroso 和 Hölzle 2009] 如下：

- 冷水機佔了 IT 設備電力的 30% 至 50%。
- CRAC 佔了 IT 設備電力的 10% 至 20%，大部份是風扇的緣故。

令人驚訝的是，當您扣掉配電與冷卻的耗費之後還是搞不太清楚 WSC 可以支持多少台伺服器。來自伺服器製造商所謂**額定標示功率** (nameplate power rating) 往往是保守的；那是一台伺服器可以吸取的最大功率。第一步就是在各種工作負載之下去量測要部署在 WSC 內的單一伺服器。(聯網通常佔了大約 5% 的功率消耗，所以一開始可以予以忽略。)

為了決定一部 WSC 的伺服器數目，可以僅用 IT 的可用功率去除以伺服器的量測功率；然而依據 Fan、Weber 和 Barroso [2007]，這又會太過保守。他們發現在數千台伺服器最惡劣情況下理論上所能夠做到的與它們實際上做得到的之間有一個顯著的差距，因為沒有任何真實的工作負載會將數千台伺服器全部同時保持在它們的尖峰狀態。他們發現他們可以基於單一伺服器的功率，安全地超額訂定超過 40% 的伺服器數目。他們推薦 WSC 結構設計師應該這樣做以增加 WSC 內功率的平均利用率；然而，他們也建議使用廣泛的監督軟體連同一種安全機制，可以在工作負載轉變時解除較低優先任務的排程。

解析了 IT 設備本身內部的電力使用後，Barroso 和 Hölzle [2009] 針對 Google 在 2007 年所部署的 WSC 報告如下：

- 處理器佔了 33% 的電力
- DRAM 佔了 30%
- 磁碟機佔了 10%
- 聯網佔了 5%
- 其他原因佔了 22%

量測 WSC 的效率

估測資料中心或 WSC 的效率有一項廣泛使用的簡單標度，稱之為**功率使用有效性** (power utilization effectiveness, PUE)：

PUE =（設備總功率）/（IT 設備功率）

因此，PUE 必定大於或等於 1，PUE 愈大，WSC 效率愈差。

Greenberg 等人 [2006] 報告了 19 個資料中心的 PUE 以及進入冷卻基礎設施的耗費比例。圖 6.11 顯示他們所發現的內容，從最有效率的 PUE 到最沒效率的 PUE 進行排序。中間 PUE 為 1.69，其中冷卻基礎設施使用了超過伺服器本身一半的功率 —— 平均而言，1.69 的 0.55 是用在冷卻上。請注意這些是平均 PUE，每天都可能改變，視工作負載甚至外部空氣溫度而定，我們即將看到。

由於每塊美元的效能才是終極標度，所以我們仍需量測效能。如圖 6.7 所示，頻寬的降落和延遲時間的增加取決於資料的距離。在 WSC 中，伺服器內的 DRAM 頻寬比機架內大了 200 倍，機架內依次又比陣列內大了 10 倍。因此，在 WSC 內放置資料和程式就有另一種區域性要考慮。

雖然 WSC 的設計師們往往聚焦在頻寬上，在 WSC 上開發應用程式的程式設計師們則也關心延遲時間，因為延遲時間才是使用者看得見的。使用者的滿意度和生產力是與服務的回應時間綁在一起的。從分時處理的時代就

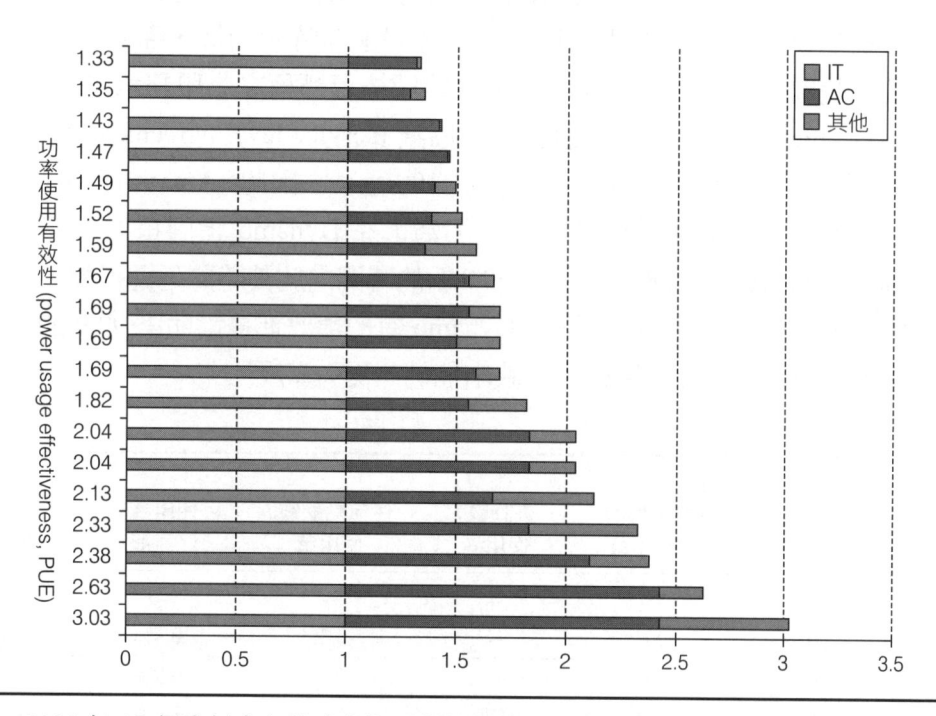

圖 6.11 2006 年 19 個資料中心的功率使用有效性 [Greenberg 等人 2006]。空調 (air conditioning, AC) 和其他用途（例如配電）的功率在計算 PUE 時對 IT 設備的功率進行正規化。因此，IT 設備的功率必定為 1.0，而 AC 大約從 IT 設備功率的 0.30 倍變動至 1.40 倍。「其他」的功率則大約從 IT 設備的 0.05 倍變動至 0.60 倍。

有的幾項研究報告了使用者生產力是與互動時間成反比，通常可以分解為人們進入時間、系統回應時間，以及人們在進入下一項目之前思考該回應的時間。實驗結果顯示：切掉 30% 的系統回應時間會省掉 70% 的互動時間。這項難以置信的結果可以用人類的天性來解釋：當給予較快的回應時，人們需要較少的時間去思考，因為他們比較不可能分心而停留在發愣狀態。

圖 6.12 針對 Bing 搜尋引擎列出這樣一個實驗的結果，其中 50 ms 至 2000 ms 的延遲被安插在搜尋伺服器上。如同先前的研究所預期，下一次點擊的時間大約是延遲的倍增；也就是說，在伺服器上 200 ms 的延遲導致下一次點擊的時間增加 500 ms。營業額隨著延遲的增加而線性下降，使用者滿意度也是如此。有一項在 Google 搜尋引擎上的單獨研究發現這些效應在 4 週實驗結束後還縈繞良久；五週之後，對於經歷 200 ms 延遲的使用者而言，每天少了 0.1% 的搜尋者；在經歷 400 ms 延遲的使用者當中，每天則少了 0.2% 的搜尋者。看看在搜尋中所賺取的金錢數量，甚至這樣小的改變都令人感到不安。事實上，由於結果是如此地負面，以致於他們提早結束了實驗 [Schurman 和 Brutlag 2009]。

由於極端考量一項網際網路服務所有使用者的滿意度，效能目標通常被規定為高百分比的請求數要低於某個延遲時間門檻，而不只是針對平均延遲時間提供一個目標而已。這樣的門檻目標稱之為**服務水平目標** (service level objective, SLO) 或者**服務水平協議** (service level agreement, SLA)。一個 SLO 可能是 99% 的請求數必須低於 100 毫秒。因此，Amazon Dynamo 鍵值 – 數值儲存系統的設計師們就決定，為了在 Dynamo 頂層提供良好的時間延遲，他們的儲存系統一定要在 99.9% 的時間內於其時間延遲目標上進行傳遞 [DeCandia 等人 2007]。例如，Dynamo 有一項改進是協助第 99.9 的百分位，遠多於對平均情形的協助，反映出他們的優先事項。

伺服器延遲 (ms)	至下一次點擊增加的時間 (ms)	查詢數 / 使用者	任何點擊數 / 使用者	使用者滿意度	營業額 / 使用者
50	--	--	--	--	--
200	500	--	–0.3%	–0.4%	--
500	1200	--	–1.0%	–0.9%	–1.2%
1000	1900	–0.7%	–1.9%	–1.6%	–2.8%
2000	3100	–1.8%	–4.4%	–3.8%	–4.3%

圖 6.12 Bing 搜尋伺服器的延遲對於使用者行為的負面衝擊 [Schurman 和 Brutlag 2009]。

WSC 的成本

在簡介中有提到，不像大多數結構設計師，WSC 設計師所憂慮的是營運成本和建造 WSC 的成本。會計師將前者的成本標記為**營運支出** (operational expenditure, OPEX)，而將後者的成本標記為**資本支出** (capital expenditure, CAPEX)。

為了正確看待能量成本，Hamilton [2010] 做了一項個案研究來估算 WSC 的成本。他判定此 8 MW 設備的 CAPEX 為 88 百萬美元，還有大約 46,000 台伺服器和相關的聯網設備增加了另外 79 百萬美元至 WSC 的 CAPEX。圖 6.13 顯示該個案研究其餘的假設。

設備大小 (關鍵負載瓦特數)	8,000,000
平均電力使用率 (%)	80%
電力使用有效性	1.45
電費 (美元 /kwh)	0.07 美元
% 電力與冷卻基礎設施 (設備總成本之 %)	82%
設備的 CAPEX (不包括 IT 設備)	**88,000,000 美元**
伺服器數目	45,978
成本 / 伺服器	1450 美元
伺服器的 CAPEX	**66,700,000 美元**
機架交換器數目	1150
成本 / 機架交換器	4800 美元
陣列交換器數目	22
成本 / 陣列交換器	300,000 美元
第 3 層交換器數目	2
成本 / 第 3 層交換器	500,000 美元
邊界路由器數目	2
成本 / 邊界路由器	144,800 美元
聯網裝置的 CAPEX	**12,810,000 美元**
WSC 的總 CAPEX	**167,510,000 美元**
伺服器攤派時間	3 年
聯網裝置攤派時間	4 年
電力與冷卻設備攤派時間	10 年
貸款金額的年度成本	5%

圖 6.13 WSC 的個案研究，基於 Hamilton [2010]，四捨五入至最接近 5000 美元。網際網路頻寬成本隨著應用程式而變動，所以這裡並未包括。設備的 CAPEX 剩下的 18% 包括購買財產以及建造建築物的成本。我們在圖 6.14 中加入了安全與設備管理的人事成本，那並非個案研究的一部份。請注意 Hamilton 是在他加入 Amazon 之前做了這些估算，並不是依據特定公司的 WSC。

我們現在就可以訂出總能量成本的價格。由於美國的會計法規允許我們將 CAPEX 轉為 OPEX，我們可以在設備的有效生命期中將 CAPEX 攤派成每個月的固定份額，圖 6.14 解析出此個案研究的每月 OPEX。請注意，攤派率差異顯著，從電力設備的 10 年到聯網設備的 4 年和伺服器的 3 年。因此，WSC 設備可持續十年之久，但是您需要每 3 年更換伺服器以及每 4 年更換聯網設備。藉由攤派 CAPEX，Hamilton 想出了每月 OPEX，包括貸款支付 WSC 的成本 (每年 5%) 在內。以 380 萬美元而言，每月 OPEX 約為 CAPEX 的 2%。

當關注於能量問題而決定使用哪些元件時，此圖讓我們可以算出一個方便的準則牢記在心。包括電力與冷卻基礎設施攤派的成本在內，WSC 中每年一瓦特的全部負擔成本為：

$$\frac{\text{基礎設施每月成本} + \text{電力每月成本}}{\text{設備的瓦特數大小}} \times 12 = \frac{765\text{ K 美元} + 475\text{ K 美元}}{8\text{M}} \times 12$$

$$= 1.86 \text{ 美元}$$

該成本大約為每瓦特 – 年 2 美元。因此，要藉由節能來降低成本的話，您不應該花費超過每瓦特 – 年 2 美元 (見 6.8 節)。

請注意，超過三分之一的成本與功率相關，隨著時間推移該類別的成本趨勢向上而伺服器的成本則趨勢向下。聯網設備明顯佔了總 OPEX 的 8% 以及伺服器 CAPEX 的 19%，且聯網設備的成本趨勢向下不如伺服器來得快。

費用 (總計的 %)	類別	每月成本	每月成本百分比
攤派的 CAPEX (85%)	伺服器	2,000,000 美元	53%
	聯網設備	290,000 美元	8%
	電力與冷卻基礎設施	765,000 美元	20%
	其他基礎設施	170,000 美元	4%
OPEX (15%)	每月電力使用	475,000 美元	13%
	每月人事薪資與福利	85,000 美元	2%
	OPEX 總計	3,800,000 美元	100%

圖 6.14 圖 6.13 的每月 OPEX，四捨五入至最接近 5000 美元。請注意伺服器的 3 年攤派意味您需要每 3 年購買新的伺服器，而設備的攤派則為 10 年。因此，伺服器的資金攤派成本大約是設備的 3 倍之多。人事成本包括一天連續 24 小時、一年 365 天的 3 個安全警衛職位，以每人每小時 20 美元計算；以及一位一天 24 小時、一年 365 天的設備人員，以每小時 30 美元計算。福利為薪水的 30%。這項計算並不包括網際網路的網路頻寬成本，因為會隨應用程式而變動，也不包括供應商的維護費用，因為會隨設備與協商而變動。

對於聯網層級在機架以上的交換器 —— 代表大部份聯網成本 —— 此差異特別地真切 (見 6.6. 節)。安全和設備管理的人事成本只有 OPEX 的 2%。將圖 6.14 的 OPEX 除以伺服器數目與每月小時數，每台伺服器每小時的成本約為 0.11 美元。

範例 美國的電費隨地區而變動，從每千瓦–小時 0.03 美元到 0.15 美元。請問這兩種極端費率對於每小時伺服器成本有何影響？

解答 我們將 8 MW 的關鍵負載乘以圖 6.13 的 PUE 與平均功率使用率來計算平均功率使用：

$$8 \times 1.45 \times 80\% = 9.28 \text{ 百萬瓦特}$$

於是功率的每月成本就從圖 6.14 的 475,000 美元來到 205,000 美元 (每千瓦–小時 0.03 美元) 以及 1,015,000 美元 (每千瓦–小時 0.15 美元)。這些電費上的改變將每小時伺服器成本從 0.11 美元分別改變為 0.10 美元和 0.13 美元。

範例 如果攤派時間全都使其一致 —— 例如 5 年，請問每月成本會發生什麼呢？請問那會如何地改變每台伺服器的每小時成本呢？

解答 試算表可上網於 http://mvdirona.com/jrh/TalksAndPapers/PerspectivesDataCenterCostAndPower.xls 取得。將攤派時間改為 5 年會將圖 6.14 的前四列改變為：

伺服器	1,260,000 美元	37%
聯網設備	242,000 美元	7%
電力和冷卻基礎設施	1,115,000 美元	33%
其他基礎設施	245,000 美元	7%

並且每月總 OPEX 為 3,422,000 美元。如果我們每 5 年就換掉一切，成本會是每伺服器小時 0.103 美元，現在是設備攤派了較多的成本，而不是圖 6.14 中的伺服器。

每台伺服器每小時 0.11 美元的費率可能遠小於許多擁有並運作自己本身 (比較小) 的傳統資料中心的公司之成本。WSC 的成本優勢引導大型網際網路公司以公用程式的形式來提供計算，這裡面就像電力一般，您為您所使用的付費即可。今天，公用程式計算的較佳稱呼就是雲端運算。

6.5 雲端運算：回歸公用程式計算

如果我曾經主張的電腦類型成為未來的電腦，那麼總有一天計算會被組織成公用程式，正如電話系統是公用設備一般。⋯⋯ 計算機公用程式可能成為一種新式又重要的產業之基礎。

John McCarthy

MIT 百年校慶 (1961)

由於被使用者數目漸增的需要所驅動，Amazon、Google 和 Microsoft 等網際網路公司便以大宗元件來建造愈來愈大型的數位倉儲型電腦。這種需求導致系統軟體的革新以支援這種規模的運轉，包括 Bigtable、Dynamo、GFS 和 MapReduce。它也需要改進運轉技術以提供至少 99.99% 時間可用的服務，不管有沒有元件故障和安全性攻擊。這些技術的範例包括故障轉移 (failover)、防火牆 (firewall)、虛擬機 (virtual machine) 以及對於散佈型拒絕服務式攻擊之防範。具備了提供規模擴充能力的軟體與專門知識以及為投資背書的日益增長之顧客需要，2011 年時 50,000 至 100,000 台伺服器的 WSC 已經變得司空見慣了。

日益增長的規模帶來了日益增長的規模經濟。依據一項 2006 年的研究，這項研究比較一部 WSC 與一部只有 1000 台伺服器的資料中心，Hamilton [2010] 報告了以下的優點：

- 儲存成本減少 5.7 倍：對於磁碟機儲存而言，WSC 每 GByte 每年的成本為 4.6 美元，相對於資料中心每 GByte 為 26 美元。
- 管理成本減少 7.1 倍：WSC 伺服器數目與每位管理員的比率超過 1000，相對於資料中心只有 140。
- 聯網成本減少 7.3 倍：WSC 每 Mbit/sec/month 的網際網路頻寬成本為 13 美元，相對於資料中心為 95 美元。並不令人驚訝，如果您訂購的是 1000 Mbit/sec，您可以協商出遠比訂購 10 Mbit/sec 更為優惠的價錢。

另一項規模經濟來自於購買期間。高數量的購買導致伺服器和聯網裝置方面大量折扣的價格，同時也讓供應鏈最佳化。Dell、IBM 和 SGI 會對新的訂單在一週內交貨給 WSC，而不是 4 到 6 個月。短的交貨時間更加容易去令設備成長以符合需要。

規模經濟同樣適用於運轉成本。前一節我們看到有許多資料中心是以 2.0 的 PUE 運轉。大型公司可以證明僱用機械與電力工程師來開發較低 PUE

(在 1.2 的範圍內) 的 WSC 是合理的 (見 6.7 節)。

為了可信賴度並減少延遲時間，特別是針對國際市場，網際網路服務需要分散至多部 WSC，許多大型公司都為了這個原因而使用多部 WSC。個別公司在世界各地創立多個小型資料中心，比起在企業總部創立單一的資料中心要昂貴得多。

最後，由於 6.1 節所提出的原因，資料中心的伺服器傾向於只利用了 10% 到 20% 的時間。藉著讓 WSC 對公眾開放，不同客戶之間的非關聯性尖峰可以提升平均利用率至 50% 以上。

因此，WSC 的規模經濟對 WSC 的數種元件提供 5 到 7 的節約因素，另外對整部 WSC 則提供 1.5 到 2 的少量節約因素。

雖然有許多家雲端服務供應商，我們特別挑出 Amazon Web Services (AWS)，部份是因為它的普及性，部份是因為低層次而使它們服務的抽象性更具彈性。Google App Engine 和 Microsoft Azure 則將抽象層次提升至執行時間的管理化，並提供不可分割式的規模擴充服務，對某些客戶會有較佳的配合性，但對本書教材的配合性則不如 AWS 為佳。

亞馬遜網路服務 (Amazon Web Services)

公用程式計算回到 1960 年代和 1970 年代的商用分時系統甚至批次處理系統來看，公司只要付一台終端機以及一條電話線的費用，然後再依據它們使用多少計算來付帳。自從分時系統結束以來，已經嘗試過許多努力以提供進行服務時的付費，但總是遭受失敗。

當 Amazon 2006 年開始經由 Amazon Simple Storage Service (Amazon S3) 以及接下來的 Amazon Elastic Computer Cloud (Amazon EC2) 提供公用程式計算時，它就做了一些新穎的技術面與商業面決策：

- **虛擬機**。使用執行 Linux 作業系統和 Xen 虛擬機的 x86 大宗電腦來建造 WSC，解決了若干問題。第一，讓 Amazon 可以在使用者彼此之間保護使用者；第二，簡化了 WSC 之內的軟體散播，因為客戶只需要安裝一個影子檔，AWS 就會自動將其散播至所有正在使用的案例；第三，消滅虛擬機的能力使得 Amazon 和客戶容易可靠地控制資源的使用；第四，由於虛擬機可以限制它們使用實體處理器、磁碟機和網路的速率以及主記憶體的額度，所以給予 AWS 多重的價格點：將多個虛擬核心包裝在單一的伺服器上而達成最低選購價格，對於所有機器資源的專屬存取則造就了最高選購價格，以及若干個中間的價格點；第五，虛擬機隱藏了較為老舊的硬體身

份，讓 AWS 可以持續銷售較為老舊機器的時間，否則對於知道它們年齡的客戶可能會失去吸引力；最後，虛擬機允許 AWS 可以藉著要將每台伺服器包裝更多的虛擬核心，或者僅藉著要提供針對每個虛擬核心擁有更高效能的案例，來引進新式且更為快速的硬體；虛擬化意味著所提供的效能並不必然是硬體效能的整數倍。

- 超低成本。當 2006 年 AWS 宣佈每小時每個案例 0.10 美元的費率時，那是一個令人吃驚的低數額。一個案例就是一個虛擬機，AWS 以每小時 0.10 美元在一台多核心伺服器上的每個核心都配置了兩個案例。因此，一個 EC2 計算機單元等效於那時候的一個 1.0 至 1.2 GHz AMD Opteron 或 Intel Xeon。

- (最初) 倚賴於開放來源碼軟體。可以在數百台或數千台伺服器上執行而沒有授權或成本問題的高品質軟體，使得公用程式計算讓 Amazon 和其客戶省了非常多的經費。最近，AWS 才開始以較高的價格提供包含第三方商用軟體的案例。

- 沒有 (最初的) 服務保證。Amazon 起初只承諾盡最大努力。低成本如此具有吸引力，以致於許多人都可以在沒有服務保證下生存。如今 AWS 在服務方面提供了高達 99.95% 的可用性 SLA，例如 Amazon EC2 和 Amazon S3。此外，Amazon S3 還藉由為每個程式目的碼跨越多個位置來存放多個複製檔而設計成 99.999999999% 的耐用性，也就是說，永久失去一個程式目的碼的機會為 1000 億分之一。AWS 也提供一種服務健康儀表板 (Service Health Dashboard) 來即時顯示每一項 AWS 服務目前的運作狀態，讓 AWS 的正常運作時間與效能完全透明化。

- 不需要合約。部份是因為成本如此之低，開始使用 EC2 所有需要的就只是一張信用卡。

圖 6.15 顯示 2011 年許多形式的 EC2 案例之每小時價格。除了計算之外，EC2 還收取長期儲存和網際網路交通的費用。(在 AWS 區域內部的網路交通免費。) 彈性化區塊儲存 (Elastic Block Storage) 每 GByte 每月收費 0.10 美元，且每百萬次 I/O 請求收費 0.10 美元。網際網路交通進入 EC2 每 GByte 收費 0.10 美元，離開 EC2 每 GByte 收費 0.08 至 0.15 美元，視數量而定。放進歷史角度來看，每月花費 100 美元，您就可以使用與 1960 年生產的所有磁碟容量總和相等的容量！

案　例	每小時	對小型的比率	計算單位	虛擬核心	計算單位/核心	記憶體 (GB)	磁碟機 (GB)	位址大小
微型	0.020 美元	0.5–2.0	0.5–2.0	1	0.5–2.0	0.6	EBS	32/64 位元
標準小型	0.085 美元	1.0	1.0	1	1.00	1.7	160	32 位元
標準大型	0.340 美元	4.0	4.0	2	2.00	7.5	850	64 位元
標準超大型	0.680 美元	8.0	8.0	4	2.00	15.0	1690	64 位元
高–記憶體超大型	0.500 美元	5.9	6.5	2	3.25	17.1	420	64 位元
高–記憶體兩倍超大型	1.000 美元	11.8	13.0	4	3.25	34.2	850	64 位元
高–記憶體四倍超大型	2.000 美元	23.5	26.0	8	3.25	68.4	1690	64 位元
高–CPU 中型	0.170 美元	2.0	5.0	2	2.50	1.7	350	32 位元
高–CPU 超大型	0.680 美元	8.0	20.0	8	2.50	7.0	1690	64 位元
叢集四倍超大型	1.600 美元	18.8	33.5	8	4.20	23.0	1690	64 位元

圖 6.15 2011 年 1 月美國維吉尼亞區域隨需 EC2 案例的價格和特性。微型案例乃是最新式和最便宜的類型，它們以每小時僅 0.02 美元提供了達 2.0 計算單位的短叢簇。依據客戶通報，微型案例平均大約 0.5 計算單位。最後一列的叢集–計算案例，AWS 界定為擁有每個插座四核心運作在 2.93 GHz 的專屬式雙插座 Intel Xeon X5570 伺服器，則提供了 10 Gigabit/sec 的網路；它們是用在 HPC 應用程式上。AWS 也以低很多的費用提供現場案例，您可以設定您願意付的價格以及您願意執行的案例數目，然後當現場價格降到您的水平之下時 AWS 就會去執行它們。它們會執行到您停止它們或現場價格超出您的界限為止。2011 年 1 月白天時的一個取樣發現：現場價格低了 2.3 至 3.1 倍，視案例形式而定。針對客戶知道一年內他們會最常使用某案例的情況，AWS 也提供保留案例，您為每道案例支付年費，然後使用時再支付約為 30% 的欄位 1 的小時費率。如果您一整年 100% 使用一則保留案例，包括年費攤派的每小時平均成本就大約是第一個欄位費率的 65%。等同於圖 6.13 和 6.14 中的那些伺服器，會是一個標準超大型案例或是一個高 CPU 超大型案例，我們計算過這些案例每小時的成本為 0.11 美元。

範例 請計算在 EC2 上執行 441 頁圖 6.2 的平均化 MapReduce 工作之成本。假設有大量工作，所以並沒有顯著的額外成本可以四捨五入來得到整數的小時數。請忽略每月儲存成本，但請包括 AWS 彈性化區塊儲存 (Elastic Block Storage, EBS) 的磁碟機 I/O 成本。其次請計算每年執行所有 MapReduce 工作的成本。

解答 第一個問題是：符合 Google 典型伺服器之正確大小的案例為何？ 472 頁 6.7 節的圖 6.21 顯示 2007 年一台典型的 Google 伺服器擁有四個核心，以 8 GB 的記憶體在 2.2 GHz 上運轉。由於單一的案例等同於一個 1 至 1.2 GHz AMD Opteron 的虛擬核心，在圖 6.15 當中最符合的就是擁有八個虛擬核心和 7.0 GB 記憶體的高–CPU 超大型 (High-CPU Extra Large)。為了簡單起見，我們將假設 EBS 儲存的平均存取為 64 KB，以便計算 I/O 數目。

	2004 年 8 月	2006 年 3 月	2007 年 9 月	2009 年 9 月
平均完成時間 (小時)	0.15	0.21	0.10	0.11
每件工作的平均伺服器數目	157	268	394	488
EC2 高 CPU 超大型案例每小時的成本	0.68 美元	0.68 美元	0.68 美元	0.68 美元
每件 MapReduce 工作的平均 EC2 成本	16.35 美元	38.47 美元	25.56 美元	38.07 美元
EBS I/O 請求的平均數目 (百萬)	2.34	5.80	3.26	3.19
每百萬 I/O 請求的 EBS 成本	0.10 美元	0.10 美元	0.10 美元	0.10 美元
每件 MapReduce 工作的平均 EBS I/O 成本	0.23 美元	0.58 美元	0.33 美元	0.32 美元
每件 MapReduce 工作的平均總成本	16.58 美元	39.05 美元	25.89 美元	38.39 美元
MapReduce 工作的年度數目	29,000	171,000	2,217,000	3,467,000
MapReduce 工作在 EC2/EBS 上的總成本	480,910 美元	6,678,011 美元	57,394,985 美元	133,107,414 美元

圖 6.16 如果您使用 AWS ECS 和 EBS 的 2011 年價格 (圖 6.15) 執行 Google MapReduce 工作負載 (圖 6.2) 的估算成本。由於我們使用的是 2011 年的價格，這些估算值對於較早的年份比最近的年份較為不精確。

圖 6.16 計算出每年在 EC2 上執行 Google MapReduce 工作負載的平均成本與總成本。2009 年在 EC2 上的平均 MapReduce 工作成本會略少於 40 美元，2009 年在 AWS 上的總工作負載成本會達到 133 百萬美元。請注意 EBS 存取大約是這些工作總成本的 1%。

範例 已知 MapReduce 工作成本一直在成長，每年已經超過 1 億美元，試想您的老闆要您研究降低成本的辦法。有兩種可能降低成本的選項：AWS 保留案例 (AWS Reserved Instanses) 或 AWS 現場案例 (AWS Spot Instanses)。請問您會推薦哪一個？

解答 AWS 保留案例收取固定年費加上小時使用費。2011 年的高 -CPU 超大型 (High-CPU Extra Large) 年費為 1820 美元，小時費率為 0.24 美元。由於不管是否有用到我們都要支付案例費用，我們假設保留案例 (Reserved Instances) 的平均使用率為 80%，故每小時的平均價格成為：

$$\frac{\frac{年費}{一年小時數}+小時費用}{使用率} = \frac{\frac{1820\ 美元}{8760}+0.24\ 美元}{80\%} = (0.21+0.24)\times 1.25 = 0.56\ 美元$$

因此，使用保留案例對於 2009 年 MapReduce 的工作負載會省下大約 17% 或 23 百萬美元的費用。

在 2011 年 1 月取樣若干天，高 CPU 超大型現場案例 (High-CPU Extra Large Spot Instance) 的平均小時成本為 0.235 美元。由於那是取得一台伺服器的最低標價格，所以不可能是平均成本──因為您通常想要將任務毫無阻礙地執行到完成。我們假設您需要付出雙倍的最低價格來將大型的 MapReduce 工作執行到完成，使用現場案例 (Spot Instances) 對於 2009 年工作負載的成本節省大約為 31% 或 41 百萬美元。

因此，您不妨推薦現場案例給您的老闆，因為可以少了一些先期承諾，也有可能省下更多錢。然而，您要告訴您的老闆，您需要嘗試在現場案例上執行 MapReduce 工作，來看看您實際結束付費的內容是什麼，以保證工作會執行到完成，並保證的確有數百個高 - CPU 超大型案例可以取得，以便每天執行這些工作。

除了低成本以及公用程式計算的使用才付費模型之外，對於雲端運算使用者另一個強大的吸引力就是：雲端運算供應商承擔了過度供應或供應不足的風險。風險避免乃是新設公司的一項福音，因為任何一項錯誤都可能致命。如果在產品準備大量使用之前就花費太多的昂貴投資在伺服器上，公司就可能把錢燒光了。如果該項服務突然之間流行起來，但是並沒有足夠的伺服器來符合需要，公司就可能在它拼命想要增長的新客戶之間造成很壞的印象。

這種情境的先驅即為 Zynga 的 FarmVille (開心農場)，一個在 Facebook 上的社群網路遊戲。在 FarmVille 出現之前，最大的社群遊戲每天的玩家大約 5 百萬人。FarmVille 在推出 4 天後就有 1 百萬個玩家，60 天後就有 1 千萬個玩家；270 天後它有了 2 千 8 百萬個每天玩家以及 7 千 5 百萬個每月玩家。由於它們是佈署在 AWS 上，所以有能力隨著使用者數目無縫成長。此外，它還可以依據客戶需要而脫除負載。

成立較久的公司也可以善加利用雲端的擴充性。在 2011 年，Netflix 將其網站和串流視訊服務從傳統的資料中心移往 AWS。Netflix 的目標是讓使用者可於下班通勤時，例如在他們的手機上觀賞電影，然後當他們到家後，就可以無縫切換至電視，從他們的離開點繼續觀賞電影。這種功夫包括了將新的影片轉換為需要傳遞給手機、平板電腦、膝上型電腦、遊戲機，以及數位錄影機等眾多格式的批次處理。這些 AWS 的批次工作可能花費幾千台機器數週的時間來完成轉換。串流的交易後端是在 AWS 中進行，編碼檔案的傳遞則經由諸如 Akamai 和 Level 3 等內容傳遞網路 (Content Delivery Network) 來做。線上服務比起郵寄 DVD 便宜許多，導致的低成本使得該項新式服務普及化。有一項研究將 Netflix 放在美國夜間尖峰期間 30% 的網際

網路下載交通量的地位。(相反地，YouTube 在同樣晚上 8 點到 10 點期間只有 10%。) 事實上，整體平均為 22% 的網際網路交通量，使得 Netflix 單獨成為北美網際網路交通量最大的一部份。無論 Netflix 用戶帳號如何地加速成長，Netflix 資料中心的成長率已經停止了，所有向前衝刺的容量擴增都已經由 AWS 來做。

雲端運算已經使得每個人都可取得 WSC 的好處。雲端運算提供了無限擴充性的幻想與成本的結合，對使用者並沒有額外的費用：1 小時的 1000 台伺服器並不比 1000 小時的 1 台伺服器花費高。保證可取得足夠的伺服器、儲存設備和網際網路頻寬來符合需要，這是雲端運算供應商的事。上面提到的最佳化供應鏈，可將新電腦的交貨時間降低至一週，對於提供幻想而不致於讓供應商破產方面產生相當大的助益。這種風險、成本的結合性以及進入才付費的定價機制之挪移，便成為規模變動不拘的公司使用雲端運算的強大理由。

形塑出 WSC 的成本－效能比、也因此形塑出雲端運算的兩項貫穿的論點，就是 WSC 網路以及伺服器硬體與軟體的效率。

6.6　貫穿的論點

網路裝置乃是資料中心的越野車。

James Hamilton (2009)

WSC 網路成為瓶頸

6.4 節顯示機架交換器以上的聯網裝置佔了 WSC 成本的顯著比例。一台完全配置好的 Juniper 128 埠 1 Gbit 資料中心交換器 (EX8216) 不包含光纖介面的牌價為 716,000 美元，包含光纖介面的牌價為 908,000 美元。(這些牌價有大幅折扣，但是仍然高於機架交換器的 50 倍以上。) 這些交換器也傾向於渴求電力。例如，EX8216 消耗了大約 19,200 瓦特，高於 WSC 中一台伺服器的 500 至 1000 倍。此外，這些大型交換器為手動設置式，並且在大型規模下很脆弱。由於它們的價格，使用這些大型交換器的 WSC 難以負擔兩台以上的冗餘，也就限制了容錯的選項 [Hamilton 2009]。

然而，對於交換器的真正衝擊乃是過度預訂會如何地影響 WSC 內軟體的設計以及服務與資料的置放。理想的 WSC 網路會是一個拓樸與頻寬都不令人關心的黑箱，因為沒有任何的限制：您可以在任何處所執行任何工作負載，並針對伺服器的利用率而非網路交通的區域性予以最佳化。現今 WSC

網路的瓶頸限制了資料的置放，因而令 WSC 軟體複雜化。由於此軟體乃是一個 WSC 公司最有價值的資產之一，增加複雜度的這項成本可能很顯著。

針對有興趣學習更多有關交換器設計的讀者們，附錄 F 描述了交連網路設計中所牽涉的問題。此外，Thacker [2007] 提出從超級計算借用聯網技術來克服價格與效能問題。Vahdat 等人 [2010] 也這樣做，並提出一種可以擴充到 100,000 埠以及 1 petabit/sec 二等分頻寬的聯網基礎設施。這些新穎的資料中心交換器的主要益處就是簡化了過度預訂所造成的軟體挑戰。

在伺服器內部有效率地使用能量

雖然 PUE 量測了 WSC 的效率，卻對 IT 設備本身內部所進行的事沒有說明。因此，圖 6.9 未涵蓋的另一種電力低效率之來源就是伺服器內部的電源供應器，它將 208 伏特或 110 伏特輸入轉換為晶片和磁碟機通常所使用的 3.3、5 和 12 伏特。12 伏特進一步再降階為電路板上的 1.2 至 1.8 伏特，視微處理器與記憶體之需要而定。2007 年時，許多電源供應器效率都是 60% 至 80%，意味伺服器內部的損失要大於從公用電塔的高壓線歷經許多步驟與電壓改變而供應伺服器低壓線的損失。有一個原因就是它們得供應一段範圍的電壓給晶片和磁碟機 ── 因為它們對於何者是在主機板上並無概念。第二個原因就是電源供應器的瓦特數對電路板上的元件通常過大。而且，這樣的電源供應器在 25% 或更低的負載下往往處於最差效率，如 444 頁的圖 6.3 所示，許多 WSC 伺服器就是運作在該範圍。電腦主機板也有穩壓器模組 (voltage regulator module, VRM)，同樣可能具有相當低的效率。

為了改進這種情形，圖 6.17 列出額定電源供應器的 Climate Savers Computing Initiative 標準 [2007] 以及它們隨著時間而演進的目標。請注意該標準除了 100% 負載也規定了 20% 和 50% 負載的需求。

負載狀況	基本	銅牌 (2008 年 6 月)	銀牌 (2009 年 6 月)	金牌 (2010 年 6 月)
20%	80%	82%	85%	87%
50%	80%	85%	88%	90%
100%	80%	82%	85%	87%

圖 6.17 Climate Savers Computing Initiative 電源供應器隨著時間演進的效率額定值與目標值。這些額定值是針對多輸出電源供應器單元，參照桌上型電腦和伺服器在非冗餘系統中的電源供應器。針對單輸出電源供應器單元有一種稍高的標準，通常是用在冗餘式配置當中 (1U/2U 單插座、雙插座、四插座和刀鋒伺服器)。

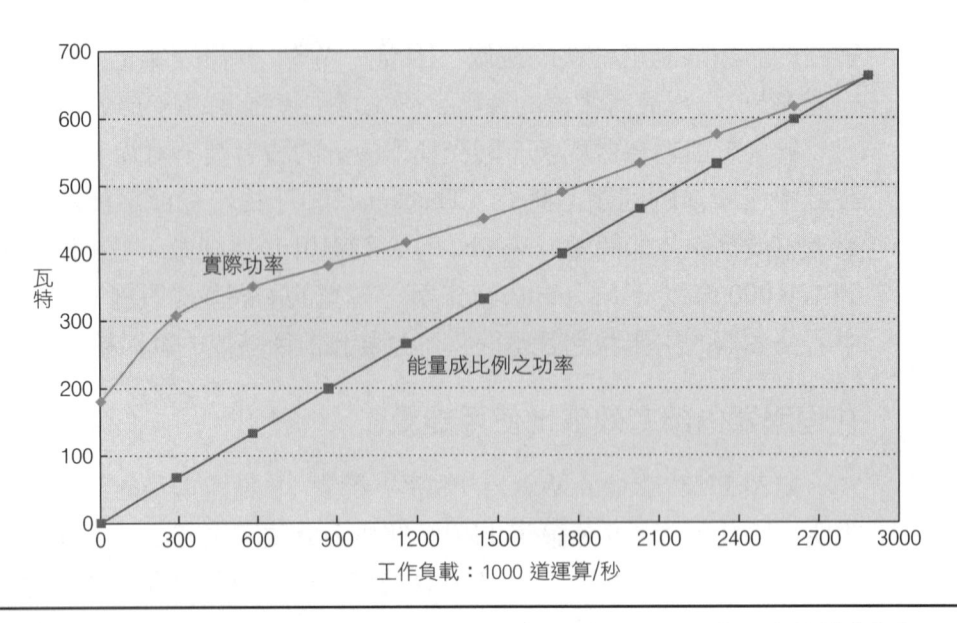

圖 6.18 2010 年 7 月的最佳 SPECpower 量測結果對應於理想的能量成比例之行為。該系統為 HP ProLiant SL2x170z G6，使用四個雙插座的叢集，每個插座都擁有六個運作在 2.27 GHz 的核心。該系統擁有 64 GB 的 DRAM 以及一個小型的 60 GB SSD 作為附屬儲存設備。(主記憶體大於磁碟容量的事實使人聯想到此系統是為此標準效能測試程式而量身訂做。)所使用的軟體是 IBM Java 虛擬機第 9 版以及 Windows Server 2008 企業版。

　　除了電源供應器，Barroso 和 Hölzle [2007] 曾說整台伺服器的目標應該是**能量成比例** (energy proportionality)；亦即伺服器消耗的能量應該正比於所執行的工作量。圖 6.18 顯示我們距離達成該理想目標還有多遠，使用的是 SPECpower —— 量測在不同效能水平上所使用能量的一種伺服器標準效能測試程式 (第 1 章)。該能量比例線被加在 2010 年 7 月 SPECpower 效率最高伺服器的實際功率使用線上。大多數伺服器都不是那麼有效率；它比起其他在當年度被標準效能測試過的系統好達 2.5 倍之多，後來在標準效能測試競爭當中系統往往被配置成可以贏得標準效能測試，以致於並非該領域內的典型系統。例如，最佳額定的 SPECpower 伺服器竟然是使用容量小於主記憶體的固態碟！即便如此，這個很有效率的系統還是在閒置時用了幾乎 30% 的全功率，並且在只有 10% 負載時用了幾乎 50% 的全功率。因此，能量成比例依舊只是一個巍峨的目標而非傲人的成就。

　　如果有可能改進效能的話，系統軟體就會被設計成可以使用一項可用資源的全部，而不考慮能量的問題。例如，作業系統針對程式資料或檔案快取使用了所有的記憶體，卻不管許多資料可能從未用到。在未來的設計中，軟體結構設計師就需要考慮能量與效能了 [Carter 和 Rajamani 2010]。

範例 使用圖 6.18 種類的資料，請問從五台伺服器 10% 利用率來到一台伺服器 50% 利用率的功率節省為何？

解答 單一伺服器在 10% 負載下為 308 瓦特，在 50% 負載下為 451 伏特，所以功率節省為

$$5 \times 308 / 451 = (1540/451) \approx 3.4$$

亦即節省因素約為 3.4。如果我們想要成為良好的 WSC 環境管理人，我們就必須在使用率掉落時合併伺服器、購買更為能量成比例的伺服器，或者找出對於執行在低活動期間有用的其他產品。

有了這六節的背景知識，我們現在就準備來欣賞 Google WSC 結構設計師的作品了。

6.7 綜合論述：Google 數位倉儲型電腦

由於許多擁有 WSC 的公司都是活力充沛地在市場上競爭，直到最近它們都不願意與大眾分享它們最新的革新 (也包括彼此之間)。在 2009 年，Google 描述了 2005 年最先進的一部 WSC，Google 也仁慈地提供了他們的 WSC 2007 年狀態的更新情形，使得本節對於 Google WSC 有了最為新式的描述 [Clidaras、Johnson 和 Felderman 2010]。甚至更近期的時候，Facebook 還描述了他們最新的資料中心作為 http://opencompute.org 的部份內容。

貨櫃

Google 和 Microsoft 兩家公司都是使用船運貨櫃來建造 WSC。用貨櫃來建造 WSC 的想法是為了讓 WSC 的設計模組化。每一個貨櫃都是獨立的，僅有的外部連接就是網路、電力和水。貨櫃轉而供應網路、電力和冷卻給放在它們內部的伺服器，所以 WSC 的工作就是供應網路、電力和冷水給貨櫃，並抽取產生的溫水到外頭的冷卻塔和冷水機。

我們正在看的 Google WSC 包含了 45 個 40 英尺長的貨櫃在一個 300 英尺乘 250 英尺的空間內，亦即 75,000 平方呎 (約 7,000 平方公尺)。為了裝入倉儲中，30 個貨櫃堆放成兩層高，也就是有 15 對堆積的貨櫃。雖然地點並沒有揭露，它被建造的時間正是 Google 在俄勒岡州的達拉斯市開發 WSC 的時候，該地提供溫暖的氣候，也靠近便宜的水力發電和網際網路骨幹光纖。在前面的 12 個月當中，此 WSC 付出了 1 千萬瓦特的電力，PUE 為

1.23。PUE 虛耗的 0.23 當中，85% 走入冷卻損失 (0.195 PUE)，15% (0.035) 走入電力損失。該系統於 2005 年 11 月誕生，本節則描述其 2007 年的狀態。

一個 Google 貨櫃可以處理達 250 千瓦的電力，意味該貨櫃可以處理每平方英尺 (0.09 平方公尺) 780 瓦特的電力，對 40 個貨櫃跨越整個 75,000 平方英尺空間而言則是每平方呎 133 瓦特。然而，在這部 WSC 中的貨櫃平均只有 222 千瓦。

圖 6.19 為 Google 貨櫃的剖面圖。一個貨櫃可持有達 1160 台伺服器，所以 45 個貨櫃就擁有 52,200 台伺服器的空間。(此 WSC 擁有約 40,000 台伺服器。) 這些伺服器在機架中堆積了 20 層高，形成兩條 29 個機架 [也稱為**灣**

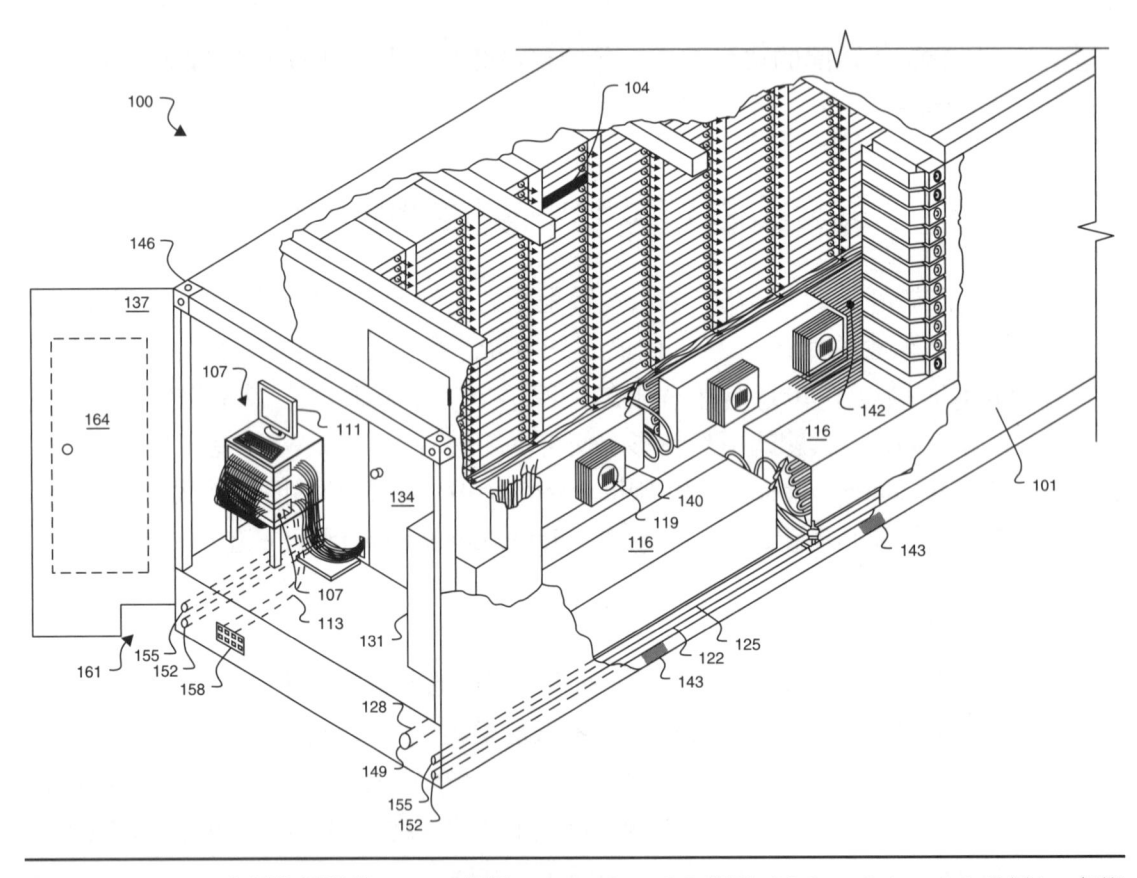

圖 6.19 Google 客製化標準的 1AAA 貨櫃：40 × 8 × 9.5 英尺 (12.2 × 2.4 × 2.9 公尺)。伺服器在機架中堆疊達 20 層高，形成兩條 29 個機架的長列，每一列靠在貨櫃的一邊上。冷卻廊道走在貨櫃中央的下方，熱空氣則在外部返回。吊掛式機架結構使得冷卻系統的維修比較容易，不必將伺服器移開。為了讓貨櫃內的人員維修元件，它包含了火災偵測與噴霧式滅火、緊急出口與照明，以及緊急電力關閉等安全系統。貨櫃也具有許多感測器：溫度、氣流壓力、空氣洩漏偵測，以及移動感測照明。資料中心的視訊巡禮可以在 http://www.google.com/corporate/green/datacenters/summit.html 上找到。Microsoft、Yahoo 以及許多其他公司目前都在依據這些概念建造模組化資料中心，但是它們都已停止使用 ISO 標準的貨櫃，因為尺寸不方便。

靠 (bay)] 的長列，每一列靠在貨櫃的一邊上。機架交換器為 48 埠 1 Gbit/sec 的乙太網路交換器，每間隔一個機架放置一台。

Google WSC 中的冷卻與電力

圖 6.20 為貨櫃的一個橫截面，顯示出氣流。電腦機架附著在貨櫃的天花板上。冷卻是在一個升高的地板之下進行，吹入機架之間的廊道內。熱空氣是從機架後方返回。貨櫃侷促的空間防止了熱空氣與冷空氣的混合，改進了冷卻的效率。變速風扇在冷卻機架所需要的最低速度下運轉，而不是固定速度。

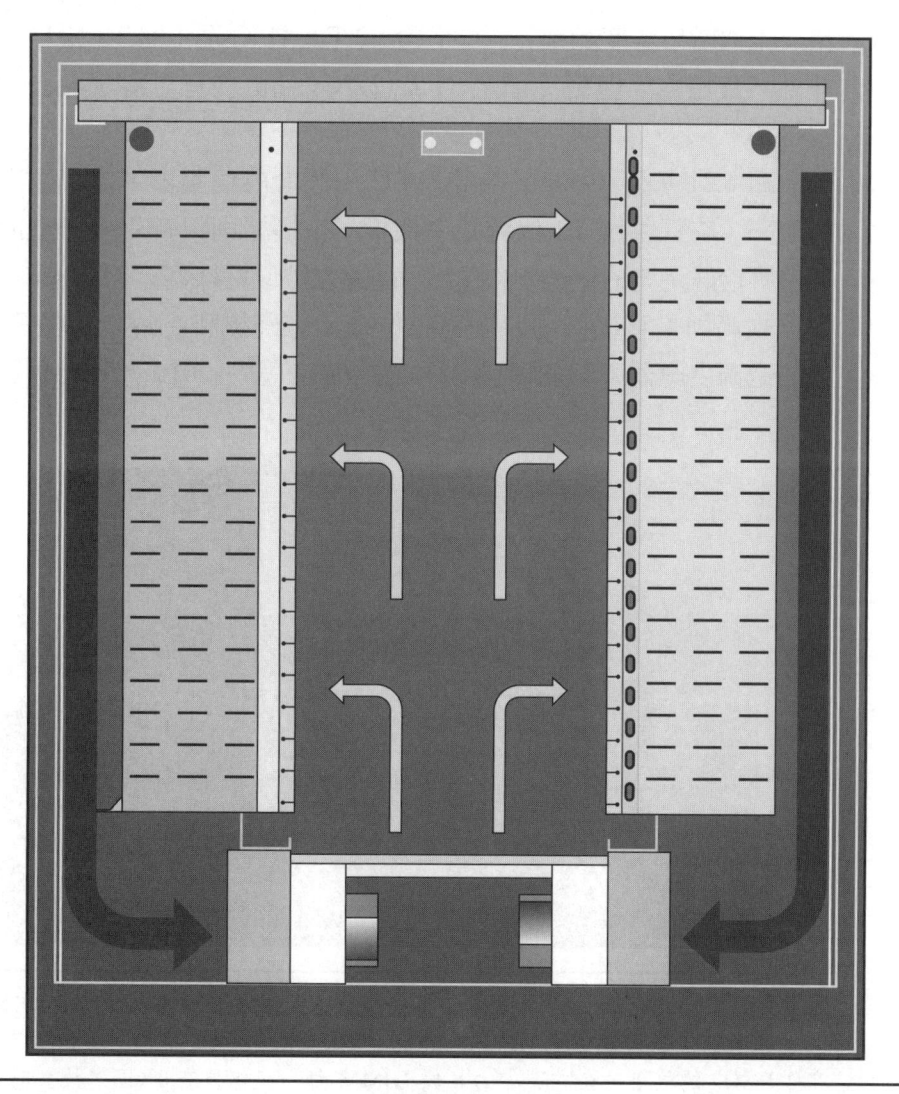

圖 6.20 圖 6.19 所示貨櫃的氣流。此橫截面圖顯示兩排機架在貨櫃的每一邊上。冷空氣吹進貨櫃中央的廊道，然後被吸入伺服器。暖空氣在貨櫃的邊緣處返回。這種設計隔離了冷氣流與暖氣流。

「冷」空氣保持在 81°F (27°C)，與許多傳統資料中心中的溫度相比要溫暖一些。資料中心傳統上運轉得如此冷有一個原因：不是針對 IT 設備，而是要讓資料中心內部的熱點不致於造成孤立的問題。藉由仔細地控制氣流來防止熱點，貨櫃可以在高很多的溫度下運轉。

外部冷水機具有切斷能力，使得氣候正常下只需要戶外的冷卻塔來將水冷卻。如果離開冷卻塔的水溫為 70°F (21°C) 或更低，就跳過冷水機。

請注意如果外面太冷，冷卻塔就需要加熱器來防止結冰。將 WSC 放在達拉斯市的一項優點就是年度濕球的溫度範圍為 15°F 至 66°F (−9°C 至 19°C)，平均 41°F (5°C)，所以冷水機往往可以關掉。相形之下，內華達州的拉斯維加斯市溫度範圍為 −42°F 至 62°F (−41°C 至 17°C)，平均 29°F (−2°C)。此外，貨櫃內部僅需冷卻至 81°F (27°C) 就更加有可能讓大自然有能力來將水冷卻。

圖 6.21 顯示 Google 為此 WSC 所設計的伺服器。為了改進電源供應器的效率，它只供應 12 伏特給主機板，主機板則只針對板子上的磁碟機的數目供應恰好足夠的電力。(膝上型電腦也類似這樣對它們的磁碟機供電。) 伺服器規範則是直接供應許多電壓位準給磁碟機和晶片。這種簡化意味 2007 年的電源供應器可以運轉在 92% 的效率，遠在 2010 年電源供應器的金牌額

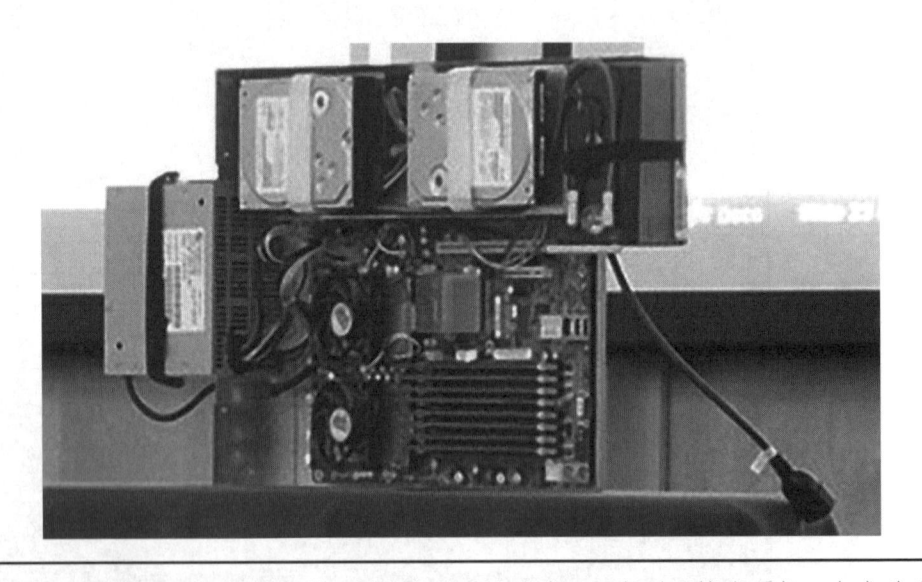

圖 6.21 Google WSC 的伺服器。電源供應器在左方，兩個磁碟機在頂部。左邊磁碟機下方的兩個風扇遮蓋了 AMD Barcelona 微處理器的兩個插座，每個插座擁有兩個運作在 2.2 GHz 的核心。在右下方的 8 條 DIMM 每一條都持有 1 GB，總共有 8 GB。因為伺服器是插入電池內且機架中有一個分開的封閉空間讓每一台伺服器可以協助控制氣流，所以並沒有額外的金屬片。部份是因為電池高度的緣故，故將 20 台伺服器裝入一個機架內。

定之上 (圖 6.17)。

　　Google 工程師瞭解到 12 伏特意味 UPS 可能只是在每一個貨架上的標準電池而已。因此，每一台伺服器都擁有本身的鉛酸電池 —— 效率為 99.99%，而不是擁有一間分開的電池室 —— 圖 6.9 顯示其效率為 94%。這種「分散的 UPS」隨著每一台機器遞增地部署，意即不會有金錢或電力花費在過多的容量上。他們另外使用標準現貨供應的 UPS 單元來保護網路交換器。

　　節能方面使用第 1 章所述的動態電壓 – 頻率縮放 (Dynamic Voltage-Frequency Scaling, DVFS) 如何呢？ DVFS 並未部署在這一類群的機器上，因為對於時間延遲的衝擊造成只可能部署在線上工作負載非常低的活動區域；而且即使在這些情況下，整個系統範圍的節能還是非常小，部署 DVFS 所需要的複雜管控迴圈也就不可能合理化。

　　達成 1.23 PUE 的關鍵之一就是將量測裝置 (稱為**電流變壓器**) 擺放在貨櫃各處所有電路當中以及 WSC 中其他處所，來量測實際的電力使用。這些量測讓 Google 得以隨著時間調校 WSC 的設計。

　　Google 每季都發布其 WSC 的 PUE，圖 6.22 針對 10 部 Google WSC 繪出 2007 年第三季到 2010 年第二季的 PUE；本節描述的是標示 Google A 的 WSC。Google E 以 1.16 PUE 運轉且冷卻損失僅 0.105，這是因為較高的運轉溫度以及冷水機切斷次數的緣故；配電損失只有 0.039，這是因為分散的 UPS 以及單電壓電源供應器的緣故。最佳的 WSC 量測結果為 1.12，Google A 則為 1.23。2009 年 4 月，尾部 12 個月以跨越所有資料中心的使用率作加權的平均值為 1.19。

Google WSC 中的伺服器

　　圖 6.21 的伺服器有兩個插座，每一個插座含有一只運作在 2.2 GHz 的雙核心 AMD Opteron 處理器。照片顯示八條 DIMM，所以這些伺服器通常都部署 8 GB 的 DDR2 DRAM。有一項新穎的功能：記憶體匯流排從 666 MHz 減速至 533 MHz，因為較慢的匯流排對於效能沒什麼影響，對於功率的影響卻很大。

　　基本設計具有一張 1 Gbit/sec 乙太網路鏈路的網路介面卡 (network interface card, NIC)。雖然圖 6.21 照片中顯示兩個 SATA 磁碟機，基本伺服器卻只有一個。基本設計的尖峰功率約為 160 瓦特，閒置功率則為 85 瓦特。

　　此基本節點可以加以增補而提供儲存 (或「滿磁碟」) 節點。首先，將含有 10 個 SATA 磁碟機的第二個匣盤連接至伺服器。要取得多一個磁碟機

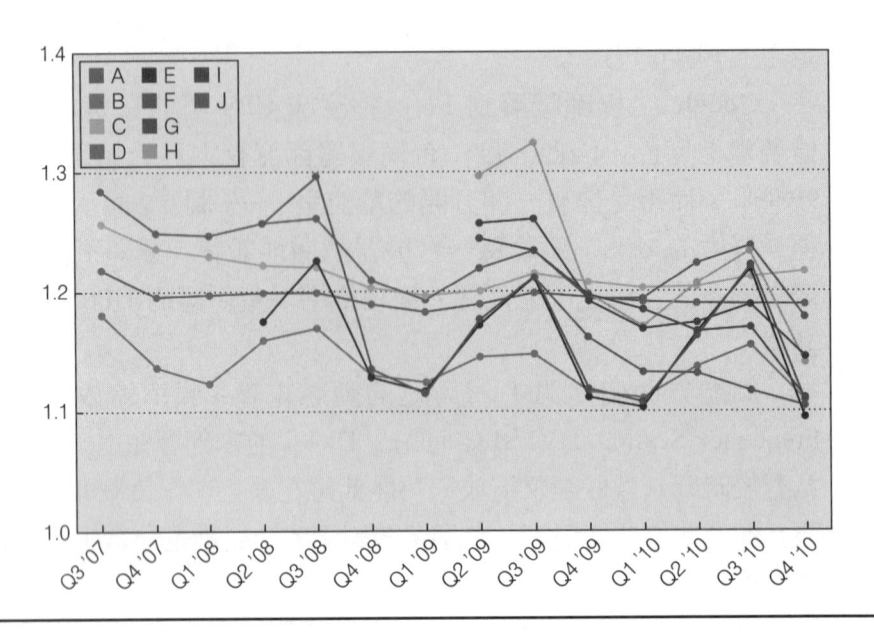

圖 6.22 10 部 Google WSC 隨著時間而演進的功率使用有效性 (power usage effectiveness, PUE)。Google A 即為本節中所描述的 WSC，它是 Q3' 07 和 Q2' 10 當中最高的一條線。(來自於 www.google.com/corporate/green/datacenters/measuring.html。) Facebook 最近宣佈一部新的資料中心，應該可以交出令人印象深刻的 1.07 PUE (見 http://opencompute.org/)。這部俄勒岡州普倫威爾市的設備沒有空調也沒有冷卻水，它就是精確地倚賴外界空氣，從建築物的一邊帶入、過濾、經由噴霧器冷卻、跨 IT 設備進行吸取，然後由排氣風扇送出建築物。此外，伺服器使用一種客製化電源供應器，讓配電系統跳過圖 6.9 的一道電壓轉換步驟。

的話，可將第二個磁碟機放進主機板上的空點，便給予儲存節點 12 個 SATA 磁碟機。最後，由於儲存節點可能會使單一的 1 Gbit/sec 乙太網路鏈路飽和掉，第二張乙太網路 NIC 就被加了進去。儲存節點的尖峰功率約為 300 瓦特，而閒置在 198 瓦特。

請注意儲存節點佔據機架中兩個連接槽，這就是為什麼 Google 在 45 個貨櫃中部署 40,000 台而非 52,200 台伺服器的一個原因。在此設備中，比例大約是每一個儲存節點對應兩個計算節點，但是該比例跨越 Google WSC 而大幅變動。因此，2007 年 Google A 擁有大約 190,000 個磁碟機，亦即每台伺服器幾乎有 5 個磁碟機。

Google WSC 中的聯網

該 40,000 台伺服器被分為三個陣列，每個陣列有 10,000 台以上的伺服器。[在 Google 的名詞術語中，陣列稱為**叢集** (cluster)。] 48 埠機架交換器使用 40 埠來連接伺服器，留下 8 埠給往陣列交換器的上行鏈路。

陣列交換器被設置成支援達 480 條 1 Gbit/sec 乙太網路鏈路和一些 10 Gbit/sec 埠。這些 1 Gbit/sec 埠是用來連接機架交換器，因為每一台機架交換器都有一條單一鏈路連接至每一台陣列交換器。這些 10 Gbit/sec 埠連接至兩台資料中心交換器的每一台，這兩台資料中心交換器則聚合了所有的陣列交換器並提供對外界的連接。WSC 為了可信賴度而使用了兩台資料中心路由器，所以單一的資料中心路由器故障不致於癱瘓整個 WSC。

每台機架交換器所使用的上行鏈路埠數從最小數目的 2 變動到最大數目的 8。在雙埠的情況下，機架交換器運作在 20：1 的過度預訂率之上，也就是說，離開交換器的網路頻寬為交換器內部網路頻寬的 20 倍。應用程式具有超出機架之外的大量交通需要，往往會遭受惡劣網路效能之苦。因此，8 埠上行鏈路的設計提供了只有 5：1 的較低過度預訂率，就可以用來支援交通需求比較嚴格的陣列。

Google WSC 中的監督與維修

單一的操作員要負責超過 1000 台伺服器，就需要一套廣泛的監督基礎設施以及某種有助於日常事件的自動化機制。

Google 部署了監督軟體來追蹤所有伺服器和聯網裝置的健康情形，診斷工作始終在進行。每當系統故障時，許多可能的問題都有簡單的自動化解決方式。在這種情形下，下一個步驟就是重新啟動該系統，然後嘗試重新安裝軟體元件。因此，該程序處理掉大多數的故障。

第一個步驟失敗的這些機器便加入等待維修的機器佇列，故障問題的診斷也連同故障機器的 ID（識別碼）放進佇列當中。

為了攤派維修成本，故障機器是由維修技術員批次處理。當診斷軟體對其評估有信心時，該組件就立即被更換而不需要經歷人為診斷的過程。例如，如果診斷說儲存節點的磁碟機 3 壞掉了，該磁碟機就立即被更換。無法診斷或診斷信心水準低的故障機器才進行人為檢視。

目標是在任何一個時刻所有節點只有 1% 以下處於人為維修佇列。在維修佇列當中的平均時間為一週，即使維修技術員花費少很多的時間來修理。較長的時間延遲暗示了維修流通量的重要性，會影響營運成本。請注意第一個步驟的自動化維修花費數分鐘在重新啟動 / 重新安裝，到花費數小時在執行指示的壓力測試，以確認該機器的確在運作。

這些延遲時間並未考量損壞的伺服器被閒置的時間，原因是節點中的狀態數量是一個大變數。無狀態節點花費的時間遠少於儲存節點，儲存節點的資料在該節點可能被置換之前或許有需要進行撤離。

總　結

就 2007 年而論，Google 已經展現數項革新來改善其 WSC 的能量效率，而在 Google A 交出 1.23 的 PUE：

- 除了提供不貴的外殼來裝入伺服器，修改過的船運貨櫃也將熱氣室與冷氣室分開，有助於伺服器減少引入的空氣溫度之變動。在最差狀況的熱點比較不嚴重的情況下，冷空氣可以在比較暖和的溫度下傳遞。
- 這些貨櫃也縮小了空氣循環迴圈的距離，因此減少了搬動空氣的能量。
- 在較高的溫度下運轉伺服器意味著空氣只需要冷卻到 81°F (27°C) 而非傳統的 64°F 至 71°F (18°C 至 22°C)。
- 較高的冷空氣溫度目標有助於可以更加經常地將設備放在能由蒸發式冷卻解決方案 (冷卻塔) 撐持的範圍之內，比起傳統的冷水機在能量上更有效率。
- 將 WSC 部署在溫和的氣候中，可以在一年當中某些時段僅使用蒸發式冷卻即可。
- 對比於設計的 PUE，部署了廣泛的監督硬體與軟體來量測實際的 PUE，因而改善了運轉效率。
- 運轉的伺服器數目比起針對配電系統的最差狀況情境的數目還要更多，這就暗示著：雖然在統計上數千台伺服器不可能同時高度忙碌，還是要倚賴監督軟體在果真發生不可能的情況下將工作卸載 [Fan、Weber 和 Barroso 2007] [Ranganathan 等人 2006]。PUE 改進是因為電力設備運轉得更為接近其全部設計容量，也就是在其效率最高之處，因為伺服器和冷卻系統並非能量成比例。如此所增加的利用率便降低了新伺服器和新 WSC 的需要。
- 設計主機板只需要單一的 12 伏特供電，使得 UPS 功能可以藉由與每一台伺服器結合的標準電池來提供，而非一間電池室。如此一來，就能夠降低成本並減去在 WSC 內部配電的一項低效率來源。
- 仔細設計伺服器本身的電路板來改進其能量效率。例如，將這些微處理器的前端匯流排低時脈化，就可以減少能量使用，而對效能卻沒有什麼影響。(請注意這樣的最佳化並未影響 PUE，卻的確減少整體的 WSC 能量消耗。)

這些年來 WSC 的設計必然一直在進步，正如 Google 的最佳 WSC 已經將 PUE 從 Google A 的 1.23 降低至 1.12。2011 年 Facebook 宣佈他們已經在他們的新資料中心將 PUE 推低到 1.07 (見 http://opencompute.org/)。看看什

麼樣的革新仍然持續進一步改善 WSC 的效率 —— 讓我們成為良好的環境保護者 —— 會是多麼有趣的一件事。或許將來我們甚至會考慮**製造** WSC 內部設備的能量成本 [Chang 等人 2010]。

6.8 謬誤與陷阱

儘管 WSC 的年歲少於十年，像是在 Google 的 WSC 結構設計師們卻已經揭露出許多從艱苦中學來的有關 WSC 的謬誤與陷阱。如同我們在簡介中所說，WSC 結構設計師們乃是今日的 Seymour Cray 們。

謬誤 雲端運算供應商在賠錢。

有關雲端運算的一個普遍問題就是在這些低價之下是否有利可圖。

依據圖 6.15 AWS 的定價，針對計算，可能可以收取每台伺服器每小時 0.68 美元的費用。(每小時 0.085 美元是針對等效於一個 EC2 計算單位的虛擬機而非整台伺服器。) 如果我們可以售出 50% 的伺服器小時，就會產生每台伺服器每小時 0.34 美元的收入。(請注意，無論客戶所佔有的伺服器使用再少，都得支付費用，所以售出 50% 的伺服器小時並不意味伺服器平均利用率為 50%。)

另一種計算收入的方式就是使用 AWS **保留案例** (Reserved Instanse)：客戶付年費來保留一個案例，然後每小時付出較低的費率來使用它。將費用結合起來，AWS 一整年內每台伺服器每小時會收到 0.45 美元的收入。

除了計算方面的收入之外，如果我們使用 AWS 的定價，可以售出每台伺服器 750 GB 以供儲存，就會產生另一項每月每台伺服器 75 美元的收入，亦即另一項每小時 0.10 美元的收入。

這些數字提出每台伺服器每小時 0.44 美元 (經由隨選案例) 或者每小時 0.55 美元 (經由保留案例) 的平均收入。從圖 6.13，我們可以計算出 6.4 節的 WSC 的每台伺服器成本為每小時 0.11 美元。雖然圖 6.13 的成本估測**並非**依據實際的 AWS 成本，而且伺服器處理方面的 50% 銷售量以及每台伺服器儲存方面的 750 GB 利用率都只是範例，這些假設卻提出 75% 至 80% 的毛利率。假設這些計算都是合理的，就代表雲端運算還是有利可圖，特別是針對服務業。

謬誤 WSC 設備的資金成本高於它所收納的伺服器。

雖然快速閱覽 457 頁的圖 6.13 可能會導引您到達這項結論，但此驚鴻一瞥卻忽略了整部 WSC 每一個組件的攤派時間。設備可持續耐用 10 至 15

年,而伺服器則需每 3 或 4 年重新購買一次。如果分別使用圖 6.13 中 10 年與 3 年的攤派時間,那麼十年的資金開銷對於設備為 72 百萬美元,對於伺服器則為 3.3 × 67 百萬美元,即 221 百萬美元。因此,十年間 WSC 伺服器的資金成本比起 WSC 設備高了 3 倍。

陷阱　對比於動作的低功率模式,嘗試以不動作的低功率模式來省電。

444 頁的圖 6.3 顯示伺服器的平均使用率是在 10% 和 50% 之間。依據 6.4 節 WSC 運轉成本的考量,您會想到低功率模式的幫助會非常大。

如第 1 章所述,您無法在這些**不動作的低功率模式** (inactive low power mode) 下存取 DRAM 或磁碟機,所以您必須返回全動作模式來讀取或寫入,無論速率多低;因此返回全動作模式所需要的時間與能量便造成不動作的低功率模式比較不具吸引力,這就是該陷阱的所在之處。圖 6.3 顯示幾乎所有伺服器平均至少有 10% 的利用率,所以您可能會期望長期的低活動而非長期的不活動。

相反地,處理器仍然可以正規速率的小比率運作在較低功率模式下,所以**動作的低功率模式** (active low power mode) 使用起來要容易得多。請注意,處理器移動至全動作模式的時間也是以微秒來量測,所以動作的低功率模式也解決了關於低功率模式時間延遲的顧慮。

陷阱　嘗試改善 WSC 的成本 – 效能比時,使用太弱的處理器。

Amdahl 定律依舊適用於 WSC,因為針對每一個請求都會有一些串列工作,如果是在一台慢速伺服器上執行,那就可能增加請求時間延遲 [Hölzle 2010] [Lim 等人 2008]。如果該串列工作增加了時間延遲,使用弱處理器的成本就必須包括將程式碼最佳化 —— 令其返回較低時間延遲 —— 的軟體開發成本。許多慢速伺服器的大量執行緒也可能更難以排程與進行負載平衡,因此執行緒效能的變異性便可能導致較長的時間延遲。1000 之 1 機會的差勁排程對 10 項任務可能不是問題,但對 1000 項任務就有問題了 —— 當您得等候最長的任務時。許多較為小型的伺服器也可能導致較低的利用率,因為較少事情要排程時就顯然比較容易排程。最後,當問題切割得太細時,甚至某些平行演算法都變得比較沒效率。目前,Google 準則是使用低階範圍的伺服器級電腦 [Barroso 和 Hölzle 2009]。

作為一個具體的範例,Reddi 等人 [2010] 比較了執行 Bing 搜尋引擎的嵌入式微處理器 (Atom) 與伺服器微處理器 (Nehalem Xeon)。他們發現一次查詢的時間延遲在 Atom 上比在 Xeon 上長了大約 3 倍。此外,Xeon 也比較強固。當 Xeon 上的負載增加時,服務品質變差是漸進而溫和的;Atom 嘗試吸

收增加的負載時，很快地就違犯其服務品質的目標。

此種行為直接轉換為搜尋品質。有了時間延遲對使用者的重要性，如圖 6.12 所提示，Bing 搜尋引擎便使用多項策略來優化搜尋結果 —— 如果查詢時間延遲尚未超過截止時間延遲的話。較大型 Xeon 節點的較低時間延遲意味著它們可以花更多的時間來優化搜尋結果。因此，即便 Atom 幾乎沒有負載時，比起 Xeon，在 1% 的查詢數目中還是給了比較差的答案，在正常負載下，則有 2% 的答案比較差。

謬誤　有了 DRAM 可信賴度的改進以及 WSC 系統軟體的容錯能力，您就不需要額外花費在 WSC 中的 ECC 記憶體上。

由於 ECC 加了 8 個位元至 DRAM 每 64 個位元上，潛在上您可以藉由刪除錯誤更正碼 (error-correcting code, ECC) 來節省九分之一的 DRAM 成本，尤其是 DRAM 的量測都已宣稱故障率為每百萬位元 1000 至 5000 FIT（每十億小時運算的故障數）[Tezzaron 半導體 2004]。

Schroeder、Pinheiro 和 Weber [2009] 在 2.5 年的期間內研究了在大多數 Google WSC 中 —— 那當然是數十萬台伺服器 —— 具有 ECC 保護的 DRAM 量測。他們發現了比起已經發佈的高了 15 至 25 倍的 FIT 比率，亦即每百萬位元 25,000 至 70,000 個故障。故障影響了 8% 以上的 DIMM，而 DIMM 平均每年有 4000 個可更正錯誤以及 0.2 個不可更正錯誤。在伺服器上量測，每年大約有三分之一經歷過 DRAM 錯誤，每年平均有 22,000 個可更正錯誤以及 1 個不可更正錯誤。也就是說，對於三分之一的伺服器而言，每 2.5 小時就有一個記憶體錯誤被更正。請注意這些系統是使用較強大的 chipkill 程式碼而非較簡單的 SECDED 程式碼。如果使用的是較簡單的方案，不可更正錯誤率會有 4 到 10 倍高。

在一部僅有同位錯誤保護的 WSC 中，伺服器對於每一次記憶體同位錯誤就得重新啟動。如果重新啟動時間為 5 分鐘，就有三分之一的機器花費 20% 的時間在重新啟動上！這樣的行為會把這 150 百萬美元設備的效能降低 6%。此外，如果沒有操作員收到發生錯誤的通知，這些系統就會遭受許多不可更正的錯誤。

早年 Google 使用的 DRAM 甚至沒有同位保護。2000 年在運送次一版本搜索索引之前的測試期間，它開始提交亂碼文件來回應測試查詢 [Barroso 和 Hölzle 2009]。原因是在某些 DRAM 中的一種卡在零故障 (stuck-at-zero fault)，毀壞了這個新版本的索引。Google 於是在後來加入了一貫性檢查來偵測這樣的錯誤。當 WSC 的規模成長且 ECC DIMM 變得比較經濟實惠時，

ECC 就成為 Google WSC 中的標準。ECC 還有附帶的好處：維修期間找到損壞的 DIMM 變得容易多了。

這樣的數據便暗示著為何 Fermi GPU（第 4 章）會將 ECC 加入其記憶體中，而其前身甚至還沒有同位保護呢。此外，這些 FIT 比率的數據對於在 WSC 中使用 Intel Atom 處理器的努力──由於其改良的功率效率──投下了疑慮，因為 2011 年的晶片組並不支援 ECC DRAM。

謬誤 在低活動期間關掉硬體可以改善 WSC 的成本－效能比。

458 頁的圖 6.14 顯示攤派配電與冷卻基礎設施的成本比整個每月電費帳單還高出 50%。因此，雖然壓緊工作負載並關掉閒置機器必然會節省一些錢，但是即使您有可能省下一半的電力也只減少 7% 的每月運轉帳單而已。也會有實際的問題要克服，因為廣泛的 WSC 基礎設施之監督有賴於能夠激發設備來觀察其回應。能量成比例與動作的低功率模式另外的好處就是：它們相容於 WSC 基礎設施之監督，可以讓單一操作員負責 1000 台以上的伺服器。

習見的 WSC 智慧是在低活動期間執行其他有價值的任務，來補償配電和冷卻的投資。基本的範例就是創造搜尋索引的批次 MapReduce 工作。另一個從低利用率獲取價值的範例就是 AWS 的現場定價，463 頁圖 6.15 的標題內容有說明。AWS 使用者如果對於其任務何時執行具有彈性的話，就可以省下 2.7 到 3 倍的計算費用──這是藉由讓 AWS 使用現場案例、比較有彈性地進行任務排程來實現，例如運用 WSC 會有低利用率的時刻。

謬誤 用快閃記憶體來取代所有磁碟機將會改進 WSC 的成本－效能比。

對於某些 WSC 工作負載，快閃記憶體要比磁碟機快很多，例如那些進行許多隨機讀取和寫入的工作。舉例來說，Facebook 便部署快閃記憶體，將其封裝成固態碟 (solid-state disk, SSD)，當作一個回寫式快取記憶體，稱之為快閃－快取記憶體，作為其 WSC 中檔案系統的一部份，讓熱檔案停留在快閃記憶體內而冷檔案則停留在磁碟機內。然而，所有 WSC 中的效能改進必須以成本－效能比作判斷，用 SSD 來取代所有磁碟機之前，真正的問題是每塊錢每秒的 I/O 數以及每塊錢的儲存容量。我們在第 2 章有看過，快閃記憶體每 Gbyte 的成本至少高於磁碟機 20 倍：2.00 美元 /GByte 對 0.09 美元 /GByte。

Narayanan 等人 [2009] 藉由從小型和大型資料中心追蹤模擬工作負載來觀看從磁碟機遷移工作負載到 SSD 的情形。他們的結論為：SSD 對於任何

工作負載都不符合成本效益，原因就是每一塊錢的儲存容量低。為了到達損益平衡點，快閃記憶體儲存裝置需要改進每一塊錢的容量 3 至 3000 倍，視工作負載而定。

即使當您將功率列入方程式中的因素，也很難證明對於不常存取的資料用快閃記憶體取代磁碟機是合理的。1-terabyte 磁碟機使用大約 10 瓦特的功率，所以使用 6.4 節每瓦特–年 2 美元的經驗法則，您可能從減少能量當中最多省下每年每個磁碟機 20 美元。然而，CAPEX 針對快閃記憶體 1-terabyte 儲存量的成本為 2000 美元，針對磁碟機僅 90 美元。

6.9 結　論

承襲了建造世界上最大電腦的頭銜，WSC 的計算機結構設計師們正在設計未來 IT 的大型部份，可以完善對於行動用戶的服務。我們很多人一天都使用 WSC 許多次，使用 WSC 每天的次數以及人數在未來十年必然會增加。在這個星球上將近七十億人口中已經有超過一半擁有手機，當這些裝置變成可以上網時，世界各地會有更多人從 WSC 中得到好處。

此外，WSC 所揭露的規模經濟已經實現了長久以來將計算當成公用程式的夢想目標。雲端運算意味任何人在任何地方只要具有良好想法與商業模式，都可以連上數千台伺服器，幾乎瞬間就可以將他們的願景傳遞出去。當然，也存在著可能會限制雲端運算成長的重要障礙，環繞在標準、隱私性以及網際網路頻寬成長率等因素的周圍，但是我們預料它們總會被解決，讓雲端運算可以繁榮興旺起來。

在每只晶片核心數目日益增加的情況下（見第 5 章），叢集將會增加到包含數千個核心。我們相信為經營 WSC 而開發的技術將會被證明有用並推展至叢集，使得叢集也會執行為 WSC 而開發的相同虛擬機和系統軟體。有一項優點就是容易支援「混合式」資料中心，令工作負載可以很容易地放在資料段中運送至雲端，之後再縮回到只倚賴區域性計算。

在雲端運算許多吸引人的功能當中，其中之一就是它提供了節約的經濟誘因。雖然由於基礎設施的投資成本，而難以說服雲端運算**供應商**關閉沒用到的設備來節能，卻容易說服雲端運算**使用者**放棄閒置的案例，因為無論是否在做任何有用的事，他們都得付費。同樣地，使用才收費則激勵程式設計師有效率地使用計算、通訊和儲存；如果沒有一套可理解的定價方案，就可能難以激勵。顯性的定價也使得研發人員有可能以成本–效能比來評估創新，而不是只有效能──因為現在成本已經容易衡量而且可信。最後，雲

端運算意味研發人員可以在數千台電腦的規模下評估他們的想法，這在過去只有大型公司才負擔得起。

我們相信 WSC 正在改變伺服器設計的目標和原則，正如同行動用戶的需要正在改變微處理器設計的目標和原則。這兩者也都在為軟體產業帶來革命。每塊錢的效能和每焦耳的效能驅動著行動用戶硬體和 WSC 硬體這兩方面的進展，平行化則是兌現這些目標組合的關鍵。

結構設計師們將會在此令人興奮的未來世界兩半邊都扮演關鍵的角色，我們期待看見 —— 也期待使用 —— 將要到來的事物。

6.10　歷史回顧與參考文獻

L.8 節 (可上網取得) 涵蓋了叢集的開發，那是 WSC 與公用程式計算的基礎。(有興趣學習更多的讀者應該從 Barroso 和 Hölzle [2009] 以及 James Hamilton 在 http://perspective.mvdirona.com 上的部落格貼文和談話開始。)

由 Parthasarathy 所提供的個案研究與習題

個案研究 1：影響數位倉儲型電腦設計的所有權總本

本個案研究所列舉的概念

- 所有權總成本 (Total Cost of Ownership, TCO)
- 伺服器成本與電力對整體 WSC 的影響
- 低功率伺服器的好處與缺點

所有權總成本是一個量測數位倉儲型電腦 (warehouse-scale computer, WSC) 有效性的重要標度。TCO 包括 6.4 節所述的 CAPEX 與 OPEX 兩者，反映了整個資料中心為達成某種水平的效能之所有權成本。在考量不同的伺服器、網路和儲存結構時，TCO 往往是資料中心所有人在決定哪一些選項最好時所使用的重要比較標度；然而，TCO 卻是一種考慮許多不同因素的多維度計算。本個案研究的目標是詳細進入觀看 WSC、不同的結構會如何影響 TCO，以及 TCO 如何驅動經營者的決策。本個案研究將使用圖 6.13 以及 6.4 節的數字，並假設所描述的 WSC 可以達成經營者的目標水平效能。TCO 通常是用來比較具有多維度的不同的伺服器選項。本個案研究中的習題要檢視如何在 WSC 的範疇內做這樣的比較，以及作決策當中所牽涉的複雜性。

6.1 [5/5/10] <6.2, 6.4> 在本章中，資料階層平行化已經被論證成 WSC 在大型問題上達成高效能的一種方式。可以想見，甚至較高的效能也可以使用高階伺服

器來獲得；然而，較高階伺服器通常伴隨著非線性的價格增加而來。

a. [5] <6.4> 假設伺服器在相同的利用率之下快了 10%，但是卻貴了 20%，請問 WSC 的 CAPEX 為何？

b. [5] <6.4> 如果那些伺服器也使用多了 15% 的功率，請問 OPEX 為何？

c. [10] <6.2, 6.4> 有了速度的改進和功率的增加，請問新伺服器的成本必須為何才能與原先的叢集相若？（提示：依據此 TCO 模型，您或許得改變設備的關鍵負載。）

6.2 [5/10] <6.4, 6.8> 為了達成較低的 OPEX，另一種吸引人的方式就是使用低功率版本的伺服器來減少運轉伺服器所需要的總電力；然而，類似於高階伺服器，低功率版本的高階元件同樣具有非線性的折衷問題。

a. [5] <6.4, 6.8> 如果低功率伺服器選項在相同的效能下供應低了 15% 的功率，但是卻貴了 20%，請問它們是良好的折衷嗎？

b. [10] <6.4, 6.8> 請問伺服器在什麼成本之下才能與原先的叢集相若？請問如果電費加倍呢？

6.3 [5/10/15] <6.4, 6.6> 擁有不同運作模式的伺服器可以為叢集中不同配置的動態運作提供機會，以符合工作負載的使用。請針對所給的低功率伺服器使用圖 6.23 中功率/效能模式的數據。

a. [5] <6.4, 6.6> 如果伺服器操作員決定藉由將所有伺服器運轉在中度效能來節省功率成本，請問會需要多少伺服器來達成相同水平的效能呢？

b. [10] <6.4, 6.6> 請問對於這樣的配置，其 CAPEX 和 OPEX 為何？

c. [15] <6.4, 6.6> 如果有另一種選擇，可以購買便宜 20% 但比較慢而且使用比較少的功率，請找出效能－功率曲線，可提供與基準伺服器相若的 TCO。

6.4 [討論] <6.4> 請討論習題 6.3 中兩種選項的折衷與獲益，假設在伺服器上執行固定的工作負載。

6.5 [討論] <6.2, 6.4> 不像高效能計算 (high-performance computing, HPC) 叢集，WSC 一整天內往往會經歷大幅度的工作負載波動。請討論習題 6.3 中兩種選項的折衷與獲益，這一次是假設變動的工作負載。

模 式	效 能	功 率
高	100%	100%
中	75%	60%
低	59%	38%

圖 6.23 低功率伺服器的功率－效能模式。

6.6 [討論] <6.4, 6.7> 到目前為止所提出的 TCO 模型抽象得遠離大量的較低層次細節。請討論這些抽象化對於 TCO 模型整體精確度的影響。請問這些抽象化何時做才安全？請問在什麼情況下較大的細節才會提供非常不一樣的答案？

個案研究 2：在 WSC 和 TCO 中的資源配置

本個案研究所列舉的概念

- WSC 內的伺服器與電力供應
- 工作負載的時間 – 變量
- TCO 變量的效應

部署有效率的 WSC 有一些關鍵性挑戰：適當地提供資源以及完全地使用它們。這個問題是複雜的，係因 WSC 的大小以及執行中的工作負載潛在的變量。此個案研究的習題呈現出資源的不同使用可能會如何地影響 TCO。

6.7 [5/5/10] <6.4> 在供應一部 WSC 時有一項挑戰，就是給予設備大小後，決定適當的功率負載。如本章所述，標示功率 (nameplate power) 通常是鮮少會遇到的尖峰值。

   a. [5] <6.4> 如果伺服器標示功率為 200 瓦特且成本為 3000 美元，請估算每台伺服器的 TCO 會如何改變。

   b. [5] <6.4> 也請考量一種功率較高但較便宜的選項，其功率為 300 瓦特且成本為 2000 美元。

   c. [10] <6.4> 如果伺服器的實際平均功率使用僅為標示功率的 70%，請問每台伺服器的 TCO 會如何改變？

6.8 [15/10] <6.2, 6.4> TCO 模型中有一項假設為：設備的關鍵負載是固定的，且伺服器的數量符合該關鍵負載。事實上，由於伺服器功率依據負載而變動的緣故，設備所使用的關鍵負載就可能在任何已知的時間變動。經營者一開始就必須依據其關鍵的功率資源，並估算資料中心元件會使用多少功率，來裝備資料中心。

   a. [15] <6.2, 6.4> 請擴充 TCO 模型，以便一開始可以依據標示功率為 300 瓦特的伺服器來裝備 WSC，但也請計算出實際上所使用的每月關鍵功率以及 TCO，假設伺服器的平均利用率為 40% 且平均功率為 225 瓦特。請問留下未使用的容量有多少？

   b. [10] <6.2, 6.4> 請以平均利用率為 40% 且平均功率為 300 瓦特的 500 瓦特伺服器重作本題。

6.9 [10] <6.4, 6.5> WSC 通常是以與終端使用者互動的方式來使用，如 6.5 節所述。這種互動式的使用通常便導致一天時間內的波動，且尖峰負載與特定

期間相關聯。例如，對於 Netflix 租賃而言，晚間 8 點到 10 點期間有一個尖峰；一天時間內的這些整體效應是顯著的。請比較資料中心每台伺服器的 TCO，將容量符合清晨 4 點使用率的 TCO 和晚上 9 點作比較。

6.10 [討論 /15] <6.4, 6.5> 請討論某些選項，可以更良好地利用離峰期間過剩的伺服器，或者請討論某些可以節省成本的選項。給了 WSC 的互動特性，請問積極減少功率使用的挑戰是些什麼呢？

6.11 [討論 /25] <6.4, 6.6> 請提出一種可能的方式，藉由專注於減少伺服器功率來改進 TCO。請問對於評估您的提案方面有何挑戰？請依據您的提案估算 TCO 的改進。請問優點與缺點為何？

習 題

6.12 [10/10/10] <6.1> WSC 的重要推手之一即為充分的需求階層平行化，相反於指令或執行緒階層平行化。本問題探討在計算機結構上與系統設計上不同型態的平行化之含意。

    a. [10] <6.1> 請討論與需求階層平行化所能達成的相比之下，改進指令或執行緒階層平行化會提供更大好處的情境。

    b. [10] <6.1> 請問什麼是增加需求階層平行化的軟體設計之含意？

    c. [10] <6.1> 請問什麼是增加需求階層平行化的潛在缺點？

6.13 [討論 /15/15] <6.2> 當雲端運算服務供應商收到了包含多個虛擬機 (Virtual Machine, VM) 的工作時 (例如，MapReduce 工作)，就存在許多的排程選項。VM 可以用輪詢的方式加以排程，以散佈至所有可用的處理器和伺服器上；它們也可以加以整合，使用儘量少的處理器。使用這些排程選項，如果提交了一份具有 24 個 VM 的工作，且雲端上有 30 個處理器可用 (每一個可執行達 3 個 VM)，則輪詢會使用 24 個處理器，而整合式排程便會使用 8 個處理器。在不同的範圍內 —— 插座、伺服器、機架，以及機架陣列 —— 排程器也都可以找到可用的處理器核心。

    a. [討論] <6.2> 假設所提交的工作全都是計算吃重的工作負載，可能具有不同的記憶體頻寬需求，請問就電力與冷卻成本、效能和可靠度而論，輪詢式對整合式排程的優缺點為何？

    b. [15] <6.2> 假設所提交的工作全都是 I/O 吃重的工作負載，請問在不同的範圍內，輪詢式對整合式排程的優缺點為何？

    c. [15] <6.2> 假設所提交的工作全都是網路吃重的工作負載，請問在不同的範圍內，輪詢式對整合式排程的優缺點為何？

6.14 [15/15/10/10] <6.2, 6.3> MapReduce 藉著令資料獨立的任務在多個節點上執行來做到大量的平行化，通常是使用大宗商品的硬體；然而，對於平行化的程度卻有所限制。例如，對冗餘機制而言，MapReduce 會將資料區塊寫入多個節點，消耗掉磁碟空間與潛在的網路頻寬。假設整個資料集大小為 300 GB，網路頻寬為 1 Gb/sec，map 速率為 10 sec/GB，reduce 速率為 20 sec/GB。並假設 30% 的資料必須自遠端節點讀取，每一個輸出檔案都因冗餘機制而寫入另外兩個節點。對於其他所有參數則使用圖 6.6。

   a. [15] <6.2, 6.3> 假設所有節點都在相同的機架上，請問 5 個節點的預期執行時間為何？ 10 個節點呢？ 100 個節點呢？ 1000 個節點呢？請討論每一種節點數目下的瓶頸。

   b. [15] <6.2, 6.3> 假設每個機架有 40 個節點，任何遠端讀取／寫入走到任何節點的機會都一樣，請問 100 個節點的預期執行時間為何？ 1000 個節點呢？

   c. [10] <6.2, 6.3> 有一項重要的考量，就是儘量將資料移動極小化。既然從區域到機架到陣列之存取會使速度變慢，所以軟體必須強烈地加以最佳化來極大化區域性。假設每個機架有 40 個節點，MapReduce 工作中使用了 1000 個節點，遠端存取若有 20% 的時間是在同一個機架內，請問其執行時間為何？ 50% 的時間呢？ 80% 的時間呢？

   d. [10] <6.2, 6.3> 給予 6.2 節的簡單型 MapReduce 程式，請討論一些可能的最佳化方式，能將工作負載的區域性極大化。

6.15 [20/20/10/20/20/20] <6.2> WSC 程式設計師通常使用資料複製來克服軟體中的故障，例如 Hadoop HDFS 就運用了三路複製 (一為本地複製，一為機架內的遠端複製，另一為別的機架內的遠端複製)，但是值得探討何時才需要這樣的複製。

   a. [20] <6.2> Hadoop World 2010 研討會一項與會者調查顯示：超過一半的 Hadoop 叢集擁有 10 個或更少個節點，資料集大小為 10 TB 或更少。使用圖 6.1 的故障頻率數據，請問一個 10 節點 Hadoop 叢集在 1 路、2 路和 3 路複製的情況下擁有何種可用性？

   b. [20] <6.2> 假設圖 6.1 的數據以及一個 1000 節點的 Hadoop 叢集，請問它在 1 路、2 路和 3 路複製的情況下擁有何種可用性？

   c. [10] <6.2> 複製的相對虛耗會隨著區域計算每個小時的寫入資料量而變動。針對一個 1000 節點、排序 1 PB 資料的 Hadoop 工作，其中資料洗牌的中間結果是寫入至 HDFS，請計算額外的 I/O 交通量和網路交通量 (在機架內和跨機架)。

   d. [20] <6.2> 使用圖 6.6，請計算 2 路與 3 路複製的時間虛耗。使用圖 6.1 所示的故障率，請比較無複製對比於 2 路與 3 路複製的預期執行時間。

e. [20] <6.2> 現在考量一個將複製應用在日誌記錄上的資料庫系統，假設每一筆交易平均存取硬碟機一次並產生 1 KB 的日誌記錄資料，請計算 2 路與 3 路複製的時間虛耗。請問交易如果在記憶體中執行並花費 10 微秒的話又如何？

f. [20] <6.2> 現在考量一個具有 ACID 一貫性的資料庫系統，對於雙相判定 (two-phase commitment) 需要兩次網路往返。請問維持一貫性並維持複製的時間虛耗為何？

6.16 [15/15/20/15] <6.1, 6.2, 6.8> 雖然需求階層平行化允許許多機器平行工作在單一問題上，藉以達成較大的整體效能，但有一項挑戰就是得避免將問題切割得太細。如果我們在服務水準協議 (service level agreement, SLA) 的層次上去看這個問題，通過較大的分割來使用較為小型的問題規模，可能會需要增加達成目標 SLA 的工夫。假設 SLA 為 95% 的查詢會在 0.5 秒內回應，並且假設一種類似於 MapReduce 的平行化結構，可以啟動多件冗餘工作來達成同樣的結果。針對下面的問題，假設圖 6.24 所示的查詢–回應時間之曲線，該曲線係針對一台基準伺服器以及一台使用較慢速處理器模型的「小型」伺服器，依據每秒查詢數來顯示回應的時間延遲。

a. [15] <6.1, 6.2, 6.8> 假設該 WSC 每秒收到 30,000 次查詢，其查詢–回應時間之曲線如圖 6.24 所示，請問需要多少台伺服器來達成該 SLA？給予此查詢–回應時間之機率曲線，請問需要多少台「小型」伺服器來達成該 SLA？只看伺服器成本的話，請問這種「弱」伺服器必須比正常伺服器便宜多少才能達成目標 SLA 的成本優勢呢？

b. [15] <6.1, 6.2, 6.8>「小型」伺服器通常會由於元件比較便宜而比較不可靠。使用圖 6.1 的數字，假設起因於機器怪異和記憶體損壞的事件數目增

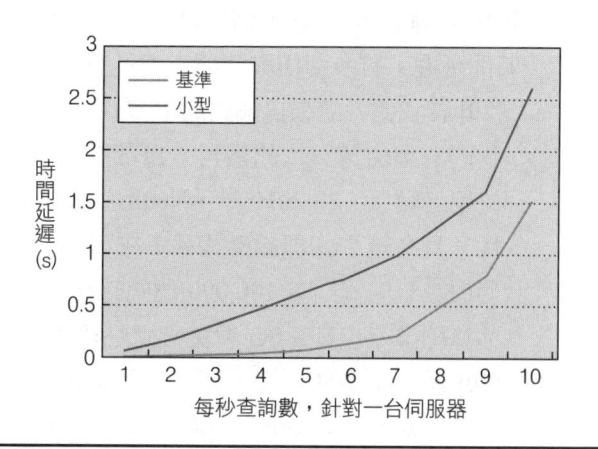

圖 6.24 查詢–回應時間之曲線。

加了 30%，請問現在需要多少台「小型」伺服器呢？請問這些伺服器必須比標準伺服器便宜多少呢？

c. [20] <6.1, 6.2, 6.8> 現在假設一個批次處理的環境，這些「小型」伺服器提供了 30% 的正規處理器之整體效能。依舊假設習題 6.15 (b) 的可靠度數字，並假設效能縮放比例對應於節點大小呈現出完美的線性，且每個節點的平均任務時間長度為 10 分鐘。請問需要多少個「弱」節點才能提供與 2400 節點的標準伺服器陣列相同的預期流通量呢？請問如果縮放比例為 85% 會如何呢？60% 會如何呢？

d. [15] <6.1, 6.2, 6.8> 通常縮放比例並非線性函數，反而是對數函數，所以自然的反應反而是去購置較大的節點，讓每個節點擁有較多的計算能力，而將陣列規模極小化。請討論此結構的某些取捨權衡。

6.17 [10/10/25/15] <6.3, 6.8> 高階伺服器有一項趨勢，就是將非揮發性快閃記憶體包括在記憶體層級中，或者經由固態碟 (solid-state disk, SSD)，或者經由 PCI Express 附卡。典型的 SSD 擁有 250 MB/sec 的頻寬以及 75 微秒的時間延遲，而 PCIe 卡則擁有 600 MB/sec 的頻寬以及 35 微秒的時間延遲。

a. [10] 取圖 6.7 並將這些點包括在區域伺服器層級中。假設在不同層級階層上所取得的是與 DRAM 完全相同的效能縮放因素，請問這些快閃記憶體裝置跨機架存取時比較起來如何呢？跨陣列存取時比較起來又如何呢？

b. [10] 請討論某些軟體式最佳化方式，可以利用該記憶體層級的新階層。

c. [25] 請重作 (a) 小題，反過來假設每個節點都擁有一張 32 GB 的 PCIe 卡，能夠快取所有磁碟機存取數的 50%。

d. [15] 如「謬誤與陷阱」中 (6.8 節) 所討論，用 SSD 取代所有磁碟機不見得是一種符合成本效益的策略。考量一個 WSC 營運商使用 SSD 去提供雲端服務，請討論使用 SSD 或其他快閃記憶體會有道理的一些情境。

6.18 [20/20/ 討論] <6.3> **記憶體層級**：在某些 WSC 設計中，快取被重度使用來減少時間延遲，有多種快取選項來滿足變動的存取式樣和需求。

a. [20] 讓我們考慮來自網路的串流式多媒體設計選項 (例如，Netflix)。首先我們必須估算影片的數目、每部影片編碼格式的數目，以及同時觀賞的使用者數目。在 2010 年，Netflix 擁有 12,000 片子提供線上串流，每一部片子具有至少四種編碼格式 (在 500、1000、1600 和 2200 kbps 下)。我們假設整個網站有 100,000 位同時觀賞者，每部影片平均有一小時長。請估算總儲存容量、I/O 頻寬與網路頻寬，以及視訊串流相關的計算需求。

b. [20] 請問每個使用者、每部影片以及跨所有影片的存取式樣和存取區域化特性為何？(提示：隨機對循序、良好對不良的時間與空間區域性，以及相當小型對大型的工作集合大小。)

c. [討論] 請問藉由使用 DRAM、SSD 和硬碟機，存在了哪些影片儲存選項？請比較它們的效能和 TCO。

6.19 [10/20/20/ 討論 / 討論] <6.3> 考量一個社群網站，有一億位活動的使用者正在發佈與他們有關的更新 (以文字或圖片形式)，並在他們社群網當中的更新進行瀏覽與互動。為了提供低時間延遲，Facebook 和許多其他網站都使用分佈式高速緩存系統 (memcached) 作為後端儲存 / 資料庫層次之前的快取階層。

a. [10] 請估算每個使用者以及跨越整個網站的資料產生速率和資料需求速率。

b. [20] 針對此處所討論的社群網站，請問需要多少 DRAM 來主管其工作集合？使用每一台都擁有 96 GB DRAM 的伺服器，請估算需要多少的本地對遠端記憶體存取來產生使用者的首頁？

c. [20] 現在考量兩種候選的分佈式高速緩存系統伺服器設計，一種使用習見的 Xeon 處理器，另一種則使用較小的核心，例如 Atom 處理器。已知分佈式高速緩存系統需要大型實體記憶體，但具有低的 CPU 利用率，請問這兩種設計的優缺點為何？

d. [討論] 今日記憶體模組與處理器的緊密結合通常需要增加 CPU 的插座數目，以便對大型記憶體提供支援。請列出提供大型實體記憶體卻不必按比例增加伺服器中插座數目的其他設計方式。請依據效能、功率、成本和可靠度將它們進行比較。

e. [討論] 相同的使用者資訊可以儲存在分佈式高速緩存系統和儲存伺服器內，這樣的伺服器可以不同的方式作實體代管。請討論以下的 WSC 伺服器佈局：(1) 將分佈式高速緩存系統並列配置在相同的儲存伺服器上，(2) 將分佈式高速緩存系統與儲存伺服器配置在相同機架內分開的節點上，或是 (3) 分佈式高速緩存系統伺服器都在相同的機架上，儲存伺服器則並列配置在分開的機架上。

6.20 [5/5/10/10/ 討論 / 討論] <6.3, 6.6> **資料中心聯網**：MapReduce 和 WSC 乃是應付大型資料處理的強力組合；例如，2008 年時 Google 在略多於 6 小時之內使用 4000 台伺服器和 48,000 部硬碟機將一 petabyte (1 PB) 的記錄進行排序。

a. [5] 請由圖 6.1 和相關文字導出磁碟機頻寬。請問將資料讀入主記憶體且將排序結果寫回得花費多少秒？

b. [5] 假設每一台伺服器都有兩張 1 Gb/sec 的乙太網路介面卡 (network interface card, NIC)，且 WSC 的交換基礎設施被過度預訂了 4 倍，請問要將跨越 4000 台伺服器的整個資料集都加以洗牌得花費多少秒？

c. [10] 假設對於 petabyte 排序而言，網路傳送就是效能瓶頸，請問您可以估算出 Google 在其資料中心所具有的過度預訂率嗎？

d. [10] 現在我們來探討擁有無過度預訂的 10 Gb/sec 乙太網路之優點 —— 例如，使用 48 埠 10 Gb/sec 乙太網路（就是 2010 Indy 排序標準效能測試程式的贏家 TritonSort 所使用的）。請問要將 1 PB 資料洗牌得花費多少時間？

e. [討論] 此處請比較兩種方式：(1) 具有高度的網路過度預訂的大規模擴充方式，以及 (2) 具有高頻寬網路的相對小型系統。請問它們的潛在瓶頸為何？請問就可擴充性和 TCO 而論，它們的優點與缺點為何？

f. [討論] 排序和許多重要的科學計算工作負載都是通訊吃重式，然而許多其他的工作負載則否。請列出三種無法從高速聯網獲益的工作負載範例。請問您會推薦對這兩種類型的工作負載使用 EC2 案例嗎？

6.21 [10/25/ 討論] <6.4, 6.6> 由於 WSC 的巨大規模，依據預期執行的工作負載去適當分配網路資源是非常重要的。不同的分配方式可能會對效能和所有權總成本 (total cost of ownership, TCO) 產生重大的影響。

a. [10] 使用圖 6.13 所詳列的試算表內數字，請問在每一個存取階層交換器的過度預訂率為何？請問如果過度預訂率砍掉一半，對於 TCO 有何影響？如果加倍又如何呢？

b. [25] 減少過度預訂率可能會改進效能，如果工作負載受限於網路的話。假設有一份 MapReduce 工作使用了 120 台伺服器且讀取了 5 TB 的資料，假設讀取資料/中間資料/輸出資料之比率與圖 6.2 中的 2009 年 9 月相同，並使用圖 6.6 來定義記憶體層級的頻寬。對於資料讀取而言，假設 50% 的資料是從遠端磁碟機讀取；在那當中，80% 是從機架內讀取，20% 是從陣列內讀取。對於中間資料和輸出資料而言，假設 30% 的資料是使用遠端磁碟機；在那當中，90% 是在機架內，10% 是在陣列內。請問當過度預訂率減少一半時，整體效能改進為何？加倍時效能改善又如何呢？請計算每一個例子的 TCO。

c. [討論] 我們正看見趨勢是朝向每個系統有更多的核心，我們也正看見光通訊的採用日益增加（具有潛在的更高頻寬和改進的能量效率）。請問您如何思考這些和其他新興技術會怎樣去影響未來 WSC 的設計呢？

6.22 [5/15/15/20/25] <6.5> **認識 Amazon 網路服務的能力**：想像您是 Alexa.com 頂層網站的網站營運與基礎設施經理，正在考慮使用 Amazon 網路服務 (Amazon Web Services, AWS)。在決定是否遷往 AWS、要使用哪些服務與案例形式，以及您可省下多少成本之時，請問您需要考慮的因素為何？您可以使用 Alexa 資訊和網站交通資訊（例如，Wikipedia 就提供網頁瀏覽的統計資料）來估算頂層網站所收到的交通量，或者您也可以從網路上取得具體實例，例如以下來自於 DrupalCon San Francisco 2010 的實例：http://2bits.com/

sites/2bits.com/files/drupal-single-server-2.8-million-page-views-a-day.pdf。這些投影片描述一個使用單一伺服器每天收到 280 萬次網頁瀏覽的 Alexa #3400 網站。該伺服器擁有兩個四核心 Xeon 2.5 GHz 處理器，具備 8 GB DRAM 和三個每分鐘 15000 轉 RAID1 組態的 SAS 硬碟機，每個月花費大約 400 美元。該網站重度使用快取，CPU 使用率範圍從 50% 到 250% (大約有 0.5 到 2.5 個核心是忙碌的)。

a. [5] 看著可取得的 EC2 案例 (http://aws.amazon.com/ec2/instance-types/)，請問有哪些案例形式符合或超過目前的伺服器組態？

b. [15] 看著可取得的 EC2 定價資訊 (http://aws.amazon.com/ec2/pricing/)，請選取最符合成本效益的 EC2 案例 (允許組合式) 來主管 AWS 上的網站。請問 EC2 的每月成本為何？

c. [15] 現在把 IP 位址和網路交通的成本加到方程式內，並假定網站每天傳送 100 GB 在網際網路上進出，請問該網站現在每月成本為何？

d. [20] AWS 也對新客戶提供一年免費的微案例以及每位客戶 15 GB 跨 AWS 交通進出的頻寬。依據您從您部門的網路伺服器所估算出來的尖峰與平均交通量，請問您有可能在 AWS 上使其免費代管嗎？

e. [25] 有一個超大型網站 Netflix.com 也已將其串流與編碼基礎設施遷往 AWS。依據其服務特性，請問有哪些 AWS 服務項目可以為 Netflix 所使用？其目的何在？

6.23 [討論/討論/20/20/討論] <6.4> 圖 6.12 顯示出使用者感受的回應時間對於營業額的衝擊，促進了達成高流通量而維持低時間延遲的需要。

a. [討論] 取網路搜尋為例，請問減少查詢時間延遲有哪些可能的方式呢？

b. [討論] 請問您可以收集什麼樣的監測統計資料來幫忙瞭解時間是花在哪裡呢？請問您如何計畫去製作這樣的一種監測工具呢？

c. [20] 假設每次查詢的磁碟機存取數目遵循一種正規分佈，其平均值為 2，標準偏差量為 3，請問對於 95% 的查詢而言，需要何種磁碟機存取時間延遲來滿足 0.1 秒的時間延遲 SLA 呢？

d. [20] 記憶體內快取可以減少長時間延遲事件的頻率 (例如，存取硬碟機)。假設穩態命中率為 40%，命中時間延遲為 0.05 秒，且失誤時間延遲為 0.2 秒，請問對於 95% 的查詢而言，快取可以幫忙符合 0.1 秒的時間延遲 SLA 嗎？

e. [討論] 請問快取內容可能變成過時甚至不一致嗎？請問此種事件可能多常發生呢？請問您有可能偵測出這樣的內容並加以失效嗎？

6.24 [15/15/20] <6.4> 典型的電源供應單元 (power supply unit, PSU) 效率會隨著負載的改變而變動；例如，PSU 效率在 40% 負載下 (例如，從 100 瓦 PSU 輸

出 40 瓦) 可能為 80%，負載在 20% 與 40% 之間時可能為 75%，負載低於 20% 時可能為 65%。

a. [15] 假設有一台功率成比例的伺服器，其實際功率正比於 CPU 利用率，利用率曲線如圖 6.3 所示。請問平均 PSU 效率為何？

b. [15] 假定該伺服器對 PSU 運用了 2N 冗餘機制 (亦即 PSU 數目加倍) 來保證當一個 PUS 故障時還有穩定的電源供應。請問平均 PSU 效率為何？

c. [20] 刀鋒伺服器供應商使用一種 PSU 共用池，不僅提供了冗餘機制，並且動態地將 PSU 數目與伺服器的實際功率消耗作匹配。HP c7000 機箱針對 16 台伺服器使用了達 6 個 PSU。請問於此例中在相同的利用率曲線下，該伺服器機箱的平均 PSU 效率為何？

6.25 [5/ 討論 /10/15/ 討論 / 討論 / 討論] <6.4> **電力擱淺** (power stranding) 是一個名詞，用以引述所供應的並未用於資料中心的電力容量。考量圖 6.25 針對不同的機器群組所提出的數據 [Fan、Weber 和 Barroso 2007]。(請注意這篇論文所稱的「叢集」即為我們在本章所引述的「陣列」。)

a. [5] 請問在 (1) 機架階層，(2) 配電單元階層，以及 (3) 陣列 (叢集) 階層，擱淺的電力為何？請問在較大型機器群組中過度預訂電力容量的趨勢為何？

b. [討論] 請問您如何思考是什麼原因造成不同的機器群組之間電力擱淺的差異呢？

c. [10] 考量一個陣列階層的機器集合，其中全部機器從未使用超過 72% 的聚合電力 (有時候這也稱為總合的峰值與峰值的總合之間的使用比率)。請使用在個案研究中的成本模型，比較備以尖峰容量電力的資料中心與備以實際使用電力的資料中心，來計算節省的成本。

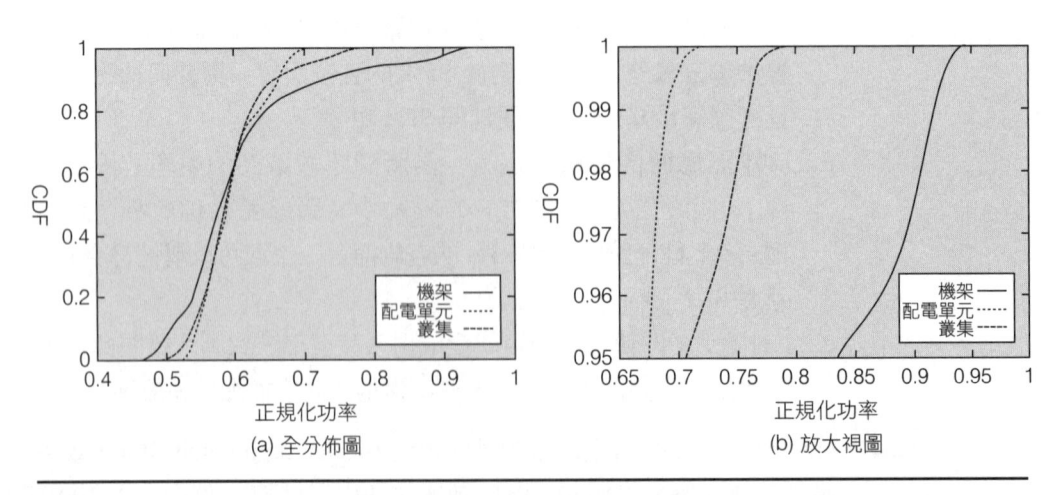

圖 6.25 真實資料中心的累積分佈函數 (cumulative distribution function)。

d. [15] 假設資料中心設計師選擇將陣列階層的額外伺服器包括進來,以利用擱淺的電力。使用 (a) 小題的範例組態和假設,請針對相同的總電力供應,計算現在可以在數位倉儲型電腦中多包括多少台伺服器。

e. [討論] 請問在真實世界的部署中,欲使 (d) 小題的工作最佳化所需要的是什麼?(提示:試想碰巧令電力到頂 —— 處於陣列中所有伺服器都使用尖峰電力的稀少狀況所需要的是什麼?)

f. [討論] 可以設想兩種策略來管理電力容量 [Ranganathan 等人 2006]:(1) 先發制人式策略,其中電力預算是預先決定的(「並不假設您可以使用更多的電力;在您做之前先問!」)或是 (2) 活性策略,其中電力預算在違反電力預算的情況下就加以扼殺(「盡您所需去使用電力直到告訴您不可以為止!」)。請討論這些方法之間的取捨權衡以及您會在何時分別使用每一種形式。

g. [討論] 如果系統變得較為能量成比例的話,請問總擱淺電力會發生什麼情形(假設工作負載類似於圖 6.4)?

6.26 [5/20/ 討論] <6.4, 6.7> 6.7 節討論過 Google 的設計當中每台伺服器的電池源使用情形。讓我們來檢視這項設計的結果。

a. [5] 假設使用電池作為迷你伺服器階層的 UPS 效率為 99.99%,並排除效率只有 92% 的全範圍設備的 UPS 之需要。假設變電站交換效率為 99.7%,並假設配電單元、各降壓階段以及其他電力斷路器的效率分別為 98%、98% 和 99%。請計算出使用每台伺服器電池備援方式的整體電力基礎設施之效率改進。

b. [20] 假設 UPS 的成本為 IT 設備的 10%。使用個案研究中成本模型剩餘的假設,請問電池成本(表示為佔單一伺服器成本的比例)的損益平衡點為何?在該點上電池式解決方案的所有權總成本比全範圍設備 UPS 的所有權總成本要好。

c. [討論] 請問這兩種方式之間的其他取捨權衡為何?特別是,請問您認為跨越這兩種不同設計的可管理性與故障模型會如何改變呢?

6.27 [5/5/ 討論] <6.4> 針對這個習題,考量一個 WSC 總運轉功率的簡化方程式如下:總運轉功率 = (1 + 無效率冷卻的乘數) × IT 設備功率。

a. [5] 假設一個 8 MW 資料中心,使用 80% 的電力,每千瓦–小時的電費為 0.10 美元,無效率冷卻的乘數為 0.8。請比較 (1) 改善 20% 冷卻效率的最佳化方式,以及 (2) 改善 20% IT 設備能量效率的最佳化方式。

b. [5] 請問 IT 設備能量效率所需要的改善百分比為何,方能符合冷卻效率改善 20% 的成本節省?

c. [討論 /10] 關於著重在伺服器能量效率最佳化和著重在冷卻能量效率最佳

化的相對重要性，請問您可以引出哪些結論？

6.28 [5/5/ 討論] <6.4> 如本章所討論，WSC 中的冷卻設備本身就可能消耗不少能量。冷卻成本可以藉由積極管理溫度而降低；溫度感知工作負載之安置就是一種最佳化方式，已經被提出來管理溫度以減少冷卻成本。此概念乃是去鑑別一間已知房間的冷卻輪廓，並將較熱的系統對映至較冷的點，以減少 WSC 層次上的整體冷卻需求。

　　a. [5] CRAC 單元的效能係數 (coefficient of performance, COP) 被定義為移除的熱量 (Q) 與移除該熱量所需要的功 (W) 之比率。CRAC 單元的 COP 隨著 CRAC 單元推入密閉空間的空氣溫度而增加。如果空氣是在攝氏 20 度返回 CRAC 單元而且移除 10KW 熱量的 COP 為 1.9，請問有多少能量消耗在 CRAC 單元中？如果冷卻相同體積的空氣，但現在是在攝氏 25 度返回，COP 為 3.1，請問有多少能量消耗在 CRAC 單元中？

　　b. [5] 假設有一種工作負載分散演算法能夠將熱的工作負載與冷點作良好匹配，讓電腦房空調 (computer room air-conditioning, CRAC) 在較高溫度下運轉來改進冷卻係數，像上面的習題那般，請問上述二例之間的功率節省為何？

　　c. [討論] 給定 WSC 系統的規模後，功率管理就可能是一個複雜而多面向的問題。改進能量效率的最佳化可以在系統層次上、在叢集層次上針對 IT 設備或冷卻設備等等，用硬體和軟體來實現。針對 WSC 設計一套整體能量效率解決方案時，考量這些交互作用就很重要了。設想一種整併演算法，注視著伺服器利用率，並且在相同的伺服器上整併不同的工作負載類型來增加伺服器利用率。(如果該系統並非能量成比例，這樣就有可能令伺服器在較高的能量效率下運轉。) 請問這種最佳化會如何與一種並行的演算法交互作用呢？該演算法嘗試使用不同的功率狀態 [看看某些範例的 ACPI (Advanced Configuration Power Interface, 高等組態功率介面)]。請問您能夠想得到 WSC 當中多種最佳化有可能彼此衝突的一些範例嗎？請問您會如何解決這個問題呢？

6.29 [5/10/15/20] <6.2> 能量成比例 (有時候也稱之為能量按比例下降) 是一種閒置時不消耗功率的系統屬性，但更重要的是：與活動程度和所作的功成比例地逐漸消耗更多的功率。在本習題中，我們將檢視能量消耗對於不同的能量成比例模型之靈敏度。在以下的習題中，除非另行提出，一律使用圖 6.4 的數據作為預設值。

　　a. [5] 要理解能量成比例的一種簡易方式就是假設活動與功率使用之間成線性關係。只使用圖 6.4 尖峰功率與閒置功率的數據並進行線性內插，請繪出跨在變動活動上的能量效率趨勢線。(能量效率是以每瓦特的效能來表

示。) 請問如果閒置功率 (0% 活動) 為圖 6.4 所設之半會發生什麼？如果閒置功率為零又會發生什麼？

b. [10] 請繪出跨在變動活動上的能量效率趨勢線，但使用圖 6.4 欄位 3 的功率變動數據。假設閒置功率 (獨自地) 為圖 6.4 所設之半，請繪出能量效率線。請將這些繪圖與先前習題的線性模型互相比較。關於純粹獨自地聚焦在閒置功率上的結果，請問您可以引出哪些結論？

c. [15] 假設使用圖 6.4 欄位 7 的混合式系統利用率。為了簡單起見，假設一種跨 1000 台伺服器的離散分佈：109 台伺服器為 0% 利用率、80 台伺服器為 10% 利用率等等。請使用 (a) 小題與 (b) 小題的假設，計算出此混合式工作負載的總效能和總能量。

d. [20] 有可能設計一種系統，在負載位準 0% 與 50% 之間的範圍內擁有次線性的功率對負載關係，這會產生峰值位於較低利用率的能量效率曲線 (犧牲了較高的利用率)。請在圖 6.4 創立新的欄位 3，可以呈現這樣一條能量效率曲線。假設使用圖 6.4 欄位 7 的混合式系統利用率。為了簡單起見，假設一種跨 1000 台伺服器的離散分佈：109 台伺服器為 0% 利用率、80 台伺服器為 10% 利用率等等。請計算出此混合式工作負載的總效能和總能量。

6.30 [15/20/20] <6.2, 6.6> 這個習題列舉了能量成比例模型與諸如伺服器整併和能量效率設計等最佳化之間的交互作用，請考量圖 6.26 和圖 6.27 所顯示的情境。

a. [15] 考量兩台功率分佈如圖 6.26 所示的伺服器：例 A (圖 6.4 所考量的伺服器) 和例 B (比起例 A，是一台能量較不成比例但能量效率較高的伺服器)。假設使用圖 6.4 欄位 7 的混合式系統利用率。為了簡單起見，假設一種跨 1000 台伺服器的離散分佈：109 台伺服器為 0% 利用率、80 台伺服器為 10% 利用率等等，如圖 6.27 的列 1 所示。假設效能變動是依據圖

活動 (%)	0	10	20	30	40	50	60	70	80	90	100
功率，例 A (W)	181	308	351	382	416	451	490	533	576	617	662
功率，例 B (W)	250	275	325	340	395	405	415	425	440	445	450

圖 6.26 兩種伺服器的功率分佈。

活動 (%)	0	10	20	30	40	50	60	70	80	90	100
伺服器數目，例 A 和例 B	109	80	153	246	191	115	51	21	15	12	8
伺服器數目，例 C	504	6	8	11	26	57	95	123	76	40	54

圖 6.27 跨越叢集的使用率分佈，沒有整併 (例 A 和例 B) 與有整併 (例 C)。

6.4 的欄位 2。請計算出這兩種伺服器形式的混合式工作負載的總效能和總能量。

b. [20] 考量一個 1000 台伺服器的叢集，其數據類似於圖 6.4 所示之數據 (總結在圖 6.26 和圖 6.27 的第一列)。請問在這些假設下，混合式工作負載的總效能和總能量為何？現在假設我們能夠整併工作負載而塑造成例 C 所示的分佈 (圖 6.27 的第二列)，請問現在的總效能和總能量為何？請問總能量與一個擁有線性的能量成比例模型、閒置功率為零瓦特、尖峰功率為 662 瓦特之系統比較起來如何呢？

c. [20] 請重作 (b) 小題，但使用伺服器 B 的功率模型，並與 (a) 小題的結果作比較。

6.31 [10/ 討論] <6.2, 6.4, 6.6> **系統層次的能量成比例趨勢**：考量下面一台伺服器功率消耗的分項數字：

CPU，50%；記憶體，23%；磁碟機，11%；聯網 / 其他，16%
CPU，33%；記憶體，30%；磁碟機，10%；聯網 / 其他，27%

a. [10] 假設 CPU 的動態功率範圍為 3.0 倍 (亦即 CPU 閒置的功率消耗為其尖峰功率消耗的三分之一)。假設以上記憶體系統、磁碟機和聯網 / 其他等類型的動態範圍分別為 2.0 倍、1.3 倍和 1.2 倍。請問這兩個例子整個系統的整體動態範圍為何？

b. [討論 /10] 請問您可以從 (a) 小題的結果學到什麼？請問我們會如何在系統層次上達成較佳的能量成比例呢？(提示：系統層次上的能量成比例無法單獨經由 CPU 最佳化來達成，反而需要跨所有元件作改進。)

6.32 [30] <6.4> Pitt Turner IV 等人 [2008] 提出一份對於資料中心層次分類的良好概述。層次分類定義了網站基礎設施的效能。為了簡單起見，考量圖 6.28 所示的關鍵差異 (改編自 Pitt Turner IV 等人 [2008])。請使用個案研究中的 TCO 模型來比較圖中所示不同層次的成本含意。

6.33 [討論] <6.4> 依據圖 6.13 的觀察，請問您可以在定性方面 —— 對於停機時間的營業額損失與正常運作時間引發的成本這兩者之間的取捨權衡 —— 說

第 1 層	單一路徑的電力和冷卻分配，沒有冗餘元件	99.0%
第 2 層	(N+1) 冗餘 = 兩條電力和冷卻分配路徑	99.7%
第 3 層	(N+2) 冗餘 = 三條電力和冷卻分配路徑，所針對的正常運作時間甚至是維修期間	99.98%
第 4 層	兩條活動的電力和冷卻分配路徑，每條路徑都有冗餘元件，足以忍受任何單一設備故障而不影響負載。	99.995%

圖 6.28 資料中心層次分類概觀。(改編自 Pitt Turner IV 等人 [2008]。)

些什麼嗎？

6.34 [15/ 討論] <6.4> 一些最近的研究已經定義出一個稱為 TPUE 的標度，代表「true (真實) PUE」或「total (總) PUE」。TPUE 被定義為 PUE * SPUE。PUE，功率使用有效性 (power utilization effectiveness)，在 6.4 節定義為設備總功率除以 IT 設備總功率之比率；SPUE 即 server (伺服器) PUE 是一個與 PUE 類似的新標度，但應用在計算設備上，被定義為伺服器總輸入功率對其有用功率之比率，有用功率則定義為直接涉及計算的電子元件：主機板、磁碟機、CPU、DRAM、I/O 卡等等所消耗的功率。換句話說，SPUE 捕捉到坐落在伺服器內與電源供應器、穩壓器和風扇有關聯的低效率。

a. [15] <6.4> 考量一項設計，對於 CRAC 單元使用較高的供應溫度。CRAC 單元的效率近似於溫度的二次函數，所以這項設計便改進了整體的 PUE，假設改進了 7%。(假設基準 PUE 為 1.7。) 然而，伺服器層次的較高溫度會觸發電路板上的風扇控制器以高很多的速度去運轉風扇。風扇功率為速度的三次函數，風扇速度的增加便導致 SPUE 的惡化。假設風扇功率模型如下：

$$風扇功率 = 284 * ns * ns * ns - 75 * ns * ns$$

其中 ns 為正規化風扇速度 = 風扇速度的 rpm 數 /18,000

且基準伺服器功率為 350 W。如果風扇速度的增加為 (1) 從 10,000 rpm 至 12,500 rpm 以及 (2) 從 10,000 rpm 至 18,000 rpm，請分別計算 SPUE。請比較這兩例中的 PUE 和 TPUE。(為了簡單起見，忽略在 SPUE 模型中功率傳遞的低效率。)

b. [討論] (a) 小題說明了雖然 PUE 對於捕捉設備的虛耗是一個極佳的量度，卻無法捕捉在 IT 設備本身之內的低效率。請問您可以鑑別出另一種 TPUE 有可能低於 PUE 的設計嗎？(提示：見習題 6.26。)

6.35 [討論 /30/ 討論] <6.2> 兩套最近釋出的標準效能測試程式提供了核算伺服器能量效率的一個良好出發點 —— SPECpower_ssj2008 標準效能測試程式 (在 http://www.spec.org/power_ssj2008/ 上可取得) 以及 JouleSort 標度 (在 http://sortbenchmark.org / 上可取得)。

a. [討論] <6.2> 請查閱對於這兩套標準效能測試程式的說明。請問它們是如何地相似呢？請問它們又是如何地不同呢？請問您會如何去做來改進這些標準效能測試程式，以便比較妥善地面對改進 WSC 能量效率的目標？

b. [30] <6.2> JouleSort 對於執行一項核心外排序的系統總能量進行量測，並且嘗試導出一個能夠對嵌入式裝置到超級電腦範圍內的系統進行比較的標度。請在 http://sortbenchmark.org/ 上查閱對於 JouleSort 標度的說明。

請下載一套公眾可取得的排序演算法版本，在不同類型的機器上 —— 膝上型電腦、個人電腦、手機等 —— 執行或以不同的配置來執行。請問您可以從 JouleSort 對於不同設置的評等中學到什麼？

c. [討論] <6.2> 從您以上實驗中取出最佳 JouleSort 評等的系統來考量，請問您會如何去改進能量效率？例如，嘗試重新撰寫排序程式碼來改進 JouleSort 評等。

6.36 [10/10/15] <6.1, 6.2> 圖 6.1 是關於伺服器陣列中當機之列表。處理 WSC 的大型規模時，重要的是取得叢集設計與軟體結構的平衡，來達成所需要的正常運作時間而不致於引發重大的成本。本問題是探討只經由硬體來達成可用性的含意。

a. [10] <6.1, 6.2> 假設有一位經營者希望單獨經由伺服器的硬體改進來達成 95% 的可用性，請問每一種型態的事件必須減少多少次呢？現在假設個別伺服器當機完全可以經由冗餘機器來處理。

b. [10] <6.1, 6.2> 如果個別伺服器當機有 50% 的時間可以經由冗餘機器來處理，請問 (a) 小題的解答會如何改變呢？如果 20% 的時間呢？如果都沒有呢？

c. [15] <6.1, 6.2> 請討論軟體冗餘機制對於達成高度可用性的重要性。如果有一位經營者考慮購買比較便宜的機器，但是可靠程度減少 10%，請問那對軟體結構會有什麼含意？請問與軟體冗餘機制相關聯的挑戰是什麼？

6.37 [15] <6.1, 6.8> 請查閱標準的 DDR3 DRAM 對比於擁有錯誤更正碼 (error-correcting code, ECC) 的 DDR3 DRA 的目前價格。為了達成 ECC 所提供的較高可靠度，請問每個位元的價格增加為何？單獨使用 DRAM 價格以及 6.8 節所提供的數據，請問 WSC 無 ECC DRAM 對比於 ECC DRAM 每 1 美元的正常運作時間為何？

6.38 [5/ 討論] <6.1> **WSC 可靠度與可管理性之顧慮：**

a. [5] 考量一個伺服器叢集，每台伺服器成本為 2000 美元。假設年度故障率為 5%、每次修護的服務時間平均為一小時，且每次故障更換組件需要 10% 的系統成本，請問每台伺服器的年度維修成本為何？假設一位服務技術人員每小時的費率為 100 美元。

b. [討論] 請評論此管理模型對比於傳統企業資料中心的管理模型之間的差異。後者擁有大量小型或中型應用程式，每一個應用程式都是在它自己專屬的硬體基礎設施上執行。

APPENDIX A

指令集原理

An　將記憶體位址 n 中的數值，加至累加器中。
En　如果累加器中的數值大於或等於零，則從記憶體位址 n 中指定的位置開始執行；否則繼續執行下一個指令。
Z　停止機器執行並發出警示鳴聲。

Wilkes 與 Renwick
選自 1949 年 EDSAC 的 18 個機器指令集

A.1 簡　介

在本附錄中，我們著重於指令集結構的介紹 —— 這部份是程式設計師或撰寫編譯器的人可以直接接觸的。這部份的教材大都作為本書讀者的複習材料；我們將其包括進來作為背景知識。本附錄將介紹各種不同的設計方式供指令集結構設計師選擇。特別是，我們將焦點專注在四個主題。第一，介紹一種指令集結構的分類法，並對各類別提出其利弊得失。第二，提出並分析一些指令集的量測方式。這些量測方式大多與指令集類型無關。第三，討論程式語言和編譯器的議題，以及和指令集結構之間的關係。最後，在「綜合論述」這一節，說明如何將這些觀念應用在 MIPS 指令集中。MIPS 指令集是一種典型的 RISC 結構。我們以說明指令集設計上的謬誤與陷阱作為結束。

為了進一步舉例說明原理，附錄 K 提供四個常見的 RISC 結構範例 (MIPS、PowerPC、Precision Architecture、SPARC)、四個嵌入式 RISC 處理器 (ARM、Hitachi SH、MIPS 16、Thumb)，以及三種舊的結構 (80x86、IBM 360/370、VAX)。在我們討論如何將各種指令集結構分類前，我們將針對指令集的量測方式作一說明。

在本附錄中，我們檢驗各種不同結構上的評估方式。很清楚地，這些評估方式取決於受測的程式以及評估時所使用的編譯器。評估的結果並不是絕對的，如果您使用不同的編譯器或者不同的程式套件來作評估，您可能得到不同的結果。我們相信在本附錄所出現的評估方式都足以代表各類典型的應用程式。大多數的評估結果都是使用一小組標準效能測試程式得來，因此這些資料能合理地被陳列出來，也可以看出各程式之間的差異。設計新機種的結構設計師為了做出結構設計上的判斷，希望能夠分析很多程式。所以列出的評估結果都是**動態的**；也就是說，受測事件的頻率是根據此事件在執行時所出現的次數加權計算後而得的。

在開始一般原理之前，我們先複習第 1 章所提到的三個應用領域。**桌上型計算** (desktop computing) 著重於整數和浮點數的程式效能，比較忽略程式的大小。例如，程式碼的大小從未被顯示在五個世代的 SPEC 標準效能測試程式上。目前的**伺服器** (server) 主要使用在資料庫、檔案伺服器以及網站應用程式上，再加上一些支援多使用者的分時 (time-sharing) 應用程式。因此，浮點效能的重要性要比整數及字元字串來得小，然而實際上每個伺服器處理器仍然包含浮點數指令。**個人行動裝置和嵌入式應用程式** (personal mobile devices and embedded applications) 則較注重成本和能量，所以程式碼的大小很重要，因為使用較少的記憶體不但會比較節省成本而且消耗的能量較低，並且某些指令類別是選擇性的 (例如浮點數)，藉此降低晶片的成本。

因此，在這三種應用上的指令集結構是非常相似的。事實上本附錄的 MIPS 結構已經成功地使用於桌上型電腦、伺服器以及嵌入式應用上。

80x86 是一種非常成功且又不同於 RISC 的結構 (見附錄 K)。然而令人驚訝的是，它的成功並不會掩蓋 RISC 指令集結構的優點。在軟體相容性以及摩爾定律所導致的大量電晶體雙重商業考量下，Intel 表面上必須支援 80x86 指令集，但是骨子裡卻得採用 RISC 指令集。新近的 80x86 微處理器，例如 Pentium 4，就利用硬體將 80x86 的指令轉換成類似 RISC 的指令，然後在晶片內部執行這些轉換過的指令。他們讓程式設計師眼中看到的是 80x86 的指令集結構，卻讓計算機設計師為了效能而設計出類似 RISC 的處理器。

現在背景知識都已備齊了，我們開始來探索如何將這些指令集結構加以分類。

A.2　指令集結構的分類

不同指令集之間最基本的差異就是處理器中的內部儲存型態。因此在本節中，我們將專注於指令集結構中此一部份的各種不同作法。主要作法有：堆疊、累加器，或者一組暫存器。運算元在指令中可以用明確的方式或隱含的方式來指定：**堆疊式結構** (stack architecture) 的運算元是隱含的，它位於堆疊的頂端。在**累加器式結構** (accumulator architecture) 中，其中一個運算元也會以隱含的方式置於累加器中。在**通用暫存器式結構** (general-purpose register architecture) 中，運算元必須以外顯的方式指定 —— 不管是在暫存器中或記憶體內。圖 A.1 顯示這幾種結構的方塊圖，而圖 A.2 說明在這三種指令集中，C = A + B 所對應的組合語言程式碼。外顯的運算元必須直接從記憶體中讀取，或者需要先被載入臨時儲存區，這會取決於結構的種類與特定指令的選取。

正如圖中所示，暫存器式計算機其實可再細分為兩類。任何指令都能存取記憶體的類型稱之為**暫存器 – 記憶體式結構** (register-memory architecture)；而另一種類型只能透過載入及儲存指令才可以存取記憶體，稱之為**載入 – 儲存式** (load-store) 結構。第三種目前已經沒有在使用的類型稱之為**記憶體 – 記憶體式** (memory-memory) 結構，此結構的所有運算元都放在

(a) 堆疊　　(b) 累加器　　(c) 暫存器-記憶體　　(d) 暫存器-暫存器/載入-儲存

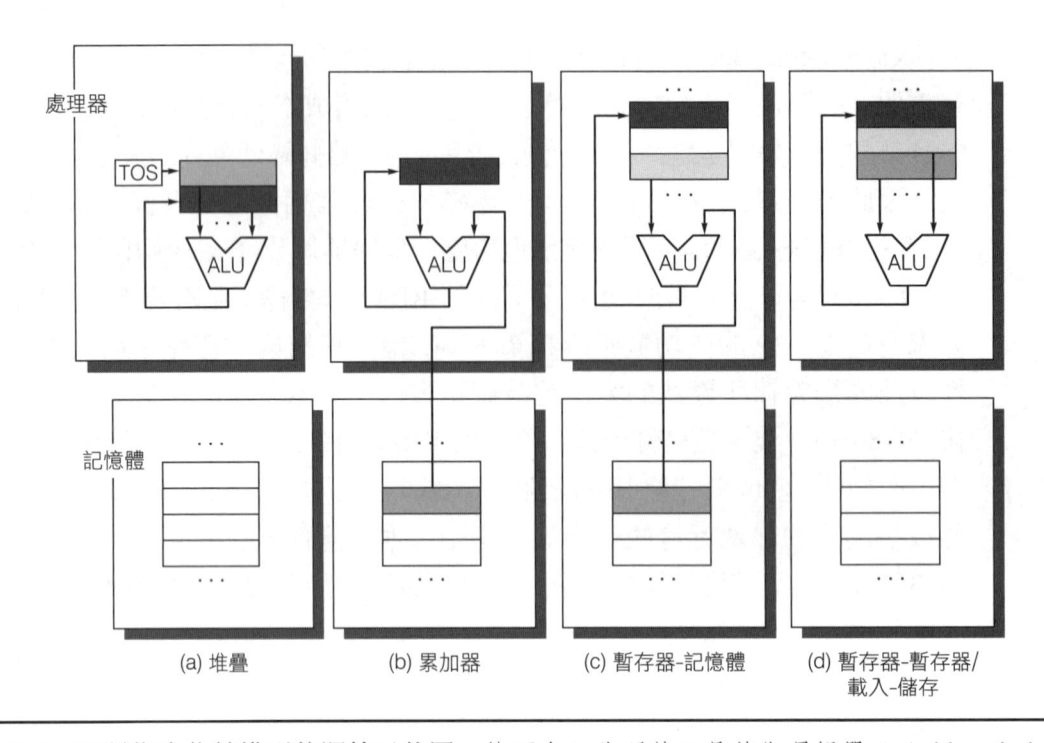

圖 A.1 四種指令集結構型的運算元位置。箭頭表示此運算元是算術邏輯單元 (arithmetic-logic unit, ALU) 的輸入或是 ALU 的運算結果,或者同時具備這兩種身份。顏色較淺的代表輸入運算元,較深的代表運算後的結果。在 (a) 中,TOS (Top Of Stack) 暫存器指向堆疊頂端的輸入運算元,而此運算元與其下的運算元相結合。第一個運算元從堆疊移出後,該運算結果取代第二個運算元的位置,且 TOS 被更新為指向該運算結果。所有運算元都是隱含的。在 (b) 中,此累加器既是隱含的輸入運算元又是運算結果。在 (c) 中,其中一個輸入運算元置於暫存器內,另一個是置於記憶體中,而運算結果則進入暫存器中。在 (d) 中所有運算元都置於暫存器中,而且像堆疊結構一樣,運算元可以透過不同的指令移至記憶體中:在 (a) 中是推入 (push) 或彈出 (pop),在 (d) 中是載入或儲存。

堆疊	累加器	暫存器(暫存器 – 記憶體)	暫存器(載入 – 儲存)
Push A	Load A	Load R1, A	Load R1, A
Push B	Add B	Add R3, R1, B	Load R2, B
Add	Store C	Store R3, C	Add R3, R1, R2
Pop C			Store R3, C

圖 A.2 C = A + B 在四種不同的指令集中的程式碼序列。需注意的是,堆疊式及累加器式結構的 Add 指令採用的是隱含的運算元,而暫存器式結構需要外顯的運算元。此處我們假設 A、B、C 均放在記憶體中,且 A 與 B 的值不能被銷毀。圖 A.1 說明每一種結構類型的 Add 運算。

記憶體中。某些指令集結構除了累加器之外還有多個暫存器，不過在使用這些暫存器時會有特殊限制。這種結構有時候被稱為**擴充式累加器** (extended accumulator)，或者是**通用暫存器** (special-purpose register) 式計算機。

雖然大多數早期的機器都採用堆疊式或累加器式結構，但是 1980 年以後，基本上都是使用載入－儲存式結構。使用通用暫存器式 (GRP) 結構的主要原因有二。第一，暫存器在 CPU 內部有記憶體的功能，但其速度比記憶體快很多。第二，對編譯器而言，暫存器比其他形式的記憶體更能有效率地被運用。例如，在暫存器式計算機上，計算 (A * B) – (B * C) – (A * D) 這個表示式的值時，基於運算元的位置或基於管線的考量，其乘法計算的次序可以任意顛倒 (見第 3 章)。但在堆疊式計算機上，計算這個表示式的值時，只能使用固定的順序，因為堆疊中的運算元是隱藏式的，並且還可能將同一個運算元載入到堆疊中許多次。

更重要的是，暫存器可以用來儲存變數。當變數被分配到暫存器時，不但記憶體和 CPU 之間的資料流通可以減少，程式的執行也變快了 (因為暫存器比記憶體快)，而且程式碼的密度也改進了 (因為在指令中表示暫存器名稱所需的位元數比表示記憶體位置所需的位元數要少很多)。

正如 A.8 節將會說明的，編譯器撰寫者比較喜歡所有的暫存器功能都一樣且沒有任何限制。舊式計算機大都沒有達到這項要求，而把某些暫存器用在特殊的用途，因此通用暫存器的數目就相對減少了。如果通用暫存器的數目太少的話，即使將變數分配至暫存器也是得不到什麼好處。碰到這種情形時，編譯器不會將所有的通用暫存器用在變數配置上，而是用來存放計算時所產生的中間值。

到底多少個暫存器才夠用？答案取決於編譯器如何使用這些暫存器。大多數的編譯器將某些暫存器用於算式計算，將另外一些暫存器用於副程式的參數傳遞。其餘的暫存器則作為變數的配置。新式的編譯器技術及其有效使用較多暫存器的能力已經造成在最近的結構中暫存器數目的增加。

GPR (通用暫存器) 結構的分類可以根據指令集的兩個主要特性。這兩個特性都與算術或邏輯運算指令 (ALU 指令) 有關。第一個特性是 ALU 指令需要兩個還是三個運算元。在三個運算元的指令格式中，指令包含一個結果運算元和兩個來源運算元。在兩個運算元的指令格式中，其中一個運算元既為運算的來源，亦為運算的結果。第二個特性是在 ALU 指令中有幾個運算元存放在記憶體內。一般 ALU 指令可以有 0 到 3 個記憶體運算元。圖 A.3 列出上述兩種考量的組合以及對應的計算機範例。雖然共有七種可能的組合，但其中三種組合幾乎可以囊括所有現存的計算機種類。這三種組合分別

記憶體位址的數目	允許的最多運算元數目	結構類型	範　例
0	3	載入–儲存	Alpha, ARM, MIPS, PowerPC, SPARC, SuperH, TM32
1	2	暫存器–記憶體	IBM 360/370, Intel 80x86, Motorola 68000, TI TMS320C54x
2	2	記憶體–記憶體	VAX (也具有三運算元格式)
3	3	記憶體–記憶體	VAX (也具有雙運算元格式)

圖 A.3　記憶體運算元的組合方式，以及一個 ALU 指令所需的運算元總數與相對應的範例計算機。在每個 ALU 指令中，沒有任何記憶體運算元的計算機稱為載入–儲存式或暫存器–暫存器式計算機。如果每個 ALU 指令中有多個記憶體運算元，則依據它們是擁有一個或一個以上的記憶體運算元，而稱之為暫存器–記憶體式或記憶體–記憶體式。

是載入–儲存式 (也稱為暫存器–暫存器式)、暫存器–記憶體式以及記憶體–記憶體式。

圖 A.4 列出各種結構的優缺點。當然這些優缺點不是絕對的。這些優缺點只是性質上的說明，並受到使用的編譯器以及製作的技術所影響。採用記憶體–記憶體式運算的 GPR 計算機，會輕易地被編譯器忽略，而被當成一部暫存器–暫存器式計算機。最普遍的結構性影響之一就是對於指令的編碼

類　型	優　點	缺　點
暫存器–暫存器式 (0, 3)	簡單、固定長度的指令編碼。簡單的指令碼產生模型。指令執行時所需的時脈週期數都差不多 (見附錄 C)。	和具有記憶體存取指令的結構相比，會耗費較多的指令。較多的指令和較低的指令密度會導致較大的程式。
暫存器–記憶體式 (1, 2)	不需要獨立的載入指令就可以存取資料。指令格式易於編碼，並且可以產生較好的密度。	運算元是不對等的，因為二元運算中的來源運算元會遭到破壞。每個指令中的暫存器數目與記憶體位址的編碼工作可能會限制暫存器的數量。每個指令的時脈數會受到運算元位置的影響。
記憶體–記憶體式 (2, 2) 或 (3, 3)	較為緊密，不會因為臨時用途而浪費暫存器。	指令長度有較大的差異，特別是對三運算元指令。此外，每個指令的工作量也有很大的差異。記憶體存取造成了記憶體瓶頸。(如今該結構已經不再使用。)

圖 A.4　最常見的三種通用暫存器計算機類型之優缺點。(m, n) 代表 m 個記憶體運算元以及總共有 n 個運算元。一般來說，計算機所提供的選擇愈少，編譯器的工作就愈簡單，這是因為編譯器要做的決定比較少 (請參考 A.8 節)。若計算機的指令格式有很多種且很有彈性，則可減少程式編碼所需要的位元數。暫存器的數目也會影響指令的大小，因為在一個指令中需要 $\log_2$ (暫存器數目) 的位元數來指定暫存器的名稱。因此，對於暫存器–暫存器式結構來說，若將暫存器的數目加倍則會增加額外的三個位元，也就是 32 位元指令的 10%。

方式，以及要完成一項工作所需要的指令數。我們在附錄 C 和第 3 章中會看到這些不同結構對於製作方式的影響。

總結：指令集結構的分類

這裡以及 A.3 至 A.8 節的結尾部份，將總結出我們期望新指令集所能提供的特性。我們將用這些特性來設計 A.9 節所要介紹的 MIPS 結構。從本節中，我們可以清楚地知道最好採用通用暫存器。圖 A.4 再加上附錄 C 對於管線的說明，使得我們期望能使用載入－儲存式版本通用暫存器式結構。

在介紹完指令集結構的分類後，接下來將介紹運算元定址。

A.3 記憶體定址模式

不管所採用的結構是載入－儲存式，或者是其中一個運算元在記憶體中，都必須定義如何解譯以及如何指定記憶體的位址。這裡所提出的量測大多 (但並非全部) 和計算機無關。在某些情況下，量測非常受到編譯器技術的影響。由於編譯器技術扮演著重要的角色，因此這些量測都已經使用最佳化的編譯器。

記憶體位址的解譯

如何解譯一個記憶體位址？也就是說，根據位址與資料長度來存取的是什麼東西？在本書中所介紹的指令集都是以位元組為位址單位，並且提供位元組 (8 位元)、半字元 (16 位元) 以及字元 (32 位元) 的存取。大多數的計算機還提供雙字元 (64 位元) 的存取。

一個較大物件中各位元組排列的順序，有兩種不同的慣例。**小印地安式** (Little Endian) 位元組順序是將位址為「x ... x000」的位元組放在雙字元中的最低位置 (小結尾)。其位元組編號如下：

| 7 | 6 | 5 | 4 | 3 | 2 | 1 | 0 |

而**大印地安式** (Big Endian) 位元組順序是將位址為「x ... x000」的位元組放在雙字元中的最高位置 (大結尾)。其位元組編號如下：

| 0 | 1 | 2 | 3 | 4 | 5 | 6 | 7 |

在同一部計算機中，通常位元組排列的順序不太受到注意，只有針對同一個位址存取字元又存取位元組時才會注意到兩者之間的差異。然而，在兩

種位元組排列順序不同的計算機之間交換資料時，就可能會發生問題。在比對字串時，小印地安式排列方式也無法符合字元的正規順序。像 backwards 這樣的字，會在暫存器中變成 SDRAWKCAB。

第二個與記憶體有關的問題是，在許多計算機中，存取大於一個位元組的物件時，必須要**對齊** (align)。在位址 A 上存取大小為 s 個位元組的物件時，若 A mod s = 0 (譯註：A 是 s 的整數倍)，則這次的存取是對齊的。圖 A.5 顯示了位址上的存取是否對齊。

設計一部計算機時為什麼要有對齊的限制呢？不對齊的存取會造成硬體設計的複雜度。因為記憶體一般都是依據字元或雙字元的整數倍來切齊邊界的，所以不對齊的記憶體存取或許要用好幾次對齊的存取才可以得到想要的資料。因此即使是在允許不對齊存取的計算機上，程式使用對齊的存取還是比較快。

即使資料是對齊的，要能夠存取位元組、半字元以及字元的話，仍須在 64 位元的暫存器中使用對齊網路 (alignment network) 來對齊位元組、半字元以及字元。例如在圖 A.5 中，假設我們從一個位址讀取一個位元組，且此位址的最低三個位元所形成的值為 4，則必須在 64 位元暫存器中向右移位三個位元組，才能將此位元組對齊至適當位置。根據不同指令的需求，計算機或許還要將數字做符號擴充 (sign-extend)。儲存這件事是簡單的：只有合法記憶體位址的位元組才可以被更改。在某些計算機上，載入一個位元組、半字元或字元到暫存器時，不會影響暫存器中較高的位元組。雖然本書所介紹的每種計算機都支援位元組、半字元與字元的存取，但只有 IBM 360/370、Intel 80x86 以及 VAX 才支援可以在小於暫存器全長度的暫存器運算元上執行 ALU 運算。

我們已經討論過各種不同的記憶體定址方式，接下來我們就可以討論指令指定位址的方式，稱為**定址模式** (addressing mode)。

定址模式

有了位址之後，現在我們就知道要存取記憶體中的哪些位元組。在本小節中，我們將看看定址模式 —— 各種結構如何指定它們所要存取物件的位址。除了記憶體位置，定址模式還可以指定常數和暫存器。如果指定的是記憶體位置，該定址模式所指定的真正記憶體位址便稱為**有效位址** (effective address)。

圖 A.6 列出在最近的計算機上使用的所有資料定址模式。雖然暫存器定址通常由於不具有記憶體位址而被移開，但**立即值** (immediate) 或文字

所存取位元組的位址中的三個低位元值

物件的寬度	0	1	2	3	4	5	6	7
1 位元組 (位元組)	對齊	對齊	對齊	對齊	對齊	對齊	對齊	對齊
2 位元組 (半字元)	對齊		對齊		對齊		對齊	
2 位元組 (半字元)		不對齊		不對齊		不對齊		不對齊
4 位元組 (字元)	對齊				對齊			
4 位元組 (字元)		不對齊				不對齊		
4 位元組 (字元)			不對齊				不對齊	
4 位元組 (字元)				不對齊				不對齊
8 位元組 (雙字元)	對齊							
8 位元組 (雙字元)		不對齊						
8 位元組 (雙字元)			不對齊					
8 位元組 (雙字元)				不對齊				
8 位元組 (雙字元)					不對齊			
8 位元組 (雙字元)						不對齊		
8 位元組 (雙字元)							不對齊	
8 位元組 (雙字元)								不對齊

圖 A.5 針對位元組定址式計算機，位元組、半字元、字元以及雙字元物件的對齊位址和不對齊位址。對於每個不對齊的例子，某些物件需要兩次記憶體存取才能完成。只要記憶體跟物件一樣長，則每個對齊的物件只需一次記憶體存取就可完成。本圖中，記憶體是以 8 個位元組為單位組合而成。圖中標示出欄位的位元組偏移量，所指定的就是該位址的三個低位元值。

(literals) 一般卻被認為是記憶體定址模式 (即使它們所存取的值就在指令串流當中)。我們把和取決於程式計數器的定址模式分開出來，稱之為 **PC 相對定址** (PC-relative addressing)。PC 相對定址主要是使用在控制轉移指令，用來指定下一個指令的位址，將在 A.6 節討論。

圖 A.6 顯示各種定址模式最常見的名稱，雖然在各種結構當中名稱可能不一樣。本圖以及本書從頭到尾，我們將採用 C 程式設計語言的一種擴充版來作為硬體描述的符號。在圖 A.6 中唯一不是 C 語言的符號是左箭頭 (←)。這個符號用來指定暫存器或記憶體的內容。我們也使用陣列 Mem 代表主記憶體的名稱，陣列 Regs 則代表暫存器。因此，Mem[Regs[R1]] 代表暫存器 1 (R1) 的內容是一個記憶體位址，而記憶體在這個位址的內容就是 Mem[Regs[R1]]。稍後，我們將介紹存取或傳送小於一個字元的資料之擴充版。

定址模式可以顯著地降低指令數目，但也會增加建構計算機時的複雜度，而且或許會增加平均每道指令的時脈週期數 (CPI)。因此，瞭解各種定

定址模式	範例指令	意義	何時使用
暫存器	Add R4,R3	Regs[R4] ← Regs[R4] + Regs[R3]	當一個值在暫存器中時。
立即值	Add R4,#3	Regs[R4] ← Regs[R4] + 3	常數。
位移	Add R4,100(R1)	Regs[R4] ← Regs[R4] + Mem[100 + Regs[R1]]	存取區域變數 (+ 模擬暫存器間接定址和直接定址模式)。
暫存器間接	Add R4,(R1)	Regs[R4] ← Regs[R4] + Mem[Regs[R1]]	使用指標或計算的位址作存取。
索引	Add R3,(R1+R2)	Regs[R3] ← Regs[R3] + Mem[Regs[R1] + Regs[R2]]	在陣列定址中有時候很有用：R1＝陣列的基底；R2＝索引值。
直接或絕對	Add R1,(1001)	Regs[R1] ← Regs[R1] + Mem[1001]	存取靜態資料有時候很有用；也許需要較大的位址常數。
記憶體間接	Add R1,@(R3)	Regs[R1] ← Regs[R1] + Mem[Mem[Regs[R3]]]	如果 R3 是指標 p 的位址，模式便產生 *p。
自動遞增	Add R1,(R2)+	Regs[R1] ← Regs[R1] + Mem[Regs[R2]] Regs[R2] ← Regs[R2] + d	用於在迴圈中一步一步地穿越陣列。R2 指向陣列的開頭，每次存取時將 R2 遞增一個元素的大小— d。
自動遞減	Add R1,-(R2)	Regs[R2] ← Regs[R2] - d Regs[R1] ← Regs[R1] + Mem[Regs[R2]]	與自動遞增相仿。自動遞減/遞增也可以如同推入/彈出的動作來製作一個堆疊。
縮放	Add R1,100(R2)[R3]	Regs[R1] ← Regs[R1] + Mem[100 + Regs[R2] + Regs[R3] * d]	用來對陣列進行索引。可能在某些計算機中施於任何索引定址模式上。

圖 A.6 選取的定址模式之範例、意義和用法。自動遞增/遞減 (autoincrement/decrement) 與縮放 (scaled) 定址模式中所使用的變數 d 代表所存取資料項目的大小 (亦即，無論指令是存取 1、2、4 或 8 個位元組)。當要存取的元素在記憶體內相鄰時，這幾種定址模式才是有用的。RISC 計算機使用位移定址模式 (displacement) 來模擬暫存器間接定址 (register indirect) (位址設為 0)，並模擬直接定址 (direct addressing) (基底暫存器設為 0)。我們在量測時，使用圖中第一欄的名稱來代表每種定址模式。我們會在 534 頁定義用於硬體描述的 C 語言擴充版。

址模式的使用情形可以幫助結構設計師決定要提供哪些定址模式。

圖 A.7 列出在 VAX 結構上量測三個程式的定址模式使用式樣的結果。本附錄中，我們採用古老的 VAX 結構來做數項量測，是因為 VAX 結構擁有豐富的定址模式集，且對記憶體定址模式的限制最少。例如，VAX 支援所有列在圖 A.6 中的定址模式；然而，本附錄中大部份的量測都將使用較為新近的暫存器–暫存器式結構，藉以說明程式如何使用現今計算機的指令集。

如圖 A.7 所示，位移 (displacement) 和立即值定址主導了定址模式的使用。讓我們看一看這兩種被重度使用模式的一些性質。

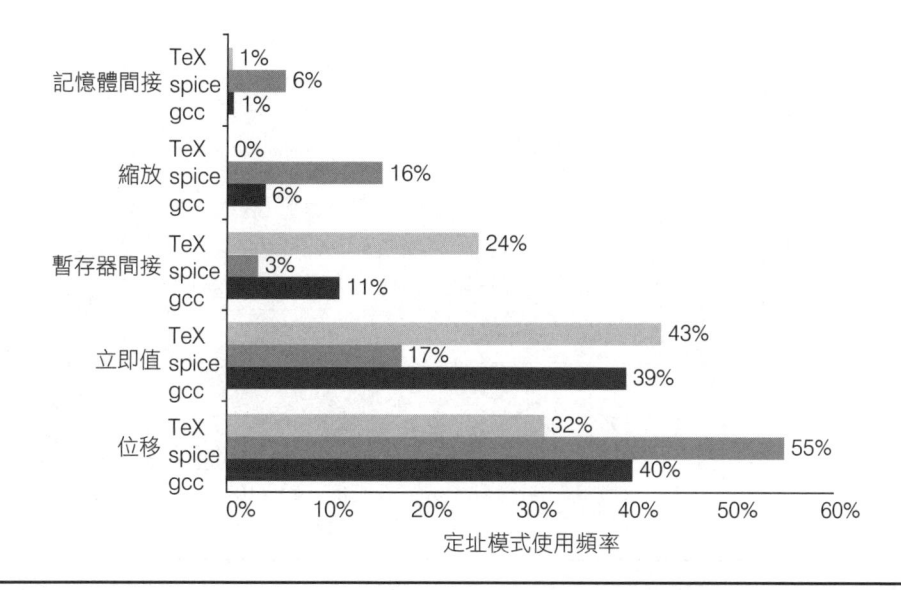

```
            TeX  1%
記憶體間接  spice   6%
            gcc  1%
            TeX 0%
     縮放   spice       16%
            gcc    6%
            TeX          24%
暫存器間接  spice  3%
            gcc      11%
            TeX              43%
    立即值  spice       17%
            gcc             39%
            TeX           32%
     位移   spice                55%
            gcc              40%
            0%   10%  20%  30%  40%  50%  60%
                      定址模式使用頻率
```

圖 A.7 各種記憶體定址模式使用頻率 (包括立即值) 的總結。大部份的記憶體存取使用這些主要的定址模式，只有 0% 至 3% 的記憶體存取使用其他的定址模式。暫存器定址模式也未列出來，事實上半數的運算元使用這種定址模式。而另外一半的運算元則使用各種記憶體定址模式 (包括立即值)。當然，編譯器會影響各種定址模式的使用頻率，我們將在 A.8 節中進一步討論。VAX 所用的記憶體間接定址模式，可以藉由位移、自動遞增或自動遞減，來產生其記憶體初始位址。在這些程式中，幾乎所有的記憶體間接存取都採用位移定址模式作為基底。位移定址模式包括所有的位移長度 (8、16 和 32 位元)。PC 相對定址模式幾乎只用在分支指令中，因此沒有列出來。我們只列出平均頻率超過 1% 的定址模式。

位移定址模式

位移定址模式的主要設計問題是允許多大的位移範圍。如果我們知道各種位移量的使用頻率，我們就可以決定設計時要使用多大的位移範圍。指令中位移欄位大小的選擇，會直接影響指令的長度。圖 A.8 顯示了在載入 – 儲存式結構上使用標準效能測試程式進行資料存取所得到的量測數據。我們將在 A.6 節討論分支偏移 —— 資料存取式樣與分支模式是不同的；即使實際上為了簡單起見而採用相同的立即值大小，其實將它們互相結合並沒有什麼好處。

立即值或文字定址模式

立即值可以用於算術運算、比較運算 (主要是對分支指令) 以及搬移指令中 (暫存器內需存入一常數值)。立即值用於搬移指令時，多半是寫死在程式碼內的常數 (這個值通常很小)，或是一個表示位址的常數 (這個值多半

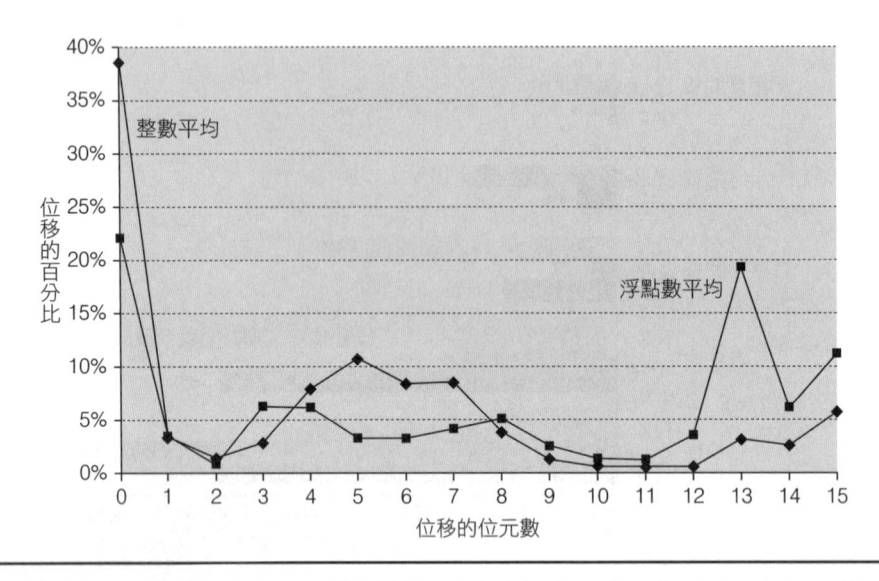

圖 A.8 位移值的分佈幅度頗廣。在這份數據中有許多很小的值，但也有一些很大的值。位移值分佈得那麼廣，是由於每個變數放置在不同的記憶體區域，因此要用不同的位移值去存取這些變數（見 A.8 節），以及編譯器所使用的整體定址策略的緣故。x 軸是將位移值取 $\log_2$，也就是位移欄位所需要的位元數目，用來表示位移的範圍。對應到 x 軸上 0 的那一點，表示位移值為 0 所佔的百分比。圖中未納入符號位元，因為它會受到記憶體配置很大的影響。大部份的位移值為正數，但大多數的最大位移值（14 個位元以上）則是負數，因為這些資料是從具有 16 位元位移值的電腦上取得的，所以我們無法得知更高位移值的資料。這些資料是從 Alpha 結構取得（見 A.8 節），此結構已針對 SPEC CPU2000 做完整的最佳化，顯示整數型程式（CINT2000）及浮點型程式（CFP2000）所得到的平均結果。

很大）。在採用立即值的時候，我們必須知道是不是所有運算都必須支援立即值，還是只有部份的指令。圖 A.9 列出在指令集中一般類型的整數和浮點數運算使用立即值的頻率。

　　另一個很重要的指令集量測標準是立即值的範圍。立即值的大小就像位移值的大小，都會影響指令的長度。如圖 A.10 所示，最常用的是小的立即值。然而，有時候也會用到大的立即值，最有可能用在定址計算中。

總結：記憶體定址模式

　　首先，根據定址模式的普及性，我們會期望新結構至少要支援下列的定址模式：位移、立即值和暫存器間接。圖 A.7 指出它們代表了——在我們的量測中所使用的——75% 至 99% 的定址模式。第二，我們會期望位移模式的位址大小至少要有 12 至 16 位元。圖 A.8 指出這樣的大小可以捕捉到 75% 至 99% 的位移。第三，我們會期望立即值欄位的大小至少要有 8 至 16 位元。這項聲明並未被所引述的圖標題內容所證實。

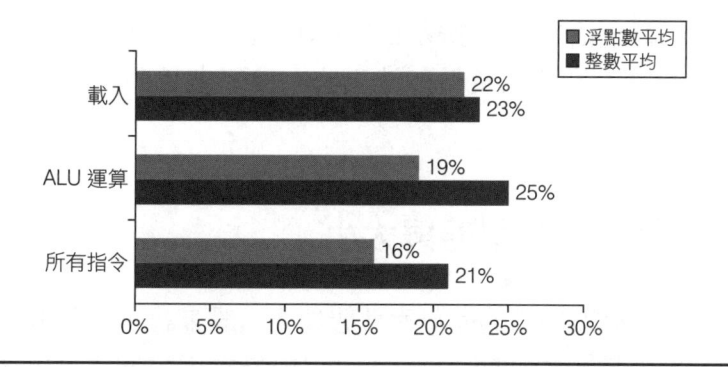

圖 A.9 大約有四分之一的資料傳送和 ALU 運算具有一個立即值運算元。請注意圖中最下面的橫條告訴我們，在整數型程式中，大約五分之一的指令使用立即值；而在浮點型程式中，大約六分之一的指令使用立即值。對於載入指令而言，載入立即值 (load immediate) 指令會把 16 位元的立即值載入 32 位元暫存器的某半邊。其實這些載入立即值指令嚴格來說並不算是真正的載入，因為這些指令並沒有做任何記憶體存取的動作。我們偶爾會用一對載入立即值指令來載入一個 32 位元的常數，不過這種情況很少發生。(就 ALU 運算來說，「移位 (shift) 固定量」就被包括在具有立即值運算元的運算當中。) 這些統計資料是使用和圖 A.8 相同的程式和計算機收集而得。

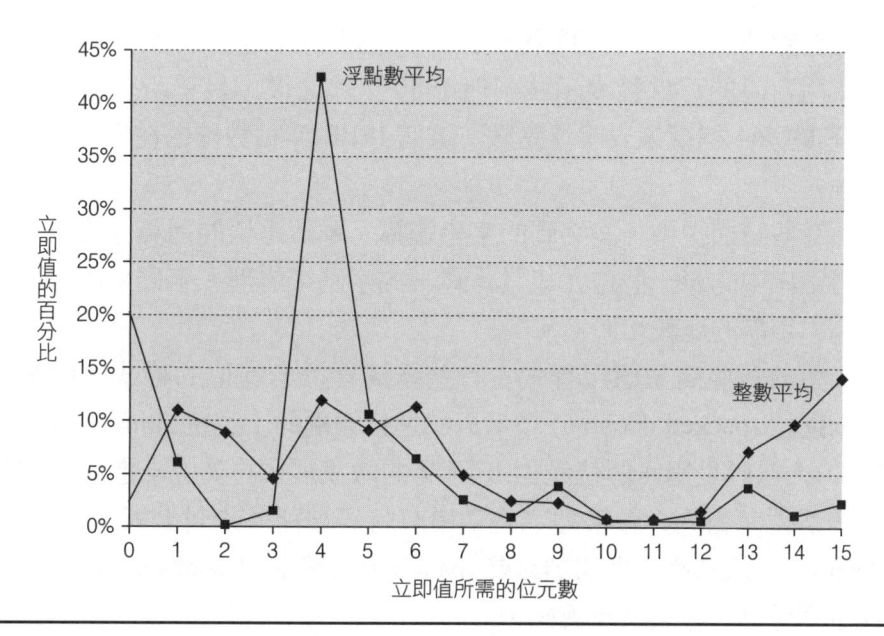

圖 A.10 立即值的分佈圖。x 軸顯示立即值的數量所需的位元數 —— 0 意味立即值欄位值為 0。大多數的立即值為正數。大約有 20% 的負值來自 CINT2000，30% 來自 CFP2000。這些量測數據取自 Alpha，其中最大的立即值為 16 位元，所用的程式和圖 A.8 的一樣。VAX 結構可以支援 32 位元的立即值，在 VAX 上有一項類似的量測顯示出：大約有 20% 到 25% 的立即值長度超過 16 位元。因此，16 位元可捕捉到大約 80%，而 8 位元大約 50%。

我們已經介紹了指令集結構的類型，並且決定使用暫存器－暫存器式結構，再加上之前推薦的資料定址模式，接下來我們就要討論資料的大小及意義。

A.4 運算元的型態與大小

如何是我們所指定的運算元型態呢？一般來說，運算碼 (opcode) 在編碼時就會指定運算元的型態——這是目前最常用的方法。另一種方法是在資料上掛上標籤 (tag)，然後由硬體來解釋這個標籤。標籤用來表明運算元的型態，然後我們就可以根據這個型態進行適當的運算。但是使用標籤方法的計算機大概只能在計算機博物館才找得到了。

讓我們從桌上型結構及伺服器結構開始。通常運算元的型態，諸如整數、單精度浮點數、字碼 (character) 等，都有固定的大小。常用的運算元型態包括：字碼 (8 位元)、半字元 (16 位元)、字元 (32 位元)、單精度浮點數 (亦為 1 個字元)、倍精度浮點數 (2 個字元)。字碼一般都使用 ASCII 來表示。整數則使用 2 的補數來表示。一直到 1980 年代初期，每家計算機廠商均使用自訂的浮點數表示法。但 1980 年代之後，幾乎所有的計算機均使用 IEEE 的 754 標準來表示浮點數。這個 IEEE 浮點數標準在附錄 J 中有詳盡的討論。

有些結構提供一些字碼的字串運算，雖然這樣的運算通常十分受限，大都將字串中的每一個位元組當作單一的字碼來處理。字碼字串上所支援的運算為：字串的比較和搬移。

對於一些商業應用程式，有些結構支援十進位的格式，通常稱為**封裝式十進位 (packed decimal)** 或者以**二進位編碼的十進位** (binary-coded decimal, BCD)，它們是用 4 個位元對 0 到 9 的數值編碼，2 個十進位的位數被包入每一個位元組內。數字型字碼字串有時候被稱為**未封裝式十進位** (unpacked decimal)。通常會提供稱為**封裝** (packing) 和**解封裝** (unpacking) 的運算，以便在這兩種格式之間來回轉換。

使用十進位運算元的原因之一就是，有時候十進位的分數無法用二進位來精確的表示。例如，0.10_{10} 是一個簡單的十進位分數，但若以二進位表示則為 $0.0001\overline{100110011}\cdots_2$ 這樣的無窮循環小數。這樣的問題可能會造成金融財政計算上的問題。(請參考附錄 J 以學習更多有關精密算術的內容。)

我們所用的 SPEC 標準效能測試程式使用的形式有位元組或字碼、半字元 (短整數)、字元 (整數)、雙字元 (長整數)。圖 A.11 顯示這些程式所存

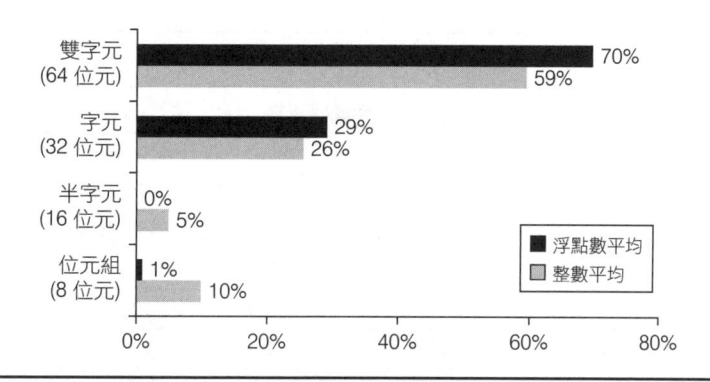

```
                    雙字元                              70%
                   (64 位元)                    59%

                     字元            29%
                   (32 位元)         26%

                    半字元     0%
                   (16 位元)    5%
                                            ■ 浮點數平均
                    位元組     1%           ■ 整數平均
                   (8 位元)     10%

                         0%    20%    40%    60%    80%
```

圖 A.11 標準效能測試程式中存取資料大小的分佈圖。浮點型程式中的倍精度浮點數以及位址皆採用雙字元資料型態 (因為計算機採用的是 64 位元的位址表示法)。在 32 位元定址的計算機中，64 位元的位址必須用 32 位元位址來取代，並且幾乎整數型程式中的所有雙字元資料存取都必須改為單字元資料存取。

取的物件大小的動態頻率分佈。這個分佈可以幫助我們決定哪種資料形式要設計得比較快速而有效率。所設計的計算機到底要不要支援 64 位元的存取路徑，還是得花兩個週期來存取雙字元就好了？如果要提供這種功能的話就必須設計對齊網路。圖 A.11 的數據是根據記憶體存取的資料型態所得到的。

有些結構可以允許以位元組或半字元為單位來存取暫存器內的物件。但是在 VAX 上，這種存取很少發生，不超過所有暫存器存取的 12%，或是大概不超過整個程式所有運算元存取的 6%。

A.5　指令集的各種運算

大多數指令集所提供的各種運算可以像圖 A.12 一樣來分類。對所有指令集都適用的最重要法則就是：指令集中最常用的指令都是很簡單的運算。例如，在 Intel 80x86 上執行一組整數型程式時，圖 A.13 所列的 10 個簡單的指令竟然佔所有執行指令的 96%。因此，我們必須讓這些指令的執行速度快一點，因為這 10 個指令是很常用到的。

如同之前所提到的，圖 A.13 的指令存在每一部電腦的每一個應用程式中，例如桌上型電腦、伺服器及嵌入式電腦；圖 A.12 列出種種不同的運算，大部份是依據指令集所包含的資料型態來決定。

A.6　流程控制指令

因為分支以及跳躍行為的量測與其他量測及應用程式大不相關，所以我

運算型態	範　例
算術與邏輯	整數算術與邏輯運算：加、減、and、or、乘、除
資料傳遞	載入–儲存 (在計算機上使用記憶體定址的搬移指令)
控制	分支、跳躍、程序呼叫與返回、落陷
系統	作業系統的呼叫，虛擬記憶體管理指令
浮點數	浮點數運算：加、乘、除、比較
十進位數	十進位加法、十進位乘法、十進位至字碼轉換
字串	字串搬移、字串比較、字串搜尋
圖形	像素與頂點運算、壓縮/解壓縮運算

圖 A.12 各種指令運算的分類及其範例。所有計算機都支援前三種運算。指令集所提供的系統功能會隨著結構的不同而有很大的差異，但是所有的計算機都必須提供一些支援基本系統功能的指令。至於最後三類運算，有的指令集完全沒有提供，有的指令集則提供非常強的特殊運算，其間差異很大。使用浮點數運算應用程式的計算機均提供浮點數運算的指令。浮點數運算的指令有時被視為指令集的一種選擇性配備。在 VAX 或 IBM 360 上，十進位指令和字串指令是基本指令。圖形指令通常會在許多較小的資料項目上以平行的方式運算——例如，藉由兩個 64 位元的運算元來執行八個 8 位元的加法。

等　級	80x86 指令	整數平均 (% 總執行數)
1	load	22%
2	conditional branch	20%
3	compare	16%
4	store	12%
5	add	8%
6	and	6%
7	sub	5%
8	move register-register	4%
9	call	1%
10	return	1%
總　計		96%

圖 A.13 80x86 最常用的 10 個指令。圖中大部份都是簡單的指令，佔了所有執行指令的 96%。圖中的百分比是 5 個 SPECint92 程式的平均。

們現在特別來檢視流程控制指令的用法，這些指令與前幾節介紹的運算差異較大。

　　改變控制流程的指令並沒有一貫的專有名稱。在 1950 年代，流程控制指令通常稱為**轉移** (transfer)。到了 1960 年代初，開始有人使用**分支** (branch)

這個名詞。之後，又有一些新名詞出現。本書通篇對於無條件改變控制流程的指令，稱之為**跳躍** (jump)，對於有條件改變控制流程的指令，稱之為**分支** (branch)。

我們可以將流程控制的改變方式分為四種不同的型態：

- 條件分支
- 跳躍
- 程序的呼叫 (procedure call)
- 程序的返回 (procedure return)

我們也想要知道這四類使用的頻率。因為這四類不相同，使用的指令也不同，所以可能有不同的行為。在載入－儲存式計算機上執行我們的標準效能測試程式，所得到的各種流程控制指令使用頻率列在圖 A.14 中。

流程控制指令的定址模式

流程控制指令必須指明其目的位址 (destination address)。絕大部份的流程控制指令在指令中會顯性地標示其目的位址──程序返回指令是主要的例外，因為在編譯時還不知道返回位址。指明目的地位址最常用的方法是利用位移值。將**程式計數器** (program counter, PC) 加上指定的位移值，就是目的位址。使用這種標示方法的流程控制指令稱之為 **PC 相對** (PC-relative)。PC 相對分支或跳躍有許多優點，因為這些指令的目的地大都在這些指令的附近，所以使用與目前 PC 之間的位移來標示目的位址只需很少的位元即

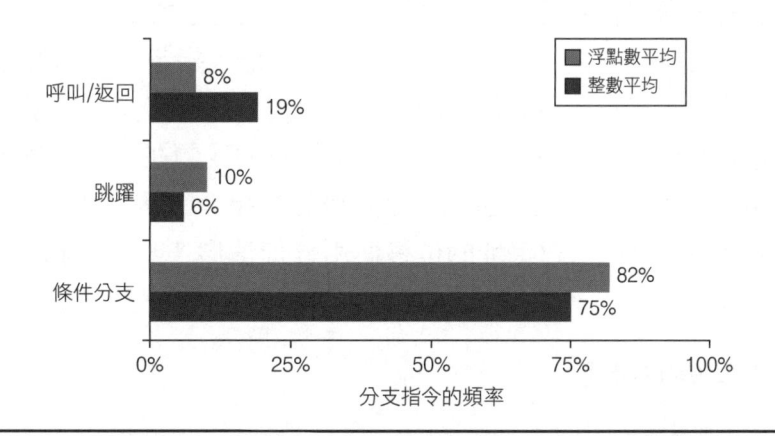

圖 A.14 我們將流程控制指令分成三類：程序的呼叫或返回、跳躍和條件分支。很明顯地，條件分支佔絕大多數。每一類都用一個長條區塊來表示。這些統計資料是使用和圖 A.8 相同的程式和計算機收集而得。

可。使用 PC 相對的定址方法時，允許程式執行和程式被載入的地點無關，這種性質稱之為**與位置無關** (position independence)。有了這種性質，程式在連結時可以減少一些工作，對程式在執行時也很有幫助。

因為返回指令和間接跳躍指令在編譯時還不知道其目的位址，所以在設計這兩種指令時不能使用 PC 相對定址，而必須使用其他的方法來指定目的位址。這種指定方法必須是動態的，在執行期間可以改變目的位址。最簡單的方法是將目的位址放在被命名的暫存器中。另一種方法是讓跳躍指令可以允許使用任何的定址模式來提供目的位址。

暫存器間接跳躍 (register indirect jump) 指令另外有四種有用的重要功能：

- 使用於許多高階語言的 **case** 或 **switch** 敘述中 (這些敘述從許多路徑中選擇一條路徑來執行)。
- 使用於像 C++ 或 Java 這類的物件導向語言的**虛擬函數** (virtual function) (虛擬函數會根據參數的型態呼叫不同的常式)。
- 使用於像 C 或 C++ 語言中的**高階函數** (high-order function) 或**函數指標** (function pointer) (與物件導向程式設計一樣，允許函數像參數一樣地傳遞)。
- 使用於**動態共用的程式庫** (dynamically shared library) 中 (於執行期間只有當程式實際要引用程式庫時，才進行載入與連結；而不是在執行程式之前就進行載入與連結)。

上述四種功能在編譯時都不知道目的位址，因此在執行暫存器間接跳躍指令之前，通常要將目的位址從記憶體載入至暫存器中。

由於分支指令多半使用 PC 相對定址來指定其目的位址，所以有一個重要的問題考量：目的位址和分支指令可以相隔多遠？如果我們知道 PC 相對定址的位移值使用分佈情形，就可以幫助我們在設計時選擇適當的分支位移欄位大小，而這個欄位的大小將會影響指令的長度和編碼。圖 A.15 顯示分支指令中 PC 相對定址的位移使用分佈情形，其中大約 75% 的分支是向前跳躍。

條件分支選項

因為控制流程的改變大部份是分支指令造成的，所以如何在指令中指定分支條件是很重要的。圖 A.16 列出現今使用的三種主要技術及其優缺點。

分支指令值得注意的特質之一為：許多的比較是簡單的測試，而且也有

附錄 A 指令集原理 517

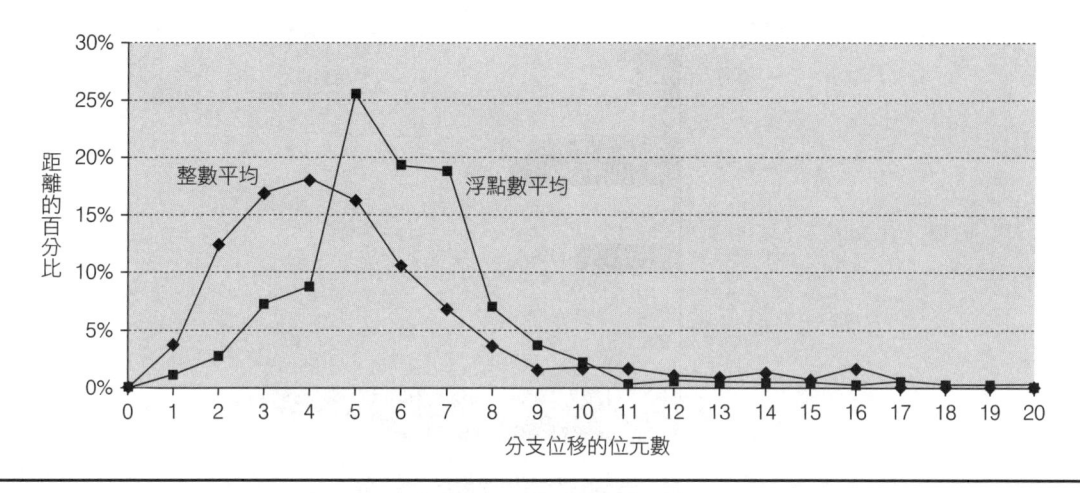

圖 A.15 以分支指令和目的地之間的指令數所表示的分支距離。整數型程式中大部份的分支指令和其目的之間相隔 4 至 8 個指令。這告訴我們，設計師只需要使用很短的位移欄位就夠了。如此一來，分支指令的長度變得比較短，藉此獲得一些編碼的密度。圖中的數據是從載入 – 儲存式計算機 (Alpha 結構) 量測得來的。像 VAX 這樣的計算機，對於同一個程式只需要比較少的指令，其分支指令和目的地之間的距離也比較短。然而，如果計算機具有長度可變的指令，在任何位元組邊界都可以對齊的話，位移所需位元數可能就會增加。這些統計資料是使用和圖 A.8 相同的程式和計算機收集而得。

名　稱	範　例	條件如何被測試	優　點	缺　點
條件碼 (CC)	80x86, ARM, PowerPC, SPARC, SuperH	測試 ALU 運算所設定的特殊位元，可能在程式控制之下。	有時候條件被設定為閒置。	CC 為額外狀態。由於條件碼是從一個指令傳送資訊到分支上，因此會限制指令的順序。
條件暫存器	Alpha, MIPS	以比較的結果測試任意的暫存器值。	簡單。	耗掉一個暫存器。
比較後分支	PA-RISC, VAX	比較為分支的一部份。比較通常被限制在子集合內。	一個分支使用一個指令而非兩個指令。	對管線式執行而言，也許在一個指令中存在太多的工作。

圖 A.16 估算分支條件的主要方法及其優缺點。雖然我們可以透過其他用途所需要的 ALU 運算來設定條件碼 (condition code)，但是在程式上做量測時這種情形很少發生。當條件碼是由指令集中任意選取的一些指令來設定，而不是根據指令中的一個位元來決定時，條件碼的製作就會面臨一些問題。使用比較後分支指令的計算機通常會限制這個指令的比較功能，而利用條件暫存器來處理較為複雜的比較。通常，依據浮點數比較的分支技術和依據整數比較的分支技術有所不同。這是非常合理的，因為取決於浮點數比較的分支次數遠小於取決於整數比較的分支次數。

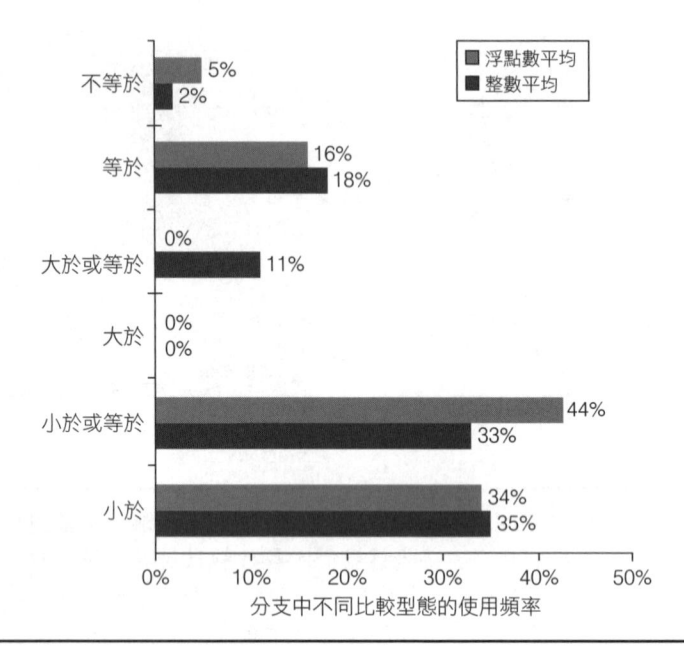

圖 A.17 條件分支指令中不同比較型態的使用頻率分佈圖。小於（或者等於）分支主宰了編譯器及結構的這種組合。這些量測包括分支中的整數比較和浮點數比較。這些統計資料是使用和圖 A.8 相同的程式和計算機收集而得。

許多是和零作比較。因此，某些結構將這類比較視為特殊情況來處理，尤其是使用**比較後分支** (compare and branch) 指令時。圖 A.17 顯示條件分支所使用的不同比較之頻率。

程序呼叫選項

程序的呼叫和返回包括控制的轉移，可能還包括狀態的儲存。這些指令至少要把返回位址儲存於某處，有時候會儲存在特殊的連結暫存器中或者就在通用暫存器 (GPR) 中。有些舊的結構在這些指令中會提供將許多暫存器內容儲存起來的機制；然而，較為新式的結構都要求編譯器產生儲存和載入指令，將每一個暫存器的內容儲存並復原。

使用兩種慣用方式來儲存暫存器：一種是在呼叫方，另一種是在被呼叫程序的內部。**呼叫者儲存** (caller saving) 意味著：呼叫的程序必須將呼叫後它想要保留作存取的暫存器內容儲存起來，所以被呼叫的程序不必煩惱暫存器的問題。**被呼叫者儲存** (callee saving) 則相反：被呼叫的程序必須將它想要使用的暫存器內容儲存起來，放開呼叫者的責任。有些時候必須使用呼叫者儲存機制，因為呼叫者與被呼叫者都會存取相同的全域變數 (global variable)。例如，程序 P1 呼叫程序 P2，兩個程序都操控全域變數 x。如果 P1 已經將 x

配置在暫存器中，在呼叫 P2 之前，P1 一定要將 x 儲存在一個 P2 知道的位置。由於編譯器的能力有限，並且兩個程序可能是分開編譯的，要發現被呼叫的程序會不會存取已經被配置的暫存器內容是很複雜的。假定 P2 沒有接觸到 x，但 P2 可能呼叫 P3，而 P3 或許會存取 x，而 P2 與 P3 卻是分開來編譯的，這種情況會更加複雜。因此大多數編譯器會保守地採取呼叫者儲存機制，將**任何**可能在呼叫期間被存取的變數儲存起來。

在這兩種慣用方式都可使用的情況下，有些程式使用被呼叫者儲存機制會比較好，有些則使用被呼叫者儲存機制會比較好。因此現今大多數的真實系統會將這兩種機制結合使用。**應用程式二進位介面** (application binary interface, ABI) 制定哪些暫存器應該是呼叫者儲存，而哪些應該是被呼叫者儲存的規則 —— 會規定這種作法，本附錄稍後會檢視可以自動將暫存器內容儲存起來的複雜指令，然而這些複雜指令並不能符合編譯器的需要。

總結：各種流程控制指令

流程控制指令乃是某些最常執行的指令。雖然條件分支有許多選項，但我們期望在新結構中，分支定址能夠向上或向下跳躍數百道指令。這項需求指出 PC 相對定址的位移至少要有 8 個位元。我們也期望看到跳躍指令的暫存器間接定址和 PC 相對定址可以支援程序的返回以及現今系統的許多其他功能。

不管是在組合語言程式設計師或者編譯器撰寫者的層次上，我們都已經完整地介紹了指令集結構。我們正在靠向具有位移、立即值及暫存器間接定址模式的載入 – 儲存式結構，其資料為 8 位元、16 位元、32 位元和 64 位元的整數，以及 32 位元和 64 位元的浮點數；其指令包括簡單的運算、PC 相對式條件分支、用於程序呼叫的跳躍和連結指令，以及用於程序返回 (加上一些其他用途) 的暫存器間接跳躍。

現在我們需要選擇如何以一種讓硬體容易執行的形式來呈現這個結構。

A.7 指令集的編碼

很明顯地，前面幾節所提到的各種設計考量，會影響指令如何被編碼為二進位表示以供處理器執行。該二進位表示不僅會影響被編譯過的程式大小，也會影響處理器的製作。處理器必須解碼該二進位表示，很快地找到要做的運算及其運算元。通常該運算是在所謂的**運算碼** (opcode) 欄位中指定。以下我們將要看到重要的設計決策，也就是如何將指令的運算和定址模式一

起編碼。

這個問題和定址模式的多寡有關,也和運算碼及定址模式之間的獨立程度有關。有些機器的指令有 1 至 5 個運算元,每種運算元有 10 種不同的定址模式 (請參考圖 A.6)。在這麼多種組合下,通常每一個運算元都有自己的**位址指定子** (address specifier)。位址指定子會指定運算元的定址模式。另一個極端是:載入儲存式計算機只有一個記憶體運算元、並且只有一至二種定址模式。所以這種計算機通常將定址模式編碼在運算碼中。

進行指令編碼時,暫存器的數目以及定址模式的多寡都會深深地影響指令的長度。因為每一個指令中,定址模式欄位和暫存器欄位有可能出現好幾次。事實上,定址模式和暫存器欄位在編碼時所用的位元數遠超過運算碼所用的位元數。結構設計師在做指令集的編碼時,一定要平衡以下幾項需求:

1. 愈多暫存器和定址模式愈好。
2. 暫存器欄位和定址模式欄位的大小對指令的平均長度和程式的平均大小之影響。
3. 必須將指令編碼成適當的長度,以便簡化管線的製作 (易於解碼的指令之價值在附錄 C 和第 3 章中討論。) 因此,結構設計師希望指令的長度至少是位元組的倍數,而非任意的長度。有許多結構設計師選擇使用固定的指令長度,使得設計和製作比較容易。但這樣一來,程式碼就會變得比較大。

圖 A.18 列出三種常見的指令編碼方式。第一種編碼方式我們稱之為**可變式** (variable),基本上這種方式允許所有的運算都可以使用所有的定址模式。這種編碼方式最適合具有多種定址模式和運算的指令集。第二種方式稱為**固定式** (fixed),因為這種編碼方式將定址模式和指令的運算編碼在一起。通常使用固定式編碼的指令長度只有一種。這種編碼方式最適合定址模式和運算很少的指令集。可變式編碼和固定式編碼之間的取捨,在於程式碼的大小和處理器的解碼是否容易。可變式編碼儘量使用較少的位元來表示程式碼。因此每一個指令的長度和所做的工作變化很大。

以下是一個 80x86 的指令,我們可以從這個例子瞭解可變式編碼:

```
add EAX,1000(EBX)
```

其中 add 代表 32 位元整數加法指令。這個指令有兩個運算元和一個位元組的運算碼。每一個 80x86 位址指定子為 1 或 2 位元組,用於指定來源/目的暫存器 (EAX)、定址模式 (在這個例子是位移定址模式),以及針對第二個運

運算碼和 運算元數目	位址 指定子 1	位址 欄位 1	...	位址 指定子 n	位址 欄位 n

(a) 可變式 (例如，Intel 80x86, VAX)

運算碼	位址 欄位 1	位址 欄位 2	位址 欄位 3

(b) 固定式 (例如，Alpha, ARM, MIPS, PowerPC, SPARC, SuperH)

運算碼	位址 指定子	位址 欄位

運算碼	位址 指定子 1	位址 指定子 2	位址 欄位

運算碼	位址 指定子	位址 欄位 1	位址 欄位 2

(c) 混合式 (例如，IBM 360/370, MIPS16, Thumb, TI TMS320C54x)

圖 A.18 三種不同的指令編碼基本方式：可變式、固定式以及混和式。可變式編碼允許每個指令有任意多的運算元。每一個運算元都有一個位址指定子，來決定這個運算元的定址模式以及該指定子的長度。可變式編碼一般會啟用最小的編碼表示，因為沒有用到的欄位不需要包括進去。固定式編碼的每一個指令的運算元數目都一樣，並且定址模式被編碼成運算碼的一部份 (如果存在定址模式選項的話)。雖然在固定式中，每一個欄位在指令中的位置儘量保持不變，但這些欄位在不同的指令仍有不同的用途。混合式編碼方式使用幾種不同的指令格式。指令的運算碼可以區別所使用的指令格式。指令有 1 至 2 個欄位用來表示定址模式，另外有 1 至 2 個欄位用來表示運算元的位址。

算元的基底暫存器 (EBX)。這個例子花了 1 個位元組來描述運算元。在 32 位元模式時 (請參考附錄 K)，位址欄位的大小不是 1 位元組就是 4 位元組。因為 1000 已經超過 2^8，所以這個指令的總長度為

$$1 + 1 + 4 = 6 \text{ 位元組}$$

80x86 的指令長度介於 1 到 17 個位元組，80x86 的程式通常小於 RISC 結構，RISC 結構採用固定格式 (見附錄 K)。

介紹過這兩種完全不同的指令編碼方式之後，我們腦海中應該會立刻浮現第三種編碼方式。這種編碼方式可以降低不同結構間指令長度與製作成本的差距；這種方式提供好幾種指令長度來減少程式碼的大小。這種結構稱為**混合式** (hybrid) 結構，我們隨後就會看到例子。

降低 RISC 中程式碼的大小

自從 RISC 計算機被應用在嵌入式系統之後，32 位元的固定式資料格式就成為主流，因為在嵌入式系統中成本及程式碼的大小是很重要的。因此，

許多業者提供新的同時支援 16 位元及 32 位元指令的混合式 RISC 指令集。這種長度較短的指令支援較少的運算、較小的位址與立即值欄位、較少的暫存器以及兩個位址，而不是一般傳統 RISC 計算機所支援的三個位址。附錄 K 有兩個範例，分別是 ARM Thumb 以及 MIPS MIPS16，這兩個指令集都宣稱可把指令碼的大小降低 40%。

比起以上的方式，IBM 只是單純地將標準指令集壓縮，然後當指令在快取失誤而至記憶體存取時，利用額外的硬體再將指令解壓縮。因此在指令快取記憶體中須包含原始的 32 位元指令，而已壓縮的指令則儲存在主記憶體、ROM 以及磁碟機中。MIPS16 及 Thumb 的優點是指令快取記憶體可增加 25% 的利用率，而 IBM 的 CodePack 的優點是不需要為了處理不同的指令集而更改編譯器，且指令的解碼也相當容易。

CodePack 首先在 PowerPC 的程式上使用 run-lengh 編碼壓縮法，然後將壓縮的結果記錄在晶片上大小為 2 KB 的表格中。所以每個程式都有屬於它自己唯一的編碼。在處理分支時 (不再轉移到對齊的字元邊界)，PowerPC 會在記憶體中產生一個用來對應已壓縮及未壓縮位址的雜湊表 (hash table)。像 TLB 一樣 (見第 2 章)，最近使用過的位址對照表也會被放入快取記憶體中，以降低存取記憶體的次數。IBM 宣稱只需要 10% 的整體效能成本，就可以降低 35% 到 40% 的指令碼大小。

Hitachi 針對嵌入式應用程式發明了一個有 16 位元固定式格式的 RISC 指令集，稱為 SuperH (見附錄 K)。為了配合長度較短的格式及少數的指令，這個指令集使用了 16 個暫存器而不是使用 32 個，其他方面則與傳統的 RISC 結構相同。

總結：指令集的編碼

由前幾節的討論得知，指令集設計上的考量將決定結構設計師要採用可變式編碼或是固定式編碼。如果結構設計師比較在乎程式碼的大小，會採用可變式；如果比較在乎執行的速度，則會採用固定式。在附錄 E 中提供 13 個結構設計師所挑選的範例。在附錄 C 和第 3 章，我們會進一步討論指令長度的變化對處理器效能的影響。

我們幾乎已經打好 A.9 節中 MIPS 指令集結構的基礎。但在介紹之前，讓我們來看看當代的編譯器技術及其對程式特性的影響。

A.8 貫穿的論點：編譯器的角色

現今大多數桌上型計算機與伺服器的應用程式都是用高階語言所寫的。這也意味著，大部份被執行的指令都是由編譯器所產生的，因此一個指令集結構基本上就是編譯器的目標。早期為了應用程式，簡化組合語言 (或是特定核心) 的撰寫是我們的主要目標。因為一部計算機的效能，會深深地受到編譯器的影響。因此，今天要設計並有效地製作一個指令集，瞭解當前的編譯器技術將是一個關鍵所在。

早期很流行將編譯器技術與計算機結構對硬體效能的影響分開討論，就好像過去很流行將計算機結構和製作分開一樣。就今天的桌上型編譯器和計算機來說，這種劃分方式本質上已經不可行了。結構上不同的設計，會影響編譯器所產生計算機程式碼的品質，也會影響製作一個良好編譯器的複雜度，更好或是更壞。

本節中，我們主要是從編譯器的觀點，討論設計指令集時一些關鍵的目標。一開始，對目前的編譯器作一些剖析的審視。其次，我們再討論編譯器如何會影響結構設計師的決策，以及結構設計師如何可以容易或困難地讓編譯器產生高品質的程式碼。我們以編譯器與多媒體運算的複習作結束，但不幸的是，這是一個編譯器撰寫者與結構設計師合作的失敗例子。

最近的編譯器架構

首先讓我們看一看今日的最佳化編譯器長得什麼樣子。最近的編譯器架構列在圖 A.19 中。

撰寫編譯器的首要目標，是正確性 —— 所有合乎語法的程式都要能正確地編譯出來。第二個目標是編譯過後程式碼的速度。在這二個目標之外，通常還有一些其他的目標，如快速的編譯、除錯的支援以及各種程式語言之間的整合能力。在正常情況下，編譯器的各次通過 (pass) 會將高階而較抽象的表示逐步轉換成低階的表示，最後轉換成指令集的表示。這種結構有助於管理複雜的轉換，並易於寫出沒有錯誤的編譯器。

編譯器能做多少最佳化的最大限制是：撰寫一個正確編譯器的複雜度。雖然多次通過的結構有助於降低編譯器的複雜度，但這也意味著編譯器必須依序執行各種轉換。從圖 A.19 中的最佳化編譯器看來，在我們還不知道最後的程式碼會長成什麼樣子之前，一些高階的最佳化早就做完了。一旦完成這樣的轉換之後，編譯器就無法再回頭重作這些轉換步驟，也無法將轉換還原了，因為編譯所花的時間和複雜度都不允許我們這樣做。因此，編譯器會

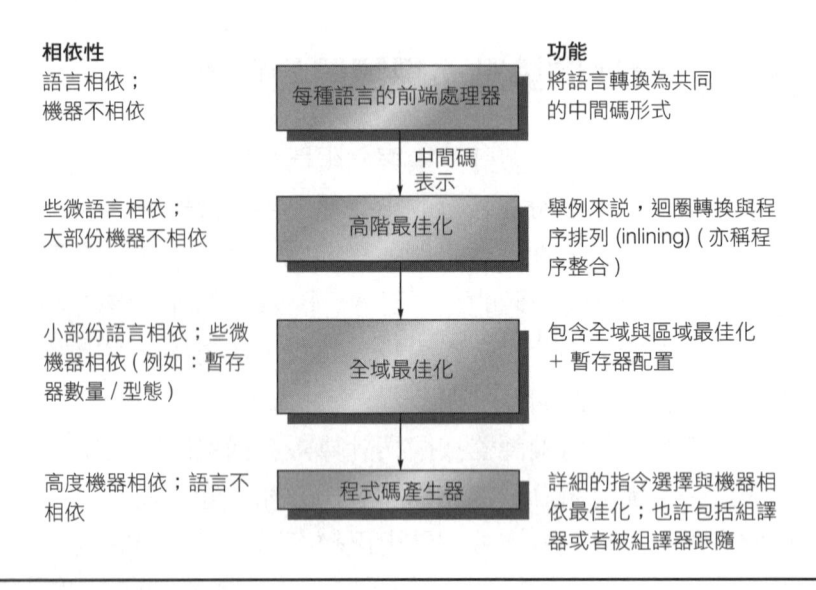

相依性		功能
語言相依； 機器不相依	每種語言的前端處理器	將語言轉換為共同的中間碼形式
	↓ 中間碼表示	
些微語言相依； 大部份機器不相依	高階最佳化	舉例來說，迴圈轉換與程序排列 (inlining) (亦稱程序整合)
小部份語言相依；些微機器相依 (例如：暫存器數量 / 型態)	全域最佳化	包含全域與區域最佳化＋暫存器配置
高度機器相依；語言不相依	程式碼產生器	詳細的指令選擇與機器相依最佳化；也許包括組譯器或者被組譯器跟隨

圖 A.19 編譯器通常由二至四次通過所組成。編譯器最佳化的程度愈高，其通過的次數就愈多。在這個架構下，輸入相同的程式，經過這一連串各種層次的最佳化，產生相同結果的機率會最大。如果要很快得到編譯的結果，而又不在乎程式碼的品質時，這些操作就可以跳過不做。一次通過就是一個階段 (phase)。在每個階段中，編譯器會將整個程式讀入，並進行轉換 (transform)。(通過和階段這兩個名詞通常是交互使用。) 由於最佳化的過程分成好幾個階段。因此，各種程式語言可以共用相同的最佳化操作和產生目的碼的通過。一種新的程式語言只需要新的前端處理器 (front-end) 即可。

假設後續階段有能力處理某些問題。例如，編譯器在知道被呼叫程序的確實大小之前，通常就必須先挑選要被展開的程序。編譯器的撰寫者將這個問題稱為**階段順序化問題** (phase-ordering problem)。

轉換順序的安排對指令集結構有什麼影響？有一個不錯的例子 (在最佳化中出現)，稱為**全域共用的子運算式消去法** (global common subexpression elimination)。這種最佳化方法會找出運算式中出現兩次的子運算式，並將第一次計算的值存在一個暫時的變數中。藉由這個暫存的值，我們就不用重複做第二次計算。

為了彰顯最佳化的效果，這個暫時的值必須存在暫存器中。否則，將這個值存入記憶體，將來再從記憶體取出這個值所花的時間，可能超過避免重複計算所節省的時間。事實上，這個暫時的值若不存在暫存器中，可能造成最佳化後反而變慢的結果。階段順序的安排使這個問題變得更複雜，因為暫存器的配置都是在整體最佳化通過快結束之前完成。因此，最佳化程式在執行最佳化之前必須假設暫存器配置器能夠將這個暫時的值配置到某一個暫存器中。

現在的編譯器所做的最佳化，根據其轉換形式可以分成下列幾類：

- **高階最佳化**：通常對原始程式做最佳化，並將其結果送到後續的最佳化通過。
- **區域最佳化**：只對**基本區塊** (basic block) 內的程式碼做最佳化。
- **全域最佳化**：將區域最佳化的工作擴充，跨越單一的基本區塊，在許多基本區塊間做最佳化，並且利用許多轉換方法將迴圈最佳化。
- **暫存器配置**：將運算元安置在暫存器中。
- **與處理器有關的最佳化**：利用結構上的特性做最佳化。

暫存器配置

因為不論在提升執行碼的速度上，或在促使其他的最佳化得以見效上，暫存器的配置都扮演很重要的角色，所以暫存器的配置即使不是最重要的最佳化，也會是極重要的最佳化之一。目前的暫存器配置演算法，都是根據圖形著色法 (graph coloring) 的技巧。圖形著色法的基本概念是：建構一個圖形，用來表示配置某個暫存器的各種可能，然後再用這個圖形來配置暫存器。簡單地說，著色問題是討論如何用有限的顏色，使得圖形上相鄰兩個節點的顏色都不同。這種方法所強調的是將百分之百的活化變數配置給暫存器。雖然圖形著色問題一般而言所花費的時間可能是圖形大小的指數函數 (是一個 NP-Complete 問題)，不過有一些啟發式 (heuristic) 演算法，在實用上有相當不錯的表現，可以產生以近乎線性時間而執行的相近配置。

使用圖形著色法時，最好至少有 16 個 (多多益善) 可以存放整數變數的通用暫存器，並且還有一些可以存放浮點數的額外暫存器。如果暫存器的數目很少的時候，圖形著色法的表現就不會很好，因為採用的啟發式演算法恐怕會失敗。

最佳化對效能的影響

在程式碼產生的過程中，要將某些較簡單的最佳化 (區域最佳化和與處理器相關的最佳化) 獨立出來有時還蠻困難的。圖 A.20 是一些常見的最佳化例子。圖 A.20 的最後一個欄位列出了最佳化方法在原始程式碼中的使用頻率。

圖 A.21 顯示兩個程式所採用的各種最佳化的執行效果。在這種狀況下，最佳化程式比未最佳化程式少執行 25% 到 90% 的指令。圖中也顯示了在增加指令集的新功能之前，觀察最佳化程式碼的重要性，因為編譯器可能會將結構設計師要改進的指令移除。

最佳化名稱	說　明	最佳轉換總數的百分比
高階	位於或接近來源階層；處理器不相依	
程序整合	置換程序呼叫為程序主體	N.M.
區域	在直線程式碼之內	
共同的子運算式消去	置換兩個相同計算的案例為單一複本	18%
常數傳播	將所有被指定為常數的變數案例均置換為該常數	22%
堆疊高度降低	重新整理運算式樹使得運算式求值所需要的資源最小化	N.M.
全域	跨分支	
全域共同的子運算式消去	與區域相同，但是跨分支	13%
複製傳播	將所有被指定為 X 的變數 A 案例 (亦即 A = X) 均置換為 X	11%
程式碼移動	從迴圈中移去每次迴圈重複執行都計算相同值的程式碼	16%
歸納變數消去	簡化 / 去除迴圈中的陣列定址計算	2%
處理器相依	相依於對處理器的認識	
強度降低	許多例子，例如用相加移位法取代乘以常數的運算	N.M.
管線排程	重新排序指令來改進管線效能	N.M.
分支偏移量最佳化	選擇達到目標的最短分支位移	N.M.

圖 A.20　最佳化的主要型態以及各類型的範例。這些數據告訴我們各種最佳化的相對使用頻率。第三個欄位列出了一組 12 個小型的 Fortran 和 Pascal 程式所採用的最佳化的靜態頻率 (static frequency)。在這項量測中，我們採用 9 種區域和全域最佳化方法。圖中只列出其中的 6 種最佳化方法，沒有列出的 3 種方法佔全部的 18%。縮寫字母 N.M. (Not Measured) 表示我們未量測這種方法的使用次數。與處理器有關的最佳化通常都是由目的碼產生器來完成的，這類最佳化在本實驗中並未量測。最佳化方法所列的百分比是其被使用的比例。資料取自 Chow [1983] (用 Stanford UCODE 編譯器收集得到)。

編譯器技術影響結構設計師的決策

編譯器和高階語言之間的互動關係，深深地影響了程式該如何使用指令集結構。因此有兩個重要的問題：變數該如何配置及定址？需要多少個暫存器才足以應付變數的配置？要回答這些問題，我們必須先看看高階語言用來配置資料的三個分開區域：

- 用**堆疊** (stack) 來配置區域變數。堆疊的大小會隨著程序的呼叫和返回而改變。堆疊中的資料主要是純量 (scalar, 即單一變數)，而非陣列。這些資料都是用相對於堆疊指標的位置來定址的。堆疊是用來記錄活化記錄 (activation record)，**而非**用來計算運算式。因此，數值幾乎不會被推入 (push) 堆疊中，也不會從堆疊中彈出 (pop)。

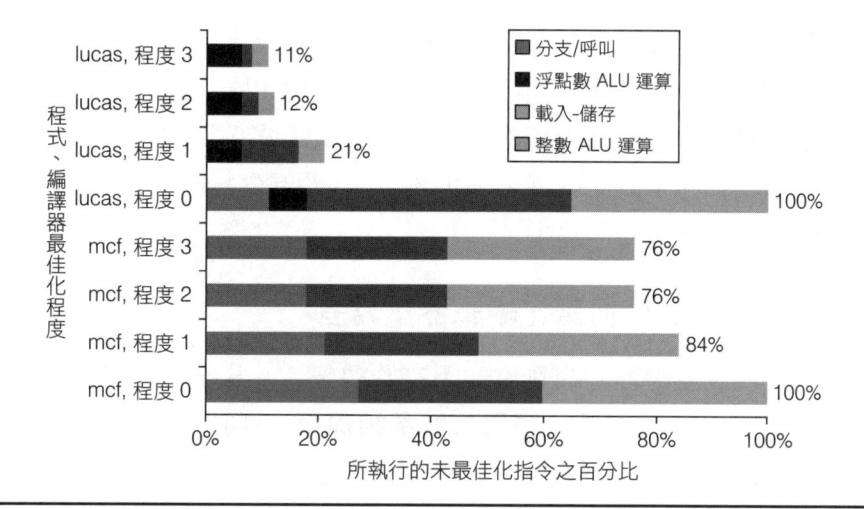

圖 A.21 針對 SPEC2000 的 lucas 和 mcf 程式，用不同程度的最佳化來編譯所造成的指令數變化。程度 0 相當於沒有做任何最佳化；程度 1 包括區域最佳化、程式碼的排程 (code scheduling) 以及區域暫存器的配置；程度 2 還包括全域最佳化、迴圈轉換 [loop transformation，又稱為軟體管線 (software pipelining)] 以及整體暫存器配置；程度 3 再加上程序整合。這個實驗是用 Alpha 編譯器所完成的。

- 用**全域資料區** (global data area) 來配置靜態 (static) 物件，如全域變數和常數。這些物件的絕大部份是陣列或其他的聚合資料結構 (aggregate data structure)。
- 用**堆積** (heap) 來配置不適合放在堆疊中的動態物件。在堆積中的物件可以用指標來存取；這些東西大部份不是純量。

跟全域資料區比起來，暫存器配置用於堆疊的效果會比較顯著。而堆積上的資料因為都是透過指標來存取，所以暫存器配置根本不適用於堆積。全域變數和一些堆疊上的變數也不適合放在暫存器中，因為這些變數具有**別名** (alias)。也就是說，有許多管道可以存取同一個變數的位址，使得我們無法將這種變數配置到暫存器中。(以目前的編譯器技術來說，堆積上的變數大多具有別名。)

例如，請看下列的程式碼，其中 & 符號將傳回變數的位址，* 符號則是取得此位址內的值。

```
p = &a-- 取得 a 的位址傳入 p
a = ···- 直接指定給 a
*p = ···- 使用 p 指定給 a
···a···- 存取 a
```

變數 a 在指定給 *p 之前和之後，絕不能配置在暫存器中，否則會產生不正確的目的碼。別名在本質上會造成一些問題，因為我們通常很難（甚至無法）知道指標會指到哪些物件。因此編譯器必須非常地保守。如果有**一個**指標指到程序中的某一個區域變數，那麼編譯器便不會把這個程序中的**任何**區域變數配置到暫存器中。

結構設計師如何幫忙編譯器撰寫者

現今編譯器的複雜度並不在於編譯 A = B + C 這樣簡單的敘述。大多數程式的每一個部份，**單獨來看都很簡單**，所以使用很簡單的編譯技巧就夠了。然而真正的複雜度在於程式太大了，使得其相互作用變得非常複雜。此外，編譯器的複雜結構意味著，在決定最好的目的碼順序時，我們一次只能決定一個步驟。

編譯器撰寫者有自己的基本原則：「讓常常發生的情形變快，而很少發生的情形必須正確執行。」也就是說，如果我們知道哪些情形經常發生以及哪些情形很少發生，並且知道如何簡單地產生這兩者的目的碼的話，那麼我們並不用擔心後者目的碼的品質好壞，只要其目的碼的執行結果是正確的就可以了。

某些指令集特性有助於編譯器的撰寫。這些特性並不是最高準則，它們只是一些指導原則，使得編譯器比較容易產生有效率而且正確的目的碼。

- **提供規律性**：所謂的規律性指的是，指令集的三個主要的要素 —— 運算、資料型態，以及定址模式 —— 必須**正交** (orthogonal)。如果結構中的兩個特性彼此獨立不相關，則稱之為正交。例如，每種定址模式都可用在每一種運算中，則運算和定址模式這兩個特性是正交的。這會有助於簡化目的碼的產生，特別是當編譯器藉由兩次通過來決定產生哪些目的碼。一個說明規律性的反例是：如果我們限制某一類的指令只能使用某一些暫存器，可能會造成雖然有許多暫存器空著，但裡面卻沒有一個暫存器是可用的。

- **提供基本指令，而非完整解答**：一些符合程式構造或核心函數的特殊功能通常沒有什麼用。這些支援高階語言的功能只適用於某一種語言，或者是無法正確且有效地支援一個語言。一些試著提供這類功能卻導致失敗的例子將在 A.10 節中說明。

- **簡化取捨的方法**：編譯器的撰寫者所面臨的最棘手的工作之一，就是要找出一段程式碼該編譯成哪些目的碼才是最佳的選擇。過去，很多人用指令數或目的碼大小當成選擇的標準。但從第 1 章我們得知這些都是錯誤的標

準。快取記憶體和管線出現之後，取捨變得更加複雜。設計師可以幫助編譯器撰寫者改進目的碼品質的地方，便是幫助他們瞭解各種編譯所可能產生之目的碼的執行成本。其中有一個很難取捨的例子：在暫存器－記憶體式結構中，變數必須使用超過多少次時，編譯器才應該將這個變數配置在暫存器中？然而這個門檻是很難找出來的，因為即使在相同的結構下，不同型號都可能有不同的值。

- **直接將編譯時就知道的數值設成常數**：通常編譯器的撰寫者不喜歡處理器在執行時，還要去計算一個在編譯時就知道的數值。這項原則的一個反例就是指令在執行時還要去解譯一個在編譯時就知道的值。例如，VAX 的 calls 指令在執行時，還必須去解譯一個遮罩 (mask) 來決定在程序呼叫時要將那些暫存器儲存起來。而這個遮罩的值在編譯時就已經固定了（請參考第 A.10 節）。

編譯器對多媒體指令的支援（或是缺少的部份）

唉，SIMD 指令設計師（見第 4 章的 4.3 節）基本上會忽略前一小節的重要性。這些指令或許可以解決問題，但卻不是基本指令；它們缺少暫存器，且資料型態不符合目前的程式語言。結構設計師希望找出不昂貴且可以幫助某些使用者的解決方案，但實際上，通常只有少數的低階圖形函數庫會使用這些指令。

SIMD 指令的確是優良結構的簡易版本，它擁有自己的編譯器技術。在 4.2 節有說明，**向量結構** (vector architecture) 作用在多維資料上。最初是發明給科學型程式碼使用的多媒體核心通常也會向量化，縱使經常是較短的向量。4.3 節建議，我們可以把 Intel 的 MMX 與 SSE 及 PowerPC 的 AltiVec 視為小型的向量計算：MMX 擁有八個 8 位元元素、四個 16 位元元素，或者兩個 32 位元元素的向量，而 AltiVec 擁有 2 倍長度的向量。它們都是存放在寬暫存器中相鄰的窄元素。

這些微處理器結構將向量暫存器的大小建立在結構中：MMX 中元素大小的總和不能超過 64 位元，AltiVec 則不能超過 128 位元。Intel 想要將這限制擴充到 128 位元，所以增加一個全新的指令集合，稱為 SSE (Streaming SIMD Extension)。

向量計算機的最主要好處就是：可以一次載入許多元素來節省記憶體存取的時間延遲 (latency)，並且可以同時執行運算與存取資料。向量定址模式的目的是收集記憶體中零散的資料並結合在一起，使得處理這些資料時更有效率，並且將運算後的結果放回它們該屬的地方。

向量計算機包括了**跨度定址模式** (strided addressing) 與**聚集/分散定址模式** (gather/scatter addressing) (見 4.2 節)，增加了可被向量化的程式數量。跨度定址模式在每次存取時會跨越固定個數的字元，所以存取連續的記憶體位址通常稱為**單位跨度定址模式** (unit stride addressing)。聚集及分散定址模式在另一個向量暫存器中尋找它們的位址：可將其視為向量計算機中的暫存器間接定址。反之，從向量的觀點來看，這些小向量的 SIMD 計算機只支援單位跨度的存取方式：從固定長度的記憶體位址中一次載入或儲存所有的元素。因為多媒體應用程式的資料通常啟始位址及結束位址都在記憶體內，所以為了成功地向量化，跨度及聚集/分散定址模式是必要的 (見 4.7 節)。

範例 比較一個 MMX 的向量計算機，將像素從 RGB (紅、綠、藍) 轉換成 YUV (光度、色差)，且每個像素使用 3 個位元組來表示。完成這個轉換只需將以下三行 C 程式碼放在迴圈中：

```
Y = (9798*R + 19235*G + 3736*B) / 32768 ;
U = (-4784*R - 9437*G + 4221*B) / 32768 + 128 ;
V = (20218*R - 16941*G - 3277*B) / 32768 + 128 ;
```

一個 64 位元的向量計算機可以同時計算 8 個像素。一部多媒體向量計算機，其跨度定址需要

- 3 個向量載入 (取得 RGB)
- 3 個向量乘法 (轉換 R)
- 6 個向量乘加法 (轉換 G 與 B)
- 3 個向量位移 (除以 32,768)
- 2 個向量加法 (加上 128)
- 3 個向量儲存 (儲存 YUV)

上述的 C 程式碼為了轉換 8 個像素，總共需要 20 個指令來執行 20 道運算 [Kozyrakis 2000]。(因為一個向量可能有 32 個 64 位元元素，所以這個程式碼實際上可轉換 32 × 8 = 256 個像素。)

相反地，Intel 的網站顯示一個函數庫的常式執行相同的 8 個像素計算，需要 116 個 MMX 指令加上 6 個 80x86 指令 [Intel 2001]。指令多了 6 倍的原因是需要大量的指令來執行載入與拆解 RGB 像素，以及封裝與儲存 YUV 像素，這都是因為缺少跨度式記憶體存取功能的緣故。

由於這些向量較短、結構受限、暫存器數量較少以及記憶體定址模式不夠多，因此我們很難引入向量化的編譯器技巧。因此，這些 SIMD 指令有可能只出現在自訂的函數庫中，而非編譯過的程式碼中。

總結：編譯器的角色

本節有幾個重要的結論。第一，新的指令集結構至少要有 16 個通用暫存器，以便簡化圖形著色法來進行配置暫存器的工作 —— 這 16 個暫存器並不包含浮點數運算暫存器。正交性質告訴我們：最好讓所有的定址模式都可以用在所有的資料傳遞指令上。最後，上述所提的最後三點：提供基本的指令而非完整的解答、簡化取捨的方法，以及執行時儘量使用常數 —— 都告訴我們最好傾向簡單化。也就是說，指令集的設計原則是：少就是好。所以，SIMD 擴充版比軟硬體整合設計較傑出的結構更能攻佔市場。

A.9　綜合論述：MIPS 結構

本節中我們將介紹一個稱為 MIPS 的簡單 64 位元載入－儲存式結構。MIPS 和 RISC 這兩位近親的指令集結構是以類似於前幾節所涵蓋的觀點為基礎。(L.3 節中我們將討論這種結構為什麼以及如何會變得這樣普遍。) 讓我們回顧一下前面幾節針對桌上型應用程式的結論：

- A.2 節：在載入－儲存式結構下使用通用暫存器。
- A.3 節：提供下列定址模式：位移定址 (位址偏差量大小從 12 至 16 位元)、立即值定址 (立即值大小從 8 至 16 位元) 和暫存器間接定址。
- A.4 節：提供下列資料型態與大小：8、16、32、64 位元的整數和 64 位元 IEEE 754 浮點數。
- A.5 節：提供下列簡單的指令，因為這些指令在執行時佔絕大多數。這些指令有：載入、儲存、相加、相減、暫存器間搬移、移位。
- A.6 節：比較是否相等、比較是否不相等、比較是否小於、分支 (PC 相關位址長度至少 8 個位元)、跳躍、程序呼叫與返回。
- A.7 節：如果注重的是效能，則使用固定式指令編碼。如果注重的是目的碼的大小，則使用可變式指令編碼。
- A.8 節：提供至少 16 個通用暫存器，保證所有的定址模式都可以用在所有資料傳遞的指令。主張使用一個最低限度的指令集。這節並未討論浮點型程式，但它們通常使用專屬的浮點數暫存器。其理由是增加暫存器的總數就不會影響指令的格式，也不會影響通用暫存器的運作速度。然而，其代價就是無法維持正交性質。

我們來看看 MIPS 結構是如何遵循這些原則的。像目前大多數的計算機一樣，MIPS 也強調：

- 是一個簡單的載入－儲存式指令集。
- 設計得讓管線更有效率 (將在附錄 C 中討論)，包括使用固定式指令集編碼。
- 提升編譯後目的碼的效率。

不僅因為 MIPS 這類型的處理器目前非常普遍，而且 MIPS 是一個很容易瞭解的結構，所以 MIPS 是一個非常適合學習用的結構模型，我們將在附錄 C 和第 3 章再度使用這個結構，並以此作為許多習題和程式作業的基礎。

在第一個 MIPS 處理器於 1985 年出現後的多年間，已經有許多 MIPS 的版本 (見附錄 K)。我們將使用一個稱為 MIPS64 的部份指令集，此子集合通常簡稱為 MIPS，至於完整的 MIPS 指令集則列在附錄 K。

MIPS 的暫存器

MIPS64 有 32 個 64 位元通用暫存器 [簡稱 GPR，有時稱之為**整數暫存器** (integer register)]。這 32 個暫存器分別為 R0、R1、…、R31。除此之外，還有 32 個浮點數暫存器 (簡稱 FPR)，分別為 F0、F1、…、F31。這些浮點數暫存器可以持有 32 個單精度 (32 位元) 或是 32 個倍精度 (64 位元) 的浮點數 (當持有單精度的浮點數時，暫存器的另一半沒有用到)。MIPS 提供單精度 (32 位元) 和倍精度 (64 位元) 的各種浮點數運算。MIPS 也可以針對同一個 64 位元浮點數暫存器內的兩個獨立單精度浮點數來進行運算。

R0 的值永遠為 0。將來我們會說明如何利用這個暫存器將一個簡單指令集的運算合成為各種有用的運算。

MIPS 有一些專用暫存器，這些暫存器的值可以傳送至通用暫存器中，而通用暫存器的值也可以傳送至這些暫存器中。例如，浮點數狀態 (floating-point status) 暫存器用來記錄浮點數運算的相關結果。MIPS 也有一些可以在浮點數暫存器和通用暫存器之間搬移資料的指令。

MIPS 的資料型態

MIPS64 的資料型態在整數方面有 8 位元的位元組、16 位元的半字元、32 位元的字元以及 64 位元的雙字元；而在浮點數方面有 32 位元的單精度和 64 位元的倍精度。將半字元加入是因為它們在像 C 的程式語言中被發現，並且在一些顧慮資料結構大小的程式中很普遍，例如作業系統。隨著通用碼 (Unicode) 的廣泛使用，半字元也愈來愈普遍。基於類似的理由也加入了單精度的浮點數。(請回想我們先前提過，在設計指令集之前，應該要對許多

程式進行量測。)

MIPS64 的各種運算以 64 位元的整數和 32 位元或 64 位元的浮點數為主。位元組和半字元的資料可以載入至通用暫存器中，同時前面補 0 或補正負號。一旦載入至暫存器後，就必須當成 64 位元並使用 64 位元的整數運算。

MIPS 資料傳遞指令的定址模式

MIPS 只提供立即值和位移定址模式。這兩種定址模式都使用 16 位元的欄位。如果將 0 放在位移欄位中的話，那麼位移定址就可以當成暫存器間接定址模式來使用；若使用暫存器 0 作為基底暫存器，位移定址模式就可以當成絕對定址模式 (absolute addressing) 來使用，這時位移值即為絕對值。雖然 MIPS 只提供兩種定址模式，但實際上有四種定址模式可以使用。

MIPS 的記憶體都是以位元組為位址單位，並且使用 64 位元的位址。它有一個模式位元讓軟體選用大印地安式 (Big Endian) 或者小印地安式 (Little Endian)。因為 MIPS 是一個載入–儲存式結構，所以所有的存取都是透過 load (載入) 或 store (儲存) 指令，將資料在記憶體和通用暫存器或浮點數暫存器之間傳遞。MIPS 所提供的資料型態已經在前面介紹過了，牽涉到通用暫存器的記憶體存取，可以是一個位元組、半字元、字元或雙字元。浮點數暫存器可以載入或儲存單精度或倍精度數字。所有的記憶體存取必須要對齊。

MIPS 的指令格式

因為 MIPS 只有兩種定址模式，所以定址模式可以編碼在運算碼中。為了要讓 MIPS 的管線和解碼很容易設計，所有指令都是 32 位元，所有的運算碼都是 6 位元。圖 A.22 列出 MIPS 的指令格式。這些指令格式都非常簡單。其中 16 位元的欄位可以用在位移定址、立即值和 PC 相對定址。

附錄 K 列出一種稱為 MIPS16 的 MIPS 變形結構，它擁有 16 位元及 32 位元指令，以改進嵌入式應用程式內的程式碼密度。我們在本書中會固定討論傳統的 32 位元格式。

MIPS 的各種運算

MIPS 提供前述結論中所列的一些簡單的運算，再加上一些其他的運算。MIPS 的指令可以分為四大類：載入與儲存、ALU 運算、分支和跳躍，以及浮點數運算。

I 型指令

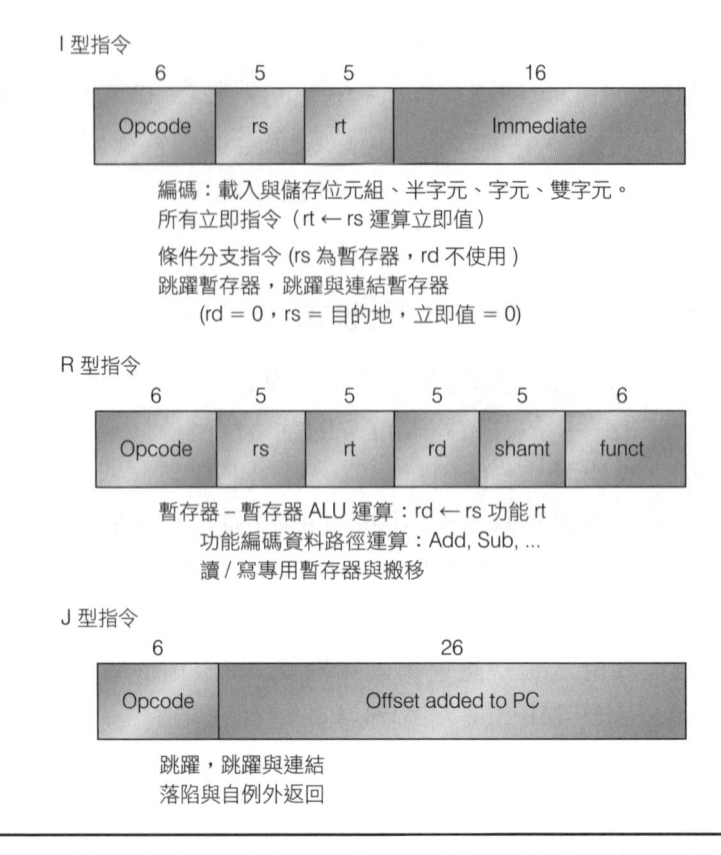

6	5	5	16
Opcode	rs	rt	Immediate

編碼：載入與儲存位元組、半字元、字元、雙字元。
所有立即指令（rt ← rs 運算立即值）
條件分支指令 (rs 為暫存器，rd 不使用)
跳躍暫存器，跳躍與連結暫存器
　　(rd = 0，rs = 目的地，立即值 = 0)

R 型指令

6	5	5	5	5	6
Opcode	rs	rt	rd	shamt	funct

暫存器–暫存器 ALU 運算：rd ← rs 功能 rt
功能編碼資料路徑運算：Add, Sub, ...
讀 / 寫專用暫存器與搬移

J 型指令

6	26
Opcode	Offset added to PC

跳躍，跳躍與連結
落陷與自例外返回

圖 A.22 MIPS 的指令格式。所有指令都是用三種指令型態的其中一種來編碼，每種格式中都在相同的位置上具有共通的欄位。

　　所有的通用暫存器或浮點數暫存器都可以用在載入或儲存指令中。唯一的例外是載入 R0 沒有任何作用。圖 A.23 列出一些載入和儲存指令的例子。單精度浮點數佔了半個浮點數暫存器。單精度和倍精度之間的轉換必須以外顯的方式進行。浮點數格式為 IEEE 754 (見附錄 J)。所有的 MIPS 指令列在圖 A.26 中 (539 頁)。

　　要瞭解這些圖表，我們必須先介紹幾個 C 描述語言以外的額外擴充符號，起初是在 539 頁作介紹的：

- 當傳送的資料長度不明時，我們在符號←後加上一個下標。所以←$_n$ 表示傳送一個 n 位元的數值。$x, y ← z$ 表示將 z 傳送給 x 及 y。
- 用下標來表示欄位中的某一個位元。本書規定最高位元的編號為 0。下標可以是一個數字或是一個範圍。例如，Regs[R4]$_0$ 代表 R4 的符號，Regs[R3]$_{56..63}$ 代表 R3 的最低位元組。
- 我們將記憶體視為一個陣列，變數 Mem 用來表示這個陣列。這個陣列用一

範例指令	指令名稱	意　義
LD R1,30(R2)	載入雙字元	Regs[R1] ←$_{64}$ Mem[30+Regs[R2]]
LD R1,1000(R0)	載入雙字元	Regs[R1] ←$_{64}$ Mem[1000+0]
LW R1,60(R2)	載入字元	Regs[R1] ←$_{64}$ (Mem[60+Regs[R2]]$_0$)^{32} ## Mem[60+Regs[R2]]
LB R1,40(R3)	載入位元組	Regs[R1] ←$_{64}$ (Mem[40+Regs[R3]]$_0$)^{56} ## Mem[40+Regs[R3]]
LBU R1,40(R3)	載入無號位元組	Regs[R1] ←$_{64}$ 0^{56} ## Mem[40+Regs[R3]]
LH R1,40(R3)	載入半字元	Regs[R1] ←$_{64}$ (Mem[40+Regs[R3]]$_0$)^{48} ## Mem[40+Regs[R3]] ## Mem[41+Regs[R3]]
L.S F0,50(R3)	載入單精度浮點數	Regs[F0] ←$_{64}$ Mem[50+Regs[R3]] ## 0^{32}
L.D F0,50(R2)	載入倍精度浮點數	Regs[F0] ←$_{64}$ Mem[50+Regs[R2]]
SD R3,500(R4)	儲存雙字元	Mem[500+Regs[R4]] ←$_{64}$ Regs[R3]
SW R3,500(R4)	儲存字元	Mem[500+Regs[R4]] ←$_{32}$ Regs[R3]$_{32..63}$
S.S F0,40(R3)	儲存單精度浮點數	Mem[40+Regs[R3]] ←$_{32}$ Regs[F0]$_{0..31}$
S.D F0,40(R3)	儲存倍精度浮點數	Mem[40+Regs[R3]] ←$_{64}$ Regs[F0]
SH R3,502(R2)	儲存半字元	Mem[502+Regs[R2]] ←$_{16}$ Regs[R3]$_{48..63}$
SB R2,41(R3)	儲存位元組	Mem[41+Regs[R3]] ←$_8$ Regs[R2]$_{56..63}$

圖 A.23 MIPS 的載入和儲存指令。所有指令只有一種定址模式，並且要求所有記憶體數值都要對齊。當然，對於所有所示的資料型態，都有載入和儲存指令可供使用。

個位元組的位址來當索引，而且可以傳送任何數目的位元組。
- 使用上標來重複某一個欄位。例如，0^{48} 表示這個欄位有 48 個 0。
- ## 符號用來連接兩個欄位。這個符號可以出現在←的左邊和右邊。

我們舉一個例子來看看，假設 R8 和 R10 都是 64 位元暫存器：

Regs[R10]$_{32..63}$ ←$_{32}$ (Mem[Regs[R8]]$_0$)^{24} ## Mem[Regs[R8]]

表示以符號擴充的方式把 R8 所指的記憶體位置內的位元組擴充成 32 位元，然後再儲存於 R10 暫存器的下半部。(R10 的上半部保持不變。)

所有的 ALU 指令都是暫存器－暫存器指令。圖 A.24 列出一些算術/邏輯指令的例子。這些 ALU 運算包括簡單的算術與邏輯運算：add (加)、subtract (減)、AND、OR、XOR 和 shift (移位)。MIPS 允許這些運算指令採用立即值定址模式，其中立即值為 16 位元符號擴充 (sign-extended) 的立即值。LUI (load upper immediate, 載入高位立即值) 運算將立即值載入暫存器的位元 32 至位元 47，而將暫存器的其餘部份設為 0。LUI 可以用兩個指令來建立一個 32 位元的常數；也可以用一個額外的指令使用任何的 32 位元常數位

範例指令		指令名稱	意義
DADDU	R1,R2,R3	無號數加法	Regs[R1] ← Regs[R2]+Regs[R3]
DADDIU	R1,R2,#3	無號立即值加法	Regs[R1] ← Regs[R2]+3
LUI	R1,#42	載入高位立即值	Regs[R1] ← 0^{32}##42##0^{16}
DSLL	R1,R2,#5	邏輯左移	Regs[R1] ← Regs[R2]<<5
SLT	R1,R2,R3	設定小於	if (Regs[R2]<Regs[R3]) Regs[R1] ← 1 else Regs[R1] ← 0

圖 A.24 MIPS 的算術／邏輯指令範例，兩者都包括有立即值和無立即值。

址來傳送資料。

如同前面所述，R0 被用來合成各種常用的運算。載入一個常數就是加上立即值，其中來源運算元為 R0；暫存器和暫存器之間的搬移就是加法，其中來源運算元之一為 R0。[我們有時候用 LI —— 載入立即值 (load immediate) —— 來表示前者，而用 MOV 來表示後者。]

MIPS 的流程控制指令

MIPS 提供比較兩個暫存器大小的比較指令。如果比較的條件為真，這些指令會將 1 (代表真) 放置在目的暫存器中，反之將 0 放置於目的暫存器中。因為這些運算會去設定 (set) 暫存器，所以將這些指令稱為 set-equal、set-not-equal、set-less-than 等等。這些比較指令也有立即值形式。

流程控制是經由一組跳躍指令和一組分支指令來處理。圖 A.25 列出一些跳躍指令和分支指令的例子。MIPS 有四個跳躍指令，這些指令可以藉由兩種指定目的位址的方式，以及要不要做連結 (link) 來區別。其中兩個跳躍指令是將 26 位元的偏移量左移 2 位元後，取代程式計數器的低位 28 位元 (程式計數器的內容即為跳躍指令下一道循序指令的位址) 來決定目的位址。另外兩個跳躍指令則指定一個包含了目的位址的暫存器。這四個跳躍指令又可分為兩種格式：單純的跳躍以及跳躍加上連結 (用於程序呼叫)。後者將返回位址 —— 下一道循序指令的位址 —— 放在 R31 中。

所有的分支指令都有條件的。分支指令中會指定分支的條件來測試暫存器來源是否為 0。該暫存器可能含有一個資料值，或是含有比較指令的結果。也有一些條件分支指令是去測試暫存器內容是否為負值，或者測試兩個暫存器的內容是否相等。分支指令的目的位址是指定為 16 位元偏移量 (帶正負號) 左移兩個位元後，再加上程式計數器的內容而得，其中程式計數器

範例指令	指令名稱	意　義
J　　　name	跳躍	$PC_{36..63} \leftarrow$ name
JAL　　name	跳躍與連結	$Regs[R31] \leftarrow PC+8$; $PC_{36..63} \leftarrow$ name; $((PC+4)-2^{27}) \leq$ name $< ((PC+4)+2^{27})$
JALR　R2	跳躍與連結暫存器	$Regs[R31] \leftarrow PC+8$; $PC \leftarrow Regs[R2]$
JR　　R3	跳躍暫存器	$PC \leftarrow Regs[R3]$
BEQZ　R4,name	等於零分支	if $(Regs[R4]==0)$ $PC \leftarrow$ name; $((PC+4)-2^{17}) \leq$ name $< ((PC+4)+2^{17})$
BNE　　R3,R4,name	不等於零分支	if $(Regs[R3]!=Regs[R4])$ $PC \leftarrow$ name; $((PC+4)-2^{17}) \leq$ name $< ((PC+4)+2^{17})$
MOVZ　R1,R2,R3	若為零則條件式搬移	if $(Regs[R3]==0)$ $Regs[R1] \leftarrow Regs[R2]$

圖 A.25 MIPS 的典型流程控制指令。除了一些跳躍指令的目的位址放在暫存器之外，其他所有的流程控制指令都是 PC 相對定址。請注意分支的距離比位址欄位還要長是可以預期的；由於 MIPS 指令都是 32 位元長，所以位元組分支位址乘以 4 來跨越較長的距離。

的內容即為分支指令下一道循序指令的位址。MIPS 也有一些測試浮點數狀態暫存器的浮點數條件分支指令，稍後再描述。

附錄 C 和第 3 章說明了條件分支為管線化執行的主要挑戰；因此，有許多結構都已經加入了可以將簡單分支指令轉換為條件式算術指令的一些指令。MIPS 也提供了可以根據零或非零來傳送資料的條件式搬移指令 —— 目的暫存器的值可能維持不變，也可能被來源暫存器之一的複本所取代，取決於另一個來源暫存器的值是否為零。

MIPS 的浮點數運算

浮點數指令專門處理浮點數暫存器，每一個浮點數指令會說明其運算是單精度還是倍精度。MOV.S 和 MOV.D 運算分別將一個單精度 (MOV.S) 或一個倍精度 (MOV.D) 的浮點數暫存器的值複製到相同形式的另一個暫存器中。MFC1、MTC1、DMFC1 和 DMTC1 指令則用於單精度或倍精度浮點數暫存器和整數暫存器之間的資料搬移。如果要搬移一個倍精度浮點數至兩個整數暫存器中，就需要使用兩個搬移指令。MIPS 也提供整數至浮點數的轉換指令等等。

浮點數運算有加、減、乘、除。字尾 D 用來表示倍精度，而字尾 S 則用來表示單精度。(例如，ADD.D、ADD.S、SUB.D、SUB.S、MUL.D、MUL.S、DIV.D 以及 DIV.S。) 浮點數比較指令會設定浮點數狀態暫存器的其中一個

位元，BC1T 和 BC1F 這兩個浮點數分支指令會測試這個浮點數狀態暫存器的某一個位元。如果這個位元為真，BC1T 指令會發生跳躍；如果這個位元為假，BC1F 指令會發生跳躍。

為了讓圖形常式有更大的效能，MIPS64 可以在 64 位元浮點數暫存器的每一半執行兩個 32 位元的浮點數運算。這些**成對的單精度** (paired single) 運算包括 ADD.PS、SUB.PS、MUL.PS 以及 DIV.PS。(它們採用倍精度的載入及儲存指令來進行載入及儲存。)

針對多媒體應用程式的重要性，MIPS64 也包含整數及浮點數的乘－加指令：MADD、MADD.S、MADD.D 以及 MADD.PS。這些組合運算中的暫存器長度都相同。圖 A.26 列出部份 MIPS64 的運算及其意義。

MIPS 指令集的用法

為了知道哪些指令較常使用，圖 A.27 列出五個 SPECint2000 程式中各類指令使用的頻率，圖 A.28 列出五個 SPECfp2000 程式中各類指令使用的頻率。

A.10 謬誤與陷阱

結構設計師經常犯一些常見的錯誤。本節將列舉其中的幾個例子。

陷阱 為了支援某種高階語言架構，而特別設計出一種「高階的」指令集功能。

為了要在指令集中加入高階語言的功能，使得結構設計師設計出一些彈性範圍很大且功能強大的指令。但往往這些指令所完成的工作，比通常實際所需要的工作多出許多，要不然就是不能完全滿足這個高階語言真正的需要。對於這個在 1970 年代被稱為**語意上的隔閡** (semantic gap)，結構設計師已經付出相當多的努力。雖然這個概念主要是在指令集中補充一些指令，將硬體提升至高階語言的層次，然而這些新增的指令通常會產生 Wulf、Levin 與 Harbison [1981] 所謂的**語意上的衝突** (semantic clash)：

……由於賦予這個指令太多的語意內容，因此計算機設計師可能會誤導使用者只會在某些環境中使用這個指令。

這種指令往往只具有過度的殺傷力 —— 對於大多數情況而言，因為指令太過於一般化了，所以導致多做許多不必要的工作，使得指令變得比較

指令型態 / 運算碼	指令意義
資料傳遞	在暫存器與記憶體之間搬移資料，或在整數暫存器與浮點數或專用暫存器之間搬移資料；只有記憶體位址模式是 16 位元位移 + 通用暫存器內容
LB,LBU,SB	載入位元組，載入無號位元組，儲存位元組 (至 / 從整數暫存器)
LH,LHU,SH	載入半字元，載入無號半字元，儲存半字元 (至 / 從整數暫存器)
LW,LWU,SW	載入字元，載入無號字元，儲存字元 (至 / 從整數暫存器)
LD,SD	載入雙字元，儲存雙字元 (至 / 從整數暫存器)
L.S,L.D,S.S,S.D	載入單精度浮點數，載入倍精度浮點數，儲存單精度浮點數，儲存倍精度浮點數
MFC0,MTC0	複製從 / 至通用暫存器至 / 從專用暫存器
MOV.S,MOV.D	複製一個單精度或倍精度浮點數暫存器至另一個浮點數暫存器
MFC1,MTC1	複製 32 位元至 / 從浮點數暫存器從 / 至整數暫存器
算術 / 邏輯	在通用暫存器中運算整數或邏輯資料；有號數算術會在溢位時落陷
DADD,DADDI,DADDU,DADDIU	加法、加法立即值 (所有立即值都是 16 位元)；有號與無號
DSUB,DSUBU	減法；有號與無號
DMUL,DMULU,DDIV,DDIVU,MADD	乘法與除法，有號與無號；乘加；所有運算都使用並產生 64 位元值
AND,ANDI	And，And 立即值
OR,ORI,XOR,XORI	Or，Or 立即值，互斥或，互斥或立即值
LUI	載入高位立即值；立即值載入暫存器的 32 至 47 位元，然後作符號擴充
DSLL,DSRL,DSRA,DSLLV,DSRLV,DSRAV	移位：立即值 (DS_) 和變數形式 (DS_V)；移位是邏輯左移、邏輯右移、算術右移
SLT,SLTI,SLTU,SLTIU	設定小於，設定小於立即值；有號與無號
控制	條件分支與跳躍；PC 相關或經由暫存器
BEQZ,BNEZ	通用暫存器等於 / 不等於零分支；從 PC+ 4 算起的 16 位元偏移量
BEQ,BNE	通用暫存器等於 / 不等於分支；從 PC+ 4 算起的 16 位元偏移量
BC1T,BC1F	測試在浮點數狀態暫存器的比較位元後分支；從 PC + 4 算起的 16 位元偏移量
MOVN,MOVZ	假如第三個通用暫存器為負、零，則複製通用暫存器到另一個通用暫存器
J,JR	跳躍至：從 PC+ 4 算起的 26 位元偏移量 (J) 或暫存器中的目標 (JR)
JAL,JALR	跳躍與連結：儲存 PC+ 4 於 R31，目標是 PC 相對 (JAL) 或暫存器 (JALR)
TRAP	在一個向量式位址上轉移到作業系統
ERET	從例外返回使用者程式碼；復原使用者模式
浮點數	倍精度和單精度格式的浮點數運算
ADD.D,ADD.S,ADD.PS	加上倍精度、單精度數字，成對的單精度數字加法
SUB.D,SUB.S,ADD.PS	減去倍精度、單精度數字，成對的單精度數字減法
MUL.D,MUL.S,MUL.PS	乘上倍精度、單精度數字，成對的單精度數字乘法
MADD.D,MADD.S,MADD.PS	乘加倍精度、單精度數字，成對的單精度數字乘加
DIV.D,DIV.S,DIV.PS	除以倍精度、單精度數字，成對的單精度數字除法
CVT._._	轉換指令：CVT.x.y 轉換 x 型態為 y 型態，其中 x 和 y 是 L (64 位元整數)、W (32 位元整數)、D (倍精度) 或 S (單精度)。兩個運算元都是浮點數暫存器
C.___.D, C.___.S	倍精度和單精度的比較："__" = LT, GT, LE, GE, EQ, NE；設定浮點數狀態暫存器中的位元

圖 A.26 MIPS64 指令的部份集合。這些指令的格式列在圖 A.22 中。

指令	gap	gcc	gzip	mcf	perlbmk	整數平均
load	26.5%	25.1%	20.1%	30.3%	28.7%	26%
store	10.3%	13.2%	5.1%	4.3%	16.2%	10%
add	21.1%	19.0%	26.9%	10.1%	16.7%	19%
sub	1.7%	2.2%	5.1%	3.7%	2.5%	3%
mul	1.4%	0.1%				0%
compare	2.8%	6.1%	6.6%	6.3%	3.8%	5%
load imm	4.8%	2.5%	1.5%	0.1%	1.7%	2%
cond branch	9.3%	12.1%	11.0%	17.5%	10.9%	12%
cond move	0.4%	0.6%	1.1%	0.1%	1.9%	1%
jump	0.8%	0.7%	0.8%	0.7%	1.7%	1%
call	1.6%	0.6%	0.4%	3.2%	1.1%	1%
return	1.6%	0.6%	0.4%	3.2%	1.1%	1%
shift	3.8%	1.1%	2.1%	1.1%	0.5%	2%
AND	4.3%	4.6%	9.4%	0.2%	1.2%	4%
OR	7.9%	8.5%	4.8%	17.6%	8.7%	9%
XOR	1.8%	2.1%	4.4%	1.5%	2.8%	3%
other logical	0.1%	0.4%	0.1%	0.1%	0.3%	0%
load FP						0%
store FP						0%
add FP						0%
sub FP						0%
mul FP						0%
div FP						0%
mov reg-reg FP						0%
compare FP						0%
cond mov FP						0%
other FP						0%

圖 A.27 五個 SPECint2000 程式中 MIPS 動態指令的混合。請注意，整數暫存器－暫存器搬移指令被包括在 OR 指令中。空白記錄代表該數值為 0.0%。

慢。VAX 的 CALLS 就是一個很好的例子。CALLS 使用被呼叫者儲存的方式（要被儲存的暫存器是由被呼叫者所指定），**但是**這個儲存的動作卻是由呼叫者的呼叫指令所完成的。這個 CALLS 指令首先將副程式的參數推入到堆疊上，然後完成下列步驟：

1. 必要時將堆疊對齊。
2. 將參數個數記錄在堆疊頂端。

指 令	applu	art	equake	lucas	swim	浮點數平均
load	13.8%	18.1%	22.3%	10.6%	9.1%	15%
store	2.9%		0.8%	3.4%	1.3%	2%
add	30.4%	30.1%	17.4%	11.1%	24.4%	23%
sub	2.5%		0.1%	2.1%	3.8%	2%
mul	2.3%			1.2%		1%
compare		7.4%	2.1%			2%
load imm	13.7%		1.0%	1.8%	9.4%	5%
cond branch	2.5%	11.5%	2.9%	0.6%	1.3%	4%
cond mov		0.3%	0.1%			0%
jump			0.1%			0%
call			0.7%			0%
return			0.7%			0%
shift	0.7%		0.2%	1.9%		1%
AND			0.2%	1.8%		0%
OR	0.8%	1.1%	2.3%	1.0%	7.2%	2%
XOR		3.2%	0.1%			1%
other logical			0.1%			0%
load FP	11.4%	12.0%	19.7%	16.2%	16.8%	15%
store FP	4.2%	4.5%	2.7%	18.2%	5.0%	7%
add FP	2.3%	4.5%	9.8%	8.2%	9.0%	7%
sub FP	2.9%		1.3%	7.6%	4.7%	3%
mul FP	8.6%	4.1%	12.9%	9.4%	6.9%	8%
div FP	0.3%	0.6%	0.5%		0.3%	0%
mov reg-reg FP	0.7%	0.9%	1.2%	1.8%	0.9%	1%
compare FP		0.9%	0.6%	0.8%		0%
cond mov FP		0.6%		0.8%		0%
other FP				1.6%		0%

圖 A.28 五個 SPECfp2000 程式中 MIPS 動態指令的混合。請注意，整數暫存器－暫存器搬移指令被包括在 OR 指令中。空白記錄代表該數值為 0.0%。

3. 將此程序呼叫的遮罩所指定的暫存器儲存在堆疊上 (如 A.8 節中所述)。這個遮罩保存在被呼叫程序的程式碼中 —— 這樣一來即使單獨個別編譯，被呼叫者儲存的工作也可以由呼叫者來完成。

4. 將返回位址記錄在堆疊頂端，然後將堆疊的頂端指標和基底指標也記錄在堆疊內 (供活化記錄使用)。

5. 清除條件碼，藉此將此次中斷轉移至一個已知的狀態。

6. 將狀態資訊字元和一個零字元記錄在堆疊頂端。
7. 更新這兩個堆疊指標。
8. 將程式控制權轉移到被呼叫程序的第一道指令。

真正程式中絕大多數的程序呼叫都不需要這麼多的工作。大部份的程序都知道其參數的個數，並且可以利用暫存器進行非常快速的連結來傳遞參數，而非使用記憶體中的堆疊。此外，CALLS 指令一定要使用兩個暫存器來進行連結，而許多語言只需要使用一個連結暫存器。許多嘗試支援程序呼叫與活化記錄堆疊管理的結果都不好用，有的是不符合語言的需要，有的是過於一般化，導致使用這項功能時必須付出很大的代價。

VAX 的設計師提供了一個比較簡單的指令，也就是 JSB。由於這個指令只把返回 PC 放置在堆疊上，然後跳至程序上，因此這個指令的速度快得多了。然而，大多數的 VAX 編譯器卻使用比較慢的 CALLS 指令。CALLS 指令之所以內含於 VAX 的結構中，是為了要讓程序的連結方式標準化。其他計算機是藉著編譯器與撰寫者之間的協定，就可以將呼叫的方式標準化，無需負擔複雜而非常通用的程序呼叫指令所造成的虛耗。

謬誤　存在所謂的典型程式。

許多人相信有一個「典型」程式可以用來設計一個最佳化的指令集。例如第 1 章中所討論的合成型標準效能測試程式。本附錄中的數據很明白地顯示每一個程式使用指令集的情形有很大的不同。例如，圖 A.29 列出四個 SPEC2000 程式中資料傳遞大小的分佈情形，我們很難從這四個程式中找到一個典型的程式。對於一個能夠支援某類應用的指令集，例如十進位指令，其差異會更大。其他的程式不會使用這些十進位指令。

陷阱　更新指令集結構以減少指令碼的大小，卻沒有考慮到編譯器。

圖 A.30 顯示四個編譯器的 MIPS 指令集的程式碼大小。雖然結構設計師努力減少 30% 至 40% 的程式碼大小，但不同的編譯器可藉著許多因素改變程式碼的大小。與效能最佳化技術類似，在提出改善硬體以節省空間前，結構設計師應該先著手於讓編譯器可產生較周密的程式碼。

謬誤　有瑕疵的結構不能成功。

80x86 是一個引人注意的例子：80x86 的指令集結構只有其原創人才會喜歡(請參考附錄 K)。往後幾代 80x86 的 Intel 工程師嘗試著修正在 80x86 設計中所採用的一些不常使用的結構決策，例如，80x86 支援區段式

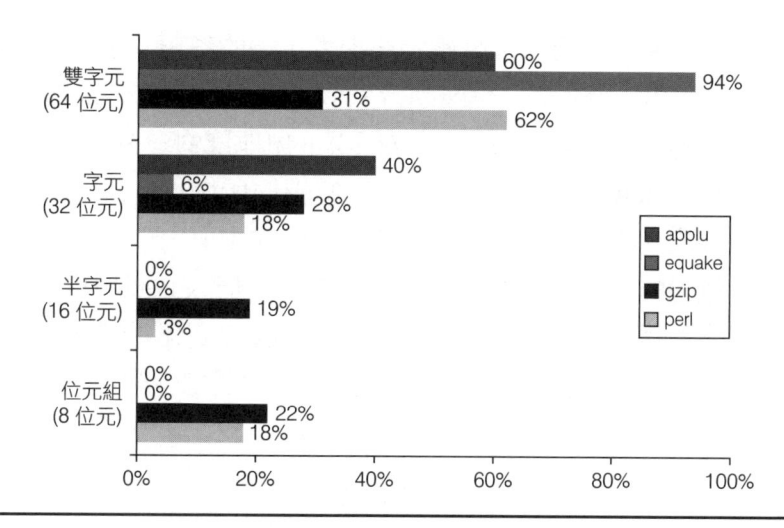

圖 A.29 四個 SPEC2000 程式中資料存取大小的分佈圖。雖然您可以計算平均的資料大小，但是您很難宣稱這個平均數適用於任何程式。

編譯器	Apogee Software: Version 4.1	Green Hills Multi2000 Version 2.0	Algorithmics SDE4.0B	IDT/c7.2.1
結構	MIPS IV	MIPS IV	MIPS 32	MIPS 32
處理器	NEC VR5432	NEC VR5000	IDT 32334	IDT 79RC32364
自動關聯核心程式	1.0	2.1	1.1	2.7
迴旋編碼器核心程式	1.0	1.9	1.2	2.4
定點位元配置核心程式	1.0	2.0	1.2	2.3
定點複數型 FFT 核心程式	1.0	1.1	2.7	1.8
Viterbi GSM 解碼器核心程式	1.0	1.7	0.8	1.1
五種核心程式的幾何平均	1.0	1.7	1.4	2.0

圖 A.30 相對於 Apogee Software 4.1 版 C 編譯器的編譯結果，EEMBC 標準效能測試程式中遠地通訊應用程式的相對程式碼大小。這些指令集結構實際上是相同的，但其程式碼大小差距卻可達 2 倍。這些數據是在 2000 年 2 月到 6 月所提出。

(segmentation) 記憶體管理，但大多數的處理器卻採用分頁式 (page) 記憶體管理；80x86 對整數資料使用幾個累加器，而大多數機器卻使用一組通用暫存器；80x86 對浮點數資料使用堆疊，而其他每一種處理器早就不使用這種堆疊的方法了。

儘管有這麼多的困難，但 80x86 結構仍然相當成功。原因有三個：首先，因為 80x86 的架構被 IBM PC 採用為微處理器，使 80x86 執行碼相容變

得相當有價值。第二，摩爾定律提供足夠的資源，讓 80x86 微處理器骨子裡轉換成 RISC 指令集，然後執行類似 RISC 的指令。這種組合啟動了 PC 軟體的執行碼相容，並具備 RISC 處理器的相同效能。第三，PC 微處理器的高使用量代表 Intel 可以輕易地承受硬體轉換所增加的設計成本。此外，高使用量允許業者提高學習曲線，降低產品的成本。

較大的晶粒以及轉換所增加的功率對嵌入式應用程式都相當不利，但卻為桌上型電腦帶來巨大的商機。而且桌上型電腦的成本 – 效能比對於伺服器而言相當有吸引力，而它在伺服器市場的弱點：32 位元位址，已經被 64 位元位址的 AMD64 所解決 (見第 2 章)。

謬誤　您可以設計出沒有瑕疵的結構。

所有的結構設計師在硬體技術和軟體技術之間都會面臨一些取捨。這些技術可能會隨著時間而改變，在當初設計時看來好像是對的決定，可能事後證明是錯的。例如，5 年之後看 1975 年所設計的 VAX 計算機，覺得過份強調減少程式碼大小的重要性，而低估了簡化解碼和管線的重要性。RISC 有一種現象稱為延遲式分支 (見附錄 K)。它只是單純地在五階段管線中控制管線危障，但其挑戰在於具有較長管線的處理器得在一個時脈週期內發送多道指令。此外，幾乎所有的結構最後都會產生位址空間不夠的問題。

一般而言，長期避免這種缺點可能代表在短期內會對結構的效能妥協，這是非常危險的，因為一個新的指令集結構在它的頭幾年內都必須要奮力求生。

A.11　結　論

最初由於硬體技術的關係，指令集的結構受到限制。一旦硬體技術成熟，結構設計師便開始尋求支援高階語言的方法。這種尋求如何有效地支援程式的過程，大致可分成三個階段。在 1960 年代，堆疊結構日益流行，這種結構被視為高階語言絕配，而且就當時編譯器的技術而言，這種結構或許還真的是絕佳。到了 1970 年代，結構設計師主要關心的是如何降低軟體發展的成本。這項考量主要是利用硬體來取代軟體，或是藉由提供高階的結構來簡化軟體設計師的工作，結果引起了高階語言計算機結構的研發熱潮，並且發展如同 VAX 一般具有大量定址模式、多種資料型態以及高度正交的強力結構。在 1980 年代，編譯器的技術變得更複雜，加上人們又再度重視處理器的效能，這使得結構設計師又回歸到以載入 – 儲存式計算機為基礎，來

發展較簡單的結構。

指令集結構在 1990 年代發生了以下的變化：

- **位址大小的加倍**：32 位元位址的指令集擴充至 64 位元位址，暫存器的寬度也擴充至 64 位元。附錄 K 舉了三個從 32 位元結構變成 64 位元結構的例子。
- **透過有條件的執行對條件分支做最佳化**：在第 3 章中，我們看到條件分支指令會限制計算機的效能。因此有人想要把條件分支指令代換成有條件的完成運算，例如，有條件的搬移指令 (見附錄 H)，已經加到大部份的指令集中。
- **利用預提取來提升快取效能**：第 2 章說明了記憶體層級在計算機效能上所扮演的角色日益重要。有些計算機發生**快取失誤** (cache miss) 所花費的指令時間，可能和早期計算機發生**分頁錯誤** (page fault) 所花費的指令時間是一樣的。因此就加入預提取指令，試著藉由預提取來隱藏快取失誤的成本 (見第 2 章)。
- **支援多媒體**：大部份桌上型及嵌入式指令集都加以擴充，以支援多媒體應用程式。
- **更快的浮點數運算**：附錄 J 介紹一些加強浮點數運算效能的新運算。例如，某些運算能做一乘一加以及成對的單精度執行 (我們將它們納入 MIPS 中)。

1970 年至 1985 年間，許多人都認為計算機結構設計師主要的工作就是設計指令集。因此，當時的教科書均強調指令集的設計，這就好像 1950 年代和 1960 年代的計算機結構教科書強調計算機算術一樣。因此使用這些教科書的結構設計師對目前常見的計算機之優缺點，特別是缺點，有非常強的主觀看法。然而許多研究人員和教科書的作者，卻忽略了一個重要的觀點：執行碼相容性會壓抑指令集設計的發展，這樣的忽略造成許多結構設計師誤以為他們有機會去設計新的指令集。

今天，計算機結構設計師的定義已經擴展至整個計算機系統的設計和評估，而不再只有指令集的設計，也不再只有處理器。所以結構設計師可以研究的題目相當地多。事實上，本附錄的教材在 1990 年第一版時乃是書中的中心點，但是現在卻放在附錄中當作參考教材！

附錄 K 可能會滿足對指令集結構有興趣的讀者：裡面描述了各式各樣的指令集，不是在現今的市場中很重要，就是在歷史上很重要；裡面也包括了九個流行的載入–儲存式計算機與 MIPS 之比較。

A.12 歷史回顧與參考文獻

附錄 L.4 (可上網取得)的特點是對於指令集演進的討論，並包括了進一步閱讀的文獻以及相關議題的探討。

由 Gregory D. Peterson 所提供的習題

A.1 [15] <A.9> 請使用圖 A.27 來計算 MIPS 的有效 CPI。假設我們已經對以下的指令型態做過平均 CPI 的量測：

指　　令	時脈週期
所有 ALU 指令	1.0
載入－儲存	1.4
條件分支	
做	2.0
不做	1.5
跳躍	1.2

假設 60% 的條件分支有做且圖 A.27「其他」類型中的所有指令均為 ALU 指令，請將 gap 和 gcc 的指令頻率加以平均來得到指令的混合。

A.2 [15] <A.9> 請使用圖 A.27 以及上面的表格來計算 MIPS 的有效 CPI。請將 gzip 和 perlbmk 的指令頻率加以平均來得到指令的混合。

A.3 [20] <A.9> 使用圖 A.28 來計算 MIPS 的有效 CPI。假設我們已經對以下的指令型態做過平均 CPI 的量測：

指　　令	時脈週期
所有 ALU 指令	1.0
載入－儲存	1.4
條件分支	
做	2.0
不做	1.5
跳躍	1.2
浮點數乘法	6.0
浮點數加法	4.0
浮點數除法	20.0
載入－儲存浮點數	1.5
其他浮點數指令	2.0

假設 60% 的條件分支有做且圖 A.28「其他」類型中的所有指令均為 ALU 指令，請將 lucas 和 swim 的指令頻率加以平均來得到指令的混合。

A.4 [20] <A.9> 請使用圖 A.28 以及上面的表格來計算 MIPS 的有效 CPI。請將 applu 和 art 的指令頻率加以平均來得到指令的混合。

A.5 [10] <A.8> 請考量此三道敘述的高階程式碼序列：

A = B + C;
B = A + C;
D = A - B;

請使用複製傳播的技術 (見圖 A.20) 將此程式碼序列轉換至沒有任何運算元是一個計算值。請注意一些案例，在這些案例中該轉換已經減少敘述的計算工作量，也請注意計算工作量已經增加的那些案例。請問這對於嘗試滿足編譯器最佳化的願望時所面臨的技術挑戰而言，有何提示呢？

A.6 [30] <A.8> 編譯器最佳化或許造成程式碼大小及 / 或效能的改進。請考量 SPEC CPU2006 套件中一個或多個標準效能測試程式，使用您可取得的一個處理器和 GNC C 編譯器來將程式最佳化，包括無最佳化、最佳化 1、最佳化 2 和最佳化 3。請比較結果程式的效能與大小，也與圖 A.21 作比較。

A.7 [20/20] <A.2, A.9> 考量以下的 C 程式碼片段：

for (i = 0; i <= 100; i++)
{ A[i] = B[i] + C; }

假設 A 與 B 均為 64 位元整數的陣列，C 與 i 均為 64 位元整數。假設所有資料值和它們的位址都保持在記憶體中 (A、B、C 和 i 分別位於位址 1000、3000、5000 和 7000) —— 除了被運算時。假設在迴圈重複執行之間會失去暫存器的值。

a. [20] <A.2, A.9> 請撰寫該 MIPS 程式碼。請問動態地需要多少道指令？請問會執行多少次記憶體 – 資料存取？請問程式碼大小為何？

b. [20] <A.2> 請撰寫該 x86 程式碼。請問動態地需要多少道指令？請問會執行多少次記憶體 – 資料存取？請問程式碼大小為何？

A.8 [10/10/10] <A.2, A.7> 請針對以下來考量指令集結構的指令編碼。

a. [10] < A.2, A.7> 考量一個處理器的指令長度為 12 位元，並擁有 32 個通用暫存器，所以位址欄位大小為 5 位元。請問是否可能令指令編碼如下？
- 3 個雙位址指令
- 30 個單位址指令
- 45 個零位址指令

b. [10] < A.2, A.7> 假設相同的指令長度與位址欄位大小如上，請判定是否可

能擁有
- 3 個雙位址指令
- 31 個單位址指令
- 35 個零位址指令

請解釋您的答案。

c. [10] <A.2, A.7> 假設相同的指令長度與位址欄位大小如上，再進一步假設已經有了 3 個雙位址指令以及 24 個零位址指令。請問針對此處理器最多還可以編碼幾個單位址指令？

A.9 [10/15] <A.2> 針對以下，假設 A、B、C、D、E 和 F 等數值駐在於記憶體中，也假設指令運算碼是以 8 位元來表示、記憶體位址為 64 位元且暫存器位址為 6 位元。

a. [10] <A.2> 針對圖 A.2 的每一種指令集結構，請問計算 C = A + B 的程式碼中每一道指令會出現多少位址或名稱？請問整個程式碼大小為何？

b. [15] <A.2> 圖 A.2 的某些指令集結構會在計算過程中破壞運算元，此種處理器內部儲存資料值的喪失對效能具有影響。請針對圖 A.2 的每一種結構撰寫程式碼序列來計算：

C = A + B
D = A − E
F = C + D

請在您的程式碼中標示出每一個在執行期間被破壞的運算元，也請標示出只為克服此種處理器內部儲存資料值的喪失而包括進來的每一道「虛耗」指令。針對您的每一種程式碼序列，請問總程式碼大小、進出記憶體的指令與資料的位元組數目、虛耗指令數目以及虛耗資料位元組數目為何？

A.10 [20] <A.2, A.7, A.9> MIPS 的設計提供了 32 個通用暫存器和 32 個浮點數暫存器。如果暫存器不錯的話，請問更多的暫存器是否更好？請盡可能列出並討論應該由指令集結構設計師考慮的取捨情形，以審視是否增加 MIPS 暫存器的數目以及要增加多少。

A.11 [5] <A.3> 考量一個包括以下成員的 C struct：

```
struct foo {
    char a;
    bool b;
    int c;
    double d;
    short e;
```

```
        float f;
        double g;
        char * cptr;
        float * fptr;
        int x;
};
```

針對一部 32 位元的機器，請問該 foo struct 的大小為何？請問該 struct 所需要的最小大小為何 —— 假設您可隨意安排 struct 成員的順序？請問 64 位元的機器又如何呢？

A.12 [30] <A.7> 許多電腦製造商現在都提供工具或模擬器，讓您可以去量測使用者程式的指令集使用情形。在使用的方法當中，包括了機器模擬、硬體支援式捕捉，以及一種藉由插入計數器來儀表化目的碼模組的編譯器技術。請尋找一個您可取得的、包括這樣工具的處理器，使用它針對 SPEC CPU2006 的一個標準效能測試程式去量測指令集混合。請將結果與本附錄所示結果作比較。

A.13 [30] <A.8> 較新型的處理器，例如 Intel 的 Core i7 Sandy Bridge，有包括對 AVX 向量/多媒體指令的支援。請撰寫一個使用單精度數值的稠密矩陣乘法函數，並且使用不同的編譯器和最佳化旗標來編譯它。使用 Basic Linear Algebra Subroutine (BLAS) 常式的線性代數程式碼，例如 SGEMM，就有包括稠密矩陣乘法的最佳化版本。請將您的程式碼之程式碼大小與效能和 BLAS SEGMM 的做比較。也請探討使用倍精度數值和 DGEMM 時會發生什麼。

A.14 [30] <A.8> 針對以上為 i7 處理器所開發的 SGEMM 程式碼，請將 AVX 內在函數的使用包括進來以改進效能。特別是，請嘗試將您的程式碼向量化，以便將 AVX 硬體運用得更好。請將程式碼大小與效能和原始程式碼的做比較。

A.15 [30] <A.7, A.9> SPIM 乃是模擬 MIPS 處理器的一種普遍的模擬器。請使用 SPIM 來量測某些 SPEC CPU2006 標準效能測試程式的指令集混合。

A.16 [35/35/35/35] <A.2-A.8> gcc 是以大多數新式的指令集結構為目標 (見 www.gnu.org/software/gcc/)。請針對您曾經接觸過的數種結構，例如 x86、MIPS、PowerPC 和 ARM，創造一個 gcc 版本。

    a. [35] <A.2-A.8> 請將 SPEC CPU2006 整數型標準效能測試程式的子集合加以編譯，並產生一個程式碼大小的表格。請問對每一個程式而言哪一種結構最好？

    b. [35] <A.2-A.8> 請將 SPEC CPU2006 浮點型標準效能測試程式的子集合加以編譯，並產生一個程式碼大小的表格。請問對每一個程式而言哪一種結構最好？

c. [35] <A.2-A.8> 請將 EEMBC AutoBench 標準效能測試程式的子集合 (見 www.eembc.org/home.php) 加以編譯，並產生一個程式碼大小的表格。請問對每一個程式而言哪一種結構最好？

d. [35] <A.2-A.8> 請將 EEMBC FPBench 浮點型標準效能測試程式的子集合加以編譯，並產生一個程式碼大小的表格。請問對每一個程式而言哪一種結構最好？

A.17 [40] <A.2-A.8> 功率效率對於現代處理器已經變得非常重要，特別是對嵌入式系統。請針對您曾經接觸過的兩種結構，例如 x86、MIPS、PowerPC 和 ARM，創造一個 gcc 版本。請將 EEMBC 標準效能測試程式的子集合加以編譯並使用 EnergyBench 在執行期間量測能量的使用情形。請比較這兩種處理器的程式碼大小、效能，和能量的使用情形，請問對每一個程式而言哪一種結構最好？

A.18 [20/15/15/20] 您的任務是去比較四種不同型態指令集結構的記憶體效率，這些結構型態為

- 累加器：所有運算元都出現在單一暫存器和一個記憶體位置之間。
- 記憶體 – 記憶體：所有指令位址僅存取記憶體位置。
- 堆疊：所有運算都發生在堆疊的頂端。推入與彈出乃是存取記憶體的唯一指令；所有其他指令都是從堆疊移出它們的運算元並以運算結果置換之。該製作方式使用只有頂端兩筆堆疊記錄位置的硬體接線式堆疊，保持了非常小型且低成本的處理器電路。額外的堆疊位置是保持在記憶體位置當中，存取這些堆疊位置需要進行記憶體存取。
- 載入 – 儲存：所有運算都發生在暫存器當中，暫存器 – 暫存器指令的每道指令都具有三個暫存器名稱。

為了量測記憶體效率，有關所有四種指令集都請作以下之假設：

- 所有指令長度都是位元組的整數倍。
- 運算碼總是一個位元組 (8 個位元)。
- 記憶體存取使用直接或絕對定址。
- 變數 A、B、C 和 D 最初是在記憶體中。

a. [20] <A.2, A.3> 請發明您自己的組合語言符記 (mnemonics) (圖 A.2 提供了一套有用的樣本可作歸納)，並針對以下的高階語言程式碼序列撰寫最佳的等效組合語言程式碼：

```
A = B + C;
B = A + C;
D = A – B;
```

b. [15] <A.3> 請標示出您 (a) 小題組合語言程式碼當中，有一個數值已經載入一次之後又從記憶體載入的每一例；也請標示出您程式碼當中，一道指令的結果被傳遞至另一道指令作為運算元的每一例，然後進一步將這些事件分類為涉及處理器內部儲存和涉及記憶體儲存。

c. [15] <A.7> 假設已知的程式碼序列是來自於一個小型的嵌入式電腦應用程式，例如微波爐控制器，使用 16 位元記憶體位址和資料運算元。如果使用的是儲存－載入式結構，則假設擁有 16 個通用暫存器。請針對每一種結構回答以下的問題：請問有多少指令位元組被提取？請問有多少位元組的資料被傳送從/至記憶體？請問以總記憶體交通量(程式碼＋資料)來量測的話，哪一種結構最有效率呢？

d. [20] <A.7> 現在假設一個處理器具有 64 位元的記憶體位址和資料運算元，請針對每一種結構回答 (c) 小題的問題。請問對於所選擇的標度，這些結構的相對優點已經如何改變了呢？

A.19 [30] <A.2-A.3> 使用以上四種不同的指令集結構型態，但假設所支援的記憶體運算包括暫存器間接定址以及直接定址。請發明您自己的組合語言符記 (圖 A.2 提供了一套有用的樣本可作歸納)，並針對以下的 C 程式碼片段撰寫最佳的等效組合語言程式碼：

```
for (i = 0; i <= 100; i++)
   { A[i] = B[i] + C; }
```

假設 A 與 B 均為 64 位元整數的陣列，C 與 i 均為 64 位元整數。
圖 A.31 第二欄位與第三欄位分別包含了資料存取和分支的累計百分比，可以適合於位移數量的對應位元數目，這些就是圖 A.8 和圖 A.15 中所有整數型程式和浮點型程式的平均距離。

A.20 [20/20/20] <A.3> 我們正在設計載入－儲存式結構的指令集格式，並且正在嘗試決定是否值得讓分支與記憶體存取擁有多個偏移量長度。指令長度會等於 16 位元 + 偏移量長度位元數，所以 ALU 指令即為 16 位元。圖 A.31 包含了對 SPEC CPU2000 完全最佳化的 Alpha 結構的偏移量大小之數據。在指令集頻率方面，使用的 MIPS 數據來自於圖 A.27 載入－儲存機器的五個標準效能測試程式之平均。假設雜項指令都是只使用暫存器的 ALU 指令。

a. [20] <A.3> 假定允許偏移量長度為 0、8、16 或 24 位元，包括符號位元。請問所執行的指令之平均長度為何？

b. [20] <A.3> 假定我們想要固定長度指令並且選擇 24 位元的指令長度(針對一切，包括 ALU 指令)。對於任何比 8 位元長的偏移量而言，就有需要額外的指令。請決定此固定指令大小的機器所提取的指令位元組數目，對比於定義在 (a) 小題的位元組大小可變指令所提取的指令位元組數目。

偏移量位元之數目	累計資料存取數	累計分支數
0	30.4%	0.1%
1	33.5%	2.8%
2	35.0%	10.5%
3	40.0%	22.9%
4	47.3%	36.5%
5	54.5%	57.4%
6	60.4%	72.4%
7	66.9%	85.2%
8	71.6%	90.5%
9	73.3%	93.1%
10	74.2%	95.1%
11	74.9%	96.0%
12	76.6%	96.8%
13	87.9%	97.4%
14	91.9%	98.1%
15	100%	98.5%
16	100%	99.5%
17	100%	99.8%
18	100%	99.9%
19	100%	100%
20	100%	100%
21	100%	100%

圖 A.31 在 SPEC CPU2000 完全最佳化的情況下，Alpha 結構的偏移量大小之數據。

    c. [20] <A.3> 現在假定我們使用 24 位元的固定偏移量長度，所以不再需要任何額外的指令。請問會需要多少個指令位元組？請將此結果與您在 (b) 小題的答案作比較。

A.21 [20/20] <A.3, A.6, A.9> 位移定址模式或 PC 相對定址模式所需要的位移值大小可以從編譯過的應用程式擷取出來。請在針對 MIPS 處理器而編譯完成的一個或多個 SPEC CPU2006 標準效能測試程式上使用解組譯器。

    a. [20] <A.3, A.9> 請針對每一道使用位移定址的指令，記錄所使用的位移值。請創造一個位移值的直方圖 (histogram)。請將結果和本附錄圖 A.8 所顯示的結果作比較。

    b. [20] <A.6, A.9> 請針對每一道使用 PC 相對定址的分支指令，記錄所使用的位移值。請創造一個位移值的直方圖 (histogram)。請將結果和本附錄圖 A.15 所顯示的結果作比較。

A.22 [15/15/10/10] <A.3> 以十六進位數字 434F 4D50 5554 4552 表示的數值擬儲存於一個對齊的 64 位元雙字元中。

   a. [15] <A.3> 請使用圖 A.5 第一列的實體安排，以大印地安式 (Big Endian) 的位元組順序寫出擬儲存的數值。其次，將每一個位元組視為一個 ASCII 字碼，並在每一個位元組下方寫出對應的 ASCII 字碼，而組成會以大印地安式順序儲存的字碼串列。

   b. [15] <A.3> 請使用與 (a) 小題相同的實體安排，以小印地安式 (Little Endian) 的位元組順序寫出擬儲存的數值，並且在每一個位元組下方寫出對應的 ASCII 字碼。

   c. [10] <A.3> 請問什麼是所有不對齊的 2 位元組字元的十六進位數值呢？這些字元可以從已知的 64 位元雙字元中讀取出來，而此雙字元是以大印地安式 (Big Endian) 的位元組順序作儲存。

   d. [15] <A.3> 請問什麼是所有不對齊的 4 位元組字元的十六進位數值呢？這些字元可以從已知的 64 位元雙字元中讀取出來，而此雙字元是以小印地安式 (Little Endian) 的位元組順序作儲存。

A.23 [討論] <A.2-A.12> 想想看桌上型電腦、伺服器、雲端以及嵌入式計算的典型應用程式，請問對於目標放在這每一種市場上的機器而言，指令集結構會如何地分別受影響呢？

APPENDIX B

記憶體層級的回顧

> 快取記憶體：隱藏或儲存事物的安全場所。
>
> 韋式新世界美語字典
> 學院第二版 (1976)

B.1 簡 介

本附錄是一篇對記憶體層級的快速溫習,包括快取記憶體和虛擬記憶體的基礎內容、效能方程式以及簡單的最佳化。此節審視了以下 36 則詞彙:

快取記憶體	完全關聯式	寫入配置
虛擬記憶體	污染位元	統合式快取記憶體
記憶體暫停週期數	區塊偏移量	每個指令的失誤數
直接對映	回寫	區塊
有效位元	資料快取記憶體	區域性
區塊位址	命中時間	位址記錄
透寫	快取失誤	集合
指令快取記憶體	分頁錯誤	隨機置換
平均記憶體存取時間	失誤率	索引欄位
快取命中	n 路集合關聯式	無寫入配置
分頁	最近最少使用	寫入緩衝區
失誤損傷	標籤欄位	寫入暫停

如果讀者覺得這部份的回顧過於快速,可以參照筆者為較初階的讀者所寫的另一本書 ——《計算機組織與設計》(*Computer Organization and Design*) 中的第 7 章。

快取記憶體 (cache) 指的是當位址離開處理器後,在記憶體層級中所遇到的最高或第一階層。由於區域性原則可以用在許多不同的階層,同時利用區域性的優點來改進效能的方式十分常見,現在只要是用來儲存常出現的內容的緩衝區就被用上**快取記憶體**這個名詞。常見的例子如**檔案快取記憶體** (file cache)、**名稱快取記憶體** (name cache) 等。

當處理器在快取記憶體中找到一項需要的資料時,稱為**快取命中** (cache hit)。反之,則稱為**快取失誤** (cache miss)。包含所需字元組的一個固定大小的資料集合稱為一個**區塊** (block),它由主記憶體中被讀取出來,並且放在快取記憶體中。**時間區域性** (temporal locality) 代表我們可能在不久的將來再次用到這個字元組,所以將它放在可以快速存取的快取記憶體中是有益處的。由於**空間區域性** (spatial locality) 的原因,在同一個區塊中的其他資料有很大的機率在未來也會需要用到。

快取失誤所需花費的時間與記憶體的時間延遲及頻寬二者有關。時間延遲決定了取得該區塊第一個字元組所需的時間,而頻寬則決定了取得其他字

元組所需的時間。快取失誤由硬體處理，並且會暫停 (pause or stall) 依序執行的處理器，直到取得資料為止。若非依序執行，使用該結果的指令仍須等候，但其他指令在失誤期間則可進行。

同樣地，一個程式欲存取的物件並非都必須存在主記憶體中。如果該計算機有**虛擬記憶體** (virtual memory)，則某些物件可能存在磁碟機中。位址空間通常被分割成許多固定大小的區塊，稱為**分頁** (page)。在任何時間，每一個分頁可能存在主記憶體或磁碟機中。當處理器存取某一分頁的資料項目時，如果該分頁不在快取記憶體或主記憶體中，此時便會產生**分頁錯誤** (palt)，整個分頁會由磁碟機被移到主記憶體。由於分頁錯誤需要許多時間處理，因此它會由軟體來處理，同時處理器不會暫停。當磁碟機在存取時，處理器通常會切換至其他工作執行。從高階層的觀點來看，快取記憶體相對於主記憶體，在存取的區域性方面以及在容量大小和每個位元相對成本的相對關係方面，類似於主記憶體相對於磁碟機的情形。

圖 B.1 顯示了從高階桌上型電腦到低階伺服器電腦記憶體層級中每一階層容量大小和存取時間的範圍。

快取記憶體效能回顧

由於區域性以及較小記憶體有較快速度的特性，記憶體層級能大幅地改

階　　層	1	2	3	4
名稱	暫存器	快取記憶體	主記憶體	磁碟儲存裝置
典型容量	< 1 KB	32 KB-8 MB	< 512 GB	> 1 TB
製作技術	具有多埠的客製記憶體，CMOS	晶片內的 CMOS SRAM	CMOS DRAM	磁性碟片
存取時間 (ns)	0.15-0.30	0.5-15	30-200	5,000,000
頻寬 (MB/ 秒)	100,000-1,000,000	10,000-40,000	5,000-20,000	50-500
管理者	編譯器	硬體	作業系統	作業系統 / 操作者
備援者	快取記憶體	主記憶體	磁碟機	其他磁碟機和 DVD

圖 B.1 在大型工作站或小型伺服器的記憶體層級中，某一層記憶體離處理器愈遠，它的速度就愈慢且容量愈大。嵌入式電腦可能沒有磁碟儲存裝置，同時其快取記憶體及主記憶體的容量也遠小於以上所列的值。當我們向階層中的愈下層移動時，存取時間就會隨著增加，這讓我們可以用反應較慢的方式來管理下層的傳送。「製作技術」這一列顯示這些功能所使用的典型技術。存取時間以十億分之一秒 (nanosecond) 來表示，所列出的時間是 2006 年的常見值，而這些值將會隨著時間而減少。頻寬的單位是百萬位元組 / 秒，代表在記憶體層級中兩層之間的傳輸速度。磁碟儲存裝置的頻寬包含儲存媒介與緩衝介面。

進效能。評估快取記憶體效能的一種方法是利用第 1 章中所提到的處理器執行時的公式。我們現在說明**記憶體暫停週期數** (memory stall cycles)，它指的是當處理器為了等待記憶體存取時所暫停的週期數。效能則是時脈週期時間 (clock cycle time) 與處理器週期數加上記憶體暫停週期數之和的乘積：

$$\text{CPU 執行時間} = (\text{CPU 時脈週期數} + \text{記憶體暫停週期數}) \times \text{時脈週期時間}$$

這個式子假設 CPU 時脈週期數包括處理快取命中的時間，並假設在快取失誤時處理器是暫停的。B.2 節將重新討論這個簡化的假設。

記憶體暫停週期數取決於失誤數以及每次失誤的成本 —— 稱為**失誤損傷** (miss penalty)：

$$\text{記憶體暫停週期數} = \text{失誤數} \times \text{失誤損傷}$$

$$= IC \times \frac{\text{失誤數}}{\text{指令}} \times \text{失誤損傷}$$

$$= IC \times \frac{\text{記憶體存取數}}{\text{指令}} \times \text{失誤率} \times \text{失誤損傷}$$

上述最後一個式子的優點在於其中每一個部份都能簡單地被量測出來。我們已經知道如何量測指令數 (instruction count, IC)，(對於推測式處理器而言，我們只計算已判定指令的指令數。) 而量測每個指令所需的記憶體存取次數可以用同樣的方式；每道指令需要一次指令存取，並且也容易決定該指令是否也需要一次資料存取。

請注意，雖然我們以平均值的方式計算失誤損傷，但在之後的內容中，它將被當成常數使用。當失誤發生時，位於快取記憶體下層的記憶體可能因為先前的記憶體存取請求或是記憶體更新 (refresh) 而正在忙碌。時脈週期數也會在處理器、匯流排與記憶體的不同時脈介面之間變動不居。所以請記得，使用單一數值來表示失誤損傷是一種簡化的方式。

失誤率 (miss rate) 就是發生一次失誤與所需的快取記憶體存取次數的比例 (亦即存取失誤數除以存取數)。失誤率可以利用快取記憶體模擬器來量測，它取得指令和資料存取所產生的**位址蹤跡** (address trace)，模擬快取記憶體行為來決定哪些存取會命中以及哪些會失誤，然後報告出命中和失誤的總數。現今許多微處理器都有提供用來計算失誤數和記憶體存取次數的硬體，可以更容易且更快速地量測失誤率。

上述的公式只能計算出近似值，因為讀取和寫入通常有不同的失誤率和失誤損傷。因此，記憶體暫停週期數可以用每道指令的記憶體存取數、讀取

和寫入的失誤損傷(單位是時脈週期)，以及讀取和寫入的失誤率來定義：

$$\text{記憶體暫停週期數} = \text{IC} \times \text{每道指令的讀取數} \times \text{讀取失誤率} \times \text{讀取失誤損傷}$$
$$+ \text{IC} \times \text{每道指令的寫入數} \times \text{寫入失誤率} \times \text{寫入失誤損傷}$$

為了簡化以上的完整公式，我們通常會合併讀取和寫入，找出讀取和寫入的平均失誤率和平均失誤損傷：

$$\text{記憶體暫停週期數} = \text{IC} \times \frac{\text{記憶體存取數}}{\text{指令}} \times \text{失誤率} \times \text{失誤損傷}$$

失誤率是快取記憶體設計的重要量測數據之一，但是在稍後的章節中，我們會看到它並非唯一的量測數據。

範例 假設我們有一部計算機，當所有的記憶體存取都可在快取記憶體命中時，每道指令週期數 (cycles per instruction, CPI) 為 1.0。僅有的資料存取就是載入和儲存，指令中的 50% 屬於這類指令。如果失誤損傷是 25 個時脈週期，而且失誤率是 2%，請問如果所有指令都可以快取命中，該計算機會快多少呢？

解答 首先計算該計算機總是快取命中的效能：

$$\text{CPU 執行時間} = (\text{CPU 時脈週期數} + \text{記憶體暫停週期數}) \times \text{時脈週期}$$
$$= (\text{IC} \times \text{CPI} + 0) \times \text{時脈週期}$$
$$= \text{IC} \times 1.0 \times \text{時脈週期}$$

現在針對該計算機具有真實的快取記憶體，我們首先計算記憶體暫停週期數：

$$\text{記憶體暫停週期數} = \text{IC} \times \frac{\text{記憶體存取數}}{\text{指令}} \times \text{失誤率} \times \text{失誤損傷}$$
$$= \text{IC} \times (1 + 0.5) \times 0.02 \times 25$$
$$= \text{IC} \times 0.75$$

其中 (1 + 0.5) 的中間項代表每道指令需要 1 次指令存取和 0.5 次資料存取。因此，總效能為

$$\text{CPU 執行時間}_{快取} = (\text{IC} \times 1.0 + \text{IC} \times 0.75) \times \text{時脈週期}$$
$$= 1.75 \times \text{IC} \times \text{時脈週期}$$

效能比是執行時間的倒數：

$$\frac{\text{CPU 執行時間}_{快取}}{\text{CPU 執行時間}} = \frac{1.75 \times \text{IC} \times \text{時脈週期}}{1.0 \times \text{IC} \times \text{時脈週期}} = 1.75$$

該計算機若無快取失誤會快 1.75 倍。

某些設計師喜歡使用**每道指令的失誤數** (misses per instruction) 來量測失誤率，而不使用每次記憶體存取的失誤數 (misses per memory reference)。而這兩者是相關的：

$$\frac{失誤數}{指令} = \frac{失誤率 \times 記憶體存取數}{指令數} = 失誤率 \times \frac{記憶體存取數}{指令}$$

當每道指令的平均記憶體存取數為已知時，後半部的式子是有用的，因為它能將失誤率轉換成每道指令的失誤數，反之亦然。舉例來說，我們可以將前一個例題中每次記憶體存取的失誤數轉換成每道指令的失誤數。

$$\frac{失誤數}{指令} = 失誤率 \times \frac{記憶體存取數}{指令} = 0.02 \times (1.5) = 0.030$$

此外，為了以整數而非小數的形式來表示，每道指令的失誤數通常以每1000 道指令的失誤數來表示。所以，上述的答案也可以表示成每 1000 道指令有 30 次失誤。

使用每道指令的失誤數的優點在於它與硬體設計無關。舉例來說，推測式處理器讀取的指令數大約是實際判定指令數的 2 倍 (譯註：因重複讀取的關係)。如果使用每次記憶體存取的失誤數而不使用每道指令的失誤數，這種計算方式可以人為地減少失誤率。使用每道指令的失誤數的缺點是它與結構相關；例如，80x86 與 MIPS 的每道指令的平均記憶體存取數可能有很大的差距。因此，對於從事於單一計算機家族的結構設計師而言，每道指令的失誤數是最常用的方式，雖然 RISC 結構的相似性讓設計師能從一個設計去深入瞭解其他的設計。

範例 為了證明這兩種失誤率的方程式是等效的，讓我們重作上一個例題，這一次假設失誤率是每 1000 道指令有 30 次失誤。若以指令數來表示，請問記憶體暫停時間為何？

解答 重新計算記憶體暫停週期數：

$$記憶體暫停週期數 = 失誤數 \times 失誤損傷$$

$$= IC \times \frac{失誤數}{指令} \times 失誤損傷$$

$$= IC/1000 \times \frac{失誤數}{指令 \times 1000} \times 失誤損傷$$

$$= IC/1000 \times 30 \times 25$$
$$= IC/1000 \times 750$$
$$= IC \times 0.75$$

我們得到與 559 頁相同的答案，證明這兩個方程式的等效性。

四個記憶體層級的問題

我們藉著回答記憶體層級第一層常見的四個問題，繼續介紹快取記憶體：

Q1：一個區塊應該放在上層的何處？ [**區塊放置** (block placement)]
Q2：如果一個區塊在上層，它如何被找到？ [**區塊辨識** (block identification)]
Q3：失誤發生時，哪一個區塊應該被置換？ [**區塊置換** (block replacement)]
Q4：寫入時需做什麼動作？ [**寫入策略** (write strategy)]

這些問題的答案幫助我們瞭解記憶體層級中不同階層記憶體的不同取捨，因此我們針對每一個例子回答這四個問題。

Q1：一個區塊應該放在快取記憶體的何處？

圖 B.2 說明了限制一個區塊的放置地點會造成三種不同的快取記憶體結構：

- 如果每一個區塊只可能出現在快取記憶體的某一個位置，此快取記憶體被稱為**直接對映式** (direct mapped)。這種對映方式通常是

（區塊位址）MOD（快取記憶體內的區塊數）

- 如果一個區塊能被放在快取記憶體的任何位置，此快取記憶體被稱為**完全關聯式** (fully associative)。
- 如果一個區塊能被放在快取記憶體某些位置的集合中，此快取記憶體被稱為**集合關聯式** (set associative)。一個**集合** (set) 是快取記憶體中的一群區塊。一個區塊首先被對映到一個集合，然後它可以被放在該集合中的任何位置。一個集合通常是以**位元選擇** (bit selection) 的方式來選出：

（區塊位址）MOD（快取記憶體內的集合數）

如果在一個集合中有 n 個區塊，這種快取記憶體放置方式被稱為 ***n* 路集合關聯式** (*n*-way set associative)。

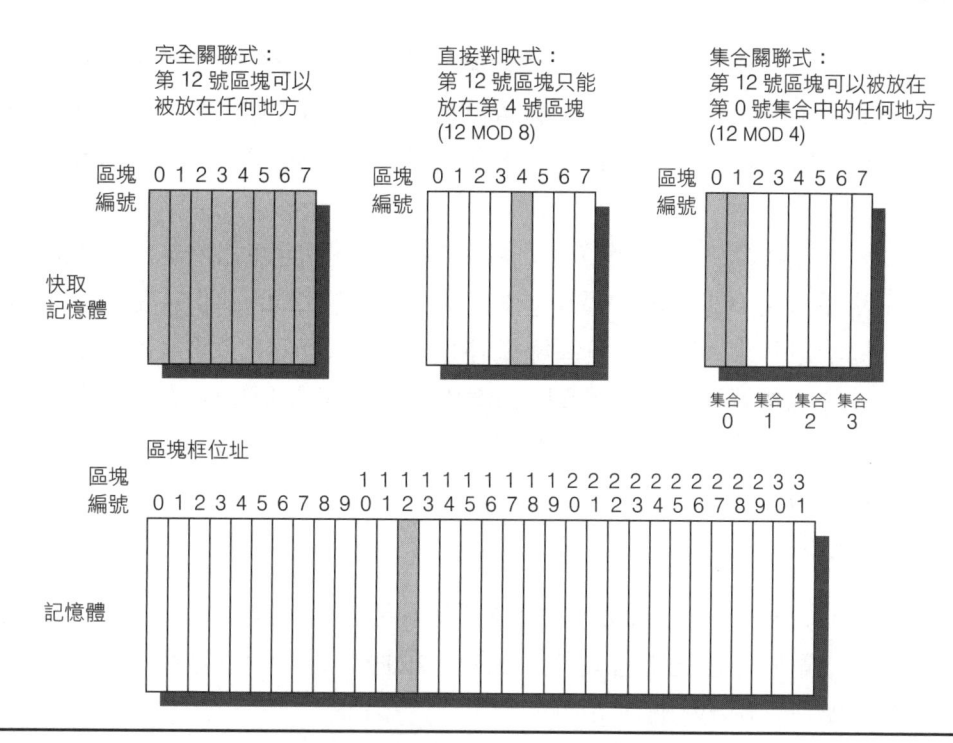

圖 B.2 在這個例子中，快取記憶體有 8 個區塊框 (block frame)，而記憶體有 32 個區塊。三種不同的快取記憶體由左至右顯示。對於完全關聯式來說，位於較低層的第 12 號區塊可以被放置在快取記憶體的 8 個區塊框中的任何一個。對於直接對映式而言，第 12 號區塊只能放在第 4 號區塊框中 (12 modulo 8)。集合關聯式有上述兩者的特點，它允許該區塊被放在第 0 號集合中的任何地方 (12 modulo 4)。由於每個集合有 2 個區塊，這表示第 12 號區塊可以放在快取記憶體中的第 0 號或第 1 號區塊。真正的快取記憶體包含數千個區塊框，而真正的記憶體則包含數百萬個區塊。這種有 4 個集合且每個集合有 2 個區塊的快取記憶體被稱為 **2 路集合關聯式** (two-way set associative) 快取記憶體。假設快取記憶體中沒有任何資料，而且本例中的區塊位址定為較低層的第 12 號區塊。

　　快取記憶體的範圍從直接對映式到完全關聯式，事實上是集合關聯式的連續階層。直接對映式其實就是 1 路集合關聯式，而有 *m* 個區塊的完全關聯式快取記憶體可以被稱為「*m* 路集合關聯式」。同樣地，直接對映式可以被視為有 *m* 個集合，而完全關聯式則只有一個集合。

　　今日大多數處理器的快取記憶體為直接對映式、2 路集合關聯式或是 4 路集合關聯式，我們很快就會看到原因。

Q2：如果一個區塊在快取記憶體中，它如何被找到？

　　快取記憶體中的每一個區塊框都有一個可用來產生區塊位址的位址標籤 (tag)，此標籤包含足夠的資訊，用來檢查某一區塊是否與處理器送出的區塊位址相符。一般而言，由於速度的考量，所有可能的標籤會被平行搜尋。

必須有一種方法用來得知某一快取區塊是否包含有效資訊。最常見的方法就是在標籤上加上一個**有效位元** (valid bit)，它用來表示該欄位是否包含一個有效位址。如果該位元沒有被設定，該位址就不可能與處理器所送出的位址相符。

在繼續下一個問題前，讓我們瞭解一下處理器位址與快取記憶體之間的關係。圖 B.3 說明一個位址如何被分割成不同的部份。第一個分割是在**區塊位址** (block address) 與**區塊偏移量** (block offset) 之間。區塊框位址進一步地被分成**標籤欄位** (tag field) 和**索引欄位** (index field)。區塊偏移量欄位從區塊中選出需要的資料，索引欄位選出某一集合，標籤欄位用來比對是否命中。雖然可以使用整個位址而不是用標籤來比對，但以下的理由告訴我們這是沒有必要的：

- 由於某一區塊中的所有資料不是同時存在就是同時不存在快取記憶體中，比對偏移量是不必要的。因此，根據定義，同一區塊的所有偏移量都會與處理器送出的位址相符。
- 因為索引欄位被用來選擇需要檢查的集合，所以檢查索引欄位是多餘的。舉例來說，如果一個位址被儲存在第 0 號集合中，它的索引欄位必定是 0，否則就不可能被儲存在第 0 號集合中。同樣地，第 1 號集合的索引欄位必定為 1，依此類推。這種最佳化減少了儲存快取標籤所需要的記憶體容量，藉以節省硬體和功率。

如果快取記憶體的容量不變，增加關聯度將增加每個集合中的區塊數。所以，索引欄位將會縮短，而標籤欄位將加長。這也就是說，圖 B.3 中標籤與索引間的分界線會隨著關聯性的增加而向右移動，最後當索引欄位消失時，便成為完全關聯式快取記憶體。

Q3：當快取失誤發生時，哪一個區塊應該被置換？

當失誤發生時，快取控制器必須選出一個區塊用來置換需要的資料。直接對映式放置的優點在於硬體所做的選擇十分簡單，而事實上簡單也就意味著沒有選擇：只需檢查一個區塊就知道是否命中，並且只有該區塊可用來置換。對完全關聯式或集合關聯式放置而言，當失誤發生時，有許多區塊可供選擇。選擇置換哪一個區塊有三種主要的策略：

- 隨機 (random)：為了平均地分散配置，區塊是以隨機的方式選出。某些系統利用假性隨機 (pseudorandom) 區塊編號來產生可重製的行為，這對於硬體偵錯時特別有用。

區塊位址		區塊
標籤	索引	偏移量

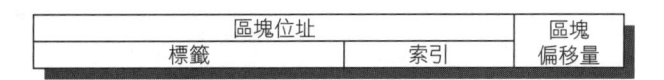

圖 B.3 集合關聯式或直接對映式快取記憶體位址的三部份。標籤被用來檢查某一集合中的所有區塊,而索引則用來選出某一集合。區塊偏移量代表所需的資料在該區塊中的位址。完全關聯式快取記憶體沒有索引欄位。

- **最近最少使用 (least-recently used, LRU)**:為了減少丟掉稍後會需要的資訊,區塊被存取的歷史會被記錄下來。根據過去來預測未來,最久沒有被使用的區塊會被置換。LRU 法是根據區域性的原理:如果最近曾被使用的區塊很有可能會再被使用,則最久未被使用的區塊是可以被置換的最佳選擇。
- **先進先出 (first in, first out, FIFO)**:因為 LRU 的計算方式十分複雜,此方法能利用置換**最早**被存取之區塊的方式來模擬 LRU 的效果。

隨機置換的優點在於其硬體製作十分簡單。隨著必須記錄的區塊數目的增加,LRU 方式的代價變得十分昂貴,通常只採用近似的方式。有一種常用的近似方式 (通常稱為假性 LRU):快取記憶體中每一個集合都擁有一組位元,每一個位元對應於快取記憶體中的 1 路 (**路**是在集合關聯式快取記憶體中的記憶庫;4 路集合關聯式快取記憶體中就有 4 路)。當存取一個集合時,對應於包含欲存取區塊的這一路就會被打開;如果與一個集合相關聯的所有位元都被打開,它們就會被重置 —— 最近被打開的位元除外。當一個區塊必須被置換時,處理器就從其位元被關掉的路上選擇一個區塊,如果有超過一種選擇的話,通常就作隨機選擇。這樣便近似於 LRU,因為被置換的區塊自從上次集合中所有區塊被存取以來就沒有被存取過。圖 B.4 列出 LRU、隨機以及先進先出這些方式在失誤率上的不同處。

Q4:寫入時需做什麼動作?

處理器的快取記憶體存取動作大部份是讀取。所有的指令存取都是讀取,而大多數指令並不寫入記憶體。附錄 A 的圖 A.32 和圖 A.33 指出:對於 MIPS 的程式而言,儲存指令佔 10%,而載入指令佔 26%。所以,寫入的交通量佔所有記憶體交通量的 10%/(100% + 26% + 10%),也就是約 7%。對於**資料快取記憶體 (data cache)** 而言,寫入為 10%/(26% + 10%),也就是約 28%。為了加速最常發生的動作,意味著要對快取記憶體的讀取做最佳化,特別是因為處理器傳統上必須等待讀取完成後才能繼續執行,而不需要等待寫入完成。但是 Amdahl 定律 (1.9 節) 提醒我們,高效能的設計不能夠忽略

	關聯度								
	2 路			4 路			8 路		
容 量	LRU	隨 機	FIFO	LRU	隨 機	FIFO	LRU	隨 機	FIFO
16 KB	114.1	117.3	115.5	111.7	115.1	113.3	109.0	111.8	110.4
64 KB	103.4	104.3	103.9	102.4	102.3	103.1	99.7	100.5	100.3
256 KB	92.2	92.1	92.5	92.1	92.1	92.5	92.1	92.1	92.5

圖 B.4 針對若干快取記憶體容量和關聯度，使用最近最少使用、隨機以及先進先出的置換方式，比較每 1000 道指令的資料快取失誤數。對於最大容量的快取記憶體而言，LRU 與隨機方式之間的差異非常小，而快取記憶體較小時，LRU 的表現優於其他方法。快取記憶體容量較小時，先進先出的表現一般而言優於隨機法。這些數據是針對 64 個位元組區塊的大小，在 Alpha 結構下執行 10 個 SPEC2000 標準效能測試程式收集而得。5 個測試程式 (gap、gcc、gzip、mcf 和 perl) 出自 SPECmt2000，另外 5 個 (applu、art、equake、lucas 和 swim) 則出自 SPECfp2000。本附錄中大部份的圖表都是使用上述的計算機以及這些標準效能測試程式。

寫入的速度。

很幸運地，常見的動作也是容易加速的動作。當讀取標籤並作比對時，可以同時從快取記憶體內讀取該區塊。所以一旦取得區塊位址，就可以開始進行區塊讀取。如果該讀取命中，該區塊中被請求的部份就可以立刻傳遞到處理器。如果該讀取失誤，這種作法並沒有好處，但是除了消耗較多功率之外對桌上型或伺服器電腦也不會有任何損失 —— 只需要將讀到的數值忽略即可。

上述的最佳化無法在寫入上使用，因為在檢查標籤以確定位址是否命中前，修改區塊的動作不能開始。由於無法平行進行標籤檢查，寫入通常得花費比讀取更長的時間。複雜度高的另一個原因是由於處理器會指定寫入長度，通常是 1 到 8 個位元組 —— 只有區塊中的該部份可以被更改。相反地，讀取可以接取多於所需的位元組而不必擔心會有問題。

寫入策略通常可以區分出不同的快取記憶體設計方式。寫入快取記憶體有兩種基本的選項：

- 透寫 (write through)：資訊同時被寫入快取記憶體中的區塊以及下一層記憶體中的區塊。

- 回寫 (write back)：資訊只被寫入快取記憶體中的區塊。修改過的快取區塊只有在被置換時才會被寫入主記憶體。

為了在置換發生時減少將區塊回寫的頻率，有一種稱為**污染位元 (dirty bit)** 的功能常常被使用。這個位元被用來表示一個區塊是被**污染的**（在快取記憶體中被修改過）或是**乾淨的**（未被修改過）。如果某一區塊是乾淨的，當失誤發生時，它不需要被回寫，因為相同的資料可以在較低層找到。

不管是透寫式或回寫式都各有其優點。使用回寫式，寫入能以快取記憶體的速度進行，而且針對同一個區塊的多次寫入只需回寫下一層記憶體一次。由於某些寫入不會進入記憶體，所以回寫式使用了較小的記憶體頻寬，這對於多處理器頗具吸引力。由於回寫式比起透寫式較少使用到記憶體層級的其他部份以及記憶體交連網路，它也就比較節省功率，這對於嵌入式應用程式也頗具吸引力。

透寫式比回寫式容易製作。由於快取記憶體永遠是乾淨的，因此當失誤發生時，不像回寫式，透寫式永遠不需要對下一層記憶體做寫入。透寫式的另一個優點就是下一層記憶體擁有最新的資料複本，如此能簡化資料一致性的問題。資料一致性對於多處理器及 I/O 是十分重要的，這部份在第 4 章和附錄 D 中檢視。多層快取記憶體使得透寫式對於上層快取記憶體更加可行，因為寫入只需傳播至次低層即可，而非永遠至主記憶體。

如同我們將會看到，I/O 和多處理器非常難以處理：它們一方面想在處理器快取記憶體上使用回寫式來減少記憶體交通量，另一方面又想用透寫式來維持快取記憶體與記憶體層級較低層的一貫性。

在透寫期間，當處理器必須等待寫入結束時，處理器處於**寫入暫停 (write stall)** 的狀態。減少寫入暫停的一種常見的最佳化方式是利用**寫入緩衝區 (write buffer)**，它讓處理器只要將資料寫入該緩衝區即可繼續執行，藉此重疊處理器執行與記憶體更新。但我們很快就會看到，即使有寫入緩衝區，寫入暫停仍然可能發生。

由於寫入時不需要讀取資料，所以寫入失誤時，有下列兩種處理方式：

- **寫入配置 (write allocate)**：寫入失誤時，將區塊進行配置，接著會發生上述寫入命中的動作。在這種自然的處理方式下，寫入失誤的動作就像讀取失誤。
- **無寫入配置 (no-write allocate)**：這個顯然不尋常的另一種方式就是：寫入失誤並不影響快取記憶體，反而只在下一層的記憶體中修改區塊。

因此，在無寫入配置中，區塊會停留在快取記憶體之外，直到程式想要讀取這些區塊為止。但是，即使區塊只是被寫入，它們仍然會停留在具有寫入配置的快取記憶體中。讓我們看一個例子。

範例 假設有一完全關聯式回寫式快取記憶體,其中有許多快取記憶體記錄位置 (cache entry) 一開始是空白的。以下是五個記憶體運算的程式序列 (位址在中括號內):

```
Write Mem[100];
Write Mem[100];
Read  Mem[200];
Write Mem[200];
Write Mem[100].
```

當使用無寫入配置相對於寫入配置時,請問命中數和失誤數各為多少?

解答 對於無寫入配置而言,位址 100 不在快取記憶體中,而且寫入時並不會配置空間。所以前兩個寫入都會造成失誤。位址 200 也不在快取記憶體中,接下來的讀取也會失誤。隨後的寫入位址 200 則會命中。最後的寫入位址 100 仍會失誤。使用無寫入配置的結果是四次失誤和一次命中。

對寫入配置而言,第一次存取位址 100 和 200 均會失誤。但剩下的動作都會命中,因為它們都可以在快取記憶體中找到。因此,使用寫入配置的結果是兩次失誤和三次命中。

上述兩種寫入失誤策略都可以與透寫式或回寫式搭配使用。一般而言,回寫式快取記憶體通常會使用寫入配置,因為它希望之後對同一區塊的寫入可以在快取記憶體中找到。透寫式快取記憶體通常使用無寫入配置,因為如果之後對同一個區塊寫入,即使快取記憶體中已存有該區塊,仍必須寫入至下一層記憶體,所以能得到什麼呢?

範例:Opteron 資料快取記憶體

為了深入瞭解上述的想法,圖 B.5 說明 AMD Opteron 微處理器的資料快取記憶體組織。快取記憶體的容量為 65,536 (64K) 個位元組,每個區塊為 64 個位元組,使用 2 路集合關聯式的放置方式、最近最少使用的置換方式、回寫式,以及寫入失誤時的寫入配置式。

讓我們利用圖 B.5 所標記的命中步驟,來追蹤快取命中的過程 (這四個步驟是用圓圈號碼來表示)。如 B.5 節所述,Opteron 處理器送出 48 個位元的虛擬位址到快取記憶體,以供標籤檢查,並且在同一時間將虛擬位址轉譯為 40 個位元的實體位址。

Opteron 沒有使用虛擬位址的全部 64 個位元,其原因為:設計師認為還沒有人會需要那麼大的虛擬位址空間,而較小的位址空間能簡化 Opteron 的

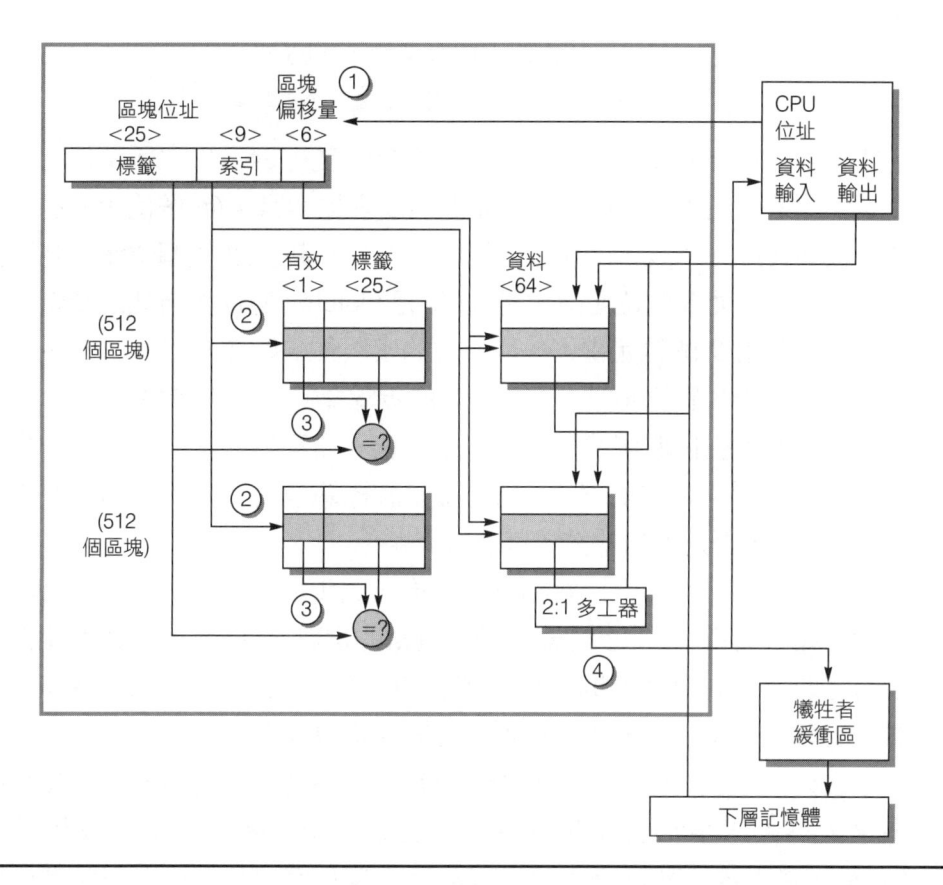

圖 B.5 Opteron 微處理器的資料快取記憶體結構。64K 位元組的快取記憶體為 2 路集合關聯式，每個區塊的大小為 64 個位元組。9 個位元的索引用來選出 512 個集合中某一集合。讀取命中過程的四個步驟依發生的次序用圓圈號碼表示。區塊偏移量中的 3 個位元和索引一起當作 RAM 位址，並選出適當的 8 個位元組。所以，此快取記憶體包含兩組 4096 個長度為 64 位元的字元，其中每一組各佔 512 個集合中的一半。雖然在這個例子中沒有詳細說明，但實際上，下一層記憶體與快取記憶體之間的連線是用在失誤時載入快取記憶體。離開處理器的位址大小為 40 個位元，這是因為它是實體位址而非虛擬位址。603 頁的圖 B.24 說明 Opteron 在存取快取記憶體時，如何將虛擬位址轉換為實體位址。

虛擬位址對映。設計師並且計畫在未來的微處理器上提供較大的虛擬位址。

送入快取記憶體的實體位址被分成兩個欄位：34 個位元的區塊位址和 6 個位元的區塊偏移量 ($64 = 2^6$ 且 $34 + 6 = 40$)。區塊位址再被分成位址標籤和快取記憶體索引。步驟 1 說明此分割的情形。

快取記憶體索引選擇出標籤來作測試，看看所要的區塊是否在快取記憶體中。索引大小與快取記憶體容量、區塊大小和集合關聯度有關。Opteron 的快取記憶體為 2 路集合關聯式，我們可以從下面的計算求得索引大小：

$$2^{索引} = \frac{快取記憶體容量}{區塊大小 \times 集合關聯度} = \frac{65,536}{64 \times 2} = 512 = 2^9$$

因此,索引的寬度為 9 個位元,而標籤的寬度為 34 – 9 = 25 個位元。雖然利用索引能選擇出適當的區塊,但是對於處理器而言,64 個位元組遠大於其一次處理的長度。所以,令快取記憶體中的資料部份以 8 個位元組為單位是較合理的方式,而 8 個位元組也是 64 位元 Opteron 處理器自然的資料字元。因此,除了利用 9 個位元當作快取區塊的索引外,區塊偏移量的 3 個位元被用來取出適當的 8 個位元組。圖 B.5 中的步驟 2 即為索引選擇。

兩個標籤從快取記憶體中讀出後,就和處理器送出的區塊位址中的標籤部份比對,即圖中的步驟 3。為了確定該標籤包含有效的資訊,有效位元的值必須為 1,否則比對的結果就會被忽略。

假設其中一個標籤比對相符,最後一個步驟就是通知處理器,利用比對成功的輸入從 2：1 的多工器中載入適當的資料。Opteron 可以在兩個時脈週期內完成上述的四個步驟,所以接下來的兩個時脈週期中的指令如果要使用載入的資料,就必須等待,直到資料被成功地載入。

就如同任何一種快取記憶體,Opteron 處理寫入比處理讀取要複雜。如果欲寫入的字元已經存在於快取記憶體中,則前三個步驟相同。由於 Opteron 並不依序執行指令,只有當指令被判定,並且快取記憶體標籤比對命中之後,資料才會被寫入快取記憶體。

到目前為止,我們只有討論快取命中的一般情形。當失誤發生時會如何處理？在讀取失誤發生時,快取記憶體會送出訊號給處理器,告知處理器目前資料還無法取得,並且從下一層的記憶體中讀出 64 個位元組。對於區塊的前 8 個位元組,時間延遲為 7 個時脈週期,而區塊的剩餘部份則每 8 個位元組為 2 個時脈週期。由於資料快取記憶體為集合關聯式,在置換時就必須選擇要換掉哪一個區塊。Opteron 採用 LRU 的方式,這種方式選擇最久未被存取的區塊,所以在每次存取時就必須更新 LRU 位元。置換一個區塊代表必須更新資料、位址標籤、有效位元以及 LRU 位元。

由於 Opteron 採用回寫式,舊的資料區塊可能已經被更改過,因此置換時不能只是將舊的區塊丟掉。Opteron 對每一個區塊利用一個污染位元來記錄該區塊是否曾被寫入。如果該「犧牲者」(victim) 曾被修改過,它的資料以及位址就被送進犧牲者緩衝區。[此結構與其他計算機上的**寫入緩衝區** (write buffer) 類似。] Opteron 能儲存八個「犧牲者」區塊,並且在處理其他快取動作的同時,將犧牲者區塊寫入記憶體層次的下一層。如果犧牲者緩衝區已經滿了,快取記憶體就必須等待。

因為 Opteron 不管讀取失誤或是寫入失誤都會配置一個區塊，所以寫入失誤與讀取失誤的動作十分類似。

我們已經看到快取記憶體如何運作，但是**資料**快取記憶體無法提供處理器對於記憶體的所有需要：處理器另外也需要指令。雖然單一的快取記憶體可以同時提供資料與指令，但它可能會成為瓶頸。舉例來說，當管線式處理器執行載入或儲存指令時，它將同時請求一個資料字元**以及**一個指令字元。因此，單一的快取記憶體會產生結構危障，進而導致暫停。解決這個問題的一個方法就是將快取記憶體分成兩部份：一個快取記憶體只儲存指令，而另一個只儲存資料。分離式快取記憶體在目前大部份的處理器中都可以發現，包括 Opteron。因此，Opteron 有 64 KB 的指令快取記憶體和 64 KB 的資料快取記憶體。

處理器知道送出的是指令位址或是資料位址，所以不同類型的位址可以使用不同的存取埠，如此可以將記憶體層級與處理器之間的頻寬加倍。分離式快取記憶體也讓設計師可以針對每個快取記憶體做最佳化：不同的容量、區塊大小以及關聯度都可能可以提高效能。[相對於 Opteron 採用的指令與資料快取記憶體分開的方式，同時儲存指令與資料的快取記憶體稱為**統合式**(unified 或 mixed) 快取記憶體。]

圖 B.6 顯示指令快取記憶體的失誤率較資料快取記憶體的失誤率低。將指令快取記憶體與資料快取記憶體分開，可以消除由於指令區塊和資料區塊衝突所造成的失誤，但也同時限制每個快取記憶體能使用的空間。對於失誤率而言，何者較為重要？要公平地比較分離式與統合式快取記憶體，必須要求兩者的快取記憶體容量相同。例如，一個擁有 16 KB 的指令快取記憶體和 16 KB 的資料快取記憶體的分離式快取記憶體，必須與 32 KB 的統合式快

容量 (KB)	指令快取記憶體	資料快取記憶體	統合式快取記憶體
8	8.16	44.0	63.0
16	3.82	40.9	51.0
32	1.36	38.4	43.3
64	0.61	36.9	39.4
128	0.30	35.3	36.2
256	0.02	32.6	32.9

圖 B.6 對於不同容量的指令快取記憶體、資料快取記憶體和統合式快取記憶體，在每 1000 道指令中發生失誤的次數。所有存取中大約有 74% 是指令存取。這些數據是針對 2 路關聯式快取記憶體，其中每個區塊的大小為 64 個位元組，並且使用與圖 B.4 中相同的計算機和標準效能測試程式。

取記憶體作比較。要計算分離式快取記憶體的平均失誤率，必須知道記憶體存取兩種快取記憶體的比例。由附錄 A 的數據我們發現其劃分為：指令存取佔 100% / (100% + 26% + 10%) = 74%，而資料存取佔 (26% + 10%) / (100% + 26% + 10%) = 26%。我們稍後將看到，分離式快取記憶體對於效能的影響超過對於失誤率所造成的改變。

B.2　快取記憶體的效能

　　由於指令數目與硬體無關，利用它來評估處理器效能是不錯的方式。然而，如我們在第 1 章中所看到，這種間接的效能評估方式已經誤導許多計算機設計師。同樣地，類似的情況也發生在評估記憶體層級的效能，由於失誤率也與硬體的速度無關，因此注意力就會集中在失誤率上。我們將會看到，失誤率可能正如指令數目一般帶來誤導。較佳的記憶體層級效能量測方式就是**平均記憶體存取時間** (average memory access time)：

$$平均記憶體存取時間 = 命中時間 + 失誤率 \times 失誤損傷$$

其中**命中時間** (hit time) 代表快取命中所需的時間，而其他兩項我們已經在之前提過。計算平均存取時間需要的各個項目也可以用絕對時間來量測 —— 例如，命中需要 0.25 至 1.0 ns，或者用處理器等待記憶體的時脈週期數來量測 —— 例如，失誤損傷為 150 至 200 個時脈週期。請記得平均記憶體存取時間仍然是一種間接量測效能的方法，雖然它比失誤率來得好，不過仍無法取代執行時間。

　　這個公式能幫助我們決定使用分離式或統合式快取記憶體。

範例　以下何者有較低的失誤率：一個 16 KB 的指令快取記憶體及一個 16 KB 的資料快取記憶體，或是一個 32 KB 的統合式快取記憶體？利用圖 B.6 的失誤率來計算正確的答案，假設 36% 的指令是資料存取指令；假設命中需要 1 個時脈週期，而且失誤損傷為 100 個時脈週期。對於只有一個連接埠的統合式快取記憶體而言，因為無法同時處理兩個請求，載入或儲存指令必須多出額外的一個時脈週期。使用第 3 章的管線術語，統合式快取記憶體會產生結構危障。試問上述兩種不同的快取記憶體的平均記憶體存取時間為何？假設上述快取記憶體為具有寫入緩衝區的透寫式快取記憶體，並且可忽略寫入緩衝區所導致的暫停。

解答 首先，將每 1000 道指令的失誤數轉換成失誤率。解出上述的通用公式，失誤率是

$$失誤率 = \frac{\frac{失誤數}{1000 \text{ 個指令}}/1000}{\frac{記憶體存取數}{指令}}$$

因為每個指令存取需要一次的記憶體存取以取得指令，所以指令失誤率為

$$失誤率_{16 \text{ KB 指令}} = \frac{3.82/1000}{1.00} = 0.004$$

由於 36% 的指令是資料傳送，所以資料失誤率為

$$失誤率_{16 \text{ KB 資料}} = \frac{40.9/1000}{0.36} = 0.114$$

統合式快取記憶體必須計算指令及資料存取：

$$失誤率_{32 \text{ KB 統合式}} = \frac{43.3/1000}{1.00 + 0.36} = 0.0318$$

如前面所述，大約 74% 的記憶體存取是指令存取。因此，分離式快取記憶體的整體失誤率為

$$(74\% \times 0.004) + (26\% \times 0.114) = 0.0326$$

所以，一個 32 KB 的統合式快取記憶體的失誤率稍低於兩個 16 KB 快取記憶體的失誤率。

平均記憶體存取時間的公式可以分成計算指令與資料存取的記憶體存取時間：

平均記憶體存取時間
= % 指令 × (命中時間 + 指令失誤率 × 失誤損傷)
+ % 資料 × (命中時間 + 資料失誤率 × 失誤損傷)

所以，每種組織的時間為

平均記憶體存取時間$_{分離式}$
= 74% × (1 + 0.004 × 200) + 26% × (1 + 0.114 × 200)
= (74% × 1.80) + (26% × 23.80) = 1.332 + 6.188 = 7.52

平均記憶體存取時間$_{統合式}$
= 74% × (1 + 0.0318 × 200) + 26% × (1 + 1 + 0.0318 × 200)
= (74% × 7.36) + (26% × 8.36) = 5.446 + 2.174 = 7.62

因此,在這個例題中,由於分離式快取記憶體在每一個時脈週期提供兩個記憶體存取埠,因而避免了結構危障。雖然它的失誤率較高,但其平均記憶體存取時間仍然比僅具有單一存取埠的統合式快取記憶體短。

平均記憶體存取時間和處理器效能

一個明顯的問題是,由快取失誤所取得的平均記憶體存取時間是否能用來預測處理器的效能。

第一,有其他的原因會造成暫停,例如由於 I/O 裝置使用記憶體所造成的競爭。因為記憶體層級是造成大部份暫停的原因,設計師通常假設所有的記憶體暫停都是快取失誤所引起的。我們在這個部份使用此簡化的假設,但當計算最終效能時,一定要把**所有**的記憶體暫停計算進來。

第二,這個答案也與處理器有關。如果我們使用依序執行的處理器 (見第 3 章),則答案是肯定的。處理器在失誤發生時會暫停,而且記憶體暫停的時間與平均記憶體存取時間有十分密切的關係。我們先做上述假設,但下一節會回來討論非依序執行的處理器。

如前一節所述,我們可以計算 CPU 時間如下:

CPU 時間 = (CPU 執行時脈週期數 + 記憶體暫停時脈週期數) × 時脈週期時間

這個公式產生一個問題,就是快取命中的時脈週期數必須被視為處理器執行時脈週期的一部份,或是記憶體暫停時脈週期的一部份。雖然每一種方式都有其道理,但最常被接受的方式是將命中時脈週期包含在處理器執行時脈週期中。

我們現在將探討快取記憶體對效能的影響。

範例 我們使用一個循序執行的計算機作第一個例子。假設快取失誤損傷是 200 個時脈週期,所有指令一般需要一個時脈週期 (忽略記憶體暫停)。假設平均失誤率是 2%,每道指令平均存取記憶體 1.5 次,每 1000 道指令的平均快取失誤數為 30。試問當快取記憶體的行為必須被考慮時,對效能有何影響?請利用每道指令的失誤數及失誤率來計算。

解答
$$\text{CPU 時間} = \text{IC} \times (\text{CPI}_{執行} + \frac{\text{記憶體暫停時脈週期數}}{\text{指令}}) \times \text{時脈週期時間}$$

包含快取失誤的效能為

$$\text{CPU 時間}_{快取} = \text{IC} \times [1.0 + (30/1000 \times 200)] \times \text{時脈週期時間}$$
$$= \text{IC} \times 7.00 \times \text{時脈週期時間}$$

現在使用失誤率來計算效能：

$$\text{CPU 時間} = \text{IC} \times (\text{CPI}_{執行} + 失誤率 \times \frac{\text{記憶體存取數}}{\text{指令}} \times 失誤損傷)$$
$$\times \text{時脈週期時間}$$

$$\text{CPU 時間}_{快取} = \text{IC} \times [1.0 + (1.5 \times 2\% \times 200)] \times \text{時脈週期時間}$$
$$= \text{IC} \times 7.00 \times \text{時脈週期時間}$$

不論使用快取記憶體與否，時脈週期時間和指令數都是相同的。因此，當 CPI 由「完美快取記憶體」的 1.0 增加為會失誤之快取記憶體的 7.00 時，CPU 時間會增加為 7 倍。若沒有任何記憶體層級，CPI 將再增加為 1.0 + 200 × 1.5 = 301 —— 這比擁有快取記憶體的系統所需的時間多了約 40 倍！

從這個例題可以知道，快取記憶體的行為對效能有極大的影響，而快取失誤對於 CPI 值低以及時脈快速的處理器會造成更大的影響：

1. $\text{CPI}_{執行}$ 愈低，對於固定數目的快取失誤時脈週期而言，其**相對**效能的影響就愈大。
2. 當計算 CPI 時，快取失誤損傷是以處理器時脈週期來量測。因此，即使有兩部計算機的記憶體層級相同，具有較高時脈頻率的處理器每次失誤的時脈數目也較大，而其 CPI 中的記憶體部份也會較高。

快取記憶體對於 CPI 較低及具有較高時脈頻率的處理器有較大的重要性。因此，在評估這類計算機的效能時，忽略快取記憶體的行為是十分危險的。Amdahl 定律又在此得到驗證。

雖然將平均記憶體存取時間最小化是合理的目標，而且也是本附錄中許多部份的目標，但請記得減少處理器執行時間才是最終的目標。下一個例題將說明兩者的不同。

範例 試問下列兩種不同的快取記憶體組織對於處理器的效能有何影響？假設使用沒有失誤的快取記憶體之 CPI 值為 1.6，時脈週期時間為 0.35 ns，每個指令的記憶體存取數為 1.4，兩種快取記憶體的容量均為 128 KB，且每個區塊大小為 64 個位元組。一個快取記憶體是直接對映式，而另一個是 2 路集合關聯式。圖 B.5 說明對於集合關聯式快取記憶體，我們必須加入一個多工器，並且根據標籤的比對來選擇集合中的區塊。因為處理器的速度與快取命中的速度有十分緊密的關係，假設為了在集合關聯式快取記憶體中使用多工器，處理器的時脈週期時間必須增加為原本的 1.35 倍。就第一近似而言，假設兩種快取記憶體的失誤損傷均為 65 ns。(實際上，此時間通常為時脈週期的整數倍。) 首先計算平均記憶體存取時間，接著再計算處理器效能。假設命中時間為 1 個時脈週期，直接對映式 128 KB 快取記憶體的失誤率為 2.1%，而 2 路集合關聯式快取記憶體的失誤率為 1.9%。

解答 平均記憶體存取時間等於

$$\text{平均記憶體存取時間} = \text{命中時間} + \text{失誤率} \times \text{失誤損傷}$$

因此，兩種快取記憶體組織的平均記憶體存取時間為

$$\text{平均記憶體存取時間}_{1\text{路}} = 0.35 + (0.021 \times 65) = 1.72 \text{ ns}$$
$$\text{平均記憶體存取時間}_{2\text{路}} = 0.35 \times 1.35 + (0.019 \times 65) = 1.71 \text{ ns}$$

2 路集合關聯式快取記憶體有較佳的平均記憶體存取時間。

處理器效能等於

$$\text{CPU 時間} = \text{IC} \times \left(\text{CPI}_{\text{執行}} + \frac{\text{失誤數}}{\text{指令}} \times \text{失誤損傷}\right) \times \text{時脈週期時間}$$
$$= \text{IC} \times [(\text{CPI}_{\text{執行}} \times \text{時脈週期時間})$$
$$+ (\text{失誤率} \times \frac{\text{記憶體存取數}}{\text{指令}} \times \text{失誤損傷} \times \text{時脈週期時間})]$$

將 (失誤損傷 × 時脈週期時間) 以 65 ns 代入，兩種快取記憶體的效能分別為

$$\text{CPU 時間}_{1\text{路}} = \text{IC} \times [1.6 \times 0.35 + (0.021 \times 1.4 \times 65)] = 2.47 \times \text{IC}$$
$$\text{CPU 時間}_{2\text{路}} = \text{IC} \times [1.6 \times 0.35 \times 1.35 + (0.019 \times 1.4 \times 65)] = 2.49 \times \text{IC}$$

而相對效能為

$$\frac{\text{CPU 時間}_{2\text{路}}}{\text{CPU 時間}_{1\text{路}}} = \frac{2.49 \times \text{指令數}}{2.47 \times \text{指令數}} = \frac{2.49}{2.47} = 1.01$$

與平均記憶體存取時間比較的結果相反,直接對映式快取記憶體有較佳的平均效能,這是因為即使集合關聯式快取記憶體的失誤次數較少,但**所有**指令的時脈週期卻都增加所造成的結果。因為 CPU 時間是我們比較的標準,而且直接對映式快取記憶體較容易製作,所以在這個例子中,直接對映式快取記憶體是較佳的選擇。

失誤損傷與非依序執行處理器

對於非依序執行處理器,該如何定義失誤損傷?是到記憶體存取所花費的全部時間延遲?或僅是當處理器必須暫停時「顯現的」或非重疊的時間延遲?處理器暫停到資料失誤解決之前,這個問題並不會出現。

讓我們重新定義記憶體暫停,並且使用非重疊時間延遲來重新定義失誤損傷:

$$\frac{記憶體暫停週期數}{指令} = \frac{失誤數}{指令} \times (失誤時間延遲總和 - 重疊的失誤時間延遲)$$

同樣地,因為部份非循序處理器會造成命中時間的增加,計算效能公式中的命中時間可除以命中時間的總和與重疊的命中時間之間的差額來代替。上述的方程式可以進一步地展開以考慮在非依序執行處理器上記憶體資源的競爭,失誤時間延遲的總和可以分成有競爭的時間延遲以及無競爭的時間延遲。接下來讓我們將討論重點放在失誤時間延遲。

我們現在必須決定下面兩種時間長度:

- **記憶體時間延遲的長度**:對於非依序處理器而言,何時是一個記憶體運算的開始及結束。
- **時間延遲重疊的長度**:對於此處理器而言,何時是重疊部份的開始 (換句話說,我們何時認為記憶體運算造成處理器暫停)。

由於非依序執行處理器十分複雜,要正確定義以上的時間長度並不容易。

因為只有已經被送出的指令才會出現在管線的完成階段 (retirement stage),如果處理器在一個時脈週期中沒有完成它所能完成的最大指令數,則我們稱此處理器在此時脈週期中被暫停。同時這個暫停被算在無法完成指令中的第一個指令頭上。但是這個定義並非絕對正確。舉例來說,利用最佳化的方式可以改進某一特定的暫停時間,但並不一定會改善執行時間,因為原本被隱藏的其他類型的暫停現在可能會出現。

對於時間延遲而言，我們可以從記憶體存取指令在指令視窗 (instruction window) 排隊時開始量測，也可以從位址被產生時或是從指令真正被送進記憶體系統時開始量測。只要以一貫的方式計算，使用上述的任一種方式都可以。

範例 讓我們重作上一個例題，但是假設處理器支援非依序執行，時脈週期時間為兩種處理器中較長者，並且使用直接對映式快取記憶體。假設 65 ns 的失誤損傷中有 30% 的部份可以被重疊，亦即，平均 CPU 記憶體暫停時間是 45.5 ns。

解答 此非依序 (out-of-order, OOO) 計算機的平均記憶體存取時間等於

$$\text{平均記憶體存取時間}_{1\text{路},\text{OOO}} = 0.35 \times 1.35 + (0.021 \times 45.5) = 1.43 \text{ ns}$$

此 OOO 快取記憶體的效能為

$$\text{CPU 時間}_{1\text{路},\text{OOO}} = IC \times [1.6 \times 0.35 \times 1.35 + (0.021 \times 1.4 \times 45.5)] = 2.09 \times IC$$

因此，儘管直接對映式快取記憶體的時脈週期時間較長且失誤率較高，但是此非依序計算機在能減少 30% 的失誤損傷的情況下，仍有較快的效能。

總結來說，雖然目前對於量測和定義非依序處理器的記憶體暫停仍不完美並且比較複雜，但是這個議題仍值得注意，因為它們對效能有很大的影響。複雜性的產生是因為非依序執行處理器可以在不傷害效能的情況下，容忍快取失誤所造成的一些時間延遲。結果設計師通常就會在評估記憶體層級中的取捨之際，使用非依序執行處理器和記憶體的模擬器，以確定對於平均記憶體時間延遲有幫助的改進，事實上也會有助於程式的效能。

圖 B.7 列出本附錄中與快取記憶體有關的方程式作為本節的總結，以方便未來參考使用。

B.3 快取記憶體的六種基本最佳化方式

平均記憶體存取時間的公式給予我們一個架構，用來提出改進快取記憶體效能的快取最佳化方式：

$$\text{平均記憶體存取時間} = \text{命中時間} + \text{失誤率} \times \text{失誤損傷}$$

附錄 B　記憶體層級的回顧

$$2^{索引} = \frac{快取記憶體容量}{區塊大小 \times 集合關聯度}$$

CPU 執行時間 = (CPU 時脈週期數 + 記憶體暫停週期數) × 時脈週期時間

記憶體暫停週期數 = 失誤數 × 失誤損傷

$$記憶體暫停週期數 = IC \times \frac{失誤數}{指令} \times 失誤損傷$$

$$\frac{失誤數}{指令} = 失誤率 \times \frac{記憶體存取數}{指令}$$

平均記憶體存取時間 = 命中時間 + 失誤率 × 失誤損傷

$$CPU\ 執行時間 = IC \times (CPI_{執行} + \frac{記憶體暫停時脈週期數}{指令}) \times 時脈週期時間$$

$$CPU\ 執行時間 = IC \times (CPI_{執行} + \frac{失誤數}{指令} \times 失誤損傷) \times 時脈週期時間$$

$$CPU\ 執行時間 = IC \times (CPI_{執行} + 失誤率 \times \frac{記憶體存取數}{指令} \times 失誤損傷)$$
$$\times 時脈週期時間$$

$$\frac{記憶體暫停週期數}{指令} = \frac{失誤數}{指令} \times (失誤延遲時間總和 - 重疊的失誤時間延遲)$$

平均記憶體存取時間 = 命中時間$_{L1}$ + 失誤率$_{L1}$ × (命中時間$_{L2}$ + 失誤率$_{L2}$ × 失誤損傷$_{L2}$)

$$\frac{記憶體暫停週期數}{指令} = \frac{失誤數_{L1}}{指令} \times 命中時間_{L2} + \frac{失誤數_{L2}}{指令} \times 失誤損傷_{L2}$$

圖 B.7　本附錄與效能相關之方程式的總結。第一個方程式計算出快取記憶體索引欄位的大小，其他的方程式用來計算效能。最後兩個方程式用於多層快取記憶體，此部份將在下一節加以解釋。它們被放在此處是為了讓此圖成為更有用的參考資料。

因此，我們將六種快取記憶體最佳化方式分成以下三類：

- **減少失誤率**：採用較大的區塊、較大的快取記憶體以及較高的關聯度。
- **減少失誤損傷**：多層快取記憶體，並且給予讀取比寫入高的優先。
- **減少快取記憶體命中時間**：避免在快取記憶體索引時進行位址轉譯。

597 頁中的圖 B.18 總結介紹了六種快取記憶體技術，各種技術的製作複雜度，以及所能得到的效能益處。

改進快取記憶體行為的典型方式就是減少失誤率，以下將介紹三種方式

來達到此目的。為了深入瞭解失誤的發生原因，我們首先將失誤分成以下三種簡單的類型：

- **強迫** (compulsory)：首次被存取的區塊**不可能**在快取記憶體中，所以該區塊必須被帶入快取記憶體中。這些失誤也稱為**冷起動失誤** (cold-start miss) 或**首次存取失誤** (first-reference miss)。
- **容量** (capacity)：因為某些區塊會被丟棄而後再讀入，如果快取記憶體無法容納程式執行期間需要的所有區塊，容量失誤 (除了強迫失誤以外) 就會發生。
- **衝突** (conflict)：當過多區塊對映到同一個集合時，如果區塊放置的策略並非完全關聯式，就會有區塊被丟棄而後再讀入，衝突失誤 (除了強迫失誤和容量失誤以外) 就會發生。這些失誤又稱為**碰撞失誤** (collision miss)。其觀念為：在完全關聯式快取記憶體命中，會在 n 路集合關聯式快取記憶體中失誤，是由於在某些熱門集合上發生了超過 n 次的請求。

[第 5 章加了第四個 C，是指在多處理器中為了讓多個快取記憶體保持一致的快取記憶體清除所造成的**一致性** (coherency) 失誤；我們在此不予考慮。]

圖 B.8 顯示三種不同類型的快取失誤的相對發生頻率。強迫失誤是即使有無限容量的快取記憶體也會發生的失誤。容量失誤是一個完全關聯式快取記憶體會發生的失誤，而衝突失誤則是快取記憶體由完全關聯變成 8 路集合關聯式、4 路集合關聯式等會發生的失誤。圖 B.9 以圖形的方式表示出同樣的數據。上方的圖顯示絕對的失誤率；下方的圖則顯示出各種不同的失誤類型在不同的快取記憶體容量時佔所有失誤的百分比。

為了說明關聯度的作用，故將衝突失誤隨著關聯度的遞減分割成數個部份。以下是衝突失誤的四個分割部份以及它們計算的方式：

- 8 路 (8-way)：由完全關聯式 (沒有衝突) 變成 8 路關聯式所產生的衝突失誤。
- 4 路 (4-way)：由 8 路關聯式變成 4 路關聯式所產生的衝突失誤。
- 2 路 (2-way)：由 4 路關聯式變成 2 路關聯式所產生的衝突失誤。
- 1 路 (1-way)：由 2 路關聯式變成 1 路關聯式 (直接對映式) 所產生的衝突失誤。

從上面的數字中可以看出，由於 SPEC2000 是針對許多執行時間較長的程式，因此它的強迫失誤率非常低。

快取記憶體大小 (KB)	關聯度	整體失誤率	強迫		容量		衝突	
4	1 路	0.098	0.0001	0.1%	0.070	72%	0.027	28%
4	2 路	0.076	0.0001	0.1%	0.070	93%	0.005	7%
4	4 路	0.071	0.0001	0.1%	0.070	99%	0.001	1%
4	8 路	0.071	0.0001	0.1%	0.070	100%	0.000	0%
8	1 路	0.068	0.0001	0.1%	0.044	65%	0.024	35%
8	2 路	0.049	0.0001	0.1%	0.044	90%	0.005	10%
8	4 路	0.044	0.0001	0.1%	0.044	99%	0.000	1%
8	8 路	0.044	0.0001	0.1%	0.044	100%	0.000	0%
16	1 路	0.049	0.0001	0.1%	0.040	82%	0.009	17%
16	2 路	0.041	0.0001	0.2%	0.040	98%	0.001	2%
16	4 路	0.041	0.0001	0.2%	0.040	99%	0.000	0%
16	8 路	0.041	0.0001	0.2%	0.040	100%	0.000	0%
32	1 路	0.042	0.0001	0.2%	0.037	89%	0.005	11%
32	2 路	0.038	0.0001	0.2%	0.037	99%	0.000	0%
32	4 路	0.037	0.0001	0.2%	0.037	100%	0.000	0%
32	8 路	0.037	0.0001	0.2%	0.037	100%	0.000	0%
64	1 路	0.037	0.0001	0.2%	0.028	77%	0.008	23%
64	2 路	0.031	0.0001	0.2%	0.028	91%	0.003	9%
64	4 路	0.030	0.0001	0.2%	0.028	95%	0.001	4%
64	8 路	0.029	0.0001	0.2%	0.028	97%	0.001	2%
128	1 路	0.021	0.0001	0.3%	0.019	91%	0.002	8%
128	2 路	0.019	0.0001	0.3%	0.019	100%	0.000	0%
128	4 路	0.019	0.0001	0.3%	0.019	100%	0.000	0%
128	8 路	0.019	0.0001	0.3%	0.019	100%	0.000	0%
256	1 路	0.013	0.0001	0.5%	0.012	94%	0.001	6%
256	2 路	0.012	0.0001	0.5%	0.012	99%	0.000	0%
256	4 路	0.012	0.0001	0.5%	0.012	99%	0.000	0%
256	8 路	0.012	0.0001	0.5%	0.012	99%	0.000	0%
512	1 路	0.008	0.0001	0.8%	0.005	66%	0.003	33%
512	2 路	0.007	0.0001	0.9%	0.005	71%	0.002	28%
512	4 路	0.006	0.0001	1.1%	0.005	91%	0.000	8%
512	8 路	0.006	0.0001	1.1%	0.005	95%	0.000	4%

圖 B.8 不同快取記憶體容量的整體失誤率和各類型失誤所佔的百分比。強迫失誤與快取記憶體容量無關，容量失誤隨著容量的增加而逐漸減少，衝突失誤則隨著關聯度的增加而減少。圖 B.9 以圖形的方式顯示相同的資訊。請注意一個容量為 N 的直接對映式快取記憶體的失誤率會大約等於一個容量為 N/2 的 2 路集合關聯式快取記憶體的失誤率。對於容量大於 128 KB 的快取記憶體而言，上述的法則並不成立。請注意表中容量失誤率欄位的值同時也是完全關聯式快取記憶體的失誤率。資料收集的方式與圖 B.4 相同，並且採用 LRU 置換方式。

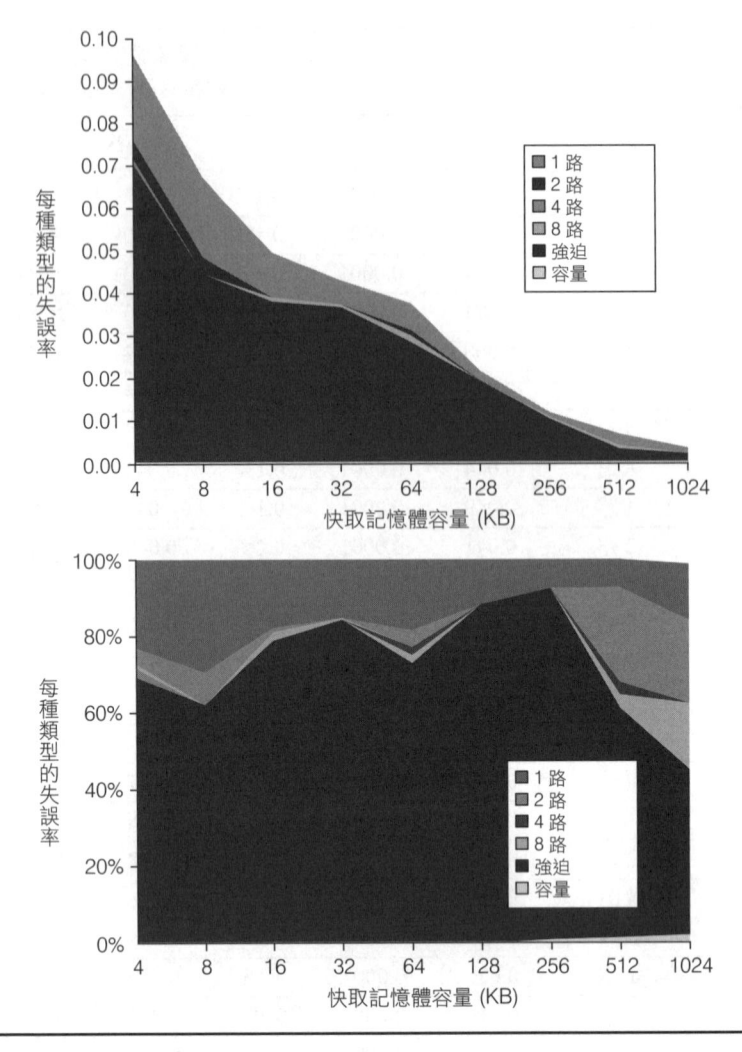

圖 B.9 整體失誤率（上圖）以及根據圖 B.8 的資料，對於不同容量的快取記憶體、不同類型失誤的失誤率分佈（下圖）。上圖顯示真正的資料快取記憶體失誤率，而下圖則顯示出不同類型失誤所佔的百分比。（由於空間足夠，圖中顯示的資料較圖 B.8 多出一種快取記憶體容量。）

在瞭解三種不同類型的失誤後，計算機設計師該做些什麼呢？理論上衝突失誤最容易處理：完全關聯式的置放方式能避免所有的衝突失誤。但是完全關聯式的硬體成本十分昂貴，同時可能會使處理器的時脈速率降低（見 584 頁的範例），造成整體效能降低。

對於容量失誤而言，除了將快取記憶體加大之外，並沒有太多其他的方式。如果上層記憶體的容量遠小於一個程式所需的大小，則大部份的時間將會花費在兩層記憶體之間搬移資料。在這種情況下，記憶體層級便處於**震盪**

(thrash) 狀態。由於需要太多的置換動作,處於震盪狀態將使計算機執行的速度接近下層記憶體的速度,甚至因為失誤的虛耗而變得更慢。

另一個改進三個 C 的方法就是將區塊加大來減少強迫失誤的數目,但是,如我們所見,大區塊會增加其他種類的失誤。

三種不同類型的失誤提供一種方式去深入瞭解造成失誤的原因,但這種簡單的分類方式有其限制。它能幫助我們瞭解快取記憶體的平均表現,但是無法解釋每一個失誤的原因。舉例來說,因為較大的快取記憶體容量能將存取分散到更多的區塊,所以改變快取記憶體的容量可以同時改變衝突失誤和容量失誤的次數。因此,當快取記憶體容量改變時,一個失誤可能由容量失誤變成衝突失誤。請注意,這三種類型的失誤也忽略置換策略的影響,主要的原因是由於置換策略的模型不容易建立,一般而言置換策略也較不重要。在特別的情形下,置換策略會導致不正常的行為,例如快取記憶體的關聯度較大,但是失誤率卻較高,這種情形便與三種失誤類型的模型矛盾。[有些人提出利用位址追蹤 (address trace) 的方式來決定在記憶體中最佳的置放地點,藉此避開由於三種失誤類型的模型所產生的置放失誤,此處我們不使用這種方式。]

遺憾的是,許多能減少失誤率的技巧也會增加命中時間或失誤損傷。因此,在使用本節後面將介紹的三種減少失誤率的最佳化方式時,必須與使整個系統加快的目標做適當的平衡。下面的第一個例子顯示平衡式觀點的重要性。

第一種最佳化:增加區塊大小以減少失誤率

減少失誤率最簡單的方式就是增加區塊大小。圖 B.10 顯示針對一組程式及不同的快取記憶體容量,區塊大小相對於失誤率的折衷情形。較大的區塊可以減少強迫失誤,主要的原因是由於區域性原則,包含兩種不同的區域性:時間區域性 (temporal locality) 及空間區域性 (spatial locality)。較大的區塊是利用空間區域性來減少失誤率。

但同時,較大的區塊也會增加失誤損傷。由於快取記憶體中能存放的區塊數變少,較大的區塊可能會增加衝突失誤 —— 如果快取記憶體的容量太小,甚至會增加容量失誤。很顯然地,將區塊大小增加到會導致失誤率**增加**是不合理的。同樣地,如果減少失誤率會使得平均記憶體存取時間增加,我們也無法從減少失誤率中獲得好處,因為失誤損傷增加帶來的壞處將超過減少失誤率帶來的好處。

582 計算機結構 —— 計量方法

範例 圖 B.11 列出圖 B.10 中的數據資料。假設記憶體系統的存取時間為 80 個時脈週期，接下來的每 2 個時脈週期可以傳送 16 個位元組。因此，傳送 16 個位元組需要 82 個時脈週期，傳送 32 個位元組需要 84 個時脈週期，依此類推。請問在圖 B.11 中，快取記憶體容量為何時，其平均記憶體存取時間最短？

解答 平均記憶體存取時間為

$$平均記憶體存取時間 = 命中時間 + 失誤率 \times 失誤損傷$$

如果假設命中時間為 1 個時脈週期且與區塊大小無關，對於 4 KB 的快取記憶體而言，若區塊大小為 16 個位元組，則其平均記憶體存取時間為

$$平均記憶體存取時間 = 1 + (8.57\% \times 82) = 8.027 \text{ 時脈週期}$$

而對於 256 KB 的快取記憶體而言，若其區塊大小為 256 個位元組，則其平均記憶體存取時間為

$$平均記憶體存取時間 = 1 + (0.49\% \times 112) = 1.549 \text{ 時脈週期}$$

圖 B.12 列出所有不同區塊大小及快取記憶體容量的平均記憶體存取時間，以粗體字表示的項目代表該項為某一個快取記憶體容量下最快的區塊大小：快取記憶體容量為 4 KB 時的 32 個位元組，以及較大的快取記憶體容量時的 64 個位元組。事實上，這些粗體字表示的區塊大小即為目前在處理器快取記憶體中較常見到的區塊大小。

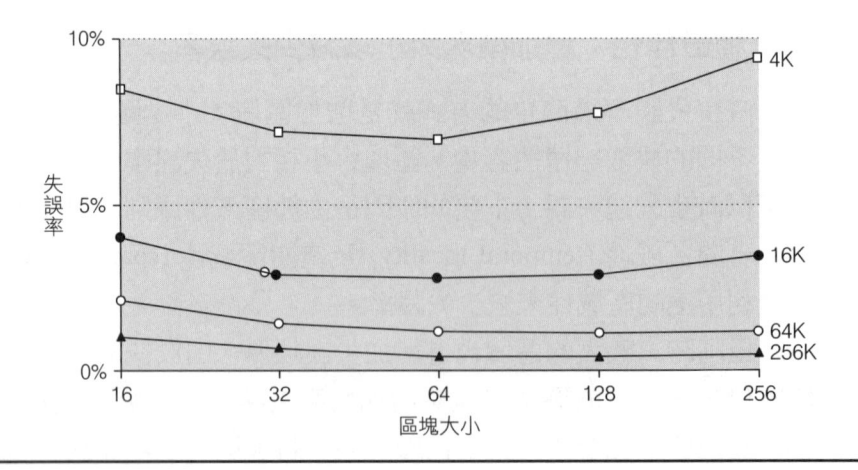

圖 B.10 在五種不同的快取記憶體容量下，失誤率與區塊大小之間的關係。請注意，相較於快取記憶體容量，如果區塊太大時，失誤率實際上會增加。每條線代表不同容量的快取記憶體。圖 B.11 列出用來畫出此圖的數據。很可惜的是，當必須考慮區塊大小時，SPEC2000 需要很長的時間以產生追蹤記錄。因此，此圖的資料是依據 SPEC92 在 DECstation 5000 上量測而得 [Gee 等人 1993]。

	快取記憶體容量			
區塊大小	4K	16K	64K	256K
16	8.57%	3.94%	2.04%	1.09%
32	7.24%	2.87%	1.35%	0.70%
64	7.00%	2.64%	1.06%	0.51%
128	7.78%	2.77%	1.02%	0.49%
256	9.51%	3.29%	1.15%	0.49%

圖 B.11 在五種不同的快取記憶體容量下，圖 B.10 中真正的失誤率與區塊大小之間的關係。請注意，對於 4 KB 的快取記憶體而言，256 個位元組的區塊的失誤率比 32 個位元組的區塊大。在這個例子中，快取記憶體容量必須為 256 KB 才能讓 256 個位元組區塊的失誤率比較小的區塊低。

		快取記憶體容量			
區塊大小	失誤損傷	4K	16K	64K	256K
16	82	8.027	4.231	2.673	1.894
32	84	**7.082**	3.411	2.134	1.588
64	88	7.160	**3.323**	**1.933**	**1.449**
128	96	8.469	3.659	1.979	1.470
256	112	11.651	4.685	2.288	1.549

圖 B.12 針對圖 B.10 的五種不同快取記憶體容量，平均記憶體存取時間與區塊大小之間的關係。主要的區塊大小為 32 或 64 個位元組，每一種快取記憶體容量中最小的平均記憶體存取時間是以粗體字表示。

在所有的方式中，快取記憶體設計師想要儘可能地減少失誤率及失誤損傷。區塊大小的選擇與下一層記憶體的時間延遲及頻寬相關。較大的區塊對於時間延遲長以及頻寬大的記憶體較有利，因為每次失誤發生時，快取記憶體只需增加很小的失誤損傷就可以取得較多的資料。相反地，較小的區塊對於時間延遲短以及頻寬小的記憶體較有利，因為增加區塊大小並不會節省太多的時間。舉例來說，較小區塊的失誤損傷的 2 倍可能與 2 倍區塊大小的失誤損傷相近，而且較多數目的小區塊可以減少衝突失誤。注意圖 B.10 和圖 B.12 顯示出利用選擇區塊大小來將失誤率最小化，對比於將平均記憶體存取時間最小化之間的差異。

在看過較大的區塊對強迫失誤和容量失誤造成的正面與負面影響後，接下來的兩小節將討論較大的快取記憶體以及較高的關聯度對於失誤率的影響。

第二種最佳化：增加快取記憶體容量以減少失誤率

在圖 B.8 和圖 B.9 中，減少容量失誤最明顯的方法就是增加快取記憶體的容量。這種方式最明顯的缺點就是會有較長的命中時間以及較高的成本和消耗功率。此技術在晶片外的快取記憶體 (off-chip cache) 十分常見。

第三種最佳化：增加關聯度以減少失誤率

圖 B.8 和圖 B.9 顯示較高的關聯度可以改進失誤率。從這些圖中可以得到得到兩個基本法則。第一個法則是 8 路集合關聯式在實際的用途下與完全關聯式在減少失誤上同樣地有效。由於容量失誤是以完全關聯式快取記憶體來計算，從圖 B.8 中 8 路集合關聯式的數據與容量失誤的欄位相比較可以驗證第一個法則。

第二個法則稱為**快取記憶體的 2：1 法則** (2：1 cache rule of thumb)。它指出一個容量為 N 的直接對映式快取記憶體的失誤率會大約等於一個容量為 $N/2$ 的 2 路集合關聯式快取記憶體的失誤率。但這個法則只在三個 C 的圖中快取記憶體容量小於 128 KB 時才成立。

如同上述許多的例子，改進平均記憶體存取時間的某一個面向時，將會造成其他面向的犧牲。增加區塊大小能減少失誤率，但會增加失誤損傷，而較大的關聯度則會增加命中時間。因此，為了提高處理器的時脈頻率，使用簡單的快取記憶體是較好的方式。而增加關聯度時，同時也會增加失誤損傷，下面的例題即討論這一點。

範例 假設提高關聯度會增加時脈週期時間如下：

$$時脈週期時間_{2路} = 1.36 \times 時脈週期時間_{1路}$$
$$時脈週期時間_{4路} = 1.44 \times 時脈週期時間_{1路}$$
$$時脈週期時間_{8路} = 1.52 \times 時脈週期時間_{1路}$$

假設命中時間是 1 個時脈週期，直接對映式快取記憶體的失誤損傷為 25 個時脈週期，而且第二層快取記憶體 (見下一小節) 不會有失誤，失誤損傷也不需要是時脈週期的整數倍。利用圖 B.8 中的失誤率資料，請問對下列三個式子中的任何一個式子而言，當快取記憶體容量為何時該式子才會成立呢？

$$平均記憶體存取時間_{8路} < 平均記憶體存取時間_{4路}$$
$$平均記憶體存取時間_{4路} < 平均記憶體存取時間_{2路}$$
$$平均記憶體存取時間_{2路} < 平均記憶體存取時間_{1路}$$

解答 每一種關聯式快取記憶體的平均記憶體存取時間為

平均記憶體存取時間 $_{8路}$ = 命中時間 $_{8路}$ + 失誤率 $_{8路}$ × 失誤損傷 $_{8路}$
= 1.52 + 失誤率 $_{8路}$ × 25
平均記憶體存取時間 $_{4路}$ = 1.44 + 失誤率 $_{4路}$ × 25
平均記憶體存取時間 $_{2路}$ = 1.36 + 失誤率 $_{2路}$ × 25
平均記憶體存取時間 $_{1路}$ = 1.00 + 失誤率 $_{1路}$ × 25

對於不同的關聯式快取記憶體而言，失誤損傷是相同的，也就是 25 個時脈週期。舉例來說，4 KB 的直接對映式快取記憶體的平均記憶體存取時間為

平均記憶體存取時間 $_{1路}$ = 1.00 + (0.098 × 25) = 3.44

而 512 KB 的 8 路集合關聯式快取記憶體的時間則為

平均記憶體存取時間 $_{8路}$ = 1.52 + (0.006 × 25) = 1.66

利用上述的式子以及圖 B.8 中的失誤率，圖 B.13 列出不同快取記憶體及不同關聯度的平均記憶體存取時間。圖中顯示當快取記憶體小於或等於 8 KB 及關聯度小於 4 路時，題目中的方程式均會成立。當快取記憶體大於 16 KB 後，較大的關聯度造成較長的命中時間所帶來的負面影響已經大於其所能減少失誤所帶來的幫助。

請注意，我們沒有將時脈頻率較慢的因素加入考量，藉此瞭解直接對映式快取記憶體的優點。

快取記憶體 容量 (KB)	關聯度			
	1 路	2 路	4 路	8 路
4	3.44	3.25	3.22	**3.28**
8	2.69	2.58	2.55	**2.62**
16	2.23	**2.40**	**2.46**	**2.53**
32	2.06	**2.30**	**2.37**	**2.45**
64	1.92	**2.14**	**2.18**	**2.25**
128	1.52	**1.84**	**1.92**	**2.00**
256	1.32	**1.66**	**1.74**	**1.82**
512	1.20	**1.55**	**1.59**	**1.66**

圖 B.13 使用圖 B.8 中的失誤率作為參數所得到的平均記憶體存取時間。粗體字表示該項比其左邊的值大；也就是說，增加關聯度會造成平均記憶體存取時間的增加。

第四種最佳化：多層快取記憶體以減少失誤損傷

減少快取記憶體失誤數一直是傳統快取記憶體研究的重點。但是計算快取記憶體效能的公式明確地告訴我們：改進失誤損傷絕對與改進失誤率對效能有相同的助益。此外，73 頁的圖 2.2 顯示：根據技術發展的趨勢，處理器速度的提升比 DRAM 速度的提升來得快，這使得失誤損傷的相對成本隨著時間逐漸增加。

處理器與記憶體之間效能的差距讓結構設計師必須思考一個問題：為解決處理器與記憶體之間逐漸增加的差距，應該加速快取記憶體以趕上處理器的速度，還是增大快取記憶體的容量？

一個可能的答案是：兩者皆是。在原本的快取記憶體與主記憶體之間加入另一層的快取記憶體能簡化上述的選擇。為了配合處理器的速度，第一層快取記憶體的容量可以縮小到能與處理器有相同的時脈週期時間。而第二層快取記憶體的容量可以大到能儲存許多原本會到記憶體存取的資料，藉此以減少實際的失誤損傷。

雖然在層級中多加入一層的觀念十分簡單，但將使得效能分析更為複雜。對於第二層快取記憶體的相關定義並不像觀念上那麼簡單直觀。我們先從定義第二層快取記憶體的**平均記憶體存取時間** (average memory access time) 開始，使用 L1 及 L2 為下標分別來代表第一層及第二層快取記憶體，原本的公式為

$$\text{平均記憶體存取時間} = \text{命中時間}_{L1} + \text{失誤率}_{L1} \times \text{失誤損傷}_{L1}$$

和

$$\text{失誤損傷}_{L1} = \text{命中時間}_{L2} + \text{失誤率}_{L2} \times \text{失誤損傷}_{L2}$$

所以，

$$\text{平均記憶體存取時間} = \text{命中時間}_{L1} + \text{失誤率}_{L1}$$
$$\times (\text{命中時間}_{L2} + \text{失誤率}_{L2} \times \text{失誤損傷}_{L2})$$

在這個公式中，第二層快取記憶體的失誤率是以第一層快取記憶體失誤的存取要求為基準來量測的。為了避免混淆，下列的名詞將會在具有兩層快取記憶體的系統中使用：

- **區域失誤率** (local miss rate) —— 就是將在某一層快取記憶體發生的失誤次數除以對此快取記憶體作存取的總和次數。明顯地，第一層快取記憶體

的區域失誤率為失誤率$_{L1}$，而第二層快取記憶體為失誤率$_{L2}$。

- **全域失誤率** (global miss rate) —— 就是將在某一層快取記憶體發生的失誤次數除以處理器全部產生的記憶體存取次數。使用相同的符號，第一層快取記憶體的全域失誤率仍為失誤率$_{L1}$，但是第二層快取記憶體變成失誤率$_{L1}$×失誤率$_{L2}$。

第二層快取記憶體的區域失誤率比較大的原因，是因為大部份的記憶體存取已經被第一層快取記憶體處理完畢。這也是為什麼全域失誤率是比較有用的量測數據：它能表示處理器發出的記憶體存取中有多少部份會被送到記憶體。

而此處便是利用每個指令所產生之失誤次數的好時機。不需要為應該使用區域或全域失誤率感到困擾，我們可以直接將每個指令的記憶體暫停次數展開，並且加入第二層快取記憶體所帶來的影響即可。

$$\text{指令的平均記憶體暫停數} = \text{每個指令的失誤數}_{L1} \times \text{命中時間}_{L2}$$
$$+ \text{每個指令的失誤數}_{L2} \times \text{失誤損傷}_{L2}$$

範例 假設在 1000 次記憶體存取中，有 40 次的失誤發生在第一層快取記憶體，20 次的失誤發生在第二層快取記憶體。試問各種失誤率為何？假設由第二層快取記憶體到記憶體的失誤損傷為 200 個時脈週期，第二層快取記憶體的命中時間為 10 個時脈週期，第一層快取記憶體的命中時間為 1 個時脈週期，同時每個指令的記憶體存取次數為 1.5。試問每個指令的平均記憶體存取時間為何？寫入的影響可忽略。

解答 第一層快取記憶體的區域以及全域失誤率均為 40/1000 = 4%。第二層快取記憶體的區域失誤率為 20/40 = 50%，而其全域失誤率為 20/1000 = 2%。因此

$$\text{平均記憶體存取時間} = \text{命中時間}_{L1} + \text{失誤率}_{L1}$$
$$\times (\text{命中時間}_{L2} + \text{失誤率}_{L2} \times \text{失誤損傷}_{L2})$$
$$= 1 + 4\% \times (10 + 50\% \times 200) = 1 + 4\% \times 110$$
$$= 5.4 \text{ 時脈週期}$$

為了計算每個指令產生的失誤次數，將 1000 次的記憶體存取除以每個指令的記憶體存取次數 1.5，如此可以得到的指令數目為 667。因此，我們需要將兩個快取記憶體的失誤數乘以 1.5 以得到每 1000 道指令的失誤數，得到的結果為每 1000 道指令中有 40 × 1.5 = 60 個 L1 失誤以及 20 × 1.5 = 30 個 L2 失誤。對於每道指令的平均記憶體暫停時脈週期數而言，假設失誤平均地分配在指令及資料中：

$$\text{每道指令的平均記憶體暫停數} = \text{每道指令的失誤數}_{L1} \times \text{命中時間}_{L2}$$
$$+ \text{每道指令的失誤數}_{L2} \times \text{失誤損傷}_{L2}$$
$$= (60/1000) \times 10 + (30/1000) \times 200$$
$$= 0.060 \times 10 + 0.030 \times 200$$
$$= 6.6 \text{ 時脈週期}$$

如果將平均記憶體存取時間減去 L1 的命中時間，然後乘以每道指令的平均記憶體存取次數，則可以得到相同的每道指令的平均記憶體暫停時脈週期數：

$$(5.4 - 1.0) \times 1.5 = 4.4 \times 1.5 = 6.6 \text{ 時脈週期}$$

如這個例題所顯示的，在多層快取記憶體的系統中，使用每道指令的失誤數來計算比較不會像使用失誤率容易產生混淆。

請注意上述的公式是針對合併的讀取與寫入動作，並且假設使用回寫式的第一層快取記憶體。很明顯地，不管是否有失誤發生，透寫式的第一層快取記憶體會將**所有**的寫入動作送到第二層快取記憶體，同時可能使用寫入緩衝區。

圖 B.14 和圖 B.15 說明在一個設計中，第二層快取記憶體的容量如何影響失誤率及以相對的執行時間。從這兩個圖中我們可以得到兩點結論。第一點是當第二層快取記憶體的容量遠大於第一層快取記憶體時，全域失誤率與第二層快取記憶體的單一快取失誤率十分相近。所以，我們對於第一層快取記憶體的直觀想法與知識可以正確地應用在此。第二點是區域失誤率**並不是**用來量測第二層快取記憶體的好方式；它是第一層快取失誤率的函數，所以會隨著第一層快取記憶體的改變而變化。因此，計算第二層快取記憶體時應該使用全域快取失誤率。

有了這些定義之後，我們可以開始討論第二層快取記憶體的相關參數。這二層快取記憶體之間最大的差別在於：第一層快取記憶體的速度影響處理器的時脈頻率，而第二層快取記憶體的速度只影響第一層快取記憶體的失誤損傷。所以，許多設計第二層快取記憶體時所做的選擇可能會對第一層快取記憶體有害。設計第二層快取記憶體時，會有以下兩個主要的問題：它會不會降低 CPI 的平均記憶體存取時間部份？以及它的成本為何？

容量是設計一個第二層快取記憶體必須做的最早決定。由於第一層快取記憶體的任何內容都可能在第二層快取記憶體中，因此第二層快取記憶體的容量必須遠大於第一層快取記憶體。如果第二層快取記憶體只是稍大於第一層快取記憶體，其區域失誤率將非常高。這個觀點因此造就具有極大容量的

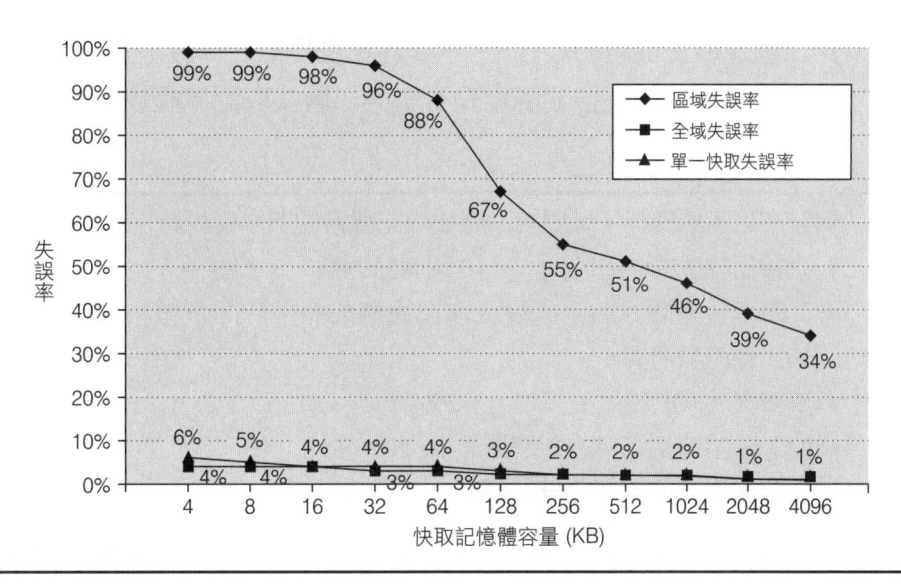

圖 B.14 多層快取記憶體的失誤率與快取記憶體容量的關係。第二層快取記憶體小於兩個 64 KB 第一層快取記憶體的總和時比較沒有意義，所以失誤率很高。大於 256 KB 以後，單一快取記憶體的失誤率與全域失誤率之間的差距在 10% 以內。圖中顯示單一快取記憶體的失誤率與其容量的關係，並且與第二層快取記憶體 (使用 32 KB 的第一層快取記憶體) 的區域及全域失誤率相比較。L2 (統合式) 快取記憶體為使用置換法的 2 路集合關聯式。L1 快取記憶體為指令及資料分離式，兩部份均為使用 LRU 置換法的 64 KB 2 路集合關聯式。L1 和 L2 的區塊大小均為 64 個位元組。資料的收集方式與圖 B.4 相同。

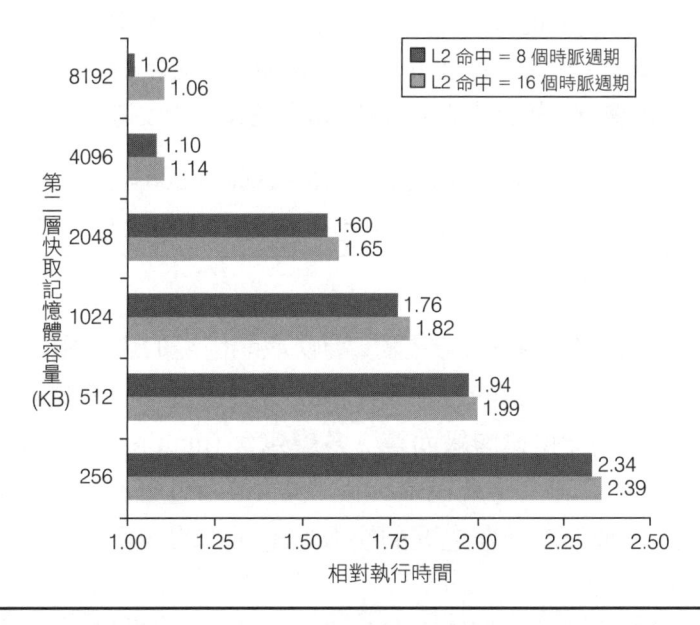

圖 B.15 相對執行時間與第二層快取記憶體容量的關係。兩個長條代表 L2 快取命中所需不同的時脈週期數。存取執行時間 1.0 是以第二層命中延遲為 1 個時脈週期的 8192 KB 第二層快取記憶體為基準。資料的收集方式與圖 B.14 相同，並且使用模擬器來模擬 Alpha 21264。

第二層快取記憶體的設計 —— 其容量是早期計算機主記憶體的容量！
一個問題是集合關聯度是否對第二層快取記憶體較為有用？

範例　假設有以下的資料，試問第二層快取記憶體的關聯度對於它的失誤損傷有何影響？
- 直接對映式的命中時間 $_{L2}$ = 10 個時脈週期。
- 2 路集合關聯式的第二層快取記憶體的命中時間多增加 0.1 個時脈週期，成為 10.1 個時脈週期。
- 直接對映式的區域失誤率 $_{L2}$ = 25%。
- 2 路集合關聯式的區域失誤率 $_{L2}$ = 20%。
- 失誤損傷 $_{L2}$ = 200 個時脈週期。

解答　對於直接對映式的第二層快取記憶體而言，第一層快取記憶體的失誤損傷為

$$\text{失誤損傷}_{1\text{路 }L2} = 10 + 25\% \times 200 = 60.0 \text{ 時脈週期}$$

加入關聯度會增加 0.1 個時脈週期的命中成本，因此可得到新的第一層快取記憶體失誤損傷如下

$$\text{失誤損傷}_{2\text{路 }L2} = 10.1 + 20\% \times 200 = 50.1 \text{ 時脈週期}$$

實際上，第二層快取記憶體幾乎均會與第一層快取記憶體及處理器同步。因此，第二層快取記憶體的命中時間一定會是時脈週期的整數倍。如果幸運的話，第二層快取記憶體的命中時間會是 10 個時脈週期；否則會被進位成 11 個時脈週期。不管是何者，均會較直接對映式第二層快取記憶體有所改進。

$$\text{失誤損傷}_{2\text{路 }L2} = 10 + 20\% \times 200 = 50.0 \text{ 時脈週期}$$
$$\text{失誤損傷}_{2\text{路 }L2} = 11 + 20\% \times 200 = 51.0 \text{ 時脈週期}$$

現在我們能利用減少第二層快取記憶體的**失誤率**來減少失誤損傷。

另外必須考慮的是，第一層快取記憶體的資料是否也會在第二層快取記憶體中。對記憶體層級而言，**多層包含** (multilevel inclusion) 是一種自然的策略：L1 的資料一定會在 L2 中。包含的特性是必須的，因為 I/O 與快取記憶體之間 (或多處理器之間的快取記憶體) 的一貫性可以利用檢查第二層快取記憶體來決定。

包含方式的一個缺點就是量測結果建議容量較小的第一層快取記憶體使用較小的區塊，而容量較大的第二層快取記憶體使用較大的區塊。舉例來說，Pentium 4 的 L1 快取記憶體的區塊大小為 64 個位元組，而 L2 快取記憶

體的區塊大小為 128 個位元組。包含方式仍然可以維持運作，只是在第二層快取失誤時必須增加一些動作。第二層快取記憶體必須把所有對映到將被置換的第二層快取區塊中的所有第一層快取區塊設為失效，這會稍微增加第一層快取失誤率。為了避免這個問題，許多快取記憶體設計師將所有快取記憶體的區塊大小設定為相同。

然而，假如設計師只能讓 L2 快取記憶體的容量稍微大於 L1 快取記憶體呢？L2 快取記憶體的大部份空間是否應該用來重複儲存 L1 快取記憶體中已有的資料呢？在這個情形下，一個合理的相反策略就是**多層排除** (multilevel exclusion)：L1 的資料**絕對不會**在 L2 快取記憶體中。一般而言，使用排除方式時，L1 的快取失誤會使得 L1 與 L2 中的區塊產生交換的動作，而不是將 L2 中的某一區塊置換入 L1 快取記憶體。這種策略能避免浪費 L2 快取記憶體的空間。舉例來說，AMD Opteron 遵循此排除的特性，使用了兩個 64 KB 的 L1 快取記憶體以及 1 MB 的 L2 快取記憶體。

如同上面內容所描述，雖然一個沒有經驗的設計師可能單獨分別設計第一層及第二層快取記憶體。但是如果能有一個可相互配合的第二層快取記憶體，第一層快取記憶體的設計師工作將較為簡單。舉例來說，如果下一層是回寫式快取記憶體而且使用多層包含，那麼就可以較無顧慮地使用透寫式快取記憶體，因為下一層快取記憶體可以阻擋住寫入，而不會重複寫入次一層快取記憶體。

所有快取記憶體設計的重點即在快速命中及減少失誤之間做適當的平衡。對於第二層快取記憶體而言，命中次數遠較第一層快取記憶體少 (譯註：大部份在第一層快取就命中)，所以重點移到較少的失誤。這個觀點造成容量大了很多的快取記憶體以及許多降低失誤率的技術，如較高的關聯度以及較大的區塊。

第五種最佳化：讓讀取失誤的優先權高於寫入以減少失誤損傷

這種最佳化方式是在寫入之前處理讀取。我們先由討論寫入緩衝區的複雜度開始。

使用透寫式快取記憶體最重要的改進就是利用一個適當大小的寫入緩衝區。然而由於寫入緩衝區中可能有一個已更新的資料及位址，而此位址又發生讀取失誤，所以寫入緩衝區會使得記憶體存取變複雜。

範例 有一程式碼序列如下：

    SW R3, 512(R0)   ;M[512] ← R3   （快取索引 0）
    LW R1, 1024(R0)   ;R1 ← M[1024]   （快取索引 0）
    LW R2, 512(R0)   ;R2 ← M[512]   （快取索引 0）

假設有一個使用直接對映的透寫式快取記憶體，將位址 512 以及位址 1024 對映至同一個區塊，並且有一個容量為 4 個位元組的寫入緩衝區，讀取失誤時並未被檢查。試問 R2 的值是否會永遠等於 R3 的值？

解答 使用第 2 章中的名詞，記憶體有寫入後讀取 (read-after-write) 的資料危障。讓我們依快取記憶體存取的次序來看這個問題。R3 中的資料在儲存指令之後被放入寫入緩衝區中。接下來的載入指令使用同一個快取索引，所以產生一個失誤。第二個載入指令欲將位址 512 的值放入暫存器 R2 中；這也會產生一個失誤。如果寫入緩衝區尚未完成寫入記憶體位址 512 的動作，則讀取位址 512 時就會將舊的錯誤資料讀入快取區塊中，然後再放入 R2。如果沒有適當的保護，R3 將不會與 R2 的內容相同！

　　解決上述問題最容易的方式就是讓讀取失誤等待，直到寫入緩衝區被清空為止。另外一個選擇是在讀取失誤時檢查寫入緩衝區的內容。如果沒有發現衝突並且記憶體系統可以使用，則讓讀取失誤繼續處理。實際上所有桌上型或伺服器處理器都使用後面這一種方式，讓讀取優先於寫入。

　　回寫式快取記憶體的處理器之寫入成本也可以減少。假設有一個讀取失誤將置換某一個遭污染的記憶體區塊，與其先將污染的區塊回寫記憶體，然後再讀取記憶體，不如將污染的區塊先複製到一個緩衝區，接著讀取記憶體，然後再寫入記憶體。如此一來，處理器的讀取可以提早在處理器有可能寫入之前完成。與先前的情況類似，如果讀取失誤發生，處理器可以暫停，直到緩衝區被清空為止；或者也可以檢查是否與緩衝區中字元的位址產生衝突。

　　既然我們有了五種減少快取失誤損傷或失誤率的最佳化方式，就來看看如何減少平均記憶體存取時間的最後成份。命中時間是關鍵的因素，因為它能影響處理器的時脈頻率；今天在許多處理器中，快取記憶體存取時間限制了時脈頻率，即使對於花費多個時脈週期去存取快取記憶體的處理器也一樣。因此，快的命中時間在重要性方面具有相乘效果，超過了平均記憶體存取時間的公式，因為它對一切都有幫助。

第六種最佳化：索引快取記憶體時避免位址轉譯

即使是小而簡單的快取記憶體仍須處理來自處理器的虛擬位址與存取記憶體的實體位址之間的轉譯。如 B.4 節所述，主記憶體對處理器而言只是記憶體層級中的一層而已。因此，存在於磁碟機中的虛擬記憶體位址必須被對映到主記憶體上。

根據讓常見情況快速的指導原則，快取記憶體必須使用虛擬位址，因為命中遠比失誤容易發生。使用虛擬位址的快取記憶體被稱為**虛擬快取記憶體** (virtual cache)，而傳統使用實體位址的快取記憶體則被稱為**實體快取記憶體** (physical cache)。在稍後可以看到區別以下兩件工作是很重要的：快取記憶體的索引和位址的比對。因此，真正的問題是快取記憶體索引時是使用虛擬位址或實體位址，以及標籤比對時是使用虛擬位址或實體位址。完全使用虛擬位址來當索引和標籤，可以消除快取命中時的位址轉譯時間。既然如此，為什麼不都來建造虛擬位址式快取記憶體呢？

其中一個理由是為了保護。虛擬位址轉譯為實體位址的過程中一部份的動作就是做分頁階層保護 (page-level protection) 的檢查，而這個檢查無論結果如何都必須執行。解決這個問題的一種方法是在失誤發生時將保護的相關資訊由 TLB 中複製出來，並且加上一個欄位用來儲存此資訊，每次存取該虛擬位址式快取記憶體時就加以檢查。

另外一個理由是當程式切換時，由於虛擬位址指向不同的實體位址，所以必須清空 (flush) 快取記憶體。圖 B.16 說明清空動作對於失誤率的影響。有一種解決方法是附加一個**行程識別標籤** (process-identifier tag, PID) 來增加快取記憶體位址的標籤寬度。如果作業系統將某一個標籤指定給某一個行程後，只有在該 PID 被收回且指定給另一個行程時才需要清空快取記憶體。也就是說，PID 是用來區別快取記憶體中的某一個資料是否屬於該行程。圖 B.16 說明利用 PID 來避免快取記憶體清空對於失誤率的改善。

虛擬快取記憶體為什麼較不常使用的第三個理由是：作業系統和使用者的程式可能會使用兩個不同的虛擬位址來代表同一個實體位址。這些重複的位址被稱為**同義** (synonym) 或**別名** (alias)，並且會造成同樣的資料在虛擬快取記憶體中有兩份。如果某一份被修改，另一份資料就會是錯誤的。使用實體記憶體就不會有這個問題，因為對這兩份資料的存取會先被轉譯為同一個實體快取區塊。

有一種解決同義問題的硬體方式稱為**反別名** (antialiasing)，它能保證快取區塊都對應到唯一的實體位址。例如，AMD Opteron 採用分頁大小為

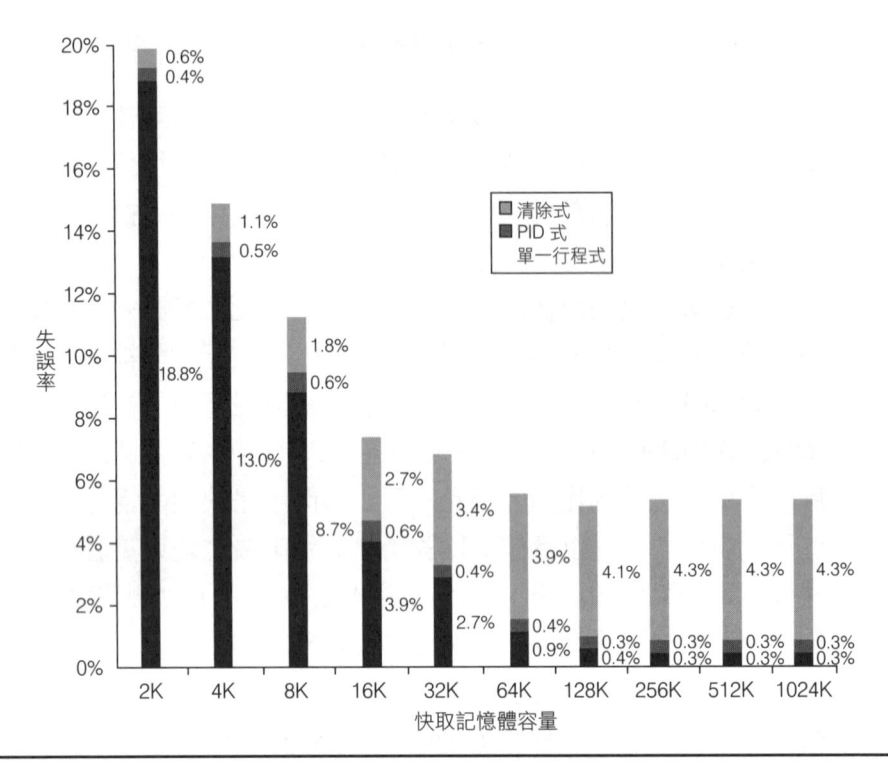

圖 B.16 失誤率相對於虛擬位址式快取記憶體容量的關係，使用三種方式來量測某一個程式：沒有行程切換 (單一行程式)、有行程切換且使用行程識別標籤 (PID 式)，以及有行程切換但沒有 PID (清除式)。PID 式的絕對失誤率較單一行程式增加 0.3% 到 0.6%，但比清除式減少 0.6% 到 4.3%。這些統計數據是由 Agarwal [1987] 從執行 Ultrix 作業系統的 VAX 機器上收集而得，假設使用區塊大小為 16 個位元組的直接對映式快取記憶體。請注意，當快取記憶體容量由 128 KB 增加到 256 KB 時，失誤率會上升。這種不直觀的行為會發生是因為：改變快取記憶體容量會改變記憶體區塊至快取區塊的對映方式，因而改變衝突失誤率。

4 KB、容量為 64 KB 的 2 路集合關聯式快取記憶體。因此，它必須處理集合索引欄位中的三個位元所涉及的別名問題。它採用一種簡單的方式來避免別名問題的發生。當失誤發生時，它檢查所有可能的 8 個位置 (在四個集合中的兩個區塊)，確定其中沒有任何一個位置與欲提取資料的實體位址符合。如果發現有相符的位置，則將該位置標記為失效，如此可以保證在新資料被載入快取記憶體時，其實體位址是唯一的。

　　軟體則可以藉由強迫別名共用某些位址位元的方式而使這個問題變得更容易。舉例來說，昇陽 Microsystems 的 UNIX 版本中，所有的別名位址的最後 18 個位元必須相同，這種限制被稱為**分頁著色** (page coloring)。請注意，分頁著色就是將集合關聯對映的方式用在虛擬記憶體：使用 64 (2^6) 個集合對

映至大小為 4 KB (2^{12}) 的分頁，如此可以保證實體位址與虛擬位址的最後 18 個位元是相符的。這個限制意味著：小於或等於 2^{18} (256 K) 個位元組的快取記憶體，絕不會擁有實體位址重複的區塊。從快取記憶體的角度來看，分頁著色有效地增加分頁偏移量，因為軟體保證虛擬和實體分頁位址的最後幾個位元是相同的。

使用虛擬位址最後一個必須考量的問題是 I/O。I/O 通常使用實體位址，因此必須將實體位址對映到虛擬位址才能與使用虛擬位址的快取記憶體溝通。(I/O 對快取記憶體的影響會在附錄 D 做進一步的討論。)

另外一個能利用虛擬和實體快取記憶體兩者之優點的替代方法，是利用部份的分頁偏移量去索引快取記憶體 —— 該部份在虛擬位址和實體位址兩者當中是相同的。在使用此索引讀取快取記憶體的同時，該位址的虛擬部份被轉譯為實體位址，並且被用來比對標籤。

上述的替代方法讓快取記憶體的讀取可以立即開始，但是仍使用實體位址來比對標籤。這種**虛擬索引式 / 實體標籤式** (virtually indexed, physical tagged) 的替代方法有一個限制：直接對映式快取記憶體的容量無法大於分頁大小。舉例來說，567 頁圖 B.5 中的資料快取記憶體中，索引為 9 個位元且快取區塊偏移量為 6 個位元。如果要使用這個技巧，虛擬分頁大小必須至少為 $2^{(9+6)}$ 個位元組，也就是 32 KB。否則的話，索引的一部份必須由虛擬位址轉譯為實體位址。圖 B.17 顯示當使用此技術時，快取記憶體、轉譯後備緩衝區 (translation lookaside buffer, TLB) 以及虛擬記憶體的組織。

利用關聯度可以讓索引保持在位址的實體部份，同時也能支援較大的快取記憶體。先前曾提過索引大小可由下列式子計算出來：

$$2^{索引} = \frac{快取記憶體容量}{區塊大小 \times 集合關聯度}$$

舉例來說，將關聯度及快取記憶體容量同時變為原來的 2 倍，並不會改變索引大小。IBM 3033 是個比較極端的例子，它使用 16 路集合關聯式快取記憶體。但是研究的結果顯示當關聯度大於 8 路時，增加關聯度對於減少失誤率的幫助很小。如此高的關聯度讓 64 KB 的快取記憶體可以用實體索引來定址，儘管在 IBM 結構中 4KB 分頁的障礙之下也沒問題。

快取記憶體基本最佳化方式的總結

本節中用來改進失誤率、失誤損傷和命中時間的技術，通常都會影響平均記憶體存取方程式中的其他部份，也會影響記憶體層級的複雜度。圖 B.18

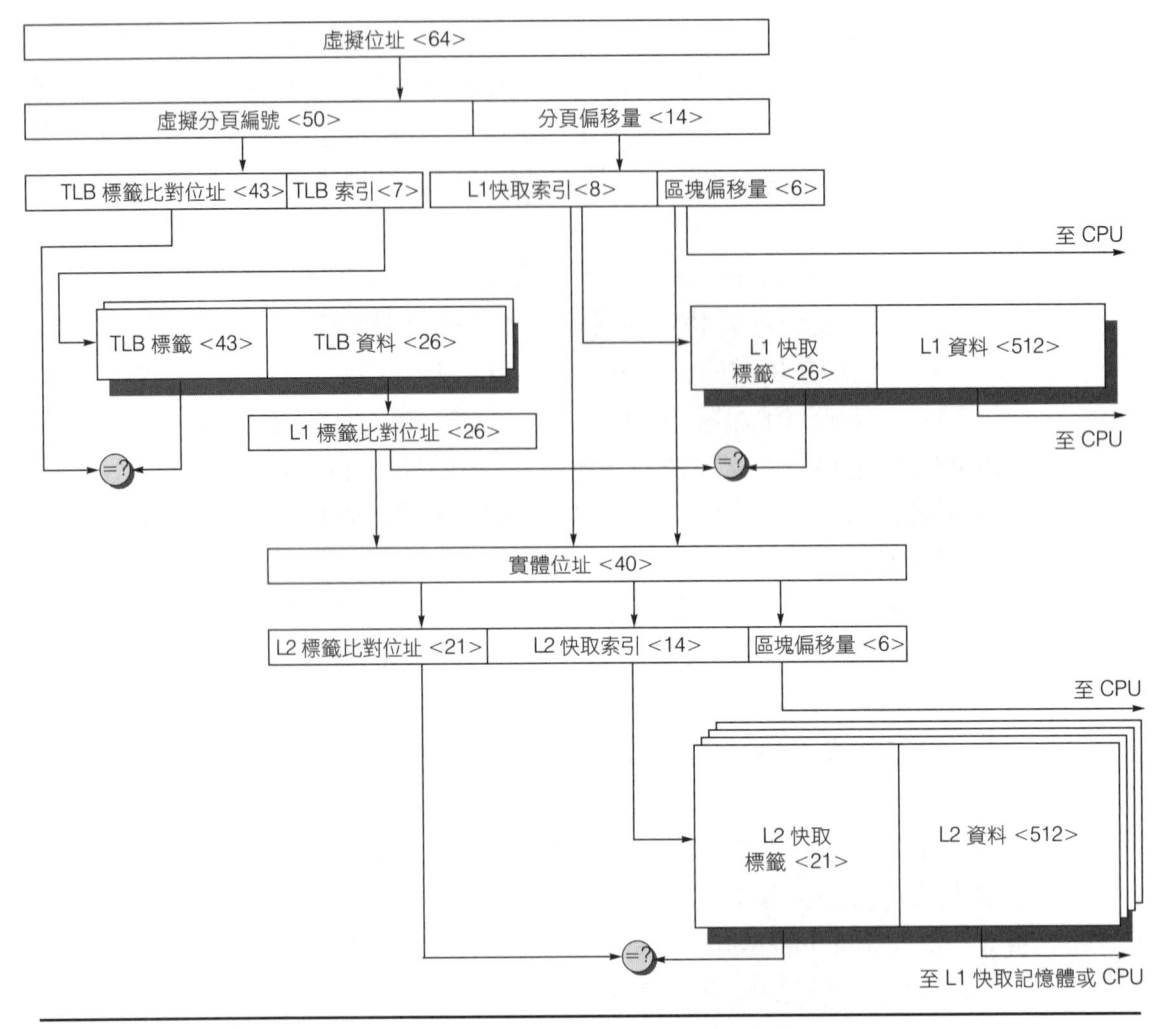

圖 B.17 假設性的記憶體層級整體圖,從虛擬位址至 L2 快取記憶體的存取。記憶體分頁大小為 16 KB。256 筆記錄的 TLB 為 2 路集合關聯式。L1 快取記憶體為 16 KB 直接對映式,L2 快取記憶體為 4 MB 4 路集合關聯式,兩者都使用 64 位元組的區塊。虛擬位址為 64 位元,實體位址為 40 位元。

總結這些技術並且評估它們對於複雜度的影響,其中 + 號意即該技術改進了該因素,– 號意即該技術傷害了該因素,而空白意即沒有影響。本圖中並沒有一種最佳化方式同時對於兩種或兩種以上的因素有幫助。

B.4 虛擬記憶體

……將磁蕊 (core) 和磁鼓 (drum) 合併的系統對於程式設計師而言有如同單層的儲存媒體──需要的傳送都自動完成。

Kilburn 等人 [1962]

技　術	命中時間	失誤損傷	失誤率	硬體複雜度	評　論
較大的區塊大小		–	+	0	不重要；Pentium4 L2 使用 128 個位元組
較大的快取記憶體容量	–		+	1	廣泛使用，特別是 L2 快取記憶體
較高的關聯度	–		+	1	廣泛使用
多層快取記憶體		+		2	硬體昂貴；若 L1 區塊大小 ≠ L2 區塊大小則較困難；廣泛使用
讀取優先於寫入		+		1	廣泛使用
快取索引期間避免位址轉譯	+			1	廣泛使用

圖 B.18 基本快取記憶體最佳化方法的總結，顯示本附錄的技術對於快取記憶體效能及複雜度的影響。一種方法通常只對一個因素有幫助。+ 號意即該技術改進了該因素，– 號意即該技術傷害了該因素，而空白意即沒有影響。複雜度量測較為主觀，0 代表最簡單，而 3 代表最困難。

　　在任何時刻計算機都正在執行著數個行程，每個行程都有自己的位址空間。(行程將會在下節介紹。) 每個行程全部的位址空間都使用記憶體將導致成本太高，尤其是許多行程只使用其位址空間的一小部份，因此，必須有一個方法可以在許多行程當中共用較少數量的實體記憶體。

　　解決方法之一就是利用**虛擬記憶體** (virtual memory)，它將實體記憶體分成許多區塊並且分配給不同的行程。使用這種方法需要有一種**保護** (protection) 機制，以限制行程只能在屬於自己的區塊內動作。大部份類型的虛擬記憶體也可以縮短啟動程式的時間，因為程式在可以開始執行以前，並非所有的程式碼和資料都需要在實體記憶體中。

　　雖然虛擬記憶體所提供的保護機制對於目前的計算機是必須的，但是共用並不是虛擬記憶體被發明的原因。如果程式對於實體記憶體而言太大，程式設計師必須負責讓它可以被放入實體記憶體。程式設計師可以將程式分成許多段，接著判斷哪幾段是互斥的，並於執行期間在使用者程式的控制下載入及移出這些**重疊**程式段。程式設計師必須保證程式永遠不會嘗試存取大於計算機上的實體主記憶體空間，也必須保證適當的重疊程式段會在適當的時間被載入。很容易想像得到，上述這些工作將減低程式設計師的生產力。

　　虛擬記憶體的發明就是為了減輕程式設計師的負擔，它能自動管理記憶體層級中的主記憶體和輔助儲存裝置 (secondary storage)。圖 B.19 顯示對於有 4 個分頁的程式，其虛擬記憶體與實體記憶體之間的對映關係。

除了共用被保護的記憶體空間和自動管理記憶體層級外，虛擬記憶體也簡化了載入程式以供執行的動作，這種被稱為**重新放置** (relocation) 的機制讓同一個程式可以在實體記憶體中任何位置執行。圖 B.19 中的程式可以被放在實體記憶體或磁碟機中的任何位置，而只需要改變兩者之間的對映即可。[在虛擬記憶體普及之前，處理器為了達到這個功能，必須含有一個重新放置暫存器 (relocation register)。] 除了使用硬體的方式外，另外一種方法就是利用軟體的方式，在每次程式執行前改變所有的位址。

第 1 章中有許多與快取記憶體相關的一些記憶體層級的一般性觀念，在虛擬記憶體中也可以找到，只是許多名詞不同而已。**分頁** (page) 或**區段** (segment) 表示區塊 (block)，而**分頁錯誤** (page fault) 或**位址錯誤** (address fault) 表示失誤 (miss)。使用虛擬記憶體時，處理器會產生**虛擬位址** (virtual address)，並且利用硬體及軟體綜合的方法轉譯成用來存取主記憶體的**實體位址** (physical address)，這種過程稱為**記憶體對映** (memory mapping) 或**位址轉譯** (address translation)。目前虛擬記憶體控制了記憶體層級中的兩層：DRAM 及磁碟機。圖 B.20 列出與虛擬記憶體相關的記憶體層級參數之典型範圍。

除了圖 B.20 中所列出的數據以外，快取記憶體和虛擬記憶體之間仍然有其他的不同點：

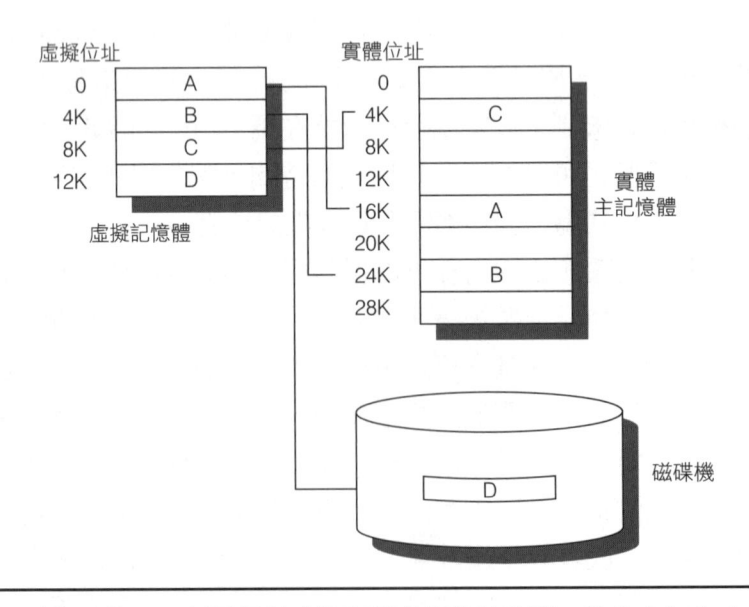

圖 B.19 左邊顯示的是一個邏輯程式的連續虛擬位址空間。該程式包含 4 個分頁 A、B、C 和 D，其中三個區塊的真實位置是在實體主記憶體中，另外一個則在磁碟機中。

參　數	第一層快取記憶體	虛擬記憶體
區塊(分頁)大小	16-128 個位元組	4096-65,536 個位元組
命中時間	1-3 個時脈週期	100-200 個時脈週期
失誤損傷	8-200 個時脈週期	1,000,000-10,000,000 個時脈週期
（存取時間）	(6-160 個時脈週期)	(800,000-8,000,000 個時脈週期)
（傳送時間）	(2-40 個時脈週期)	(200,000-2,000,000 個時脈週期)
失誤率	0.1-10%	0.00001-0.001%
位址對映	25-45 位元實體位址至 14-20 位元快取位址	32-64 位元虛擬位址至 25-45 位元實體位址

圖 B.20 快取記憶體和虛擬記憶體參數的典型範圍。虛擬記憶體參數較快取記憶體參數增加了 10 至 1,000,000 倍。一般而言，第一層快取記憶體含有至多 1 MB 的資料，而實體記憶體則含有 256 MB 至 1 TB。

- 快取失誤導致的置換動作主要是由硬體所控制，而虛擬記憶體的置換主要是由作業系統所控制。愈大的失誤損傷表示做出好的決定是更加重要的事，因此可以讓作業系統多花點時間來決定如何置換。
- 處理器位址的大小決定虛擬記憶體的大小，但是快取記憶體的容量與處理器位址的大小無關。
- 輔助儲存裝置在層級中除了作為主記憶體的下一層備份外，它同時也被當作檔案系統使用。事實上，檔案系統佔用輔助儲存裝置的大部份空間，而它通常不屬於位址空間的一部份。

　　虛擬記憶體同時也包含一些相關的技術。虛擬記憶體可以分為兩類：一類是使用固定大小的區塊，稱為**分頁** (page)；另一類是使用不固定大小的區塊，稱為**區段** (segment)。分頁的大小是固定的，通常是 4096 至 8192 個位元組，而區段大小則不固定。各種處理器支援最大的區段從 2^{16} 到 2^{32} 個位元組，最小的區段則為 1 個位元組。圖 B.21 說明這兩種方式如何分割程式及資料。

　　決定使用分頁式虛擬記憶體或是區段式虛擬記憶體會對處理器造成影響。分頁式定址方式與快取記憶體定址方式類似，一個固定大小的位址被分成分頁編號和分頁偏移量兩個部份。由於區段大小不固定，因此需要用一個字元來表示區段編號和另一個字元來表示區段內的偏移量，總共需要兩個字元。未區段的位址空間對於編譯器而言較簡單。

```
          程式碼                    資料
   ┌──┬──┬──┬──┬──┐           ┌──┬──┬──┬──┐
分頁│  │  │  │  │  │           │  │  │  │  │
   └──┴──┴──┴──┴──┘           └──┴──┴──┴──┘
   ┌─────┬──┬───┐              ┌────┬──┐
區段│     │  │   │              │    │  │
   └─────┴──┴───┘              └────┴──┘
```

圖 B.21 分頁和區段如何分割程式的例子。

上述兩種方式的優缺點在作業系統的教科書上已經被詳細地討論，圖 B.22 總結這些優缺點。由於置換的問題（圖中的第三列），目前已經很少計算機使用純粹的區段方式。部份計算機使用混合的方式，該方式稱之為**分頁式區段** (paged segment)，每個區段的大小是分頁的整數倍。由於配置的記憶體不需要是連續的，並且所有的區段不必全部都在主記憶體中，因此置換的動作可以被簡化。最近的一種混合的方式是讓計算機提供多種不同的分頁大小，其中較大的分頁大小是 2 的冪次方乘以最小分頁的大小。舉例來說，IBM 405CR 嵌入式處理器允許一個分頁的大小是 1 KB、4 KB ($2^2 \times 1$ KB)、16 KB ($2^4 \times 1$ KB)、64 KB ($2^6 \times 1$ KB)、256 KB ($2^8 \times 1$ KB)、1024 KB ($2^{10} \times 1$ KB)，以及 4096 KB ($2^{12} \times 1$ KB)。

重新回答四個記憶體層級的問題

我們現在準備回答有關虛擬記憶體的四個記憶體層級的問題。

	分 頁	區 段
每個位址的字元數	1	2（區段和偏移量）
程式設計師是否能看見？	應用程式設計師看不見	應用程式設計師可能看得見
置換區塊	簡單 (所有區塊的大小相同)	困難 (必須找到主記憶體中連續、大小可變且沒有使用的部份)
記憶體使用的無效率性	內部破碎 (分頁中未使用的部份)	外部破碎 (主記憶體中未使用的部份)
有效率的磁碟機交通	是 (調整分頁大小以平衡存取時間和傳送時間)	不一定是 (小的區段可能只傳送幾個位元組)

圖 B.22 分頁和區段的比較。兩種方法都會浪費記憶體，取決於區塊大小和區段在主記體中放置的情形。使用無限制式指標的程式設計語言需要同時傳遞區段和位址。有一種稱為**分頁式區段** (paged segment) 的混合方式具有以上兩者的優點：區段是由分頁所組成，因此置換區塊很容易，但是一個區段或許可以當作一個邏輯單位來處理。

Q1：一個區塊可以放在主記憶體的何處？

發生虛擬記憶體失誤時必須存取旋轉的磁碟儲存裝置，因此失誤損傷非常大。如果在較低的失誤率或者是較簡單的置換演算中做選擇的話，因為失誤損傷過高的原因，作業系統設計師通常會選擇較低的失誤率。因此，作業系統讓區塊可以被置放在主記憶體中任何位置。根據 561 頁圖 B.2 中所使用的名詞，這種方式稱為完全關聯式。

Q2：如果一個區塊在主記憶體中，它如何被找到？

分頁和區段都倚賴由分頁編號或區段編號進行索引的資料結構，該資料結構包含區塊的實體位址。對於區段方式而言，偏移量必須加上區段的實體位址以得到最後的實體位址。對於分頁方式而言，偏移量只需要串在實體分頁位址之後即可 (見圖 B.23)。

包含實體分頁位址的這種資料結構通常採用**分頁表** (page table) 的形式。該表使用虛擬分頁編號來索引，因此表的大小等於虛擬位址空間中所有的分頁數。假設虛擬位址為 32 位元，分頁大小為 4KB，且分頁表中每一列為 4 個位元組，分頁表的大小將會是 $(2^{32}/2^{12}) \times 2^2 = 2^{22}$ 個位元組，亦即 4 MB。

為了縮小此資料結構，某些計算機將雜湊函數 (hashing function) 應用在虛擬位址上。雜湊法讓資料結構的長度等於在主記憶體中的分頁數，而此數目遠小於虛擬分頁數。這種資料結構被稱為**反向分頁表** (inverted page table)。利用前一個例子，512 MB 的實體記憶體所需要的反向分頁表僅為 1MB (8 × 512 MB / 4 KB)，其中分頁表的每一列需要額外的 4 個位元組來儲存虛擬位址。HP/Intel IA-64 提供傳統分頁表和反向分頁表，將選擇交給作業

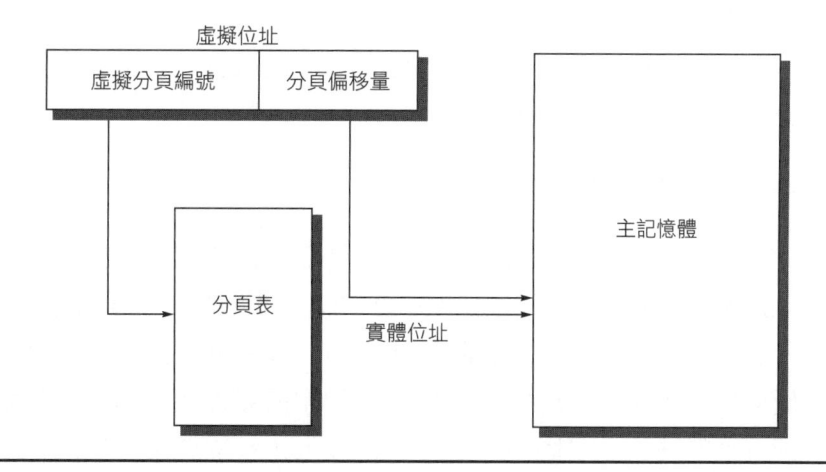

圖 B.23 利用分頁表將虛擬位址對映到實體位址。

系統程式設計師決定。

為了縮短位址轉譯的時間,許多計算機使用特殊的位址轉譯快取記憶體,稱為**轉譯後備緩衝區** (translation lookaside buffer, TLB),或簡稱為**轉譯緩衝區** (translation buffer, TB)。此部份將在稍後進一步討論。

Q3:當虛擬記憶體失誤發生時,哪一個區段應該被置換?

如同前面曾提到的,作業系統的優先設計原則之一就是儘可能減少分頁錯誤。為了符合這個原則,幾乎所有的作業系統都將最近最少使用 (least-recently used, LRU) 的區段置換出去。因為如果過去的使用記錄可以用來預測未來可能的使用行為,那麼最近最少使用的區段在未來是最不可能被用到的。

為了協助作業系統找到 LRU,許多處理器提供一個**使用位元** (use bit) 亦即**存取位元** (reference bit)。當所對應的分頁被存取時,該使用位元就被設為1。(為了減少負載,實際上使用位元只有在轉譯緩衝區失誤時才會被設為1,這部份在稍後會敘述。)作業系統會定期清除這些使用位元,並且在之後記錄它們的值,如此便可以知道在某一段時間中,哪些分頁曾經被存取過。藉由上述的記錄方式,作業系統可以選出最近最少使用的一個分頁。

Q4:寫入時需做什麼動作?

在主記憶體下一層是旋轉的磁碟儲存裝置,其存取時間為數百萬個時脈週期。由於在存取時間上的巨大差異,目前尚未有人設計過將處理器發出的每一個儲存指令由主記憶體透寫到磁碟虛擬記憶體的作業系統。(這並不表示您只要成為第一個設計這種作業系統的人就能成為名人!)因此,寫入的策略永遠是採用回寫的方式。

因為對下一層做不必要的存取動作必須花費很大的成本,虛擬記憶體通常會使用污染位元。利用污染位元,區段只有在由磁碟機讀出後曾經被修改過,才需要被寫回磁碟機。

快速位址轉譯的技術

分頁表通常會因為太大而無法全部放在主記憶體中,並且有時候自己也必須被分頁處理。這意味著每一次記憶體存取必須花費至少兩次存取的時間,一次存取用來取得實體位址,另一次用來取得資料。第 2 章有提過,我們可以利用區域性原則來避免額外的記憶體存取。藉由將位址轉譯記錄在一個特別的快取記憶體中,記憶體存取很少會需要第二次的存取以轉譯位址。這個特別的位址轉譯快取記憶體稱為**轉譯後備緩衝區** (translation lookaside buffer, TLB) 或是**轉譯緩衝區** (translation buffer, TB)。

TLB 中的一筆記錄就如同快取記憶體中的一筆記錄，其中標籤持有虛擬位址部份，資料部份持有實體分頁框編號、保護欄位、有效位元，以及通常會有的使用位元和污染位元。為了改變分頁表中某一筆記錄的實體分頁框編號或保護欄位，作業系統必須確定舊的記錄並不在 TLB 中，否則系統將無法正常運作。請注意污染位元表示該對應的頁面是否被污染，並非表示 TLB 中的該位址轉譯是否被污染，亦非表示資料快取記憶體的某一個區塊是否被污染。作業系統是藉由改變分頁表中的值，然後將 TLB 中對應的記錄設為失效，來重置這些位元。當該筆記錄由分頁表中重新載入時，TLB 便能取得這些位元的正確複本。

圖 B.24 說明 Opteron 中資料 TLB 的組織，轉譯的每一個步驟均用號碼標示在圖中。TLB 採用完全關聯式放置法，因此轉譯開始時 (步驟 1 和 2) 虛擬位址會被送到所有的標籤。當然，標籤必須被設為有效才能算是比對符合。同時，記憶體存取的型態必須與 TLB 中的保護資訊比對以避免違反存取規則 (也在步驟 2)。

原因與快取記憶體類似，TLB 中並不需要包含 12 個位元的分頁偏移量。比對符合的標籤將對應的實體位址有效地透過 40：1 的多工器送出 (步驟 3)。接下來，分頁偏移量與實體分頁框 (physical address frame) 合併成完整的實體位址 (步驟 4)。位址大小為 40 個位元。

位址轉譯很容易位於決定處理器時脈週期的關鍵路徑上，所以 Opteron

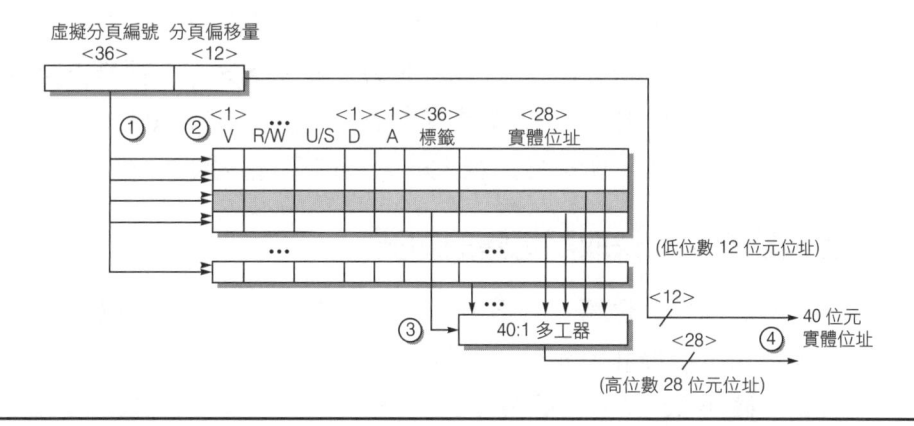

圖 B.24 Opteron 資料 TLB 在位址轉譯期間的動作。TLB 命中的四個步驟是以圓圈數字呈現。此 TLB 擁有 40 筆記錄。B.5 節描述了一筆 Opteron 分頁表記錄的各種保護和存取欄位。[譯註：本圖中 V (valid) 代表有效、R/W (read/write) 代表唯讀或讀寫、U/S (user/supervisor) 代表使用者或監督者可存取、D (dirty) 代表污染、A (accessed) 代表是否被存取。]

採用虛擬定址式、實體標籤式的 L1 快取記憶體。

選擇分頁大小

結構上最明顯的參數就是分頁大小。選擇分頁大小是一個贊成較大分頁和贊成較小分頁的兩股力量平衡問題。以下是贊成較大分頁的理由：

- 分頁表大小與分頁大小成反比，因此採用較大的分頁可以節省分頁表所使用的記憶體 (或是記憶體對映所使用的其他資源)。
- 如 B.3 節所提到的，較大的分頁可以讓較大的快取記憶體有較短的快取命中時間。
- 傳送較大的分頁至 / 從輔助儲存裝置 (可能經由網路) 比傳送較小的分頁有效率。
- TLB 中的記錄筆數是有限的，因此較大的分頁代表較多的記憶體可以被有效地對映，藉此可以減少 TLB 失誤的次數。

最後一個理由是最近的處理器可以支援多種不同的分頁大小。對於某些程式，TLB 失誤對於 CPI 的影響並不亞於快取失誤。

採用較小分頁的主要動機是為了節省儲存空間。當虛擬記憶體中一段連續的區域不等於分頁大小的整數倍時，較小的分頁所造成的空間浪費較少。一個分頁中未使用的記憶體被稱為**內部破碎** (internal fragmentation)。假設每個行程有三個主要的區段 [本文 (text)、堆積 (heap) 和堆疊 (stack)]，則每個行程平均浪費的空間是分頁大小的 1.5 倍。對於記憶體容量為數百 MB 且分頁大小為 4 KB 到 8 KB 的計算機而言，所浪費的空間是可以被忽略的。當然，當分頁大小很大時 (大於 32 KB)，許多空間 (不管是主記憶體或是輔助儲存裝置) 都會被浪費，I/O 頻寬也是。最後一個問題就是行程啟動的時間，許多行程都很小，所以採用很大的分頁將會加長啟動一個行程所需的時間。

虛擬記憶體和快取記憶體的總結

由於虛擬記憶體、TLB、第一層快取記憶體和第二層快取記憶體都用來對映部份的虛擬和實體位址空間，對於哪些位元會被送到哪裡可能容易產生混淆。圖 B.25 說明一個假設的例子，由 64 位元的虛擬位址到 41 位元的實體位址，並且有兩層的快取記憶體。L1 快取記憶體採用虛擬的索引欄位，而因為快取記憶體容量與分頁大小均為 8 KB，所以標籤欄位採用實體位址。L2 快取記憶體為 4 MB，而兩層快取記憶體的區塊大小均為 64 個位元組。

首先，64 位元的虛擬位址在邏輯上被分成虛擬分頁編號和分頁偏移量兩

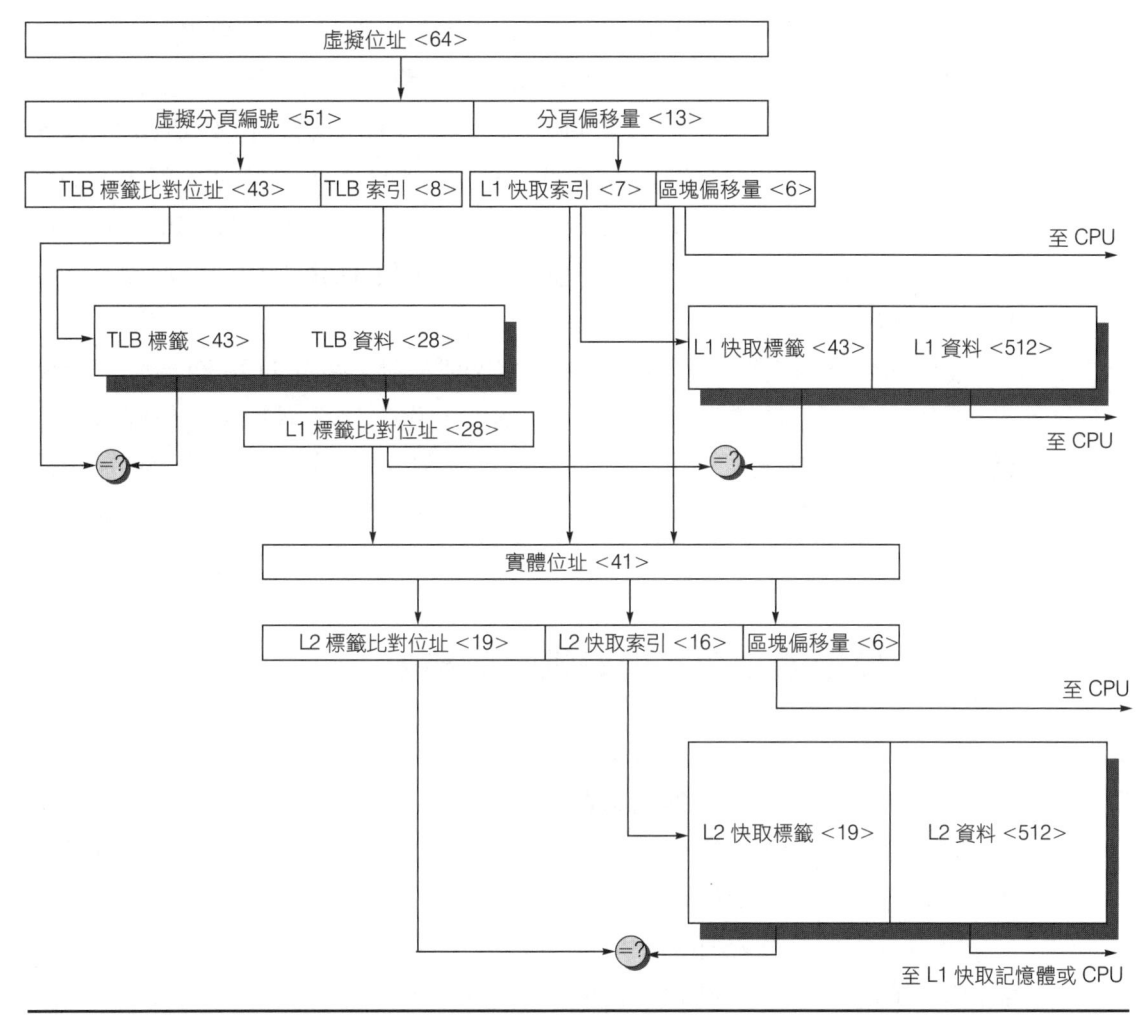

圖 B.25 一個假設性記憶體層級的整體面貌，從虛擬位址到 L2 快取記憶體存取。分頁大小為 8 KB，TLB 為直接對映式且有 256 筆記錄。L1 和 L2 快取記憶體均為直接對映式，容量分別是 8 KB 和 4 MB，且其區塊大小均為 64 個位元組。虛擬位址為 64 個位元，實體位址為 41 個位元。這個簡圖與真實快取記憶體的主要差異在於：真實快取記憶體會將此圖中的一些片段加以複製。

部份。前者被送到 TLB 並且被轉譯為實體位址，後者的前面幾個位元被送到 L1 快取記憶體作為索引。如果 TLB 比對為命中，則實體分頁編號會被送到 L1 快取記憶體標籤處比對，如果符合，則為 L1 快取命中，區塊偏移量接著被用來選出字元給處理器。

如果比對 L1 快取記憶體時發生失誤，實體位址接著會送到 L2 快取記憶體比對。實體位址中間的部份用來索引 4 MB 的 L2 快取記憶體，得到的 L2 快取記憶體標籤會與實體位址的前面部份比對是否符合。如果符合的話，則為 L2 快取命中，資料會被送到處理器，處理器會用區塊偏移量取出需要的

字元。L2 失誤發生時，實體位址接著被用來從記憶體中取得區塊。

雖然這是一個簡單的例子，但是此圖與實體快取記憶體的主要差別僅在於複製而已。首先，圖中只有一個 L1 快取記憶體。如果有兩個 L1 快取記憶體時，圖中的上半部會被另外複製一份。請注意這將造成兩個 TLB，而這是很常見的。因此，一個快取記憶體和 TLB 是用於指令並且由 PC (program counter, 程式計數器) 驅動，另一個快取記憶體和 TLB 則用於資料並且是由有效位址驅動。

圖中第二個被簡化的部份是所有的快取記憶體和 TLB 均為直接對映式。如果任何一個是採用 n 路集合關聯式，我們就必須複製每份標籤記憶體、比較器和資料記憶體 n 次，並且利用一個 $n:1$ 多工器連接資料記憶體來選擇命中的資料。當然，如果快取記憶體的容量總和保持不變，根據 577 頁圖 B.7 中的公式，快取記憶體索引欄位會縮短 $\log 2n$ 個位元。

B.5 保護機制和虛擬記憶體的範例

多程式化 (multiprogramming) 的發明讓一部計算機可以被同時執行的多個程式所共用，但也導致程式間對於保護和分享的新需要。這些需要在現今的計算機上與虛擬記憶體有很密切的關係，因此本節將討論這方面的問題，並且利用兩個虛擬記憶體的例子來說明。

多程式化導致**行程** (process) 的概念。打個比方，行程是程式所呼吸的空氣和生活的空間，換句話說，就是執行中的程式加上繼續執行程式所需要的任何狀態 (state)。分時 (time-sharing) 是多程式化的一種變形，它在同一時間將處理器和記憶體讓數個互動式使用者 (interactive user) 共用，並且讓每個使用者感覺擁有個別的計算機。因此，在任何時刻，分時系統必須能夠由一個行程切換到另一個行程，這種切換稱為**行程切換** (process switch) 或**環境切換** (context switch)。

一個行程不管是從頭到尾連續地執行或是不斷地被中斷且切換到另一個行程，都必須能夠正確地運作。維持行程的正確行為是計算機設計師和作業系統設計師的責任。計算機設計師必須保證行程狀態的處理器部份可以被儲存和復原，作業系統設計師必須保證行程之間不會互相干擾。

保護行程的狀態不被其他行程干擾的最安全方法就是將目前的資訊複製到磁碟機中。但是，這種作法將可能使行程切換需要花費數秒的時間 —— 這對於分時環境而言太長了。

這個問題的解決方式是利用作業系統將主記憶體分割，因此不同的行程

在同一時間可以在記憶體中保有自己的狀態。這種分割的方式表示作業系統設計師必須得到計算機設計師在保護方面的幫助，如此一個行程才不會修改到其他行程的狀態。除了保護之外，計算機必須提供行程之間程式碼和資料分享的功能，如此才能讓行程之間可以溝通，或是藉由減少相同資訊的複本數來節省記憶體。

行程的保護

如果行程擁有自己的分頁表，而且每一個分頁表指向記憶體中不同的分頁，行程就可以被保護而不被其他行程存取。顯然地，必須禁止使用者程式修改自己的分頁表，否則就無法達到保護的目的。

根據計算機設計師或購買者的意願，保護的功能可以升級。利用在處理器保護架構中加入**保護環** (ring) 的方式，記憶體存取保護可以由原本的兩層 (使用者和核心) 擴充到更多層。就像軍事分級系統中的最高機密、機密、密以及非機密，同心圓的安全層級中的最內圈可以存取所有的資料，第二圈 (最內圈的外圈) 可以存取除了最內圈外的所有資料，依此類推。而「一般民眾」(civilian) 的程式則屬於最外圈，因此存取的範圍最小。另外對於記憶體中哪些部份可以儲存程式碼也可以限制，這稱為**執行保護** (execute protection)，甚至是不同安全層級之間的進入點也能加以限制。Intel 80x86 保護架構就是使用保護環，本節稍後將會介紹。保護環對於使用者與核心模式的簡單系統是否達成了實務上的改進還不清楚。

當設計師的擔憂進一步提升為恐懼時，上述這種簡單的保護環可能不再足夠。為了限制內圈程式的存取自由，需要一種新的分類系統。除了軍事模型之外，與其類似的系統是利用鑰匙 (key) 和鎖 (lock) 的方式：一個程式無法將某項資料存取開鎖，除非它擁有正確的鑰匙。為了讓這些鑰匙或**存取權力** (capability) 能有效地使用，硬體和作業系統必須能將它們由一個程式傳遞到另一個程式，而不可由程式自己製造。如果檢查鑰匙所花費的時間必須很短，檢查的動作便需要大量的硬體支援。

80x86 結構多年來已經嘗試過幾種這些替代方式。由於向後相容性為該結構的準則之一，所以該結構最近的版本便包括了它在虛擬記憶體上的所有實驗。此處我們將討論兩種選擇方案：第一種是比較舊的區段式位址空間，第二種是比較新的扁平化 64 位元位址空間。

區段式虛擬記憶體的範例：Intel Pentium 的保護機制

第二個系統是人們所設計的最危險系統……因為第二個系統通常傾向於過度

設計，使用了所有在設計第一個系統時小心轉移掉的觀念與矯飾。

F. P. Brooks, Jr.
The Mythical Man-Month (1975)

原始的 8086 採用區段式定址，但並未提供對於虛擬記憶體和保護的任何支援。區段擁有基底暫存器，但卻沒有界限暫存器，而且在區段暫存器被載入前，對應的區段必須已經在實體記憶體中。Intel 對於虛擬記憶體和保護機制的貢獻在 8086 之後的處理器才出現，其中有一些欄位被擴充以支援更大的位址。Intel 所採用的保護策略十分複雜且精巧，其中包括一些為了避免安全漏洞而精心設計的部份，我們將以 IA-32 引述之。接下來的幾頁將介紹 Intel 保護措施中的一部份，如果您覺得這些內容不容易瞭解，試想設計它們是如何地困難！

第一個加強措施是將傳統的二層保護方式加倍：IA-32 擁有四層的保護。最內層 (0) 相當於傳統的核心模式，而最外層 (3) 相當於最低特權模式。為了避免不同層之間可能產生的安全破壞，在 IA-32 中，每一層使用單獨的堆疊。另外也有類似傳統分頁表的結構，包含儲存區段的實體位址以及轉譯位址時必須做的檢查表列。

但是 Intel 的設計師並未就此停手。IA-32 將位址空間分割成許多部份，允許作業系統和使用者都能存取全部的空間。IA-32 的使用者可以在此空間中呼叫作業系統常式，甚至傳遞參數給它，而又保有完整的保護。這種安全的呼叫並不是一個簡單的動作，因為作業系統的堆疊與使用者的堆疊並不相同。除此之外，IA-32 允許作業系統能針對傳遞給**被呼叫**常式的參數保持其保護層級，如此可以避免可能發生的漏洞，因為使用者行程不能要求作業系統去間接存取其無法存取的資料。[這種安全漏洞被稱為**特洛伊木馬** (Trojan horses)。]

Intel 設計師的設計原則是儘可能地不去相信作業系統，而去支援共用和保護。例如在一個使用這種保護式共用機制的例子，假設薪資支付程式能開立支票，並且更新全年累計薪資和全年累計福利支出。因此，這個程式必須能夠讀取薪資和全年累計的相關資料，並且更改全年累計的相關資料，但是不能更改薪資。稍後將可以看到這種機制如何提供這些功能。這個小節剩下的部份將介紹 IA-32 保護機制的架構及其存在的原因。

增加界限的檢查和記憶體對映

改進 Intel 處理器的第一步就是讓區段定址不但提供基底，而且還做界

限的檢查。不像 8086 的區段暫存器只存放基底位址，IA-32 的區段暫存器包含一個索引，指向被稱為**描述表** (description table) 的虛擬記憶體資料結構。描述表扮演與傳統分頁表相同的角色，而 IA-32 中相當於分頁表記錄的稱之為**區段描述子** (segment descriptor)，它包含了 PTE 的一些欄位：

- **存在位元** (present bit)：相當於 PTE 的有效位元，用來表示是否為有效的轉譯。
- **基底欄位** (base field)：相當於分頁框位址，含有該區段第一個位元組的實體位址。
- **存取位元** (access bit)：如同某些結構中的存取位元或使用位元，此位元對於置換演算法有幫助。
- **屬性欄位** (attributes field)：針對使用此區段的運算，指定有效運算和保護階層。

另外還有一個在分頁式系統中沒有的欄位，稱為**限制欄位** (limit field)，記錄此區段有效偏移量的最大容許值。圖 B.26 顯示數個 IA-32 區段描述子的例子。

除了區段式定址外，IA-32 尚提供分頁系統的選擇。32 位元的前面部份用來選擇區段描述子，中間部份則是描述子所選出的分頁表索引。以下描述的保護系統並沒有使用分頁。

增加共用和保護

為了提供保護式共用，一半的位址空間由所有行程共用，而另一半則專屬於每個行程；這兩種位址空間分別被稱為**全域位址空間** (global address space) 和**區域位址空間** (local address space)。每一半的位址空間均擁有個別的描述子表格 (descriptor table) 以及適當的表格名稱。指向共用區段的描述子被放在全域描述子表格中，指向私有區段的描述子則放在區域描述子表格中。

程式將一個指向描述子表格的索引以及一個位元 —— 說明哪一個表格是它所想要的 —— 載入 IA-32 的區段暫存器。這個動作會根據描述子的屬性做檢查，如果偏移量並未超過限制欄位的值，則處理器中的偏移量會與描述子的基底相加來取得實體位址。每個區段描述子都擁有分開的 2 位元欄位，用來提供該區段合法的存取階層。唯有當程式嘗試以區段描述子中較低的保護階層來使用某一個的區段時，才會發生違反規則的情形。

現在我們可以說明如何引用前面提到的薪資支付程式，來更新全年累計

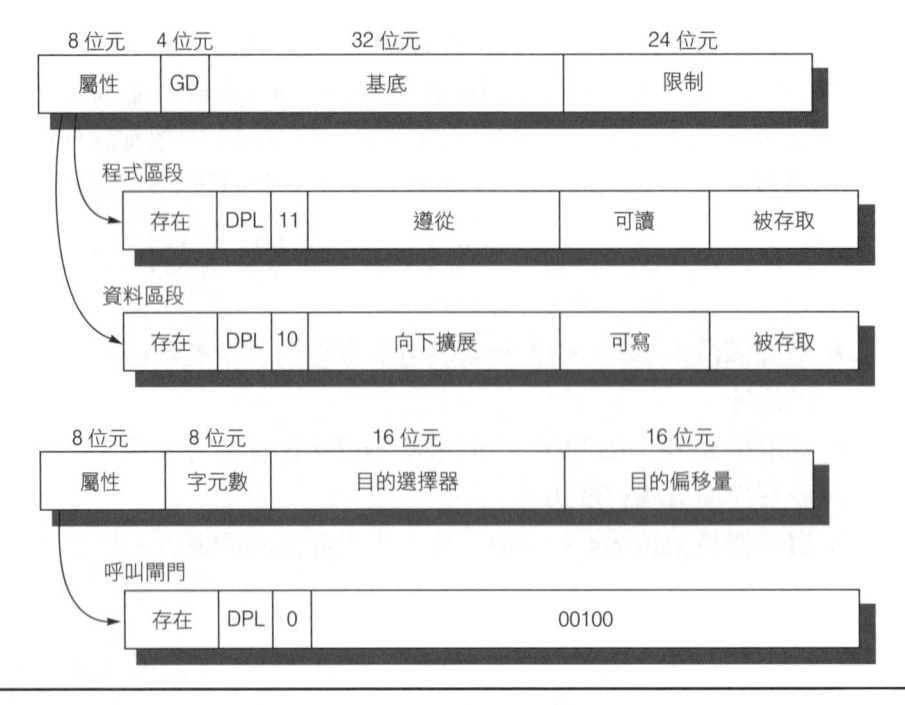

```
   8 位元   4 位元         32 位元                    24 位元
  ┌───────┬──────┬──────────────────────┬────────────────────────┐
  │ 屬性  │  GD  │        基底          │         限制           │
  └───────┴──────┴──────────────────────┴────────────────────────┘
       程式區段
      ┌──────┬─────┬────┬────────┬────────┬────────┐
      │ 存在 │ DPL │ 11 │  遵從  │  可讀  │ 被存取 │
      └──────┴─────┴────┴────────┴────────┴────────┘

       資料區段
      ┌──────┬─────┬────┬──────────┬────────┬────────┐
      │ 存在 │ DPL │ 10 │ 向下擴展 │  可寫  │ 被存取 │
      └──────┴─────┴────┴──────────┴────────┴────────┘

   8 位元   8 位元       16 位元                   16 位元
  ┌───────┬────────┬─────────────────┬──────────────────────┐
  │ 屬性  │ 字元數 │   目的選擇器    │      目的偏移量      │
  └───────┴────────┴─────────────────┴──────────────────────┘
       呼叫閘門
      ┌──────┬─────┬────┬──────────────────────────────┐
      │ 存在 │ DPL │  0 │           00100              │
      └──────┴─────┴────┴──────────────────────────────┘
```

圖 B.26 IA-32 區段描述子是利用屬性欄位中的位元來作區別。**基底** (base)、**限制** (limit)、**存在** (present)、**可讀** (readable) 和**可寫** (writable) 這些欄位的功能從名稱即可瞭解。D 用來表示指令預設的定址大小：16 或 32 個位元。G 用來表示區段限制的單位：0 表示單位是位元組，而 1 表示單位是 4 KB 的分頁。當分頁模式被開啟以設定分頁表的大小時，G 會被設定為 1。DPL 代表**描述子權限階層** (descriptor privilege level)──此欄位會與程式權限階層比較以檢查存取是否被允許。**遵從** (conforming) 欄位表示程式使用被呼叫之程式碼的權限階層，而不是呼叫者的權限階層；這用於程式庫常式。**向下擴展** (expand-down) 欄位將檢查的方式反向，讓基底欄位作為檢查的上限標記，且限制欄位作為檢查的下限標記。正如您可能預期的，這是用於向下成長的堆疊區段。**字元數** (word count) 控制從目前堆疊複製到呼叫閘門 (call gate) 上新堆疊的字元數。呼叫閘門描述子的其他兩個欄位：**目的選擇器** (destination selector) 和**目的偏移量** (destination offset)，分別選擇該呼叫目的的描述子和其偏移量。除了這三種區段描述子以外，在 IA-32 保護模型中還有許多其他的描述子。

的相關資訊，但是卻不能更改薪資。可以給予這個程式一個指向該資訊的描述子，其可寫欄位為清除，表示此程式只能讀取但不可寫入資料。接著可以提供一個受信任的程式，它只會寫入全年累計的資訊，它同時具有一個可寫欄位被設定的描述子 (圖 B.26)。薪資支付程式使用遵從欄位被設定的程式區段描述子去呼叫這個受信任的程式碼。遵從欄位被設定的意思是：呼叫程式使用被呼叫程式碼的權限階層，而不是呼叫者的權限階層。因此，薪資支付程式可以讀取薪資，並且呼叫一個受信任的程式去更新全年累計的總額，但是卻不能更改薪資。如果系統中存有特洛伊木馬，它一定是放在受信任的

程式碼中，因為該程式碼唯一的工作就是更新全年累計的資訊。這種保護風格的宗旨是：限制易受侵害的範圍來增強安全性。

增加從使用者到作業系統閘門的安全呼叫並且繼承參數的保護階層

允許使用者跳躍至作業系統內是一項大膽的行為。然而接下來的問題是硬體設計師如何在不依賴作業系統或其他程式的情況下，還能增加系統的安全性？ IA-32 的方式是限制使用者可以進入一段程式碼的位置、將參數安全地放置在適當的堆疊，並且確定使用者的參數不會取得被呼叫程式碼的權限階層。

為了限制進入其他方面的程式碼，IA-32 提供一個特殊的區段描述子──或稱為**呼叫閘門** (call gate)──利用屬性欄位中的一個位元來作識別。不像其他的描述子，呼叫閘門是記憶體中某個物件的實體位址，而處理器所提供的偏移量則會被忽略。如前所述，這種方式的目的在於避免使用者隨意地跳躍至受保護或是擁有更多權限的程式區段。在我們的程式設計範例中，這表示薪資支付程式唯一能呼叫受信任程式的地方是在適當的邊界上。如果要讓遵從區段 (conforming segment) 如願工作，這種限制是必要的。

如果呼叫程式和被呼叫程式「互相懷疑」，以致於無法相信對方時，會發生什麼事情呢？解決的方法可以在圖 B.26 底部描述子中的字元數這個欄位找到。當一個呼叫指令呼叫某一個呼叫閘門描述子時，該描述子會將所指定的字元數從區域堆疊中複製到此區段階層所對應的堆疊中。這種複製的方式讓使用者可以先將參數推入區域堆疊來傳遞參數，硬體接著將參數安全地傳送到正確的堆疊。當由呼叫閘門返回時，參數會從兩個堆疊彈出來，並將回傳值複製到適當的堆疊。請注意，這種模型與目前以暫存器來傳遞參數的方式並不相容。

這種方法仍然存在可能的安全漏洞，因為作業系統能以作業系統的權限──而非使用者的權限──來使用使用者的位址，並且將其當成參數傳遞。IA-32 解決這個問題的方式是在每個處理器區段暫存器中分配兩個位元作為**受請求的保護階層** (requested protection level)。當作業系統常式被呼叫時，它能執行一個指令，將所有位址參數中的這兩個位元設定為呼叫此常式的使用者權限階層。因此，當這些位址參數被載入至區段暫存器時，受請求的保護階層就會被它們設定為適當值，然後 IA-32 硬體就可使用受請求的保護階層去避免任何的愚蠢行為：任何區段擁有比受請求的保護階層更大的權限時，使用這些參數的系統常式就不能存取該區段。

分頁式虛擬記憶體範例：64 位元 Opteron 的記憶體管理

　　AMD 工程師們對於上述精緻的保護模型並沒有怎麼用上。流行的模型是由 80386 所引進的扁平化 32 位元位址空間，是將所有區段暫存器的基底值設定為 0。因此，AMD 便在 64 位元模式中揚棄了多區段，而假設區段基底值為 0 並忽略了限制欄位。分頁大小為 4 KB、2 MB 和 4 MB。

　　AMD64 結構的 64 位元虛擬位址對映至 52 位元的實體位址，雖然實作上是可以製作較少的位元數以簡化硬體。例如，Opteron 就使用 48 位元的虛擬位址以及 40 位元的實體位址。AMD64 要求虛擬位址的高 16 位元只是低 48 位元的符號擴充，而將其稱之為**正規形式** (canonical form)。

　　64 位元位址空間的分頁表大小是一個警訊。因此，AMD64 便使用一種多階的層級式分頁表去對映位址空間，以保持合理的大小。階層數取決於虛擬位址空間的大小，圖 B.27 顯示 Opteron 48 位元虛擬位址的四階式轉譯。

　　每一個分頁表的偏移量都來自於四個 9 位元欄位。位址轉譯一開始是將分頁對映第四階層的基底暫存器加上第一個偏移量，然後從這個位置上去讀

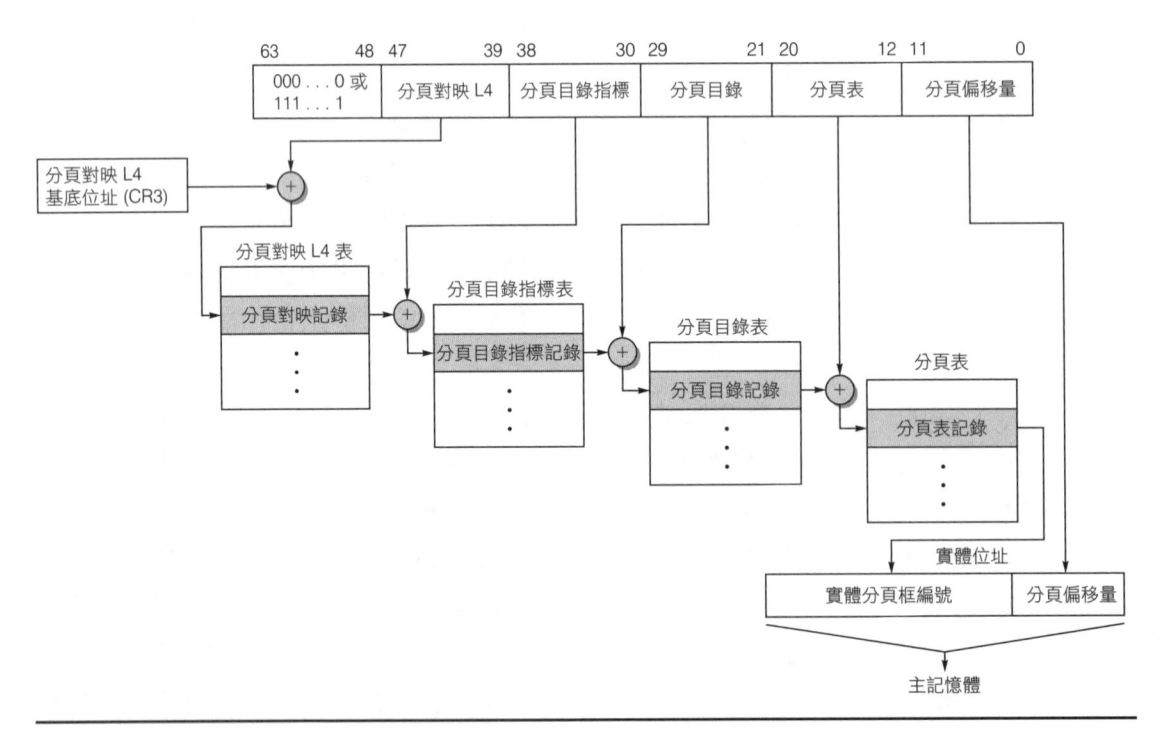

圖 B.27 Opteron 虛擬位址的對映方式。使用四個分頁表階層的 Opteron 虛擬記憶體製作可支援 40 位元的有效實體位址大小。每一個分頁表具有 512 筆記錄，所以每一階層的欄位為 9 位元寬。AMD64 結構的文件允許虛擬位址的大小從目前的 48 位元成長到 64 位元，且允許實體位址的大小從目前的 40 位元成長到 52 位元。

取記憶體，取得次階層分頁表的基底值。下一個位址偏移量就轉而與此新提取的位址相加，然後再次讀取記憶體以決定第三個分頁表的基底值。同樣的過程一再發生，最後的位址欄位便與最終的基底位址相加，並使用這個總和值去讀取記憶體，終於取得所存取分頁的實體位址。該位址再與 12 位元的分頁偏移量連接而取得完整的實體位址。請注意 Opteron 結構當中的分頁表適合置入單獨的一個 4 KB 分頁內。

Opteron 在每一個分頁表內都使用一筆 64 位元的記錄。前 12 位元保留給未來使用，次 40 位元包含了實體的分頁框編號，後 12 位元則給予保護與使用資訊。雖然這些欄位在分頁表階層之間有一些變動，其基本欄位則如下所示：

- **存在** (presence)：說明該分頁存在於記憶體內。
- **讀寫** (read/write)：說明該分頁是唯讀式或是讀寫式。
- **使用者 / 監督者** (user/supervisor)：說明使用者可存取該分頁，抑或該分頁被限制於上面三個特權階層。
- **污染** (dirty)：說明該分頁是否已經被修改。
- **存取** (accessed)：說明該分頁自從該位元上次被清除後已經有被讀寫過。
- **分頁大小** (page size)：說明上一個階層是針對 4 KB 分頁或 4 MB 分頁；若為後者，Opteron 就只使用三階層分頁而非四階層。
- **不執行** (no execute)：在 80386 保護方案中沒發現，加上該位元是為了防止程式碼在某些分頁中執行。
- **分頁階層快取禁能** (page level cache disable)：說明該分頁是否可以快取。
- **分頁階層透寫** (page level write-through)：說明該分頁針對資料快取記憶體是允許回寫或是允許透寫。

由於 Opteron 在 TLB 失誤時通常會走完四階層的分頁表，所以會有三處可能的位置去檢查保護限制。Opteron 只遵守底層的 PTE，檢查其他分頁表只是為了確定有效位元被設定。

由於記錄長度為 8 個位元組，每一個分頁表都有 512 筆記錄，且 Opteron 具有 4 KB 的分頁，所以分頁表長度正好是一個分頁。這四個階層欄位的每一個欄位長度均為 9 個位元，且分頁偏移量長度為 12 個位元。這項推導留下 $64 - (4 \times 9 + 12) = 16$ 位元供符號擴充，以確保正規形式之位址。

雖然我們已經解釋過合法位址的轉譯，請問有什麼可以防止使用者產生非法位址的轉譯而進行惡作劇呢？分頁表本身就可以防止被使用者程式寫入，因此使用者可以嘗試任何虛擬位址，但作業系統藉由控制分頁表記錄則

可控制被存取的實體記憶體為何。行程之間的記憶體共用是藉由讓每一個位址空間中的某一筆分頁表記錄指向相同的實體記憶體分頁而完成。

Opteron 運用四個 TLB 來減少位址轉譯時間,兩個是針對指令存取,另外兩個是針對資料存取。就像多層快取記憶體,Opteron 藉由擁有兩個較大的 L2 TLB 來減少 TLB 失誤:一個是針對指令,另外一個是針對資料。圖 B.28 描述了資料 TLB。

總結:32 位元 Intel Pentium 相對於 64 位元 AMD Opteron 的保護機制

對於目前大部份的桌上型和伺服器電腦而言,Opteron 所採用的記憶體管理是十分典型的方式。為了讓多個行程能安全地共用同一部電腦,這種方式必須依賴分頁階層的位址轉譯和作業系統的正確運作。雖然是以不同的替代方式提出,Intel 算是已經追隨 AMD 的領導並且擁護 AMD64 的結構。因此,AMD 和 Intel 兩者都支援了 80x86 的 64 位元擴充;然而,為了相容性的理由,兩者都支援精緻的區段式保護方案。

如果區段式保護模型看起來比 AMD64 的模型更難設計,那是因為它的確比較難。由於很少人使用此複雜的保護機制,IA-32 的工程師必然對他們所付出的辛勞感到沮喪。除此之外,此保護模型與類似 UNIX 的系統所採用的簡單型分頁保護並不相配,這表示它只會被專為此計算機撰寫作業系統的人所使用,這尚未發生。

參　數	描　述
區塊大小	1 PTE (8 個位元組)
L1 命中時間	1 個時脈週期
L2 命中時間	7 個時脈週期
L1 TLB 大小	指令與資料 TLB 是相同的:每個 TLB 為 40 PTE,其中有 32 PTE 的 4 KB 分頁以及 8 PTE 的 2 MB 或 4 MB 分頁
L2 TLB 大小	指令與資料 TLB 是相同的:有 512 PTE 的 4 KB 分頁
區塊選擇方式	LRU
寫入策略	(沒有使用)
L1 區塊置換	完全關聯式
L2 區塊置換	4 路集合關聯式

圖 B.28 Opteron L1 和 L2 的指令和資料 TLB 的記憶體層級參數。

B.6 謬誤與陷阱

即使是記憶體層級的回顧還是存有謬誤與陷阱！

陷阱 位址空間太小。

就在 DEC 與卡內基美隆大學合作設計新的 PDP-11 系列計算機之後五年，他們的設計出現一個明顯的缺點。IBM 於 PDP-11 出現的六年**前**發表了一種結構，在之後的 25 年僅做小幅的修改，但仍十分流行。DEC VAX 雖然被批評含有不必要的功能，但在 PDP-11 停產之後，仍然賣出數百萬台。為什麼？

與 IBM 360 (24 到 31 位元) 跟 VAX (32 位元) 相較，PDP-11 致命的缺點就是它的位址大小 (16 位元)。由於一個程式需要的位址空間 (程式大小加上資料大小) 必須小於 $2^{位址大小}$，因此位址大小即限制了程式的長度。改變位址大小困難的地方在於 ── 它決定了任何可以包含一個位址的物件的最小寬度：PC、暫存器、記憶體字元以及有效位址的計算單元。如果在開始時沒有加大位址的計畫，那麼之後想成功加大位址的機會便十分渺茫，這通常意味著此計算機系統的生命即將結束。Bell 與 Strecker [1976] 寫著：

> 計算機設計只有一種錯誤是很難挽回的 ── 就是沒有足夠的位址位元數以供記憶體定址及記憶體管理使用。PDP-11 步上了這個幾乎所有計算機都無法避免的傳統。[第 2 頁]

因為缺乏足夠的位址位元數而最終必須面臨被淘汰命運的一部份計算機包括：PDP-8、PDP-10、PDP-11、Intel 8080、Intel 8086、Intel 80186、Intel 80286、Motorola 6800、AMI 6502、Zilog Z80、CRAY-1 以及 CRAY X-MP。

歷史悠久的 80x86 產品線已經被擴充了兩次而擁有名氣：第一次是在 1985 年用 Intel 80386 擴充為 32 位元，最近則是用 AMD Opteron 擴充為 64 位元。

陷阱 忽略作業系統對於記憶體層級效能的影響。

圖 B.29 列出在三種高工作負載下，由於作業系統所造成的記憶體暫停時間。大約有 25% 的暫停時間是花費在由於作業系統所造成的失誤，或是由於作業系統的干擾而造成的應用程式失誤。

陷阱 倚賴作業系統隨著時間去更改分頁大小。

Alpha 結構設計師透過精巧的計畫，藉著增加分頁大小的方式，讓該結

工作負載	失誤次數 應用程式中所佔的百分比	失誤次數 OS 中所佔的百分比	由於應用程式造成的失誤所佔的時間百分比 應用程式原有的失誤	由於應用程式造成的失誤所佔的時間百分比 應用程式的 OS 衝突	直接由於作業系統造成的失誤所佔的時間百分比 OS 指令失誤	直接由於作業系統造成的失誤所佔的時間百分比 遷移造成的資料失誤	直接由於作業系統造成的失誤所佔的時間百分比 區塊操作中的資料失誤	直接由於作業系統造成的失誤所佔的時間百分比 其他的 OS 失誤	作業系統失誤與應用程式衝突所佔的時間百分比
Pmake	47%	53%	14.1%	4.8%	10.9%	1.0%	6.2%	2.9%	25.8%
Multipgm	53%	47%	21.6%	3.4%	9.2%	4.2%	4.7%	3.4%	24.9%
Oracle	73%	27%	25.7%	10.2%	10.6%	2.6%	0.6%	2.8%	26.8%

圖 B.29 應用程式與作業系統的失誤次數及花費的時間。作業系統大約會增加應用程式 25% 的執行時間。每個處理器都擁有 64 KB 的指令快取記憶體以及兩層的資料快取記憶體，其中第一層快取記憶體的容量為 64 KB，第二層為 256 KB。所有快取記憶體均為直接對映式，區塊大小為 16 個位元組。圖中的數據收集自 Silicon Graphics POWER station 4D/340，此微處理器為配備 4 顆 33 MHz R3000 處理器的多處理器系統，並且在 UNIX System V 上執行 3 種應用程式的工作負載 —— Pmake：平行編譯 56 個檔案；Multipgm：平行數值程式 MP3D，並且與 Pmake 以及一個具有 5 畫面的編輯程式同時執行；以及 Oracle：使用 Oracle 資料庫，並且執行限制版本的 TP-1 標準效能測試程式。(資料取自 Torrellas、Gupta 和 Hennessy [1992]。)

構能隨著時間而成長，甚至將該計畫設計到虛擬位址的大小中。當後來的 Alpha 遇到得增加分頁大小的時候，作業系統設計師為此決定而猶豫不決，因而修改虛擬記憶體系統以增加位址空間而維持 8 KB 的分頁大小。

其他計算機的結構設計師注意到 TLB 的高失誤率，因此增加 TLB 中分頁的大小。此種作法是希望作業系統設計師能配置一個物件給合理的最大分頁，藉此以維持 TLB 中的內容。經過 10 年的嘗試，大部份作業系統僅對特別的功能使用這種「超級分頁」(superpage)：對映於顯示器記憶體或其他的 I/O 裝置，或是針對資料庫程式碼而使用非常大的分頁。

B.7 結 論

建造出能配合更快處理器的記憶體系統之困難點在於：主記憶體的本質與在最便宜的計算機上所看到的並沒有任何不同，那就是在此對我們有幫助的區域性原則 —— 它的正確性在現今計算機的記憶體層級中的每一層，從磁碟機到 TLB，都展現無遺。

然而，日益增加的記憶體時間延遲在 2011 年時得花上數以百計的時脈

週期，意味著程式設計師和編譯器撰寫者如果想要他們的程式執行良好，就必須注意到快取記憶體和 TLB 的參數。

B.8 歷史回顧與參考文獻

在 L.3 節中 (可上網取得)，我們探討了快取記憶體、虛擬記憶體和虛擬機的歷史。(與歷史有關的章節涵蓋了本附錄和第 3 章。) 在所有三方面的歷史中，IBM 都扮演了顯著的角色。L.3 節也包括了延伸閱讀的參考文獻。

由 Amr Zaky 所提供的習題

B.1 [10/10/10/15] <B.1> 您試著想在證實快取記憶體的使用方面來體會區域性原理是如何地重要，所以您安排了一項實驗，使用一部電腦，其擁有 L1 資料快取記憶體以及主記憶體 (您專門聚焦在資料存取上)。不同類型的存取時間延遲 (以 CPU 週期為單位) 如下：快取命中，1 週；快取失誤，105 週；快取記憶體禁能之下的主記憶體存取，100 週。

　　a. [10] <B.1> 當您在整體失誤率 5% 之下執行程式時，請問平均記憶體存取時間 (以 CPU 週期為單位) 會是多少？

　　b. [10] <B.1> 其次，您執行了一個程式，特別設計成產生沒有區域性的完全隨機性資料位址。朝著這項目的，您使用了一個大小為 256 MB 的陣列 (它整個都配置在主記憶體中)。存取該陣列的隨機元素持續不斷在進行 (使用一個均勻的隨機數字產生器來產生元素索引值)。如果您的資料快取記憶體容量為 64 KB，請問平均記憶體存取時間會是多少？

　　c. [10] <B.1> 如果您將 (b) 小題所得到的結果與快取記憶體禁能之下的主記憶體存取時間互相比較，請問對於區域性原理在證實快取記憶體的使用方面所扮演的角色，您可以作出什麼結論呢？

　　d. [15] <B.1> 您觀察到快取命中產生了 99 個週期的增益 (1 週相對於 100 週)，卻在失誤的情況下產生 5 週的損失 (105 週相對於 100 週)。一般情況下，我們可以將這兩個數量表示為 G (gain, 增益) 及 L (loss, 損失)，請鑑定出最高失誤率，在此之上快取記憶體的使用是不利的。

B.2 [15/15] <B.1> 為了本習題的目的，我們假設我們擁有具備 64 位元組區塊的 512 位元組快取記憶體，我們也假設主記憶體容量為 2KB。我們可將記憶體視為 64 位元組區塊所組成的陣列：M0、M1、…、M31。圖 B.30 列出如果快取記憶體為完全關聯式，可駐在於不同快取區塊中的記憶體區塊。

快取區塊	集　合	路　徑	可駐在於快取區塊中的記憶體區塊
0	0	0	M0, M1, M2, …, M31
1	0	1	M0, M1, M2, …, M31
2	0	2	M0, M1, M2, …, M31
3	0	3	M0, M1, M2, …, M31
4	0	4	M0, M1, M2, …, M31
5	0	5	M0, M1, M2, …, M31
6	0	6	M0, M1, M2, …, M31
7	0	7	M0, M1, M2, …, M31

圖 B.30 可駐在於快取區塊中的記憶體區塊。

a. [15] <B.1> 如果快取記憶體被組織成直接對映式，請列出表格的內容。

b. [15] <B.1> 在快取記憶體被組織成 4 路集合關聯式的情況下，請重作 (a) 小題。

B.3 [10/10/10/10/15/10/15/20] <B.1> 快取記憶體組織往往受到降低快取記憶體功率消耗的願望而影響。針對此目的，我們假設快取記憶體實體上是分散到資料陣列 (持有資料)、標籤陣列 (持有標籤) 以及置換陣列 (持有置換策略所需要的資訊) 當中。此外，這些每一個陣列實體上又分散到多個可以個別存取的次陣列 (每條路徑一個) 當中；例如，一個 4 路集合關聯式最近最少使用 (least-recently used, LRU) 快取記憶體就會擁有四個資料次陣列、四個標籤次陣列以及四個置換次陣列。我們假設置換次陣列當使用 LRU 置換策略時，每次存取時都被存取一次；當使用先進先出 (first-in first-out, FIFO) 置換策略時，每次失誤時都被存取一次；當使用隨機置換策略時就不需要用到置換次陣列。針對一個特定的快取記憶體而決定：存取不同的陣列具有以下的功率消耗權重：

陣　列	功率消耗權重 (每一條存取路徑)
資料陣列	20 單位
標籤	陣列 5 單位
雜項陣列	1 單位

請針對以下的配置估算出快取記憶體的功率使用 (以功率單位來表示)，我們假設快取記憶體為 4 路集合關聯式。主記憶體存取功率 ── 儘管重要 ── 此處並不考慮。請為 LRU、FIFO 以及隨機置換策略提供答案。

a. [10] <B.1> 發生快取記憶體讀取命中，所有陣列都同時被讀取。

b. [10] <B.1> 針對快取記憶體讀取失誤，請重作 (a) 小題。

c. [10] <B.1> 假設快取記憶體存取分跨兩個週期，請重作 (a) 小題。在第一個週期中，所有標籤次陣列都會被存取；在第二個週期中，只有標籤符合的次陣列才會被存取。

d. [10] <B.1> 針對快取記憶體讀取失誤 (在第二個週期中沒有任何資料陣列之存取)，請重作 (c) 小題。

e. [15] <B.1> 假設加入了用來預測要被存取的快取路徑之邏輯，請重作 (c) 小題。第一個週期時只有存取被預測路徑的標籤次陣列。路徑命中 (被預測路徑中位址符合) 就意味快取命中。路徑失誤便導向在第二個週期時檢視所有的標籤次陣列。如果路徑命中，在第二個週期時就只存取一個資料次陣列 (該標籤符合者)。假設是路徑命中。

f. [10] <B.1> 假設路徑預測器失誤 (它選擇的路徑是錯的)，請重作 (e) 小題。當它失敗時，路徑預測器會增加一個額外的週期，在該週期內存取所有的標籤次陣列。假設快取記憶體讀取命中。

g. [15] <B.1> 假設快取記憶體讀取失誤，請重作 (f) 小題。

h. [20] <B.1> 請針對工作負載具有以下統計數據的一般情況，使用 (e)、(f) 和 (g) 小題：路徑預測器失誤率 = 5% 以及快取失誤率 = 3%。(請考量不同的置換策略。)

B.4 [10/10/15/15/15] <B.1> 我們使用一個具體的範例來比較透寫式快取記憶體相對於回寫式快取記憶體的寫入頻寬需求。我們假設我們擁有一個資料線大小為 32 位元組的 64 KB 快取記憶體，該快取記憶體在寫入失誤時會分配一條資料線。如果配置成回寫式快取記憶體，它會回寫整條污染的資料線 —— 如果需要置換的話。我們也假設快取記憶體是透過一組 64 位元寬 (8 位元組寬) 的匯流排連接到層級當中的下一層。在這組匯流排上，B 個位元組寫入存取的 CPU 週期數為

$$10 + 5\left(\left\lceil \frac{B}{8} \right\rceil - 1\right)$$

例如，一次 8 位元組寫入會花費 $10 + 5\left(\left\lceil \frac{8}{8} \right\rceil - 1\right) = 10$ 個週期，而使用同樣的公式一次 12 位元組寫入則會花費 15 個週期。請參考以下的 C 程式碼片段回答下面的問題：

```
#define PORTION 1 … Base = 8*i ; for (unsigned int j=base ;
j < base+PORTION ; j++) // 假設 j 儲存在一個暫存器內
data[j] = j;
```

a. [10] <B.1> 對於透寫式快取記憶體而言，請問 j 迴圈所有結合的重複執行

在寫入至記憶體方面要花費多少個 CPU 週期呢？

b. [10] <B.1> 如果快取記憶體被配置成回寫式快取記憶體，請問回寫一條快取資料線要花費多少個 CPU 週期呢？

c. [15] <B.1> 請將 PORTION 改為 8 再重作 (a) 小題。

d. [15] <B.1> 欲令陣列更新至相同的快取資料線 (在置換它之前)，而使回寫式快取記憶體佔優勢的話，請問更新的最小數目為何？

e. [15] <B.1> 試想出一種情境：快取資料線的所有字元都會被寫入 (不一定要使用上面的程式碼)，而且透寫式快取記憶體比起回寫式快取記憶體會需要比較少的總 CPU 週期。

B.5 [10/10/10/10] <B.2> 您正在建造一個系統，靠著一個運行於 1.1 GHz 且記憶體存取除外的 CPI 值為 0.7 的依序執行式處理器。自記憶體讀取或寫入資料的指令僅有載入 (所有指令的 20%) 和儲存 (所有指令的 5%)。這部電腦的記憶體系統是由一個分開的 L1 快取記憶體所組成，不會對命中施加損傷。指令快取記憶體和資料快取記憶體二者都是直接對映式，每一個都持有 32 KB。指令快取記憶體具有 2% 的失誤率和 32 位元組的區塊；資料快取記憶體為透寫式，具有 5% 的失誤率和 16 位元組的區塊。在資料快取記憶體上有一個寫入緩衝區，可消除 95% 的時間暫停。512 KB 回寫式的統合式 L2 快取記憶體具有 64 位元組的區塊以及 15 ns 的存取時間，藉由一組運行於 266 MHz 的 128 位元資料匯流排連接至 L1 快取記憶體，每一個匯流排週期可以傳送一個 128 位元的字元。此系統在傳送至 L2 快取記憶體的所有記憶體存取當中，有 80% 無需走到主記憶體就已滿足。而且，所有被置換的區塊當中有 50% 是污染的。這 128 位元寬的主記憶體具有 60 ns 的存取時間延遲，之後任何數目的匯流排字元都可以在 128 位元寬 133 MHz 的主記憶體匯流排上以每個週期一個字元的速率傳送。

a. [10] <B.2> 請問指令存取的平均記憶體存取時間為何？

b. [10] <B.2> 請問資料讀取的平均記憶體存取時間為何？

c. [10] <B.2> 請問資料寫入的平均記憶體存取時間為何？

d. [10] <B.2> 請問包括記憶體存取的整體 CPI 為何？

B.6 [10/15/15] <B.2> 請依據下列兩個因素將失誤率 (每次存取的失誤數) 轉換為每道指令的失誤數：每道被提取指令的存取數以及實際判定的被提取指令所佔的比例。

a. [10] <B.2> 559 頁每道指令失誤數公式的撰寫首先就是依據三個因素：失誤率、記憶體存取數和指令數。這些因素每一個都代表實際的事件。請問將每道指令的失誤數寫成失誤率乘上**每道指令的記憶體存取數** (memory accesses per instruction) 會有何不同？

b. [15] <B.2> 推測式處理器會提取未判定的指令。559 頁每道指令失誤數的公式引述的是執行路徑上的每道指令失誤數，也就是只針對必須實際執行來運作程式的指令。請將 559 頁每道指令失誤數的公式轉換為只使用失誤率、每道被提取指令的存取數以及被提取指令的判定比例而撰寫的公式。請問為何是倚賴這些因素，而不是 559 頁公式中的那些因素？

c. [15] <B.2> (b) 小題的轉換有可能產生一個不正確的數值，在於每道被提取指令的存取數值並不等於任何特定指令的存取數。請重新撰寫 (b) 小題的公式來更正此缺陷。

B.7 [20] <B.1, B.3> 在以回寫式 L2 快取記憶體而非主記憶體作為透寫式 L1 快取記憶體備援的系統當中，合併的寫入緩衝區可以被簡化，請解釋這是如何能夠做到的。請問如果擁有完全的寫入緩衝區 (而非您剛提出的簡單版本)，是否存在哪些會有幫助的狀況嗎？

B.8 [20/20/15/25] <B.3> LRU 置換策略是依據以下假設：如果位址 A1 過往的存取比起位址 A2 為先，未來 A2 就會在 A1 之前再度被存取。因此，A2 被給予超過 A1 的優先權。請討論當一個大於指令快取記憶體的迴圈正在持續執行時，這項假設是如何無法成立的情形。例如，考量一個具有 4 位元組區塊的完全關聯式 128 位元組指令快取記憶體 (任何一個區塊正好可以持有一個指令)。該快取記憶體使用 LRU 置換策略。

a. [20] <B.3> 對於一個具有大量重複執行的 64 位元組迴圈而言，請問漸近的指令失誤率為何？

b. [20] <B.3> 針對 192 位元組和 320 位元組的迴圈大小，請重作 (a) 小題。

c. [15] <B.3> 如果將快取記憶體置換策略改為最近最多使用 (most-recently used, MRU) (置換最近最多存取的快取資料線)，請問以上三例中 (64、192 或 320 位元組迴圈) 的哪一例會從此策略得到好處？

d. [25] <B.3> 請建議一項額外的可能勝過 LRU 的置換策略。

B.9 [20] <B.3> **統計上**，增加快取記憶體的關聯度 (所有其他參數都保持固定) 就減少失誤率。然而，可能會有病態的情形：對於特定的工作負載，增加快取記憶體的關聯度反而會增加失誤率。請考量直接對映式快取記憶體與相同容量的 2 路集合關聯式快取記憶體相互比較的情形。假設集合關聯式快取記憶體使用 LRU 置換策略。為了簡化起見，假設區塊大小為一個字元。現在就請建構一條字元存取的蹤跡，會在 2 路集合關聯式快取記憶體中產生更多的失誤。(提示：請專注於建構一條存取蹤跡，專門導向於該 2 路集合關聯式快取記憶體的單一集合上，使得相同的蹤跡會專門存取直接對映式快取記憶體中的兩個區塊。)

B.10 [10/10/15] <B.3> 考量一個由 L1 和 L2 資料快取記憶體所做成的兩層記憶體層級。假設兩個快取記憶體都在寫入命中時使用回寫式策略，二者都擁有相同的區塊大小。請回應以下的事件而列出所採取的行動：

　　a. [10] <B.3> 當快取記憶體被組織在一個包含式層級當中時，發生一次 L1 快取失誤。

　　b. [10] <B.3> 當快取記憶體被組織在一個排斥式層級當中時，發生一次 L1 快取失誤。

　　c. [15] <B.3> 在 (a) 小題和 (b) 小題兩者當中，考慮被驅離的資料線或許是乾淨或污染的可能性。

B.11 [15/20] <B.2, B.3> 排除某些指令進入快取記憶體可能會減少衝突失誤。

　　a. [15] <B.3> 請繪製一個程式層級 —— 將部份程式排除，使其不得進入指令快取記憶體 —— 會比較好。(提示：請考量某個程式，有些程式碼區塊相較於其他區塊，放置於巢狀迴圈中比較深的巢內。)

　　b. [20] <B.2, B.3> 請建議軟體或硬體技術，可以將某些區塊強制從指令快取記憶體排除。

B.12 [15] <B.4> 有一個程式正在一台具有四筆記錄的完全關聯式 (微型) 轉譯後備緩衝區 (translation lookaside buffer, TLB) 的電腦上運作：

虛擬分頁編號	實體分頁編號	記錄有效
5	30	1
7	1	0
10	10	1
15	25	1

下面就是被一個程式所存取的虛擬分頁編號的追蹤記錄。請針對每一次存取，指出它是否產生一次 TLB 命中或 TLB 失誤，以及如果存取分頁表的話，是否產生一次分頁命中或分頁錯誤。如果未存取的話，請在分頁表欄位之下放一個 X。

虛擬分頁索引	實體分頁編號	是否存在
0	3	是
1	7	否
2	6	否
3	5	是
4	14	是
5	30	是

(續上表)

虛擬分頁索引	實體分頁編號	是否存在
6	26	是
7	11	是
8	13	否
9	18	否
10	10	是
11	56	是
12	110	是
13	33	是
14	12	否
15	25	是

被存取的 虛擬分頁	TLB (命中或失誤)	分頁表 (命中或錯誤)
1		
5		
9		
14		
10		
6		
15		
12		
7		
2		

B.13 [15/15/15/15] <B.4> 某些記憶體系統是用軟體來處理 TLB 失誤 (當作是例外狀況)，其他則使用硬體來處理 TLB 失誤。

a. [15] <B.4> 請問處理 TLB 失誤的這兩種方法之間有何折衷取捨之處？

b. [15] <B.4> 請問用軟體處理 TLB 失誤總是會比硬體處理 TLB 失誤慢嗎？請說明。

c. [15] <B.4> 請問是否有分頁表架構會難以用硬體來處理卻可能用軟體來處理？請問是否有這樣的架構會難以用軟體來處理卻易於用硬體來管理？

d. [15] <B.4> 請問為什麼浮點型程式的 TLB 失誤率一般而言要比整數型程式來得高呢？

B.14 [25/25/25/25/20] <B.4> TLB 應該有多大？TLB 失誤通常非常快 (少於 10 道指令加上一次例外狀況的成本)，所以不可能值得只為了降低一點 TLB 失誤率就擁有一個巨大的 TLB。請使用 SimpleScalar 模擬器 (www.cs.wisc.

edu/~mscalar/simplescalar.html) 以及一個或多個 SPEC95 標準效能測試程式，針對以下的 TLB 配置，計算出 TLB 失誤率以及 TLB 虛耗 (以處理 TLB 失誤所浪費的時間百分比來表示)。假設每次 TLB 失誤都需要 20 個週期。

a. [25] <B.4> 128 筆記錄位置，2 路集合關聯式，4KB 至 64KB 的分頁 (以 2 的次方來走)。

b. [25] <B.4> 256 筆記錄位置，2 路集合關聯式，4KB 至 64KB 的分頁 (以 2 的次方來走)。

c. [25] <B.4> 512 筆記錄位置，2 路集合關聯式，4KB 至 64KB 的分頁 (以 2 的次方來走)。

d. [25] <B.4> 1024 筆記錄位置，2 路集合關聯式，4KB 至 64KB 的分頁 (以 2 的次方來走)。

e. [20] <B.4> 對於多任務的環境而言，請問什麼會對 TLB 失誤率以及 TLB 虛耗有影響呢？請問環境切換頻率 (context switch frequency) 會如何地影響虛耗呢？

B.15 [15/20/20] <B.5> 藉由使用一種類似於惠普精準結構 (Hewlett-Packard Precision Architecture, HP/PA) 中所使用的保護方案，就有可能提供比起 Intel Pentium 結構更具彈性的保護機制。在這樣一個方案中，每一個分頁表的記錄位置都包含了一個「保護辨識碼」(protection ID)(鑰匙)，伴隨的是該分頁的存取權。每一次存取時，CPU 就將分頁表記錄位置中的保護辨識碼 —— 與四個保護辨識碼暫存器的每一個所儲存的保護辨識碼 —— 進行比對 (存取這些暫存器需要 CPU 處於監督模式)。如果分頁表記錄位置中的保護辨識碼沒有符合的，或者該存取並不是被允許的存取 (例如，寫入唯讀分頁)，便產生一個例外狀況。

a. [15] <B.5> 請問在任何給予的時間上，一個行程如何可能擁有超過四個有效的保護辨識碼呢？換句話說，假定有一個行程希望同時擁有 10 個保護辨識碼，請提出一種可行的機制 (或許藉由軟體的協助)。

b. [20] <B.5> 請說明此模型如何可能用來從相當小型、不可彼此覆寫的程式碼片段 (微核心) 促進作業系統的建構。請問這樣一個作業系統可能擁有什麼優點，足以優於一個單一化作業系統 (作業系統中任何程式碼都可以寫入任何記憶體位置) 呢？

c. [20] <B.5> 對於本系統有一種簡單的設計變更：允許每一個分頁表的記錄位置持有兩個保護辨識碼，一個是給讀取存取，另一個是給寫入存取或者執行存取 (如果可寫入位元以及可執行位元並未設定，則不使用該欄位)。請問讓讀取和寫入能力擁有不同的保護辨識碼可能會有什麼優點？(提示：這可能令行程之間比較容易共用資料和程式碼嗎？)

APPENDIX C

管線化：基本與進階的觀念

這就是一個三管線問題。

Arthur Conan Doyle 爵士

福爾摩斯歷險記

C.1 簡 介

很多本書的讀者會在其他的書中 [例如我們較基礎的書：《計算機組織與設計》(*Computer Organization and Design*)] 或是其他課程中學到管線的基礎知識。因為第 3 章強烈建構在這些基礎知識之上，讀者在繼續看下去之前，應該先熟悉這個附錄中討論的觀念。當讀者讀到第 3 章時，可能會發現重新溫習這些資料是有幫助的。

本附錄一開始我們先討論管線的基本知識，包括討論資料路徑 (datapath) 的意義，介紹危障 (hazard)，並探討管線的效能。本節說明基本的五階段 RISC 管線，本附錄在之後都會以這個管線為基礎。C.2 節說明危障的問題、它們為什麼會造成效能的問題，以及要如何處理。C.3 節討論簡單的五階段管線是如何製作的，重點放在流程及危障的處理上。

C.4 節討論管線與指令集設計在各個不同方面的交互影響，包括很重要的例外 (exception) 問題以及它們對管線的影響。對於不熟悉精確與非精確中斷和例外後重新啟動機制的讀者，這個部份很有用，因為對於第 3 章中的進階方法而言，這些是很關鍵的知識。

C.5 節討論如何將五階段管線加以擴充來處理執行時間較長的浮點數指令。C.6 節整合這些觀念，研究一個管線很深的處理器案例：MIPS R4000/4400，它們兩個都使用八階段整數管線與浮點數管線。

C.7 節介紹動態排程的觀念，以及利用記分板 (scoreboard) 來製作動態排程。這是貫穿全書的主軸概念，因為它可以被當成第 3 章的核心概念——第 3 章的重點放在動態排程。C.7 節也可當成第 3 章中的 Tomasulo 演算法較初步的介紹。雖然不用介紹記分板也能瞭解 Tomasulo 演算法，但是記分板法更簡單也更容易理解。

什麼是管線化？

管線化 (pipelining) 是一種數道指令可以重疊執行的製作技巧；它是利用存在於指令執行所需動作之間的平行性。今天，管線化是用來製作快速 CPU 的關鍵技巧。

管線 (pipeline) 就像生產線。在一個汽車生產線上有很多步驟，每個步驟都會組裝車子的一部份。每一個步驟與其他步驟平行進行，只不過是對不同的車子。在計算機管線中，管線的每個步驟完成指令的一部份。如同一條生產線，不同步驟平行地完成不同指令的不同部份。這些步驟的每一步被稱

為**管線階段** (pipe stage) 或是**管線區段** (pipe segment)。這些階段一個接著一個組成了管線 —— 指令從一端進入，經過每一個階段的處理，從另一端出來，就像是生產線上的車子一樣。

對汽車生產線而言，**流通量** (throughput) 被定義成每小時的汽車數量，取決於完工的汽車離開生產線的快慢。同理，指令管線的流通量取決於指令離開管線的快慢。因為管線各階段連在一起，所有的階段都必須能同時處理，就如同我們對生產線的要求一樣。把一道指令從管線中某個步驟移到下一個步驟所需的時間就是**處理器週期** (processor cycle)。因為所有階段同時進行，處理器週期的長度就取決於最耗時的管線階段，就如同汽車生產線，耗時最長的步驟會決定各生產線步驟之間的間距。對計算機而言，處理器週期通常是 1 個時脈週期 (有時候是 2，但很少會更多)。

管線設計師的目標是要平衡每個管線階段的長度，就如同生產線設計師會試著去平衡這個過程中每一步驟的時間一般。如果每個階段完全地平衡，那麼管線式處理器的每道指令執行時間 (假設理想的條件下) 相當於

$$\frac{未管線化每道指令執行時間}{管線階段數}$$

符合這些條件時，管線化造成的加速相當於管線的階段數，就像是 n 階段的生產線生產車子的速度理想上可以快 n 倍。不過，這些階段通常不會完全的平衡；此外，管線化的確也有一些虛耗。因此，管線式處理器的每道指令的時間不會是其可能的最小值，不過可能很接近。

管線化減少了每道指令的平均執行時間。取決於讀者如何認定，這個減少量可以視為每道指令時脈週期數 (CPI) 的減少量、時脈週期的縮短量，或是這兩者的某種組合。如果處理器每道指令需要耗費數個時脈週期，那麼管線化常被視為減少 CPI —— 這是本書的主要觀點。如果每道指令花費 1 個 (長的) 時脈週期，那麼管線化會縮短時脈週期。

管線化是從循序的指令流中發掘出平行性的製作技術。它很大的好處在於不像一些速度提升的技術 (請見第 4 章)，它對程式設計師而言是隱形的。在本附錄中我們會先看到使用典型的五階段管線化的概念；其餘章節則探討現在的處理器中使用的較複雜管線。在我們談談管線化和它在處理器上的應用之前，我們需要一個簡單的指令集，我們在稍後會介紹。

RISC 指令集的基本知識

本書中我們全部使用 RISC [精簡指令集計算機 (reduced instruction set

computer)] 結構，或是載入 – 儲存式 (load-store) 結構來說明基本的觀念，不過幾乎所有在本書中介紹的概念都可以用到其他的處理器上。在本節中我們會介紹 RISC 結構的核心部份。在本附錄及全書中，我們預設的 RISC 結構是 MIPS。有很多時候，觀念是非常類似的，可以應用在任何 RISC 上。RISC 結構有幾個主要的性質，使得它們在製作上簡單許多：

- 所有資料處理的運算都針對暫存器中的資料，而且通常會改變整個暫存器 (每個暫存器 32 或 64 位元)。
- 唯一影響記憶體的運算是載入 (load) 和儲存 (store) 運算，它們分別會將資料從記憶體搬到暫存器或是從暫存器搬到記憶體。載入和儲存通常也可以處理小於暫存器大小 (例如，一個位元組、16 位元或 32 位元) 的運算。
- 由於所有指令的大小通常是相同的，因此指令格式的數目很少。

這些簡單的性質使得管線化的製作被大大地簡化了，這也是為什麼這些指令集被設計成這樣的原因。

為了本書的前後一致性，我們使用 MIPS64，其為 MIPS 指令集的 64 位元版本。擴充的 64 位元指令通常在指令名稱的前面或後面有一個 D。舉例來說，DADD 是加法指令的 64 位元版本，而 LD 是載入指令的 64 位元版本。

如同其他 RISC 結構，MIPS 指令集提供了 32 個暫存器，不過暫存器 0 的值一定是 0。大部份的 RISC 結構 (例如 MIPS) 有三大類的指令 (詳情請見附錄 A)：

1. **ALU 指令**：這些指令使用兩個暫存器或是一個暫存器和一個符號擴充式 (sign-extended) 的立即值 (immediate) (被稱為 **ALU 立即值指令**，它們在 MIPS 指令中具有 16 位元的偏移量)，對它們作運算並且將結果存到第三個暫存器中。典型的運算包括加法 (DADD)、減法 (DSUB) 和邏輯運算 (像是 AND 或 OR)，它們不區分 32 位元和 64 位元的版本。這些指令的立即值版本使用相同的名稱，結尾用 I。在 MIPS 中，存在有號 (signed) 與無號 (unsigned) 型態的算術指令；無號的型態不會產生溢位 (overflow) 例外 —— 因而在 32 位元和 64 位元模式下都相同 —— 其結尾是 U (例如 DADDU、DSUBU、DADDIU)。

2. **載入和儲存指令**：這些指令使用一個來源暫存器，稱為**基底暫存器** (base register)，和一個立即值欄位 (在 MIPS 中為 16 位元)，稱為**偏移量** (offset) —— 作為運算元。基底暫存器的值和符號擴充式偏移量的總合 [稱為**有效位址** (effective address)]，被用作記憶體位址。就載入指令而

言，第二個暫存器運算元是用來當作從記憶體載入資料的目的地。就儲存指令而言，第二個暫存器運算元是用來當作存入記憶體資料的來源。指令 load word (LD) 與 store word (SD) 載入或儲存全部 64 位元的暫存器值。

3. **分支和跳躍**：分支是有條件的流程控制轉移。在 RISC 結構中通常可用兩種方法來指定分支的條件：用一組條件位元 (有時被稱為**條件碼**)，或是對兩個暫存器、或一個暫存器和 0 作比較。MIPS 使用後者。在本附錄中，我們只考慮比較兩個暫存器是否相等。在所有的 RISC 結構中，分支目標是把符號擴充式偏移量 (在 MIPS 中為 16 位元) 加上目前的 PC 值所求得的。無條件跳躍在很多 RISC 結構中都有提供，不過我們在本附錄中不會談到。

RISC 指令集的簡單製作

要瞭解 RISC 的指令集如何製作成管線的形式，我們必須瞭解**沒有**管線化的運作方式。本節說明了一個簡單的作法，每道指令至多用到 5 個時脈週期。我們會將這個基本的製作擴充成管線式版本，使得 CPI 大幅降低。我們的非管線式作法並不是無管線化時最經濟或是最高效能的製作方法，相反的是，它的設計是為了要能很自然地導入管線製作。製作指令集需要用到數個不屬於該結構中的臨時暫存器，它們被用來簡化管線的製作。我們的製作將會著重於只處理 RISC 結構中部份有關整數運算的管線，這些運算包括了字元的載入－儲存、分支和整數 ALU 運算。

這個 RISC 子集中的每一道指令都被製作成至多需要 5 個時脈週期。這 5 個時脈週期如下：

1. **指令提取週期 (IF)：**
把程式計數器 (PC) 送到記憶體，並且從記憶體中取出目前的指令。將下一個 PC 值加 4（因為每道指令是 4 個位元組）並更新到 PC 中。

2. **指令解碼/暫存器提取週期 (ID)：**
將指令解碼，並且從暫存器組 (register file) 中讀出來源暫存器的暫存器值。在讀取暫存器值的同時測試是否相等，因為可能是分支指令。如果有必要的話，將偏移量欄位做符號擴充。把符號擴充式偏移量加上已遞增的 PC 值來計算可能的分支目標位址。在我們稍後會探討的積極性作法中，我們假設如果條件測試結果為真，分支可以在這個階段結束前完成 —— 把分支目標位址存入 PC 中。

解碼與讀取暫存器值平行進行，這是因為在 RISC 結構下，指令中

暫存器名稱的位置是固定的。這個技巧稱為**固定欄位解碼法** (fixed-field decoding)。請注意我們可能會讀取一個不會用到的暫存器，這雖然不會增進效能，但也不會降低效能。(讀取不會用到的暫存器的確會浪費能量，在乎能量消耗的設計會避免這種情況發生。) 因為指令的立即值部份也都放在相同的位置，如果有必要的話，符號擴充式立即值的運算也可以在這個週期完成。

3. 執行 / 有效位址週期 (EX)：
ALU 把前一個週期準備的運算元拿來運算，依據下列三種指令型態之一來決定要做什麼。
- 記憶體存取：ALU 把基底暫存器的值和位移值加起來算出有效位址值。
- 暫存器 – 暫存器 ALU 指令：ALU 把暫存器組讀出的數值作 ALU 運算碼 (opcode) 指定的運算。
- 暫存器 – 立即值 ALU 指令：ALU 把從第一個暫存器組讀出的值和符號擴充式立即值作 ALU 運算碼指定的運算。

對載入 – 儲存結構來說，有效位址和執行週期可以被合併成單一時脈週期，因為沒有指令需要同時計算資料位址和運算資料值。

4. 記憶體存取 (MEM)：
如果指令是載入，就從前一個階段算出的記憶體有效位址讀出資料。如果是儲存，則將暫存器組中讀出的第二個暫存器的資料寫入記憶體。

5. 回寫週期 (WB)：
- 暫存器 – 暫存器 ALU 指令或載入指令：
把結果寫入暫存器組，不論它是從記憶體系統 (載入) 或是從 ALU (ALU 指令)。

在這個製作方式中，分支指令需要 2 個週期，儲存指令需要 4 個週期，而其他所有指令需要 5 個週期。假設分支頻率佔 12% 而儲存頻率佔 10%，這個典型的指令分佈導致整體的 CPI 值變為 4.54。不過這種製作方法對於要達到最佳效能，或是在指定效能等級下使用最少的硬體而言，並不是最好的；我們把這個設計的改進部份留給讀者，而把重點放在對這個版本的管線處理。

RISC 處理器的典型五階段管線

我們幾乎不用任何改變就可把之前描述的執行方法管線化，只要在每個

時脈週期開始新的指令即可。(瞭解我們為什麼選擇這種設計了吧!)前一節中的每一個時脈週期都變成了**管線階段** (pipe stage) —— 管線中的一個週期。最後的執行情形就如同圖 C.1 所示,這是管線結構的典型畫法。雖然每道指令要花費 5 個週期才完成,但是硬體在每個時脈週期都會開始一道新的指令,並且會執行五道不同指令的不同部份。

您可能很難相信管線化是這麼地簡單 —— 它的確不是那麼簡單。在本節及下一節中,藉由處理管線所引發的問題,令我們的 RISC 管線更為「真實」。

一開始,我們要決定處理器的每個週期要做什麼事,並且確定我們在同一個週期不會試著執行同一個資料路徑的兩個不同運算。例如,單一個 ALU 不能同時被要求要計算有效位址和計算減法。因此,我們要確保管線中重疊的指令不會發生這樣的衝突。很幸運地,RISC 指令集的簡單性使得資源評估變得相當容易。圖 C.2 中把簡化的 RISC 資料路徑以管線的方式畫出。如同您所見到的,主要的功能單元都在不同的週期使用,因此重疊執行多道指令所增加的衝突是很少的。有三個觀察可以說明這個事實。

首先,我們使用分開的指令和資料記憶體,通常我們會製作成獨立的指令和資料快取記憶體 (在第 2 章中討論)。使用獨立的快取記憶體,消除了使用單一記憶體時指令提取與資料記憶體存取間可能發生的衝突。請注意,如果我們的管線式處理器的時脈週期與非管線式的版本一樣的話,那麼記憶體系統就要有 5 倍的頻寬。這項額外需求是達成更高效能所需付出的代價。

第二點,暫存器組被兩個階段使用:其中一個是 ID 的讀取,一個是 WB 的寫入。這兩種使用情形並不相同,因此我們簡單地把暫存器組畫在

指令編號	時脈編號								
	1	2	3	4	5	6	7	8	9
指令 i	IF	ID	EX	MEM	WB				
指令 $i+1$		IF	ID	EX	MEM	WB			
指令 $i+2$			IF	ID	EX	MEM	WB		
指令 $i+3$				IF	ID	EX	MEM	WB	
指令 $i+4$					IF	ID	EX	MEM	WB

圖 C.1 簡單 RISC 管線。在每一個時脈週期,另一道指令被讀取並開始它的五週期執行。如果每個時脈週期都開始一道指令,效能會增加為沒有管線的處理器的 5 倍。管線中各階段的名稱與非管線的製作方式中使用的週期名稱相同:IF = 指令讀取,ID = 指令解碼,EX = 執行,MEM = 記憶體存取,和 WB = 回寫。

兩個地方。由此可得,我們每個時脈週期要執行兩個讀取和一個寫入。為了要處理讀取和寫入同一個暫存器 (和為了另一個原因,不久之後就會很明顯),我們在前半個時脈週期執行暫存器寫入,而後半執行讀取。

第三點,圖 C.2 沒有考慮到 PC。如果要每個時脈開始一道指令的話,我們必須在每個時脈都增加並且儲存 PC 值,而且這必須要在 IF 階段準備下一道指令前完成。此外,在 ID 階段我們也必須有一個加法器來計算可能的分支目的地。另一個問題是分支在 ID 階段前不會改變 PC 值,這會造成問題,我們現在先不管它,但稍後會處理。

雖然確保管線中的指令不會同時嘗試使用相同的硬體資源是很重要的,但是我們也必須確保在管線中不同階段的指令不會相互干擾。加入**管線暫存器** (pipeline register) 可以用來分隔管線中相鄰的階段,因此在每個時脈週期結束時,該階段的所有結果都會被儲存在一個暫存器中,它在下一個時脈週

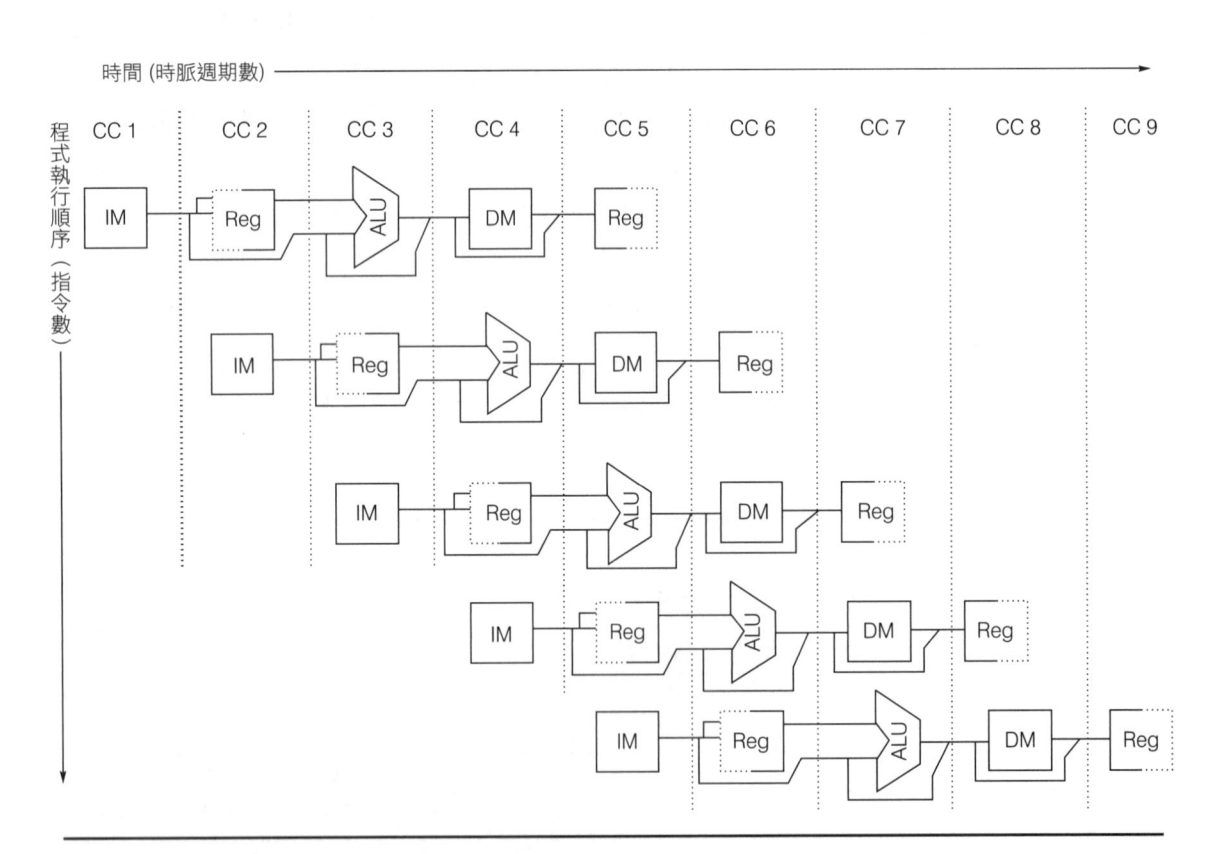

圖 C.2 管線可以想像成一連串隨時間遞移的資料路徑。圖中顯示出在時脈週期 5 (CC 5) 的穩定狀態時資料路徑的重疊部份。因為暫存器組在 ID 階段被當作來源,而在 WB 階段則是目的,所以出現了兩次。我們把實線畫在右邊或左邊,而把虛線畫在另一邊,來表示它在一個階段中被讀取而另一個階段被寫入。縮寫 IM 代表指令記憶體,DM 代表資料記憶體,而 CC 代表時脈週期。

期會被用來當作下一階段的輸入。圖 C.3 顯示了用這些管線暫存器所繪出的管線。

雖然許多圖中為了簡單會省略這些暫存器，但是要讓管線正常運作就得靠它們，而且是不可或缺的。當然，類似的暫存器即使在沒有管線的多週期資料路徑中也有 (因為只有暫存器中的值在通過時脈邊界時會被保存下來)。就管線式處理器而言，當來源和目的未直接相鄰時，管線暫存器也扮演了把中間結果從一個階段帶到另一個階段的關鍵角色。例如，在一個儲存指令中要儲存的暫存器值在 ID 期間被讀取，但在到達 MEM 前不會被用

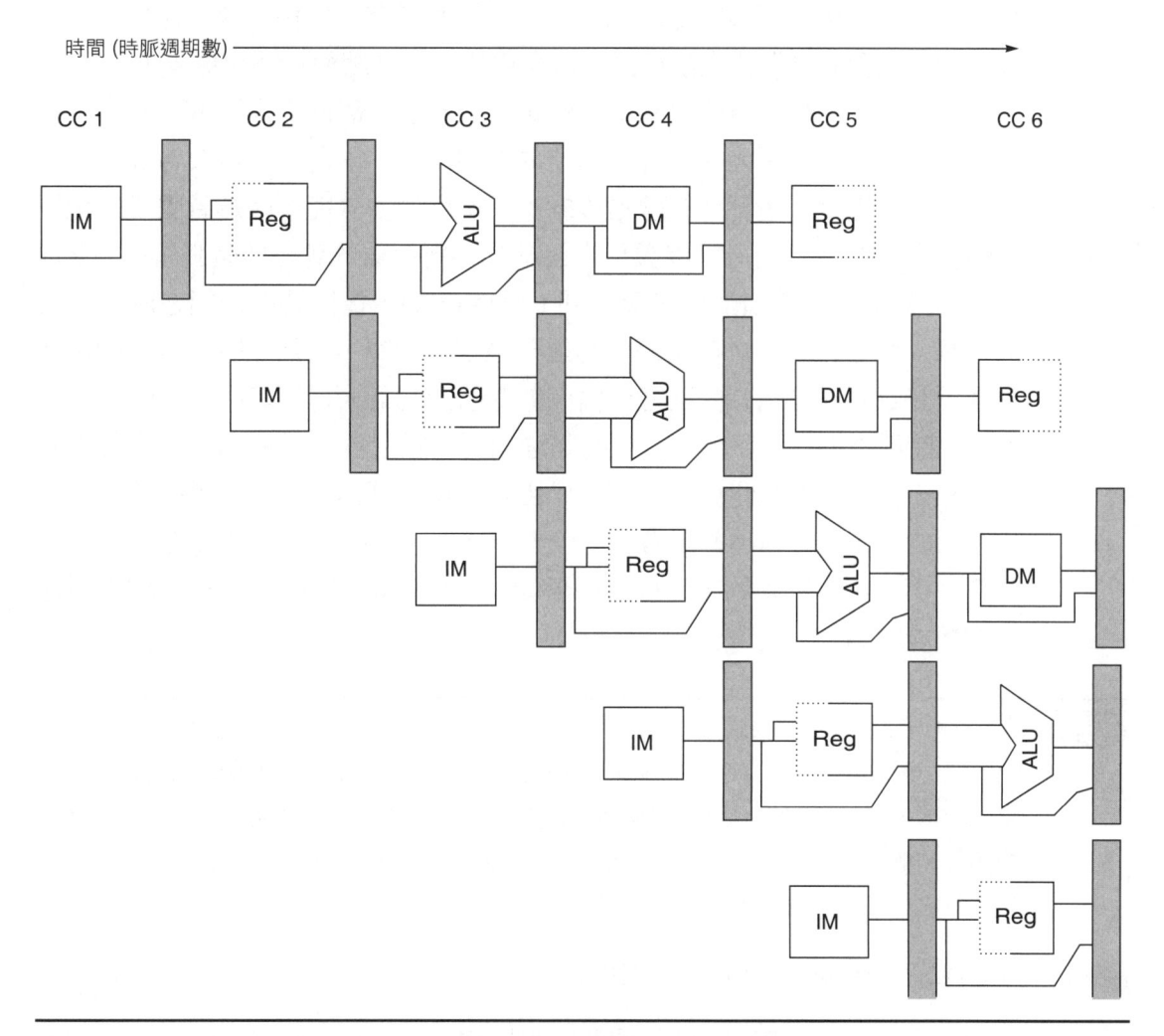

時間 (時脈週期數)

圖 C.3 具有相鄰階段間的管線暫存器的管線。請注意：暫存器防止了管線中相鄰階段的指令間的相互干擾。暫存器也扮演了將資料從一個階段帶到另一個階段的關鍵角色。暫存器的邊緣觸發 (edge-triggered) 特性是很重要的。也就是說，數值在時脈週期的邊緣立即改變。否則的話，來自一道指令的資料可能會干擾另一道指令的執行。

到;它經過了兩個管線暫存器,在 MEM 階段中被送到資料記憶體中。同理,ALU 指令的結果在 EX 階段中計算,但直到 WB 階段前不會真正被儲存,它到達之前經過兩個管線暫存器。有時候對管線暫存器命名是很有用的,我們延用慣例,依照它們連接的管線階段來命名它們,因此這些暫存器被稱為 IF/ID、ID/EX、EX/MEM 和 MEM/WB。

基本的管線效能問題

管線化增加 CPU 指令的流通量 —— 單位時間內完成的指令數 —— 但是它並沒有減少個別指令的執行時間。事實上,它常常會因為管線控制的額外成本而稍微增加每道指令的執行時間。即使沒有一道指令執行得更快,但是指令流通量的增加代表了程式執行得更快,並且總執行時間更少!

每道指令的執行時間沒有減少的事實限制了管線的實際深度,我們將在下一節中看到。除了因為管線延遲造成的限制外,限制也來自於管線階段的不平衡與管線化的虛耗。管線階段的不平衡會減少效能,因為時脈不能跑得比最慢階段的耗時快。管線虛耗來自於管線暫存器的延遲與時脈歪斜 (clock skew)。管線暫存器增加了設定時間 (setup time),這段時間是指在時脈訊號觸發寫入發生之前,暫存器輸入必須要穩定的時間,再加上時脈週期的傳播延遲。時脈歪斜是指時脈到達任兩個暫存器間的最大延遲時間 (delay),這也增加了時脈週期的下限值。一旦時脈週期同時脈歪斜與閂閘 (latch) 虛耗時間的總和一樣小,管線化就沒有用了,因為一個週期內已經沒有剩餘的時間來做有用的工作。有興趣的讀者可以參考 Kunkel 和 Smith 的文章 [1986]。如同我們在第 3 章中看到的,這項虛耗影響了 Pentium 4 相對於 Pentium III 所達成的效能增益。

範例 考慮前一節中的非管線式處理器。假設它的時脈週期是 1 ns,而且它用 4 個週期來執行 ALU 運算和分支,5 個週期來處理記憶體運算。假設這些運算的相對頻率分別是 40%、20% 和 40%。假定因為時脈歪斜和設定時間,處理器管線化會增加 0.2 ns 的額外時脈週期。請忽略其他延遲的影響,請問從這個管線我們在指令執行速率上可以得到多少的速度提升呢?

解答 非管線式處理器的平均指令執行時間是

$$\text{平均指令執行時間} = \text{時脈週期} \times \text{平均 CPI}$$
$$= 1 \text{ ns} \times [(40\% + 20\%) \times 4 + 40\% \times 5]$$
$$= 1 \text{ ns} \times 4.4$$
$$= 4.4 \text{ ns}$$

在管線式製作中，時脈速度必須執行在最慢的階段加上額外的時間，也就是 1 + 0.2 = 1.2 ns；這是平均指令執行時間。因此，管線處理的速度提升為

$$\text{管線化速度提升} = \frac{\text{非管線式平均指令執行時間}}{\text{管線式平均指令執行時間}}$$

$$= \frac{4.4 \text{ ns}}{1.2 \text{ ns}} = 3.7 \text{ 倍}$$

0.2 ns 的額外時間本質上會對管線化的有效性產生限制。如果額外時間不受時脈週期改變的影響，Amdahl 定律告訴我們這項額外時間限制了速度提升。

整數指令在這個簡單的 RISC 管線中會運作得很正常，只要每一道指令不相依於管線中的其他指令。實際上，管線中的指令間可能彼此相依，這是下一節的主題。

C.2 管線化最大的障礙 —— 管線危障

有些情況被稱為**危障** (hazard)，會阻止指令流中的下一道指令在預定的時脈週期執行。危障減少了來自於從管線化所得到的理想速度提升之效能。一共有三種危障：

1. **結構危障** (structural hazard) 起因於資源衝突，也就是重疊執行時，硬體無法同時支援所有可能的指令組合。
2. **資料危障** (data hazard) 起因於管線中重疊執行指令的緣故，造成一道指令相依於前一道指令的結果。
3. **流程控制危障** (control hazard) 起因於分支與其他改變 PC 的指令之管線化。

管線中的危障可能使得管線必須要**暫停** (stall)。為了要避過危障，時常需要讓管線中的某些指令先執行的同時，延遲其他的指令。對於本附錄中所討論的管線而言，當一道指令被暫停了，所有在這個暫停指令**之後**發派的指令 (也就是在管線中還沒有走那麼遠的) 也會被暫停。比暫停指令**更早**發派的指令 (也就是在管線中走比較遠的) 必須繼續執行，不然危障就永遠不會清除。這樣一來，就沒有新的指令會在暫停時被讀取。在本節中我們會看幾個管線暫停如何運作的例子 —— 不用擔心，它們不如聽起來那麼地複雜！

有暫停的管線之效能

暫停使得管線效能低於理想效能。讓我們看一個用來找出管線化速度提

升的簡單方程式，從前一節的公式開始。

$$管線化速度提升 = \frac{非管線式平均指令執行時間}{管線式平均指令執行時間}$$

$$= \frac{非管線式 CPI \times 非管線式時脈週期}{管線式 CPI \times 管線式時脈週期}$$

$$= \frac{非管線式 CPI}{管線式 CPI} \times \frac{非管線式時脈週期}{管線式時脈週期}$$

管線化可以想成是減少 CPI 或是時脈週期時間。因為傳統上都使用 CPI 值來比較管線，我們就以該假設為準。理想管線式處理器的 CPI 值幾乎總是 1。因此，我們可以計算管線式 CPI：

$$管線式 CPI = 理想 CPI + 每道指令的管線暫停時脈週期數$$
$$= 1 + 每道指令的管線暫停時脈週期數$$

如果我們忽略管線額外花費的週期時間，並且假設各階段完全地平衡，那麼兩個處理器的週期時間就相同，因此

$$速度提升 = \frac{非管線式 CPI}{1 + 每道指令的管線暫停週期數}$$

一個重要而簡單的情形就是當所有指令花費相同的週期數，這也必須和管線階段的數目 [也稱為**管線深度** (depth of the pipeline)] 相同。在這個情形下，非管線式 CPI 值和管線深度相等，因此

$$速度提升 = \frac{管線深度}{1 + 每道指令的管線暫停週期數}$$

如果沒有管線暫停，就會得到一個很直觀的結果：管線化的效能增進取決於管線深度。

另一方面，如果我們藉由管線來改進時脈週期的話，那我們可以假設非管線式處理器和管線式處理器的 CPI 值為 1。因此

$$管線化速度提升 = \frac{非管線式 CPI}{管線式 CPI} \times \frac{非管線式時脈週期}{管線式時脈週期}$$

$$= \frac{1}{1 + 每道指令的管線暫停週期數} \times \frac{非管線式時脈週期}{管線式時脈週期}$$

假如所有管線階段都完全平衡，並且沒有額外的時間虛耗時，管線式處理器時脈週期比起非管線式處理器時脈週期所縮短的倍數就等於管線深度：

$$管線式時脈週期 = \frac{非管線式時脈週期}{管線深度}$$

$$管線深度 = \frac{非管線式時脈週期}{管線式時脈週期}$$

這會得到下列的結果：

$$管線化速度提升 = \frac{1}{1 + 每道指令的管線暫停週期數} \times \frac{非管線式時脈週期}{管線式時脈週期}$$

$$= \frac{1}{1 + 每道指令的管線暫停週期數} \times 管線深度$$

因此，如果沒有暫停，速度提升就會等於管線的階段數目，這與我們對於理想情況的認知相符。

結構危障

當一個處理器管線化時，就需要管線化的功能單元和多份資源來重疊地執行指令，這讓管線中可以允許所有可能的指令組合。如果某些指令組合因資源衝突而無法處理，這個處理器就發生了**結構危障** (structural hazard)。

最常見的結構危障起因於某些功能單元未完全管線化。那麼一連串指令使用這個非管線化單元時，就無法以每個時脈週期處理一道指令的速率來進行。另一個結構危障出現的常見原因是：某個資源的個數不夠，無法允許管線中執行所有可能的指令組合。例如，一個處理器可能只有一個暫存器寫入埠，但在某些情形下，管線可能希望在一個週期執行兩次寫入，這就會產生結構危障。

當一連串指令遇到這種危障時，管線會暫停其中某一道指令，直到所需要的單元可用為止。這種暫停會使 CPI 值增加，超過其理想值 1。

有的管線式處理器讓資料和指令共用單一的記憶體管線。結果當一道指令要存取資料記憶體時，它就會和之後的指令存取發生衝突，如圖 C.4 所示。要解決這個危障，當存取資料記憶體時，我們把管線暫停 1 個週期。暫停常被稱為**管線泡沫** (pipeline bubble) 或是**泡沫** (bubble)，因為它會流經管線但不會執行有用的工作。在我們討論資料危障時會看到另一種暫停。

設計師常會使用只有管線階段名稱的圖來表示暫停的行為，如圖 C.5。圖 C.5 在表格中用「暫停」來標記沒有發生動作的週期，並且將指令 3 往右移 (這會將其起始和結束延後 1 個週期)。管線泡沫的實際影響是：在它通過管線時，會佔據該指令槽的資源。

638 計算機結構 —— 計量方法

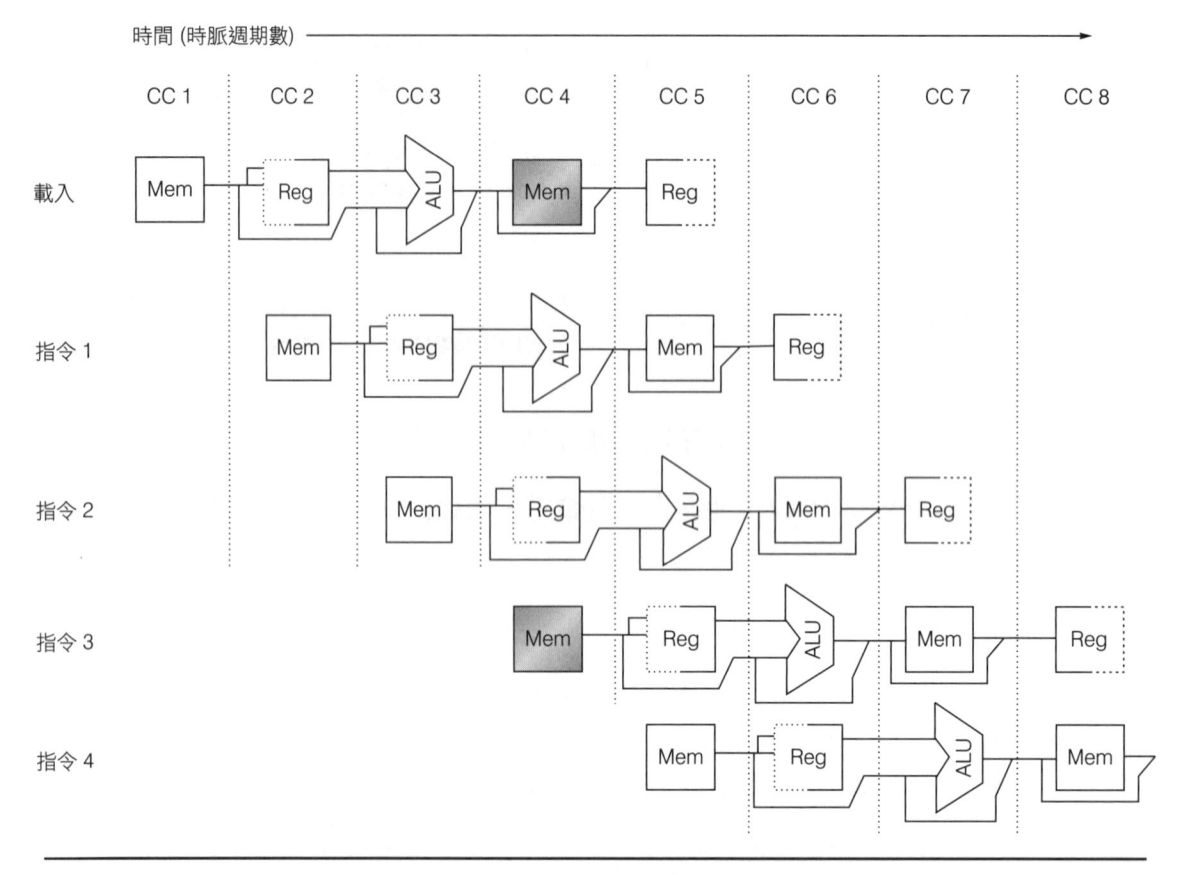

圖 C.4 當存取記憶體時，處理器如果只有一個記憶體存取埠就會發生衝突。在這個例子中，載入指令使用記憶體作資料存取，同一時間指令 3 要從記憶體讀取指令。

範例 讓我們看看載入指令所產生的結構危障會造成多少損失。假設資料存取佔了全部指令的 40%，並且在不考慮結構危障時，管線式處理器的理想 CPI 值是 1。假設有結構危障的處理器的時脈頻率比沒有結構危障的處理器高 1.05 倍。在不考慮其他效能損失的情況下，請問哪一種管線比較快，且快多少？

解答 我們可以用幾種不同的方法來回答這個問題。最簡單的方法是計算兩個處理器的平均指令時間：

$$\text{平均指令時間} = \text{CPI} \times \text{時脈週期時間}$$

因為它沒有暫停，理想處理器的平均指令時間就是時脈週期時間$_{理想}$。有結構危障的處理器的平均指令時間是

	時脈週期編號									
指令	1	2	3	4	5	6	7	8	9	10
載入指令	IF	ID	EX	MEM	WB					
指令 $i+1$		IF	ID	EX	MEM	WB				
指令 $i+2$			IF	ID	EX	MEM	WB			
指令 $i+3$				Stall	IF	ID	EX	MEM	WB	
指令 $i+4$						IF	ID	EX	MEM	WB
指令 $i+5$							IF	ID	EX	MEM
指令 $i+6$								IF	ID	EX

圖 C.5 一個因結構危障而暫停的管線 —— 只有一個記憶體存取埠的載入。如上所示,載入指令自動佔用了一個指令讀取週期,造成管線暫停 —— 在時脈週期 4 沒有指令開始執行 (這時通常會開始執行指令 $i+3$)。因為被讀取的指令被暫停,所有管線中在暫停指令前的指令都可以正常地繼續進行。暫停的週期會繼續行經管線,因此沒有指令會在週期 8 完成。有時候這些管線圖會把暫停畫成佔據水平一整列,且指令 3 被移來到下一列;不論何種情形,效果是一樣的,因為指令 $i+3$ 在週期 5 前不會被執行。我們使用上面的形式,因為它佔用圖中較少的空間。請注意本圖是假設指令 $i+1$ 和 $i+2$ 均非記憶體存取。

$$平均指令時間 = \text{CPI} \times 時脈週期時間$$
$$= (1 + 0.4 \times 1) \times \frac{時脈週期時間_{理想}}{1.05}$$
$$= 1.3 \times 時脈週期時間_{理想}$$

很明顯地,沒有結構危障的處理器比較快;藉由平均指令時間的比值,我們可以得到沒有危障的結構快 1.3 倍的結果。

一個解決這種結構危障的方法是,設計師可以提供獨立的指令記憶體存取:一是把快取記憶體分成獨立的指令和資料快取記憶體,或是使用一組通常被稱為**指令緩衝區** (instruction buffer) 的緩衝區來儲存指令。第 2 章討論將快取記憶體分開和指令緩衝區的想法。

如果其他的因素相同,沒有結構危障的處理器 CPI 值一定比較低。那麼為什麼設計師會允許結構危障?最主要的原因是要減少該單元的成本,因為把所有功能單元管線化或複製它們的成本太高了。例如,同時支援每個週期存取指令和資料快取記憶體的處理器 (為了要避免上面例子中的結構危障) 需要兩倍多的記憶體頻寬,並且通常會提高接腳 (pin) 處的頻寬需求。同樣地,完全管線化的浮點數乘法器需要大量的邏輯閘。如果結構危障很少出現,就不值得花費太多力氣去避免這種情況發生。

資料危障

管線化的最主要效用是用重疊執行指令來改變它們的相對時序。重疊造成了資料及控制危障。資料危障發生在當管線改變了運算元讀/寫的順序時，造成其順序與循序執行的非管線式處理器的指令順序不同。請考慮下列指令的管線化執行版本：

```
DADD    R1,R2,R3
DSUB    R4,R1,R5
AND     R6,R1,R7
OR      R8,R1,R9
XOR     R10,R1,R11
```

所有在 DADD 指令之後的指令都會使用 DADD 的結果。如圖 C.6 中所示，DADD 指令在 WB 管線階段會寫入 R1 的值，但是指令 DSUB 在它的 ID 階段就會讀取這個值。這個問題就叫作**資料危障** (data hazard)。除非有預防措施來避免它發生，不然 DSUB 指令就會讀到錯誤的值並且使用它。事實上，DSUB 指令使用的值甚至是不確定的，雖然下列假設看起來很合理：DSUB 讀到的 R1 是由 ADD 之前的指令所產生的，但是並不一定都是這樣。要是一個中斷發生在 DADD 和 DSUB 指令之間，DADD 的 WB 階段就可以順利完成，而此時 R1 的值會是 DADD 的結果。這種不可預測的結果顯然是我們無法接受的。

AND 指令也受到這個危障的影響。我們可以從圖 C.6 中看到，在時脈週期 5 結束之前，R1 的寫入動作是不會完成的。因此，在時脈週期 4 會讀到這個暫存器的 AND 指令會得到錯誤的結果。

XOR 指令會正常運算，因為它的暫存器讀取發生在時脈週期 6 —— 在暫存器寫入之後。OR 指令運算時也不會發生危障，因為我們在週期的後半執行暫存器讀取，而在前半執行寫入。

下一個小節討論一個用來消除因 DSUB 和 AND 而產生暫停的技巧。

利用轉送來減少資料危障

圖 C.6 顯示的問題可以用簡單的硬體技巧來解決，稱為**轉送** (forwarding) [也稱為**旁路** (bypassing) 或是**短路** (short-circuiting)]。轉送最重要的觀察是：直到 DADD 真正產生結果之前，DSUB 並不是真的需要這個結果。如果這個結果可以從 DADD 儲存的管線暫存器移到 DSUB 需要的地方，那麼就可以避免暫停。利用這個觀察，轉送的運作方式如後：

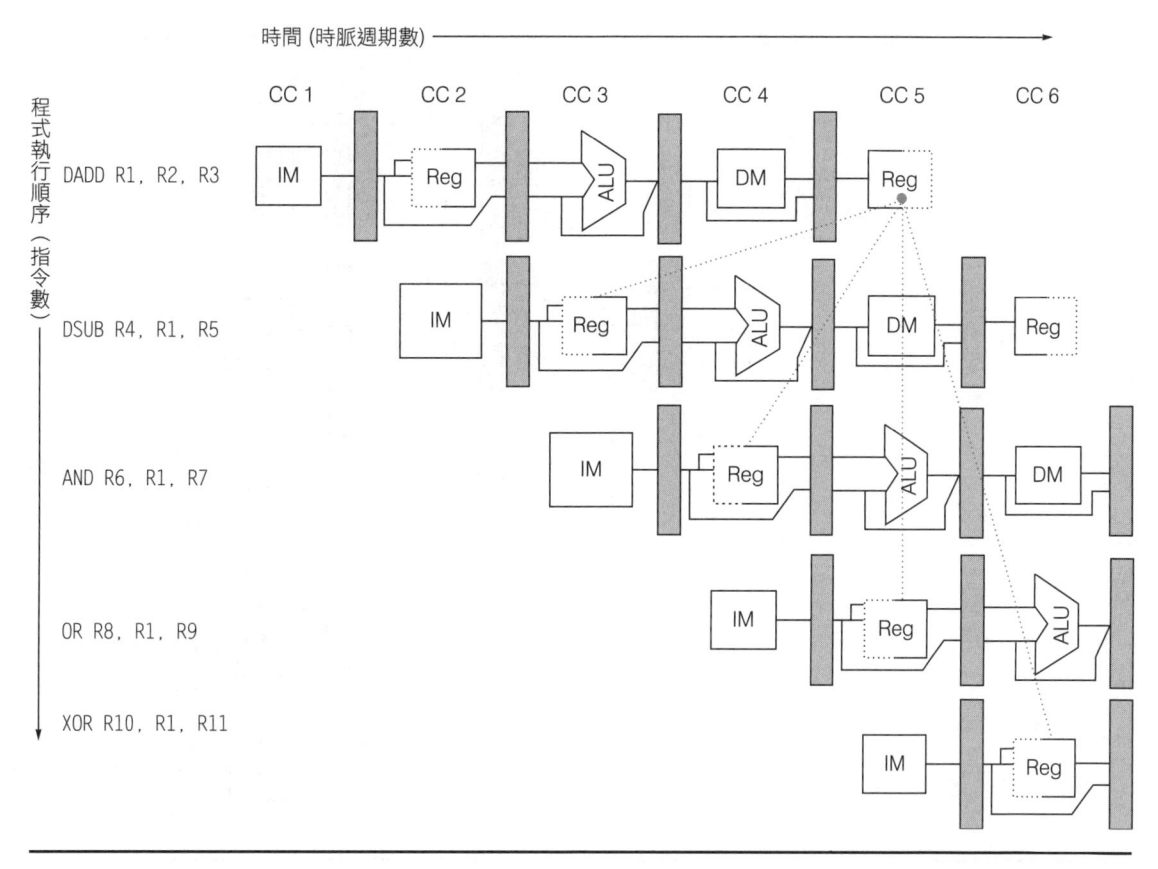

圖 C.6 使用 DADD 指令結果的後三道指令會造成危障,因為在這些指令讀取之後暫存器才被寫入。

1. 從 EX/MEM 和 MEM/WB 管線暫存器得到的 ALU 結果總是會被送至 ALU 輸入處。
2. 如果轉送硬體偵測到前一個 ALU 運算已經將結果寫入目前的 ALU 運算的來源暫存器,則控制邏輯會選擇轉送的結果當作 ALU 的輸入,而不是從暫存器組中讀取的資料。

請注意:利用轉送,如果 DSUB 被暫停了,DADD 會被完成,而旁路不會發生作用。這種作法在兩道指令間有中斷時也是成立的。

如圖 C.6 中所示的例子,我們不只需要轉送前一道指令,也可能需要轉送 2 個週期前開始的指令。圖 C.7 顯示了我們的例子在有轉送時的執行狀況,並且強調暫存器的讀取和寫入時序。這個程式碼序列可以順利執行而不會被暫停。

轉送可以被推廣成把結果直接傳送到需要的功能單元:運算結果從管線暫存器 —— 對應於某單元的輸出 —— 轉送至另一單元的輸入,而不是只把

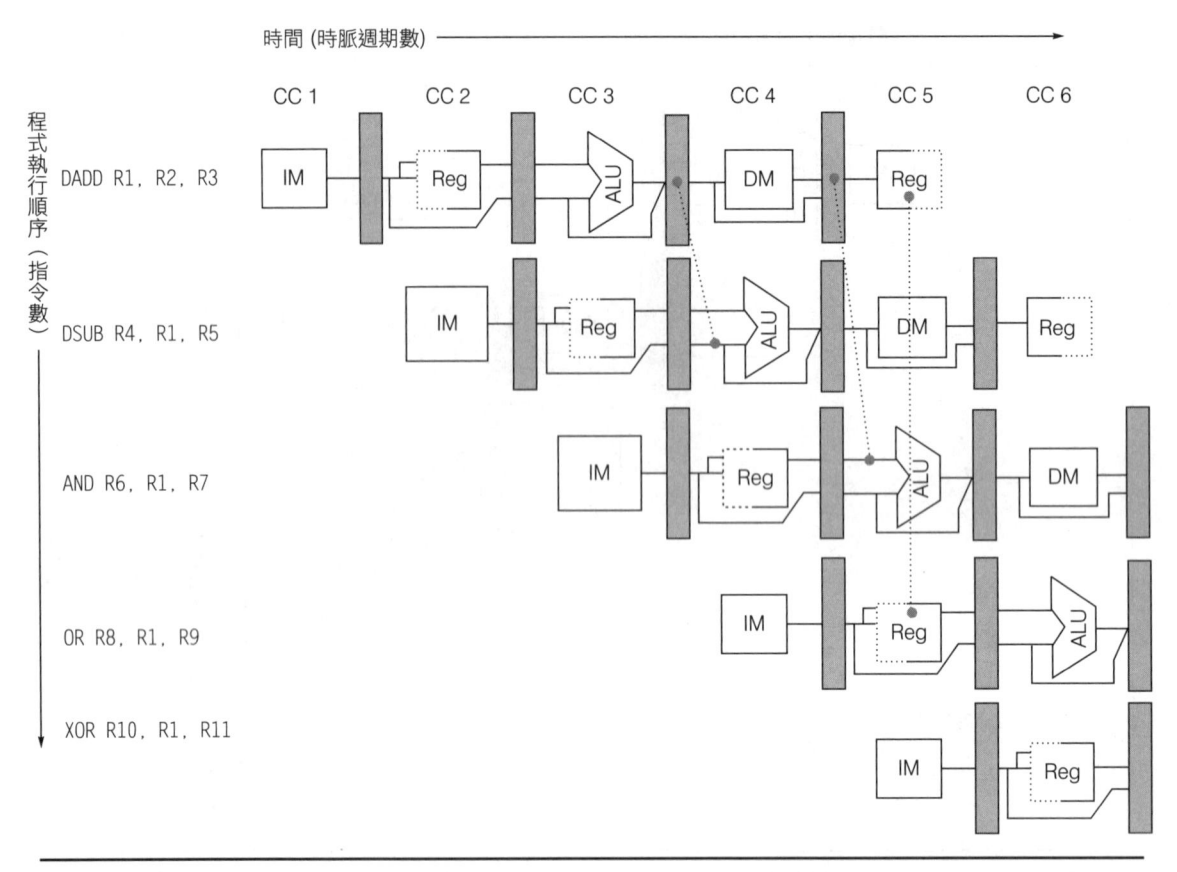

圖 C.7 相依於 DADD 結果的一組指令使用轉送路徑來避免資料危障。DSUB 和 AND 指令的輸入從管線暫存器轉送到第一個 ALU 輸入。OR 藉由穿過暫存器組轉送而取得它要的結果，這利用在後半週期讀取暫存器而前半週期寫入暫存器可以很容易達成，如圖中暫存器的虛線所示。請注意轉送的結果可以送到 ALU 的任一個輸入；實際上，對 ALU 的兩個輸入而言，可以使用同一個管線暫存器或是不同管線暫存器的轉送輸入。比方說，這會發生在 AND 指令為 AND R6, R1, R4 時。

結果從一個單元的輸出送到同一個單元的輸入。取下面的程式碼序列為例：

```
DADD    R1,R2,R3
LD      R4,0(R1)
SD      R4,12(R1)
```

為了避免這段程式碼中產生暫停，我們需要把 ALU 的輸出值和記憶體單元的輸出值從管線暫存器轉送到 ALU 和資料記憶體的輸入。圖 C.8 顯示了這個例子中所有的轉送路徑。

需要暫停的資料危障

很不幸地，並非所有的資料危障都可以用旁路來處理。請考慮下列的指

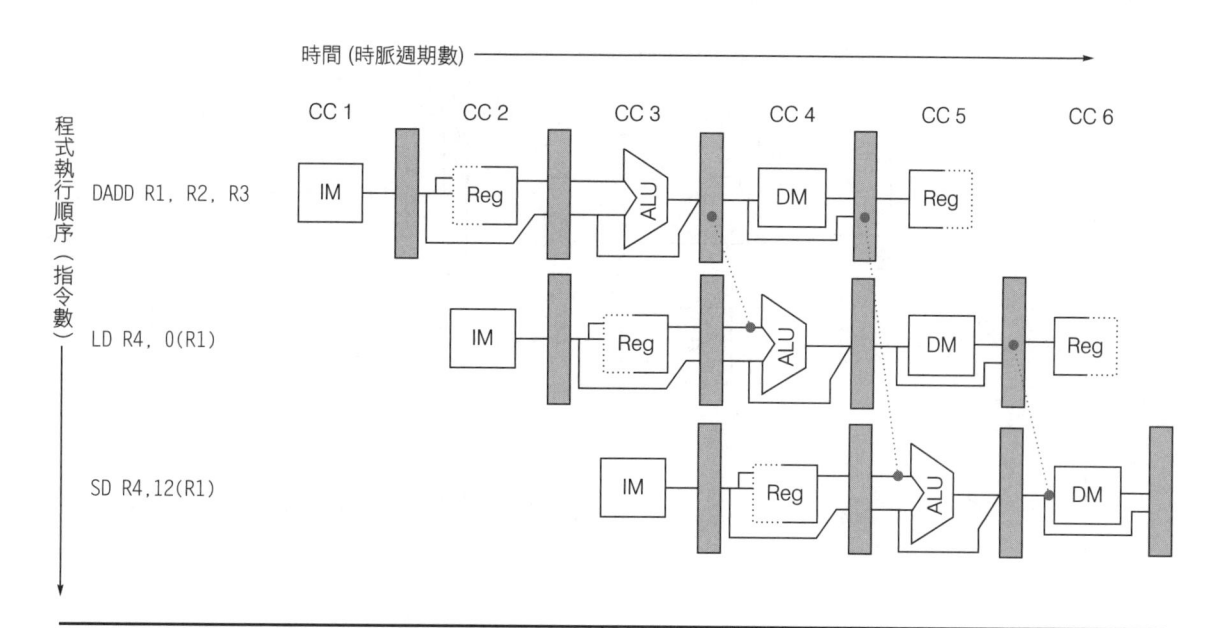

圖 C.8 在 MEM 階段中轉送儲存指令所需要的運算元。載入的結果從記憶體輸出被轉送到記憶體輸入以便儲存。此外，ALU 的輸出被轉送至 ALU 的輸入，以便計算載入和儲存的位址（這和轉送至另一個 ALU 運算並無不同）。如果儲存相依於前一個 ALU 運算（並沒有在上圖中顯示），其結果就需要被轉送來防止暫停。

令序列：

```
LD      R1,0(R2)
DSUB    R4,R1,R5
AND     R6,R1,R7
OR      R8,R1,R9
```

在這個例子中使用旁路的管線化資料路徑如圖 C.9 所示。這種情形不同於連續的 ALU 運算的情形。LD 指令在時脈週期 4（它的 MEM 週期）結束前並未取得該筆資料，而 DSUB 指令在這個週期開始時就需要這筆資料。因此，使用載入指令的結果而產生的資料危障無法用硬體完全消除。如圖 C.9 所示，這種轉送需要將時間倒流 —— 這個能力是計算機設計師所沒有的！我們**可以**把結果從管線暫存器立即轉送到 ALU 給 AND 運算使用，它在載入的 2 個時脈週期後開始。同樣地，OR 指令也沒有問題，因為它可以經由暫存器組取得資料值。對 DSUB 指令來說，轉送的結果來得太慢了 —— 在時脈週期結束時才到達，時脈週期一開始就需要它。

載入指令的延遲無法只藉由轉送來消除。相反地，我們需要加入硬體 [稱為**管線互連鎖** (pipeline interlock)] 來保持正確的執行式樣。一般來說，管

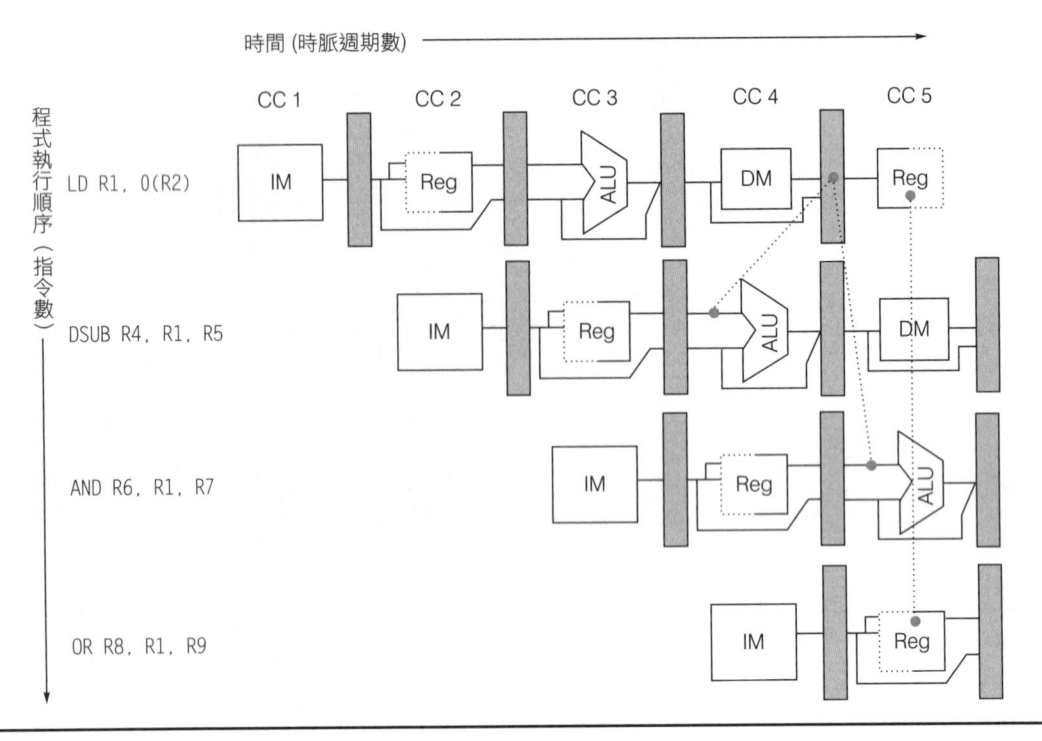

圖 C.9 載入指令可以轉送它的結果至 AND 和 OR 指令，而不是至 DSUB，因為這意味著要以「負的時間」來轉送結果。

線互連鎖偵測到危障時會暫停管線直到危障被清除。在此狀況下，互連鎖會暫停管線，直到來源指令產生資料後才開始執行需要使用這筆資料的指令。此管線互連鎖會引進暫停或是泡沫，正如結構危障一般。被暫停指令的 CPI 值會增加了暫停長度的時間 (在此狀況下是 1 個時脈週期)。

圖 C.10 用管線階段的名稱顯示了加入暫停之前和之後的管線。因為這個暫停造成從 DSUB 指令之後的指令都推遲一個週期的時間，現在轉送至 AND 指令就會穿過暫存器組，而 OR 指令完全不需要轉送。插入泡沫使得完成這個程式碼序列的週期數多了一週。時脈週期 4 期間內沒有任何指令開始執行 (也沒有任何指令在週期 6 期間內完成)。

分支危障

控制危障 (control hazard) 可能會對我們的 MIPS 管線造成比資料危障更大的效能損失。當分支被執行時，它可能會或不會將 PC 設為加 4 之外的其他值。請回憶一下如果一個分支把 PC 改變成它的目的位址，它就是一個**發生** (taken) 的分支；如果它直接繼續 (fall through)，它就**沒發生** (not taken) 或

LD R1,0(R2)	IF	ID	EX	MEM	WB		
DSUB R4,R1,R5		IF	ID	EX	MEM	WB	
AND R6,R1,R7			IF	ID	EX	MEM	WB
OR R8,R1,R9				IF	ID	EX	MEM	WB

LD R1,0(R2)	IF	ID	EX	MEM	WB			
DSUB R4,R1,R5		IF	ID	暫停	EX	MEM	WB	
AND R6,R1,R7			IF	暫停	ID	EX	MEM	WB
OR R8,R1,R9				暫停	IF	ID	EX	MEM	WB

圖 C.10 在上半部，我們可以看出為什麼需要暫停：載入指令的 MEM 週期產生的值在 DSUB 的 EX 週期就需要用到，這兩件事同時發生。這個問題可以用插入一個暫停來解決，如下半部所示。

未發生 (untaken)。如果指令 i 是一個發生的分支，那麼 PC 通常在 ID 結束時完成位址計算和比對後，才會被改變。

圖 C.11 顯示了處理分支最簡單的方法就是在 ID（當指令被解碼時）發現分支指令時，就重新讀取分支之後的指令。第一個 IF 週期是一個暫停，因為它所做的無效。您可能已經注意到如果分支沒有發生，那麼重複 IF 階段是不必要的，因為正確的指令已經被讀取了。稍後我們會發展幾個方法來利用這個現象。

視分支的頻率而定，每個分支暫停一個週期會造成 10% 到 30% 的效能損失，所以我們要發展一些技巧來處理這種效能損失。

減少管線分支損失

有很多方法被用來處理分支延遲造成的管線暫停，在這一小節中我們討論四個簡單的編譯器方法。在這四個方法中對分支的措施是靜態的 —— 在整個執行過程中，對每個分支而言是固定的。藉由瞭解硬體的方法和分支的

分支指令	IF	ID	EX	MEM	WB		
分支的下一道指令		IF	IF	ID	EX	MEM	WB
分支的下一道指令 + 1				IF	ID	EX	MEM
分支的下一道指令 + 2					IF	ID	EX

圖 C.11 分支造成了五階段管線中一個週期的暫停。在分支後的指令被讀取，但是這道指令被忽略，而在知道分支目的後指令立刻被重新讀取。很明顯地，如果分支沒有發生，第二次 IF 讀取分支的下一道指令是多餘的，這個稍後會討論到。

行為,軟體可以試著減少分支的損失。第 3 章會檢視更強力的硬體和軟體技巧,用來靜態地和動態地預測分支。

處理分支最簡單的方法就是**凍結** (freeze) 或**清除** (flush) 管線,保留或是刪除任何在分支之後的指令,直到知道分支目的為止。這種解決方法吸引人的地方在於它用硬體或軟體都很容易製作。它用在如圖 C.11 中所示較早期的管線中。在這種情況下,分支損失是固定的,而且無法用軟體來消除。

一個較高效能且稍微複雜一點的方法是預期分支不發生,讓硬體繼續執行,就如同分支沒有被執行一樣。此時,必須要很小心地確定在知道分支結果之前不會改變處理器的狀態。這個方法複雜處在於必須知道狀態何時可能被指令改變,以及如何「取消」(back out) 這個改變。

在簡單的五階段管線中,這種**預測未發生** (predicted-not-taken 或 predicted-untaken) 的方法被製作成繼續讀取指令,就好像分支是一般指令一樣。管線看起來好像並沒有發生什麼不平常的事。不過如果分支發生,我們需要把讀取的指令變成空運算,並且從目的位址重新開始讀取指令。圖 C.12 顯示了這兩種情況。

另一種作法是:把每個分支當成發生。當分支被解碼且目的位址被算出來後,我們假設分支發生並且開始讀取並執行目的指令。因為在我們的五階段管線中,我們不會比知道分支結果更早知道分支的目的位址,所以我們在這類管線中採用這個方法並沒有好處。在某些處理器中 —— 特別是那些可以隱含地設定條件碼,或是威力更強大 (因此也更慢) 的分支條件 —— 分支目

未發生的分支指令	IF	ID	EX	MEM	WB			
指令 $i+1$		IF	ID	EX	MEM	WB		
指令 $i+2$			IF	ID	EX	MEM	WB	
指令 $i+3$				IF	ID	EX	MEM	WB
指令 $i+4$					IF	ID	EX	MEM	WB

發生的分支指令	IF	ID	EX	MEM	WB			
指令 $i+1$		IF	閒置	閒置	閒置	閒置		
分支目的指令			IF	ID	EX	MEM	WB	
分支目的指令 + 1				IF	ID	EX	MEM	WB
分支目的指令 + 2					IF	ID	EX	MEM	WB

圖 C.12 預測不發生的機制在分支未發生 (上面) 和發生 (下面) 時管線的序列。當 ID 期間判定分支未發生時,我們已經讀取了後續的指令,直接繼續執行。如果在 ID 期間判定分支發生,我們從分支目的位址重新開始讀取,這使得分支後的所有指令都暫停 1 個時脈週期。

的在得知分支結果之前就知道了,而預測發生的方法就有意義了。不論是預測發生或是預測不發生的方法,編譯器可以重組程式碼,使得最常發生的路徑能符合硬體的選擇,藉此增進效能。第四種方法提供了更多機會給編譯器來增進效能。

某些處理器採用第四種方法,稱為**延遲式分支** (delayed branch)。這個方法在早期的 RISC 處理器中被大量使用,而且用在五階段管線中的效果不錯。在延遲式分支中,分支延遲為一個週期的執行週期為

分支指令
循序的下一道指令 ₁
如果發生便分支至目的地

循序的下一道指令位於**分支延遲槽** (branch delay slot) 中。這道指令不論分支是否發生都會執行。具有分支延遲的五階段管線的管線行為顯示在圖 C.13 中。雖然分支延遲有可能比一個週期更長,但是幾乎所有使用延遲式分支的處理器都只有單一指令的延遲;如果管線有更長的潛在分支損傷,則會採用其他的技巧。

編譯器的工作是讓後繼的指令正確且有效。有數種最佳化可以使用。圖 C.14 顯示了三種分支延遲的排程方法。

延遲式分支的限制在於:(1) 如何限制可以被排入延遲槽的指令,(2) 我

未發生的分支指令	IF	ID	EX	MEM	WB				
分支延遲指令 (i+1)		IF	ID	EX	MEM	WB			
指令 i+2			IF	ID	EX	MEM	WB		
指令 i+3				IF	ID	EX	MEM	WB	
指令 i+4					IF	ID	EX	MEM	WB

發生的分支指令	IF	ID	EX	MEM	WB				
分支延遲指令 (i+1)		IF	ID	EX	MEM	WB			
分支目的指令			IF	ID	EX	MEM	WB		
分支目的指令 + 1				IF	ID	EX	MEM	WB	
分支目的指令 + 2					IF	ID	EX	MEM	WB

圖 C.13 不論分支發生與否,延遲式分支的行為都是一樣的。在延遲槽 (對 MIPS 來說只有一個) 中的指令被執行。如果分支未發生,則從分支暫停指令後的指令繼續執行;如果分支發生,則從分支目的指令繼續執行。當分支延遲槽的指令也是一個分支,其意義就不是很清楚:如果分支沒有發生,分支延遲槽的分支指令應該做什麼?因為這個困擾,使用延遲式分支的結構通常不允許把分支指令放入延遲槽中。

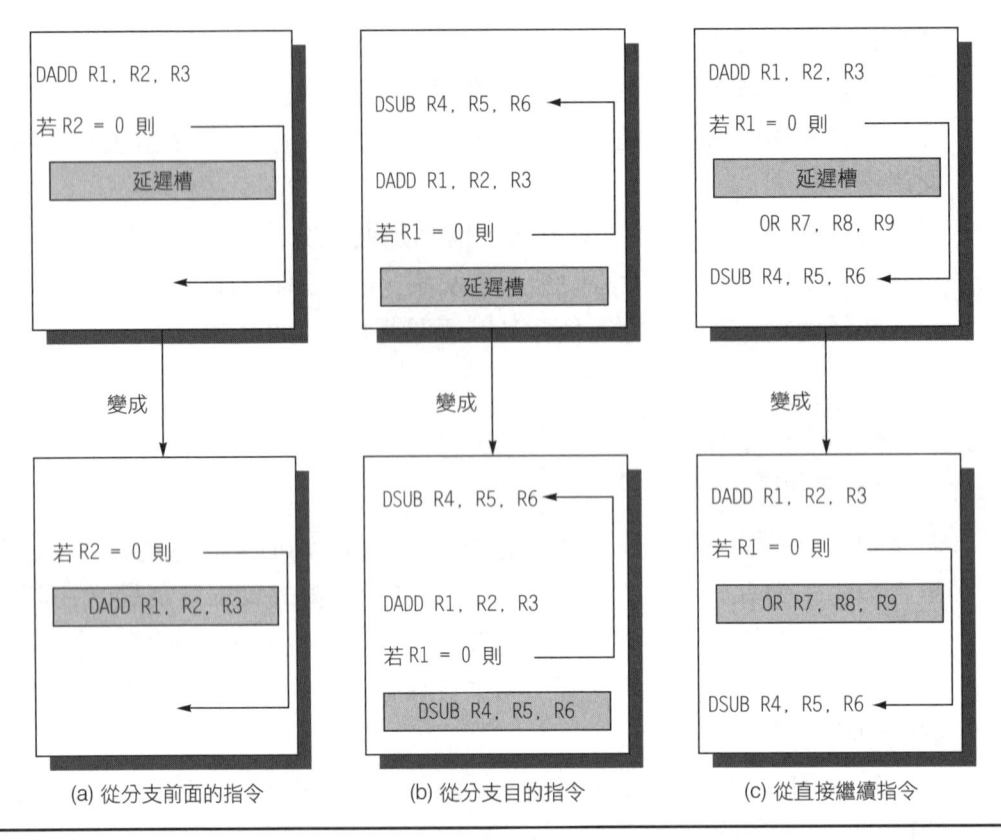

```
           DADD R1, R2, R3            DSUB R4, R5, R6 ←┐         DADD R1, R2, R3
           若 R2 = 0 則 ┐                                │         若 R1 = 0 則 ┐
                        │              DADD R1, R2, R3  │                       │
              延遲槽    │                                │             延遲槽    │
                        │              若 R1 = 0 則 ┐    │             OR R7, R8, R9
           ←────────────┘                            │    │                       │
                                          延遲槽     │    │         DSUB R4, R5, R6 ←┘
                                                     │    │
                                       ←─────────────┘    │
                                                          │

                  變成                           變成                          變成

           DSUB R4, R5, R6 ←┐                            DADD R1, R2, R3
           若 R2 = 0 則 ┐    │        DSUB R4, R5, R6 ←┐  若 R1 = 0 則 ┐
                        │    │                         │                │
            DADD R1, R2, R3  │        DADD R1, R2, R3  │   OR R7, R8, R9
                        │    │                         │                │
           ←────────────┘    │        若 R1 = 0 則 ┐    │   DSUB R4, R5, R6 ←┘
                                                    │    │
                                      DSUB R4, R5, R6   │
                                      ←─────────────────┘

         (a) 從分支前面的指令         (b) 從分支目的指令          (c) 從直接繼續指令
```

圖 C.14 對分支延遲槽進行排程。每組方塊中上面的方塊顯示排程前的程式碼,下面的方塊顯示排程後的程式碼。在 (a) 中延遲槽被排入分支前的一個不相依的指令,這就是最好的選擇。當 (a) 不能用時則採用策略 (b) 和 (c)。在 (b) 和 (c) 的程式碼序列中,分支條件中使用 R1 會防止 DADD 指令 (它的目的是 R1) 被移到分支之後。在 (b) 中分支延遲槽會排入分支目的指令;通常目的指令要複製一份,因為它可能從另一條路徑到達。當分支發生的機率較高時,策略 (b) 比較好。最後,分支延遲槽可以排入未發生分支的直接繼續指令,如 (c) 所示。為了使 (b) 和 (c) 成為合法的最佳化,當這個分支未走向預期的方向時,被移動的指令之執行結果都必須是正確的。意思就是雖然這道指令白做了,但是這個程式仍然正確地執行。舉例來說,在 (c) 中當分支向著非預期的方向進行時,如果 R7 是一個未使用的臨時暫存器,就是這種情形。

們在編譯時預測分支是否會發生的能力。要增加編譯器填補延遲槽的能力,大多數具有條件分支的處理器會加入**取消** (canceling) 和**無效化** (nullifying) 分支。在取消分支中,指令內含了分支預測的執行走向。當分支結果如預期時,在延遲槽中的指令就如同平常在延遲槽中一樣地執行。當分支預測不正確時,在分支延遲槽中的指令就變成空指令。

各種分支方法的效能

這些方法個別的有效效能為何?假設理想的 CPI 值是 1,具有分支損傷時有效的管線速度提升為

附錄 C 管線化：基本與進階的觀念 **649**

$$管線速度提升 = \frac{管線深度}{1 + 來自分支的管線暫停週期數}$$

因為下面的式子：

$$來自分支的管線暫停週期數 = 分支頻率 \times 分支損傷$$

我們得到：

$$管線速度提升 = \frac{管線深度}{1 + 分支頻率 \times 分支損傷}$$

分支頻率和分支損傷可能包含了無條件和有條件的分支。不過後者佔大多數，因為它們較常見。

範例 對較深的管線而言，像是 MIPS R4000，它至少需要花費三個管線階段才知道分支的目的位址，而且在分支條件運算前還要多花一個週期 —— 假假設在條件比對時暫存器沒有暫停。三階段延遲導致了針對三種最簡單的預測方案的分支損傷，如圖 C.15 所列。

請算出該管線的分支所造成的 CPI 有效增加值 —— 假設頻率如下：

無條件分支	4%
有條件分支，未發生	6%
有條件分支，發生	10%

解答 我們把無條件分支、有條件未發生，和有條件且發生的分支相對頻率乘上各別的損傷來計算 CPI。其結果列於圖 C.16。

在這種較長延遲的情形下，這些方案的結果差異增大了很多。如果基本的 CPI 是 1，而分支是暫停的唯一來源，那麼理想管線會比用暫停管線的方案快上 1.56 倍。在相同的假設下，預測未發生的方案會比暫停管線的方案好上 1.13 倍。

分支方案	無條件分支的損傷	未發生分支的損傷	發生分支的損傷
清除管線	2	3	3
預測發生	2	3	2
預測未發生	2	0	3

圖 C.15 針對一個較深的管線中，三種最簡單的預測方案的分支損傷。

分支方案	分支成本所造成的 CPI 增加值			
	無條件分支	有條件分支未發生	有條件分支且發生	全部分支
事件頻率	4%	6%	10%	20%
暫停管線	0.08	0.18	0.30	0.56
預測發生	0.08	0.18	0.20	0.46
預測未發生	0.08	0.00	0.30	0.38

圖 C.16 三種分支預測方案以及一個較深管線的 CPI 損傷。

經由預測來減少分支成本

由於管線愈來愈深,可能的分支損傷增加,使用延遲式分支以及類似的方案就不夠了。反而我們需要轉向更積極的分支預測方法。這樣的方案落入兩種類型:低成本的靜態方案 —— 倚賴編譯期間可取得的資訊,以及動態預測分支的策略 —— 依據程式的行為特性。此處我們兩種方法都討論。

靜態分支預測

改進編譯期間分支預測的一個關鍵方式就是收集較早執行的輪廓資訊。使得這個方式值得去做的關鍵就是觀察到分支的行為特性通常呈現雙峰分佈;也就是說,個別的分支通常高度偏向發生或未發生。圖 C.17 顯示使用這種策略的分支預測成功情形 —— 這是使用同樣的輸入資料去執行並收集輪廓資訊,其他研究證明:變更輸入資料使得輪廓資訊用在不同的執行上僅導致輪廓式預測精確度的小變化而已。

任何分支預測方案的有效性都是取決於方案的精確度以及條件分支的頻率,後者在 SPEC 中是從 3% 變動至 24%。整數型程式的預測錯誤率較高,而且這種程式通常具有較高的分支頻率,這是靜態分支預測的一項主要限制。下一節我們就來考量大多數最近的處理器都已經採用的動態分支預測器。

動態分支預測以及分支預測緩衝區

最簡單的動態分支預測方案乃是**分支預測緩衝區** (branch-prediction buffer) 或**分支歷程表** (branch history table)。分支預測緩衝區是一個由分支指令位址較低部位所索引的小型記憶體。該記憶體包含了一個說明該分支最近有發生或未發生的位元。此方案為緩衝區的最簡單類型,它沒有標籤,只有

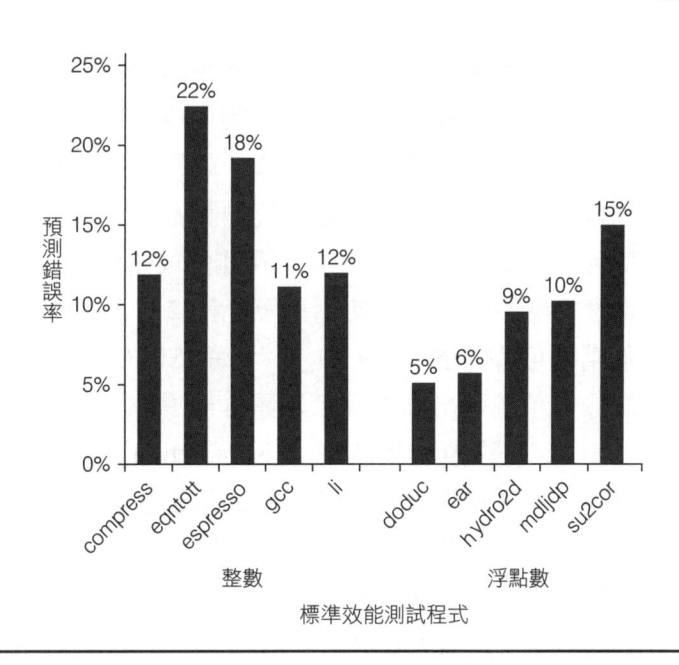

圖 C.17 輪廓式預測器在 SPEC92 上的預測錯誤率大幅度變動，但一般而言，浮點型程式較佳，其平均預測錯誤率為 9%，標準差為 4%；相對於整數型程式，其平均預測錯誤率為 15%，標準差為 5%。實際效能取決於預測精確度以及從 3% 變動至 24% 的分支頻率。

當分支延遲比計算可能目的地的 PC 值的時間還要長時，才對減少分支延遲有用。

使用這樣一個緩衝區，事實上，我們並不知道預測是否正確 —— 它或許已經被另一個具有同樣低位址位元的分支放在那兒，但是這無所謂。預測乃是一個假設正確的暗示，指令提取是在所預測的方向開始；如果該預測變成是錯誤的，該預測位元就被反相並回存。

此緩衝區在實效上是一個任何存取都命中的快取記憶體，而且我們將看到，該緩衝區的效能取決於分支的預測頻率以及預測符合的精確度。在我們分析效能之前，先在分支預測方案的精確度方面做一項小而重要的改進是很有用的。

這個簡單的 1 位元預測方案具有一項效能缺失：即使分支幾乎總是發生，當它不發生時我們仍有可能不正確地預測兩次而不是一次，因為預測錯誤造成預測位元被反相。

為了補救這個缺點，通常便使用 2 位元預測方案。在 2 位元預測方案中，預測必須失誤兩次才會被改變。圖 C.18 顯示一個 2 位元預測方案的有限狀態處理器。

分支預測緩衝區可以被製作成一個小而特殊的「快取記憶體」，在 IF 管線階段期間用指令位址來存取；或者製作成附在指令快取記憶體中每一個區塊的一對位元，隨著指令被提取出來。如果該指令被解碼為分支指令且預測發生，一旦知道 PC 值，就從目的位址開始提取指令；否則就繼續循序提取指令並執行。如圖 C.18 所示，如果預測變成是錯誤的，預測位元就被改變。

在真實的應用程式上，使用每筆記錄 2 位元的分支預測緩衝區可以期望達到何種精確度呢？圖 C.19 顯示：針對 SPEC89 標準效能測試程式，4096 筆記錄的分支預測緩衝區產生了範圍介於 99% 至 82% 之間的預測精確度，亦即 1% 至 18% 的**預測失誤率** (misprediction rate)。對於 2005 年的標準而言，像這些結果所使用的 4K 筆記錄的緩衝區，考慮起來是小了些；較大的緩衝區可能會產生多多少少比較好的結果。

當我們嘗試要開發更多的 ILP 時，我們的分支預測精確度就變得重要起來。我們可以在圖 C.19 看見，整數型程式的預測器精確度低於迴圈密集式的科學型程式，前者通常也具有較高的分支頻率。我們可以用兩種方式來進攻這個問題：增加緩衝區大小以及增加針對每一次預測所使用方案的精確

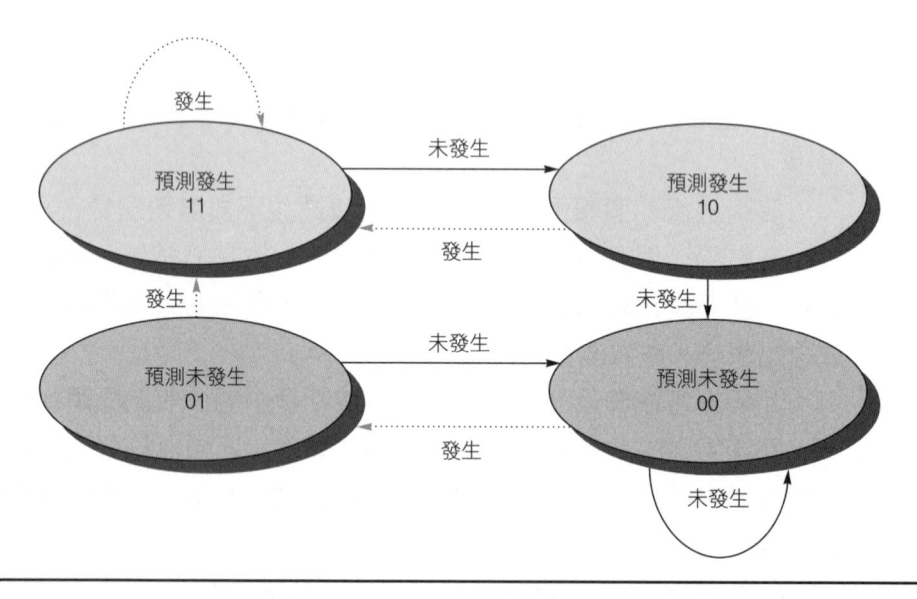

圖 C.18　2 位元預測方案中的狀態。比起 1 位元預測器，藉由使用 2 位元而非 1 位元，使得強烈站在發生方或未發生方的分支 —— 許多分支都是這樣 —— 比較不常預測錯誤。該 2 位元是用來編碼系統中的四種狀態。2 位元方案實際上就是更為一般性的方案 —— 預測緩衝區的每一筆記錄都擁有一個 n 位元飽和計數器 —— 之特殊化。就 n 位元計數器而言，該計數器可以計數的值是在 0 與 $2^n - 1$ 之間：當計數值大於或等於其最大值 $(2^n - 1)$ 時，該分支就被預測發生；否則就被預測不發生。對於 n 位元計數器的研究已經顯示 2 位元計數器作得幾乎一樣好，因此大多數系統都倚賴 2 位元計數器而非更為一般性的 n 位元計數器。

```
                    SPEC89 標準效能測試程式
nasa7     ▮ 1%
matrix300   0%
tomcatv   ▮ 1%
doduc     ▮▮▮ 5%
spice     ▮▮▮▮▮ 9%
fpppp     ▮▮▮▮▮ 9%
gcc       ▮▮▮▮▮▮▮ 12%
espresso  ▮▮▮ 5%
eqntott   ▮▮▮▮▮▮▮▮▮▮ 18%
li        ▮▮▮▮▮▮ 10%
         0%  2%  4%  6%  8% 10% 12% 14% 16% 18%
                      預測錯誤率
```

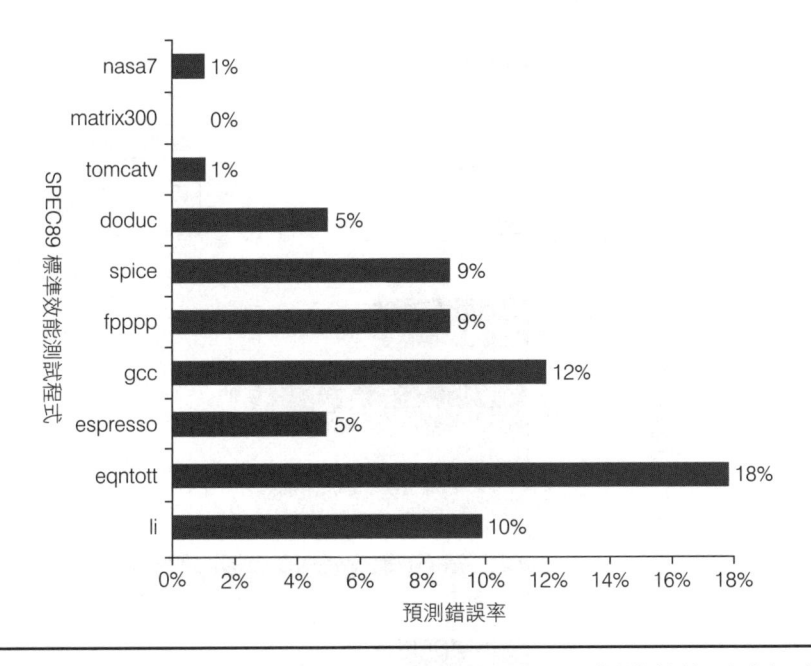

圖 C.19 4096 筆記錄的 2 位元預測緩衝區對於 SPEC89 標準效能測試程式的預測精確度。整數型標準效能測試程式 (gcc、espresso、eqntott 和 li) 的預測錯誤率 (平均 11%) 大幅高於浮點型標準效能測試程式 (平均 4%)。即使略過浮點型核心程式 (nasa7、matrix300 和 tomcatv)，浮點型標準效能測試程式依然產生高於整數型標準效能測試程式的精確度。這些數據以及本節的剩餘數據都是取自於一項使用 IBM Power 結構以及該系統的最佳化程式碼所作的分支預測研究，見 Pan、So 和 Rameh [1992]。雖然這些數據都是針對 SPEC 標準效能測試程式一個舊版本的子集合，但是比較大型的較新型的標準效能測試程式也只呈現輕微惡化的行為，特別是對整數型標準效能測試程式。

度。然而，如圖 C.20 所示，4K 筆記錄的緩衝區的執行效能與無限緩衝區十分相若，至少對於像 SPEC 那些的標準效能測試程式而言。圖 C.20 的數據清楚地呈現出緩衝區命中率並非主要的限制因素。如上所述，僅增加每個預測器的位元數而不改變預測器架構也不會有什麼影響。我們反而需要去看看可能得如何增加每一個預測器的精確度。

C.3　如何製作管線？

在我們看基本的管線之前，我們需要複習未管線化版本的 MIPS 的簡單製作方式。

MIPS 的簡單製作方式

在這一節中我們延用 C.1 節中的樣式，先畫出簡單的未管線化的製作方

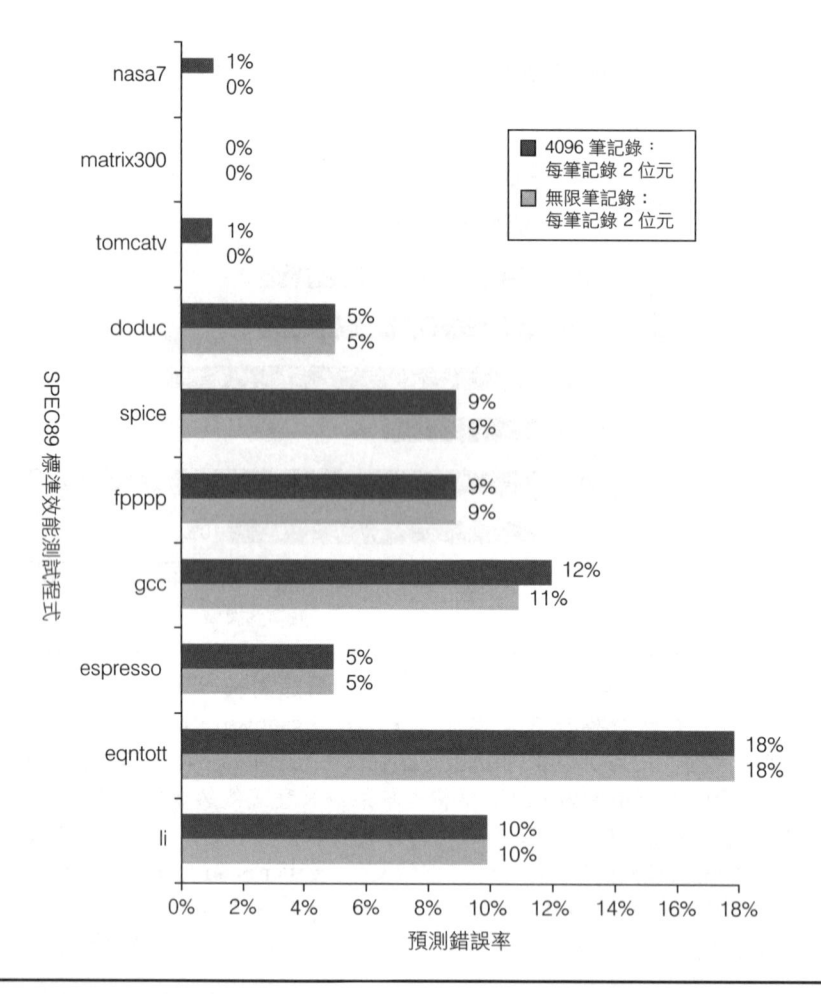

圖 C.20 4096 筆記錄的 2 位元預測緩衝區對比於無限緩衝區，對於 SPEC89 標準效能測試程式的預測精確度。雖然這些數據都是針對 SPEC 標準效能測試程式一個舊版本的子集合，但結果卻與較新型的版本相若，然而新版本或許得具有多達 8K 筆記錄才能與無限的 2 位元預測器匹敵。

式，然後再看管線化的製作。不過這次我們的範例只針對 MIPS 結構。

在這個小節中，我們著重於處理一部份的 MIPS 整數運算的管線化，包括載入－儲存字元 (load-store word)、等於零分支 (branch equal zero) 和整數 ALU 運算。稍後在本附錄之中，我們會加入基本的浮點數運算。雖然我們只討論 MIPS 的子集合，基本的原則可以擴充來處理所有的指令。我們起初使用一種比較不積極的分支指令製作方式。在本節之末我們就會呈現如何去製作較為積極的版本。

每一道 MIPS 指令可以製作成至多需要 5 個時脈週期。這 5 個時脈週期如下：

1. **指令提取週期 (IF)：**
   IR ← Mem[PC]；
   NPC ← PC + 4；

   運算：把 PC 送出，並且從記憶體把指令提取到指令暫存器中 (IR)；把 PC 加 4 指到下一道指令的位址。IR 用來保存之後幾個時脈週期內會用到的指令；同樣地，NPC 暫存器是用來儲存下一個 PC 值。

2. **指令解碼 / 暫存器提取週期 (ID)：**
   A ← Regs[rs]；
   B ← Regs[rt]；
   Imm ← IR 的符號擴充式立即值欄位；

   運算：把指令解碼並且讀取暫存器組的暫存器 (rs 和 rt 是用來標明暫存器)。通用暫存器的輸出被讀入兩個臨時暫存器中 (A 和 B)，以便在後面的時脈週期中使用。IR 的較低的 16 位元也以符號擴充式存入臨時暫存器 Imm，供下個週期使用。

   解碼與暫存器讀取平行進行，這是可能的，因為這些欄位在 MIPS 指令格式中是固定的。因為指令的立即值部份在每一種 MIPS 格式中的位置都相同，如果下個週期會用到，立即值的符號擴充格式也可以在這個週期內計算。

3. **執行 / 有效位址週期 (EX)：**
   ALU 針對之前就緒的運算元作計算，根據 MIPS 指令類別執行下列四種功能之一：
   - 記憶體存取：
     ALUOutput ← A + Imm；

   運算：ALU 把運算元相加，藉此算出有效位址，同時把結果放到暫存器 ALUOutput 中。
   - 暫存器 – 暫存器 ALU 指令：
     ALUOutput ← A *func* B；

   運算：ALU 對暫存器 A 的值和暫存器 B 的值執行運算碼所指定的運算，運算結果被放到臨時暫存器 ALUOutput 中。
   - 暫存器 – 立即值 ALU 指令：
     ALUOutput ← A *op* Imm；

   運算：ALU 對暫存器 A 的值和暫存器 Imm 的值執行運算碼所指定的運算，運算結果被放在臨時暫存器 ALUOutput 中。

■ 分支：
```
ALUOutput ← NPC + (Imm << 2);
Cond ← (A == 0)
```
運算：ALU 把 NPC 的值加上 Imm 中符號號擴充式立即值，這個值被左移兩個位元，藉此計算分支目的位址。檢查暫存器 A 的值 (在前一個週期讀取) 來決定分支是否發生。因為我們只考慮一種形式的分支 (BEQZ)，是和 0 作比較。請注意 BEQZ 只是一個虛擬指令，它會被編譯成以 R0 為運算元的 BEQ 指令。為了簡單起見，這是我們所考慮的唯一一種分支。

因為沒有任何一道指令需要同時計算資料位址、指令目的位址，和執行資料運算，因此 MIPS 的載入－儲存結構表示其有效位址計算和指令執行可以合併至單一時脈週期內完成。其他未提到的整數指令是各種不同形式的跳躍指令，它們和分支指令類似。

4. 記憶體存取／分支完成週期 (MEM)：
   所有指令的 PC 都被更新：PC ← NPC；
   ■ 記憶體存取：
   ```
   LMD ← Mem[ALUOutput] 或
   Mem[ALUOutput] ← B;
   ```
   運算：在必要時存取記憶體。如果是一道載入指令，資料從記憶體傳回，並且被放在 LMD (load memory data) 暫存器中；如果是一道儲存指令，那麼暫存器 B 中的資料就會被寫入記憶體。在這兩種情形下，用到的位址是前一個週期計算出來並且儲存在 ALUOutput 暫存器中的值。
   ■ 分支：
   ```
   if (cond) PC ← ALUOutput
   ```
   運算：如果是分支指令，PC 被取代成 ALUOutput 暫存器中的分支目的位址。

5. 回寫週期 (WB)：
   ■ 暫存器－暫存器 ALU 指令：
   ```
   Regs[rd] ← ALUOutput;
   ```
   ■ 暫存器－立即值 ALU 指令：
   ```
   Regs[rt] ← ALUOutput;
   ```
   ■ 載入指令：
   ```
   Regs[rt] ← LMD;
   ```
   運算：把結果寫到暫存器組，不管它是來自記憶體系統 (在 LMD 中) 或

是來自 ALU（在 ALUOutput 中）；目的暫存器欄位也在兩個位置中的某一個 (rd 或 rt) —— 取決於有效運算碼為何。

圖 C.21 顯示一道指令如何流經資料路徑。在每一個時脈週期結束時，在該時脈週期中所計算且為後面的時脈週期所需要的值 (不論是為了這道指令或是下一道)，會被寫入儲存裝置，這些儲存裝置可能是記憶體、通用暫存器、PC 或是臨時暫存器 (也就是 LMD、Imm、A、B、IR、NPC、ALUOutput 或 Cond)。臨時暫存器可以在時脈週期之間保存某道指令的運算值，而其他的儲存元件則為狀態的可見部份，用以保存連續指令之間的運算值。

雖然現今所有處理器都是管線式，但是這種多週期的製作方式與早期大多數處理器製作的方式很相近。簡單的有限狀態機 (finite-state machine) 可以

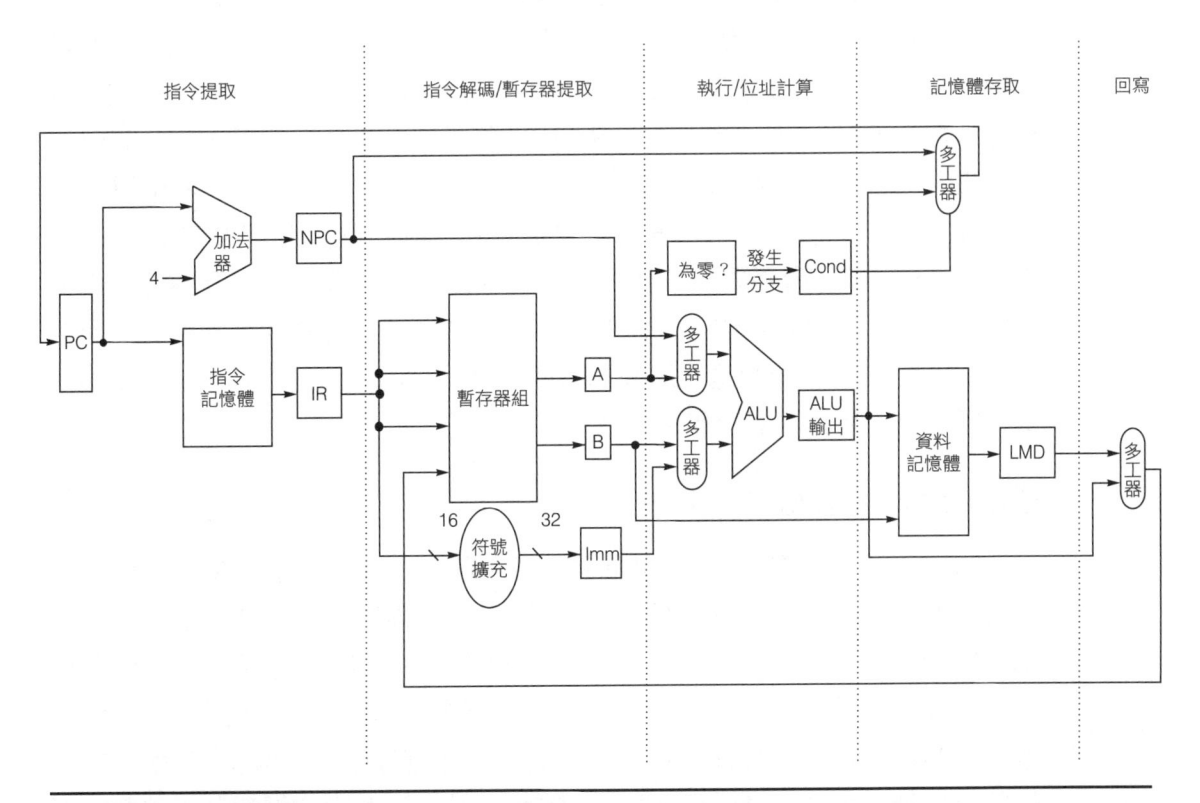

圖 C.21 MIPS 的資料路徑允許每道指令在 4 或 5 個時脈週期內執行完成。雖然 PC 被呈現在資料路徑中用在指令提取的部份，而且暫存器被呈現在資料路徑中用在指令解碼 / 暫存器提取的部份，但是這兩種功能單元都是藉由指令來讀取或寫入的。雖然我們將這些功能單元呈現在它們被讀取的週期，但是請注意：PC 在記憶體存取的時脈週期期間被寫入，暫存器在回寫的時脈週期期間被寫入。在這兩種情況下，管線後續階段的寫入是由多工器的輸出來指定的 (在記憶體存取階段或回寫階段)，多工器的輸出會送回 PC 或暫存器。這些回流的訊號增加了許多的管線化複雜度，因為它們可能造成危障。

用來製作遵循以上所示五週期架構的控制邏輯。針對更複雜的處理器，可以使用微程式碼 (microcode) 控制邏輯。無論哪一種情形，類似上述的指令序列就會決定控制的架構。

在這種多週期製作中，有一些多餘的硬體可以移除。例如，有兩個 ALU：一個用來遞增 PC，另一個用來作有效位址和 ALU 的計算。由於它們並不是使用在同一個時脈週期，所以我們可以增加一個額外的多工器並共用同一個 ALU，將它們合併。同樣地，指令和資料可以儲存在相同的記憶體，因為資料和指令讀取發生在不同的時脈週期。

我們維持如圖 C.21 中原來的設計，而不對這個簡單的製作進行最佳化，因為這提供我們管線製作較佳的基礎。

除了在這一節討論的多週期設計之外，我們也可以將 CPU 製作成每道指令花費一個很長的時脈週期。在這種情形下，臨時暫存器可以被移除，因為在一道指令中，傳送資料不會跨越多個時脈週期。每道指令可以在一個長週期內完成，在每個週期結束時把結果寫入資料記憶體、暫存器或 PC。這種處理器的 CPI 是 1。因為每道指令需要行經所有的功能單元，因此時脈週期長度約等於多週期處理器的 5 倍。有兩個原因使得設計師不會用單一時脈週期的製作方式。第一，單週期的製作方式對大部份的 CPU 來說很沒效率──不同指令所需要的工作量會有合理的變化，因此時脈週期時間也會如此。第二，單週期製作方式需要複製在多週期製作方式中可共用的功能單元。不過與 CPI 不同的是：這個單週期資料路徑可以讓我們說明管線化如何改進處理器的時脈週期時間。

基本的 MIPS 管線

如前所述，我們只要在每個時脈週期開始一道新指令，幾乎不用改變就可以對圖 C.21 中的資料路徑進行管線化。因為每個管線階段在每個週期都有被用到，所有管線階段的運算都必須在一個週期內完成，而且任何可能的運算組合都必須可以同時發生。此外，管線化的資料路徑必須把資料放在暫存器中，從一個管線階段傳遞到下一個管線階段。圖 C.22 顯示在每個管線階段之間加入適當暫存器的 MIPS 管線，這些暫存器稱為**管線暫存器** (pipeline register) 或**管線閂閘** (pipeline latch)，是以它們所連接的階段名稱來標示。圖 C.22 清楚地繪出穿過暫存器從一個階段到另一個階段的連接情形。

一道指令中，需要用來保存時脈週期之間臨時資料的所有暫存器，都會被納入這些管線暫存器。指令暫存器 (IR) 的欄位 (屬於 IF/ID 暫存器的一部份) 當用來提供暫存器名稱時便加以標示。管線暫存器將資料和控制訊息從

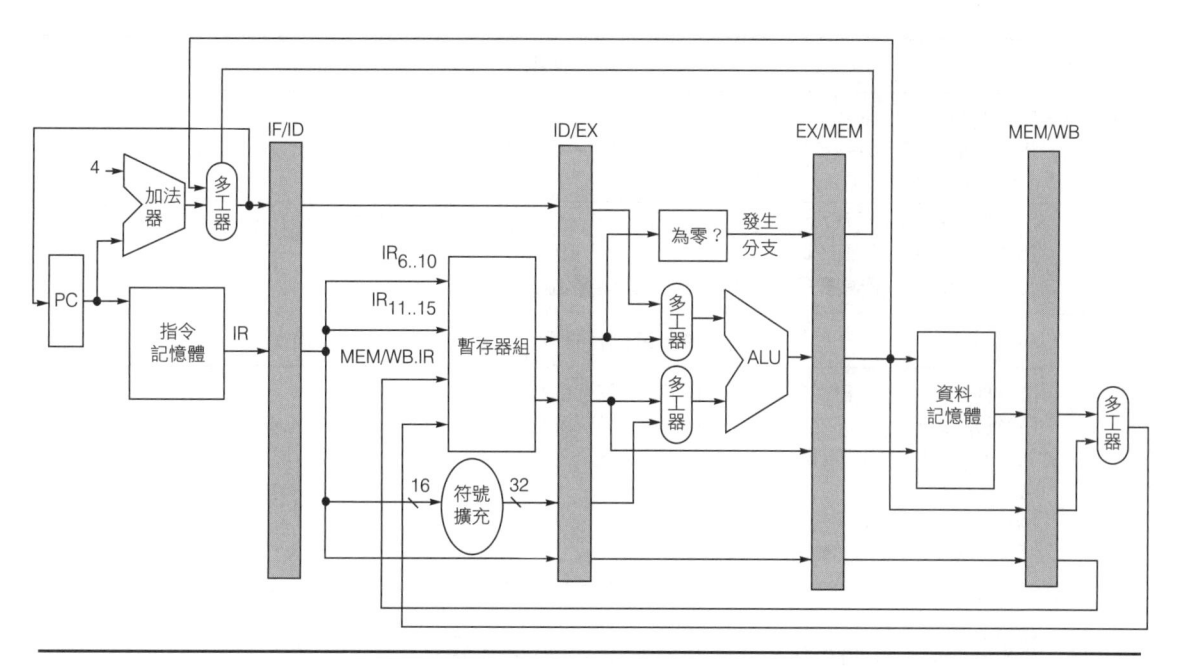

圖 C.22 加入一組暫存器來將資料路徑管線化，每一對管線階段之間各加一個暫存器。暫存器是用來將每一個階段的資料值和控制訊息傳送到下一階段。我們也可以把 PC 想成是一個管線暫存器，它位於管線的 IF 階段之前，這使得每個管線階段之前都有一個管線暫存器。請回憶一下，PC 是一個邊緣觸發的暫存器，在每個時脈週期最後被寫入；因此在寫入 PC 時不會出現競跑狀況 (race condition)。此處 PC 的選擇多工器被移走了，讓 PC 只有在一個階段 (IF) 被寫入。如果我們不移走它的話，在出現分支時就會發生衝突，因為兩道指令會試著把不同值寫入 PC 中。大多的資料路徑從左流向右，在時間軸上是由先到後。從右流向左的資料路徑 (傳送暫存器回寫的資訊以及分支的 PC 資訊) 增加了我們管線的複雜度。

一個管線階段傳到另一個，後續的管線階段所需要的值必須被放在這樣的暫存器中，而且從一個管線暫存器複製到另一個，直到不再需要為止。如果我們試著只用之前未管線化資料路徑的臨時暫存器，則在資料被用到之前可能被覆寫。例如，載入或 ALU 運算時寫入所使用的暫存器運算元欄位是由 MEM/WB 管線暫存器提供，而不是 IF/ID 暫存器。這是因為我們希望載入指令或 ALU 運算寫到該運算所指定的暫存器，而不是目前正從 IF 移動到 ID 的指令的暫存器欄位！此目的暫存器欄位只是從一個管線暫存器複製到下一個，直到在 WB 階段期間使用到為止。

在同一時間一道指令只在管線中的一個階段執行；因此，任何指令的行為都發生在一對管線暫存器之間。所以我們可以根據指令的型態，檢視每個管線階段的行為來觀察管線的運作方式。圖 C.23 顯示了這個觀點。管線暫存器的欄位被命名成可以反映資料從一階段到下一階段的流動方式。請注意，前兩個階段的動作和目前的指令型態無關，它們必須無關，因為指令在

階段	任何指令		
IF	IF/ID.IR ← Mem[PC]; IF/ID.NPC,PC ← (if ((EX/MEM.opcode == branch) & EX/MEM.cond){EX/MEM. ALUOutput} else {PC+4});		
ID	ID/EX.A ← Regs[IF/ID.IR[rs]]; ID/EX.B ← Regs [IF/ID.IR[rt]]; ID/EX.NPC ← IF/ID.NPC; ID/EX.IR ← IF/ID.IR; ID/EX.Imm ← 符號擴充(IF/ID.IR[立即值欄位]);		
	ALU 指令	載入或儲存指令	分支指令
EX	EX/MEM.IR ← ID/EX.IR; EX/MEM.ALUOutput ← ID/EX.A func ID/EX.B; 或 EX/MEM.ALUOutput ← ID/EX.A op ID/EX.Imm;	EX/MEM.IR to ID/EX.IR EX/MEM.ALUOutput ← ID/EX.A + ID/EX.Imm; EX/MEM.B ← ID/EX.B;	EX/MEM.ALUOutput ← ID/EX.NPC + (ID/EX.Imm << 2); EX/MEM.cond ← (ID/EX.A == 0);
MEM	MEM/WB.IR ← EX/MEM.IR; MEM/WB.ALUOutput ← EX/M EM.ALUOutput ;	MEM/WB.IR ← EX/MEM.IR; MEM/WB.LMD ← Mem[EX/MEM.ALUOutput]; 或 Mem[EX/MEM.ALUOutput] ← EX/MEM.B;	
WB	Regs[MEM/WB.IR[rd]] ← MEM/WB.ALUOutput; 或 Regs[MEM/WB.IR[rt]] ← MEM/WB.ALUOutput;	只針對載入： Regs[MEM/WB.IR[rt]] ← MEM/WB.LMD;	

圖 C.23 每個 MIPS 管線階段的事件。讓我們複習一下這個特定管線結構中每個階段的行為。在 IF 中，除了讀取指令和計算新 PC 外，我們把遞增的 PC 值存入 PC 和一個管線暫存器 (NPC)，以便稍後計算分支目的位址。這個結構和圖 C.22 中的結構相同，PC 在 IF 中被一個或兩個資料來源更新。在 ID 中，我們讀取暫存器、符號擴充的 IR (立即值欄位) 的較低 16 位元，並且將 IR 和 NPC 傳下去。在 EX 中，我們執行 ALU 運算或有效位址計算；我們把 IR 和暫存器 B 傳下去 (如果是儲存指令的話)。如果是一個會發生的分支指令，我們也把 cond 的值設成 1。在 MEM 階段，我們使用記憶體 (如果需要的話則寫入 PC)，並且把最後的管線階段所需的資料傳下去。最後在 WB 期間，我們把暫存器更新成 ALU 輸出或是載入的值。為了簡單起見，我們總是把整個 IR 從一個階段傳遞到下一個階段──雖然當指令進行到管線後端時，所需要的 IR 部份愈來愈少。

ID 階段結束前還沒有解碼完成。IF 的動作取決於在 EX/MEM 中的指令是否為發生的分支。如果是的話，那麼在 EX/MEM 中的分支指令的分支目的位址就會在 IF 結束時寫入 PC；否則遞增的 PC 會被寫回。(如我們之前所提到的，這種分支效應使得管線變得複雜，我們會在下面幾節中處理。) 暫存

器來源運算元的固定位置編碼是很重要的，它使得暫存器可以在 ID 期間被提取。

要控制這個簡單的管線，我們只需要知道如何設定圖 C.22 中資料路徑的四個多工器。在 ALU 階段的兩個多工器依指令型態而設定，這在 ID/EX 暫存器的 IR 欄位中指定。上方的 ALU 輸入多工器的設定取決於這道指令是否為分支指令，而下方多工器的設定則取決於這道指令是否為一個暫存器－暫存器 ALU 運算，或是任何其他型態的運算。在 IF 階段的多工器用來決定要把遞增的 PC 值抑或 EX/MEM.ALUOutput 值 (分支目的) 寫入 PC，這個多工器是由 EX/MEM.cond 欄位所控制的。第四個多工器是由 WB 階段的指令為載入或為 ALU 運算來控制。除了這四個多工器之外，還需要一個在圖 C.22 中沒畫出的多工器，其存在只要看看 ALU 運算的 WB 階段就很清楚了。目的暫存器欄位是在兩個不同的位置之一，取決於指令型態 (暫存器－暫存器 ALU 相對於 ALU 立即值或載入)。因此，假設這道指令寫入一個暫存器，我們便需要一個多工器來選擇在 MEM/WB 暫存器中 IR 的正確部份，以指定暫存器目的欄位。

製作 MIPS 管線的控制

讓指令從管線的指令解碼階段 (ID) 前進到執行階段 (EX) 的過程稱為**指令發派** (instruction issue)；做完這個步驟的指令就說是已經**發派完成**。對 MIPS 整數管線而言，所有的資料危障都可以在管線的 ID 階段檢查。如果有資料危障，這道指令在發派前會被暫停。同樣地，我們在 ID 階段可以決定需要什麼轉送，並且設定適當的控制訊號。較早在管線中偵測互連鎖可以減少硬體的複雜度，因為硬體永遠不需要拖延一個已經更新處理器狀態的指令，除非整個處理器都被暫停了。要不然，我們也可以在使用運算元的時脈週期開始時 (此管線中的 EX 和 MEM 階段) 偵測危障或偵測轉送。為了要顯示這兩種方法的相異之處，我們將證明：來源是載入指令的**寫入後讀取** (read after write, RAW) 危障的互連鎖 [稱為**載入互連鎖** (load interlock)] —— 如何可以藉由在 ID 中檢查來製作，以及轉送至 ALU 輸入的路徑 —— 如何可以在 EX 階段中製作。圖 C.24 列出了我們必須處理的各種情況。

讓我們從製作載入互連鎖開始。如果有一個 RAW 資料危障的來源指令是載入指令，當一道需要載入資料的指令是在 ID 階段時，該載入指令會在 EX 階段。因此，我們可以用一個很小的表格來描述所有可能的危障情形，這個表格可以直接轉換為製作。圖 C.25 顯示了一個偵測所有載入互連鎖的

各種情況	程式碼序列的範例	動　作
沒有相依關係	LD　　R1,45(R2) DADD　R5,R6,R7 DSUB　R8,R6,R7 OR　　R9,R6,R7	因為接下來的三道指令均與 R1 沒有相依關係，所以不會有危障。
需要暫停的相依關係	LD　　R1,45(R2) DADD　R5,R1,R7 DSUB　R8,R6,R7 OR　　R9,R6,R7	比較器偵測到 DADD 會使用 R1，因此在 DADD 開始 EX 之前，暫停 DADD (以及 DSUB 和 OR)。
利用轉送可以解決的相依關係	LD　　R1,45(R2) DADD　R5,R6,R7 DSUB　R8,R1,R7 OR　　R9,R6,R7	比較器偵測到 DSUB 會使用 R1，因此及時將載入的結果轉送至 ALU，讓 DSUB 可以開始 EX。
必須按順序存取的相依關係	LD　　R1,45(R2) DADD　R5,R6,R7 DSUB　R8,R6,R7 OR　　R9,R1,R7	不需要任何動作，因為 OR 讀取 R1 的動作發生在 ID 階段的後半部份，而載入資料的寫入動作發生在前半部份。

圖 C.24　管線危障偵測硬體可以藉由比較相鄰指令的目的地與來源，得知有沒有危障的情形。這個表格指出：目的地與來源之間的比較，唯一需要針對的來源是在兩道指令上的來源，而這兩道指令是跟隨在寫入目的地的這道指令之後。在有暫停的情形下，一旦繼續執行，管線的相依性看起來會像是第三種情形。當然和 R0 有關的危障可以被忽略，因為該暫存器的值一定是 0，可以擴充以上的測試來完成這件事。

ID/EX 的運算碼欄位 (ID/EX.IR$_{0..5}$)	IF/ID 的運算碼欄位 (IF/ID.IR$_{0..5}$)	比對運算元欄位
載入	暫存器 – 暫存器 ALU	ID/EX.IR[rt] == IF/ID.IR[rs]
載入	暫存器 – 暫存器 ALU	ID/EX.IR[rt] == IF/ID.IR[rt]
載入	載入、儲存、ALU 立即值 或分支	ID/EX.IR[rt] == IF/ID.IR[rs]

圖 C.25　為了要在指令的 ID 階段偵測需不需要載入互連鎖，我們需要三個比較運算。表中的第一列和第二列用來測試載入指令的目的暫存器是否為 ID 中的暫存器 – 暫存器運算的來源暫存器之一。表中第三列用來決定載入指令的目的暫存器是否為載入或儲存的有效位址的來源、ALU 立即值的來源，或分支測試的來源。請記住 IF/ID 暫存器保存了 ID 中指令的狀態值，這道指令可能會使用載入的運算結果，而 ID/EX 則保存了 EX 中該載入指令 的狀態值。

表格 —— 當使用載入結果的指令是在 ID 階段時。

　　一旦偵測到危障，控制單元必須插入管線暫停並且阻止在 IF 和 ID 階

段的指令前進。如我們先前所說，所有的控制資訊都被放在管線暫存器中。(只要放入指令就夠了，因為所有的控制資訊都可以從它得到。)因此，當我們偵測到危障時，我們只需要把 ID/EX 管線暫存器的控制部份都改成 0，這就成了一個空運算 (一個什麼都不做的指令，例如 DADD R0, R0, R0)。此外，我們只要重製 IF/ID 暫存器的內容就可以保留暫停的指令。在具有更複雜危障的管線中，可以用相同的概念：我們可以藉由比對某一組管線暫存器來偵測危障，並且移入空運算來防止錯誤的執行。

雖然要考慮的情形比較多，但是轉送的製作方式很類似。製作轉送邏輯最需要的重要觀察點為：管線暫存器包含了要轉送的資料，以及來源和目的暫存器的欄位。邏輯上，所有的轉送都發生在 ALU 或資料記憶體的輸出到 ALU 的輸入、資料記憶體的輸入，或測試是否為零的單元。因此，我們可以藉由包含在 EX/MEM 和 MEM/WB 暫存器中 IR 的目的暫存器，以及包含在 ID/EX 和 EX/MEM 暫存器中 IR 的來源暫存器之間的比較，來製作轉送。圖 C.26 顯示：當轉送運算結果的目的地為目前在 EX 中的指令的 ALU 輸入時，比較運算以及可能的轉送運算。

需要啟用轉送路徑時，除了要用比較器和組合邏輯來決定外，我們也必須加大 ALU 輸入處的多工器，並增加管線暫存器用來轉送運算結果的連結線路。圖 C.27 顯示了管線化資料路徑的相關區段，放入額外的多工器和連線。

對 MIPS 來說，危障偵測和轉送硬體很簡單，而當我們擴充這個管線來處理浮點數時，會發現情況變得更複雜一點。在我們這麼做之前，我們要先處理分支。

處理管線中的分支

在 MIPS 中，分支 (BEQ 和 BNE) 需要測試一個暫存器和另一個 (可能是 R0) 是否相等。如果我們只考慮 BEQZ 和 BNEZ 的狀況，這需要測試是否為零。把測試是否為零移入 ID 週期，可以讓這個決策在 ID 週期結束前完成。要利用分支是否發生的較早決策，兩個 PC (發生和未發生) 都必須較早計算完。因為之前用來做這個運算的主要 ALU 在 EX 前不可以使用，所以在 ID 期間計算分支目的位址需要一個額外的加法器。圖 C.28 顯示更改過的管線資料路徑。有了分開的加法器以及 ID 期間所做的分支決策，因此分支時只有一個時脈週期的暫停。雖然這將分支延遲減少到一個週期，但卻意味著：跟隨在 ALU 指令之後且使用其結果的分支，會發生資料危障暫停。圖 C.29 顯示了圖 C.23 中管線分支部份的修正表格。

含有來源指令的管線暫存器	來源指令的運算碼	含有目的指令的管線暫存器	目的指令的運算碼	轉送結果的目的	比較（如果相等就轉送）
EX/MEM	暫存器–暫存器 ALU	ID/EX	暫存器–暫存器 ALU、ALU 立即值、載入、儲存、分支	上端 ALU 輸入	EX/MEM.IR[rd] == ID/EX.IR[rs]
EX/MEM	暫存器–暫存器 ALU	ID/EX	暫存器–暫存器 ALU	下端 ALU 輸入	EX/MEM.IR[rd] == ID/EX.IR[rt]
MEM/WB	暫存器–暫存器 ALU	ID/EX	暫存器–暫存器 ALU、ALU 立即值、載入、儲存、分支	上端 ALU 輸入	MEM/WB.IR[rd] == ID/EX.IR[rs]
MEM/WB	暫存器–暫存器 ALU	ID/EX	暫存器–暫存器 ALU	下端 ALU 輸入	MEM/WB.IR[rd] == ID/EX.IR[rt]
EX/MEM	ALU 立即值	ID/EX	暫存器–暫存器 ALU、ALU 立即值、載入、儲存、分支	上端 ALU 輸入	EX/MEM.IR[rt] == ID/EX.IR[rs]
EX/MEM	ALU 立即值	ID/EX	暫存器–暫存器 ALU	下端 ALU 輸入	EX/MEM.IR[rt] == ID/EX.IR[rt]
MEM/WB	ALU 立即值	ID/EX	暫存器–暫存器 ALU、ALU 立即值、載入、儲存、分支	上端 ALU 輸入	MEM/WB.IR[rt] == ID/EX.IR[rs]
MEM/WB	ALU 立即值	ID/EX	暫存器–暫存器 ALU	下端 ALU 輸入	MEM/WB.IR[rt] == ID/EX.IR[rt]
MEM/WB	載入	ID/EX	暫存器–暫存器 ALU、ALU 立即值、載入、儲存、分支	上端 ALU 輸入	MEM/WB.IR[rt] == ID/EX.IR[rs]
MEM/WB	載入	ID/EX	暫存器–暫存器 ALU	下端 ALU 輸入	MEM/WB.IR[rt] == ID/EX.IR[rt]

圖 C.26 資料轉送至兩個 ALU 輸入（針對在 EX 中的指令），可能來自 ALU 結果（在 EX/MEM 或 MEM/WB 中）或 MEM/WB 中的載入結果。要決定轉送運算是否應該發生需要十個分開的比較運算。上端和下端的 ALU 輸入分別對應到第一個和第二個 ALU 的來源運算元，它們被畫在 657 頁的圖 C.21 和 665 頁的圖 C.27 中。請記住 EX 中目的指令的閂閘是 ID/EX，而來源值來自 EX/MEM 或 MEM/WB 的 ALUOutput 部份，或 MEM/WB 的 LMD 部份。這個邏輯有一個複雜的地方在這裡沒有說明：處理多道指令同時寫入同一個暫存器。例如，在程式碼序列 DADD R1, R2, R3；DADDI R1, R2, #2；DSUB R4, R3, R1 中，邏輯必須要確保 DSUB 指令使用 DADDI 指令的結果，而不是 DADD 指令的結果。上述的邏輯可以加以擴充來處理這種情況，只要測試 MEM/WB 的轉送只有在同樣輸入的 EX/MEM 轉送沒有被啟用時才被啟用，就可以了。因為 DADDI 的結果會在 EX/MEM 中，所以它會被轉送，而不是 DADD 的結果在 MEM/WB 中。

在某些處理器中，分支危障的時脈週期成本甚至比我們的範例還要昂貴，因為評估分支條件和計算目的位址的時間可能更長。例如，具有分開的解碼階段和暫存器提取階段的處理器可能會有至少長了一個週期的**分支延遲**

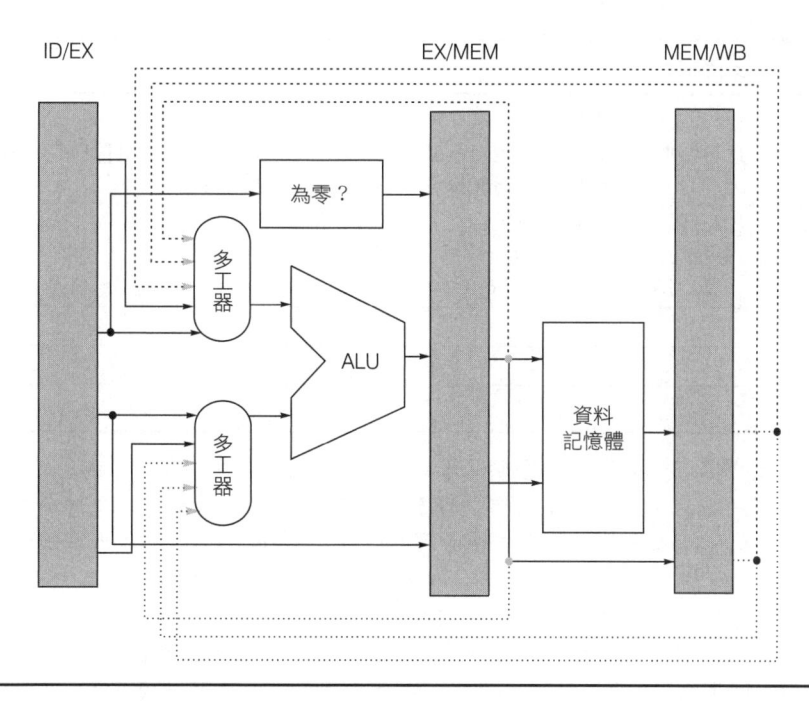

圖 C.27 將結果轉送到 ALU 需要增加三個額外的輸入到每一個 ALU 多工器中，並且增加三條路徑到新的輸入。這些路徑對應到以下的旁路：(1) EX 階段結束時的 ALU 輸出，(2) MEM 階段結束時的 ALU 輸出，和 (3) MEM 階段結束時的記憶體輸出。

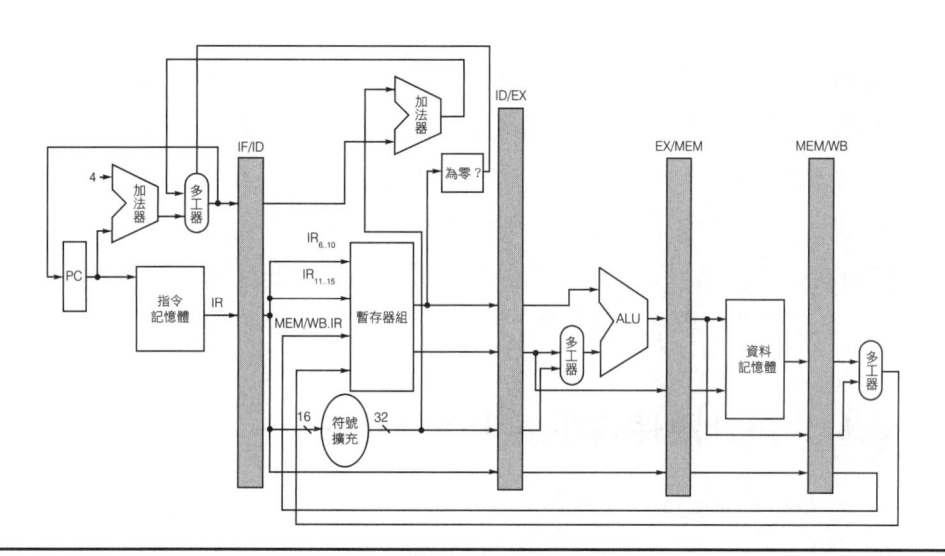

圖 C.28 將測試是否為零和分支目的計算移到管線的 ID 階段，可以減少因分支危障而產生的暫停。請注意我們做了兩個重要的改變，每一個都會消除分支的三個週期暫停中的一個週期。第一個改變是把分支目的位址計算和分支條件決策移到 ID 週期。第二個改變是在 IF 階段寫入指令的 PC —— 使用 ID 期間所計算的分支目的位址，或是 IF 期間所遞增的 PC 值。相較之下，圖 C.22 是從 EX/MEM 暫存器中取得分支目的位址，且在 MEM 時脈週期期間寫入結果。如圖 C.22 所提，PC 可以被想成管線暫存器 (例如，想成 IF/ID 的一部份)，在每個 IF 週期結束時被寫入下一道指令的位址。

管線階段	分支指令
IF	IF/ID.IR ← Mem[PC] ; IF/ID.NPC, PC ← (if ((IF/ID.opcode == branch) & (Regs[IF/ID.IR$_{6..10}$] op 0)) {IF/ID.NPC + 符號擴充 (IF/ID.IR[立即值欄位] << 2) else {PC+4}) ;
ID	ID/EX.A ← Regs[IF/ID.IR$_{6..10}$] ; ID/EX.B ← Regs[IF/ID.IR$_{11..15}$] ; ID/EX.IR ← IF/ID.IR ; ID/EX.Imm ← (IF/ID.IR$_{16}$)^{16}##IF/ID.IR$_{16..31}$
EX	
MEM	
WB	

圖 C.29 修改圖 C.23 而得到的管線架構。它使用一個分開的加法器 (如圖 C.28 所示)，在 ID 期間計算分支目的位址。新的或是改變的運算用粗體表示。由於分支目的位址的加法發生在 ID 期間，因此所有的指令都會發生；分支條件 (Regs[IF/ID.IR$_{6..10}$] op 0) 也會被所有的指令計算。循序 PC 或是分支目的 PC 之選擇仍然發生在 IF 期間，不過它現在使用 ID/EX 暫存器中的值，這是根據上一道指令所設定的值。這個改變減少了 2 個週期的分支損傷：一個來自於較早評估分支目的地和條件，另一個來自於在同一個時脈上控制 PC 的選擇，而不是在下一個時脈。由於 cond 的值被設為 0，除非 ID 中的指令是一個發生的分支，否則處理器必須在 ID 結束前解碼指令。因為分支是在 ID 的結尾被處理，所以分支並使用 EX、MEM 和 WB 階段。另一個複雜處起因於偏移量比分支更長的位移。我們可以多用一個加法器來解決這個問題：先將 IR 的內容左移兩個位元，再將其較低的 26 位元值與 PC 值相加。

(branch delay) —— 控制危障的長度。除非加以處理，不然分支延遲會變成分支損傷。許多製作更為複雜指令集的較早期 CPU 會有 4 個時脈週期或更長的分支延遲，而更大更深的管線式處理器通常會有 6 或 7 週期的分支損傷。一般來說，管線愈深，分支損傷的時脈週期數愈多。當然，較長的分支損傷對效能的相對影響取決於處理器的整體 CPI 值。低 CPI 值的處理器可以負擔較昂貴的分支，因為處理器由於分支而損失的效能百分比較少。

C.4 是什麼使得管線化製作困難？

現在我們瞭解如何偵測和解決危障，我們就可以處理一些到目前為止避過的複雜問題。本節的第一部份考慮例外 (exception) 狀況的挑戰，也就是指令執行順序是以非預期的方式改變。在本節的第二部份，我們討論因不同指令集而產生的一些挑戰。

處理例外狀況

例外狀況在管線式 CPU 中更難處理，因為指令的重疊使得要知道一道

指令是否可以安全地改變 CPU 的狀態變得更為困難。在管線式 CPU 中，一道指令被一部份一部份地執行，而且在幾個時脈週期之後才會完成。不幸地，管線中的其他指令可能產生例外狀況，迫使 CPU 在指令完成前取消它們。在我們討論這些問題以及它們的解決方法之前，我們必須瞭解什麼樣的情形可能發生，而且要如何改變結構來支援它們。

例外的種類和需求

用來描述指令的正常執行順序被改變的例外狀況術語在各 CPU 中都不同。**中斷** (interrupt)、**錯誤** (fault) 和**例外** (exception) 都有被使用 —— 雖然並不一致。我們用**例外**這個詞彙來涵蓋所有的這類機制，包括下列：

- I/O 裝置的請求
- 從使用者程式中呼叫作業系統的服務
- 追蹤指令的執行
- 中斷點 (breakpoint) (程式設計師請求的中斷)
- 整數運算溢位 (overflow)
- 浮點數運算異常
- 分頁錯誤 (不在主記憶體中)
- 未對齊的 (misaligned) 記憶體存取 (如果需要對齊的話)
- 違反記憶體保護規定
- 使用未定義或是未製作的指令
- 硬體誤動作
- 電源供應故障

當我們想要指明某個特殊類別的例外時，我們會使用較長的名字，像是 I/O 中斷、浮點數例外或分頁錯誤。圖 C.30 顯示了上述常見的例外事件的各種不同名稱。

雖然我們用**例外**來總括所有這些事件，但是個別的事件有其重要的特性，決定了硬體需要做什麼事。例外的特性可以從五個約略獨立的角度來描述：

1. **同步對非同步**：在相同的資料和記憶體配置之下，如果程式每次執行到相同的地方時就會發生某事件的話，該事件就是**同步**的。在硬體誤動作的例外狀況下，**非同步**的事件是由 CPU 和記憶體之外的裝置所引發的。我們通常可以在完成目前的指令之後再處理非同事件，這使得它們較容易被處理。

例外事件	IBM 360	VAX	Motorola 680x0	Intel 80x86
I/O 裝置請求	輸入/輸出中斷	裝置中斷	例外 (L0 至 L7 自動向量)	向量化中斷
使用者程式呼叫作業系統服務	管理者呼叫中斷	例外 (更改為管理者模式的陷阱)	例外 (未製作的指令) —— 在 Macintosh	中斷 (INT 指令)
追蹤指令的執行	不適用	例外 (追蹤錯誤)	例外 (追蹤)	中斷 (單步陷阱)
中斷點	不適用	例外 (中斷點錯誤)	例外 (不合法的指令或中斷點)	中斷 (中斷點陷阱)
整數算術溢位或下溢；浮點數陷阱	程式中斷 (溢位或下溢例外)	例外 (整數溢位陷阱或浮點數下溢錯誤)	例外 (浮點數協同處理器錯誤)	中斷 (溢位陷阱或數學單元例外)
分頁錯誤 (不在主記憶體中)	不適用 (僅於 370)	例外 (轉譯無效錯誤)	例外 (記憶體管理單元錯誤)	中斷 (分頁錯誤)
未對齊的記憶體存取	程式中斷 (規格例外)	不適用	例外 (位址錯誤)	不適用
違反記憶體保護規定	程式中斷 (保護例外)	例外 (違反存取控制規定的錯誤)	例外 (匯流排錯誤)	中斷 (保護例外)
使用沒有定義的指令	程式中斷 (運算例外)	例外 (運算碼特權式/保留式錯誤)	例外 (不合法的指令或中斷點/未製作的指令)	中斷 (無效運算碼)
硬體誤動作	機器檢查中斷	例外 (機器檢查中止)	例外 (匯流排錯誤)	不適用
電源故障	機器檢查中斷	緊急中斷	不適用	不可遮罩的中斷

圖 C.30 在四種不同結構中常見例外的不同名稱。在 IBM 360 和 80x86 中每個事件都被稱為中斷，而在 680x0 中每個事件都被稱為**例外**。VAX 把事件分成**中斷**和**例外**。**裝置**、**軟體**和**緊急**這些形容詞都用在 VAX 中斷上，而 VAX 例外可細分為**錯誤** (fault)、**陷阱** (trap) 和**中止** (abort)。

2. 使用者請求對強制：如果使用者的任務直接需要它，它就是一個**使用者請求**的事件。換一種角度來看，使用者請求的例外並不真的是例外，因為它們是可預測的。不過它們被當成例外來處理，是因為我們用相同的儲存和回復機制來處理這些使用者請求的事件。由於這道觸發該例外的指令之唯一功能就是要造成例外，所以使用者請求的例外總是可以在指令完成後被處理。**強制**的例外可能起因於某個不是在使用者程式控制下的硬體事件。強制例外較難製作，因為它們不可預測。

3. 使用者可遮罩對使用者不可遮罩：如果一個事件可以被使用者任務所遮罩或取消 (disable) 的話，它就是**使用者可遮罩** (user maskable)。此遮罩只是控制硬體是否要回應這個例外。

4. 指令中對指令間：這種分類取決於事件是否發生在指令執行中間而阻止指令完成 (不管有多短暫)，或是發生在指令**之間**而被辨識出來。在指令中

出現的例外通常是同的，因為是由指令觸發該例外。要製作在指令中發生的例外比在指令之間發生的更困難，因為指令必須被停止後再重新開始。發生在指令中的非同步例外起因於災難性的狀況 (例如，硬體誤動作)，並且總是使程式結束。

5. **恢復執行對結束執行**：如果程式在中斷之後一定會結束的話，它就是個**結束** (terminating) 事件。如果程式在中斷後繼續執行，它就是個**恢復** (resuming) 的事件。製作結束執行的例外較容易，因為 CPU 在處理例外後不需要能夠重新開始執行同樣的程式。

圖 C.31 依據這五種類型針對圖 C.30 中的例子進行分類。其困難點在於如何製作發生在指令中的中斷，且該指令必須在中斷處恢復執行。製作這種例外需要呼叫另一個程式來儲存該執行程式的狀態、更正產生例外的原因、回復發生例外前程式的狀態，並且試著重新執行造成該例外的指令。這個過程對於該執行程式必須是隱形的。如果管線提供處理器在不影響程式執行下處理例外、儲存狀態，以及重新開始的能力，該管線或處理器就稱之為**可重新啟動的** (restartable)。雖然早期的超級電腦和微電腦往往不具備這項性質，

例外型態	同步對非同步	使用者要求對強制	使用者可遮罩對不可遮罩	指令中對指令間	恢復執行對結束執行
I/O 裝置請求	非同步	強制	不可遮罩	指令間	恢復執行
呼叫作業系統	同步	使用者請求	不可遮罩	指令間	恢復執行
追蹤指令執行	同步	使用者請求	使用者可遮罩	指令間	恢復執行
中斷點	同步	使用者請求	使用者可遮罩	指令間	恢復執行
整數算術溢位	同步	強制	使用者可遮罩	指令中	恢復執行
浮點數算術溢位或下溢	同步	強制	使用者可遮罩	指令中	恢復執行
分頁錯誤	同步	強制	不可遮罩	指令中	恢復執行
未對齊的記憶體存取	同步	強制	使用者可遮罩	指令中	恢復執行
違反記憶體保護規定	同步	強制	不可遮罩	指令中	恢復執行
使用沒有定義的指令	同步	強制	不可遮罩	指令中	結束執行
硬體誤動作	非同步	強制	不可遮罩	指令中	結束執行
電源故障	非同步	強制	不可遮罩	指令中	結束執行

圖 C.31 用五種類型來定義圖 C.30 的不同例外型態所需要的動作。必須允許恢復執行的例外被標記為恢復執行 —— 雖然軟體可能通常選擇結束程式。發生在指令中同步的、強制的，而且可以恢復執行的例外最難製作。我們可能期望違反記憶體存取保護規定時總是會導致程式結束。然而，新式作業系統卻使用記憶體保護來偵測第一次嘗試使用一個分頁或是第一次寫入一個分頁等事件。因此，CPU 應該能夠在這種例外之後恢復執行。

但是幾乎現今所有的處理器都支援這項能力 —— 至少整數管線是如此，因為製作虛擬記憶體時需要用到這項功能 (見第 2 章)。

停止與重新開始執行

　　如同非管線式的製作一般，最困難的例外有兩項性質：(1) 它們發生在指令中 (也就是說，在指令執行中間的 EX 或 MEM 管線階段)，和 (2) 它們必須可以重新開始。例如，在我們的 MIPS 管線中，因提取資料而造成的虛擬記憶體分頁錯誤一直要到指令的 MEM 階段才會發生。在錯誤發生時，其他的幾道指令也正在執行。分頁錯誤必須可以重新開始，而且需要另一個行程的參與，比如說作業系統。因此，管線必須要安全地關閉，而且要儲存狀態讓指令可以在正確狀態下重新開始。通常是藉由儲存要重新開始的指令 PC 值來製作重新開始。如果重新開始的指令不是分支，那麼我們會繼續提取之後的指令，並且以平常的方式開始執行。如果重新開始的指令是分支，那麼我們會重新評估分支條件，並且從分支目的地或是分支的直接繼續指令開始提取。當例外發生時，管線控制可以採取下列步驟來安全地儲存管線狀態：

1. 強迫在下一個 IF 時將落陷指令放入管線中。
2. 直到落陷發生之前，關閉錯誤指令和管線中所有後續指令的寫入；把管線中所有指令的管線閂閘設為零即可 —— 從產生例外的指令開始，但是不包括該指令之前的指令。這可以防止在例外處理之前改變未完成指令的任何狀態。
3. 在作業系統中的例外處理常式得到控制權後，它立刻儲存錯誤指令的 PC 值。在稍後的例外回復時會用到這個值。

　　如我們在上一節所提到的，當我們使用延遲式分支時，用單一的 PC 已經不再可能重新產生處理器的狀態，因為管線中的指令不一定有先後順序。因此我們需要儲存並回復如分支延遲長度加一那麼多的 PC 值。這是在以上的步驟 3 中完成。

　　在例外處理完後，特殊的指令重新載入 PC 讓處理器從例外中復原，並且重新開始指令串流 (使用 MIPS 中的 RFE 指令)。如果管線可以停止，而使得在錯誤指令之前的指令都完成，而且之後的指令都可以重新開始，這個管線可說是具備**精確的例外** (precise exception)。理想上，錯誤指令不會改變狀態，要正確地處理某些例外必須確定錯誤指令不會影響狀態。對其他例外而言 (例如浮點數例外)，一些處理器的錯誤指令在例外可以被處理前會寫

入它的結果。在這種情形下，硬體必須準備去取得來源運算元，即使目的運算元和某個來源運算元是同一個。因為浮點數運算可能會執行許多週期，其他的指令很可能會覆寫來源運算元 [我們將在下一節中看到，浮點數運算常常以**非依序** (out of order) 的方式來完成]。要克服這個問題，近來有許多高效能 CPU 提供了兩種運作模式。一個模式具有精確的例外，而另一個 (快速或效能模式) 則沒有。當然，精確的例外模式比較慢，因為它允許較少浮點數指令的重疊。在某些高效能 CPU 中，包括 Alpha 21064、Power2 和 MIPS R8000，精確模式通常慢很多 (> 10 倍)，所以只有在程式碼除錯時才有用。

支援精確的例外是許多系統的需求，但是對其他的來說「只是」有價值的，因為它們簡化了作業系統的介面。底限是：任何有分頁需求和 IEEE 算術落陷處理的處理器必須讓它的例外是精確的，不是用硬體就是用軟體來支援。對整數管線來說，製造精確例外的任務就比較簡單，加入了虛擬記憶體後更強化了支援記憶體存取時精確例外的動機。實際上，這些原因使得設計師和結構設計師總是提供整數管線精確的例外。本節中我們會說明如何製作 MIPS 整數管線的精確例外。在 C.5 節中我們會說明處理因浮點數管線而引發更複雜挑戰的技巧。

MIPS 中的例外

圖 C.32 顯示了 MIPS 管線階段，以及在每個階段中可能發生的「問題」例外。使用管線處理時，多個例外可能會發生在同一個時脈週期，因為有數道指令在執行。例如考慮以下指令序列：

LD	IF	ID	EX	MEM	WB	
DADD		IF	ID	EX	MEM	WB

這兩道指令可能同時造成資料分頁錯誤和算術例外，因為 LD 是在 MEM 階段，而 DADD 是在 EX 階段。這個情形可以只處理資料分頁錯誤以及重新開

管線階段	發生的「問題」例外
IF	指令提取時發生分頁錯誤；未對齊的記憶體存取；違反記憶體規定
ID	沒有定義或不合法的運算碼
EX	算術例外
MEM	資料提取時發生分頁錯誤；未對齊的記憶體存取；違反記憶體保護規定
WB	無

圖 C.32 可能在 MIPS 管線中發生的例外。因指令或記憶體存取而引發的例外佔了八個中的六個。

始執行。第二個例外會再度發生 (但非第一個,如果軟體是正確的話),當第二個例外發生時,它可以獨立被處理。

實際上,情況不是像這個簡單的範例那麼直覺。例外可能非依序發生;也就是說,一道指令可能會比較早的指令更早引發例外。請再看一次上面的指令序列,DADD 在 LD 之後。當 LD 指令在 MEM 階段時可能發生資料分頁錯誤,而當 DADD 指令在 IF 階段時可能發生指令分頁錯誤。指令分頁錯誤會較早發生,雖然它是由後面的指令所造成!

因為我們在製作精確的例外,管線需要能先處理 LD 指令造成的例外。為了要解釋這是如何運作的,讓我們把在 LD 位置的指令稱為指令 i,而把在 DADD 位置的指令稱為指令 $i+1$。管線不能在例外發生時及時處理,因為這會使得例外的發生和未管線化的順序不同。反而,硬體把一道指令引發的所有例外放入一個與該指令相關的狀態向量中。例外狀態向量隨著指令在管線中一起進行。一旦例外狀態向量中的例外指示被設定,任何可能造成資料值被寫入的控制信號都被關閉 (包括了暫存器寫入和記憶體寫入)。因為儲存可能在 MEM 期間引發例外,如果例外發生,硬體必須準備去防止儲存完成。

當指令進入 WB (或是即將離開 MEM) 時,就檢查例外狀態向量。如果有任何例外發生,它們會依照未管線化處理器上所出現的時間順序來處理 —— 對應到最早指令 (並且通常是這道指令最早的管線階段) 的例外最先處理。這確保了所有指令 i 的例外會比指令 $i+1$ 的更早被看到。當然,指令 i 在所有較早管線階段執行的動作可能都是不正確的,但是由於暫存器寫入和記憶體寫入都是被關閉的,因此沒有狀態會被改變。我們將會在 C.5 節中看到,浮點數運算要維持這種精確的模型會困難許多。

在下一個小節中,我們描述在更強力、執行時間更長的指令之處理器管線當中製作例外所造成的問題。

指令集複雜度

MIPS 的所有指令都只會產生一個結果,而我們的 MIPS 管線只有在指令執行到最後才寫入該結果。當一道指令一定會完成時,就被稱為**判定** (committed)。在 MIPS 整數管線中,所有指令在它們到達 MEM 階段 (或 WB 的開頭) 時就已判定了,沒有任何指令會在那個階段前更新狀態。因此,精確的例外很直觀。有些處理器具有在指令執行的中間更改狀態的指令 (在確定這道指令和前面指令都完成之前)。例如,IA-32 結構的自動遞增定址模式會在指令執行的中間更新暫存器。在這個情形下,如果指令因例外而中止,

它會使得處理器狀態被改變。雖然我們知道哪一道指令會引發這個例外，但是沒有更多硬體支援的話，這個例外就會是不精確的，因為指令將只完成一半。在非精確的例外之後重新開始指令串流是很困難的。另一個作法是，我們可以避免在指令判定前更新狀態，但這可能是困難而且成本昂貴的，因為更新的狀態可能有相依性：請考慮自動遞增同一個暫存器數次的 VAX 指令。因此，為了要維持精確的例外模型，具有這類指令的處理器大多有能力回復在這道指令判定前任何的狀態改變。如果發生例外，處理器便採用這項功能把處理器狀態重設成中斷指令開始之前。在下一節中，我們會看到更強力的 MIPS 浮點數管線也可能產生類似的問題，而 C.7 節中介紹的技術會大大地增加例外處理的複雜度。

執行期間更新記憶體狀態的指令也會造成相關的困難來源，例如 VAX 或 IBM 360 上的字串複製運算 (請見附錄 K)。為了要使這些指令可以被中斷和重新開始，這些指令被定義成要使用通用暫存器來作為工作暫存器。因此部份完成指令的狀態一定會在暫存器中，它們在例外時被儲存，而在例外之後復原，讓指令可以繼續執行。VAX 採用一個額外的狀態位元來記錄一道指令何時開始更新記憶體狀態，使得管線重新開始時，CPU 會知道是否要從頭或是從中間重新開始該指令。IA-32 字串指令也使用暫存器作為工作儲存區，藉由「儲存暫存器」和「回復暫存器」來儲存和回復這類指令的狀態。

一些不同的困難處來自於特殊的狀態位元，它會增加額外的管線危障或是需要額外的硬體來儲存和回復——條件碼就是很好的例子。許多處理器在指令中隱性地設定條件碼。這個方法有好處，因為條件碼將條件評估從真實的分支中分離出來。不過隱性地設定條件碼可能會造成針對設定條件碼和分支之間的管線延遲來進行排程的困難度 —— 因為大部份指令會設定條件碼，而且不可以被使用在條件評估和分支之間的延遲槽。

此外，在具有條件碼的處理器中，處理器必須決定分支條件何時是固定的。這會牽涉到要找出該條件碼在該分支前，何時最後一次被設定。在大部份隱性設定條件碼的處理器中，其作法是將分支條件評估延後到前面所有指令都有機會設定該條件碼為止。

當然，使用顯性地設定條件碼的結構讓條件測試和分支之間的延遲變成可排程的，不過管線控制還是必須追蹤上一個設定條件碼的指令，藉此得知該分支條件何時被決定。結果，條件碼必須被當成一個運算元，然後偵測此運算元與分支之間是否有 RAW 危障，正如同 MIPS 必須在暫存器上所做一樣。

管線化最後一個棘手的地方是多週期運算。想像一下試著對如下的

VAX 指令序列進行管線化：

```
MOVL    R1,R2                   ;在暫存器之間搬移
ADDL3   42(R1),56(R1)+,@(R1)    ;記憶體位置相加
SUBL2   R2,R3                   ;暫存器相減
MOVC3   @(R1)[R2],74(R2),R3     ;搬移一個字碼字串
```

這些指令需要的時脈週期數差異很大，少的只要一個週期，多的數百個週期。它們也需要不同數目的資料記憶體存取，從零到數百個都有可能。這些資料危障非常複雜，而且發生在指令間和指令中。讓所有指令執行相同時脈週期數目的簡單解法已經不適用了，因為它引入大量的危障和旁路條件，並且造成超長的管線。將 VAX 在指令階層管線化是很困難的，但 VAX 8800 的設計師發現了一個聰明的解決辦法。他們對**微指令** (microinstruction) 進行管線化：微指令是簡單的指令，我們通常用一連串的微指令來製作更複雜的指令集。因為微指令很簡單 (它們看起來很像 MIPS)，管線的控制就容易多了。從 1995 年開始，所有 Intel IA-32 微處理器都用這種策略把 IA-32 指令轉換成微指令，然後再將這些微指令管線化。

相較之下，載入－儲存式處理器具有簡單的運算，它們的工作量類似，比較容易管線化。如果結構設計師瞭解指令集設計和管線化之間的關係，他們可以設計更有效率的管線化結構。在下一節中我們會看到 MIPS 管線如何處理長時間執行的指令，特別是浮點數運算。

我們相信，多年來指令集和製作間的互動其實是很少的，而製作的問題並非指令集設計的主要關注。在 1980 年代，管線化的困難度和效能低落兩者可能都隨著指令集複雜度而增加。在 1990 年代，所有公司都轉向較簡單的指令集，其目標是要降低積極性製作的複雜度。

C.5 擴充 MIPS 管線來處理多週期運算

我們現在要探討如何擴充我們的 MIPS 管線來處理浮點數運算。本節會專注於基本的方法和設計的選擇，而以 MIPS 浮點數管線的效能量測來總結。

要求所有的 MIPS 浮點數運算在一個甚至是兩個時脈週期內完成都是不切實際的。這樣做就表示要接受慢的時脈週期，或在浮點數單元中使用大量的邏輯電路，或兩者都要。反而，浮點數管線允許較長延遲的運算。如果我們把浮點數指令想成擁有和整數指令相同的管線，就會比較容易理解──其中只有兩個重要的改變。第一，EX 週期可能會視需要重複多次來完成運

算 —— 不同運算的重複次數不同。第二，可能有多個浮點數功能單元。如果要發派的指令會造成所使用的功能單元的結構危障或造成資料危障，就會發生暫停。

本節中，讓我們假設 MIPS 製作中有四個分開的功能單元：

1. 主要的整數單元，處理載入和儲存、整數 ALU 運算以及分支
2. 浮點數和整數乘法器
3. 浮點數加法器，處理浮點數加法、減法和轉換
4. 浮點數和整數除法器

如果我們也假設這些功能單元的執行階段未管線化的，圖 C.33 便呈現了結果的管線結構。因為 EX 未管線化，所以沒有其他任何使用該功能單元的指令可以在前一道指令離開 EX 前被發派。而且如果指令無法前進到 EX 階段，整個管線在這道指令後面就會被暫停。

實際上，中間的結果可能不是如圖 C.33 中所表示的那樣繞著 EX 單元循環；反而是 EX 管線階段的延遲比一個時脈數還長。我們可以把圖 C.33 中

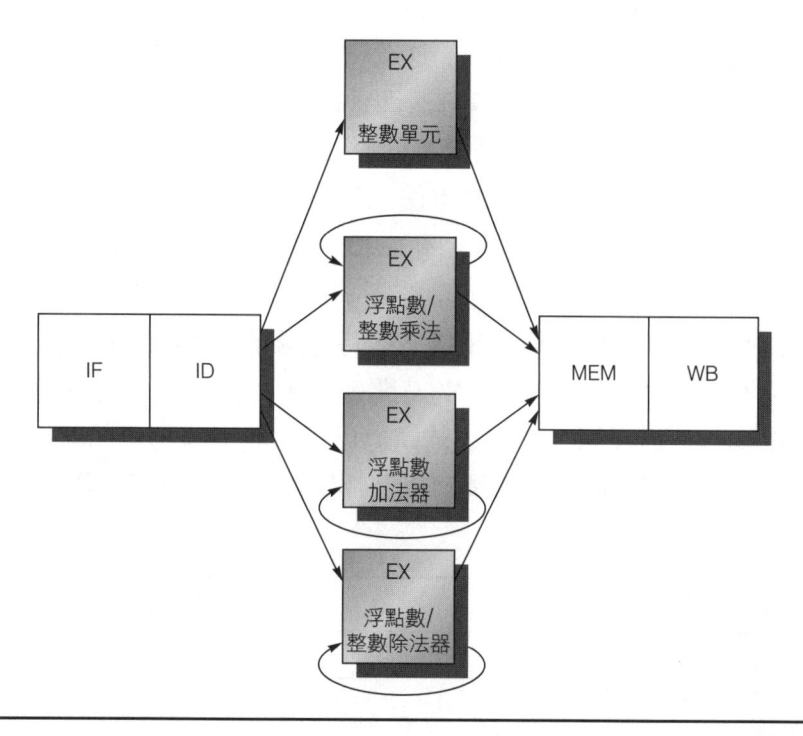

圖 C.33 擁有三個額外的、未管線化的浮點數功能單元的 MIPS 管線。由於每個時脈週期只有發派一道指令，因此所有指令都是穿過標準的管線來做整數運算。浮點數運算在它們到達 EX 階段時只要進行迴圈即可。在它們結束 EX 階段後，它們便前進到 MEM 和 WB 階段並完成執行。

的浮點數管線架構一般化，讓某些階段與數個進行中的運算可以管線化。要描述這樣的管線，我們必須定義功能單元的時間延遲，也要定義**起始區間** (initiation interval) 或**重複區間** (repeat interval)。我們的時間延遲定義和之前的相同：在產生結果的指令與使用該結果的指令之間所介入的週期數。起始區間或重複區間就是發派同一型態的兩道指令之間所必須經過的週期數。例如，我們會使用圖 C.34 中的時間延遲和起始區間。

就時間延遲的這個定義而言，整數 ALU 運算的時間延遲是 0，因為結果可以被用在下一個時脈週期；而載入的時間延遲是 1，因為它們的結果可以在一個插入的週期後被使用。由於大部份的運算在 EX 一開始時便用掉它們的運算元，所以時間延遲通常是指令在 EX 後產生結果所需要的階段數 ── 例如，ALU 運算是零個階段，而載入是一個階段。儲存是主要的例外，它會在一個週期後，才用掉要被儲存的值。因此，被儲存值 (並非基底位址暫存器) 的儲存時間延遲會少一個週期。管線時間延遲基本上等於少了一個週期的執行管線深度，這是從 EX 階段到產生結果階段之間的階段數目。因此對上面的管線範例來說，浮點數加法的階段數目是四，而浮點數乘法的階段數目是七。要達到更高的時脈頻率，設計師們需要在每個管線階段中放入較少的邏輯層，這使得更複雜的運算需要更多的管線階段數目，因此較快的時脈頻率之損傷就是較長的運算時間延遲。

圖 C.34 中的管線結構範例允許進行高達四個待處理的浮點數加法、七個待處理的浮點數 / 整數乘法，和一個浮點數除法。圖 C.35 顯示如何擴充圖 C.33 來繪出這條管線。圖 C.35 中藉著加入額外的管線階段來製作重複區間，並且用額外的管線暫存器來分隔。因為這些單元是獨立的，所以我們給這些階段不同的名稱。花費多個時脈週期的管線階段 (例如除法單元) 被更進一細分來呈現這些階段的時間延遲。由於它們不是完整的階段，因此只可以進行一道運算。該管線結構也可以用此附錄稍早的圖來表示，圖 C.36 顯示了一組獨立的浮點數運算以及浮點數載入和儲存。很自然地，浮點數運算

功能單元	時間延遲	起始區間
整數 ALU	0	1
資料記憶體 (整數和浮點數載入)	1	1
浮點數加法	3	1
浮點數乘法 (整數乘法亦是)	6	1
浮點數除法 (整數除法亦是)	24	25

圖 C.34 功能單元的時間延遲和起始區間。

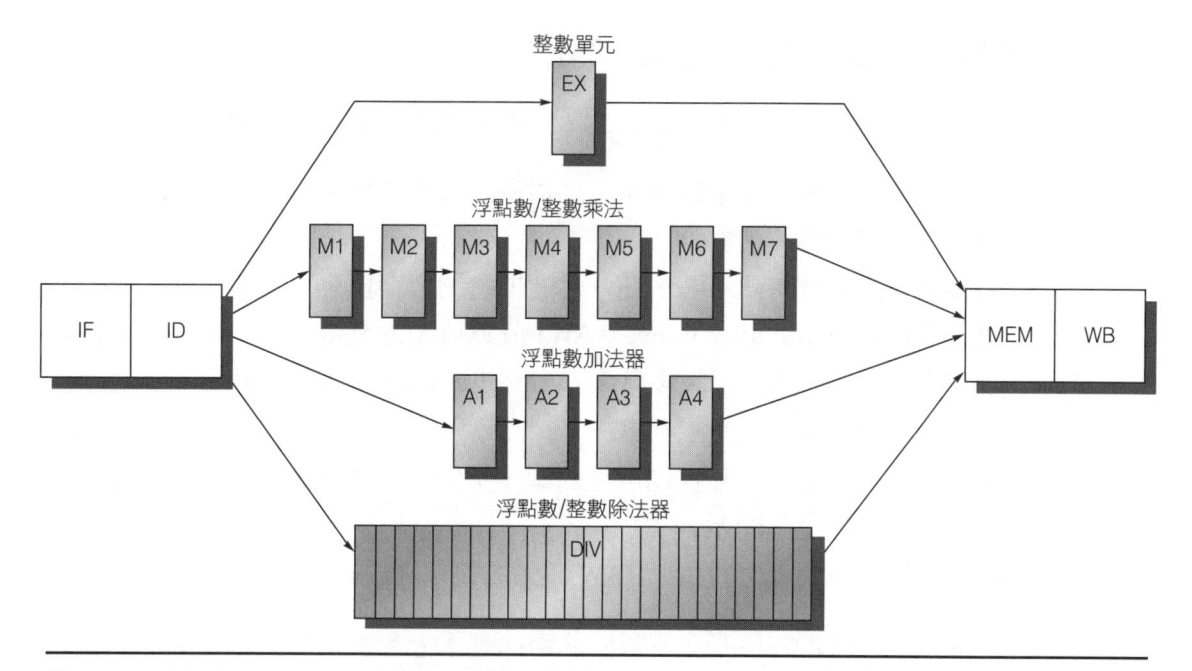

圖 C.35 支援數個待處理浮點數運算的管線。浮點數乘法器和加法器是完全管線化的，而且深度分別為七個和四個階段。浮點數除法器是非管線化的，但是需要 24 個時脈週期才能完成。在沒有引發 RAW 暫停時，浮點數運算發派後到使用該運算結果之間的指令之時間延遲，取決於在執行階段花費了多少週期。例如，在浮點數加法後的第四道指令可以使用浮點數加法的結果。對整數 ALU 運算而言，執行管線的深度總是一，下一道指令就可以使用它的結果。

MUL.D	IF	ID	*M1*	M2	M3	M4	M5	M6	**M7**	MEM	WB
ADD.D		IF	ID	*A1*	A2	A3	**A4**	**MEM**	WB		
L.D			IF	ID	*EX*	**MEM**	WB				
S.D				IF	ID	*EX*	*MEM*	WB			

圖 C.36 一組獨立浮點數運算的管線時序。斜體字的階段表示需要資料，而粗體字的階段表示結果可使用。指令符元的擴充「.D」表示倍精度 (64 位元) 浮點數運算。浮點數載入和儲存使用 64 位元路徑連接至記憶體，使得其管線時序正如同整數載入與儲存一般。

的較長時間延遲增加了 RAW 危障和暫停的頻率，我們稍後在本節中會討論。

圖 C.35 的管線結構需要加入額外的管線暫存器 (例如 A1/A2、A2/A3、A3/A4)，並且必須更改這些暫存器的連接。ID/EX 暫存器必須加以擴充，將 ID 連接至 EX、DIV、M1 和 A1；我們可以把暫存器中連結到次一階段之一的部份表示成 ID/EX、ID/DIV、ID/M1 或 ID/A1。在 ID 和其他所有階段之間的管線暫存器可以想成邏輯上分開的暫存器，而且事實上也可以被製作成分開的暫存器。因為在一個時間點上一個管線階段中只有一個運算，所以控制資訊可以聯繫至階段前端的暫存器。

時間延遲較長之管線的危障和轉送

對於像是圖 C.35 所示的管線而言，危障偵測和轉送有幾種不同的面向：

1. 因為除法單元並非完全管線化，結構危障可能會發生。這些需要被偵測，而且指令發派必須被暫停。
2. 因為指令的執行時間不同，在一個週期內的暫存器寫入次數可能大於一。
3. 寫入後寫入 (write after write, WAW) 危障可能會發生，因為指令不再依序到達 WB。請注意，讀取後寫入 (write after read, WAR) 危障不可能發生，因為暫存器讀取總是發生在 ID。
4. 指令完成的順序可能和它們發派的順序不同，造成例外問題，我們在下一小節中會處理這個問題。
5. 因為運算的時間延遲較長，RAW 危障的暫停會較常發生。

由於運算時間延遲較長而造成暫停的增加基本上和整數管線是相同的。在說明此浮點數管線發生的新問題和解決方法之前，先讓我們探討 RAW 危障可能造成的影響。圖 C.37 顯示典型的浮點型程式碼序列和它們造成的暫停。在本節最後，我們會探討此浮點數管線對於 SPEC 子集合的效能。

現在來看看寫入所造成的問題，如稍早前列出的 (2) 和 (3) 中所描述。如果我們假設浮點數暫存器組有一個寫入埠，則浮點數運算序列以及一個與浮點數運算在一起的浮點數載入就可能造成暫存器寫入埠的衝突。請考慮圖 C.38 顯示的管線序列：在時脈週期 11，三道指令都會到達 WB 並且都想要寫入暫存器組。在只有一個暫存器組寫入埠的情形下，處理器必須先將指令的完成串列化 (serialize)。單一的暫存器埠代表有一個結構危障。我們可以增加寫入埠的數目來解決，不過這種解法可能不具吸引力，因為多餘的寫入

指 令	時脈週期編號																
	1	2	3	4	5	6	7	8	9	10	11	12	13	14	15	16	17
L.D F4,0(R2)	IF	ID	EX	MEM	WB												
MUL.D F0,F4,F6		IF	ID	暫停	M1	M2	M3	M4	M5	M6	M7	MEM	WB				
ADD.D F2,F0,F8			IF	暫停	ID	暫停	暫停	暫停	暫停	暫停	A1	A2	A3	A4	MEM	WB	
S.D F2,0(R2)				IF	暫停	暫停	暫停	暫停	暫停	暫停	ID	EX	暫停	暫停	暫停	MEM	

圖 C.37 典型的浮點型程式碼序列，顯示因 RAW 危障而造成的暫停。較長的管線對比於較淺的整數管線大量地提高了暫停的頻率。這個序列的每道指令都相依於前一道，而且一旦資料就緒就會繼續執行，這是假設管線有完整的旁路和轉送機制。S.D 必須要多暫停一個週期，這樣它的 MEM 才不會和 ADD.D 發生衝突。用額外的硬體可以很容易地處理這種情況。

	時脈週期編號										
指　　令	1	2	3	4	5	6	7	8	9	10	11
MUL.D F0,F4,F6	IF	ID	M1	M2	M3	M4	M5	M6	M7	MEM	WB
...		IF	ID	EX	MEM	WB					
...			IF	ID	EX	MEM	WB				
ADD.D F2,F4,F6				IF	ID	A1	A2	A3	A4	MEM	WB
...					IF	ID	EX	MEM	WB		
...						IF	ID	EX	MEM	WB	
L.D F2,0(R2)							IF	ID	EX	MEM	WB

圖 C.38 有三道指令想要同時寫回浮點數暫存器組，如時脈週期 11 所示。這不是最糟的情況，因為之前浮點數單元的除法也可能在同一個時脈結束。請注意雖然 MUL.D、ADD.D 和 L.D 在時脈週期 10 時都在 MEM 階段，但是只有 L.D 真正使用了記憶體，所以 MEM 不存在結構危障。

埠可能很少用到，這是由於所需要的最大穩定狀態寫入埠數目是 1。取代的是，我們選擇在結構危障時偵測並強迫存取寫入埠。

有兩種方法可以製作該互連鎖。第一種是追蹤 ID 階段的寫入埠使用情形，並且在發派前暫停指令，就如同我們處理任何其他的結構危障一樣。我們可以用一個移位暫存器來追蹤寫入埠的使用情形，這個移位暫存器是用來指示已發派指令何時會使用暫存器組。如果在 ID 中的指令和一個已發派的指令同時需要使用暫存器組，則 ID 中的指令會被暫停一個週期。**訂位 (reservation)** 暫存器每個時脈會位移一個位元。這種作法有一個好處：它保留了所有互連鎖偵測及插入暫停都是發生在 ID 階段的特性。其代價是多加了移位暫存器和寫入衝突邏輯電路。我們假設本節都採用這種方案。

另一個方案是暫停一個嘗試要進入 MEM 或 WB 階段的衝突指令。如果我們等到衝突指令要進入 MEM 或 WB 階段時才加以暫停，我們可以選擇暫停其中一道指令。一個簡單但可能不是最佳的經驗法則是：給予最長時間延遲的單元最高的優先權，因為它是最可能造成另一道指令因 RAW 危障而被暫停的單元。這個方案的優點在於：在進入 MEM 或 WB 階段之前不必偵測衝突。缺點在於它增加管線控制的複雜度，因為現在暫停可能發生在兩個地方。請注意在進入 MEM 之前暫停會造成 EX、A4 或 M7 階段被佔用，這個暫停可能會迫使前面的管線停止。同樣地，在 WB 前暫停會造成 MEM 必須停止。

我們的另一個問題是可能有 WAW 危障。如果要證明它們的確存在，請考慮圖 C.38 的範例。如果 L.D 指令早一個週期被發派，而且目的地是 F2，

就會造成 WAW 危障，因為它會比 ADD.D 早一個週期寫入 F2。請注意這個危障只會發生在 ADD.D 的結果被任何一個指令用到之前就被覆寫的時候！如果在 ADD.D 和 L.D 之間有使用到 F2，管線必須因 RAW 危障而暫停，而 L.D 在 ADD.D 完成前不會發派。我們可能認為在我們的管線中，WAW 危障只會出現在執行無用的指令時，但是我們還是要偵測它們，並且確保完成時 F2 中出現的是 LD 的結果。(如同我們將在 C.8 節中看到，這種序列有時候**真的**會出現在合理的程式碼中。)

有兩種可能的方法能處理這種 WAW 危障。第一種方法是延遲載入指令的發派，直到 ADD.D 進入 MEM 為止。第二種方法是藉由偵測危障並且改變控制來剔除 ADD.D 的結果，使得 ADD.D 不會寫入它的結果，然後 L.D 就可以立刻被發派。因為這種危障不常發生，所以哪一種方法都可以做得不錯——讀者可以挑比較容易製作的。不論是哪種情況，危障都可以在 L.D 發派時的 ID 期間偵測到，然後暫停 L.D 或是把 ADD.D 變成空運算就很容易了。困難的情況在於偵測 L.D 在 ADD.D 之前結束的可能性，因為這需要知道管線的長度和 ADD.D 目前的位置。很幸運地，這個程式碼序列 (兩個寫入之間沒有讀取) 很少出現，所以我們可以使用很簡單的解法：如果 ID 中的指令和一個已發派指令都要寫入相同的暫存器，就不要發派指令至 EX。在 C.7 節中，我們會看到如何利用額外的硬體來消除這種危障的暫停。首先，讓我們把浮點數管線中製作危障和發派邏輯的片段放在一起。

在偵測可能出現的危障時，我們必須考慮浮點數指令當中的危障，以及在浮點數指令和整數指令之間的危障。除了浮點數載入－儲存和浮點數－整數暫存器搬移 (move) 之外，浮點數和整數暫存器是有區別的。所有整數指令都在整數暫存器上運算，而浮點數指令也只在它們自己的暫存器上運算。因此，在偵測浮點數和整數指令之間的危障時，我們只需要考慮浮點數載入－儲存和浮點暫存器搬移即可。這種管線控制的簡化是使用分開的暫存器組來處理整數和浮點數的另一種好處。(最主要的好處在於：沒有加大任何一組暫存器的情況下，使暫存器數量加倍，而且在沒有增加任一組的存取埠之下增加了頻寬。除了需要額外的暫存器組外，主要的缺點是兩組暫存器之間需要偶爾搬動的小量成本。) 假設管線在 ID 中偵測所有的危障，則在一道指令可以發派前必須執行三項檢查：

1. **檢查結構危障**：一直等到所需求的功能單元就緒為止 (這只有此管線中的除法有需要)，並且確保暫存器寫入埠在需要時可以使用。

2. **檢查 RAW 資料危障**：一直等到來源暫存器沒有在管線暫存器中被列為結

果未定 (pendmg destinations) 為止 (當這道指令需要該結果時，該結果尚未就緒)。在這裡要做幾項檢查，這些檢查取決於來源指令 (決定結果何時就緒) 與目的指令 (決定何時需要該值)。例如，如果在 ID 中的指令是一個浮點數運算，其來源暫存器為 F2，則 F2 就無法被列為 ID/A1、A1/A2 或 A2/A3 中的目的地，因為當 ID 中的指令需要結果時，這些階段的浮點數加法指令還沒結束。(ID/A1 是 ID 輸出暫存器的一部份，其內容會送到 A1。) 如果我們想要允許除法的最後幾個週期可以重疊，那麼除法就會變得比較麻煩一點，因為我們需要把即將完成的除法當成特殊情況來處理。實際上，設計師可能選擇較簡單的發派測試而放棄這個最佳化。

3. **檢查 WAW 資料危障**：決定在 A1、…、A4，D，M1、…、M7 中的任何指令是否具有和這道指令相同的暫存器目的地。如果有，便暫停 ID 中指令的發派。

雖然多週期浮點數運算的危障偵測會比較複雜，不過其觀念還是和 MIPS 整數管線相同。轉送邏輯的概念也是一樣的，轉送可以藉由 —— 檢查在任何 EX/MEM、A4/MEM、M7/MEM、D/MEM 或 MEM/WB 暫存器中的目的暫存器是否為另一道浮點數指令的來源暫存器之一 —— 來進行製作。如果是，就會啟動適當的輸入多工器來選擇轉送的資料。在習題中，讀者有機會指定 RAW 和 WAW 危障偵測的邏輯電路以及轉送的邏輯電路。

多週期浮點數運算也造成了例外處理機制的問題，我們接下來便加以處理。

維持精確的例外

由於指令執行時間較長而造成的另一個問題，可以用下面的程序碼序列來說明：

```
DIV.D    F0,F2,F4
ADD.D    F10,F10,F8
SUB.D    F12,F12,F14
```

這個程式碼序列看起來很直接；它們沒有相依性。不過因為較早發派的指令可能在較晚發派的指令後完成，就發生了問題。在這個範例中，我們預期 ADD.D 和 SUB.D 會在 DIV.D **之前**完成。這稱之為**非依序完成** (out-of-order completion)，而且在運算時間較長的管線中很常見 (見 C.7 節)。既然危障偵測會防止違反指令間任何的相依性，為什麼非依序完成會是一個問題呢？假定 SUB.D 在 ADD.D 完成而 DIV.D 未完成時引發了一個浮點數算術例外，這個

結果就會是不精確的例外,這是我們所嘗試避免的事情。這似乎可以把管線清空來處理,就像我們處理整數管線一樣。但是例外可能發生在無法這樣做的位置。例如,如果 DIV.D 決定要在加法完成後引發一個浮點數算術例外,我們在硬體階層上就無法做到精確的例外。事實上,由於 ADD.D 破壞了其中的一個運算元,即便有軟體的幫忙,我們也無法把狀態回復到 DIV.D 執行之前。

這個問題會發生是因為指令完成的順序和它們發派的順序不同。有四種可能的方法可以用來處理非依序完成。第一種方法是忽略這個問題並且容許非精確的例外。這個方法被用在 1960 年代和 1970 年代初期。在一些超級電腦中仍然使用這個方法,其中某些類型的例外是不被允許的,或者這些例外是由硬體處理而不停止管線。要把這個方法用在大多數現今建造的處理器中有困難,因為它們的功能 —— 例如虛擬記憶體和 IEEE 浮點數標準 —— 基本上需要透過硬體和軟體結合來達成精確的例外。如先前提到的模式,最近一些處理器已經用兩種執行模式來解決這個問題:快速但可能不精確的模式,以及較慢但精確的模式。較慢的精確模式是用模式切換或插入測試浮點數例外的顯性指令來製作。在這兩種情形下,浮點數管線中所允許的重疊和重新排序的數量就會大大地受限,使得同一時間在效果上只有一個浮點數指令在動作。這種解決方式被用在 DEC Alpha 21064 和 21164、IBM Power1 和 Power2,以及 MIPS R8000 之中。

第二種方法是緩衝一個運算的結果,直到所有較早發派的指令都完成為止。某些 CPU 真的採用這種解法,不過在運算執行時間的差異變大時就會變得昂貴,因為要緩衝的令結果數目變大。此外,當等待執行時間較長的指令時,佇列中的結果必須透過旁路傳送才能繼續發派指令,這需要大量的比較器和超大型的多工器。

這種基本的方法有兩種可行的變形。第一種是**歷程檔** (history file),用於 CYBER 180/990。歷程檔保留了暫存器的原始值。當例外發生而且狀態必須回復到某個非依序完成的指令之前時,該暫存器原始值可以從歷程檔中回復。類似的技巧也被用在像是 VAX 等處理器上的自動遞增和自動遞減定址。另一種方法是由 Smith 和 Pleszkun [1988] 所提出的**未來檔** (future file),它保留了較新的暫存器值;當所有較早的指令都完成時,主暫存器組的內容就被更新成未來檔。發生例外時,主暫存器組就擁有中斷狀態的精確值。在第 3 章中,我們看到這個想法的擴充 —— 使用在像是 PowerPC 620 和 MIPS R10000 等處理器中,在維持精確例外的同時允許重疊和重新排序。

目前使用的第三種技巧是允許例外變成有一點不精確,但保留足夠的資訊,使得落陷處理常式可以創造出例外的精確序列。這意味著得知什麼指令在管線中以及它們的 PC 值。接下來,在處理例外之後,軟體就會結束在最近完成的指令之前的任何指令,該程式碼序列就可以重新開始。請考慮下列最糟的程式碼序列:

指令$_1$:一道執行時間很長的指令——最後中斷執行。
指令$_2$, ⋯, 指令$_{n-1}$:一串尚未完成的指令。
指令$_n$:一道完成的指令。

給予管線中所有指令的 PC 值和例外返回的 PC 值,軟體可以找到指令$_1$到指令n的狀態。因為指令n已經完成了,我們希望從指令$_{n+1}$重新開始。在處理完例外後,軟體必須模擬指令$_1$、⋯、指令$_{n-1}$的執行情形。然後我們可以從例外返回,並且從指令$_{n+1}$重新開始。在處理程序中適當地執行這些指令的複雜度乃是這個方案主要的困難點。

對於簡單的似 MIPS 管線有一項重要的簡化:如果指令$_2$, ⋯, 指令$_n$都是整數指令,我們就知道如果指令$_n$已經完成了,那麼所有指令$_2$, ⋯, 指令$_{n-1}$也都完成了。因此,只有浮點數運算需要處理。為了要讓這個方案可行,可以重疊執行的浮點數指令數必須有所限制。例如,如果我們只重疊兩道指令,則只有被中斷的指令需要用軟體來完成。這項限制可能會減少潛在的流通量——如果浮點數管線很深,或者如果有為數不少的浮點數功能單元。這個方法被用在 SPARC 結構中,允許重疊浮點數和整數運算。

最後的技巧是一種混合的方案,讓指令的發派只有確定在該發派指令之前的所有指令都會完成而不會造成例外時,才會繼續進行。這就保證當例外發生時,被中斷的指令之後沒有指令會完成,而被中斷的指令之前的所有指令都可以完成。有時候這意味著必須暫停 CPU 來維持精確的例外。要讓這個方法可行,浮點數功能單元必須判定例外是否會發生在 EX 階段的較早期間(在 MIPS 管線中是在前 3 個時脈週期),這樣可以防止更多的指令被完成。這種方案被使用在 MIPS R2000/R3000、R4000 和 Intel Pentium 中,在附錄 J 中有更進一步的討論。

MIPS 浮點數管線的效能

第 677 頁圖 C.35 的 MIPS 浮點數管線可能產生除法單元的結構暫停,也可能產生 RAW 危障的暫停(它也可能具有 WAW 危障,但實際上很少發生)。圖 C.39 針對個別程式顯示每種型態浮點數運算的暫停週期數(也就是

684 計算機結構 —— 計量方法

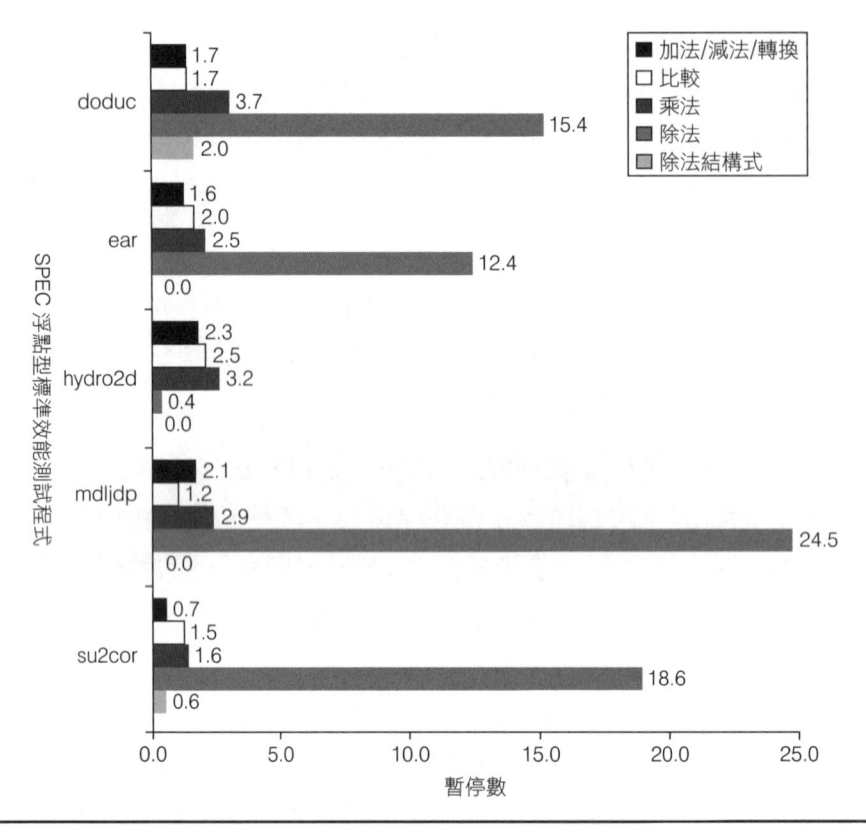

[圖表：SPEC 浮點型標準效能測試程式的暫停數]

- doduc：加法/減法/轉換 1.7、比較 1.7、乘法 3.7、除法 15.4、除法結構式 2.0
- ear：1.6、2.0、2.5、12.4、0.0
- hydro2d：2.3、2.5、3.2、0.4、0.0
- mdljdp：2.1、1.2、2.9、24.5、0.0
- su2cor：0.7、1.5、1.6、18.6、0.6

圖 C.39 浮點型標準效能測試程式中，針對每種主要型態的浮點數運算，每道運算的暫停數。除了除法的結構危障外，這些數據與運算的使用頻率無關，只與它的時間延遲和它的結果被使用之前的週期數有關。因 RAW 危障而產生的暫停數大致上追蹤著浮點數單元的時間延遲。例如，每道浮點數加法、減法或轉換的平均暫停數為 1.7 個週期，亦即時間延遲 (3 個週期) 的 56%。同樣地，乘法和除法的平均暫停數分別為 2.8 和 14.2，也就是相對於時間延遲的 46% 和 59%。除法的結構危障很少，因為除法的使用頻率很低。

說，每一個浮點型標準效能測試程式的第一條橫棒顯示出每一道浮點數加法、減法或轉換的浮點數結果暫停數)。如我們所預期的，每一道運算的暫停週期數追蹤著浮點數運算的時間延遲，從功能單元時間延遲的 46% 變動到 59%。

圖 C.40 完整分解了五個 SPECfp 標準效能測試程式的整數暫停數和浮點數暫停數。所顯示的有四種類型的暫停：浮點數結果暫停、浮點數比較暫停、載入和分支延遲，以及浮點數結構延遲。編譯器會在排程分支延遲之前試著先排程載入和浮點數延遲。每道指令的暫停數從 0.65 變動到 1.21。

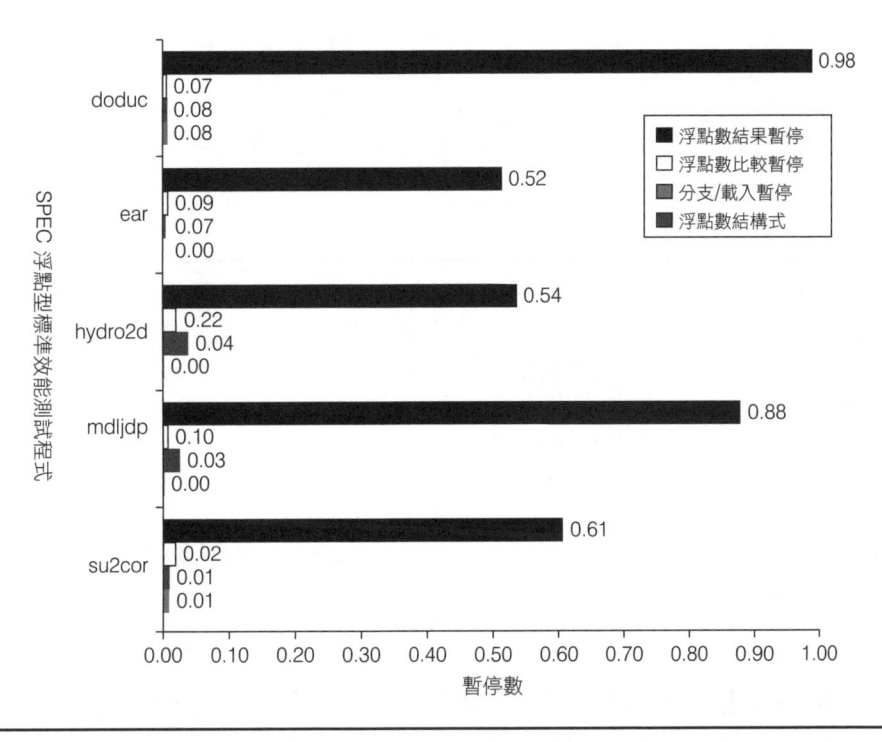

圖 C.40 針對五個 SPEC89 浮點型標準效能測試程式，MIPS 管線所發生的暫停。每道指令的總暫停數範圍從 su2cor 的 0.65 到 doduc 的 1.21，平均為 0.87。浮點數結果暫停主導了所有的情形，平均每道指令 0.71 個暫停，亦即暫停數週期的 82%。比較則是每道指令平均產生 0.1 個暫停，是第二大來源。除法結構危障只有在 doduc 中比較重要。

C.6 綜合論述：MIPS R4000 管線

在這一節中我們會檢視 MIPS R4000 處理器家族 (包括 4400) 的管線結構和效能。R4000 實作了 MIPS64，但使用比五階段設計還深的管線來處理整數型和浮點型程式。把五階段整數管線分解成八個階段，讓它可以達到更高的時脈頻率。因為快取記憶體存取在時間上特別地關鍵，所以額外的管線階段是從記憶體存取中分解而來。這種較深管線的型態有時被稱為**超級管線**(superpipelining)。

圖 C.41 顯示了使用抽象資料路徑的八階段管線架構。圖 C.42 顯示了相鄰指令在管線中的重疊情形。請注意，雖然指令和資料記憶體佔用數個週期，但是它們是完全管線化的，所以每個時脈可以開始一道新的指令。事實上，在完成快取命中偵測之前，管線就使用該資料了；第 2 章詳細討論這是如何達成的。

每個階段的功能如下：

```
   IF         IS         RF         EX         DF         DS         TC         WB
```

```
┌─────────────┐    ┌─────┐  ┌───┐    ┌─────────────┐          ┌─────┐
│  指令記憶體  │────│暫存器│──│ALU│────│  資料記憶體  │──────────│暫存器│
└─────────────┘    └─────┘  └───┘    └─────────────┘          └─────┘
```

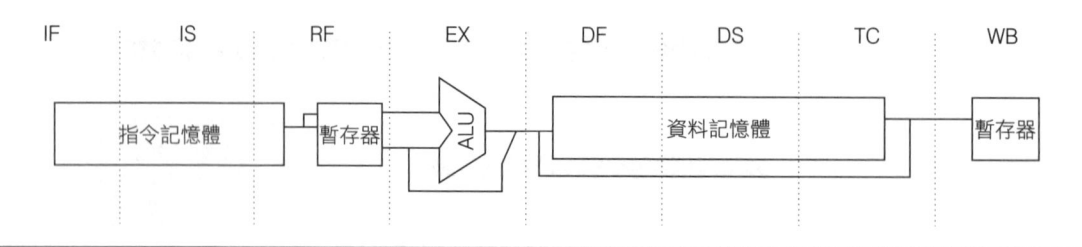

圖 C.41 R4000 的八階段管線架構使用管線化的指令和資料快取記憶體。圖中標示了各管線階段，它們的詳細功能在課文中有說明。垂直的虛線代表各階段的界線和管線閂閘的位置。指令事實上是在 IS 結束時就緒，但是標籤檢查是在 RF 中完成 (當暫存器被提取時)。因此，我們將指令記憶體顯示成穿過 RF 而運作。TC 階段在資料記憶體存取時需要用到，因為直到我們得知快取記憶體是否命中之前，都無法將資料寫入暫存器。

- IF：指令提取的前半階段；此時實際發生 PC 選擇，一起啟動指令快取記憶體的存取。
- IS：指令提取的後半階段，完成指令快取記憶體的存取。
- RF：指令解碼和暫存器提取、危障檢查，以及指令快取記憶體命中偵測。
- EX：執行，包括有效位址的計算、ALU 運算，以及分支目的位址計算和條件評估。
- DF：資料提取，資料快取記憶體存取的前半階段。
- DS：資料提取的後半階段，完成資料快取記憶體存取。
- TC：標籤檢查，判定資料快取記憶體存取是否命中。
- WB：載入和暫存器 – 暫存器運算的回寫。

除了大量增加需求的轉送數量，這個時間延遲較長的管線也增多了載入和分支的延遲。圖 C.42 顯示載入延遲是 2 個週期，因為資料值在 DS 結束時才可以使用。圖 C.43 顯示載入後立即使用的簡略管線排程。它顯示了載入指令的結果需要轉送到 3 或 4 個週期以後的目的地。

圖 C.44 顯示基本的分支延遲是 3 個週期，因為分支條件是在 EX 期間被計算。MIPS 結構有一個單週期的延遲式分支。R4000 使用「預測不發生」的策略來處理剩下 2 個週期的分支延遲。如圖 C.45 所示，未發生的分支其實就是 1 個週期的延遲式分支，而發生的分支則有 1 個週期的延遲槽，跟隨著 2 個閒置週期。這個指令集提供了可能性分支 (branch-likely) 指令，我們在前面說明過，可以用來填滿分支延遲槽。管線互連鎖迫使發生的分支以及使用載入結果所造成的任何資料危障，都產生了 2 個週期的分支暫停損傷。

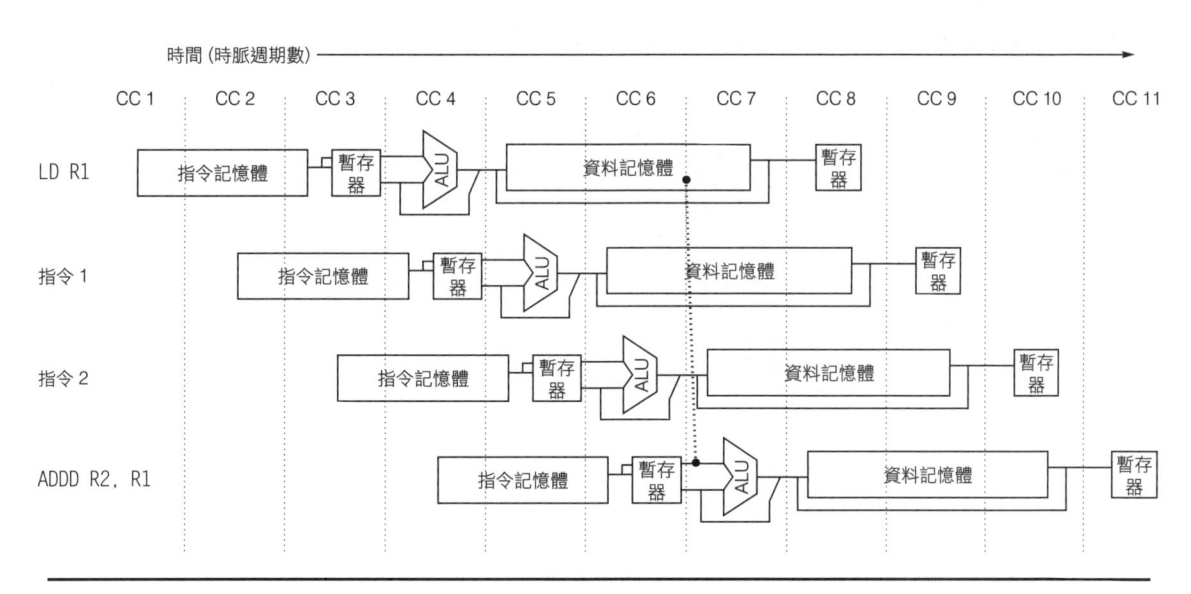

```
時間 (時脈週期數)
         CC 1    CC 2    CC 3    CC 4    CC 5    CC 6    CC 7    CC 8    CC 9    CC 10   CC 11

LD R1           指令記憶體        暫存器  ALU     資料記憶體              暫存器

指令 1                   指令記憶體      暫存器  ALU     資料記憶體              暫存器

指令 2                           指令記憶體      暫存器  ALU     資料記憶體              暫存器

ADDD R2, R1                              指令記憶體      暫存器  ALU     資料記憶體              暫存器
```

圖 C.42 R4000 整數管線的架構造成了 2 個週期的載入延遲。會有 2 個週期的延遲是因為資料值在 DS 結束時就緒，而且可以透過旁路傳送。如果 TC 的標籤檢查顯示發生失誤，則管線就會停頓 1 個週期，這時正確資料便就緒了。

					時脈編號				
指令	1	2	3	4	5	6	7	8	9
LD R1,...	IF	IS	RF	EX	DF	DS	TC	WB	
DADD R2,R1,...		IF	IS	RF	暫停	暫停	EX	DF	DS
DSUB R3,R1,...			IF	IS	暫停	暫停	RF	EX	DF
OR R4,R1,...				IF	暫停	暫停	IS	RF	EX

圖 C.43 載入指令後立即使用資料造成了 2 個週期的暫停。正常的轉送路徑可以在 2 個週期後被使用，所以 DADD 和 DSUB 得到了暫停之後的轉送值。OR 指令得到了來自暫存器組的值。由於載入後的兩道指令可能不相依，因而就不暫停，因此該旁路可能傳送至載入後 3 或 4 個週期的指令。

除了增加載入和分支的暫停數之外，較深的管線也增加了 ALU 運算轉送的階層數。在我們的五階段 MIPS 管線中，兩個暫存器－暫存器 ALU 指令之間的轉送可能發生自 ALU/MEM 或 MEM/WB 暫存器。在 R4000 管線中，有四種可能的 ALU 旁路來源：EX/DF、DF/DS、DS/TC 和 TC/WB。

浮點數管線

R4000 浮點數單元包含了三個功能單元：一個浮點數除法器、一個浮點

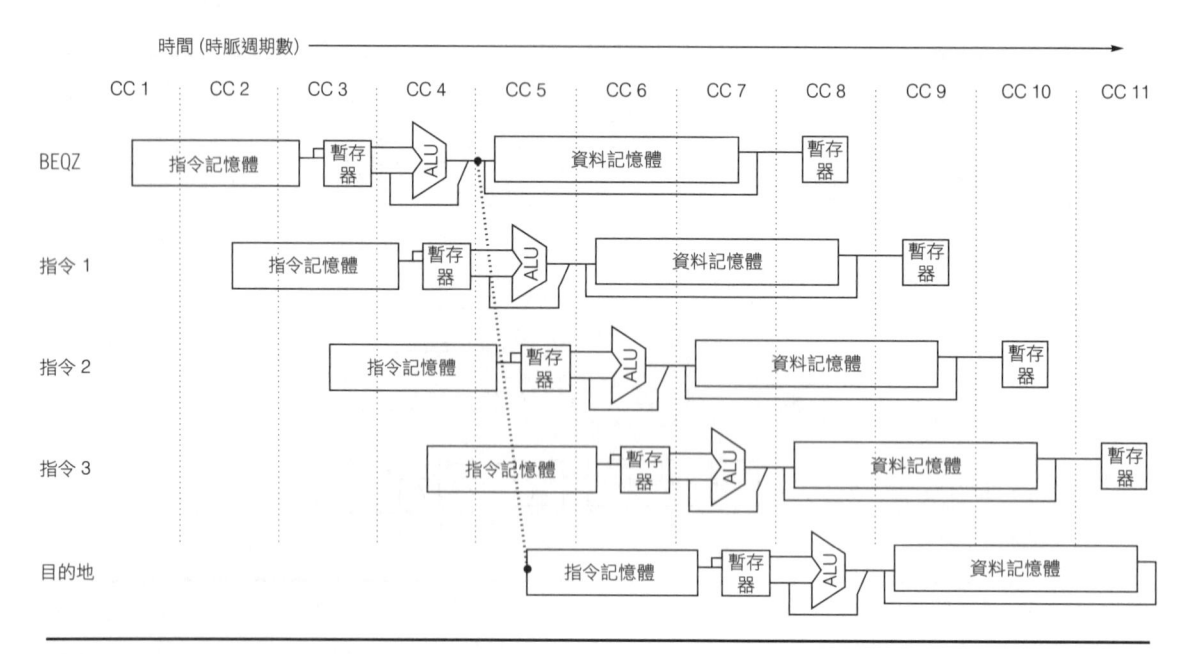

```
                時間 (時脈週期數)
        CC 1    CC 2    CC 3    CC 4    CC 5    CC 6    CC 7    CC 8    CC 9    CC 10   CC 11
BEQZ    [指令記憶體]  [暫存器] [ALU]   [資料記憶體]        [暫存器]

指令 1          [指令記憶體]  [暫存器] [ALU]   [資料記憶體]        [暫存器]

指令 2                  [指令記憶體]  [暫存器] [ALU]   [資料記憶體]        [暫存器]

指令 3                          [指令記憶體]  [暫存器] [ALU]   [資料記憶體]        [暫存器]

目的地                                  [指令記憶體]  [暫存器] [ALU]   [資料記憶體]
```

圖 C.44 基本的分支延遲是 3 個週期，因為條件評估是在 EX 期間執行。

	時脈編號								
指　令	1	2	3	4	5	6	7	8	9
分支指令	IF	IS	RF	EX	DF	DS	TC	WB	
延遲槽		IF	IS	RF	EX	DF	DS	TC	WB
暫停			暫停	暫停	暫停	暫停	暫停	暫停	暫停
暫停			暫停	暫停	暫停	暫停	暫停	暫停	暫停
分支目的地					IF	IS	RF	EX	DF

	時脈編號								
指　令	1	2	3	4	5	6	7	8	9
分支指令	IF	IS	RF	EX	DF	DS	TC	WB	
延遲槽		IF	IS	RF	EX	DF	DS	TC	WB
分支指令 + 2			IF	IS	RF	EX	DF	DS	TC
分支指令 + 3				IF	IS	RF	EX	DF	DS

圖 C.45 本圖上半部所示發生的分支具有 1 個週期的延遲槽，後面跟隨著 2 個週期的暫停；下半部所示未發生的分支就只有 1 個週期的延遲槽。分支指令可以是一般的延遲式分支或是可能性分支。如果分支未發生，這會抵銷延遲槽中指令的效果。

階　段	功能單元	描　述
A	浮點數加法器	尾數相加階段
D	浮點數除法器	除法管線階段
E	浮點數乘法器	例外測試階段
M	浮點數乘法器	乘法器第一階段
N	浮點數乘法器	乘法器第二階段
R	浮點數加法器	捨位階段
S	浮點數加法器	運算元移位階段
U		打開浮點數字

圖 C.46 R4000 浮點數管線中所使用的八個階段。

數乘法器，和一個浮點數加法器。加法器邏輯在乘法或除法最後一個步驟會用到。倍精度浮點數運算可能花費 2 個週期 (針對變號運算) 到 112 個週期 (針對平方根計算)。此外，不同的單元具有不同的起始速率。浮點數功能單元可以想像成具有八個不同的階段，列在圖 C.46 中；這些階段會以不同的順序結合來執行各種浮點數運算。

每一個階段都是不一樣的，而不同的指令可能會使用一個階段零或多次，並且順序不同。圖 C.47 顯示最常見的倍精度浮點數運算所使用的時間延遲、啟始速率和管線階段。

依據圖 C.47 的資訊，我們可以決定不同的、獨立的浮點數運算所組成的程式碼序列是否可以發派而不會發生暫停。如果該序列的時序會造成一個共用的管線階段發生衝突，那麼暫停是無法避免的。圖 C.48、C.49、C.50 和

浮點數指令	時間延遲	起始區間	管線階段
加、減	4	3	U, S+A, A+R, R+S
乘	8	4	U, E+M, M, M, M, N, N+A, R
除	36	35	U, A, R, D^{28}, D+A, D+R, D+A, D+R, A, R
平方根	112	111	U, E, $(A+R)^{108}$, A, R
變號	2	1	U, S
絕對值	2	1	U, S
浮點數比較	3	2	U, A, R

圖 C.47 浮點數運算的時間延遲和起始區間兩者都取決於一道已知運算必須使用的浮點數單元階段數。時間延遲值是假設目的指令是一道浮點數運算；如果目的指令是儲存運算，則時間延遲值會少 1 個週期。管線階段是以它們使用在任何運算上的順序來顯示。代號 S+A 表示 S 和 A 階段在 1 個時脈週期內都有被用到。代號 D^{28} 表示 D 階段在一列中連續使用 28 次。

運算	發派/暫停	時脈週期編號												
		0	1	2	3	4	5	6	7	8	9	10	11	12
乘法	發派	U	E+M	M	M	M	N	**N+A**	R					
加法	發派		U	S+A	A+R	R+S								
	發派			U	S+A	A+R	R+S							
	發派				U	S+A	A+R	R+S						
	暫停					U	S+A	**A+R**	**R+S**					
	暫停						U	**S+A**	**A+R**	R+S				
	發派							U	S+A	A+R	R+S			
	發派								U	S+A	A+R	R+S		

圖 C.48 在時脈 0 所發派的浮點數乘法，後面跟隨著在時脈 1 到 7 之間所發派的單一浮點數加法。第二欄指出特定型態的指令在 n 個週期後被發派是否會暫停，其中 n 為第二道指令的 U 階段發生時的時脈週期編號。造成暫停的階段以粗體表示。請注意，本表只處理該乘法以及時脈 1 至 7 之間所發派的一個加法之間的互動。在這個例子中，該加法如果在乘法的第 4 個或第 5 個週期後發派就會暫停；否則它就可以發派而不暫停。請注意，該加法如果在週期 4 發派，則會被暫停 2 個週期，因為下一個時脈週期時它還是會和乘法相衝突；不過如果加法在週期 5 發派，就只會暫停 1 個時脈週期，因為那會消除衝突。

運算	發派/暫停	時脈週期編號												
		0	1	2	3	4	5	6	7	8	9	10	11	12
乘法	發派	U	S+A	A+R	R+S									
加法	發派		U	E+M	M	M	M	N	N+A	R				
	發派			U	M	M	M	M	N	N+A	R			

圖 C.49 在加法之後發派的乘法總是可以前進而不暫停，因為較短的指令在較長的指令到達共用的管線階段前會清除這些管線階段。

C.51 顯示了四個常見的二指令序列：一個乘法後面跟著一個加法、一個加法後面跟著一個乘法、一個除法後面跟著一個加法，以及一個加法後面跟著一個除法。圖中顯示第二道指令所有有趣的開始位置，並顯示第二道指令在每個位置上是否會發派或暫停。當然，可能有三道指令在進行，在這種情況下暫停的可能性更高了許多，繪圖就會更複雜。

R4000 管線的效能

在這一節中，我們探討 SPEC92 標準效能測試程式在 R4000 管線架構中執行時發生的暫停。管線暫停或損失有四個主要原因：

運算	發派/暫停	\multicolumn{12}{c}{時脈週期編號}
		25	26	27	28	29	30	31	32	33	34	35	36
除法	在週期 0 發派…	D	D	D	D	D	D+A	D+R	D+A	D+R	A	R	
加法	發派		U	S+A	A+R	R+S							
	發派			U	S+A	A+R	R+S						
	暫停				U	S+A	A+R	R+S					
	暫停					U	S+A	A+R	R+S				
	暫停						U	S+A	A+R	R+S			
	暫停							U	S+A	A+R	R+S		
	暫停								U	S+A	A+R	R+S	
	暫停									U	S+A	A+R	R+S
	發派										U	S+A	A+R
	發派											U	S+A
	發派												U

圖 C.50 浮點數除法可能造成一個加法的暫停，如果該加法是在接近除法結束時開始。該除法在週期 0 開始，並且在週期 35 完成；圖中顯示除法的最後 10 個週期。因為除法大量使用加法所需要的捨位 (rounding) 硬體，所以它會暫停在第 28 至 33 之間任一週期開始的加法。請注意在週期 28 開始的加法會暫停至週期 36。如果加法在除法後馬上開始，就不會發生衝突，因為加法可以在除法前進至共用的階段前完成，正如同我們在圖 C.49 中看到的乘法和加法。如同之前的圖，這個範例假設**恰有**一個加法在時脈週期 26 至 35 之間到達階段 U。

運算	發派/暫停	\multicolumn{13}{c}{時脈週期編號}
		0	1	2	3	4	5	6	7	8	9	10	11	12
加法	發派	U	S+A	A+R	R+S									
除法	暫停		U	A	R	D	D	D	D	D	D	D	D	
	發派			U	A	R	D	D	D	D	D	D	D	D
	發派				U	A	R	D	D	D	D	D	D	D

圖 C.51 一個倍精度加法後面跟隨著一個倍精度除法。如果除法在加法的 1 個週期後開始，除法就會暫停，但是之後就不會發生衝突。

1. **載入暫停**：載入 1 或 2 個週期後使用載入結果而造成的延遲。
2. **分支暫停**：每個發生的分支都有 2 個週期的暫停，加上未填滿或取消的分支延遲槽。
3. **浮點數結果暫停**：浮點數運算元的 RAW 危障所造成的暫停。

4. **浮點數結構暫停**：由於浮點數管線中的功能單元衝突而造成的發派限制所引發的延遲。

圖 C.52 顯示管線 CPI 的分解情形──針對 10 個 SPEC92 標準效能測試程式在 R4000 管線上。圖 C.53 用表格形式顯示相同的數據。

依據圖 C.52 和圖 C.53 中的數據，可以看出較深管線造成的損傷。R4000 管線的分支延遲比典型的五階段管線長很多。較長的分支延遲大大地增加了花費在分支的週期數，特別是對分支頻率較高的整數型程式。浮點型程式的一個有趣效應是：浮點數功能單元的時間延遲導致結果延遲比結構危障更多，這來自於起始區間的限制以及不同浮點數指令之間功能單元的衝突。因此，減少浮點數運算的時間延遲應該是第一個目標，而不是增加管線或複製功能單元。當然，減少時間延遲可能會增加結構暫停，因為許多潛在的結構暫停隱藏在資料危障背後。

C.7 貫穿的論點

RISC 指令集與管線的效能

我們已經討論了指令集的簡單性在建構管線時的好處。簡單指令集還有

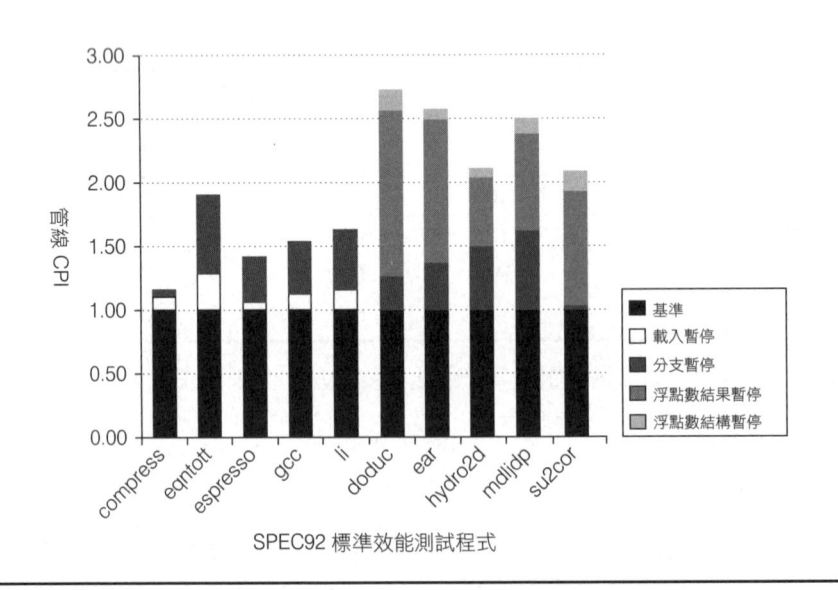

圖 C.52 假設有完美的快取記憶體時，10 個 SPEC92 標準效能測試程式的管線 CPI。管線 CPI 從 1.2 變動至 2.8。最左邊的五個程式是整數型程式，而分支延遲是這些 CPI 的主要貢獻因素。最右邊的五個程式是浮點型程式，而浮點數結果暫停是這些 CPI 的主要貢獻因素。圖 C.53 顯示了構成本圖的數字資料。

標準效能測試程式	管線 CPI	載入暫停	分支暫停	浮點數結果暫停	浮點數結構暫停
compress	1.20	0.14	0.06	0.00	0.00
eqntott	1.88	0.27	0.61	0.00	0.00
espresso	1.42	0.07	0.35	0.00	0.00
gcc	1.56	0.13	0.43	0.00	0.00
li	1.64	0.18	0.46	0.00	0.00
整數平均	1.54	0.16	0.38	0.00	0.00
doduc	2.84	0.01	0.22	1.39	0.22
mdljdp2	2.66	0.01	0.31	1.20	0.15
ear	2.17	0.00	0.46	0.59	0.12
hydro2d	2.53	0.00	0.62	0.75	0.17
su2cor	2.18	0.02	0.07	0.84	0.26
浮點數平均	2.48	0.01	0.33	0.95	0.18
全部平均	2.00	0.10	0.36	0.46	0.09

圖 C.53 顯示全部的管線 CPI 以及四個主要暫停來源的貢獻。最主要的貢獻因素是浮點數結果暫停 (對分支和對浮點數輸入都是) 和分支暫停，載入暫停和浮點數結構暫停的影響較少。

一個優點：它們讓管線更容易對程式碼進行排程來增加執行效率。為了進一步說明，請考慮一個簡單的範例：假設我們要將記憶體中的兩個數值相加，並且將結果存回記憶體。在一些複雜指令集中這只需要一道指令；而其他的指令集則需要二或三道指令。典型的 RISC 結構則需要四道指令 (兩道載入、一道加法和一道儲存指令)。這些指令如果在大多數的管線中循序執行的話，一定會發生暫停。

使用 RISC 指令集的情況下，個別的運算是由獨立的指令完成，因此可以藉由編譯器 (使用我們之前討論的技巧和第 3 章所討論的更強大技術) 或動態硬體排程技巧 (我們之後會討論，而第 3 章有更詳細的討論) 來個別排程。這些效能的優勢結合較容易的製作顯得如此重要，以至於幾乎近來所有複雜指令集的管線化製作都把複雜的指令轉譯為簡單的似 RISC 運算，然後再對這些運算加以排程和管線化。第 3 章提到 Pentium III 和 Pentium 4 都是使用這種方法。

動態排程的管線

簡單的管線提取指令後加以發派它 —— 除非某一道已經在管線中的指令和這道被提取的指令之間有相依性，並且該相依性無法用旁路或轉送來隱藏。轉送邏輯減少了有效的管線時間延遲，讓某些相依性不會造成危障。如

果有無法避免的危障時,危障偵測硬體就會讓管線暫停 (從使用該結果的指令開始)。在相依性清除前,沒有任何新的指令會被讀取或發派。要克服這些效能損失,編譯器可以試著排程這些指令以避免危障,這種方法稱之為**編譯器排程** (compiler scheduling) 或**靜態排程** (static scheduling)。

幾個早期的處理器則使用另一種方法,稱為**動態排程** (dynamic scheduling),也就是硬體會重新安排指令的執行來減少暫停。本節中藉由解說 CDC 6600 的記分板技巧來簡單地介紹動態排程。一些讀者可能會發現在進入第 3 章更複雜的 Tomasulo 方案之前,先看看這些教材會比較輕鬆。

到目前為止,所有本附錄討論的技術都採用依序式指令發派,這表示如果指令在管線中被暫停,之後的指令都無法進行。使用依序式發派的話,如果兩道指令之間有危障,管線就會暫停,即使更後面的指令並不相依而且不會暫停也一樣。

早期發展的 MIPS 管線中,結構和資料危障是在指令解碼 (ID) 期間檢查:當一道指令可以正確執行時,它就會從 ID 發派。要讓一道指令一取得它的運算元便開始執行,即使前面有一道指令被暫停,我們就必須把分派過程分成兩個部份:檢查結構危障,以及等待到資料危障沒現身。我們依序解碼並發派指令;不過我們希望指令在它們要資料運算元一就緒時馬上開始執行。因此,管線將會做**非依序執行** (out-of-order execution),也就表示會**非依序完成** (out-of-order completion)。要製作非依序執行,我們必須將 ID 管線階段分成兩個階段:

1. 發派:解碼指令,檢查是否有結構危障。
2. 讀取運算元:等到沒有資料危障,然後讀取運算元。

IF 階段在發派階段之前,而 EX 階段在讀取運算元階段之後,如同 MIPS 管線一般。就像在 MIPS 的浮點數管線中,執行時間可能花費數個週期,視運算而定。因此,我們可能需要區別一道指令何時「**開始執行**」以及它何時「**執行完成**」;在這兩個時間點之間,這道指令就是處於**執行中** (in execution)。這讓多道指令可以同時處於執行中。為了更優質地探討這些比較先進的管線化技術,除了管線架構的這些改變之外,我們也會改變功能單元的設計 —— 變更功能單元的數量、運算的時間延遲以及功能單元的管線化。

用記分板來動態排程

在動態排程式管線中,所有指令依序經過發派階段 (依序發派);不過它們在第二個階段 (讀取運算元) 可能會被暫停或是彼此旁路而跳過其他的

指令，因而不依序執行。**記分板法** (scoreboarding) 是一個在有足夠資源並且沒有資料危障時，讓指令可以不依序執行的技巧，它是以開發這項功能的 CDC 6600 記分板來命名。

在我們觀察記分板如何應用在 MIPS 管線之前，重要的是去觀察：WAR 危障雖然並不存在於 MIPS 浮點數或整數管線，卻有可能發生在指令不依序執行時。例如，請考慮下列的程序碼序列：

```
DIV.D    F0,F2,F4
ADD.D    F10,F0,F8
SUB.D    F8,F8,F14
```

在 ADD.D 和 SUB.D 之間有一個反相依性：如果管線在 ADD.D 前執行 SUB.D，就會違反反相依性，產生錯誤的執行。同樣地，要避免違反輸出相依性，也必須偵測 WAW 危障 (例如，如果 SUB.D 的目的地是 F10 就會發生此危障)。我們將看到，記分板會暫停後面具有反相依性的指令，藉以避免這兩種危障。

記分板的目標是藉由儘早執行指令，來維持每個時脈週期一道指令的執行速率 (在沒有結構危障時)。因此，當下一道要執行的指令被暫停時，其他的指令可以被發派和執行 ── 如果它們不相依於任何動作中的指令或被暫停的指令)。記分板完全負責指令的發派和執行，也包括所有的危障偵測。要利用非依序執行的優點，需要讓多道指令同時處於它們的 EX 階段。這一點可以用多個功能單元、管線化功能單元或兩者都用來達成。由於這兩種能力 ── 管線化功能單元和多個功能單元 ── 基本上就管線控制的目的而言是等效的，因此我們只假設處理器具有多個功能單元。

CDC 6600 具有 16 個分開的功能單元，包括 4 個浮點數單元、5 個記憶體存取單元和 7 個整數運算單元。在 MIPS 結構的處理器中，記分板會有意義主要是在浮點數單元上，因為其他功能單元的時間延遲很小。我們假設有 2 個乘法器、1 個加法器、1 個除法單元，以及處理所有記憶體存取、分支和整數運算的單一整數單元。雖然這個範例比 CDC 6600 要簡單，但是用來展示這些原理它已充分有力，並不需要繁複的細節或冗長的範例。由於 MIPS 和 CDC 6600 都是載入 – 儲存式結構，對這兩個處理器而言採用的技術幾乎相同。圖 C.54 顯示了該處理器的模樣。

每道指令經過記分板時，就會建立一筆資料相依性的記錄；這個步驟對應於指令發派，並且取代了 MIPS 管線中部份的 ID 步驟。接下來記分板便判定指令什麼時候可以讀取它的運算元並且開始執行。如果記分板判定指令

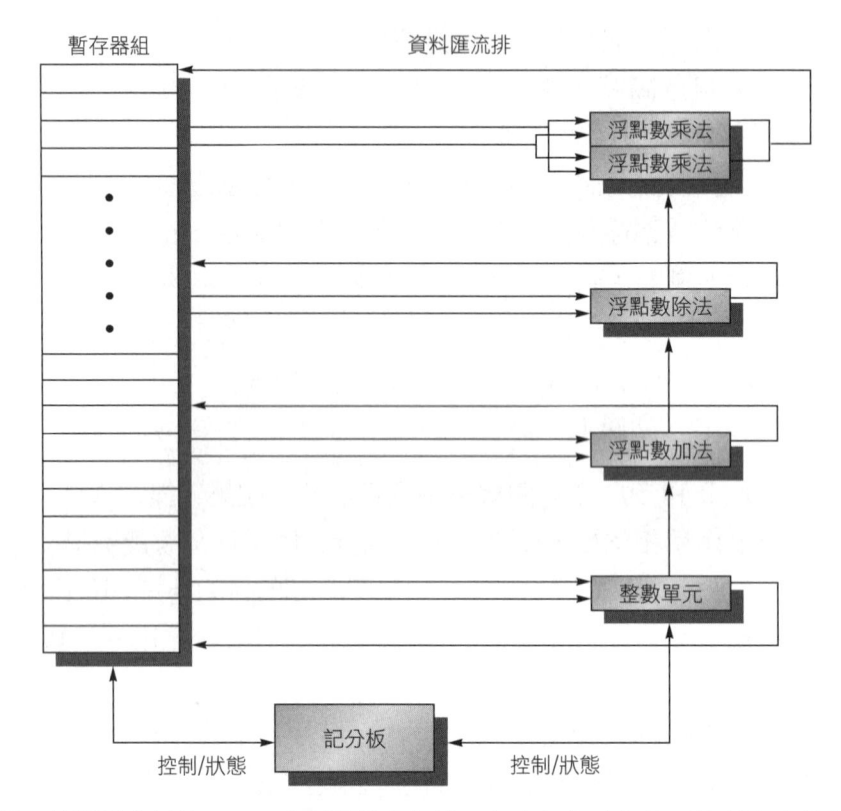

圖 C.54 使用記分板的 MIPS 處理器基本架構。記分板的功能是要控制指令的執行 (垂直的控制線)。所有資料都是經過匯流排 [水平線，在 CDC 6600 中稱為**主幹** (trunk)] 在暫存器組和功能單元之間流動。有兩個浮點數乘法器、一個浮點數除法器、一個浮點數加法器和一個整數單元。一組匯流排 (兩個輸入和一個輸出) 連接一群功能單元。記分板的細節顯示在圖 C.55 至 C.58 中。

無法立即執行，它會監視硬體的任何變化，並且判定該指令何時**可以**執行。記分板也可以控制指令何時可以將其結果寫入目的暫存器。因此，所有危障的偵測和解析都集中在記分板中。我們稍後會看到記分板的圖 (699 頁圖 C.55)，不過首先我們需要瞭解發派的步驟以及管線的執行區段。

每一道指令在執行時都經過四個步驟。(因為我們專注於浮點數運算，所以我們不會考慮記憶體存取的步驟。) 讓我們首先非正式地檢視這些步驟，然後再仔細看看記分板如何保存必要的資訊，來決定什麼時候從一步進行到下一步。這四個步驟取代了標準 MIPS 管線中的 ID、EX 和 WB 步驟，如下所列：

1. **發派**：如果該指令要用到的功能單元已就緒，而且沒有其他的動作指令使用相同的目的暫存器，則記分板便將該指令發派至該功能單元，並且更

新它內部的資料結構。這個步驟取代了 MIPS 管線中部份的 ID 步驟。藉由確保沒有其他動作中的功能單元欲將其結果寫入目的暫存器，我們保證 WAW 危障不會出現。如果存在結構或 WAW 危障，那麼指令發派就會暫停，因此沒有指令會發派，直到這些危障被清除為止。當發派階段暫停時，便造成指令提取和發派之間的緩衝區被填充；如果緩衝區只有單一的位置，那麼指令提取就立即暫停。如果緩衝區是一個可容納數道指令的佇列，它會在佇列填滿後才暫停。

2. **讀取運算元**：記分板監視來源運算元何時就緒。如果沒有較早發派且動作中的指令將要寫入某個來源運算元，該來源運算元便就緒。當來源運算元就緒時，記分板會通知功能單元從暫存器中讀取運算元，並且開始執行。記分板在這一個步驟中動態地解決了 RAW 危障，而指令可以不依序地送去執行。這一個步驟與發派步驟一起完成了簡單型 MIPS 管線中 ID 步驟的功能。

3. **執行**：功能單元在收到運算元後開始執行。當結果就緒時，它會通知記分板已完成執行。這個步驟取代了 MIPS 管線中的 EX 步驟，而且用掉多個 MIPS 浮點數管線中的週期。

4. **結果寫入**：一旦記分板發覺功能單元已經完成執行，記分板就會檢查是否發生 WAR 危障，並且在必要時暫停完成的指令。

　　如果有像我們稍早範例中 ADD.D 和 SUB.D 都使用 F8 的程式碼序列，那麼就存在 WAR 危障。在那個範例中，我們的程式碼為

```
DIV.D    F0,F2,F4
ADD.D    F10,F0,F8
SUB.D    F8,F8,F14
```

ADD.D 有一個來源運算元 F8，與 SUB.D 的目的暫存器相同。但是 ADD.D 實際上相依於一個更早的指令。記分板在其「結果寫入」階段中還是會暫停 SUB.D，直到 ADD.D 讀到它的運算元為止。一般而言，在以下情況下不能讓一個完成的指令寫入它的結果：

- 在完成的指令之前 (也就是依序發派) 的指令還沒有讀取它的運算元，以及

- 其中一個運算元就是和完成的指令之結果使用同一個暫存器。

　　如果 WAR 危障不存在或是被清除了，記分板會告訴功能單元把它的結果儲存到目的暫存器。這個步驟取代了簡單型 MIPS 管線中的 WB 階段。

乍看之下，可能覺得記分板要分辨 RAW 和 WAR 危障是很困難的。

由於指令的運算元只有當暫存器組中的兩個運算元都就緒時才會被讀取，因此該記分板並沒有利用轉送機制。反而只有當它們兩者都就緒時暫存器才被讀取。這個損傷可能不如您一開始想像那麼大。不像我們稍早的簡單管線，指令一旦執行完成後立刻把它們的結果寫入暫存器組 (假設沒有 WAR 危障)，而不是等待幾個週期以後預先靜態指定的寫入槽。這個效果會減少管線時間延遲以及轉送的好處。由於「結果寫入」階段和「讀取運算元」階段無法重疊，所以還是多出一個週期的時間延遲。我們會需要額外的緩衝來消除這項虛耗。

基於其本身的資料結構，記分板藉由與功能單元溝通來控制指令從一步驟進行至下一步驟，不過有一點複雜就是了。連接到暫存器組的來源匯流排和結果匯流排數目受限時，就表示會發生結構危障。記分板必須確保允許前進至步驟 2 和步驟 4 的功能單元數量不會超過可用的匯流排數量。我們不會再更深入地討論這個問題，而只是告訴您 CDC 6600 把 16 個功能單元聚集為四群，並為每一群提供一組稱為**資料主幹** (data trunk) 的匯流排來解決這個問題。在同一個時脈期間，一群內只有一個單元可以讀取它的運算元或是寫入它的結果。

現在讓我們看看有五個功能單元的 MIPS 記分板所使用的詳細資料結構。圖 C.55 顯示記分板的資訊看起來是什麼模樣，透過半途上執行這個簡單的指令序列：

```
L.D     F6,34(R2)
L.D     F2,45(R3)
MUL.D   F0,F2,F4
SUB.D   F8,F6,F2
DIV.D   F10,F0,F6
ADD.D   F6,F8,F2
```

記分板分成三部份：

1. 指令狀態：指出指令在四個步驟中的哪一個。
2. 功能單元狀態：指出功能單元的狀態。每個功能單元有九個欄位：
   - 忙碌 (Busy)：指出這個單元是否忙碌。
   - 運算 (Op)：這個單元要執行的運算 (例如，加法或減法)。
   - Fi：目的暫存器。
   - Fj、Fk：來源暫存器編號。

指令狀態

指　令	發　派	讀取運算元	執行完成	結果寫入
L.D　F6,34(R2)	√	√	√	√
L.D　F2,45(R3)	√	√	√	
MUL.D F0,F2,F4	√			
SUB.D F8,F6,F2	√			
DIV.D F10,F0,F6	√			
ADD.D F6,F8,F2				

功能單元狀態

名　稱	Busy	Op	Fi	Fj	Fk	Qj	Qk	Rj	Rk
整數單元	Yes	Load	F2	R3				No	
乘法器 1	Yes	Mult	F0	F2	F4	整數單元		No	Yes
乘法器 2	No								
加法器	Yes	Sub	F8	F6	F2		整數單元	Yes	No
除法器	Yes	Div	F10	F0	F6	乘法器 1		No	Yes

暫存器結果狀態

	F0	F2	F4	F6	F8	F10	F12	...	F30
功能單元	乘法器 1	整數單元			加法器	除法器			

圖 C.55 記分板的各個部份。每一道已發派或等著被發派的指令在指令狀態表中都有一筆記錄。每一個功能單元在功能單元狀態表中也都有一筆記錄。一旦指令發派，其運算元的記錄就被保存在功能單元狀態表中，最後，暫存器結果表指出哪個單元會產生各個懸宕的結果；記錄位置的數目與暫存器的數量相等。指令狀態表告訴我們：(1) 第一個 L.D 已經完成並且寫入它的結果，並且 (2) 第二個 L.D 已經完成執行，但是還沒有寫入它的結果。MUL.D、SUB.D 和 DIV.D 都已經發派但是被暫停，還在等待它們需要的運算元。功能單元狀態告訴我們：第一個乘法單元正在等待整數單元、加法單元正在等待整數單元，而除法單元正在等待第一個乘法單元。ADD.D 指令因為結構危障而暫停；它會在 SUB.D 完成後清除。如果記分板表格之一有一個記錄位置沒有在使用中，就會是空白的。例如，載入時 Rk 欄位沒有使用而且乘法器 2 未使用，因此它們的欄位值就沒有意義。再者，一旦運算元被讀取，Rj 和 Rk 欄位就被設定為「No」。圖 C.58 說明為何最後這個步驟很重要。

- Qj、Qk：產生來源暫存器 Fj、Fk 值的功能單元。
- Rj、Rk：用以指出 Fj、Fk 何時就緒且尚未被讀取的旗標。在運算元被讀取後設定為「No」。

3. **暫存器結果狀態**：指出哪一個功能單元會寫入某個暫存器 —— 如果一個動作中的指令將該暫存器當作其目的地。每當沒有指令等著要寫入該暫存器時，這個欄位會被設定成空白。

現在讓我們看看在圖 C.55 開始的程式碼序列如何繼續執行。之後我們有能力仔細檢視記分板用來控制執行的條件。

範例 假設浮點數功能單元的 EX 週期的時間延遲 (只是選來說明其行為，並不具有代表性) 如下：加法 2 個時脈週期、乘法 10 個時脈週期，以及除法 40 個時脈週期。請使用圖 C.55 中的程式碼片段，並且從圖 C.55 中的指令狀態所指示的點開始，請列出當 MUL.D 和 DIV.D 都準備要進入結果寫入狀態時狀態表看起來的模樣。

解答 從第二個 L.D 到 MUL.D、ADD.D、SUB.D，從 MUL.D 到 DIV.D，以及從 SUB.D 到 ADD.D 之間都有 RAW 資料危障。在 DIV.D、ADD.D 和 SUB.D 之間有一個 WAR 資料危障。最後，加法功能單元執行 ADD.D 和 SUB.D 時會有結構危障。當 MUL.D 和 DIV.D 準備要寫入它們的結果時，這些表格看起來的模樣分別如圖 C.56 和 C.57 所示。

指令	指令狀態			
	發派	讀取運算元	執行完成	結果寫入
L.D F6,34(R2)	√	√	√	√
L.D F2,45(R3)	√	√	√	√
MUL.D F0,F2,F4	√	√	√	
SUB.D F8,F6,F2	√	√	√	√
DIV.D F10,F0,F6	√			
ADD.D F6,F8,F2	√	√	√	

功能單元狀態								
名稱	Busy	Op	Fi	Fj	Fk	Qj	Qk	Rj	Rk
整數單元	No								
乘法器 1	Yes	Mult	F0	F2	F4			No	No
乘法器 2	No								
加法器	Yes	Add	F6	F8	F2			No	No
除法器	Yes	Div	F10	F0	F6	乘法器 1		No	Yes

暫存器結果狀態							
	F0	F2	F4	F6	F8	F10	F12	...	F30
功能單元	乘法器 1			加法器		除法器			

圖 C.56 MUL.D 進入「結果寫入」狀態之前的記分板表格。DIV.D 還沒有讀取任何一個運算元，因為它相依於乘法的結果。雖然被迫等到 SUB.D 結束後才能使用功能單元，但是 ADD.D 已經讀取它的運算元，並且正在執行中。ADD.D 不能前進至「結果寫入」狀態，因為 DIV.D 所使用的 F6 有 WAR 危障。Q 欄位只有當一個功能單元正在等候另一個功能單元時才有用。

指令狀態

指令	發派	讀取運算元	執行完成	結果寫入
L.D　F6,34(R2)d	√	√	√	√
L.D　F2,45(R3)	√	√	√	√
MUL.D F0,F2,F4	√	√	√	√
SUB.D F8,F6,F2	√	√	√	√
DIV.D F10,F0,F6	√			
ADD.D F6,F8,F2	√	√	√	√

功能單元狀態

名稱	Busy	Op	Fi	Fj	Fk	Qj	Qk	Rj	Rk
整數單元	No								
乘法器 1	Yes	Mult	F0	F2	F4			No	No
乘法器 2	No								
加法器	Yes	Add	F6	F8	F2			No	No
除法器	Yes	Div	F10	F0	F6			No	Yes

暫存器結果狀態

	F0	F2	F4	F6	F8	F10	F12	...	F30
功能單元	乘法器 1			加法器		除法器			

圖 C.57 DIV.D 進入「結果寫入」狀態之前的記分板表格。一旦 DIV.D 通過「讀取運算元」階段並且取得 F6 的複本，ADD.D 就能夠完成。只有 DIV.D 仍未結束。

　　現在我們可以看到記分板如何工作的細節──先來看看必須發生什麼，記分板才會允許各道指令向前進。圖 C.58 顯示記分板需要什麼條件才會讓各道指令前進，以及當該指令的確前進時必要的註記動作。記分板記錄運算元指定子的資訊，例如暫存器編號。舉例來說，指令被發派時，我們就必須記錄來源暫存器。由於我們將暫存器的內容表示成 Regs[D]，其中 D 是暫存器的名稱，所以不會搞混。例如，Fj[FU] ← S1 令暫存器**名稱** (name) S1 被放在 Fj[FU] 中，而不是暫存器 S1 的**內容** (content)。

　　記分板法的成本和利益是很有趣的考量點。CDC 6600 的設計師量測出 FORTRAN 程式有 1.7 倍的效能改進，而手寫的組合語言有 2.5 倍。不過這是在還沒有軟體管線排程、半導體主記憶體和快取記憶體 (降低記憶體存取時間) 之前的日子量測的。CDC 6600 的記分板邏輯電路大約和一個功能單元相同，少得驚人。主要的成本是在大量的匯流排上──大約是 CPU 僅依序執行指令 (或是每個執行週期僅啟動一道指令) 所需要的 4 倍。近來對於

指令狀態	等待直到	註 記
發派	非 busy [FU] 亦非 result [D]	Busy[FU] ← yes; Op[FU] ← op; Fi[FU] ← D; Fj[FU] ← S1; Fk[FU] ← S2; Qj ← Result[S1]; Qk ← Result[S2]; Rj ← not Qj; Rk ← not Qk; Result[D] ← FU;
讀取運算元	Rj 和 Rk	Rj ← No; Rk ← No; Qj ← 0; Qk ← 0
執行完成	功能單元做完	
結果寫入	$\forall f((Fj[f]\|Fi[FU]$ 或 $Rj[f]=No)$ & $(Fk[f]\|Fi[FU]$ 或 $Rk[f]=No))$	$\forall f($ 若 $Qj[f]=FU$ 則 $Rj[f] \leftarrow Yes)$; $\forall f($ 若 $Qk[f]=FU$ 則 $Rk[f] \leftarrow Yes)$; Result[Fi[FU]] ← 0; Busy[FU] ← No

圖 C.58 指令執行中每一個步驟所需要的檢查和註記動作。FU 代表指令所使用的功能單元 (functional unit)，D 為目的暫存器的名稱，S1 和 S2 為來源暫存器的名稱，而 op 則是要執行的運算。為了針對功能單元 FU 而存取記分板中名為 Fj 的記錄位置，我們使用符號 Fj[FU] 來表示。Result[D] 是一個會寫入暫存器 D 的功能單元名稱。「結果寫入」狀況的測試可防止 WAR 危障時的寫入，該危障的存在是因為另一道指令的來源 (Fj[f] 或 Fk[f]) 是這道指令的目的 (Fi[FU])，也因為某個其他的指令已經寫入暫存器 (Rj = Yes 或 Rk = Yes)。變數 f 用來表示任何一個功能單元。

動態排程日益升高的興趣是由每個時脈發派更多道指令的嘗試所激發出來 (所以無論如何都必須付出更多的匯流排成本)，而且也受到像是推測的觀念 —— 這可以很自然地建立在動態排程上 —— 所推動 (在 4.7 節中會探討)。

記分板利用可用的 ILP 來極小化程式中真實的資料相依性所引發的暫停數。在消除暫停方面，記分板被幾個因素所限制：

1. **指令之間可用的平行量**：這決定了是否可以找到不相依的指令來執行。如果每道指令相依於前一道指令，就沒有任何動態方案可以減少暫停。如果同時處於管線中的指令必須從同一個基本區塊中選出 (6600 就是這樣)，這個限制可能十分嚴重。

2. **記分板記錄位置的數量**：這決定了管線可以向前看多遠來尋找不相依的指令。被檢視是否可能執行的一組候選指令稱之為**指令窗** (window)。記分板的大小決定了指令窗的大小。本節中，我們假設指令窗不會擴充到超過分支，所以指令窗 (和記分板) 往往包含了來自單一基本區塊的直線程式碼。第 3 章顯示如何可將指令窗擴充到分支之外。

3. **功能單元的數量與型態**：這決定了結構危障 (使用動態排程時可能會增加) 的重要性。

4. **存在是否有反相依性和輸出相依性**：這些會導致 WAR 和 WAW 暫停。

第 3 章重點放在解決以下問題的技術：發掘可用的指令階層平行化 (instruction-level parallelism, ILP)，並且對它做更好的運用。這個問題可以藉由增加記分板的大小和功能單元的數量來解決 ── 不過這些改變也有成本的壓力，而且可能影響週期時間。WAW 和 WAR 危障在動態排程式處理器中變得更為重要，因為管線中出現更多的名稱相依性。如果我們使用具有分支預測方案的動態排程 (允許同一迴圈的多次執行交互重疊)，WAW 危障也就變得更加重要。

C.8 謬誤與陷阱

陷阱　預料外的執行順序可能會造成預料外的危障。

乍看之下，WAW 危障好像永遠不會出現在程式碼序列中，因為沒有編譯器會產生兩道寫入同一個暫存器而中間沒有讀取的指令，不過它們可能發生在預料外的程式碼序列。例如，第一個寫入可能出現在一個發生的分支的延遲槽中，而排程器卻認為分支不會發生。這裡有一個程式碼序列可能造成這種情形：

```
        BNEZ    R1,foo
        DIV.D   F0,F2,F4 ;從直接繼續指令
                         ;移入延遲槽
        ......
        ......
foo:    L.D     F0,qrs
```

如果分支發生，那麼在 DIV.D 完成之前，L.D 會到達 WB，造成 WAW 危障。硬體必須偵測這種狀況，而且可能會暫停發派 L.D。這種情形可能會發生的另一種方式為：如果第二個寫入是在落陷常式中。當一道落陷而且正要寫入結果的指令，在落陷處理程序中某一道指令寫入同一個暫存器後，便繼續執行並完成 ── 這種情形就發生了。硬體也必須偵測並且防止這種情形發生。

陷阱　大量管線化可能會影響其他方面的設計，導致整體的成本 – 效能比更糟。

這個現象的最佳實例就是下列兩種 VAX 的製作：8600 和 8700。當 8600 開始銷售時，它的時脈週期是 80 ns。隨後引進了重新設計的版本 (稱為 8650)，時脈週期是 55 ns。8700 擁有一個簡單許多的管線，運作在微指令階

層上，產生了較小的 CPU 和較快的時脈週期：45 ns。整體的結果是 8650 具有 20% 的 CPI 優勢，但 8700 的時脈頻率大約快了 20%。因此，8700 使用少了許多的硬體達成了相同的效能。

陷阱 在未最佳化的程式碼基礎上評估動態或靜態排程。

未最佳化的程式碼 —— 包含了冗贅的載入、儲存和其他可以被最佳化移除的運算 —— 比「緊密」最佳化的程式碼容易排程得多。這在控制流程延遲 (使用延遲式分支) 的排程以及控制 RAW 危障延遲的排程都成立。在 R3000 (擁有的管線幾乎和 C.1 節的一模一樣) 上執行 gcc 的時脈週期閒置頻率，未最佳化而排程的程式碼比起最佳化而排程的程式碼增加了 18%。當然最佳化的程式快很多，因為它的指令比較少。要公平地評估一個編譯期間排程器或執行期間動態排程，您必須使用最佳化的程式碼，因為在真實的系統中您還會從排程以外的其他最佳化當中得到良好的效能。

C.9 結　論

在 1980 年代初期，管線是主要在超級電腦和大型、價值數百萬美元的大型主機中才會用到的技術。到了 1980 年代中期，出現了第一個管線式微處理器，並且改變了計算的世界，讓微處理器可以超越迷你電腦的效能，而且最後追上並超越大型主機的效能。到了 1990 年代初期，高階的嵌入式微處理器加入了管線化，而桌上型處理器也朝向使用第 3 章所討論的複雜動態排程、多發派方法發展。本附錄中的教材在本書第一次於 1990 年出版時，對研究生來說被認為相當先進，現在則被認為是大學生的基本教材，而且可以在低於 10 美元的處理器中被發現！

C.10 歷史回顧與參考文獻

L.5 節 (可上網取得) 中討論了涵蓋本附錄和第 3 章教材的管線化與指令階層平行化的發展過程，我們也提供了延伸閱讀和探討這些課題的大量參考文獻。

由 Diana Franklin 所提供的更新習題

C.1 [15/15/15/15/25/10/15] <C.2> 使用下列的程式碼片段：

```
Loop:    LD      R1,0(R2)     ;從位址 0+R2 載入 R1
         DADDI   R1,R1,#1     ;R1=R1+1
         SD      R1,0,(R2)    ;儲存 R1 於位址 0+R2
         DADDI   R2,R2,#4     ;R2=R2+4
         DSUB    R4,R3,R2     ;R4=R3-R2
         BNEZ    R4,Loop      ;若 R4 ≠ 0 則分支至 Loop
```

假設 R3 的初始值為 R2 + 396。

a. [15] <C.2> 資料危障是由程式碼當中的資料相依性所造成。相依性是否造成資料危障取決於機器製作 (亦即管線階段的數目)。請列出以上程式碼當中所有的資料相依性。請記錄暫存器、來源指令和目的指令；例如，暫存器 R1 從 LD 至 DADDI 有一個資料相依性。

b. [15] <C.2> 請列出此指令序列未使用轉送或旁路硬體的 5 階段 RISC 管線之時序，但假設同一時脈週期中的暫存器讀寫可以通過暫存器組而「轉送」，如圖 C.6 所示。請使用像是圖 C.5 所示的管線時序表。假設處理分支的方法是清除管線。如果所有的記憶體存取都花費 1 個週期，請問此迴圈得執行多少個週期？

c. [15] <C.2> 請列出此指令序列使用完整轉送和旁路硬體的 5 階段 RISC 管線之時序。請使用像是圖 C.5 所示的管線時序表。假設處理分支的方法是預測它不發生。如果所有的記憶體存取都花費 1 個週期，請問此迴圈得執行多少個週期？

d. [15] <C.2> 請列出此指令序列使用完整轉送和旁路硬體的 5 階段 RISC 管線之時序。請使用像是圖 C.5 所示的管線時序表。假設處理分支的方法是預測它發生。如果所有的記憶體存取都花費 1 個週期，請問此迴圈得執行多少個週期？

e. [25] <C.2> 高效能處理器具有非常深的管線 —— 超過 15 個階段。設想您有一個 10 階段管線，是由 5 階段管線的每一階段都分解為二所構成。唯一捕捉住的問題是，對於資料轉送而言，資料是從一對階段的結尾轉送至需要該資料的這兩個階段的開頭。例如，資料從第二個執行階段的輸出轉送至第一個執行階段的輸入，依舊造成 1 個週期的延遲。請列出此指令序列使用完整轉送和旁路硬體的 10 階段 RISC 管線之時序。請使用像圖 C.5 所示的管線時序表。假設處理分支的方法是預測它發生。如果所有的記憶體存取都花費 1 個週期，請問此迴圈得執行多少個週期？

f. [10] <C.2> 假設 5 階段管線當中最長的階段需要 0.8 ns，且管線暫存器延遲為 0.1 ns，請問該 5 階段管線的時脈週期時間為何？如果 10 階段管線是將所有階段都一分為二，請問該 10 階段管線的週期時間為何？

g. [15] <C.2> 請使用您在 (d) 小題與 (e) 小題的答案，決定該迴圈在 5 階段管線和 10 階段管線上的每道指令週期數 (cycles per instruction, CPI)。請確定您只從第一道指令抵達回寫階段尾端的時候算起，請勿計算第一道指令的起動。請使用 (f) 小題所算出的時脈週期時間，計算每部機器的平均指令執行時間。

C.2 [15/15] <C.2> 如果分支頻率 (以佔所有指令的百分比來表示) 如下：

條件分支	15%
跳躍和呼叫	1%
發生的條件分支	60% 會發生

a. [15] <C.2> 我們正在檢視一個四階段深的管線，對於無條件分支是在第 2 個週期結束時才決定，對於條件分支則在第 3 個週期結束時才決定。假設只有第一個管線階段可以總是獨立於分支的走向而進行，且忽略其他的管線暫停，如果沒有任何分支危障，請問該機器會快多少？

b. [15] <C.2> 現在假設有一個高效能處理器，裡面有一條 15 階段深的管線，對於無條件分支是在第 5 個週期結束時才決定，對於條件分支則在第 10 個週期結束時才決定。假設只有第一個管線階段可以總是獨立於分支的走向而進行，且忽略其他的管線暫停，如果沒有任何分支危障，請問該機器會快多少？

C.3 [5/15/10/10] <C.2> 我們從一部以單週期製作方式製作的電腦開始。當以功能性來分解階段時，各階段並不需要正好相同的時間量。原始機器的時脈週期時間為 7 ns。分解階段之後，量測的時間分別為：IF，1 ns；ID，1.5 ns；EX，1 ns；MEM，2 ns；以及 WB，1.5 ns。管線暫存器延遲為 0.1 ns。

a. [5] <C.2> 請問該 5 階段管線化機器的時脈週期時間為何？

b. [15] <C.2> 如果每 4 道指令有一次暫停，請問新機器的 CPI 為何？

c. [10] <C.2> 請問管線化機器超出單週期機器的速度提升為何？

d. [10] <C.2> 如果管線化機器擁有的階段數目無限，請問它會超出單週期機器的速度提升為何？

C.4 [20] <C.1, C.2> 一個簡化的典型五階段 RISC 管線的硬體製作可能使用 EX 階段的硬體來執行分支指令比較動作，而在分支指令抵達 MEM 階段的時脈週期之前，無法實際將分支目的 PC 值送到 IF 階段。在 ID 階段解析分支指令可以減少控制危障暫停數，但是改進某一方面的效能可能會降低其他狀況

下的效能。請撰寫一小段程式碼，其中在 ID 階段計算分支即使用到資料轉送，還是引發了一個資料危障。

C.5 [12/13/20/20/15/15] <C.2, C.3> 在這些問題中，我們將探討暫存器－記憶體結構的管線。該架構有兩種指令格式：暫存器－暫存器格式和暫存器－記憶體格式。只有單一的記憶體定址模式 (偏移量＋基底暫存器)。有一組 ALU 運算，其格式為：

    ALUop Rdest, Rsrc1, Rsrc2

或

    ALUop Rdest, Rsrc1, MEM

其中 ALUop 為下列其中之一：加法 (add)、減法 (subtract)、AND、OR、載入 (load) (忽略 Rsrc1) 或儲存 (store)。Rsrc 或 Rdest 是暫存器，MEM 是一個基底暫存器和偏移量的配對。分支使用的是兩個暫存器的完整比較而且是 PC 相對式。假設此機器為管線式，所以任何一個時脈週期都起動一道新指令。管線架構類似於 VAX 8700 中微管線所使用的架構 [Clark 1987]，即為

IF	RF	ALU1	MEM	WB			
	IF	RF	ALU1	MEM	ALU2	WB	
		IF	RF	ALU1	MEM	ALU2	WB
			IF	RF	ALU1	MEM	ALU2	WB
				IF	RF	ALU1	MEM	ALU2	WB
					IF	RF	ALU1	MEM	ALU2	WB

第一個 ALU 階段用來計算記憶體存取和分支的有效位址，第二個 ALU 週期是用來作運算和分支比較。RF 週期既作解碼又作暫存器提取。假設當同一個暫存器的讀取和寫入都發生在同一個時脈時，寫入的資料就會被轉送。

a. [12] <C.2> 請找出需要的加法器數目，將任何加法器或遞增器都計算在內；請用指令與管線階段的組合來驗證您的答案。您只需要寫出用到最多加法器的組合。

b. [13] <C.2> 請找出需要的暫存器讀取和寫入埠數目以及記憶體的讀取和寫入埠數目。請寫出指令與管線階段的組合，指出該指令與該指令所需要的讀取埠和寫入埠數目，來證明您的答案是正確的。

c. [20] <C.3> 請找出任何 ALU 所需要的任何資料轉送 (data forwarding)。假設 ALU1 和 ALU2 管線階段各有分開的 ALU。請在各 ALU 當中放置可以避免或減少暫停的所有轉送。請用圖 C.26 的表格格式來呈現發生轉送的兩道指令之間的關係，但請忽略最後兩欄。請小心去考量跨過一個中間指令的轉送──例如，

```
ADD     R1, …
任何指令
ADD     …, R1, …
```

d. [20] <C.3> 請顯示來源或目的單元有一個不是 ALU 時,為了避免或減少暫停所需要的所有資料轉送。請使用圖 C.26 中相同的格式,但請再次忽略最後兩欄。請記得轉送至記憶體存取以及從記憶體存取轉送。

e. [15] <C.3> 請顯示所有剩餘的危障,所涉及的單元至少有一個不是 ALU 的來源或目的單元。請使用如圖 C.25 所示的表格,但是將最後一欄換成危障的長度。

f. [15] <C.2> 請用例子來呈現所有的控制危障並且列出暫停的長度。請使用像圖 C.11 所示的格式來標記每個例子。

C.6 [12/13/13/15/15] <C.1, C.2, C.3> 我們現在把對於暫存器－記憶體 ALU 運算的支援加入典型的五階段 RISC 管線中。為了補償所增加的複雜度,**所有**記憶體定址都限制成暫存器間接定址 (也就是說,所有的位址都只是一個暫存器中所持有的值;暫存器值不可以加入偏移量或位移)。例如,暫存器－記憶體指令 ADD R4, R5, (R1) 表示將暫存器 R5 的內容和某個記憶體位置的內容相加,記憶體位址則等於暫存器 R1 的值,再將加總的結果放入暫存器 R4 中。暫存器－暫存器 ALU 運算不變。請回答下列整數 RISC 管線的問題:

a. [12] <C.1> 請列出 RISC 管線五個傳統階段重新排列的順序,以支援專門由暫存器間接定址所製作的暫存器－記憶體運算。

b. [13] <C.2, C.3> 請藉由寫出來源、目的以及在每一條所需要的新路徑上傳送的資訊,來說明重新排列的管線所需要的新轉送路徑。

c. [13] <C.2, C.3> 針對 RISC 管線中重新排序的階段,請問此定址模式創造了哪些新的資料危障?請對每一個新的危障都給予一個指令序列來說明。

d. [15] <C.3> 針對一個已知程式,將這個支援暫存器－記憶體 ALU 運算的 RISC 管線,與原始的 RISC 管線相比,可能會有不同的指令數目,請列出所有的情況。請寫出一對特定的指令序列,一個用在原始的管線上,另一個用在重新排列的管線上,來說明每一種情況。

e. [15] <C.3> 假設所有指令在每個階段都花費 1 個時脈週期。針對一個已知程式,將這個暫存器－記憶體 RISC,與原始的 RISC 管線相比,可能會有不同 CPI,請列出所有的情況。

C.7 [10/10] <C.3> 本問題中,我們將探討管線的深化如何循兩種方式來影響效能:較快的時脈週期以及增加的資料與控制危障暫停。假設原始機器為 1 ns 時脈週期的 5 階段管線,第二部機器為 0.6 ns 時脈週期的 12 階段管線。5 階段管線每 5 道指令就經歷一次資料危障所造成的暫停,而 12 階段管線每 8

道指令就經歷 3 次暫停。此外，分支佔了 20% 的指令，而且兩台機器的預測錯誤率都是 5%。

a. [10] <C.3> 只考量資料危障，請問 12 階段管線超出 5 階段管線的速度提升為何？

b. [10] <C.3> 如果第一台機器的分支預測錯誤損傷為 2 個週期，但是第二台機器為 5 個週期，請問每一台的 CPI 各為何？請將分支預測錯誤所造成的暫停考慮進來。

C.8 [15] <C.5> 請使用如圖 C.26 所示相同的格式，創造一個顯示 R4000 整數管線轉送邏輯的表格，只包含我們在圖 C.26 中所考量的 MIPS 指令。

C.9 [15] <C.5> 請使用如圖 C.25 所示相同的格式，創造一個顯示 R4000 整數危障偵測的表格，只包含我們在圖 C.26 中所考量的 MIPS 指令。

C.10 [25] <C.5> 假定 MIPS 只有一個暫存器組。請使用如圖 C.26 所示的格式，建構浮點數和整數指令的轉送表。請忽略浮點數和整數除法。

C.11 [15] <C.5> 請建構一個像圖 C.25 所示的表格，來檢查圖 C.35 MIPS 浮點數管線中的 WAW 暫停。不要考慮浮點數除法。

C.12 [20/22/22] <C.4, C.6> 本習題中，我們將檢視一個常見的向量迴圈在靜態和動態排程版本的 MIPS 管線中如何執行。該迴圈就是所謂的 DAXPY 迴圈（在附錄 G 中有廣泛的討論），其中心運算是在高斯消去法。該迴圈實現了向量長度為 100 的向量運算 $Y = a*X + Y$。下面是該迴圈的 MIPS 程式碼：

```
foo:    L.D     F2,0(R1)        ;載入 X(i)
        MUL.D   F4,F2,F0        ;a*X(i) 相乘
        L.D     F6,0($2)        ;載入 Y(i)
        ADD.D   F6,F4,F6        ;a*X(i) + Y(i) 相加
        S.D     0(R2),F6        ;儲存 Y(i)
        DADDIU  R1,R1,#8        ;遞增 X 索引
        DADDIU  R2,R2,#8        ;遞增 Y 索引
        SGTIU   R3,R1,done      ;測試是否做完
        BEQZ    R3,foo          ;若未做完則持續迴圈
```

針對 (a) 小題至 (c) 小題，假設整數運算 (包括載入指令) 在一個時脈週期內發派並完成，而且它們的結果完全透過旁路傳送。請忽略分支延遲。您將 (只) 使用圖 C.34 中所示的浮點數時間延遲，但假設浮點數單元完全管線化。針對下面的記分板，假設等待來自另一個功能單元的結果的指令，在結果被寫入的同時可以直接讀取運算元，也假設一道完成寫入的指令將允許在同一個功能單元上等待的一道動作中指令進行發派，而該發派是在第一道指

令完成寫入的同一個時脈週期中進行。

a. [20] <C.5> 針對本問題,請使用 C.5 節中的 MIPS 管線以及圖 C.34 的管線時間延遲,但是請使用完全管線化的浮點數單元,所以起始區間是 1。請繪出一個類似於圖 C.37 的時序圖,顯示每道指令執行的時序。請問每次迴圈重複執行得花費個多少時脈週期?請從第一道指令進入 WB 階段計算到最後一道指令進入 WB 階段。

b. [22] <C.6> 請使用上面 DAXPY 的 MIPS 程式碼,顯示出當 SGTIU 指令抵達結果寫入 (write result) 階段時記分板表格 (如圖 C.56) 的狀態。假設發派和讀取運算元各花費 1 個週期。假設有一個整數功能單元只花費 1 個執行週期 (使用的時間延遲為 0 週期,包括載入和儲存)。假設浮點數單元的組態如圖 C.54 所示,浮點數時間延遲如圖 C.34 所示。分支不應該被包括在記分板中。

c. [22] <C.6> 請使用上面 DAXPY 的 MIPS 程式碼,假設記分板使用的浮點數功能單元如圖 C.54 所描述,加上一個整數功能單元 (也用於載入 – 儲存)。假設時間延遲如圖 C.59 所示。請顯示當第二次發派分支時記分板的狀態 (如圖 C.56)。假設分支被正確預測會發生且花費 1 個週期。請問每次迴圈重複執行得花費多少個時脈週期?您可以忽略所有暫存器埠和匯流排衝突。

C.13 [25] <C.8> 能夠區分 RAW 和 WAR 危障對記分板而言很重要,因為 WAR 危障需要暫停指令做寫入,直到讀取運算元的指令開始執行;但是 RAW 危障卻需要延遲該讀取指令,直到該寫入指令結束為止 —— 兩者正好相反。例如,請考慮此序列:

```
MUL.D    F0,F6,F4
DSUB.D   F8,F0,F2
ADD.D    F2,F10,F2
```

DSUB.D 相依於 MUL.D (RAW 危障),因此 MUL.D 必須允許在 DSUB.D 之前完成。如果 MUL.D 由於無法區分 RAW 和 WAR 危障,所以為了 DSUB.D 而暫

產生結果的指令	使用結果的指令	時間延遲的時脈週期數
浮點數乘法	浮點數 ALU 運算	6
浮點數加法	浮點數 ALU 運算	4
浮點數乘法	浮點數儲存	5
浮點數加法	浮點數儲存	3
整數運算 (包括載入)	任何	0

圖 C.59 管線時間延遲的數字。

停，處理器就會鎖死 (deadlock)。此序列在 ADD.D 和 DSUB.D 之間有一個 WAR 危障，在 DSUB.D 開始執行前 ADD.D 不能被允許完成。困難之處在於區分 MUL.D 和 DSUB.D 之間的 RAW 危障以及 DSUB.D 和 ADD.D 之間的 WAR 危障。為了要看到為什麼該三道指令的情境很重要，請一個階段一個階段地穿越發派、讀取運算元、執行和結果寫入，追蹤每道指令的處理情形。假設除了執行階段之外每個記分板階段都花費 1 個時脈週期。假設 MUL.D 指令需要 3 個時脈週期來執行，而 DSUB.D 和 ADD.D 指令各花費 1 個週期來執行。最後，假設處理器擁有兩個乘法功能單元和兩個加法功能單元。請用下列方式呈現出追蹤結果。

1. 請製作一個表格，欄位標題是指令、發派、讀取運算元、執行、結果寫入和註解。在第一欄中，請依程式順序列出指令 (指令間隔可以大一點；較大的表格儲存格比較好寫您的分析結果)。表格一開始把 1 寫入 MUL.D 指令列的發派欄中，顯示 MUL.D 在時脈週期 1 完成發派階段。現在，將週期編號填入表格的各階段欄位，直到記分板第一次暫停一道指令為止。

2. 針對被暫停的指令寫入「在時脈週期 X 等待」的字樣，其中 X 為目前的時脈週期編號；在適當的表格欄位中顯示：記分板正在藉著暫停該階段來解決 RAW 或 WAR 危障。在註解欄中註明危障的型態以及哪一道相依指令造成該暫停。

3. 將「在時脈週期 Y 完成」的字樣加入一個「等待」的表格記錄位置，將表格其他部份填滿到所有指令都完成之時。對於一個被暫停的指令，在註解欄加入描述，告訴我們為什麼等待結束了以及如何避免了鎖死 (deadlock)。(提示：想想看該如何防範 WAW 危障以及這對動作中的指令序列有何意義。) 請注意這三道指令的完成順序 —— 相較於它們在程式中的順序。

C.14 [10/10] <C.5> 針對本問題，您將創造一系列的小型程式碼片段來說明使用不同時間延遲的功能單元時所出現的指令發派。針對每一個程式碼片段，請繪製一個類似於圖 C.38 的時序圖，說明每一種概念並且清楚指出問題所在。

a. [10] <C.5> 請使用不同於圖 C.38 所使用的程式碼，令硬體的 MEM 與 WB 階段合併為只有一個階段，來展示其結構危障。

b. [10] <C.5> 請展示需要一次暫停一個 WAW 危障。

國家圖書館出版品預行編目資料

計算機結構：計量方法 / John L. Hennessy, David A. Patterson 作；郭景致等譯. -- 五版. -- 臺北市：臺灣東華，民 101.10

728 面 ; 19x26 公分

譯自：Computer architecture : a quantitative approach, 5th ed.

ISBN 978-957-483-728-1 (平裝)

1. 電腦結構

312.122　　　　　　　　　　　　　　　　　　101020928

版權所有　·　翻印必究

中華民國一〇一年十月五版

計算機結構
計量方法

（外埠酌加運費匯費）

著　者	John L. Hennessy・David A. Patterson
譯　者	郭景致・巫坤品・阮聖彰・李春良
發 行 人	卓　　劉　　慶　　弟
出 版 者	臺灣東華書局股份有限公司
	臺北市重慶南路一段一四七號三樓
	電話：(02)2311-4027
	傳眞：(02)2311-6615
	郵撥：0 0 0 6 4 8 1 3
	網址：www.tunghua.com.tw
直營門市 1	臺北市重慶南路一段七十七號一樓
	電話：(02)2371-9311
直營門市 2	臺北市重慶南路一段一四七號一樓
	電話：(02)2382-1762